BLINKER
PUSH
COLD
PULL
HOT

THE ENCYCLOPEDIA OF AIRCRAFT OF WW II

第二次世界大战时期战机百科全书

I

〔英〕保罗·艾登（Paul Eden） 主编 徐玉辉 译

ZHEJIANG UNIVERSITY PRESS
浙江大学出版社
·杭州·

图书在版编目（CIP）数据

第二次世界大战时期战机百科全书：全2册/（英）保罗·艾登（Paul Eden）主编；徐玉辉译. —杭州：浙江大学出版社，2024.6

书名原文：THE ENCYCLOPEDIA OF AIRCRAFT OF WWII

ISBN 978-7-308-24775-7

Ⅰ.①第… Ⅱ.①保… ②徐… Ⅲ. ①第二次世界大战—军用飞机—介绍 Ⅳ.①E926.3

中国国家版本馆CIP数据核字（2024）第065832号

浙江省版权局著作权合同登记图字：11-2023-274

第二次世界大战时期战机百科全书（全2册）

［英］保罗·艾登（Paul Eden） 主编 徐玉辉 译

责任编辑 罗人智
责任校对 陈 欣
责任印制 范洪法
装帧设计 西风文化
出版发行 浙江大学出版社
（杭州市天目山路148号 邮政编码310007）
（网址：http://www.zjupress.com）
排 版 西风文化工作室
印 刷 北京文昌阁彩色印刷有限责任公司
开 本 889mm×1194mm 1/16
印 张 46.5
字 数 1488千
版 印 次 2024年6月第1版 2024年6月第1次印刷
书 号 ISBN 978-7-308-24775-7
定 价 398.00元（全2册）

浙江大学出版社市场运营中心联系方式（0571）88925591；http://zjdxcbs.tmall.com.

目录

CONTENTS

A

B

C

D

F

G

H

I

J

K

L

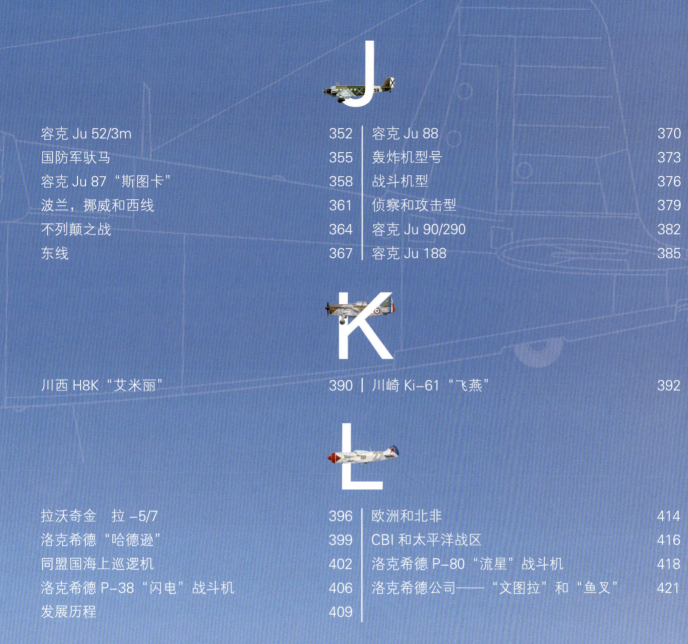

M

N

P

R

S

T

V

W

Y

311617
311566

序言

上图：1941 年，两架纳粹空军的梅塞施密特 Bf 109 战斗机在利比亚的沙漠上空巡逻，支援地面部队夺占托布鲁克的作战行动

20 世纪 30 年代，当欧洲大陆开始不可避免地走向战争之时，欧洲大陆各国装备的主力作战飞机仍然是与第一次世界大战中所使用的战机差别不大的老旧型号。在英国，新一代的单翼战斗机——“飓风”和“喷火”刚刚进入英国皇家空军（RAF）服役，这两款先进战机最终在火力上明显优于 1917 年进入英军服役的索普维斯“骆驼”双翼战斗机。新型轰炸机也开始进入英军服役，但以“布伦海姆”和“汉普登”为代表的新一代轰炸机在实战中很快展现了当时作战飞机的脆弱性。在法国，由于其过于复杂的飞机采办体制，大量极具前途的飞机被束之高阁。在欧洲大陆的其他国家，为守卫国土而奋战的飞行员们配备的都是各类老旧战机，“斗士”和少量的“飓风”乃是他们手中性能最优秀的机型。

轴心国方面，西班牙内战为刚研制和测试最新锐的作战飞机提供了绝佳的试验场。根据实战经验，意大利错误地认为双翼战斗机在现代空战中仍有一席之地，于是研制出了终极双翼战斗机菲亚特 CR.42，但该机已经无法适应当时的空战。德军在西班牙的作战经验则不仅帮助其研制出了最新锐的作战飞机，同时推动发展了有效的空战战术，这将在未来的战斗中让德军占据极大优势。

尽管在第一次世界大战战败后德国被禁止制造军用飞机，但从 20 世纪 30 年代初开始，德国就在秘密推进以民用目的为掩护的军用飞机发展计划。到 1935 年时，希特勒主政的纳粹德国已经拥有了一支当时无可匹敌的先进军用飞机机队，并正式成立了羽翼丰满的“纳粹空军”（Luftwaffe）。很快，梅塞施密特 Bf 109、容克 Ju 87“斯图卡”和亨克尔 He 111 进入纳粹德军服役，这些飞机拥有当时首屈一指的先进性能。

在压倒性的空中优势下，纳粹的战争机器横扫欧陆，直至推进至英吉利海峡岸边时才遭遇真正的对手——意志坚决但实力有限的英国皇家空军战斗机司令部。以“飓风”为主力的战斗机司令部在“不列颠之战”之初来抵御德军的空中攻势，但当德军开始将注意力转向英国的城市而忽视英军的空防后，英方终于获得了胜利。此后，皇家空军凭借改进型的“喷火”和“飓风”，以及当时最先进的哈维兰“蚊”和霍克“台风”开始反攻。而德军同样投入包括坚固强悍的福克－沃尔夫 Fw 190 在内最先进的作战飞机针锋相对。随着 1942 年下半年美国陆军航空队（USAAF）加入和英军并肩作战的行列，盟军的空中力量逐渐变得势不可挡。

盟军的战略轰炸行动在整场战争中同样贡献很大，“兰开斯特”“哈利法克斯”、B-17 和 B-24 等战略轰炸机在瓦解纳粹德国的资源产出和战争潜力方面贡献巨大，持续不断的战术空中进攻行动也最终结出了累累硕果。在盟军空中力量的持续压力下，德国飞机工业生产出了多款性能最先进的飞机，其中包括火箭动力的 Me 163 和喷气式战斗机 Me 262。

1941 年 6 月，纳粹德国对苏联发动了全面侵略。德军的突袭在初期取得了巨大战果，但苏联将其工业迁移到了希特勒的轰炸机鞭长莫及的东部，大量新型武器源源不断地输送到苏军手中。其中包括多型战争中最优秀的轰炸机和战斗机，强大的拉沃契金系列和雅科夫列夫系列战斗机能够与德军最新锐的战斗机并驾齐驱。

在太平洋战场上，日军对驻扎在珍珠港的美军舰队蓄谋已久的偷袭迫使美国加入战争。航空母舰在太平洋战场上发挥着比其他任何战场上更为重要的作用，拥有强大航空母舰舰队的日军因此在战争初期拥有优势。在遭遇美国海军的 F4F“野猫”战斗机之前，日军的三菱 A6M“零”式战斗机因其不败传说而成为最令盟国恐惧的利器，直到格鲁曼 F6F“地狱猫”大批装备部队，“零”式才失去其性能优势。在战争的天平倾斜之后，盟军开始将日军向其本土诸岛方向逼退。在战争的最后阶段，随着各岛屿基地被夺取，大量无比强大的波音 B-29“超级空中堡垒”从 1944 年开始对日本本土进行密集轰炸，并同在欧陆上空奋战的 B-17 同侪一样得到 P-51“野马”的护航。随着盟军强大力量的持续猛烈打击，日军的处境愈加绝望，终在 B-29 向广岛和长崎投掷原子弹后放弃了抵抗。

本书中详细介绍了多款参加第二次世界大战的著名军机。翔实的历史图片配合精美的插图让战机栩栩如生，专业作者撰写的文字详细介绍了重点型号战机的起源和发展历程，带领读者领略这些经典机型的独特魅力。

1940 年 6 月，不列颠大空战期间，英国皇家空军的一支回收小队正在检查一架被击落的纳粹空军容克 Ju 88 的机身和座舱

A

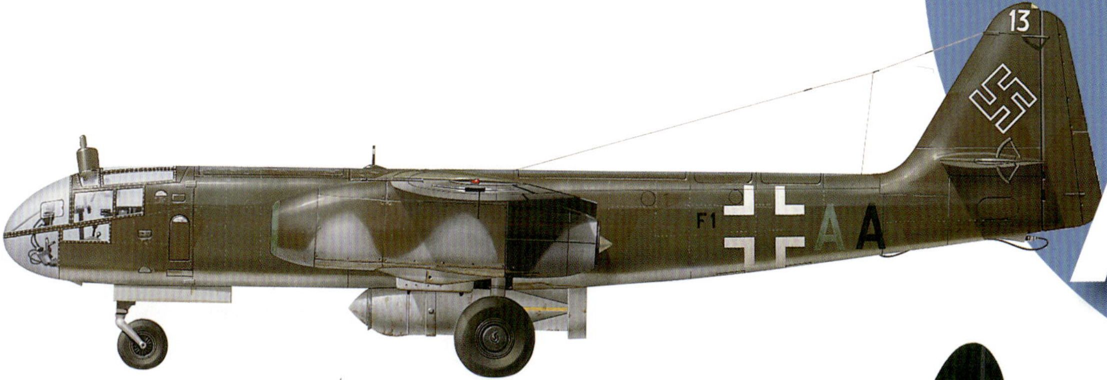
13
F1
AA

AJ N
ED812/G

YG B
Z9190

EM U
L7316

YZ Z
PD121

KM B
R5508

OL Q

爱知 D3A“瓦尔”

珍珠港偷袭者

与中岛 B5N2 鱼雷轰炸机和三菱 A6M 战斗机一起作战的 D3A 轰炸机对同盟国的航运造成了巨大的损失。图中所示的轰炸机在第 33 航空队中服役

> 作为第二次世界大战中最杰出的日本战机之一，D3A“瓦尔”在偷袭美国珍珠港和击沉盟国航运舰船上发挥了重要的作用。

94 式和 96 式“特殊爆击机”（日军编号体系内的称呼）是 20 世纪 30 年代中期服役的日军航母（“赤城号”，“凤翔号”，“加贺号”和“苍龙号”，以及 1939 年入役的“飞龙号”）上的标准俯冲轰炸机。这两种被简称为 D1A1 和 D1A2 的双座双翼飞机是由爱知时计电机株式会社（Aichi Watch and Electric Machinery Co Ltd，下文简称爱知公司）根据德国 He 66 轰炸机（德国纳粹空军亨克尔 He 50 轰炸机的出口版本）设计出来的。尽管 D1A2 比 D1A1 动力更强，气动外形更佳，但性能已经落伍。

在装有可手动收放起落架，外形更为精简的双翼俯冲轰炸机（D2A1，公司命名为 AB-11）被取消之后，为了满足日本海军在 1936 年提出 11 型“舰上特殊爆击机”的需求，爱知公司设计了 AM-17 机型。该型飞机采用下单翼，翼型为椭圆形，起落架收纳于主翼内，驾驶舱里的飞行员和无线电操作员 / 自卫机枪手前后排列，AM-17 由 710 马力*（约 529 千瓦）的中岛“荣”1 型星型发动机提供动力。

上图：图中展示的是装有三菱金星 3 型 14 缸星型发动机的两架 D3A 原型机的第二架。还有一处改进的地方是增加了 16 英寸（约 40 厘米）的翼展

* 本书中的马力均指英制马力。

上图：尽管臃肿的固定式起落架使其看起来笨拙不堪，但全盛时期的 D3A 仍然是一款高效的作战飞机。该机可在机身下方携带一枚 551 磅（约 250 千克）的炸弹，并在机翼下方携带两枚 132 磅（约 60 千克）的炸弹

AM-17 机型完工于 1937 年 12 月，但之后一度遭遇了技术磨合问题。在第二架原型机装备了 840 马力（约 626 千瓦）的三菱“金星”3 型星型发动机、增大了垂直尾翼表面积以及增强了机翼下方的俯冲制动器之后，爱知公司证明该机比中岛 D3N1 机型更加优越。因此，1939 年 12 月，爱知公司的飞机开始井然有序地将海军 99 式舰载轰炸机 11 型（简称为 D3A1）投入生产，该飞机装备 1000 马力（约 746 千瓦）的“金星”43 型（之后是 1070 马力 / 约 798 千瓦的“金星”44 型）星型发动机。

第一次战役

1940 年，在“加贺号”和“赤城号”上进行上舰资质认证试飞之后，D3A1 在中国从陆上基地和航母上出发，参加了为数不多的几次战役。在太平洋战争开始之际，135 架 D3A1 登上了在 1941 年 12 月 7 日早上偷袭美国珍珠港舰队的 6 艘航空母舰。虽然两个攻击波中 D3A1 总计损失了多达 15 架，但该型机会同 B5N2 鱼雷轰炸机成功地重创了美军太平洋舰队战列舰部队，使得后者退出战斗至少 6 个月。在此后伴随第一航空舰队突袭印度洋期间，D3A1 也赢得了不少赞誉。虽然第一航空舰队的 6 艘航空母舰在性能上都不如后来英军东方舰队所装备的两艘装甲航空母舰（英国皇家海军的“可畏号”和“不挠号”）。但在 1942 年 4 月 4 日到 9 日，D3A1 不仅击沉了英国皇家海军的“康沃尔号”“多塞特郡号”巡右图：太平洋战争初期，D3A 为南云忠一所指挥的日军机动部队立下了汗马功劳。然而随着盟军舰船开始得到有效的空中掩护，该型机无力面对敌军战机攻击的弱点暴露无遗，从而挽救了许多可能会被日军俯冲轰炸击沉的船只

上图：图中是最后一架处于适航状态的 D3A“瓦尔”，该型机现在已经没有可飞行的机体存留。不过随后各方又用伏尔提 BT-15 改造了 3 架复刻型，并在之后利用伏尔提 BT-13 复刻了 9 架。这些复原机中有许多被用于进行偷袭珍珠港的空中重演

洋舰和“竞技神号”航空母舰，还击沉了两艘驱逐舰、一艘轻巡洋舰、一艘辅助舰艇，还有两艘来自皇家海军的加油船和 11 艘商船。日军航空舰队没有一艘舰只被敌军击中，且在飞机损失方面也只有 6 架失踪。在对盟军战舰进行海上攻击期间，日军俯冲轰炸机的投弹命中率高达 80%（日军用 40 枚航空炸弹就击沉了“竞技神号”）。

在阿留申群岛战役、珊瑚海战役（该型机用三枚炸弹击沉了“约克城号”航母，并在没有支援的情况之下击沉了一艘美军的驱逐舰和一艘油轮）和中途岛战役中，D3A1 机队的表现依然非常优秀。然而，战争的天平已经向同盟国倾斜。从那时起，虽然战斗到最后，但 D3A1 机组成员所取得的成绩再也达不到战争爆发头 6 个月时的水平了。

改进机型

1942 年 7 月，盟军航空技术情报部队（ATIU）在代号体系中将海军 99 式舰载轰炸机命名为“瓦尔”，取代了过去烦琐的又不为人们所知的日式型号。同年 7 月，改进型的 D3A 即装备 1300 马力（约 969 千瓦）的“金星”54 型发动机也增大了油箱的 D3A2 试飞成功。这款被命名为“海军 99 式舰载爆击机 22 型”的改型机于 1942 年秋天开始服役。然而此时 99 式的预定继任者横须贺 D4Y1 的研制工作已经在推进。这款被盟军称为“朱蒂”的战机不久之后就取代了日军航空母舰上的“瓦尔”。1944 年 6 月，D3A 最后一次参加了大规模的航母作战，当时第 652 航空队的 27 架 D3A2 搭载于第 2 航空战队的三艘航母。它们与其他舰载飞机和陆基飞机一起在“马里亚纳猎火鸡”（Marianas Turkey Shoot）中惨遭屠杀，对盟军的攻击无一得手。

上图：图中拍摄的是 1942 年中一架正在前去空袭盟国舰船的 D3A1，每架飞机都携带着其主要武器：一枚 551 磅（约 250 千克）的炸弹。机翼下方俯冲制动器的外侧可以看到空挂架

然而直到战争结束，海军 99 式舰载轰炸机一直在前线的陆基单位中服役，同时也在作战训练部队中服役（一些飞机被重新命名为 D3A2- 教练机）。在战争的最后一年，许多该种类型的飞机服役于神风特攻队。总产量合计为 1495 架，包括由昭和飞机株式会社制造的 201 架 D3A-2。

绝望的措施

1943 年末，随着日本的轻合金逐渐耗尽，日军决定为 D3A2-K 进行重新设计以避免使用战略资源。这一任务分配给了第一海军航空技术所。最初的椭圆形机翼和圆形机尾的设计被认为对木质结构而言太过复杂，同时对半熟练的组装工人而言也有很大的困难，因而被换成了直锥形曲面。两架 D3Y-1K 原在海军兵工厂生产，海军 99 式轰炸教练机被委托给松下航空工业有限公司进行生产。该型机被盟军称为“维纳斯”，在日本投降之前共有三架完工。他们还开始研发神风特攻队使用的单座型号，如 D3Y2-K；同时 D5Y1 俯冲轰炸机的生产也将开始。

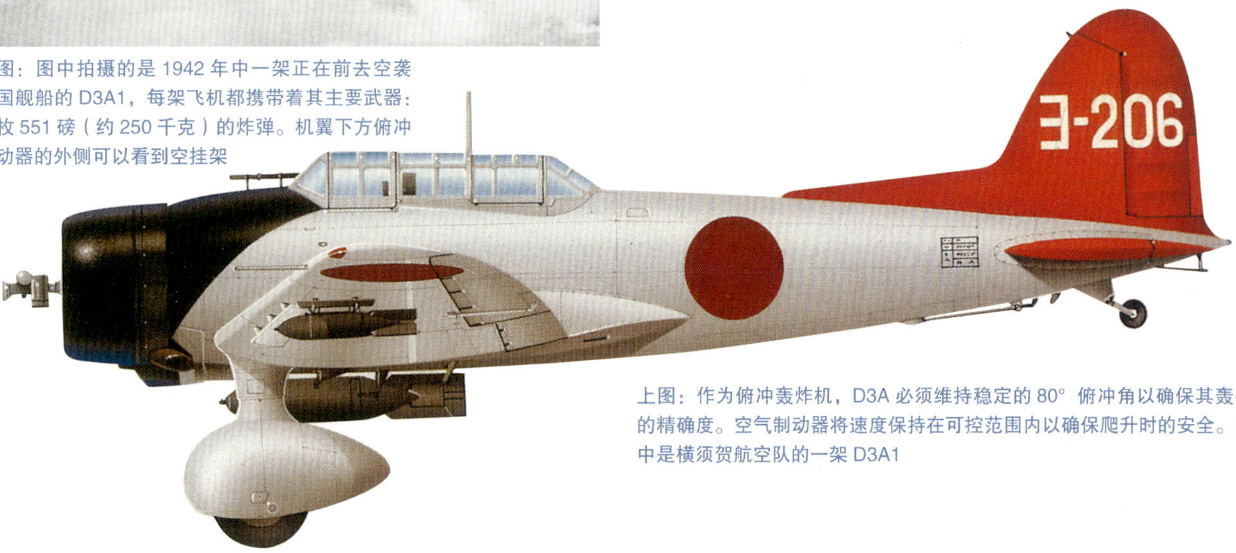

上图：作为俯冲轰炸机，D3A 必须维持稳定的 80° 俯冲角以确保其轰炸的精确度。空气制动器将速度保持在可控范围内以确保爬升时的安全。图中是横须贺航空队的一架 D3A1

上图：德国海军之眼——阿拉道 Ar-196 水上飞机在很多方面都有着极好的水上、空中操控性能。在它服役早期，它那重型的武器装备使它成为敌方笨拙的海上巡逻机的灾难，尽管这种情况随着战争的推进逐渐得到扭转

阿拉道 Ar 196

水上战斗机

尽管 Ar 196 水上飞机在第二次世界大战中作用非常有限，但它仍旧是一款重要机型。该型号飞机在大量浮动结构上发展设计而来，很快地进入服役，替代了值得尊敬的 He 60。

重新武装的德国海军的第一款舰载机是亨克尔 He 60，一种由普通双翼机改装而来的水上飞机。但理想的水上飞机应当进行专门的加固设计以承受远洋恶劣海况下的飞行、从舰船上弹射起飞以及依靠吊车水上回收等考验。He 60 的主要工作是短程侦察，但沿海巡逻、水上搜救甚至局部地区对地面部队的近距离空中支援（比如反游击队行动）等都成为它重要的第二任务。

到 1936 年的时候，很明显 He 60 已经过时了。亨克尔公司被委托生产一种新机型来替代 He 60，但最终生产出来的 He 114 在试航中被发现水上操控性与飞行性能均不令人满意，在其他方面也有所欠缺。

下图：两架 706 海岸飞行大队的 Ar 196 迫使英国皇家海军的“海豹号”潜艇投降是该型机在战争初期的战果之一。该艇在被水雷重创后，全体船员在 Ar 196 开始用航炮和炸弹发动进攻时宣布投降

上图：Ar 196 的第一架和第二架原型机有着传统的双浮筒结构，而第三、第四和第五架原型机（B 系列）则在机体中轴线下有一个主浮筒，机翼下方还有稳定浮筒。图中未装备武器的第二架原型机正在进行弹射起飞

经过对 He 114 漫长的测试和改进后，德国在 1936 年 10 月决定发布一套新的技术指标以便福克 – 沃尔夫公司或者阿拉道飞机制造公司拿出一套新的产品。福克 – 沃尔夫公司生产了一种外形与 FW 62 类似的传统双翼机，而阿拉道公司的产品却是一架单翼机，而且是出人意料的下单翼。

第一架样机

纳粹德国海军和帝国航空部认定新水上飞机应该由 BMW 132K 九缸星型发动机提供动力。这一发动机输出功率为 960 马力（约 716 千瓦），功率和 He 114 的发动机几乎是一样的。之后又进一步规定样机制造分双浮筒与单浮筒两种结构，后者包括一个中央单浮筒和翼尖下的稳定浮筒。两家竞争公司很快递交了设计图纸和成本预算，而 Ar 196 被认为是更有吸引力的选择。Fw 62 的 2 架原型机被作为后备机型，而 Ar 196 却有 4 架原型机入选。这 4 架原型机编号从 2589 至 2592，前两个（Ar 196 V1 和 V2）是带有双浮筒的 A 系列，而 V3 和 V4 系列则是带有中央浮筒的 B 系列。这 4 架都被登记为民用飞机（民用注册号分别为 D-IEHK，IHQI，ILRE 和 OVMB）。

从某种意义上来说，这些原型机只是过渡型号。它们的发动

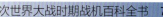

上图：第一架原型机的双浮筒布局成为 Ar 196 的标准布局。方向舵顶部的前凸部分在 V2 原型机上被舍弃了，但在其他方面 V2 与 V1 很相近

机是 880 马力（约 656 千瓦）的宝马 132Dc 型发动机，驱动施瓦茨双叶螺旋桨。在最初的设计中，第一架飞机有机身左侧底部导出的双排气管。后来，标准布局改为由更短的双排气管从机腹中心线向左右对称排气。整流罩紧固在发动机上，呈星形状。冷却由机翼后缘铰接散热片控制。总体来说，飞机不需要做很大的改进。前两架原型机上唯一可见的改变是方向舵顶部的舵面凸角被取消了，垂尾面积稍有增大，还有浮筒方向舵的一些微小改进。V1 原型机之后也搭配了被认定为标准配置的三叶的 VDM 恒速螺旋桨。

第二架和第三架原型机，编号 V2 和 V3，除了浮筒布局不同，其他方面别无二致。然而 V4 安装了更流线型的稳定浮筒，支撑结构的布置也更加简单。V4 型也是 Ar 196 第一个配备武器的飞机型号，它在翼下各装配了一门 20 毫米的 MG FF 机炮，由翼下鼓包内的 60 发弹鼓供弹。此外，机身前部右侧还有一挺 0.312 英寸（约 7.92 毫米）的 MG 17 机枪，从发动机整流罩内开火，两侧机翼还有用于携带 C 50（110 磅 / 约 50 千克）炸弹的位于外翼下方、机炮外侧的挂架。

1937 年至 1938 年，这 4 架原型机在特拉沃明德进行了详细的评估，但还是很难确定哪种浮筒布局应该成为首选。中央单浮筒布局被认为更适合在有浪条件下的操作，但稳定浮筒在起飞的时候很容易浸入海中，产生显著的不对称阻力。在项目研发的过程中，尽管 B 系列的新一架原型机 V5（编号 D-IPDB）已经建造成功，但最终人们还是决定采用双浮筒布局。这种布局也被应用在 1938 年 11 月瓦尔内明德工厂完工的 10 架预生产型 Ar 196A-0 上。

常规设计

Ar 196 在结构上比较传统。它的机翼是带有开缝襟翼和弗莱特纳调整片式副翼的双梁全金属承力蒙皮结构。机翼被设计成可以在下方最外层非常靠近根部的一个倾斜的铰链处折叠到后方。折叠机翼时必须拆开机翼与浮筒之间的支撑杆。机身是用轻型框架和纵梁围绕一个坚固的焊接钢管骨架焊接的，这些结构支撑着从发动机防火墙到后方驾驶员座舱的轻合金蒙皮以及从驾驶员座舱到机尾的布料蒙皮。机尾也是承力蒙皮结构，但覆盖了布料的表面却是可移动的。浮筒是铝合金制成的，燃料装在两个 66 英制加仑（约 300 升）的油箱中，两个浮筒中各一个，输油管将燃料从前方的支撑结构中输送到上方。支撑结构上开设有防滑阶梯，这些阶梯构成了一个可供维修人员向上攀爬到发动机或驾驶员座舱的梯子。

武器装备

机组人员包括一名驾驶员和一名观察员（兼任枪炮手）。后者在正常情况下面朝后方，并且由于机身内没有油箱，两人的座椅被紧密排列在一起。驾驶舱盖为一个全通的玻璃制舱盖，飞行员与观察手座舱盖均为前后滑动式开合，原始设计中观察手座舱盖可完全封闭。在量产型中，后驾驶舱不能完全闭合，但设有挡风板以减少飞行过程中的不适，并且驾驶舱的顶盖布置使得用后置武器进行瞄准更容易。最初的 196A-1 型号上，后射武器为一挺 0.312 英寸 /7.92 毫米 MG 17 机枪，有 7 个 75 发鞍形弹鼓供弹。前方射击武器被拆除，而两个 SC 50 炸弹挂架则被保留。发动机被换为 BMW 132K，驱动一个施瓦茨三叶无罩螺旋桨。生产出来的 A1 版本增添了很多操作设备，包括弹射器线轴（机身结构也有局部加强），浮筒上还有大型烟雾发生器。浮筒中还储存有应急口粮、额外的弹药，浮筒后部还储存有照明弹。

Ar 196A 一出现就备受欢迎，并不仅仅因为它足够优异的性能以及水上水下俱佳的操作性，更是因为它可靠性极高，且虽然是下单翼但有着极好的视野。

下图：Ar 196 的设计要满足替代德国海军大型舰艇上水上飞机的设计要求。在这里，一架原型机正在测试。在实际操作中，飞机为了起飞要被弹射到空中，任务结束后要从水中被吊回到甲板上

下图：第 196 舰载机大队第一、第五中队负责为海军战舰提供水上飞机，它们分别位于威廉港和基尔 – 霍尔特瑙。图中的这架舰载机停在“欧根亲王号”重巡洋舰上

上图：Ar 196 V3 和它前期型号的唯一不同是浮筒起落架的布局，后来的版本（下图）采用的是性能更佳的双浮筒设计

纳粹海军之眼

> Ar 196 在作战中的表现是比较成功的，该型机在欧洲战场的大部分水域寻找猎物，并取得了一些瞩目的成功。

首批 20 架 Ar 196A-1 战机的交付从 1939 年 6 月开始。这批战机被分配给第 196 舰载机大队第 1 和第 5 舰载机中队，登上了袖珍战列舰"施佩伯爵号"。这艘战列舰在 1939 年 8 月中旬驶向南大西洋，于同年 12 月 13 日遇到三艘逊色得多的英国皇家海军巡洋舰。舰长兰斯道夫本可以弹射新型水上飞机，用来引导舰上 11 英寸（约 279 毫米）舰炮的瞄准，而舰只则可以驶离英国巡洋舰的射程范围。然而，德国战舰选择了靠近英军战舰，在战斗中遭受重创。

英国军舰的第一轮齐射击中了"施佩伯爵号"的弹射器，毁掉了舰上的 Ar 196A-1。而该机本来有可能逆转这次遭遇战的结局。

随后，有更多的 Ar 196 逐渐取代了海岸飞行部队和德国海军的主要水面舰艇舰载机 He 60。1939—1940 年那个极度严寒的冬季推迟了位于瓦尔内明德的飞行测验，但在 1939 年 11 月 20 架 A-1 型还是迎来了后续的 Ar 196A-2 型号。新型号在设计中除了水面舰艇侦察，还有更多的任务范围。它从海岸基地出发，预计航程能包括北海和波罗的海，途中遇船则扰、逢机则袭，并且开始安装向前开火的武器。MG 17 机枪同 V4 原型机一样被安装在机头右侧，两门 MG FF 机炮也完成了安装，安装位置有所改进，安放弹鼓的鼓包挪到机翼上表面以保证机翼下侧平顺。设计师希望驾驶员更多地使用 MG17 机枪而不是机炮，但后者的存在给了驾驶员一种优越感，因为他们知道阿拉道可以将任何在公海上遇到的盟军飞机击落。

新的改型

1940 年工厂共交付了 98 架 Ar 196，这个总数包括了最初 24 架编号为 Ar 196A-4 的型号。该型号取代了战舰上的 A-1，新型

下图：从挪威到地中海，Ar 196 在欧洲大部分海域都很活跃。这架 Ar 196A-3 属于驻扎在亚得里亚海的第 196 舰载机大队第四舰载机中队

上图：有一些 Ar 196 被同盟国缴获。1945 年，这架英国航空部编号 92、序列号 VM748 的样机，正在海军航空兵实验机构进行测试

的 A-4 与 A-1 在前置武器和新加装的 FuG 16Z 无线电设备上有所不同。针对这种改型，随后进行的改进是施瓦茨螺旋桨被 VDM 有罩螺旋桨代替，正如验证 V1 原型机时所搭配的那样。为了适应严酷的舰上条件，V4 原型机也稍微进行了加固。

1941 年 5 月 26 日“俾斯麦号”战列舰在返回母港时为击落或驱逐正在搜寻战舰的英国皇家空军岸防司令部的“卡特琳娜”水上飞机，弹射了 Ar 196A-4。A-4 并没有得手，而“卡特琳娜”水上飞机呼叫“剑鱼”鱼雷攻击机。后者炸毁了“俾斯麦号”的转向结构，注定了这艘战舰葬身大海的命运（5 月 28 日被击沉）。

1940 年 5 月，706 海岸飞行大队第一中队的两架 A-2 水上飞机从丹麦奥尔堡的基地出发，发现了一艘英国潜艇——英国皇家海军的“海豹号”。该潜艇在卡特加特海峡被水雷击伤，由于无法下潜，不得不无助地浮在水面上。甘瑟 - 梅伦驾驶 Ar196 A-2 型水上侦察机用炸弹和机炮对潜艇进行攻击。当第二架 A-2 也加入进来时，潜艇全体船员投降了。梅伦将飞机降落在潜艇旁边，把潜艇的指挥官带回了奥尔堡。

最终的 A3 型

1941 年共生产了 97 架 Ar 196，几乎全部都是 Ar 196A-3，该型号的改进包括了更进一步的结构调整和额外设备。1942 年共有 94 架 A-3 下线，并且在 1942 年 7 月和 1943 年 3 月之间，又有来自布格（圣纳泽尔）西南部的 SNCA（法国国家航空制造厂）的 23 架完成交付。母厂在 1943 年共生产了 83 架水上飞机，几乎全部都是最终的主要型号 Ar 196A-5。这种型号换装了更强的后置武器：一挺 MG 81Z 双联装机枪，带有自动重量配平机构，两条弹链各有不少于 2000 发子弹。MG 81Z 是由两挺 MG 81Z 组合起来的，每侧的 MG 81Z 机枪都能一分钟发射 1800 发子弹。除此之外的改进还包括 FuG 25a 无线电设备，随后又有 FuG 141 和 FuG 16Z。驾驶舱仪表有所改进，此外还有一些其他细微调整。

1943 年夏天，阿姆斯特丹的福克工厂开始生产 A-5 型，截至 1944 年 8 月生产终止时共生产了 69 架。瓦尔内明德的工厂在交付了 22 架 A-5 型号后，于 1944 年 3 月停止生产，截至此时各种型号的总产量恰好超过 500 架，其中包括 10 架 A-0 和 5 架原型机。

为数不少的该型机几乎全部配属于海岸基地，被补充进部分配备 BV 138 水上飞机的海上侦察大队。主要装备该型机的两个海岸飞行大队分别是最初基地建在波罗的海，随后为了黑海上的任务而转移至康斯坦萨的 125 大队；以及基地建在克里特岛及其他地区、行动在东地中海地区和巴尔干半岛的 126 大队。其他作战单位包括行动在英吉利海峡比斯开湾西部的 128 大队，以及 1944 年秋季之前活跃在远离挪威西海岸的 131 大队。随后 Ar 196 水上飞机又同罗马尼亚皇家空军的 101、102 海岸侦察队以及保加利亚空军的 161 海岸中队一道在黑海上空执行任务。由于德军在东线节节败退，这些行动的大多数在 1944 年晚夏之前都停止了。

1940 年至 1941 年间，阿拉道公司生产了少量中心单浮筒配置的 Ar 196B-0 型水上飞机。B 系列其他方面与 A-2 型相似，曾一度服役于威廉港第 196 舰载机大队第一中队。一款 Ar 196C 变型机也被纳入计划，该型机计划采用改进的武器装备和流线型机身，然而从来没有投入生产。

上图：Ar 196 在希特勒占领的欧洲所有沿海地区服役，同时它也是德国海军主要水面舰艇所携带的标准水上飞机。其中最大的两艘舰艇“俾斯麦号”和“提尔皮茨号”战列舰各携带了四架

舰载操作

Ar 196 最初就是为舰载操作设计的，装配了弹射器线轴和加固的机体。在“施佩伯爵号”和“欧根亲王号”巡洋舰等几艘德军舰船上，Ar 196A-1q 取代了 He 60。

动力装置

Ar 196 原由 880 马力（约 656 千瓦）的宝马 132Dc 星型发动机提供动力，该发动机驱动双叶可变桨距螺旋桨。预生产阶段的 Ar 196A-0 改用了 960 马力（约 716 千瓦）的宝马 132K 发动机，成为此后所有型号的标准动力。在所有生产型号中，都是 9 缸气冷星型布局的宝马 132K 型发动机驱动三叶可变桨距螺旋桨。

Ar 196A-5

这架 Ar 196A-5 型曾于 1943 年在驻扎东地中海和爱琴海的 125 海上侦察大队第 2 中队服役，曾与布罗姆 - 福斯公司的 BV138 并肩作战。该部队之后更名为 126 海上侦察大队第 4 中队，由东南空军司令部指挥。

防卫枪炮

MG 81Z 机枪安装在 Ar 196A-5 的后驾驶舱，这种由两挺 MG 81 0.31 英寸口径（约 7.9 毫米）机枪组成的双联机枪每一侧都备有 2000 发子弹。

机翼

阿拉道 Ar 196 为非后掠式前缘和弱梯度机翼后缘的宽弦机翼。该型号飞机有大跨度的舷外副翼和相对较小的内舷翼襟。所有的操控表面都有布料覆盖，剩余的机翼是金属蒙皮双梁结构。

性能

Ar 196A-5 最大时速达到了 194 英里（约 312 千米），航程达到 497 英里（约 800 千米），实用升限 22965 英尺（约 7000 米）。

阿拉道 Ar 234

上图：起飞时，Ar 234A 要固定在一个有着可操控鼻轮和用于滑行的主轮制动器的大型滑车上。在 V1 原型机首飞时，滑车在半空脱离，随后落在跑道上

研发

纳粹德国空军服役的第二款喷气式飞机、世界上第一架喷气式轰炸机阿拉道 Ar 234 表现出了极大的潜力。然而它投入生产太晚，产量也太少，最终无法挽救"第三帝国"的命运。

上图：这架被缴获的飞机是主要生产型号之一——Ar 234B-2。驾驶舱上方的突出物是一个潜望镜，可以配合选装的两门 20 毫米后射航炮射击，也可以为驾驶员提供飞机后方的视野

战后的航空文献充斥着各种杰出的实例，即便是优秀的战机也会因更出色的同辈而黯然失色。一个明显的例子是哈德利·佩奇有限公司的"哈利法克斯"轰炸机，由于爱维罗公司传奇般的"兰开斯特"轰炸机的存在而相形见绌。在德国方面，当提及"纳粹空军"和"喷气式飞机"这两个词时，人们脑海中首先想到的一定是世界上第一款喷气式战斗机——梅塞施密特 Me 262。而同样具有革命性和创新性的阿拉道 Ar 234——世界上第一架喷气式轰炸机，总是屈居次席。

这个薄命的"陪跑者"的诞生要追溯到 1940 年底编号为 E.370 的计划。该机是阿拉道公司为满足德意志帝国航空部提出的使用两台正在由宝马和容克公司研制的涡轮喷气发动机驱动的高速侦察机的要求而设计的。为了达到简单干净的气动设计，E.370（很快就被重新命名为 Ar 234）在窄机身上安装了肩挂式机翼，两侧翼下分别悬挂喷气发动机短舱。由于机身的大部分空间都被油箱所占据（帝国航空部的技术指标要求航程超过 1243 英里，即 2000 千米），也就没有空间来安装传统的起落架了。于是阿拉道提出了两个同样新颖的备选方案。第一个方案是在中心线上安装由 9 对小轮子组成的伸缩式转向架（效仿公司早期设计 Ar 232"千足虫"运输机），发动机机舱下还带有翼下起落支架滑橇。第二种方案是将复杂的机身转向架布局替换为可投弃式起飞滑车和中央主起落滑橇的组合。两害相权取其轻，第二个方案被选中并装备到第一架生产机型——Ar 234A 上。

最初两架机身在 1941 年冬季到 1942 年之间完成建造，但是

上图：Ar 234 的空中拖箱是以菲泽勒 Fi 103 或（V-1）飞行炸弹为结构基础深度改进而来。该炸弹的发动机、制导系统和战斗部被移除，但加上了基本的轮式起落装置

要到一年之后阿拉道才能收到头两部容克 Jumo 004 涡喷发动机，尽管这些仅是用于静力试验的前期生产型，毕竟在发动机静力测试中梅塞施密特 Me 262 的动力设备有着最高的优先权。在项目中，1943 年 6 月 15 日，公司的首席试飞员泽勒上尉驾驶第一架原型机 Ar 234 V1 在赖内机场起飞，完成了处女航。之后又有 6 架原型机的机身建造完成。其中有两架被作为测试平台来验证计划中的四发动机 Ar 234C（V6 的 4 台宝马 003A 涡喷发动机分别有独立的短舱；V8 的动力装置在翼下成对的短舱中），而 V7 是 Ar 234B 型亚型研制计划的一部分。

此时 Ar 234A 的起落装置在操控性上都有着严重的瑕疵。一旦安全着陆后，Ar 234 不能用自己的动力移动，从而不得不保持静止直到被特制的低架挂车拖走。这使得它极其危险，容易受到盟军战斗机的攻击——而这种威胁在战争的最后 12 个月中变得越来越严重。

后继改进

第一款 B 系列原型机——V9 在 1944 年 3 月 10 日首飞，通过对机身横截面进行略微扩大以解决此前存在的问题，使轮舱挤入之前被中央燃料室占据大部分空间的机身内。前后收放主轮搭配了较大的低压轮胎来弥补较窄的轮距。新的鼻轮向后缩回到驾

下图：Ar 234B-2 与之前的型号相比，更是个多面手。Ar 234B-1 能够执行轰炸、寻路和侦察任务。该型号在发动机舱外侧装配了无烟式起飞助推火箭

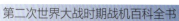

驶员弹射座椅后方的舱室内。随后的原型机都是由容克 Jumo 004 和宝马 003 发动机来提供动力。

1944 年 6 月 8 日，首批 20 架预生产 Ar 234B-0 飞向蓝天。这些飞机没有 V9 上的弹射座椅和座舱增压器，但是安装了两部相机。Ar 234B-1 侦察机与 V9 大体上相似，但是自动驾驶仪有新的改进，可抛副油箱也成了标准配备。主要的量产型号是 Ar 234B-2。该型号通用性非常出色，除了主要作为最大载弹量达到 3300 磅（约 1497 千克）的轰炸机，该型号还有很多其他的装备标准，包括侦察机（Ar 234B-2/b）、探路机（Ar 234B-2/l）和远程版本（Ar 234B-2/r）。B 系列的终极改进型——B3 轰炸机，由于四发动机的 Ar 234C 型号的存在而被舍弃了。

第一架 C 系列原型机是在 1944 年 9 月 30 日进行处女航的 V19。C 系列曾计划了不少于 8 个机型，但只有少量的早期版本（多用途的 C-3 和之前的版本）在战争结束之前完成了。停战时，已经完成和正在建造的原型机数量达到了 40 架，最后 10 架机身是为研制由两台亨克尔 - 赫斯公司的 HeS 011 涡喷发动机提供动力的 D 系列准备的。高产的阿拉道团队已经开始了 Ar 234E 重型战斗机、等比放大的 Ar 234F 和 Ar 234P 夜间战斗机的设计。据估计，这些改型中的最后一种——三座的 P-5 型，性能仅会稍逊于 Me 262B-2a。

Ar 234 是一款极其杰出的飞机。如果它能够大量投入生产的话，可能给同盟国带来的就不仅仅是些许困扰了。

上图：Ar 234 对动力有着很大的需求，所以图中这架安装了四台宝马 003A 涡轮喷气式发动机而不是两台容克 Jumo 004B 发动机。这种新型号编号为 Ar 234C

上图：Ar 234 正进行 Deichselschlepp，即“空中拖箱”的试飞。这一实验旨在为飞机提供一个可抛弃式长航程油箱。这个 616 英制加仑（约 2800 升）的油箱通过一根半刚性的燃油供给管连接到机身上

下图：一架被缴获的 Ar 234B，被命名为“混乱一号”，固定在跑道上等待测试。被缴获的 Ar 234 很多，并且被缴获时保持了相对良好的状态

一架 Ar 234 掠过一架 Ju 188。世界上第一架喷气式轰炸机——Ar 234，也在欧洲执行了一些重要的侦察任务

Ar 234 服役史

阿拉道 Ar 234 毋庸置疑是一款优秀的飞机，对于盟军而言，该型机仅有少量投入战斗是值得庆幸的。

最初进入前线服役的是 V5 和 V7 两架原型机。它们在诺曼底登陆后迅速被派往法国兰斯附近的瑞万库尔。最初只有一架到达了目的地（另一架由于发动机出现问题，不得不返回奥拉丁堡）。抵达的这一架也不得不等待长达一周的时间，因为它专用的地面设备——特别是起飞滑车——需要用火车运来。

因此，直到 1944 年 8 月 2 日，埃里希·佐默中尉才起飞完成了世界上第一次喷气式侦察出击。利用三次差别不大的侦察任务（每次历时 10 分钟），他没有遇见任何抵抗就完成了从阿弗朗什到卡昂几乎所有盟军阵地的拍照。同一天，霍斯特·吉茨中尉驾驶的第二架阿拉道也到达了。在接下来的三周时间里，这两名飞行员又执行了 13 架次任务。

尽管他们的行动完全没有被侦察到，但两架喷气式飞机还是卷入德国军队在法国的大撤退。在比利时和荷兰短暂逗留后，这两架飞机组成的小分队在 9 月 5 日返回了德国。他们的新基地——赖内，将会成为西线侦察行动的核心。

到目前为止，这两架阿拉道隶属于最高指挥部的一支试验性中队。现在吉茨和佐默两人各自都要建立自己的半自主特别作战小队。尽管两人各自能够调动的飞机都很少超过两架，但不论是吉茨特遣队——代号“麻雀”——还是佐默的“梭鱼”特遣队，现在至少能用上安装起落装置的 Ar 234B 了。

下图：一架火箭助推的 Ar 234 怒吼着冲向蓝天，在身后留下两道烟迹。为了辅助起飞，该机型使用了无烟助推火箭，同时还有减速伞来缩短着陆滑跑距离

最初的损失

1944 年 10 月末之前，阿拉道执行了二十多架次的任务，其中一些是在英国本土上空执行的。之后在 1945 年 1 月，两个特遣队被解散了，所有完好的拍照型 Ar 234 都被并入三个远程侦察中队：第 33 侦察大队第 1 中队、第 100 侦察大队第 1 中队和第 123 侦察大队第 1 中队。它们继续在英国上空执行任务，直到 2 月 11 日，在执行同类任务时，即将返回赖内基地的第 123 侦察大队第 1 中队汉斯·费尔登上尉被英国皇家空军的“暴风”战斗机击落。这是在安全服役 6 个月后第一架被盟军战斗机击落的

下图：在英国上空执行高空侦察任务时，Ar 234 几乎能完全无视对方拦截。图中的地勤人员正在往机身后部的相机架上装载照相机

Ar 234 侦察机。据记载，在不列颠群岛上空的最后一次任务是在战争结束前不久由一架第 33 侦察大队第 1 中队的飞机执行的，当时该中队的基地位于挪威的斯塔万格。

在此期间，“梭鱼”特遣队解散之后不久，埃里希·佐默就成立了一支“佐默”突击队（包括三架飞机）。1945 年 2 月，他把新的突击队带到了意大利北部。最终他在当地轴心国军队投降两个月前驻扎并留在乌迪内城外的坎波福尔米多。规模更小的是基地位于奥拉丁堡的比斯平突击队，一支身经百战的夜间战斗部队。该部队有两架装配头部雷达和腹部机关炮的改进型 Ar 234B–2，还把第二名机组成员硬塞进机身后侧。在比斯平上尉死于 1945 年 2 月 23 日的一次起飞事故后，突击队更名为博诺突击队。作为小队新的指挥官（也是唯一的飞行员），库尔特·博诺上尉将在战争结束前的最后 10 周中，在柏林的夜空下徒劳地追逐着夜袭的“蚊”式轰炸机。

上图：Ar 234 在 1944 年 12 月到 1945 年 1 月阿登反攻战期间列队等候下一个任务。Ar 234 被用于对前进的盟军阵地进行精确打击

第一次喷气式轰炸机突袭

不管怎么说，Ar 234 给盟军留下的最深刻印象还是轰炸型号。第一架，也是唯一换装 Ar 234B–2 喷气轰炸机投入作战的是沃尔特·施托普上校的第 76 轰炸机联队装备的 Ju 88。1944 年 12 月 18 日，第 9 中队在迪特尔·卢克施上尉的命令下向前转移到明斯特－汉多夫支援 24 小时之前发起的阿登反攻战。最初由于糟糕天气的限制，盟国空军的飞机同样也只能趴在地面上。而世界上第一次喷气式轰炸机任务直到 12 月 24 日才开始。卢克施率领他的 9 架全部装备了 1102 磅（约 500 千克）SC 500 炸弹的阿拉道去攻击列日省的铁路车辆厂。这次突袭是一次完全的胜利，所有成员安全返回，唯一的损失是降落时有一架飞机由于起降装置的问题而在机翼上有一些轻微的刮伤。

仅在一星期之后，第 76 轰炸联队第 9 中队又参与了对盟军机场的新年突袭，6 架轰炸机打击了吉齐瑞仁。1 月，德军针对列日、巴斯托涅和安特卫普还执行了进一步的飞行任务。2 月，汉斯－格奥尔格·布彻少校的第 3 大队的其余部队被宣布可以投入作战。但这一切都太迟了，燃料的缺乏带来了极大的限制。行动在 3 月初美国人占领雷马根镇莱茵河上的大桥后又密集起来。第 76 轰炸联队第 3 大队在一周之内被 5 次派去摧毁这座大桥，并且在此过程中损失了 5 架飞机。这也是 Ar 234 的最后一战。在随后的 8 周中，第 76 轰炸联队第 1、第 2 大队也完成了新型喷气式战机的换装——但随即就向盟军投降了。

弱点

尽管有着极佳的高空高速性能，Ar 234 也不是无懈可击的，部分该型机被极速慢得多的盟军战斗机所击落。Ar 234 的主要问题是它极差的后方视野和低速条件下糟糕的灵活性。

座舱

驾驶舱内的标准配备包括一台帕丁 PDS 自动驾驶仪和一台复杂的洛夫特 7K 潜望瞄准器。所有设备都可以同时使用。

Ar 234B–2

第 76 轰炸机联队的联队部中队是 Ar 234B–2 轰炸机版本最早的接收者，在 1944 年就接收了第一架。该部队由作战训练联队 2 大队的一部分改编而来，在 11 月份完成了换装，正好来得及参与 1944 年 12 月至 1945 年 1 月的阿登反击战。

武器装备

Ar 234B–2 最大载弹量为 3300 磅（约 1497 千克）。通常它携带 3 枚 1102 磅（约 500 千克）的 SC 500J 炸弹，在机身下方和发动机舱下方各有一个挂架。或者 Ar 234 也可携带一枚 2205 磅（约 1000 千克）的 SC 1000 或者 SD 1000 赫尔曼炸弹（如图）来替代较小的炸弹。

防卫武器

Ar 234 可配备 2 门向后射击的 MG151 20 毫米机炮作为自卫武器，被安装在机身两侧后部靠下的位置，通过驾驶舱内的潜望镜来进行瞄准。

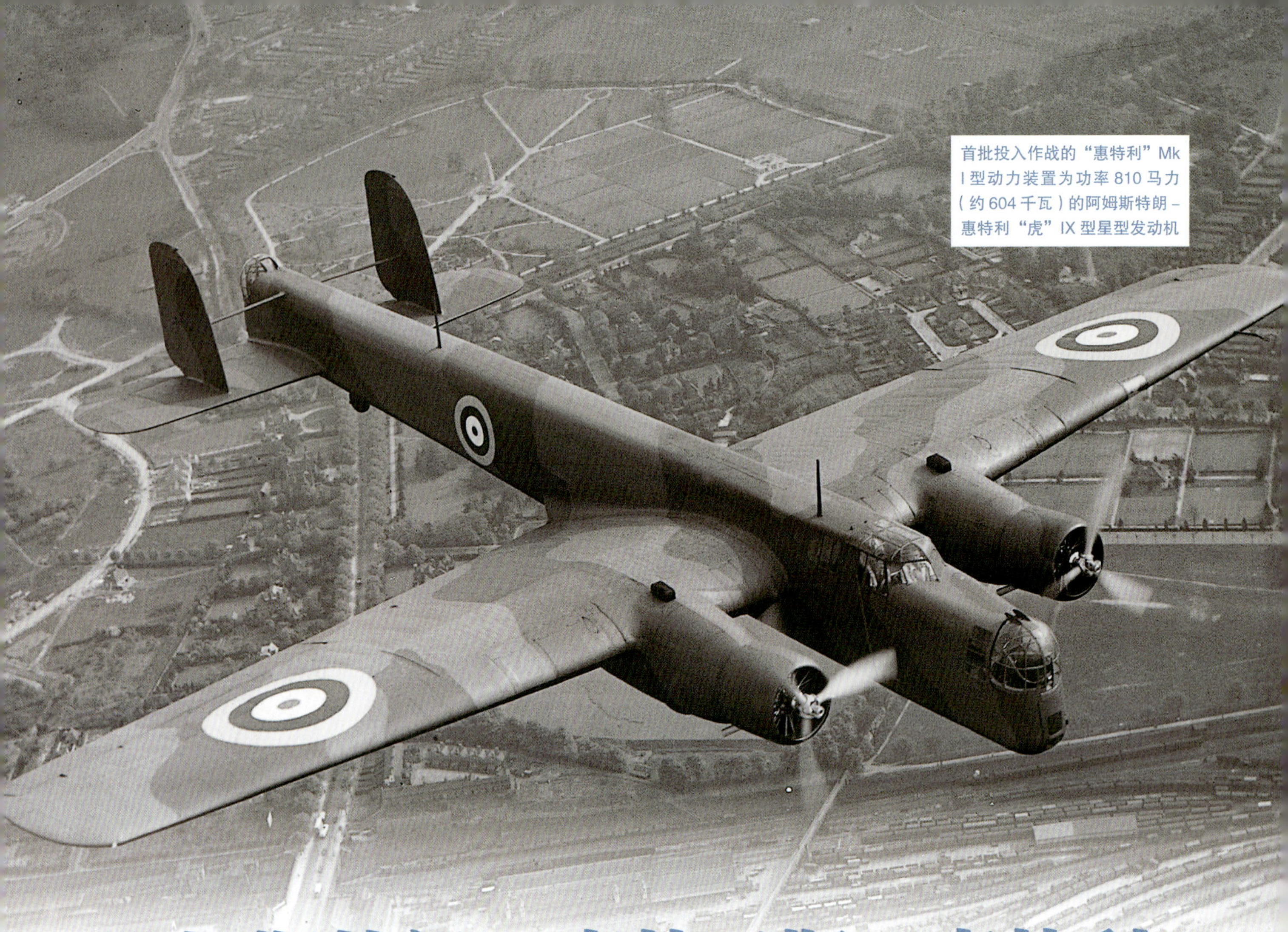

首批投入作战的“惠特利”Mk I型动力装置为功率810马力（约604千瓦）的阿姆斯特朗－惠特利“虎”IX型星型发动机

阿姆斯特朗－惠特沃斯“惠特利”

早期夜间轰炸机

在第二次世界大战的初期，“惠特利”不仅是英国皇家空军轰炸机司令部的主要支柱之一，还执行着海上巡逻、牵引滑翔机和伞兵部队训练等任务。

第二次世界大战爆发时，“惠特利”就已经落伍，然而它已经成为轰炸机司令部中夜间轰炸机部队的重要组成部分，并在战争初期的艰难岁月中得到了广泛的使用。后来，“惠特利”在岸防司令部及空降部队服役，在更现代化的机型将其取代前继续发挥余热。随后“惠特利”退役并很快被遗忘。遗憾的是，没有一架“惠特利”保留至今。

“惠特利”是为满足航空部1934年的技术要求而设计的，它的原型机（来源于1935年首飞的AW.23运输机）于1936年3月17日初次试飞。“惠特利”有着细长的机身、巨大的机翼和看起来已经过时的尾翼组，其双垂尾安装在低平尾上。这些设计特点使得人们想起早期的轰炸机，然而这架飞机（英国皇家空军第一架全金属轰炸机）实际上很现代。传统的管状框架被轧制的、加压的、带有波状的轻合金硬壳蒙皮机身所代替，同时人们做出了巨大的努力来确保其制造过程更加便捷、花销更少，并使所有组件均达到高品质。

上图：“惠特利”因作为英国第一架携带重型自卫武装轰炸机而闻名。这款飞机引入手动操作的四联装尾部机枪炮塔（图中的飞机带有一部空中照相枪）。从“惠特利”Mk IV开始，尾部炮塔改为动力驱动

强壮且适应性强

这款飞机的制造理念造就了一副强壮的机身，这样在战争期间，它将表现出卓越的适应能力和抗毁伤能力。与此同时，它的生产极其迅速。尽管“惠特利”是在“惠灵顿”和“汉普登”之后提出的设想并要求展开设计，然而该型机18个月后首先完成了原型机的设计、生产和试飞。这款新型飞机最突出的特征是机翼的宽翼幅和大迎角，这一特性可以减少飞机的着陆滑行距离，以及襟翼展开之前的“浮动”距离。这使得“惠特利”在飞行中拥有不同寻常的俯冲性能，增强了它的战斗力。

第四大队的换装

在“惠特利”的原型机完成首飞的时候，英国皇家空军就已经订购了首批80架，并决定在部队扩充期间作为重型轰炸机部队的主力机型。在1937年3月9日，“惠特利”开始在位于迪仕福斯（Dishforth）的第10中队服役，随后第4大队的所有中队（第7、51、58、77、78、97、102和166中队）都陆续换装了这一机型。战争爆发时，该大队作为世界上唯一一支专业的夜间轰炸机部队，很快便奉命远赴德国本土执行代号“镍”（Nickel）的空投传单的任务，并于战争的第一天晚上就在鲁尔区展开行动。在10月1—2日，“惠特利”成为第一款出现在柏林上空的英国皇家空军轰炸机，虽然只是扔下了一些没有任何杀伤力的传单。随后它们的“作战”范围扩大到了布拉格和华沙。在“伪战争”（Phoney War）结束后，“惠特利”开始执行更具进攻性的行动。3月19—20日，30架“惠特利”参与了一场针对位于博尔库姆（Borkum）的一个水上飞机基地的袭击，并首次在德国领土投下了炸弹。5月11—12日，“惠特利”和“汉普登”第一次在德国本土扔下炸弹，给慕尼黑格拉德巴赫（Gladbach）的铁路设施造成了严重破坏。之后“惠特利”开始了对意大利的袭击，它们于6月11日（墨索里尼宣战次日）越过阿尔卑斯山轰炸了都灵和热那亚，之后降落在海峡群岛补给燃料。1940年8月25—26日，“惠特利”还参加了对柏林的第一次轰炸。

“惠特利”在轰炸机司令部服役至1942年4月27—28日。当时第58中队执行了这款飞机的最后一次轰炸任务：攻击奥斯坦德（比利时城市）。当时，轰炸机司令部包括切斯谢尔（Cheshire）、马哈迪（Mahaddie）、皮卡德（Pickard）和泰特（Tait）在内的很多杰出的飞行员都是在这款飞机上“成为老鸟”的。

上图：第78中队的“惠特利”Mk V。这些飞机全部在布莱克制造完工，被用于战争刚开始几个月对德国的夜间轰炸。第78中队的这些飞机参加了轰炸机司令部组织的对柏林的袭击

岸防司令部

1939年底，“惠特利”加入岸防司令部，当时司令部主要是临时从轰炸机司令部借用一些“惠特利”中队去执行护航和反潜巡逻任务。岸防司令部在1940年底拥有了自己的“惠特利”。在逐步换装3个中队之后，又获得了装备有机载水面舰艇探测雷达（ASV）的“惠特利”Mk VII。第一个利用ASV引导击沉U艇的记录是1941年11月30日击沉的U-206号。“惠特利”一直在岸防司令部服役至1943年7月。

下图：由“默林”发动机提供动力的Mk V G-AGDY号是被英国海外航空公司（BOAC）使用的13架该型机中的一架。它在1942—1943年执飞马耳他和瑞典的航线

上图：英国皇家空军岸防司令部使用三个“惠特利”Mk V 和 Mk VII 中队超过三年时间，Z9190 便是 502 中队中的一架“惠特利”。这个部队因 1941 年 11 月的一场战斗而闻名，那场战斗是 ASV 首次成功协助轰炸机对 U 艇进行攻击

“惠特利”在空降部队服役时，无论是空投伞兵还是滑翔机拖曳都收获了很大的成功。1941 年 2 月 10—11 日，轰炸机司令部的“惠特利”被用于“巨像”行动，空投的伞兵部队随后摧毁了帕戈列斯净水厂（Acquedetto Pugliese）。在 1942 年 1 月 27—28 日的布吕·瓦勒突袭［“啃咬”行动（Operation Biting）］中，空降部队成功夺取并拆走了一部完好的德制“维尔茨堡”（Wurzburg）雷达。

空投训练

“惠特利”曾被位于灵韦（Ringway）的伞兵训练学校、第 21 重型滑翔机改装部队和第 38 联队（第 295、296、297 和 298 中队）使用。直到 1943 年夏天这些部队的“惠特利”依然在执行空投传单任务，而这款机型也一直活跃在战场上直到 1943 年底。

“惠特利”还被位于纽马克特（Newmarket）、斯特拉迪肖尔（Stradishall）和泰姆斯福特（Tempsford）的第 138 和 161 中队用于空投情报人员。

阿姆斯特朗－惠特沃斯共生产了 1814 架“惠特利”，其中绝大部分（1466 架）是装备了“默林”X 型发动机的 Mk V 型，该型号拥有略微伸长的机身和经过改进的尾翼。最基础的 Mk I 是一款稀有的型号，一共只生产了 34 架，其中大多数都接受了改造，拥有与之后的改型相同的具有上反角的机翼。总数为 46 架的 Mk II 由带有双级增压器的“虎”VIII 发动机提供动力，总数为 80 架的 Mk III 在机腹安装有海福德式回转炮塔。

其他的改型包括 GR.Mk VII（一款为岸防司令部设计的可携带 6 名机组人员，并具有增大的油箱和 ASV 雷达的 Mk V），装备“默林”IV 型发动机的 Mk IV，以及装备“默林”X 型发动机的 Mk IVA。这些飞机采用了纳什和汤姆森公司的尾部回转炮塔，装备有 4 挺口径为 0.303 英寸（约 7.7 毫米）的机枪。

下图：滑翔机拖曳是“惠特利”的新用途之一。这幅图显示的是 1943 年第 21 重型滑翔机改装部队的“惠特利”Mk V 牵引着一架“霍莎”式滑翔机从英国布莱兹·诺顿皇家空军基地升空。“惠特利”的滑翔机拖曳仅被限制在训练中使用，作战行动中的“霍莎”式滑翔机通常是由“哈利法克斯”轰炸机拖曳

两架“兰开斯特”轰炸机于第二次世界大战结束 50 年后依旧机况良好可以升空。PA 474 号机于战争结束后才制造完成，因参加皇家空军不列颠大空战纪念飞行而获殊荣。在 20 世纪 90 年代末，该机涂刷上了著名的第 9 中队的标记

阿芙罗“兰开斯特”轰炸机

阿芙罗的“兰开斯特”轰炸机在罗伊·查德威克的监督下设计完成，是英国皇家空军轰炸机司令部在战争期间最成功的四发动机重型轰炸机。

为回应英国皇家空军规范 P.13/36 对双发动机中型轰炸机的要求，阿芙罗公司设计生产了采用罗尔斯–罗伊斯“秃鹰”发动机的“曼彻斯特”Mk I，这一型号于 1940 年进入皇家空军服役。然而，这一复杂的发动机的缺陷使得“曼彻斯特”的服役生涯非常短暂。在重型轰炸机中，哈德利·佩奇（Handley Page）的“哈利法克斯”轰炸机成为皇家空军的首选。阿芙罗公司不甘示弱，它提出本公司能够快速地制造出其替代者——“曼彻斯特”轰炸机的四发动机版本，之后被重新命名为“兰开斯特”的“曼彻斯特”Mk III 轰炸机。

下图：皇家空军夜复一夜地进行着对德国战斗能力的打击。图中“兰开斯特”轰炸机正在投掷一枚 4000 磅（约 1814 千克）炸弹和多枚燃烧弹。一些飞机装载了特殊的装备；图中飞机上的两根天线是 ABC（Airborne Cigar）无线电干扰装置的一部分

新的技术规格

对此产生兴趣的英国航空部围绕新的阿芙罗公司的设计起草了一份技术规格。这一规范要求飞机在 15000 英尺（约 4572 米）高空能达到 250 英里 / 时（约 402 千米 / 时）的巡航速度，并且在 2000 英里（约 3219 千米）的飞行距离中可携带 7500 磅（约 3402 千克）的弹药，最大航程要达到 3000 英里（约 4827 千米）。“曼彻斯特”的大炸弹舱被保留了下来，它可以装载各种型号的炸弹，包括 4000 磅（约 1814 千克）重的“曲奇”（Cookie）炸弹。

“曼彻斯特”的一架原型机于 1941 年 1 月 9 日首飞。这一飞机在测试中的表现给航空部留下了深刻的印象，同时航空部决定将“曼彻斯特”的产量削减至 157 架，并预订了 454 架“兰开斯特”Mk I 以取代。第一架“兰开斯特”于 1941 年 10 月 31 日首飞，在圣诞节前夜，驻沃丁顿的皇家空军第 44 中队率先接收了 4 架该型机。1942 年 3 月 3 日，具备实战能力的“兰开斯特”进行了首次出击——赫尔戈兰湾的布雷任务——这一任务由第 44 中队执行。

脱胎换骨

纵观其服役的过程，对机型的改进使得“兰开斯特”可以满足不断改变的重型轰炸机任务的需求。在防御装备得到改进的同时，最重要的是飞机炸弹装载量得到了引人注目的提升。该机最初可以运载一枚 8000 磅（约 3629 千克）重的“街区毁灭者”（Blockbuster），随后对于重达 12000 磅（约 5443 千克）炸弹的运载也成为必需。为了在设计中应对这一新的需求，更强劲的“默林”发动机被安装在飞机上。实际上，大部分的“兰开斯特”轰炸机都是由应用广泛的罗尔斯–罗伊斯“默林”发动机提供动力，仅有少量的 Mk II 型使用布里斯托“大力神”星型发动机。除了英制“默林”发动机外，从 1942 年起美国生产的帕卡德“默林”

上图：1944 年初，对法国目标的昼间空袭开始了，这是为诺曼底登陆做准备

发动机也投入使用。

其他的改进则与飞机的自卫装备有关——在引入不同的炮塔设计的同时也配置了大口径机枪。一些飞机配置了“乡村客栈”（Village Inn）自动瞄准炮塔，它运用了一个小型雷达装置以提高射击准确度。

更低的损失率

同期统计数据显示了“兰开斯特”轰炸机的巨大价值：1943 年 7 月，一架“兰开斯特”在损毁前总计可以投下 132 吨炸弹。轰炸机司令部的其他四发动机重型轰炸机相应数据为：每架“哈利法克斯”轰炸机在被击落前能投掷 56 吨，“斯特林”型则仅为 41 吨。

“兰开斯特”最令人印象深刻的战例发生在 1943 年 5 月 16 日至 17 日的夜间。第 617 中队的改装型“兰开斯特”携带着特制的 9250 磅（约 4196 千克）“滚筒炸弹”，成功使用大胆的低空空袭破坏了 3 座目标水坝中的 2 座。

“高脚柜”（Tallboy）炸弹

1944 年，第 617 中队的“兰开斯特”轰炸机承担了使用新型的 12000 磅（约 5443 千克）“高脚柜”炸弹对索米尔铁路隧道进行空袭的任务，并与第 9 中队一道用“高脚柜”命中了德军“提尔皮茨号”战列舰，使该舰在挪威的峡湾倾覆沉没。

下图：在 20 世纪 40 年代同盟国的空袭中，战争的恐怖不仅席卷了欧洲沦陷区的人民，同时也影响着每夜冒险飞过英吉利海峡的轰炸机驾驶员，战斗使他们遭受了可怕的损失

上图：皇家空军第 207 中队是第一个使用“兰开斯特”轰炸机的前身——不成功的“曼彻斯特”轰炸机的部队。该部队很快就换装了新型轰炸机

装配给“兰开斯特”轰炸机的炸弹中，最重的是 22000 磅（约 9979 千克）的“大满贯”（Grand Slam）。经过相应改造后的“兰开斯特”携带该型炸弹时最大起飞重量可以达到 72000 磅（约 32659 千克），而“兰开斯特”原型机的最大起飞重量仅为 57000 磅（约 25855 千克）。

第二次世界大战期间只有“飓风”（Hurricane）和“喷火”（Spitfire）战斗机具有比“兰开斯特”轰炸机更快的生产速度（不过直到 1943 年中期“哈利法克斯”的产量都要高于“兰开斯特”）。在 1942 年底，每个月有 91 架“兰开斯特”轰炸机由 5 家在英国的制造商生产，并且加拿大的生产规模也处于增长当中。

从 1942 年中期到欧洲胜利，“兰开斯特”轰炸机一直是轰炸机司令部夜间对德国目标突袭的主要武器，同时装备于主力部队和“寻路者”部队（PFF）。在出厂的超过 7300 架“兰开斯特”轰炸机中，有 3345 架在执行任务中损毁。该型号轰炸机在 1942 至 1945 年间进行了 156000 次出击并投掷了 608612 吨炸弹。到 1945 年 3 月，有 56 个中队装备了 745 架该型号轰炸机，另外 296 架则服役于训练部队。如果战争持续下去，“兰开斯特”轰炸机将加入皇家空军的“猛虎”航空队（Tiger Force）参加对日本的轰击。

随着战争在 1945 年结束，大部分的“兰开斯特”轰炸机退役，但仍有一小部分继续服役。它们被改装为“兰开斯特”大型客机和货机，以及新型燃气涡轮发动机的飞行试验台。另有部分该型号飞机作为海上巡逻机继续服役于皇家空军以及法国和加拿大军队。

下图：进入 20 世纪 50 年代，加拿大生产的“兰开斯特”Mk 10 服役于加拿大皇家空军，主要承担沿海巡逻任务。图中这架是 3 架头部装有雷达的 Mk 10–AR“北极”侦察机之一。皇家空军以及法国海军也在战后使用了海上巡逻机版本的“兰开斯特”

1941 年，这架“曼彻斯特”轰炸机在博斯坎比顿（Boscombe Down）的皇家空军测试机场进行试飞。该机被用于测试双垂尾“兰开斯特”的机尾，这种垂尾将被应用于“曼彻斯特”Mk IA 和 Mk III 型轰炸机

“曼彻斯特”的起源

“曼彻斯特”，一架几乎在任何方面都非凡的飞机，但其悲剧源自其不可靠的“秃鹰”发动机。

回顾历史，我们会惊讶地发现，最终演变为阿芙罗“兰开斯特”轰炸机的“曼彻斯特”，起初是为了满足英国皇家空军P.13/36规范而设计的，但这一规范并不是为了远程重型轰炸机而发布。实际上，该规范是为了得到一种能够进行俯冲轰炸的“通用”侦察轰炸机而颁布的。此外，在 1936 年 6 月 P.13/36 起草时，空军参谋部对于使用弹射器发射轰炸机升空执行任务显示出极大的兴趣。

崎岖不平的机场

皇家空军多数机场当时刚刚建成，起飞跑道通常长度仅 1500 英尺（约 457 米）且崎岖不平。虽然对帆布蒙皮双翼飞机来说已经足够，但是满载油弹的单翼飞机完全无法起飞——除非飞机不携带任何荷载。P.13/36 的指标中就考虑到了这一问题，因此要求可以装载着 1000 磅（约 454 千克）炸弹从草地跑道起飞，并可携带这些炸弹飞行 1000 英里（约 1609 千米）。然而如果飞机被弹射升空（使用比舰载型号大得多的飞机弹射器），飞机就可以装载 4000 磅（约 1814 千克）飞行 3000 英里（约 4828 千米），或装载 8000 磅（约 3629 千克）飞行 2000 英里（约 3219 千米）。如此鲜明的反差，使空军参谋部无视装备机场的花费及在连续弹射轰炸机时偏航的问题。当时没有任何人会想到，6 年后轰炸机司令部将会发动“千机大轰炸”。

结果，仅有哈德利·佩奇和阿芙罗两家公司决定建造参加 P.13/36 竞标的样机。虽然 H.P.56 进展良好，但选中的罗尔斯－罗伊斯“秃鹰”发动机造成了严重的困扰，于是该机修改了设计，采用 4 台罗尔斯－罗伊斯“默林”发动机。H.P.57 日后成为极为成功的“哈利法克斯”。而阿芙罗 679 型却保留了 2 台“秃鹰”发动机，并根据公司所在地被命名为“曼彻斯特”。

阿芙罗 679 使得阿芙罗公司进入承力蒙皮结构时代，该型机重量更大，翼载荷更高，同时具有更高的飞行速度及惊人的复杂性。该型机获得了辉煌的成功，在不考虑其发动机问题的情况下，“曼彻斯特”几乎就是战争爆发前首飞的英国轰炸机中最优秀的（原型机于 1939 年 7 月 25 日首飞）。

原型机长 80 英尺 2 英寸（约 24.43 米），这很好地满足了弹射的需求，但也意味着这一型号的飞机需要很长的常规起飞跑道。1939 年上半年，起飞弹射器项目逐渐蒙上了阴霾，不过在 1940年，第一架阿芙罗 679 型在法恩伯勒经历了有限的弹射测试。这一次，机身长增加到 90 英尺 1 英寸（约 27.46 米），并且飞机增加了第三个垂尾以提高航向稳定性。

这一构型的阿芙罗 679 型作为“曼彻斯特”Mk I 投入生产，并在 1940 年 8 月开始交付。随后机尾被重新设计，垂尾和方向舵加高并拆除了中心尾翼的机型成为“曼彻斯特”Mk IA。其他

下图：“曼彻斯特”轰炸机被赋予一架名副其实的好飞机所应具有的外观及性能，但在其研制及短暂的服役生涯中，该机始终经受着发动机问题带来的严重困扰

的改变包括用一部弗雷泽－纳什（Fraser-Nash）F.N.7 中上部炮塔代替了一部腹部炮塔，以及使用改进的副翼和采用布蒙皮的升降舵。

上图："曼彻斯特"的生产由阿芙罗及大都会－维克斯公司同时进行。图示为后者生产的第一架"曼彻斯特"轰炸机。照片拍摄于 1940 年 12 月 22 日，而图中飞机和其他 12 架同型机被毁于纳粹空军对工厂的空袭

设计失误

罗尔斯－罗伊斯公司此时并没有闲暇来解决"秃鹰"发动机的严重故障。罗尔斯－罗伊斯对于取消所有采用"秃鹰"的项目毫不介意，但这将意味着"曼彻斯特"轰炸机的生涯也将终结，同时也使得阿芙罗很可能失去一个展现杰出改进潜力的机身。

随着"曼彻斯特"进入生产阶段，人们很清楚地认识到，这一机型不仅性能比竞争对手更加优异，同时制造它也消耗了更少的工时。同时这一飞机的维护及修理也十分容易。

此外，该飞机巨大的炸弹舱被设计用于容纳鱼雷，这使得该机型的体型可轻松胜任 8000 磅（约 3629 千克）薄壁巨型炸弹"曲奇"的运载，这对于一架在 1936 年设计的飞机是难以想象的，当时的其他重型轰炸机也都难以装载这种炸弹。阿芙罗 679 型的基本设计几近完美以至于令人难以割舍，而阿芙罗的解决方案就是仿效哈德利·佩奇，延长外翼段用于安装另外两部可靠的发动机。换装的发动机被选为"默林"，在不列颠之战最为激烈的时候，阿芙罗的首席设计师罗·查德威克完成了 2 套衍生自阿芙罗 679 型的配备 4 台"默林"发动机的新型飞机的图纸。

两个新的机型

两个新的机型一个是型号 683，稍后被命名为"曼彻斯特"Mk III 并最终被称为"兰开斯特"；另一个是型号 685"约克"运输机。轰炸机自然地享有了优先权——第一架"约克"直到 1942 年 7 月 5 日才实现首飞。实际上，如果不是运气好，683 和 685 都不会投入生产。阿芙罗公司可以生产延长的外翼，却没有能够设计发动机安装方式的设计团队。罗尔斯－罗伊斯也没有设计能力，但凑巧的是罗尔斯－罗伊斯公司 L.F.R. 菲尔（Fell）上校偶然间想到为应对"英俊战士"（Beaufighter）Mk II 夜间战斗机的需要而异常简洁的"默林"XX 发动机动力包已经投产。这款发动机采用螺栓进行安装且配备有下置式散热器，似乎是为阿芙罗新型号准备的理想的动力装置。紧急测验显示"英俊战士"吊舱的确完全满足了要求。

3 周后，阿芙罗的设计师制作了新的外翼图纸，同时 1941 年 1 月 9 日在灵韦机场"曼彻斯特"Mk III 实现了一次极其成功的首飞。仅仅 18 天后这一机型在博斯坎比顿将官方测试飞行员带入狂欢之中。

下图：第二架"曼彻斯特"原型机展示了用于改善飞行稳定性的中心尾翼。安装在"曼彻斯特"Mk I 上的中央垂尾有更大的高度和面积

中上部炮塔

根据订单需求用中上方的背部炮塔取代了腹部炮塔时，阿芙罗选择了当时唯一一款投入批量生产的电动炮塔。F.N.7 本为装备布莱克本“博塔”而投产，并具有更低矮且流线型的外观，随后被“曼彻斯特”所采用。

空气动力学问题

早期测试显示，由于头部的旋转炮塔的存在，沿机身边缘的气流被扰乱了，导致“曼彻斯特”产生严重的偏航。问题的解决方案是在机尾炮塔前端安装突起的边缘并将头部炮塔的旋转轴向前移动 2 英寸（约 5 厘米）。

“曼彻斯特”Mk I

在 1942 年 3 月这一飞机属于隶属于驻林肯郡斯坎普顿的皇家空军的第 83 中队。如同飞机头部的任务标志所示，该机完成了 10 次出击。该机在第 15 次任务——对位于汉堡的布洛姆和沃斯（Blohm und Voss）造船厂的突袭中损毁。第 83 中队是率先有效地使用强大的 4000 磅（约 1814 千克）“曲奇”炸弹的部队。

机组成员

一般每架“曼彻斯特”由 7 人一组的机组成员进行操作，这些工作人员包括驾驶员、飞行工程师、领航员、无线电操作员、投弹手 / 头部炮手，以及两名自卫机枪手。中上部炮塔对于其不幸的操作者来说极其狭窄，这一点在长时间的任务中更为明显。

罗尔斯 – 罗伊斯“秃鹰”

“曼彻斯特”轰炸机的两部三叶螺旋桨都是由“秃鹰”发动机驱动的，其运转过程中理论额定功率为 1760 马力（约 1312 千瓦）。发动机由 2 列对置为 X 型的 12 缸 V 型气缸构成，该型号始终不能达到满功率并且容易发生空中熄火等致命故障。

机身强度

由于设计用于承受弹射发射及反复的俯冲轰炸带来的冲击，“曼彻斯特”轰炸机拥有强壮的机身，这使得该机型能够轻松地转变为四发动机构型。

上图：第 83 中队的“曼彻斯特”Mk I L7427/OL-Q（Q-Queenie）号 1941 年 12 月服役于斯坎普顿皇家空军基地。该机在第 14 次任务——对汉堡的布洛姆和沃斯造船厂的突袭中被击落

“曼彻斯特”的实战

“兰开斯特”轰炸机的前身、阿芙罗公司的“曼彻斯特”轰炸机在前线的服役中基本上是失败的，这一机型被其继承者替代前仅服役了很短的一段时间。

即使在到达作战部队前，“曼彻斯特”轰炸机也遭受着发动机问题的困扰，因此在前线的服役注定不会超过 18 个月。对于该机型的率先接装也是装备时间最长的第 207 中队来说，这 18 个月是他们最难熬的一段时光。

第 207 中队在 1940 年 11 月 10 日接收了第一架“曼彻斯特”Mk I 轰炸机。所有参加这个项目的人都意识到，由于罗尔斯－罗伊斯“秃鹰”发动机的痼疾，该型机距离适于投入实战还为时尚远。不过随着“秃鹰”发动机的额定功率降至 1760 马力（约 1312 千瓦），飞机的最大起飞重量也被限制在 52000 磅（约 23587 千克）。在诺埃尔·查理斯·海德少校的领导下，该中队在林肯郡的沃丁顿皇家空军基地逐步开始新轰炸机的训练。就在第 207 中队开始集中使用“曼彻斯特”飞行时，尚不完善的“秃鹰”发动机的不可靠开始显现出来。此外，人们很快就发现，由中上部炮手旋转其背部的炮塔产生的气流改变导致中央尾翼处产生严重的有潜在破坏性的振动。中队及制造商都在努力使这一在其他方面都很优秀的飞机达到可接受的水平，在依据轰炸机司令部的命令开始研究一套新的轰炸战术后，这项新增的工作使得一切对于第 207 中队来说都变得更加困难。

这些战术包括了对目标的俯冲攻击，其特色是从大约 10000 英尺（约 3048 米）的高空开始俯冲，并从 5000 英尺（约 1524 米）处投放炸弹——这些被详细记载在“曼彻斯特”的 P.13/36 规范中。由于投入现役的型号重量有了较大增加，采用俯冲战术会显著提高危险性。不过，第 207 中队继续其勇敢的尝试，以在训练和作战中验证这些战术。

装载着 500 磅（约 227 千克）半穿甲（SPA）炸弹，6 架“曼彻斯特”Mk I 在 1941 年 2 月 24 日至 25 日夜间实施了该型号的第一次战斗任务。任务的目标是一艘停靠在法国布列斯特港的“希佩尔海军上将”级重巡洋舰。轰炸十分成功，不过它们的武器缺乏足以穿透巡洋舰甲板的破坏力。所有参与任务的“曼彻斯特”轰炸机都返回了基地。尽管没有受伤，但有一架飞机在着陆时坠毁了。

第二支部队

在“曼彻斯特”轰炸机发动第一次突袭的同一时刻，第二

下图：在 1942 年早期应用于第 207 中队的飞机的伪装涂装，图中可见“曼彻斯特”Mk I 的外观特征是同年 1 月增设的中上部炮塔

上图："曼彻斯特"轰炸机服役中的几乎所有失败都可归咎于"秃鹰"发动机。图示为隶属于驻沃丁顿皇家空军基地的第 207 中队的"曼彻斯特"Mk IA L7515 号机

个使用这一飞机的部队建立了。从第 207 中队中抽调出的部分飞机和人员构成了第 97 中队的核心。当这个新的中队进行组建工作时，第 207 中队继续进攻，中队的 5 架飞机在 2 月 27—28 日加入对科隆的空袭。第二项任务是在 3 月 3—4 日轰炸布雷斯特，其间一架"曼彻斯特"轰炸机在从沃丁顿起飞的几分钟内就被一架德军战斗机击落。

1941 年 4 月，第 207 中队装备了新型号的"曼彻斯特"，该型号以 F.N.7 背部炮塔为特色，拆除了之前的腹部"垃圾箱"（Dustbin）炮塔，并可投掷 2000 磅（约 907 千克）半穿甲弹。第 207 与第 97 中队在 4 月 8—9 日的联合作战是后者首度上阵，其间有一架飞机未能从对基尔的突袭中返航。此时的第 97 中队号称拥有 40 架飞机，这些飞机在 4 月 13 日起停飞且进行发动机改装，并接受了运载 4000 磅（约 1814 千克）HC（高装填系数 High-Capacity）炸弹所需的改造。5 月 8—9 日，柏林成为第一个遭受这种武器攻击的地区，这次空袭由第 207 中队实施。

另外的 5 个中队

此外仅有 5 个一线作战中队列装了"曼彻斯特"轰炸机。第 61 中队和第 83 中队在 1941 年 7 月分别接收了第一架"曼彻斯特"。此外在 1942 年，第 106 中队从同年 2 月开始，第 50 中队从 3 月开始使用"曼彻斯特"，而第 49 中队则从 5 月开始。由于"曼彻斯特"的问题太过严重，在各方面都有着巨大改进的"兰开斯特"开始火速交付，第 49、50 及 106 中队分别仅维持了 1 个月、4 个月及 5 个月的装备，并极少出动该型号参战。

其余的中队就没有上述 3 个中队这样幸运了。随着改进的"曼彻斯特"Mk IA 进入服役阶段，第 61 中队在率先接装后一直

下图：因发动机故障损失的"曼彻斯特"几乎与被敌方击落的一样多。"秃鹰"不仅未能达到预期功率，而且在可靠性方面声名狼藉

左图：与“哈利法克斯”和“斯特林”的分段的炸弹舱相比，“曼彻斯特”轰炸机大容量的炸弹舱使得飞机成为出色的炸弹运载者。“兰开斯特”轰炸机继承了这一炸弹舱，从而拥有了极大的任务灵活性

使用着该机。得益于放大的两侧垂尾和被舍弃的中央垂尾，Mk IA的操纵性得到了提高，同时结合“秃鹰”发动机可靠性的改善，该中队一度对该型机保持乐观态度，尤其是该型号飞机经过改进完全实现了指标要求的14000磅（约6350千克）炸弹装载量之后。

1941年12月，对布雷斯特的空袭重新开始，其间“曼彻斯特”轰炸机经常装载8000磅（约3629千克）的炸弹飞行至目标上方14000英尺（约4267米）处发起轰炸。海军情报机关报告，德国海军力量的象征——停泊在布雷斯特的“格奈森瑙”“欧根亲王”和“沙恩霍斯特”战舰，将要逃窜至公海。因此“曼彻斯特”部队加强了对港口的关注，在12月17—18日集合101架飞机的兵力进行了一次不成功的空袭。

12月19日，又有41架该型机再度披挂上阵，但在地面防空火力及纳粹空军飞机组成的联合兵力打击下，第97中队的两架飞机坠毁，空袭则仅获得了微小的成果，不过由于“沙恩霍斯特”战舰所在船坞的大门遭到损毁，这艘船只能在接下来的一个月中继续停泊在港口内。

出逃

1942年2月12日，“格奈森瑙”“欧根亲王”和“沙恩霍斯特”战舰最终逃离布雷斯特，第61、83及207中队的“曼彻斯特”轰炸机在后方对其进行追击。两周后“格奈森瑙”遭遇不幸，“曼彻斯特”轰炸机对基尔的空袭导致战舰被多枚2000磅（约907千克）的半穿甲弹击中。

第207中队在1942年3月放弃了“曼彻斯特”，换装“兰开斯特”。其他中队继续使用“曼彻斯特”机型，其间莱斯利·托马斯·曼瑟少尉获得英国军人的最高荣誉。作为第50中队参加1942年5月30日第一次对科隆的“千机大轰炸”的一部分，曼瑟的飞机在其轰炸航路的末尾被高射炮击中。由于飞机左侧的“秃鹰”发动机被点燃，曼瑟命令机组人员离开飞机，同时他则保持着直线飞行以便其余人员逃脱。最终，飞机和英勇的飞行员坠入火海之中。曼瑟的壮举使他被追授维多利亚十字勋章。

1942年6月25—26日，“曼彻斯特”轰炸机投入最后一次作战行动，当时第83中队为对不来梅的空袭损失了一架飞机。尽管“曼彻斯特”也为一些二线部队服务，这一机型还是在1942年6月末从皇家空军的一线中队中消失了。

下图：与“斯特林”几乎同步服役的双发动机“曼彻斯特”在1940年11月加入皇家空军，但到1942年该型机就开始从一线撤出

"兰开斯特"原型机（BT308）装配有首飞时使用的"曼彻斯特"尾翼组。与之后由"默林"XX提供动力的量产型不同，原型机使用的是"默林"X

"兰开斯特"的演进

在对第三帝国的夜间轰炸中装载更重的载荷、具备更高的投弹精度、确保飞机安全返航的需求，是推动"兰开斯特"轰炸机稳定发展的因素。

"兰开斯特"继承了其命途多舛的前身"曼彻斯特"的许多特点。实际上，"兰开斯特"原型机使用了很多"曼彻斯特"Mk I的部件，包括机身、中间区段和机尾，以及头部、尾部和中上部的炮塔。新的外翼段被用于安装"兰开斯特"的另两台发动机。三垂尾机尾不久便被更改为像"曼彻斯特"Mk IA一样的双垂尾布局。

最早服役"兰开斯特"Mk I共有3440架，在1941年末率先在第44中队服役。在经过初期的服役后，一些对"兰开斯特"机型的必要改动显现了出来。这些改动包括取消早期飞机腹部的炮塔，玻璃投弹瞄准舱机头更大，提升燃料量，以及最值得瞩目的则是为装载8000磅（约3629千克）的"街区毁灭者"炸弹对飞机炸弹挂载系统进行的改进。改进型采用了凸出的炸弹舱门，并做了进一步的内部改动，以确保其可以运载12000磅（约5443千克）重的炸弹。"兰开斯特"的最大炸弹装载量提升到了14000磅（约6350千克）。为了应对相关改进带来的重量提升和航速要求，"兰开斯特"换装了更强力的"默林"发动机。第一批"兰开斯特"Mk I配置的是额定功率为1390马力（约1037千瓦）的"默林"XX，之后的量产型则是"默林"24，不过换装新型"默林"发动机的Mk I并未更改型号。

上图：在对日本的轰炸任务的准备过程中，作为"猛虎"航空队的一部分，Mk I飞机进行了适应热带环境的改装并像Mk I（FE）一样被漆成了白色（用于反射灼热的日光）。这一飞机本应属于如图所示的新制造的Mk VII（FE），安装有H–2S低可视度轰炸雷达和马丁公司产中上部炮塔

采用星型发动机的Mk II

对罗尔斯–罗伊斯发动机供给的担忧推进了"兰开斯特"Mk II的发展，该型号的第一架飞机于1941年11月首飞。这一型号与Mk I的差别在于Mk II使用了更强力的布里斯托"大力神"星型发动机。Mk II总产量为300架，但其在飞行速度及飞行高度方面的表现都劣于Mk I，"大力神"发动机带来的额外阻力及耗油量对飞机的影响远大于其功率优势带来的好处。在"默林"发动机的供给得到保障后，Mk II的订单就被取消了。

发动机供给的问题通过在海外建立"默林"发动机的生产体系得到了根本的解决。1942年8月，"兰开斯特"Mk III面世了，该机型使用了美制帕卡德"默林"发动机，而在大部分其他的方面，这一飞机则与Mk I相同。实际上，这一机型就是换装帕卡德发动机的Mk I。

火力提升

飞机的自卫火力也是提高的重点。多种选择的弗雷泽–纳什中上部炮塔被引入飞机的制造中，尽管一些飞机配置的是罗尔斯–罗伊斯尾炮塔，装备2挺0.5英寸（约12.7毫米）勃朗宁机枪以代替通常的四联装0.303英寸（约7.7毫米）勃朗宁机枪。在战争末期，部分该型机在机尾安装了AGLT（自动瞄准炮塔）。该炮塔包含了1台代号为"乡村客栈"的小型自动瞄准雷达以及

上图：安装布里斯托"大力神"星型发动机后，"兰开斯特"Mk II成为一旦Mk I罗尔斯–罗伊斯"默林"发动机产量不足时的备份。由于性能并无亮点，且美制"默林"发动机已经能够保障供应，该型号仅制造了300架。机身上部的一排小窗也是早期Mk I的一处特色；在后期型号上被取消了

上图：移除炮塔及其他的军用装备后，“兰开斯特”在战后作为 13 座客机进入民航领域。其具有很快的飞行速度和很大的航程，但“兰开斯特人”使用起来十分昂贵。一些如图所示的飞机被改装为运输机

2 挺 0.5 英寸（约 12.7 毫米）勃朗宁机枪。

到 1942 年末，“兰开斯特”轰炸机同时由阿芙罗、大都会－维克斯、维克斯－阿姆斯特朗、阿姆斯特朗－惠特沃斯和奥斯汀汽车公司在英国进行制造。第二年开始在加拿大制造的是维克托里航空的“兰开斯特”Mk X（本质上是经过部分工序调整的 Mk III）。第一架这一型号的飞机于 1943 年 9 月到达英国。

“兰开斯特”的挂载能力使其接受了特殊改装以携带专门的武器载荷。这些包括了运载 9250 磅（约 4196 千克）“Upkeep”［或称“弹跳炸弹”（bouncing bomb）］炸弹的 Mk III（特）［Mk III（Special）］，该炸弹用在 1943 年 3 月炸毁鲁尔区的水坝的行动中。“兰开斯特”Mk I（特型）在 1944 年经过改造后可运载流线型的 12000 磅（约 5443 千克）“高脚柜”炸弹和 22000 磅（约 9979 千克）“大满贯”炸弹。

当然，作为轰炸机司令部和“探路者大队”（PFF）的主要装备才是“兰开斯特”轰炸机应用最为广泛也最负盛名的领域。在“探路者大队”（之后的轰炸机司令部第 8 大队）中，“兰开斯特”装备有用于标记目标的发烟照明弹并装载着导航和轰炸的辅助工具，同时机上配有额外的机组成员来操作这些设备，以引导主力轰炸机队。从 1943 年 8 月起，许多主力轰炸机队（全部都是没有安装凸起炸弹舱门的机型）的“兰开斯特”装备了一部位于机身后部下方整流罩中的 H-2S 导航和目标定位雷达。作为侦察部队的第 635 中队在 1944 年装备有几架“兰开斯特”Mk VI，其中有 9 架是由 Mk III 改装而来的，换装“默林”85 发动机，其拥有双速双级增压装置，因而极大提升了高空性能。该型号还加装了早期的电子战装置，此外 Mk VI 型移去了中上部和头部的炮塔。

远东型号

最后的战争阶段，“兰开斯特”的子型号包括适应热带的 B. Mk I（FE）和 B.Mk VII，后者安装了一座马丁公司产中上部炮塔和 1 座

上图：飞机腹部的 FN.64 炮塔通过从飞机中伸出的望远镜进行瞄准，但很快这处自卫炮塔就被取消，同时在很多的“兰开斯特”轰炸机上，H-2S 轰炸瞄准导航雷达安装在这一位置。这使得“兰开斯特”的腹部面对装配有向上射击的机枪的 Bf 110 和 Ju 88 等夜间战斗机从机腹方向发动的攻击时毫无对抗手段

FN.82 尾部炮塔，两者都配有 0.5 英寸（约 12.7 毫米）双联装机枪以代替之前一直使用的 0.303 英寸（约 7.7 毫米）机枪。如果战争持续下去的话，以上 2 种变型机都可能加入英国皇家空军的“猛虎”航空队，为完成这些任务，装备给对日本发动空袭的超远程轰炸机部队。在尝试提高该型号的航程过程中，英军使用 2 架加装鞍状油箱（提高了油箱 50% 的容量）的“兰开斯特”Mk I 进行了试航。1944 年中，这两架飞机飞往印度进行测试。它们并非第一批到达远东的“兰开斯特”轰炸机；此前有 2 架飞机在 1943 年为适应热带环境的测试飞往印度，并拖拽着“霍萨”和“哈米尔卡”滑翔机在印度－缅甸战场上出动。

最后的“兰开斯特”衍生型号源于战后改装，即用于摄影侦察的 PR.Mk 1，用于海上侦察的 GR.Mk 3 和用于空海救援的 ASR. Mk 3（配有机载救生艇）。类似的变形机体在加拿大由 Mk 10 改装而成。这些飞机执行了许多任务，诸如从海上侦察到航行训练和轰炸引导。许多其他飞机作为新的涡轮发动机、武器和其他装备的测试平台继续服役，同时也有一些该型机被改装为被称为“兰开斯特人”（Lancastrian）的大型客机。

下图：包括 HK541 的两架“兰开斯特”，得益于对机身的加宽，该型机安装了大型的 1500 英制加仑（约 6819 升）鞍状油箱。这两架飞机在 1944 年与第 1577（SD）飞行小队一起飞往印度执行试飞任务

上图：PA474 号，著名的“兰开斯特”轰炸机，用于皇家空军的不列颠战役的纪念飞行，在几年间隶属于约翰·内特尔顿少校的第 44（罗德西亚）中队（涂刷着中队识别编码 KM–B），该机曾参加奥格斯堡突袭行动。图中该机还没有安装中上部炮塔，之后才进行了加装

奇袭奥格斯堡

1942 年4月17 日

这是轰炸机司令部的新型四发动机重型轰炸机——阿芙罗“兰开斯特”第一场被公开的突袭行动，也是战争中最英勇的空袭之一。这次空袭的目标是 1942 年巴伐利亚奥格斯堡的曼恩（MAN）公司柴油发动机工厂。

在作为轰炸机司令部最高司令官任期的最初几个月中，亚瑟·哈里斯爵士在决定对“第三帝国”进行更大规模的夜间轰炸前，下令进行了多次试验性的空袭。

其中一次试验性的空袭因作为轰炸机司令部最新锐的四发动机重型轰炸机“兰开斯特”的首次实战而具备特殊的重要性。尽管空袭成功了，人员及飞机却经受了重大的损失，但空袭也证实了轰炸机司令部能够深入德国并对第三帝国的工业中心发动空袭。

柴油发动机工厂

空袭是在 1942 年 4 月 17 日白天于低空发动的，目标是奥格斯堡的曼恩（MAN）公司柴油发动机工厂。12 架“兰开斯特”参与了空袭，刚装备该型号的第 44 和第 97 中队各派出 6 架飞机。这两个中队是第一批装备该型号飞机的中队，分别于 1941 年 12 月和 1942 年 1 月接收了这一机型。

在空袭之前机组人员接受了低空飞行的训练，其中包括在因弗内斯的模拟空袭。两个中队的全体人员都具有高涨的士气，他们认为将空袭的是基尔的海军设施，一个十分容易攻击的沿海目标。

实际上，目的地要比预期的危险许多，并且远不如所预想的那般轻松，因为奥格斯堡位于德国巴伐利亚州，距法国海岸 500 英里（约 805 千米）。实际目标是一栋足球场大小的独立建筑，坐落于一处更大的综合设施中。每架飞机都仅挂载 4 枚 1000 磅（约 454 千克）普通航空炸弹，这是一套相当轻的载荷。

14:00 起飞

当日 14:00 从伍德哈尔温泉和沃丁顿起飞的 12 架“兰开斯特”（分为 4 组，每组 3 架轰炸机）从低空穿过海峡以避免被敌军雷达探测到。英军计划在太阳下山时摧毁目标，以便在黑暗的掩护

上图：第 44 中队的“兰开斯特”早期型 Mk I 编队，由官方摄影师摄于 1942 年对奥格斯堡的突袭后

下图：皇家中队长内特尔顿的“兰开斯特”Mk I，编号为 R5508。图示飞机装配有腹部炮塔和后部机窗，这是早期生产型飞机的典型特征。我们也可在早期“兰开斯特”轰炸机上发现“A 类”圆形机徽和灰色大写字母编号，这些标志在 1942 年末就被替换成了其他样式

上图：1942 年 10 月 17 日，一个大型的“兰开斯特”轰炸机编队正飞往克勒索。更好的计划（借鉴了奥格斯堡突袭中的经验）和好运气使得 94 架“兰开斯特”轰炸机在这次对施耐德兵工厂的空袭中仅以少量的损失就完成了任务

下返航。由 30 架“波士顿”轻型轰炸机完成的，旨在转移注意力的假轰炸提供了进一步的策应，此外有超过 700 架飞机出动穿过法国东北部。后者用于在“兰开斯特”轰炸机保持紧密队形穿过法国飞往德国时转移纳粹空军的注意力。

然而，“兰开斯特”的机组人员所不知道的是，“波士顿”轰炸机的突袭只维持了大约 20 分钟，由于后者离开了原定的目标，纳粹守军的 Bf 109 和 Fw 190 驱逐了英军袭扰机群后比英军预想得更早地返回基地。

战斗机攻击

被一名梅塞施密特战斗机飞行员发现后，“兰开斯特”轰炸机受到了攻击，4 架第 44 中队的飞机被击落。几分钟后，部队已损失了三分之一的兵力，然而距离到达目标区域还有 300 英里（约 483 千米）。

内特尔顿无视眼前的损失，拒绝返航，8 架飞机继续向奥格斯堡航行。在那里，第 44 中队残存的 2 架“兰开斯特”轰炸机投下了炸弹；仅有 1 架，也就是内特尔顿的飞机逃脱返航。与此同时，第 97 中队的两个编队到达工厂上空，遭到猛烈的攻击。防空武器迅速击落了一架飞机，同时，随着最后一组投下了炸弹，第二架“兰开斯特”在空中爆炸了。

下图：虽然与奥格斯堡突袭中内特尔顿中队长的飞机具有相同的机身编码，但图中这架“兰开斯特”L7578 并没有参与空袭，而是在第 97 中队服役

5 架幸存的飞机都受到不同程度的损伤，现在它们正面对返航的可怕前路，纳粹空军的夜间战斗机正在巡航。幸运的是，它们并未遇到巡逻的战斗机，刚过晚 11 时，幸存的“兰开斯特”轰炸机终于在英国着陆。

侦察飞行显示，设法向目标投掷炸弹的 8 架飞机对工厂造成了严重的破坏。更近距离的侦察则显示，有 17 枚炸弹击中了工厂的主要发动机装配车间，但仅有 12 枚成功引爆。

此外，人员和装备的消耗巨大。参与空袭的全部 85 名机组人员中，49 人被击落，其中 37 人死亡，12 人被俘。8 架飞机被击落或报废，其中 1 架在返回基地途中坠毁。

轰炸机司令部证实了飞机可以到达德国纵深的远距离目标，同时奥格斯堡突袭对英国公众产生了重要的宣传价值。然而这次空袭的意义远不止于此。选择的目标因不是被政府部门作为空袭推荐的目标之一，轰炸机司令部受到了经济部长洛德·塞尔伯恩的批评。亚瑟·哈里斯爵士回复称奥格斯堡在参谋长起草的一份目标核准清单上，此事才告一段落。但这不是哈里斯最后一次与其同僚发生冲突。

实际上，哈里斯对类似的突袭抱有相当大的怀疑。而且轰炸机司令部已经意识到不能再让无护航的轰炸机出动，让宝贵的人员和飞机在（由于战术的原因）昼间任务中遭受损失。

人们也从 4 月 17 日的事件中收获了其他的经验，尤其是“兰开斯特”使用步枪弹（0.303 英寸 / 约 7.7 毫米）的自卫机枪并不适合对抗敌军装备有自封油箱的战斗机。

尽管很快就被之后几个月及几年中的其他事件夺去风头，但奥格斯堡突袭是一次有价值的对“兰开斯特”轰炸机的测试，这一机型很快成为轰炸机司令部最重要的型号。“兰开斯特”机组人员的驾驶技术和勇气也令人瞩目，但对新飞机的操纵仍不甚熟练。

由于其勇气、决心，以及不仅在指挥危险的空袭，同时也在带领损坏的飞机返回英国的过程中展现的领导能力，皇家空军少校内特尔顿获得了最高荣誉勋章——维多利亚十字勋章。他于 1943 年 7 月在一次空袭中阵亡。幸存的军官和士兵中有多人获得了杰出服役十字勋章、优异飞行十字勋章和优异飞行勋章。

下图：这些第 97 中队的机组人员是从奥格斯堡安全返回的一部分。除了内特尔顿获得维多利亚十字勋章外，还有杰出服役十字勋章、优异飞行十字勋章和优异飞行勋章分授给了在空袭中幸存的机组人员

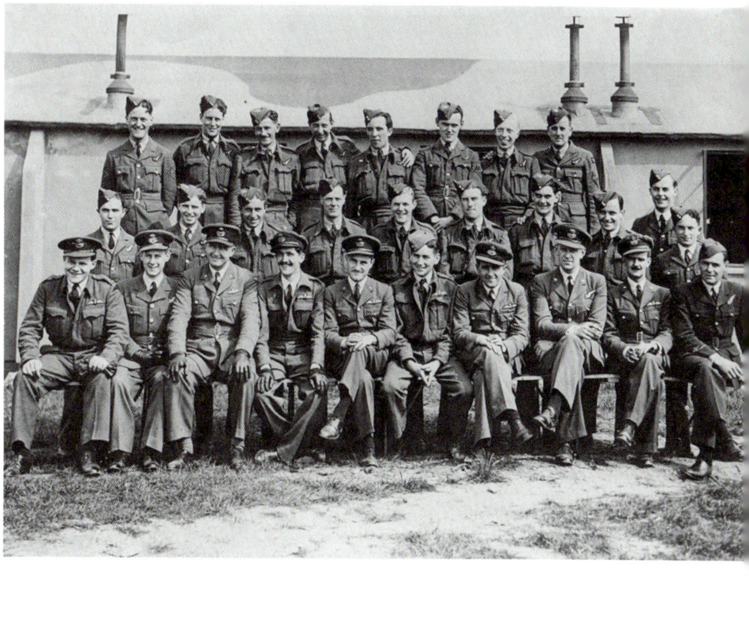

"兰开斯特"的炸弹舱经过扩大改进以运载"Upkeep"弹跳炸弹。从炸弹舱凸出来的是用于固定炸弹的固定轴

"惩戒"行动：水坝空袭

下图：盖伊·吉布森（阶梯顶端）和机组人员在对默讷水坝展开空袭前登上"兰开斯特"ED932/AJ-G 号机

ED932

> 由一位著名的工程师构思，由一名传奇飞行员领导的精选的机组人员实施，水坝突袭展示了第 617 中队的格言："在我身后，洪水滔天。"（After me, the flood）

巴恩斯·沃利斯博士与 R100 水上飞机、"韦斯利"和"惠灵顿"轰炸机的研制关系匪浅。在战争开始时，他开始寻找能够有效对敌军造成破坏从而缩短战争时间的方法。因此，他开始研究如何摧毁德国的大水坝——这将导致巨大的洪水灾害并影响对德国战争机器至关重要的电力供给。早期向航空部提交的方案都被退回了，但是到了 1943 年，沃利斯为了攻击水坝这一初始目的，

突袭示意图

使用"Upkeep"弹跳炸弹对水坝发动一次成功的空袭条件是比较困难的。飞机必须下降至距水面 60 英尺（约 18.3 米）的高度，并精确达到 220 英里 / 时（约 354 千米 / 时）的速度——或者，在轰炸索佩水坝（Sorpe dam）时，则要处于尽可能低的高度并具有 180 英里 / 时（约 290 千米 / 时）的速度——同时在距水坝准确的距离处释放炸弹。

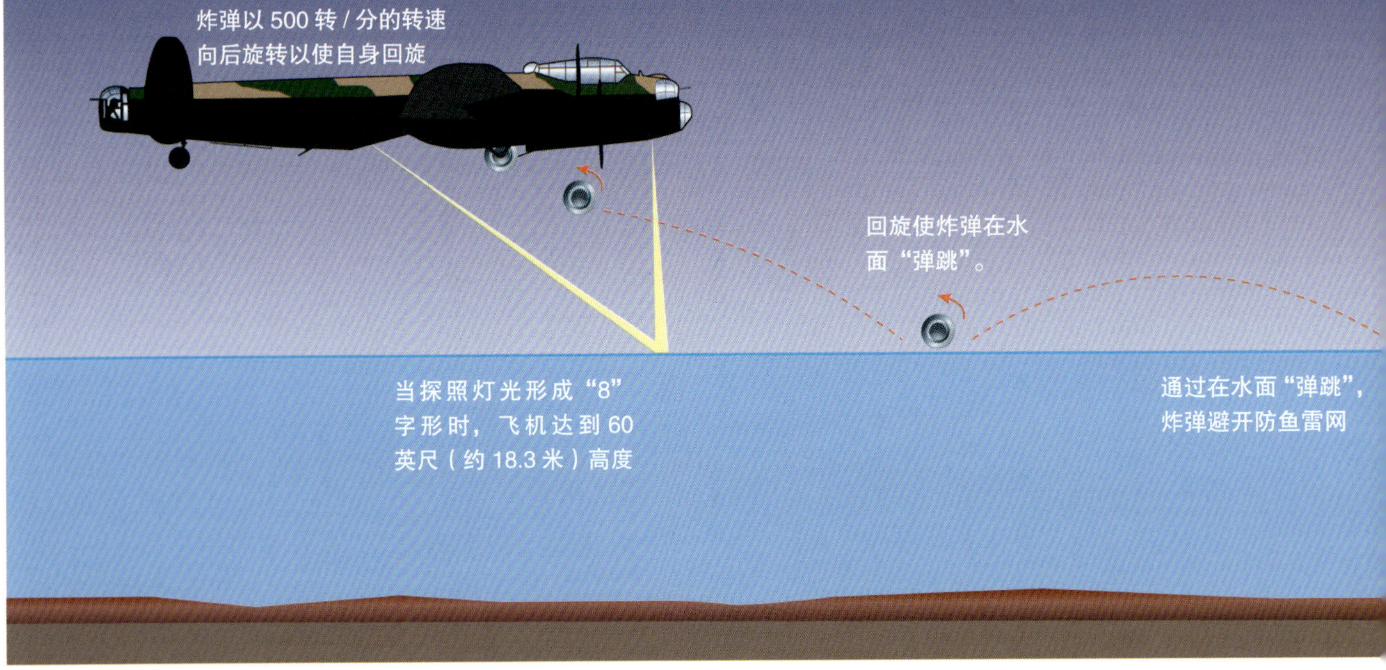

炸弹以 500 转 / 分的转速向后旋转以使自身回旋
回旋使炸弹在水面"弹跳"。
当探照灯光形成"8"字形时，飞机达到 60 英尺（约 18.3 米）高度
通过在水面"弹跳"，炸弹避开防鱼雷网

总共 23 架“兰开斯特”B.Mk III 被改造为可使用“Upkeep”炸弹的构型，其中有 19 架用于水坝空袭。图示飞机据信是测试阿芙罗公司应急改造效果的飞机中的一架。幸存的飞机在完成任务后被改装回标准配置

在第 5 大队中组建了一个特殊的中队以获得足够的支持。

装备有阿芙罗“兰开斯特”轰炸机的第 617 中队于 1943 年 3 月 21 日基于第 106 中队的 C 小队在斯卡普顿成立，并由皇家空军中校盖伊·彭罗斯·吉布森领导。吉布森被允许亲自选择他的中队的机组人员，他们将在未来的两个月中接受强化低空飞行训练——该中队没有人知道目标将是什么或使用什么武器。

摧毁水坝的是沃利斯研制的“Upkeep”炸弹。这是一枚高速旋转的炸弹，重 9250 磅（约 4196 千克），装填 6600 磅（约 2994 千克）鱼雷用高性能炸药。炸弹的破坏力与其被放置的位置和将摧毁的建筑物间的距离有关，这意味着即便（相对）是小装药量的炸弹，贴近爆炸目标时也可有效摧毁大块结构。大型水坝由防雷网保护着，使得炸弹需投掷到网内，或需要找到一个克服这一障碍的方法。沃利斯的解决方法是使用弹跳炸弹，这一灵感来自孩子们打水漂。

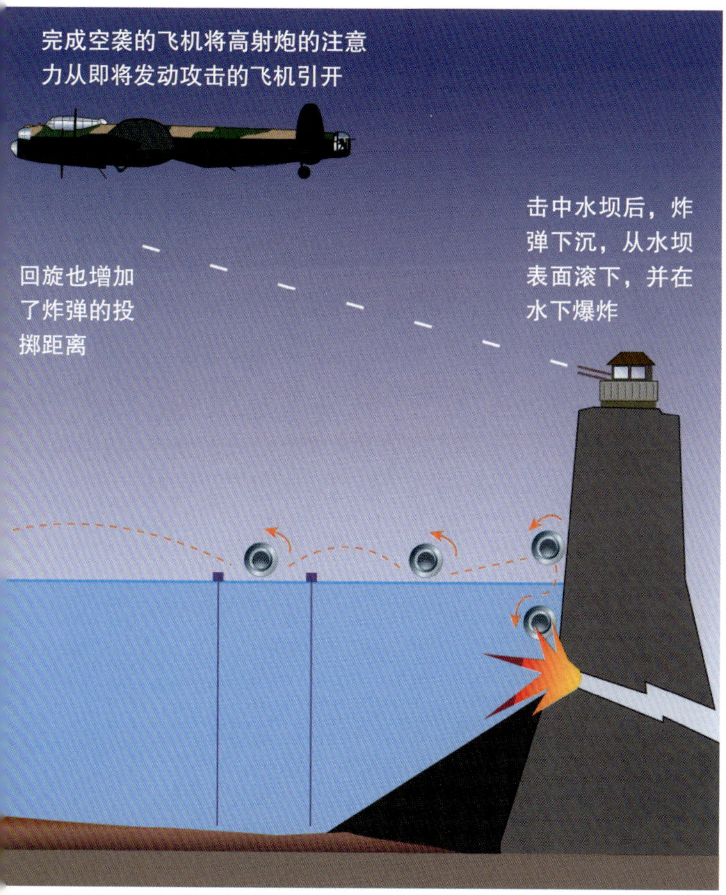

完成空袭的飞机将高射炮的注意力从即将发动攻击的飞机引开
回旋也增加了炸弹的投掷距离
击中水坝后，炸弹下沉，从水坝表面滚下，并在水下爆炸

使用“Upkeep”弹跳炸弹对水坝发动一次成功的空袭的条件是严苛的。飞机必须下降至距水面 60 英尺（约 18.3 米）的高度，并精确达到 220 英里 / 时（约 354 千米 / 时）的速度——在突袭索佩水坝（Sorpe dam）时，则要处于尽可能低的高度并具有 180 英里 / 时（约 290 千米 / 时）的速度——同时在距水坝准确的距离处释放炸弹。

为了实现目标，炸弹需要在离开“兰开斯特”轰炸机前加速旋转，以便延伸其投掷距离，并使其在水库水面弹跳。这样的技术使得空袭成为可能，但是也带来新的问题。飞机与水坝之间的距离必须是准确的，释放炸弹的高度也需如此。

为了运载炸弹，“兰开斯特”轰炸机必须进行几处改动。炸弹舱门被拆除，加装了 2 个固定臂，炸弹将被安放于两臂之间。一条传动皮带驱动炸弹以 500 转 / 分的转速向后旋转，以提供所需的旋转速度。

在夜晚判断距水平面高度的艰巨任务由在“兰开斯特”轰炸机上加设的两盏探照灯完成，当飞机达到 60 英尺（约 18.3 米）高度时探照灯的光斑将在水面构成“8”字形。

为了判断飞机处于距水坝准确距离的位置，人们使用了一种两边末端分别装有两根垂直的钉子的简单的 V 形工具。位于飞机头部的投弹员将工具放置在距离自己一臂之长的位置，当钉子与对应的目标特征，如水坝上的塔相重合时，飞机就达到了准确的距离。

突袭

被称为“惩戒”行动的空袭发动于 1943 年 3 月 16 日夜晚。第一波轰炸机于 21 时 10 分离开斯卡普顿，出发前往索佩水坝。“兰开斯特”的“E 号”和“F 号”机被击落坠入须德海，同时“H 号”机因炸弹在海上掉落而不得不先行返航。“W 号”机的雷达因高射炮的攻击而失灵，因此只有“T 号”机空袭了索佩。

吉布森驾驶“G 号”机带领第二波 6 架轰炸机，以默讷水坝为目标；另外 3 架前去空袭埃德尔水坝。21 时 25 分起飞，“B 号”机在罗森达尔被击落。默讷水坝经受了“G 号”“P 号”“M 号”“A 号”“J 号”机的空袭。“M 号”机的炸弹抛掷时偏离了目标，该飞机在脱离空袭的过程中被击落。水坝被“J 号”机摧毁，该机

“惩戒”行动示意图

1943 年 5 月 15 日夜间“兰开斯特”的突防路线避开了德军防空火炮和夜间战斗机的密集部署区。作为主要目标，三座大坝（默讷、索佩和埃德尔水坝）都位于蓄水区的上游（在图中位于黄色三角形的顶点处）

随后发送了代表行动成功的暗号“黑鬼”（NIGGER）。“A 号”在返航的途中迫降。“Z 号”被高射炮击落，“L 号”机则设法返回了基地。

编队的 1/3 承担了机动预备队的角色。其中“O 号”机错误地空袭了施韦尔姆水坝，“F 号”机空袭索佩无功而返，“Y 号”机在前往索佩途中迷路，“C 号”机前往利斯特水坝后再也没有返航，“S 号”机遭遇敌方攻击后失踪。

在派遣的 19 架飞机和 133 名机组人员中，有 8 架飞机未能返航，53 人阵亡，3 人被俘。吉布森获得了维多利亚十字勋章，同时中队因这次空袭被授予另外 34 份荣誉。默讷水坝和埃德尔水坝的缺口导致大范围的洪水，并对鲁尔区工业和水坝的发电功能造成严重破坏。第 617 中队在第一次出击中便创造了历史。

左图：评估打击效果的侦察机带回了决堤后的照片。这张默讷水坝的照片拍摄于攻击的次日。水坝直到 1946—1947 年才完全修复

拆除的头部炮塔和炸弹舱门表明这架“兰开斯特”轰炸机是一架 Mk I（特型），装载有在战争中使用过的最大最重的炸弹

第 617 中队的特别任务

为完成水坝空袭而组建的第 617 中队在“惩戒”行动结束后被保留下来，投入需要专门的武器和训练才能完成的任务中。

第 617 中队在突袭水坝后的第一次任务是轰炸位于圣波洛登扎和斯克里维亚（Aquata Scrivia）的发电站。空袭由替代盖伊·吉布森的 G.W. 霍尔登少校领导，之后这一中队在 1943 年 8 月转场至科宁斯比。第 617 中队在空袭多特蒙德－埃姆斯河运河期间首次使用了 12000 磅（约 5443 千克）的“高脚柜”炸弹，但参加空袭的 8 架轰炸机中仅有 3 架返回。霍尔登及其机组人员丧生。他的后继者是传奇的伦纳德·切西尔，即后来切西尔住宅集团（Cheshire Homes）的创始人。第 617 中队又一次换了基地，在 1944 年 1 月的第二个星期转场到伍德豪尔斯帕。

V 系列武器基地位于盟军飞机的目标清单首列，第 617 中队的特殊武器在这一作战中起到了很大的作用。该中队 18 架飞机在 1944 年 6 月 17 日轰炸了 V-1 发射基地，并在第二天空袭了位于维泽讷的 V-2 火箭发射工事的混凝土圆顶。第一次空袭并不成功，中队在 6 月 24 日出动 16 架“兰开斯特”和两架“蚊”式轰炸机重返维泽讷，将“高脚柜”炸弹投掷到 20 英尺（约 6 米）厚的混凝土圆顶上（这一目标在接下来的一个月中又遭到了 3 次空袭）。6 月 25 日位于西拉库尔（Siracourt）的 V-2 仓库受到 17 架“兰开斯特”、2 架“蚊”和 1 架“野马”的攻击，其中“野马”由切西尔轰炸机大队派出，作为低空标识飞机。

照相侦察发现了位于米莫耶克（Mimoyecque）的 V-3 远程大炮（为攻击伦敦而专门设计）基地。7 月 6 日该基地的钢筋混凝土结构遭到“高脚柜”炸弹的攻击，这一次依然是由切西尔基地的飞机标记目标。在 4 次出击中最后的这次空袭后，切西尔被命令休息——实际上，此后他再也没有重新参加实战。2 个月后，他被授予维多利亚十字勋章。

击沉“提尔皮茨号”

下一个目标是龟缩在挪威海域的德军战列舰“提尔皮茨号”，它处于装载“高脚柜”重型炸弹的“兰开斯特”轰炸机的航程之外。为克服这一问题，第 617 中队同第 9 中队一起从洛西茅斯飞往苏联的雅戈丁克。9 月 15 日，28 架“兰开斯特”从 11000 英尺（约 3353 米）高空攻击了“提尔皮茨号”。尽管德军施放的烟幕阻碍了空袭，但仍有一枚炸弹击中目标。这一击迫使德国将船驶往南面 200 英里（约 322 千米），更靠近英国的特罗姆瑟。11 月 12 日，30 架第 9 和 617 中队的飞机从洛西茅斯和米尔敦前往特罗姆瑟。由第 617 中队投掷的 4 枚“高脚柜”炸弹击中“提尔皮茨号”，该舰倾覆。在与“提尔皮茨号”交战期间，第 617 中队还成功破坏了多特蒙德－埃姆斯河运河（9 月 17 日），同时有 13 架飞机在 10 月 7 日空袭了堪布斯水坝（Kembs Dam），毁坏了水坝闸门，使得临近米卢斯的莱茵河流域泛滥，阻碍了德军的行动。

U 艇洞库

1945 年 2 月，第 617 中队使用 12000 磅（约 5443 千克）的炸弹对位于波茨海文（Poorteshaven）、艾默伊登、汉堡和法尔格的 U 艇洞库进行了昼间突袭。1945 年 3 月 27 日，法尔格的 U 艇洞库被两枚“大满贯”和“高脚柜”炸弹击中，之后又被大约 100 架轰炸机轰炸。“大满贯”炸毁了该建筑物的大片钢筋混凝土顶板。

1945 年 3 月 14 日，22000 磅（约 9979 千克）的“大满贯”

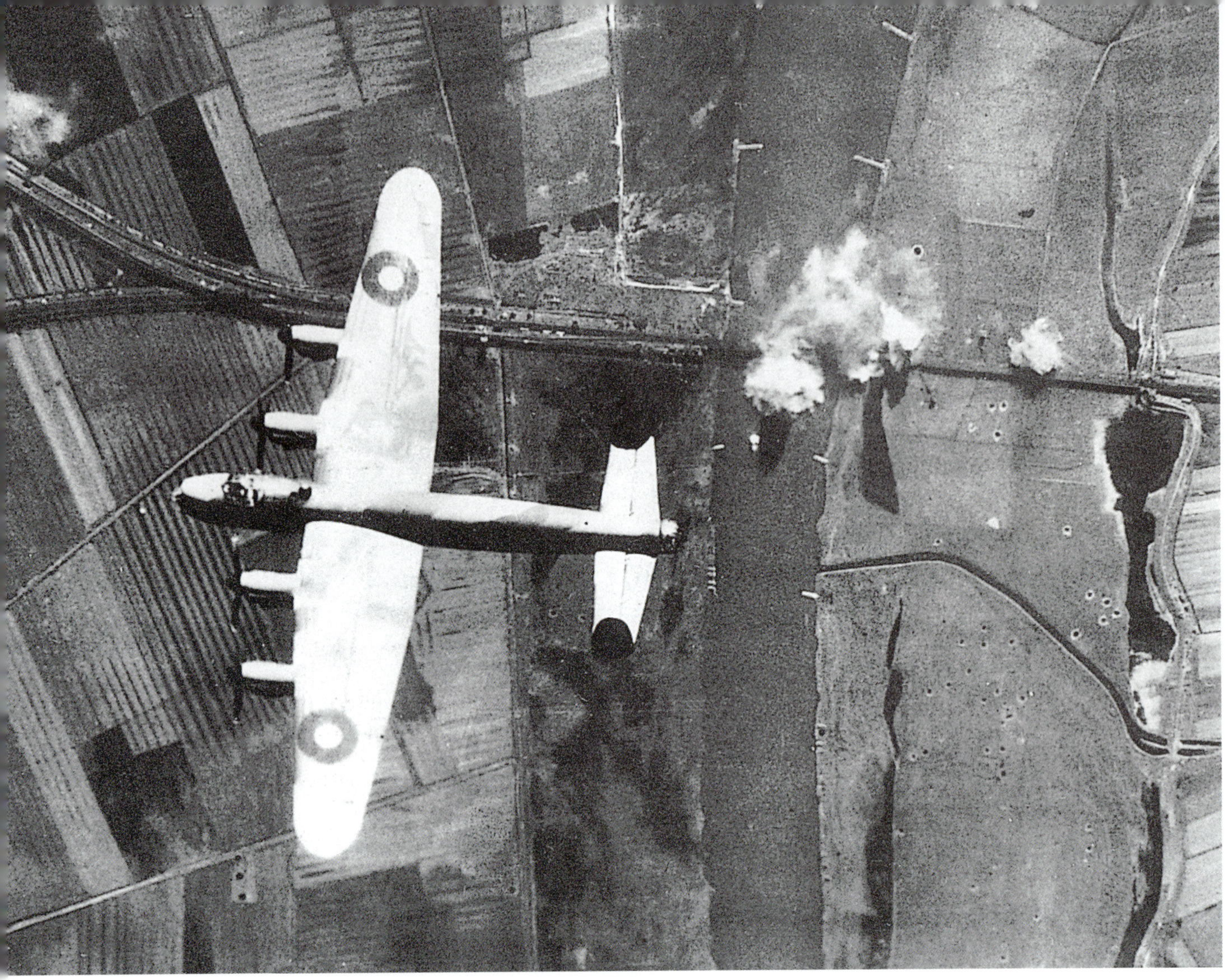

上图：第 617 中队因摧毁桥梁和高架桥而出名。1945 年 3 月 19 日，6 枚“大满贯”炸弹成功攻击了阿恩斯贝格高架桥

炸弹由两架“兰开斯特”挂载，在对比勒费尔德高架桥的空袭中首次使用，造成高架桥部分崩塌。5 天后，6 枚“大满贯”击毁了阿恩斯贝格高架桥 40 英尺（约 12 米）的桥面，其间没有飞机损失。3 月 22 日，宁堡桥被 4 架飞机轰炸（其中一次由“大满贯”完成）并摧毁。同日 102 架第 5 大队的飞机使用“普通”炸弹对不来梅公路桥（一个是公路桥一个是铁路桥。——译者注）发动的突袭则无成效。次日，不来梅铁路桥成为第 617 中队空袭的最后一个此类目标。

最终任务

第 9 和 617 中队着手于 4 月 13 日在斯维内明德港对“欧根亲王号”重巡洋舰发动空袭，但由于目标上方的云层突变而放弃了。空袭于 4 月 16 日重新进行，第 617 中队出动 18 架“兰开斯特”轰炸机。这些飞机躲过猛烈的高射炮攻击，仅有 2 架机身完好，有 1 架被击落（该中队在战争中损失的最后一架）。一枚“高脚柜”炸弹的近距脱靶在“吕佐夫号”末端炸开了一个大洞，并使其沉没。第 617 中队的最后目标是位于贝希特斯加登的纳粹党卫军总部，有 4 枚“高脚柜”炸弹投入此处。

第 617 中队后被选定为“猛虎”航空队远东轰炸机部队的一部分，但战争的终结使该中队并未在这一战区进行特殊任务。

左图：由巴恩斯·沃利斯博士设计的 22000 磅（约 9979 千克）“大满贯”“地震”炸弹被用于穿入目标内部后爆炸。其缩小版本是 12000 磅（约 5443 千克）的“高脚柜”炸弹

"大满贯"

"大满贯"炸弹重22000磅（约9979千克），其中42%为"Torpex"炸药，重12000磅（约5443千克）的"高脚柜"炸弹中45%为此炸药。

减少武器

为节省重量以运载巨型炸弹，"兰开斯特"Mk I（特型）的前部和背部炮塔被拆除了。

昼间战术

昼间任务需要采用新战术，"兰开斯特"B.Mk III和Mk I（特型）的混合编队采用了4个处于共同防卫编队中的3机V形编队的垂直交错布置的队形。这种队形在机组人员间被称为"鹅群"（gaggle）。

"兰开斯特"Mk I（特型）

1944年春，第617中队开始接收改装的"兰开斯特"B.Mk I。这一型号的飞机拥有凸出的炸弹舱门以容纳"高脚柜"炸弹。从1945年3月开始，第617中队对飞机进行了更进一步的改装，以运载"大满贯"炸弹——这需要完全拆除炸弹舱门。总共有33架Mk I（特型）被生产出来，第一架于1945年2月首飞。

617独创

在第二次对"提尔皮茨号"失败的攻击前，人们发现携带"高脚柜"炸弹的"兰开斯特"轰炸机需要更强大的动力以从洛西茅斯的跑道起飞。因此在典型的第617中队版本"兰开斯特"换装了"默林"24发动机，从而拥有比最初的"默林"28更澎湃的动力。

中队标志

该中队的编码为黄色，外有红色边框，与典型的轰炸机司令部中队编码相反。特殊部队的编码是"YX"，而一般的"兰开斯特"飞机编码为"KC"。

伪装

特殊轰炸机在白天作战，这与大部分的"兰开斯特"轰炸机相反。因此这些飞机具有深土色和深绿色的上表面及海灰色的下表面。

任务

由于自卫火力和航速都降低了，特殊轰炸机需由未经改造的"兰开斯特"轰炸机护送至目标处。

上图：英国皇家空军第 83 中队是第一批换装“兰开斯特”Mk I 的部队之一，早前使用的是不尽如人意的“曼彻斯特”轰炸机

行动：1942

大规模轰炸之前

仅仅在原型机的首飞不到一年后，第一架交付作战中队的“兰开斯特”就于 1941 年 12 月 24 日出现在沃丁顿皇家空军的跑道上。

第 44 中队接收了第一架“兰开斯特”轰炸机，在中队长约翰·内特尔顿的命令下，中队必须在一个月内拥有 8 个可以执行任务的机组。“兰开斯特”的第一次任务是在 3 月 3—4 日晚，这是一次由 4 架飞机执行的布雷行动，每架飞机都向德国北部沿岸的海面投掷 4 枚 2000 磅（约 907 千克）水雷并全员安全返回。另外 4 架“兰开斯特”轰炸机在月末被交付给了第 44 中队。

1942 年 1 月末，位于科宁斯比的第 97 中队（之前装备“曼彻斯特”）也接收了 6 架新的重型轰炸机。3 月 20 日傍晚，这 6 架“兰开斯特”，每架装载 6 枚水雷飞往波罗的海，将水雷布设在斯威内明德附近海域；虽然在返程时由于恶劣天气原因，一架飞机在迫降时受损，但无一因敌方攻击而造成损失。此后几周内，隶属于第 5 大队的这两个中队受命提供少量“兰开斯特”用于执行轰炸机司令部在欧洲大陆上空的空袭任务。

1942 年 4 月 17 日该机型经历了第一次真正的考验，在本土完成低空飞行训练后，6 架分别来自这两个中队的“兰开斯特”轰炸机（大约相距 2 英里 / 约 3.2 千米）在白天出动，空袭位于德国南方深处奥格斯堡的 MAN 柴油发动机工厂。

尽管这次大胆的突袭在人员和装备方面付出了巨大的代价（12 架飞机中的 7 架未能返航），并只对目标造成了有限的损伤，“兰开斯特”轰炸机仍证明了其具有深入德国内部的能力，突袭的宣传价值也被认为是极大的。

“兰开斯特”中队的数量持续增加，到 9 月，根据对突袭细节的仔细分析，“兰开斯特”轰炸机为对德国城镇的突袭准备的高空炸弹挂载确定了下来。这一挂载包含了一枚 4000 磅（约 1814 千克）“曲奇”（一款大威力空爆炸弹），以及 12 枚标准集束炸弹，每枚携带多达 236 枚燃烧弹，最大炸弹挂载量约为 14000 磅（约 6350 千克）。这些挂载的任务是依靠高爆弹摧毁建筑，并使用数以万计的燃烧弹点燃残骸。在执行精确轰炸任务时，“兰开斯特”轰炸机可以装载 14 枚 1000 磅（约 454 千克）高爆炸弹。

9 个中队

到 10 月，轰炸机司令部已有 9 个完全具备战斗力的“兰开斯特”中队，此外还有第 8 大队（探路者）的第 83 中队——两

左图：在等候挂载 4000 磅（约 1814 千克）HC 炸弹（绰号“曲奇”）的过程中，这架“兰开斯特”前方摆放着标准集束炸弹，每一枚集束炸弹容器都可容纳多达 236 枚 4 磅（约 1.8 千克）的燃烧弹。在第二次世界大战期间，轰炸机司令部投掷了超过 8000 万枚的这种小型炸弹，其中有将近 5000 万枚是由“兰开斯特”轰炸机投掷的

上图：第 106 中队在 1942 年的合影，背景是“兰开斯特”Mk IED594“紫红上将”II 号（Admiral Prune II）。这是中队指挥官、后改任第 617 中队指挥官的盖伊·吉布森中校（左数第 14）的座机

个月前刚刚成立。仿佛为了彰显“兰开斯特”机队的成长速度，轰炸机司令部在同月 17 日发动了第二次惊人的傍晚空袭。总计 88 架来自第 9、44、49、50、57、61、97、106 和 207 中队的轰炸机向位于巴黎东南方 150 英里（约 241 千米）处勒克勒佐的施耐德工厂发起空袭。这次低空行动的主力编队由 6 架“兰开斯特”轰炸机（由指挥第 106 中队的指挥官 G.P. 吉布森中校指挥）引导，任务是摧毁距勒克勒佐几英里远的亨利·保罗变电所。整个中队挂载了 15 枚“曲奇”炸弹。与奥格斯堡突袭截然不同的是，勒克勒佐空袭（代号“罗宾逊”行动）获得了巨大成功（仅有 1 架“兰开斯特”损失——很可能是由于投掷炸弹时飞得过低），对工厂造成了严重的破坏。

主力舰轰炸

无视突袭的成功，空军上将亚瑟·“轰炸机”·哈里斯爵士反对这种将他的司令部成长起来的力量偏离主要任务（通过摧毁城镇和军事工业使德国屈服）的精确打击。1942 年 8 月间，不顾哈里斯的反对，第 106 中队被命令准备轰炸波罗的海的格丁尼亚，人们坚信那里停泊着德国海军的主力战舰。出于击沉海港内的主力舰这一目的，一种特殊的武器——主力舰炸弹（CSB）被研制出来；装载这种炸弹的能力是“兰开斯特”的一大特色。尽管在法国战役失利后有所改变，但摧毁德国海军是轰炸机司令部自 1936 年建成以来一贯的主要战略目标之一。

1942 年 8 月 17 日晚，3 架第 106 中队的“兰开斯特”轰炸机每架装载着 1 枚 CSB 炸弹，在第四架装载常规炸弹的飞机（吉布森中校指挥）的引导下，对敌军港口发动了空袭。能见度较差

下图：第 83 中队几乎全新的“兰开斯特”飞机正准备离开皇家空军斯卡普顿基地参加 1942 年 1 月 25—26 日对不来梅的空袭。这次空袭也是“曼彻斯特”轰炸机的最后一次实战

上图：6800 磅（约 3084 千克）CSB 重型炸弹直径约 45 英寸（约 114.3 厘米），在格丁尼亚空袭行动中由“兰开斯特”轰炸机挂载使用。其糟糕的气动外形导致弹道难以判断，几乎无法用于精确攻击

以致弹道性能很差的炸弹瞄准十分困难，全部炸弹都以较大的误差偏离了目标。哈里斯当即断定该炸弹是完全无用的。

都灵突袭

1942 年 12 月初，已有 13 个处于实战部署状态的“兰开斯特”中队，其中大部分中队可以出动 12 架。第 106 中队在 11 月 28—29 日晚越过阿尔卑斯山，使用刚刚服役的高性能 8000 磅（约 3629 千克）高爆炸弹空袭了意大利城市都灵，充分展现了“兰开斯特”部队的决心和勇气。

在投入实战的第一年中，“兰开斯特”不仅从血腥的战火洗礼中幸存下来，同时也成为轰炸机司令部的主力。到 1942 年末，“兰开斯特”的机组成员开始成批走出英国和加拿大的“（机组）生产线”，充实着快速扩张的机队。第 5 大队几乎全部装备上了“兰开斯特”轰炸机。同时，每个中队的编制都从 18 架飞机增加到 24 架，第二个大队也开始换装。除了维克斯“惠灵顿”，所有类型的“重型”双发动机轰炸机——哈德利·佩奇“汉普登”、阿姆斯特朗－惠特沃斯“惠特利”和“曼彻斯特”——都被“兰开斯特”取代或是执行二线任务。尽管同样作为重型轰炸机的“哈利法克斯”曾经在很长时间内与“兰开斯特”并肩作战，但自此之后“斯特林”和“哈利法克斯”开始逐渐退居二线。

下图：编号为“KM-O”的 R5740 是第 44 中队接收的第一批“兰开斯特”Mk I 中的一架。图片摄于 1942 年 7 月，皇家空军沃丁顿基地

第 617 中队的“兰开斯特”轰炸机正在投掷一枚 22000 磅（约 9979 千克）重的“大满贯”炸弹，这是一架“兰开斯特”Mk I（特型）。可通过飞机被拆除的背部和头部炮塔以及改装的炸弹舱识别

反攻欧陆的“兰开斯特”

到 1944 年，阿芙罗“兰开斯特”轰炸机已坚实地确立了轰炸机司令部最重要的主战装备这一地位。在诺曼底登陆之前，“兰开斯特”中队开始实施一系列旨在削弱德国军事机器及其依存的工业的大胆空袭，并开始在法国频繁执行空袭任务。

随着“柏林轰炸战役”尾声到来以及主要目标转移到靠近本土的地区，轰炸机司令部的机队成员们感到如释重负。在诺曼底登陆作战发起两个月前，哈里斯受命指挥轰炸机司令部，开始对法国、比利时和西部德国的铁路货运编组站进行一系列的猛烈空袭。其中有 10 次对欧努瓦、鲁昂、巴黎（努瓦西、瑞维西和查珀尔）、拉昂、阿谢雷和索曼的空袭。“兰开斯特”中队对这些目标进行了 844 架次出击，损失了 18 架飞机。

海岸空袭

5 月，随着盟军空中打击行动逐步升级，法国海岸的德军岸防炮阵地也成为首要目标。为了掩盖战略意图，盟军并没有集中兵力轰炸诺曼底地区的德军海岸防御，加莱、格里内角、梅维尔、马尔迪克堡和迪耶普等地的重型岸防炮阵地同样被多次轰炸，其中位于布伦的目标遭到英军的集中空袭。这些行动中有两次行动特别引人注目，其中第一次是对巴黎瑞维西的铁路站场。1944 年 4 月 18—19 日夜，英军 202 架“兰开斯特”全部装载最大载弹量，携带包

1945 年 4 月和 5 月执行的曼纳空投为荷兰民众空投了大量急需的食品援助。进入战争尾声，“兰开斯特”也被用于运输，将 74000 名战俘送回故乡

上图：摄于 1944 年 8 月斯克林村，图中这两架第 61 中队的“兰开斯特”Mk III 和第 50 中队的“兰开斯特”Mk I 此时已分别执行了 118 和 113 次任务

括 12000 磅、8000 磅、4000 磅、2000 磅和 1000 磅（约 5443 千克、3629 千克、1814 千克、907 千克和 454 千克）在内的多种高爆炸弹出动。超过 92% 的轰炸机抵达目标地区，整个约 2 英里（约 3.2 千米）长半英里（约 0.8 千米）宽的铁道交通复合体被彻底破坏。全部的道岔口、侧线和贯穿的铁路都被多次击中；80% 的建筑物被夷为平地。得益于法国抵抗运动成员的秘密警告，只有少数法国平民在空袭中丧生。第 617 中队也参加了这次行动，该中队的一些“兰开斯特”轰炸机装载了新型的 12000 磅（约 5443 千克）炸弹。一架“兰开斯特”被击落，另有一架在英国坠毁。

此外另一场全“兰开斯特”轰炸机空袭的表现也同样突出，英军出动 348 架“兰开斯特”轰炸巴黎东南方约 20 英里（约 32 千米）玛伊利仓库的纳粹国防军仓库。这是一个用于维护德军装甲车辆和训练装甲兵的巨大场地，这对盟军登陆法国极其重要。目标靠近法国村庄，由著名的伦纳德·切西尔（装备“蚊”式的第 627 中队的中队长）带领执行的这次轰炸必须在极低的高度进行又要保证相当高的精度。德国夜间战斗机拼命拦截，击落了 42

巴黎瑞维西铁路站场空袭

图中两张侦察照片展示了 1944 年 4 月 18—19 日皇家空军轰炸机司令部空袭造成的破坏。轰炸机司令部第 5 大队以巴黎南部郊区的巴黎瑞维西铁路货运编组站为目标，出动 184 架“兰开斯特”以及 18 架来自第 617 中队的负责引导和攻击的同型机实施轰炸。“兰开斯特”轰炸机使用从 1000 磅到 12000 磅（约 454 千克到 5443 千克）的各型高爆弹摧毁了整个铁道复合体、全部机车库和车间、大部分的交叉铁路桥以及场站中半数以上的车辆。突袭期间，第 617 中队的先遣“兰开斯特”由“蚊”引导，从目标上方 400 英尺（约 122 米）处飞掠，在“兰开斯特”主力投下炸弹前留下了横穿场站中央的红色斑点状燃烧弹。

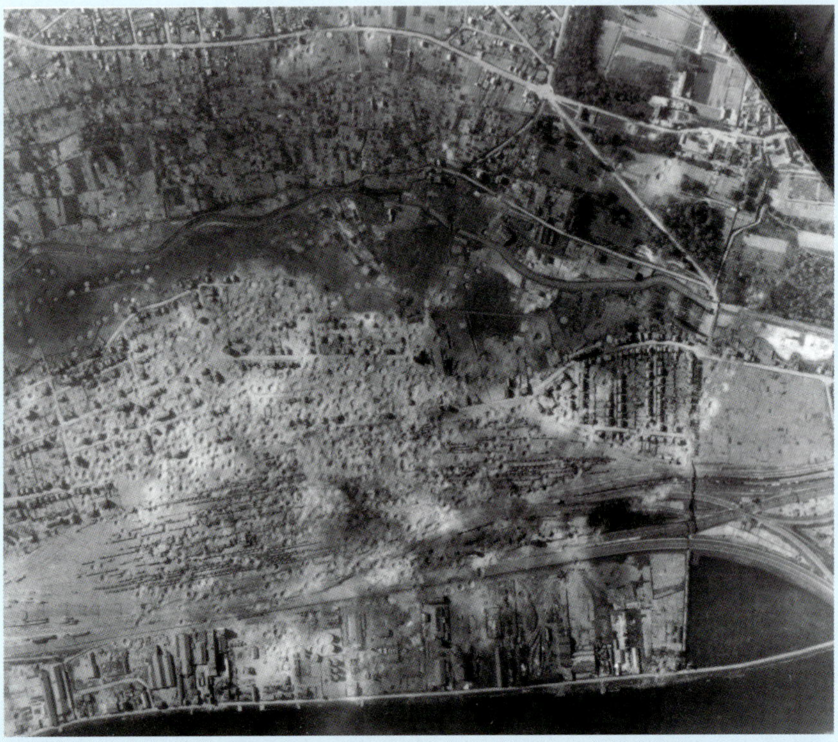

架“兰开斯特”轰炸机（这一损失率与对诺曼底的空袭相近）。目标几乎被全部摧毁。此次行动中使用的主要武器是基本的 500 磅（约 227 千克）炸弹，空袭中有超过 4000 枚这种炸弹坠落到目标区域。而数量相对较少的 4000 磅（约 1814 千克）炸弹则将被毁坏的目标炸得面目全非。

登陆支援

除了对敌军造成实际杀伤，“兰开斯特”轰炸机在诺曼底登陆的最初阶段还发挥了重要的牵制与支援作用。在代号“征税”行动的佯动行动中，8 架“兰开斯特”在夜间制造出了于诺曼底海滩东北方向约 100 英里（约 161 千米）处有登陆船团靠近的假象。飞机呈一字横队飞行，相距 2 英里（约 3.2 千米），每架飞机在 2 分钟内投下多捆“窗口”箔条，随后调头往回飞行（由自身的“窗口”箔条掩盖行踪）；在飞行一段时间后，所有飞机恢复航向，并投掷更多的“窗口”箔条。飘荡的“窗口”箔条干扰带有 16 英里（约 26 千米）宽，在敌军雷达屏幕上看来就像以约 4 节（4.6 英里 / 时；约 7.4 千米 / 时）速度靠近海岸的大规模船队。到黎明时分，“兰开斯特”轰炸机返航时，德军发现海上没有任何船只。这一行动扰乱德军对主要登陆地域的判断，从而导致其推迟派遣增援部队。

第 617 中队极高的空袭精确度，使得第 5 大队司令科克伦斯空军中将把切西尔的中队选为本大队的“探路者”部队。该大队因此拥有自主寻找并标记目标，随后出动“主力”将目标彻底摧毁的能力；空袭的重点也变成了精确度和对目标的破坏效果（这与使用燃烧弹进行轰炸时有所不同）。

1944 年 6 月 5—6 日诺曼底登陆的 3 天后，第 617 中队将一款新型武器——12000 磅（约 5443 千克）“高脚柜”深侵彻炸弹（深侵彻炸弹用于穿透并破坏坚固工事。——译者注）投入了作战中。当时 19 架该中队飞机受命空袭索米尔铁路隧道（一条将运送德国增援部队至滩头阵地的通道）。精确的轰炸阻断了隧道，数百码（1 码约合约 0.9 米）的铁轨被炸断。一枚炸弹从山坡穿入隧道，隧道被大量泥土掩埋。

重拾昼间空袭

由于需要向诺曼底加强空中力量，最高盟军司令部命令轰炸机司令部抽出力量“炸垮”敌军。尽管在“战争迷雾”中的轰炸行动有误击友军的危险，但轰炸机司令部仍多次对敌军防御进行地毯式轰炸。轰炸机司令部对城镇（例如位于诺曼底的卡昂）进行了大量空袭，轰炸主要是为了让盟军装甲部队利用敌军被震慑的机会快速突入并扫荡这些建筑群。这一策略于前一年在意大利使用时经常失败。

所有“兰开斯特”轰炸机实施的昼间突袭都没有借助地面部队的支援引导。在两次尝试击沉停泊于阿尔滕峡湾的德国战舰“提尔皮茨号”失败后，第 9 和 617 中队的“兰开斯特”轰炸机从苏格兰飞往苏联北部的雅戈丁克。1944 年 11 月 12 日，31 架“兰开斯特”从这里起飞成功实施空袭。多枚“高脚柜”击中“提尔皮茨号”并使之沉没。

“兰开斯特”装载的最后一款超级炸弹是 22000 磅（约 9979 千克）的“大满贯”，一种深侵彻炸弹，在战争结束前这种炸弹仅少量投入使用，且全部由第 617 中队投放，在战争的最后几周中“大满贯”摧毁了比勒费尔德高架桥和一些其他德国主要桥梁，以及位于威悉河法尔格的极为坚固的 U 艇洞库。

1945 年 4 月 27 日昼间，115 架“兰开斯特”轰炸机空袭了 U 艇洞库，在投掷的 12 枚“大满贯”中，有两枚在其他炸弹的冲击波削弱了地基的同时穿透了 23 英尺（约 7 米）厚的混凝土顶板，造成建筑物整片区域的崩塌。

战争末期，轰炸机司令部拥有 61 个完全具备实战能力的“兰开斯特”中队，平均每个中队有 26 架飞机——这是一支可以在一次不论昼间还是夜间对德国任意目标的突袭中投掷 9900 吨炸弹的强大力量。这一数字还不包括 30 个“哈利法克斯”中队。但盟军从未企图利用战略轰炸让德国屈服，而皇家空军对制空优势的有限利用，也使得轰炸行动从未达成此类效果。在后世批评盟军进行无差别轰炸时，这些事实经常被忽视。战争中也出现了一些错误，如对纽伦堡空袭中的部分疏失以及对德累斯顿的错误轰炸，同时战时的误击也经常遭到谴责。然而亚瑟·哈里斯受命瓦解德国的战斗意志，“兰开斯特”轰炸机也是为了实现这一目的而被使用的。

下图：1944 年 12 月 27 日对莱特铁路货运编组站的空袭。照片摄于当日 15 时，展现了轰炸时的落弹密集度

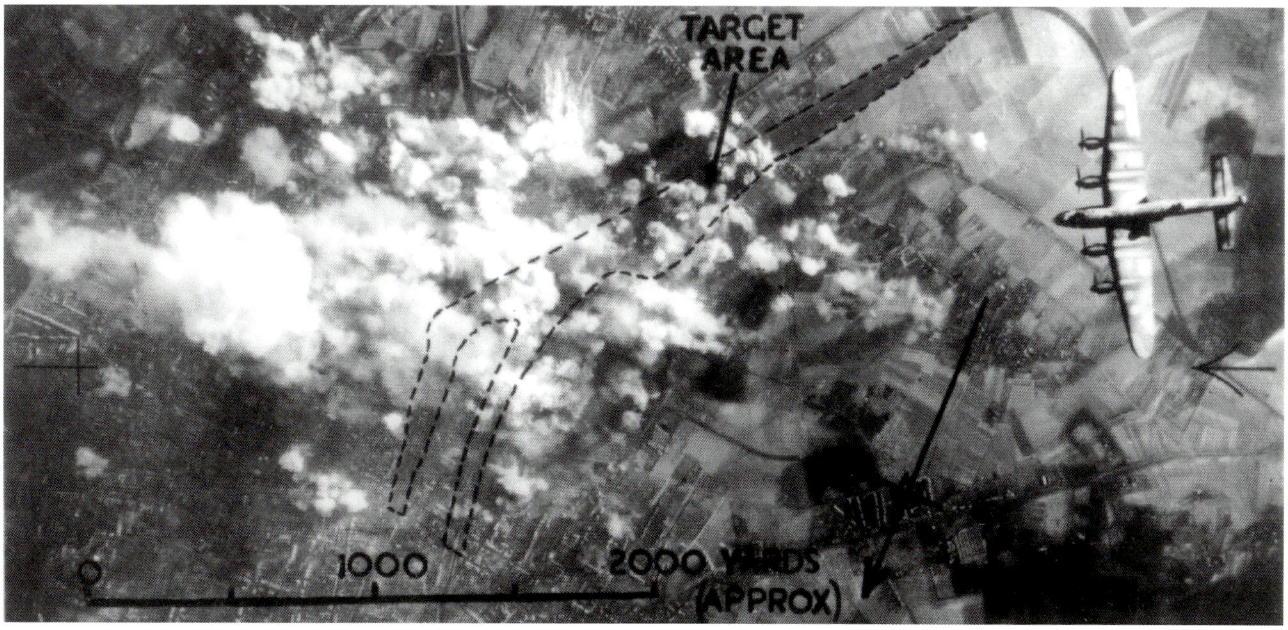

“兰开斯特”的型号沿革

阿芙罗683型“兰开斯特”轰炸机无疑是第二次世界大战期间英国最著名且有效的重型轰炸机，该机型有着极为坚固的设计。尽管产生了许多变型机，但它们的外观（以及大部分的内部构造）依旧大致相同。“兰开斯特”轰炸机进行了超过156000次出击，投掷了超过60万吨的高爆炸弹和超过5000万枚的燃烧弹。

B.Mk I

由双发动机的阿芙罗“曼彻斯特”机身改造而来的阿芙罗“兰开斯特”原型机于1941年1月9日完成首飞。由4台1145马力（约854千瓦）“默林”XX发动机提供动力，该机型立刻被评价为一款杰出的重型轰炸机，阿芙罗公司的首批订单也达到1070架。1941年10月第一架量产型升空，并由第44中队在1942年3月2日赫尔戈兰海峡上空进行了首次实战。由于产品订单实在太大，阿芙罗公司的查特顿（Chaterton）和伊登（Yeadon）工厂无法处理，“兰开斯特”轰炸机随后由位于考文垂的阿姆斯特朗－惠特沃斯工厂、伯明翰的奥斯汀－莫里斯工厂、曼彻斯特的维克斯工厂以及切斯特和布罗米奇堡的维克斯－阿姆斯特朗工厂制造。“兰开斯特”Mk I的总产量达到3425架，占到所有“兰开斯特”7377架总产量的接近一半。Mk I的初期载弹量是4000磅（约1814千克），但是其炸弹舱逐渐得到扩大以装载更大更重的武器；增大后的容量超过了12000磅（约5443千克）。特殊改装型B.Mk I（特）甚至可以装载巨大的12000磅（约5443千克）的“高脚柜”炸弹以及尺寸更大的22000磅（约9979千克）的“大满贯”炸弹。“兰开斯特”B.Mk I的设计及基本相同的B.Mk III和X，在战争期间装备了轰炸机司令部所属的59个中队。

B.Mk II

B.Mk I的成功使人们担心“默林”发动机的产量无法满足皇家空军对新的轰炸机的需求。作为备份保险，由4台布里斯托“大力神”VI或XVI发动机驱动的“兰开斯特”B.Mk II被设计出来。1941年11月首飞，Mk II在一年后进入中队服役。“大力神”版的“兰开斯特”同样是一款优秀的战机，但比“默林”驱动的版本速度更慢、升限更低、载弹量更小。生产在完成总计301架飞机的制造后停止了，但这一型号此后还是参加了实战，并在1944年9月完成最后一次任务。

B.Mk III

人们对“默林”产量可能不足的担忧并没有成为现实，这在一定程度上归功于由帕卡德公司在美国建立的生产线。美制“默林”很快被应用于“兰开斯特”轰炸机，并诞生了编号为 B.Mk III（下图）的型号。除了一些次要的装备改进以及轰炸瞄准手的投弹仓加大，B.Mk III 和 B.Mk I 几乎没有不同。有超过 3000 架 B.Mk III 制造完成。战争结束后，一些 Mk III 被改为海上搜救配置的 ASR Mk III，携带有大型空投救生艇（右图）。被改装为海上侦察机的 GR.Mk III 一直服役至 1954 年。

B.Mk VI

重新设计以增加航程的“兰开斯特”Mk IV 和 V 从未投入生产，但其改进设计后在战后以阿芙罗“林肯”的名字进入现役。“兰开斯特”B.Mk VI 是阿芙罗公司并不那么激进的关于改进轰炸机性能的尝试。9 架该型机由罗尔斯－罗伊斯改造，在改进的环形短舱中安装了“默林”85 型或 87 型发动机。移除背部和头部炮塔后，这些飞机由第 635 中队应用于“探路者”任务中。这些飞机安装有改良的 H–2S 轰炸辅助瞄准雷达和妨碍敌军雷达的早期型电子对抗装置。尽管性能比早期的“兰开斯特”机型要好，但并不足以让军方投入量产。

B.Mk VII

“兰开斯特”的最终量产版本是使用装备 2 挺 0.5 英寸（约 12.7 毫米）重机枪的美国制马丁公司背部炮塔的 B.Mk VII。与早期型号相比，该机型的炮塔要更靠前一些。这些飞机由 4 台罗尔斯－罗伊斯“默林”24 发动机驱动，这与后期型“兰开斯特”B.Mk I 相同。总共有 180 架 Mk VII 完成生产，其中许多被送往远东，在远东服役的飞机上部被漆成了白色。战后，许多 Mk VII 被卖给法国海军航空兵。该型机装备有额外的油箱，因此在北非和新喀里多尼亚作为远距离海上巡逻机服役。

B.Mk X

为扩大英式战机的生产，加拿大维克托里航空签订了根据 B.Mk X 的设计制造“兰开斯特”轰炸机的合同。该型号本质上与 B.Mk I/III 相同，但采用由帕卡德“默林”驱动的方式。它们飞越大西洋送往英国，在到达时已将武器装备好。第一架 B.Mk X 在 1943 年 8 月交付，在停产前共有 430 架飞机被制造出来。其中的许多飞机在 1945—1946 年间返回加拿大，其中的大部分继续在加拿大服役。一些飞机被继续用作轰炸机，但其他的则成为海上巡逻机（Mk 10MR）或照相侦察机（Mk 10P，右图）。有超过 20 架飞机被改装为 ASR（反潜侦察巡逻）机，还有 3 架成为 Mk 10N 飞行教练机（下图）。最后一架 Mk 10 变型机于 1964 年 4 月退出了在加拿大的皇家空军的现役序列。

特殊型号

尽管大部分“兰开斯特”轰炸机都拥有相近的外观，但仍有一部分飞机进行了大量的改装以完成特殊任务。最初最著名的是在水坝突袭中使用的 B.Mk III。这些改装机采用 Mk III 的基础设计（规范 464），清空了炸弹舱以装载用于摧毁默讷、索佩和埃德尔水坝的“Upkeep”弹跳炸弹。该型号同时安装了性能更佳的发动机，以及优秀的弗雷泽－纳什前后液压 0.303 英寸（约 7.7 毫米）口径机枪炮塔，不过机背炮塔被拆除了。之后的机型是 Mk I（特殊改装型），这是被设计用于装载重量超过 12000 磅（约 5443 千克）的特大型炸弹——“高脚柜”和“大满贯”的 B.Mk I。该型号的前方和中上部炮塔通常被移除，以减轻飞机重量并改善重心位置。其他改装的“兰开斯特”轰炸机包括 Mk I（FE）和 Mk VII（FE），这些型号进行了特殊改进以适应热带环境，并具有增大的航程，以满足在远东使用。

B

P-39Q 代表着将“飞蛇”推向世界一流战斗机所做出的最后努力。图中是一架 P-39Q-20，该型机大部分为苏联生产，且交付时没有安装武器，图中的这架则预定交付美国陆军航空队并保留了武器装备

贝尔公司 P-39“飞蛇”和 P-63“眼镜王蛇”战斗机

“亲爱的小‘飞蛇’”

贝尔公司的 P-39 和 P-63 是第二次世界大战战斗机中因与众不同的发动机装置而出众的战斗机。“飞蛇”也是美军第一款前三角起落架布局的单座战斗机。

1935 年初，贝尔公司的高管们出席了美国军械集团展示 T-9 37 毫米机炮的展会，所看到的给他们留下了深刻印象，让他们产生了设计一架搭载通过螺旋桨桨毂发射的T-9机炮的战斗机念头。

这门机炮成为除了美军 P-39D-1 和出口的 P-400 外其他所有量产型 P-39 的标准配置。早期的“飞蛇”还有 2 挺 0.50 英寸（约 12.70 毫米）位于机头的柯尔特机枪，每挺备弹 270 发，以及 4 挺 0.30 英寸（约 7.62 毫米）位于机翼的柯尔特机枪，每挺备弹 1000 发。

安装通过螺旋桨桨毂发射的机炮的决定，意味着发动机必须安装在机身内下单翼机机翼后半部的正上方。

由于发动机安装的位置远离后部，一个 10 英尺（约 3 米）长的驱动轴，从驾驶员座舱板的底下穿过，连接发动机和螺旋桨减速齿轮。这种设计使得机身名副其实地结实：工程师们只有很少的选择来决定主要部件的位置，且传统的、半硬壳式后机身如字面意义上一样非常“坚硬”。美军没有在如何布置前三点式起落架方面给贝尔公司选择——必须安装前起落架，这就给已经很重的机头增加了 128 磅（约 58 千克）重量。美军在 4 挺柯尔特机枪的安装上没有给出转圜的余地，最终 P-39Q 依旧保留这种配置，这使得采用后置动力的消极影响超过了好处。

艾利森 V-1710 是一部功率为 1100 马力到 1300 马力（约 820 到 970 千瓦）的液冷式、12 缸 V 型直列发动机，装备有单极单速增压器。这部发动机搭载到寇蒂斯 P-40“战鹰”系列上，该型号发动机在各个战场上均享有良好声誉，但飞行员和地面维修员们无法原谅贝尔公司在“飞蛇”上取消涡轮增压器，因为这一改动使得飞机的高空机动性急剧恶化。

上图：去掉机身侧面的进气口和涡轮增压器后，XP-39 原型机成为 XP-39B。这些特征的消失，使得 P-39 从一架潜在的伟大的战斗机变成一架某种意义上“失败”的飞机

首批交付

该型机的型号起初被定为P-45，新战斗机在1939年8月10日进入生产线，首批订单809架。在第一批交付前，型号改成P-39。

美军在1940年9月订购了369架P-39D，初步交付在7个月后开始。第一个接装该型号飞机的作战单位是第31战斗机大队，包括该大队在密歇根州的塞尔福里奇基地的第39、40和41战斗机中队。

英国的"飞蛇"

英国从1941年7月开始接收第一批"飞蛇"飞机。第一架是P-39C，于7月3日到达，3天后开始飞行。8月，第601中队开始用"飞蛇"替换此前装备的霍克"飓风"。

然而，英国皇家空军指挥官很快发现了取消涡轮增压器的后果。英国皇家空军飞行员认为"飞蛇"爬升和高空飞行性能不佳。该型战斗机难以应付欧洲战区的空战任务。初步交付的飞机中只有大约80架真正在英国皇家空军服役，仅配备给第601中队。该中队在1942年3月很开心地用这批飞机换来了"喷火"战斗机。英国最终移交一部分该型机给苏联，其余返还给美国陆军航空队（型号为P-400）。

在美国参战的那一天，美军已经为5个驱逐机大队装备了600架P-39D，分别是：在纽约"米切尔"机场的第8大队、密歇根州的塞尔福里奇的第31和52大队、里科波多的第36大队、在佛罗里达州麦克迪尔的第53大队。

战斗

"飞蛇"战斗机参与的第一场战斗是由第8战斗机大队完成的，该大队在1942年3月来到澳大利亚，后来带着P-39D型到新几内亚的莫尔兹比港。

P-39在和日本"零"式战机战斗中表现良好；重装甲和增强的火力确保了美国陆军航空队的"飞蛇"在空战中的表现比其他型号战机优秀。在1943年6月17日的瓜达尔卡纳尔岛的最后一次主要作战中，"飞蛇"战斗机与数十架日军战斗机和轰炸机纠缠在一起。上校威廉·D. 威尔指挥一批"飞蛇"钻到一个30架到35架爱知99型舰载轰炸机的编队中，并击落4架。

下图：虽然P-39在欧洲和非洲战场作用有限，但它和P-40直到1944年一直是太平洋战区的主力战斗机。图中这些P-39被拍摄于新几内亚上空，此时它们正护送一架C-47到瓦乌

P-39也被要求作为俯冲轰炸机打击日本军舰，这是该机在设计时从来没有被考虑过的任务，但是在正确的技术和战术下同样获得了成功。

在北非战斗中美军中队同样发现了P-39和P-400“飞蛇”战斗机的价值。美国媒体曾以相当的篇幅报道了“飞蛇”战胜Bf 109的胜利以及贝尔战斗机用机炮摧毁坦克的新闻——但两者均有夸大的成分。

大多数“飞蛇”的战斗都由苏联空军完成，以支援苏联红军地面部队。虽然该机最初计划用于对地支援，但逐渐用于制空作战中。在东线，苏军飞行员经常有机会在低空和梅塞施密特Bf 109交战。“Cobrastochka”（“亲爱的小‘飞蛇’”）在苏联人手中比美国人表现得更好。空军中校亚历山大·I. 波克雷什金作为苏联王牌榜第二位，获得了59次空战胜利，其中48次是驾驶“飞蛇”取得的。苏军的P-39装备了第9近卫歼击航空兵师和第16近卫歼击航空兵团。

法国部队也接收了247架P-39K、P-39N和P-39Q“飞蛇”战斗机。自由法国飞行员首次接收P-39“飞蛇”是在北非的白屋城（Mansion Blanche，位于阿尔及利亚）。1943年5月，法军在几天后宣称赢得第一个战绩：击落一架道尼尔Do 217。

4924架P-39被运往苏联，其中4759架到达了目的地。贝尔P-39“飞蛇”战斗机在1939年到1944年总计生产9529架。美国陆军航空队的P-39“飞蛇”战斗机装备数量在1944年2月到达顶峰，为2105架。

P-39Q“飞蛇”战斗机

世界上战绩最高的“飞蛇”飞行员、苏联王牌榜排行第二的空战英雄，是先后在第9和第16近卫歼击航空兵团作战的亚历山大·I. 波克雷什金。他的纪录是击落击伤59架敌机，其中48架都是驾驶“飞蛇”战斗机完成的。排名第三的空战英雄格里高利·列奇卡洛夫，在58次击杀中取得的成就几乎都是驾驶P-39取得的。另一位P-39空战英雄米哈伊尔巴拉诺夫（总共战绩28架），曾在斯大林格勒（今称伏尔加格勒）上空用螺旋桨削掉一架Bf 109的尾翼，之后又击落了三架Bf 109战机。

驾驶员座舱门
贝尔公司“飞蛇”飞机的一个特点是轿车型的出入舱门，这一设计仅在早期型霍克“台风”战斗机上出现。可分离的舱门装置和机动车上的一样，有普通的开门手柄和一个摇柄以打开窗户。

主起落架
根据P-39的战斗经验，从P-39L开始机头起落架的支柱得到加固。前起落架是不可转向的，起落装置由电动装置控制升降，完全放下需28秒。

徽记
由于缺乏中队或团的特殊标志，因此很难分辨单架苏军飞机的详细隶属。但这架P-39座舱舱门上的近卫军徽记表明，是一架装备于近卫歼击航空兵部队的飞机。包括第16、19、20、28、30、67和104近卫歼击航空兵团在内，大量使用“飞蛇”的苏联空军战斗机部队都被授予了近卫军番号。

从这个角度看 P-63A（前）和 P-39Q，二者的外观区别非常明显。“眼镜王蛇”比 P-39 要大近 12%

“眼镜王蛇”战斗机

“空中坦克”

贝尔公司的P-63“眼镜王蛇”战斗机是全新设计的战斗机，虽然沿用了P-39“飞蛇”的主要布局，但采用了层流翼和在XP-39E上试验的加高垂尾。

美国陆军航空队在 1941 年 6 月订购了两架 XP-63 原型机（41-19511/19512），1325 马力（约 988 千瓦）的艾利森 V-1710-47 发动机安置在飞行员后面，利用纤长的传动轴驱动前方的螺旋桨。第一架飞机于 1942 年 12 月 7 日首飞，但是在几周后的事故中坠毁。XP-63A（42-78015 号机）最初计划改装成“默林”发动机试验机，但却成为第三架用于搭载 1325 马力（约 988 千瓦）艾利森 V-1710-93 发动机的 XP-63B 原型机。XP-63A 是速度最快的“眼镜王蛇”，在 20000 英尺（约 6096 米）的高空可达到 426 英里/时（约 685 千米/时），但是空战并不是该机的强项：“眼镜王蛇”被设想用于对地攻击任务和外销，主要海外用户是苏联。

P-63A 总产量 1825 架，根据批次的不同，在机体、武备和动力方面均有细微差别；1943 年投产的 P-63C 搭载 1800 马力（约 1342 千瓦）艾利森 V-1716-117 发动机，并带有注水装置。一架 P-63A（42-68937）被皇家空军进行测试并被命名为“眼镜王蛇”Mk I 型（FR408）。

腹鳍

第一架 P-63C（42-70886）采用了一个独特的小腹鳍提升方向稳定性。仅生产了一架的 P-63D（43-11718）配置有泡状座舱罩和增大的翼展。第一架 P-63E（43-11720），进行了部分改进并生产了 12 架，但 2930 架的订单由于战争结束而被取消。只生产了一架的 P-63F（43-11719），采用了 V-1710-135 发动机，当第二架被取消后，该机成为 H.L. 彭伯顿的座驾，并参加了 1947 年克利夫兰空中竞赛，民用注册号为 NX1719。

从阿拉斯加州或伊朗运送到苏联的 P-63“眼镜王蛇”战斗机，被证明是一架强有力的攻击机和反坦克飞机。P-63 也在法国空军服役。仅有少量飞机被美国陆军航空队用作训练，没有投入过实战。战后，5 架 P-63E 被运送到洪都拉斯，但使用时间很短暂。

1945 年后，红色涂装的 P-63“眼镜王蛇”被用作有人驾驶

上图：机身上的圆盘标志潦草地盖过美国陆军航空队的“星条”标志，这架 P-39C-5 是交付给法国空军 114 架中的一架。法国的“眼镜王蛇”战斗机都在海外服役，主要活跃在中南半岛

上图：大批“眼镜王蛇”战斗机被直接送往苏联。这些 P-63A 等待通过阿拉斯加到西伯利亚的轮船进行交付

上图：从一架 P-63C 改装而来的 P-63D 装备有滑动式泡状座舱罩，用于给 P-63E-5 测试，并用 M9 螺旋桨桨毂机炮代替了原来的 M10。该型号只生产了一架

靶机，作为发射易碎训练弹的其他战斗机的飞行标靶。这些“机器人”RP-63A 和 RP-63 飞机带有一层硬铝合金的保护层以作为防护，还安装了防弹风挡和座舱罩、发动机进气口钢制栅、排气管钢制护板，以及厚壁的中空螺旋桨。一架 RP-63A（42-69654号机）由于被击中时会亮起红灯而得名“弹球”（美国酒吧中常见的弹珠弹球游戏。——译者注）。在此后的 25 年间，RP-63G（45-57295）在得克萨斯州的拉克兰空军基地做户外展示。这架唯一的有人驾驶靶机在 1948 年被定名为 QF-63G 型，不过前缀“Q”通常代表着无人驾驶飞机。

单产的 XP-63H 是从 P-63E 改装而来的，以测试新的内部系统。两架子型号不详的 P-63 被用于测试 V 形机尾结构，使其能够和比奇飞机公司的“富豪”飞机更好地融合在一起。另有一架 P-63 安装了后掠式机翼，被美国海军定名为 L-39 型进行试飞。少量标准的 P-63 被海军用于进行大量的测试飞行，而没有被授予本应得到的 F2L 这一海军编号。

“眼镜王蛇”战斗机的总产量为相当可观的 3362 架，其中 2456 架被交付给了苏联。“眼镜王蛇”有资格跻身战时战斗机的第二梯队，且该型号是贝尔公司在战斗机领域的最后一次成功尝试。

下图：高垂直尾翼和加大的腹鳍在两架 P-63F 上测试。由于战争很快结束，带有泡状座舱罩和增大机翼的 P-63E-5 没来得及投产并交付苏联

到 P-63 准备好服役的时候，美国陆军航空队已经不再对它感兴趣。量产型中除了有四分之三交付苏联空军，法国空军也接收了 114 架 P-63C。少量在第二次世界大战后保留在美国陆军航空队中，用作教练机

空气动力试验台

两架 P-63［包括 P-63A-9 的编号为 42-69606（下图）］被贝尔公司用于测试“V 形机尾”结构，另外两架飞机安装有后掠式机翼并被重新命名为 L-39 型。第二架飞机——L-39-2（左图）安装有打算用在 X-2 超音速飞机上的机翼。

最后的任务

1951 年 4 月 30 日，最后一次任务由法国 P-63 战斗机执行。1949 年到 1951 年大约 30 架此型号战机被地面火力击中或因事故坠毁。

武器装备

P-63 配有一门枪炮四挺机枪：37 毫米 M10 机炮位于螺旋桨桨毂的，两挺 0.5 英寸（约 12.7 毫米）机枪位于机鼻上侧，另外两挺 0.5 英寸（约 12.7 毫米）机枪在翼下吊舱中。每个机翼也安装有翼下挂架，可挂载额外的油箱或 500 磅（约 227 千克）的武器。

层流翼

尽管在布局和大体设计上都有很明显的相似之处，但 P-39 和 P-63 是两架完全不同的飞机。后者增大的垂尾和四叶螺旋桨是很明显的外观差异，但是更重要的其实是采用了更高效的层流翼。

P-63C“眼镜王蛇”战斗机

1949 年，这架 P-63C-5 是 GC II“诺曼底 – 涅曼”联队第 6 中队部署于中南半岛的新山一空军基地的飞机之一。五个法军战斗机联队在 1949 年到 1951 年间驾驶“眼镜王蛇”战斗机，在这个区域部署，使用炸弹和汽油弹攻击越盟。P-39C 于 1945 年加入法国空军，“眼镜王蛇”随后代替了 P-39N。随着 1945 年战争的结束，很多飞往北非，在等待分配之前储存在仓库里。

发动机

通过换装配备双级增压，功率也大为增强的艾利森 V-1710 发动机，P-39 较差的高空性能在 P-63 上得到改进。V-1710-117 搭载到 P-63C 上，可提供 1355 马力（约 1010 千瓦），驱动“眼镜王蛇”战斗机达到在 25000 英尺（约 7620 米）的高度最大时速 410 英里 / 时（约 660 千米 / 时）。

“空中的坦克”

在第二次世界大战期间苏联服役时，“眼镜王蛇”战斗机因对抗所有类型的地面目标而赢得了声誉，包括坦克，并因此得到昵称“飞行坦克”。

腹翅

为了改进 P-63A 上“不能接受的”方向稳定性，P-63C 在机腹后段安装有腹鳍。

BV 138A 证明了它灵巧的起降能力。在实际使用过程中，该型号有限的机体结构强度不足以保障其在气象恶劣的海域长时间执行任务

布洛姆－福斯 BV 138“飞行木屐”

绰号“飞行木屐”的 BV 138 是纳粹德国空军海岸巡逻和在北冰洋、北大西洋敌对水域执行反舰任务的中坚力量。

Ha 138 是由汉堡飞机制造公司在首席工程师理查德·沃格特博士的指导下制造的第一架水上飞机。按最初的双发动机设计制造的三架原型机分别使用不同制造商制造的 1000 马力（约 746 千瓦）发动机以便进行比较评估，但研发进度的落后迫使他们不得不更改设计，采用三台 650 马力（约 485 千瓦）的容克 Jumo 205C 发动机。实体模型完成近两年后，第一架原型机 Ha 138 V1 才迎来首飞，而此时已经是 1937 年 7 月 15 日。改进机身设计后的第二架原型机 Ha 138 V2 11 月在特拉沃明德中心开始测试，但很快被证明无论是从水动力学特性还是空气动力学特性上来说，该原型机都是不稳定的。垂直尾翼的改进并没有充分改进性能，因此不得不从基础开始重新设计。

最终，布洛姆－福斯母公司设计的 BV 138A 方案得到采纳。机身被放大了很多，滑水面也改进了，而且改进后的尾翼面由更坚固的尾桁支撑。原型机第一次飞行是在 1939 年 2 月，随后小批量生产的 5 架 BV 138A-0 也进行了试飞。测试确认在飞机的结构上还是存在缺陷，BV 138A-04 被退回进行进一步加固，在此基础上生产了第一批 10 架 BV 138B-0。

开始服役

与此同时，25 架 BV 138A-1 完成了组装，而对海岸运输机的需求也日益紧迫。最初两架 BV 138A-1 很快进入 108 特殊轰炸大队开始服役。这种飞机参与了挪威战役，不久以后的 1940 年 10 月，比斯开湾的 506 海岸飞行大队第 1

左图：BV 138 最终成长为一款有效的、值得信赖的巡逻机。大多数 BV 138 都从挪威基地出发，在北冰洋海域巡逻，但这架 BV 138C 要在舒适得多的环境下工作。它在黑海沿岸康斯坦萨的 125 海上侦察大队第 3 中队服役

上图：除了陆基行动，BV 138（例如这架猎雷机 BV 138MS）也可以在水上飞机母舰上出发执行任务，用吊车吊起或放下，甚至可以用弹射器弹射起飞

上图：为了给挪威和比斯开湾驻军提供海岸巡逻机，BV 138A 的生产十分匆忙。可以看到这架被放置在岸勤推车上的 BV 138 还没有配置恼人的 LB 204 头部炮塔

上图：BV 138 的一个关键特征是机鼻炮塔，在多数 BV 138 B 和 C（如图）型号上，炮塔内安装了一门 20 毫米 MG 151 机炮

上图：第二架原型机 Ha 138 采用了改进的机身设计，但这仍不足以克服这种型号自身诸多空气动力学和水动力学问题。BV 138A 的量产型号最终还是重新设计了机身

中队也完成了装备，紧随其后的还有906海岸飞行大队第2中队。BV 138A-1服役时的表现让人苦恼，结构、发动机和机首武器都有问题。这些问题中的大多数在BV 138B上得到了解决。为了克服增加的重量问题，后者换装了更强劲的Jumo 205D发动机。

第一架BV 138B-1在1940年12月试飞，表现比其前辈要好得多。机首武器包括一门20毫米口径的MG 151机炮，在中央发动机舱后边还有一挺MG 15外置机枪。工厂改造套件（BV 138B-1/U1）使得武器载荷增加到6枚炸弹或深水炸弹。随后的BV 138C-1又对机身进行了进一步加固，在BV 138B-1基础上换装了四叶螺旋桨，加装了由雷达操作手操作的右舷附加机枪，以及中央发动机舱位置的MG 131 13毫米口径机枪。BV 138C-1/U1还可以安装附加的武器装备。1942—1943年间，有一部分飞机被改装成BV 138 MS型，以“捕鼠器”的绰号闻名。

除了从海岸基地出发，BV 138也可以从水上飞机母舰上出发执行任务，其中一些飞机为了弹射起降，加装了弹射固定点。所有的BV 138都可以配备起飞助推火箭，其中部分飞机还安装了FuG 200“霍特维尔”雷达，用于跟踪护航船队。标准的机组人员为5人（C-1型为6人），机枪射界极佳。尽管在早期它有这样那样的问题，但BV 138最终还是成为一款优秀的巡逻机：有着长久的续航能力，能够承受大量来自无论是敌军还是自然的损伤。

挪威行动

1941年初两个基地在法国的BV 138A-1部队换装BV 138B-1之后，被派到波罗的海。与此同时，随着第406海岸飞行大队第2中队（之后更名为第130海上侦察大队第3中队）、第906海岸飞行大队第3中队、第130海上侦察大队第1、第2中队以及第131海上侦察大队第1、第2中队的成立，挪威成为这一型号飞机的主要行动地点。从挪威基地出发，BV 138的巡逻半径覆盖了北大西洋和北冰洋，可以侦察或是攻击驶往苏联的护航运输船队。在完成这个任务的过程中，BV 138击落了一架远程轰炸机和一架“布伦海姆”轰炸机。在北部水域，BV 138在海上自U艇处加油，并且在1943年夏天为期三周的大胆行动中，从驻扎在新地岛（苏联领土）由两艘U艇运输的人员修建的水上飞机基地中出发。

更远的行动区域包括黑海，在这里，第125海上侦察大队第3中队的BV 138C-1直到1944年末一直都从康斯坦萨出发执行任务。1943年，该型机被成批分配到比斯开湾和地中海战区。第406海岸飞行大队第3中队（后来更名为129海上侦察大队第1中队）1944年前一直从比斯加奥斯出发执行任务，而第126海上侦察大队第3中队则从克里特岛出发。该部队被转移到波罗的海，战争结束时在丹麦投降。有一些BV 138直到最后仍在挪威服役。

下图：第130海上侦察大队的一架BV 138C和U艇在北冰洋上进行水上加油。请注意发动机之间匆匆涂装的北冰洋白色迷彩涂料和霍特维尔搜索雷达

BV 138 MS

尽管大多数 BV 138 都被用于执行标准的海岸巡逻任务，但仍有一小部分被改装成猎雷机。这一改型在战争的最后一年服役于位于格洛散波雷德港的第 1 扫雷大队第 6 中队。

攻击性武器

攻击性武器挂载在翼根下。BV 138C 可以携带多达 6 枚 110 磅（约 50 千克）的炸弹或 4 枚 330 磅重（约 150 千克）的深水炸弹。

火力装备

BV 138A 安装了 LB 204 机鼻炮塔以及 MG 204 机炮，但这两种装备都频频出现问题，在 BV 138A 上被重新设计的炮塔以及单门 MG 151 所取代。在 BV 138 C-1 上还加装了额外火力，包括中央发动机舱后部的一挺 13 毫米 MG 131 机炮，以及从右舷舱口进行射击的一挺 7.9 毫米 MG 15 机枪。BV 138MS 则取消了所有的武器。

猎雷装备

BV 138MS 安装了双重消磁环。飞机的炮塔整流罩下方是为消磁环供能的辅助电机，输出的能量能够在环中产生强大的磁场，足以在巡航时触发下方的水雷。

护航巡逻

驻扎在挪威的 BV 138 一个主要任务就是监视英国与苏联之间的护航舰队。这些行动在 1942 年 9 月英军“海飓风”战机进入战场之前都是十分成功的，但英国这一新战机的服役迫使 BV 138 从更远的海域开展行动，使护航船队得以经常摆脱德军的监视。

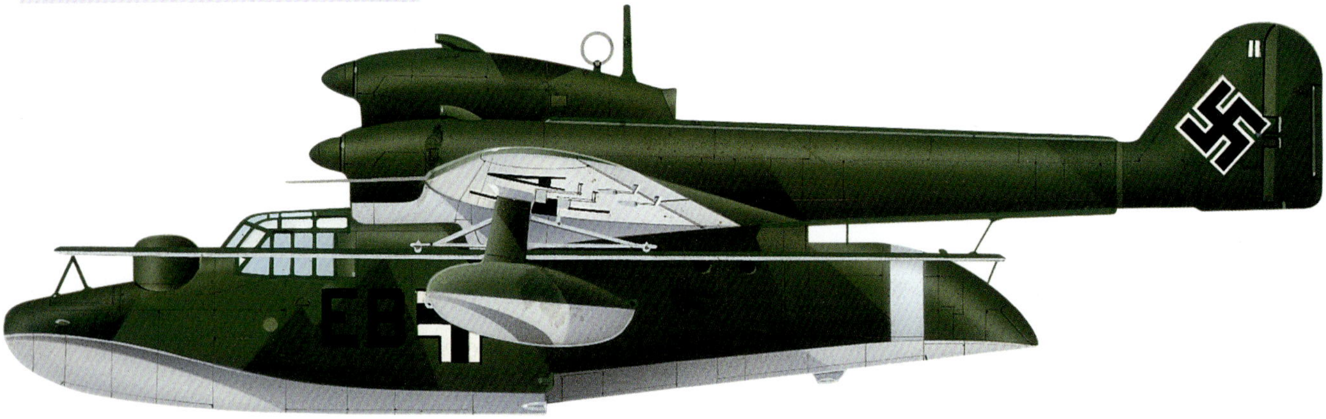

自1944年1月起，第8航空队的“空中堡垒”已不再涂上伪装迷彩。这群轰炸机是第381轰炸大队的B-17G型

波音B-17“空中堡垒”

波音B-17“空中堡垒”重型轰炸机是美军第8航空队自1942年至1945年的主战装备，其航程远及德国和整个欧洲占领区。该型号战机能够精确轰炸单个工厂或其他类型目标，在史上规模最大且最血腥的空中战役中重创了纳粹空军战斗机。

1934年，未来空战的面貌依旧捉摸不透，当时在美国轰炸机航程范围内的目标只有不太可能开战的加拿大和墨西哥。经济大萧条时期，美国政府的财政紧缩，而马丁公司的新型单翼轰炸机似乎是他们唯一所需要的。

不过，当美国陆军航空队（US Army Air Corps, USAAC）提出一款多发动机轰炸机的需求时，波音航空公司富有远见的工程师们将“多发动机”理解为四发动机而非双发动机。他们的决定主要是为了能让战机以更高的高度飞越目标上空，但这将使波音制造的299型（Model 299）飞机的体型远大过它们的竞争者。

首次飞行

波音公司自1934年6月开始设计，第一架原型机于1935年7月28日成功试飞。生产新型轰炸机的目的是保卫美国，轰炸入侵舰队（似乎是当时唯一合理的目标），波音公司给予新轰炸机“空中堡垒”的绰号也是出于其任务，而非强大的自卫火力。

Y1B-17测试机在经过一番改良，尤其是改进起落架、武装和更换发动机之后——以930马力（约694千瓦）的莱特“旋风”发动机取代750马力（约559千瓦）的普惠“大黄蜂”发动机，波音公司的该型号飞机获得了订单，并于1937年交付给驻兰利机场（Langley Field）的第2轰炸机大队。

上图：不堪用的前射自卫火力一直让“空中堡垒”困扰，但最后B-17G型解决了这一难题。该型号的机首下颚和机背炮塔各有两挺0.5英寸（约12.7毫米）机枪，机鼻两侧还有两挺手动的0.5英寸（约12.7毫米）机枪

下图：良好的能见度意味着B-17轰炸机能够在视野清晰的情况下作战，但这也让它们成为高射炮显眼的目标。照片中这群B-17F型隶属第390轰炸大队，拍摄于1943年法国亚眠/葛利希（Amiens/Glisy）上空

上图：在寒冷的 2 月一个凌晨，英国法宁汉姆基地的第 8 航空队地勤人员带着灭火器于一旁待命。一架 B-17G 型正要启动，准备执行一场昼间轰炸任务

上图：第二次世界大战结束之后，剩余的 B-17G 型有了新的任务。这架 SB-17 在机鼻下装设了 H2X 雷达和一艘空投救生艇，用来营救落海的空勤人员。美国海军亦将一些 B-17 改装为搜索雷达的早期预警机（如 PB-1W 型）

涡轮增压发动机

第 14 架原型机被命名为 Y1B-17A 型，该机的发动机装上了通用电气公司（General Electric）涡轮增压机，使得该型机最快速度从每小时 256 英里（约 412 千米）增加到 311 英里（约 500 千米），作战高度可提升至 30000 英尺（约 9144 米）。

当 B-17B 型于 1939 年（在美国海军的强烈反对中）投入服役时，它是世界上速度最快、飞行高度最高的轰炸机，亦是美国陆军航空队理想的武器。它们能组成大型编队以重防御武装来展现昼间战略轰炸的威力。

下图：在 1998 年仍有 13 架“空中堡垒”处于适航状态，包括照片中这架存放于“美国空军博物馆”（USAF Museum）的 B-17。另有 30 架“空中堡垒”在各地的博物馆中展示

1941 年 12 月，即日本突袭珍珠港当月，第一批大规模量产型的 B-17 进入服役。该型号 B-17E 型在外观上与此前型号有所不同，并汲取了欧洲战场的经验进行改进。其中最显著的是加大面积，并连接过渡背鳍的垂尾以及宽大的水平尾翼，这使得飞机在高空中稳定性更强、操纵性更好。自卫武器亦重新调整，以大幅提升火力。不过，装甲加重、增添了一些新的装备，而使重量增加到 54000 磅（约 24.494 吨），巡航速度无可避免地从每小时 231 英里（约 372 千米）下降为 210 英里（约 338 千米）。该型号轰炸机总共有 512 架交付。

“Mighty Eighth”（“神八”）

B-17E 型与 B-17F 型轰炸机（后者拥有更大的载弹量）的大批到位，使得美国第 8 航空队得以在英国继续扩充实力。该航空

队的第一次战斗任务于1942年8月17日展开，当时第97轰炸大队的12架B-17E出动并轰炸了鲁昂的铁道调车场。

这次行动只是为前所未有的战略大轰炸揭开序幕而已，日后，B-17将引领为期三年的轰炸任务，并向德国的目标投下640036吨的炸弹，最终主宰战场，甚至大摇大摆地在白昼飞过"第三帝国"的中心地带，不过他们也为此付出了巨大的代价。

B-17轰炸机数量最多的衍生型G型是战场经验的结晶。除了加装更强大的自卫武器，大部分B-17G型还安装了改进的涡轮增压机，它使飞机的实用升限提高到35000英尺（约10668米）。然而，因为轰炸机的重量更重，巡航速度下降到时速182英里（约293千米）。虽然这样会增加庞大的机队暴露于德国战斗机攻击下的时间，但反过来，作战时间延长，B-17的机枪手也能摧毁更多的敌机。

波音公司总共生产了4035架B-17G型，道格拉斯公司生产了2395架，维加公司（Vega，洛克希德的子公司）则生产了2250架，共8680架。B-17各衍生型总共制造了12731架，其中12677架交付给了美国陆军航空队。

B-17轰炸机的作战行动不只限于西欧，它们也在太平洋和地中海战区的美国陆军航空队里服役。不过"空中堡垒"的竞争对手，即B-24"解放者"拥有更大的续航力，产量更大、适用范围更广，尤其是在太平洋战场得到了比B-17更广泛的使用。

随着大战持续，"空中堡垒"的一些特殊改装型也陆续问世。第8航空队的一批B-17还装上了雷达和电子对抗设备，以提升生存力和轰炸的精准性。

YB-40型是第8航空队于1943年测试的"护航战斗机"，该机新增了多部双联装炮塔和更多的弹药，在轰炸机编队中担任护卫。不过，YB-40型太重而无法跟上轰炸机群，因此被迫放弃。

"空中堡垒"还有侦察型与运输型（分别为F-9型与C-108型）但数量相对稀少。最不寻常的衍生机种或许是BQ-7型，该型号装载了10吨重的爆炸物，被第8航空队有限地（且风险极大地）用作早期的"制导导弹"对付德军目标。

战后，剩余的B-17轰炸机有了新的角色，包括海上空中救援（配备空投的救生艇）、空中早期预警（装置搜索雷达）和作为无人驾驶飞机的投射/引导机。其他被"遣散"的B-17还被用作发动机测试平台、农用喷洒机和灭火机。

"空中堡垒"最后一次展现威力或许是1947年至1958年间由新生的以色列所秘密使用的该型机。其他国家（主要是南美洲国家）的航空部队也获得一批成为剩余物资的该型美制轰炸机。

相较于其他战时的轰炸机，至今依然有大批B-17留存下来，这主要是因为1945年之后仍在使用。在超过40架尚存的B-17当中，有13架依然适航，对于那些年轻时驾驶过这款战机的空勤人员而言，这无疑是最好的纪念。

下图：1941年春，20架B-17C型进入英国皇家空军服役，但作战表现十分糟糕。英国皇家空军的"空中堡垒"II（B-17F）和"空中堡垒"III（B-17G）则主要由岸防司令部所使用，表现相当成功。"空中堡垒"III型也是英国皇家空军轰炸机司令部第100大队的主力重型特种电子设备平台

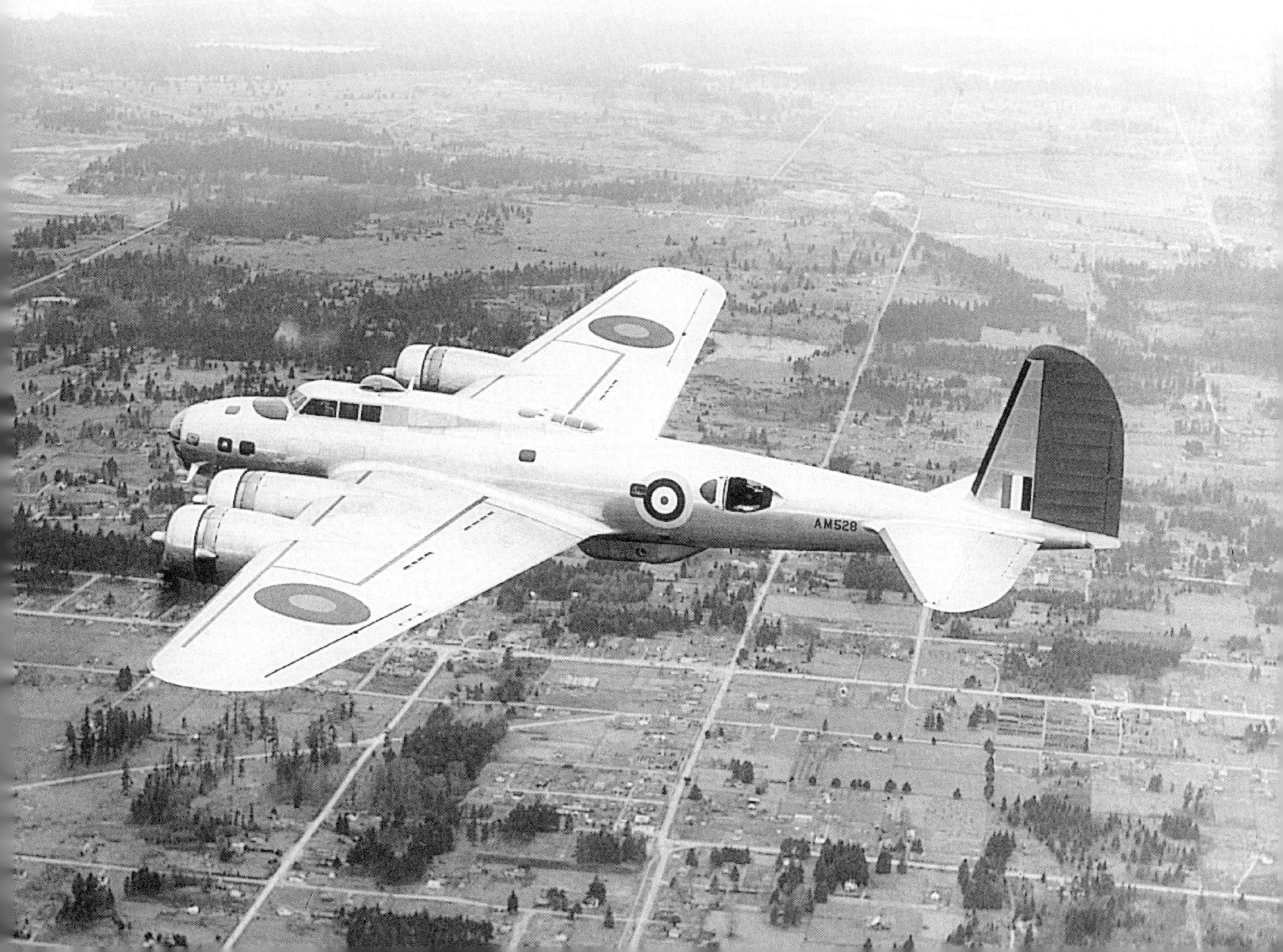

这架 B-17B（38-211）被交付给了驻莱特机场的航空队装备器材分部。B-17B 和 C 的一个外观特征是机长的机窗位置在驾驶员座舱后面的偏移处

B-17 的演进

波音“飞行堡垒”轰炸机的研制象征着美国陆军航空队早期轰炸机的巨大突破，虽然该型机成功进入美国陆军航空队服役，但这个项目在发展过程中遭到了美国海军的强烈反对。

当美国陆军航空队（USAAC）提出对新多发动机的轰炸机的需求时，波音飞机公司少数有远见的工程师决定把“多发动机”理解为不止两部发动机（当时轰炸机的主流配置），而是四部。他们这样做主要是为了达到比技术指标还高的升限，同时也能使波音 229 型设计比竞争对手体型更大。设计开始于 1934 年 6 月 18 日，原型机在 1935 年 7 月 28 日于波音机场由莱斯塔驾驶完成了非常成功的试飞。

1935 年 8 月 20 日，这架除了美国陆军航空队的方向舵识别条纹以及飞机编号 NX13372，没有任何标志，通体铝原色的原型机中途没有停顿地直飞莱特机场，平均航速比所有安装双发动机的对手都要快。1935 年 10 月 30 日进行的第一次官方演示中，在美国陆军航空队的评估指挥官面前，这架巨大的轰炸机在升空后陡然爬升，然后失速并俯冲到地面，燃烧起来。事故完全是由于某些人忘记挪走在升降舵外部的锁定机构，尽管这次官方测验中道格拉斯 B-18 很快成为赢家，但是波音轰炸机的巨大潜能为它赢得了 13 架用于测试的订单，并于 1936 年 1 月 17 日得到了 Y1B-17 的编号。

Y1B-17 进行了很多改动，尤其是起落架和武器装备方面，此外还用 930 马力（约 694 千瓦）莱特“旋风”发动机代替了之前的 750 马力（约 559 千瓦）普惠“大黄蜂”发动机。1937 年，这批原型机被交付到位于兰利机场的第 2 轰炸机大队，随后进行了 10000 小时的试飞，没有发现严重的问题。该大队的 Y1B-17 在探索远程轰炸，尤其是远程高空轰炸方面比其他部队做出了更大的贡献。第 14 架飞机搭载通用电气的涡轮增压器，在增加航速的同时将实用升限提升到 30000 英尺（约 9144 米）以上。

B-17（Y1B 在测试阶段结束后得到的正式编号）的性能让美国陆军航空队大喜过望，很快在美国海军反对的情况下签下大笔

下图：波音 229 在 1935 年代表着最新的航空工程技术，一些技术甚至是首度应用。在没有政府签订合同下就进行生产，该型号轰炸机的研制对于当时只是一家中等规模公司的波音来说是一场冒险

上图：第一架量产型“空中堡垒”，B-17B 于 1939 年 7 月 29 日交付美国陆军航空队。实际试用中发现了一些必须改进的方面，包括机头的重新设计，取消万向机枪座以便重新布置投弹手的位置，不再是先前的卧姿。此外后继型号还加大了方向舵和襟翼，并调整了窗口布局

上图：这架 B-17C 拍摄于 1942 年中期的印度，刚从菲律宾自更先进的日本战机手中逃脱。实战经验使得美军对飞机军徽进行了一定的调整，美军军徽中显眼的红色圆点被取消

订单。美国陆军航空队甚至（和波音合作）开始计划生产下一代轰炸机，这个项目最终成为 B-29。美国海军对于美国陆军航空队承担海上作战任务异常恼火，最终迫使美国陆军航空队减少了订货数量，第一批生产的 B-17B 只有 39 架。这些飞机除了大量的微小改进外，还重新设计了机头并放大了垂尾，同时也成为世界上第一款进入服役时就带有涡轮增压发动机的飞机。B-17B 于 1939 年服役，是当时世界上速度最快、飞行高度最高的轰炸机。美国陆军航空队此时又提出使用大型编队的强大火力使得轰炸机群更加难以拦截，从而让昼间远程轰炸战术更为完美。B-17 的性能非常契合这一设想，凭借其高度和速度，敌军战斗机很难追上 B-17，且即便追上也与轰炸机保持几乎相对静止的状态，从而能被自卫机枪火力摧毁。

更强的动力和速度

波音和莱特机场继续改进 B-17 飞机，在 1939 年，又有 39 架以 B-17C 的型号被订购。总重量 49650 磅（约 22521 千克）的 B-17C，和 43000 磅（约 19504 千克）重的 B-17B 相比，增加了装甲、自封油箱、加强的自卫火力（机身背部和新安装的机腹“浴缸”里各有 2 挺 12.7 毫米机枪，位于机头和侧面位置的双联装 7.62 毫米机枪），以及额外的装备。尽管重量增大，新安装的 1200 马力（约 895 千瓦）发动机仍使得该型号飞机成为所有改型里速度最快的，最大航速可达到 320 英里 / 时（约 515 千米 / 时）。

上图：这架 B-17D 来自第 7 轰炸机大队，本图拍摄于 1941 年初，该机从加利福尼亚州汉密尔顿机场起飞，于横穿美国国土飞行中停在转场机场，该机机身上还没涂刷军徽

上图：在提前交付测试飞行中，这架无线电呼号为“B-BAKER”（两架中的第一架）的 AN528 号机被移交给了英国皇家空军的第 90 中队。该机于 1941 年 6 月 4 日在波莱布鲁克地面上滑跑时突然起火，最终失事

1941 年春，在经过 15 个月的谈判（在 1940 年《租借法案》颁布前就开始谈判）换来用飞机交换完整的战斗性能信息的条件之后，一批 20 架 B-17 被移交给英国皇家空军。英国皇家空军将其称为“堡垒”Mk I 型，它们经历了多灾多难且管理不善的服役生涯（主要是因为低劣的战术），并因各种原因导致仅有少数（约 9 架）幸存；这些幸存机被运送到岸防司令部和北非地区。

经大量内部改进、安装新的电气系统和发动机罩冷却导流板后，产生了 B-17D 型。美军在 1940 年订购 42 架，该型号飞机在珍珠港事件爆发前后服役。

尽管在第二次世界大战初期，B-17 的改进经历了种种阻碍，战斗表现也令人不满，但是波音公司持续改进“空中堡垒”，最终使美国陆军航空队的高层自豪地宣称 B-17 是美军的头号主力战略轰炸机。

下图：珍珠港事件中有 30 架 B-17 停放在珍珠港的地面上。这架 B-17C 是在空袭中抵达的 B-17 机群中的一架，它在希卡姆降落时被日军机关炮击中。一个照明弹储存箱被引燃，整架飞机起火，机尾在跑道上断裂。最终，轰炸机在黑尔海的营房附近烧毁，一名乘员死亡

“空中堡垒”族谱

“空中堡垒”轰炸机和B-24“解放者”共同组成美军战略轰炸机的主力。该型号在第二次世界大战时期对后续衍生机型进行的改进主要着重于提高载弹量和防御能力。

299型原型机

这个称谓有些时候指的是XB-17，但299型原型机实际上是一架属于波音公司的飞机，民用飞机登记号为NX13372。由四台750马力（约559千瓦）普惠“大黄蜂”星型发动机驱动，可携带8枚600磅（约272千克）的炸弹和4挺机枪，机组成员为8人，该机1935年7月28日初次试飞。但该设计直到1936年1月才得到美军的垂青。NX13372在1935年10月30日的一次事故中失事，因此从来没有用“XB-17”作为官方编号。

Y1B-17（YB-17）和Y1B-17A

13架改进的299B型于1936年被美军订购用于验收测试飞行。简称为YB-17的Y1B-17（其中一架如左图，在第2轰炸机大队服役）由4台1000马力（约746千瓦）莱特R-1820“旋风”发动机驱动，机组人员为6名，能够挂载8000磅（约3629千克）炸弹。另有一架Y1B-17A在1938年4月试飞；该机最初打算作为静力试验机身，但是同样被按照实用飞机的规格制造，用作R-1820-51涡轮增压发动机的试验台。

B-17B

绰号“空中堡垒”的新型轰炸机（这是当地记者在参加 299 型在 1935 年 7 月 17 日揭幕式后想出的绰号）以 B-17B（299M 型）的编号获准投入量产。搭载大功率的 1200 马力（约 895 千瓦）R-1820-51 发动机，B-17B 与 Y1B-17 的区别在于有更大的方向舵和襟翼，重新设计的机头去掉了形似“玻璃暖房”的机枪转塔和机腹投弹瞄准窗口。此外，机组人员的位置经过调整，还采用了液压制动器。第一架飞机在 1939 年 6 月 27 日进行初次试飞。总计生产了 39 架。

B-17C 和 B-17D

波音公司在对 B-17 进行进一步改进后推出了 B-17C（初次试飞于 1940 年 7 月），随后美国陆军航空队订购了 38 架。外表主要变化是机身两侧的气泡状机枪窗口改为扁平式窗口，底部的气泡状护罩改为较大的“浴缸”状外罩。加装了额外的机枪、装甲钢板和自封油箱等防御部分，大功率的 R-1820-65 发动机增加了最大航速和航程（这些飞机中的 20 架后来转交英国皇家空军，被称为“空中堡垒”Mk I，右图）。在其他方面与之相似的 B-17D（对页上图）则加装了发动机整流罩通风片、改进的电气系统并增加了一名机组人员。D 型生产了 42 架。

B-17E，B-17F 和 B-17G

被波音称为299-O型的B-17E（上图为首架该型机）是对基本设计进行几乎彻底改动的产物。重新设计的垂尾面积大幅增加，并包含一个大型背鳍，自卫火力在驾驶员座舱后和机身底部增加了双联机枪炮塔，以及一个位于机尾终端的手动操纵的双联装“刺针”炮塔。从第 113 架飞机开始，遥控机腹炮塔被斯佩里球形手动炮塔所取代，手动机腹炮塔版本于 1942 年 8 月成为第一批进入欧洲战区作战的飞机（B-17C 和 D 在 1941 年底对抗日军时表现十分活跃）。在 B-17E 生产 512 架后开始投产的是 B-17F。该型号与此前型号的区别之处在于具有更大的树脂玻璃的机头和全顺、阔叶螺旋桨和其他内部改进，此外后期的机型还添置了额外的油箱，并在机头两侧增添了机枪。B-17F（左上图）也是第一款由分包商生产的“空中堡垒”；总产量 3405 架中的 2300 架来自波音在西雅图的工厂，道格拉斯和洛克希德 – 维加分别交付了 605 架和 500 架。最后一款衍生机型是 B-17G，和 F 型的差异主要在于机头下部的双联机枪炮塔（左下图），不过在生产过程中还有大量的细节改进。与B-17F一样，G型的机组人员也是10名，并改用R-1820-97发动机，该发动机在 25000 英尺（约 7620 米）高度能输出 1200 马力（约 895 千瓦）。作为产量最大的 B-17，波音公司生产了 4025 架 G 型，维加公司生产了 2250 架，道格拉斯公司生产了 2395 架。

XB-38

为了提高 B-17 的性能，美国陆军航空队委托洛克希德 – 维加公司在 1943 年为 B-17E 换装艾利森 V-1710 液冷发动机。首次试飞于 1943 年 5 月 19 日，XB-38 的航速有略微增加，航程也有很大提高。然而，唯一的原型机在首飞后不到一个月就在飞行过程中起火失事，在和 B-17 的全面对比中落败；另外两架原型机的制造也被取消。

XB-40，YB-40 和 TB-40

一款试验型护航轰炸机，XB-40 是由 B-17F 在无线电舱位置安装额外的双联机枪炮塔，以及在机头下面安装的双联机枪炮塔组合而成的。它的腰部位置也安装有双联装“0.50 口径”的机枪，代替了原来的普通单装机枪。燃油和炸弹的挂载量也被用于搭载额外的弹药。尽管 20 架 B-17F 已经被改装为改良的 YB-40 标准（右图），另有 4 架作为 TB-40 教练机，但在欧洲的短暂服役中的表现证明该型号飞机增加的额外重量使得它跟不上从轰炸任务中返航的 B-17，使护航轰炸机这一理念遭到摒弃。

XC-108, YC-108, XC-108A 和 XC-108B

4 架 B-17 被改装为 C-108 运输机，一机身内部结构进行了重新设计并拆除了大部分或全部武器；B-17E 41-2593 号被改装为 XC-108“巴丹号”（上图），该机是道格拉斯·麦克阿瑟上将的私人专机；B-17F 42-6036 号机被改装为相似的 YC-108 VIP 飞机；XC-108A 是一架试验型货运飞机，改装自一架 B-17E；从 B-17F 改装而来的 XC-108B 则是为了验证将“飞行堡垒”改成运油飞机飞越缅甸至中国的“驼峰”航线的可行性。

F-9, F-9A, F-9B 和 F-9C（RB-17G）

这些编号被赋予超过 50 架改装为远程侦察机的 B-17F 和 G，此批飞机在机头、炸弹舱和后机身加装有相机。在改装 16 架 F-9（原 B-17F）飞机后美军又改装了一批未知数量的 F-9A，用于搭载多种相机。所有的 F-9 随后在进一步装备改进后，都被命名为 F-9B。该型号共改型 25 架，包括一些直接从 B-17F 改装来的。10 架 B-17G 被重新改装成 F-9C（曾被短暂地称为 FB-17G），在 1948 年重新命名为 RB-17G。除上述飞机之外，至少还有一架型号为 RB-17G 的侦察机直到 1957 年还由 CIA（美国中央情报局）操纵，在远东服役。

BQ-7 制导炸弹

1944 年，大约有 25 架机况不佳的 B-17 被改装为无线电遥控的 BQ-7 型导弹。这种无人机携带 20000 磅（约 9070 千克）爆炸物和可飞行 350 英里（约 563 千米）的燃油，由两名机组驾驶起飞，随后交给另一架 B-17 进行无线电操控，机组随后跳伞。1944 年 8 月 4 日到 1945 年 1 月 1 日之间，15 架 BQ-7 被用于打击德国境内的目标，但是收效甚微。

战后和海军衍生机型

PB-1 和 PB-1W

美国海军在第二次世界大战期间及结束之后陆续接收了 48 架 B-17（1945 年 7 月 31 日后被称作 PB-1）。战后 31 架海军型 B-17G 安装了 AN/APS-20 雷达，用于执行反潜搜索任务（右图）。这些飞机被命名为 PB-1W 型，后来被洛克希德 WV-2 型替代。

B-17H（SB-17G）和 PB-1G

1945 年，约 130 架 B-17G、B-17H（左上图）和 TB-17H 按计划接受了改装，装备有空投救生船和 ASV 雷达，用于执行美国陆军航空队的海空救援任务。只有 12 架完成生产的 B-17H 在 1946 年被改装为 SB-17G。美国海岸警卫队装备的 17 架相似的飞机被命名为 PB-1G，这些飞机中的 77254 号机（左下图）是最后一批在美国军队中服役（除了做靶机和遥控机）的“飞行堡垒”，在 1959 年 10 月 14 日执行了最后一次任务。

其他战后改型

其他少量的“飞行堡垒”改型，大多数从 B-17G 改进而来，包括 CB-17G（运输型）、DB-17G（加装了遥控导航设备；最初被命名为 CQ-4 型）、JB-17G［两款发动机试验机——包括 44-85813（右上图）换装莱特 XT35“台风”涡桨发动机——最初被称作 EB-17G］、QB-17G（靶机，右下图，经常同 DB-17G 一道使用）、TB-17G（机组人员换装教练机）、VB-17G（人员运输机）、QB-17L（带有电视传输设备的靶机）、QB-17N（QB-17L 拆掉电视传输设备以及改进制导设备后的改型）、DB-17P（用于验证为 QB-17 研发的遥控引导机）、QB-17P（DB-17P 改作靶机后的型号）。

战争刚爆发时美国陆军航空队的战机的昵称通常较为正经，如“扬基复仇者”。随着战斗的继续，美军战机的昵称也开始变得不正经和奇怪起来，比如图中这架 B-17F 的昵称“SNAFU”，便是军中俚语“Situation normal, all fouled up”（“没什么的事都给你搞得一塌糊涂”）的缩写

美国陆军航空队：初入欧陆

在 20 世纪 30 年代中期设计的 B-17 在欧洲战区出动超过 290000 架次，并投放了超过 50 万吨的炸弹。飞行性能优异，机身可承受大量损伤但只能携带 4000 磅（约 1814 千克）炸弹的 B-17 同风头稍逊的 B-24 一道执行了对“第三帝国”的轰炸任务。

美国在加入第二次世界大战后决定将由卡尔·A.“托伊”·斯帕兹少将指挥的第 8 航空队部署到英国，第 8 轰炸机司令部指挥官艾拉·C. 埃克少将——以及继任者斯帕兹少将——在 1942 年 4 月先后到达。1943 年 2 月 29 日第一架美军的 B-17 抵达英国，最终有上千架 B-17 部署在英伦三岛。

初次轰炸

第一次空袭于 1942 年 8 月 17 日实施，由第 97 轰炸机大队的 12 架 B-17E 对位于鲁昂的铁路货运编组站进行轰炸。此地离英吉利海峡 35 英里（约 56 千米），美军没有任何损失。很快地，根据实战经验改进 B-17E 而成的 B-17F 进入现役。该机进行了包括加装自封油箱在内的大量内部改进。在证明“昼间精确轰炸”的理念正确后，1942 年 9 月，第 8 航空队的头 3 个大队和从美国直接开拔的第 4 个大队被调走参加盟军在北非的登陆行动。替换的 4 个新大队在 9 月到 10 月底到达，但是在整个 1942 年，第 8 航空队没能够对整个德国本土发动任何空袭。

“昼夜不停”的轰炸

1943 年 1 月 20 日，在卡萨布兰卡的会议中，埃克少将会见了英国首相丘吉尔并提出“昼夜不停”的轰炸行动，由英军轰炸机司令部负责夜间攻击，而美军第 8 航空队在白天轰炸。在 1943 年初，第 8 航空队由 6 个大队组成（4 个为 B-17，2 个为 B-24“解放者”），每个大队由 9 个中队组成。

圣纳泽尔的 U 艇基地是 1943 年第 8 航空队的第一个目标，由 85 架 B-17 进行轰炸。第一次空袭德国本土的空袭行动是在 1 月 27 日发起的，由于在威格萨克的首要目标处于厚厚的云层下，美军出动 55 架 B-17 空袭威廉港。此次空袭很大程度上可以说是无效的。在之后的 6 个月内，第 8 航空队开始验证其轰炸理论，在任务中出动 100—300 架不等的轰炸机。轰炸造成的破坏通过照相侦察进行评估，其中部分航拍任务由 B-17 改装的 F-9 侦察机执行。护航战斗机于 1943 年 5 月 4 日空袭安特卫普的行动中被引入，但是由于共和公司的 P-47“雷电”战斗机航程较短，在保护轰炸机远程到达德国中心地带时战斗机掩护出现了断档，“空中堡垒”容易遭受德国战斗机的袭击。

“闪电战周”

第一次深入德国对重要工业目标进行持久空中轰炸的行动被称为“闪电战周”，开始于 1943 年 7 月 23 日。到这时，埃克已经拥有 15 个轰炸机大队，超过 300 架的 B-17。7 月 24 日，309 架 B-17 空袭了在挪威的目标，264 架 B-17 于次日空袭了汉堡和汉诺威市。7 月 27 日的坏天气阻止了任务的进行，但是在 7 月 28 日，302 架 B-17 空袭了位于奥舍尔斯莱本和卡塞尔的飞机工厂。7 月 29 日，168 架轰炸机空袭基尔，81 架轰炸一座位于瓦尔

上图：返航后的轰炸机机组人员，12 小时任务后的释然一目了然，B-17 的损失率相当骇人。1943 年中期，整个昼间轰炸理论陷入质疑当中

上图：随着战斗机在空中组合，第 390 轰炸机大队的 B–17F 向德国进军。凝结尾流是轰炸机编队位置的迹象，但是只需要几百英尺的高度变化就会消失

内明德的飞机工厂。卡塞尔于 7 月 30 日被 186 架 B–17 空袭。到月底的时候，第 8 航空队已经精疲力竭，在“闪电战周”由于各种原因共计损失了超过 1000 名的空勤人员和 105 架 B–17。机队从超过 330 架下降到 200 架，需要用 8 月的头 11 天来补充损失的力量。到 8 月中旬，第 8 航空队已经能够出动 16 个 B–17 大队。在 1943 年 9 月间，由 B–17 执行的第一个任务中携带 H2S 或是 H2X 仪表轰炸系统作为“探路者”使用。

上图：这架 B–17F 来自第 91 轰炸机大队。这个大队在 1943 年 8 月 17 日发动了声名狼藉的施韦因富特战役。“孟菲斯美女号”是这个大队的一员，并成为第一架完成 25 次任务的 B–17 飞机

“黑色一周”

1943 年 10 月 8—14 日，第 8 航空队负责四个任务并损失了 148 架轰炸机。第一个任务是轰炸不来梅港市，第一次使用了卡尔佩特无线电反制。柏林北部的阿拉道工厂在 10 月 9 日被轰炸。在 10 月 14 日的最后一次空袭中，美军采用“全程”不带护航的轰炸机纵深突袭，空袭了施韦因富特的滚珠轴承工厂，并对其造成严重破坏。但护航的 P–47 在行动初期便开始采用“弹跳”战术俯冲攻击敌机，使得它们中的大多数太早抛弃了副油箱，从而导致航程不足。291 架出动的 B–17 和 B–24 中，有 60 架被通报击落，17 架坠毁或者在返航后报废，121 架有不同程度的损伤。尽管远程轰炸任务并没有被取消，但是昼间轰炸战略陷入怀疑中。

好的天气能够带来好的轰炸结果，但是同样给敌机枪手提供了一个清晰的目标。这些 B–17F 准备根据领队机发出的信号投弹

B-17G “空中堡垒”

“短手号”(Short Arm)代表着后期“空中堡垒”生产的最终状态，在1944年底前后交付第8航空队，该型号汲取B-17F战斗经验进行了大量改进。B-17G是战争中携带自卫武器最为强大的轰炸机，装备有13挺0.50英寸(约12.7毫米)机枪。

机腰机枪

左机枪位于后方、右机枪位靠前设置的方案逐渐被采用并作为标准。改进的腰部机枪位置可防止机枪射到尾翼，这是B-17F自卫机枪手们经常会遭遇的事情，不过他们依旧抱怨在战斗中操控机枪的空间太小。

机翼徽章

“短手号”的黄色机尾表明这架飞机来自第4轰炸机联队。这个联队采用黄色垂尾识别身份，这款涂装从1945年2月开始试用，并保留到战斗结束。

后期任务

战争的最后几个月里敌军的战斗机数量逐渐减少，因此部分飞机拆除了一些机枪以减轻重量。较之最初由B-17E和B-17F进行昼间轰炸任务，可谓今非昔比，当时德军战斗机的拦截堪称疯狂。

大队的标志

除了大队的字母标志，第486轰炸机大队采用三条黄带标志，机身周围的红/蓝色彩条位于机翼的V形徽记。

战斗机护航

随着远程战斗机的引入，尤其是在1944年1月P-51“野马”战斗机到位后，轰炸机机组人员终于有了往返柏林的全程空中保护。

尾炮

“夏延”机尾炮塔作为一项生产项目应用在后期由道格拉斯公司生产的B-17上。这一改动据说能给机枪手带来更好的视野和瞄准手感，同时可以改装到之前生产的B-17F机尾。

随着战斗机全程保护轰炸机到达目标成为现实，美国陆军航空队抛弃了伪装迷彩。然而由于损失率的降低，从浅褐色涂装飞机转变成自然金属色的变化很慢，旧飞机的涂装只有其出现损伤进行维修时才会刮去。因此涂装混杂的编队从那时经常出现在人们眼前

美国陆军航空队：欧洲作战

大量的战损让美国陆军航空队的指挥者们认识到 B-17 不能在没有护航的情况下进入德国本土作战。随着 P-51 的出现，轰炸机能够得到“小朋友”们直到柏林的全程护航。

早期的“空中堡垒”任务提供了相关方面丰富的经验。随着 B-17 部队不断壮大，大量可用的训练有素的机组人员、数量巨大且准备充分的美国战机，以及超远程护航战斗机“野马”的出现，1944 年对于在欧洲基地的 B-17 的命运来说是至关重要的一年。

减少损失

尽管“飞行堡垒”拥有强大的自卫火力和能够相互紧密支援的“盒子”编队，但德国战斗机对其造成的损失仍然很高。为了改善这一态势，美军采取了一些措施。德国战斗机的迎面空袭，使得美军开始为“空中堡垒”加装机头炮塔，这成为 B-17G 的标准配置，从 1943 年 9 月开始在欧洲战区（ETO）普及。洛克希德-维加公司研制出 XB-40 和 YB-40 护航轰炸机，这是一款携带额外机枪和装甲的 B-17。可惜的是，由于增加了重量，B-40 不能跟上编队的速度，无法保护轰炸机编队，因此该设想被放弃。随后远程的 P-51“野马”护航战斗机的研发和部署，使得轰炸机能够被全程护送到目标处并返回，这也是减少战损最关键的因素。“野马”在 1943 年的最后一个月开始到达。

上图：1945 年 4 月 17 日，超过 1000 架 B-17 和 B-24 轰炸了位于德累斯顿的铁路桥梁和捷克斯洛伐克的油库设施。桥梁被用于德国军队的撤退

上图：从 1944 年中期开始，凝固汽油弹也经常在欧洲战区使用。不过，直到 1945 年 4 月 15 日，这种武器才被第 8 航空队使用。图中的“灭鼠器号”已经准备好执行燃烧弹轰炸任务

德国空军的 B-17

大量的飞机都在军事占领区被击落，很多都被德国人抢救回来。德国空军修复一些 B-17 使其重新适航，并利用其执行一些秘密任务，比如空投情报人员。另有一架被德军用作诱饵，假装是一架受损需要帮助的美军 B-17 飞机，当有美军飞机前来帮助时就会遭到其攻击。不过这个“钓饵”很快碰到了麻烦，当时它遭遇一架前来“救助”的 B-40 护航轰炸机，B-40 发现这是敌方的飞机后将其击落。

轰炸柏林

1944 年 3 月 6 日，美国第 8 航空队的 B-17 第一次向柏林驶去。总计 474 架轰炸机和“野马”护航战斗机飞往德国的首都，

上图：饥饿的荷兰人民看到美军第 8 航空队“飞行堡垒”如瀑布般密集的空投补给后欣喜若狂。这是第 380 轰炸机大队的第 569 轰炸机中队的一架飞机

面对大量高射炮的密集炮火和德国空军战斗机的进攻。总计 53 架 B–17 被击落，但是这标志着德国覆灭的开始。此时美军已经可以对德国境内所有目标进行轰炸，且轰炸机编队能够得到全程护航。

BQ–7 遥控导弹

根据“阿佛洛狄特”计划，约 25 架机况恶劣的 B–17 被改装为无线电控制的 BQ–7。这些飞机都装载 9 吨的高爆炸药，在 1944 年 8 月 4 日到 1945 年 1 月 1 日之间空袭德国重点防御的目标。BQ–7 在起飞后由驾驶员飞到航线上，随后机组跳伞，飞机由随行的另一架飞机遥控撞向目标。这个计划并没有获得显著的成功，部分原因是无线电控制装置的可靠性问题。

诺曼底登陆日及以后

随着诺曼底登陆日的临近，B–17 参加了“削弱”法国境内交通线的战略轰炸任务。到诺曼底登陆日当天，盟军已经完全掌握了制空权，战机损失也大大减少。1944 年夏季的轰炸行动中，B–17 机队在“第三帝国”境内重点轰炸了能源、交通、军用车辆生产中心和工厂。可使用的 B–17 数量越来越多，编队的大小也相应变化。到 1944 年 12 月 24 日，美军一度出动包括 1200 架 B–17 在内的 2000 余架轰炸机在德国境内飞往轰炸目标。

上图：在空袭过德国合成油炼油厂和通信设施后，快抵达位于英国的基地时，这些 B–17 在相对低的海拔进入稠密的云层。几乎不可避免的碰撞带来的惨烈后果正如图中所示。没有人能在这种撞机中生还

总计 26 个轰炸机大队驾驶 B–17，包括 5 个在 1944 年底从 B–24 换装 B–17 的大队，第 8 航空队在 ETO 战区的 B–17 数量于 1945 年 3 月达到顶峰，有 2367 架飞机在役。随着盟军在欧洲不断推进，值得攻击的目标数量不断减少。

终极任务

由 B–17 执行的最终任务是将食品而非炸弹，空投到饱受洪水困扰的荷兰境内。这些飞行被称作“食物烦扰”任务。随着欧洲战争的中止，从 1945 年 5 月 7 日起，一系列飞行将地勤人员带到鲁尔区上空，让他们有机会目睹轰炸机造成的破坏。与此同时，致力于将盟军的战俘从德国和奥地利营救回来的“复活”任务也在进行中。每架参加行动的 B–17 中都挤进了 40 名被俘盟军。

褪色的荣耀

B–17 重挫了敌军的战争工业。轰炸对德国造成了巨大破坏，从而导致德国被迫疏散重要的工业和人口，同时阻止这些几乎不可阻挡的“重型武器”的努力也在不断消耗着德军的空中力量。第 8 航空队所投放的炸弹中有 75% 都是盟军反攻欧陆后投下的，B–17 和 B–24 从 1944 年 5 月到 1945 年 3 月对德国燃油工业和交通线的轰炸给盟军带来极大的优势。

欧洲战争结束后，数以千计的 B–17 满载着美军士兵返回美国国内。太平洋战争的结束和核时代的开始意味着欧洲上空已经习惯的大量轰炸机编队的需求的中断。炼铝炉成为大量在欧洲战区作战过的 B–17 回国后的目的地。

从 1975 年起，“萨利 B 号”（Sally B）B–17G 成为唯一保存在英国的“空中堡垒”。该机的陈列是对于在欧洲战场未能返航的 3219 架 B–17 轰炸机的致敬与怀念。

左图：1944 年 6 月 19 日，这架“轻吻蕾丝号”（A Bit o'Lace）交付位于英国诺福克郡拉特雷斯登基地的第 447 轰炸机大队第 709 轰炸机中队。该机在 83 次任务中都幸存下来，并在 1945 年 7 月返回美国

当第 1 轰炸机联队返回基地时，一共损失了 36 架飞机以及 371 名机组人员；另外 19 架 B-17 失去战斗能力，需要进行漫长的修理工作

施韦因富特大屠杀

战略轰炸被视作一种打击德国的工业基地的容易模式，施韦因富特战役带来了相反的效果，实际上削弱了美国陆军航空队的信心和保证。但是按照美国的传统，美国陆军航空队永不言弃。

美国驻扎在英国的第 8 航空队，到 1843 年中期，已经足够强大到深入德国作战。规划师将目标定为集中在德国南部的施韦因富特的滚珠轴承工厂。最新组建的轰炸机联队（重型）（CBW）在 1943 年 8 月被选定执行这次任务。

美军最初计划（代号为“杂技演员”的行动）召集 150 架 4CBW（重型）的波音 B-17F 轰炸位于雷根斯堡 - 普吕芬宁的梅塞施密特大型工厂，随后飞往在北非的基地。

这些飞机在 240 架 1CBW 的 B-17 飞机轰炸施韦因富特之前不久起飞。英国和美国的“喷火”和 P-47“雷电”只能够为从雷根斯堡到布鲁塞尔这一段航程的突防提供护航，因此大批敌军战斗机开始了对轰炸机的屠杀；由于敌机到来的速度太快，对施韦因富特进行轰炸的主力机队遭受严重损失。所幸德国战斗机在突防的关键时刻被迫着陆进行补给燃料。

8 月 17 日，恶劣的天气阻碍了摧毁工厂任务的进行。第 4CBW 基地上空的厚雾延误了轰炸雷根斯堡机群的行动。然而，驻扎在英国更内部的第 1CBW，由于大雾更难消散，飞机直到三个半小时以后才能起飞。这时候掩护的战斗机正在地面重新补给燃油。

当第 1CBW 到达比利时海岸时，敌军的战斗机已经加油完毕，重新进入警戒状态。由 60 架轰炸机组成的领头大队遭到连续几波来自德国空军 JG 26 联队和其他部队的战斗机空袭。在接近目标和轰炸之前，这个编队损失了 21 架飞机，另有 7 架在投弹前就返回了基地。

随后进行的侦察表明 5 个滚珠轴承工厂中只有 2 个严重受损。战后情报表明轴承生产仅下降了 21%，而且对生产的影响只持续了不超过三周。

第二次猛烈空袭于 10 月 14 日发起，291 架 B-17 参加。打头的第 1 分队几乎直接飞到目标前，随后的第 3 分队在中途转弯以迷惑敌军。第一分队遭到德军战斗机的集中攻击。此次又有超过 60 架美国轰炸机在德军拦截下损失。在这种情况下，美军依旧认为轰炸取得了良好的效果，但是盟军并不知道德国人早就转移了滚珠轴承生产企业。

右图：第 1CBW 所有部队都没有因为此战获得杰出部队嘉奖（DUC），就可以凭此看出美军认识到此次作战没有达成预期目的

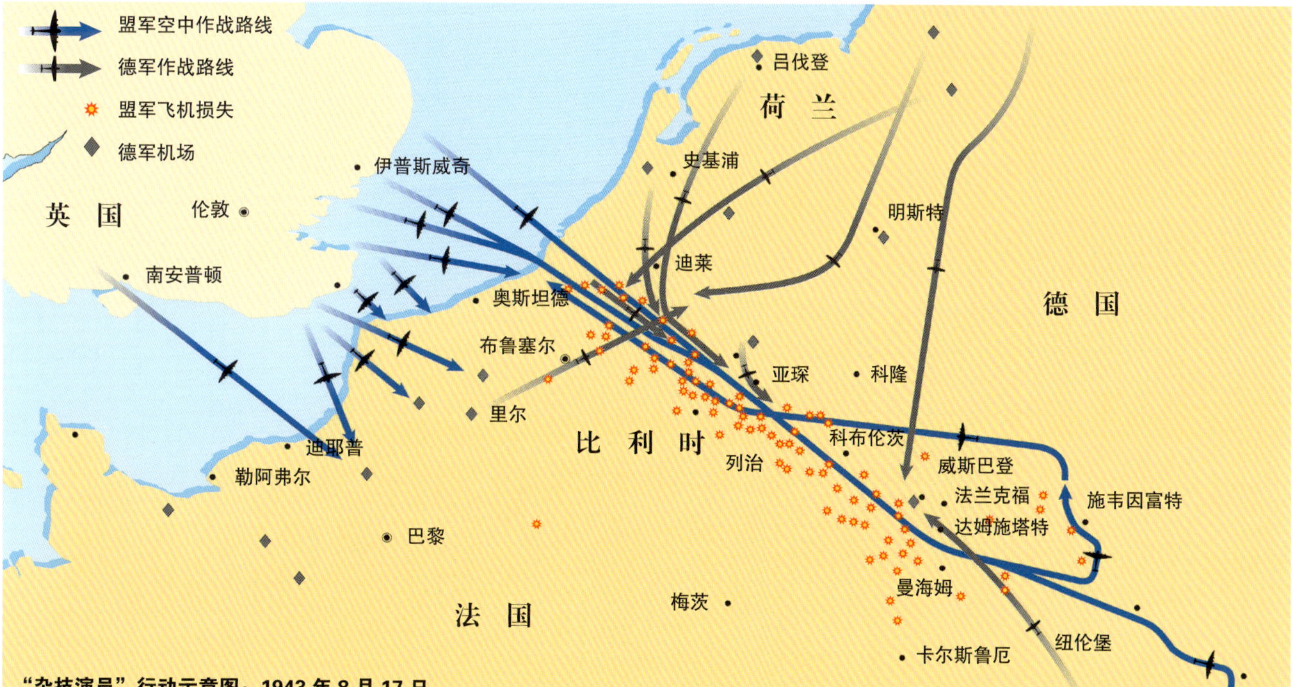

“杂技演员”行动示意图：1943 年 8 月 17 日

左图：除了对付纳粹空军，美国陆军航空队也要和糟糕的战场条件抗争。恶劣的气候使得莱特 R-1820-97“旋风”发动机需要进行更为频繁的维护

地中海战区

多数空战研究者对以意大利为基地的第15航空队的作用感到意外，但轴心国对于这道“南边来的雷霆”的威力深有体会。

1942年，由于盟军此时仍没有机会登陆欧洲大陆，其注意力转移，推动轴心国兵力调动至北非。为准备行动代号为“火炬”的登陆作战，第12航空队在美国本土成立。该航空队在8月转移到英国，通过接收早已在那里组建的第97和301轰炸机大队得到了核心作战力量。这两个大队经直布罗陀转移到阿尔及利亚，赶上了11月的登陆作战，随后在美国组建的第99和2轰炸机大队也加入进来。它们一起组成了北非战略航空队（NASAF），作为地中海航空司令部（MAC）的一部分。四个大队加入盟军部署在北非的部队中，1943年6月，在促使轴心国在非洲的最后一个要塞——潘泰莱里亚没有进行地面交战就投降的过程中，该航空队的空中行动被认为有很大帮助。

随着北非变得安全，重型轰炸机能够集中瓦解南意大利的防御，为登陆西西里岛做准备。盟军第一次空袭罗马于7月14日进行，第99轰炸机大队付出极大努力来确保梵蒂冈城不被炸弹命中。

1943年秋天，盟军在意大利建立了桥头堡后，第12轰炸机司令部很快在此处重新组建。

随着盟军逐步向意大利北部进军，德国境内的目标逐渐进入驻扎意大利的B-17的轰炸航程。1943年11月2日，四个第5联队B-17的大队、两个第9航空队的B-24大队和两个战斗机大队组成了新的第15航空队。在该航空队成立的第一天，其下属部队就往返1600英里（约2575千米）轰炸了位于奥地利的诺伊施塔特区维纳内的梅塞施密特飞机工厂。

在意大利的福贾建立基地后，第15航空队能够到达法国南部、德国、波兰、捷克斯洛伐克和巴尔干半岛的目标，其中一些目标很难从英国到达。

1944年6月2日，在代号为“疯狂”的行动中，130架B-17轰炸了位于匈牙利的德布勒森的铁路，并着陆在苏联境内乌克兰的波尔塔瓦。此次轰炸非常顺利，没有和任何高射炮以及敌军战斗机交战。这是第一次利用苏联境内基地执行大规模的“穿梭轰炸”，并被认定为成功。

第15航空队的另一重大战绩是持续破坏位于普洛耶什蒂的炼油厂。1944年的春天和夏天，第15航空队发起了一场持续轰炸行动，不断轰炸这些重要目标。随着红军逐步逼近，该地的燃料生产日渐萎缩，德军所能得到的燃油补给也越来越捉襟见肘。

第15航空队摧毁了欧洲一半的采油生产工厂、一个运转良好的德军战斗机生产工厂，并打击了纳粹欧洲占领区超过一半的交通线路。第15航空队共出动148955架次重型轰炸机，在12个敌国境内的目标上投放了303842吨炸弹，并对8处重点目标进行了彻底破坏。

较之第8航空队，第15航空队以“次等的力量”完成了“头等的任务”——以较少的轰炸机大队完成了相当分量的行动。

下图：一架B-17F返回比斯克拉，在1942年12月空袭突尼斯后，该部开始支援美军地面作战。这架飞机在1943年4月的巴勒莫战役中损失

下图：1944年，将近60000名空勤人员加入轰炸普洛耶什蒂的任务中。这些任务消耗炸弹13000吨，损失了350架重型轰炸机，有超过3000名机组人员阵亡或被俘

上图：在完成一次对突尼斯的敌军补给线轰炸任务后，这架B-17F（第97轰炸机大队第414中队）被一架德国战斗机击中，驾驶舱中有一名驾驶员死亡，但这架B-17返回了基地

AN530 是最初一批到达英国的 20 架 B-17C“堡垒”Mk I 中的一架。该机作为第 90 中队的一员参加了 1941 年 7 月 8 日空袭威廉港的行动，这是英军“空中堡垒”的首战

皇家空军的“空中堡垒”

经过不顺利的开端后，B-17 在英国皇家空军服役期间作用逐渐提升。虽然传统的英国皇家空军的轰炸任务并不是“空中堡垒”的强项，但在英军中服役的 B-17 在海上巡逻和特种任务中发挥了重要的作用。

初次试飞于 1934 年的波音 B-17 很快被因即将卷入与德国的战争而急需各类战机的英国皇家空军看上。英军采购了少量生产型的“空中堡垒”进行验证与测试飞行。英国皇家空军正式参战时，波音公司正在生产 B-17C。该型号配置了强大的自卫火力（总计 10 挺机枪）并拆除了大型侧向气泡状机枪窗口，同时采用位于机腹的“浴缸”状大型机枪塔。

决心将重型轰炸机用于夜间作战的英国皇家空军，对于 B-17 是否适应欧洲战区的作战并不确定，但是已经做好试验的准备。在 1940 年 3 月结束的一次不同寻常的交易中，美国政府同意移交 20 架 B-17C 给英国，并要求之后要了解该型号在实战中的具体表现。这批飞机被称为“堡垒”Mk I 型，在 1941 年初抵达英国，用于装备驻扎在西雷纳姆的第 90 中队。这个中队之后转移到波莱布鲁克作战，于 1941 年 7 月 8 日第一次驾驶“空中堡垒”参战，有三架该型号轰炸机空袭了威廉港。

美国陆军航空队认为 B-17 应该使用密集编队，利用编队的密集自卫火力相互掩护。但英国皇家空军在作战行动中，大多数都是以单机或小编队独立行动，在昼间作战高度可达到 30000 英尺（约 9144 米）。到 9 月，英军的“空中堡垒”进行了 26 次空袭，总计出动 51 架次，但是一般都由于缺乏投弹条件而放弃轰炸。英军在实战中遇到了诸多问题，尤其是机枪冻结问题。此外，在

下图：全新的“堡垒”Mk I 型在美国列队等待交付英国皇家空军。位于机腹的“浴缸”炮塔火力不足，只有一挺 0.50 英寸（约 12.7 毫米）的机枪

上图：第 206 中队的“堡垒”Mk II 型 FL459“J 号”机正在编队飞行，旁边的飞机同样是岸防司令部的“空中堡垒”，该中队在 1943 年底驻扎在亚速尔群岛的拉日斯。该机在翼下和机头安置有 ASV 雷达天线，用于在大西洋执行护航巡逻任务

作战中使用的斯佩里投弹瞄准器也不够准确（更先进的诺登瞄准器美方拒绝提供给英国）。行动中有 7 架飞机损失。

英国皇家空军停止使用“飞行堡垒”的决定不无道理，“空中堡垒”至少在作战的形式上不适合当时的欧洲战区。第 90 中队的一个分队被送往埃及的沙鲁法——1942 年 1 月该中队又损失一架“堡垒”Mk I——随后该分队被重新调派给第 220 中队；此时第 220 中队在岸防司令部指挥下使用“哈德逊”巡逻机，随后移防至博尔盖特，接管了剩余的“空中堡垒”并转场至北爱尔兰，执行反潜巡逻任务。在得到从埃及赶来的分队后，第 220 中队的力量增至 8 架“堡垒”Mk I，这些飞机持续服役到 7 月。在装备接装后续“空中堡垒”改进型的同时，同样隶属于岸防司令部的第 206 中队曾短暂装备 4 架 Mk I 型，第 214 中队——专门使用“堡垒”Mk II 型和 Mk III 型执行无线电干扰任务的中队——也使用了一些 Mk I 型用作训练。

尽管 B-17 在欧洲开局不利，但英国皇家空军随后根据《租借法案》请求得到了大量改进型，英军一度请求交付 300 架 B-17F，该型号被命名为“堡垒”B.Mk II 型。但在此过程中，只有 19 架完成了交付，由于美国陆军航空队这时决定将 B-17F 作为主力轰炸机，所以该型号供不应求。英军随后在 1942 年接收了 46 架“堡垒”B.Mk IIA 型（总共要求了 84 架），这批飞机是美国陆军航空队库存的 B-17E。B-17E 和 B-17F 的区别很小，但都是在“堡垒”Mk I 基础上的重大改进型，加装了背部和腹部双联装机枪炮塔，对尾部和侧面的自卫机枪也进行了改进。E 型和 F 型加长的后机身和加大的垂尾是与此前型号区分的外观特征。

在英国皇家空军中，新型“空中堡垒”主要在岸防司令部服役——编号改为 GR.Mk II 和 GR.Mk IIA 型——远航程和重武装使得它们尤其适合海上巡逻。早已驾驶“堡垒”Mk I 的第 220 中队是第一个换装 Mk II/IIA 型的单位，并移防至巴利凯利。随后在本贝丘拉岛的第 206 中队也进行换装，再之后是驻圣伊瓦尔的第 59 中队，“空中堡垒”的巡逻范围逐步覆盖至西部海岸。在这些单位的手里，“空中堡垒”在封闭中部大西洋“缺口”方面作出重大贡献，U 艇此前就利用这一空当进行狩猎。在对抗 U 艇的战斗中，“飞行堡垒”主要依靠搭载的标准特瑞仕 Mk VII 或 Mk VIII 型深水炸弹，具有独特的“棘鱼”后机身天线以及翼下八木天线的 ASV Mk III 雷达。

作为第 15 大队的一部分，在 1942 年 10 月 27 日到 1943 年 6 月 11 日，装备“飞行堡垒”的各中队共击沉了 10 艘 U 艇，第一次胜利由第 206 中队获得。该中队和第 220 中队随后转移到亚速尔群岛，并赢得另外三次击杀。随着 U 艇威胁的减少，以及“解放者”和“桑德兰”可用数量的增加，“飞行堡垒”在其他方面有了新用途。其中，驻威克的第 519 中队和驻多金的第 521 中队使用该型号飞机执行远程气象侦察任务，第 251 中队使用“飞行堡垒”在冰岛外进行海空救援和气象侦察。

随着新型“空中堡垒”G 型的交付，英军也开始得到 G 型。B-17G 交付英国皇家空军之后，被命名为“堡垒”B.Mk III 型。1944 年 3 月英军得到了第一批共 60 架，随后美国陆军航空队从现役 B-17G 中又移交 13 架，38 架在 1944 年底和 1945 年移交。在进行适当的改装后，这些飞机被配属于在奥尔顿驻扎的第 100 大队第 214 中队，用于执行特殊任务。

为了让第 100 大队开始训练，美军陆军航空兵第 8 大队之前就从库存飞机中向英军移交了 14 架 B-17F；这些在改进后被命名为“堡垒”Mk II（SD）型，和“堡垒”Mk III（SD）（B-17G）操纵方式相近。外表上的改进可见于为无线电干扰任务而安置的大量天线，以及一些非常规的设备。基本改进包括一部“莫尼卡”Mk IIIA 机尾告警接收机，一部“钟摆”（Jostle）Mk IV 甚高频干扰机，4 部“空中杂货店”（Airborne Grocer）截击引导干扰机，“Gee”和“罗兰”无线电导航装置和一部 H2S 导航雷达。该型机后期还搭载过如用于对抗 V-2 火箭的“大本钟”（Big Ben Jostle）干扰发射机等装置。H2S 天线安置在机头下方有机玻璃制的大型整流罩内，代替了标准型 B-17G 轰炸机的下颚炮塔。

1944 年 4 月 20—21 日夜间，第 214 中队首次使用“堡垒”Mk II（SD）执行任务。从那时直到战争结束，该中队出动超过 1000 架次，损失了 8 架飞机。1945 年 5 月，第 223（SD）中队在奥尔顿将 B-24 换装 B-17，但是仅出动了 4 架次。同样驻奥尔顿的第 1969 飞行队为其他中队提供执行特别任务的“空中堡垒”的转型训练。

战争结束后，英国皇家空军迅速将“空中堡垒”退役，幸存的飞机都在英国报废。

下图：这幅图很清楚地展示出雷达天线安置在岸防司令部 B-17F“堡垒”Mk IIA 的机翼和机头上面。这架飞机由驻扎在北爱尔兰自治区德里的巴利凯利的第 20 中队操纵

“堡垒”B.Mk III（SD）

跟大多数美国陆军航空队的“空中堡垒”一样，这些来自第 100 大队的“堡垒”机组人员为 10 名，但是英国皇家空军重型轰炸机的机组构成汲取了更多的实战经验。机组人员由一名机械师、一名投弹手、两名飞行员、一名特殊操纵干扰设备的人员和四名机枪手（两名在腰部或“翼梁”处，一名在机背炮塔，一名在机尾炮塔）组成。

机组人员

第 100（特别任务）大队在 1943 年 11 月组建，以协调雷达对抗（RCM）和其他在轰炸机司令部指挥下佯动任务。在此之前，轰炸机司令部的佯动和无线电压制由各部队各自进行，使得大量主力部队的轰炸机无法专注于主要任务。图中这架飞机隶属于第 214 中队（SD），驻扎于奥尔顿。

机载电子设备

第 100 大队的“飞行堡垒”以及其他轰炸机都加装了大量天线和雷达罩，用于支持机上大量干扰和监听设备的工作。这架飞机上的主要天线及其功能有（从机头到机尾）：（机头下部的雷达罩）H2S 地形导航雷达；（机翼上的鞭状天线）“管桥”雷达干扰机，针对空中拦截（AI）进行干扰；（位于中段机身下面的天线）用于干扰“维尔茨堡”地面截击指挥雷达的“地毯”干扰机；（大型上机身天线）用于干扰德军（R/T）无线电通信和导航的干扰机，较短的天线意味着这是一部用于覆盖 6 个频段的“钟摆”无线电干扰机；用于投放雷达欺骗箔条的导管（在腰部机窗下面）；（尾炮塔的两侧）有用于干扰截击引导雷达的干扰机；（机尾枪之间）机尾告警雷达。

第 100（特种）大队

第 100 大队下辖 6 个重型轰炸机中队，装备了英军所有类型的四发动机飞机（部分中队采用混合编制），以及 15 个装备“蚊”式轰炸机的中队。其他被 100 大队使用的飞机包括“英俊战士”“惠灵顿”和“无畏”。

除了在威奇托和伦敦的波音公司工厂，贝尔公司和格伦·L. 马丁工厂也生产了接近 900 架“超级空中堡垒”。图中，新近完工的 B-29A-5-BN 42-93869 在飞行过程中为公司的摄影师拍摄

波音公司 B-29“超级空中堡垒”轰炸机

第一款“原子弹轰炸机”

没有任何一架飞机能像 B-29 一样融合如此多的先进技术。设计源于特定的战略任务，随后衍生出双层机舱“同温层巡航者”大型客机和 KC-97 运油机 / 运输机，并为日后风靡全球的波音客机家族奠定了基础。

除了显著的技术进步，B-29 同样给苏联的图波列夫重型飞机家族提供了助力。在第二次世界大战结束前夕，美军的 B-29 在苏联领土迫降后被苏军用于研究。

更使人吃惊的是波音 B-29“超级空中堡垒”的研制工作从美国加入第二次世界大战的三年前的 1938 年 10 月就已经开始。美国陆军航空队的参谋长奥斯卡·韦斯托弗上将军最后一次执行任务在伯班克附近坠机丧生之前，就正式提出性能超过波音公司 B-17 的新超级轰炸机的需求，而此时波音 B-17 轰炸机尚因为国会的反对而未能得到拨款。当时美国陆军部对这一需求的反应是全然拒绝，但采办部门负责人奥利弗·埃克尔斯将军从未放弃努力，使超级轰炸机继续存活。他同样得到了韦斯托弗的继任者阿诺德的支持。新型轰炸机被要求在高空能够很快飞行并安装有增压座舱；性能方面，美军要求新型轰炸机航速达到 390 英里 / 时（约 628 千米 / 时），航程达到 5333 英里（约 8583 千米），军用挂载最大 20000 磅（约 9072 千克）。这些性能要求在当时看来堪称惊世骇俗。

设计解决方案

位于西雅图的波音飞机公司与其他公司相比，至少对于大型增压飞机已经拥有经验。1939 年的大部分时间，这份具有矛盾的设计需求的终极答案似乎是在机翼内搭载普惠公司造型颀长的套阀式液冷发动机。但是设计团队的新人乔治·谢勒很快指出，由于主翼面产生的阻力最大，将机翼做得越薄越好，因此不应当将发动机放在里面（这一理念成为美国大型飞机研制过程中的惯例，在波音 B-47 和英国的 V 型轰炸机之间形成鲜明对比，也一直持续到今天的波音 757 和 767 等机型中）。对于如何为开设多扇炸弹舱门的机身加压这一问题，解决方案是使巨大的炸弹舱不被加压，通过一个密封的管道将前后增压座舱连接起来。1940 年 1 月，首席工程师威尔伍德成为第一个攀爬并穿过模型管道的人。

到 1940 年 3 月，设计需求进一步细化，包括短程任务中能挂载 16000 磅（约 7527 千克）炸弹、动力驱动炮塔，以及更多

下图：XB-29 的第一批次第三架原型机，为 1942 年 9 月 21 日在西雅图进行处女航做好了准备。该机在战争期间被波音公司保留用作试验机

上图：B-29 的前增压座舱中搭乘着 11 名机组人员中的 7 名，分别是驾驶员、副驾驶员、机械师、导航员、投弹员、无线电操作员和（如果安装雷达的话）一名雷达操作员

上图：随着它的西雅图工厂专注于生产 B-17，波音公司把它的新轰炸机的生产工作交给了图中位于堪萨斯州的威奇托工厂

的防护，包括装甲和自封油箱。此时飞机空重已经从 48000 磅猛增至 85000 磅（约 21772 千克到 38555 千克）。随着新要求的增加，设计最终完成时该机的重量已经达到令人生畏的 120000 磅（约 54431 千克）。机翼的面积仅有 1739 平方英尺（约 161.56 平方米），翼载荷达到了 69 磅 / 英尺 ^{2}（约 336.9 千克 / 米 ^{2}），是 1940 年时普通飞机最大翼载荷的 2 倍。试飞员埃迪·艾伦认为波音 345 型（B-29 的原型机）只要能够加装当时最大且最有效的高升力襟翼就能获得良好的飞行性能，且可将起飞和降落速率降到约 160 英里 / 时（约 257 千米 / 时），但仍是当时主流的 B-17 和“喷火”等飞机的两倍。

在英国远征军从敦刻尔克成功撤退的同时，新轰炸机被命名为 B-29 型。8 月，美国陆军航空队提供资金订购两架（后来增至 3 架）原型机。生产很快开始，但是当时没人能想到如何防止机枪和螺旋桨结构在超过 30000 英尺（约 9144 米）的高度不冻结，这一高度是波音 B-29 肯定能达到的。巨大的翼载荷让设计者感到如芒在背，但是通过使用四台巨大的莱特 R-3350“双旋风”发动机，每台配备两台通用电气最好的涡轮增压器，并驱动 16 英尺 7 英寸（约 5.05 米）汉密尔顿标准四叶螺旋桨，澎湃的动力终于让这架庞然大物飞上天空成为现实。

上图：又一架完成的 B-29A 被运出了在华盛顿州的伦敦（美国华盛顿州有个叫伦敦的市。——译者注）的工厂。在伦敦制造的 1119 架飞机都加长了 12 英寸（约 30 厘米）的翼展并配备有安装 4 挺机枪的机背前炮塔

机身结构

机头结构后方是两个巨大的炸弹舱，通过电子定序系统从前后两个方向轮流释放炸弹，以保持重心位置稳定。两个炸弹舱之间是环状的机体中央结构，并且与主翼盒形成一体，这是飞机结构中强度最大的部分。在机翼上有四个巨大的短舱，施瑞尔表示这会比把发动机安置在厚截面机翼中所产生的阻力更小。在研究四个主轮后，人们发现了一种将双轮折叠到内舱的更简单的办法。富勒襟翼通过电力伸展，可以使机翼面积增大 21%。人们一直努力降低的翼载荷，到 1940 年 9 月达到了 71.9 磅 / 英尺 ^{2}（约 351.1 千克 / 米 ^{2}），在第一次实战任务时更是达到令人惊悚的 81.1 磅 / 英尺 ^{2}（约 396 千克 / 米 ^{2}）。

在机翼后面的后段增压舱有三个瞄准装置和两个机背以及两个低处的机腹炮塔相连接，每个炮塔都安装两挺 0.5 英寸（约 12.7 毫米）的机枪。电动火控系统可以让上部观察窗射手控制一个或两个背部炮塔，侧面观察窗射手控制机腹后段炮塔，投弹手控制前面的机腹炮塔，不过枪塔的控制权可以在各个观察窗射手之间切换（以免因机枪手受伤失去战斗力）。在尾椎处有另一个由尾炮手控制的炮塔，带有两挺 0.5 英寸（约 12.7 毫米）的机枪和一门 20 毫米机炮。超过 2000 架 B-29 在机尾炮塔投产前就已经完工。

在珍珠港事件之后，一个巨大的 B-29 制造商项目组织起来，大量的新工厂遍布整个国家。

下图：14 架中的一架 YB-29 被改装为 XB-29 标准，带有四台巨大的 24 缸、2600 马力（约 1912 千瓦）艾利森 V-3420 发动机。V-3420 实际上是两部 V-1710 发动机连接到一个共同的传动轴上

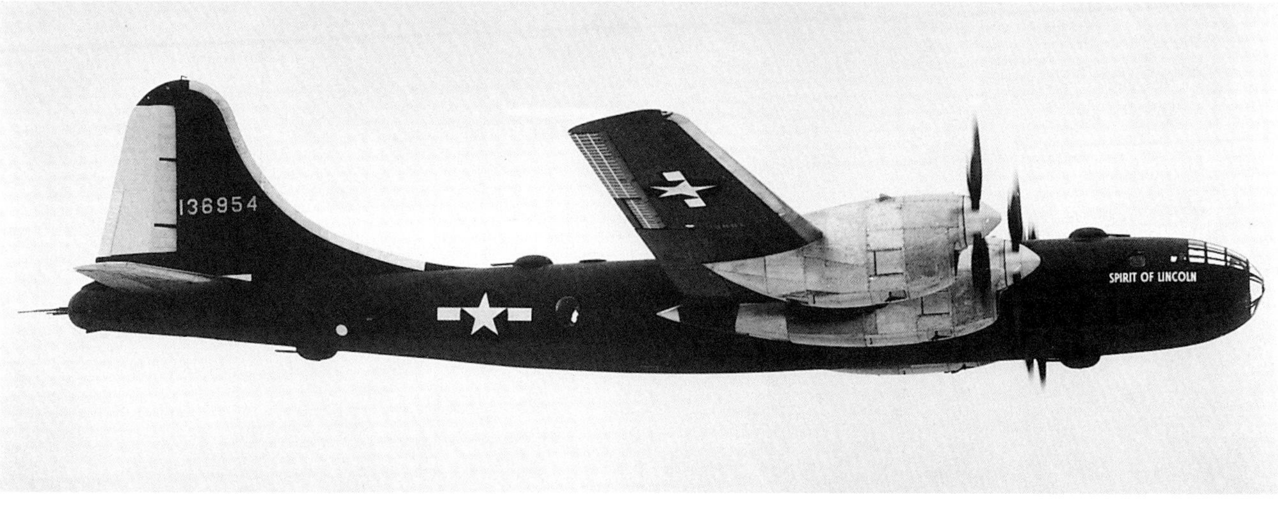

左图：B-29 的第一次战斗任务是从印度起飞轰炸缅甸的目标，随后进行的是从中国的基地起飞轰炸日本。这幅激动人心的画面中，第 20 航空队第 468 轰炸机大队的 B-29 正在向一个靠近仰光附近明格拉东机场的日本补给站空投炸弹

下图：这是部署在马里亚纳群岛一个岛上的一支轰炸机大队——这个岛是（其他还包括塞班岛、提尼安岛和关岛）在太平洋战争的最后几个月里停放大量 B-29 的驻扎地之一

“超级空中堡垒”参战

细密的计划对于生产足够数量的 B-29 来说是必要的，尤其是在人们意识到只有“超级空中堡垒”轰炸机能够飞抵日本本土后。

B-29 的主要部件在超过 60 个新工厂生产，大量的短舱——每个都有 P-47 一样大——在新克利夫兰工厂生产，由通用汽车公司的费希博德分部负责。最终的组装在三座当时世界上最大的建筑物里进行，分别位于威奇托的波音公司、奥马哈市的马丁公司和玛丽埃塔的贝尔公司。后来，另一条生产线在波音伦顿工厂建立。这些分工甚至都在橄榄绿色的 XB-29（41-002）（最初使用三叶螺旋桨）于 1942 年 9 月 21 日首飞前就已经组织好，似乎从初次试飞开始，B-29 就注定成为赢家。试飞员在降落后将 XB-29 称作“爱犬”，认为其操作容易，这让声称波音的数据太过于乐观，“整个项目就是一个巨大错误”的反对者们闭上了嘴。B-29 于 1942 年被命名为“超级空中堡垒”。作为唯一在航程上可以胜任空袭日本本土任务的飞机，该机在当时意义重大。

41-002 的首飞可以说让波音“心中悬着的石头”终于落了地。B-29 项目在机轮尚未离地的之前就已经投入大量资金（约 30 亿美元），比此前所有国家的任何飞机的研发费用都要多。与此同时，技术上的障碍仍旧很严重，且越来越严峻。很多设计缺陷，比如发动机起火和螺旋桨脱落等问题是十分危险的，在试飞计划的头三个月里，这架原型机只完成了预定 180 个小时的 31 个。

复杂且有缺陷

尽管“超级空中堡垒”在生产线上进程缓慢并最终运出，但这批极为复杂的飞机对于所有的军人而言都无异于天方夜谭。所有的预生产型 B-29 都进入位于堪萨斯州的萨莱纳的改进中心，在那里新组建的第 20 轰炸机联队急需的第一批 175 架飞机被发现存在 9900 处设计缺陷，不过随后被绰号为“堪萨斯州战斗队”的 600 名专职技术人员快速改正。美国无与伦比的强大人力和工业力量强行扫除了 B-29 服役道路上的一切阻碍。此后 B-29 机组不仅开始积累飞行时间，也逐渐开始学习如何保养维护它们，如何在如同“金鱼缸”一样的透明座舱中不使用仪表就能平直飞行，以及如何在携带沉重炸弹挂载的情况下达到要求的航程。每磅燃料所能航行的里程在 1944 年 1 月到 3 月间提高了 100%。复杂的系统在 33000 英尺（约 10058 米）极端寒冷的高度下也变得更加稳定。

1944 年 6 月 5 日，B-29 的第一次战斗任务是从印度的卡拉格普尔起飞轰炸曼谷，其间遭遇了一场没有预料到的热带风暴。6 月 15 日，B-29 发起了第一场对日本本土的轰炸，从成都（其中一个在中国新建的 B-29 简易机场）起飞轰炸位于八幡的钢厂。专门为轰炸日本组建的第 20 航空队不断壮大，在 1944 年 10 月第一批 B-29 到达位于刚从敌军手中夺取的马里亚纳群岛中的提尼安岛、塞班岛和关岛全新建设的机场上。飞机的数量飞快增加，各制造商开始开足马力全力生产 B-29 和增加 12 英寸（约 30 厘米）的翼展以及换装四挺机枪的前置炮塔的 B-29A。贝尔公司生产了

下图：日军防空火力和战斗机据称击落了一些 B-29。这架飞机紧急迫降在硫黄岛，已经遭到一些损伤。不幸的是，它在降落时冲出跑道，和停机线上的 P-51 发生了碰撞

自卫火力

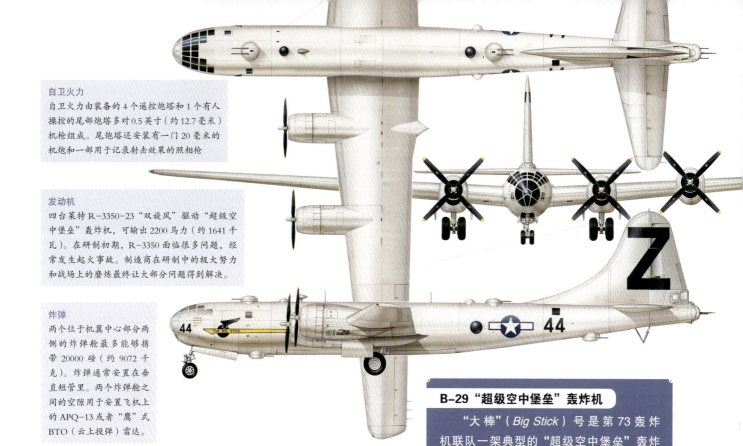

自卫火力由装备的 4 个遥控炮塔和 1 个有人操控的尾部炮塔多对 0.5 英寸（约 12.7 毫米）机枪组成。尾炮塔还安装有一门 20 毫米的机炮和一部用于记录射击效果的照相枪

发动机

四台莱特 R–3350–23“双旋风”驱动“超级空中堡垒”轰炸机，可输出 2200 马力（约 1641 千瓦）。在研制初期，R–3350 面临很多问题，经常发生起火事故。制造商在研制中的极大努力和战场上的磨炼最终让大部分问题得到解决。

炸弹

两个位于机翼中心部分两侧的炸弹舱最多能够携带 20000 磅（约 9072 千克）。炸弹通常安置在垂直短管里。两个炸弹舱之间的空隙用于安置飞机上的 APQ–13 或者“鹰”式 BTO（云上投弹）雷达。

B–29“超级空中堡垒”轰炸机

“大棒”（*Big Stick*）号是第 73 轰炸机联队一架典型的“超级空中堡垒”轰炸机——这个联队是第一个在马里亚纳群岛组建的单位，由第 497、498、499 和 500 轰炸机大队组成。作为第 500 轰炸机大队的飞机，“大棒号”于 1945 年转场至塞班岛。

311 架 B–29B，该型机拆除了除尾炮塔外所有的武器装备，这使飞机的重量大幅度减少，并大大降低了维护复杂性。由于 B–29B 依靠高速就能摆脱战斗机的纠缠，很多“超级空中堡垒”都在战场上拆除了自卫武器。

第 21 轰炸机司令部的指挥官柯蒂斯·李梅少将大胆地决定在夜间低空轰炸东京。采取此举有很多原因，但是最主要的是这样可携带更多的炸弹并减少由气流导致的轰炸误差。这项看似对昼间高空轰炸“离经叛道”的行动，却造成了有史以来最大规模的火焰风暴和伤亡最大的空袭。燃烧弹造成的伤亡比广岛原子弹爆炸的伤亡还要多。1945 年 8 月 6 日保罗·蒂贝茨上校驾驶的 B–29“埃诺拉·盖伊号”空投 20000 吨当量的“小男孩”原子弹命中广岛，造成 75000 人伤亡；8 月 9 日，美军又从“博克之车”（*Bock's Car*）号向长崎投放了 20000 吨当量的“胖子”原子弹，造成 35000 人伤亡。战争在五天后结束。

正是当初做出的大胆且不同寻常的决定，以及在初次试飞很早之前就确定了联合生产计划，B–29 才能对第二次世界大战做出这么大的贡献。到对日作战胜利日（V–J Day）时，美军已经有超过 2000 架 B–29 具备实战能力。尽管超过 5000 架的订单随后被取消，制造商生产速度逐步放缓，但该型号直到 1946 年 5 月才停止生产，到那时共生产了 3960 架。上百架该型机被改作执行其他任务，很多都开启新的职业生涯，用作海 / 空救援飞机、涡轮喷气发动机试验机或者加油机，并继续服役数十载。其中 118 架 B–29 和 B–29A 被改装为装备有照相机的 F–13 和 F–13A 侦察机，从 1944 年 12 月起对日本被空袭地点进行打击效果评估。

上图：一架第 73 轰炸机联队的 B–29 在塞班岛上补充弹药并“起吊炸弹”，图中地勤人员正在即将丢到日本的 2000 磅（约 907 千克）炸弹上涂鸦

下图：或许这些飞机中最著名的 B–29 轰炸机是“埃诺拉·盖伊号”，它携带第一颗原子弹轰炸日本广岛市。飞机机尾上带圆圈的“R”是第 313 轰炸机联队的标志

两架幸存飞机中的一架“著名的飞机”P-26A曾在巴拿马的美国陆军航空队服役，随后被移交给危地马拉空军，最终陈列在加利福尼亚

波音P-26“玩具枪”战斗机

小型驱逐机

作为美国第一架量产型全金属战斗机，波音的“玩具枪”同样是美国陆军航空队接收的最后一款带有开放式驾驶员座舱和固定式三点起落架的战斗机。

1931年，波音飞机公司设计了一款单翼驱逐机，采用普惠R-1340九缸空冷式星型发动机，公司内部代号为波音248型。美军随后订购了三架XP-936原型机，这批飞机在试飞期间依然是公司的财产。

制造工作开始于1932年，仅用了九周，第一架原型机就完成生产，交付莱特机场之前于3月20日进行初次试飞。第二架XP-936经美国海军初步评估后用作静态机身测试，而最后一架原型机被送到密歇根州的塞尔福里奇机场，美国陆军航空队进行评估。美军对新战斗机印象深刻，并决定订购三架原型机。该型机最初编号为XP-26，后来变成Y1P-26，最终定为P-26。

全金属的P-26和同时代的双翼飞机相比展现出更高的速度。得益于525马力（约392千瓦）的发动机，P-26能够在10000英寸（约3048米）的高度达到227英里/时（约365千米/时），而双翼飞机P-12E采用500马力（约373千瓦）的发动机时，航速纪录是189英里/时（约304千米/时）。P-26的武器装备最初是两挺0.3英寸（约7.62毫米）的前射机枪，此外还能够携带最多112磅（约51千克）的炸弹。

1933年1月11日，美军订购了111架改进后的P-26A型（波音的266型）。订单后来增加到136架。P-26A和XP-936的区别在于具有更大的翼展、改进的轮罩，采用600马力（约447千瓦）普惠R-1340-27而不是R-1340-21发动机，一挺或两挺0.3英寸（约7.62毫米）的机枪被0.5英寸（约12.7毫米）口径的机枪代替，此外还能挂载两枚100磅（约45千克）的炸弹或者5枚30磅（约13.6千克）的炸弹；一架早期生产的P-26A在降落中侧翻后，座舱后整流罩被加强。第一批P-26A于1933年12月16

下图：评估过XP-936后，第1驱逐机大队的三个中队成为第一批获得“玩具枪”的单位。每个中队可通过位于机身的不同颜色的饰带进行区别，这些第94PS的飞机使用红色的标志

上图：第3架XP-936原型机在密歇根州的塞尔福里奇机场接受美国陆军航空队的评估。第17驱逐机中队的P-6E“霍克”战斗机，后来被P-26A替代，可见于背景中

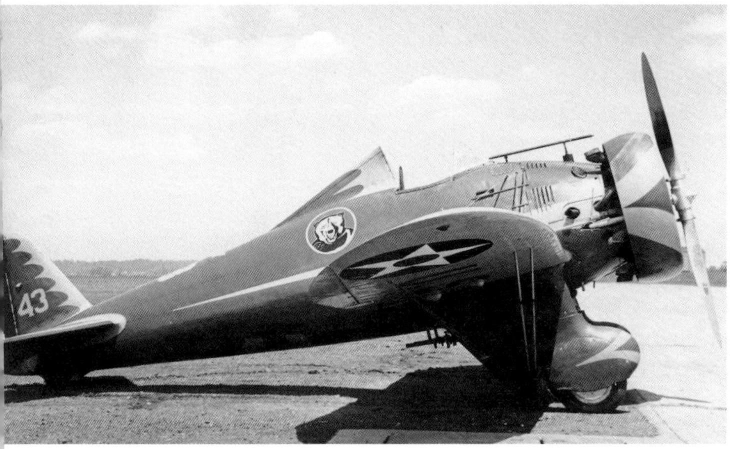

上图：第 17 驱逐机大队第 34 驱逐机中队在换装诺普罗斯 A-17 飞机，被改编为第 17 攻击机大队之前操纵 P-26A 仅不足一年。这架飞机的机身下面安装有炸弹挂架

日交付。开始服役后，该型号飞机由于它的大小和速度而得到了“玩具枪”的昵称。该型机一直保持在役飞机中速度最快的头衔，直到 1938 年塞维斯基 P-35 和寇蒂斯 P-36A 服役为止。

额外订购的 25 架飞机里，两架搭载带有燃油直喷装置的 R-1340-33 发动机，作为 P-26B 型（266A）于 1935 年 1 月 10 日初次试飞。其余的具有相同的发动机和装备，但是最初没有燃油喷射装置，定名为 P-26C 型。交付工作从 1936 年 2 月开始，大部分 P-26C（如果不是所有）后来都安装了燃油直喷装置并更名为 P-26B。

在美国陆军航空队服役

第一个使用“玩具枪”的单位是第 1 驱逐机大队（由第 17、27 和 94 驱逐机中队组成），驻扎在密歇根州的塞尔福里奇机场。第 27 和 94 中队于 1938 年弃用该型号飞机，但是第 17 中队持续使用至 1941 年。

第二个单位是第 17 驱逐机大队（由第 34、73 和 95 驱逐机中队组成），驻扎在加利福尼亚州的马琪机场，从 1934 年开始使用该型号飞机，直到该大队于次年开始执行攻击任务。那一年第 20 驱逐机大队（由第 55、77 和 79 驱逐机中队组成）在路易斯安那州的巴克斯代尔成为最后一个在美洲大陆基地收到“玩具枪”的单位。

从 1938 年起，P-35 和 P-36 逐步取代美军本土部队的“玩具枪”，P-26 随后被送到海外服役。第 16 驱逐机大队的第 24 和 29 驱逐机中队驻扎在巴拿马运河区阿尔布鲁克机场，在 1938—1939 年间收到该型号飞机。这个大队的最后一个中队，也就是在夏威夷惠勒机场的第 78 中队，于 1940 年接收了 P-26。除了阿尔布鲁克机场的第 16 大队，第 37 驱逐机大队第 28、30 和 31 中队同样从 1940 年起使用该型号飞机。第 28 和 30 驱逐机中队将它们的“玩具枪”转交给了第 32 驱逐机大队，而第 31 驱逐机中队在 1942 年依旧驾驶 P-26——成为最后一个操纵该型号飞机的美军现役部队。第 32 驱逐机大队在第二年使用第 37 大队之前的飞机直到 1941 年结束的前几个月。

除了驻夏威夷惠勒机场的第 16 驱逐机大队第 78 驱逐机中队，第 18 驱逐机大队的第 6 和 19 中队同样在 1938—1941 年间装备了“玩具枪”。这个大队在日本偷袭珍珠港之前换装了寇蒂斯 P-40 战斗机。

下图：杰西・比利亚莫尔中校在一架菲律宾空军的 P-26C 上摆造型。这些原属于美国陆军航空队的飞机进行了一些局部的改进，缓解从简陋的基地起飞的困难。图中这架飞机安装有改进的机轮护罩

考虑到海外市场的波音公司生产了波音 281 型。该型号和美国陆军航空队的 P-26A 的区别在于采用了分裂式着陆襟翼，以降低着陆速度。这一改进后来装备到所有的美国陆军航空队飞机上。

国外的使用者

波音 281 型仅生产了 12 架，其中 11 架卖给中国以支援抗战，另一架则被西班牙共和军买下。

第一批 P-26 于 1934 年 9 月 15 日运抵中国，其余的在 15 个月内陆续交付。它们装备了一个驱逐机中队并在和战机性能上更胜一筹的日军交战时获得一些战果，但是由于缺乏备用配件，最终被迫退役。

美国陆军航空队的“玩具枪”被卖到危地马拉和菲律宾。当日本空袭菲律宾时，第一架在岛上被击落的日本飞机归功于一架“玩具枪”飞机。

两架退役的 P-26A 原型机在 1941 年被美国陆军航空队卖给危地马拉空军，同其他美军出售的，原本存放在巴拿马的库存飞机一道组成了危地马拉的第一支战斗机中队。这些飞机中的 6 架在第二次世界大战结束后依然处于服役状态，有两架甚至参加了庆祝 1954 年 7 月卡斯蒂略・阿玛斯掌权的飞行表演（护卫一架 C-47）。

幸存机

两架 P-26 型飞机是已知幸存下来的。一架“名人座驾号”保存在加利福尼亚奇诺的航空博物馆里，另一架陈列在华盛顿哥伦比亚特区的国家航空航天博物馆里。两架飞机都属前危地马拉空军，于 1957 年被送还美国。

下图：拍摄于 1939 年 3 月，在夏威夷上空飞行的第 18 驱逐机大队第 19 驱逐机中队的 P-26C，驻扎在惠勒机场。此时执行本土防空任务的 P-26 已经被取代

5个皇家空军战斗机司令部中队在1940年9月接收了量产型“英俊战士”Mk IF，其中包括第604中队。该中队的飞机涂有编号字母“NG”。该中队是唯一一支在“冬季闪电战”时期于英国使用该型号的部队，这场战役从1940年9月一直持续到1941年5月

“英俊战士”战斗机衍生型

由布里斯托飞机公司提议作为昼间战斗机的“波弗特”鱼雷轰炸机衍生机型“英俊战士”的出现是一个偶然，最高速度要低于皇家空军的“飓风”的该机型被认为无法胜任原定的任务。然而天无绝人之路，该型号作为夜间战斗机获得令人羡慕的荣誉。

最初的Mk I战斗机由两部1400马力（约1044千瓦）“大力神”III型发动机驱动，量产型“英俊战士”能够在15000英尺（约4572米）高空以309英里/时（约497千米/时）的速度飞行。令人失望的性能表现让人们对量产型Mk I的未来产生了怀疑，也使得人们开始为其寻求动力的替换方案。其中换装罗尔斯－罗伊斯“格里芬”（Griffon）或“大力神”VI型发动机的方案被提上了日程，但是由于前者的产量被保留用于费尔利“萤火虫”（Fairey Firefly），而改进后的“大力神”发动机仍要两年才能投入生产，两种换发方案都无果而终。

最终，作为临时的解决方案，由两台与“兰开斯特”Mk I同样的罗尔斯－罗伊斯“默林”XX驱动的“英俊战士”的设计被采纳。得益于采用与“兰开斯特”的设计相同的部件，新型“英俊战士”的研制工作非常顺利。1940年7月，第一架“英俊战士”Mk II的原型机便完成了制造，英军最终决定同时将Mk I和Mk II投入生产，最终产量也相差不大（总计超过900架）。

最初的50架Mk I完成制造后，“英俊战士”的武器发生了一项重大改变。除了前部机身下方的4门20毫米“西斯帕诺”机关炮，又增加了6挺0.303英寸（约7.7毫米）勃朗宁机翼机枪——4挺在右舷，2挺在左舷。因此“英俊战士”成为第二次世界大战期间全部在皇家空军服役的战斗机中火力最为强大的机型。

此外还有一款火力改进型的“英俊战士”Mk V接受了飞行测试。2架由Mk II改造的原型机在驾驶舱后方加装了一座博尔顿·保罗BPA 1动力驱动四联装机枪炮塔，并为此拆除了机翼机枪和两门机关炮。Mk V用于对抗夜间轰炸机的新炮塔进行了实战测试，测试中新增的武器益处不多却极大影响了最高飞行速度。因此Mk V没能进入批量生产。

首批交付

第一批Mk I（从1941年起被称为Mk IF以同当时交付岸防司令部的Mk IC相区别）在1940年7月27日交付皇家空军。由于1940年夏季纳粹空军夜间在不列颠群岛上空的活动有所增加，从9月前开始装备“布伦海姆”Mk IF的4个皇家空军昼间和夜间战斗机中队紧急换装了“英俊战士”。第5大队第1中队紧随其后，9月17日第29中队使用这一机型第一次出击。结果搜寻德国轰炸机的夜间巡逻在“夜间闪电战”的8个月中占据了这些部队的主要精力，不久之后所有部队都成为专职夜间战斗机部队。

装备夜间战斗机部队的“英俊战士”逐步全面配备AI Mk IV雷达。第604中队一架装备雷达的“英俊战士”在11月19—20日晚赢得依靠机载截击雷达的第一次胜利（飞行员是空军上尉约翰·坎宁安，该战绩是坎宁安作为传奇夜战飞行取得的20次击杀中的第一个）。

随着GCI（地面截击引导）系统投入使用，装备AI雷达的“英俊战士”作战效能又得到提高，1941年5月10日——纳粹空军对伦敦的最后一次猛烈空袭当晚，14

下图：驻防本土的“英俊战士”夜间战斗机在出厂时全身喷涂亚光黑色。图示为一架第252中队的“默林”发动机版Mk IIF，装备有原始的无角度水平尾翼

左图：从图示角度可看到第600中队“英俊战士”Mk VIF的AI Mk IV雷达天线和4门20毫米机关炮。图片摄于1943年9月意大利某处

上图："英俊战士"Mk VIF 的套管状雷达天线罩内安装有 AI Mk VII 或 VIII 厘米波雷达。这一雷达装置得到更大的性能提高。飞机具有用于缓和低速不稳定性的上反角水平尾翼

上图：仍装备着 AI Mk IV 雷达的第二架 Mk IIF 原型机由罗尔斯－罗伊斯公司使用作为新型"格里芬"IIB 发动机的飞行试验台。图示可见其 4 叶螺旋桨

架德军轰炸机被击落。

采用"默林"发动机的"英俊战士"Mk IIF（装备有 AI Mk IV 雷达）在 1941 年 4 月开始服役，并且轰炸机司令部第 100 大队下辖 9 个夜间战斗机中队以及 1 个电子干扰中队（第 515 中队）也换装了该型号，轰炸机司令部还指挥着 4 个已经换装 Mk IF 的夜间战斗机中队（实际上 Mk II 只与纳粹空军进行了为数不多的战斗，仅有 2 架飞机在空战中损失）。

Mk I 和 II 后期生产型的区别性特征是带有 12° 上反角的水平尾翼。这被引入以缓解在与爬升和接近阶段有关的低速方面尤为显著的纵向不稳定性问题，并成为后来 Mk VI 和 Mk X 型的标准配备。

使用"大力神"VI 发动机的 Mk VI 型

"大力神"VI 发动机最终在 1942 年初安装到"英俊战士"Mk VI 上。新的发动机相较于"大力神"III 在高空有更佳的性能表现，这使得其成为 Mk VIF 型——战斗机型"英俊战士"的理想发动机。Mk VIF 型不仅换装了发动机，同时还安装了与 Mk IF 相同的 AI Mk IV 雷达，但很快就被安装在套管雷达天线罩内，性能大幅度提升的 AI Mk VII（以及其完善型 Mk VIII）厘米波雷达所替代。

截击机部队新装备的"英俊战士"Mk VI 在 1942 年 4 月 5 日取得了第一次胜利。随后不久 Mk VIF 进入第 68 和 604 中队服役，此后换装了许多 Mk IF 和 Mk IIF 部队以及之前未装备过"英俊战士"的中队。

随着纳粹空军在英国活动的减少，皇家空军本土部队开始在法国北部进行代号"流浪者"（Rangers）的夜间扫荡攻击，空袭道路和铁路运输，并在轰炸机司令部对德国突袭期间承担护航和伴动任务。

1942 年，人们也见证了"英俊战士"在远东的初次亮相，3 个在印度的皇家空军中队使用 Mk VIF 执行遮断任务，空袭在缅甸和泰国的日本交通线。

在 1943 年的前 9 个月中，第 27 中队击毁或击伤 66 列火车、摧毁 409 处物资堆场、击伤或击沉 123 艘舰船和 1368 条小船以及其他小型内河船只，摧毁 96 辆机动车，以上任务中仅损失了 8 架"英俊战士"。

夜间对地攻击的损失率总体上依然高昂，这主要是因为空袭的水平较低，此外恶劣天气和匮乏的地面设施也造成了影响。一个中队在 18 个月中损失了 75 名机组人员（阵亡或失踪）——是其编制数量的 2 倍。

"英俊战士"Mk VIF 在远东服役直到对日作战胜利日，但本土的"英俊战士"夜间战斗机从 1943 年起就被德哈维兰"蚊"所替代。这一过程在 1944 年进展迅速，到欧洲胜利日，"英俊战士"夜间战斗机已经完全从皇家空军在欧陆的一线中队中消失了。

第 307 中队是一支由波兰人组成的夜间战斗机部队，1941 年 8 月换装"英俊战士"Mk IIF 后在法国上空主动出击。第 307 中队是第一支被允许使用安装有保密的 AI 雷达飞机的皇家空军外籍部队

美军"英俊战士"

"英俊战士"夜间战斗机从 1943 年起陆续装备了驻北非、西西里岛和法国的美国陆军航空队第 12 航空队的 4 个中队——第 414、第 415、第 416 和第 417 中队。Mk VIF 的特点是装备有 AI Mk IV 雷达且适应炎热气候，虽然不久后 P-61"黑寡妇"到达地中海战区，但这些部队一直使用该型机到欧战胜利。

上图：一架第 272 中队的“英俊战士”Mk IC（该机仍保留了机翼机枪）战斗机正在皇家空军卢卡机场滑行，远处的背景就是马耳他港

“英俊战士”岸防衍生型

皇家空军岸防司令部对于对海攻击机的急切需求推动了具有更大航程和具备投放火箭弹及鱼雷能力的“英俊战士”变型机的发展，最终催生出了TF.Mk X“鱼雷战士”（Torbreau）。

皇家空军岸防司令部因作战需求，在 1941 年春采用了“英俊战士”。在地中海的战斗，尤其是德国对希腊的入侵，使得对远程战斗机的需求变得迫切。为了满足这一需求，布里斯托公司提出一系列对“英俊战士”Mk I 的改进以应对新任务，这些改进包括取消机翼机枪以加大机翼油箱（右翼 50 英制加仑 / 约 227 升；左翼 24 英制加仑 / 约 109 升），机身中部增加一个设备齐备的观察员舱和驾驶员座舱上方 D/F 环形无线电导航天线。

海岸代号“C”

在第一批 Mk IC（“C”代表岸防司令部）可供使用前，第 252 中队接受了一批 80 架“现地改装”型“英俊战士”，每架飞机都在前部机身加装 50 英制加仑（约 227 升）燃料箱以替代机翼油箱。该中队在 1941 年 5 月中旬转场至马耳他，在次月转场至埃及。在埃及，该中队立刻得到另一支岸防司令部部队——第 272 中队的增援。两支部队在打击德国和意大利舰船及海岸目标的过程中取得了丰硕战果，11 月第 272 中队在支援“十字军”的任务中，空袭了敌军在西部沙漠的机场。在 4 天的行动中，44 架敌军飞机被击落或在地面被摧毁。“英俊战士”在改装后可以在每个机翼下挂载 1 枚 250 磅（约 113 千克）或 500 磅（约 227 千克）的炸弹，这一改进使得该机在对地攻击任务中发挥了更大的作用。

第 603 中队在 1943 年初加入沙漠航空队，而 1941—1942 年在英国本土的第 143、235、236、248 中队则短暂地使用了 Mk IC，这些飞机主要用于在苏格兰的护航任务。以上 4 个位于本土的部队很快就全部换装了 Mk VIC。

在 1942 年的最初几个月中，“英俊战士”的生产线转产由 1650 马力（约 1230 千瓦）布里斯托“大力神”VI 发动机驱动的 Mk VI 型。由 3 个工厂制造的总计 1682 架该型机中，有 693 架作

上图：作为地中海盟军空军的一部分，巴尔干半岛航空队在 1944 年 6 月成立以支援在德国占领区活动的南斯拉夫游击队。可能属于第 39 中队的“英俊战士”Mk X 是其飞机中的一架，以意大利为基地横跨亚得里亚海展开进攻行动

下图：位于利比亚的黎波里塔尼亚的盟军飞机跑道，一架“英俊战士”Mk IC 为执行对轴心国地中海舰船的攻击任务滑跑起飞

加拿大皇家空军第 404 中队从 1942 年 9 月开始使用“英俊战士”，该中队于 1943 年 9 月接收了 TF.Mk X。从 1944 年 9 月开始，该中队以“英俊战士”混合攻击编队进行作战，在欧洲胜利日到来之前换装了“蚊”

为 Mk VIC 完工。Mk VIC 具有比 Mk VIF 更大的燃料容量，并且很快开始换装本土的岸防司令部部队。这些中队的典型目标是在北海和比斯开湾的水面舰艇和潜艇，同时反舰任务为型号最为繁多的“英俊战士”衍生系列的发展提供了动力。

1942 年，空军参谋部正急切地寻找一种岸防司令部的“波弗特”鱼雷轰炸机的替代品。布里斯托公司提议“英俊战士”可经改装具备携带一枚外挂鱼雷的能力。航空部批准在“英俊战士”Mk VIC 上进行鱼雷实装。5 月，经改进的“英俊战士”被派遣到位于戈斯波特的鱼雷研发部队。证明可行后，英军立即订购了 50 架“英俊战士”鱼雷战斗机（TF.Mk VIC）。这些“英俊战士”Mk VI（ITF）以由杨曼研发的波纹管式俯冲制动系统为外部特征，该系统安装在外翼段后缘下方副翼内侧。1942 年末第一批量产型在位于北科茨的第 254 中队进入皇家空军服役，新的鱼雷战斗机立刻开始使用 18 英寸（约 45.70 厘米）鱼雷与荷兰沿岸的敌军护航船队展开较量。

岸防司令部专用型 Mk X

就在不久之后，专门用于鱼雷攻击的“英俊战士”出现了，TF.Mk X 与 Mk VI（ITF）的不同仅仅在于由不同的发动机——“大力神”XVII 驱动。这款发动机实际上是采用缩短增压器叶轮的“大力神”VI 改进型，能够在低空提供更多的动力——500 英尺（约 152 米）高度上最大功率可达 1735 马力（约 1294 千瓦）。

与其他的岸防司令部飞机一样，Mk X 安装有用于搜索目标的雷达。早期的飞机采用 ASV 雷达，但是与“英俊战士”Mk VIF 相同的 AI Mk VIII 雷达在空对地模式下同样有效。安装在套管头部雷达天线罩中的 AI Mk VIII 在量产型 Mk X 中代替了 ASV。

在随后的改进中该机加装了更多的武器。为进行后方防御，1 挺 0.303 英寸（约 7.7 毫米）维克斯“K”机枪被安置在观察员舱的鼓包式舱盖上；许多岸防司令部的 Mk VIC 在翻新时加装了后射机枪，同时这些飞机还加装了在每个机翼下挂载 1 枚 250 磅（约 113 千克）炸弹或 4 枚 90 磅（约 41 千克）火箭弹（RP）的挂架。

由于加装了附加设备和 1 枚鱼雷，Mk X 的起飞重量上升到大致超过“英俊战士”原型机起飞重量 50% 的水平。为了解决超重带来的问题，人们决定在 TF.Mk X 上安装曾在“英俊战士”Mk II 战斗机上实验的背鳍，以缓解起飞颤动。后期生产型还采用了放大版的水平尾翼，这些飞机的最大起飞质量达到约 25400 磅（约 11521 千克）。

混合攻击编队

TF.Mk X 总计制造了 2205 架，另有 163 架 Mk XIC（基本上是没有鱼雷挂载机构的 Mk X）。为了充分利用新飞机，岸防司令部组建了许多“英俊战士”混合攻击编队，其中包括皇家空军、加拿大皇家空军、澳大利亚皇家空军和新西兰皇家空军的中队。这些部队在苏格兰的基地开始行动后，又在英国东部和南部作战。从 1944 年开始，“英俊战士”部队采用了新的水面舰艇空袭战术，该战术中第一批飞机将使用火箭弹压制敌舰的防空火力，为携带鱼雷的第二批空袭飞机实施掩护。此后，所有飞机将使用机关炮和机枪及剩余的火箭弹从低空扫射目标。

皇家空军和南非空军的 Mk X 作为巴尔干航空队的一部分在南斯拉夫的行动，获得了重大的成功。一小部分飞机随着部队从欧洲部署至远东，但由于数量较少，在对日作战胜利日前作用有限。

上图：1944 年 9 月 17 日，两架岸防司令部“英俊战士”对位于赫尔果兰湾的德国水面舰艇进行了一次火箭弹和机关炮的空袭

下图：澳大利亚皇家空军第 455 中队被分配给皇家空军岸防司令部，使用哈德利·佩奇“汉普登”在 1943 年 12 月进行了最后一次出击。随后换装“英俊战士”Mk X，该中队在 1944 年 3 月重新进入实战，负责攻击敌军舰艇

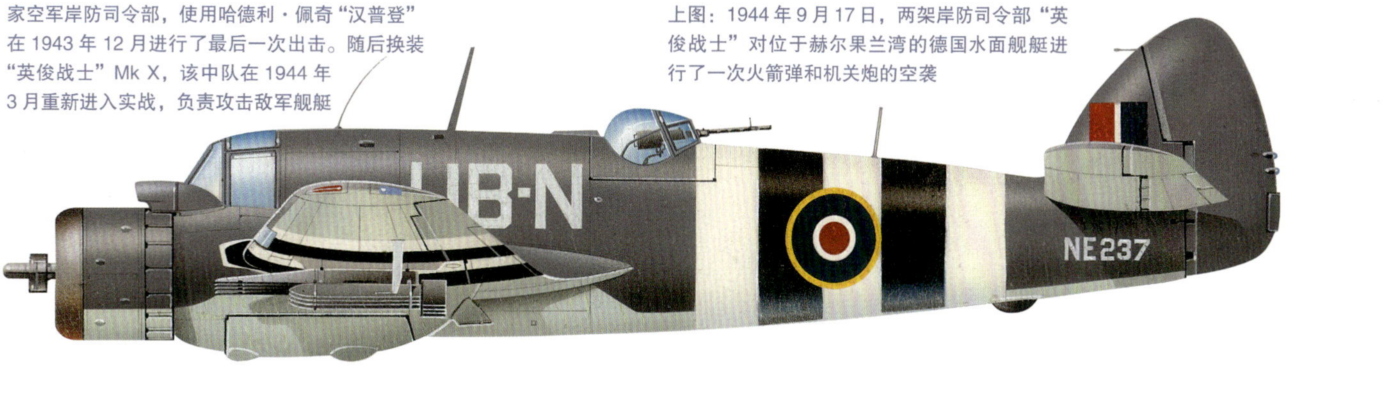

布里斯托“波弗特”

孪生型鱼雷轰炸机

岸防司令部第 217 中队使用的“波弗特”Mk I（L9878 号机），机体前部从前到后依次是驾驶舱、无线电室、自卫机枪，机腹则是半埋入式鱼雷挂架

皇家空军岸防司令部从 1940 年初到 1943 年的标准鱼雷轰炸机布里斯托 152“波弗特”在服役生涯早期受到“金牛座”发动机带来的问题的困扰，但是该机型在本土、地中海和西南太平洋的反舰任务中依然表现良好。

1935 年英国航空部发布了 M.13/35 和 G.24/35 两个性能需求规范，分别详细规定了一种鱼雷轰炸机和一种通用侦察 / 轰炸机的性能需求。后者被要求用以替代阿芙罗“安森”，计划选用由加拿大博林布鲁克工厂制造的布里斯托型号 149 方案。而对于需求中的新型鱼雷轰炸机，布里斯托公司提议在 1935 年 11 月交付航空部的“布伦海姆”的基础上进行改进。

二合一的飞机设计

在将型号 150 的设计进行深化后，布里斯托设计团队意识到可以使用这款由“布伦海姆”演变而来的飞机同时满足两个规范的要求，并很快准备了新的设计：代号型号 152。与“布伦海姆”Mk IV 相比，新的设计在长度上稍有增加，以便在机腹挂载一枚鱼雷的半埋式挂架，并增设导航员工作台，以及为飞行员和领航员准备了并排的座位；在之后布置有无线电和相机，它们将由 1 名炮手 / 无线电操作员控制。型号 152 对航空部来说更具吸引力，但航空部认为这款飞机应当配置 4 名机组人员，为此对座位进行了重新设计。加高的机身和与机身融为一体的背部炮塔成为根据设计方案 10/36 完成、被命名为“波弗特”的新型鱼雷轰炸机的外观特征。

上图：L4441 是型号 152 的原型机，于 1938 年 10 月 15 日首飞。早期的发动机过热问题通过重新安装排气通风装置得以解决

左图：由岸防司令部“波弗特”装载的 18 英寸（约 45.7 厘米）1605 磅（约 728 千克）鱼雷在图中清晰可见。飞机头部下方的舱室中安放了 1 挺 0.303 英寸（约 7.7 毫米）维克斯后射机枪

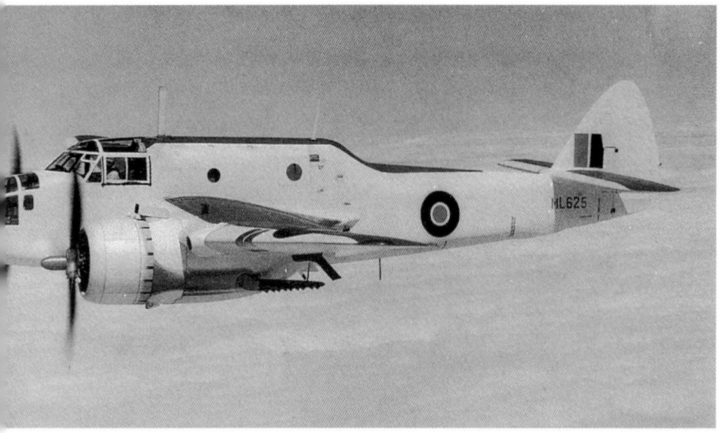

上图：为皇家空军制造的最后121架“波弗特”是带有双重操纵装置的Mk II教练机，由普惠“双胡蜂”星型发动机驱动。Mk II（T）作为双发动机指导飞机在操作训练部队（OUT）服役

右图：图片摄于飞行员右肩后方，展示了在图表架前工作的领航员。左侧是飞行员的固定式机枪瞄准器，用于瞄准位于“波弗特”Mk I头部的双联维克斯机枪

细节设计随即开始，初步分析后设计人员发现由于总重量几乎增加了25%，原始设计中的两台布里斯托“珀尔修斯”发动机将面临功率不足的问题。于是设计团队决定选用新研发的“金牛座”双列套筒式气门发动机。最初78架飞机的合同在1936年8月签订，但是第一架原型机直到2年后的1938年10月15日才首飞。发动机过热的问题以及“波弗特”投产前布里斯托将“布伦海姆”生产线转移至其他工厂的工作都使得飞机交付时间推迟。

原型机在测试飞行中暴露出许多问题，设计人员随后为主起落架安装了收起时封闭的舱门，对发动机排气进行重新布置，同时在背部炮塔上加装4挺机枪。新发动机持续产生的问题导致“波弗特”Mk I服役的推迟，该型机最先在1940年1月装备了岸防司令部第22中队。该部队在1940年4月15—16日夜对敌占区沿海的布雷行动开始了“波弗特”的行动生涯，但次月该型机就被停飞直到发动机得到改进。

澳大利亚的兴趣

澳大利亚政府很早就展现出对“波弗特”的兴趣，并决定由铁路装备生产企业转产该型飞机。20套机身部件和8架作为参照的量产型飞机被运往澳大利亚，不过在仿制初期，澳大利亚人获得来自普惠公司制造的“双胡蜂”的生产许可证，这款发动机将为最终产量达到700架的澳大利亚“波弗特”提供动力。澳大利亚的生产开始于1940年，第一架澳大利亚“波弗特”Mk V在1941年5月首飞。除了在发动机方面的改变和增加了尾翼面积以提高在使用强有力的“双胡蜂”发动机时的稳定性，这些飞机与英国型基本相同。实际上，澳大利亚生产的不同型号大都由发动机和螺旋桨方面的改变产生。这些型号包括了“波弗特”Mk V（50架）和“波弗特”Mk VA（30架），两者都采用许可制造的“双胡蜂”S3C4-G发动机；“波弗特”Mk VI（60架，使用寇蒂斯螺旋桨）和“波弗特”Mk VII（40架，使用汉密尔顿螺旋桨），由于发动机供应不足，这100架都由进口的S1C3-G“双胡蜂”驱动；“波弗特”Mk VIII使用许可制造的S3C4-G。作为最后的量产型号，Mk VIII共有520架下线，它具有更大的油箱容量、罗兰导航系统和自卫武器的改进，其生产在1944年8月终止。最后的产品批次中有46架随后改装为无武器的运输机；“波弗特”Mk IX移除了背部炮塔，只设置一处枪架。全部澳大利亚型号的发动机功率都为1200马力（约895千瓦）。“波弗特”由澳大利亚空军在太平洋战区广泛使用，从1942年夏开始服役直至战争结束。

对使用“双胡蜂”发动机的澳大利亚“波弗特”Mk V的早期试验，说服了航空部为接下来的合同指定这款发动机作为动力，英制换发原型机在1940年11月首飞。第一架量产型“波弗特”Mk II于1941年9月首飞。通过与“波弗特”Mk I的对比，该机型在起飞性能上有大幅度提升。然而由于交付英国的“双胡蜂”数量不足，在使用改进的“金牛座”XII发动机的Mk I被重新引入生产线前，仅有164架量产型Mk II下线。除换装发动机，Mk II也进行了结构加固，换装改进型机枪炮塔及使用配备八木天线的ASV雷达。该型号的生产于1944年终止时，英制“波弗特”的产量为1429架。

Mk III和IV

最后的两种“波弗特”型号——Mk III和Mk IV，分别使用罗尔斯-罗伊斯“默林”XX和1250马力（约932千瓦）的“金牛座”发动机的变型机。Mk IV原型机仅完成一架。

“波弗特”在1940—1943年于岸防司令部服役期间表现良好，该机型装备了驻本土的第22、42、86、217、415和489中队，以及在中东的第39、47和217中队。这些飞机直到被“英俊战士”取代前都表现良好，并多次参与对抗德国巡洋舰“格奈森瑙号”和“沙恩霍斯特号”以及重巡洋舰“欧根亲王号”的重创对手的空袭行动。这3艘战舰在当时被认为至少对于携带常规武器的飞机来说是不可能击沉的。

上图：最后一架澳大利亚制“波弗特”Mk VIII A9-700号在1944年飞行于悉尼附近。所有在澳大利亚或新西兰地区制造的“波弗特”都由普惠“双胡蜂”发动机驱动，其中绝大多数进行了适应当地气候的改装。图示飞机在机翼下安装有ASV雷达天线

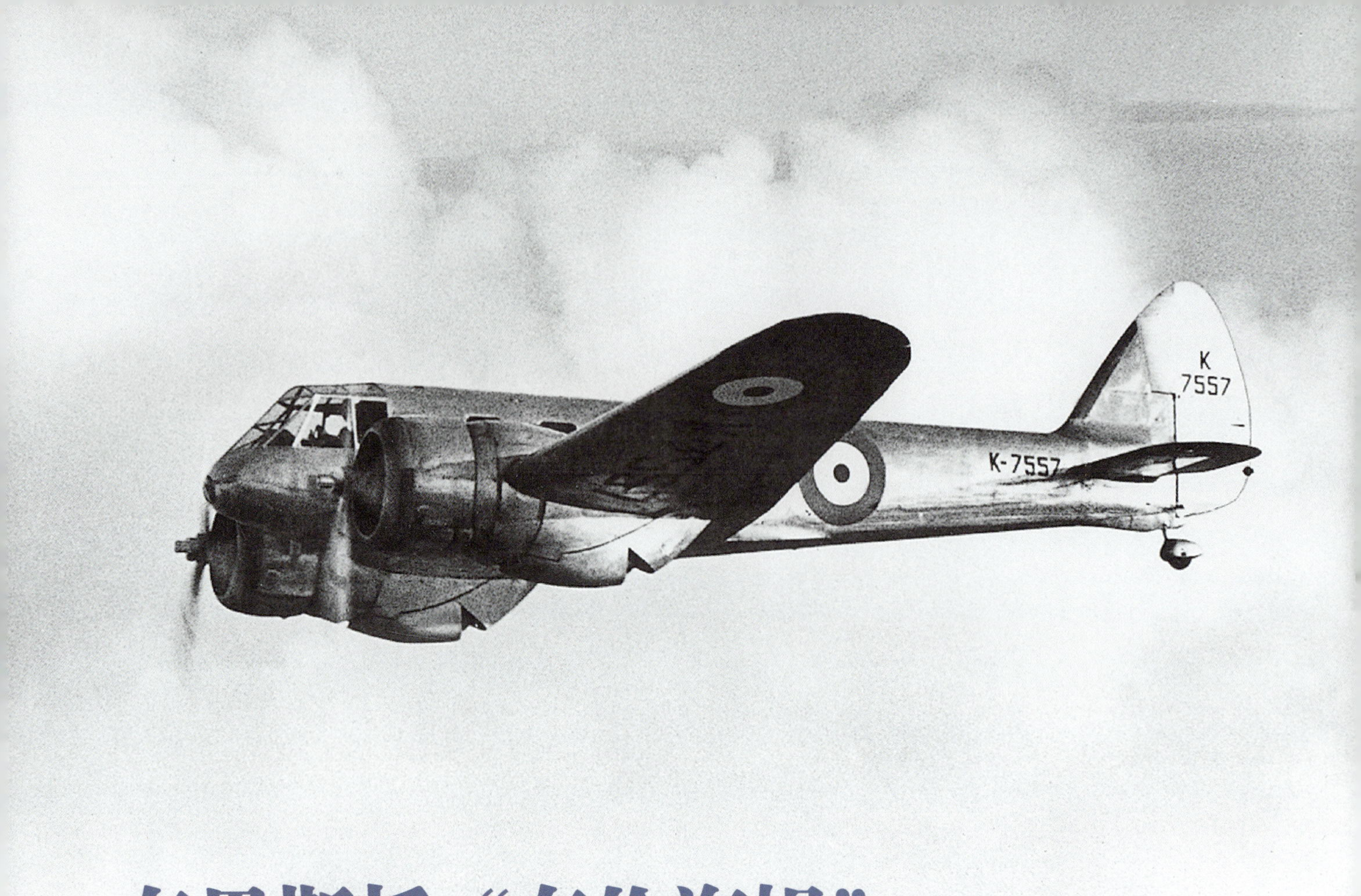

布里斯托“布伦海姆”

法国战役轰炸机

上图：布里斯托 142“不列颠一号”在 1935 年马尔特夏姆荒野的一次试飞中。该机由报业大亨洛德·罗瑟米尔私人出资，这款飞机当即给航空部留下了深刻的印象

作为世界上最快的轻型轰炸机而一度大受欢迎的“布伦海姆”是当时皇家空军对地攻击力量的基础，但在战斗中仅取得令人失望的战果而且遭受了重大损失。

大量制造的布里斯托“布伦海姆”构成了 1938 年至 1942 年 8 月皇家空军本土轻型战术轰炸机力量的骨干，并在北非和印度服役了较长（大概一年）时间。“布伦海姆”被认为远优于其他在 1939 年 9 月战争爆发时皇家空军拥有的轻型和中型轰炸机，但该机依旧不适应当时现代化战争的变化，尤其是纳粹空军造成的威胁。

令人失望的开始

这款损失巨大的飞机，是战争头两年困难时光中皇家空军唯一使用的轻型轰炸机。按照最初的构想（作为布里斯托 142 型设计方案的衍生品，该机源自洛德·罗瑟米尔爵士订购的布里斯托

右图：作为在老旧学派和更现代化的军事飞机设计理念之间转型的产物，“布伦海姆”是一款操纵灵活的飞机，但是与类似于 Ju 88 和 Do 17 等更快更有效的德国轰炸机相比，这一机型很快就过时了

上图：德国战斗机（图中在远处降落的梅塞施密特 Bf 109E）优越的性能和火力使英军在战争初期使用的“布伦海姆”成为极易被击落的目标

135 型“报纸”高速运输机），“布伦海姆”本应是“比当时的战斗机更快的”飞机，但这一号称的优势在皇家空军接收第一架单翼战斗机时就丧失了。

不幸的是，由于皇家空军坚持要求新型轰炸机能够在老式单翼轰炸机使用的草地机场上起降的拖累，“布伦海姆”被迫压缩了飞机的起飞重量，其速度、载弹量和航程都因此受到影响。同时“布伦海姆”引以为豪的高速在当时也仅仅是平庸水准。举例来说，外观过时的维克斯“韦斯利”单发轰炸机可以携带 2 倍于“布伦海姆”的载弹量，具有更长的航程、相同的自卫火力，并且只慢 12 英里 / 时（约 19 千米 / 时）。凭借更加坚固的机身，“韦斯利”能比“布伦海姆”承受更多作战损伤。但这两款飞机都没有加装加热器、无线电等在欧洲现代化战争中至关重要的装备，甚至没有安装高精度投弹瞄准仪以实施精确轰炸。

以现在来看，当时英军需要的应是拥有更强的自卫火力、更远的航程和更大载弹量、更快更强韧的轻型轰炸机，比如与“布伦海姆”同时代的德国和美国产品。Ju 88 和“波士顿”都采用强劲的双排直列发动机，需要比“布伦海姆”更长、更干燥、更平整的跑道，但它们速度更快，并在战斗中有更高的生存力。如果 1000 磅（约 454 千克）载弹量的轰炸机想要发挥作用，那么需要的就是像韦斯特兰“旋风”那样足够快速以在敌机的追击中幸存下来，并具备良好的结构强度和机动性以通过机动摆脱麻烦。但是皇家空军当时只能依靠手头拥有的战机进行战斗，而不是解不了近渴的“远水”。

皇家空军起初对“布伦海姆”并不上心，但依旧签订了大量订单。皇家空军将该机型视为战前扩军的一种临时型号，在这期间“理想型”轰炸机的机组人员可以在“布伦海姆”上进行训练并获得经验，从而在新飞机交付后快速组建大量中队。最终，皇家空军对“布伦海姆”Mk I 的订单达到了惊人的 1415 架，另有 3853 架“布伦海姆”Mk IV 和“博林布鲁克”乃至 942 架不可救药的“布伦海姆”Mk V 纳入订单。

在战争爆发时，“布伦海姆”装备了 24 个一线轰炸机中队（此外还有大量空地协同中队和夜间战斗机部队装备该机）。“布伦海姆”是皇家空军在第二次世界大战期间第一次出击的飞机（一次对威廉港的侦察任务），该机型在“伪战争”期间成为散发传单和徒劳的对舰攻击任务的主力，蒙受了大批损失。

在战争的最初几个月中，尽管“布伦海姆”确实比“战斗”轰炸机表现要好，但在法国战役期间遭受了惨烈的损失。总计有 200 架“布伦海姆”在法国战役中损失。“布伦海姆”的战果甚微，导致许多战前空军精英的死亡，而且在该型号上浪费的宝贵产能本可用在更有用处的型号上。

多用途“布伦海姆”

在法国战役之后，“布伦海姆”仍继续进行危险的昼间及夜间对位于欧洲沦陷区的目标进行空袭。该型机还参加了“马戏团”（Circuses）行动——旨在引诱敌军战斗机升空将其消灭，以及对集结于英吉利海峡港口的侵略舰队以及对德国沿海水面舰艇的空袭。“布伦海姆”甚至也参与了对敌军战斗机机场和德国纵深目标的空袭，并取得了预计的效果。这款飞机显然只应当执行夜间轰炸任务，但迫于政治上的压力，皇家空军必须“一刻不停”地向敌人发起攻击。

第 2 大队装备“布伦海姆”的部队在 1942 年末开始换装“文图拉”（Ventura）、“波士顿”和“米切尔”，并在 1942 年 8 月使用“布伦海姆”执行了最后一次任务。持续 2 年对抗敌军舰艇、U 艇和海岸目标激烈且代价高昂的行动后的 1942 年 9 月，岸防司令部将最后一批“布伦海姆”撤出一线。

至此，剩余的“布伦海姆”夜间战斗机中队也进行了换装，尽管这些部队没有积累大量的战绩，却在夜间战斗机战术和装备（包括对 AI 雷达的战术探索）发展中发挥了作用。

下图：“布伦海姆”作为皇家空军岸防司令部的一部分比在轰炸机司令部麾下有着更好的作为；它承担了反登陆侦察、水面舰艇护航乃至对挪威机场的空袭任务并取得很好的效果。图中为来自第 254 中队的 Mk IVF 6 机编队

“布伦海姆”Mk IV

图中这架第59中队的“布伦海姆”Mk IV为1940年春的状态。当时第58中队作为空中打击部队（Advanced Air Striking Force）的一部分驻扎在法国，并从普瓦为第2集团军提供夜间侦察支援。随着德军的深入，该部队在1940年5月返回安多弗。

动力

两台布里斯托“水星”XV星型发动机为“布伦海姆”Mk IV提供动力，每台发动机功率为920马力（约686千瓦）。“布伦海姆”Mk IV的“水星”XV在使用100号汽油时，紧急情况下可在3分钟“战斗时间”内提供9磅/英尺^2（约0.44千帕）的额外压力，从而让航速增加30英里/时（约48千米/时）。

自卫武器

最初，“布伦海姆”IV在头部安装有一挺向前开火的维克斯K机枪，背部炮塔仅有一挺机枪。在感受到火力不足后，改进型号安装了一座配备双联装弹带供弹勃朗宁机枪的BI.Mk IV炮塔。一些“布伦海姆”在机头下方安装有一挺机枪以向机尾和下方射击，但后来被配备两挺勃朗宁机枪的弗雷泽－纳什FN.54炮塔所取代。

生产

1938年“布伦海姆”Mk IV在菲尔顿生产线上取代了“布伦海姆”Mk I，随后在阿芙罗和鲁特斯公司的分包合约下进行制造。在1415架“布伦海姆”Mk I之外，还有总计3853架“布伦海姆”Mk IV和博林布鲁克工厂下线。“布伦海姆”Mk IVF作为一款战斗机衍生型，在腹部鼓包中安装了4挺0.303英寸（约7.7毫米）的勃朗宁机枪。

不规则机鼻

“布伦海姆”Mk IV的左侧机头风挡呈凹陷状，这为飞行员提供了更好的视野。领航员坐在飞行员右前方，面对右侧前方的航图桌。

载弹量

“布伦海姆”Mk IV能够装载1000磅（约454千克）的最大内载荷，翼下挂架还可携带320磅（约145千克）载荷。相较于“布伦海姆”Mk I和“战斗”，其挂载量有了明显的提升。

上图：如图中这些"布伦海姆"一样，"布伦海姆" Mk IV 的炮塔仅有一挺刘易斯或维克斯机枪，由于火力不足，被安装双联装维克斯机枪的炮塔取代

"布伦海姆"

海外部署

法国战役期间被纳粹空军轻松击败的"布伦海姆"，此后仍在皇家空军岸防司令部的部队、海外战区以及其他盟国空军中服役。

英军在战争爆发前开始扩军时，许多海外部队积极执行殖民地空中警察任务。虽然这些海外中队任务繁重，但同本土部队一样装备简陋。因此为这些中队换装现代化飞机被优先纳入考虑，第 5 支换装"布伦海姆"的部队便是位于伊拉克哈巴尼亚的第 30 中队，于 1938 年 1 月换装。"布伦海姆" Mk IV 甫一服役，就有许多汰换下来的"布伦海姆" Mk I 被部署至海外或用于执行其他任务，而被"布伦海姆" Mk I 替换的"雄鹿"和"雌鹿"轻型轰炸机则转为训练使用。意大利加入战争（在 1940 年 6 月 10 日）时，在中东的皇家空军拥有 9 个"布伦海姆"中队，这些中队立刻开始了对抗意大利在利比亚的殖民地部队的行动。意大利人在北非糟糕的表现使得德军开始介入北非和巴尔干战事，于是"布伦海姆"中队开始面临严峻挑战。随着轴心国军队入侵希腊，在希腊人拒绝了英国除空中力量以外的军事援助后，部署在中东的"布伦海姆"被卷入这场不幸的战役。大多数中队在 4 月离开希腊，不过仍有一些中队（从埃及基地出发）参与以空降行动为先导的克里特岛登陆，抗击德军。从希腊撤退后，北非的英军在两处前线战斗——在西部对抗意大利人和新到达的纳粹非洲军团，以及从 1941 年 4 月起在伊拉克镇压一场德国支持的政变。政变武装得到从伊拉克和维希法属叙利亚的基地出动的德军飞机的支援。

沙漠中的"布伦海姆"

"布伦海姆"被用于进行战场扫射和轰炸敌军机场。由于伊拉克行动进入尾声，在叙利亚的维希高级专员害怕德军的存在将引起英国入侵，要求其撤回兵力。德国人在 6 月 8 日离开，但这对于预先阻止次日开始的盟军攻势来说太晚了。维希军队进行了抵抗，在 7 月 14 日位于叙利亚的维希政权有条件投降前，已有几架"布伦海姆"被从前的盟友击落。这次胜利使得英国得以将全部注意力转移到对抗非洲军团上。在这一战场"布伦海姆"同样披挂上阵，从被围困的马耳他岛上出动切断轴心国对隆美尔进行海路补给，并空袭了西西里岛的德国基地。在北非，"布伦海姆"被"自由法国"、希腊和南非空军使用。"布伦海姆" Mk IV 最终在 1942 年中从沙漠航空队被撤回，并几乎在 1942 年 10 月蒙哥马利赢得阿拉曼战役的同时退出一线。

"火炬"和远东

随着"布伦海姆"在地中海东侧行动的结束，"布伦海姆" Mk

上图：皇家空军第 5 中队的一架"博林布鲁克" Mk III 水上飞机在加拿大东海岸外同"海象"水上飞机一道执行反潜巡逻任务

下图：总产量 15 架的"布伦海姆" Mk IV-W 中的 12 架，摄于位于蒙特利尔隆格伊的费尔柴尔德工厂，注意改进型普惠"双胡蜂"发动机的短舱轮廓

上图：布里斯托“比斯利”在坚固的头部装载了 4 挺勃朗宁机枪。图片为无武器的原型机状态，该机型计划用作短程俯冲轰炸机和低空近距支援飞机

V 在西部初次亮相，装备了 4 个负责支援 1942 年 11 月“火炬”行动（盟军登陆西北非）和随后行动的中队。“布伦海姆” Mk V 此时已经彻底落伍，在 1943 年春被撤回或转作海岸巡逻任务前遭受可怕的损失。最后一架海岸巡逻“布伦海姆”（来自第 244 中队）在 1944 年 4 月撤装。

皇家空军“布伦海姆”在远东也大规模参加了作战，除了 1939 年末装备 3 个皇家空军与印度辅助空军的中队外，不久后又有 2 个从英国本土移驻新加坡的“布伦海姆”中队加入。“布伦海姆”可以在只做了简单准备的草地跑道上起飞的能力，在机场设备通常非常原始的远东十分实用。1941 年 2 月日本入侵马来半岛和新加坡时，当地有 4 个“布伦海姆”中队可以出动，但它们在对日军先头部队造成一定损失后被敌方战斗机屠杀殆尽。一小批该型机逃往苏门答腊岛，最终到达爪哇岛。在这里最后一批飞机在幸存的机组人员利用小船逃生前被破坏。

由于日军攻入缅甸，在印度的“布伦海姆”部队（得到中东英军的快速支援）开始为保卫印度集结。“布伦海姆”被部署到缅甸，并有力支援了地面部队的撤退行动。尽管“布伦海姆”十分容易受到敌军战斗机的攻击，但偶尔也能够进行一定程度的报复。有一次，第 60 中队“布伦海姆” Mk IV 的机枪手击伤并击退了 2 名日军王牌（其中一人已经取得 10 个战果），并在随后击落了加藤中佐——一名参加了侵华战争、击落战绩多达 18 架的空战老手。

英国和印度军队在 1942 年开始对日军发动反击，“布伦海姆”活跃在最前线，经常由“飓风”护航执行任务。随着“被遗忘的第 14 集团军”向东推进，这些飞机猛烈打击了日军的目标，并在夏季风到来之前撤回。新的“布伦海姆” Mk V 在 1943 年夏末从前线中队被撤回前用于开展攻击任务。此后“布伦海姆”继续执行二线任务，其中有一架还在 1944 年 5 月 8 日参加了对日本机场的空袭。

下图：商用型布里斯托 143 采用“天鹰座”发动机，能够容纳 8 名乘客和 2 名机组人员。军用改装型布里斯托 143F 型被作为多用途军用运输机提供给了芬兰

上图：土耳其是“布伦海姆”的第二大海外用户，该国至少接收了 56 架该型机。其中大部分为 Mk I，图中是 1937 年接收的第一批飞机

上图：在英国受训的第一支自由法国“布伦海姆”部队建立于 1940 年 8 月，这支部队随后被派往北非加入第一轰炸预备大队（GRB 1）。1941 年 9 月，GRB 1 换装，同时并入新的“洛林”大队

支援任务

在二线任务（包括巡逻和空勤人员训练、仪器校准、调查、气象侦察甚至是空中救护）中，“布伦海姆”继续在英国、中东和远东使用到战争结束，该型号随后立刻被撤装并宣布退役。此时皇家空军拥有数量充足且更现代化的“蚊”和“英俊战士”以满足战后需求，“布伦海姆”则没有了用武之地。

在海外用户方面，“布伦海姆”在希腊、南斯拉夫和克罗地亚等国屈服于纳粹前曾在这些国家的空军短暂服役。该型机在罗马尼亚空军服役了更长时间，在纳粹空军控制下为轴心国方战斗，直到 1944 年 8 月。芬兰的“布伦海姆”也被用于对付苏军，并且接受了改进以装载瑞典提供的炸弹。“布伦海姆”最初装备了一支位于伊莫拉的轰炸机大队，用于执行轰炸和侦察任务。之后芬兰的仿制型在位于坦佩雷的工厂许可制造，该公司最终生产了 45 架 Mk II 型。芬兰是“布伦海姆”的最大出口用户，直到 1958 年，幸存下来的部分芬兰“布伦海姆”仍在执行包括靶标拖拽在内的非作战勤务。

C

GA ? FX561

51-1114
M. Hasegawa

240664
100
100 TEGGIE ANN

433924
DB-924

49
P-8133

PT
21

上图：与照片中参加首次对普洛什提发动突袭的这架 B-24D 型一样，“解放者”轰炸机通常被用来执行最危险、最严酷的任务，因为它的续航力强、坚固耐用且生存率高

联合 B-24“解放者”

尽管名声被B-17所掩盖，但B-24“解放者”轰炸机生产的数量远超过其他第二次世界大战中的美制作战飞机。这群庞然大物造就了非凡的功绩。

联合 B-24“解放者”（Liberator）是历史上最著名的轰炸机之一。在空中，四发动机的“利伯”（Lib）很容易从它纤长的戴维斯（Davis）机翼辨认出。第二次世界大战时期，到处都可见到“解放者”的身影，该型机几乎执行过所有类型的重要任务。其驾驭者们总是会因该型机被拿来和较小、研制较早的 B-17“空中堡垒”轰炸机相比而感到不平，B-17 的巨大成功掩盖了 B-24 作为出色战机的光辉。

由四家公司和五座工厂组成的大型工业联合体负责“解放者”轰炸机的生产，该型机的产量创造了全美军用飞机的纪录。B-24 的载弹量与续航力优于 B-17，所以“解放者”亦能执行空拍侦察与物资补给的工作。该型号飞机是美国第 8 航空队至关重要的组成部分，B-24 不仅参加了对德国本土的空袭，也在太平洋战区的广袤战场上作战。“解放者”从印度运送宝贵的燃料飞越喜马拉雅山脉到中国。

上图：照片中一位“解放者”的机身机枪手为好奇的敌方战斗机飞行员留下信息：“如果你看得见这些字的话，你就死定了。”

一位前“解放者”的飞行员认为，由大卫 R. 戴维斯（David R. Davis）取得专利的上单翼“薄片状”机翼是 B-24 成功的秘诀。他说：“少了它，‘解放者’不可能飞得又快又远，也不可能载得这么多。它的许多优点，还有许多瑕疵都是由它的机翼而来。它给了 B-24 比其他大多数和它一样体形的飞机更大的承载力，但也让它很难在编队中驾驭。它的机翼使它飞得更快，可是因为（高）翼载荷从而机动性不佳。机翼让它能够飞得更远，这使 B-24 在亚洲和太平洋上执行超远程任务是合理的选择，并使它成为亚洲和太平洋战区中唯一的重型轰炸机。”这位飞行员还说：“‘解放者’独一无二的机翼给了这种其貌不扬的飞机公认的优雅和美丽，尤其是后期的机型。”不过即使是那些偏爱该型号飞机的人也很难找出它在外观上的亮点，甚至有人开玩笑道：“那简直就是 B-17 的包装箱！”

下图：照片中是一架第 15 航空队的 B-24 于欧洲执行轰炸任务之后返航。照片背景可以看到前方机队返回意大利南部基地时所留下的凝结云

上图：B-24 轰炸机仅仅服役了四年，却有不同的风评。有些人形容它为盟军航空部队的救星；害怕它的飞行员则说它是“寡妇制造机”。有些人称它是多功能、无与伦比的轰炸机；其他人则说它丑陋笨拙、动力不足。所有的评论都无法回避一个事实：B-24 轰炸机在大战中做出了难以抹杀的贡献，摧垮了轴心国的抵抗

研制与发展

第二次世界大战爆发之际，美国人发现需要一款航程更远、载弹量更大、生存率比 B-17 更高的轰炸机。早在 1939 年 1 月，陆军航空兵总司令亨利·H. 阿诺德中将就颇有远见地提出需要一款最大速度超过 300 英里 / 时（约 482 千米 / 时）、航程 3000 英里（约 4828 千米）、升限 35000 英尺（约 10668 米）的轰炸机。B-24“解放者”应运而生。除了独一无二的机翼，这架联合公司的轰炸机还采用了当时罕见的前三点起落架、双方向舵垂尾和一具庞大、侧面平坦的机身，和其他轰炸机比起来似乎格外宽敞。

1942 年，一本陆军航空队的“解放者”飞行手册中写道：“如果操作得当的话，没有空军是 B-24 的对手。这种战机已证明能够在不利的天候状况与敌军层层的防御下，飞行极远的距离，运载重量惊人的炸弹发动攻击。若机枪手经过严格的训练，他们甚至可以歼灭敌方的战斗机。”

短暂的生涯

“解放者”在大战爆发之前尚未研制完成，战争结束后又显得过时。作为盟国工业心脏的美国共生产了超过 10 万架飞机，在 1944 年的关键时刻，平均 51 分钟即有一架 B-24 轰炸机诞生。

上图：第二次世界大战期间德军俘虏了一批“解放者”轰炸机，并用来执行监视、运输和测试任务

不过，这批应急制造的飞机几年后便从服役单位中消失。

有些人说 B-24 很难驾驭，它需要顶尖的飞行员来操纵。尽管它的机身宽敞，但内部似乎仍显得拥挤，而且在高空中总是奇冷无比。在执行最艰巨的任务时，“解放者”的机组得挤进狭窄的空间，忍受刺骨的低温折磨，还得防范防空炮火和战斗机的肆虐。不过，“利伯”经常能从战斗损伤中幸存下来，带着机组成员们回家。有时候操控系统严重受创，只能依赖自动驾驶来降落。正如一位 B-24 的机组对“解放者”简单精辟的评价：“它是轰炸机部队的‘军马’。”

“解放者”轰炸机不仅可以防护战斗机的攻击，还在机身内安装大量 0.50 英寸口径机枪（约 12.7 毫米）或 0.3 英寸（约 7.62 毫米）口径机枪。由于“解放者”的性能出色，它通常被派去执行最艰巨、航程最远的任务。在太平洋战区上，B-24 是少数的陆基轰炸机之一，它能够在无紧急起降机场可用的作战行动中进行长距离的战斗。

战后数十年，一位“解放者”飞行员的外孙查尔斯·T. 沃利斯（Charles T. Voyles）中尉从各个方面总结了这款他的外祖父曾经驾驶的战机。他写道：“就我来看，B-24 最重要的不是其翼展和载弹量，而是我外祖父和他的九位同胞爬进他们的‘叛逆幽灵号’（*Phantom Renegade*）进行了 30 次冒险。他们远离家乡、工作、妻子与儿女，到世界的另一端为他们的信念而战。B-24 象征着一代人的奉献，无比沉重却又很快消散而去。”

下图：照片中为一架 B-24 轰炸机上的机身彩绘，色彩缤纷的绘画能提升士气与团队精神。这架已经退役的 44-40973 号 B-24J 型轰炸机曾隶属于太平洋战区第 43 轰炸大队第 64 轰炸中队。机名为“龙与苔尔小姐”

发展过程

从 LB-30 到 PB4Y-2 “私掠船”

上图：“解放者”家族第一批开始服役的是 6 架 LB-30A（YB-24）。没有自封油箱的它们被认为不适合参战，所以作为运输机使用

> B-24 是这个时期产量最大的一款美国飞机。为了生产出 18482 架 LB-30、B-24、AT-22 和 C-87，以及 774 架 PB4Y-2 和 RY-3，在 1940—1945 年间，美国建立了当时世界上最大的工业生产联合体，涉及由 4 个公司——分别是联合公司、道格拉斯公司、福特公司和北美航空公司——运转的 5 个工厂。

联合公司的创始人鲁宾・福利特和设计工程师 I.M.“马克”・莱顿在 1939 年 1 月接受了美国陆军航空队的要求，设计一款与波音公司的 B-17 旗鼓相当的新飞机。联合公司却回应称会研制出一款比 B-17 更好的飞机。在联合公司近乎狂热的设计工作完成之后，他们创造出了一款与众不同且合他们所愿的新轰炸机。

1939 年 2 月 1 日，军队发布了型号规格 C-212。由于参加竞标的公司只有 3 个星期的时间做出回应，这份竞标相当于联合公司的方案被内定中标。2 月 21 日，美军宣布联合公司 32 型飞机中标。一个月后，美军订购了一架单独的 XB-24 原型机（序列号为 39-556），这架飞机于 12 月 30 日首飞——刚好满足招标的要求。

XB-24 搭载普惠 R-1830-33“双胡蜂”星型发动机，起飞时可输出 1200 马力（约 895 千瓦），在 14500 英尺（约 4420 米）高度可输出 1000 马力（约 746 千瓦）。

第 7 架 XB-24 是第一架在大型轰炸机上运用前三点起落架的飞机。机鼻前起落架可让飞机的降落和起飞更为快捷，也使得采用巨大的低阻戴维斯机翼成为可能。窄且深的机身内，从机鼻到双垂尾之前的机腰炮手座位都可以设置为弹舱。武器装备包括 3 挺 0.5 英寸（约 12.7 毫米）机枪和 4 挺 0.3 英寸（约 7.62 毫米）的手动机枪，分别通过两侧——背部、腹部和机头机枪座进行射击。XB-24 能够携带 8 枚 1000 磅（约 454 千克）的炸弹，是 B-17 载弹量的两倍。

上图：美军所接收的第一种主要量产型号是 B-24D，3 英尺 (0.91 米) 机鼻延长段在英国皇家空军的“解放者”Mk II(LB-30) 中首次出现，而且该型号装备了一座尾部动力炮塔

下图：在 1940 年 1 月底的试飞中，XB-24 在相机镜头下“所有东西都露了出来”。由于轮距仅有 16 英尺（约 4.88 米），对于尾撬（藏在机身后半部）的需求更加明显

升级的原型机

虽然量产型“解放者”能够比波音的“飞行堡垒”更快，但是原型机的速度在测试时只达到了 273 英里 / 时（约 439 千米 / 时），而不是美军规定的 311 英里 / 时（约 501 千米 / 时）。所以，1940 年 7 月 26 日，军方要求原型机加装涡轮增压器和自封油箱。R-1830-41“双胡蜂”发动机在 25000 英尺（约 7620 米）的高度可输出 1200 马力（约 895 千瓦），缝翼被取消。第一架完成改造的原型机在 1941 年 2 月 1 日首飞，被命名为 XB-24B 型，成为这个枝繁叶茂家族的缘起。为了防止混淆，这架飞机接收了新序列号（39-680），原始序列号（39-556）被取消。

1939 年 3 月，在“XB”型起飞前，军方订购了 7 架用于服役测试的 TB-24 轰炸机，TB-24 带有涡轮增压器以便进行高空战斗。同时法国由于极为缺乏战机，在 1940 年 6 月订购了 139 架出口型轰炸机，编号为 LB-30。法国战败后，生产出的 LB-30 被英军和美军瓜分。

7 架 TB-24 中的第 6 架是为英国完成的，以 LB-30A 的编号横渡大西洋通过轮渡运输到英国。第 7 架 YB-24 带有装甲和自封油箱，在 1941 年 5 月被军队接收。所有 7 架轰炸机的总体设计除了取消了缝翼、增加了除冰装置，设备都与“XB”相同。

波音极力宣扬其 B-17 拥有强大的武器装备和更加宽敞的机体，因为美国陆军航空队最初只订购了 32 架“解放者”，法国和

上图：海军的“解放者”的发展引出了“Two by Four”——PB4Y-2“私掠船”。该型机加长了机身以适应低空海上任务，并因其高耸的单垂尾而闻名

上图：B-24J是“解放者”家族产量最大的一个改型，是唯一一款由生产B-24的5个工厂共同组装的飞机。总计完成了6678架；图中是一架联合公司圣地亚哥工厂在1944年生产的飞机

英国（分别中意于“解放者”超大的挂载、极远的航程）分别订购了139架和114架。法国的订单直到1940年6月法国战败仍未完成，但是生产还在继续。美国陆军航空队开始相信该型号飞机的实用性，美军称“如果法国不能接收它们，我们会”。

第一批服役的“解放者”是6架LB-30A（带有“LB”前缀代表“陆地轰炸机”）于1940年因法国无法履行合同出售给英国。这批飞机因缺乏自封油箱而被认为不适于参加实战，因此这些飞机（官方简单称作“解放者”，但是经常被俗称为“解放者”Mk I型，这一称号并不准确）在1941年3月转到英国皇家空军轮渡司令部。序列编号为AM258—AM263，一些随后到英国海外航空公司服役。

第一批参战的“解放者”

真正第一批参战的是20架“改进型B-24A”（LB-30B），为美国陆军航空队生产却被交付英国皇家空军，英军编号为“解放者”Mk I型（AM910/AM929）。这些飞机安装有自封油箱，并且具备足够的航程以对抗日益增长的U艇带来的威胁，其中的10架在位于普雷斯蒂克的苏格兰航空公司进行改进后交付岸防司令部。英国皇家空军轰炸机司令部同样接收了一些新飞机，英国皇家空军原定获得第一批140架“解放者”Mk II型（LB-30），但其中75架被美国陆军航空队征用。

美国陆军航空队正式接收的第一批B-24是9架B-24A型（40-2369-2377），外形与原型机相似，但是采用橄榄绿色涂装。被认定不足以执行轰炸任务后，9架飞机被指派到运输司令部（后来的空运司令部摆渡分部）作为运输机使用。

设计的演变

“解放者”设计的演变直观地理解为机身的长度和形状演变历程。实际上几乎所有的“解放者”都保留了引以为荣的戴维斯机翼，其110英尺（约33.53米）的翼展和1.084平方英尺（约97平方米）的机翼面积一直没有改变，XB-24和XB-24B飞机的机身长度仅为63英尺9英寸（约19.43米）。随着“解放者”的不断改进，由XB-24F型演化而来的B-24C机身长为66英尺4英寸（约20.21米）。随后，B-24G和所有之后的改型长度都延伸到67英尺2英寸（约20.47米）。增加机身的长度和体积有很多好处，但是机组人员的舒适度并不包括在内。

在生产少量B-24C后，第一批B-24D在圣地亚哥工厂于1942年1月22日驶出。B-24D是该系列第一款满足实战需要的轰炸机。

在生产了2696架B-24D后，由福特公司和沃斯堡市的联合公司生产了少量设计几乎相同的B-24E，道格拉斯公司则负责总装。B-24G是D的近亲，但是由北美航空公司生产。

B-24H，第一款在工厂安装有机头炮塔的“解放者”的飞机，在1943年6月30日从密歇根州的威楼栾工厂驶出。B-24H型可能是性能最好和最受喜爱的“解放者”，但是被随后生产的B-24J掩盖了光芒——J型作为最后的量产型“解放者”轰炸机，采用新的自动驾驶仪和投弹瞄准器。B-24L和M型在J型后诞生，在战争结束的时候进入生产线，主要的区别之处在于武器装备细节。具有很大改进的单垂尾型B-24N在欧洲胜利日后被取消生产。

在B-24N之前出现的是PB4Y-2“私掠船”。这是另一款采用单垂尾的改型，具有加长的机身，以及在低空达到峰值功率的发动机，以满足执行低空任务的需求。服役到第二次世界大战结束后的“私掠船”，是“解放者”家族中使用时间最长的型号，一直服役至20世纪60年代。

上图：大量的B-24N——福特公司获得的超过5000架的订单在欧战胜利日之后被取消。该型号不仅性能大为提升，稳定性也有很大改善

39/104型“解放者客机”

联合公司设计39型飞机是为了引起美国海军的兴趣进行的一次独立冒险投资，这是一款基于“私掠船”制造的运输机。实际上这就是一架更换为长90英尺（约27.40米）、直径10英寸6英寸（约3.20米）的新机身的PB4Y-2，39型很快吸引了美国海军的注意，计划以R2Y-1的编号订购253架。然而，第一批39型详细设计方案在提交海军验收时未能过关——因发现有严重的设计缺陷而导致订单被取消。仅有一架39型（右图）完成并于1944年4月试飞，但没有了下文。康维尔公司在战后试图将其改进为一款能乘坐48人的客机（104型），但是没有吸引到任何购买者。

1943年7月，美军在利比亚沙漠中进行对模拟目标的轰炸训练，在此后的全面演习中，美军曾一次出动175架“解放者”进行训练

轰炸普洛耶什蒂：1943年8月1日

1943年8月1日低空空袭普洛耶什蒂的行动是美军组建第15航空队的契机。这场空袭由5个美军“解放者”轰炸机大队执行，机队从五座位于利比亚班加西的基地出动。

参加对普洛耶什蒂空袭的部队包括驻扎英国第8航空队的三支齐装满员的B-24大队：有戏称为“特德的移动马戏团”的第93轰炸机大队，由爱迪生·贝克中校指挥；还有第44“八球”和第389“空中蝎子”大队。这些大队从英国本土转场至地中海战区（此时英伦三岛已经找不到一架美军的“解放者”），计划在“哈士奇”行动中轰炸普洛耶什蒂以及另外约10个地中海战区的目标。

为了完成对普洛耶什蒂的空袭，其中两支第8航空队的轰炸机大队同“KK”·康普顿指挥的“解放者”以及中校约翰·“基勒”·凯恩指挥的第98轰炸机大队“金字塔者”也加入第9航空队的作战序列。凯恩是一位英勇却脾气古怪的领导者，很令人钦佩；第44大队的指挥官利昂·约翰逊中校则经验丰富并受人爱戴。

盟军认为出动重型轰炸机打击德国的石化工业将瓦解其战争潜力并加快战争进程。陆军航空队认为B-24“解放者”是唯一适于执行该任务的重型轰炸机。该型机能够携带比B-17“空中堡垒”更多的炸弹，且速度更快、航程更远。B-24被布里尔顿大力拥护，他因此被看作这次空袭行动的主要推手，以及某些人眼中的罪魁祸首。

“海啸”行动

179架“解放者”受命执行空袭普洛耶什蒂的“海啸”行动，从班加西充满沙尘的空军基地出发。一架飞机在起飞时坠毁，另一架冲进了海里。领队机被一架梅塞施密特Bf 109攻击，过早地投弃了炸弹，之后坠毁。不少于10架“解放者”因为在北非上空吸入的沙尘堵塞了发动机而不得不放弃任务提前返航。

机队首先飞向北部的科孚岛，随后转向东北部。在科孚岛，由布莱恩·弗拉维尔上校驾驶的领队机“*Wongo-Wongo* 号”（B-24D-120-CO 42-40563，第512轰炸机中队/第376轰炸机大队）突然开始剧烈地俯仰。这架“解放者”随后在中空猛地拉起，在震颤中直冲入海。由于当时编队维持着无线电静默，没有

HALPRO——霍尔沃森临时分队

第二次世界大战中MTO（地中海战区）战场上有许多永镌史册的瞬间，从早期盟军在北非登陆到重型轰炸机空袭意大利空军基地以及深入“第三帝国”的腹地。对于很多人来说，1943年11月1日组建的第15航空队几乎就是MTO的代名词。该航空队全权负责美军在这个战区的空中行动。但实际上，B-24和维修以及驾驶它的美国飞行员更早在这个战区出现，最初的“解放者”部队多为中队规模，与其他航空队协同作战，在某段时间内曾短暂隶属第9和第12航空队。1942年6月，一支装备有23架早期的B-24D、接受了特殊训练的“解放者”部队到达中东，该部队由中校哈利·A. 霍尔沃森指挥。“HALPRO”部队或称霍尔沃森临时分队，成员主要来自第98（重型）轰炸机大队，本应继续向东执行轰炸日本本土的任务。但这些B-24D到达埃及的法伊德之后，战区形势迫使美军决定将该部队投入与德国空军的战斗中，因此被留在地中海战区HALPRO执行美国陆军航空队第一次对德战略轰炸任务，却都出师不利。1942年6月的11—12日晚上，13架“解放者”轰炸了罗马尼亚普洛耶什蒂的炼油厂。在这次具有象征意义的行动中，“解放者”的炸弹所造成的破坏效果至今仍众说纷纭。但有4架轰炸机成为美军第一批在实战中受创的“解放者”，被迫在土耳其安卡拉附近降落。土耳其的技术人员修复并试飞了其中一架轰炸机（B-24D-CF,41-11596）“布鲁克林漫游者号”（*Brooklyn Rambler*），该机最终被遣返。至于普洛耶什蒂，这处纳粹石油重镇日后成为“解放者”在第二次世界大战中的代名词。（右上图）B-24D 41-11603“恶毒号”（*Malicious*）和（右下图）41-11622“艾德娜·伊丽莎白号”（*Edna Elizabeth*）是HALPRO的23架飞机中的一部分，为1942年6月的空袭普洛耶什蒂行动而驻扎埃及，这些飞机本来应交付在中国战场的第10航空队，执行轰炸东京的任务。

下图：第 376 轰炸机大队第 515（重型）轰炸机中队的 B-24D-85-CO“小狗安号”，是 1943 年 8 月“海啸”行动中第一批对普洛耶什蒂的油田实施轰炸的飞机之一

上图：《星条旗报》(*The Stars and Stripes*) 在 1943 年 8 月 6 日头版中东版面报道了“解放者”8 月 1 日实施的普洛耶什蒂低空轰炸行动

人知道发生了什么，“*Wongo-Wongo*”的僚机飞至低空查看情况，但是没有发现有生还者的迹象，随后搭载任务副领航员的僚机决定放弃任务返回北非。与流言传说中不同的是，实际上“*Wongo-Wongo* 号”并没有搭载首席任务领航员。几十年来的传记中都宣称正是“*Wongo-Wongo* 号”的失事导致在整个“解放者”机队出现领航问题，但实际上并非如此。

导航失误

在接近目标时，第 376 轰炸机大队弄错了位于罗马尼亚的 IP（基准点）并过早地向南转向。第 93 轰炸机大队本打算亦步亦趋，但是多亏了“*Hell's Wench* 号”（第 93 轰炸机大队第 328 中队的 B-24D-120-CO 42-40994 号机）的驾驶员爱迪生・贝克中校和副驾驶员约翰・L. 杰斯达少校的敏捷行动，第 93 大队及时转弯使得这个大队回到普洛耶什蒂的方向。在后面的大队中，第 389 飞往东北方向位于坎皮纳的目标，在主炼油厂的北边 17 英里（约 27 千米）。摸不着头脑的第 44 轰炸机大队和第 98 轰炸机大队继续跟着第 93 大队飞行，但是最终都到达位于普洛耶什蒂目标附近的基准点，并继续飞往分配好的目标。

在目标上空，航线的错误导致一些炼油厂被很多“解放者”空袭，其他的又几乎没有遭受轰炸。为躲避战斗机和高射炮，很多轰炸机被航线上的阻拦气球缆线所毁。

勇气和英勇事迹

迎着敌军的炮火和拦截战斗机在颠簸的气浪中低空飞行——没有人能够质疑空袭普洛耶什蒂的“解放者”机组的勇气，但是几十年过后，其中一名亲历者看到这次任务被写进一本讲述著名的军事错误的书，感到无比愤怒。

在战争中，胜利往往源自崇高的献身精神。普洛耶什蒂的空袭者们飞临目标时仿佛置身于炽热的火炉中。在地狱般可怖的环境中，B-24“解放者”机组人员展现出惊人的英雄气概。当“*Hell's Wench*”被一枚 88 毫米炮弹以及大量高爆破片直击，驾驶员贝克和杰斯达本能地以机腹着陆于一片空地上，然后冲进普洛耶什蒂炼油厂的烟囱里爆成一团火球。第 389 轰炸机大队的指挥官里昂・约翰逊中校的 16 架编队中有 9 架飞机损失，这一损失率甚至比布里尔顿猜想的还要糟——但是他毫无畏惧，继续向德国人如墙一般的火网发起进攻。

即使德军的严密防御使美军遭到严重损失，但对普洛耶什蒂的轰炸对罗马尼亚的油田造成严重破坏。最终的记录显示，此次空袭中美军出动 179 架“解放者”，其中 14 架中途返航，另外 165 架参加轰炸。损失的 B-24，33 架被高射炮击落，10 架被战斗机拦截，56 架“解放者”被击伤，8 架在土耳其修复。完成空袭后 B-24 返回北非，其中 99 架着陆于原基地，15 架在其他地方着陆。532 名美国空勤人员阵亡。

尽管对纳粹石油工业的空袭效果至今仍争执不休，但是没有人会质疑在对抗“第三帝国”的战斗中美国空勤人员们的勇敢精神。贝克、杰斯达、约翰逊、凯恩和飞行员劳埃德・H. 休斯少尉被授予荣誉勋章，约翰逊和凯恩之外的其他人都是被追授的。这是历史上唯一的一次性授予 5 枚荣誉勋章的战役。

下图：在起飞滑跑过程中，“小狗安号”B-24D 在利比亚基地的跑道上激起大片尘土。这些飞机生产完成时带有浅色的被非正式地称作“沙漠红”或“姐妹红”的单色涂装

下两图：第 44（重型）轰炸机大队的 B-24D 在一次飞行训练中在新建成的西普汉姆机场滑跑。“黑色 8 号球”大队在 1942 年 9 月到达英国本土；第 15 航空队第 451 轰炸机大队从 1944 年 1 月开始以意大利为基地进行战斗。8 月 23 日，这架第 725 轰炸机中队的 B-24H 的所有机组人员都在被 Bf 109 攻击后罹难。当时编队正在飞往维也纳的途中到达 22000 英尺（约 6706 米）的基准点。飞机着火在爆炸前缓慢向东盘旋着下降了 5000 英尺（约 1524 米）。缺乏战斗机护航是 8 月 22 至 23 日行动中损失率惊人的主要原因；第 451 大队当日损失了 15 架飞机

欧洲与地中海战场的“解放者”

“解放者”在开战之初就被美军和英军用于执行反潜任务，并在战争初期开始在欧洲和地中海战区作战，联合公司的“解放者”一度成为驻英国的第 8 航空队主要组成部分。但是随着第 8 航空队选择“空中堡垒”作为其主力轰炸机，“空中堡垒”的成就不可避免地占据了更多的头条，并比其他操纵 B-24 的单位所得到的报道都要多。

盛极一时的“Mighty Eighth”（“神八”或“无比强大的第 8 航空队”）也有着寒酸的草创阶段。美国陆军航空队在计划使用大型四发动机轰炸机实施战略轰炸方面有着独步天下的远见。早在战争之前，美国陆军航空队的指挥官就设想同时出动 1000 架轰炸机发起攻势。但是当艾拉·埃克准将在 1942 年到英国去组建第 8 航空队轰炸机队的时候，只带了 5 个飞行员；卡尔·“托伊”·斯帕兹少将是第一任指挥第 8 航空队（从 1942 年 5 月 5 日起）的指挥官，埃克在斯帕兹的指挥下领导着第 8 轰炸机司令部。在得到盟军最高司令部的支持前（1942 年 12 月 1 日），一直是英军轰炸机司令部主导战略轰炸行动。埃克如何看待“空中堡垒”和“解放者”的竞争，后人不得而知，但是坚信像 B-24“解放者”一样大型的轰炸机能够在没有任何护航的情况下空袭目标的想法无疑会让美军付出惨重代价。

下图：随着轰炸机在德国上空不停地轰炸，更复杂的轰炸辅助手段开始得到采用。第 446 轰炸机大队 B-24H 编队的领队机装备了 H2S 雷达，安装在“垃圾箱”整流罩内。这款雷达由第 482 轰炸机大队第 814 轰炸机中队在 1943 年底—1944 年初进行测试

第 8 航空队的先遣队到达英国后，大批做好战斗准备的 B-17、B-24“解放者”抵达，准备对遍布欧洲的德军目标实施昼间轰炸。最初，他们打算只用少量或不用战斗机护航。皇家空军的“兰开斯特”和“哈利法克斯”机队早已具备在夜间轰炸欧陆目标的作战经验，而且同时在白天执行轰炸任务。但对于在布歇公园建立起总部（代号“宽翼”）的第 8 航空队而言，昼间轰炸才是最主要的作战任务。在布歇公园，斯帕兹建立了第 1 轰炸机联队（B-17）和第 2 轰炸机联队，后者于 1942 年 9 月成了第 8 航空队各 B-24“解放者”大队的上级机关。第一个到位的“解放者”大队是第 93 轰炸机大队，绰号“特德的移动马戏团”，以指挥官上校爱德华·J.“特德”·汀布莱克的昵称命名，驻防在奥尔肯伯里。

炮火的洗礼

“解放者”在欧陆的作战开始于 1942 年 10 月 9 日。当时第 93 轰炸机大队拥有 108 架轰炸机，其中 24 架为 B-24D（其他的为 B-17）。该大队以 5 个波次对法国城市里尔进行轰炸。汀布莱克的“解放者”机队在“小狗安号”（*Teggie Ann*）（B-24D-5-CO Liberator 41-23754）引导下飞行。第 93 轰炸机大队的约瑟夫·塔特上尉驾驶的“火球号”（*Ball of Fire*）（很明显是 B-24D-1-CO 41-23667）机枪手亚瑟·克兰德尔中士那天在里尔附近击落了一架 FW 190。这是第 8 航空队“解放者”取得的第一个战果。

下一个到达英国的“解放者”大队是“黑色 8 号球”第 44 轰炸机大队，1942 年 11 月 7 日到达西普汉姆。这个大队的第一

反潜任务——美国陆军航空队和美国海军

美国陆军航空队的反潜司令部 1942 年 10 月便开始执行任务，以应对大西洋不断上升的舰艇损失。这个第 8 航空队的下属单位先前负责在大西洋的反潜巡逻，其中一个单独的中队用于支援英国皇家空军岸防司令部。成为一个独立的司令部之后，配属了 3 个大队用于执行在大西洋的反潜巡逻任务。到 1943 年 6 月，一个由 4 个中队组成的大队在英国建立，在比斯开湾驾驶 B-24D 执行任务；其他大队以纽芬兰、佛罗里达和牙买加等地为基地作战。美国陆军航空队于 1943 年 8 月前在大西洋击沉了 9 艘 U 艇。8 月 24 日反潜指挥部解散，所有反潜任务被转交到海军。

1943 年 4 月，驻冰岛的海军航空队第 7 联队的 PB4Y-1 和驻法属摩洛哥的第 15 航空队 B-24 联队开始参加在大西洋猎杀 U 艇的战斗。在 8 月间，海军第 7 联队的两个中队和第 15 航空队的一个中队转场至康沃尔郡圣瓦尔的英国皇家空军基地，到月底时在比斯开湾共执行 1351 小时的反潜巡逻任务。其间两架“解放者”被德国空军的 Ju 88 击落。美国海军将“解放者”部署至阿森松岛以覆盖南大西洋，随后又部署在亚速尔群岛的圣米格尔岛，在太平洋形成了一个伞状反潜护航区。到 1944 年初，美军“解放者”击沉或者参与击沉了 13 艘在大西洋活动的 U 艇。图中是 PB4Y-1，机身编号为 32032，来自海军第 103 轰炸中队（VB-103）（该中队是第一个在大西洋进入实战状态的中队），驻扎在英国德文郡的杜克斯维尔。该机于 1943 年 11 月 12 日在对 U-508 发动攻击的过程中被击落，后来这艘潜艇被盟军击沉。

次任务是出动 7 架“解放者”执行佯动任务，策应“空中堡垒”在其他方向作战。第 44 大队从当日到 1945 年 4 月 25 日之间共参加 343 次任务。除了第 93 大队外，第 44 大队比其他“解放者”大队执行的任务次数都多，投弹吨数（18980 吨）也是最多的。在战争中，该大队损失了 192 架“解放者”，声称击落了 330 架德国空军的战斗机。

“解放者”部队从一开始就步履维艰，第 93 轰炸机大队的两个中队被借给英国皇家空军岸防司令部用在比斯开湾执行反潜巡逻。1942 年 10 月 21 日，“特德的移动马戏团”发动 24 架“解放者”执行计划的低空空袭位于法国洛里昂的 U 艇洞库的方案，但是目标完全被云层遮盖，无法轰炸。由 12 架“解放者”在 1942 年 11 月 7 日到布雷斯特执行的任务同样收效甚微。不过这是第 44 轰炸机大队的第一次战斗，该大队派出 7 架飞机用于转移敌机的注意力。

1942 年 12 月 30 日，第 93 轰炸机大队从英国转场至北非划归第 12 航空队。不过该大队在非洲期间主要由第 9 航空队指挥，对轴心国的补给港口发动空袭。北非的机场设施原始，时常伴随猛烈的大风、泥泞和尘土。人们认为 B-24D 由于灰尘等原因无法利用北非的机场起降。第 93 轰炸机大队在返回英国前的 81 天里执行了 22 次任务。此后“特德的移动马戏团”再度调动至北非的行动很快提上了日程：第 93 和第 44 轰炸机大队转场至北非，执行对普洛耶什蒂的空袭任务。

从 1943 年 5 月到 9 月，第 8 航空队的 B-24 机队由于空袭普洛耶什蒂的需要而被从英国大量抽调。到 1943 年底，有超过 550 架“解放者”在欧洲战场作战，是 B-17 数量的三倍。美国陆军航空队从 1942 年底起决定将欧洲战场的 B-17 集中于英国使用，B-24“解放者”则在其他的地方使用——但这一目标直到战争结束前还没有实现。此时已经有多达 16 个轰炸机大队在美国接受训练，准备加入第 8 航空队的序列，但是到年底时第 8 航空队的“解放者”大队仅执行分散敌军注意力的佯动任务，策应 B-17 轰炸主目标。出厂时便加装爱默生机头炮塔的新型 B-24H 于 9 月开始在美军中服役。

MTO 作战

第二次世界大战中 MTO（地中海战区）战场有许多永镌史册的瞬间，从早期盟军在北非登陆到重型轰炸机空袭意大利空军基地以及深入“第三帝国”的腹地。对于很多人来说，1943 年 11 月 1 日组建的第 15 航空队几乎可以视作 MTO 的代名词，该航空队全权负责美军在这个战区的空中行动。但实际上，B-24 和维修、驾驶的美国飞行员更早在这个战区出现，最初的“解放者”部队多为中队规模，与其他航空队协同作战，在某段时间内曾短暂隶属第 9 和第 12 航空队。到战争结束时，第 15 航空队编制内下辖 15 个“解放者”大队。

1944 年和 1945 年

第 8 航空队和第 15 航空队在 1944 年继续扩充 B-24 机队规模。在欧洲的“解放者”到 4 月的时候总计超过 2000 架，在 8 月达到顶峰，为 2685 架（全球的 B-24 于 9 月在前线使用量达到了顶峰，同时有超过 6000 架在各个战场上战斗）。第 8 航空队在 2 月发动了旨在摧垮德军战斗机工业的空中战役——绰号“大星期”（The Big Week）的高强度空袭行动。6 月“解放者”支援了诺曼底登陆作战。

到 1945 年 5 月，总计有 1500 架“解放者”在第 8 航空队和第 15 航空队服役，第 8 航空队的 B-24 逐渐被 B-17 替代。天气对于第 15 航空队在 1945 年春的作战是一个问题，限制了大批出动 B-24 进行轰炸的机会。第 15 航空队一直主要使用“解放者”到欧洲战场的胜利。

下图：1945 年 4 月 5 日，炸弹不断从第 491 轰炸机大队第 853 轰炸机中队由福特公司生产的 B-24J“怀春少女号”（Urgin' Virgin）的弹舱中落下，轰炸位于德国普劳恩的沃马格公司坦克生产线。福特公司生产了大量 B-24

上图：第 120 中队的“解放者”GR.Mk III 型（和一架单独的 GR.Mk V 型）在英国皇家空军位于北爱尔兰自治区的阿达高夫基地服役，不断出动执行任务。直到 1944 年中期，Mk III 型都是岸防司令部超远程巡逻机中队的主力

英国皇家空军的“解放者”

或许第二次世界大战时期所有在英国皇家空军服役的美制飞机中最重要的是“解放者”，它可以执行三种不同的任务——运输、轰炸和海上巡逻。

下图：AM929 是在 1941 年 8 月最后一批交付英国皇家空军的 20 架 LB-30B 中的一架。在英国航空设备及航空武器测试机构（A&AEE）测试后，该机加装 ASV 雷达和机炮，分配给岸防司令部的第 120 中队

交付的 18431 架 LB-30 和 B-24 当中有 2340 架移交给了英国。由于法国战败，其订购的“解放者”和很多其他型号的飞机一道加入英军的作战序列中。1940 年 4 月下旬，法国匆忙订购了 175 架联合公司 LB-30MF（MF 意为“法国任务”）轰炸机。

随着法国战败，根据合同生产的飞机由英国接收，因此英国皇家空军在 1941 年 8 月到 12 月接收了 86 架“解放者”，命名为“解放者”Mk II 型。随着珍珠港事件的爆发，美国陆军航空队很快征用了订单中剩余的部分。为了补偿英国人的订货需求，1941 年 3 月到 1942 年 5 月间美国陆军航空队向英军移交了封存在库房中的 6 架 YB-24。这批飞机依旧被称为联合公司 LB-30A（或者有时简称为“解放者”），以及 20 架“B-24A 改型”（为美国陆军航空队生产的，也被称作 LB-30B），在 1941 年 4 月到 8 月间交付，后者被命名为“解放者”Mk I 型。6 架 LB-30A 由于缺乏装甲和自封油箱，1941 年 5 月 4 日起被用于执飞横跨大西洋的 ATFERO 航班，于蒙特利尔的圣胡伯特机场和埃尔的普雷斯蒂克机场之间往返运送邮件和货物。这 6 架飞机在运送加拿大飞行员方面发挥了重大作用。加拿大飞行员定期经过冰岛驾驶着“哈德逊”和其他飞机前往英国，随后搭乘 LB-30A 班机返回加拿大。少量的“解放者”Mk I 型被用于执行定期航班和教练任务，剩余的飞机被岸防司令部征用；他们迫切需要一款像“解放者”这样具有较远航程和强大火力的飞机。

下图：“ZZ”标号代表这架“解放者”Mk VI 属于第 220 中队。衍生自 B-24J。1944 年服役的 GR.Mk VI 在后机身中心线上安装有可收放 ASV 雷达

下图：第 159 和第 160 中队是第一批配备“解放者”Mk II 型（LB-30Mk）机的英国皇家空军轰炸机中队，两个单位在 1942 年转移到印度之前都在北非作战。AL579 是一架第 159 中队的飞机，图中是 1942 年 7 月间该机的状态，不久之后第 159 中队开始从沙漠基地出发日夜空袭北非、意大利和希腊的目标。注意该机的机背炮塔安装有 4 挺 0.303 英寸（约 7.7 毫米）机枪

上图："解放者"C.Mk IX型是英国皇家空军为美国海军的"私掠船"RY-3运输机赋予的型号。这些飞机由运输司令部的第45大队驾驶，执飞从英国到加拿大再经太平洋抵达东南亚的航班

上图：在1944—1945年间，第99"马德拉斯总督"中队驾驶"解放者"Mk VI型从靠近加尔各答的杜巴里亚起飞执行远程任务。从1945年7月起，该中队移驻印度洋的科科斯群岛

1941年9月20日起"解放者"Mk I型在纳特角的第220中队服役，20架Mk I型中的15架隶属于该中队。为了增加"解放者"的火力，英国人在炸弹舱前方加装了一个安装有4门20毫米机炮的半固定式茧包。此外"解放者"能够携带4枚500磅（约227千克）和2枚250磅（约114千克）的炸弹，或者至多6枚深水炸弹。机炮用于扫射舰艇或潜艇；自卫火力由位于机头和机尾的单装机枪和位于机腰的单装或双联装机枪组成。"解放者"Mk I型服役时还加装了ASV Mk II型"棘鱼"雷达。1942年8月16日，第120中队创造了"解放者"Mk I对U艇的首个击沉战绩；两天后，Mk I开始逐步被Mk II和Mk III型取代。

（前法国订购的）"解放者"Mk II型采用了博尔顿·保罗四联装机背和机尾炮塔，以及位于机腰和机头的固定枪架。由于炮塔的生产落后于飞机的交付，一些Mk II型服役时没有机背炮塔。当一些Mk II型到岸防司令部服役时，这批改型使得轰炸机司令部也得到了一些"解放者"。最初得到的Mk I型计划分配给第150中队，但是由于岸防司令部更急迫的需求而被取消。1941年11月，在埃及卡布里特的第108中队成为轰炸机司令部第一个操纵"解放者"的单位，而第159和160中队则于1942年6月到达法伊德加入战斗，阻挡轴心国侵略埃及的脚步。为了支援在中东的SOE（"特殊行动执行局"，英国在第二次世界大战期间的秘密情报部门）任务，1943年初英军组建了专门使用"解放者"的特种飞行队——第178中队；该中队在中东驻留至年底并接收了"解放者"Mk III型。第149和第160中队则驾驶"解放者"Mk II型转场至印度，从1942年11月开始以印度为基地完成了其大多数任务。一些Mk II型被改装执行运输任务，编号为"解放者"C.Mk II型。

在《租借法案》的框架下，英国皇家空军陆续接收了382架B-24D（其中249架是英国直接出资购买的）。编号为"解放者"B.Mk III型或者岸防司令部使用的GR.Mk III型（不带ASV雷达），一些也被改装用作运输任务，编号为C.Mk V型。B-24D改型和早期型号的所有不同之处在于将机背炮塔（由马丁公司生产）向前挪到驾驶员座舱的后面，也是第一批装备有废气涡轮增压机的"解放者"。

在岸防司令部，"解放者"GR.Mk III型和大多数GR.Mk V型在部署于北大西洋的第53、59、86、130和311中队服役，第354中队则位于印度。后期生产的飞机加装了ASV Mk III雷达，在机鼻颊部整流罩内有扫描天线，机腹则有一具可收放整流罩，从而比搭载在"解放者"Mk II型上的ASV Mk II阻力更低。一些Mk V型的火力也得到提升，可以在机翼下方的挂架上携带8枚火箭弹。

轰炸任务

作为轰炸机，"解放者"B.Mk III在整个远东服役。此前该战区的第159和第160中队已经开始驾驶Mk II了。1943年10月，第355中队加入其中，投入对缅甸的日军目标的空袭中。

第511中队持续执行运输任务，最初航班号为1425，使用"解放者"Mk I型和C.Mk II型往返于英国和直布罗陀之间。第45大队则从空运司令部中调离，执行ATFERO任务，并将番号改为第231中队。英国海外航空公司（BOAC）也操纵一些"解放者"用于横跨大西洋的运输工作。

"解放者"B.Mk IV型（和C.Mk IV型）这一编号计划用在通过《租借法案》获得的B-24E上，但没有一架交付。不过英国皇家空军接收了总计1648架B-24J，根据任务和标准配备，它们分别被命名为"解放者"B.Mk VI型、C.Mk VI型和GR.Mk VI型。一些B-24G和H也以Mk VI的编号投入服役。后期生产的B-24J和一些B-24L被称为B.Mk VIII型、C.Mk VIII型和GR.Mk VIII型（还包括最终由英国出资订购的40架）的交付持续到1945年3月。Mk VI型是B-24J的英军型号，搭载爱默生机头炮塔、马丁公司的机背炮塔和斯佩里的机腹"球状"炮塔。交付后，英军飞机换装了一座博尔顿·保罗的四联装机尾炮塔；而岸防司令部的GR版则在机腹炮塔的位置安装了带有整流罩的ASV雷达。从1943年10月开始，第53中队的"解放者"配备了翼下利式探照灯，第206和第547中队随后也进行了改装。当一些中队操纵"解放者"轰炸机在中东作战时，大部分Mk VI和Mk VIII型轰炸机直飞到远东地区，装备给15个中队，用于英国皇家空军1944—1945年在缅甸的最后战役。从科科斯群岛起飞的第99和第356中队的"解放者"于1945年8月7日执行了英国皇家空军在战争中的最后一次轰炸任务。

相当于美国陆军航空队的无武装运输机C-87"解放者"的24架"解放者"C.Mk VII型在1944年6月到9月间交付英国，被运输司令部的第511、246和232中队用于往返英国和远东地区。英国皇家空军还接收了22架美军编号RY-3的"解放者"C.Mk IX型，该型运输机带有大型单垂尾。

下图：这架"解放者"Mk VI型被分配给在印度的第355中队。空袭敌军机场、海港设施和舰艇的任务经常需要往返超过2000英里（约3219千米）

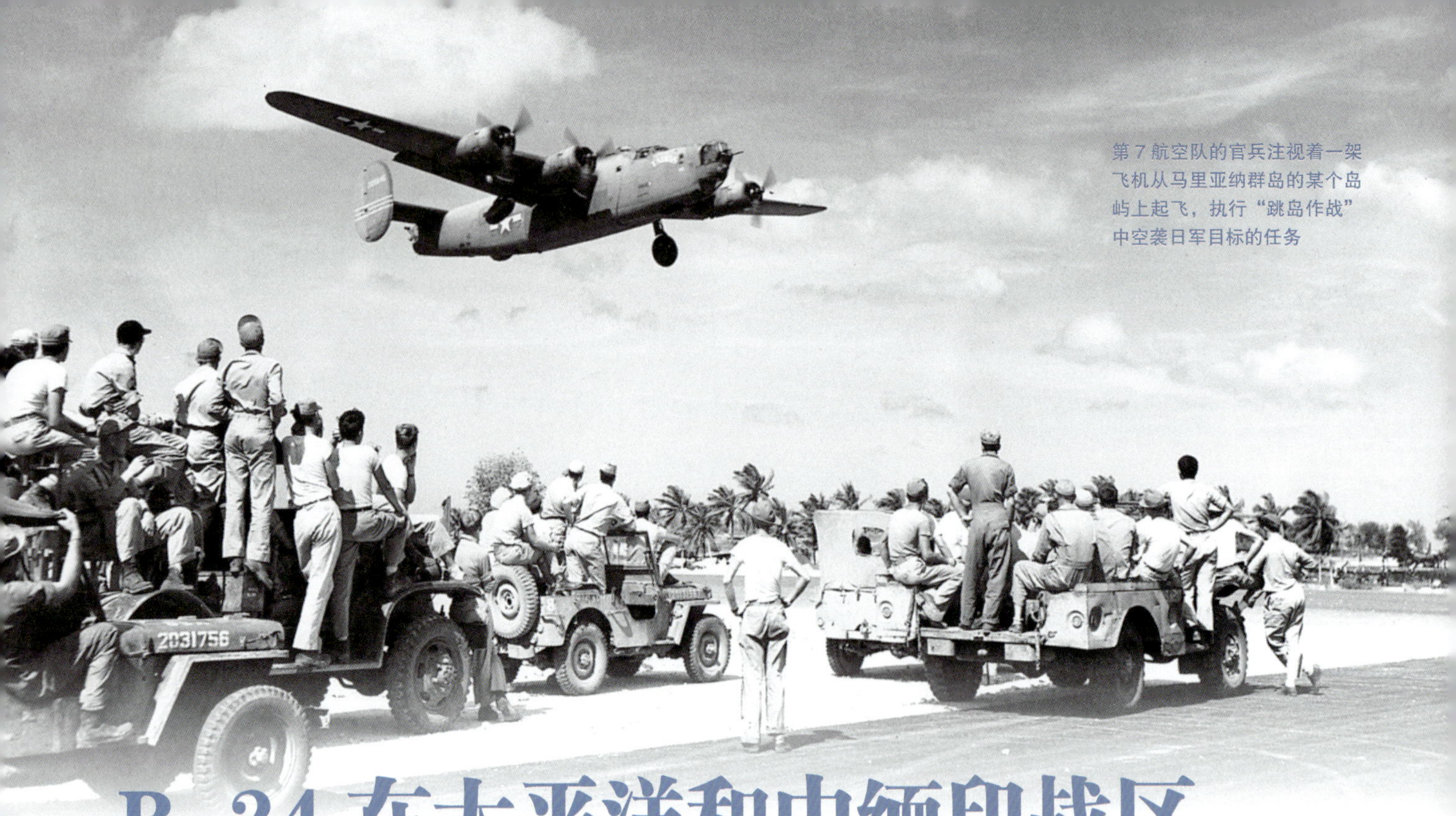

第 7 航空队的官兵注视着一架飞机从马里亚纳群岛的某个岛屿上起飞，执行“跳岛作战”中空袭日军目标的任务

B-24 在太平洋和中缅印战区

1941 年 12 月 7 日日军奇袭珍珠港时，美军在第二次世界大战中损失的第一批飞机中就有停放在夏威夷卡姆机场的 B-24A。美国陆军航空队的“解放者”在太平洋和远东战区起到了至关重要的作用。

1942 年 2 月，第 7 和第 19 轰炸机大队正在操纵从英国召回的 LB-30，在太平洋西南地区，向南出发攻击日本护航船队（但收效甚微）。“解放者”同 B-17“空中堡垒”一道成为太平洋战场上四发动机轰炸机的先驱。

与此同时，在阿拉斯加州，第 11 航空队使用 LB-30 和 B-24D 前往阿留申群岛对抗日军。到 1942 年 9 月，新组建的第 21 和 404 轰炸机中队成为阿留申群岛战区的主力，驻扎在荒凉的埃达克岛上，对日军目标发起攻击。

10 月，第 10 印度航空特遣队（IATF）“解放者”第一次空袭了日军在中国的目标。随后的一个月，“解放者”加入在太平洋战区的第 5 和第 7 航空队。在 12 月 22—23 日的晚上，第 7 航空队出动 26 架飞机从夏威夷转场至中途岛对威克岛进行了轰炸。

1943 年，高层决定将“飞行堡垒”集中交付到欧洲，B-17 逐渐在太平洋战场上消失。因此太平洋和中缅印战区（CBI）成为 B-24 的主要使用者，到年底时，第 5、7、10、11、13 和 14 航空队都使用“解放者”执行任务。随着 B-24 越来越频繁地出动，和日本战斗机的遭遇战变得十分频繁。由于战斗机不能随时护航，它们在发起空袭时很容易遭受攻击，尤其是从正面。于是在 1943 年，被送往太平洋的 B-24D 都在美国陆军航空队的修理厂进行改进，在这些飞机的机头加装一座炮塔，以抵御日军战斗机的迎面攻击。

其他在 1943 年的改进之处包括使用雷达装置来提升轰炸准确性。第 5 轰炸机大队在瓜达尔卡纳尔岛部署了 10 架 SB-

上图：第五航空队第 90 轰炸机大队第 400 轰炸机中队的“地狱美人号”（*Hell's Belle*）B-24D，拍摄于 1942 年底该机在新几内亚北海岸击中一艘 5000 吨的日本货船后

下图：太平洋战区的 B-24D 在 1943 年加装了机头炮塔。“贝特西号”（*Betsy*）是第 321 轰炸机中队的一架 B-24D，本图拍摄于 1944 年 2 月的一次到新几内亚瓦瓦克执行任务的途中。机尾的“头盖骨和交叉的炸弹”是第 90 轰炸机大队的标志，这个单位被戏称为“欢乐的罗杰斯”，以大队的指挥官亚瑟 · H. 罗杰斯中校命名

第 494 轰炸机大队第 365 轰炸机中队的 B-24M 在 1945 年 3 月 25 日接近一个在菲律宾靠近宿务市的目标。全身橄榄绿色的涂装在太平洋战区（PTO）被广泛使用，这也是飞机很少在地面上被空袭的原因。在空中，这身涂装却没有什么好处。涂上的油漆也需要维护，所以地勤人员也非常忙碌

24D“探听者”飞机。

B-24J 加入

B-24J，产量最多的“解放者”改进型，于 1944 年进入生产线，随后大量部署至太平洋战场，紧随其后的是 B-24L 和 B-24M。1944 年“解放者”的主要任务包括不间断轰炸在拉包尔岛的日军。拉包尔岛是一个位于新不列颠群岛的岛屿，在新几内亚的东面，空袭行动可以避免发动代价高昂的登陆战。在 1 月和 2 月间的全天空袭中，B-24 进行了夜间轰炸行动，最终通过战斗成功破坏了这一日军重镇。

在更北面，从 8 月起 B-24 开始在塞班岛起飞，轰炸硫黄岛（由第 7 航空队发起）。12 月 26 日，远东航空队的 B-24 轰炸了美国从前在菲律宾的克拉克机场的大本营，随着战事的进行不断打击日军。

在中缅印战区，美国陆军航空队的 B-24 发起对缅甸的日军供给线的空袭，并在重要的海港和海中航线空投水雷进行封锁。

如果说太平洋战区也有和欧洲的普洛耶什蒂重要性相当的目标，那就是在婆罗洲的巴厘巴板原属荷兰的油田和炼油厂。这里提供了日军 35% 的石油供给，包括至关重要的航空燃料，因此成为美国 B-24 1943 年以来的目标。被日军严密保护的巴厘巴板在 1944 年经受着第 5 和第 13 航空队的猛烈轰炸。美军总计出动 321 架次“解放者”投下 443 吨炸弹。虽然损失了 22 架 B-24，但是炼油厂的生产能力遭受重创，美军获得了远程战略轰炸作战的宝贵经验。

“阿松”（Azon）制导炸弹

1944 年同样见证了作战使用的新武器——VB-1“阿松”无线电控制的滑翔炸弹。由第 10 航空队经过特殊改进的 B-24 空投的“阿松”以标准的 1000 磅（约 454 千克）炸弹作为基础，加装了可活动翼面、无线电接收器和供操作控制设备的投弹手观察炸弹轨迹的曳光弹。

1944 年 12 月“阿松”在中缅印战区率先使用，用于空袭铁路和公路桥，取得了理想的战绩，为制导武器乃至今日的“灵巧武器”的更进一步的发展奠定了基础。

在太平洋战区作战的 B-24 数量于 1945 年 5 月到达顶峰，为 992 架。此时随着“跳岛作战”的不断推进，日本本土已经进入第 5 和第 13 航空队的“解放者”的攻击范围内。因此远东航空队的 B-24 协同 B-29 对日本进行轰炸直到日本投降。7 月，第 7 航空队的“解放者”也加入对日本本土的空袭。

下图：这架外形凶猛的 B-24L 拍摄于对日作战胜利日后的加尔各答。它的机尾标志和鲨鱼嘴暗示这架飞机属于被称为“在华‘解放者’”的第 308 轰炸机大队第 425 轰炸机中队。该中队从 1943 年初起就驻扎在中国

上图：第 22 和 494 轰炸机大队的 B-24 在 1944 年 12 月集中在加罗林群岛安佳岛的飞机跑道上

左图：福特公司将超过 200 架 B-24J 和 L 型改造为 C-109，用于经“驼峰”航线运送大量燃油到达中国，供应轰炸日本的 B-29。这些飞机的特点是装载的燃油量是普通 B-24 的两倍

这架飞机机尾处的“HA”编码表明该机是驻防本土东海岸的 VP-24 巡逻中队的一架，该中队在 1947 到 1954 年间装备了“私掠船”。注意它的翼下挂架可以携带“蝙蝠”滑翔炸弹

美国海军的 PB4Y-2“私掠船”

1943 年，美国海军开始和康维尔公司合作，致力于生产一款性能先进的海上巡逻 / 反潜型“解放者”。第一架原型机 XPB4Y-1“私掠船”于 1943 年 9 月 20 日试飞。

“窄货”（Two-by-Four）是“私掠船”机组对于该机的打趣昵称，该型号采用极高的单垂尾，进行了彻底改进，延长到 74 英尺 7 英寸（约 22.73 米）的机身，搭载 1350 马力（约 1007 千瓦）R-1830-94 发动机，不带涡轮增压器（对于低空任务而言是多余的），发动机整流罩呈立起的椭圆状，而不是正圆形，自卫火力包括 6 座双联装 0.5 英寸（约 12.7 毫米）机枪（机头、前机背、后机背、机尾四座炮塔和尾部左和右侧机枪座）。油箱容积增加，机组增至 11 人，并带有大量雷达、反潜和电子战装备。能够挂载 8000 磅（约 3628 千克）的炸弹、鱼雷、水雷或深水炸弹。

“私掠船”交付美国海军后于 1945 年 1 月参战，装备给 VPB-118 和 VPB-119 巡逻轰炸机中队，分别负责在台湾岛和中途岛方向作战。后者在 3 月转场至菲律宾的克拉克机场，在中国沦陷区上空进行轰炸直至战争结束。2 月，VPB-118 转场至冲绳加入轰炸日本本土的美军轰炸机部队。与此同时此前装备 PB4Y-1 的 VPB-106 巡逻轰炸机中队也换装“私掠船”并开始在太平洋战场的第二轮部署。到战争结束的时候，美军又组建了 8 个“私掠船”中队，而 10 个原本装备 PB4Y-1 的中队都撤离战场，正在换装“私掠船”或为第二轮部署进行训练。在夏威夷和圣地亚哥的训练中队为这些中队提供机组人员。

1945 年 4 月“私掠船”第一次投放 SWOD-9（ASM-N-2）“蝙蝠”滑翔制导炸弹，一架来自 VPB-109 中队的“私掠船”投掷了两枚该型炸弹攻击位于婆罗洲的巴厘巴板的日军舰艇。PB4Y-2B 可在翼下挂梁挂载两枚 1600 磅（约 726 千克）的制导炸弹；在太平洋战争结束前，VPB-123 和 VPB-124 也装备了“蝙蝠”和更新型的制导炸弹并一直沿用到战后。

上图：一架“私掠船”的运输机型——RY-3——于 1944 年试飞；125 架被美国海军订购，不过只有 33 架在战争结束前完成生产。其中的 26 架在《租借法案》下被移交给英国皇家空军，命名为“解放者”C.Mk IX型；另有 4 架被派到陆军航空队作为 VIP 运输机使用

最后 740 架“私掠船”直到 1945 年 10 月才交付。与 B-24 不同，“私掠船”一直服役到战后，在 1952 年被重新命名为 P4Y-2。“私掠船”有几款衍生型战后依旧服役，包括装备改进的 ASW 雷达的 P4Y-2S、P4Y-2P 照相侦察平台，以及 P4Y-2M 气象侦察机（采用 B-24D 的机头和前机身下的整流罩并且不带武器装备），还有海岸警卫队的 P4Y-2G（不带任何武器并经过大量改造），以及“侦探”特种电子侦察机。该机搭载有与马丁 P4M“莫克托”相同的电子侦察装备，为海军在战后岁月里获取 Elint（电子情报）。

一架 VP-26 巡逻中队的 PB4Y-2 在 1950 年 4 月 8 日从威斯

下图：拍摄于 1945 年 10 月的上海，X525“我们的宝贝号”（*Our Baby*）（机身编号 59525）采用了“私掠船”典型的战时涂装。这架飞机先后在 VPB-121 和 VPB-106 两个中队服役

下图：欧科球形机头炮塔是大多数“私掠船”的外观特征。从这幅图中可看到该型号飞机加长的前机身；双机背炮塔，改进的发动机舱和雷达天线也清晰可见，但是 B-24 家族的“共有外观特征”依旧得到保留

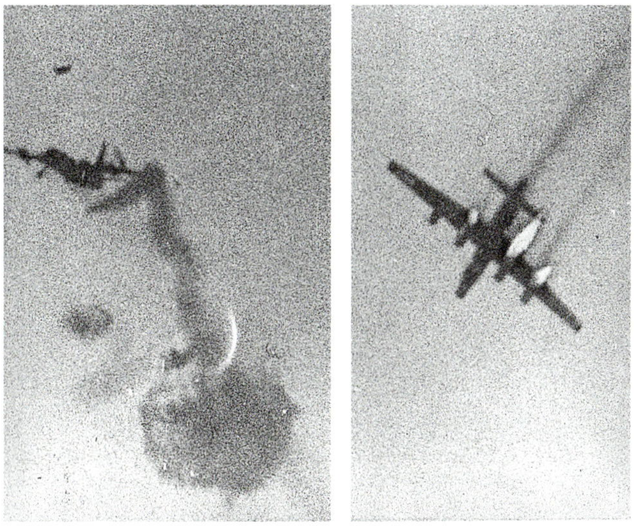

上图：最后一批在美国海军服役的“私掠船”是 QP-4B 靶机（在 1962 年之前被命名为 P4Y-2K 型），从 1952 年起用于地对空导弹测试。最后一架机身编号为 59896 的飞机，于 1964 年 1 月 16 日被击落

巴登起飞，飞越波罗的海，被一架 MiG-15 击落，10 名机组人员全部丧生。数量不详的同型号飞机从 1951 年 5 月起以国民党占据的台湾为基地执行对中国大陆的侦察任务。其中一架飞机被认为于 1961 年在撣邦被缅甸空军的“海怒”击落，当时该机正向缅甸境内的国民党反共游击队空投物资。

朝鲜和中南半岛

美国海军“私掠船”也在朝鲜战场服役，VP-772 中队从 1951 年 6 月 12 日起开始执行“萤火虫”空投照明弹任务，为海军陆战队的对地攻击飞机照明。其他美国海军 P4Y-2S 中队在整个“警察行动”期间，沿着朝鲜海岸执行“舢板巡逻”任务。

美国海军外最活跃的“私掠船”部队是 1950 年 11 月起提供给法国空军的飞机。最初配属于位于新山一机场的 8F 中队（后来在 1953 年重新命名为 28F 中队），10 架由美国提供的该型机在当地一直服役至 1955 年底，在中南半岛战争中的整个中南半岛范围执行轰炸和侦察任务。

1956 年间，最后一批法国“私掠船”离开了远东地区，部署至北非，继续投入镇压殖民地的战争中。“私掠船”被用于在阿尔及利亚海岸以及突尼斯边境巡逻，随后还执行了一些夜间空袭任务。该型号飞机在 1960 年从法国空军退役，最终被洛克希德 P2V“海王星”取代。

9 架“私掠船”被移交给美国海岸警卫队用于执行搜索与救援（SAR）任务，命名为 PB4Y-2G 型。机上的炮塔被移除，用大型观察窗代替

洪都拉斯运输机

另一个 P4Y 飞机的海外用户是洪都拉斯，该国在 20 世纪 50 年代至少接收了 3 架用于运输。这批飞机也是最后一批在役的“私掠船”；1959 年，美国海岸警卫队最后一批 PB4Y-2G 退役，1964 年，美国海军所有 P-4 退役。后者被改装为 QP-4B 靶机，由海军航空发展中心用作实验新型导弹的靶标，在位于莫古角的太平洋导弹试验靶场陆续被击落。

上图：洪都拉斯空军的“私掠船”运输机机身序列号分别为“792”（如图）、“794”和“796”

“超级‘私掠船’”灭火机

位于怀俄明州的格雷伯尔的霍金斯与帕沃斯航空有限公司使用着最后尚能飞行的 PB4Y-2——5 架被称为“超级‘私掠船’”的灭火飞机，搭载从 B-25“米切尔”轰炸机上拆来的 R-2600 发动机。装备增压器后，这些发动机能够提供飞机执行消防任务所需要的更强的性能。H&P 的“超级‘私掠船’”具有 19800 磅（约 6961 千克）的运载能力，可以装载 2200 美制加仑（约 8328 升）的阻燃剂。图中是编号为 126 的“油罐号”（N7962C）。

联合PBY“卡特琳娜”：多用途巡逻水上飞机

上图：照片中这架PBY-1型正准备出航，本图可能是在彭萨科拉（Pensacola）海军航空站（NAS）拍摄的。一名机组人员站在机翼上，机腰的舱口已经打开。飞行员将升降舵与副翼分别向上和向左打死。前方的双翼机则是N3N型“金丝雀”（Canary）水上飞机

在第二次世界大战期间所有的水上飞机中，“卡特琳娜”是用途最多且最坚固耐用的机型。该机不仅在战争期间服役于各大战场，而且到了该被淘汰的时候仍留存了下来，在空战史上占据了一席之地。

联合“卡特琳娜”（制造商称之为Model 28）是第二次世界大战中最慢的战机之一，其机组曾打趣道：“他们需要一本日历而非时钟来计算与护航队会合的时间。”“卡特琳娜”在1935年首飞，战争爆发之际已算不上新锐，美国海军当时已经规划了新型水上飞机（即马丁公司PBM型）取而代之。1938年，苏联人在考察中发现“卡特琳娜”比他们所设计的任何一款水上飞机都优异，因此在第二次世界大战期间取得生产许可自行生产该机。此外，该机还不断衍生大批派生型号，在战争结束之际也比其他更新型的“剩余物资”机型更畅销。“卡特琳娜”是史上产量最大的水上飞机。

发展

PBY型飞机诞生的契机是在1933年美国海军提出一款新型远程水上巡逻机的需求。当时美军的现役主力机种是联合P2Y型，它在水牛城（Buffalo）由水上飞机工程师界的奇葩，也是

上图：在《租借法案》下第一批进入英国皇家空军服役的“卡特琳娜”水上飞机，是170架Mk IB型（类似PBY-5标准型）。照片中这架飞机还安装了ASV II型对海雷达，该机隶属于第202中队，以直布罗陀为基地

“联合飞机公司”（Consolidated Aircraft）的设计主管艾萨克·莱顿（Isaac M. Laddon）所设计。为了达到新的规格要求，莱顿对P2Y的设计方案大动手术，机翼几乎完全悬吊着机身，仅依靠单薄但宽阔的机壳中央的支撑塔连接，主翼上安装着发动机。

PBY型的机翼与P2Y型亦有所不同，它的中央剖面对称，向外愈来愈细，而且主翼蒙皮和承力结构完全由硬质铝合金制成（副翼为布质外皮）。该机外观上的独特之处在于左右翼尖吊挂了浮筒，起飞时可以依靠电动收回成为机翼外梢。PBY的机身同样是金属结构，采用半圆形的机鼻，这和当时所有的水上飞机都截然不同。机鼻处设有防水隔舱，装设了透明的窗户和挡水板以防止海水涌入。量产型的机鼻舱塔则改用全景观察窗，顶部还架有机枪。两位飞行员并肩坐在宽敞的驾驶舱内，三面都开设有大型观察窗；机翼后方为左右侧机枪手的位置，各有一个滑动窗口。此外，与P2Y型不同的是机尾十分简洁，水平翼高高地设在单垂直尾翼上；“旋风”发动机被两台新的普惠“双胡蜂”（Twin Wasp）发动机取代，在机翼中央将发动机并列嵌入主翼根部，配置有冷却装置和汉密尔顿（Hamilton）可变距螺旋桨。

随着联合公司收到60架“卡特琳娜”的订单，他们将厂房移到2000英里（约3220千米）外的南加州圣地亚哥，那里的全年天气要好得多。1935年10月，一架XP3Y型原型机从可可索罗（Coco Solo）进行了一次到旧金山的3500英里（约5633千米）不着陆飞行。接着，该机于10月20日在巨大的圣地亚哥新工厂现身，然后返回水牛城改进为标准的PBY型。它换上大而圆的方向舵，腹部至水线的所有部位都更换为船形滑水板（一直延伸到鳍板前缘），并配备完整的武器和战斗装备。该机在1936年3月再度升空，于10月和首批量产型交付美国海军VP-11巡逻机中队。毫无疑问，该型机是当时世界上最先进的水上飞机。

1936年7月，联合公司又收到50架PBY-2型的订单。该型号可在两侧翼下各挂载1000磅（约454公斤）的载荷，并在机腰架设0.50英寸（约12.7毫米）口径的机枪。1936年11月，美军又订购了66架采用R-1830-66型“双胡蜂”发动机的PBY-3型，其最大功率从900马力升级到1000马力（约671千瓦至746千瓦）；而1937年12月的合约则为33架PBY-4型，其外形几乎和先前的机型一样，只是机腰两侧机枪手的滑动舱口改为凸起的透明气泡形机枪座，发动机也提升到1050马力（约783千瓦）。另外，在1937年，两架PBY被卖给了探险家理查德·阿奇波德

上图：PBY-1 型的防御武装包括机鼻炮塔的一挺 0.3 英寸（约 7.62 毫米）机枪，机腰左右两侧也各有一挺同型号武器。另一挺 0.3 英寸（约 7.62 毫米）机枪安装于底部可开合式水密机枪座上

（Dr Richard Archbold）博士，他为这两架飞机取名为“古巴一号”（*Guba I*）与“古巴二号”〔摩图语（Motu）中“古巴”（Guba）为突如其来的风暴之意〕。

“古巴二号”在新几内亚度过艰苦的一整年，完成首次飞越印度洋的旅行，以探勘第二次世界大战时被称为“马蹄铁小径”（Horseshoe Route）的航道。数以百计的军机和“英国海外航空公司”（BOAC）的“卡特琳娜”都将行经这条路线。然后，这架 PBY 又横跨了非洲和大西洋，是第一架接近赤道环绕全球的飞机。而“古巴一号”则卖给了一支由胡伯特·魏金斯（Sir Hubert Wilkins）爵士指挥的苏联探险队，它在极其恶劣的天候下飞行了 19000 英里（约 30600 千米），搜寻在 1937 年 8 月 13 日于北极失踪的列瓦涅夫斯基（S. A. Levanevskii），但是没有成功。联合 28 型飞机在搜救行动中展现出的优秀性能打动了苏联人，后者设法取得了 Model 28-2 的生产许可证在亚速海（Azov Sea）边的塔甘罗格（Taganrog）投入生产，被命名为 MP-7 型通用运输机。苏联在战争期间生产了上千架该型机，苏制版本采用 950 马力（约 709 千瓦）的发动机和波利卡波夫 I-16 型的百叶式整流罩，以及苏制的装备与武器。

英国的兴趣

另一架 Model 28-5 型（即 PBY-4 型）则由英国航空部买下，并在菲力克斯托（Felixstowe）以 P9630 的编号进行测试飞行。该机被证明非常出色，而后被英国皇家空军岸防司令部选定为标准水上飞机，被称为“卡特琳娜”Mk I 型（美国海军日后也采用了这一昵称）。该型号与美国海军最新的 PBY-5 型相似，配备 1200 马力（约 895 千瓦）的 R-1830-92 型发动机。英国在 1939 年 12 月 20 日签下了 200 架该型机的订单。英军此前从未订购过如此大量的运输机，且在首批订单完成后继续大批增购。英国官员还协助加拿大蒙特娄卡提尔维尔（Cartierville）的维克斯公司和温哥华（Vancouver）的波音公司取得了该型机的生产许可。而联合公司的圣地亚哥工厂也扩充了两倍以上的规模，生产“卡特琳娜”和

上图：1939 年 11 月，联合公司首次试飞 XPBY-5A。它是由一架 PBY-4 型装上三轮起落架改造而来，是该系列第一款水陆两用型（添加了型号后缀“A”以示区别）

B-24 轰炸机的生产线绵延长达一英里（约 1.6 千米）。

1939 年 11 月 22 日，联合公司试飞了一架改进型 PBY-4 型，即 XPBY-5A 型，该型机增加了 3 个可收回的起落机轮。水陆两用的该型号飞机十分成功，而且对飞行性能没有产生太大影响。所以，最后的 33 架 PBY-5 型便改装成水陆两用的 PBY-5A 型，在 1940 年 11 月又获得 134 架的订单。

珍珠港事件爆发时（1941 年 12 月 7 日），美国海军已经有 3 支 PBY-3 中队与 2 支 PBY-4 中队，而且最少有 12 个中队正在装备新的 PBY-5 型。当天太阳升起之际，一架 PBY 的机组在珍珠港内发现一艘日本潜艇的潜望镜，并投下烟幕弹标记其方位，驱逐舰“瓦尔德号”（*USS Ward*）在日本发动奇袭前一个多小时将其击沉，打响了美军在第二次世界大战中的第一枪。

加入第二次世界大战后，美国又订购了 586 架 PBY-5，而且出口订单提升到澳大利亚 18 架、加拿大 50 架、法国 30 架和荷属东印度群岛 36 架。1942 年，联合公司生产了 627 架 PBY-5A 型，其中 56 架是为美国陆军航空队制造的 OA-10 型，用来执行搜索和救援任务。此外，在《租借法案》框架下第一批供给皇家空军的装备包括 225 架不具两栖能力的 PBY-5B 型（“卡特琳娜”IB 型），但其中 55 架被美国海军征用。接着，又有 97 架“卡特琳娜”Mk IVA 型移交英国，还装上了 ASV Mk II 型雷达。英国皇家空军的“卡特琳娜”一般在机鼻配备一挺维克斯 K 型（VGO 型）机枪，在机腰安装两挺 0.303 英寸（约 7.7 毫米）勃朗宁机枪。

太平洋行动

日本对珍珠港进行偷袭之后，“卡特琳娜”即成为当时美国最重要的巡逻机。在北方阿留申群岛的战场上，不少“卡特琳娜”必须在夜里的狂风下，挡风玻璃结着冰且超载地顺风起飞执行任务。PBY 型是美国最早配备雷达的飞机之一（另一款是过时的道格拉斯 B-18 型），同时该机还能满足各种不同的需求，包括改装为鱼雷轰炸机、运输机和滑翔机拖曳机。最著名的“卡特琳娜”或许是“黑猫”（Black Cat）部队的 PBY-5A。他们的飞机被涂刷为亚光黑色，自 1942 年 12 月起在西太平洋上开始战斗巡逻。这群飞机于夜晚用各式雷达搜索攻击日军舰艇，营救乘坐小船或救生艇的盟军舰艇或飞机的生还者。除了雷达、常规炸弹、深水炸弹与破片炸弹，“黑猫”还经常搭载空啤酒桶。它会发出令人毛骨悚然的呼啸声，让日军防空炮手陷入恐慌，寻找臆想中未爆的炸弹。

下图：对 PBY 型水上飞机的重视可从停放在圣地亚哥的美国海军 4 支巡逻机中队里看出。此时这支机队正在作为 1938 年华纳兄弟（Warner Brothers）电影公司的电影《海军之翼》（*Wings of Navy*）的布景，该片由奥莉维亚·德·哈维兰（Olivia de Havilland）和乔治·布朗特（George Brent）主演

这架 PBY-5A 水陆两用飞机装备有英制 ASV 搜索雷达。拍摄于 1943 年初在阿留申群岛海岸线巡逻时

战争爆发后的改进

除了是一款卓越的巡逻机外，“卡特琳娜”还胜任各类任务，包括夜间轰炸、海上布雷和海空搜索救援。对该型机的旺盛需求使得美国建立起四座大型生产复合体来生产该型机。

1941 年底，卡迪威尔工厂正在加班加点地生产。加拿大维克斯公司交付了 230 架以 PBV-1A 规格生产的“卡特琳娜”。该型机加入美国陆军航空队后编号为 OA-10A，另有 149 架交付加拿大皇家空军后被命名为“坎索”I 型水陆两用飞机。波音随后也开始生产“卡特琳娜”，生产的 240 架 PB-2B-1，主要以“卡特琳娜”Mk IV 的编号提供给英国皇家空军、澳大利亚空军和新西兰皇家空军，17 架“卡特琳娜”和 55 架“坎索”交付加拿大皇家空军。联合飞机公司的另一家工厂在 1941 年也开始投产，生产自己改进的机型。在费城的 NAF（海军飞机厂）是所有美国海军水上飞机设计的来源，经验使得它能够对“马克”·莱顿的设计进行改良。如果不是需要加班加点投入生产的话，改进工作本应由联合飞机公司自行完成。NAF 版本的“卡特琳娜”PBN-1 采用能挂载总重量 38000 磅（约 17237 千克）重机身的机翼、增大的机身容量、重新设计的翼尖浮筒和支柱，以及更长更尖的滑行体头部，滑行体中部有 20° 角台阶，后面的台阶延长了 5 英尺（约 1.52 米）。最明显的改动是增高垂直尾翼，带有角柄平衡的方向舵，武器装备增加到 3 挺或更多的 0.5 英寸（约 12.7 毫米）机枪（只有机腹可开合水密窗口保留了步枪口径的机枪），以及一个圆圆的船头炮塔和改进的能连续提升弹药的机枪供弹系统。另一个改动就是重新设计增大容量的电力系统，将电池从机身前方挪到后方。

NAF 交付了 138 架 PBN-1“游牧民”，联合公司（此时改名康维尔公司）在新奥尔良建立了另一个工厂，用于生产最先进的“卡特琳娜”飞机，也就是水陆两用的 PBN。

终极“卡特琳娜”

PBY-6A 型通常搭载一部厘米波雷达，位于驾驶员座舱顶部的泪滴状吊舱内，机鼻炮塔通常安装两挺 0.5 英寸（约 12.7 毫米）的机枪。原本 900 架订单由于战争结束而被削减到 48 架，并全部交付苏联（苏联同时接收了除一架以外的所有 PBN），另有 75 架以 OA-10B 的型号装备美国陆军航空队，美国海军装备 112 架。由波音公司在温哥华生产的 50 架同型机编号为 PB2B-2 型，被英国皇家空军命名为“卡特琳娜”Mk VI 型。

大多数“卡特琳娜”从 1942 年中期开始服役，在战争中进

下图：由位于费城的海军飞机公司制造的，PBN-1“游牧民”飞机采用了加高方向舵、加大的燃油容量和一个带有飞剪形船艏和延长后段的船体

上图：这架 PBY-5A 涂有美国刚参战时样式的军徽。在珍珠港事件之后，710 架 PBY-5A 的订单被确定，其中部分根据《租借法案》交付英国

OA-10A“卡特琳娜”

图中是1947年10月从美国陆军航空队的库存移交新组建的美国空军的空中救援部队的OA-10中的一架。战争期间由加拿大维克斯公司生产，230架该型机从1944年初开始在前线服役，其中一些至少到1954年还一直处于现役。

驾驶舱

驾驶员和副驾驶员并排坐在飞行甲板上，舱顶装备有安全舱口用作紧急出口。油门和螺旋桨的控制装置安置在驾驶员和副驾驶员的头顶范围内。

机头舱室

机头结构能够乘坐一名机组人员，他在没有武器装备的OA-10上负责观察。电台下面的格子窗取代了海军型带平板格子玻璃的轰炸瞄准窗。

雷达

在驾驶员座舱上面的是一部厘米波雷达，可用于定位水面潜艇或舰艇。在救援中，雷达用于探测遭空袭的舰艇或者漂浮的飞机。

机翼支撑

机翼通过中心支撑柱和4个固定点连接到机身上。中心支撑柱内有一部梯子，能够轻松到达机翼顶端和发动机。

行了漫长且艰巨的海上巡逻。1942年9月，“黑猫”夜间轰炸中队逐步扩编并成立海军航空第17联队，进驻澳大利亚的布里斯班。由于U艇活跃度的降低，1943年间北大西洋反潜行动的重要性开始降低，一些PBY-5A单位被部署到其他地方，VP-83和VP-94巡逻机中队就被部署到巴西的纳塔。

美国海军的“卡特琳娜”从1942年11月起从摩洛哥起飞，执行反舰巡逻任务，并曾遭遇德国的巡逻机，比如Fw 200；“卡特琳娜”至少曾两度勇敢地阻止了其对盟军舰艇的攻击。

VP-63中队是第一支装备磁探仪（MAD）的PBY-5A中队，从1943年7月起从英国彭布罗克起飞执行任务。在比斯开湾参加反潜巡逻期间，该中队因德国战斗机的空袭遭受了损失。1944年1月，该中队被部署至摩洛哥，并装备了65磅（约29千克）空射火箭，随后取得一些战果，包括在1944年2月击沉了U艇U-761。在战争中，美国海军的PBY在对抗U艇方面做出了重大贡献。美国海军宣称“卡特琳娜”的德军潜艇击沉数量占到总击沉战绩的55艘中的20艘。

“飞象”任务

对于其他盟军的机组人员来说，“卡特琳娜”飞机最令人欢迎的任务就是海空救援。起先这项任务由常规的巡逻中队完成，但是专门救援中队的成立大大提高了救援效率。这些中队由驾驶OA-10的美国陆军航空队分队和驾驶“卡特琳娜”飞机的美国海军海空救援中队组成。到1945年，“卡特琳娜”可以携带特殊救援装备，比如可空投式救生船。陆军航空兵紧急救援中队在地中海、太平洋、印度洋、大西洋和英吉利海峡执勤。这些执行任务的“卡特琳娜”被昵称为“飞象”。联合公司Model 28的总产量超过了3000架。其中2398架由联合飞机和康维尔（1943年3月给合并的联合和伏尔提－斯廷森公司起的名字）公司生产。892架由NAF和两个加拿大工厂生产，另有27架在苏联生产。

下图：PBY的一对普惠R-1830“双胡蜂”发动机安置在高高的主翼上，完全不会接触水。翼尖浮筒在起飞后可从机翼最外面的部分收回

以弗马纳郡阿奇戴尔堡为基地的第 209 中队的“卡特琳娜”Mk I 型在北大西洋上空执行常规的侦察任务。“卡特琳娜”在 1941 年 4 月取代性能不足的萨罗“勒尔维克”巡逻机。从 1942 年 3 月起，该中队从东非的基地起飞在印度洋上空巡逻

在英国皇家空军服役

尽管武器装备较少且易受到战斗机的攻击，但“卡特琳娜”具有超凡的续航能力，因此被大量部署到大西洋战场对抗 U 艇的肆虐。

1939 年 7 月，英国人终于有了亲自测试联合公司的“卡特琳娜”的机会，英国战争采购委员会订购了一架 Model 28-5 型，但采购目的主要是评估美国水上飞机的设计趋势，而不是检验飞机本身的性能。对于这架飞机的测试随着该机在登巴顿坠毁沉入海底而于 1940 年 2 月结束。此后英方又在 1940 年从探险家理查德·阿奇博尔德博士手中购买了另一架 Model 28-3 型（名为“古巴二号”）。该机在被移交给 BOAC（英国海外航空公司）前的 10 月到 12 月在第 209 中队短暂服役，英国皇家空军由此第一次拥有实际操纵该型号飞机的经历。

与此同时，英国军火采购委员会正忙于订购 28-5 型。除直接购买的 59 架飞机外，英方还接手法国因战败投降而无法履行的 40 架订单。这 100 架飞机（包括“古巴二号”）被命名为“卡特琳娜”Mk I 型；交付工作从 1941 年 3 月开始，到 1942 年 1 月

上图：三架“卡特琳娜”Mk IB 型组成了第 240 中队的特殊任务飞行分队，在缅甸和马来亚的海岸执行秘密空投药品、补给任务

完成。英方此后在 1941 年 1 月到 4 月又陆续得到了 7 架相似的“卡特琳娜”Mk II 型，这批飞机是从美国海军现役机队中直接抽调的。英国皇家空军还接收了 17 架“卡特琳娜”Mk IIA 型。这是 1941 年订购的 36 架加拿大特许生产型的型号，其他的特许生产型都交付给了加拿大皇家空军和澳大利亚皇家空军。

“卡特琳娜”从 1941 年 3 月开始全面服役，驻斯特兰拉尔的第 240 中队率先换装，紧随其后的是第 209 和 210 中队。但在随后的一年多里没有一个“卡特琳娜”中队声称击沉过 U 艇。这三个中队“卡特琳娜”在 1941 年 5 月参加了发现和 24 小时跟踪“俾斯麦号”战列舰的行动，使之被英国本土舰队围歼。另一个“卡特琳娜”Mk I 型中队是第 413（加拿大皇家空军）中队。该中队 1941 年中期在英国组建，1942 年 3 月转场至锡兰，在印度洋上空执行反潜巡逻。《租借法案》的通过使得英国皇家空军可以请求“卡特琳娜”大量援助，首批请求的“卡特琳娜”Mk IB 型就达到 225 架之多（其中 55 架被美国海军征用）。这些飞机和“卡特琳娜”Mk I 型设计相似，但采用 PBY-5 标准，97 架“卡特琳娜”Mk IVA 型由联合公司生产，200 架“卡特琳娜”Mk IVB 型由加拿大的波音飞机公司生产。但并非所有交付英国的“卡特琳娜”都装备了英国皇家空军，其中部分也被转交加拿大皇家空军（命名为“坎索”）、澳大利亚空军和新西兰皇家空军。在英国皇家空军，“卡特琳娜”Mk I 型和 Mk IV 改型在岸防司令部的中队中服役，从位于英国、直布罗陀和冰岛的基地起飞，被大量投入“大西洋之战”。

上图：ASV 对海搜索雷达是“大西洋之战”中的一项关键发明，该型号雷达能够探测浮渡或通气管航行状态下的 U 艇。这架“卡特琳娜”就在机翼下方安装了该系统的八木天线

在远东服役

随着“卡特琳娜”移交数量的增加，更多的中队换装了该型号飞机：驻直布罗陀的第 202 中队；从印度基地起飞的第 212 和 191 中队；驻非洲的第 209、259、262、265 和 270 中队。第 205 中队 1941 年 10 月起使用“卡特琳娜”Mk I 型从新加坡起飞执行任务，但在不到 3 个月内便几乎损失所有飞机。随后该中队在锡兰重组并换装 Mk IV 型，取得巨大成功；与其并肩作战的还有荷兰人组成的第 321 中队。由于“卡特琳娜”只有总共 6 挺机枪的轻型自卫火力，很容易被战斗机攻击，因此不是特别适合在敌军基地附近巡逻。但其航程超长，滞空时间达 20 个小时，因此可以在远海进行搜索巡逻。不过由于该型机只能携带 4 枚 Mk VII 或 Mk VIII 深水炸弹，因此需要高精确度才能成功击沉潜艇。

随着 ASV 雷达的加装，“卡特琳娜”在反潜任务中的效率被大大提升，最初加装雷达的为 Mk II 型，八木天线阵安置在机身和机翼下面。更具效率的 ASV Mk III 和 ASV Mk VI 型的盘状天线

下图：第 210 中队是早期驾驶“卡特琳娜”Mk I 的单位，主要驻扎在奥本，在雷克雅未克、萨洛姆湾和斯特兰拉尔均有分队。这架第 210 中队的“卡特琳娜”在 1941 年 5 月 26 日发现并跟踪“俾斯麦号”战列舰，让追击的战列舰赶来击沉敌舰

安置在驾驶员座舱上方的吊舱内。1943 年，第 210 中队的“卡特琳娜”Mk IVA 型开始在机翼下方安装利式探照灯。由于探照灯挤占了两个深水炸弹挂架的位置，因此需要该型机成对出动，一架带有探照灯，一架则全副武装。

“卡特琳娜”此后开始执行更多样化的任务。当第 357 中队在缅甸和马来亚（今马来西亚西部地区）上空穿梭时，第 210 中队也从设得兰群岛起飞，执行相似的任务，秘密支援挪威抵抗武装。在印度，第 628 中队在战争结束前执行海空救援和气象侦察任务。这项任务使飞机获得“卡特琳娜”ASR.Mk IVB 型号。

两栖“猫咪”（Cat）

“卡特琳娜”水陆两用型的出现进一步增强了它的实用性，不过英国皇家空军对该型号飞机的需求比美国海军和加拿大皇家空军要少。水陆两用型的改造也相对简单，加装了可以收回到机舱内的机鼻起落架和主起落架。水陆两用型以 PBY-5A 的编号在 1941 年底进入美国海军服役——此时该型号也出现在英国皇家空军的服役名单内。为加拿大购买的水陆两用型编号为“卡特琳娜”Mk IA，但是这些飞机并没有在英国皇家空军服役。通过《租借法案》，英国皇家空军接收了 14 架和美国海军 PBY-5A 相似的“卡特琳娜”Mk III 型。这批飞机全部在冰岛的第 119 中队和挪威人组成的第 330 中队服役。另一个挪威人中队——第 333 中队在欧陆战事的最后几个月也使用“卡特琳娜”（Mk IV 型）。两架“卡特琳娜”Mk IB 在 BOAC 的运营下从 1943 年 7 月到 1945 年 7 月帮助保持印度洋两端的乘客、邮件和货物运输的畅通；三架 Mk IV 型也加入这项任务，但很少使用。

最后交付英国的联合公司水上飞机的型号是“卡特琳娜”Mk V 型和“卡特琳娜”Mk VI 型。Mk V 型是《租借法案》下交付的高机尾 PBN-1 型的编号，但是没有一架实际交付。Mk VI 型是另一款高机尾改型，是由加拿大的波音飞机公司生产的 PB2B-2。

英国皇家空军期望接收 77 架“卡特琳娜”Mk VI，但是在因战争结束而停产前只完工了 67 架 PB2B-1，其中仅有 5 架实际到达英国。这批飞机没有在英国皇家空军服役，而是交付给了澳大利亚皇家空军。

英国的“卡特琳娜”参战

由于战争迫切需求，所有的早期“卡特琳娜”都被派到大西洋战区，但是随着可使用的数量变多，英国皇家空军飞机被分派到地中海和远东地区。BOAC（英国海外航空公司）也使用一些该型机来确保重要的客运航线。

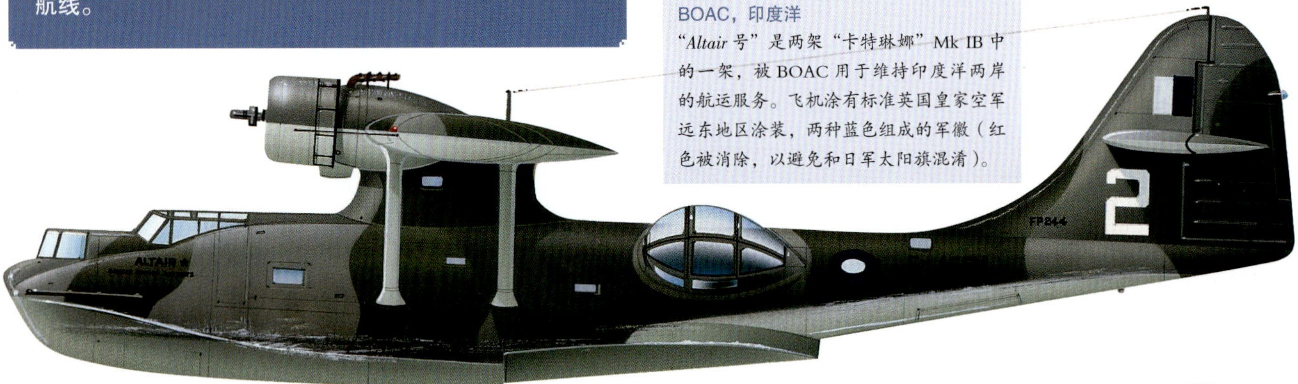

BOAC，印度洋

“*Altair* 号”是两架“卡特琳娜”Mk IB 中的一架，被 BOAC 用于维持印度洋两岸的航运服务。飞机涂有标准英国皇家空军远东地区涂装，两种蓝色组成的军徽（红色被消除，以避免和日军太阳旗混淆）。

印度洋，1942

第 209 中队驾驶这架“卡特琳娜”Mk IIA 型。这个单位在印度洋周边的区域，包括马西拉岛、亚丁湾和塞舌尔群岛部署有飞行分队。总部位于凯皮乌（肯尼亚）。

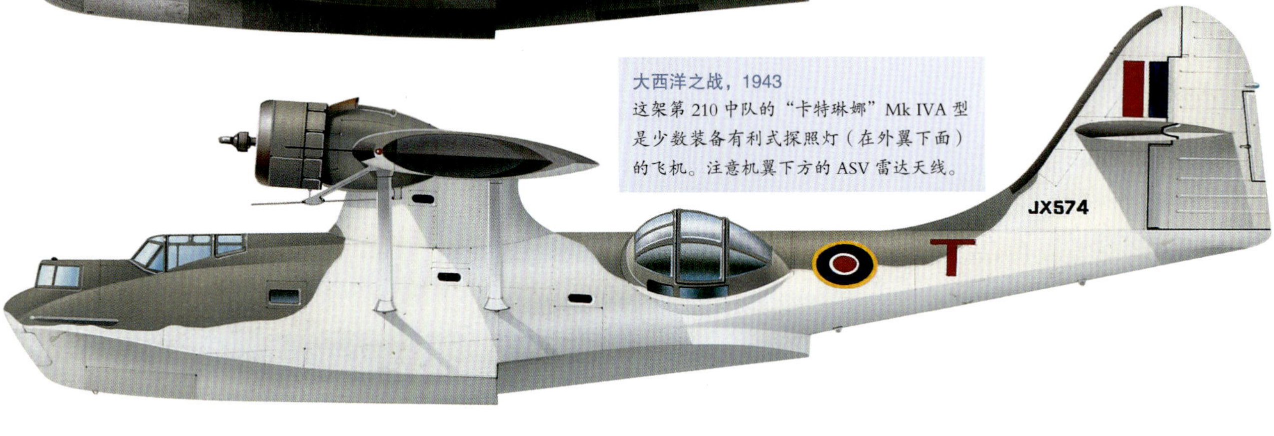

大西洋之战，1943

这架第 210 中队的“卡特琳娜”Mk IVA 型是少数装备有利式探照灯（在外翼下面）的飞机。注意机翼下方的 ASV 雷达天线。

带有橄榄绿和“纯金属”制的“突击队员”和C-47和B-24共用一处停机坪。像“空中列车”和“解放者”一样，突击队员在几个工厂被生产

寇蒂斯C-46“突击队员”运输机

在“信天翁”的阴影下

最大最重的双发动机飞机在美国陆军航空队服役，C-46是CW-20的衍生机型。曾大范围使用在太平洋和CBI战场上，后来，“突击队员”同样活跃在朝鲜半岛战场上。

比寇蒂斯C-46“突击队员”运输机体型更小的道格拉斯C-47“空中列车”度过了成功辉煌的服役生涯，因此战后多年间“突击队员”都被攻讦成一架“危险的飞机”。对于一些美国退伍军人来说，他们关于C-46的记忆就是飞机在起飞时爆炸——认为这是由燃油系统的问题和不认真的维护导致的。C-46更令人熟悉的印象是强而有力的空运飞机，搬运急需的战斗物资越过珠穆朗玛峰的“驼峰”航线到达中国。此外C-46也被很多人认为是一架实用可靠的飞机，战后继续在智利和日本等国发挥余热。

1936年开始研制的CW-20型运输机在总设计师乔治·A.佩奇的带领下最终发展成了C-46，该项目是寇蒂斯公司当时最昂贵的项目。原设计目标是设计一架全新的大型客机，以替代寇蒂斯“秃鹰”和其他双翼客机。此时道格拉斯DC-3早已开始在美国航空公司以及其他运输公司获得收益，但是寇蒂斯保证其搭载两台1650马力（约1230千瓦）普惠R-2800-17“双胡蜂”18缸星型发动机的新飞机会更大且更快。佩奇的工程团队设计出一架具有双圆弓形或称脑叶形横截面的飞机，在翼弦线共同的部分交叉，其在当时颇为少见的机身高度让很多人误以为采用了“双层客舱”。

左图：CW-20的外观随着将双垂尾改进为高大的单垂尾而得到极大的改善，图中这架CW-20原型机涂有最原始的涂装方案

双垂尾原型机

在密苏里圣刘易斯的寇蒂斯工厂，采用两部1600马力（约1193千瓦）莱特R-2600“旋风”发动机以及独特的笨重的双垂尾尾翼的原型机于1940年3月26日首飞，由埃德蒙·T.艾伦（绰号“埃迪”）驾驶。寇蒂斯在1940年4月11日展示了它的新飞机，随着1941年12月7日日本突袭珍珠港，CW-20的军用潜力得到军方

上图：在从中国的某地机场执行下一个任务前地面人员向左旋转“珀莉女王号”（*Polly the Queen*）的螺旋桨。C-46 成了 CBI 战区的象征，携带重要的补给经过“驼峰”航线到达中国

的注意。美国参战后，该型机唯一的原型机很快改装为单垂尾，被以 C-55 的军方编号直接征用。

唯一的原型机随后被移交给英国海外航空公司（BOAC）并用于执飞马耳他—直布罗陀航线，直到缺乏足够的配件而退役，于 1943 年 10 月报废。

此后 CW-20 以 C-46“突击队员”的军方编号投入量产，美国陆军航空队（正面临空中运输能力的不足）中意于该机容积巨大的洞穴状、双气泡形机身。该型机的主货舱能够容纳 40 名全副武装的士兵、最多 33 具带轮担架、5 台莱特 R-3350 发动机，或者同等重量的货物。但 C-46 的货舱在装载、卸载或者在拥挤的坡道上快速转弯的过程中从来不够顺手——此时“滚装，滚卸”运输的理念，与全球空运到达技术一样，仍需要时间来孕育。1940 年 9 月陆军航空兵订购了 200 架 C-46，而增压货舱型“突击队员”的研制计划（在军队的坚持下）被取消，一些微小的工程问题被修正，但机翼燃油泄漏问题依旧没有被发现。

投入量产

第一批 C-46 在 1942 年 7 月 12 日交付美国陆军航空队——此时距离美国参加第二次世界大战仅仅 8 个月，“突击队员”的生产转移到寇蒂斯在纽约州水牛城的工厂。这款流线型运输机的产能逐步扩大，最终生产数量达到 3181 架。该型机适应军用的改进是一个缓慢的过程。在仅生产了 25 架 C-46 之后寇蒂斯计划转产 C-46A，

上图：只有 17 架采用独特的“阶梯式”挡风玻璃的 C-46E 得以生产，其中一部分后来移交中国国民党军队

右图："突击队员"运输机在四个工厂生产，分别是寇蒂斯在纽约水牛城（右图）、密苏里州的圣刘易斯、肯塔基州的路易斯维尔的工厂，以及希金斯工业公司新奥尔良造船者工厂

后者带有大型货物装载门、货舱加固底板以及货舱两侧可折叠座椅。该设计被军方接受后，寇蒂斯随后调整了生产方案。公司在肯塔基州的路易斯维尔建造了一个新的工厂，与当时的大多数工厂不同，新的制造设施全面安装了温度调节设备。气温控制在加工胶合板时很重要，寇蒂斯公司希望制造全胶合板C-76"大篷车"运输机。当C-76被抛弃后，寇蒂斯将C-46项目挪到水牛城，尽管少量的飞机后来在圣路易斯生产。随着C-76不再是主要机型，寇蒂斯将路易斯维尔作为生产C-46"突击队员"的第二个主要工厂。

美国陆军航空队计划使用希金斯工业公司在路易斯安那州的新奥尔良工厂，生产500架C-76"大篷车"。由于铝合金产能的逐步提升，全木制的C-76变得无足轻重，而最后希金斯公司则由于忙于生产登陆艇，仅制造了两架C-46A，其中第一架于1944年10月1日交付。

"阶梯式"挡风玻璃

寇蒂斯随后推出了采用"阶梯式"挡风玻璃和不同发动机的XC-46B，以及带有扁平挡风玻璃和双层货舱门的C-46D。带有阶梯式挡风玻璃且只生产了17架的C-46E，该型号同时采用三叶汉密尔顿标准螺旋桨代替了四叶寇蒂斯电动变距螺旋桨。C-46F是产量最大的"突击队员"改进型；仅分别生产了一架的C-46G和XC-113用于进行发动机测试。有三架XC-46L安装了功率更大的发动机。

C-46在服役生涯的巅峰曾为盟军运送数以百万磅计的物资，其中对中国战场的空运，只能从印度穿越崇山峻岭到达。幸运的是，该型号飞机开始服役仅仅几个月之后就发现了那个需要立即被"修理"的地方——机翼油箱的燃油泄漏问题，这一隐患时常导致C-46在飞行中爆炸。海军陆战队的R5C"突击队员"在太平洋西南部忠实地执行着货物运输任务。

在战后岁月中，大多数C-46"突击队员"成为民用空中运输机，但是该型号飞机持续在美国空军中服役并很快装备了美国的一些盟友，如中国国民党政权、韩国和日本。

一名日本航空自卫队官员曾写道，日本人对于"突击队员"喜爱有加，因为在20世纪50年代，航空自卫队的该型机和美国空军驻日的"突击队员"依旧是并驾齐驱的。

下图：在美国海军陆战队服役的"突击队员"被命名为R5C-1型。该型机和C-46A设计相同，生产了160架，在战后的几年内还一直使用。其中10架被海岸警卫队接收

在日本岩国空军基地，士兵们登上第 437 运兵联队的 C-46D 准备远途飞行到汉城（今韩国首尔）。第 437 联队之前驻扎在芝加哥的奥黑尔机场，是一支预备役部队

“突击队员”的服役历程

大部分“突击队员”都用于印度与中国之间的“驼峰”航线的空运物资运送，C-46 也出现在其他战区和朝鲜半岛战争中。一些该型机直到 20 世纪 70 年代依然履行勤务。

寇蒂斯 C-46“突击队员”运输机最为人所知的贡献就是作为从印度的阿萨姆邦空运大量物资到中国西南的运输机队的中流砥柱。虽然这条危险的横穿喜马拉雅山脉的航线逐渐声名鹊起，但对于来自陆军航空兵航空运输司令部中南半岛联队的上校爱德华·H. 亚历山大和他的 C-46 机组来说，执飞“驼峰”航线依旧是危险的任务。

C-46 在最原始的条件下装载和飞行，燃油通过手摇泵直接从油桶中抽取。阿萨姆邦的飞机场大部分都没有铺装跑道，因此在长达半年的雨季中，机场经常一片泥淖。在 500 英里（约 804 千米）的阿萨姆邦—昆明航线上，C-46 需要满载着货物在山脊以上 12000 英尺到 14000 英尺（约 3658 米到 4267 米）的高度飞行，机翼经常在 10000 英尺（约 3048 米）的高度就开始结冰。

1942 年 8 月，陆军航空队使用少量的 C-47“空中列车”，每月仅能通过中南半岛航线运输 85 吨的货物。到 1943 年 12 月，随着大量 C-46 的加入，月运输量飙升至 12590 吨。

备用配件的短缺，在无法忍受的潮湿和寒冷环境下飞行，且

下图：在朝鲜半岛进行的一次训练演习中，美国陆军第 187 团级战斗队的伞兵部队从第 437 战术运兵联队的“突击队员”上跳伞。C-46 协同费尔柴尔德 C-119 执行伞兵空投任务

上图：大部分机队服役于中缅印战区，“突击队员”也在欧洲战区执行任务。图中这架 42-60956 号 C-46A 拍摄于意大利

只有最简陋的导航辅助设备，却仍旧装载最大载货量起飞的 C-46 机组人员，维系着国民党军队和克莱尔·陈纳德的第 14 航空队的抗战生命线。此时日军已经切断了中国通往外界的陆路通道，“突击队员”也无可避免地会遭遇日军的进攻，其中部分不幸被击落。沃利·A. 盖达上尉设法击落了一架日军中岛 Ki-43“奥斯卡”战斗机，他拉开 C-46 的驾驶舱舷窗，使用 BAR（勃朗宁自动步枪）近距离打死了“奥斯卡”的飞行员。

其他战区和战争中

C-46 在其他战区也被广泛使用。大约 40 架以 R5C-1“突击队员”的编号交付美国海军陆战队航空兵，最初在西南太平洋的第 35 陆战队航空大队服役。起降场经常没有铺柏油或是仅铺设穿孔钢板，“突击队员”在这样的恶劣条件下展现出对于简陋飞机跑道的适应性。美国海军随后也装备了少量“突击队员”，其中包括部分 R5C-1T 教练机。

C-46 在对日作战胜利日之后持续在美国陆军航空队服役，在美国空军的部队运输司令部中承担重要的任务。一些被用于接受拖曳滑翔机技术测试，包括作为以硬质连接杆牵引滑翔机的拖曳机。在朝鲜半岛战争期间，C-46 被广泛用于支援美军部队，一些美国海军陆战队的 R5C-1 同样出现在朝鲜半岛战场。

长时间服役的“突击队员”继续在美国空军执行任务至 20 世纪 50 年代结束。此外，美国空军雇佣私营的 CAT（民用航空运输公司），来驾驶民事注册的 C-46 进行军事包机飞行，包括日常往返朝鲜半岛和日本的飞行。一款 COIN（反游击战）C-46 的改型飞机在 60 年代初研制，被美国空军第 1 空中突击联队投入越南南方的战斗。C-46 也在巴拿马运河地区服役，并在空军预备役和空中国民警卫队部队服役直到 1968 年才彻底退役。

日本自卫队和韩国军队在 60 年代仍然使用已经过时的 C-46，一些 CIA（中央情报局）的“突击队员”以 CAT 和大陆航空服务公司作为掩护，执行向老挝补给供给任务。危险和困难的任务都在白天执行，包括空投补给到老挝查尔平的赫蒙族部落。一架 C-46 的平民飞行员在一次 CIA 任务中被捕后，被巴特寮游击队关押了 7 年。

C-46 结束了在东南亚的主要军事生涯，但是它在战后继续在其他空军中服役。在它的第二次生命中，C-46 成为商业航空界任劳任怨的驮马，运输货物到很多国家并以在拉丁美洲艰苦环境下的运作闻名。因第二次世界大战爆发而未能成为奢华民用客机的“突击队员”直到结束航线运营时也未能成为客运班机。其最后的工作是作为一种“大型运输机”，在相距遥远的岛屿间执行艰苦的任务。

上图：拍摄于 1974 年 6 月的乌山航空基地的 44-77674 号 C-46D，此时依旧在韩国空军服役。据信有一架 C-46 在海地一直使用到 1999 年

下图：“突击队员”为太平洋分散的岛屿上的海军陆战队航空兵大队提供后勤支援。本图拍摄于 1944 年 6 月的塞班岛，此处随后很快成了 B-29 的基地

C-46D

所有 1410 架 C-46D 都在寇蒂斯的纽约水牛城工厂生产。这批飞机主要被用作人员运输机，在机身的右边有一个货舱门。水牛城工厂生产的最后批次 C-46A 和 C-46D 早期型使用相同的 R-2800-51 发动机。

分散制造

位于纽约水牛城、肯塔基州路易斯维尔和密苏里州圣刘易斯的三座工厂负责生产 C-46。希金斯造船公司在路易斯安那州的新奥尔良工厂也生产了少量该型机。

动力

C-46 搭载两台普惠 R-2800“双胡蜂”18 缸双排星型发动机，提供 2100 马力（约 1566 千瓦）。“双胡蜂”发动机同时用于多种其他第二次世界大战飞机，包括 A-26“入侵者”、B-25“米切尔”、B-26“掠夺者”、P-47“雷电”和 F4U“海盗”。

双波瓣机身

C-46 是一架传统的下 / 中翼单翼运输机，具有半硬壳式机身。双瓣式机身在载弹量方面表现出很大优势；“突击队员”的主货舱容积达到 2300 立方英尺（约 65.13 立方米），和同时代的 C-47“空中列车”相比，能够携带更多的物资。典型的运载量为 40 名全副武装的士兵、33 具带轮担架、5 台莱特 R-3350 发动机或者不超过 15000 磅（约 6804 千克）的货物。机舱地板下的货舱也可用于运输。

C-46D“突击队员”

在 1973 年左右，这架涂有纪念彩色涂装的日本航空自卫队（JASDF）的“突击队员”为 C-46D-20-CU 44-78495，后来成了 51-1114。在它服役生涯的后期，被用于常规运输和一些通用任务。

燃料

发动机的外部机翼内设置有油箱。总容量为 1400 美制加仑（约 5299 升），转场飞行时在主货舱内再装载 8 个 100 美制加仑（约 379 升）的油箱。

性能

C-46A 能够在 15000 英尺（约 4572 米）的高度达到 270 英里 / 时（约 435 千米 / 时）的速度，巡航速度为 173 英里 / 时（约 278 千米 / 时）。巡航速度可达到最远航程 3150 英里（约 5069 千米）。

在得到 P–36 的出口许可后，寇蒂斯公司的“鹰”战斗机获得大量销售额。方向舵上的条纹和阿拉伯数字表明它是波斯在 1938—1939 年订购的 10 架 H75A–9 中的一架。9 架被交付，但是被英国军队在 1941 年缴获时还在板条箱内。它们随后通过船运到了印度，在那里组装并以“莫霍克”Mk IV 的编号用于训练

寇蒂斯 75 型 /P-36“鹰”战斗机

寇蒂斯的单翼“鹰”战斗机

重拾寇蒂斯战斗机经典的“鹰”（Hawk）之名，75 型 /P–36 在美国服役时表现平平。然而在欧洲飞行员手里——尤其是芬兰人手中——“鹰”证明了自己是不可小觑的对手。

1934 年夏天，寇蒂斯 – 莱特的总工程师唐 · 柏林设计了这款他希望能够击败所有对手的战斗机。75 型是采用应力蒙皮结构的悬臂式低单翼机，主翼内安装有液压操纵的分裂式襟翼以及可收放式主起落架，机轮在旋转 90° 后水平收入机翼中。驾驶员座舱通过可滑动的座舱盖封闭，在机头处是新型的 900 马力（约 671 千瓦）莱特 XR–1670 双排发动机，位于一个相对小直径的整流罩内。唯一传统的是该机的武器装备：一挺 0.5 英寸（约 12.7 毫米）和一挺 0.3 英寸（约 7.62 毫米）口径机枪。

遗憾的是，其他设计师也提出了类似的方案，美军最初选择了竞争对手塞维斯基的 IXP。寇蒂斯调整决定延后，在 1936 年 4 月再次以 75B 型参加竞标。75B 型采用更大直径的莱特“旋风”R–1820–G5 发动机和改进的驾驶员座舱，机身后部背鳍改进成扇形，以改善后方视野。美军还是更倾向于塞维斯基的方案，并在将其命名为 P–35 型后下达订单。但是寇蒂斯公司的新设计也有亮眼之处，因此美军订购了 3 架改进的 75 型，命名为 Y1P–36。新型机采用双排普惠 R–1830“双胡蜂”发动机驱动新汉密尔顿液压匀速螺旋桨。于 1937 年春交付后，美军试飞员对新飞机感到满意。

与此同时，寇蒂斯也在为出口奋斗着。在得知很多空军都没有打算率先试用新产品后，寇蒂斯公司恢复了 75B 型的生产并对

下图：法国在 1938 年 12 月收到第一批 75A–1 飞机，随后收到超过 300 架 A–2、–3 和 –4 型。它们很快投入和德军的对抗中，法国的“鹰”战斗机采用与标准布局相反的节流阀布置，到 1940 年 6 月休战之前服役表现良好。图中的“鹰”正在护送参加英军的费尔利“战斗”轻型轰炸机

上图：尽管寇蒂斯 75 型没有在设计之初的首次竞标中赢得美国陆军航空队的青睐，但该机在两年后的竞标中获胜，成为枝繁叶茂的战斗机家族的祖先，其衍生型在战争中被广泛使用。图为早批次的 H75，采用了搭载普惠 R-1535 发动机的第二版设计

其简化型冠以霍克 75 的名称，霍克 75 最明显的变化在于采用固定的起落架。

霍克 75 战斗机的销售一开始就获得了成功。除了中国订购了至少 112 架，其他主要客户包括泰国（在翼下吊舱内带有 23 毫米麦德森机关炮）和阿根廷。与此同时，随着莱特基地满意地批准，美国陆军航空队在 1937 年 7 月 7 日订购了 210 架 P-36A，这是自 1918 年以来美国最大的一笔战斗机订单。

P-36A 基本上是一架操作舒适的飞机，有很好的操控性和机动性，但是在性能和火力方面被欧洲战斗机如“喷火”和 Bf 109 超越。而且，从 1938 年晚春开始的战斗表现来看，P-36A 尚存在大量的问题，导致它接二连三地发生触地事故。

当生产 210 架飞机的订单完成时，寇蒂斯对霍克 75 进行了 81 处主要的和轻微的改进，以根除故障、提升 P-36 的飞行性能。XP-36B 临时安装了一台功率更大的“双胡蜂”发动机。最后 30 架交付美军的飞机则得到了 P-36C 的型号，搭载有更大功率的 1200 马力（约 895 千瓦）“双胡蜂” R-1830-17 发动机，并在每侧机

先进的改型

寇蒂斯的工程师很快意识到 R-1360 星型发动机会大大缩短 P-36 战斗机的寿命，因此他们决定改进 75/75B 型原型机的机身，以便搭载新 12 缸的艾利逊 V-1710-11 直列发动机。生成的 XP-37 飞机成为美国第一架超过 300 英里 / 时（约 483 千米 / 时）的飞机。美军被该型号新设计的飞机的潜能打动，以 XP-37（上图）的编号订购了 12 架。YP-37 一直在改进，但是因为增压器出现了大量的问题，该型号飞机不能完全发挥自身的性能——剩余的飞机都从美军退役。XP-42（下图）由美军和 NACA（国家航空咨询委员会）操纵，以研究星型发动机的曳引效应。XP-42 交付时搭载普惠 R-1830-31 发动机，采用延展的螺旋桨轴套，以实现机头的流线式气动外形。

翼配备一挺 0.30 英寸（约 7.62 毫米）口径机枪；弹箱设置在翼下突出的盒子中。XP-36D 是第 174 架下线的霍克 75，在机鼻安装有两挺 0.50 英寸（约 12.7 毫米）口径的机枪，在机翼安装两挺 0.30 英寸（约 7.62 毫米）口径的机枪。XP-36E 是第 174 架该型机，在外翼安装 8 挺 0.30 英寸（约 7.62 毫米）口径的机枪。XP-36F 是在第 172 架 P-36A 基础上改装的，在翼下吊舱内配备丹麦制 23 毫米马德森机关炮，每门备弹 100 发，被泰国购买的霍克 75N 选用。但该型机的最大时速从 311 英里 / 时降到 265 英里 / 时（从 500 千米 / 时到 426 千米 / 时）。

1941 年 3 月，寇蒂斯－莱特完成了第 1095 架也是最后一架搭载星型发动机的“鹰”。后期的顾客有中国（霍克 75A-5）、挪威（75A-6、75A-8）、荷兰（75A-7）、秘鲁（75A-8 被重新命名为 P-36G）和伊朗（75A-9）。大部分霍克 75 战斗机的战斗经验都由法国、荷兰、英国和芬兰飞行员取得。美国的“鹰”战斗机在太平洋战场很快改行为战斗机训练任务。

上图：随着法国战败，英国接手了所有本应交付法国的“鹰”战斗机。英国皇家空军命名为“莫霍克”，Mk I,II,III 和 IV 的编号分别分配给霍克 75A-1、A-2、A-3 和 A-4

服役中的“鹰”战斗机

寇蒂斯的“鹰”战斗机在战时被交战双方所使用。为芬兰战斗的“鹰”在与苏军的对抗中创下 190 次击落的纪录，或多或少阻挡了红军的脚步。在美国军队的服役的“鹰”则仅在太平洋和日军进行了一些小规模的战斗。

P-36A

1940 年初隶属于第 20 驱逐机大队的 P-36 在垂尾上涂有驱逐机大队的标记 (PT) 并采用第 79 驱逐机中队的黄色发动机整流罩，军徽标志位于机腹。飞机的序列编号并没有显著的标示；“21”是飞机在大队中的编号。

霍克 75A-3 战斗机

法国战败后，德国空军修复了一些“鹰”战斗机，其中大部分都移交给了芬兰，“鹰”战斗机在对抗苏军的战斗中发挥了很大的作用，这架飞机由卡莱维·泰尔沃中尉驾驶，他取得了 15.5 次战绩。

涂有 1943 年 7—9 月短暂采用的红边“星条”标志，这架“战鹰”被拍摄时正从伦道夫机场起飞。序列标号显示它是一架 P-40E-1，这是一架在《租借法案》下提供给英国但被美军征用的“小鹰”Mk IA 战斗机；安装有 P-40K 样式的背鳍

寇蒂斯 P-40“战鹰”家族

尽管在珍珠港事件爆发时该型机是数量最多的美国战斗机，但 P-40 的改进从来没有跟上过竞争对手的设计速度。不过该型机在很多前线地区都取得了骄人的战绩。

1938 年，受到欧洲搭载液冷式直列发动机的截击机的优异性能的启发，寇蒂斯 - 莱特公司决定在莱特星型发动机驱动的 P-36A 的机身上安装 1160 马力（约 865 千瓦）的增压型艾利逊 V-1710-19 发动机。第 10 架直列发动机型（30-18）被军方买下作为试验机。重新指定型号为 XP-40 后，该机于 1938 年 10 月首飞，次年 5 月在莱特基地进行评估，与之竞争的还有贝尔 XP-39 和塞维斯基 XP-41。首飞时 XP-40 在后机身下部安装有散热器，但随后移到了机头滑油冷却器的位置。除了发动机，该型机在其他方面和 P-36A 基本相同，是一架全金属、下单翼飞机，主起落架装置可向后收回到机翼中，主轮旋转 90° 水平收纳至机翼内。武器装备保留了位于机头的两挺 0.3 英寸（约 7.62 毫米）机枪。

尽管其他和 XP-40 一起评估的原型机随后都成为成功的战斗机，寇蒂斯 - 莱特的飞机还是率先中标并很快开始批量生产。美军很快签下 524 架 P-40 的订单，接近 1300 万美元——在当时是美国最大的一笔战斗机订单。首批生产的 200 架飞机，公司型号为霍克 81A，从 1939 年底开始交付美国陆军航空队。该型机搭载 1040 马力（约 776 千瓦）艾利逊 V-1710-33 发动机，可通过取消的圆形主起落架盖板和在机头上的汽化器进气口进行识别。第一批生产出的 3 架飞机作为原型机率先服役（有时候被称为 YP-40），随后的飞机则交付第 33 驱逐机中队。

纽约的水牛城继续生产 P-40B（霍克 81A-2）。新生产的 131 架 P-40B 加装了驾驶员座舱装甲并采用 4 挺位于机翼的 0.3 英寸（约 7.62 毫米）机枪以及 2 挺位于机头的 0.5 英寸（约 12.7 毫米）机枪。当日本于 1941 年 12 月发起偷袭时，美军有 107 架 P-40 和 P-40B 在菲律宾，但令人吃惊的是只有 4 架做好了起飞准备。4 天内这些飞机的数量（由第 20 和 34 驱逐机大队驾驶）就降到

下图：图中部署在弗吉尼亚州兰利机场的第 8 驱逐机大队第 33 驱逐机中队是第一批换装 P-40 的部队之一，从 1940 年 9 月开始接装。第 8 驱逐机大队配备有更新的 P-40C，于 1941 年转移至冰岛

寇蒂斯 P-40 是证明改进而非推倒重来也能使得战斗机赢得成功的绝佳范例，该型机在第二次世界大战期间被广泛用于各大战场。它的起源是搭载星型发动机的 P-36“莫霍克”战斗机，XP-40 的原型机是第 10 架 P-36A，但换装了艾利逊 V-1710 发动机

了 22 架。

英国皇家空军接收的“战斧”（Tomahawk）Mk IIA 相当于 P-40B，110 架飞机中的大部分直接派到中东。另外 100 架英国皇家空军订购的“战斧”Mk IIA 型则被转给了中国，由美国志愿航空队（即“飞虎队”）驾驶。

下一个改型是 P-40C（霍克 81A-3），采用了自封油箱；只有 193 架 P-40C 为美国陆军航空队生产，但成为英国皇家空军中服役的主要型号——“战斧”Mk IIB。总计生产的 945 架该型号飞机中，21 架在海上运输中丢失，另有 73 架运往苏联。由于航速不足，当“战斧”Mk IIB 在 1941 年底到达北非时，人们发现“战斧”战斗机无法匹敌梅塞施密特式 Bf 109E 战斗机，仅比霍克“飓风”Mk I 型战斗机稍好一些，因此主要用于完成对地攻击任务。

P-40D（霍克 87A-2）主要重新设计了机头，采用了艾利逊 V-1710-39 发动机，使得机头缩短了 6 英寸（约 15.24 厘米）。

P-40E（霍克 87A-3）是第一款被冠以“战鹰”（Warhawk）之名（这也是 P-40 系列在美军中的名称）的战斗机，在珍珠港战役后大量生产。它伴随美国战斗机中队在 1942 年率先抵达英国和中东。按照美军的合同总共生产了 2320 架，另有超过 1500 架是为英国皇家空军以“小鹰”（Kittyhawk）Mk IA 的型号制造的。

测试“默林”

具有和艾利逊 V-1710 几乎相同尺寸的罗尔斯 - 罗伊斯“默林”发动机随后安装到了 P-40 上。1941 年间，P-40D（40-360）测试了“默林”28 发动机，最后获得 P-40F（霍克 87D）的型号；尽管总重量增至 9460 磅（约 4295 千克），功率更大的英国发动机将该机在 18000 英尺（约 5500 米）的高度下最大时速提升至 364 英里 / 时（约 586 千米 / 时）。

第一批 260 架 P-40F 使用和 P-40E 相同的机身，但是改进的机身由于增加了前半部分的长度，减少了方向稳定性，所以后来的 P-40F 延长了 20 英寸（约 51 厘米）的后机身的长度。

和 P-40F 的同时生产的量产型 P-40K 将最高时速略微提升至 366 英里 / 时（约 589 千米 / 时），在欧洲和北非相对 Bf 109E 占据上风，在远东也比 A6M“零”式战斗机更优异。P-40M 搭载了更大功率的 V-1710-81 发动机。1310 架 P-40K（最初打算通过《租借法案》交付中国）和 600 架 P-40M 飞机交付美国陆军航空队。英国皇家空军的 P-40F 型号为“小鹰”Mk II 和 IIA 型，其中 330 架是由美国陆军航空队的现役“战鹰”改装而来；另有总计 616 架相当于 P-40M 的“小鹰”Mk III 交付英国皇家空军。

右图：为英国提供的相当大数量的“小鹰”战斗机根据《租借法案》交付给新西兰皇家空军和澳大利亚空军，用于太平洋战区作战

更进一步的改型

寇蒂斯试制或投产了部分进一步改进型。产量 45 架的 P-40G 结合了“小鹰”战斗机的机身和英国皇家空军“战斧”的机翼以及 6 挺 0.5 英寸（约 12.7 毫米）机翼机枪；所有该型机都被美国陆军航空队征用。P-40J 计划使用涡轮增压的艾利逊发动机，但是因为罗尔斯 - 罗伊斯“默林”发动机得到采用而未能投产。P-40L 换装帕卡德（“默林”）V-1650-1 发动机，1943 年生产了 700 架全部交付美国陆军航空队，其中某些拆除了两挺机枪、部分装甲，减少了一些燃油，以提高性能。

最后的“战鹰”是 P-40N 型，于 1943 年底开始生产，次年 3 月开始交付美国陆军航空队。另为英国皇家空军生产的 588 架等同于 P-40N-20 的“小鹰”Mk IV 型。

1944 年，随着“默林”发动机安装到 P-51 上，对该发动机形成迫切的需求，因此 300 架 P-40E 和 P-40L 转而搭载 V-1710-81，它们的型号被相应改为 P-40R-1 和 R-2。最终，少量 P-40E 和 P-40N 被改装成双座教练机，得到 TP-40N 的型号。

美国陆军航空队的“战鹰”战斗机在第二次世界大战期间在很多驱逐机和战斗机大队服役。它们同样是美国陆军航空队的国土防空主力，在 1941—1943 年保护巴拿马运河，在第 16、32、36、37 和 53 驱逐机大队服役。

上图：美国陆军航空队的大部分“战鹰”战斗机——主要型号为 P-40B 和 C，在太平洋作战。图中，地勤人员正在维修一架名为“杰罗尼莫”的“战鹰”，来自当时位于所罗门斯东部纳努梅阿环礁岛的第 45 战斗机中队

虽然许多人都建议将 P-40 保留在美国陆军航空队的二线战区作战，为使优先交付的且更先进的飞机能够派上用场（比如 P-38、P-47 和 P-51）。然而，“战鹰”同样投入主战场并将生产延长至 1944 年——此时该机的性能已落伍，而维持生产的原因从未能弄清。

此外很多“战斧”和“小鹰”战斗机都根据《租借法案》交付英国皇家空军、澳大利亚空军、加拿大皇家空军、新西兰皇家空军和南非空军；英军装备有该型机的中队数量相对较少，是因为大部分被英国购买的飞机都转交给了苏联。

在战争的最后两年，美国提供了 377 架 P-40（大部分为 P-40N）给中国。1942 年，一些 P-40E 交付智利，89 架 P-40E 于次年交付巴西。

寇蒂斯生产的 P-40 总计 16802 架，其中 4787 架是按照英国的合同制造的。

左图：尽管法国订购了 87 架霍克 81，但在法国投降前没有一架来得及交付。这批在阿尔及尔法国空军的“战鹰”，实际上是前美国陆军航空队的 P-40F，在 1943 年初移交法军 GC II/5 战斗机中队，于北非作战

下图：在世界各地超过 10 架 P-40 的飞机依旧保持良好状态能。和同时代的 P-51 和“喷火”相比，保存下来的数量较少，这主要是因为该型号退役较早

中国战场的使用条件对“战鹰”堪称“历练”，尤其是在远离美国志愿队昆明基地的其他地方。夏天的尘土和冬天的泥泞使得作战十分困难，机组人员的住宿条件也非常简陋

美国陆军航空队 P-40

在中国和阿留申群岛作战

第一批由美国飞行员驾驶参战的寇蒂斯霍克 81/87“鹰”是由美国志愿援华航空大队——著名的“飞虎队”驾驶的飞机。

1942 年底，日军在东南亚高歌猛进之际，一批来自美国的勇士迎头而上，准备保卫缅甸。他们驾驶着寇蒂斯霍克 81A-1 战斗机，多数美国人都直接称呼其在 AAF（陆军航空队）中的型号——P-40。这些人来自 AVG（美国志愿援华航空大队），并得到中国人民“飞虎队”的爱称。该大队由克莱尔·陈纳德将军指挥，在正确的操纵下，寇蒂斯战斗机很快证明其与日本最好的战斗机势均力敌。

其中一名在AVG中成为空战王牌的飞行员——大卫·李“特克斯”·希尔认为日本战机被一贯地过高评价，而 P-40 战斗机总是被外行人贬低。“你绝对不要想着俯冲击落一架日本战斗机，因为它总会爬升反咬然后击落你，”希尔说道，“但是在中低空，尤其是中空，P-40 和任何一架日本战机一样灵活。而且我们的飞机带有装甲、自封油箱以及其他为飞行员配备的防护措施，这些是日本飞机不具备的。”

希尔的飞机是一架钢和纤维蒙皮制成的 P-40，见证了美国在 20 世纪 40 年代初的飞机工业水平。“战斧”（后继型号称为“小鹰”和“战鹰”）代表着美国在那个时代的战斗机设计水准，这是一架公认的优秀战斗机。机身坚固，机鼻安装有两挺 0.5 英寸（约 12.7 毫米）机枪，通过螺旋桨进行射击；每侧机翼还各安装有两挺 0.3 英寸（约 7.62 毫米）机枪。艾利逊 V-1710-C15 直列发动机提供稍微超过 1000 马力（约 746 千瓦）的动力，“战斧”

下图：P-40E 在 1942 年 3 月底到达了远东地区，同霍克 81 一道作战，直到 AVG 在 1942 年 7 月解散，所有“飞虎队”的 P-40 都划归美国陆军航空队第 23 战斗机大队

下图：中国云南瑞丽雷允，中国技术人员在对 AVG 的飞机进行彻底检修。从这张图看，一些霍克 81 已经被分解，正准备修理

上图：另一个美国陆军航空队在中国—缅甸—印度操纵 P-40 的战斗机大队是第 51 战斗机大队。42-104589“苏”（*Sue*）号是一架第 51 战斗机大队的早期型 P-40N，本图摄于 1943 年的缅甸，该机向日军阵地投出一枚 500 磅（约 227 千克）炸弹后返航

上图：为抵御严寒而裹紧衣服的地勤人员，看着一架 P-40K 在阿留申群岛的基地滑过穿孔钢板。这架飞机带有 6 挺 0.5 英寸（约 12.7 毫米）机枪，并携带一个 52 美制加仑（约 197 升）的可抛弃副油箱

拥有 280 英里 / 时（约 450 千米 / 时）的巡航速度，以及 350 英里 / 时（约 563 千米 / 时）的最大时速。在缅甸和中国，“飞虎队”——和他们的直系后裔陆军航空队第 23 战斗机大队，经常需要“拆东墙补西墙”才能维持机队出动，但是地勤人员认为 P-40 系列的性能和维护让人满意。这是一架比三菱 A6M“零”式更老的战斗机，但在战争期间不断被改进，并没有像诋毁者认为的那样行将过时或难以操纵。

第一批进入大西洋战场的美国 P-40 部队是第 33 驱逐机中队，于 1941 年 7 月 25 日到达冰岛（所有的陆军航空队驱逐机部队很快更名为战斗机部队）。在英国，大量原本计划交付英军的 P-40 按照命令率先交付陆军航空队准备派往北非的战斗机部队。这批 P-40 采用英国皇家空军的“小鹰”规格，带有英军的圆盘状军徽和美式飞机序列编号。在欧洲，美军 P-40 摧毁了 520 架敌机，自身损失 533 架——对于一架比德国空军的最好战斗机要弱的飞机来说是不错的战绩。

“飞虎队”的故事从 1941 年 8 月一艘货船在缅甸仰光卸载 100 架“私人购买”的 P-40 战斗机开始。1941 年 9 月，陈纳德的 100 名 AVG 大队飞行员就位，每人每月薪金高达 600 美元并且每击落一架敌机就有 500 美元奖励。“飞虎队”的第一次空战发生在 1941 年 12 月 20 日（珍珠港空袭后的两周），当时 P-40 从中国昆明起飞，击落了 6 架敌机。1941 年的圣诞节，杜克赫德曼取得第五次胜利后成为王牌。当时他和 18 名同事——驾驶着在机头进气口涂装鲨鱼嘴的 P-40——在没有任何损失的情况下击落了一个敌机编队的三分之一的飞机。格里高利 •“老爹”• 波音顿是另一名空战王牌，他和希尔以及其他“飞虎队”并肩战斗过一段时间。

夏威夷

由南云忠一指挥发动的两波日军对珍珠港的空袭，使得约 75 架美军“战鹰”被击毁在地面上。乔治 • 韦尔奇中尉和肯 • 泰勒从惠勒机场起飞并击落了 8 架敌机。由于他在这场战斗中的表现，美国总统富兰克林 • D. 罗斯福邀请他到白宫做客。韦尔奇最终取得 18 次空战胜利并在战后成为著名试飞员。

1941 年 12 月 8 日，珍珠港空袭后仅仅 6 个小时，日本就对美国在菲律宾的部队发起攻击。驻菲律宾的美军主力战斗机是 P-40B。“我们毫无胜算。”P-40B 飞行员马克斯 • 劳克在战争爆发前几天给他妈妈的信里写道。他驾驶 P-40B 为躲避日军空袭而在地面上移动时不幸牺牲，成为第一名在菲律宾战死的美军飞行员。美军当时在菲律宾有 107 架 P-40 和 P-40B，但在 12 月 8 日只有 4 架可供升空作战。4 天内，第 20 和 34 驱逐机中队的 P-40 数量损失到仅剩 22 架。

P-40 在阿留申群岛

除了少量在北非作战的 P-40D“小鹰”战斗机，P-40E“战鹰”战斗机是第一款在珍珠港空袭后大量交付美军陆军航空队的“战鹰”。在阿留申群岛，“战鹰”战斗机包括由“飞虎队”指挥官之子约翰 • 陈纳德上尉指挥的中队在极其恶劣的天气条件下和日本战斗机作战。

P-40 出现在所有的战场上——总计生产了 13143 架飞机，其中为陆军航空兵生产了 8410 架——经常出现引用错误导致生产数据偏高，但 P-40 在服役期间都表现良好。可惜的是，该型机被在战争岁月中不断出现的更出色的战机掩盖了光芒，P-40 也是具有光荣历史的寇蒂斯公司最后一款大规模生产的飞机。

这架霍克 81-A2 被配属于美国志愿援华航空大队第 3 驱逐机中队，在 1942 年驻防中国昆明基地。它的标志由 AVG 的“飞虎”标志以及鲨鱼嘴组成

在战争即将结束之际完工的这架 P-40N-40，机身上涂有第二次世界大战时期（或刚刚在此之前）28 个向寇蒂斯－莱特公司订购飞机的国家的军徽

在美国陆军航空队和盟军服役

除了中国、夏威夷和阿留申群岛等战场，美国陆军航空队的 P-40 也一直在中缅印、北非、地中海和巴拿马战区等战场作战。除了通过《租借法案》提供给英国皇家空军的飞机外，还有大量的“战鹰”提供给了英联邦空军和其他盟国空军。

美国陆军航空队的“战鹰”战斗机（这个名称适用于所有美制 P-40）在第二次世界大战期间几乎在所有战场服役。在 1942 到 1944 年间装备了远东地区的第 5 航空队第 8 和 49 战斗机大队，1941 年到 1944 年间装备了第 7 航空队第 15 和 18 战斗机大队，1942 年到 1944 年间装备了地中海地区的第 9 航空队第 57 和 79 战斗机大队，1941 年到 1944 年间装备了中缅印战区第 10 航空队第 51 战斗机大队，1942 年到 1944 年间装备了地中海战区第 12 航空队第 27 和 33 战斗机大队。

P-40“战鹰”战斗机在 1941 年到 1943 年间保卫着对于打击轴心国至关重要的巴拿马运河，在驻巴拿马的第 16、32、36、37 和 53 战斗机大队中服役。

被英国皇家空军和联邦称为“战斧”或“小鹰”战斗机的 P-40 也是美国在第二次世界大战期间最早对外出口的战斗机之一。16802 架量产型中，仅有 3064 架在美军驻海外的各航空队服役。其余寇蒂斯战斗机都由不少于 23 个国家的军队驾驶，除了在英军中立下功勋外，“鹰”系列也在盟国空军中服役时享有盛誉。“战鹰”战斗机对于苏联来说至关重要，寇蒂斯战斗机对于澳大利亚来说也是最重要的战机型号。

澳大利亚空军的“小鹰”战斗机

澳大利亚在 1942 年 3 月到 1945 年 2 月间接收了 848 架 P-40E、K、M 和 N 型“小鹰”战斗机，用于在本土和海外服役。澳大利亚飞行员在北非也驾驶美军移交的 P-40B 和 C。

下图：搭载罗尔斯－罗伊斯“默林”发动机的 P-40F-20 是美国陆军航空队从英国订购的“小鹰”Mk II 型战斗机订单中征用的。本图摄于 1942 年 11 月 29 日的“火炬”行动期间，这批飞机从“切南戈号”起飞

上图：1943 年底，部署在夏威夷岛的美国陆军航空队 P-40，在岛屿上空和近海执行空中巡逻任务。这架 P-40K 在夏威夷机场进行了良好的防空袭伪装

上图：1942—1943 年，北非空军第 2 中队的“小鹰”战斗机正在位于北非风尘交加的沙漠跑道上等待下次出击。这些飞机被广泛用于轰炸任务。1943 年中期，它们被“喷火”Mk V 代替

澳大利亚战绩最高的空战王牌是克莱夫·考德威尔上校，在驾驶超级马林“喷火”前，驾驶着“小鹰”战斗机时取得了 28.5 次空战胜利中的 20.5 次。约翰·伍迪少校也有 15.5 次胜利是驾驶“小鹰”战斗机完成的。没有一名飞行员认为早期生产的“小鹰”战斗机比三菱后期型 A6M“零”式战斗机要强，但是——像世界上其他飞行员一样——澳大利亚人发现寇蒂斯战斗机在某些方面性能优越，甚至能对抗日本最好的战斗机。

新西兰的 P-40 同样取得了显著的成功；新西兰皇家空军首先从英国皇家空军处得到44架“小鹰”战斗机，部署在中东地区。当新西兰皇家空军完成扩充，飞行员们娴熟地驾驶着“小鹰”战斗机在艰苦的战场，如瓜达尔卡纳尔岛等地与敌军奋战。直到战争后期，钱斯 - 沃特公司的“海盗”加入新西兰皇家空军，P-40 才逐渐退役。

P-40 是美国援华志愿航空队“飞虎队”的选择，他们从 1941 年起为中国人民的抗日战争奋力搏杀，取得大量战果，但他们从未占据数量优势。多数“飞虎队”队员在美国参战后加入美军服役，而 P-40“战鹰”同样成为中国国民党空军的主力装备。

南非空军

南非空军的飞行员和他们的英国同胞们都驾驶过早期型“战斧”战斗机，在北非作为低空地面协同战机和对地攻击战斗机。数以百计的 P-40B 和 P-40C 在苏联、中国和土耳其参战。

英国设计的罗尔斯 - 罗伊斯“默林”28 发动机在 1941 年进入美国生产线（以 V-1650 的编号由帕卡德公司特许生产），并且由此诞生了 P-40F。大多数搭载“默林”发动机的 P-40 被出口到苏联。

下图：荷兰东印度空军的第 120 中队，在战争的大部分时间中和日军作战。当时这些 P-40N 部署在新几内亚岛比亚克岛的基地

上图：澳大利亚空军配备“小鹰”战斗机的中队在美国国内和国外服役。第 80 中队的飞机从巴布亚新几内亚的基地出动对抗日军战机

上图：7 个新西兰皇家空军中队曾长期驾驶“小鹰”战斗机在太平洋西南部作战。图中是 P-40 在新西兰训练期间护送一架洛克希德的“哈德逊”飞机。新西兰皇家空军的 293 架飞机主要是由 P-40E、K 和 N 组成，一架搭载“默林”发动机的 P-40L 接收时发现存在问题，被替换为 P-40M。该型号飞机在战争结束时退役，大多数幸存的飞机都报废了

英国订购的“小鹰”多数在美军参战后被美国陆军航空队征用派往北非作战。自由法国空军在 1942 年底组建了 3 个配备该型机的中队。

大量 P-40 运到苏联，“战鹰”战斗机在伟大的卫国战争中并没能取得多少空战胜利。北方舰队海军航空兵空战王牌 N.F. 库兹涅佐夫在 1943 年取得的 36 次胜利中大多是驾驶 P-40K 取得的。他随后得到“苏联英雄”称号，但是多数苏军空战王牌更偏爱苏联国产战斗机或贝尔 P-39“飞蛇”等性能更具优势的战斗机。芬兰、德国和日本对俘获的 P-40 做了评估。

在荷属东印度空军作战

荷兰东印度空军是鲜为人知的 P-40 的用户，他们在战争的大部分时间在荷属东印度群岛和日军作战，该型号飞机装备了一个单独的中队。在对日作战胜利后，荷兰东印度空军和印尼的反叛者作战，P-40 持续服役到 1949 年——这也是 P-40 最后一次参加实战的年份。

FR241号是第250中队一架短机尾的“小鹰”Mk III，在1943—1944年出现在西部沙漠。尽管一些中队换装了“野马”战斗机，但第250中队是一直使用寇蒂斯战斗轰炸机到战争结束的部队之一

“战斧”和“小鹰”

英国皇家空军的P–40

被称为“战斧”的英国皇家空军的第一批P–40被认为不适合作为昼间战斗机，因此服役的范围受限。英国皇家空军的“小鹰”战斗机即P–40D及后续机型，被大量用于地中海战区，作为战斗轰炸机支援英军第8集团军的作战。

英国皇家空军的“战斧”本质上是早期型（霍克81型，或称霍克81）寇蒂斯P–40的改型。它的原型机在1938年10月14日试飞，在1939年4月为美国陆军航空队大量订购。

早已使用霍克75飞机的法国空军，很快订购了改进的霍克81A–1。在1939年10月签订了购买230架飞机的合同。1940年5月开始交付，但随着法国的战败，整个合同由英国军火采购委员会接手，英方随后又订购了360架。

第一批140架霍克81A–1按照法国的规格生产完成，从1941年11月起交付英国，成为“战斧”Mk I型。然而这批飞机由于缺少自封油箱和装甲保护，被英军认为不适合作为昼间战斗机使用。

战术侦察

虽然“战斧”Mk I执行低空战术侦察以及空地协同任务时依旧不尽如人意，但该型机在当时依旧担负这些任务。随着该机型“战斧”逐步交付，Mk I型开始逐渐转交英国皇家空军的第2、26、171、231、239、268和613中队，以及在英国基地的加拿大皇家空军第400和403中队，用于训练和飞行员换装任务。第26中队在1941年2月从盖特维克起飞，执行了该型机的首次实战任务。

左图：来自加拿大皇家空军第414中队的“战斧”Mk IIB。英国提供了100架Mk IIB给中国，以供美国志愿队（AVG）“飞虎队”使用，195架在1941年送给苏联；少量的飞机被移交埃及和土耳其空军

上图：涂有标志性的“鲨鱼嘴”，这些第 112 中队的“战斧”Mk IIB 在 1941 年间驻扎在埃及，在西部沙漠执行扫荡任务

随后投入生产的霍克 81A-2 型被英国皇家空军命名为“战斧”Mk IIA 型，加装了座舱装甲和自封油箱。第一批交付的 110 架包括原属法国的订单和英国首批订单中的 20 架。这批飞机在 1941 年的最初几个月陆续交付。随后交付的则是“战斧”Mk IIB 型［安装英制而不是美制无线电、氧气装置和英国标准的 0.303 英寸（约 7.7 毫米）机翼机枪］。随后增购的 300 架采用霍克 81A-3 规格（大部分配置和美国陆军航空队的 P-40C 相同）的机型，可携带 43 英制加仑（约 197 升）机腹可抛式副油箱。这批于 1941 年下半年开始交付的飞机使得“战斧”Mk IIB 总数达到 910 架，此时英军的“战斧”战斗机的数量达到 1160 架。

在英国，“战斧”Mk IIA 和 Mk IIB 在第 2、26、231、239 和 241 中队以及两个加拿大皇家中队中代替了 Mk I 型。其中，在盖特威克的第 239 中队，是第一支驾驶“战斧”Mk II 执行代号“大黄”（Rhubarbs）的武装侦察任务的中队。随着该型机数量上升，300 架“战斧”被部署到中东。1941 年 5 月，第 250 中队成为第一支换装的中东英军部队，紧随其后换装的是澳大利亚空军第 3 中队和南非空军第 2 中队。随着英国皇家空军的第 112 和 260 中队以及南非空军第 4、5 和 40 中队的加入，“战斧”战斗机在北非的数量不断增加，并且为英军接收后续到来的“小鹰”战斗机打好了基础。

下图：AL229 是第一批交付英国皇家空军的“小鹰”战斗机之一。尽管这架飞机有北欧地区昼间战斗机的伪装，但该型号的飞机并没有出现在欧洲战场上

霍克 87——“小鹰”

搭载艾利逊 V-1710-39 发动机（前机身和散热器进行了重新设计）的霍克 87A-2 在性能尤其是高空性能上有了巨大的提升；英国军火采购委员会在 1940 年 5 月订购了第一批该型机；美国陆军航空队随后也很快订购了基本相同的 P-40D，该型号安装了 4 挺机翼机枪。随后霍克 87A-2 即 P-40E 也很快亮相，带有 6 挺机翼机枪，并可在机身下方的挂架携带 500 磅（约 227 千克）炸弹或可抛式副油箱。后来该型机还加装了两个 100 磅（约 45 千克）炸弹的翼下挂架。

英国订购了 560 架霍克 87，命名为“小鹰”Mk I 型。随着《租借法案》的产生，大批霍克 87 后期改型都进入英国皇家空军的序列中，包括 1500 架“小鹰”Mk IA 型，本质上和 Mk I、P-40E-1 型相同；330 架 Mk II 型，和搭载帕卡德“默林”发动机的 P-40K“战鹰”战斗机相似；616 架 Mk II 型，其中 21 架是 P-40K-1 和剩余的 P-40M；最终交付的 536 架 Mk IV 型则和 P-40N 相似。

除了少量运回英国本土进行评估的飞机外，所有的英国皇家空军“小鹰”战斗机都直接送到在中东的英国皇家空军和英联邦军队。随后大批英国直接购买和在《租借法案》下移交的飞机（超过 350 架）被运往澳大利亚皇家空军、新西兰皇家空军和加拿大皇家空军。其他被运到苏联，81 架被美国陆军航空队保留。

从 1942 年初起，“小鹰”战斗机在英国皇家空军第 112、260、250 和 94 中队，澳大利亚空军第 3 和 450 中队，南非空军的第 2、4、5 和 11 中队代替了“战斧”战斗机。第 3 中队（澳大利亚空军）是第一个换装完毕“小鹰”Mk I 型战斗机并开始作战的中队，随后是换装“小鹰”Mk IA 的南非空军第 5 中队。英联邦的“小鹰”战斗机作为轰炸机在 1942—1943 年西部沙漠地区投入高强度作战，以满足地面部队对近距离空地支援的需要。英国皇家空军的第 260 中队一直使用“小鹰”战斗机到 1945 年 8 月，从北非转战到意大利，第 112 和 250 中队也是如此。

值得注意的是，生产的 16802 架霍克 81/87 里，英国购买或根据《租借法案》获得的不少于 4702 架，占到该型机产量的 28%。虽然 P-40 并非因战功显赫而大批生产，但是英国皇家空军的“战斧”Mk II 型和“小鹰”战斗机无疑为盟军在西部沙漠取得最终胜利做出了巨大的贡献。

上图：澳大利亚空军的第 3 中队在北非和意大利驾驶“战斧”和“小鹰”战斗机。英国皇家空军和英联邦的“小鹰”战斗机部队在北非战事进入高潮时经常一天执行 3 到 4 次轰炸和护航任务

上图：1944 年初，第 260 中队的“小鹰”Mk III 型（相当于美国陆军航空队的短机身的 P-40K-1）在意大利某处机场起飞。有趣的是，“HS-X”的方向舵保留有美国陆军航空队的序列号码，并没有涂刷英国皇家空军的方向舵标志

下图：或许英国皇家空军 P-40 中队的知名度更多拜其机头“鲨鱼嘴”标志所赐，第 112 中队是一个早期操纵“小轰炸机”的单位，该中队的 P-40 使用 250 磅（约 114 千克）炸弹进行对地轰炸。图中是这架“小鹰”Mk IV 在 1944 年初部署于意大利卡特勒拉（Cutllea）基地时的状态

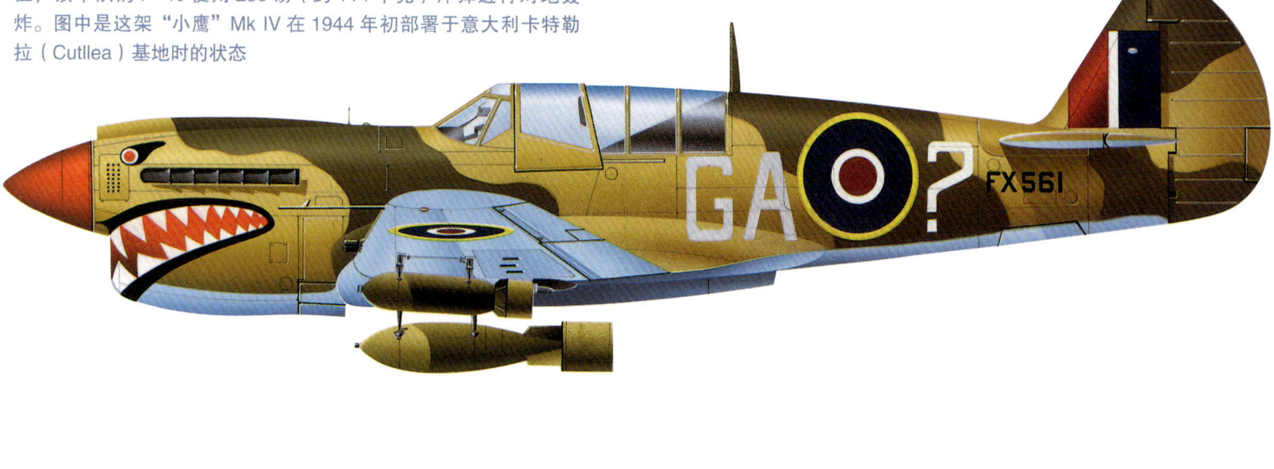

1941 年 2 月拍摄的 XSB2C-1 原型机（机身编号 1758），在寒冷条件下试飞时损伤。尽管该机随后被修复，但是在 1941 年 12 月 21 日因机翼故障坠毁前，美国海军没有再次对其进行测试

寇蒂斯 SB2C “地狱俯冲者”

赢得战争的俯冲轰炸机？

作为 SBD “无畏” 轰炸机的换代机，“地狱俯冲者” 从一开始就令人失望，在速度、航程和载弹量上仅有些微的提升，且操纵性能很差，可维护性也较低。

左图：美国海军一支训练中队的“地狱俯冲者”正在实施俯冲轰炸。图中投放的是一枚 1000 磅（约 454 千克）炸弹，宽敞的炸弹舱内可挂载 2 枚

寇蒂斯公司的 SB2C 是寇蒂斯枝繁叶茂且声名显赫的“地狱俯冲者”俯冲轰炸机系列的一员，本打算用于替换服役多年的 SDB“无畏”机。与道格拉斯生产的“无畏”不同的是，这款由艾德·海涅曼在约翰·K. 诺斯罗普的指导下设计的新型飞机采用了强有力的新型双排星型发动机和内部武器舱，并在拥挤的机身内塞满了大型油箱和其他新设备。在珍珠港事件后，该项目成为美国军备生产项目的重点，旨在对太平洋日军进行毁灭性打击。该型机唯一问题就是飞机本身，美国海军的飞行员们在实战中还是更偏爱老式的 SBD，后者一直活跃在战斗之中。

SB2C 是雷蒙德·C. 布利洛克带领的团队的作品。如其编号所示，该团队本打算将 SB2C 用作舰载侦察轰炸机。军方于 1938 年发布的新型俯冲轰炸机技战术指标书是非常全面的，只留下非常有限的调整空间。新型俯冲轰炸机必须是应力蒙皮悬臂式结构的单翼机，在腹部有内置的武器舱。弹舱应该能够携带 1000 磅（约 454 千克）炸弹，并留出较大空间用于装载额外的军械，采用液压炸弹舱门。飞机必须有一前一后两名机组人员的位置，可携带大量的燃油和全波段无线电台以及包括驾驶员座舱后方的大型相机在内的其他设备。结构应该能承受俯冲轰炸，飞机应满足舰载要求，安装可折叠主翼、弹射钩和阻挡钩。规定的发动机是莱特 R-2600 14 缸“旋风”发动机。

性能低下

设计完成的 XSB2C-1 原型机与其竞争对手布鲁斯特 XSMA-1

上图：一批“地狱俯冲者”出发执行在太平洋的任务，F6F“地狱猫”战斗机实施高空掩护。尽管不受飞行员欢迎，但 SB2C 依旧是第二次世界大战期间盟军战果最为辉煌的俯冲轰炸机

“掠夺者”（Buccaneer）极为相似，后者的性能还不如“地狱俯冲者”。实际上，美国海军对寇蒂斯这家坐落在水牛城的厂家非常信任，以至于这架原型机在 1940 年 12 月 18 日首飞前就被订购了 200 架 SB2C-1。原型机仅完成一架，编号 1758，于 1939 年 5 月 15 日被订购，批量生产从 1940 年 11 月 29 日开始。因此到 1941 年，寇蒂斯也仅有一架原型机，并且只偶尔试飞，此时已经有 14000 名员工被安排到刚成形的位于俄亥俄州哥伦布的崭新巨大的工厂中工作。两款更进一步的改型飞机的大规模量产规划已经在进行中，分别准备在威廉堡的加拿大汽车和铸件厂、蒙特利尔隆盖的费尔柴尔德飞机公司生产。

如此大的自信使他们忽略了 SB2C 本身存在很多的问题。一些是研发过程中都会遇到的磨合问题。动力系统的所有部分，尤其是 R-2600-8 发动机和 12 英尺（约 3.66 米）的寇蒂斯电动三叶螺旋桨都存在技术问题。一些更严重的问题是飞机本身的设计缺陷，导致结构强度不足，操控性低，且非常缺乏稳定性（尤其是在偏航和俯仰时），失速性能也极为差劲。

发动机故障

不幸的是，在 1941 年 2 月 8 日，由于着陆时发动机故障，编号 1758 的原型机坠毁。和在这个时代的很多飞机一样，SB2C 随后经历了大量的改进，减重并加装襟翼、俯冲制动器、改进起落架放下机构以及发动机。但是寇蒂斯公司进行试飞改进的同时，大规模生产已经开始，已经完工的 1758 架飞机都进行了大幅度的改造。几乎所有的地方都进行了改进：机身延长了 1 英尺（约 0.305 米），机尾面积增大了 30%，多处气动外形细节进行了调整。得益于欧洲战场的战斗报告，机身和机翼都采用自封式油箱，还增加了装甲，前射武器装备从在整流罩上的两挺 0.5 英寸（约 12.7 毫米）机枪改成装在机翼上的 4 挺机枪。座舱后部被重新设计，带有改进的可拆卸的挡风玻璃，以增大观察员的单挺 0.5 英寸（约 12.7 毫米）机枪的射界。后来，这挺机枪换成两挺 0.3 英寸（约 7.62 毫米）的机枪，每挺都可装载不少于 2000 发子弹。

庞大的生产计划因此被严重延误。寇蒂斯承诺 1941 年 12 月开始交付，但是到那时甚至没有一架飞机完工。该型机被要求做进一步的改进，美国陆军航空队另外订购了 900 架并赋予 A-25“百舌鸟”的型号，陆航型不带舰载装置，采用充气尾轮以及很多其他的改进。寇蒂斯加班加点努力赶进度，最终在 1942 年 6 月第一架 SB2C-1 从哥伦布工厂下线。从最初生产的 6 架飞机的试飞结果来看，它们在很多方面的性能比原型机还要差，不仅总重量大大提高（空重从 7122 磅 / 约 3230 千克涨到 10220 磅 / 约 4636 千克）且发动机问题依旧未能解决，该机被负责验收的斯提亚海军问题航空站形容为“行动极度迟缓”的飞机。但是为了避免引发政治丑闻，生产线上的飞机很快完工交付，美国海军航空兵 VS-9 侦察中队从 1942 年 12 月开始换装该型号飞机。

SB2C 系列有很多款改型。最初型 SB2C-1 只有 200 架得以

下图：最后一批生产的“地狱俯冲者”是 SB2C-5 型，略微增加了内置油箱的容量（额外增加了 29 美制加仑 / 约 132 升）。哥伦布工厂生产的该型机或多或少都安装了两个加拿大公司生产的部件

上图：在“地狱俯冲者”原型机试飞前，美国海军就对将其改装为水上飞机产生了兴趣，计划购买 350 架水上飞机型。第 5 架生产型 SB2C-1 成为用于试验的 XSB2C-2 水上飞机，军方很快对将该型号投入实战失去了兴趣，所以该机也没有进一步的发展

交付，所有该型机都被留在美国本土用于训练。SB2C-1A 出现于 1943 年，实际上就是转交给海军陆战队的 A-25A，其中很多都参加了战斗并保留着陆军的橄榄绿色涂装。SB2C-1C 对武器挂载能力进行了改进，包括可拆卸炸弹舱门和外挂式鱼雷，仅有少量参战。主要服役的 SB2C-1C 的改动是用 2 门 20 毫米机关炮替换 4 挺机翼机枪，并在炮弹舱前方加装了额外的 37.4 英制加仑（约 170 升）油箱。SB2C-1C 作为该系列飞机中首个参加实战的型号，在很多性能上还不如老式的 SBD。

深受人们欢迎的一个小改动来源于在 SB2C-3 上搭载的更大功率的 R-2600-20 发动机，增加的功率提供给了改进的、装备有叶根防护钢板的寇蒂斯电动四叶螺旋桨。1944 年，SB2C-3“地狱俯冲者”终于大批量进入服役并具备作战能力，不过坠毁、空中分解和航母降落事故的发生率持续在“排行榜”首位。美国海军的所有人都管这架飞机叫“野兽”，将其型号 SB2C 曲解为“婊子养的，二等货色”（Son of a Bitch, 2nd Class）。

和大多数战时项目一样，在最艰难的战斗结束后，大批“地狱俯冲者”像洪水一样涌入美军。直到 1944 年夏天才出现的 SB2C-4 是产量最大的型号。从飞行员的角度来看，该型号飞机最主要的新特征是机翼上下的襟翼都是穿孔式，看起来像筛子。这种设计对于俯冲轰炸时的拖拽现象没有实质改善，但是轻微缓解了对机尾巨大的冲击。该型号飞机的作战效能有很大的提高，加固后的机翼可携带两个可抛式副油箱或两枚 500 磅（约 227 千克）炸弹或 8 枚 5 英寸（约 127 毫米）火箭弹。

战后，“地狱俯冲者”并没有突然消失。少量继续在美国海军预备役部队服役，执行了大量新装备试验任务，直到 1947 年，并经常用于拖曳空靶。作为剩余物资的该型机在法国、意大利、葡萄牙以及希腊空军和泰国用于执行对地攻击任务。法军的“地狱俯冲者”在持续到 1954 年的中南半岛战争中起了重要的作用。

左图：美军很快对 A-25A 的俯冲轰炸能力失去了兴趣并且不再在战斗中使用该型号飞机。留用的飞机型号被改为 RA-25A，作为教练机和空靶拖曳机使用

这对 VB-1 SB2C-3 的机组人员从“约克镇号”（CV-10）起飞，在 1944 年的夏天的服役快结束时的巡逻中呼吸一些新鲜空气。注意位于每架飞机驾驶员座舱后部的机枪手的两挺 0.30 英寸（约 7.62 毫米）机枪

战争中的“地狱俯冲者”

尽管该机是第二次世界大战时期盟军战果最为辉煌的俯冲轰炸机，但 SB2C 在它的机组人员中从来不受欢迎。SB2C 甚至得到了“婊子养的，二等货色”（Son of a Bitch, 2nd Class）这样的恶评。

尽管第一批 SB2C-1 从 1942 年 12 月开始交付第 9 侦察中队（VS-9），在原型机首飞两年后的 1942 年 11 月，该型号才被认定形成战斗力，并完成作战准备。

1943 年到 1945 年间，总计 30 个美国海军舰载轰炸中队（与侦察轰炸中队合并）随“地狱俯冲者”部署在西太平洋，从 13 艘“埃塞克斯”级快速航母中的 12 艘上出击。这些中队依次为 VB-1 到 VB-20、VB-80 到 VB-88 和 VB-94 中队。

初次作战

“地狱俯冲者”的第一次作战任务是由 VB-17 执行的，从美军舰队航母“邦克山号”起飞。VB-17 中队在 1943 年初开始换装该型号飞机“作战”，换装后的表现却让部队的士气受到影响。由于部分机组人员在事故中丧生，该中队的一些飞行员甚至要求重新换装道格拉斯 SBD，这个要求当然遭到拒绝。1943 年 11 月 11 日，VB-17 的 SB2C 对在新几内亚拉包尔岛的日军大型基地发动了当天的第二轮空袭。该型号飞机第一次尝到战争的滋味，损失 4 架；一架在起飞时失事，两架分别被日本战斗机和高射炮击落，另外一架由于战斗损伤，着舰后冲出了甲板。VB-17 中队从“邦克山号”出动的作战任务于 1944 年 3 月 4 日结束，虽然实战表现值得商榷，但改进后的 SB2C 被证明可以在太平洋战场上发挥更大作用。

菲律宾海的第一场战斗（夺取马里亚纳群岛）在 1944 年中期展开。美军出动 5 个 SB2C-1/-1C 中队，总计 184 架飞机。在 6 月 19 日“马里亚纳猎火鸡”（美国海军的“地狱猫”战斗机声称摧毁了超过 530 架日本战机）的第二天，以日军仅存的 7 艘航母先手发起攻击拉开序幕。226 架美军飞机在当日下午受命前往 300 海里（345 英里 / 约 555.5 千米）外打击日军舰队，其中 52 架是“地狱俯冲者”。虽然空袭取得胜利，但美军在战斗中损失了 8 架“地狱俯冲者”。在黑暗中返航着舰时，大多数“地狱俯冲者”都因燃料不足提前迫降或在着舰中发生事故；多数“地狱俯冲者”飞行员不具备夜间甲板着陆的资格，并且不能准确判断航母的位置。

到 1944 年秋的莱特湾战役，SB2C-3 取代了 SB2C-1。新型“地狱俯冲者”很快投入战斗，最终成为高效能作战飞机，但坠毁、空中解体和航母降落事故的发生率依旧位于舰载机“排行榜”榜首。

在详细了解了该机的服役表现和存在的问题后，一批备用的 SBD 于 6 月从塞班岛出发，替换了 VB-10 和 VB-16 中队的“地狱俯冲者”。马克・米切尔海军中将在菲律宾海的第 58 特混舰队任指挥官，考虑用道格拉斯 SDB 换装特混舰队的轰炸机中队，但是由于 SDB“无畏”在 7 月停产，他的部队只能继续使用“地狱俯冲者”。实际上，“Dash-3”和其他早期型不同，具有更强的动力和改善的操控性能。

“野兽”继续在美国海军中同日军作战，8 个“地狱俯冲者”

国外的“地狱俯冲者”轰炸机

英国海军航空队在《租借法案》框架下订购了 450 架“地狱俯冲者”，由加拿大汽车和铸造厂以 SBW-1B 的型号生产。SBW-1B 和总公司的 SB2C-1C 相似，于 1943 年底开始交付，但在 1944 年生产停止前只有 26 架交付——在航空武器试验研究院的测试中飞行性能并不令人满意。这些“地狱俯冲者”DB .Mk I 型（上图）曾短暂装备了第 1820 中队，但没有参战，这个单位在 1944 年 12 月解散。战争期间另一个也是唯一一个使用该型机参战的海外用户是澳大利亚空军，使用了少量的前美国陆军航空队的 A-25A“百舌鸟”，但是拒绝接收更多该型机。战后，法国（右图）、希腊、意大利、葡萄牙和泰国（下图）曾装备“地狱俯冲者”。该型号飞机最后一次参战是在 1954 年的中南半岛战争的头几个月——从法国航母“阿罗芒什号”上起飞。

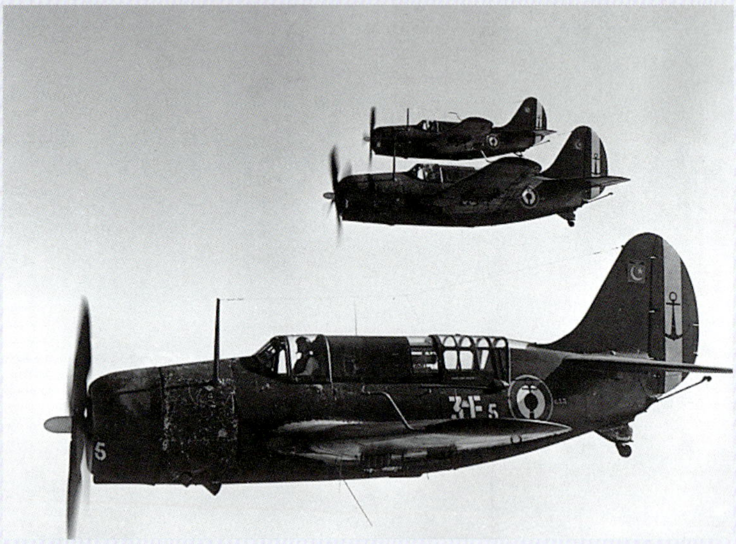

发动机

所有的 SB2C 都使用莱特当时最新款的双排 14 缸 R-2600“双旋风”发动机，Dash-3 安装有 1900 马力（约 1417 千瓦）R-2600-20 发动机。它驱动着一台寇蒂斯四叶、匀速、全顺螺旋桨。

SB2C-3“地狱俯冲者”

在汉考克号（CV-19）上的第 7 舰载航空兵大队（CVG-7）这架 VB-7 的“地狱俯冲者”，带有原始海蓝色和中海蓝色以及马克白色涂装。

武器装备

第一批量产型 SB2C 在每侧机翼装备有两挺 0.5 英寸（约 12.7 毫米）机枪，但是在完成 200 架后，SB2C-1 改为每侧机翼各一门 20 毫米机关炮。在座舱后方安装有两挺 0.30 英寸（约 7.62 毫米）机枪，内置炸弹舱内可装载 1000 磅（约 454 千克）炸弹。

襟翼

这架飞机装备有最初的无孔襟翼，当作为俯冲制动器使用时会产生震动问题；从 SB2C-4 开始使用有孔襟翼。

主起落架

可收回的主轮包括两个寇蒂斯油气式减震支柱，向内收到机翼内部，开口通过和支柱及机轮相连的整流罩封闭。

上图：完成空袭中国海域的日本战舰任务后返回美国航空母舰“大黄蜂号”（CV-12）的舰载机，一个“地狱俯冲者”编队正在空中盘旋待机，两架 TBF“复仇者”已经完成着舰

中队（都装备了 SB2C-3）在 10 月参加了莱特湾战役，参与击沉了 4 艘日本航母。其他中队空袭了在台湾岛和菲律宾群岛的陆地上的目标，其中对菲律宾的轰炸是在 11 月集中进行的。

在莱特湾战役后，太平洋战区的美军航母装备“地狱俯冲者”飞机的数量减少，到 1945 年 2 月，活动于日本沿海的第 38 特混舰队的超过 1000 架飞机中只有 135 架“地狱俯冲者”。然而，该型号飞机继续发挥重要作用，在 4—6 月间的冲绳登陆战中，11 个装备 SB2C-3 和 -4 的中队都参加了战斗。4 月 7 日，盟军对日军舰艇的最后一次大规模海上空袭中，4 个“地狱俯冲者”中队参加了对日军舰艇的追击，击沉了最令人畏惧的日军战列舰“大和号”。

到对日作战胜利日（8 月 15 日）时，有 9 个一线的作战“地狱俯冲者”中队还在使用 SB2C-4 或 -4E，总计 48 个美国海军中队装备了超过 700 架的“地狱俯冲者”轰炸机。

“皮领子”（海军陆战队）们的“地狱俯冲者”

海军陆战队“地狱俯冲者”中队从 1945 年 6 月起不太频繁地出现在战场上，VMSB-224（装备前美国陆军航空队的 A-25A）支援了美军在菲律宾的作战。其他的陆战队“地狱俯冲者”在马绍尔群岛参战，到对日作战胜利日，陆战队有 5 个“地狱俯冲者”中队部署在夏威夷以西的太平洋战场。

不为人所知的是，在太平洋战场上“地狱俯冲者”拥有不少空战击落战绩。SB2C 的机组共创造了 44 个确定的和 14 个“可能的”击落战绩。战绩最高的是 VB-19 的罗伯特·帕克中尉，在 1944 年底击落了 3 架日本战机，当时隶属于美军航空母舰“列克星敦”舰载机联队。一些舰载航空兵大队将一些合适的俯冲轰炸机飞行员转换为战斗机飞行员，经常取得显著的胜利。可悲的是，帕克在有这样的机会之前的 11 月 5 日阵亡。

最初被抱以热切希望的寇蒂斯“地狱俯冲者”并没有如设想中那样在性能上全方位压倒道格拉斯的“无畏”。实际上，该型机相对于“无畏”的最大优势是机翼可折叠，在航母上的搭载数量更多。

美国海军在 1945 年 6 月的一个报告中总结道，“当我们需要 SB2C 时，我们和飞机都没有做好准备”。但该机是美国海军当时仅有的能拿得出手的型号。机组人员对于“地狱俯冲者”的看法或许可以概括在一首没署名的钢笔所写的小曲里：“我的尸体沉入水中；我的尸体沉入海底；我的身体沉入水中，包裹在一架 SB2C 里！”

D

英国皇家海军的“海蚊”TR.Mk 33可以挂载各式各样的攻击武器，包括一枚18英寸（约457毫米）口径的鱼雷。它也装置了雷达、四门机关炮和全套舰载机设备。“勒弗斯登厂”（Leavesden）制“蚊”系列完成研制交机之前，英国海军航空兵所使用的仅仅是“加装了着舰钩”的Mk IV型

德·哈维兰DH.98“蚊”

“蚊”战机在第二次世界大战初期诞生时只得到了很少人的赏识，然而仅仅过了5年，“蚊”就成为英国皇家空军里用途最广、效率最高的战机之一。

全木制的德·哈维兰（de Havilland）“蚊”战机是第二次世界大战中皇家空军衍生型号最多且实战贡献最大的一型军用飞机，而且是在官方的冷落和当局的反对中成长起来的。

在得到原型机采购订单后，由于生产数量极为有限（只有50架），“蚊”于敦刻尔克大撤退以后曾三度从英国的战时飞机生产计划中被取消，但每次都被大胆且对“蚊”有信心的派崔克·亨纳希（Patrick Hennessy，后封为爵士）保留下来。亨纳希由毕佛布鲁克爵士（Lord Beaverbrook）从福特汽车公司借调而来，以协助英国的飞机生产。1940年11月，第一架“蚊”原型机终于完成首飞。

试飞之后，德·哈维兰“蚊”的卓越性能立刻让诽谤者闭上了嘴。“德·哈维兰”飞机公司（de Havilland Aircraft Company）以轻型飞机以及非常原始的混合结构轻型运输机而闻名，1936年由该公司设计出来的技术上问题重重的全木制DH.91“信天翁”客机在气动外形上堪称一流。数个月之后，将该机改装为军用飞机的设计工作拉开序幕。为满足P.13/36号的规格需求，该机装上了两台“默林”发动机。德·哈维兰飞机公司的军用型设计因其木制构造而受到冷遇。然而设计人员依然不屈不挠地继续在毕晓普（R. E. Bishop）、克拉克森（R. M. Clarkson）与威金斯（C. T. Wilkins）的主导下研究一款能够轻松甩开敌方战斗机的新型高速轰炸机，可以凭借其高速省去自卫武器。

这样的设计理念似乎非常合理，去除炮塔之后机组可从6名减少至2名，仅有一位飞行员坐在左座，一位领航员/投弹手坐在右座，两者皆可操作无线电。轻小的体积大大减少了飞机的重量，也可节省更多的燃料。根据估算，配备两台“默林”发动机的无武装轰炸机可携带1000磅（约454千克）炸弹，以刚好略微超过15000磅（约6800千克）的起飞重量实现1500英里（约2400千米）的航程。除此之外，精心设计的流线外形可让时速达

上图：第一架“蚊”机（W4050号）于哈福德郡（Hertfordshire）附近的哈特菲尔德（Hatfield）工厂秘密打造。W4050号机按计划漆上了全黄的颜色，照片中还可见到该机罩上了伪装网，以免被徘徊猎寻的德国空军战机发现

上图：1942年底英国皇家空军马尔罕基地，一群飞行员与地勤人员聚在排成一列的“蚊”B.Mk IV战机旁边。这批第105中队的轻型轰炸机自1941年11月起成为该单位的主力，用来执行高速、远程的突防轰炸任务。它们的速度快到不需要战斗机护航

到 400 英里 / 时（约 655 千米 / 小时），几乎是其他英国轰炸机的两倍。

第二次世界大战爆发之后，“蚊”B.Mk IV/II 型开始大量进入英国皇家空军服役。该型是“蚊”系列的第一款轰炸型，在 1941 年 11 月进入位于斯万顿郡莫尔利（Swanton Morley）的第 2 大队第 105 中队服役；随后驻马尔汉姆（Marham）的第 139 中队也接收了“蚊”轰炸机。“蚊”在首次的轰炸任务中只出动了一架（第 105 中队的 W4072 号），该机在 1942 年 5 月 30 日至 31 日夜间突袭科隆（Cologne）的“千机大轰炸”中位于编队的末尾。

经过几次不成功的行动后，“蚊”又对奥斯陆的“盖世太保”（Gestapo）总部发动一场大胆的突袭，但因为炸弹引信失灵而失败；一颗砸进建筑物里的炸弹未能引爆，另外三颗在爆炸之前滚到远处的墙外。在第二次世界大战剩余的日子里，B.Mk IV 从高、中、低三个高度继续对整个欧洲进行大胆的精确轰炸。

特种任务

“蚊”在航拍侦察任务中也有很高的效率，PR.Mk IV 是 B.Mk IV/II 系列的侦察型号；而 FB.Mk IV 战斗轰炸机则为产量最多的机型，共生产了 2584 架。FB.Mk IV 配备了二级增压“默林”发动机，机翼下可挂载可抛式副油箱和两枚或更多的 250 磅（约 113 千克）炸弹，后来也可挂装 8 枚火箭弹。“蚊”FB.Mk IV 的航程足以跨越欧洲，突击亚眠监狱外墙和海牙与哥本哈根盖世太保总部及众多 V 型火箭发射场等小型目标。

适应力强大的“蚊”不限于进行昼间行动，英军研制了多款“蚊”夜间战斗机，均配备鱼叉状雷达天线或隆起的机鼻雷达整流罩。

海外用户

在其他盟国空军如苏联红军与美国陆军航空队中服役的“蚊”战机同样立下了汗马功劳。美军使用的是加拿大生产的“蚊”侦察机，即 F-8 型。有 10 架“英国海外航空公司”（BOAC）的民用“蚊”式往来英国与瑞典之间（偶尔会飞往其他地方），作货运和客机之用。此外“蚊”还有多种型号未能赶上参战。

“蚊”所有机型当中最重且性能最优异的，是亲缘关系密切的 PR.Mk 34、B.Mk 35 与 NF.Mk 36，均配置高空用的“默林”发动机和阔叶螺旋桨。PR.Mk 34 是所有“蚊”机中飞行航程最远的，一架 PR.Mk 34A 在 1955 年 12 月 15 日执行了英国皇家空军“蚊”式的最后一次任务。此外皇家海军还装备了大量“海蚊”（Sea Mosquito），其中最重要的是配备雷达的 TR.Mk 33。

7619 架“蚊”中的最后一架编号为 VX916 号，是夜战型 NF.Mk 38，1950 年 11 月 28 日从切斯特（Chester）机场交机。英国总共生产了 6331 架“蚊”，加拿大也制造了 1076 架，澳大利亚则生产了 212 架。战后仍使用“蚊”战机的国家包括比利时、中国、捷克斯洛伐克、丹麦、多米尼加、法国、以色列、挪威、北非、瑞典、土耳其和南斯拉夫。

上图：“蚊”B.Mk XVI 配备了加压座舱，可在 40000 英尺（约 12192 米）的高空飞行。照片中这架“蚊”隶属于第 571 中队。该中队在 1944 年 4 月于多汉姆郡的马克特成立，是第 8（“探路者”）大队的一个轻型轰炸机中队

上图：战后，挪威皇家空军是众多使用“蚊”战机的外国空军单位之一。照片中这架 FB.Mk IV 服役于挪威皇家空军第 334 中队，基地在斯塔万格的索拉。这个中队原先是英国皇家空军第 333 中队的 B 飞行小队，在 1943 年操纵同型战机于格兰皮恩郡（Grampian）的班夫（Banff）与英国皇家空军的打击大队一同作战

上图：“蚊”战机在皇家空军中的最后现役飞机是照片中这架英国皇家海军改装的靶机拖曳机。该机型号为 TT.Mk 39，安装了“温室”（glasshouse）玻璃机首，可容纳一名摄影师，炸弹舱内改装了一架电动绞盘

下图：新生的以色列空军（Heyl Ha' Avir）通过各种（包括一些非法的）手段获取一批“蚊”Mk IV、VI 和 NF.Mk 36，从而拥有了进攻能力。图中这架涂装艳丽的 FB.Mk 6（战后型号）是以色列以废铁价从法国空军购得的一批飞机之一

德·哈维兰将原型机 W4050 号改装为教练机，一直使用至 1943 年 12 月；在水平飞行中飞机的最大速度可达 439 英里 / 时（约 706 千米 / 时）。该机从战争中幸存下来，现陈列在德·哈维兰遗产博物馆

“木制奇迹”的发展

“蚊”研制和发展于硬铝合金和其他合金材料已大规模代替木头和金属丝的时代。然而这并未阻止杰弗里·德·哈维兰的飞机制造公司研发一款惊人的双发动机木制飞机，该机型将在第二次世界大战中为敌军带来“蚊”式恐慌。

1934 年，德·哈维兰公司秘密生产了 3 架最新的 DH.88“彗星”小型低单翼竞速机，每架飞机安装 2 台 230 马力（约 172 千瓦）DH“吉普赛人”6 R（竞速）发动机。木质结构和承力蒙皮结构不仅减少了飞机总重，同时有利于快速生产。这 3 架“彗星”都参加了 1934 年伦敦—墨尔本百年纪念飞行竞赛，由汤姆·坎贝尔·布莱克和 C.W.A. 斯科特驾驶的“格罗夫纳豪斯酒店号”DH.88 赢得了冠军。这一型号在“蚊”的发展中起到了主导作用。20 世纪 30 年代末，相同的制造技术应用在四发动机 DH.91“信天翁”商务单翼机上。该机主要由木头和承力蒙皮结构组成，它能够在 11000 英尺（约 3353 米）高空以 210 英里 / 时（约 338 千米 / 时）的速度巡航，首飞于 1937 年 5 月 20 日在哈特菲尔德完成。总共有 7 架外观迷人的 DH.91 被制造出来。

下图：照相侦察型原型机 W4051 号是第二架在索尔兹伯里完成的“蚊”，在战斗机原型机（W4052）之后完工，于 1941 年 6 月 10 日成为第三架首飞的“蚊”。进入牛津郡本森的照相侦察部队的 W4051 成为第一架进入皇家空军服役的照相侦察型“蚊”

规范P.13/36

1936 年 9 月 8 日，德·哈维兰公司对航空部的规范 P.13/36 产生了兴趣，该规范要求研制一款“全球范围内使用的双发动机中型轰炸机”。此外规范也要求该型机拥有当时最快的巡航速度。理想中的新型飞机将是集轰炸、侦察及其他多种用途于一体的中型飞机，“可挂载 2 枚 18 英寸（约 45.70 厘米）鱼雷”。飞机将配备 2 挺向前和 2 挺向后开火的勃朗宁机枪（甚至一度考虑采用遥控炮塔），采用水平装弹炸弹舱，必要时能够层叠挂载炸弹，并且飞机能够适应在本土和海外的维护条件。P.13/36 最重要的要求是在使用 2/3 的发动机动力时在 15000 英尺（约 4572 米）高空达到不小于 245 英里 / 时（约 443 千米 / 时）的速度，以及能够在具有 4000 磅（约 1814 千克）的载弹量的情况下实现 3000 英里（约 4828 千米）的航程。

20 世纪 20 年代德·哈维兰竞标设计因被认为太具革命性而

上图：在 1940 年 11 月 25 日“蚊”原型机首飞的日子，杰弗里·德·哈维兰（左手举起）正在 W4050 号前与德·哈维兰公司的同事聊天

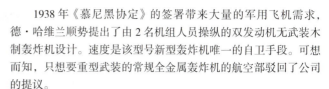

上图：大部分“蚊”由 1 名驾驶员和 1 名领航员操纵。图示 B.Mk IV 的驾驶舱中左侧为发动机控制装置，仪表盘左侧为发动机仪表，中间为飞行控制装置

未能得到军方的认可。因此德·哈维兰提议将“信天翁”大型客机缩小并改进以满足规范的要求。新型飞机能够携带 6000 磅（约 2721 千克）载荷在 11000 英尺（约 3353 米）高度往返柏林。1938 年 4 月德·哈维兰开始研究在大型客机基础上采用两台罗尔斯–罗伊斯“默林”发动机的新型轰炸机设计。这一平凡无奇的木制飞机设计为何能得到航空部的青睐，用于战争中装载炸弹奔袭 3000 英里（约 4828 千米）？7 月 7 日，杰弗里·德·哈维兰向一战时结识的老友、空军上将威尔弗雷德·弗里曼爵士（也是航空委员会研发部门成员）递交了详述设计性能规范的信件。杰弗里爵士在自传《迷恋蓝天》中回忆道：“这位聪明且有远见的先生会见了我们并当面讨论了飞机的设计方案，仅一次会晤，我们就获得了他的全面批准。”

使用“默林”发动机的“信天翁”输给了使用 2 台罗尔斯–罗伊斯“秃鹰”发动机（尽管“秃鹰”发动机 HP.56 的设计在 1937 年就被废弃了）的阿芙罗“曼彻斯特”和哈德利·佩奇 HP.56。但未获得这份合同并非一件坏事，德·哈维兰随后彻底转向双发动机轰炸机的设计。德·哈维兰公司提议拆除全部武器以减少飞机 1/6 的重量，这将使飞机的生产更加容易并使其能够更快地投入使用。失去自卫武器（首席设计师罗纳德·E. 毕晓普在座舱地板下预留了安装 4 门 20 毫米机关炮的空间）意味着机组人员能够减少至仅需 1 名飞行员和 1 名领航员。

1938 年《慕尼黑协定》的签署带来大量的军用飞机需求，德·哈维兰顺势提出了由 2 名机组人员操纵的双发动机无武装木制轰炸机设计。速度是该型号新型轰炸机唯一的自卫手段。可想而知，只想要重型武装的常规全金属轰炸机的航空部驳回了公司的提议。

1939 年 9 月 3 日，英国与德国开战，德·哈维兰公司依旧坚持该设计，航空部则不予批准。

最快的轰炸机

最终在威尔弗雷德·弗里曼爵士的大力支持下，德·哈维兰的无武装轰炸机设计方案获得了认可。1939 年 12 月 29 日项目得到官方批准，1940 年 1 月 1 日航空部订购了第一架无武装的轰炸机原型机。这是当时世界上最快的轰炸机，使用 2 台罗尔斯–罗伊斯“默林”发动机。1940 年 3 月 1 日航空部又送来一份 50 架 DH.98“蚊”飞机的合同，然而随着 1940 年 5 月敦刻尔克溃败，已没有富余产能用于制造类似“蚊”的飞机。为挽救整个项目，德·哈维兰答应飞机生产部将会在 1941 年 12 月交付。

轰炸 / 照相侦察原型机 W4050 号最初被赋予公司 B 级编号 E0234，这些“蚊”原型机中的第一架在严格保密的情况下于赫特福德郡的索尔兹伯里制造，在邻近的哈特菲尔德装配。一组由罗纳德·E. 毕晓普领导的 9 人设计师团队负责 DH.98 的设计，以木质结构为构想的这一设计并不简单。先前的 DH 设计中使用的技术和加工流程并不适合 DH.98，后者需要更高的载荷系数。

1940 年 11 月 25 日，W4050 在哈特菲尔完成了首飞，其间首席测试飞行员德杰弗里·德·哈维兰二世上尉进行控制，发动机装置首席设计师约翰·E. 沃克坐在右侧的座位。飞机的表现优异，在测试中一些小问题也得到了解决，随后“蚊”被证实是一款优秀的轰炸机。1941 年初博斯坎比顿的航空武器试验研究院进行的官方测试不负众人的期待，“蚊”能够达到并超过德·哈维兰预计的速度。

上图：轰炸机司令部订购了大批的“蚊”，为满足需要，英国人在加拿大开设了另一条生产线（图示 B.Mk VII 是第一架在那里完成的样机）。澳大利亚生产的“蚊”进入本国皇家空军，该机型在印度的制造计划则被取消

左图：照相侦察型“蚊”的终极型号 PR.Mk 34。该型号是所有“苔藓”（照相侦察型）中最重的，总重为 25500 磅（约 11567 千克），具有 1255 英制加仑（约 5705 升）燃料容量，航程高达 3600 英里（约 5794 千米）

高速间谍机

“蚊”侦察机型号

上图：数量最多的战时“蚊”照相侦察机为与B.Mk XVI同时研发的PR.Mk XVI。图中，一架第681中队的“蚊”正咆哮着升入空中，照片很可能摄于印度的达姆达姆，时间约是在1944年2月下旬

“蚊”照相侦察机是最早在皇家空军投入使用的“木制奇迹”，它也成为第二次世界大战时期盟军最重要的侦察平台之一。

照相侦察原型机W4051是第二架在索尔兹伯里完成的“蚊”，同时也是紧随战斗机型原型机W4052，在1941年6月10日第三个完成首飞的子型号原型机。W4050的机身在博斯坎比顿发生的一次尾轮事故中折断了，原本为W4051准备的机身则被用于替代受损部件，而W4051的生产也因此延误。W4051成为部署在牛津郡本森皇家空军基地的3架侦察型“蚊”[由照相侦察部队（PRU）使用]中的第一架。

7月13日W4051由杰弗里·德·哈维兰驾驶前往牛津郡，交付PRU（随后的No.1 PRU），在这里它成为第一架由皇家空军管理的“蚊”。随后W4054和W4055分别在7月22日和8月8日交付。从9月起，No.1 PRU又接收了7架PR.Mk I：W4056和W4058-63（W4057成为B.Mk V轰炸型的原型机）。其中的4架（W4060—W4063）后来接受了增大油箱的改装，以适应长距离任务，有两架（W4062—W4063）接受了适应热带环境的改装，离开英国到马耳他和埃及执行任务。

左图：W4051是最后开始飞行的“蚊”原型机，在1941年6月10日完成首飞。次月，改进后被交付位于本森的照相侦察部队

照相机安装

当时的“蚊”搭载的标准照相机装置由3台立式相机组成——一台F.52 20英寸（约51厘米）或36英寸（约91厘米）高空昼间侦察相机，一台使用6英寸（约15厘米）镜头的K.17勘察及绘图相机，以及一台安装在机身下部的F.24相机。飞机也安装了一台F.24通用倾斜相机，以便进行昼间和夜间照相。

在1941年9月16日对新飞机及其装备的测试期间，W4055的发电机在比斯开湾上空停止了工作。在相机失去电力的情况下，鲁珀特·克拉克少校和索尔巴茨中士被迫放弃行动。他们被3架Bf 109追踪，但PR.Mk I在23000英尺（约7010米）高空轻松甩开这些飞机安全返航。克拉克和索尔巴茨在第二天完成了PR.Mk I第一次成功的行动，他们使用W4055对拉帕利斯的布雷斯特和波尔多进行了昼间照相侦察，并在17时45分返回本森。

1942年春，驻本森的PRU需要额外的PR.Mk I，但当时只有9架飞机在造。从1942年4月到6月，NF.Mk II——DD615、620、659和W4089号机（均没有加装长距离油箱）——交付PRU，12月2架B.Mk IV轰炸机型——DZ411和DZ419——也到达了。本森的地勤人员为每架飞机安装了三台立式和一台倾斜的相机，随后飞机投入使用。

PRU重组

1942年10月19日No.1 PRU在本森进行了重组，编制有5支照相侦察中队，分别装备“喷火”、“惠灵顿”、“安森”、“蚊”。当时

第 25 轰炸机大队（侦察）

RF992/“R”是 1945 年 3 月以沃顿皇家空军为基地的第 25 轰炸机大队（侦察）[BG（R）] 第 654 轰炸机中队第 325 航拍中队的一架飞机。主要进行照相侦察的该中队也拥有少量改装为“食品轰炸机”的人道主义救援飞机。

动力

在 F-8 不愉快的经历之后（受到发动机和有限的照相侦察装备的限制），美军第 8 航空队急需性能先进的“蚊”，以执行气象侦察任务。最后交付的 PR.Mk XVI 由“默林”72/73 发动机驱动，装备有增压座舱，并因此能够在高达 37000 英尺（约 11278 米）的高空作业。

“蚊” PR.Mk XVI

美国空军第 8 航空队拥有第二次世界大战期间第二大的“蚊”飞行联队，它拥有 40 架加拿大造 F-8（并未用于作战）和至少 80 架 PR.Mk XVI。后者从 1944 年起执行照相和气象侦察以及食品分发的任务，直至欧洲胜利日。

徽记

第 25 BG（R）的“蚊”最初采用标准的皇家空军照相侦察部队的蓝色涂装，而从 1944 年 8 月到 9 月，它们将尾翼涂成红色以便识别敌我。有许多美军的“蚊”曾被不熟悉该机型的美军战斗机误射。

以卢赫斯为基地的“H”和“L”分队合并形成了在 M.J.B. 扬少校（优异飞行十字勋章获得者）指挥下的第 540（“蚊”）中队。第 540 中队主要侦察位于波罗的海和德国北部水域的德军主力舰以及后来在地中海海域活动的德军。

5 架 PR.Mk VIII 中的第一架最初为使用 1565 马力（约 1167 千瓦）二级增压“默林”61 发动机的 B.Mk IV/II，在 1942 年末到达第 540 中队。PR.Mk VIII 主要用于填补 PR.Mk IX 和 XVI 服役前的空缺。PR.Mk VIII 实用升限大幅度提高，因此侦察型“蚊”首次得以在高空展开侦察活动。

1943 年 2 月 19 日，PR.Mk VIII 首次参加实战，第 540 中队持续进行毁伤评估，以及对诸如波罗的海沿岸佩内明德（Peenemünde）的德军火箭实验设施等目标的侦察，同时也成功侦察了 V-1 火箭及其发射设施的位置。

左图：美国空军第一次使用“蚊”的经历并不愉快。“鬼魂”（*Spook*）号是 40 架为照相侦察任务而改装过，编号为 F-8 的加拿大产“蚊”式侦察机之一。由于单级增压“默林”发动机的限制，这些飞机的表现并不令人满意

上图：第 544 中队的“蚊”PR.Mk XVI NS502/“M”在每个机翼下装有 1 个 50 英制加仑（约 227 升）的副油箱。使用额外的燃料箱能够使飞机完成更长距离的往返飞行

Mk IX和XVI

第 544 中队长期使用“安森”、“惠灵顿”和“喷火”PR.Mk IV 进行在欧洲上空的照相侦察和夜间照相任务，直到 1943 年 4 月“蚊”PR.Mk IV 替代了“惠灵顿”。10 月，第 544 中队用 PR.Mk IX 完成了换装。1943 年 9 月 13 日，该中队第一次使用 PR.Mk IX 执行任务，这是一次夜间行动，R.L.C. 布莱斯上尉驾机完成了对瓦纳的侦察。

PR.Mk XVI 的生产开始于 1943 年 11 月，最终有 435 架飞机完成。携带 100 英制加仑（约 455 升）副油箱的 PR.Mk XVI 具有 2000 英里（约 3218 千米）的航程。1944 年 2 月 19 日，尽管有德军战斗机在 42000 英尺（约 12800 米）高空发起攻击，一架 PR.Mk XVI 仍带回了柏林的照片。

以上 2 个型号都与轰炸型 Mk IX 和 XVI 并行研制，前者是采用二级增压“默林”发动机（因此能够在高空作业）的 Mk VIII 衍生型；后者加装了增压座舱以便飞机能够到达更高的高度。

1944 年 3 月，第 544 中队接收了 PR.Mk XVI“蚊”。由于第一批完工的 PR.Mk XVI 中的一部分被紧急分派给第 2 战术航空队第 140 中队，以承担 6 月诺曼底登陆的部分侦察和航空测绘任务，第 540 中队直到 1944 年 7 月才收到新飞机。

Mk IV、IX 和 XVI 也在中东服役，在潮湿的热带环境对飞机胶合木板造成的大量问题得到解决后，Mk IX 和 XVI 最终被派遣至远东。

VLR Mk 34

1945 年 6 月，Mk XVI 的超远程型号 PR.Mk 34 开始服役。该型机以刚建成的科科斯岛机场为基地完成了对吉隆坡和巴生港的侦察任务。到 7 月末，来自科科斯岛的 PR.Mk 34 已完成了 25 次任务，到对日胜利日之前，它们又完成了 13 次任务。

PR.Mk 34（以及少量的 B.Mk 35 轰炸机改装的夜间照相侦察任务用 PR.Mk 35）在 20 世纪 40 年代末和 50 年代初在本土和海外的英国皇家空军服役。

最后一批在皇家空军服役的“蚊”是位于实里达的第 81 中队的 PR.Mk 34A（安装有改进的侦察设备），一直服役至 1955 年 12 月 15 日才退役。

下图：超远程 PR.Mk 34 是 Mk XVI 的升级型，被用于远东。在对日作战胜利日后不久进入皇家空军服役的 Mk 34 持续服役到 1955 年，当时第 81 中队的 RG314 号机在“火焰猎犬”行动中完成了皇家空军“蚊”式的最后一次出击

夜间战斗型

上图：涂刷哑光黑油漆后的飞机速度比 NF“蚊”的最大速度要慢达 23 英里 / 时（约 37 千米 / 时），该机型很快就被淘汰。DD609 是第 10 架来自第二批 150 架 Mk II 订单的飞机

德·哈维兰向航空部承诺将加紧“蚊”战斗机原型机的研发，以满足夜间战斗机的任务需求。研发的最终成果是一个独立的全副武装且配有雷达的夜战型家族，它们在战斗机和轰炸机司令部以及第 2 战术航空队服役。

航空部刚刚同意德·哈维兰对无武装双发动机轰炸机的设计，就根据 B.1/40 规范订购了 50 架。由于设计被要求适合战斗和侦察任务，“蚊”的部分衍生型分别承担了战斗和侦察任务。

夜间战斗机原型机

实际上，夜间战斗机原型机（W4052）是第二架完成首飞的“蚊”，在 1941 年 5 月 15 日第一架首飞的 6 个月后首飞。F.Mk II 与早期的型号不同，采用强化的翼梁，使飞机能够在空战中进行剧烈机动，同时该机在座舱地板下装有 4 门西斯帕诺 20 毫米机关炮，在机头装有 4 挺 0.303 英寸（约 7.7 毫米）勃朗宁机枪，并加装平坦的防弹挡风玻璃和 1 部 AI.Mk IV 雷达。飞机的动力来自 2 台 1460 马力（约 1089 千瓦）“默林” 21 或 23 发动机。

首批的 50 架“蚊”中有 21 架作为 NF.Mk II 夜间战斗机完工，这些飞机从 1942 年 1 月开始交付皇家空军作战中队。

战斗机型“蚊”是 3 种衍生型中最后开始服役的。4 月，位于坎普斯堡的第 157 中队成为第一支公开的使用“蚊”战斗机的部队。7 月第 23 中队也开始使用该机型，该部队在欧洲北部进行长距离奔袭（追杀返回基地的纳粹空军轰炸机），之后移驻马耳他，在岛上的头 3 个月内击落了 17 架飞机。执行夜间突袭任务的型号没有配备雷达，但是加装了“极”（Gee）导航系统，因而被称为 NF.Mk II（特）——这一型号也被称为 NF.Mk II（侵入者）。NF.Mk II 总计制造了 466 架。

下一款专用夜间战斗机型是 NF.Mk XII，该机型在 1943 年 2 月进入第 85 中队（由夜间战斗机王牌飞行员约翰·坎宁安中校指挥）服役，并采用了新型 AI.Mk VII 厘米波雷达。雷达安装在头部雷达罩内，这使得机枪必须移除；Mk XII 和随后的 NF“蚊”（除 Mk XV 外）武装均为 4 门机关炮。全部 97 架 Mk XII 都由 Mk II 改装而成。

在 NF.Mk XII 之后，以 FB.Mk VI 战斗轰炸机为基础的 NF.Mk XIII 研发完成，它具有强化的机翼，能够挂载 50 英制加仑（约 227 升）的副油箱，并安装 AI.Mk VIII 雷达。该机型总计交付 270 架，与 Mk XII 一起装备了 10 支皇家空军中队。50 架 Mk XIII 进行了一次有趣的改装：在“默林”发动机上增加了一氧化二氮喷射系统，以在超过 20000 英尺（约 6096 米）的高空中（飞机在该高度的速度和爬升率急需改善），在短时间内提供更多的动力。这些型号的性能发挥受到雷达性能的制约。因此，接下来的“蚊”夜间战斗机型换装了性能更优的美制雷达。

下图：没有配备雷达的 NF.Mk II（特）最适合执行突袭任务。图为第 23 中队在 1942 年末送往马耳他的飞机中的 1 架。图中可看到夜间战斗机迷彩 / 黑色抛光相混合的外观

上图：带褶边的杨曼减速板在 NF 原 W4052 上进行实验。其他设计也接受了测试，但随后都被淘汰了——放下起落架能够起到相同的作用

上图："蚊"NF.Mk XII 使用安装在套管状雷达舱内的 AI.Mk VIII 雷达。仅有 97 架该机型飞机交付；这些飞机全部由 NF.Mk II 改装而成，在 1943 年初开始服役

上图：延长的翼尖是高空 NF.Mk XV 型的特点，该机型由安装增压座舱的 B.Mk XVI 轰炸机改装而来，武器安装在机腹苗包内

美制SCR-720

以装有美制 SCR-720（AI.Mk X）雷达的扫描仪的"外圆角"雷达罩为特色的 Mk XVII 由最初的 NF.Mk II 改装而来。有 100 架 NF.Mk II 接受了改装，并从 1944 年初开始服役。第 25 中队在 2 月使用 Mk XVII 赢得了第一次胜利。

为抵消新的雷达罩带来的阻力，外形几乎没有改变的 Mk XIX 成为接下来投产的型号，该机型采用额定功率 1635 马力（约 1219 千瓦）的"默林"25 发动机。使用 AI.Mk VIII 或 X 雷达的 Mk XIX 开始服役（年中）时，多种用途不同的雷达正在紧锣密鼓地研制。这些雷达包括了代号为"莫妮卡"机尾告警装置（可以发现敌军飞机的"普法图斯"敌我识别系统的信号），以及能够获取德军机载雷达信号的"塞拉特"无线电侦察装置。几支"蚊"Mk XIX 部队使用这些装置获得了成功，尤其是在保护轰炸机司令部的重型轰炸机免受纳粹空军夜间战斗机攻击的护航任务中表现出色。

夜战型"蚊"的发展以 NF.Mk 30 告终，该机型为装备有 AI.Mk 雷达 X 的 Mk XIX 型。Mk 30 与此前型号的差别主要在两个方面。首先，由二级增压"默林"70 发动机驱动以改善高空性能。其次，飞机安装有增压座舱，可以满足在高空执行任务的需要。

第一批 Mk 30 在 1944 年中开始服役，到战争结束时，有 9 支中队装备有该机型，其中有一半在德国上空进行轰炸机护航任务。

战时"蚊"夜间战斗机家族的成员之一偏离了研发的主线。1942 年，为在英国上空与容克 Ju 86 高空轰炸机对抗，一架加装增压座舱的"蚊"B.Mk XVI 轰炸机被改装成第一架 NF.Mk XV。该机安装有延长的翼尖，由二级增压"默林"61 发动机驱动的 4 叶螺旋桨作为动力，通体采用深蓝色涂装，1942 年 8 月完成改装首飞。4 架 B.Mk IV 也按照新标准进行了改装，但由于 Ju 86 的威胁不再出现，该机随后改回原状态。

战后发展

1953 年，皇家空军最后一批夜战型"蚊"——Mk 36（使用"默林"113/114 发动机的 Mk 30）退役，该机型飞机生产了 266 架。

NF"蚊"的外国用户包括比利时（Mk 30）、法国（Mk 30）、瑞典（Mk XIX，在当地被称为 J 30）和南斯拉夫（Mk 38）。

Mk 38 是最后的"蚊"夜间战斗机型号，以采用英制雷达（AI. Mk IX）为特色。该雷达使驾驶舱向前挪动了 5 英寸（约 12.7 厘米）。作为总产量 100 架 Mk 38 中的最后一架，VX916 号在 1950 年完工，它也是所有交付的 7619 架"蚊"（所有型号）中的最后一架。

左图：以"通用"雷达舱（内装有 AI.Mk X 雷达）和螺旋桨下的进气口（为二级增压"默林"发动机的中冷器提供空气）为外观特征的 NF.Mk 30，是第二次世界大战期间服役的最后一款"蚊"夜间战斗机型

"蚊"NF.Mk II

W4079 号是首批 50 架"蚊"中的一架，这些飞机中有 21 架以 NF.Mk II 夜间战斗机标准制造完成。1942 年 6 月，该机拨给第 157 中队，这是第一支"蚊"夜间战斗机部队。

雷达和武器

"蚊"NF.Mk II 装载有 AI.Mk IV 雷达，外部设备为形似"弓与箭"的头部天线和每侧外翼段各一对的偶极子接收天线。武器由机腹苗包内的 4 门西斯帕诺 20 毫米机关炮，以及头部的 4 挺勃朗宁 0.303 英寸（约 7.7 毫米）机枪组成。

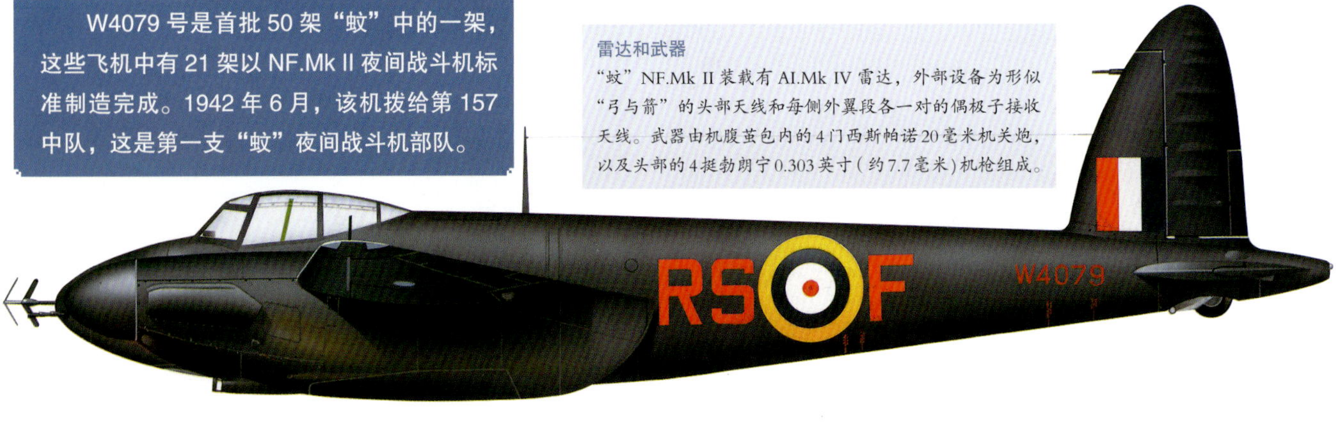

战斗轰炸型

上图："蚊"FB.Mk VI在班芙机场准备起飞，图片摄于1944—1945年冬。外挂有100英制加仑（约454升）翼下副油箱

如果出现在21世纪，"蚊"战斗轰炸机或许会被称作"多用途作战飞机"。战斗轰炸型"蚊"的产量超过了其他衍生型。

1942年7月，皇家空军的第23中队开始使用"蚊"NF.Mk II（特）。由于被禁止在敌军控制区域使用AI雷达以防止系统落入敌军手中，英国皇家空军使用这批没有雷达的"蚊"对纳粹空军夜间战斗机和机场进行突袭。此外，这批飞机还对一些公路和铁路目标实施夜间空袭，作为对地攻击飞机的巨大潜能被挖掘出来。

改装的Mk II仅为权宜之计，而F.Mk II昼间战斗机的计划由于FB.Mk VI的发展而遭到废弃（仅在澳大利亚生产了1架）。以Mk II机身为基础的Mk VI于1943年2月首飞，其原型机由Mk II改装而成。弹舱内可携带总计达500磅（约227千克）炸弹，每侧机翼下能各挂载1枚250磅（约113千克）炸弹，此外还有

右图：在1943年的一次行动中，一架第418战斗机中队的"蚊"FB.Mk VI机组用枪炮火力击毁了2架停放在地面上的纳粹轰炸机，另用炸弹摧毁了一列火车和一座无线电通信站

下图：涂刷了欧洲登陆作战条纹的"蚊"FB.Mk XVIII"非洲毒蝇"看起来令人惧怕。头部下方能够看到57毫米炮的身管。为减少重量，许多Mk XVIII只安装两挺机枪

上图：这架飞机是交付给澳大利亚皇家空军的“蚊”FB.Mk VI 中的一架，这些飞机填补了澳大利亚 FB.Mk 40 型号生产前的临时空缺

NF.Mk II 上的 4 门 20 毫米机关炮和 4 挺 0.303 英寸（约 7.7 毫米）机枪，强大的火力使 FB.Mk VI 具备多用途性能以及极强的对地攻击能力。

在生产改装至 FB.Mk VI 系列 II 之前，由 1460 马力（约 1088 千瓦）“默林”21 或 23 发动机提供动力的“蚊”FB.Mk Vi 系列又生产了 300 架。系列 II 后来使用了额定功率为 1635 马力（约 1219 千瓦）的“默林”25 发动机，并具有引以为荣的 1000 磅（约 454 千克）内部载弹量，以及在每侧机翼下再挂载 1 枚 500 磅（约 227 千克）炸弹或副油箱的能力。

丰富的型号

“蚊”FB.Mk VI 的广泛用途使其成为“蚊”家族制造最多的型号，总计有 2718 架该机型飞机由埃尔斯彼得、德·哈维兰和斯坦达德汽车制造完成。在加拿大，3 架“蚊”FB.Mk VI 以 FB.Mk 21 为基础作为 2 架 FB.Mk 24 和大约 338 架 FB.Mk 26 轰炸机的前身生产出来。澳大利亚德·哈维兰分公司也是“蚊”的主要制造商，它为澳大利亚皇家空军制造了 178 架“蚊”FB.Mk 40。这些飞机与皇家空军的 FB.Mk VI 极为相似，1944 年至 1945 年间澳大利亚皇家空军又得到了 38 架 FB.Mk VI，但它们都使用美制“帕卡德－默林”31 或后期型的 33 型发动机。

对舰攻击

作为一款具有携带重型武器潜力的强力远程战斗轰炸机，“蚊”FB.Mk VI 具有成为杰出的舰艇杀手的全部要素。由于需要使飞机具有更大的打击力和执行这一危险任务所需的平衡能力，

上图：1944 年 8 月 12 日，波特瑞什斯打击联队的第 235 和 248 中队操纵“蚊”FB.Mk VI 突袭了波尔多附近的吉伦特，用炸弹和火箭弹击沉了 2 艘敌军的扫雷舰

“蚊”FB.Mk XVIII 应运而生，生产了 27 架。FB.Mk VI 的 4 门 20 毫米机关炮都被拆除，以安装 1 门 57 毫米莫林斯半自动航炮。飞机仅携带了 24 枚 57 毫米穿甲弹，弹药被装入位于座舱后面的半自动航炮装弹机内。由于加挂武器后飞机的稳定性会受到一定影响，所以飞机需要小心驾驶，并避免在开火时剧烈横向机动导致炮闩卡弹。然而，FB.Mk XVIII 能够从 5850 英尺（约 1783 米）外对目标进行打击，在对潜艇以及水面舰艇和地面目标进行攻击时展现了极强的威力。

尽管“非洲毒蝇”（“蚊”FB.Mk XVIII）“蚊”能够在与护航的“蚊”FB.Mk VI 的紧密合作中创下令人瞩目的战功，但“蚊”的反舰能力的颠覆性突破是随着空射火箭（RP）的引入实现的。每侧机翼下方炸弹和副油箱挂架位置能安装 4 条火箭弹发射滑轨，最初使用的火箭弹采用英军广泛使用的 60 磅（约 27 千克）的弹头。1944 年 10 月 21 日夜，火箭弹第一次被“蚊”用于实战，这验证了这一组合的效力，但人们很快就意识到 60 磅（约 27 千克）弹头的侵彻力不足以穿透舰船的外壳，于是开始了新型火箭弹的研发。

1944 年末到 1945 年，使用火箭弹的“蚊”FB.Mk VI 成为皇家空军班芙打击联队的主力，联队使在挪威周边和北海区域的德国舰船陷入混乱。

在其他地方，“蚊”战斗轰炸机正忙于摧毁内陆的重要目标，其中的许多飞机需要进行精确的炸弹空袭，它们在空对空战斗中击落了数百架敌机。

战后，FB.Mk VI 被用于对抗爪哇岛的印尼独立主义者，该型号也被广泛出口到捷克斯洛伐克和新西兰等国家。最后一批皇家空军的 Mk VI 在 1950 年退役。

下图：“蚊”FB.Mk VI，拍摄于 1943 年 11 月航空武器实验研究院的火箭弹测试中。飞机的标准 3 英寸（约 7.62 厘米）火箭弹上装有 60 磅（约 27 千克）弹头

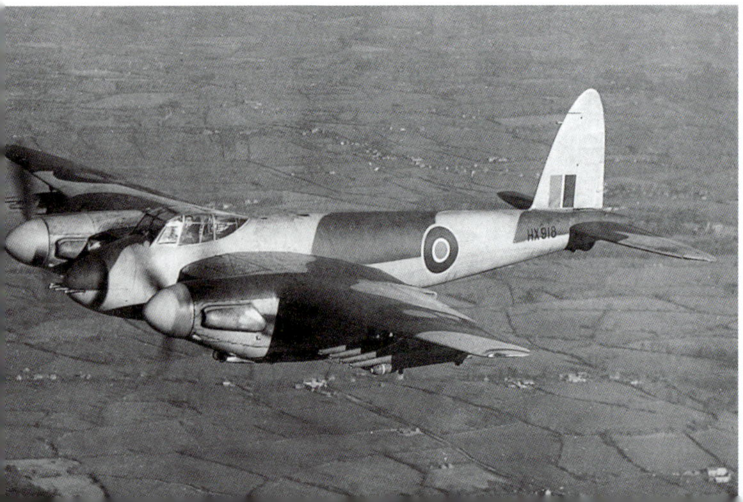

下图：一架班芙基地的 FB.Mk VI，来自第 143 中队，挂载有安装流线型 25 磅（约 11 千克）半穿甲弹头的火箭弹（用于打击舰船的装甲外壳）

1942 年 7 月 8 日在沙姆圣费思重组的第 139 中队成为第 2 支装备轰炸型“蚊”的中队，第 105 中队在同年稍早时接收了第一架“蚊”。这些飞机属于采用加长发动机舱和排气管盖板的 Mk IV 系列

轰炸型

尽管皇家空军轰炸机司令部最初反对无武装轰炸机的提案，但最终被德·哈维兰的高速设计所折服，并订购了大量 DH.98。

左图：“蚊”很快加入轰炸机司令部对德国的夜间攻击。图中，一架来自夜间攻击部队的“蚊”B.Mk IX 正准备滑跑起飞

1941 年 6 月 21 日，航空部签发订单，除 5 架原型机外（1 架轰炸机、1 架照相侦察机和 3 架战斗机），还订购了 19 架照相侦察型“蚊”和 176 架战斗轰炸型。7 月，航空部最终确认还将制造 50 架无武装轰炸机。在 6 月 21 日确定的制造总数之上，航空部又指定了最后的 9 架飞机（W4064—W4072），19 架最初在 1940 年 3 月作为照相侦察型订购的飞机也被改装成无武装轰炸机。这 9 架飞机被称为 B.Mk IV 系列 I。B.Mk IV 轰炸机原型机 W4072 于 1941 年 9 月 8 日首飞。

50 架全新的 B.Mk IV/II 轰炸机与 IV/I 批次的差别在于具有更大的炸弹舱，将载荷增加至 4 枚 500 磅（约 227 千克）炸弹，而非 I 批次的 4 枚 250 磅（约 114 千克）炸弹；通过缩短 500 磅（约 227 千克）炸弹的稳定尾翼使得“蚊”能够携带 4 枚。

1941 年 11 月 15 日，在诺福克斯旺顿莫利的第 2（轻型轰炸机）大队机场，第 105 中队最终接收了第一架革命性的“蚊”Mk IV 轰炸机，该飞机具有 420 英里 / 时（约 676 千米 / 时）的最大表速——这相当于在 20000 英尺（约 6096 米）达到 520 英里 / 时（约 837 千米 / 时）的速度。

第 105 中队最初只能使用第一架进入皇家空军服役的“蚊”轰炸机 W4066 原型机和其他 3 架 Mk IV；仅有 8 架“蚊”在 1942 年 5 月中旬到达部队。而第 2 大队对“木制奇迹”的需求越发急切。第 105 中队出动 4 架装有炸弹和照相机的“蚊”参加了 5 月

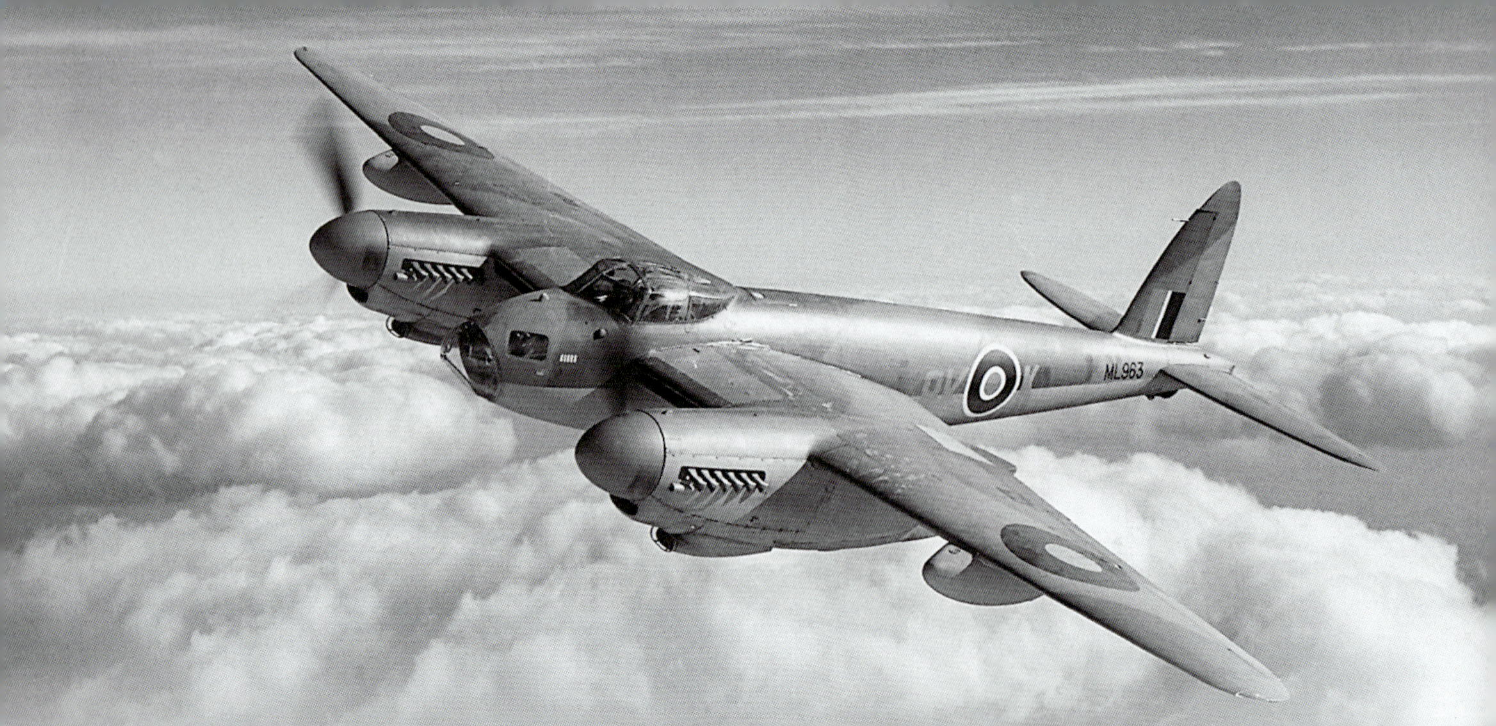

上图：尽管采用二级增压“默林”发动机的 B.Mk IX 能够在更高的高度飞行，但采用增压座舱的 B.Mk XVI 具有更多的优势。图中飞机属于第 571 轰炸中队

30—31 日针对科隆的“千机大轰炸”——执行轰炸型“蚊”第一次作战任务：“补充空袭和轰炸效果拍摄评估。”

第二支中队

6 月 8 日，第 139 中队在沙姆圣费思组建，该中队利用了部分来自第 105 中队的机组人员和 Mk IV。6 月 23—26 日进行的第一次行动是在威廉港附近施塔德机场的低空轰炸。7 月 1—2 日中队在第一次大规模低空空袭中使用“蚊”轰炸了弗伦斯堡的潜艇栈桥，又很快受命进行高空轰炸。7 月中旬飞机完成了最初的 29 次“塞壬”行动。以高空高速在德国的夜空飞行，迫使德国工人与其家人躲入防空洞，从而导致他们在次日的轮班前损失至少 2 小时的睡眠时间。

第 105 和 139 中队在 1942 年 9 月转移至诺福克马勒姆空军基地。19 日，6 名机组人员完成了第一次“蚊”对柏林的昼间轰炸。

9 月 25 日，第 105 中队的 4 名低空飞行专家执行前往奥斯陆的长距离低空海上任务，对当地盖世太保总部进行轰炸，从而打击了挪威法西斯主义支持者和叛国者的士气。该行动往返 1100 英里（约 1770 千米），历时 4 小时 45 分钟，这是有记录的“蚊”任务中用时最长的一次。这次空袭是一次显著的成功，也是“蚊”进行的第一次远程突袭、第一次向英国公众报道该机型的作战成果。

第 105 和 139 中队在 1943 年 5 月 27 日执行了最后的昼间轰炸任务。1943 年 6 月，两支中队都转隶第 8（探路者）大队。该大队由空军准将（后升任空军中将）唐·班尼特指挥，他致力于使用“蚊”在轰炸机司令部的“重型”主力参与的夜间战斗中进行目标搜寻和标记。

在 7 月从维顿转移至马尔哈姆加入第 105 中队第 109 中队之后，第 105 中队成为第 2 支“双簧管”中队，同时班尼特使用位于维顿（这里是 1943 年 7 月移入的中队的基地）的第 139 中队作为“支援中队”[第 8 大队的“蚊”探路机使用“双簧管”（Oboe）轰炸瞄准雷达。“双簧管”是在第二次世界大战期间使用的最精确的仪器轰炸装置。“探路者”大队的“蚊”轰炸机也使用“极”（Gee）导航辅助设备和之后的 H_2S 轰炸引导雷达]。第 4 支“蚊”中队第 627 中队成立于 1943 年 11 月。1944 年第 8 大队的“蚊”兵力得到进一步扩张，第 139 中队曾指挥 150 架该机型飞机投入对柏林的夜间空袭中。

下图：名为“加拿大新斯科舍岛新格拉斯哥号”的“蚊”B.Mk XX KB162，是最初交付皇家空军的 2 架加拿大造“蚊”轰炸机之一，该机在 1943 年 8 月到达皇家空军。总计交付了超过 500 架 Mk XX 和 Mk 25，后者使用帕卡德公司制造的“默林”225 发动机

Mk IX和LNSF

到 1943 年夏天，“扰乱性空袭”极为有效，这使得“蚊”在第 8 大队组建起“轻型夜间空袭部队”（LNSF）。同年早些时候，第一架“蚊”B.Mk IX 开始在第 109 轰炸中队服役。该型机以 PR.Mk IX 侦察机型号为基础的 B.Mk IX 使用二级增压“默林”发动机，能够在更高的高度飞行。

1944 年初，尽管炸弹舱仍显狭窄，但经过适当改进的 LNSF B.Mk IV 已经能装载 4000 磅（约 1814 千克）HC 炸弹。为适应如此沉重的载荷，炸弹舱进行了强化，同时舱门也重新设计。1 月 1 日成立于格雷夫利的第 692 轰炸机中队成为第 8 大队中第 5 支“蚊”中队，该中队也是第一支在德国上空投掷了“曲奇”炸弹（或因外形而被称为“危险垃圾箱”）的“蚊”中队。2 月 23—24 日 DZ647 在一次对杜塞尔多夫的空袭中投放了 1 枚炸弹。高空“蚊”（其原型机首飞于 1943 年 11 月）在 1944 年春天开始执行任务之前，改装的 B.Mk IV 一直用于装载“曲奇”。

增压 B.Mk XVI 具有凸出炸弹舱，其更有力的二级增压 1680

上图：对高速靶机牵引机的需求促使皇家空军与布鲁克林航空签订了 1 份合同，将 105 架已经成为剩余物资的 B.Mk 35 改装为能够在炸弹舱装载拖靶的 TT.Mk 35。这些是最后一批皇家空军“蚊”飞机，由民防协调部队使用到 1963 年

马力（约 1275 千瓦）“默林”72/73 或两台 1710 马力（约 1275 千瓦）76/77 发动机能够在 28500 英尺（约 8687 米）高空为飞机带来 419 英里 / 时（约 674 千米 / 时）的最高速度，更适合“曲奇运输”。3 月 5—6 日对杜伊斯堡的空袭中，第 692 中队第一次使用 B.Mk XVI 执行了任务。

此前，在 1944 年 2 月 1 日至 2 日夜间，主要使用加拿大产“蚊”（配备二级增压“默林”XX），并在部队中混合使用 B.Mk IV、IX、XVI 和 XX 的第 139 中队，第一次使用 H_2S 雷达为对柏林的空袭标记了目标。

1944 年 1 月到 12 月，除前面提到的第 692 中队之外，还有 5 支“蚊”中队也加入了第 8 大队，它们是第 571、608、128、142 和 162 中队。在 1945 年 1 月，作为第 11 支也是最后一支“蚊”轰炸机中队的第 163 中队成立。

随着在欧洲的战争步入尾声，“蚊”被再次用于昼间轰炸任务。到 4 月末，“蚊”被用于更和平的目的：在德国的战俘营上空投掷传单，使用“双簧管”在德国占领的荷兰地区为执行食品援助空投任务的皇家空军和美军重型轰炸机寻找“目标”。

第 8 大队的“蚊”中队总共进行了 28215 次出击，但在轰炸机司令部中它们的损失最小：仅有 108 架（大约每 261 次出击损失 1 架）；同时还有 88 架由于战斗损坏而报废。

最后的“蚊”轰炸机型号 Mk 35 在 1945 年首飞，但由于战争结束，该机型从未投入实战。直到 1948 年才短暂装备了 2 支轰炸机司令部部队和 3 支英国空军占领军（BAFO）部队，在 20 世纪 50 年代初就被喷气机型代替了。

上图：为执行夜间任务，图示第 692 中队的“蚊”B.Mk IV 通体为哑黑色，它是第一批改装后能够在弹舱内装载 1 枚 4000 磅（约 1814 千克）HC 炸弹（绰号“曲奇”）的飞机之一

下图：最后的“蚊”轰炸机型号 B.Mk 35 1948 年进入皇家空军在本土部队和西德占领军部队服役。被“堪培拉”和“吸血鬼”替代的这些飞机在 1951—1952 年退役。图片摄于 1949 年。图中，以西德策勒为基地的飞机正在进行训练

德瓦蒂纳 D.520

战时歼击机

上图：德瓦蒂纳 D.520 战机只有少数几架幸存，包括上图中的飞机（现为法国航空博物馆所有）。它被借给位于罗什福尔的海军航空兵博物馆，并被重新涂刷上了法军第 1 驱逐机大队的涂装

由于早期的发展并未受到官方的重视，D.520 几乎无法与 BF 109 相匹敌，但是凭借飞行员的巨大勇气及卓越的驾驶技术，它仍在法国战役中获得一席之地。

1936 年 6 月，德瓦蒂纳公司组建了一个以罗贝尔·卡斯特罗（Robert Castello）为首的独立设计局，下令设计一款新型战斗机，使用一台 900 马力（约 671 千瓦）西斯帕诺 – 苏莎（Hispano Suiza）12Y–21 发动机，使战机获得 311 英里 / 时（约 500 千米 / 时）的速度。由于法国空军当局已将速度目标设定为 323 英里 / 时（约 520 千米 / 时），这一设计遭到了回绝。为达到这一新的速度要求，卡斯特罗对被称为 D.520 的设计进行了一定的修改，包括减小翼展及换用由西斯帕诺 – 苏莎公司完善的功率为 1200 马力（约 895 千瓦）的发动机。

尽管由于官方对于 MS.406 的偏爱，新的设计又一次遭到了拒绝，但德瓦蒂纳公司决定坚持完成详细设计，并利用企业资金完成两架原型机的制造。该机在 1938 年 4 月 3 日前都未得到官方订货，而在同一时期内，该型号的首架飞机 D.520.01 基本完成。

上图：D.520 在纳粹德国空军战斗机学校得到广泛使用，体现了德军战争后期战斗机培训体系的窘境。年轻学员的飞行事故率很高

第一架原型机的首飞由马塞尔·多雷在 1938 年 10 月 2 日于图卢兹（Toulouse–Francazals）完成，使用的是西斯帕诺 – 苏莎 12Y–21 发动机驱动的木制定距双叶螺旋桨；在将双翼下散热器更换为一个中央散热器以及将之前的发动机替换为西斯帕诺 – 苏莎 12Y–29（HS 12Y–29）发动机并换用三叶螺旋桨后，D.520.01 实现了 311 英里 / 时（约 520 千米 / 时）的设计速度。第二架原型机（D.520.02）于 1939 年 1 月 28 日首飞，使用了重新设计的尾翼组、座舱盖、强化的起落架以及一门 20 毫米口径机关炮和两挺机翼机枪。仅有的另一架原型机——D.520.03，则在 1939 年 9 月战争爆发时才实现首飞。该机采用西多尔罗夫斯基（Szydlowski）增压器替代之前安装的西斯帕诺 – 苏莎型。

由于军备水平不容乐观，法国当局在 1939 年 4 月 17 日对 D.520 战机下了 200 架订单，要求在年末交付；而在随后 1939 年 6 月及 9 月、1940 年 1 月、4 月及 5 月追加的订单中，订购的 D.520 总量达到了 2200 架（包括为法国海军航空兵订购的 120 架）。

1940 年 5 月 10 日德军开始空袭法国西部，同日，36 架做好战斗准备的 D.520 交付位于戛纳 – 马德（Cannes–Mandélieu）的第三战斗机联队第一大队（Grouped de Chasse I/3 或称 GC I/3）。未完成作战准备的飞机则作为改装飞行教练机分发给了 GC II/3、GC II/7 和 GC III/3。

上图：在战后的法国空军中，D.520 仅在战斗飞行教练机中占了很小的比重。在图尔的 704 战斗机学校，一些飞机在 D.520DC 的设计基础上又增加了第二个驾驶舱

上图：1938 年 10 月 8 日，在第一架 D.520 的第二次航行中，马塞尔 · 多雷（Marcel Doret）坐在驾驶舱中。短机尾使这架飞机看起来更像是竞速用飞机而不是一台战斗机器

尽管几乎没有为使用这些新战机进行战斗做好准备，GC I/3 还是被部署至战区，并于 5 月 13 日在第一时间进入战斗状态。在这场英勇的战斗中，D.520 在北方对德军及南方对意军的战斗中获得了多次胜利。

到 6 月 25 日，总共 437 架 D.520 在图卢兹完工。在这些飞机中，351 架被空军接收，52 架由海军航空兵接收；其中 106 架在作战或事故中损失。在残余的飞机中，有 153 架部署在法国未被占领的地区，175 架由幸存的法国飞行员驾驶飞往北非，还有 3 架飞往英国。

由于德国起初禁止在法国本土未占领地区部署 D.520 飞行部队，许多幸存的飞机被转移至北非。1941 年 4 月，在法国的德国停战委员会与 SNCASE 组织（接管了图卢兹工厂）签订了一个 550 架 D.520 的订单。这一订单中的 349 架于 1942 年末完工，其中 197 架采用 820 马力（约 612 千瓦）功率的西斯帕诺 – 苏莎 12Y–49 发动机驱动肖维埃（Chauvière）螺旋桨作为动力。

在 1941 年叙利亚战役期间，D.520 参与了对抗英国海军航空兵部队的行动。1942 年 11 月盟军在北非登陆时，维希军队已装备 173 架 D.520 战机，其中 142 架已做好战斗准备。

在轴心国的服役

盟军登陆北非后，纳粹占领了法国的剩余部分，在 1942 年 11 月 27 日遣散了维希空军。在被德国扣押的 1876 架飞机中有 246 架为 D.520。1943 年 3 月，SNCASE 被要求完成尚未完成的 150 架 D.520。一年多后这一要求被完成，D.520 的总产量达到 905 架。

从这一时期起，D.520 广泛地服务于轴心国的空军力量。它最初被用于战斗机教练机，同时也被德军第 52 战斗机联队（JG52）有限地用于苏德战争中。60 架 D.520 在 1942 年至 1943 年间被分配给意大利皇家空军。1943 年德国将 120 架 D.520 分配给了保加利亚空军，同时有一小部分被分配给了罗马尼亚空军。

上图：在法国战役中与先进的梅塞施密特 Bf 109 进行一番英勇无畏的战斗后，D.520 与先前的敌人一同在北非对抗盟军

1944 年年中，法国南部在盟军的帮助下获得了解放，紧随其后，一个装备有 D.520 战机的“自由法国”空军战斗机中队成立。以空战王牌马塞尔 · 多雷的名字命名的“多雷中队”参加了对纳粹国防军残部的追击。

当法国空军在 1944 年 12 月 1 日重组时，“多雷中队”被重新编制为 GC II/18“圣东日”（Saintonge）中队并配备了 15 架 D.520。3 个月后，GC II/18 重新换装“喷火”Mk VB，D.520 则被转配给了 GCB I/18“旺代”（Vendée）中队和一支位于图卢兹的训练部队。大约 50 架 D.520 在战争的最后一个月中从德国手中夺回，有 20 架被从北非带回。

在欧洲的战争结束后，D.520 继续服务于战斗机飞行员训练。大约有 12 架飞机由基本配置改为双座配置，称为 D.520DC（Double Commande——“双控制型”）。

最后一支使用 D.520 飞行的部队是第 58 空军表演中队（EPAA，Escadrille de Présentation de l'Armée de l'Air）。这一中队装备了 7 架 D.520（其中 3 架为 DC 双座）；该型号的飞机最后一次飞行完成于 1953 年 9 月 3 日。

下图：数架 D.520 曾被用于试验，包括 HD.780 水上飞机、使用“默林”（Merlin）发动机的 D.521 和 D.550 竞赛飞机。图中为使用改进的冷却系统及新型起落架的 D.520Z

D.520

D.520 被广泛认为是在第二次世界大战中源于法国的发展最好的战斗机，它的战斗生涯包括两个阶段。在法国陷落后，大量的 D.520 被送往北非，其中一些参加了 1941 年对抗英国及自由法国部队的叙利亚战役。在与德国空军的战斗机一道作战期间，D.520 于 1942 年 11 月“火炬”行动登陆时卷入对抗盟军的战斗。盟军胜利后，许多 D.520 飞行员通过甄别重新加入盟军，其中有法国空军的世界级王牌飞行员皮埃尔·勒格洛昂，他在法国对抗德意战机以及在叙利亚对抗英军的过程中取得了优异战绩。1943 年 8 月 13 日驾驶 P-39 迫降失败而殉职。

标志

维希法国空军飞机采用金黄与红色相间的条纹标志，以便辨识飞机身份。

D.520 在法国

D.520 在法国战役中做出了极大的贡献。它在北方取得了很多对抗德国空军的著名胜利，其中包括击落领导德国空军的一流战斗机驾驶员维尔纳·默尔德斯；在南方，D.520 轻松压制了 6 月 10 日进入战争的意大利人。6 月 15 日的空战击落了 4 架 CR.42 和 1 架 BR.20 后，勒格洛昂成为法国唯一的一个“一日王牌”。

武器装备

与其他法国战斗机相比，D.520 火力强大，装备一门备弹 60 发的西斯帕诺－苏莎 HS404 20 毫米机关炮，以及 4 挺装于机翼的 0.295 英寸（约 7.5 毫米）口径 MAC 1934M39 机枪，每挺机枪都备有 675 发子弹。

GC II/7

该机机身画有 GC II/7 第 4 中队的黑豹徽章，该部队在 1942 年“火炬”行动开始不久，于突尼斯的加贝斯建立。黑豹徽章传承自第一次世界大战中装备 SPAD 战斗机的 SPA78 中队。

动力系统

D.520 的动力分别为西斯帕诺－苏莎 850 马力（约 634 千瓦）12Y-45 或 820 马力（约 612 千瓦）12Y-49 的发动机，驱动不同的螺旋桨。实验飞机配置了更强力的 12Y-51（D.523）及 12Z-89ter（D.524）发动机，但二者均未被采用。

驾驶舱

驾驶舱安排在机身中后部，使得驾驶员在飞行中拥有上佳的俯视视野。不过在地面滑行时驾驶员必须反复摆动机身以改善前向视野。

上图：Do 17Z-2 首次出现在 1939 年，图中这两架飞机是纳粹德国空军在前线服役的最后一批，在 1942 年随第 53 轰炸机联队第 15（克罗地亚）中队［15.（Kroat）/KG 53］在东线作战

道尼尔 Do 17/215

“飞行铅笔”

由于自卫武器较弱，Do 17/215 作为轰炸机很容易受到敌军战斗机的攻击。但这款飞机在高空侦察和滑翔机拖曳方面取得了更大的成功。

Do 17 由于细长的机身而得到“飞行铅笔”的别称，该机实际上是作为一款民用飞机设计出来的，最初只是一架能够携带 6 名乘客的高速邮政飞机。Do 17 V1 以这样的定位在 1934 年末首次试飞，由德国汉莎航空公司使用，以便在 1935 年同第 2 架、第 3 架原型机对比评估。航空公司发现客舱（驾驶舱后一个独立的双座客舱和机翼后方同样狭窄的一个四座客舱）完全不适合商务运营，原型机被退回道尼尔公司。但该机被一名汉莎航空公司的飞行员挽救下来，他曾是道尼尔公司的试飞员，道尼尔由此和纳粹航空部搭上了线。他曾驾驶过这种型号的飞机，称该型号飞机有成为军用轰炸机的潜力，不过他觉得龙骨横截面面积不足。于是第 4 架原型机被委托建造，在机腹加装了炸弹舱，并且换装了新的双垂尾尾翼。此后又连续建造了 5 架类似的原型机。其中有 3 架在标准的长机头上加装了玻璃观察窗，最后的三架在驾驶舱后方有一个向后的机枪位，配有一挺由无线电员控制的 0.31 英寸（约 7.92 毫米）MG 15 机枪。

下图：尽管只有相对较小的炸弹装载量，当德国的闪击战在 1940 年开始的时候，道尼尔 Do 17Z 的表现还是很优异的

最早投入量产的轰炸型 Do 17E-1 是和几乎完全相同的远程侦察型 Do 17F-1 并行生产的。这两款飞机在炸弹舱前方舱口都有一挺向下开火的 MG 15 机枪。在 E-1 上，炸弹舱可以容纳重达 1650 磅（约 750 千克）的炸弹，更常见的载弹量是 1100 磅（约 500 千克），在 F-1 上则安装了两部照相机。

Do 17F-1 在 1937 年春天随“秃鹰军团”一起被派往西班牙。在西班牙参战的 20 架 Do 17E-1 证明，该机可以摆脱敌军战斗机的追击。

Do 17M 和 Do 17P 是作为早期 Do 17E-1 和 Do 17F-1 的替代型号同时研发的。750 马力（约 562 千瓦）的宝马 VI 12 缸发动机被 Do 17 V8 原型机上 1000 马力（约 746 千瓦）的戴姆勒 - 奔驰 DB 600A 发动机所取代。不过由于 DB 600A 的生产缓慢并且优先供应战斗机，Do 17M 轰炸型选用了 900 马力（约 675 千瓦）布拉莫（Bramo）323A-1“法夫纳”9 缸星型气冷发动机，而 Do 17P 则选择了 865 马力（约 648 千瓦）的宝马 132N 发动机，从而使侦察机达到了要求的航程。武器方面增加了一挺向前射击的 MG 15 机枪，这挺机枪可以夹紧固定也能够自由活动，分别由驾驶员通过环珠瞄准具瞄准或由导航员 / 投弹员自由射击。在 1940 年仍在服役的 Do 17M 和 Do 17P 通常加装两挺额外的 MG 15 机枪。这两个型号都有向后拓展的炸弹舱，载弹量达到 2205 磅（约 1000 千克）。加装的救生筏的型号更名为 Do 17M/U1，加装的热带滤尘器的热带型分别称为 Do 17M-1/Trop 和 Do 17P-1/Trop。

道尼尔 Do 17M 曾以 Do 17Kb-1 轰炸机、Do 17Ka-2 和 Ka-3 侦察机的型号出口到南斯拉夫。这三种型号都由“土地神 - 罗

上图：第 88 侦察大队第 1 中队和第 2 中队的 Do 17E-1 和 F-1 在西班牙内战期间随“秃鹰军团”作战，分别执行轰炸和侦察任务

纳”14 Na/2 星型发动机提供动力并加装了 FN 勃朗宁机枪（有一些还加装了 20 毫米的西斯帕诺-苏莎 404 机关炮）作为自卫武器。还保留了 Do 17 原型机采用的原始的玻璃长机头。在接收 20 架德国产飞机后，获得生产许可证的南斯拉夫从 1939 年开始在国家飞机工厂生产。当德国军队 1941 年入侵的时候，南斯拉夫有 70 架 Do 17K，其中 26 架在最初的空袭中被毁。有一些幸存者逃往埃及（有两架曾短暂加入英国皇家空军服役），剩余的 Do 17K 连同剩余的 Do 17E-1 一起加入德国新的同盟者——克罗地亚的空军。

西班牙内战证明了 Do 17 的下方容易受到攻击，而且驾驶舱也太过狭窄。后来人们在 Do 17S（一种停留在原阶段的高速侦察机）和 Do 17U（导航机，共完成了 3 架原型机 Do 17U-0 和 12 架生产型 Do 17U-1）机身前端进行了重新设计，增加了驾驶舱高度，5 人机组（Do 17U 配有两名雷达操作员）和一挺安装在可活动枪座上负责下半球射界的机枪。Do 17S 和 Do 17U 由 DB 600 发动机提供动力，但拥有相同前机身的 Do 17Z-1 轰炸机保留了 Bramo 323A-1“法夫纳”星型发动机。由于满载炸弹时发动机动力有所不足而换装了 1000 马力（约 746 千瓦）带有双速增压器的 Bramo 323P 发动机的改进型，编号为 Do 17Z-2。Do 17Z-3 是一种双用途侦察轰炸机，在入舱口安装了照相机。Do 17Z-4 是一种双重控制教练机型，Do 17Z-5 则是配备了漂浮浮筒和附加救生设备的远程水上侦察机。

370 架在英德战争爆发初期服役的 Do 17 轰炸机中有 212 架是 Do 17Z-1 和 Do 17Z-2，剩余的是 Do 17M-1 和少量 Do 17E-1。此外还有 262 架 Do 17 以远程侦察机的身份在 23 个中队服役。Do 17 参与了对波兰和法国（不包括挪威境内）的入侵，在不列颠战役中扮演了主要角色，在英国该机只需进行一个很小角度的俯冲便能甩掉大多数战斗机。尽管如此，该型机依然由于自卫武装简陋而损失惨重。虽然 Do 17 完成了若干惊人的大规模低空地形跟踪突袭，但个别部队在战役结束之前就换装了先进得多的 Ju 88。截至希特勒发起“巴巴罗萨”行动时，只有第 2 轰炸机联队（ZG2）完全装备了 Do 17。其 3 个大队最初在东线用 Do 17 执行任务，最后一个是把飞机交给克罗地亚空军的第 3 轰炸机联队第

下图：道尼尔 Do 17 V1 快速邮政飞机于 1934 年末出现的时候在英国和法国引起极大的忧虑，因为它的军事潜能是显而易见的

左图：第 2 轰炸机联队是唯一一个在入侵苏联之后还留在西方的 Do 17 部队。图中的这架飞机于 1940 年被派往第 2 轰炸机联队（侧翼部队）

下图：1941—1942 年冬，第 3 轰炸机联队第 3 大队第 7 中队的一架 Do 17Z 在战场东线以传统方法装载炸弹。这支部队在 1942 年初换装 Ju 88

3 大队，克罗地亚空军从 1942 年 11 月起一直使用 Do 17 执行反游击任务。另一个“国外用户”是芬兰，该国在 1942 年初接收了 15 架 Do 17Z-2 用以替换“布伦海姆”轰炸机，并一直服役到 1944 年中。

新的改型

Do 17Z 的生产最终在 1940 年结束，总共有 522 架 Do 17Z 交付使用。然而生产的结束并不意味着 Do 17 的终结。单座 Do 17Z-6 Kauz 是一架专注于夜间攻击的飞机，将 Ju 88C-2 的机关炮机头嫁接到 Do 17Z-3 机身框架上。这使得这一型号飞机的向前开火的武器包括了 3 挺 MG 15 机枪和 1 门 20 毫米 MG FF 机关炮。Do 17Z-10 Kauz II 与之相似，有一个全新的特殊设计的机头，安装 4 挺 MG 15 机枪和两门 MG FF 机关炮，还有一台斯潘纳尔 - 安拉格（Spanner Anlage）红外探测仪。Z-6 和 Z-10 的机组成员减少到了 3 人，其中机械师兼职为机关炮装填弹药，同时雷达操作员也要操纵后置机枪。

Do 215 的设计也被应用于 Do 17Z，制造一种出口南斯拉夫的机型。Do 215 的 V2 原型机用的是土地神 - 罗纳发动机，而 V3 原型机用的是 DB 601A 发动机。由 DB 601 提供动力的型号得到了 Do 215A-1 的编号并赢得了瑞典空军的订单。由于在交货前被禁运，这 18 架飞机在生产线上被改装成远程侦察机，最终以 Do 215B-0 和 Do 215B-1 型号被送往纳粹德国空军。道尼尔被要求继续为纳粹德国空军生产这一型号的飞机，并且生产一系列型号机型。未投入生产的 Do 215B-2 是一架轰炸机，而 Do 215B-3 的设计包括了两种出口苏联的飞机。Do 215B-4 装备了不同的照相设备，被改装成与 Do 215B-5 一样的夜间攻击方式。不同于最原始的 Kauz II，Do 215B-5 被改进以安装 FuG 202“利希滕施泰因”（Lichtenstein）BC 机载截击雷达，为将这种雷达改成适合 Bf 110 和 Ju 88 夜间战斗机的型号铺平了道路。Do 215 在 1942 年中之前从前线撤装，另有 4 架被移交给匈牙利。

最后一批纳粹德国空军的“飞行铅笔”到战争结束前一直作为 DFS 230 滑翔机的拖曳机，尽管逐渐被动力更强劲能拖曳更大的哥达 Go 242 滑翔机的亨克尔 He 111 所替代。1945 年初，该型机参与了拖曳大队的最终行动之一：补给布达佩斯。1943 年初，Do 17 滑翔机拖曳机迎来它们的光辉时刻，载着 DFS 230 滑翔机去补给并最终疏散了库班河桥头堡的德国军队。然而在战争结束之前，这种飞机已经稀少到盟军只缴获了一架 Do 17 用于评估。

这架 Do 215B-1 在生产线上被转为纳粹空军军用，用作远程侦察机，在 1940 年 4 月驻斯塔万格的德国空军指挥部侦察大队第 3 中队服役

从 V9 原型机开始采用的全新机身设计造就了 Do 217 与众不同的外观和相当惊人的载弹量。Do 217E 是第一个轰炸机型号，随后的改型能够发射 Hs 293 制导炸弹

道尼尔 Do 217 轰炸机

以 Do 17 的设计为重要蓝本，道尼尔公司生产了一种更大、更重的轰炸机，命名为 Do 217。尽管其地位因 He 111 和 Ju 88 的存在而略显失色，但已被证明能够携带一些纳粹德国空军的特殊武器，并熟练地执行反舰攻击任务。该型机也为一个重型夜间战斗机家族的建立奠定了基础。

1937 年，德国航空部提出需要一款尺寸放大、载弹量和燃油量也相应提升的 Do 17Z，放大型同时还被要求能够配用多款不同发动机，执行水平和俯冲轰炸任务。首飞在 1938 年 8 月的 Do 217 V1 原型机由 1075 马力（约 802 千瓦）的 DB 601A 发动机提供动力，尽管在外观上和 Do 17/215 很相似，但实际上是全新设计。虽然该机在试飞中的表现不容乐观——一度导致坠毁事故，但项目还是得以继续。

在宝马 801 发动机于 1940 年 1 月被用于 Do 217 V9 原型机之前，原型机一直采用 Jumo 211A 和宝马 139 发动机。虽然垂尾前缘被开槽的原型机的操控性能已经可以被接受，但位于机尾的张开后像一个巨大十字形的俯冲制动器总是造成无数的麻烦。1941 年中，在尝试了机翼制动器并且损失了几架飞机后，德国航空部放弃了将沉重的 Do 217 作为俯冲轰炸机的打算。

第一批服役的飞机是 Do 217A-0，共有 8 架，用于执行侦察任务，在空军司令部侦察大队服役。在 1940 年春天交付这支特殊的部队后，该型机在冬季承担了苏联上空的秘密侦察任务，为入侵做准备。类似的 Do 217C 没有服役，A-0 成为唯一一种服役的窄体 217 型号。

1940 年初，V9 原型机出现了。这是一架从根本上进行了改进的型号，整个机身加长许多。1940 年末服役的 Do 217E-1 属于第一种“深体”型号，能够携带 8818 磅（约 4000 千克）的巨大炸弹，其中有 5550 磅（约 2517 千克）在炸弹舱内。尽管数量有限，但 Do 217E-1 仍然是最高效的轰炸机之一，机首装备了一门活动式 20 毫米 MG FF 机关炮（被 KG 40 用于大西洋上的反舰任务），此外机上还有 7 挺 MG 15 机枪。

Do 217E-2 采用了配备 MG 131 机枪的 EDL 131 背部电动炮塔，在腹部位置还有一挺手动瞄准的 MG 131 机枪、一挺固定的 MG 151/15 机枪可以向前开火。还有 3 挺手动瞄准的 MG 15 机枪使防御更加完备，R19（第 19 套野战改装组件）则加装了 2 挺或 4 挺从尾椎体向后射击的 MG 81 机枪。其他野战改造组件则加装了拦阻缆绳切割刀和多种武器套装，其中最大的是翼下吊挂两枚带有“凯尔 / 斯特拉斯堡”无线电指令系统的 Hs 293 反舰导弹。首次携带导弹参战的是第 100 轰炸机联队第 2 大队的 Do 217E-5，该大队在 1943 年 8 月 25 日开始的反舰打击行动给英军造成了严重损失。

下图：1942 年下半年，图中这架 De-217E-4 正服役于第 40 轰炸机联队第 2 大队。该大队是第一支驾驶 Do-217E 投入实战的大队，主要承担对英国的反舰轰炸任务。可以看到该型号在驾驶舱后部加装有向后开火的 MG 15 机枪

上图：正如最初设计的一样，Do 217 保留了 Do 17/215 铅笔般苗条的机身，这里展示的是第四架原型机。这是这个系列中第一架加装自卫武器的原型机，由 Jumo 211 发动机提供动力

上图：一架 Do 217E-2 起飞执行夜间任务。以轰炸机角色出现的 Do 217 最得意的一段时间是 1944 年 1 月针对英国南部的报复性空袭——“施泰因博克”行动

服役中的Do 217E

第 2 特别轰炸机联队是唯一完全装备 Do 217E 的部队，在服役期的大多数时间都作为 1944 年“小闪击战”的一部分从荷兰的基地出发执行针对英国的任务。第 40 轰炸机联队是 Do 217E 的第一批操作者，于 1941 年春天开始进行反舰任务，在 1943 年放弃了道尼尔。1943 年 4 月，第 100 轰炸机联队第 2 大队装备了携带 Hs 293 的 Do 217E-5，而第 100 轰炸机联队第 3 大队则使用携带 FX 1400 的 Do 217K-2。操作这一型号的其他部队还有第 66 轰炸机联队的第 1 和第 3 大队。1945 年 4 月 12 日，第 200 轰炸机联队的实验部队发射 Hs 293 滑翔炸弹轰炸奥得河上的桥梁，这是该机型执行的最后一次任务。

接下来的轰炸机主要型号是大致在 1942 年 10 月投入生产的 Do 217K-1。该机和之后的 E 系列类似，也是同样用于夜间轰炸。唯一显著的变化是换装了可提供最高可达 1700 马力（约 1268 千瓦）动力的宝马 801D 发动机，前机身也进行了重新设计。Do 17Z 和 215/217E 的驾驶舱本来没有什么特别不合理的地方，但道尼尔公司被容克公司 Ju 88B 与 188 的研发所影响，研发了一个与 He 177 相似的机首部分，前部玻璃部分一直延伸到机身顶部。这里存在的一个微小的缺点是驾驶员在透过较远的树脂玻璃时眼睛可能聚焦错误，尤其是当窗格玻璃反射出驾驶舱发亮部分的时候。

最初，K-1 在机首装有 MG 81Z 双联装 0.3 英寸（约 7.92 毫米）口径机枪，两挺 MG 81 向后方与侧方射击。背部炮塔上有一挺 MG 131 机枪，后方腹部位置有一挺 MG 131。随后又加装了两挺向侧方开火的 MG 81 机枪。R19 方案可以在尾部整流锥上安装一到两挺 MG 81Z 机枪向后射击，但更常见的是 R25 方案——安装了合成纤维俯冲轰炸减速伞。仅有少量 K-1 生产出来，其中至少有一架安装了翼下发射导轨以携带不少于 4 枚 LT F5b 鱼雷。

Do 217 家族的另一个分支是轰炸机 M 系列。它们在结构上和早期型号类似，实际上第一架 Do 217M，只不过是安装了戴姆勒-奔驰公司 1850 马力（约 1380 千瓦）的 DB 603A 液冷发动机的 K-1。M-1 几乎是毫不犹豫地投产了，除了高空性能略微改善，其他方面和 K-1 非常相似。

由于对夜间战斗机的需求更加迫切，M 系列轰炸机并没有大量生产，但是 1944 年 2 月 23 日发生了一次声名狼藉的事故：一架无人驾驶的 Do 217M 在剑桥附近完成了一次完美的迫降（被俘获后很快带着英国皇家空军的标记再度起飞），而机组成员则已在距离伦敦 62 英里（约 100 千米）的地方跳伞。

即使是在轻载条件下，Do 217 仅用一台发动机都难以保持高度，并且所有型号 Do 217 给人的感觉都是为有限的机翼面积和装机功率填塞了太多机体重量。

弗里茨-X 载机

重达 37147 磅（约 16850 千克）的 Do 217K-2 是所有 217 系列中最重的一款。其采用了特殊设计以便运载 FX 1400 重型无线电遥控炸弹，而此前使用的 He 111H 轰炸机被证实并不适合执行此项任务。这款巨大的制导武器被德军称为“弗里茨-X”，悬挂在内翼下方的特制挂架上。容量达 225 加仑（约 1160 升）的附加油箱也装入前炸弹舱。为了能够承受大幅增加的重量，外翼段在翼展上进行了延展，从 62 英尺 4 英寸扩展到 81 英尺 4 英寸（约 19 米到 24.8 米），操控性和整体性能保持在令人满意的水平。几乎所有的 K-2 的 R19 都在尾部配备了 MG 81Z 遥控机枪（总共 4 挺），有些甚至在每部发动机舱尾部都装有向后射击的 MG 81Z 遥控机枪。

K-2 战绩最辉煌的时刻是 1943 年 9 月 9 日。伯恩哈德·齐普少校指挥驻扎在伊斯特尔的第 100 轰炸机联队第 3 大队在意大利舰队加入盟国时进行了一场联合突袭。意军最大的战舰“罗马号”两次被直接命中并发生了爆炸，在几分钟内沉没。它的姊妹舰“意大利号”被击中后进水 800 吨，步履蹒跚地逃到马耳他。随后，这款重达 3461 磅（约 1570 千克）的炸弹重创甚至击沉了许多其他舰只。这些炸弹中有些是由 Do 217K-3 发射的，后者并非采用 FuG 203a Kehl I/FuG 230a“斯特拉斯堡”制导系统，而是采用能够同时制导 FX 1400 或者是小一些的 Hs 293A 有翼炸弹的 FuG 203c 或者 FuG 203d“凯尔”IV 系统。

上图：Do 217K-2 和相似的“弗里茨-X”反舰滑翔制导炸弹载机——K-3 可以通过大翼展机翼来辨别，后者机翼需要更大的翼展来为携带两枚巨大的 FX 1400 炸弹提供升力

上图：DB 603A 发动机为 Do 217M-1 提供动力，但在其他方面 M-1 和 K-1 类似。M-1 系列并没有生产很多，并且生产的大多数都被用于 1943 年至 1944 年的零星跨海峡空袭。仅生产了一架 M-5（配备 Hs 293 导弹）和一架 M-11（配备 FX 1400 导弹）

下图：由宝马 801D 提供动力的 Do 217K-1 对前部机身进行了重新设计，不过在外观上与此前型号差别不大。这架飞机在机首侧面绘有第 2 航空舰队的徽章

夜间战斗型

上图：继无雷达的 Do 217J-1 之后的夜间攻击战斗机型是装备有 FuG 202 的 J-2，后者在 1942 年末少量服役

为了延续 Do 17 与 Do 215 夜间战斗机的辉煌战绩，道尼尔公司给 Do 217 轰炸机换装了一种新的机头，从而得到了一款过渡性的夜间战斗机型。不过只是少量生产，这一型号在夜间战斗机中战绩平平，并不受欢迎。

Do 217E 子型号的出现使得道尼尔公司的重型的 Do217 家族在纳粹空军中的系谱更加繁多，随后所有型号都被证明能够胜任但普遍动力不足（在 Do 217K-2 上尤为严重）。道尼尔在 1941 年提议研发一种夜间战斗机型的 Do 217，但当时 2000 马力（约 1491 千瓦）的发动机极度紧缺。夜战型 Do 217J 最主要也是最明显的改变就是机头。J-1 安装了一个硬质机头以取代多面体树脂玻璃机头，上面加装了 4 门 20 毫米口径 MG FF 机关炮和 4 挺 0.31

上图与下图：装配给 Do 217N 的 DB 603 A 发动机一定程度上解决了 Do 217J 性能不足的问题，但这一型号依旧动力不足，行动迟缓。这架预量产型上有安装雷达天线用的支柱

高空轰炸机

很多从来没有服役的 Do 217 变型机都是用于高空任务的。最初的高空型是作为 1939 年至 1940 年间 B 型轰炸机要求的竞标者 Do 317。它基本上是配备了 DB 604 发动机的 Do 217，每个发动机都有 4 组总计 24 个汽缸、最多能提供 2660 马力（约 1984 千瓦）的动力，还有机首的 4 座加压座舱。1940 年，这一设计被放弃了，它的一些特性被用于研制 Do 217P，后者有类似的增压座舱，但由两台大型两级涡轮增压的 DB 603B 发动机提供动力，机身后部还有由第三台发动机 DB 605T 独立供能的中冷器。第一架 Do 217P 在 1942 年 6 月首飞，德军还曾有过生产 Do 217P-1 型侦察机的计划，侦察机几乎和 K-2（将实用升限提升到大约 53000 英尺 / 约 16154 米）的翼展一样长，但最后被放弃了。

然而在 1941 年末，Do 317 项目复活了，1943 年第一架 Do 317 开始了飞行测试。在计划中它有两个型号。Do 317A 明显是一架安装有 DB 603A 发动机的传统高空轰炸机，外观上和 Do 217M 非常相似，但机尾安装有奇怪的三角形垂尾。下一代 Do 317B 翼展延伸到了 85 英尺（约 26 米），两台巨大的 DB 610 发动机每个都能提供 2870 马力（约 2141 千瓦）的动力。自卫武器包括尾椎内的遥控 20 毫米 MG 151 机关炮和三个双联装机枪炮塔，其中两个是遥控的。最后，Do 317 项目也半途而废了，但是 Do 317A 原型机中的 5 架被改成携带 Hs 293A 无线电遥控导弹的无增压座舱载机。被命名为 Do 217R 系列的这些飞机 1944 年开始在奥尔良・布里希指挥的第 100 轰炸机联队第 3 大队执行作战任务。它重达 39021 磅（约 17770 千克），是整个 Do 217/317 家族中最重的，然而如果项目继续的话，Do 317AS 和 Do 317B 还会变得更重。

上图：Do 217P-0 笨拙的机身下方赘生物掩盖了为增压系统提供动力而装的第三部发动机。请注意加装大量框架的驾驶舱区域

上图：三角形的垂尾是 Do 317 V1 的最大特色，尽管在其他方面就是一架采用增压座舱的 Do 217M。完成的几架被命名为 Do 217R，拆除了增压座舱，改装为 Hs 293 导弹载机

英寸（约 7.92 毫米）口径 MG 17 机枪。E-2 的后置武器并没有改变，包括背部炮塔的 MG 131 和腹部位置的手动瞄准 MG 131 机枪。J-1 在 1942 年 2 月投入作战。

机组成员喜欢它的火力和续航力，但也发现在进行快速机动时（并不常见），这头沉重的猛兽相当笨拙，并与大多数其他夜间战斗机相比需要更大的机场。更严重的是该型号缺乏机载雷达，不过在 1941 年至 1942 年间大多数飞行员都不认为雷达这个新的噱头真的值得拥有。

雷达战斗机

道尼尔公司并没有安装有 FuG 202“利希滕斯坦”BC 雷达的 Do 217J-2 的首飞记录，但首飞大

右图：很少有战时飞机在冲压打孔时比 Do 217 更困难。这架 N-2 在机头装备了 4 门机关炮、4 挺机枪，还有 FuG 212“利希滕斯坦”C-1 雷达的天线

概是在 1942 年春季。J–2 作为一款夜间战斗机，而不是轰炸机，因此炸弹舱被取消了。J–2 比之前的 Do 217 要更轻，抛开形似“床垫”的雷达天线，其他方面的飞行性能几乎与此前型号一样。这一型号仅有少部分投入生产，并且在 1943 年之前执行了少量战斗任务。尽管字母后缀比较靠后，但实际上由戴姆勒－奔驰公司的发动机提供动力的夜间战斗机——Do 217N 早在 1942 年 7 月就已经起飞，DB 603 的安装方式在 1941 年就完成了设计。Do 217N–1 成品从 1943 年 1 月开始交付空军。与此同时，Do 217J 的鉴定反馈也进行了好几个月，夜间战斗机联队很失望地发现 N–1 并没有采纳他们的任何建议，这很大程度上是因为纳粹航空部，尤其是艾哈德·米尔西禁止任何可能减少产量或增加成本的改进。

然而在 1943 年中，道尼尔公司转向 N–2 的生产，也生产了可以改进夜间战斗机的 U1 改装套件。最主要的改变是移除背部炮塔，降低后射机枪窗口的高度，加装木制整流罩。阻力的减少和 2.2 吨重量的减轻使飞行性能达到了更好的水准。中等高度下的最大速度达到 310 英里 / 时（约 500 千米 / 时）。Do 217N–2 的毁灭性的武器装备包括可以向前开火的 4 门 MG 151 机关炮和 4 挺 MG 17 机枪。此外还有向斜上方 70° 开火的 4 门 MG 151 机关炮，和 J–1 相比的确有巨大的改进，并且很快加装了 FuG 220“利希滕施泰因”SN–2 雷达。

到 1944 年时，Do 217J 系列和 N 系列散布在德国和其他被占领国广袤的土地上，服役于 10 支大队，还有东线的第 100 夜间战斗机联队第 1 大队。

Do 217 系列恐怖的火力可以在发现轰炸机时轻松将其击落，但 Do 217 系列笨拙的操纵性也意味着该机往往无法完成拦截。它经常被用作战斗机指挥机，用它的雷达来引导敏捷的梅塞施密特 Bf 110 去攻击各自的目标。因为在纳粹本土的夜幕中，道尼尔公司不常见的外形设计经常导致飞机被友军夜间战斗机和高射炮击中，因此翼下特意加上了加大的十字交叉图案。

Do 217 通常以混合型号分组方式配属最年轻的机组，而有经验的飞行员更喜欢 Bf 110 或是 Ju 88。也许唯一偏爱这一型号的“专家”是鲁道夫·舍纳特，1943 年，他在第 1 夜间战斗机联队服役时率先在 3 架 Do 217 上使用“斜乐曲”（schräge Musik）倾斜式机关炮。

最终 217J 系列和 217N 系列只生产了 364 架，于 1944 年中开始逐渐从夜间战斗机联队中撤装。

动力

Do 217N 由戴姆勒－奔驰公司的 DB 603A 发动机提供动力，额定功率起飞时达到 1750 马力（约 1305 千瓦），在 6890 英尺（约 2100 米）高度巡航时达到 1850 马力（约 1380 千瓦）。还普遍加装了排气管消焰器。

徽记

这型飞机装饰有典型灰色斑驳夜间战斗机涂装。四字母的编码是交付前在工厂中设定的无线电通信呼号。

Do 217N–2/R22

从 1943 年春季开始生产到年末的 Do 217N–2 将很多应用在 N–1 上的改进固化为生产标准。有很多 N–2 改进成 R22 标准型（加装 4 门“斜乐曲”机关炮），随后又逐渐获得改进型雷达，比如“利希滕施泰因”SN–2。用于追踪英国皇家空军轰炸机发出的雷达信号的“弗伦斯堡”和“纳克索斯”无线电装置也开始加装。

机鼻装备

Do 217N 有可怕的前置武器，包括机首上方 4 挺 0.31 英寸（约 7.92 毫米）MG 17 机枪和下方 4 门 20 毫米口径的 MG 151/20 机关炮。雷达系统通常是带有独特“床垫”天线阵的 FuG 202 或者 FuG 212“利希滕施泰因”C–1。

倾斜式机关炮装备

Do 217N 取消了早期夜间战斗机型的后射武器，在机身后部安装了两对向斜上方 70° 开火的 MG 151/20 20 毫米机关炮，以更好地利用节约下来的重量。

这架 A-20G-20 在第 9 航空队的一支部队里服役，该航空队与第 8 航空队在欧洲战场并肩战斗，在诺曼底登陆日前出动超过 10 万架次

道格拉斯 DB-7/A-20/P-70 “浩劫”/“波士顿”

美军版

在所有战区作战、到达过每一个大陆、设计平庸但各项性能均衡的道格拉斯的“浩劫”/“波士顿”是战争中最受盟军欢迎的飞机之一。

1938 年，道格拉斯公司的设计师杰克·诺斯罗普和爱德华·海涅曼在加利福尼亚的埃尔·塞贡多完成了 Model 711 方案的设计。此前他们并没有被告知美国军队正希望采购采用双发动机、独立起落架的攻击机。道格拉斯理所当然地得到了制造该型号原型机的订单。机头扁平、腹部如勺状的原型机，由两台普惠 R-1830C 1100 马力（约 820 千瓦）发动机驱动，于 1938 年 10 月 6 日首飞。在展示设计者允诺的性能前，该机就在 1939 年 1 月 23 日的严重事故中坠毁。

1940 年 1 月，当法国第 19 和 32 空军大队开始操纵该型号飞机，并由摩洛哥转场至法国本土参战时，英国对该型号飞机很感兴趣，美国军队也开始订货。在 Model 711 的服役生涯中，公司编号 DB-7 和美国陆军航空队赋予的型号 A-20 之间以及“波士顿”和“浩劫”这两个名字之间产生了混淆。很多英国皇家空军的飞机同时采用这两种称呼，英国的订购从 1940 年 2 月 20 日的 150 架开始，

1942 年 12 月，摩洛哥麦德尤奈，第 47 轰炸机大队第 84 轰炸机中队的 A-20B。大量的棕色斑块涂在原始橄榄绿涂装上，以提供简易的沙漠伪装

上图：大量“波士顿”和“浩劫”在道格拉斯工厂列队停放，等待交付英国皇家空军和美国陆军航空队。美军订购的飞机带有美国陆军航空队使用至 1942 年 5 月 28 日的 241102-K 标志

随后增至 300 架，最终总计为 781 架。该型号被称为 DB-7B“波士顿”Mk III 型，以便与 200 架法国的订购的型号区分。此外还有 18 架比利时 DB-7“波士顿”Mk I 以及 249 架法国 DB-7A“波士顿”Mk II 型的订单在法国战败后交付给英国。

机组人员位置

尽管根据武器装备的区别，相关任务所需的改装以及改进产生了诸多型号，但“波士顿”/“浩劫”的双发动机、上单翼布局一直没有发生变化，对于大多数依旧习惯驾驶后三点式起落架的飞行员而言，对于采用前三点起落架的新飞机感觉非常新鲜。驾驶员座舱位于发动机螺旋桨前方，坐在高且舒服的座椅上，直线滑跑过程中周围的景象尽收眼底。

落实海涅曼的改进的 7B 型原型机解决了多方面的问题，但“波士顿”/“浩劫”系列的最主要缺陷一直没有被解决：由于机身狭小，每个机组人员都在自己的位置上，不能和其他人互换岗位。受伤或者死亡的飞行员无法得到位于机头的投弹手和位于机腹的机枪手的救援。

“浩劫”的设计本身非常传统，采用细长的铝合金半硬壳式机身，以及单翼梁、铝合金制的机翼以及覆盖蒙布的操纵面。武器装备配置多样，飞机可以在基础设计之外加装不同组合的前射机枪，后机枪手操纵在机背和机腹的手动 0.303 英寸（约 7.7 毫米）机枪，每挺都有 500 发子弹。两个串列炸弹舱能够装载 1200 磅（约 544 千克）炸弹，内置两个垂直挂架的释放机关，可挂载 6 枚 100 磅（约 45 千克）炸弹。短程任务中最多可挂载 2000 磅（约 907 千克）炸弹。

最初的量产型飞机被法国和英国抢购（包括比利时订购的 16 架），其他买家随后蜂拥而至，包括订购 A-20“浩劫”的美国陆军航空队。美国陆军航空队的 A-20、A-20A 和 A-20B“浩劫”几乎没有参战，不过有大量的 A-20B 交付苏联红军。一些早期生产的“浩劫”被改装成 P-70 夜间战斗机。埃尔·塞贡多和长滩的生产线都被转移到道格拉斯在加利福尼亚的圣莫尼卡工厂。1941 年，A-20C 在该处投产，搭载 1600 马力（约 1193 千瓦）R-2600-23 发动机。

于 1942 年 6 月率先到达英国的美军“浩劫”部队是装备 A-20C 的美国陆军航空队第 15 轰炸机中队。该中队在欧陆上空执行了实战任务，随后到北非参战。该中队和其他中队很快开始换装 A-20G。该型号将玻璃机头换装为硬质机头，投弹手座位被 6 挺 0.5 英寸（约 12.7 毫米）机枪取代。相似的 A-20H 型换装 1700 马力（约 1268 千瓦）R-2600-29 发动机。

太平洋作战

在太平洋，“浩劫”首次参战是在 1941 年 12 月的珍珠港袭击，在空袭中经历了炮火洗礼。改良的 A-20A 带有重型的机头武器，在巴布亚新几内亚用于低空扫射任务。在与德军的作战中，“浩劫”活跃在北非战场，之后开始打击在西西里岛和意大利本土的目标。美国陆军航空队的“浩劫”在诺曼底作战，沿着欧陆一路推进

下图：1940 年，当第一批 A-20 飞离埃尔·塞贡多的道格拉斯工厂交付美国陆军航空队时，DB-7B 已经在法国空军服役。图为第一批出厂的 A-20A

上图：这张引人注目的图片拍到了 A-20 正在发挥其专长——低空轰炸。在太平洋战场上，这类袭击能够有效打击多种类型的目标。图中，一架 G4M“贝蒂”逃过了“浩劫”的攻击。注意在前景树根处撞毁的战斗机，以及右侧停放的“零”式战斗机

至柏林，不过在欧洲胜利日，更先进的道格拉斯 A-26“入侵者”替代了一些中队的“浩劫”。

最后参战的“浩劫”批量生产型是美国陆军航空队的 A-20J 和 A-20K，拥有更具流线型无框架的玻璃机头。一些 A-20K 被涂成全黑参加夜间攻击任务。欧洲战场上主要使用“浩劫”的美军部队包括第 47、409、410 和 416 轰炸机大队，在太平洋战场则有第 3、312 和 417 轰炸机大队。最后一批“浩劫”（7385 架由道格拉斯生产，140 架由波音生产）在 1944 年 9 月 20 日从圣莫尼卡的生产线驶出。

“浩劫”在很多方面都感觉像是一架单座飞机，而且确实能够仅由“楼上”的飞行员操控。飞机需要较长的滑跑距离，但是如果跑道尽头安装有斜坡，起飞速度仅需 110 英里 / 时（约 177 千米 / 时）。液压收放的起落架响应灵活，且初始爬升率可观。即使到了空中，飞机也具有很灵活的机动性，最高时速可达到 335 英里（约 539 千米），该机因卓越性能成为倍受喜爱的一流战机。

英国将部分该型号飞机改造成夜间战斗机之后取得的成功，激励美国陆军航空队改装早期的 A-20“浩劫”成为 P-70 夜间战斗机。在获准安装英制 AI 雷达后，第一架 A-20（39-735）在 1942 年被改装成 XP-70。随后 59 架 A-20 飞机被改造为 P-70，13 架 A-20C 获得 P-70A-1 的型号。26 架 A-20G 一部分被命名为 P-70B-1；另一小部分被命名为 P-70B-2。

整个 P-70 项目的大量努力都是为了改良和发展飞机的夜间战斗能力，这时，诺斯罗普正在从头设计新型双发动机夜间战斗机，最终 P-61“黑寡妇”飞机能提供比 P-70 更优异的性能。P-70 主要用于训练，但是有一些被部署至太平洋战场上。

照相侦察型 F-3 是在侦察衍生机型的提案 O-53 被取消后直接搭载相机的“浩劫”。“浩劫”展现了作为情报收集飞机的潜力，尤其是在低空的优异性能。随着“窃听器”开始成功执行航拍侦察任务，46 架 A-20J 和 A-20K 被改造成 F-3A。较少的 F-3A 侦察机承担了不相称的繁重任务。“浩劫”还是 1945 年 8 月 15 日日本投降后盟军的第一架着陆日本的飞机，降落在福冈的日军航空基地。

下图：有时，第 5 航空队的 A-20G/H 拥有大量前射武器，在此基础上每个机翼下加装了一具三联装“巴祖卡”发射管。图中这架在巴布亚新几内亚作战的第 90 轰炸机中队的 A-20G 便是此类配置

第一批“波士顿”Mk III 型于 1941 年秋经船运往英国，并被第 2 大队作为“布伦海姆”轰炸机的接替者。一部分被用于执行突袭任务

英国皇家空军的“波士顿”

道格拉斯的 DB-7 在英国皇家空军中得到了“波士顿”的绰号，“浩劫”最初作为夜间战斗机和夜间突袭飞机使用，此后广泛用于执行昼间轰炸任务，在跨海峡任务中和地中海战场都取得显著成功。

作为道格拉斯公司私人投资制造并得到美国陆军航空队支持的 7B 型，成为这个通用轻型攻击轰炸机家族的基础，“浩劫”在多个盟国的空军中亲历了整场战争。该型机于 1938 年 10 月 26 日试飞，随后在 1939 年 8 月 17 日试飞了最终设计型号 DB-7 原型机，此时美国陆军航空队和法国空军都已经下达了订单。

法国在 1939 年 2 月下了 100 架的订单，1939 年 10 月追订 270 架，最终又在 1940 年 5 月订购 480 架，包含几款不同的改型。英国军火采购委员会在 1940 年 2 月和 4 月下达了首批 300 架 DB-7B 订单，“波士顿”的名字因此产生。到 1940 年 5 月，3 个法国空军中队逐步换装道格拉斯双发飞机，但是仅有 70 架在那时到达法国本土。随着法国战败，几个星期后，其余正在交货中的飞机由英国接收。

由于通过零碎敲打的方式获得——一些在工厂、一些从在海上的船只以及法国空军飞行员从法国飞到英国的飞机——在早期服役（前法国）的英国皇家空军的“波士顿”飞机数量处于不确定状态。这些搭载有 R-1830-S3C-G 发动机和一级增压器得到了“波士顿”Mk I 的编号，总数量可能只有 20 架。它们被认为不适合前线作战，因此被改装用于训练，因此得到“波士顿”教练机的编号。搭载 R-1830-S3C4-G 发动机和二级增压器的 DB-7 被命名为“波士顿”Mk II 型，总计有 183 架。“波士顿”Mk II 型在到达英国后接受改进以满足英国皇家空军的最低标准，其中包括更换节流阀和英制 0.303 英寸（约 7.7 毫米）机枪——两挺在机背，两挺在机头。

夜间战斗的“浩劫”

由于被认为不适合作为轰炸机使用，“波士顿”Mk II 在英国皇家空军成为“浩劫”Mk I 型夜间战斗机，而 100 架法国之前的 DB-7A 被改装为“浩劫”Mk II，可通过长长的短舱尾部辨别。改装工作由靠近利物浦的柏顿坞飞机修理厂负责，该厂是装配从美国来的飞机的主要工厂。加装发动机排气管消焰器、额外的装

上图：一架“波士顿”Mk III 型在中空投放携带的 4 枚 500 磅（约 227 千克）炸弹。很多攻击都在超低空进行，在雷达的指引下，4 挺位于机头的机枪在夜间攻击中非常实用

左图：“浩劫”在执行夜间突袭扫荡任务时装备有标准 4 挺位于机头的机枪和一挺安装在费尔利高速枪架上的维克斯“K”机枪

上图：所有的 DB-7“波士顿”Mk II 型都被改装成“浩劫”Mk I 夜间战斗机或者“入侵者”。这架飞机由第 23 中队使用，从 1941 年 4 月起执行跨海峡攻击任务

甲、8 挺在机头的机枪以及 AI Mk IV 或 Mk V 雷达后，采用亚黑涂装的“浩劫”Mk I 从 1941 年 3 月开始在第 85 中队服役。第 25 和第 600 中队也随后换装该机。第 23 中队在此期间开始使用保留原始透明机头、带有机背机枪和机组三名成员的“浩劫”Mk I 执行夜间扫荡突袭任务，这些飞机有段时间被称为“月亮战士”。随后“浩劫”Mk IV 也成为“浩劫”（“入侵者”），被第 605 中队用于执行跨海峡攻击任务。

大约有 20 架夜间战斗机被改造为“浩劫”Mk I 型（LAM），被第 93 中队使用，携带效果不佳的长时间空飘雷（LAM），在敌军飞机航线上形成 2000 英尺（约 610 米）长的空飘爆炸物阻塞带（敌机被空飘雷缠上后会被雷头炸毁）。该型号也被称为“浩劫”Mk III 型或者“浩劫”Mk I（“潘多拉”）。另外的“浩劫”Mk I 型和 39 架“浩劫”Mk II 型，在机头安装有亮度达 27 亿烛光（旧制单位，合 27 万国际标准烛光）的赫尔默 /GEC 探照灯后被称为“浩劫”Mk I（探照灯）型，用于与 10 个飞行单位（后来改编为中队）的“飓风”夜间战斗机协同作战，为其照亮入侵的敌机。“浩劫”Mk II 型夜间战斗机安装有“英制”机头，搭载 12 挺机枪以及 AI Mk V 雷达，但是没有机背机枪。计划安装 4 门机关炮的改型被命名为“浩劫”Mk IIC-B 和“浩劫”Mk IIC-D 型，分别为机关炮加装弹带和弹鼓输弹机关，但是没有机炮型服役，甚至可能从未投产。

英国出资订购的“波士顿”从 1941 年初夏开始交付，被称作“波士顿”Mk III 轻型轰炸机，年底开始服役。其首先作为第 88 中队（香港）“布伦海姆”轰炸机的换代品，紧随其后换装的是第 226 中队。英军的“波士顿”空袭包括沿海船只在内的各种各样的目标，第 107 和第 342（自由法国）“洛林”中队也适时加入这些中队。“波士顿”首次空袭陆地目标是在 1942 年 2 月 12 日完成的，在一次大胆的低空空袭中轰炸了普瓦希的马特福德工厂。1942 年 11 月，“波士顿”Mk III 型被送往北非加强当地的轻型轰炸机力量。

“波士顿”Mk III 机队随后得到 480 架法国订购的 DB-7B 的扩充。DB-7B 和英国的型号很相近，搭载 R-2600-A5B 发动机，机头加长（和“波士顿”Mk I 和“波士顿”Mk II 型相比），“波士顿”Mk II 型第一次采用加长的背鳍。机上组员为 3 人，除了 4 挺位于机头的 0.303 英寸（约 7.7 毫米）机枪外，在机腹和机背位置还各有两挺同口径机枪。

由于一些法国订购的 DB-7B 飞机最终被美国陆军航空队征用在美军中服役，英国实际上接收了 568 架“波士顿”Mk III 型。与 Mk III 大致相同的 200 架“波士顿”Mk IIIA 型从 1942 年 10 月起根据《租借法案》交付，额外的 55 架在穿越中东地区到苏联的路上用于“交换”英国皇家空军“喷火”。“波士顿”Mk IIIA 和美国陆军航空队的 A-20C 规格相同，相对于“波士顿”Mk III 型拥有更大的油箱容积。

两个中队——第 605 和 418（加拿大皇家空军）使用在机腹荚包内安装 4 门 20 毫米机关炮并且像“浩劫”夜间战斗机一样全黑涂装的“波士顿”Mk III（“入侵者”）型。同样被涂成全黑的还有 3 架“波士顿”Mk III 型安装有涡轮灯并被命名为“波士顿”（探照灯）型。

动力炮塔

最后一批根据《租借法案》交付英国的是 169 架“波士顿”Mk IV 型和 90 架“波士顿”Mk V，相对应的是美国陆军航空队的 A-20J 和 A-20K。这批型号都在加宽的后机身安装了“马丁”机背动力炮塔，带有两挺 0.50 英寸（约 12.7 毫米）机枪，能够在翼下携带 4 枚 500 磅（约 227 千克）炸弹。A-20J/“波士顿”Mk IV 型采用 R-2600-23 发动机，A-20K/“波士顿”Mk V 型采用 R-2600-29 发动机。除此之外两种型号并无太大差别。

“波士顿”Mk IV 型和 Mk V 型都在北非和地中海战场上作战，补充在那里的英国皇家空军第 13、18、55 和 114 中队的“波士顿”Mk III/IIIA 机队，并加入南非空军及第 12 和 24 中队。“波士顿”直到战争结束依旧是英国皇家空军的现役飞机；在诺曼底登陆日通过制造烟幕支援登陆行动，直到 1945 年 4 月仍在第 2 战术航空队第 88 和 342 中队服役。

上图：地中海战场激战正酣之时，两个南非空军中队——第 12 和 24 中队驾驶“波士顿”Mk III 型，同英国皇家空军的“波士顿”并肩作战，一道清扫非洲和西西里的轴心国势力

上图：BZ403 是第四批作为“波士顿”Mk IV 型交付英国皇家空军的 165 架 A-20J 中的一架。这些性能优秀的飞机加装了动力驱动的炮塔，如图中飞机一样，除了内部装载外，在翼下又挂载了 4 枚炸弹

美国空军 64-17640 号机是昂·马克工程公司（On Mark Engineering）生产的 40 架 B-26K“反入侵者”之一。采用硬质的“机枪头”，有 8 个翼下硬挂点和翼尖油箱

道格拉斯 A-26“入侵者”

长时间服役的战士

“入侵者”参加的战斗比其他飞机都要多。美军驾驶其参加了第二次世界大战、朝鲜半岛战争和越南战争，其他国家的空军驾驶 A-26 参加了中南半岛、阿尔及利亚、比夫拉、古巴、刚果的战争，以及许多其他冲突。

即便不被认为是最重要的美制作战飞机，A-26 至少也是一架坚固可靠、性能优良的轻型轰炸机，持续服役了至少 40 年。

为替代 A-20“浩劫”而设计的 XA-26 原型机（42-19504）在 1942 年 7 月 10 日首飞。该型号最初计划研制三款衍生型：XA-26（后来的 A-26C 轰炸机，为了搭载投弹手而采用玻璃机头）；带有雷达及 4 门位于机腹的 20 毫米机关炮的 XA-26A 夜间战斗机；带有硬质机枪机头，用于执行对地攻击任务的 XA-26B。夜间战斗型很快被束之高阁（尽管法国空军后来在 20 世纪 50 年代改造出了夜间战斗型“入侵者”），但是轰炸型开始在长岛、加利福尼亚、塔尔萨和俄克拉荷马州的道格拉斯工厂生产。

不同的机头

A-26B 有位于机头的 6 挺 0.5 英寸（约 12.7 毫米）机枪（后来增至 8 挺），遥控机背和机腹炮塔，每个炮塔都带有 2 挺 0.5 英寸（约 12.7 毫米）机枪。重装甲且最大载弹量为 4000 磅（约 1814 千克）炸弹的 A-26B，在 15000 英尺（约 4570 米）处的最大航速可达到 355 英里 / 时（约 571 千米 / 时），是第二次世界大战时期盟军速度最快的轰炸机。道格拉斯在 1355 架 A-26B 生产完毕后又生产了 1091 架为搭载投弹手而设计的带有玻璃机头的 A-26C。

驻英国的格雷特顿默第 553 轰炸机中队在匆忙换装后于 1944 年 9 月参战，“入侵者”很快在法国和意大利战斗，执行对德军的空中打击任务，此时其设计问题尚未完全解决。飞行员对于它的机动性和易操控性感到很满意，但是 A-26 的生涯开始时有一系列无用的复杂且令人头疼的设备：脆弱且容易折断的前起落架，早期型很难保持“开启”状态以备跳伞的驾驶员座舱盖。在解决了这些问题后，A-26 飞行员们非常乐意驾驶这样一架技术要求高但是性能强的轰炸机。

在太平洋战场上，“入侵者”也是开始不停地失败，但最终取得辉煌成就。其采用 2000 马力（约 1491 千瓦）普惠 R-2800-27“双胡蜂”活塞发动机，拥有 373 英里（约 600 千米）的海平面时速，

上图：A-26B 和 A-26C 型“入侵者”在 1944 年随第 386 轰炸机大队首度参战，攻击欧洲大陆上的目标。该机尾翼上的“RU”符号表明属于第 554 轰炸机中队

“入侵者”是强有力的反潜和对地攻击武器，但是它在太平洋战区没有很快从事这项任务。由于深信该型号飞机不适合低空作战，第 5 航空队的指挥官乔治·C. 肯尼少将要求不要把 A-20 换装为 A-26。但是改装工作依旧进行，A-26 在某些单位替代了 B-25“米切尔”轰炸机。A-26 在美国陆军航空队第 3、41 和 319 轰炸机大队服役，在中国台湾地区和日本本土上空作战。

朝鲜半岛作战

在半岛狭窄的战线上爆发了激烈的战斗，B-26“入侵者”（该型机在 1947 年重新划定的型号）的滞空时间和载弹量发挥了重要作用。B-26 在对抗坦克和载货汽车时很高效，后来还完成了大量常规的高空轰炸任务。硬质机头的 B-26B 和玻璃机头的 B-26C“入侵者”同样执行夜间扫荡突袭任务，空袭铁路线和其他目标。美国空军的第 3、17、47 和 452 轰炸机大队在战斗期间主要使用 B-26“入侵者”。第 67 战术侦察联队驾驶 RB-26C，飞机上的机背炮塔被拆除，以便执行照相侦察任务。“入侵者”在所有环境下都表现很好，包括执行低空攻击任务，在与 MiG-15 的空战中取得了数个疑似击落战绩。

“入侵者”飞机的最大海外用户是法国空军，总共有 180 架 B-26B、B-26C 和 RB-26C 飞机，其中的大部分都参加了中南半岛战争。法国在 1946 年至 1954 年的战争中检验了 B-26“入侵者”在残酷、艰难的热带条件下的性能，最终以空袭奠边府告终，“入侵者”轰炸和扫射在奠边府周边丘陵地区的部队。它的强健、足够的火力和可操控性，得到法国飞行员的喜爱，他们在 1956 年至 1962 年阿尔及利亚的独立运动中依旧驾驶 B-26 作战。

一份 1961 年的报告中提到“入侵者”在不少于 21 个国家中服役，大部分都在拉丁美洲，也有在刚果和印度尼西亚的。古巴“猪湾事件”是唯一一次 B-26“入侵者”飞机自相残杀的战斗，有 CIA 背景的雇佣兵和卡斯特罗空军的飞行员都驾驶着“入侵者”参加战斗。

驾驶“入侵者”飞机

驾驶 A-26“入侵者”是一种美好的体验。“它是优雅的、强大的且极其令人难忘的，”在欧洲战场服役于装备 A-26C 的第 416 轰炸机大队的克利福德·厄尔立中校写道，“宽阔的轮距、前三点式起落架使 A-26 具有杰出的地面操控性能。起飞中，它倾向于‘耗尽跑道’，尤其当满载军火时，但是一旦你拉起并开始爬升，就没有任何不确定性了。”改进过的仪器布局使得飞机更容易操控，“入侵者”高耸的单垂尾确保转弯时的响应性。

“一旦释放炸弹，它就成为真正的战斗机。”厄尔立说道。“我们不仅能和其他所有的战斗机一样快，还能保持相同的机动性。我们有研究表明 A-26 在某些高度、在某些条件下能够反咬住一架 Bf 109。我从来没听说过一架战斗机能完全成功地击败 A-26，因为我们拥有交战选择权。我们可以直接逃跑或者掉头迎战……”

左图：法国在中南半岛和阿尔及利亚的殖民战争中很好地运用了 B-26 飞机。B-26B 在机头部分的火力配置——8 挺 0.5 英寸（约 12.7 毫米）机枪对于对地扫射来说简直完美

美国空军“入侵者”飞机最后的服役——越南战争

1962 年，美国将 B-26B 和 B-26C“入侵者”提供给越南南方，由美国人员驾驶参战并涂刷越南南方的标记。机翼老化导致的折断事故使一架飞机坠毁，机组人员全部遇难，因此 B-26 在 1964 年初撤离了在越南的作战任务。美国空军由此决定重新生产该型号飞机，根据东南亚战争特殊的战斗条件进行做了专门改进。昂·马克工程公司是生产 B-26 商务运输改型飞机的公司之一，对飞机改进并生产了一架基本全新的飞机 YB-26K，1964 年 5 月完成了投产前的飞行测试。

B-26K 的外观和在此前的“入侵者”很相似，但是内部结构基本是一架全新的飞机。机身重新制造，移除了两个炮塔，机翼被大规模翻新并加固，尾翼部分被扩大，搭载新型的普惠 R-2800-52W 发动机，带有可逆螺旋桨并安装顺桨控制装置。YB-26K 拥有位于翼下的 8 个硬点挂架以及机头机枪以外的 6 挺机翼机枪。随后的 40 架 B-26K 上，机翼机枪被取消，除了一架，所有的飞机都安装硬质机头。有涂装的 B-26K 在加利福尼亚的爱德华兹空军基地、刚果和巴拿马运河区进行测试。美国空军不惧混淆地将 40 架 B-26K 飞机（63-1730/17679）重新命名为 A-26A。A-26A(B-26K) 在越南南部的空袭任务中取得成功，1970 年底开始在泰国那空帕伊基地的美国空军第 609 特殊作战中队执行“黑色隐蔽”任务。

上图：美国第 5 航空队的“入侵者”在朝鲜半岛战争中起到至关重要的作用。这架飞机在被轻武器击伤后在进行机腹着陆

右图：法国空军的“入侵者”——一架 B-26B（离相机最近的）和一架来自 GB I/19“加斯科尼”中队的 B-26C 出现在 1953 年中南半岛战区“皮卡迪”行动中

下图：一些公司用剩余的“入侵者”提供商务运输，包括 L.B. 史密斯和昂·马克工程公司，后者在 A-26A 基础上研制了“神射手”飞机

1936 年到 1939 年间，鲍里斯·帕夫洛维奇·利苏诺夫参观了圣莫妮卡的道格拉斯工厂，并在取得生产许可证后对 DC–3 的每一个部分都仔细研究。因此虽然外观相似，但 DC–3 的苏联仿制型 Li–2 实际上进行了 1293 处改进，在 1940—1945 年间生产了 4863 架

道格拉斯 C–47“空中列车”运输机

型号简述

产量巨大的 C–47 有着远比其他军用飞机丰富的服役经历，令人满意的多用途能力使得它能够执行空投伞兵、将伤员转运到后方、重武装炮艇机和电子战机等多样化的任务，70 年后的今天，该型机依旧在全世界服役。

当道格拉斯飞机公司的管理层在 1935 年 12 月 17 日——莱特兄弟第一架飞机试飞成功 32 周年，观看 DC–3 大型客机的首飞时，该机的军事用途可能是他们最没有想到的事情。

尽管经济大萧条使得很多西方国家陷入经济困难，但航空客运增长迅速，DC–3 客机的出现似乎彻底颠覆了商用航空的格局。当时种种迹象暗示着战争在欧洲酝酿着，但是民意调查表明大多数美国人希望置身事外。

到 1939 年 9 月德国侵略波兰时，DC–3 迅速推广，已经成为一道熟悉的景象，深受驾驶它的飞行员以及享受新标准旅行的乘客的赞许。美军也需要现代化的运输机。已经大量采用早期型道格拉斯军用运输机的美军，把 DC–3 飞机用作军事用途是理所应当的，也是必然的。第一架军用 DC–3 是 C–41A，这是一款要员运输机，配备 VIP 住宿设施和军用通信设备。这架 DC–3 的衍生机在 1939 年到达位于俄亥俄州的莱特基地，一系列卓越的飞机开始了非凡的英勇事迹，起初大多数都以 C–47 的误称而被熟知。

在 21 世纪第 2 个 10 年的今天，或许地球上的某处仍有 C–47 在军队中服役。没有一架军用飞机如同 DC–3（或者冠以其他名称的该型机，如人们最熟悉的“达科塔”、C–47 和 R4D）一般用途广泛、结实可靠且长寿。

战时用途

军用型 DC–3 不仅用于空投伞兵，也有部分加装浮筒成为水上飞机，或者直接弃用发动机成为一架滑翔机。少量（在越南）

上图：最后一架用于英国军事用途的“达科塔”是 ZA947，由英国皇家航空研究中心使用。它从 1984 年起被用于试验，搭载低速探测设备、RPV 和降落伞，1993 年转交给不列颠之战纪念飞行表演队

下图：早期从长岛工厂生产的 C–47–DL“空中列车”运输机在美国本土进行飞行训练，拖拽韦科·哈德良公司生产的运兵滑翔机

上图：“达科塔”在澳大利亚皇家空军的 4 个中队中服役超过 50 年。战后的任务包括参加马来半岛作战和朝鲜半岛战争

上图：一小批 C–47 在越南战争中改装成被称为“神龙帕夫”的 AC–47“炮艇机”。该机在左侧舷窗上安装了 3 挺 0.3 英寸（约 7.62 毫米）“米尼岗”速射机枪

的 DC–3 被改装为“炮艇机”，成为强大的作战平台。但是在第二次世界大战中以及朝鲜半岛、越南和其他地区的军用 DC–3 都被称为“垃圾搬运工”，美国飞行员亲切地赋予它这个名字，他们的机队满载乘客和货物在出发点和目的地之间来回穿梭。

艾森豪威尔将军称 C–47 为战争期间 4 个最重要的武器之一。后来的岁月中，军用 C–47 担负了从电子情报收集到南极科考的各类任务。1949 年，在原始设计基础上进行的改造诞生了超级 DC–3，即具有浓厚军事色彩的 R4D–8 或 C–117D。

研究表明 DC–3 是历史上“最具知名度”的飞机之一，与超级马林“喷火”、波音 747 等名机并驾齐驱。不管是民用还是军用，该型号都令人赏心悦目，许多独具匠心的设计特点都令人赞不绝口。这款搭载普惠 R–1830“双胡蜂”星型活塞发动机的飞机对维修人员而言省心省力，且具有优秀的性能。人们几乎无从对 DC–3 提出任何指摘。

较小的缺陷

金无足赤，DC–3 还是有部分缺陷的。在诺曼底执行运兵任务的飞行员提出了座舱视野问题，随后进行的小幅度改进大大改善了座舱视野。为了军事用途，道格拉斯设法让货舱门达到要求的大小和形状。军用 DC–3 飞行特性温和而平稳，很容易驾驶，甚至在遭受战斗损伤后也是如此，但是飞行员和机组人员经常因为一点小问题而略有微词，比如经常出现的窗户突然弹开的问题。C–47 缺乏战时滑翔机的“滚装，滚卸”能力，其后三点式起落布局在停放和地面滑行时也不甚便利。

军用 DC–3 创造过无数的奇迹。在缅甸，一架 DC–3 失去了右翼。维修人员从旧的 DC–2 上“借”了一副右侧机翼装了上去，这架非对称的飞机一度被称为“DC–2.5”，并以该状态服役了一段时间。同样在中国—缅甸—印度战区，一架 C–47 的飞行员用伸出驾驶舱的勃朗宁自动步枪（BAR）击落了一架日本三菱公司的 A6M“零”式战斗机（“Zeke”）。虽然这些事迹值得称颂，但我们也不能忽视这架飞机的主要成就——一次又一次地运输人员和物资。

美军的空中运输司令部（ATC）大量使用 C–47 以及其他的运输机，满载物资横跨大西洋和久负盛名的“驼峰”航线运抵中国。

运输伞兵部队

运兵司令部指挥下的各运兵中队的 C–47 和 C–53 参加了美军在第二次世界大战中所有的主要空降突击行动，包括在西西里岛、巴布亚新几内亚、诺曼底、法国南部以及奈梅亨和阿纳姆的登陆作战。战后，在军事空运局（MATS）的指挥下，DC–3 的军用型在 1948 年柏林空运期间冒险深入德国首都。C–47 和 C–117 改型一直在美军服役到 20 世纪 60 年代。

美国海军和陆军航空队的 R4D 系列是最负盛名的 DC–3 军用型，从 1942 年巴布亚新几内亚战役开始，持续服役到 60 年代末的越南战争。该型机承担了重要的任务，如 VIP 运输，运送大使到海外赴任。如果模仿是最真诚的认同方式，那么军用型 DC–3 得到许多国家的认可，苏联（里索诺夫 Li–2）和日本（三菱 L2D3）等国均购买生产许可证或者对该机进行仿制。

起初未曾设想军用，最终却能够适应多种多样的军事任务，DC–3/C–47/R4D 成为战争史上最经典的飞机之一。

下图：洪都拉斯空军是很多依旧使用 C–47 的中美洲和加勒比海空军的一员（其他还包括多米尼加共和国、萨尔瓦多、危地马拉和海地）

数以百计的伞兵（每机 28 名）搭乘美国陆军航空队的 C–53，以紧密的线型队形空降。在第二次世界大战期间，从美国陆军航空队 C–47 和 C–53 飞机上空投的伞兵人数比其他盟军飞机加起来都要多

美国陆军航空队的 C–47

从 DC–3 发展起来的 C–47 无疑是战争中最重要的盟军运输机。盟军部队所到之处都有该型号飞机出现，帮助伤员后送，执行空投伞兵和拖拽滑翔机以及常规运输任务。

为美国陆军航空队生产的第一款 DC–3 军用型编号是 C–47，其中 953 架在长岛工厂生产，该型机的基础设计在整个生产中都没有发生本质上的变化。飞机采用全金属轻合金结构，悬臂式下单翼，配备了液压驱动的分裂型后缘襟翼。机身横截面近乎圆形，采用传统尾翼结构，副翼、方向舵和升降舵都采用纤维蒙皮包裹。半可回收式起落架主要部件可向前向上后收入发动机舱的下部，有大约一半的机轮暴露在外。C–47 的发动机为两台普惠 R–1830–92“双胡蜂”发动机，增压后可在 7500 英尺（约 2285 米）处输出 1050 马力（约 783 千瓦）的功率，每台发动机都驱动一个三叶恒速金属螺旋桨。机组包括飞行员和副驾驶 / 领航员，坐在前舱内；第三个成员——无线电员，则坐在另外一个舱室里。

最重要的货舱能够装载大量物资并被用于执行多种任务。基本货舱配置的最大装载量为 6000 磅（约 2722 千克），为了货物装卸而配备了滑轮组，系紧环可以确保货物在飞行中的安全。可以搭载 28 名坐在机舱两侧可折叠的筒式座椅上的全副武装的伞兵，或者运送 18 具带轮担架和 3 人组成的医疗团队。6 个降落伞包的挂架和释放装置安装在机舱地板下，同时在机腹还有运输两副三叶螺旋桨的装置。

第一架 C–47 在 1941 年于美国陆军航空队服役，但是美国陆军航空队最初收到的飞机数量很少且到货速度很慢。这是由于在长滩建立的新生产线需要稳定后才能进入全速生产。随着美国在 1941 年 12 月卷入第二次世界大战，人们做了很多努力来促进生产。为了尽可能快地大量投入现役，已经在美国航空公司服役的，或者在制造中完成度较高的型号，都被强征到美国陆军航空队服役。

大规模生产

随着道格拉斯公司手中的 C–47 合同订单累积到上千，在长滩的生产线显然已经不能满足供给需求，所以第二条生产线在俄克拉何马州的塔尔萨建立起来。第一款在塔尔萨生产的飞机是 C–47A，与 C–47 的主要区别在于用 24 伏代替了 12 伏的电气系统。该型号飞机在塔尔萨生产了 2099 架，在长滩生产了 2832 架。其中 962 架交付英国皇家空军，被命

左图：在收到第一批专门订购的军用 C–47 之前，美国陆军航空队装备过大量由民用 DC–2 和 DC–3 大型客机衍生的军用型号，分别命名为 C–32/33/34/38/39/40/41

名为“达科塔”Mk III 型。最后生产的主要改型是 C-47B，采用 R-1830-90 或者 R-1830-90B 发动机，具有二级增压器，可提供更大的高空军用功率，在 13100 英尺（约 3990 米）处提供 1050 马力（约 783 千瓦），或者在 17400 英尺（约 5305 米）处提供 900 马力（约 671 千瓦）。高空性能的提升在中国—缅甸—印度（CBI）战区作战中很有必要，尤其是在“驼峰”航线，需要翻越超过 16500 英尺（约 5030 米）高的喜马拉雅山脉，从印度运送急需的供给到中国。长滩仅生产 300 架这种改型的飞机，塔尔萨生产了 2808 架 C-47B 和准备作为导航教练机服役的 133 架 TC-47B。

随着 C-47 可用数量的大幅度增加，美军开始大规模使用该型机。1942 年中期美国陆军航空队空运司令部的编队中，C-47 被广泛用作货物运输机，携带令人难以置信的大量物资着陆机场和一些“条件原始”的起降场。C-47 不仅运送人员和物资，进行摆渡运输，返回基地时还担当伤员后送的角色。它们执行重要的三项任务，也是这些飞机被采购的目的：货物运输、伤员后送和人员运送。

然而，它们在 1942 年中期被美国陆军航空队运兵司令部列装后增加了两个新任务，大概也是第二次世界大战时期最重要的任务。其中一个是运送空降部队；第一次使用这个功能是在 1943 年 7 月登陆西西里岛时，C-47 空投了近 4000 名伞兵。

运送部队

另一项重要的任务则来自生产数量相对较少的 C-53/53B/53C/53D “空骑兵”家族。该系列和最初的 DC-3 民用运输飞机近似，但没有加固的货舱地板和为货物设计的双层门，大部分都安装了固定金属座椅，可搭载 28 名全副武装的伞兵。更重要的是，它们还装备

下图：来自盟军第 1 空降部队的英国伞兵部队在 1944 年 9 月 17 日登上美国陆军航空队的 C-47A，准备参加“市场花园”行动。伞兵部队空降突袭了埃因霍温、奈梅亨和阿纳姆。超过 1500 架的盟军飞机参加了突袭

上图：机舱内设置 28 个纵向人员座椅并开设左侧载员舱门的 C-53“空骑兵”是一款由 C-47 改造而成的运兵机。C-53 产量较小，总计 404 架全部都是为美国陆军航空队生产的

有拖拽挂钩，可用作滑翔机牵引机，这个设计很快成为所有 C-47 的标准配置。就是因为这项功能，它们在美国陆军航空队和英国皇家空军于 1944 年 3 月 5 日首次空运突袭缅甸及 3 个月后登陆诺曼底过程中表现十分突出。在诺曼底，盟军出动了超过 1000 架 C-47，运输伞兵部队和拖拽装载伞兵部队及补给的滑翔机。在登陆开始前，运送第 82 和 101 空降师的 17262 名美军伞兵和英国第 6 空降师的 7162 名士兵横跨英吉利海峡，完成了大规模的空降行动。当然，并不是所有 C-47 都被用于运送伞兵或拖拽滑翔机，C-47 向诺曼底滩头这块盟军反攻西欧的桥头堡运输物资起到举足轻重的作用：在不到 60 个小时的时间内，就空运了超过 60000 名士兵和他们的装备到诺曼底。

其他在第二次世界大战时的 C-47 改型包括水上飞机型的原型机 XC-47C，该机用于验证将常规 C-47 紧急改装成水上飞机的水陆两用浮筒。然而该型号飞机并没有由道格拉斯生产，少量的水上飞机型号由美国陆军航空队维修单位改造后在太平洋作战。此外道格拉斯还收到了制造 131 架名为 C-117 型的运输机的合同。这批飞机同时采用了商用标准的航空公司 DC-3 的机舱设备和军用 C-47 上的改进。由于对日作战胜利日后合同被取消，C-117 的产量只有 17 架。

对于能够被 C-54 拖拽的大容量、高速运输滑翔机的需求，使得美军试验性地将一架 C-47 改装为滑翔机，并以 XCG-17 的型号完成测试。试验是相当成功的，但是由于需求的改变，该型机未能投入量产。

下图：1944 年 6 月 6 日，诺曼底登陆日，位于英国机场的第 9 运兵司令部的 C-47A 装载一辆吉普拖车。机身侧面舱门的设计在装卸货物时很不方便，需要花费较多时间——这是 C-47 设计中一处不被人喜欢的地方

上图：第 271 中队的“达科塔”，是驻扎在下安普内的第 46 大队的一部分，1945 年在英国装载补给，在比利时的飞机跑道上卸载

皇家空军的“达科塔”

1942 年后胜利的天平逐渐倒向盟军，英国皇家空军发现自己急需现代化运输机。卓越的道格拉斯 C-47 运输机解了燃眉之急，该型机被英国人命名为“达科塔”，几乎在所有战区服役。

随着 DC-1、DC-2 不断更新换代，DC-3（以及 DST，即“道格拉斯卧铺运输机”）于 1935 年 12 月 17 日首次试飞。当迅速为大量航空公司生产时，美国军队很快下了订单（DC-2 已经得到军方订货）。美国参战后，民航运输机被大量征用，并分别得到不同的“C”（运输）字头编号。

英国皇家空军第一次接触的 DC-3 就是这些被强征的飞机中的一部分（还有一些相似的前民用 DC-2）。从 1942 年 4 月起，这些飞机中的 10 架被英军称为 DC-3 并加入服役，随后又有许多没有涂刷任何识别编号的“达科塔”从美国辗转飞往印度。它们随后在第 31 中队服役，在缅甸战区参与了包括 1943 年支援“钦迪特”突击队在内的作战任务。

租赁“达克斯”（Daks）

与此同时，英国通过《租借法案》获得大量道格拉斯飞机；总计交付英国的该型机超过 1900 架，而战时美国三家工厂生产的 C-47 系列数量也才刚刚超过 10000 架。租赁得到的飞机被划分为 4 个型号，分别是“达科塔”Mk I 型，相当于美国陆军航空队的 C-47；“达科塔”Mk II 型，相当于 C-53；“达科塔”Mk III 型，相当于 C-47A；“达科塔”Mk IV 型，相当于 C-47B。在这些改型中，“达科塔”Mk II 型，即美国陆军航空队的“空骑兵”，专用于运兵和伞兵空投。后机身的左侧门为 26 英寸（约 66 厘米）尺寸，而不是货运型“达科塔”Mk I 型的双层门，并安装了 28 个座椅。

“基本型”“达科塔”搭载普惠 R-1830-92 星型发动机，机舱壁两侧有筒式座椅，总重量为 29300 磅（约 13290 千克）。“达科塔”Mk III 型则有一些不同之处，尤其是 Mk I 型的 12 伏电气系统升级为 24 伏系统；“达科塔”Mk IV 型改为搭载 R-1830-90 或 R-1830-90B 发动机，带有高空增压器和更多的燃油容量，使它尤其适合中国—缅甸—印度战场。总计交付英国皇家空军的是 51 架“达科塔”Mk I 型、4 架“达科塔”Mk II 型（原计划 40 架）、950 架“达科塔”Mk III 型、894 架“达科塔”Mk IV 型。除了这些根据《租借法案》获得的飞机外，到战争结束前又增加了来自美国陆军航空队的库存的 20 架。另有一些应“特殊需要”现场转交给英军的“达科塔”，包括一架附加的“达科塔”Mk I 型和 4 架“达科塔”Mk II。

通过《租借法案》得到的“达科塔”1943 年 2 月到达英国。一些早期的 Mk I 型很快交付英国海外航空公司（BOAC），开辟了从英国到直布罗陀和北非的航线。这批“达科塔”有英国皇家空军的涂装，却涂刷民事注册号而不是军用序列号。其他早期使用“达科塔”Mk I 型飞机并在 1943 年开始装备“达科塔”Mk II 的，包括在开罗的第 216 中队，定期往返埃及和非洲西部，在西部沙漠进行伤员后送；第 117 中队，参加西西里岛登陆；第 31

上图：这架来自第 257 中队的“达科塔”Mk III 机头带有中队的“飞马座”标志，出现在靠近密淑伦其的希腊岛上空，1944 年 10 月返回位于阿拉科斯的基地的途中

左图：一架英国皇家空军“达科塔”在训练中靠近低空“勾住”一架美国设计的韦科滑翔机。在缅甸战场的第二次“钦迪特”特遣队远征行动中用于回收尚有利用价值的滑翔机

上图：1944 年成排停放在意大利巴里的第 267 中队的“达科塔”Mk III 型。这座机场在空袭意大利期间被美国陆军航空队和英国皇家空军的飞机频繁使用

中队从装备 DC-3 开始就一直向缅甸空运补给。此外，在英国本土的第 24 中队在 1943 年 4 月完成“达科塔”的换装，取代了此前混杂的短程飞机，以便提供到直布罗陀和其他地点的定期常规飞行。第 511 中队随后也开始提供这项服务。

诺曼底登陆日空投

第 24 中队是支援诺曼底登陆日空投的中队之一。随后在下安普内的第 48 和 271 中队以及在布罗德维尔的第 512 和 575 中队也加入其中，为诺曼底登陆执行空投伞兵和拖拽“霍萨”滑翔机的任务，随后在阿纳姆和莱茵河相交的地方执行任务。在对阿纳姆地区的盟军部队空运补给期间，第 271 中队的一名“达科塔”Mk III 飞行员——D.S.A. 洛德中尉（优异飞行十字勋章获得者）壮烈牺牲，他因表现英勇而被追授维多利亚十字勋章。为诺曼底登陆组建的加拿大皇家空军第 437 中队没来得及参加登陆行动，但之后在阿纳姆方向参加了“市场花园”行动。在战争快结束的几个月，第 147 和 525 中队负责驾驶“达科塔”向欧洲运输补给。

其他在战场上的部队，除了刚才提到的在中东地区的第 31、117 和 216 中队外，还有在埃及的部队。第 267 中队是第一批使用“达科塔”的单位，在地中海战区作战。

远东作战

“达科塔”在对抗日军的作战中也起到很重要的作用，一些中队在印度收到 DC-3。在拉合尔，第 194 中队于 1943 年 5 月底接收第一批 2 架“达科塔”，和加入的第 31 中队一起支援“钦迪特”特遣队深入缅甸。第 62 中队从 1943 年起、第 52 中队从 1944 年起，分别驾驶“达科塔”从印度基地起飞，经过“驼峰”航线向中国空运物资。两个加拿大皇家空军的中队——第 435 和 436 中队，也在 1944 年加入其中。在战争结束前还有多支中队在印度换装“达科塔”。该型号飞机在英国皇家空军，尤其是在本土的第 216 中队和活跃在马来冲突中的第 267 中队中继续服役了一些年头。

左图：C-47/“达科塔”是战争中盟军最重要的运输机，特别是在空投伞兵时起到很大作用。在“市场花园”作战的第一天，15000 名伞兵从该型号飞机上空降

上图：1944 年 9 月 17 日，靠近荷兰阿纳姆 - 达奇敦的某处，第一联合空降集团军的英国伞兵部队准备从一架英国皇家空军的“达科塔”空降，参加“市场花园”行动

左图：这架第 233 中队的“达科塔”Mk III 型（英军机组将其命名为 *Kwicherbichen*）在 1944 年 8 月 1 日从诺曼底运回伤兵的途中。1944 年 6 月 13 日，两架该中队的“达科塔”成为第一批在诺曼底登陆日之后着陆法国的运输司令部的飞机

1943 年 4—5 月航母在大西洋“适应新环境”巡航期间，这些 SBD 停放在“约克镇号”（CV-10）甲板上。背景是航空母舰“突击者号”（CV-4）

道格拉斯 SBD“无畏”轰炸机

埃尔·塞贡多的侦察机

动力不足、脆弱、航程短并且操作费劲，道格拉斯 SBD“无畏”接受了这些公正的指责。但是该机是一个战争赢家，在早期太平洋战场上起到至关重要的作用，比其他任何一款飞机击沉的日军舰船的吨位都要大。

在 1942 年 5 月 7 日珊瑚海战中，无线电传播的电波十分杂乱，在美国航空母舰“列克星顿号”和“约克镇号”上着急的司令部人员不知道战斗的近况，直到一个清晰的声音响起：“消灭航母（平甲板）一艘！迪克逊呼叫母舰，消灭航母一艘！”（“Scratch one flat-top! Dixon to carrier.Scratch one flat-top!”）这是第 2 舰载轰炸机中队（VB-2）中队长罗伯特·E. 迪克逊海军少校在汇报击沉日本航母“翔凤号”的战绩。在 30 分钟的战斗结束后，美军只损失了 3 架飞机——这对于“无畏”SBD-2 和 SBD-3 型飞机来说无疑是一场胜利，这一战绩在几个星期后关键的中途岛战役中被超越。

俯冲轰炸机在 1942 年 6 月 4 日的中途岛战役中扭转了战局。但是对于所有参战的人来说，胜利来得并不轻松：“无畏”较低的重量比功率，仅让该机堪堪具备最基本的爬升和机动性能；炸弹投放系统时好时坏，有时会使中心线挂架的 500 磅（约 227 千克）炸弹在投弹前掉进海里。

中途岛海战中，“无畏”机队从切斯特·尼米兹上将部署的两个航母大队起飞。它们在油料几乎告罄、几近黄昏的不利条件下，在接近航程极限的距离痛击了山本五十六大将的航母编队。此战，在美军航空母舰“约克镇号”上分别由 C. 韦德·麦克拉斯基上尉和马克斯·拉杜指挥的 VS-5 和 VB-3 中队以及“企业号”上的 VS-6 和 VB-6 中队、在“大黄蜂号”上的 VS-8 和 VB-8 中队总计 128 架“无畏”轰炸机中损失了 40 架。

他们在太阳将要下山的时候击沉了“加贺”“赤城”“苍龙”“飞龙号”航母，从而扭转了太平洋战争的局势。很少有其他型号的飞机能够像“无畏”俯冲轰炸机这样创造足以改写历史的战绩。该型机在第二次世界大战结束前共生产了 5936 架。

“无畏”是这款 1938 年完成研制的下单翼、纵列双座诺斯罗普 BT-1 俯冲轰炸机的官方绰号，由卓越的设计者杰克·诺斯罗普和脾气温和但才华横溢的爱德华·H. 海涅曼设计。加利福尼亚的埃尔·塞贡多制造公司（后来成为道格拉斯飞机公司的一个分部）在杰克·诺斯罗普于 1938 年 1 月离职后继续发展 BT-1（也被称为 XBT-2），并进行了试飞，但是该型号似乎潜能有限。海涅曼的设计团队重新设计了 XBT-2（编号 0627），搭载 1000 马力（约 746 千瓦）的莱特 XR-1820-32 发动机（即世界闻名的“旋风”发动机），驱动一部三叶螺旋桨。飞机的机尾随着大量的风洞试验被重新设计，XBT-2 被重新命名为 XSBD-1 型，在

下图：这架唯一的诺斯罗普 XBT-2（机体编号 0627）实际上是“无畏”原型机，但是在作为 SBD 生产前做了改进。XBT-2 搭载 1000 马力（约 746 千瓦）莱特 XR-1820-32 发动机，即后来人们熟知的“旋风”，该系列发动机驱动了所有型号的 SBD

上图：在 1942 年初的某个时候，一架 SBD 返回航母，它的水平尾翼有很多日本战机或高射炮射击的弹孔

1939 年 2 月被美国海军接受，与此同时进行测试的还有寇蒂斯的 SB2C“地狱俯冲者”。SBD 在所有参加竞标的舰载俯冲轰炸机（当时术语叫“侦察轰炸机”）中被评为最优。

1939 年 4 月 8 日，道格拉斯收到了 57 架 SBD-1 和 87 架 SBD-2 飞机的订单。SBD-1 拥有“无畏”最终确定的背鳍和方向舵设计，装备有 2 挺位于发动机整流罩的 0.30 英寸（约 7.62 毫米）前射机枪和 1 挺配备给背靠飞行员的无线电员 / 机枪手的同口径机枪。在尚未完全适应航母运作的情况下，SBD-1 的订单被移交给海军陆战队，于 1940 年交付。SBD-2 的不同之处在于，具有自封油箱——金属油箱以及两个在外翼板内的 65 美制加仑（约 246 升）油箱都加装了胶质内衬。该型机在 1940 年 12 月到 1941 年 5 月间交付美国海军的舰载轰炸机中队。

俯冲轰炸机的胜利

法国战败后，“斯图卡”俯冲轰炸机俯冲时发出的呼啸声让人大开眼界，让华盛顿当局认识到了俯冲轰炸机的价值，订购了 174 架 SBD 以 SBD-3 的型号。SBD-3 为后方的无线电员换装了双联装 0.3 英寸（约 7.62 毫米）机枪，改进了装甲、电气系统、螺旋桨和自封油箱。后世熟悉的“无畏”正是该型号：这架造型优美的飞机水平飞行时具有 252 英里 / 时（约 406 千米 / 时）的最大航速，俯冲时可达到 276 英里 / 时（约 444 千米 / 时）；装载炸弹时航程为 1225 英里（约 1971 千米），不装载时航程为 1370 英里（约 2205 千米）；实用升限为 27100 英尺（约 8260 米）。

下一个道格拉斯俯冲轰炸机的改型是 SBD-4，在 1942 年 10 月到 1943 年 4 月间交付。SBD-4 换装了无线电导航辅助设备、电动燃油泵和改进的汉密尔顿标准液压恒速、全顺桨螺旋桨，在埃尔·塞贡多转向生产 SBD-5 之前共生产了 780 架。SBD-5 搭载升级的 R-1820-60 发动机，提供 1200 马力（约 895 千瓦）动力；1943 年 2 月到 1944 年 4 月共生产了 2965 架该型号飞机。其中一架被改装为 XSBD-6，安装有 1350 马力（约 1007 千瓦）莱特 R-1820-66（终极版“旋风”）发动机。SBD-6 共生产了 450 架。

战争快结束的时候，“无畏”轰炸机被更先进的寇蒂斯 SB2C“地狱俯冲者”轰炸机取代，但是总是麻烦缠身的 SB2C 从来没有得到人们给予过 SBD 的赞美之词。“无畏”随后继续执行重要性稍逊的反潜巡逻和对地支援任务。SBD 在不少于 20 个中队服役。上百架 SBD 被翻新搭载西屋电器的 ASB 雷达，成为美国海军首批搭载该雷达的飞机。

上图：1942 年底，没有携带武器的 SBD 机组人员正在“企业号”（上）和“萨拉托加号”航母上空飞行，在巡逻瓜达尔卡纳尔岛期间享受新鲜空气

上图：珍珠港突袭两个月前的 1941 年 10 月，VS-6 侦察中队的 SBD 在“企业号”上空飞行。VS-6 和 VB-6 是第一批换装“无畏”的美国海军舰载机中队

上图：1942 年 11 月，在中心线上携带炸弹的一架 VS-41 侦察轰炸中队的 SBD，在“火炬”行动期间前往北非海岸

下图：从这幅图看，美国海军陆战队的 SBD-1 最突出的特点是穿孔式俯冲襟翼。所有 57 架 SBD-1 在 1940 年都被交付海军陆战队。美国海军的第一批飞机是 SBD-2，在 1940—1941 年间交付

上图：一艘典型的美国海军航母上搭载的舰载航空兵大队通常由两个战斗机中队、一个鱼雷轰炸机中队和两个“无畏”轰炸机中队（一个用于轰炸，另一个用于侦察）组成。两者被命名为VB中队和VS中队。在美国航空母舰加装雷达用于自卫防护前，“无畏”便开始执行侦察任务。在实践中，两种中队只有一个区别：负责侦察的飞行员并没有如同在VB中队的同事一样接受俯冲轰炸的相关训练。图中，在1944年猛烈空袭特鲁克岛期间，两架VB-10的“无畏”正在接近“企业号”

勇敢的“无畏”

尽管SBD在美国海军和新西兰皇家空军服役表现良好，但是在美国陆军航空队服役生涯中[（被命名为A-24“女妖”（Banshee）]并不怎么成功，该型号飞机同样为英国皇家空军所拒绝。

SBD-6“无畏”轰炸机的飞行员坐在很高靠前的全金属制座舱中，机翼控制面包裹着纤维蒙皮。悬臂式、低位置安装的机翼为矩形中心面，外侧板沿翼弦向翼尖逐渐变尖变细。如“蜂窝乳酪”般的俯冲制动器结构穿过襟翼，延伸至外翼后缘的上下方，以及机腹中心结构的下部刹车板，“多细胞”结构的机翼则是杰克·诺斯罗普的标志性设计。椭圆状硬铝硬壳式结构机身由四个部分组成，机组人员坐在全通透明座舱盖下，带有防弹挡风玻璃和装甲板的驾驶舱里。最大炸弹装载量1000磅（约454千克）的大型炸弹挂架位于机腹中心线上，在每侧外翼结构下方还安装有炸弹挂架。

宽容的飞机

驾驶“无畏”轰炸机的飞行员发现它是一架宽容的飞机，飞行性能瑕疵极少，不过在急转弯时的停转趋势令人苦恼。执行俯冲轰炸任务时，飞行员在15000英寸到20000英寸（约4570米到6095米）的高度接近目标，几乎很快在高处占据位置，抬起机头，展开上面和下面的俯冲襟翼。它随后“直冲下来”，“无畏”比预期加速得要慢，当骤然下落超过70°时，借助Mk VIII反射瞄准镜——从SBD-5就开始搭载的设备，代替了早期的长筒望远式瞄准镜（后者的镜头在俯冲时因气温变化，有时会完全起雾）。飞行员驾驶飞机冲向目标，根据瞄准具刻度瞄准。炸弹释放按钮是一个位于驾驶杆顶端的标记为“B”的红色按钮，可以选择分别或是一次投出所有的炸弹。

在美国海军的传说中，飞行员很容易“被目标迷住”，不能及时改出俯冲。投放炸弹后，飞行员只需要轻快地移动操纵杆，“无畏”就能灵巧地改出俯冲。该型号飞机在正常飞行时普遍操

下图：这些美国陆军航空队第531战斗轰炸机中队的A-24B飞机停放在位于西南太平洋吉尔伯特群岛的马金群岛

图为这架海军陆战队侦察中队 VMS–5 的 SBD–5 在 1944 年加勒比海的基地时的状态。注意，在 1944 年初的大西洋战场上飞机涂有哑光的深海鸥灰色以及反光的马克白色涂装

上图：拍摄于太平洋。这架 SBD–5 涂刷有大量的轰炸任务标志，左翼下有一个 ASB 雷达天线。“无畏”是美国海军第一款装备雷达的舰载机

作性好，飞行员的视野极佳，不管在飞行还是在危险的着舰当中都是如此。很少有飞机比“无畏”更坚强可靠，它们能带着严重的战斗损伤返回基地。

在美国陆军航空队，该型机的官方绰号为“女妖”(Banshee)，但是依旧被广泛称为“无畏”。陆军的“女妖”一开始就表现平平。1941 年 1 月，美国陆军航空队订购 78 架 A–25，和美国海军的 SBD–3 相似，但是取消了航母着舰装置。此外，美国海军合同订购的 90 架 SBD–3 也被改装成陆基标准并作为 SBD–3A（“A”表示陆军）交付美国陆军航空队。美国陆军航空队总共订购了 100 架和 SBD–4 相当的 A–24A 及 615 架和 SBD–5 相当但是生产自道格拉斯公司塔尔萨工厂的 A–24B。

“女妖”的服役

A–24 在巴布亚新几内亚的第 27 轰炸机大队和在马金群岛的第 531 战斗轰炸机机中队服役。美国陆军航空队的飞行员很难甩开好斗的日军战斗机。位于后座的机枪手在美国海军飞机中很高效——一名海军的“无畏”机枪手在两天内击落 7 架三菱“零”式战斗机，不过 A–24 型则未展现如此潜力，且因损失很大而很快从前线退役。由于美国海军在珊瑚海和中途岛作战的飞行员证明了自己对抗“零”式战斗机的能力，美国陆军对于“无畏”的表现不满意其实更多来自机组人员缺乏经验和士气。

下图：在中南半岛战争中，一架海军航空兵第 4 中队的 SBD–5 从两艘停靠在中南半岛的法国航母之中的一艘上起飞（有可能是“阿罗芒什号”，1947—1948 年）

上图：美国陆军航空队的 SBD 都在中心线和翼下携带炸弹，在 1944 年朝着拉包尔岛的日军基地飞行。“无畏”的生产在 1944 年 7 月 22 日结束，该型号飞机被寇蒂斯 SB2C“地狱俯冲者”替代

1943 年 7 月，新西兰皇家空军第 25 中队从美国陆军航空队接收了 18 架 SBD–3，后来又接收了 27 架 SBD–4 和 23 架 SBD–5，新西兰皇家空军使用该型机在布干维尔岛作战。另一个“无畏”的海外使用者是法国，1944 年秋起接收 A–24 和 SBD–3 两个型号，装备了位于摩洛哥的阿加迪尔的两个自由法国海军的作战中队——第 313 和 4B 中队。“无畏”在法国北部打击退守的德军，和不断变少的敌机战斗，直到欧洲胜利日。1947—1949 年法国空军第 3 和 4 中队驾驶 SBD–5 在中南半岛战场作战；法军的该型号飞机最终于 1953 年在梅克内斯战斗机学校退役。

英国获得 9 架 SBD–5 飞机并命名为“无畏”DB .Mk I 型。到这时（1944 年），该型号飞机被认为动力不足且行动缓慢。英国飞行员发现“无畏”结构脆弱、噪声大且透风。对于该型号飞机在战斗机面前的脆弱性从来没有一个总体评价；太平洋战争的表现证明该型机并不是那么脆弱，但是英国皇家空军的试飞员依旧认为它不够坚固。虽然已经进行了大量的评估，但是“无畏”来到英国太晚，失去了服役的机会。在美国本土，美国陆军装备的 A–24 被重新命名为 F–24 型，在其基础上改装的无人驾驶型 QF–24A 及有人驾驶遥控机 QF–24B（均接受了机体翻新并涂刷有 1948 年生产序列号）使得“无畏”一直服役至 1950 年。

少量 A–24B 找到了出路，在战后进入墨西哥空军服役，于是墨西哥成为最后一个使用该型号飞机的国家，服役到 1959 年。

F

费尔利“梭鱼”

轰炸“提尔皮茨”

上图：为加速生产，有 4 家公司同时投于“梭鱼”轰炸机的制造。2602 架完成的飞机中，有 1192 架由费尔利公司制造，700 架由布莱克本公司制造，692 架由博尔顿·保罗公司制造，18 架由韦斯特兰公司制造。图中 Mk II 清晰展现了“梭鱼”轰炸机的特色，包括肩挂式主翼下的领航员舱口，“默林”32 发动机被遮盖的排气装置，以及高固定水平尾翼

过时的“剑鱼”和“大青花鱼”双翼飞机改装为“梭鱼”轰炸机时，飞行员大都认为这些新型战机异常复杂。这一机型与其前任相比更具流线型，然而在加入起落架和完整的雷达装置后，该机型的外形看起来非常奇怪。

“梭鱼”轰炸机的诞生源自规范 S.24/37，有 6 家公司（布里斯托、布莱克本、费尔利、霍克、维克斯和韦斯特兰）参与对该规范的竞标。1938 年 7 月，制造 2 架原型机的订单下发给了位于海耶斯的费尔利公司。最初发动机定为 1200 马力（约 895 千瓦）功率的罗尔斯－罗伊斯 24 气缸“X”发动机，但生产者由于对“默林”“游隼”和“秃鹰”发动机的偏爱而停止了对原定发动机的生产，最终公司决定在“梭鱼”Mk I 上使用 1300 马力（约 969 千瓦）功率的“默林”30 发动机。

1940 年 2 月 7 日第一架原型机首飞。与此后的机型不同，原型机采用“大青花鱼”的尾翼组，以及尾梁顶部的水平尾翼。飞行测试显示，大迎角状态下的费尔利－杨曼襟翼产生了一个尾流场，这导致机尾抖震、升降舵效率损失和飞机在高速下的振动。最终尾翼被重新设计，水平尾翼更高更窄，安装在垂尾上方以支柱支撑。

下图：随着第二次世界大战步入尾声，海军航空兵将对于由罗尔斯－罗伊斯“格里芬”发动机驱动的“梭鱼”Mk V 的用途限制在训练及第 700、778 和 783 中队的部队测试。之后的量产型与图示飞机的差别在于加高的尖锐方向舵。图中可见机翼下方 ASV 空对海搜索雷达的机载雷达舱

设计中使用了大襟翼，以便在处于空挡位置时提供额外的机翼面积，在起飞时，襟翼将下降 20° 以增加升力。在降落状态下襟翼将彻底放低以产生最大阻力，俯冲攻击时，襟翼将成 30° 。原型机测试很快证实了“梭鱼”轰炸机性能与先前机型相比的巨大提升：于空仓情况下在 9000 英尺（约 2745 米）高空水平飞行时速可达 269 英里（约 433 千米），同时在装载鱼雷的低重心状态下，将下降约 20 英里/时（约 32 千米/时）。在此情况下，“梭鱼”原型机每分钟仍能够爬升 1100 英尺（约 336 米）。

优先生产战斗机和轰炸机的规划不可避免地影响了原型机的制造进度，直到海军部与飞机生产部进行交涉前，皇家海军所需飞机的生产一直被严格限制。

甲板降落测试

1941 年 6 月 29 日，使用新的尾翼组的第二架原型机首飞。1941 年 5 月 18—19 日，借给第 778 中队的第一架原型机在皇家海军“胜利号”航母上进行了甲板降落测试，随后该机被送回费

下图：飞机的费尔利杨曼襟翼，早期生产的 Mk I 展现了该机型的俯冲轰炸能力

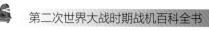

空袭“提尔皮茨号”

1944年4月3日，海军航空兵发动了对停泊于挪威北部卡菲欧尔德（Kaafiord）峡湾的“提尔皮茨号”的攻击，以消除这艘强大的战列舰对援苏护航船队的威胁。皇家海军出动6艘战舰，搭载来自“胜利号”航母上的4支中队的42架“梭鱼”轰炸机，以及80架来自“暴怒号”的护航战斗机。“提尔皮茨号”在此次奇袭中被“梭鱼”轰炸机投掷的500磅（约227千克）和1000磅（约454千克）炸弹直接命中15次；3架“梭鱼”轰炸机和1架战斗机被击落。图中，一架“梭鱼”轰炸机在空袭后返回母舰。英军在5月、7月和8月又对“提尔皮茨号”发动了进一步攻击。

尔利公司以安装新的尾翼。同年10月，在位于博斯坎比顿的飞机和武器实验研究所，开始进行测试，但一些可靠性问题的改进使得飞机完成测试的时间推迟到1942年2月。

超重

此时，将在之后的服役生涯中持续困扰“梭鱼”轰炸机的一个问题出现了——飞机超重。对机身的强化以及不包含在原始指标中的装备添加，破坏了飞机的起飞和爬升性能。这导致在最初的30架飞机的生产完成后，后来被改装成称为“梭鱼”Mk II的飞机使用了1640马力（约1223千瓦）马力的“默林”32发动机。该发动机比早期的动力装置多提供了约30%的额定功率。Mk II的机身并未改动，但以四叶螺旋桨代替了Mk I的三叶型号。

被大量订购的Mk II是最主要的量产型，布莱克本、博尔顿·保罗和韦斯特兰等公司也被选中进行该机型的生产。到1941年11月，有1050架“梭鱼”轰炸机被订购，但由于需要生产超级马林“喷火”，在剩余的订单被取消前，韦斯特兰公司只制造了5架Mk I和13架Mk II。

1943年春，由布莱克本和博尔顿·保罗公司生产的“梭鱼”轰炸机开始服役；随着欧洲战区战争的结束，额外订单中的一些被取消。最终，有1688架Mk II以及30架Mk I和2架原型机生产出来。

“梭鱼”加装了新型的空对海搜索雷达（ASV），装于后段机身下方的泡状雷达天线罩中。由一架博尔顿·保罗公司生产的Mk II改装而成的Mk III原型机在1943年首飞。1944年初订单下发，该型号的生产随之开始。共计有852架Mk III由博尔顿·保罗和费尔利公司制造完成。

“格里芬”发动机Mk V

“梭鱼”Mk V（Mk IV并未投产）是最后的型号，尽管基础结构并未改变，但该机型与之前的类型相比在外观上具有极大的不同。1941年使用的“默林”发动机动力不足，促使设计师寻找替代方案，最终决定使用罗尔斯－罗伊斯“格里芬”发动机。初步研发非常缓慢，由一架费尔利制Mk II改造而成的第一架“格里芬”发动机型号直到1944年11月16日才实现首飞。

量产型“梭鱼”Mk V具有比早期型号更长的矩形机翼，以抵消2030马力（约1514千瓦）的“格里芬”37发动机带来的更大扭矩而扩大的尾翼，以及增加燃料容量。然而，这一改进来得太晚，战争结束导致未完成的订单被取消前，订购的140架Mk V中只有30架交付。

1943年1月10日，驻柴郡斯特雷顿的第827中队接收12架Mk II完成换装，“梭鱼”轰炸机的战斗服役生涯正式开始。第810中队在次月换装了该机型飞机，到1944年1月，已有12支“梭鱼”轰炸机中队。第一次作战是1943年9月，盟军在意大利萨勒诺发起登陆时，第810中队从“卓越号”航空母舰上起飞参战。1944年4月3日，42架飞机俯冲轰炸德国“提尔皮茨号”战舰造成严重破坏时，该机型才打出了名号。

1944年4月，“卓越号”航母搭载装备“梭鱼”的第810和847中队，将该机型带入太平洋战区，用于支援美国海军俯冲轰炸机对位于苏门答腊的日军设施的空袭。在欧洲战区，“梭鱼”使用火箭助推起飞装置，从小型护航航母的短甲板起飞执行反潜任务。对日作战胜利日后，大部分中队被解散，或换装其他飞机。在混编中队内服役一段时间后，最后一批在一线服役的“梭鱼”于1953年被格鲁曼“复仇者”代替。

Mk V从未参加作战任务，被用于训练和其他的二线任务，直至1950年退役。

上图：尽管在对日作战胜利日后很快退役，装载有ASV雷达的“梭鱼”Mk III还是于1947年重返前线，服役于北爱尔兰艾灵顿的第815中队。它们是前线海军航空兵最后的“梭鱼”轰炸机，最终在1953年被格鲁曼“复仇者”轰炸机替代。图中，2架Mk III后段机身下方的ASV雷达天线罩清晰可见

左图：不同于Mk I，“梭鱼”Mk II使用强劲的1640马力（约1223千瓦）“默林”32发动机驱动一部四叶螺旋桨，该机型是最主要的量产型号。图中，一架早期型的机体携带有该机型的主要武器——一枚1620磅（约735千克）鱼雷

费尔利“萤火虫”

强健的海军航空兵战斗机

上图：尽管沿袭皇家海军在昼间战斗机中使用2名机组人员的长久主张，“萤火虫”战斗机仍将成为在海军航空兵服役的最后的双座型螺旋桨战斗机。图示飞机拥有代表原型机和测试飞机的黄色底面，是第7架量产型“萤火虫”Mk I

1943年末费尔利“萤火虫”战斗机进入作战部队服役时，海军航空兵最终获得一款强健且武器精良的双座战斗机。尽管没有单座战斗机的速度，该机型仍具有很高的巡航速度和良好的甲板降落特性，在优秀飞行员的手中，其表现甚至可以超过单座战斗机。

在1940年1月5日的一次投标会议中，起源于航空部规范N.8/39和N.9/39的单座和双座海军战斗机计划被改进成了N.5/40F技术规范，海军部关于海军飞机的方针就此产生了巨大变革。仅在参战的一小段时间后，皇家海军就意识到舰载战斗机的性能只有在机载设备数量大幅度降低的情况下才能提升。性能对这款必须在2年内投入一线服役的战斗机来说最为重要。大部分当时服役的舰载战斗机是老旧且性能不令人满意的，这些飞机经常是由皇家空军飞机改装而成的。1940年的皇家海军迫切需要各类先进舰载机。

1939年的原始规范要求一款双座“前置机枪”战斗机（即使用向前开火的机枪），以及一款使用类似布莱克本“巨鸟”或博尔顿·保罗“无畏”的炮塔战斗机。考虑到其重量和皇家空军近期使用“无畏”战斗机的战斗经验，炮塔战斗机没有成功的希望。取消炮塔的“前置机枪战斗机”（N.8/39）最终成为“萤火虫”战斗机，而N.9/39被调整为双座战斗机的单座型号。

费尔利公司递交了一份设计，能够同时将前两个规范融合而成的双座N.5/40F规范，并在此基础上完成了“萤火虫”战斗机。

为使新飞机在2年内投入使用，人们意识到通常的原型机测试和飞机研发过程必须改进。在听取多方意见后，罗尔斯－罗伊斯“格里芬”发动机被选中驱动新型战斗机。“格里芬”发动机

下图：“萤火虫”Z1826号原型机于1941年2月22日首飞时，摄于大西部机场（现伦敦希思罗机场的一部分）

上图：为了装入航母的机库，“萤火虫”战斗机的机翼可以人工折叠，然后以梁为轴向上转动，并排放在机身两侧

上图：第 1771 中队（第一支使用该机型的海军航空兵中队）的“萤火虫”Mk I 在太平洋战区的一次行动后降落。从图中可看到为降落充分展开的杨曼增面襟翼，以及为火箭弹准备的翼下发射滑轨

在 1939 年 12 月被考虑到方案内，且该发动机在设计之初就考虑到在低空取得最大功率，从而成为理想的海军战斗机发动机。最初该型发动机在海平面高度可提供 1735 马力（约 1295 千瓦）的功率，之后的“格里芬”能够提供超过 2100 马力（约 1567 千瓦）的功率。

最初的“萤火虫”生产计划以 200 架飞机为重点，包括 2 架原型机、11 架研发飞机和 187 架量产机。最终，2 架原型机变成了 4 架，同时还有另外至少 15 架的“萤火虫”战斗机被用于加快研制进度。

1941 年 3 月，第一批制造图纸被分发给车间职员，费尔利公司在米德尔赛克斯的海耶斯工厂开始生产作业。飞机生产部（MAP）在第一批 200 架飞机的订单后又增加了 100 架，随后在 1941 年 5 月又加订了 300 架。MAP 每月供应 50 架“萤火虫”战斗机，至少持续到 1944 年末。随着战争的持续，订单的子型号和数量发生了许多变化。比如，4 月 28 日，MAP 通知费尔利公司生产计划为 300 架 Mk I、100 架 NF.Mk II 和 200 架 Mk III。到 8 月，

下图：“萤火虫”战斗机部队参与的许多行动都发生在太平洋战区。图为对日作战胜利日前不久，一架第 1772 中队的飞机飞翔于皇家海军航母“不倦号”上空

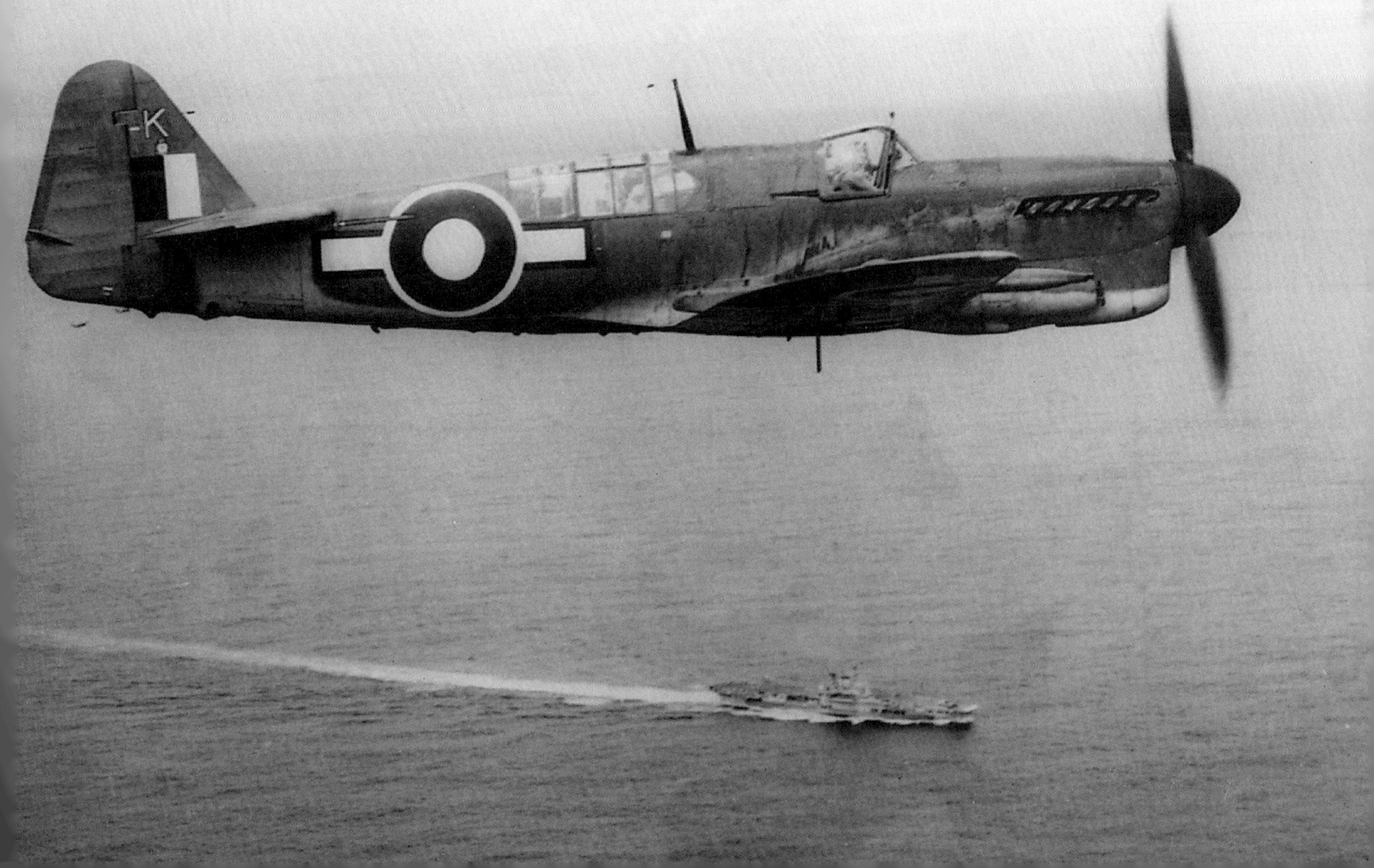

“萤火虫”夜间战斗机型

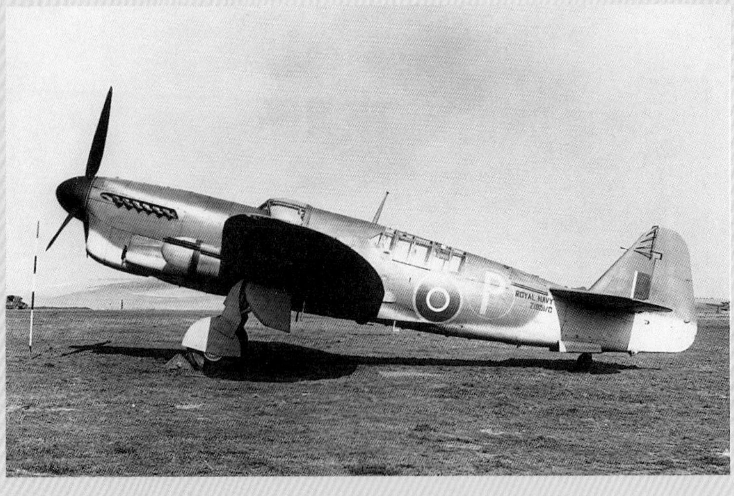

“萤火虫”的夜间战斗机型在飞机的早期研发过程中就被构想出来，但NF.Mk II夜间战斗机（右上图）的研发被证实是存在问题且最终失败的。每个机翼前沿下方的雷达天线罩内额外的夜间战斗机装备（AI Mk X雷达）导致重心问题。伴随安装于驾驶舱的辅助设备带来的额外重量，在防火壁前方插入15英寸（约38厘米）的隔板只能使问题恶化。Mk II有航向不稳的问题，导致制造100架“萤火虫”夜间战斗机的计划岌岌可危。Mk II并不适合作为夜间战斗机的母型，在“侵略者号”战舰上发生的测试飞机失事证明了这一点。NF.Mk II在1944年6月被放弃，不过人们认识到FR.Mk I仅需进行微小改动就可以胜任舰载夜间战斗机任务。当时增加到328架的Mk II的订单被缩减为37架已进入生产线的飞机；其中一部分后来被以NF.Mk I（下图）为标准改装。Mk II的关键转机是其对美国的AN/APS-4雷达，即海军航空兵编号ASH（空中对面搜索）雷达的适应性。ASH代替了AI Mk X，其紧凑型仅重200磅（约91千克），使之能够放置在飞机头部下方的流线型发射器/接收器舱内。这些改变被快速引入生产线中，此时NF.Mk I与FR.Mk I的生产同步进行。

装备有效的NF.Mk I的第746中队于1942年11月23日在索伦特海峡畔的利村作为海军夜间截击战斗机部队组建。最初该中队装备“管鼻鹱”，在1943年5月中队开始接收“萤火虫”NF.Mk I。该部队从诺福克的科提肖皇家空军基地起飞，在英吉利海峡和北海上方，对释放V-1火箭攻击英国目标的亨克尔He 111轰炸机进行拦截。尽管这些夜间行动数量相当多，但没有一架“萤火虫”战斗机能够击落He 111。1945年1月1日组建于伯斯科的第1790中队是第一支海军夜间战斗机中队，随后是分别于3月15日和5月15日组建于利村的第1791和1792中队。第1790中队加入太平洋舰队时已经太晚了，因而未能投入作战。第1791中队很快就解散了，第1792中队则承担试飞研究任务，探索单座机与双座机在未来夜间作战中的优劣。虽然双座的“萤火虫”战斗机最终被选中继续使用，但是英军并未专门组建中队，而是将由4架“萤火虫”NF.Mk I组成的飞行小队配属于现有的舰载机中队。这些被称为“黑色小队”的“萤火虫”不断地从一支中队转调至另一支中队。

这一计划被改为500架Mk I、200架NF.Mk II和100架Mk III。到了10月，又变为350架Mk I、350架NF.Mk II和100架Mk III。

与“萤火虫”战斗机生产计划一样，其装备过程也一波三折。该型机被配发给采用全新数字序号的中队，其中第一个就是1943年10月1日组建于约维尔顿的第1770中队。第二支部队是1944年2月1日组建于约维尔顿的第1771中队，随后是1944年5月1日伯斯科的第1772中队。原定还将装备其他3支中队——第1773、1774和1775中队的计划，在对日作战胜利日后被废弃。

首次行动——攻击“提尔皮茨号”

“不倦号”上的第1770中队第一个参与了1944年7月中旬对“提尔皮茨号”的空袭。该部队担负了压制高射炮的任务，在峡湾地形执行这类任务十分困难，其间有至少1架该型机被德军防空炮火击落。

该中队随后随舰航行至锡兰（今斯里兰卡），加入英国太平洋舰队。1945年1月1日及7日，第1770中队使用火箭弹（RP）空袭了位于苏门答腊岛布兰丹港的日军炼油厂。1月4日莱维特击落了1架Ki-43“隼”，为“萤火虫”战斗机在空对空战斗中收获了第一个战果。另一架由斯托得和雷丁中尉共同击落。1月24日对巴邻旁的炼油厂的火箭弹攻击中，又有两架“隼”被第1770中队“萤火虫”的20毫米机关炮击落。作为先导的“萤火虫”战斗机编队必须飞过防空气球阻拦网和高射炮。这次空袭对于这些新型战斗机来说是一次成功的亮相。1月29日，又有3架“隼”被第1770中队的“萤火虫”战斗机击落。

作为57特遣部队的一部分转移至艾尔斯群岛海军部的“萤火虫”战斗机，空袭冲绳南方仅230英里（约370千米）的宫古岛的最前线。有一次，4架皇家海军的“萤火虫”战斗机护送1架美国海军的马丁公司“水手”水上飞机，去营救在先岛群岛附近坠海的盟军空勤人员。侦察到5架前往冲绳的三菱Ki-51“艾德娜”俯冲轰炸机后，“萤火虫”战斗机追赶击落了其中的4架，另一架也被击伤。

太平洋舰队在撤回澳大利亚补给前进行了进一步空袭。随后第1770中队解散。与此同时，“怨仇号”上的第1771中队对加罗林群岛的目标发动空袭，该中队的“萤火虫”战斗机成为第一批飞过日本本岛的海军航空兵飞机。7月，代替第1770中队登上“不倦号”的第1772中队也加入了战斗。随着战争步入尾声，第1772中队开始执行搜索战俘营地及空投红十字救援物资的任务。

费尔利“剑鱼”

费尔利的“网兜”

上图：来自第 820 中队的“剑鱼”Mk I 在 1939 年初新建的皇家方舟号航母上方飞行。该年 1 月，第 820 中队成为第一支舰载中队

首飞时依然具有老旧飞机外表的“剑鱼”轰炸机，是第二次世界大战爆发时英国海军航空兵的主力款鱼雷轰炸机，同时该机也注定会成为一个海军传奇。

第二次世界大战爆发时，外观简陋且轻小的阿芙罗“教师”或德·哈维兰“灯蛾”的双翼军用飞机已经十分少见，因此现在跑道上的一款巨大且发出噪声的双翼飞机吸引了许多人的注意。除去外表，这架粉墨登场的丑陋飞机完全顺应时代潮流，被命名为费尔利“剑鱼”的该型号飞机，之后将在第二次世界大战中持续发挥重要作用。为此，该机型进行了完善的设计，使其能够从战争的最初阶段到欧洲的同盟国获得胜利的过程中，一直参与打击轴心国的行动。“剑鱼”轰炸机甚至战胜了为代替它而设计的飞机，长期活跃在战区，并在此期间结合机器的成就与人的勇气共同在海军航空兵的历史上创造了真正的传说。差点胎死腹中的“剑鱼”轰炸机起源于 1939 年费尔利公司私人投资制造的 T.S.R.I 双翼飞机。当这架飞机在同年 9 月的一次事故中坠毁时，费尔利公司认为对该机型的发展是必要的，并坚持进行研制工作。因此，当航空部发布募集舰载鱼雷—观测—侦察机的规范 S.15/33 时，费尔利公司递交了改进的 T.S.R.II 设计图。按照该设计制造的“剑鱼”原型机（K4190）首飞于 1934 年 4 月 17 日。

机翼改良

与 T.S.R.I 不同，T.S.R.II 具有微斜的改动过的上翼，以协调

左图：最初被称为费尔利 T.S.R.II 的“剑鱼”K41900 号原型机根据规范 S.15/33 设计，由费尔利 F2038 工厂制造。在飞行测试期间，T.S.R.II 的表现远超出性能规范的要求

上图：K5972 是一架来自最初费尔利生产批次的“剑鱼”Mk I。图示飞机有第 823 中队的标志，该中队在 1936 年配属于“光荣号”航母

上图：1941 年 4 月，蒙巴萨岛，“剑鱼”轰炸机在为从“鹰号”航母的飞行甲板上起飞做准备。这些飞机来自作为反潜巡逻队的第 813 和 824 中队。1941 年 6 月 6 日，来自 3 支中队的“剑鱼”轰炸机击沉了 U 艇补给舰“易北河号”

上图：不论是从岸上、航母上还是从战舰上使用弹射器弹射起飞，“剑鱼”鱼雷轰炸机都能胜任被赋予的任务。该机型也能够装载鱼雷或炸弹，在战争后期还挂载过 8 枚 60 磅（约 27 千克）的火箭弹

为克服造成 T.S.R.I 失事的稳定性问题而加长的机身。其他的改进包括附加的翼下挂架和改良的尾翼组。经过对岸基飞机和水上飞机型号的集中测试，1935 年 4 月，该机型据第一份 86 架飞机的合同投入生产，并被命名为“剑鱼”。

初期产品

根据航空部规范 S.38/34 制造的早期“剑鱼”Mk I 装有 690 马力（约 515 千瓦）布里斯托“飞马座”IIIM 星形发动机，驱动 1 部三叶定距金属螺旋桨。该双翼飞机的双隔区机翼具有全金属结构，表面由织物覆盖。上下翼均具有副翼的双翼飞机外形，其结构完整性由强健的翼间支柱、飞行张力线和抗升力拉线维持。为便于装船，机翼可通过翼下梁上的铰链进行折叠。

飞机的尾翼组采用常规设计，带有高支撑柱的水平尾翼、垂直尾翼以及金属结构的布蒙皮方向舵。金属结构的机身表面前方覆盖有轻合金蒙皮，后部则使用织物覆盖。具有 2 个开放的座舱，用于容纳前方的飞行员和后方 1 到 2 名机组人员。尾轮为固定式，相互独立的主起落架配有油压减震器。

“剑鱼”可以很容易地更换上由 2 个单段轻合金浮筒组成的水上起落架，每个浮筒都具有 1 个小的方向舵，以便在水上控制飞机的方向。

武器包含 1 挺同步向前开火的 0.303 英寸（约 7.7 毫米）口径维克斯机枪、座舱后的 1 挺维克斯“K”机枪或刘易斯式机枪，以及机身下装载 1 枚 18 英寸（约 457 毫米）口径的 1610 磅（约 730 千克）重鱼雷的挂架。Mk I 的外挂武器方案包括 1 枚 1500 磅（约 680 千克）鱼雷，或机身下方的 2 枚 500 磅（约 227 千克）炸弹加上下翼挂架上的 2 枚 250 磅（约 113 千克）

右图：“剑鱼”的主要武器是悬挂在机身下方的一枚1610磅（约730千克）鱼雷。尽管相当缓慢且机动性差，但该机型在关键的反潜战中发挥稳定

炸弹，或机身下方的1枚500磅（约227千克）炸弹加上每侧机翼下各1枚500磅（约227千克）炸弹。

1936年7月，“剑鱼”Mk I开始进入海军航空兵服役，并替换3年前开始进入舰载机中队的“海豹”轰炸机，第825中队成为率先换装的中队。接下来，到1936年末以前，仅在第811和812中队少量使用的布莱克本“巴芬”轰炸机，以及第823中队的“海豹”轰炸机也被替代。当1938年第810、820和821中队的布莱克本“鲨鱼”退役时（这些飞机比“海豹”更少见），海军航空兵的鱼雷轰炸机已经完全换装为“剑鱼”轰炸机。

第二次世界大战开始时，海军航空兵拥有13支使用“剑鱼”轰炸机的作战中队，其中有12支随皇家海军航母“皇家方舟号”“勇敢号”“鹰号”“暴怒号”和“光荣号”在海上航行，但“伪战争”的持续意味着这些飞机直到1940年挪威战役开始前都没有进行过真正的战斗。当然，这对于“剑鱼”轰炸机来说利大于弊，并给予各中队充足的时间逐步达到完美的作战状态。4月11日，装载有鱼雷的“剑鱼”轰炸机从“暴怒号”上起飞开始第一次行动时，这段准备时间被证实具有巨大价值。两天后，一架从“厌战号”战列舰上弹射的“剑鱼”轰炸机击沉了U-64号潜艇，这是海军航空兵在战争中首次击沉U艇。

布莱克本的“网兜”

费尔利公司的生产条件已经不能满足不断增加的“剑鱼”轰炸机制造合同，因此随后的生产被交给位于约克郡布拉夫的有力帮手布莱克本飞机公司。该公司从早期起就参与了海军飞机的设计和建造。1940年，仅有1架飞机由布莱克本公司制造完成，但第二年，这个数字就达到了415架。

下图：前期制造研发的“剑鱼”轰炸机之一的K5662号采用水上飞机配置，图中装备着1枚鱼雷的该机正在进行飞行测试

布莱克本“剑鱼”Mk II正在进行飞行训练，机翼下带有训练用炸弹。Mk II具有强化的下翼，这使飞机有了更大的武器载荷

战时服役

在第二次世界大战期间，“剑鱼”轰炸机曾参加了多次著名的空袭行动，其中最著名的就是塔兰托港的突袭。然而在鱼雷攻击中，“剑鱼”轰炸机损失惨重，这使得皇家空军岸防司令部指挥该机型用于执行反潜作战任务。

1940年“剑鱼”轰炸机迎来了最重要的胜利——对位于塔兰托港的意大利舰队进行的突袭。21架“剑鱼”轰炸机在1940年11月11日晚发动了这次空袭，空袭包含两波间隔1小时的攻击。全部飞机在后座舱内都装有远程油箱，同时有4架飞机装载有为目标照明的照明弹，6架装有炸弹，还有11架装有鱼雷。第一颗照明弹在23点投掷，第一波飞机穿过了防空气球构成的阻拦区，遭受了猛烈的炮火。在这种情况下，目标仍被击中，并且只有1架飞机损失。第二波飞机也有1架损失，但仍完成了联合空袭。第二天的侦察飞行确认了空袭造成的损坏。意大利海军受到严重打击：有3艘战列舰遭到重创，其中两艘坐沉；1艘巡洋舰、2艘驱逐舰、2艘辅助舰被击沉。

下图：从1942年8月起，“剑鱼”轰炸机在护送护航船队到达苏联的任务中完成了惊人的壮举。“剑鱼”轰炸机夜以继日地在紧张的形势下工作。1944年，图示飞机正从“击剑手号”护航航母冰冻的甲板上起飞

在短暂的1小时内，地中海区域的海军力量对比被彻底改变，这证明了美军“比利”·米切尔等人提出的“即便是‘即将过时’的飞机也拥有在没有水面舰艇援助的情况下歼灭海军舰队的潜力”的学说。

该型机的最后一次大规模鱼雷攻击在1942年发动，当时英军为阻止重巡洋舰“欧根亲王号”陪同的德军战列巡洋舰“格奈森瑙号”和“沙恩霍斯特号”穿越英吉利海峡向东逃亡，进行了大量徒劳的尝试。几乎是被当作最后手段，由埃斯蒙德海军中尉带领的6架第825中队的“剑鱼”轰炸机奉命进行鱼雷空袭，但当它们接近带有护卫驱逐舰和战斗机保护的战列舰时，机组人员都清楚地意识到这次任务希望渺茫。然而，无视于低成功率，埃斯蒙德带领手下发动了空袭。他们瞬间受到如冰雹般密集的防空武器的攻击，并遭到来自各个角落的防卫战斗机的袭击。没有“剑鱼”轰炸机能够幸存，而18名机组人员中的5人得到救援则是一个奇迹。随后全部机组人员都被授予勋章，勇敢的领导者埃斯蒙德牺牲后被追授了维多利亚十字勋章，这是该荣誉第一次授予海军航空兵。

这次实战证明了使用“剑鱼”轰炸机进行鱼雷空袭已经不再实用。在鱼雷攻击中“剑鱼”需要在漫长的迫近航线时准确对准目标才能够保证投放的武器命中，但这也为敌军提供了一个绝佳的机会摧毁空袭者。

上述情况推动了“剑鱼”Mk II的研发，该机型在1943年开始服役，与早期型号不同，采用加强的金属蒙皮下翼，因而能够挂载并发射火箭弹。同年，紧随“剑鱼”Mk II，最终的生产型号

上图：整个战争中，许多英军机组人员都是在安全的加拿大领空进行训练。复杂的气象条件迫使英军为驾驶室加上了座舱盖

“剑鱼”Mk III 问世。该机型主起落架之间的雷达天线罩内安装有 ASV Mk X 雷达；在其他方面，该机型与 Mk II 基本相同。除这 3 种主要型号之外，还有一些由 Mk II 改装而成，带有为在寒冷的加拿大海域作战准备的封闭驾驶舱型号，被称为“剑鱼”Mk IV。

在发展的鼎盛时期，“剑鱼”轰炸机曾装备了 26 支中队，上述改变为这一老战士带来了新生。海军航空兵军械库中增加的火箭弹由“剑鱼”轰炸机负责携带，在武器被正式接受前，该机型进行了适当的测试。在火箭弹和鱼雷的帮助下，这些飞机将在反潜作战中实现令人难以想象的成功。最精彩的战斗发生在 1944 年 9 月，当时护航航空母舰“文德克斯号”上的“剑鱼”轰炸机作为护航队前往苏联北部，该舰的舰载机在此次航行中一举击沉 4 艘 U 艇。

皇家空军服役

皇家空军也发现了“剑鱼”轰炸机对于海上作战的价值。1940 年 4 月，第 812 中队交由皇家空军岸防司令部节制，随后成功进行了昼间及夜间在英吉利海峡和北海的布雷行动。该中队的“剑鱼”轰炸机也活跃于法兰西战役，对敌军控制的港口进行昼间空袭。还有 2 支皇家空军中队也装备有该机型飞机。1940 年 10 月，位于直布罗陀的第 202 中队接收了水上飞机型“剑鱼”Mk I。1942 年 1 月前，该中队一直使用这些飞机在直布罗陀海峡执行攻击巡逻队任务。另一支装备该机型飞机的部队为第 119 中队，该中队从比利时的基地出发，驾驶“剑鱼”Mk III 成功完成了 1945 年 1 月到 5 月在北海对抗小型潜艇的行动。

1944 年，在总计 2391 架飞机（费尔利公司 692 架，布莱克本公司 1699 架）的生产完成后，“剑鱼”轰炸机的制造结束了。1945 年 5 月 21 日，最后一支前线“剑鱼”轰炸机中队——第 836 中队正式解散。皇家海军并不愿失去如此强悍的战机，因此该型机被继续使用了数年。

在非凡的生涯中，这一英勇的双翼飞机在空战尤其是海军航空兵的历史上，留下了不可磨灭的战绩。在 5 年的浴血奋战中，“剑鱼”轰炸机作为英军舰载鱼雷轰炸机，还承担了岸基布雷机、护航航母舰载反潜机、夜间照明弹投掷机、配备火箭弹的反舰艇飞机以及反潜作战飞机等各类角色，同时担负了训练和日常勤务。

下图：1945 年 4 月一名着舰信号员正指挥一架“剑鱼”轰炸机着陆到“打击者号”护航航母上。着舰指挥员在舰上的工作条件非常危险，他们经常会用到防坠网。护航航空母舰狭小的甲板使他们的工作更加危险

“剑鱼”Mk II

虽然没有涂刷具体的机身特殊编号及所属皇家海军舰艇和中队的徽记，但图中这架“剑鱼”依然采用典型的 1940 年 1 月（塔兰托战役期间）英军舰载机的涂色。

动力

早期生产的 Mk II 保留有 690 马力（约 514 千瓦）“飞马座” IIIM 发动机，随后的飞机安装了更有力的 750 马力（约 560 千瓦）“飞马座” XXX。

武器

图示“剑鱼”轰炸机挂载着标准的海军 18 英寸（约 457 毫米）鱼雷。正视图中可清楚地看到，从上翼中心位置悬挂下来的前风挡上标有刻度，用于在对反舰攻击中计算提前量。飞机可装载多达 1500 磅（约 681 千克）炸弹或鱼雷。

任务调整

对“格奈森瑙号”和“沙恩霍斯特号”空袭的惨重损失导致“剑鱼”轰炸机被转用于反潜任务。这些飞机配有传统的反潜武器，以及为打击上浮潜艇而新研发的火箭弹。

机枪

“剑鱼”轰炸机在后座舱内装有一挺活动机枪，此外还有一挺固定的向前开火的 0.303 英寸（约 7.69 毫米）口径维克斯“K”或勃朗宁机枪。

当“剑鱼”轰炸机接近塔兰托港时，高射炮和高射机枪的火力袭来。4 小时后，仅有2架飞机未能安全返回“卓越号”航母。它们使塔兰托陷入混乱。鱼雷成功击中了意大利战列舰“加富尔号”“利托里奥号”和“杜利奥号”

塔兰托空袭

1940 年 11 月 11 日由 2 支海军航空兵的中队发动的塔兰托空袭，是舰载航空兵发展史上的第一个重要胜利，同时这可能也是皇家海军在第二次世界大战期间最成功的行动。

实际上在 1938 年战争变得不可避免时，英军就已经考虑过对意大利重要的塔兰托海军基地发动攻击。1940 年，空袭计划被重新提上日程，并进行了重新规划。

意大利的主力舰队由 6 艘战列舰组成，其中包括 2 艘新型的“利托里奥”级、4 艘新近改装完毕的“加富尔伯爵”级和“杜利奥”级战列舰，此外还有 5 艘巡洋舰和 20 艘驱逐舰，全部以塔兰托为基地。空袭停泊的意大利舰队需要高质量的最新情报，不仅要确定都有哪些舰艇，还要了解这些舰艇的位置。为达到奇袭的目的，英军的打击力量必须隐蔽。

为降低损失，计划定于夜间实施，因此，“剑鱼”轰炸机的机组人员进行了严格的夜间飞行及战斗训练。任务原安排在 1940 年 10 月 21 日，但由于有其他任务，被推迟到 11 月 11 日。

在任务开始的几天前，“鹰号”航母的燃油系统出现了问题。几架“剑鱼”轰炸机被转移给随后从埃及亚历山大港起航的“卓越号”航母上。

11 月 11 日早晨的空中侦察显示，5 艘意大利战列舰停泊在塔兰托海港，同时还有 3 艘由防鱼雷网保护的巡洋舰停靠在码头。第 6 艘战列舰在当天稍晚的时候驶入海港。

到当晚 20 时，“卓越号”及其护航舰就位，停泊在距港口 171 英里（约 275 千米）处。12 架“剑鱼”轰炸机整装待发，准备进行第一波空袭，其中 6 架装载有鱼雷，4 架装载有炸弹，还有 2 架装载有炸弹和照明弹。由于附加的燃油箱占据了座位，大部分机枪手被留了下来。

第一架“剑鱼”轰炸机于 20:35 起飞，21 时，全部飞机都进入空中，向目标进发。就在 23 时前，装载照明弹的 2 架飞机离开了飞行编队。其中 1 架将一排照明弹从海港上空 7500 英尺

上图：1940 年 11 月 11 日 21 时后不久，12 架费尔利“剑鱼”双翼飞机开始了前往塔兰托的 171 英里（约 275 千米）的航行。在发动对意大利舰队的攻击前，飞行员们要坐在严寒的开放座舱中飞行 2 小时

（约 2300 米）处投下，随后又炸毁了一个储油库。攻击飞机分 2 组进行空袭；飞行编队长的飞机被高射炮击落，但同时也有大量雷弹击中了战列舰。

与此同时，第二波飞机在第一波起飞约 30 分钟后也起飞升空。这些飞机中有 5 架装有鱼雷，2 架装有炸弹，还有 2 架装有照明弹和炸弹。有 1 架飞机由于技术问题返航，其他 8 架飞机在午夜时分到达，并进行了与第一波相同的行动：在刺眼的照明弹照射下，将鱼雷投向敌军战列舰。其间又有 1 架飞机被高射炮击毁。

除了上述 2 架被击落的飞机外，其他全部飞机都在凌晨 3 时前返回“卓越号”。两天后的空中侦察显示，一艘“加富尔”级和一艘“杜利奥”级战列舰遭到严重破坏并搁浅；一艘“利托里奥”级战列舰损坏严重；两艘巡洋舰和两艘护航舰严重损坏；两艘辅助船沉没。

这次出色的行动对意大利舰队造成重创，而英国仅付出了很小的代价。意军将舰队撤往北部，脱离了该战区。这次对塔兰托成功的空袭提醒日军可以用相同的战术攻击他们的目标——珍珠港。

下图：对塔兰托空袭的价值在于这次精心策划的航母攻击使皇家海军占据了地中海上力量的上风，并使意大利重型舰队撤往了更远的北部

菲亚特 CR.32

上图：1938 年 3 月德奥合并之后，奥地利的 CR.32 被纳粹德国空军接收；图中看到的交付的 45 架战斗机标有纳粹德国的标志

罗萨特利的杰作

CR.32 与 CR.30 相比设计更为精细，总体尺寸更小，是 20 世纪 30 年代最杰出的战斗机之一。CR.32 于 1934 年开始服役，参加了西班牙内战和非洲的战役。

1923 年，切莱斯蒂诺·罗萨特利设计了 CR 系列的第一款战斗机——CR.1，紧接着又为意大利皇家空军设计了一系列双翼战斗机。20 世纪 30 年代早期，CR.30 开始服役，正是该型号的飞机成为后来的 CR.32 的基础。CR.32 是一款翼展不相等的双翼飞机，采用沃伦式翼间支撑柱，骨架采用轻合金和钢制结构，发动机则是 590 马力（约 440 千瓦）的菲亚特 A.30RA 12 缸直列发动机。CR.32 于 1933 年 4 月 28 日首飞，在发动机上方安装有两挺 0.303 英寸（约 7.7 毫米）或 0.5 英寸（约 12.7 毫米）布雷达 - 萨法特机枪，通过射击同步器避开螺旋桨开火。

第一批生产的 16 架样机交付中国使用，随后从 1934 年 3 月开始，291 架（包括原来的）CR.32 陆续交付意大利皇家空军。1933 年中国订购的飞机装备了两挺维克斯机枪，不久之后就投入战场与日本战斗机作战。这些飞机性能超过日军飞机，也比 20 世纪 30 年代大部分中国战斗机部队装备的寇蒂斯"霍克"双翼机要好，因此评价很好。

匈牙利也接收了一批 CR.32 战斗机，其中 1935 年到 1936 年交付的 76 架主要作为教练机使用。这些飞机也参与了战斗，即 1939 年 3 月匈牙利进攻捷克斯洛伐克残存国土的行动中。

之后，又有不少战斗机交付意大利皇家空军。其中 283 架是改进型 CR.32bis，采用动力更强的 600 马力（约 447 千瓦）A.30RAbis 发动机，并在翼下额外安装了两挺 7.7 毫米的机枪（尽管在战斗中为了减轻重量，通常都会拆除）。机身下方的一个挂架可以携带一枚 220 磅（约 100 千克）炸弹。

服役中的CR.32bis

最后生产的 CR.32bis 共计 45 架，交付奥地利使用。这批飞机在 1938 年被纳粹德国空军接手，随后又转手给了匈牙利空军。

1936 年 8 月，CR.32bis 进入西班牙服役，意大利航空团的一些航空大队装备了这种战斗机，支援西班牙共和军。

接下来投产的是 CR.32ter，主要不同的还是武器装备，只装备了两挺 12.7 毫米口径机枪。这种机型建造数量很少，仅有 103 架完工，都在西班牙联队和西班牙国民军空军部队中服役。

最后是生产数量最多的 CR.32 变型机 CR.32quater，占到总产量 1212 架中的 398 架。该型号比 CR.32ter 更轻，但武器装备是一样的。该型号在西班牙大批量服役，其中 105 架在意大利西班牙航空兵团服役，27 架在西班牙国民军空军部队服役。委内瑞拉也得到 10 架 CR.32quater，巴拉圭接收的数量没有对外公布，但据估计为 4 架。剩余的全都交付意大利皇家空军。

西班牙的生产

西班牙内战结束之后，意大利航空兵团的剩余战斗机移交西班牙空军。西班牙对 CR.32 战斗机印象深刻，甚至建立了自己的

战前服役的 CR.32

5 年间，CR.32 战斗机是意大利皇家空军战斗机部队的中流砥柱，生产一直持续到 1939 年 5 月。它于 1934 年开始服役，不久之后就装备给第 1、第 3、第 4 联队，并在大多数意大利皇家空军战斗机部队中服役。CR.32 在西班牙内战中执行了大量任务，支援弗朗哥的西班牙国民军空军部队装备了这种飞机。

第 85 中队 CR.32
1936 年春天，基地位于米兰市布雷索的第 3 联队第 18 航空大队第 85 中队的 MM2856 号 CR.32。注意机身上第 18 航空大队标志上的“魔鬼罗尔西”（Diavoli Rossi）字样，还有方向舵条纹上重叠的萨伏依王朝（House of Savoy）的盾徽。

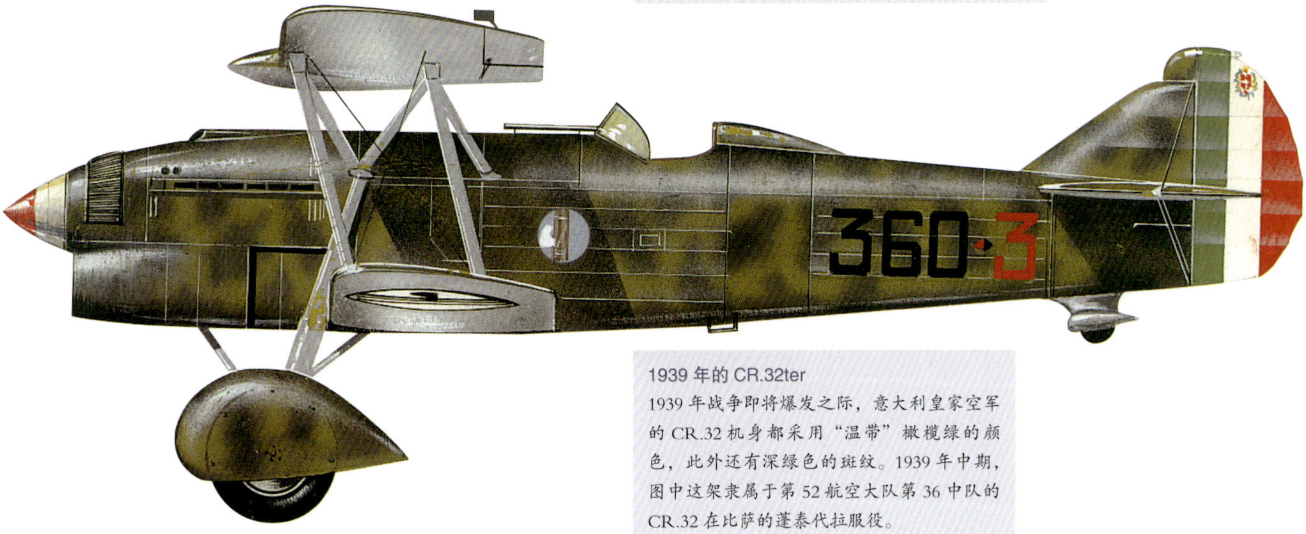

1939 年的 CR.32ter
1939 年战争即将爆发之际，意大利皇家空军的 CR.32 机身都采用“温带”橄榄绿的颜色，此外还有深绿色的斑纹。1939 年中期，图中这架隶属于第 52 航空大队第 36 中队的 CR.32 在比萨的蓬泰代拉服役。

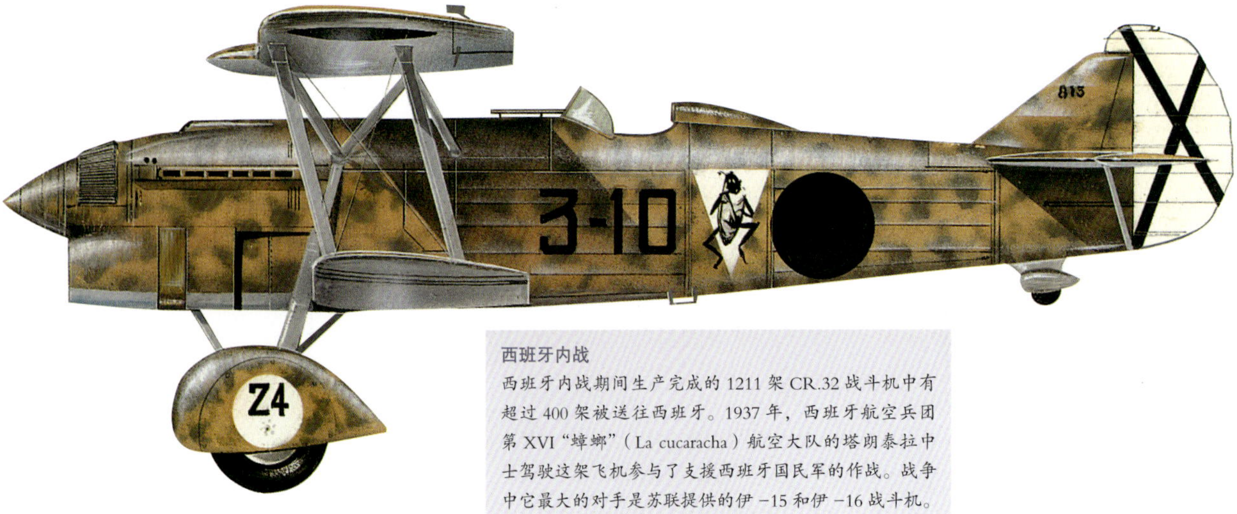

西班牙内战
西班牙内战期间生产完成的 1211 架 CR.32 战斗机中有超过 400 架被送往西班牙。1937 年，西班牙航空兵团第 XVI“蟑螂”（La cucaracha）航空大队的塔朗泰拉中士驾驶这架飞机参与了支援西班牙国民军的作战。战争中它最大的对手是苏联提供的伊 -15 和伊 -16 战斗机。

左图：1936 年初，第 6 联队（Stromi）第 3 航空大队“红色恶魔”第 155 中队换装了 CR.32 战斗机

生产线。西班牙飞机公司生产了 100 架这种战斗机，命名为 HA-132-L“卡洛斯”。其中一些以 C.1 教练机这一型号一直使用到 20 世纪 50 年代早期。

意大利的 CR.32 一直服役到第二次世界大战，1940 年 6 月意大利宣布参战时共有 324 架 CR.32 战斗机。尽管当时 CR.32 已经过时了，但它仍然参加了利比亚和东非战役中的对地攻击行动。

在进行全新的 CR.42 机型的设计之前，工程师们做了很多努力来改善 CR.32 的性能。CR.33 采用 700 马力（约 522 千瓦）的菲亚特 A.33 RC.35 发动机，并于 1935 年完成首飞。CR.33 一共只生产了 3 架。

CR.40 是与 CR.32 平行发展而来的机型，但二者有显著的不同。CR.40 采用 525 马力（约 391 千瓦）的布里斯托“水星”IV 星型发动机，它还有较高的“鸥型翼”，于 1934 年完成首次飞行。CR.40bis 采用 700 马力（约 522 千瓦）的菲亚特 A.59 星型发动机，但是与 CR.40 类似，它的性能令人失望。更具希望的是 CR.41，它几乎与 CR.40 完全一样，除了发动机换成 900 马力（约 671 千瓦）的土地神－罗纳（Gnome-Rhône）14Kfs 发动机。虽然 CR.41 在 1936—1937 年间成功完成了测试，但为时已晚，此时 CR.42 的研发已经开始了。

下图：20 世纪 30 年代，在意大利颇具盛名的军事家和空军力量的鼓吹者朱利奥·杜黑（《制空权》一书的作者）的建议下，巴尔博元帅负责建立意大利皇家空军的轰炸机力量。图中是 1940 年 6 月 12 日时任利比亚总督的巴尔博元帅陪同墨索里尼视察殖民地的轰炸机和战斗机部队（包括 CR.32 战斗机）。16 天之后，巴尔博元帅乘坐的飞机被友军误射，他在这次事故中死去

菲亚特 CR.42“隼”

受到在西班牙内战中取得的成就的鼓舞，意大利皇家空军直到1938年依旧认为操纵性良好的双翼战斗机在战争中仍然占有一定的地位。

切莱斯蒂诺·罗萨特利设计了CR.42“隼”，并于1938年5月23日完成首飞。CR.42是以包括CR.32、试验性的CR.40和CR.41在内的早期战斗机设计经验为基础设计的，罗萨特利在全金属结构的基础上保留了表面覆盖有纺织物和轻合金蒙皮的不相等翼展的机翼。宽轮距的主起落架中整合了油气减震器和轮圈罩。最主要的不同是使用了840马力（约626千瓦）的菲亚特A.74 R1C.38星型发动机，并安装了一个较长的发动机整流罩。武器装备包括安装在发动机之上的一挺萨法特－布雷达（SAFAT-Breda）0.303英寸（约7.7毫米）和一挺0.5英寸（约12.7毫米）机枪。

一系列成功的测试显示，这种新机型在20000英尺（约6096米）的高空最大平飞速度是274英里/时（约441千米/时），快速爬升时的最低速度是80英里/时（约129千米/时）。因此，意大利航空部门下达了第一笔200架的订单。1939年2月，首批CR.42离开菲亚特的都灵工厂。1942年末期，CR.42的生产停止，截至此时生产数量总计为1781架。

CR.42初次参战是在1940年入侵法国南部的14天战役。“隼”在北非参加了大量的战斗，但在面对盟军时损失惨重。到1943年9月7日意大利投降时，意大利部队中还有113架CR.42战斗机，其中64架还在服役。

下图：CR.42的特征在这架早期的样机上非常明显地表现出来

服役中的“隼”

上图：这架夜间战斗型“隼”的型号为CR.42CN（Caccia Noturna），它装备有发动机消焰器、无线电设备和小型翼下探照灯。图中的这架CR.42CN隶属于第300航空中队

在北非服役期间，“隼”机动性强，可靠性高，但是不久之后就被盟军的单翼战斗机超越。尽管如此，CR.42以战斗轰炸机的角色一直服役到欧洲胜利日。

1939年，意大利皇家空军开始接收该型战斗机，到1939年9月欧洲战役爆发时已经有3个联队装备了“隼”。此时意军有5个联队装备了菲亚特CR.32，一个联队同时装备了菲亚特G.50和马基MC.200。从这一点也可以看出“隼”是当时意大利皇家空军的主力战斗机。

到1940年6月10日意大利参战时，共有143架“隼”交付意大利空军，110架被送往前线做好了战斗准备。这些飞机装备了3个联队，另外在利比亚的两个联队和东非的两个航空中队也装备了这种双翼战斗机。交付的总数量为330架，其中290架进入服役。

初次登台

该战斗机的初次实战是在6月法国南部短暂的两周战斗，菲亚特BR.20轰炸机在4个CR.42大队的护航下空袭法军航空基地和海岸目标。尽管遇到对方航空部队的坚决抵抗，但它们还是进行了空中扫射。战后双方都宣布自己胜利了，实际上双方的胜利/损失都很小。

西西里岛的第一航空联队早期也很活跃，他们护送轰炸机突袭突尼斯，再往北，由CR.42和G.50组成的一个航空联队被派往比利时（随行的还有两个BR.20航空大队和一个CANT Z.1007bis航空中队）去支援不列颠空战中的纳粹德国空军。在天气恶劣、缺乏无线电的情况下与远胜己方的英国皇家空军的较量，让意大

左图：图中是很多在西部沙漠作战的CR.42战斗机在与盟军的战斗轰炸机交战中所遭遇的命运

试验性变型机

1940年，CMASA公司——位于马里纳·迪·比萨的菲亚特子公司生产了一架ICR.4原型机（上图），这是岸基战斗机双浮筒水上飞机的型号。它的空机重量为4070磅（约1846千克），满载起飞重量达到5335磅（约2420千克），比岸基型重了273磅（约124千克）。尽管它的最高速度仅仅比标准的CR.42战斗机低5英里/时（约8千米/时），ICR.42最终还是止步于原型机阶段。另一款机型是CR.42B（下图），它将发动机换成了戴姆勒-奔驰DB 601直列式发动机，设计最高速度可达323英里/时（约520千米/时），但是机身被认为不适于这种发动机，该型号以及一种安装了可伸缩起落架的型号最终都被放弃了。

下图：意大利皇家空军的一些 CR.42 重新喷涂了更合适的伪装图案，图中展示的是 1942 年 5 月它们飞过地中海的情景

上图：第 85 航空中队是组成第 18 航空大队的三个中队之一，1940 年，他们一起飞过英吉利海峡参加战斗

利皇家空军因在法国战役中损失较少而洋溢的乐观情绪烟消云散。1941 年 4 月，这些部署海外的航空部队全部返回意大利，此时 CR.42 又将被派去地中海战场。

“隼”在北非的使用最为广泛，不过在接下来几个月的战斗中该型机无法匹敌英国皇家空军部署在西部沙漠的“战斧”战斗机和“飓风”战斗机。在利比亚的两个 CR.42 大队（北非型被命名为 CR.42AS）在 1940 年 7 月到 1941 年 2 月西部前线进攻战役的高潮期间，攻克西迪·巴拉尼期间表现尤为活跃。在大部分情况下，意大利战斗机最大的对手是英国皇家空军的格罗斯特“斗士”，而且 1941 年盟军攻势不减，新锐的霍克“飓风”战斗机也开始服役。

与此同时，西西里岛的“隼”还为轴心国第一次突袭马耳他护航。1940 年 10 月末，希腊战争开始。意大利入侵部队包括 CR.42 航空部队，他们的飞机和飞行员都表现良好，在艰难的地形和恶劣的天气条件下击败了装备不良的希腊飞行员。在希腊战役中，意大利皇家空军损失了 29 架飞机，但声称击落了 160 架希腊飞机。接下来的登陆克里特岛的战役中也看到了“隼”的影子，主要为纳粹德国空军的 Ju 87 俯冲轰炸机护航，不过到年底时爱琴海地区的“隼”就被 G.50 取代了。

埃塞俄比亚战役

那些在意属东非（前埃塞俄比亚）作战的装备 CR.42 的意大利皇家空军受到从意大利本土出发的漫长补给线的严重限制。尤其是在意大利宣战之后，一旦英国皇家海军封锁本土海域，补给线将被切断。1941 年 6 月意大利建立了一条空运线，但是被拦截的风险、恶劣的天气和无线电设备的缺乏，导致这条空中运输线岌岌可危。11 月，残存的最后两架“隼”被北非空军部队摧毁。

回到北非，CR.42 不得不担负起战斗轰炸机的角色。1941 年 5 月重新占领利比亚之后，该型机第一次在战斗中携带两枚 200 磅（约 90 千克）炸弹。3 个联队装备了这种飞机，并一直使用到 1942 年底盟军最后一次向阿拉曼进发。它们攻击的主要目标是露营地、车辆和航空基地，还有一些甚至在夜间作战。

到 1943 年 1 月，北非仅剩下 82 架“隼”；这些飞机被送往意大利，用来攻击盟军在直布罗陀海峡和马耳他之间的护航队，不过它们的战斗效能由于所携带炸弹过小而受到限制。

夜间战斗机

尽管作为截击机被取代，并且作为战斗轰炸机性能也不足，CR.42 还是一直服役到欧洲胜利日。早在 1941 年 10 月，“隼”

就增加了夜间战斗机的任务，组建了一支装备 CR.42CN（CN 表示夜间战斗机）的航空大队。这些战斗机都装备了排气管阻焰器、无线电设备和两个小型翼下探照灯。

该部队取得的成功有限，虽然在 1942 年到 1943 年间，在意大利北部对抗进攻工业设施的英国皇家空军的轰炸机中取得了一些胜利。意大利投降之后，这种飞机少量被意大利北部的纳粹德国空军接手，主要用于夜间的反游击作战。

其他的该型机在南部使用，如被盟军用作教练机，一些飞机一直服役到战后。至少有一架该型机作为夜间战斗机安装了串列座舱。

比利时
1939 年 9 月接到订单之后，第一批 34 架“隼”于 1940 年 3 月交付空军第 3 战斗机中队。德国入侵期间，这些飞机中的 13 架被 Ju 87 俯冲轰炸机摧毁；剩余的飞机很少或者没有参加战斗。

匈牙利
1940 年后期，50 架 CR.42 出口匈牙利。这些飞机装备了本土第 1 战斗机团的两支中队（左图），后来装备了匈牙利在苏联的部队（下图）。

国外的“隼”

菲亚特公司在战前接收了来自比利时的 CR.42 订单，第二次世界大战期间将飞机交付匈牙利和瑞典。意大利投降后，纳粹德国空军接手了一些 CR.42。

瑞典
最大的 CR.42 出口订单是瑞典——72 架，在 1940 年到 1941 年间交付。战后大量飞机被用作拖曳机。

德国
该机在里米尼地区应对夜间袭扰空袭。

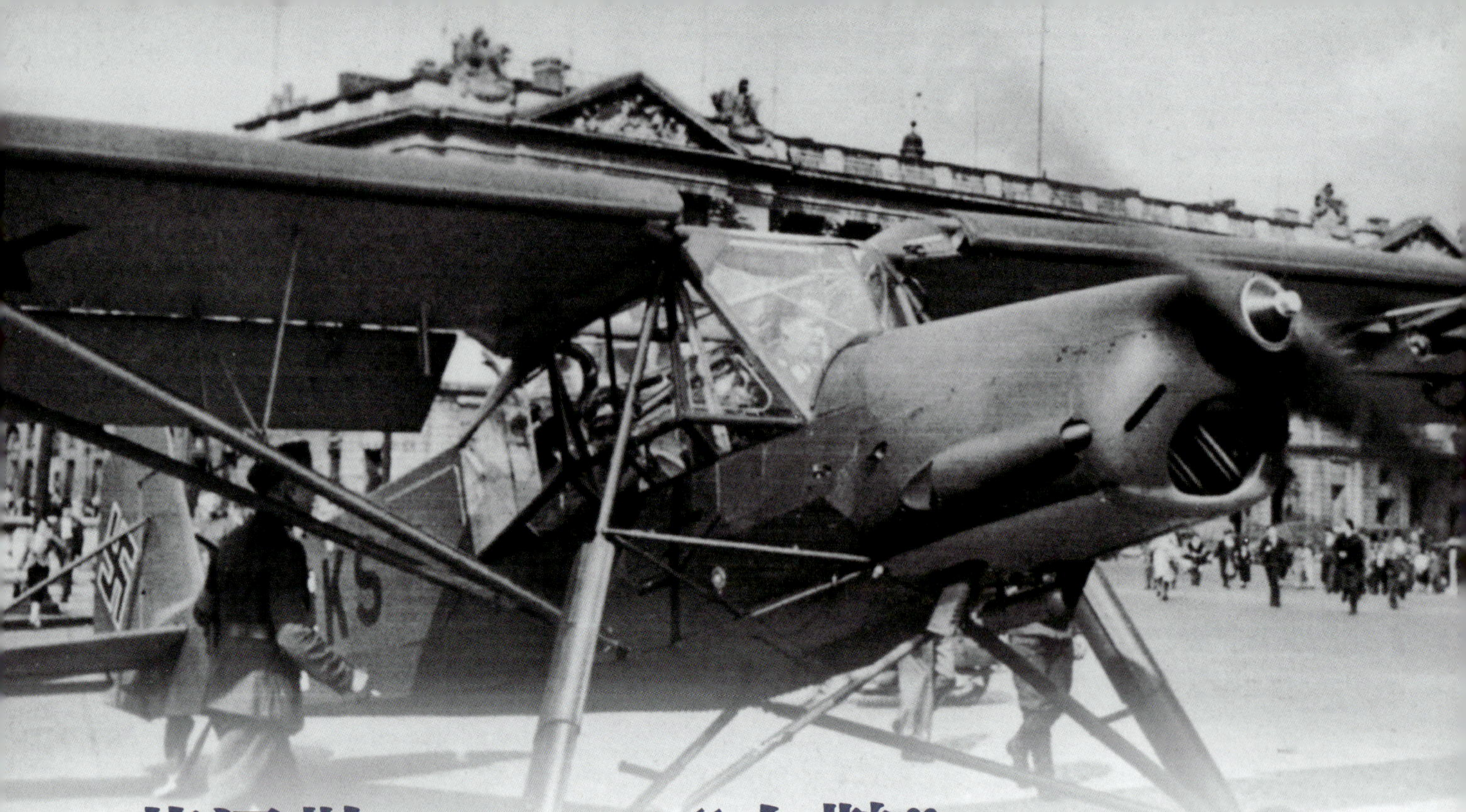

菲泽勒 Fi 156“白鹳”

德国经典短距起降飞机

1940 年巴黎沦陷于德国的闪击战后不久，这架“白鹳”观测机降落在巴黎协和广场，展示了无与伦比的短距起降能力

> 在德国北部的许多地方，人们常常可以在乡下房屋的烟囱上看到一些巨大的鸟巢，这些鸟巢就是白鹳筑造的。尽管它们有着庞大的体型，却能够近乎垂直地飞起和降落。因此，早在格哈德·菲泽勒赢得为纳粹德国空军提供多用途军用飞机的合同时，他就应该为这一飞机想好了一个合适的名字——“白鹳”。

菲泽勒和主设计师赖因霍尔德·梅韦斯都是专门从事今天被称作 STOL（短距离起降）飞机的专家。该公司生产的大多数飞行器（V1 型火箭除外）都可以在 9845 英尺（约 3000 米）高度上接近机场，在有微风的条件下还能实现近乎垂直的软着陆。

1935 年夏天，菲泽勒、梅韦斯和技术主管埃里希完成了这种实用短距离起降飞机的最终设计——菲泽勒 Fi 156。这不仅仅是一款教练机，更被认为可以完成多种任务。

菲泽勒 Fi 156 是一架三座上单翼飞机，由 240 马力（约 179 千瓦）的阿尔戈斯 AS10C 型发动机提供动力。机翼上有大量前缘缝翼和翼襟。它那细长的起落架的布置方式很好地实现了在大下滑角状态下的缓冲。菲泽勒公司共生产了 3 架原型机。

菲泽勒公司生产了三种采用固定前缘缝翼的实验机：Fi 156 V1 至 Fi 156 V3。V1 试验机（机体标记 D-IKVN）装配有金属材料的地面可调桨距螺旋桨，在 1936 年 5 月 24 日左右完成试飞。V2 试验机（标记为 D-IDVS）装有木制螺旋桨，V3（标记为 D-IGLI）则安装了一些军用设备。这些试验机在试飞中的表现给人留下了深刻的印象，以至于纳粹航空部要求进行进一步的试验机验证与相关准备工作，以为 Fi 156 的批量生产做准备。

该型机的第一批量产型是 Fi 156A-1 型多用途联络机。截至 1937 年中，菲泽勒公司又先后试飞了安装有滑橇的 V4 试验机、军用型的 V5 试验机和 10 架 Fi 156A-0 预生产型。其中预生产型 D-IJFN 号在当年 7 月的苏黎世国际航空展中进行了叹为观止的飞行表演。“白鹳”一次次地证明了它在满载状态以及不超过 148 英尺（约 45 米）滑跑距离下的起飞能力，以及 32—108 英里 / 时（约合 51—174 千米 / 时）的完全可控速度范围。

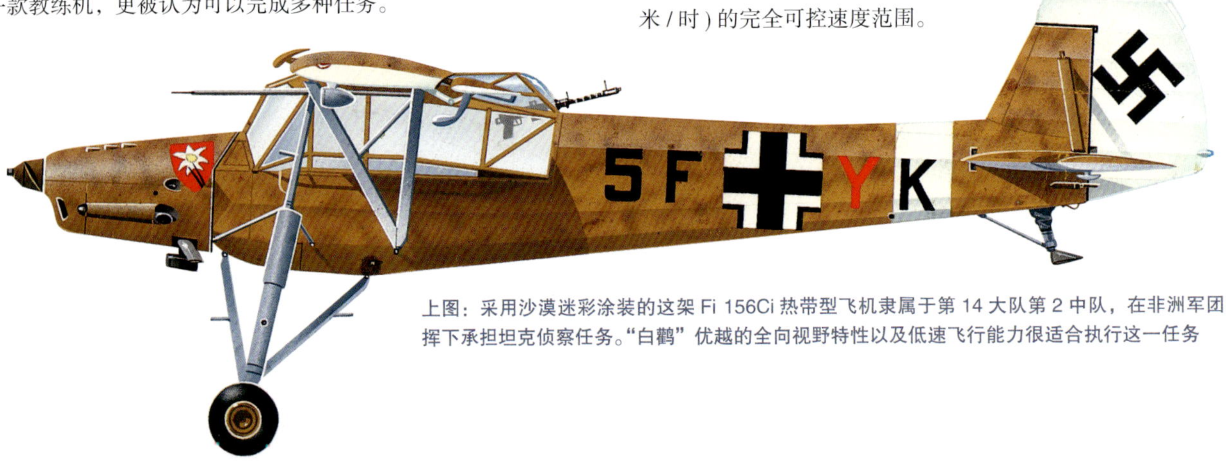

上图：采用沙漠迷彩涂装的这架 Fi 156Ci 热带型飞机隶属于第 14 大队第 2 中队，在非洲军团的指挥下承担坦克侦察任务。“白鹳”优越的全向视野特性以及低速飞行能力很适合执行这一任务

上图：捷克斯洛伐克某些地区的工厂在苏联接管前也曾短暂地生产过 Fi 156，被称为姆拉兹 K65“鹳”飞机。这种飞机直到 1957 年仍在波希米亚北部地区被用作滑翔机牵引机

上图：这架“白鹳”整流罩上的标记显示这是一架属于北非第一沙漠中队的飞机。陆军元帅隆美尔与凯塞林在战争初期都使用“白鹳”，之后才选用了更快的福克－沃尔夫 Fw 189

开始交付

菲泽勒公司从 1937 年末开始向快速扩张中的德国空军交付飞机。纳粹空军几乎每个大队都配备有 1 到 2 架 Fi 156C-1，主要用于常规联络。装配有 0.31 英寸（约 7.92 毫米）后置机枪的 Fi 156C-2，还配备有垂直观测照相机，由一名飞行员和一名观察员（兼任机枪手）驾驶，这两名乘员都能使用无线电设备。可选的组件还包括滑橇和运输担架所需的附件。

俄国仿制品

在 1939 年之前，菲泽勒公司就将一些“白鹳”送往芬兰和瑞士，展示的样机也送达意大利独裁者贝尼托·墨索里尼。1939 年夏季苏德签署互不侵犯条约后，一批样机被送到了苏联。

斯大林对该型号飞机印象十分深刻，他命令奥列格·K. 安东诺夫生产一种仿制品（没有申请授权）。安东诺夫并没有涉及钢制管状机身的经验，也没有 As 10C 型发动机，但他还是在短时间内完成了一款杰出的仿制品：OKA-38 Aist。该型号仿制机由 MV-6 型发动机提供动力，而后者是仿照法国雷诺公司 220 马力（约 164 千瓦）六缸直列发动机制造的。OKA-38 是作为司令部飞机投入生产的，但工厂在 1941 年夏天飞机开始交付使用之前就已经被德国军队攻占。

上图：Fi156 V4（第四架原型机），安装了滑撬式起落架和测试专用的副油箱

在北非，能够在机体下方加装副油箱或是照相设备的远航程 Fi 156C-5 被投入使用。从 1941 年末开始，156D-1 开始和 Fi 156C 一起生产，这种新的型号为了方便快速进出担架，采用了最多的右侧铰链。但在 1941 年又出现了另一个型号 Fi156E 。这种新的改型采用了前后串联起落轮和履带式起落架，减少滑行经过沟槽和小型障碍物时造成的伤害与损毁。

菲泽勒公司被要求生产 Bf 109 和福克－沃尔夫 Fw 190 这两款战斗机，但还是在 1942 年成功地交付了 484 架“白鹳”；在法国皮托，莫拉纳·索尼埃新建的一条生产线建造了 121 架。

生产转移

此后，所有“白鹳”的生产都从满负荷运转的卡塞尔工厂转移走了。1943 年 10 月，卡塞尔工厂交付了最后一批 Fi 156。该厂将模具和少数关键工人送往霍采尼地区的贝奈斯姆拉兹工厂，纳粹称此处为波希米亚—摩拉维亚保护国（位于捷克斯洛伐克）。此后所有“白鹳”的交付都是在霍采尼和皮托完成的，纳粹德国空军总共接收了 2871 架。

第二次世界大战后有数百架该型机在法国和捷克斯洛伐克的战争结束后完成生产，霍采尼生产的型号在战后被称为姆拉兹 K.65，1948 年苏联接管后生产很快就停止了。在皮托生产的该型机编号为尼埃 M.S.500、M.S.501、M.S.502。M.S.500 类似于 Fi 156C 的标准型，M.S.501 与安装有雷诺 6Q 倒直列发动机的苏联安东诺夫 OKA-38 很相似。最重要的型号，也是产量最大的，是配备了萨尔穆逊 9Abc 星型发动机的 M.S.502“蟋蟀”。“蟋蟀”这个词对该机而言非常贴切，其在法国空军与海军航空兵服役了很长时间。另一个主要用户是瑞典空军，他们的战机来源于德国提供的 S-14 型和一些战后补充而来的法国生产的型号。有一些“白鹳”（当然来源复杂）甚至在英国登记为民用飞机，并且很多生产于第二次世界大战之后的“白鹳”至今仍翱翔于一些国家的天空中。

上图：“白鹳”的战后应用被严格限制在有建造许可证的相关衍生品。这架尼埃 M.S.500 机身上描绘有 20 世纪 50 年代越南南方政权标记

上图：Fi 156D-1 型飞机是主要的空中救护机变种，在右舷一侧装配有两个舱口以适应重伤员。图中是 1943 年突尼斯某地，伤员被转移到一架 Ju 52/3m 上

战争中的“白鹳”

从第二次世界大战伊始算起，毫不夸张地说，有德国军队的地方就有“白鹳”。尽管他们执行的那些疯狂的任务都被敌军尽收眼底，但“白鹳”令人惊讶地少有失手。据说“白鹳”在前线的平均寿命是 Bf 109 型战机的 10 倍。

一开始，Fi 156 优异的短距起降能力毫无疑问会带来极大的军事用途。除了显而易见的联络与观测作用，这种新型号也开始了各种其他任务的前期测试，包括释放烟幕弹、沿海巡逻（携带一枚深水炸弹）以及空投补给品等。然而，真正让它一鸣惊人的还是它优秀的陆军支援能力。无比强大的起落架和短距起降能力使得“白鹳”几乎可以在任何地点着陆；这个特性使得它得到陆军指挥官们的钟爱，他们使用 Fi 156C-1 型多用途飞机就像使用吉普车一样。

更重要的是，“白鹳”成为德国国防军的眼睛；它们在地面部队行进方向飞行，并报告敌军位置。炮火修正是它的另一个用途。由于在短程侦察方面有速度更快、装备更好的福克 - 沃尔夫 Fw 189 型飞机装配部队，已经服役的 Fi 156C 在战争期间不再用于此项任务，该机的主要贡献还是在指挥官所要求的地点进行抵近侦察方面。Fi 156 系列侦察机装备在德国空军短程侦察中队，并且携带有一部照相机。该相机位于客舱后部或者主起落架中间的桶形吊舱内。

空中救护车

另一个至关重要的战时角色是医疗后送，Fi 156D 就是为此研制的。该型机保留了单装后射机枪，这种改型有一个巨大的右舷舱门，还改进了舷窗布局以方便担架的运输。

除了从前线到后方战地医院的伤员输送，Fi 156D 还完成了很多勇敢的战场援救（今天被称为 CSAR，即“战斗搜索与营救”任务）。改装为医疗后送机的 Fi 156 首先被分派在沙漠中队，并且在 1940 年夏季法国战役期间以此角色开始服役。

Fi 156 在北非战役期间发挥了重要作用，尤其是 Fi 156C-5。它装配有热带滤尘器并且准备了远程油箱（在战斗半距离比其他战场大很多的情况下，后者被证明是极其有效的）。在苏联战线上，Fi 156 是仅有的几种能够在最恶劣的天气条件与最糟糕的地面环境下保持操控性的德军飞机之一。

据我们所知，“白鹳”并没有如同其他成百上千纳粹空军的双翼教练机（有些同样装配了 As 10C 发动机）一样承担携带武器的夜间骚扰任务，此外该型机还参与了许多令人激动的行动。

特殊任务

毫无疑问，整个战争期间最卓越的“007”式任务发生于 1943 年 9 月 12 日（此事是战败方实施的，因此对公众少有宣扬）。意

下图：也许“白鹳”最著名的使用者就是埃尔温·隆美尔，他在整个北非战役期间把“白鹳”作为他的私人交通工具

大利和同盟国达成停战协议后，法西斯独裁者墨索里尼被捕入狱，意大利大部分国土一度被德国军队接管。希特勒命令党卫军特种部队头目奥托·斯科尔兹内搜寻并营救墨索里尼。最终斯科尔兹内锁定了墨索里尼的位置：他被拘禁在阿布鲁齐山脉格兰萨索山峰峰顶的旅馆中，只有靠缆车才能够接近。斯科尔兹内用福克－奥克利斯 Fa 223“龙”军用直升机策划了一次营救，但在行动的最后时刻功亏一篑。斯科尔兹内并没有气馁，又驾驶一架“白鹳”，降落在旅馆后边很小的一块平台上，找到了那位昔日的独裁者，并且在严重超载的情况下在陡峭的悬崖上起飞。在惊险程度上能和此次行动相提并论的是纳粹德国空军“白鹳”执行的最后几次任务。1945 年 4 月 23 日，希特勒收到了帝国元帅赫尔曼·戈林曾经最亲近的副官送来的情报，这使得他勃然大怒。他立即解除了戈林作为纳粹德国空军最高指挥官的职务，任命里特尔·冯·格莱姆大将来代替他（戈林逃离柏林到了更安全的地方）。希特勒从他的堡垒发送指令给柏林－加托的冯·格莱姆，飞行队长汉娜·瑞奇用一架“白鹳”趁夜穿过苏军整个包围圈，在成堆碎石和敌军的炮火下安然着陆，将后者送抵元首地堡。希特勒正式授予冯·格莱姆空军最高指挥官头衔，之后又在这位优秀的女试飞员的驾驶下飞出重围。她是最后一个逃脱被围困在柏林的人，而这次返航在理论上是完全不可能的。

上图：一架 Fi 156 在苏联前线一段农场道路上着陆。对于“白鹳”的驾驶员来说，这完全不构成任何障碍。他们经常在更短、更粗糙的简易跑道上起降。这架飞机来自纳粹德国空军总指挥部的通信中队

在战争期间的地中海战场上，至少有 47 架“白鹳”被前线的英国皇家中队接管，这些飞机中的绝大多数型号是 Fi 156C-3 或者 Fi 156C-5。在战争最后的几个月中，更多完整的该型机落入欧洲西北部盟军手中。

1945 年 5 月之前，越来越多完好无损的“白鹳”在德国被缴获，而且相当高比例的飞机逃脱了立刻被摧毁的命运。英国飞机生产部对 VX154 实施了一个正式的评测，用数据证实了它杰出的性能。在英国皇家空军接收的 60 多架“白鹳”中，编号为 VM472 的“白鹳”成为陆军元帅蒙哥马利的私人飞机，且表现要优于同盟国的其他所有机型。

下图：一架缴获的“白鹳”在英国海滩上进行测试。旁边是同样笨拙但逊色许多的史汀生 L-1 警戒飞机。许多缴获的 Fi 156 被英国皇家空军使用

Fi 156C-3“白鹳”

难看、纤弱，甚至鲁钝，当我们第一次看到“白鹳”时，首先进入脑海的是这些形容词。然而该型号飞机却成为衡量战时军队空地协同飞机或观测机的标杆。美是个人的主观感受。在一名重伤的纳粹国防军士兵的眼中，很少有什么东西会比降落在他身边的“白鹳”救援机更美。

动力装置

早期“白鹳”由八缸气冷倒V结构、额定功率240马力（约179千瓦）的阿尔戈斯AS 10C型发动机提供动力。该型号发动机在Fi 156C-3型生产过程中由改进型的AS 10P型发动机取代。

座舱

Fi 156C-3通常以双人编组飞行：一个驾驶员与一个观测员搭档，后者兼任机枪手。为了提供良好的俯瞰可视度，驾驶舱玻璃设计成向外凸出的形态。

推进器

Fi 156的第二架原型机测验时使用的是全属制可变桨距螺旋桨。但所有其他型号的“白鹳”用的都是木制施瓦茨固定桨距螺旋桨。

低速翼面

Fi 156的优异低速特性由全跨度前缘缝翼和大开缝内侧翼襟提供，总体来说属于高升力翼型断面。副翼经过开缝与增大面积来保证速度低至32英里每小时（约51千米/时）时的滚转能力。

起落架

“白鹳”强大的起落装置增强了它的短距起降能力。吸收能量的机油可以轻松承受大下滑角进场着陆时施加的较高的垂直换能速率。

自卫火力

在与敌方战机对抗时，“白鹳”难以置信的低速和灵活性使它成为最难以击中的空中目标——前提是驾驶员技巧娴熟。尽管如此，它还是装备了一挺7.92毫米MG 15机枪，透过后方座舱盖开火来抵御飞机后方的威胁。

福克－沃尔夫

Fw 189“鸮鹰”

上图：Fw 189 的所有部件都很纤细，尤其是机翼和高耸的尾梁。尽管如此，这依然是一款极其强健的飞机，能够承受巨大的战斗损伤，这一点在“鸮鹰”服役的战场环境中是至关重要的

下图：第一架 V1 原型机于 1938 年升空，由库尔特·谭克亲自驾驶。标记为 D-OPVN 的这架飞机与之后的生产型略有不同

> 当纳粹德国空军提出一种先进的装甲侦察机的需求时，福克－沃尔夫公司制造了 Fw 189，一种拥有双发动机和隆起短舱的激进设计，能够为驾驶员提供全方位的视角。

20 世纪 30 年代中期，航空科技飞速发展。当时纳粹德国空军的标准侦察机是 He 46，一种纤维蒙皮的双翼飞机，而它的后继者是 1936 年秋天首飞的承力蒙皮单翼飞机 Hs 126。但即便是 Hs 126 也仅仅被当作一种过渡机型。1937 年 2 月，纳粹航空部发布了一部机组成员为 3 人的全视角高性能先进侦察机的规范。

这对于各公司都是个挑战，参与竞争的有较为传统的阿拉道 Ar 198, 还有另辟蹊径的福克－沃尔夫公司的 Fw 189。阿拉道的作品是一款单发动机中单翼飞机，以机身上方与下方装配的大量玻璃观察窗为特色。Fw 189 的中央驾驶舱几乎完全是玻璃框架结构，并且是双发动机双尾梁设计。

保守的官方更喜欢阿拉道公司的作品，认为反常规的飞机设计即使没有失误也必定不如传统布局。但渐渐地，他们开始发现了全玻璃机舱的优势：在必要情况下的全视野与全方向自卫火力覆盖至关重要。此外，福克－沃尔夫公司的库尔特·谭克和 E. 科塞尔领导的（Fw 189）设计团队证明了不同的座舱设计可以适应不同的任务。

阿拉道，最初曾是海军官兵的最爱，但总是后继无力，这一次则是因为原型机太过令人失望而落败。与之相反的是，Fw 189 被证明在各个方面都有着杰出的表现。V1 原型机由首席工程师谭克在 1938 年 7 月首次试飞，他对此异常兴奋。他为这一飞机起名为“猫头鹰”，不过纳粹德国空军打算将这一型号命名为“鸮鹰”，纳粹官方媒体则称它为“飞行之眼”。

传统结构

实际上，除了从未导致严重问题的双尾梁结构，Fw 189 的布局还是较为传统的。全金属承力蒙皮结构有着平滑的铆接外观。选中的发动机——没有人为这一选择后悔——是阿尔戈斯 As 410A-1 倒 V 型 12 缸气冷发动机。转速为每分钟 3100 转时依然运转平稳，即使是在苏联的寒冬气候中也能轻松发动。这一发动机极其值得信赖，哪怕 Fw 189 仅用一台发动机也能完美飞行。容量达 24 英制加仑（约 110 升）的单油箱位于两侧起落装置之后的尾梁之中。

从 V1 原型机到最后的生产型（除了之后将会提到的两种特殊型号），中央驾驶舱几乎没有什么变化。基本上都是应力蒙皮结构，整个驾驶舱都布满了树脂玻璃面板，而有一些顶部和尾椎顶点的玻璃被磨平了。驾驶员安坐在前方偏左位置，踏板从舱底的梁上伸出。右边稍微偏后一点是导航员的位

拥有完全重新设计的机舱的 Fw 189B 被定位为五座教练机，Fw 189B-1 生产型中的 10 架在 Fw 189A 生产开始之前便已经交付使用

上图：拥有超乎寻常的通用性和广泛的认同，“鸮鹰”本质上是一种低空飞机，适合执行战术侦察任务。飞行极为顺畅，而广阔的玻璃也提供了极好的视野，尽管前方视野由于倾斜面板的反射受到了影响

置，他可以正对前方操作指向地面的摄像机，或使用手持照相机或 GV 219d 光学投弹瞄准仪，或者也可以把椅子转过来操作后置机枪。第三名机组人员——飞行机械师，除了注意来自后方的敌机，并没有太多要做的。

从研制伊始，Fw 189A 系列就成为该系列的主流。V1 原型机与量产型的不同仅仅体现在螺旋桨与单支柱主起落架等细节上。V2 原型机在一个月后的 1938 年 8 月便进行首飞，在翼根安装了两挺 MG 17 机枪与 3 挺 MG 15 机枪。外翼下方的 4 具 ETC 50/VIII 挂架可以承载 110 磅（约 50 千克）炸弹或化学弹。经过额外的验证，预生产型 Fw 189A–0 于 1939 年伊始完全定型，但是让谭克懊恼的是，空军声称 Hs 126A–1 和 B–1 已经足够强大，并不需要这一新型飞机，福克 – 沃尔夫公司能做的只是继续推进其他型号的进展。但最终，谭克在 1940 年春季终于拿到了生产 10 架 A–0 的许可。几乎是在同时，Hs 126 的不足也在西线的战役中暴露了出来。福克 – 沃尔夫公司被要求在 A–0 之外再制造一批生产型的 A–1 投入前线。侦察中队对 Fw 189 的评价给予了这一决策极大的支持，突然之间，“鸮鹰”从无人问津一跃成为一款高优先级的飞机。

福克 – 沃尔夫公司疯狂地筹备加工工具来生产 A–1 系列，并且因 Fw 190 战机而变得超负荷运转。作为第二产地，位于布拉格 – 维索卡尼的航空工厂也迅速地更换了设备，1941 年，捷克的工厂共交付了 151 架 Fw 189，而位于不来梅的母公司仅仅生产了 99 架。很明显为了应对苏联在 1941 年 6 月 22 日开始的入侵，所有生产出来的 Fw 189 都被征召，因此法国境内的大部分工厂都被福克 – 沃尔夫公司接管，Fw 189 的生产模具也从不来梅运往法国。布雷盖公司在巴约生产外翼，而其他部分绝大多数都是由德国控制的法国国营西南航空制造公司（SNCASO）制造的，中间部分和机舱在波尔多 – 巴凯龙制造，尾桁和尾翼是在罗什福尔生产的，其他部分则在波尔多 – 贝格勒制造。组装和飞行测试是在波尔多 – 梅利尼亚克完成的。

上图：V6 原是作为第一架真正的 Fw 189C 原完工的。它基本上同 V1b 相似，但安装了可变螺距螺旋桨和机翼中部装甲。这一机型还包括了两门 20 毫米口径 MG FF 机关炮和四挺 MG 17 机枪。两挺 MG 81 保护着飞机后方

在 1941 年中，生产型转为 Fw 189A–2，这一型号上 MG 15 单装机枪被替换为更匀称、射速更快的 MG 81Z 双联机枪。此外福克 – 沃尔夫公司还生产了一小部分 A–3 双重控制教练机，还补充了一些升级到 A–3 标准的 A–0 和 A–1 型飞机。尽管在 1940 年有一部分 A–0 配备了第 2 训练航空联队第 9 中队的训练单位，但直到 1942 年之前“鸮鹰”都很少在前线出现。此后这一飞机变得极其重要，逐渐取代了纳粹德国空军的 Hs 126 和相关型号，同时也在斯洛伐克和匈牙利的空军中服役。

Fw 189 被证明是一款值得信赖、性能出众且耐用的飞机。该型号曾两度在苏军战斗机的撞击攻击中幸存，并经常能够击退敌方战斗机。在 1942 年末，又有少量 A–4 近距支援 / 侦察机交付。它们装备了额外的装甲，前置的 MG 17 机枪被 20 毫米口径 MG FF 机关炮所取代。除了法国生产的 864 架飞机，还有一部分是为北非战场生产的，装备了沙漠求生设备和沙滤器；有两架 A–1 被改装用作凯瑟琳元帅和耶顺内克将军的行政运输机。还有额外 30 架被改装成了夜间战斗机，在第 100 夜间战斗机联队第一大队和第 5 夜间战斗机联队服役。

Fw 189C

1938—1939 年冬天，最初的原型机 V1 安装了计划中的座舱装甲并进行了改造，命名为 V1b，在 1939 年春季完成试飞。V1b 的飞行员几乎看不到外边，机枪手更是完全没有视野，更别提用 MG 15 瞄准。在任何情况下 V1b 的操纵性能都很糟糕，性能平平。

1940 年初，福克 – 沃尔夫试飞了改造后的 Fw 189 V6 原型机。这一飞机加装了改进型的发动机和 189A–0 的起落装置。改进后的机舱装甲给两位机组成员都提供了更好的视野，武器升级成了两门 20 毫米口径 MG FF 机关炮，四挺前置 MG 17 机枪和一挺双管 MG 81Z 后置机枪。结果是，尽管 Hs 129 的性能难以让人满意，但它还是凭借更小的体积和更低的造价在生产竞争中胜出。

尽管 As 410 是一款优秀的发动机，但福克 – 沃尔夫公司还是继续研究更强大的发动机。Fw 189E 计划安装与生产型 Hs 129B 一样的 700 马力（约 522 千瓦）星型发动机。西南航空制造公司 (SNCASO) 设计并制造了此型号的飞机，但这唯一的一架 189E 在 1943 年初飞往德国测试的时候坠毁。Fw 189F 是一个更大的成功，它在 A–2 的基础上换装了同 Si 204D 一样的 600 马力（约 447 千瓦）的 As 411MA–1 发动机。这种改进在确认没有问题后于 1944 年在波尔多生产了 17 架，命名为 Fw 189F–1。

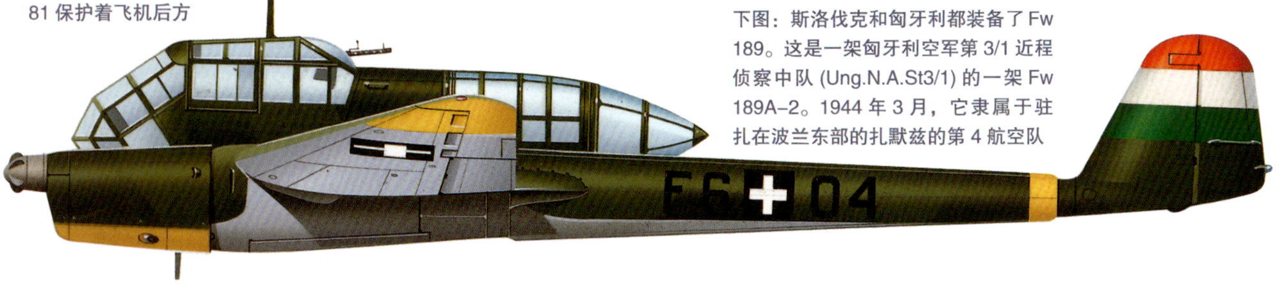

下图：斯洛伐克和匈牙利都装备了 Fw 189。这是一架匈牙利空军第 3/1 近程侦察中队 (Ung.N.A.St3/1) 的一架 Fw 189A–2。1944 年 3 月，它隶属于驻扎在波兰东部的扎默兹的第 4 航空队

福克－沃尔夫 Fw 190

上图：这架飞机（现在是英国伦敦亨敦皇家空军的收藏品之一）是一架 Fw 190F-8/U1 双重控制教练机，是少数改装成该型号的飞机之一

简介

当福克－沃尔夫 Fw 190 在 1941 年夏季第一次出现在法国北海岸线的天空中时，毫无疑问它是世界上在前线服役的最先进的战斗机。“伯劳鸟”（又称“屠夫鸟”）Fw 190，正如人们所知的那样，至少曾经是一架任何盟军的同类战机都难以在速度和操控性上匹敌的飞机。

如图 1937 年同霍克“台风”一起取代了第一代单翼截击机，Fw 190 被认为在德国空军这一方替代的是梅塞施密特 Bf 109。Fw 190 投标时有两种备选发动机：戴姆勒－奔驰 DB 601 直列发动机和宝马 139 星型发动机。后者由于虚报的较高潜在功率而被选中来驱动原型机。第一架原型机在 1939 年 6 月 1 日试飞。

Fw 190 是一种小型、下单翼、带有可伸缩起落架的飞机。它那看起来笨重的星型发动机安装在细长的机身上，凸起的驾驶舱盖为驾驶员提供了极佳的视野。这一机型采用全金属机身，其上覆盖硬铝合金的承力蒙皮，安装有宽轮距起落架，与 Bf 109 的起落装置相比能提供更好的地面操控性能。

在宝马 139 发动机被舍弃后，Fw 190A 的生产型采用了宝马 801 14 缸风扇气冷星型发动机。第一批 9 架 Fw 190A-0 的特征是 161.46 平方英尺（约 15 平方米）的小翼面积，但最后的型号有着 196.99 平方英尺（约 18.3 平方米）的机翼面积。

1940 年，服役测试在雷希林顺利完成，并没有暴露出过多问题，不过飞行员认为装备的武器（4 挺 0.31 英寸——约 7.92 毫米 MG 17 机枪）无法满足战斗需要。1941 年 5 月底，生产的 100 架 Fw 190A-1 在汉堡和不来梅完成装配。这一批飞机装备了 1600 马力（约 1194 千瓦）的宝马 801C 发动机，最大速度能达到 388 英里 / 时（约 624 千米 / 时）。在接下来的几个月内，与英国皇家海军的超级马林“喷火”Mk V 的第一次较量中，新型德国战斗机占据了明显优势，不过火力还是有所欠缺。

机关炮装备

早期对火力的批评导致后来 Fw 190A-2 型号的出现。它在翼根安装了两门 20 毫米 MG FF 同步机关炮和两挺 MG 17 机枪。时速达到 382 英里（约 614 千米）的这款火力升级型依然在速度上比 Mk V“喷火”要略胜一筹。

英国皇家空军拼命地研发可以抗衡 Fw 190 的对手的同时，德国方面新型战机的研制生产也在加紧进行。因此当英国皇家空军准备好将它的新型“喷火”Mk IX 和“台风”战斗机投入 1942 年 8 月迪耶普海港上空的战场时，德国空军派出了 200 架 Fw 190 战机与之对抗。

不幸的是，英国皇家空军不但低估了德军 Fw 190 的数量，而且也对德军新型号战机——Fw 190A-4 的研发一无所知。这一新型号最高速度达到 416 英里 / 时（约 670 千米 / 时），而可挂载炸弹的改型 Fw 190A-3/U1 也已经开始服役。侦察机型号 Fw 190A-3 1942

右图：在波兰的登布林－伊雷娜，图中一整列第 1 对地攻击联队的 Fw 190F-2 正整装待发。这批飞机中的几架绘有米老鼠的标记

上图：Fw 190 很快承担起战斗轰炸机的角色，最初是在法国，随后又到了北非和东线战场。第 2 对地攻击联队第 2 大队的这些 Fw 190F 安装了火箭弹挂架

上图：为表彰福克 – 沃尔夫公司而以首席设计师库尔特・谭克的姓氏前两个字母 Ta 命名的 Ta 152 战斗机，在战争的最后阶段曾有少量飞机短暂服役

年在苏联前线首飞，Fw 190A–4/Trop 对地攻击战斗轰炸机于 1942 年出现在北非战场上。1942 年结束之前，Fw 190A–3/U1 和 A–4/U8 战斗轰炸机开始了对英国南部城市和海港一系列“打了就跑”的昼间低空空袭，迫使英军战斗机司令部在这里部署了过量的资源以应对这一威胁。

更进一步的改型随之而来，包括为了应对日益壮大的美国陆军航空队轰炸机群而装备的火箭发射器。其他型号搭载有改进的机枪装备、附加油箱甚至鱼雷。

随之而来的是 Fw 190A–6，同标准型相比减轻了机翼结构的重量，除了机头两门 MG 17 机关炮，还在机翼内安装了四挺 20 毫米口径速射机关炮。英国战斗机司令部 Mk IX“喷火”的出现以及它展现出的相对于 Fw 190A 的巨大威胁导致 Fw 190B 系列的研发。后者换装了加装 GM–1 应急增功装置的宝马 801D–2 发动机和增压座舱，Fw 190C 系列安装了 DB 603 发动机，但由于研发过程中的困难，这两种型号都夭折了。

装备了 1770 马力（约 1320 千瓦）的容克 -Jumo 213A–1 直列发动机和加长机首环形散热器的 Fw 190D 在 1944 年 5 月首飞被证明非常成功。第一批生产型 Fw 190D–9［在德国空军中以“多拉 -9”（Dora–9）的称号为人所知］在 1944 年 9 月服役。Dora–9 装备了多支德军战斗机部队，在第三帝国最后的几个月里，德国空军驾驶着这款战机，面对盟军压倒性的优势，殊死顽抗。

下图：1941 年夏天，图中这些 Fw 190A–0 停放在福克 – 沃尔夫公司的检测线上，其中包括一架短翼型飞机（左图）和两架“长翼”飞机。最终投产的 Fw 190 是长翼展型

战斗轰炸机

1944 年引进的还有 Fw 190F(反装甲)攻击机，Fw 190G 战斗轰炸机实际上已在 Fw 190F 之前服役。这些飞机中的第一批在 1942 年 11 月盟军发起“火炬”行动后不久被送到北非，不过大多数该型号都在东线服役。

此外不得不提及的还有 Ta 152（其命名反映了首席设计师库尔特・谭克博士对整个系列的绝大贡献）。有许多种“长机首”Fw 190D 的衍生原型机生产出来，但是最终带有一门 30 毫米机关炮、两门 20 毫米机关炮的 Ta 152H–1 被选中投产，Ta 152H–1 在 41010 英尺（约 12500 米）高度上最大速度达 472 英里 / 时（约 760 千米 / 时），到战争结束时只有少部分完成了建造。

产量超过20000架

Fw 190 在 1939—1945 年的生产量达到令人印象深刻的 20087 架（包括 86 架原型机），日产量在 1944 年早期达到峰值 22 架。许多德军飞行员都在这一型号上取得了令人瞩目的战绩。首屈一指的是奥托・基特尔中尉，德国空军飞行员击落敌机数量第四名，他的 267 场空战胜利中有 220 场是以 Fw 190A–4 和 Fw 190A–5 获得的。其他驾驶 Fw 190 获得高战绩的还有沃尔特・诺沃特尼、海茵茨・贝尔、赫尔曼・格拉夫和库尔特・波利根，他们均获得超过 100 场的胜利。毫无疑问，他们的辉煌战绩得益于恰如其名的“屠夫鸟”。

早期的发展

Fw 190 V1、V2 和 V5

上图：1940 年早期之前，Fw 190 V1 原有传统的螺旋桨和整流罩，编码为 FO+LY。尾翼上的 01 是项目编号 0001 的缩写

库尔特·谭克希望通过精心的设计来使他的新战斗机在战斗条件下实现高性能、简便操作，以及结构完整和维护便捷的完美结合。

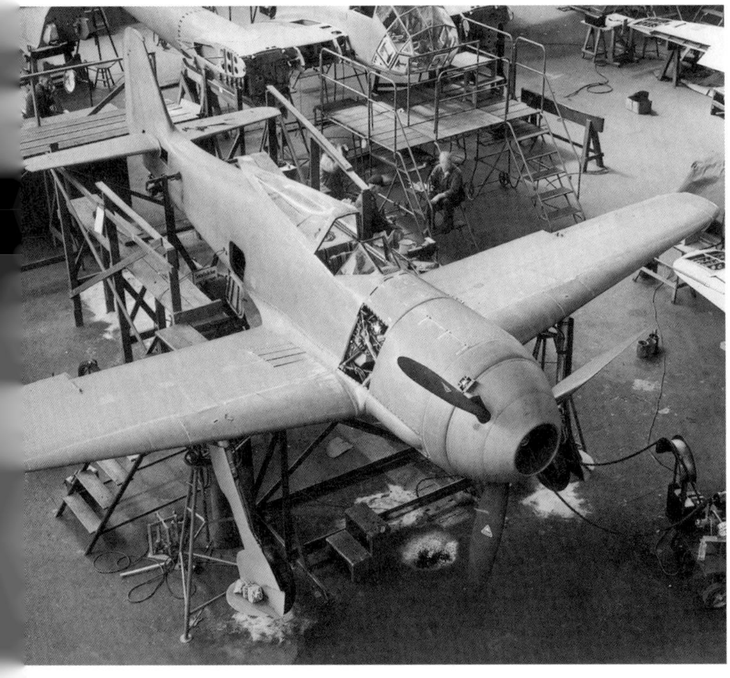

为了达到新战机的性能要求，谭克选择了那时德国能够装机的功率最大的气冷星型发动机。与使用直列发动机的英国以及其他德国高速战斗机相比，谭克选择星型气冷发动机是因为它们更加耐用，与同级别的直列发动机相比更不容易在战斗中受损。在平台测试的时候，他选择了 1550 马力（约 1156 千瓦）18 缸的宝马 139 星型发动机。

除了使用星型发动机和与众不同的涵道整流罩，谭克的新战机完全是传统布局。这是一架下单翼机，驱动拉进式螺旋桨的发动机安装在机首。在那个年代，这被认为是高性能战斗机的最优布局。下单翼为可收缩起落架提供布置的空间，使得主起落架长度得到缩短，同时也不会影响飞行员的上半球视野。谭克也有过飞行经历，他深知良好的全方位视野的重要性，因此设计了一种无框架式气泡舱罩来覆盖驾驶舱。在随后的几年里，这种高视野座舱盖在战斗机中开始流行，但在 1938 年，这一理念还是全新的。

操控性

一款战斗机想成功，首先要在空中有良好的操控性，而达到这一点的关键在于控制面足够大以提供必要的控制力，并且悉心地调节飞机达到静态和动态的平衡。谭克和他的团队为了让飞机升降舵和副翼形成灵敏的控制反馈，做了很多工作。方向舵对控制力的要求并没有那么严苛，毕竟相对于上肢，飞行员用腿可以施加更大的控制力。在那个年代，大多数飞机上的控制系统都还

左图：Fw 190 V1 在 1939 年初成型于位于不来梅的福克 – 沃尔夫实验车间。注意背景中正在装配的 Fw 189“鸮鹰”战机

是金属线、滑轮和曲柄，通过绷紧的金属线向系统输入“执行”的指令。谭克选择用刚性杆代替金属线来连接控制杆和控制面，这样的新型控制系统克服了阻力较大的问题。

谭克的另一个高瞻远瞩的决定，是对起落架和其他部位进行加固，以承受比飞机最初满载重量要大得多的载荷。他相信这种飞机一旦服役，为了改进性能，提高战斗效率，将不可避免地承载更大的重量。为了适应这一改变，机体结构必须足够强壮。1938 年夏季，德国空军科技办公室接受了谭克新战机的提案，订购了 3 架原型机。在订购的同时，这一新型战机也获得官方命名——从现在起，它就是福克 - 沃尔夫 Fw 190 了。

在不来梅的车间，首批两架原型机的建造进展顺利。1939 年春天，福克 - 沃尔夫公司又接收了一份追加订单，要求预定第四架原型机。在第一架原型机首飞之前，公司就已经收到命令组建一条组装生产线来生产 40 架预量产型。

1939 年 5 月，Fw 190 V1 原型机开始滑跑试航，5 月末试航结束，原型机做好了首飞准备。6 月 1 日，试飞员汉斯·桑德驾驶 V1 原型机首飞。在整个过程中他都保持在距离机场不远的地方，驾驶新战机盘旋上升到 6500 英尺（约 2000 米）来体验操控的感觉。

“我进行了几次高速冲刺来看看它在接近最高速度时候的操控性，随后试验在不同速度下转弯，记录操纵杆所需的力的大小。从空气动力学的角

Fw 190 V1 原型机的涵道整流罩

为了使星型发动机周边气流更加平缓，同时冷空气阻力降到最低，库尔特·谭克设计了一种包裹整个机首的新型涵道整流罩。然而，Fw 190 V1 的宝马 139 发动机为过热问题所困扰，即使安装了冷却风扇之后也未能解决。为了解决此问题，谭克曾尝试将涵道整流罩换回常规的整流罩，尽管这也未能解决发动机过热的问题，但人们注意到这对发动机性能的影响微乎其微。相反，涵道整流罩还会带来额外的重量和气流的扰动，这使得这一选择未必值得，因此最终被抛弃。这些图纸分别展示了带有涵道整流罩和常规整流罩的 Fw 190 V1 原型机布局。

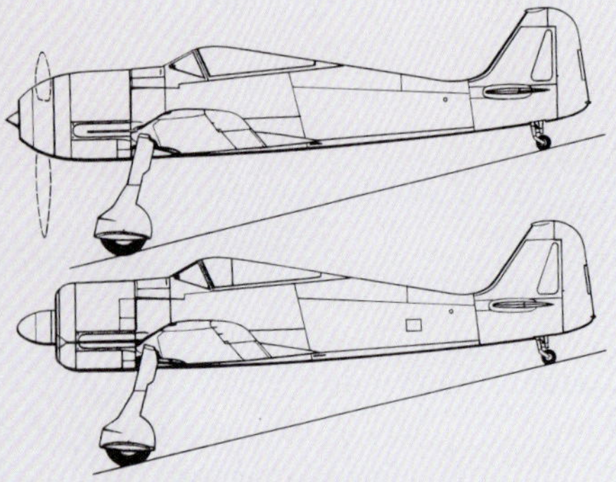

发动机问题 – 宝马 801 取代 139

1939 年 4 月之前，第一架原型机 Fw 190 V1 正处于最终装配阶段，V2 原型机的进展也很顺利。然而与此同时，宝马 139 发动机陷入全功率运行过热问题的泥潭。那时公司本可以提供一款更好的发动机——宝马 801 14 缸星型发动机。它和宝马 139 有着同样的规格，不仅技术成熟，而且还能多提供 150 马力（约 112 千瓦）的功率。宝马 801 比宝马 139 稍重，但要把它安装进 Fw 190，还需要对前部机身进行重新设计，对机身框架再次进行受力分析。技术中心的官员们认为性能上的提升值得做出这些改变，同意给予资金支持。

决定之后，Fw 190 研发项目进行了调整，最初的 V1 和 V2 原型机将会配备原计划中的宝马 139 发动机完成建造并试飞。处于早期生产阶段中的 V3 和 V4 原型机被取消了，新的工作将在 V5 原型机上展开。后者改进了机身框架，它将是第一架安装宝马 801 发动机的 Fw 190。1940 年 4 月，安装新型发动机的 V5 原型机（见下图）进入 Fw 190 测试项目。V5 原型机由于新发动机的附加重量和加固必要的机身结构，比 V1 重了 1400 磅（约 635 千克）。

试飞员汉斯·桑德回忆道：“14 缸的宝马 801 比宝马 139 要重，也就意味着需要更强有力的支撑。为了抵消在机身前端重量的增加，机首不得不进行重新设计，驾驶舱向后移了一段距离来保证重心处于正确的位置，这导致飞行员前方和下方视野恶化，但这又确实换来另一个好消息：由于发动机和驾驶舱距离远了，至少飞行员的脚在新战机中不用再被炙烤。

“重量增加了之后，单位机翼面积载荷明显上升，Fw 190 V5 较之以前的原型机操控性能有所下降。为了恢复战机之前的操控性能，V5 安装了翼面面积增大 20% 的新机翼，翼展也增加到 34 英尺 $5\frac{1}{2}$ 英寸（约 10.51 米）。为了维持机翼和尾翼之间的比例关系，尾翼的跨度也增大了。”

安装了新翼和尾翼面的 V5 在 1940 年夏季开始飞行测试。发动机功率增大，翼面面积增大后，桑德发现战斗机的爬升率和整体操控特性有极大的改观。技术中心的官员至此要求所有未进入进一步生产阶段的 Fw 190 战斗机都换装大面积机翼。

度来看，这架飞机的操纵性相当不错，操纵起来很轻便、精确，飞机的平衡性好，在首次飞行中我未曾使用过水平尾翼来调整。我想大多数试飞员在试飞的时候都会在新飞机上至少做一次滚转，但我在进行 Fw 190 首飞的时候没有做任何特技动作，我很高兴能把这一奇特的飞行动作保留到测试的晚些时候，当我对这一机型更加了解的时候。”

在首飞时宝马 139 发动机确实表现出了过热倾向。工程师们曾打算在发动机前端安装一个由发动机驱动的 10 叶气冷风扇，但这一计划未能按时完成，V1 原型机只能在无气冷风扇的情况下完成首飞。起飞后不久，桑德就觉得热得难以忍受，开始大量流汗。气泡式驾驶舱盖的一个缺点就是在飞行过程中不能打开舱盖为驾驶舱降温，那样会导致流向尾翼的气流极度紊乱，随后，有致命威胁的废气开始渗入驾驶舱。桑德系紧了面具，在接下来的飞行中他呼吸的是纯氧。

另一个略小的问题是起落架的上位锁未能正确咬合。当桑德拉起时，翼下主轮的位置略有下垂，驾驶舱内红色的“起落架未上锁”指示灯亮了。起落架上位锁的问题很快被修复，通过使用更多的密封剂也防止了废气的侵入。

比Bf 109还要快

在位于雷希林的德国空军测试中心里，这种新战机的海平面最大速度达到了 369 英里 / 时（约 594 千米 / 时），试飞员称赞该型机有着比 Bf 109 好很多的操控特性。

1939 年 10 月，V2 原型机进行了首飞。该机也是第一架携带武器的原型机，它在两侧翼根下都安装了一挺莱茵金属公司的伯尔西希 MG 17 0.31 英寸（约 7.92 毫米）口径机枪。V2 也同 V1 一起进行了测试项目，汉斯·桑德和他的同事们自发地探索了这一飞机的飞行包线。1940 年秋天，第一批 40 架预生产机型开始在不来梅的工厂下线。最初 7 架预量产型有较小的机翼和垂直尾翼，从第 8 架开始采用了增大面积的翼面。到当时为止，位于马尔堡的福克 - 沃尔夫工厂、位于瓦尔内明德的阿拉道工厂以及位于奥舍斯莱本的 AGO 工厂都开始准备批量生产该新型战机的加工设备。

上图与下图：在这些原型机的照片中，可以看到一些没有应用在生产型 Fw 190 上的结构特性，包括涵道螺旋桨和可折叠起落架舱门

下图：第五架 Fw 190 V5 原是第一架安装了宝马 801 发动机的原型机，因而不得不增大翼面面积。上图中是早期的 V5k 型号（“kleine Flügel”，即“短翼型”）

1941/42 年，进入服役

上图：1942 年中，英国皇家空军战斗机司令部司令、空军上将肖尔托·道格拉斯爵士给航空部副大臣写了一封言辞激烈的信。他抱怨自己的部队面对德国空军时失去了一度拥有的技术优势，他写道，“毫无疑问，我和我的飞行员们都是这样认为的，Fw 190 是当今世界上最优秀的多用途战斗机”。这些图片展现了测试阶段的早期样机，包括 1940 年夏季在雷希林的分别拥有大、小翼面的 Fw 190A-0（下图），第一架大翼面战斗机（编号为 0015，上图右侧）和其他早期型号的 Fw 190A，同时还有第 18 架也是最后一架 Fw 190A-0（底图）

1941 年 3 月，奥托·贝伦斯中尉担任驻扎雷希林－罗格恩森的第 190 试飞中队的指挥官。该部队接收了 6 架预生产型 Fw 190A-0，他们的任务是检验服役状态下的这款新战机。

试飞中队的飞行员和地勤人员来自第 26 战斗机联队第 2 大队（II./JG2），该部队被选中作为第一批生产型 Fw 190 下线后的首批接收部队。

在早期服役测验中，Fw 190A-0 显示出一系列缺点，新的宝马 801C 发动机和宝马 139 一样都出现了过热问题，不过并没有那么严重。发动机的自动燃油控制系统也出现了问题。对于给定的节流阀调整，控制系统应该自动根据飞行高度、燃油流量、燃油混合、发动机运行、增压器齿轮选择、螺旋桨桨距设置以及点火时间的最优系数做出调整。一开始该系统的工作并不可靠，但长时间的不断改进将问题减小到了可以接受的程度。

1941 年 6 月，第一批 4 架生产型 Fw 190 A-1 出现在马尔堡的工厂，8 月月产量达到 30 架。8 月，位于瓦尔内明德阿拉道生产线上的首批两架飞机交付，位于奥舍斯莱本的 AGO 工厂的首批两架飞机也在 10 月份交付。

截至 1941 年 9 月末，德国空军总共接收了 82 架 Fw 190A-1。驻扎在比利时莫塞尔的第 26 战斗机联队第 2 大队已经换装该型号新的战机，同时该型号新的战机还交付驻扎在法国北部列日库特的第 26 战斗机联队第 3 大队。

胜过“喷火”

即使是开始战斗飞行之后，Fw 190 依然遭受发动机过热问题的困扰，有时候这甚至会导致飞行中起火。当这类事故出现之后，德军发布命令禁止飞行员在超出无动力滑行距离的海面上飞行。尽管有这样的问题，但 Fw 190 还是被当作一个劲敌。在接下来的几个月中，英国皇家空军不安地认识到这种德国新战机在性能上较之当时己方服役的最佳战机——“喷火”Mk V 还要占优势。

上图：Fw 190 V8 原型机（也是第一架大翼展 Fw 190A-0）安装了能携带 110 磅（约 50 千克）的 SC 50 炸弹的挂架，首次试飞。而 Fw 190A-3/U3s 安装在机翼上的 MG FF 机关炮在这里也得以保留

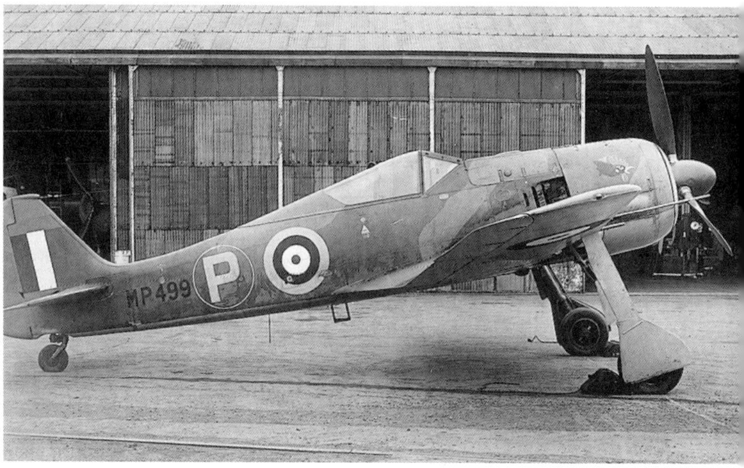

上图：1942 年 6 月末，一名德军飞行员在英格兰西部与“喷火”的战斗中迷失了方向，错误地把这架 Fw 190A-3 降落在南威尔士的彭布雷，因此英国皇家空军得以完好地获得对手这一重要的样本。然而在缴获这一战利品的时候，该型号的 Fw 190 在生产线上已经被 A-4 取代。后者的宝马 801D-2 发动机配备了甲烷 - 水混合物喷射系统，能够在低空、中空短时间提高功率

1941 年秋天，Fw 190A-2 在生产线上替代了 A-1。由宝马 801C-2 发动机驱动的这一型号用两门 MG 151 20 毫米机关炮替代了两侧翼根下的 MG 17 机枪。然而即使是换装了新的武器，Fw 190 仍然被认为火力不足以攻击敌军轰炸机。因此几架 A-1 和 A-2 又得到改造，在机翼中安装了额外的两门 MG FF20 毫米机关炮，可通过螺旋桨盘同步进行射击。

截至 1941 年，200 多架 Fw 190 交付纳粹德国空军。1942 年初，A-3 型取代了 A-2。前者换装了宝马 801D-2 发动机，起飞时功率达到 1700 马力（约 1268 千瓦）。飞行员的标准武器装备同改造后的 A-1 与 A-2 一样：4 门机关炮，2 挺机枪。A-3 投入生产不久，FuG 7 高频电台也换装更高效的 FuG 16 VHF 电台。

截至 1942 年末，第 2 战斗机联队和第 26 战斗机联队已经完全换装 Fw 190。这些部队总共拥有大约 260 架这种优秀的战斗机。早期令人困扰的发动机过热问题得到极大改善。当越洋飞行的禁令被取消后，德国飞行员已经能够完全发挥这一飞机的性能并且自信地面对盟军。

Fw 190 飞行员更有侵略性的风格在 1942 年 6 月 1 日显露无遗。这一天英国皇家空军实施了第 178 次“马戏团”行动，8 架携带炸弹的“飓风”战机空袭了比利时布鲁日附近的一个目标。来自霍恩彻奇和比金山联队 7 个中队的“喷火”Mk V 提供了近距离护航，来自迪布顿联队的 4 个中队提供了目标支援。第 26 战斗机联队第 1、第 3 大队的 40 多架 Fw 190 在雷达的引导下，在暮色中反击这股撤退的突袭编队。迪布顿联队遭受德军的追击，接连损失了 8 架“喷火”，包括指挥官的座机。5 架“喷火”受损严重，勉强回到了基地。而在遭遇战中，福克 - 沃尔夫战斗机没有任何损失。

德军随后开始使用 Fw 190 战斗轰炸机试验对英格兰南海岸目标进行攻击，随即马上撤离的“打带跑”战术。西线的两个战斗机联队各派出装备了特殊改进型 Fw 190A-3 和 A-4 的一个中队。该型号拆除了外梢位置的 MG FF 机关炮，在机身下安装了能挂载 550 磅（约 250 千克）SC 250 炸弹或 1100 磅（约 500 千克）的 SC 500 炸弹的挂架。

1943 年春季，Fw 190A-5 投产，这一型号的发动机支架延长了不到 6 英寸（约 15 厘米），以提供更好的操控性。几个月后这一型号被 A-6 取代，后者安装了更厚重的装甲和开火速度更快的 MG 151 20 毫米机关炮，以取代外翼的 MG FF 机关炮。年末临近，Fw 190A-7 也投产了，用两挺 0.51 英寸（约 13 毫米）的莱茵金属 MG 131 重机枪取代之前安装在发动机上方的 MG 17。生产数量最多的 Fw 190A-8 相比于 A-7 有一些细节上的改进，能加装所有此前型号装备过的野战改装套件。

下图：Fw 190A-0 被用作 Fw 190A-3/U3 战斗轰炸机的测试机，U3 工厂改装套件包含有能挂载 SC 250 炸弹的 ETC 250 炸弹挂架

Fw 190A-1

装备了首批几架Fw 190A-1的第26轰炸机联队“施特拉格”第6中队1941年11月驻扎在加来海峡的科凯勒，这架飞机由中队长沃尔特中尉驾驶。他在1941年12月撞上烟雾中的高地牺牲之前已经击落了20架敌机。

伪装图案

这架飞机喷绘的是标准的德国空军74/75战斗机迷彩图案，下边是76式。图中飞机没有涂刷第26战斗机联队的标志。垂尾上记录了空战中击落19架敌机的战果。

武器装备

最初建造时，早期的Fw 190A-1配备有4挺莱茵金属公司的伯尔西希MG 17机枪，安装在机身上方和翼根，穿过螺旋桨射击。在Fw 190 V8原型机上实验性地安装后，有一些飞机（包括这架）改装并在每侧外翼下新增了MG FF机关炮，最初的武器配备被证明火力不足。

瞄准器

该机还安装了Revi C/12D反射瞄准器，选择改装器使得飞行员能够独立使用任意两挺或者其中任意一组机枪来开火。

驾驶舱

Fw 190上整块向后滑动的座舱盖提供了按当时标准来看极佳的视野，加上这一飞机的性能和灵活性，使得“屠夫鸟”成为一个致命的对手。

起落架

Fw 190的宽距起落架使得它比Bf 109更适合在粗糙或准备不完全的跑道上起飞，也赋予它对新手飞行员的更宽容的操控特性。

动力装置

早期的Fw 190使用宝马801C-1型发动机，功率达到1600马力（约1193千瓦）。但这一发动机在预生产机型上出现了过热的问题，需要福克-沃尔夫与宝马发动机公司做出很多补救措施。在Fw 190A上，采用了升级后的宝马801 D-2发动机，功率达到1700马力（约1268千瓦）。

这个 Fw 190F 中队可能属于第 10 对地攻击联队，照片摄于华沙附近的蒂普林 – 艾瑞纳机场

Fw 190F 和 G

作为日暮西山的 Ju 87 的替代品，Fw 190 被证明是第二次世界大战时期最强力的强击机之一，有着强大的火力和厚重的装甲，与盟军战斗机进行空战的时候也能从容应对。

从 1942 年夏季开始，战线过度扩张的德国空军在主战场上无法继续保持空中优势。对地攻击的中流砥柱容克 Ju 87 俯冲轰炸机，在被敌军战斗机纠缠时也遭受严重的损失。

最初的解决方案是为一些部队重新列装 Fw 190 衍生机型——A-1 或是 A-5，这两种型号在机身下安装了载弹量达到 1100 磅（约 500 千克）的挂架。这一临时起意的决定一开始效果不错，但是东线战场上日渐凶猛的地面火力也使得对地攻击部队遭受了不少损失。Fw 190 战斗机型号添加了装甲以保护飞行员不受来自正前方和正后方火力的攻击。在地面攻击行动中，敌军防空火力可能来自下方任何方向，因此德国空军要求研发一种新的带有底部装甲的对地攻击机来专门应对这种情况。

结果就是产生了在驾驶舱两侧以及从发动机前部到驾驶舱后方的机身下部加装 5 毫米厚曲面钢板装甲的 Fw 190F。为了补偿额外的重量，该型机拆除了外翼下的两门 20 毫米航炮。第一批 Fw 190F 在 1942 年底交付。

与之同时开发的 Fw 190G 是一款可以携带副油箱、增大航程的战斗轰炸机。为了平衡多出来的重量，G 改型拆除了机身上的机枪，只留下两门 20 毫米航炮。

投入战斗

F 系列改型和 G 系列改型在测试中受到试飞员的好评。飞行员们非常欣赏改进后的防护装甲，这能让他们在地面火力的攻击中存活下来。这些战斗轰炸机的机动性能仍能保证被敌军战斗机追击时有能力自卫。两种型号都被大量订购。

1944 年 5 月，德国空军共有 881 架 Fw 190 在作战部队服役，而在所有的这些部队中有 387 架——近乎一半的飞机都是分派给地面攻击联队或战斗轰炸联队的 F 系列和 G 系列。

1944 年夏季在东线战场服役的对地攻击部队的一个典型是第 3 对地攻击联队第 3 大队。其基地位于苏联西部的伊德扎，装备了 F 系列的该部队在 8 月苏联红军大举进攻的时候深陷泥潭。飞行员维尔纳·盖尔少尉回忆道："我们的任务是尽一切所能来延缓敌军的攻击，为德国地面部队赢得时间构建防御阵地以阻止敌军的进攻。每当前线出现漏洞，我们的任务就是把漏洞堵上。"

"我们的福克 – 沃尔夫战机装备了 2 挺 13 毫米机枪和两门 20 毫米航炮，我们用以扫射攻击，在这些行动中我们使用的炸弹主要是 SC 250 和 SC 500，还有装在大量集束箱中的 SD 2、SD 4 和 SD 10 小炸弹。"

下图：这是 Fw 190 机身挂架的一个近距离特写镜头。飞机挂载了一枚 SC 250 通用炸弹，还能看到右翼翼根下的机关炮炮管

装甲钢板

Fw 190 的地面攻击改型 F 系列和 G 系列除了战斗机型号中的防护措施，还安装了装甲钢板和夹层玻璃。这些防护用以抵御来自任意方向的地面火力。

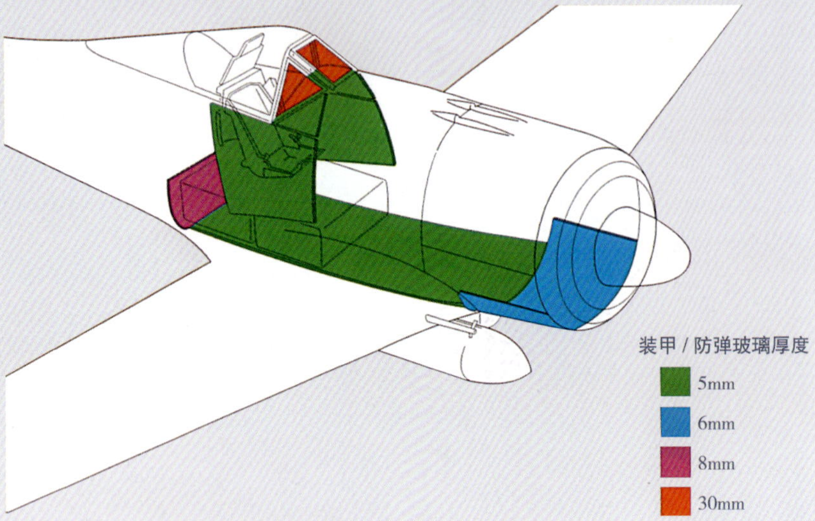

“当我们发现敌军部队向前推进犹如进入无人之境时，我们的措施是将火力集中在敌军的薄装甲攻击车辆上，这些车辆能相对容易地被机枪和机关炮击毁。我们知道没有频繁燃油补给的坦克先锋部队不可能走得很远。如果敌方装甲部队和我们的地面部队交火了，那么它们的坦克会成为我们的靶子。”

攻击坦克或装甲车辆，通常的策略是以 300 英里 / 时（约 483 千米 / 时）的速度在离地面 30 英尺（约 9 米）高度上飞近。当敌军的机车消失在发动机罩下方时投放炸弹。只要以这种方式投放，一枚 SC250 可以直接炸碎坦克顶部，或是在地上弹起后击中坦克。炸弹设置撞击后延迟一秒爆破，以为飞机提供时间远离冲击波和爆炸碎片。投放炸弹后，Fw 190F 再用航炮和机枪来扫射这一区域的非装甲目标或人员。

在苏联红军进攻期间，第 3 大队的出动率非常高，有些飞行员有时甚至每天要出动八次。平均每次出动要持续半个小时。如果这些飞机遇到高射炮保护范围外的部队，他们就可以痛下杀手，给敌军造成极大伤害。

然而，如果苏联军队高射炮火力覆盖适当的话，飞行大队也可能遭受严重的损失。1945 年初，欧洲战争不到一个月就将结束时，德国空军有 1612 架 Fw 190 在服役。这些飞机中有 809 架都是 F 系列和 G 系列对地攻击型号。

Fw 190F 和 G 系列改型可能是第二次世界大战期间所有国家所拥有的对地攻击机中最高效的一款。然而，尽管装备有这一飞机的部队能够给盟军迎头痛击，但和德国空军的其他飞机一样，他们也承受不起来自对手的攻击。

上图：Fw 190G 在两侧发动机罩和翼下炸弹吊架位置都安装了滤尘器。图中所拍摄的是图托的工厂交付的 Fw 190G 在烟雾中启动

下图：这些 Fw 190F 战斗轰炸机属于第 2 对地攻击联队，图中是 1945 年 1 月在匈牙利索普克 / 普茨塔（Sopoc/Puszta）地区执行任务的情景

武器

在 F-8 上实验的装备包括两侧翼下的两门 77 毫米 SG 113A Förstersonde 无后坐力反坦克炮。

外侧挂架

Fw 190F 比较标准的外挂配置包括机身中轴线下方 ETC 250 挂架下的一枚 SC 250 炸弹，以及翼下 ETC 50 弹架上的 4 枚 110 磅（约 50 千克）SC 50 炸弹。或者如图中展示的那样，还可以在机身挂架上加装一部 ER 4 连接器以使在这一位置携带 4 枚 SC 50 炸弹。

Fw 190F-8

这架飞机隶属于 1942 年夏天驻扎在匈牙利的瓦尔帕洛塔第 2 对地攻击联队第 1 中队（又称“殷麦曼中队”）。当德军从罗马尼亚和匈牙利撤退时，第 4 航空队的对地攻击部队正与苏联军队激烈战斗，而从意大利基地出发的美国陆军航空队的 P-51 战斗机，也开始执行远程任务，加入与 Fw 190F 的厮杀中。

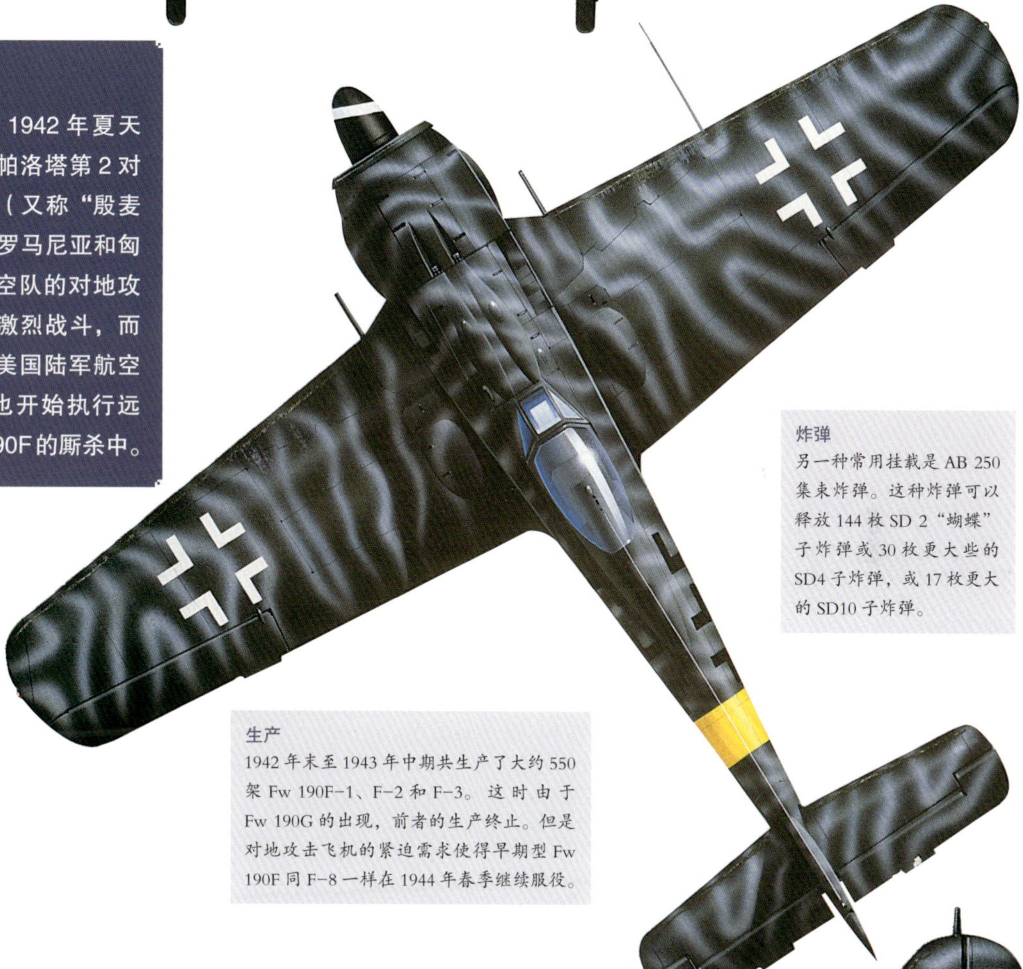

炸弹

另一种常用挂载是 AB 250 集束炸弹。这种炸弹可以释放 144 枚 SD 2 “蝴蝶”子炸弹或 30 枚更大些的 SD4 子炸弹，或 17 枚更大的 SD10 子炸弹。

机身凸起

基于对地攻击部队飞行员在战争中的反馈，F-8 安装了凸出的驾驶舱以改善视野。基于 Fw 190A-8 并且保留了 0.51 英寸（约 13 毫米）机身机枪的 F-8 在装甲风挡玻璃前面有两个凸起以容纳这些装备。

生产

1942 年末至 1943 年中期共生产了大约 550 架 Fw 190F-1、F-2 和 F-3。这时由于 Fw 190G 的出现，前者的生产终止。但是对地攻击飞机的紧迫需求使得早期型 Fw 190F 同 F-8 一样在 1944 年春季继续服役。

Fw 190D-0 “DU+UC”（编号 170003）原型机是由 Fw 190A-7 改装而来，改进后机身结构保留了原始的垂尾和武器布局

Fw 190C, D 和 Ta 152

> 1942 年，库尔特·谭克——试飞员兼设计师，开始着手改进 Fw 190，从而改进高空作战性能。最终的成品是令人印象深刻的 Ta 152H，但更直接的成品是 Fw 190D——德国空军最好的战斗机之一。

在 15000—20000 英尺高度上，Fw 190 是世界上最好的战斗机，然而到了更高的高度，其性能就会急速下降。英国战斗机司令部得到“喷火”Mk IX 战斗机后，已经能够威胁到 Fw 190 在战斗中的优势，而这也导致 Fw 190B 系列的研发。这一系列的飞机装备了 GM-1 应急增功系统 BMW 801D-2 发动机和增压座舱。然而后者的问题导致该型号在 1943 年生产了 4 架 Fw 190B-0 原型机后被中止。

Fw 190C

第二个高空计划是 Fw 190C 系列，共生产了 5 架安装 DB 603 直列发动机、环形散热器、海尔斯 9-2281 增压器和四叶螺旋桨的原型机。对于 DB 603 的使用有着技术上的问题，也有政治原因，最终导致 Fw 190C 在 1944 年初的失败。C 系列发展出了 Fw 190Ra-4D（Ta 153）和 Fw 190Ra-2/3（Ta 152），前者随后也被终结。

Fw 190D “多拉”

Fw 190 研发的第三个方向是 Fw 190D 系列，装备了 1770 马力（约 1320 千瓦）容克 Jumo 213A-1 发动机（最初为轰炸机研制）和加长机首部位的环形散热器（机首的加长使得垂尾和舵叶面积也相应增加）。计划中这一飞机是一款中空战斗机，拥有增压驾驶舱。1943—1944 年的冬季，一部分 Fw 190A-7 被改装成 D-0 系列，保留了最初的四门 MG 151 机翼机关炮和机身上的两挺 MG 17 机枪。这种飞机和 D-9 系列（如此编号是因为它们在 Fw 190A-8 系列后定型）的区别在于垂尾面积更大，还安装了 MW-50 喷射系统，为发动机增压，并更换了一些武器装备。Fw 190D-9 系列于 1944 年 5 月在朗根哈根首飞，在 1944 年 6 月中旬确定投产。第一架生产型 Fw 190D-9 在 1944 年 9 月进入第 54

下图：尽管一直被库尔特·谭克当作在 Ta 152 完全研发成功之前的备份，Fw 190D 仍被人们认为是德国空军最好的战斗机

上图：较大的翼展赋予 Fw 190/Ta 152 系列的终极改型——Ta 152H 极佳的高空性能。对盟军来说值得庆幸的是，只有少量投入使用

上图：Fw 190 V18 是 C 系列原型机中的一架，它选用了戴姆勒 – 奔驰 DB 603 发动机来驱动一个四叶螺旋桨，并在腹部导流罩内安装了一个巨大的增压器

战斗机联队第 3 大队服役，主要负责保卫诺沃提尼空军司令部的喷气式飞机基地。下一支换装 Fw 190D-9 的大队是卡尔・博里斯少校的第 26 战斗机联队第 1 大队。该型号服役中的飞机很快就以“多拉 -9”的名号为人所知。

Fw 190D衍生机型

Fw 190D 还生产了其他的型号，但这些型号中没有一种投入实战，其中就有发动机气缸组之间安装 Mk 108 型 30 毫米口径航炮、透过螺旋桨桨毂射击的 Fw 190 D-10。桨毂上安装了机枪的 Fw 190D-12/R21 是 Fw 190D-10 的对地攻击型号，还安装了 MW50 水 – 甲醇喷射装置，使得它几乎成为所有 Fw 190 中速度最快的，在 36090 英尺（约 11000 米）高空最高时速达到 453 英里（约 730 千米）。D-11 选用 Jumo 213E 发动机，外翼下安装两门 Mk 108 航炮，D-13 将 D-10 和 D-12 螺旋桨桨毂安装的 Mk 108 换装 Mk 151 机枪；Fw 190D-14 是一款全新的装备 DB 603 发动机的战斗机，而 D-15 则是使用相同发动机的 Fw 190A-8 的改装型号。

寡不敌众

“多拉 -9”在第三帝国最后至关重要的几个月内列装了德国空军的多支战斗机部队，但是在与同盟国战斗机的交锋中，尤其是与 P-51 与“喷火”的对决中，它依然被后两者碾压。德国空军的问题集中体现在燃料短缺上，仅有少数战斗机能够升空。比如，当第 6 战斗机联队于 1945 年 4 月（指挥官为格尔哈德・巴克霍恩少校，击落 301 架敌机的王牌飞行员）接收 150 架全新的多拉 -9 战斗机时，与盟军为数众多的铁翼相比，每次巡逻队只能派出 4 架战斗机。然而，D-9 的性能如此优异，以至于被苏联人缴获的该型机也被苏军使用。

“终极”Fw 190

Ta 152（Ta 代表负责总体设计的库尔特・谭克）从 Fw 190C 和被舍弃的 Ta 153 计划发展而来。这是 Fw 190D 系列一款机头较长的衍生型号，保留了桨毂上的 30 毫米航炮，但采用了改进的电气系统。最初，有两个型号同时被研发出来：使用 Jumo 213E-1 发动机的 Ta 152H 高空战斗机，以及使用 Jumo 213C 发动机的 Ta 152B 战斗机。Ta 152H 从 1944 年 6 月下旬开始测试，第一批 20 架预生产型 Ta 152H-0 在 1944 年 10—11 月开始生产。翼展达到 47 英尺 4.5 英寸的 Ta 152H-0 在 41000 英尺高度上（约 12500 米）速度能达到 472 英里 / 时（约 760 千米 / 时）。安装有一门 30 毫米、两门 20 毫米航炮的 Ta 152H-1 被选中服役，但这种型号只有十来架完成生产并在战争结束之际交付第 301 战斗机联队。

Ta 152B 被束之高阁，但用 DB 603 发动机代替了 Jumo 213C 的小翼展战机 Ta 153C-0 与 C-1，C-2（装备了改进后的无线电设备）以及 C-3 一起投入生产，武器都有经过改进。一种双座的改进型教练机——Ta 152S-1，以及一种侦察衍生型——Ta 152E，都列入计划但从未投产。在战争结束时，Ta 152 总共只生产了 26 架原型机，67 架预生产型及正式生产型。

幸存者

战后人们对 Fw 190D/Ta 152 很感兴趣，将几架样机通过海运送到英国和美国。在美国，现存 3 架 Fw 190D：钱普林战争博物馆内有一架 Fw 190D-13；美国空军博物馆内有一架 Fw 190D-9；国家航空航天博物馆内有一架 Ta 152H-1。在德国，有一架 Fw 190D-9 被归还纳粹德国空军博物馆，并于 1993 年在什未林湖完成了修复。在俄罗斯可能还有完好的样机。

苏联军队缴获的 Fw 190D 得到了有效的利用。1945 年夏天在东普鲁士被缴获后，该型号战机至少被红海军波罗的海舰队航空兵部队的一个歼击机团所使用

Fw 190D-9

1944 年 12 月，隶属于驻扎在梅尔茨豪森的第 2 “里希特霍芬”战斗机联队的这架 Fw 190D-9 主要执行国土防卫任务，特别是截击美国昼间轰炸机。

动力系统

Jumo 213A-1 12 缸倒 V 形活塞发动机的安装使得前机身不得不加长。延长段被一圈 0.43 英寸（约 11 毫米）厚的装甲环绕。

武器装备

基本配备是翼根的两门 MG 151 航炮，每门备弹 250 发。翼下还可以安装其他航炮。机身中轴线的挂架上可以挂载一枚 1102 磅（约 500 千克）重的炸弹。

性能

标准重量下，D-9 在中空高度的最大速度能达到 426 英里 / 时（约 686 千米 / 时），在海平面的速度则降至 357 英里 / 时（约 575 千米 / 时）。它的高速与俯冲能力使它成为一个可怕的对手。

战斗中

原本并没有考虑加装驾驶舱增压系统的 D-9 最初主要用于低空行动。德国战斗机飞行员们发现该型号飞机在速度和爬升性能上优于 Fw 190A，尽管滚转率要逊于后者。

标记

V 形饰带和两道杠象征该机是联队长副官座机，由联队部的一名少校驾驶。黄—白—黄的条带状被用于识别第 2 战斗机联队的飞机，因为该部队参与了“帝国防空作战”。

Fw 190A-5/U14 在机身下方的 ETC 502 挂架上可以携带一枚 LTF 5b 鱼雷。这一型号增大了垂尾面积，加长了机轮支撑，以减少鱼雷与地面刮碰的可能

武器装备

Fw 190 系列是第二次世界大战期间通用性最强的单发动机战斗机之一。包括 Ta 152 在内的多种衍生型号都能够执行空对空和空对地任务。

Fw 190 尺寸比大多数同时代的英国、美国战斗机都要小。尽管尺寸上不惹人关注，但它格外重，并且展示出搭配各种武器以及其他设备的能力，其中包括全尺寸海军鱼雷以及 3968 磅（约 1800 千克）重的 SC 1800 炸弹。这样的能力是绝对的结构强度、足够的离地净高、宽大的起落架间距和强大的发动机功率共同发挥作用的结果，然而设计师库尔特·谭克依然让人们对 Fw 190 搭配任何装备、执行任何任务的通用性感到惊异。

这样的通用性是通过生产特定的型号来实现的，比如执行拍照侦察任务的 Fw 190E。最后，德国通过大量生产一系列基本相似的型号，再加上 Umrüst–Bausätze（工厂改装套件）和 Rüstsätzen（战地改装套件）来获得较高的生产效率。大多数改装套件都可以搭配任何 Fw 190 子型号，不过仍有不少例外，有些特殊型号必须在工厂或是军方大型修理所进行生产。Fw 190 改造型号可能比历史上其他任何飞机都要多。

战斗轰炸机

早期工厂改装的典型方案是移除 Fw 190A-3/U1 主起落架内侧盖板，在机腹中心线加装能挂载 551 磅或是 1102 磅（约 500 千克或 1000 千克）炸弹，或 4 枚 110 磅（约 50 千克）炸弹的挂架，

下图：Fw 190A-5/U12 安装了 6 门 MG 151/20 机关炮。其他武器装在翼下的两个 WB 151/20 吊舱里，每个吊舱内各装有两门机关炮。这一型号总共生产了两架

上图：Fw 190A-4/R6 驱逐机编队在翼下携带两具 WfrGr 21 火箭炮。在设计中，炮弹用于驱散盟军的轰炸机编队。如果按照理想状况，紧随其后全副武装的驱逐机就可以攻击落单的轰炸机了

或给 A-3/U3 加装拥有 250 千克载弹量的机身挂架和翼下 4 个 50 千克炸弹的挂架，或 A-3/U4 机身后部安装两部 Rb 12.5/7x9 侦察照相机。上述改装方案中有一部分为保持重量拆除了 MG FF 航炮。

1942 年春季，生产线转产 A-4。在各种 A-4 中，A-4/U8 Jabo-Rei 远程战斗轰炸机可以携带各种炸弹的组合，例如 66 英制加仑（约 300 升）可抛油箱以及两枚 250 千克炸弹。A4/R6 在每侧翼下安装了一个向上仰的 WfrGr 21 厘米火箭弹发射管，可以发射 8.27 英寸（约 210 毫米）火箭弹破坏轰炸机编队队形。1943 年 10 月 14 日轰炸施韦因福特的 B-17 编队的损失中超过 50% 都是由装备有 6 号战地改装套件（R-6）的 Fw 190 造成的。

1943 年 4 月，A-5 开始服役。在一开始它就被设计成与所有的工厂改装套件全面兼容的机型，并被命名为 U1/3/4/8。U2 夜间型战斗轰炸机装有防眩光板、消焰器、250 千克炸弹挂架以及两个油箱。U9 机身上有两挺 MG 131 机枪，翼根和外翼下各两挺 MG 151；U11 用两门 30 毫米 Mk 103/108 机关炮替换了 MG FF 机关炮；U12 的 MG FF 机关炮由翼下的 1 号战地改装套件（R1）所取代，各自装有两门 MG 151；U13 有着 500 千克的机身挂架，翼下可以加装可抛式副油箱。U14 安装有 LTF 5b 鱼雷挂载架、更大的垂尾以及更长的尾轮支撑；U15 和 U14 相似，只是前者使用 LT 950 制导鱼雷。U17 翼下的挂架可以携带 4 枚 50 千克炸弹。

左图：德国空军东线战场上的对地攻击部队自发地测试了 WfrGr 28/32 在反坦克行动中的表现。不过 11 英寸（约 280 毫米）直径炮弹取得的效果令人非常失望

下图：远程战斗轰炸机 (Jabo-Rei) 是增大航程的 Fw 190 的官方名称。这架 Fw 190G-3 携带一枚 1102 磅（约 500 千克）的 SC 500 炸弹以及两具 66 英制加仑（约 300 升）的副油箱。固定武器减少到只剩两门机关炮

上图：Fw 190A-5/U11 对地攻击机在流线型翼下吊舱内配备有两门 30 毫米莱茵金属公司的伯尔西希 Mk 103 机关炮。这种武器配置是 3 号战地改装套件 (R3) 的标准配备

上图：安装了 ETC 501 炸弹挂架、拆除了 MG FF 机关炮的 Fw 190A-5/U3 战斗轰炸机载弹量达到 2204 磅（约 1000 千克）。这一型号同 Fw 190F-2 一样进行了大批量生产

“轰炸机破坏者”

在产量显著增长的同时（1942 年 1878 架，1943 年 3208 架，1944 年 11411 架），基本的 A 系列的研发也一直在继续，同时也加入一些小的变动（尤其是 F 系列和 G 系列）。A-6 系列成为 U 套装和 R 套装的固定载体，同时拆除了 MG FF 航炮。A-7 大概只生产了 80 架，用 MG 131 13 毫米机枪替换了 MG 17，使得风挡玻璃前方出现一个不明显的凸起。

在 A-7 型基础上加装 MW50 推进系统的 A-8 是产量最大的子型号（约 8000 架）。A-8 可以使用任何型号的 U 套装（工厂改装套件）或 R 套装（战地改装套件），且有三架被改装成 A-8/U1 纵列双座双重控制教练机，以帮助 Ju 87 飞行员尽快改飞 Fw 190。此外还有一些 A-5 和 A-8 也由 S-5 和 S-8 改装完成。A-8 型机也用来测试安装于机翼上方的远程副油箱，针对截击轰炸机任务设计的 SG 116 系统包括一排 3 门向上垂直开火的 30 毫米机关炮。SG117 带有 7 门 30 毫米航炮以及 X-4 有线制导反轰炸机导弹。

Jabo-Rei（远程战斗轰炸机）

从 1942 年末开始的生产就集中在 Fw 190F 上。这是一款用于近距离支援的子型号，很快便开始替换对地攻击部队的 Ju 87。最初的 Fw 190F 只是能够适应各种载弹量、安装有附加装甲和更强韧起落架并拆除了 MG FF 机关炮的 A-4。1943 年中，当 550 架左右 F 系列生产型完成交付时，开始生产 G 系列远程战斗轰炸机。最著名的 F 系列子型号是 F-8，在机身上装有 13 毫米机枪。该机型测试了 40 余种实验性武器，包括 SG 113（翼下的两具向下开火的 77 毫米无后坐力炮）、BV 246 远程滑翔制导炸弹以及 BT400、700 以及 1400（数字代表以千克为单位的质量）“鱼雷炸弹”（Bomben-Torpedo），可以用来对舰攻击和摧毁混凝土建筑。

上图：这架 Fw 190 配备了高效的 AB 250 集束炸弹，布散器在空中一分为二，将 100 多个 4.4 磅（约 2 千克）重的 SD-2“蝴蝶炸弹”散布开去

Fw 190G 系列仅保留了内舱的 MG 151 机枪，但安装了 Fw 190F 的装甲、起落装置以及 PKS11 自动驾驶仪。大多数采用了适合低空行动的增功系统以及 MW50 或 GM-1 一氧化二氮喷射增功系统，以改善高空性能。所有 G 型都可以在翼下装备两个可抛式副油箱。

1945 年初，G-1、G-3 和 G-8 系列已经可以携带 2204 磅（约 1000 千克）炸弹，在 1945 年 3 月 7 日，在空袭莱茵河上雷马根桥的时候首次大量使用 SC 1800 炸弹。

这架 Fw 190F-8 展示其挂载两具 SG 113“Förstersonde”无坐力发射器，机上安装的磁感应开关可以让飞机在飞掠敌军坦克上方时自动开火。但这一系统并不精准，后续研制也被取消了

福克 – 沃尔夫 Fw 200 V3 原型机“殷麦曼 III 号”被德国空军用作阿道夫・希特勒的私人专机，该机没有涂刷德军的标准涂装

福克 – 沃尔夫 Fw 200“秃鹰”

军用研发

作为四发动机远程客机研发的 Fw 200 被改造以满足德国空军对海岸巡逻机的要求。尽管该型机产量非常少，但 Fw 200 对盟军航运的影响依然为它博得“大西洋祸害”的绰号。

有种论调声称德国人做事极其严谨有条理，然而事与愿违，人们一定记得纳粹党认真策划的第二次世界大战应该是一场闪击战，却没有预料到这场战争最终持续了几年。德国空军的编制中为大型远程轰炸机和海上侦察机预留出来的空缺也迟迟未能填补。在某种程度上这种疏忽起源于 1936 年韦弗尔上将的死亡以及德国空军新任参谋长凯瑟琳的继任，但根本上还是由于政策上着力于研发双发战术轰炸机（在此方面戈林至少可以向希特勒夸耀数以百计的产量）。因此当福克 – 沃尔夫公司第一架 Fw 200 V1 原型机在 1937 年 7 月 27 日升空时，德国空军对此兴趣索然。

左图：站在发动起来的“秃鹰”飞机前面的第 40 轰炸机联队的这些飞行机组成员在离开波尔多 – 梅利尼亚克去执行远程海岸巡逻任务时仔细检查地图

Fw 200 即使不是当时世界上最好的远程客机，也称得上全欧洲最佳。其基本性能规范由不来梅市福克 – 沃尔夫飞机制造厂技术总监、首席工程师库尔特・谭克与德国国有航空公司——汉莎航空的董事会在 1936 年的会谈中得到确立。谭克曾有一段时间希望设计一种现代远程客机来击败道格拉斯 DC–3 并替换德国汉莎航空的主要干线机型容克 Ju 52/3m。但最终谭克决定建造的是能直接飞跃北大西洋、拥有史无前例的超远航程的四发动机飞机。这要远远超过有史以来任何一款载重运输机。谭克这一任务的首要目的是政治宣传。

1938 年初 Fw 200V1 原型机增大了油箱容积，重新喷涂了 D–ACON“勃兰登堡号”的字样。谭克向航空部请求拿到了 200 这一数字编号用于宣传，V1 原型机也被改造为 Fw 200S(S 意为“特别”)。1938 年 8 月 10 日，该机由民航飞行员亨克和冯・莫罗驾驶，从柏林腾佩尔霍夫机场起飞。该机在 24 小时 55 分钟内逆风飞行，最终达到纽约的弗洛伊德 – 贝内特机场，完成了一次举世瞩目的长达 4075 英里（约 6558 千米）的远航。1938 年 11 月 28 日，同一飞行员驾驶同一架飞机，途径巴士拉、卡拉奇和河内直达东京，总时长仅 46 小时 18 分钟。在返程时，D–ACON 耗光了燃料，坠毁在马尼拉附近。

远东战场上的“秃鹰”

在日本，这架 Fw 200 引起人们极大的兴趣。截至此时，不来梅的工厂正在生产设想中的标准型号——Fw 200B。福克 – 沃尔夫广泛寻求买家，有 5 架被大日本航空株式会社预定。

日本和德国之间还有一个秘密合同，日本帝国海军向德方预定了一种远程侦察机型号。谭克热切地想完成这个任务，因为他确信这对德国空军意义非凡。因此他选择了 Fw 200 V10 原型机——B 系列原型机中的一架来进行改装。这一型号机身主燃料舱增大了 60%，能携带超过 44009 磅（约 2000 千克）的照相机、

上图：德国空军最初服役的生产型海岸巡逻机型号就是 Fw 200C-1。这一图片清楚显示了吊舱腹侧以及背部靠前位置炮塔的 MG 15 机枪

照明弹、航标、小艇以及其他设备，此外还有三挺 0.31 英寸（约 7.92 毫米）MG 15 机枪：一挺在机翼后缘机背上方的小型炮塔内；另两挺从座舱腹部偏右的位置向前后开火。这一机型没有炸弹舱。

军事需求

1939 年春季，希特勒的外交冒险似乎走进了死胡同，一场战争在所难免。德国空军参谋长耶顺内克要求埃德加·彼得森中校（一名经验丰富的飞行员）组建几个中队来击沉大西洋海域的敌国——法国，尤其是英国——赖以为生的船只。但问题是没有合适的飞机。原计划使用的亨克尔 He 177 距离投入使用还要好几年，唯一的指望似乎就是准备卖给日本的 Fw 200 V10。

就如同 Ju 52/3m、道尼尔 Do 17 以及其他几种机型所遇到的那样，航空部需要将一款商用飞机改装成一款作战用飞机。Fw 200 并不适合它的新角色，因为在设计中它用于民用，因而所能卸载的重量较轻。为了在前线粗糙的跑道上带着巨大的燃油与武器载重顺利起飞，也为了完成战斗中急转弯或俯冲拉出动作中必须面对的过载，以及应对低空高密度气流，该型号的机身结构不得不进行加固。不来梅工厂的力学工程师竭尽所能来加固结构，包括一部分局部加强。尽管他们本可以重新开始设计，但当 1939 年 8 月交出 Fw 200C 时，他们的成果立即就被接受了。在战争爆发后不久就有 10 架预生产批次 Fw 200C-0 被预订。根据双方协商，已经在生产线上的 B 系列运输机也尽可能多地被改装为 C 系列。最初 4 架是作为 Fw 200C-0 运输机交付的，唯一的改动是采用了双轮主起落架、带滤网的长条整流罩以及各种内置设备。所有 4 架全部都按时交付并参加了 1940 年 4 月对挪威的侵略。

剩余的 6 架 Fw 200C-0 得到局部结构加强，仅有简单的武器装备，包括 3 挺 MG 15 机枪：一挺在驾驶舱后面的小炮塔（几乎是半球形的）里；一挺位于机背后部，带有流线型挡风罩；还有

左图：Fw 200C-3/U2 很容易通过拉夫特 7D 轰炸瞄准器所在的凸出吊舱辨别。安装这一精准设备需要对腹部武器装备进行重新规划

服役中的“秃鹰”

除了 4 架改进型的 B 系列，Fw 200 还在第 200 特别轰炸机联队充当了运输机角色。装备这一型号唯一的战斗部队是在第 40 轰炸机联队。1940 年春季在丹麦服役后，第 40 轰炸机联队转移到了波尔多 – 梅利尼亚克机场。直到它退役之前，这里都是该型飞机的主基地。

Fw 200C-0

1940 年德国空军接收了 4 架 Fw 200C-0 运输机。这不仅是第一批交付的军用“秃鹰”飞机，更是第一批装备宽弦整流罩、三叶螺旋桨和双轮主起落架的飞机。X8+BH 与第 200 特别轰炸大队一起参加了 1 月份的斯大林格勒战役，承担运输补给任务。

Fw 200C-6

第 40 轰炸机联队第 9 中队的 Fw 200C-6 在机首为 FuG 200“辛根”雷达安装了天线（主要用于不良天候轰炸），此外在翼下还挂载有两枚亨舍尔 Hs 293A 无线电制导导弹。

一挺从后部机腹舱口射击。攻击载弹量包括 4 枚 551 磅（约 250 千克）重炸弹，其中两枚挂在增大的外翼短舱下，其他挂在外翼翼根下的外舷的挂架。Fw 200C-1 的生产很快就开始了，尽管结构上仍有弱点：燃油系统容易受到攻击（尤其是从下方），除了驾驶员座椅，其他地方都没有装甲，还有许多其他不便之处，但它确实是被作为最终型号来设计的。Fw 200C-1 增加的主要部件包括机腹的吊舱，同日本订购的 Fw 200 V10 原型机一样稍微偏向侧面，但比后者更长，以便为武器舱提供空间［通常用来装载 551 磅（约 250 千克）水泥制炸弹来检测投弹瞄准器的设置］。吊舱前方是一门用圆环与准星瞄准具瞄准的 20 毫米 MG FF 机关炮，主要用来压制敌舰上的防空炮。吊舱后方是 MG 15，替代了之前的机腹机枪。此外唯一的改变就是用隆起的气泡形玻璃罩（内置向后开火的手瞄 MG 15 机枪）代替了前置炮塔。

正常的机组成员有 5 人：驾驶员、副驾驶员以及 3 名机枪手。机枪手中有一名工程师，还有一名是任务量巨大的无线电操纵员兼导航员。飞机内部空间很大，机组成员所有的位置都有增温设施以及电灯，但从一开始，彼得森的海上部队——第 40 轰炸机联队的官兵就对“秃鹰”战机的结构强度和缺乏武装感到不满。没有任何证据表明“秃鹰”战机同官方所宣称的那样被送往主力作战部队，而仅仅送到刚刚提到的那些运输大队。自此以后第 40 轰炸机联队成为 Fw 200C 唯一的主要使用部队。

供不应求

“秃鹰”战机从来都不够分配。福克 – 沃尔夫深知战场的需求，也曾策划在 5 处工厂分散生产，最终在不来梅与科特布斯以及汉堡的布洛姆 – 福斯工厂进行总装。此外，由于战损严重，第 40 轰炸机联队从未有过满编制的时候，甚至很少有超过 12 架可用飞机的时候。确实，超过半数的第一年交付的飞机在结构上都有重大问题，至少有 8 架飞机在机场上发生了机背折断事故。

左图：这张图被认为是“秃鹰”的第一张处于飞行状态的照片。它展示了 Fw 200 V1 于 1937 年 7 月 27 日从不来梅首飞的情景。当时这架飞机还没有喷漆

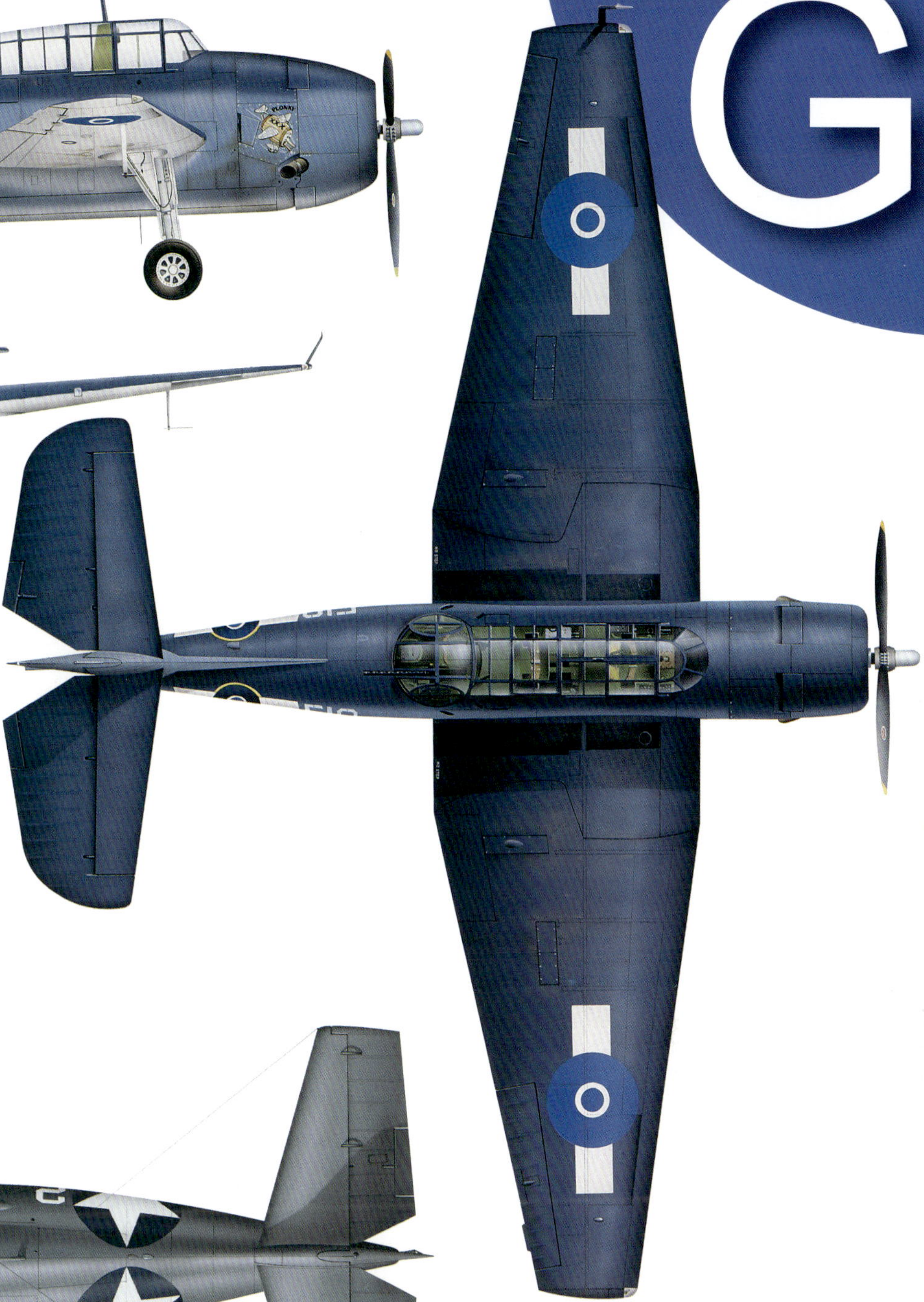

G

唯一幸存的性能良好的“斗士”是初期在战前交付后立刻封存的一架。G-AMRK（ex-L8032）号被恢复到可升空状态，现在由位于贝德福德郡旧沃登的沙特尔沃思·托拉斯公司进行维护。1998 年该机重返蓝天，并涂刷了挪威空军的军徽

格洛斯特“斗士”

发展

人们对英国皇家空军最后的双翼截击机“斗士”的评价很大程度上不是基于该型号的实际表现，而是从所宣扬的传说中得来的。该机型于第二次世界大战爆发前不久，先进的单翼战斗机开始服役时才交付使用。

皇家空军的全部规范中最有远见之一的是 1930 年颁布的 F.7/30。该规范终结了以在两年前进入服役的布里斯托“斗牛犬”为范本，由严格的保守主义和维持不变的两挺机枪、单座、星型发动机双翼截击机标准带来的设计僵局。F.7/30 的急切需求很快被“红隼”驱动的霍克“狂怒”所满足。该飞机尽管仍装备着传统的两挺维克斯机枪，但由于拥有令人敬佩的 207 英里 / 时（约 333 千米 / 时）最高速度而被接受服役。

当最终完成时，F.7/30 建议飞机使用罗尔斯 – 罗伊斯“苍鹰”风冷 V–12 发动机和 4 枪装备，并具有 250 英里 / 时（约 402 千米 /

上图：“斗士”K5200 号原型机与量产型的区别在于开放式驾驶舱。从图示角度可看到飞机右侧机翼下的 0.303 英寸（约 7.7 毫米）刘易斯机枪护罩

上图：“斗士”Mk I K6129 号机展示了“斗士”与早期“长手套”的两大主要差别——在上翼和下翼上均装有副翼并具有全封闭式座舱

上图：SS.37并不是F.7/30规范下完全的胜利者；最近的研究显示使用"苍鹰"液冷B.41发动机、4挺机枪的霍克PV.3更受军方的偏爱，仅因霍克公司将注意力全部放在其他方面，"斗士"才脱颖而出。不过说到底，格洛斯特和霍克都是霍克·西德利集团的一部分。该机型同时装备了多支海外和本土的皇家空军战斗机部队。图中这些"斗士"涂刷着独特的皇家空军第73（战斗机）中队机身标志，该中队在1937年6月到1938年霍克"飓风"战斗机交付前一直在迪布顿皇家空军基地装备该机型

时）的最高时速。这款笨重的发动机在1934年寿终正寝，而随后格洛斯特飞机公司决定以公司资金继续完善F.7/30。

星型发动机设计

格罗斯特曾出品一款星型发动机驱动双座双翼设计系列——SS.18和SS.19。从1928年到1933年，使用530马力（约395千瓦）布里斯托"水星"IVS2发动机的SS.19B作为格洛斯特"长手套"的原型机出现了。具有大约230英里/时（约370千米/时）最高时速的"长手套"在1935年开始服役。尽管使用风冷星型发动机，该机型在接下来的两年中依然是皇家空军最快的战斗机，并在驾驶员中非常受欢迎。

1934年，航空部意识到规划中先进的霍克"飓风"和超级马林"喷火"当时只停留在图纸设计上。面对在上述飞机开始服役前可能长达3年的空白期，航空部依据F.7/30的规范提出了对过渡用战斗机的需求。

格洛斯特的新设计可谓"新瓶装旧酒"——实际上该机型就是在上部和下部机翼上具有副翼并拥有单边悬臂起落架的单座式"长手套"，但这一设计依旧将大多数仍围绕着过时的"苍鹰"III

下图：总计有231架"斗士"Mk I为皇家空军生产，最后的28架飞机交付后作为储备用作发生损耗时的替代品。图示为第三架量产型，拍摄于该机完工后不久

发动机设计的对手打得落花流水。实际上，被命名为SS.37"斗士"原型机（K5200），在1934年9月完成首飞时具有接近规定的惊人的250英里（约402千米）最高时速。两挺刘易斯机枪安装在下翼下方，每挺都安装有97发容量的弹盘，作为对机头两侧的两挺维克斯Mk V机枪的补充。

现代化战斗机匮乏

除了"飓风"和"喷火"的服役计划出现6个月的延宕，皇家空军在1935年（大规模扩编的第一年）所面对的更大问题是现代化飞机尤其是战斗机的缺乏。"斗牛犬"战斗机（两挺机枪，最高时速174英里，约280千米）仍比其他战斗机装备了更多的中队，而"长手套"和"狂怒"则装备了6个中队。尽管设计和"长手套"颇为相似，"斗士"直到1937年2月才开始服役，同年第111中队接收了第一架"飓风"战斗机。

交付迅速加速，到1937年末，已有8个中队接收了"斗士"，超过200架"斗士"Mk I完成制造。勃朗宁0.303英寸（约7.7毫米）机枪开始用于机身安装，但由于机载武器的延期（以及优先装备"飓风"战斗机），最初的23架"斗士"保持着头部的维克斯Mk V机枪和在下部机翼下方的弹盘装弹刘易斯机枪的配置。接下来的37架飞机换装通用的机枪底座，可以将旧机枪替换为每挺备弹600发的勃朗宁机枪，尽管实际在机翼采用的仍然是400发备弹的维克斯"K"。

使用"斗士"对战斗机司令部的换装在1938年持续进行，第25和85中队在6月接收飞机的交付。同年，"斗士"首次开始在中东部署，第33中队在2月的埃及伊斯梅里亚接收了"斗士"Mk I（以及一些"长手套"），4月第80中队从英国起航前往同一个机场。其后，随着"飓风"和"喷火"进入服役阶段，基地位于英国本土的一线中队对"斗士"的使用开始慢慢减少。"斗士"Mk I被Mk II取代，同时早期型号运往埃及用于保障新战斗机中队的组建。到1938年末，第一支辅助空军中队——第607（达勒姆郡）中队，已在斯沃斯进行了对"斗士"的飞行操作。

"斗士"Mk II

进入服役后，"水星"IX发动机/沃茨双叶木制螺旋桨的组合暴露出俯冲时工作不稳定且有超速的问题。1937年的几个月中，一架有三叶定距费尔利·里德金属螺旋桨的"斗士"Mk I在测试中的反馈非常理想。最终"斗士"换用了"水星"VIII或VIIAS发动机，"斗士"Mk II在换装发动机的同时采用了新型螺旋桨。

"斗士"的生产包括1架原型机、大约200架售往海外的量产型和一小批为皇家海军制造的"海斗士"战斗机，总产量达到747架。其中一小部分由博物馆保存下来，唯一一架依然试航，该型机保存于英国。

下图：图片展示了1938年的某一天，位于埃及伊斯梅里亚的第33中队的"斗士"在一次出击前准备滑行时卷起大量的尘埃

上图：1940 年 9 月来自哈特菲尔德的第 239 中队在重组后操纵“斗士”Mk II和韦斯特兰“莱桑德”。1938 年慕尼黑协定期间皇家空军处于戒备状态，“斗士”上第一次涂刷了伪装迷彩

战斗中的皇家空军“斗士”

尽管普遍被认为是双翼截击机时代的余晖，“斗士”在性能方面仍经常受到过高的评价。如果放在战争初期的环境中去审视，那么我们可以看出在那种绝望的战场环境下，“斗士”虽然奋勇出击，但仍然在性能上被超越，并因此遭受相当的损失。

左图：在战斗机司令部中被更先进的飞机取代后，“斗士”继续装备着皇家空军的两个气象中队。图示“ZK”编码机是其中之一，到 1945 年 4 月第 521 中队仍使用其进行横越英国的气象侦察飞行

1939 年 9 月第二次世界大战开始时，仅有的 4 支在英国本土的战斗机中队（第 603、605、607 和 615）仍装备着“斗士”。次月，位于格兰杰默斯的第 141（战斗机）中队、位于阿克灵顿的第 151 中队和位于菲尔顿的第 263 中队使用“斗士”作为临时装备进行重建（此前在第一次世界大战后被解散）。

11 月，第 607 和 615 中队被送往法国作为英国远征军航空部队的一部分，并在 1940 年 5 月 10 日德军在西方的空袭开始时换装“飓风”战斗机。在中队返回英国南部换装“飓风”战斗机并参加不列颠之战以前，性能被现代化的德军飞机彻底超越的“斗士”遭到严重的打击。

运往挪威的斗士

其间，第 263（战斗机）中队被准备送往芬兰，以在“冬季战争”中帮助该国对抗苏联。该中队在启程前战争就结束了，之后在 1940 年 4 月前往挪威，掩护在安道尔尼斯周围区域抗击德军入侵的英军先头部队。从冰冻的莱沙斯库格湖起飞的“斗士”组成了众多防御巡逻队，但在德军对冰湖的空袭中全部被摧毁。该中队飞行员返回英国，在本土补充了“斗士”飞机后被派回挪威，这一次是在北部远方对在纳尔维克登陆的盟军提供掩护。这次中队为自己赢得优秀的战绩：雅各布·森中尉在一次行动中击落了至少 5 架德军飞机。然而，由于无法支撑在如此远的地方部署远征军，英军在 6 月初从挪威撤离，搭乘“光荣号”航母回国的第 163 中队因德军“沙恩霍斯特号”和“格奈森瑙号”战列巡洋舰将“光荣号”击沉而损失所有飞机，仅有 2 名飞行员生还。

在不列颠战役期间使用“斗士”的驻萨姆堡的战斗机分队扩

左图：为躲避空袭而伪装的第263中队“斗士”Mk I，摄于1940年挪威战役期间。第263中队运往挪威的飞机无一幸存；第一批在莱沙斯库格湖被炸毁炸沉，在1940年5月搭载该中队飞机的“光荣号”在6月的撤离中被击沉，所有飞机也随之沉入海底

编为第247中队，并被派往英格兰南部的罗伯勒以保护普利茅斯。尽管中队派出了许多巡逻队，但从未参加过大规模的战役。

中东服役

在地中海和中东的“斗士”在服役中最为活跃。1940年6月意大利进入战争时，“斗士”在位于埃及的第33和80中队以及位于亚丁的第94中队中服役，它们代表了所在战区最先进的装备。格拉齐亚尼元帅入侵埃及期间前两个中队在西部沙漠对抗兵力薄弱的意大利空军当中夺得了卓越的战绩，“斗士”与意大利的菲亚特CR.42实力相当。第94中队同样在对亚丁的防御中取得了成功，并在之后支援英联邦陆军摧毁了东非的意大利统治。

希腊落败

在教训惨痛的希腊战役期间，第80及第112中队的“斗士”参与了与意大利皇家空军的对战，表现出众，直至纳粹再次介入，“斗士”才被压制。战役结束时，几乎没有幸存的该型机返回埃及。1941年伊拉克叛乱期间，为换装“飓风”战斗机而来到埃及北部的第94中队及其“斗士”迅速转场至哈巴尼亚。在这里该中队参与了成功的英国皇家空军基地防守任务；第112中队的几架“斗士”随后参与了入侵叙利亚行动。“斗士”在1941年全年都于西部沙漠继续服役，并最终在1942年1月位于瓦迪哈勒法的第6中队换装了“飓风”战斗机后从一线撤出。

在二线任务中，该机型直至1945年都继续为位于直布罗陀的第520中队和位于英国的第521（气象）中队使用。同时在1942年的几个月中，该机型也被位于伊朗阿巴丹市的第123中队用于空地协同任务。

下图：图中愉快的飞行员和作为英国远征军空中部队一部分的来自第615中队的“斗士”Mk II拍摄于1939—1940年的法国。实际上，英国远征军的“斗士”度过了一段糟糕的时光，这些飞机面对老练的纳粹空军飞行员驾驶的现代化战斗机时损失惨重

上图：意大利参战后，位于埃及的第 33 中队开始在沙漠上方巡逻。图为该部队的一架编号 NW 的“斗士”Mk I。该机在发动机下方主汽化器进气口处装有热带滤波器

马耳他的“斗士”

在马耳他，皇家海军存放了一批替换用的“海斗士”战斗机。1940 年，随着战争的临近，由志愿飞行员驾驶的其中 4 架飞机开始了在战争爆发时的岛屿上方的防御巡逻工作。与坊间流言相反，仅在意大利发动的 3 次小型非正式空袭的 10 天中（6 月 11 日至 21 日），海军的“海斗士”战斗机才是本岛唯一的防空手段。在这一期间，这些飞机似乎并未击毁任何一架敌军飞机，然而它们已足以对意大利轰炸的精确性造成干扰，并在此过程中只付出了少量损失。其后，分阶段由马耳他前往北非的部分“飓风”战斗机被调往马耳他增强防御。当然，出自几个月后的马耳他报纸的“信念”“希望”和“仁慈”等机名并没有用在马耳他守军的“海斗士”上。8 月 1 日，3 架“海斗士”战斗机同“飓风”战斗机一起组成第 261 中队，但该部队在 5 个月后就解散了。

“海斗士”战斗机

对“斗士”Mk II 进行的一次重要改进发生在 1938 年末“海斗士”战斗机出现时。“斗士”Mk I K6129 和 K8039 作为原型机换装专门为舰载运作设计的尾翼，随后第一批 38 架“斗士”Mk II（N22265-N2302）被改装为“海斗士”（过渡型），接着又有 60 架该型机改造成完善的“海斗士”。这些飞机与皇家空军的“斗士”区别在于其装备有机腹弹射线轴、着舰钩、机载救生艇（在起落架间）和两挺加装于上翼的有 300 发子弹的勃朗宁机枪。1939 年 5 月，“海斗士”战斗机第一次同第 801 中队一起登上“勇敢号”航母。图示 N5519/“R”是 1940 年 6 月由马耳他战斗机部队的皇家空军飞行员驾驶参加保卫马耳他战斗的 4 架该型机之一。这批飞机一直奋战至马耳他岛守军得到霍克“飓风”战斗机为止。

海外用户

格洛斯特飞机为出口“斗士”付出的努力取得了受人瞩目的成功，实现了在欧洲及更远的战区的空中力量交易。其他盟军空军在第二次世界大战期间接收了曾服役于皇家空军的飞机。

中国—斗士 Mk I

抗日战争爆发后的 1937 年 10 月，中国订购了 36 架 Mk I。通过海运在香港交付的飞机计划由格洛斯特的工程师在启德组装，部署于天河基地。然而迫于日本的外交压力，飞机被再次装箱由火车和水面舰艇运往广州进行交付。其中一小部分在天河冒着日军的空袭完成组装，但直到 1937 年末—1938 年初，首批 20 架飞机中很多尚未启封。飞机组装完成后，全部被移往日军轰炸范围外约 300 英里（约 483 千米）处的一座新基地，在这里可以不受干扰地进行飞行训练。其余 16 架飞机中的一部分在天河完成了组装，这些飞机之后在 1938 年用于四川省的防空作战。

芬兰—“斗士”Mk II

1939 年 12 月到 1940 年 2 月间，30 架前皇家空军飞机被提供给芬兰空军，并在与苏联进行的冬季战争期间积极参与在芬兰南部的防空作战。许多飞行员在驾驶“斗士”期间战功显赫，这些飞机中的一部分换装了起落滑橇，以实现从雪上和冰面起飞。1944 年 9 月与苏联停战时，仍有约 5 架飞机在芬军侦察部队中服役。

1940 年 2 月，图示的“斗士”Mk II GL–256 由位于鲁奥科拉赫蒂的 2/LLv 26 部队的伊玛里·约恩苏下士驾驶。其间，约恩芬驾驶图中这架“皮特卡·吉姆号”击毁了 4 架敌机，随后他在驾驶一架菲亚特 G.50 时获得王牌飞行员称号。

希腊—“斗士”Mk I/II

1938 年 1 月，希腊商人扎尔帕吉斯·何蒙季诺斯（Zarparkis Homogenos）购买了 2 架 Mk I（包括备用配件和地面设备，共花费 9400 英镑），捐给了希腊皇家空军。1940 年又有一部分飞机从英国皇家空军库存中调送过来，其中包括 13 架曾服役于皇家空军第 33 和 80 中队的飞机，以及 4 架来自中东储备库存的飞机。

比利时—“斗士”Mk I

比利时的第一批“斗士”交付于 1937 年 9 月 12 日，其间 22 架飞机加入该国的空军力量。格洛斯特公司和比利时政府对“斗士”的特许生产权进行了商讨，但这单生意随后没有下文。1940 年 3 月德国入侵时，比利时空军仅有 15 架可用的“斗士”，这些飞机很快就被纳粹侵略者击溃。

埃及—“斗士”Mk I/II

1939 年早期，埃及皇家空军接收了 18 架由前英国皇家空军“斗士”Mk I 改装成的标准 Mk II。其中的多架飞机后来返回了皇家空军，并被用于气象观察飞行。1941 年，又有 27 架 Mk II 转让给埃及皇家空军。

伊拉克—“斗士”Mk I/II

9 架 Mk I 在 1940—1942 年被调配给伊拉克皇家空军，其中一部分后来又被送回英国皇家空军。1944 年 3 月，额外的 5 架前英国皇家空军 Mk II 作为损耗替代用飞机加入伊拉克空军，其中至少有 2 架直到 1949 年仍在摩苏尔使用。

爱尔兰—“斗士”Mk I

爱尔兰陆军航空队在 1938 年接收了 4 架全新的 Mk I，这些飞机是在前一年订购的。直飞交付的这些飞机一直使用到 1941 年，并成为该国重建航空部队时第一款使用的英国机型。

立陶宛—“斗士”Mk I

在拉脱维亚订购的几天后，立陶宛向格洛斯特公司订购了14架飞机。这些“斗士”Mk I在哈克勒科特（Hucclecote）进行了测试飞行，然后在1937年10月和11月间拆卸以便装上货轮。飞机在维尔纳和考纳斯的基地重新装配。在立陶宛和拉脱维亚被苏联占领后，“斗士”开始在苏军中服役。

拉脱维亚—“斗士”Mk I

1937年3月，拉脱维亚空军代表团为购买英国飞机而访问英国，代表团来到格洛斯特公司的哈克勒科特工厂，参观了“斗士”的展示飞行。该型战斗机给代表团留下深刻的印象，代表团在5月27日发出了一份26架Mk I的订单，这是该机型的第一份出口订单。这些飞机装配有维克斯Mk VM 0.303英寸（约7.7毫米）机枪，制作完成的飞机在8月到11月间装船运往拉脱维亚。该空军代表团在1938年1月还签订了3架霍克“雌鹿”战斗机的订单，这笔价值12万英镑的订单是由一家国营彩票公司资助的。

挪威—“斗士”Mk I/II

挪威对“斗士”的兴趣可以追溯到1937年4月围绕初次对6架完整飞机的购买和在挪威确定生产许可的讨论。这项计划后来变成了12架飞机的订单。在1938年7月6架Mk I交货后，合同被修改。其余的6架飞机将是由英国航空部合同中转让的（实际上是最后一批制造的“斗士”）。装配有0.30英寸（约7.62毫米）勃朗宁机枪的这些飞机参与了对抗纳粹空军、防御奥斯陆的行动。尽管全部飞机都在空中或地面被摧毁（至少2架在从湖上起飞时沉入水中），但仍击落了至少4架敌机。

瑞典—“斗士”Mk I（J 8）及Mk II（J 8A）

20世纪30年代末，瑞典皇家空军开展了一项规模扩张计划，这项计划包括购入55架“斗士”。这些飞机包括37架从1937年6月开始交货、由640马力（约477千瓦）布里斯托“水星”发动机驱动的Mk I（在当地被称为J 8），以及18架在1938年交货、采用740马力（约552千瓦）“水星”VII发动机驱动、配有三叶金属螺旋桨的Mk II（J 8A）。其中10架作为储备用飞机，其余被分派给3支中队，组成了第8战斗机联队。1940年1月在与苏联的战斗中，一支瑞典志愿军加入芬兰空军，这些飞机在此期间参与了相关行动。许多飞机装配具有地域特色的雪橇式起落架和挂架，同时，尽管要在严冬中对抗理论上更优秀的敌机，但仅有3架瑞典飞机被击落。瑞典的“斗士”在1941年春撤离了前线。

葡萄牙—“斗士”Mk II

葡萄牙的飞机订购于1939年2月，同时还有一份早期的采购合同未完成，总共有15架Mk II通过英国航空部的合同转移给了该国。尽管葡萄牙有再订购30架飞机的意愿，但并未成交。

格洛斯特“流星”

英国的首款战地喷气式飞机

上图：1945 年 5 月，随着第二次世界大战在欧洲进入尾声，“流星” Mk IV 开始装备皇家空军部队。该飞机具有标志性的长翼弦发动机舱，其中装有德文特 IV 涡轮喷气发动机

格洛斯特公司特制的“流星”战斗机是第二次世界大战期间英国首款且是唯一一款参加实战的喷气式战斗机，该机此后在皇家空军一线部队服役 17 年之久。

作为第二次世界大战期间盟军唯一一款进入实战的喷气式作战飞机，格洛斯特“流星”战斗机由乔治·卡特设计，依据规范 F.9/40 做出的初步方案在 1940 年 11 月获得英国航空部批准。该方案中由当时可利用的涡轮式喷气发动机产生的低推力决定了飞机的双发动机布局。1941 年 2 月 7 日，一份 12 架原型机的订单被发出，然而最终只有 8 架制造完成。这些飞机中的第一架使用了罗孚 W.2B 发动机［每台发动机具有 1000 磅（约 4.5 千牛）推力］，并从 1942 年起在纽马克特荒地开展滑行测试。飞行标准发动机的生产延迟导致其使用德·哈维兰公司自主开发的替代用哈尔福德 H.1 发动机［1500 磅（约 6.75 千牛）推力］的第五架原型机，1943 年 3 月 5 日在克兰韦尔率先完成首飞。

改良的 W.2B/23 发动机随后开始使用，该发动机安装于第一和第 4 架原型机上，以上飞机的首飞分别完成于 6 月 12 日及 7 月 24 日。11 月 13 日第 3 架原型机在法恩伯勒首飞，该机由装于悬挂发动机舱的两台梅特罗维克 F.2 发动机驱动，同月最先使用鲍尔喷气机 W.2/500 喷气式发动机的第二架飞机也完成了飞行。第 6 架原型机后来成为 F.Mk II 的原型机。该机使用 2700 磅（约 12.15 千牛）推力的德·哈维兰“小妖精”发动机，并在 1945 年 7 月 24 日完成飞行。此前第 7 架原型机已完成，该机用于测试改良的机翼、方向舵和俯冲制动器，并在 1944 年 1 月 20 日首飞。第 8 架原型机使用了罗尔斯－罗伊斯 W.2B/37 德文特 I 发动机，首飞于 1944 年 4 月 18 日。

下图：摄于 1945 年春，德国吕贝克 B.158 机场的启动操作台。图示第 616 中队的“流星” F.Mk III 具有标准的昼间战斗机伪装

早期生产

第一批早期生产型是 20 架格洛斯特 G.41A “流星” Mk I。这些飞机由 W.2B/23C 韦兰发动机驱动并融合了包含整体式座舱盖在内的较小的机身改进。在 1944 年 1 月 12 日首飞后，第一架 Mk I 在 2 月交付美国，以交换第一批美国喷气式飞机中的贝尔 YP-59A “空中彗星”用于测试。其他飞机被用于机身及发动机的开发，而第 18 架后来成为“特伦特－流星”战斗机。这是世界上第一架涡轮螺旋桨飞机，该机在 1945 年 9 月 20 日首飞。特伦特发动机以德文特发动机为基础，加装减速器和驱动一个直径 7 英尺 11 英寸（约 2.41 米）的罗托尔五叶螺旋桨的驱动轴，这导致飞机安装了具有更长液压行程的起落架，以提供叶尖离地间隙。每台发动机的功率均为 750 马力（约 559 千瓦），还能提供 1000 磅（约 454 千瓦）剩余推力。

进入服役

位于萨默塞特库姆怀德的第 616 中队是

上图：从 1943 年 11 月到 1944 年 4 月，轴流式梅特罗－维克 F.2 发动机安装在“流星”原型机 DG204/G 上进行测试。与其他的“流星”战斗机不同，该机的发动机舱位于机翼下方

第一支投入服役的喷气式战斗机中队。1944 年 7 月 12 日最初的 2 架“流星”F.Mk I 到达前该中队装备的是“喷火”Mk VII。7 月 21 日，该中队转场至肯特郡的曼斯顿，并在 7 月 23 日接收了更多的“流星”战斗机，以形成一支由 7 架飞机组成的独立的战斗机分队。7 月 27 日该分队执行了第一次战斗巡逻任务，8 月 4 日，在坦布里奇附近，迪安在飞机的 4 门 20 毫米口径机关炮卡壳后，利用“流星”战斗机的翼尖使 V-1 弹体翻滚，创下喷气式战斗机首度击落 V-1 的纪录。同日，空军中尉罗杰在特登附近击落了第二枚 V-1 火箭。

8 月末，该中队“流星”战斗机的改装工作全面完成，而秋天则为在欧陆参加战斗进行准备。在 10 月 10—17 日，4 架“流星”战斗机被分派到德布登，参与研究对抗纳粹空军梅塞施密特 Me 163 和 Me 262 的防御战术，同美国空军第 2 轰炸师和第 65 战斗机联队一起演习。12 月 18 日，第一批“流星”F.Mk III 交付位于曼斯顿的中队。1 月 17 日，该中队迁至维尔特郡的科勒涅，在这里，其余的 Mk I 战斗机也被替换。1945 年 1 月 20 日，一队第 616 中队的“流星”战斗机加入位于比利时的第 2 战术航空队第 84 大队。3 月，第 504 中队成为第二支在英吉利海峡另一侧执勤的“流星”F.Mk III 部队。

“流星”F.Mk III 作为第二个且是最后一个在第二次世界大战期间参与作战任务的战斗机型号，具有提升的燃料容量和代替 Mk I 的侧开座舱盖的流线型气泡状座舱盖。15 架 F.Mk III 装有韦兰发动机，同时有 265 架采用有德文特发动机，其中一部分装于延长的发动机舱中。德文特发动机也为“流星”F.Mk IV 提供动力，Mk V 的翼展减小了 5 英尺 10 寸（约 1.78 米）。该机型制造出的 657 架飞机中，有 465 架提供给皇家空军，被取代的“流星”F.Mk III 则逐渐移交皇家辅助空军的各中队。

下图：图示为在战时服役的第二架“流星”战斗机型 F.Mk III，1945 年 1 月被使用于第 616 中队。一直 F.Mk III 组成的战斗机联队被送往了比利时，以引诱 Me 262 进入战斗，同时为了便于辨认，这些飞机机身均被涂为白色

上图：1945 年 9 月 20 日，一架使用罗尔斯－罗伊斯特伦特发动机的“流星”F.Mk I，成为世界上第一架涡轮螺旋桨飞机。1948 年末，该机被改回标准 Mk I 配置

左图：图为第一架“流星”F.Mk I EE210/G，摄于该机在 1944 年 2 月被借给美国空军在穆拉克进行评估时，这成为“流星”战斗机最早的“出口记录”；作为回报，英国接收了一架贝尔 YP–59A“空中彗星”

下图：1945 年 1 月转场至欧洲大陆前，第 616 中队的“流星”F.Mk I/III 在科勒涅皇家空军基地。该中队是 1944 年 7 月第一支装备“流星”战斗机的部队

格鲁曼公司 F4F/FM “野猫”

好斗的猫科动物

上图：肥胖的“野猫”战斗机应该不敌具有更好的性能和更灵活的“零”式战斗机，但是它的坚固性、更好的机枪以及飞行员创新的策略使它获得了胜利

尽管生产过程很艰难，但是在美国加入第二次世界大战时，“野猫”证明了自己是美国海军当时最优秀的战斗机。在太平洋战争最黑暗的时光中，“野猫”和它的英雄飞行员们使看似不可战胜的日军陷入困境。

由于美国海军航空在20世纪30年代对于双翼飞机极为依赖，单翼机设计的引入势必受到传统主义者的怀疑。加上一些初期发展的困难，格鲁曼设计的F4F“野猫”战斗机取得成功的可能性很小。但实际上，它成为舰载战斗机中最高效和最成功的飞机之一。

虽然大多数量产型都并非由格鲁曼生产，但该机还是被普遍称为格鲁曼“野猫”，许多在国外使用的该型机则被称为“岩燕”。最令人记忆犹新的是1942—1943年由美国飞行员驾驶该型机对抗日本三菱公司“零”式战斗机，但其最早的战果是英国人创造的。1941年9月20日，一位自英军“大胆号”护航航母上起飞的海军飞行员在直布罗陀附近击落了一架四发动机的福克－沃尔夫Fw 200“秃鹰”巡逻机。1942年2月20日，由美国航母“列克星顿号”的VF-42中队的中尉爱德华·（布奇）·奥黑尔驾驶的“野猫”，在靠近拉包尔的空域的短短5分钟内击落了5架三菱G4M轰炸机，成为第二次世界大战时期美国海军的首位空战王牌，并且获得了荣誉勋章。然而包括奥黑尔在内，仅有两名飞行员因驾驶“野猫”战斗机的战绩获此殊荣。

赢得战争的飞机

格鲁曼“野猫”战斗机（对日作战胜利日之前生产7815架，其中大部分由通用汽车公司的东部飞机分部生产）拥有其他美制战机所无法比拟的崇高声望的重要原因是：该型机在美国海军和美国海军陆战队飞行员的操纵下，在珍珠港、珊瑚海、威克岛的至暗时刻以及瓜达尔卡纳尔岛的一缕曙光中迎战不可一世的日军。“野猫”在性能上从没有超越“零”式战斗机，但是它赢得了一场又一场的战斗。当这些战斗结束的时候，战争的天平斜向同盟国一边。

跟很多优秀的飞机一样，“野猫”曾差点被扼杀于襁褓中。1936年，美国海军提出新型舰载战斗机的需求，然而并没有选中勒罗伊·格鲁曼刚在长岛的贝斯佩奇成立不久的公司的设计，而是选中了毫不起眼的布鲁斯特航空公司的XF2A-1“水牛”战斗机。F2A-1因此成为美国海军的首款单翼战斗机，但是美国海军的规划者对布鲁斯特的许诺很怀疑（这是很谨慎的），所以授权格

下图：大多数“野猫”战斗机都由通用汽车公司负责生产，不过早期的飞机（这些是交付英国海军航空兵的“岩燕”Mk I）在格鲁曼的贝斯佩奇工厂生产

下图：在这架原型机状态的XF4F-2（飞机编号0383）上可以看到跟此前F2F和F3F型一样的机鼻机枪。同样注意圆形的垂尾，垂尾前缘和机身相垂直

鲁曼公司设计一款双翼战斗机——XF4F-1 与之竞争。后来这架双翼机的计划被废置。1936 年 7 月 28 日，格鲁曼单翼战斗机原型机 XF4F-2 的订单被确定下来。

1937 年 9 月 22 日，公司的飞行员罗伯特·L. 霍尔进行首次试飞后，该型机很快被送到哥伦比亚特区的华盛顿的斯提亚海军航空站进行测试。XF4F-2 搭载 1050 马力（约 783 千瓦）的普惠发动机，最大航速可达到 290 英里 / 时（约 467 千米 / 时）。带有铆接硬壳式金属蒙皮的全金属构造机身，悬臂单翼安装在机身的中间部位，并且带有可收放的起落架尾轮。这架 XF4F-2 在斯提亚和弗吉尼亚的达尔格伦 1938 年“竞标飞行”的评估中，比布鲁斯特的原型机稍快。它比塞维斯基 XFN-1 的性能更好，后者是一架美国陆军航空队 P-35 的舰载型原型机。速度是 XF4F-2 较之布鲁斯特“水牛”的唯一优势，后者于1938年6月11日被订购。

上图：“野猫”在一次训练任务中。利用恰当的队形和战术，美国海军陆战队和海军的飞行员能够抵消敏捷的 A6M“零”式战斗机的性能优势

隐藏的潜能?

很明显，美国海军相信 XF4F-2 具有很大的潜能，因此海军在 1938 年 10 月重新转向格鲁曼，订了一份进一步发展的新合同。该型号原型机 XF4F-3 在 1939 年 3 月再次飞行之前，公司做了很多改进，并把飞机在公司内的型号从 G-18 变成 G-36。引入的改进包括搭载功率更大的“双胡蜂”（带有两级涡轮增压器的 XR-1830-76）发动机、增加了翼展和机翼面积、重新设计了尾翼面，以及改进机枪配置。当 XF4F-3 型进行测试时，其性能有了很大改善。第二架原型机完成生产并投入测试项目中，它的尾翼经过重新设计，被移到比背鳍更高的位置，且垂直尾翼的轮廓有所改变。在最终的模型中，XF4F-3 被发现具有很好的操纵特性和机动性，在 21300 英尺（约 6490 米）的高度最大航速为 335 英里 / 时（约 539 千米 / 时）。面对这样的性能，美国海军在 1939 年 8 月 8 日订购了 78 架 F4F-3。

“野猫”的名字在 1941 年 10 月 1 日被美军启用。第一架交付美国海军的 F4F-3“野猫”战斗机于 1940 年 8 月 20 日首飞，在 12 月初开始在美国海军 VF-7 和 VF-41 战斗机中队服役。95 架 F4F-3A 飞机被美国海军订购，搭载有 R-1830-90 发动机和单级涡轮增压器，于 1941 年开始交付。

“野猫”战斗机参战

“野猫”战斗机和美国海军陆战队 VMF-211 战斗机中队一起在威克岛参加了首次实战。美军首次舰载 F4F 飞机击落敌机，是由中尉（时任少尉）“比尔”·博韦在 1942 年 2 月 1 日实现的，为这款又短又粗的战斗机的辉煌生涯创下了开端。

上图：依旧带有战争初期的军徽，这架 F4F-4 被分配给 VF-41 中队搭载于“突击者号”航空母舰上。1942 年 11 月，该中队参加了盟军登陆北非的“火炬”行动

一架 XF4F-4 原型机在 1941 年 5 月试飞，吸收在英国的“岩燕”战斗经验而引入的改进包括 6 挺机枪、装甲、自封油箱以及（最重要的）可折叠主翼。F4F-4“野猫”战斗机从 1941 年 11 月开始交付，到日本发动珍珠港空袭的时候，美国海军和美国陆军航空队的很多中队都配备了该型号飞机。随着其他“野猫”加入战斗，该型机从美军航母“企业号”（CV-6）、“大黄蜂号”（CV-12）和“萨拉托加号”（CV-3）起飞，在珊瑚海战役和中途岛战役中，以及在瓜达尔卡纳尔岛争夺战和中太平洋的多场重大战斗中取得显著成功，直到 1943 年才被更先进的飞机取代。该型机还在 1942 年底的“火炬”行动期间跟随美国海军在北非作战。

珍珠港幸存者

这架 F4F-3A 是不幸的误击事件中幸存的两架 VF-6 中队飞机中的一架。珍珠港事件后，“企业号”派遣 6 架“野猫”到夏威夷的福特岛，随后和日本战机交战。混乱且疲惫的美军防空兵向正在着陆的己方飞机开火。这架幸存飞机由詹姆斯·G. 丹尼尔斯少尉驾驶。

圣克鲁兹的王牌

在 1942 年 10 月 26 日的圣克鲁兹战斗期间，海军少尉乔治·L. 雷恩驾驶这架 VF-72 中队的 F4F-4 从美军航空母舰“大黄蜂号”起飞，与空袭美国舰队的日本军机交战。他击落了 5 架中岛 B5N“凯特”飞机。由于“大黄蜂号”被击沉，雷恩只能降落在“企业号”上。

战场上的 F4F

上图："野猫"战斗机一直在前线作战到 1945 年。这些东部制造的 FM-2 从美国护航航母"马金岛号"起飞，参加了当年 3 月对硫黄岛进行的空袭

格鲁曼 F4F"野猫"战斗机是美国海军和海军陆战队在第二次世界大战前两年的主力战斗机中队，服役中一直取得优异的战绩直至战争结束。

第一名赢得荣誉勋章的"野猫"飞行员隶属于海军陆战队 VMF-211 中队。1941 年 12 月 7 日的珍珠港袭击时，该中队停在地面上的 F4F-3 被击毁 9 架，在次日日军对威克岛的空袭中又在地面上损失 7 架。12 月 9 日，两名 VMF-211 的飞行员在威克岛海域协作击落了一架日本轰炸机，也是美国"野猫"战斗机首次击落敌机。在威克岛被日军攻陷前，上尉罗伯特麦克尔罗伊驾驶"野猫"投弹直接命中一艘日本驱逐舰，虽击沉了该舰，但他也以身殉职，被追授荣誉勋章。

瓜达尔卡纳尔岛

"野猫"和"零"式战斗机在威克岛、珊瑚海和中途岛的战役都有许多传奇故事。但是对于很多人来说，"野猫"最为出彩的时光是在闷热、肮脏、泥泞的瓜达尔卡纳尔岛与亨德森空军基地度过的，这也是美军在太平洋战争中的第一次全面反攻。

约翰·L. 史密斯少校指挥的 VMF-223"彩虹"中队，在 1942 年 8 月 20 日从美国护航航母"长岛号"上起飞，降落在中队历史中被描述为"一堆黑灰和一沼泽地的烂泥合成的"亨德森机场。次日，该中队就起飞扫射特拿鲁河一带的日军。8 月 24 日，在 5 架美国陆军航空队贝尔 P-39"飞蛇"的配合下，VMF-223 成功截击 27 架日军飞机，击落了 10 架轰炸机和 6 架战斗机。马里恩·卡尔上尉，日后海军陆战队第一名空战王牌，在战斗中击落 3 架敌机。同样驾驶"野猫"战斗机参加该战斗的史密斯成为在马克尔·罗伊和"布奇"·奥黑尔之后获得荣誉勋章的陆战队飞行员。

左图：只有优秀的飞行员才能控制一架低速飞行中的"野猫"。仅仅把容易失速的飞机降落到颠簸的航母甲板上就可算是极大的成就

上图：1943 年 7 月：一群海军陆战队地勤人员在巴尔米拉岛把“野猫”战斗机从珊瑚堆中推出隐蔽部。那是一个很小的珊瑚礁，在夏威夷岛西南侧约 1250 英里（约 2000 千米）。巴尔米拉岛是美国海军从中央太平洋到夸贾林环礁的塔拉瓦及其更远地方的中途停留站

光是在空中驾驶“野猫”就已经不易，而狭窄的短间距起落架又使地面操纵性变得不可靠，而且在敏捷性方面该型机的表现可以被称为“黏稠”（mushy）。驾驶员座舱设计也很糟——如果机舱罩滑下打开时会遭遇强烈的气流。还有驾驶员座椅太狭窄，而且相对于头的位置来说太低，不能很好地观察到外面的情况。

和“零”式战斗机战斗

但是 F4F 的设计缺陷相对于与“零”式交战中的劣势是完全不值一提。美国飞行员在战争初期学到了一条规则：如果你能躲避开“零”式战斗机就不要和它交战。他们寻求的是冲破“零”式防线然后直接攻击敌军的大型轰炸机。有时，大批“零”式战斗机被另一批“野猫”引诱脱离护航目标，使得负责攻击的“野猫”能够更容易地突围而冲进敌军轰炸机群。

在瓜达尔卡纳尔岛，超过 20 架坚固的日军轰炸机以 V 字形编队逼近。“野猫”俯冲打散日军轰炸机群并击伤部分日军轰炸机，在“零”式赶来之前很快逃离。这样的“打带跑”战术折磨着长时间飞行的日本飞行员，还会消耗他们宝贵的燃油。

在进入格斗后，“野猫”飞行员完全依靠位于后方僚机击落咬住自己的敌人。“独行侠”们注定在“零”式的炮口下活不长久，不过一些技艺高超的“野猫”飞行员在与日军战斗机的单挑中也不落下风。约翰·L. 史密斯少校被认定击落 19 架日本战机，马里恩·卡尔少校为 18.5 架。其中一个有关“野猫”最有趣的测试是，1942 年在费城评估战斗机被轰炸机拖拽用作远程护航飞机的想法。这个想法在整个 20 世纪 40 年代都进行了探索，但是从来没有在实战中检验。“野猫”战斗机是理想的候选飞机，因为它的三叶寇蒂斯电动变距螺旋桨能够轻松空转，发动机在飞行中能够重新启动。为了让“野猫”能够在连接后通过机翼下方的连接点被牵引，该型机加装了一具挂接和脱离装置；“野猫”战斗机飞行员能够随意连接和断开。1942 年 5 月，一架 F4F 被道格拉斯 BD-1（美国海军的 A-20“浩劫”）拖拽，随后两架“野猫”被波音 B-18 拖拽超过 1200 英里（约 1930 千米），总计飞行时长超过 8 个小时。

在被拖拽期间，“野猫”飞行员能够在飞机像滑翔机一样飞行时稍做休息，它的航程则取决于牵引机的航程。但是这样的搭配没有实际应用过。

最后一批由格鲁曼公司生产的改型是远程侦察机 F4F-7，带有增加的油箱容量、在机身底部装备相机且不装备任何武器。只生产了 21 架，但是格鲁曼同时生产了额外的 100 架 F4F-3 和两架 XF4F-8 战斗机原型机。

许可生产

由于迫切需要集中发展和生产更先进的 F6F“野猫”战斗机，格鲁曼公司与通用汽车公司协商以 FM-1 的型号继续生产 F4F-4“野猫”战斗机。在通用汽车东部飞机分部的生产在 1942 年 4 月 18 日最终确定合同后开始，该公司生产的第一批 FM-1 飞机在 1942 年 8 月 31 日试飞。总共生产了 1151 架，其中 312 架被运送到英国。

终极“野猫”战斗机

通用汽车公司致力于生产改进型号 FM-2。该型机由一架 XF4F-8 原型机发展而来，主要改进是搭载 1350 马力（约 1007 千瓦）R-1820-56“旋风”9 星型发动机。采用更大垂直尾翼是为了在如此大功率的发动机下保持良好的方向稳定性，机身重量被减至最轻。总计生产了 4777 架 FM-2 飞机，是该型机产量最大的子型号。很多飞机都搭载在 1943 年到 1945 年大批量服役的美制护航航母上用于护航任务，其中 370 架被运到英国。最后一批由格鲁曼公司生产的 F4F-8 于 1943 年 5 月交付，而东部飞机分部持续生产 FM-2 型到 1945 年 8 月。

下图：体型较小的“野猫”作为从护航航母起飞发挥了重大作用，这些 FM-2“野猫”在 1944 年 6 月被拍摄时，正在为一架从美国航母“白平原号”起飞的鱼雷轰炸机护航

武器装备

F4F-4 携带 6 挺在机翼的勃朗宁“50 口径”机枪，相较之前 F4F-3 上的 4 挺火力有较大增强。它还能在翼下挂架上挂载 2 枚 250 磅（约 113 千克）的炸弹。

战时外观

美国海军航空兵很少会在战斗中对其装备的作战飞机进行装饰，但在应付宣传需要时则另当别论。例如在 1942 年 9 月《星条旗报》摄影师探访亨德森机场时就拍摄下了美军飞行员在机身上涂刷一排排象征击落敌机的日丸旗的情景。

F4F-4“野猫”战斗机

这架 F4F-4 由上尉马里安·E. 卡尔驾驶，他是陆军航空队在第二次世界大战时期第一位空战王牌。卡尔在瓜达尔卡纳尔岛的 VMF-223 服役，在这场战斗中，有少数美国飞行员证明了“野猫”拥有对付日军战机的方法。他在驾驶“野猫”时累积了 16.5 次胜利，后来在驾驶 F4U“海盗”战斗机时又增加了两次。

起落架

为抵消在航母降落时的“可操控冲击”而设计的“野猫”手动可伸缩起落架是极其坚固的。然而，它狭窄的轮距使得在地面上容易出现操纵问题。

颜色涂装

这架“野猫”带有战争初期的涂装：非镜面蓝 / 灰色以及亮灰色机腹。从 1944 年 3 月起，美国海军飞机全部涂有更深的海蓝色。

动力

1200 马力（约 895 千瓦）普惠“双胡蜂”能够驱动 F4F 到 318 英里 / 时（约 512 千米 / 时），多多少少比“零”式战斗机慢一些。

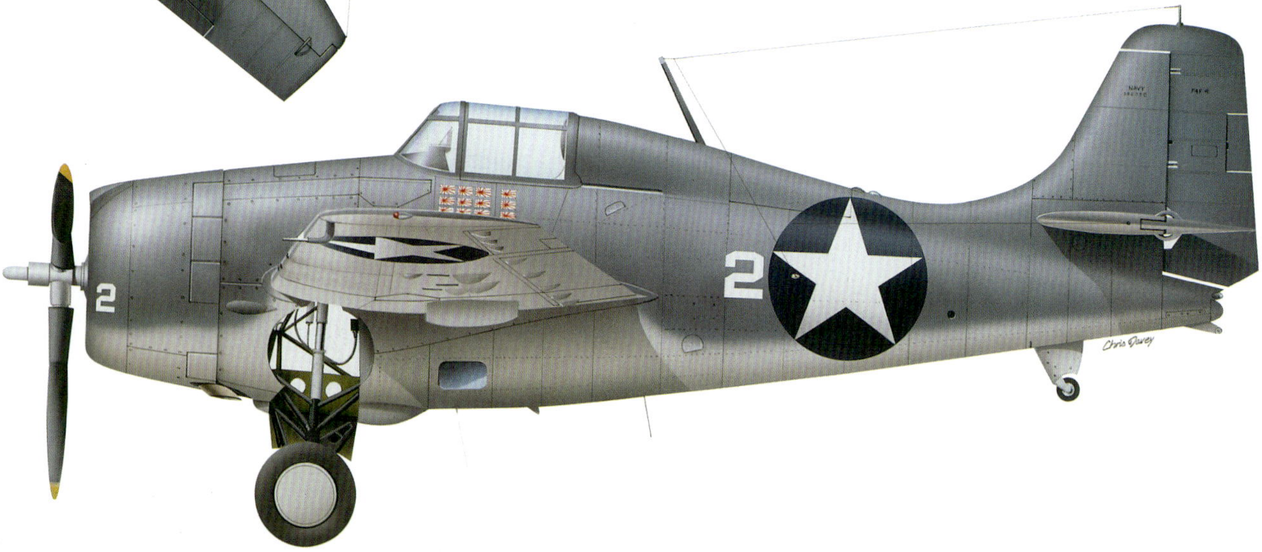

"野猫"Mk VI JV677由第882中队的指挥官伯德中校驾驶，在1945年3月从英军护航航母"搜索者号"起飞。伯德带领第882中队执行了"野猫"战斗机的最后任务之一，在1945年3月该中队声称在挪威外海击落了4架Bf 109G中的一架

英国的"岩燕"/"野猫"战斗机

在海军的F4F-3"野猫"战斗机开始交付前，法国和英国都签订了格鲁曼G-36A和G-36B的飞机订单。结果是，飞机都交付了英国。

为与布鲁斯特公司XF2A-1（水牛）竞争美国海军第一款单翼战斗机订单而发展的XF4F-2，在1937年9月2日首次试飞。为了克服一些早期的问题，尤其是普惠R-1830-SC-G"双胡蜂"发动机的技术问题，原型机设计经过大量修改的XF4F-3搭载有改进的R-1830在1939年2月12日试飞。美国海军于1939年8月与格鲁曼签订了首批订单。

机翼不可折叠型

法国订购的81架G-36A以及10个完整的机身备品都是不可折叠机翼的型号，同时在机身和机翼分别安装了2挺和4挺7.5毫米Darne机枪；发动机是莱特R-1820G-205A。英国订购的109架是折叠翼改型，带有R-1830-S3C4-G发动机和英制或美制机枪。直到法国战败，G-36A也未交付。随后，英国接管了所有的91架（最后"备品"被以完整飞机规格提供，作为10架先期交付的飞机在海运中损失的补偿）。这些固定翼飞机作为"岩燕"Mk I型交付英国，装备4挺0.5英寸（约12.7毫米）机翼机枪，机身没有安装武器。第一批于1940年8月到达英国，驻哈特斯顿航空站的第804中队被指定为第一个驾驶新飞机的中队——用以替换"海斗士"。1940年12月25日，"岩燕"截击了从奥克尼

下图：1940年9月交付的"岩燕"Mk I BJ513是搭载"旋风"发动机的法国G-36A飞机，10月配属于在威尔顿海军航空站的海军飞行学校第759中队

上图：为了提升操控性，通用汽车公司生产的 FM-2 带有更高的垂尾。图中这种英军称作“野猫”Mk VI 的机型在诺曼底登陆日后不久就转入皇家海军后备役部队

上图：这架第 895 中队的“岩燕”Mk III 型 1941—1942 年在皇家海军航空兵战斗机大队服役，其中一架 F4F-3A 打算交付希腊空军，它的后机身一直有一个美国海军飞机编号。为了在沙漠中作战，该机喷涂了一层中石色涂装

群岛起飞的容克 Ju 88，拉开了服役生涯的序幕。

英国订购的“岩燕”Mk II 型在 1941 年 4 月到达英国，第一批 10 架“非标准”的带有固定翼的飞机在 1941 年 7 月被命名为“岩燕”Mk III 型。最后一批折叠翼 Mk II 型在 1941 和 1942 年初交付，其中 36 架到达英国，54 架直接到达卡拉奇或中国湾（译者注：China Bay，位于斯里兰卡东部）基地用于远东战区作战。英军此时急需“岩燕”Mk II 型搭乘小型护航航空母舰执行护航任务，第 802 中队首次驾驶“岩燕”出海作战是在 1941 年 7 月，搭乘护航航空母舰“大胆号”，8 月被调往航空母舰“百眼巨人号”。接下来的一个月，该中队从“大胆号”上起飞掩护一支护航船队到直布罗陀，声称击落了一架 Fw 200“秃鹰”战斗机。当“大胆号”在 1941 年 12 月被 U 艇击沉时，该中队无一幸免。之后的两年里，“岩燕”Mk II 型密集地执行任务，同一时间内该机曾伴随 10 个不同的海军航空兵一线中队从 9 艘航母上起飞。这些中队的第 890 和 892 中队 1942 年夏天在诺福克海军航空站驻防，使用从美国海军临时借来的 16 架（或者更多）的 F4F-3 飞机。这些“岩燕”中队参加了 1942—1943 年沿北极航线为到摩尔曼斯克的护航船队提供空中掩护的行动。

“岩燕”Mk III型

另一批“岩燕”在 1941 年 4 月交付英国部署至中东地区服役，如同英国的 10 架固定翼飞机一样，都被命名为“岩燕”Mk III 型。这些（95 架）F4F-3A 都采用折叠翼并搭载有 R-1830-90 发动机以及一级双速增压器（F4F-3 的 R-1830 采用二级增压）。第一批 30 架 F4F-3A 被美国海军移交希腊空军使用。当希腊战败的时候，这批飞机还在船上，随后在直布罗陀卸载，被皇家海军

下图：“岩燕”这一英军编号在 1944 年 1 月被取消，以“野猫”取而代之。图中的这架来自第 898 中队的“野猫”Mk V 型从英军护航航空母舰“搜索者号”起飞，执行到北大西洋护航任务

上图：交付法国订单的飞机——搭载莱特“旋风”发动机的“岩燕”Mk I型，在皇家海军航空兵第804中队率先服役，1940年7月，该型机代替了“海斗士”

战斗机部队接管。之后从西部沙漠的陆基起飞，由第805中队使用。在地中海西部，第806中队在1942年8月从“不屈号”航空母舰起飞执行“基座”行动，第882、888、893中队支援“火炬”行动，在阿尔及利亚登陆。“岩燕”Mk II型在第881和882中队，于1942年5月搭乘“光辉号”航空母舰首次出现在印度洋，参加夺取马达加斯加的“铁甲舰”行动。

通过《租借法案》，英国接收了多批“岩燕”飞机。从1942年中期220架“岩燕”Mk IV飞机开始陆续交付，这些被美国海军命名为F4F–4B型的飞机，采用普惠R–1830“双胡蜂”发动机，折叠翼以及6挺0.5英寸（约12.7毫米）机翼机枪（所有早期型都只有4挺机翼机枪）。

1944年1月，英军用“野猫”来代替“岩燕”这一绰号，并应用于之前所有早期型号飞机上。英国之后接收了312架“野猫”Mk V型，全部都是通用汽车公司以FM–1规格生产的，和Mk IV型的区别是只有4挺机翼的机枪（但是有更大数量的弹药）。最终到来的370架“野猫”Mk VI，同样由东部分部生产（同FM–2标准），搭载莱特R–1820–56“旋风”发动机，具有更高的背鳍和方向舵。随后所有“野猫”翼下接近机身的位置（即机翼折叠的内侧）都加装了两枚可挂载250磅（约113千克）炸弹或者48英制加仑（约220升）可抛弃副油箱的挂架。该机也曾试验过在翼下挂载6枚火箭弹，使用英国Mk I滑轨或者美国Mk V零长发射架，但是这些武器并没有实际应用在“野猫”上。

英国“野猫”战斗机

虽然英国海军航空兵在战时共产生了14名空战王牌，但鲜有海军航空兵飞行员驾驶海军航空兵的机型击落5架以上敌机。C.C.汤姆金森中尉是驾驶“岩燕”/“野猫”飞机最成功的飞行员，1942年5月，在马达加斯加岛上空获得2.5次击落维希飞机的战绩。

主要贡献

通过《租借法案》交付英军的“野猫”在大西洋之战中做出重大贡献。从1943年4月到1944年9月，12个中队从护航航母起飞执行任务。任务是提供防空掩护，以及攻击浮航状态的U艇。执行相似任务的其他4个中队从印度洋的航母起飞，但是在印度洋以及大西洋战场，“野猫”战斗机到战争结束的时候大部分都已经退役。

“岩燕” Mk II AM974/'J

另一个更成功的驾驶“岩燕”飞机的飞行员是第881中队的B.J.沃勒少尉，1942年5月他在马达加斯加岛取得了3次共享胜利（一架维希法国波泰63和两架MS.406）。他的中队当时搭载“光辉号”航母参战。

“野猫” Mk V JV573

第1832中队早期的“F”，由四架“野猫”Mk V组成，在护航航母上服役。第813中队在“坎培尼亚号”护航航母的“箭鱼”和“管鼻鹱”机队随后得到“岩燕”的补充。之后该中队的该型机还登上了“温德克斯号”护航航母。1945年初，该部队的飞行员声称击落3架Ju 88，其中一架由驾驶这架飞机的R.A.费莱施曼–艾伦少尉击落。在第842中队服役时，费莱施曼–艾伦于1943年12月和战友一起击落了一架Fw 200“秃鹰”飞机。

格鲁曼 F6F“地狱猫”

格鲁曼公司设计的 F6F“地狱猫”，是美国在第二次世界大战中的一款杰出战斗机。其生产规模庞大，拥有其他飞机无法比拟的交付速度，并在与日军战机的较量中扭转了战争的局势。

鲜明的蓝色、充满朝气的格鲁曼 F6F“地狱猫”虽鲜少入围世界最伟大的飞机名单中，但这是因为它从未被给予应有的评价。它不如“野马”快，机动性比“零”式战斗机逊色，无法像雅科夫列夫“雅克”飞机一样快速发动，而且远不如沃特 F4U 型“海盗”先进——它早在后者的蓝图阶段便开始了飞行生涯。这款坚固且称职的“格鲁曼钢铁厂”（Grumman Iron Works）制品不过是扭转了太平洋空战的颓势而已。

“地狱猫”是少数在飞行测试与发展阶段中仅需稍做润饰即可定型的飞机之一，它在设计完善之后迅速投入作战。一位海军军官这么形容“地狱猫”：“1942 年中期有一项问卷送到所有海军与海军陆战队飞行员手里，问他们喜欢什么样的设计、机动性、马力、航程、火力和舰载起降性能的飞机。海军航空人员走进格鲁曼公司，递交他们的经验报告，然后 F6F‘地狱猫’就这么诞生了。”问卷确有其事，航空母舰上任务繁重的海军人员确实被征询过，但实际上，它是为了改良“地狱猫”的基本设计而不是刚刚开始研制这款战斗机。“地狱猫”的确是在日本奇袭珍珠港，把美国人拖进战争之后才设计出来的，但它并非如人们所声称的那样直接针对日军的“零战”。“地狱猫”的起始应回溯到格鲁曼

下图：照片中是一架配备雷达的 F6F-5N 夜间战斗机和 3 架 F6F-5“地狱猫”。在太平洋上，数以十计的“地狱猫”飞行员成为空战王牌，而头号王牌大卫·麦克坎贝尔中校击落了 34 架敌机，获颁荣誉勋章

下图：F6F-3“地狱猫”在成功突击特鲁克之后返回美“企业号”航母。第二次世界大战期间，“地狱猫”共摧毁敌机 6000 架左右，美国海军 75% 的空战胜利都是由该型机取得的

上图：这群涂有第 8 战斗机中队标志的 F6F-3 型漆上了美国海军 1943 年不反光的灰蓝色且沿机底色彩渐浅的标准伪装迷彩。“地狱猫”服役于美国海军到 1954 年，之后充当无人驾驶的靶机

下图：战时操纵 F6F 战斗机的外国单位只有英国皇家海军的海军航空兵。他们驾着该型战机穿梭在挪威、地中海和远东上空。从这张照片中可以清楚看到它不寻常的起落架设计——向后收进机翼里

上图：照片中这架 F6F-5 型准备从美国海军“班宁顿号”（*Bennington*）航母上起飞攻击日军的目标。自 1943 年起，太平洋上的主要空战几乎都是由“地狱猫”来主宰一切的

公司于 1938 年的设计提案——当时是准备改进 XF4F-2 型“野猫”战斗机。然而，在经过这样的改良后，工程师便决定另起炉灶，开发新式的 F6F“地狱猫”战斗机。

重量级的战斗机

有文献将沃特 F4U 型“海盗”描述为“地狱猫”的“备份保险”，但如果要区别的话，反过来说才比较贴切：若“海盗”的研发耽搁的话，“地狱猫”将率先服役以确保海军拥有高性能的战斗机。正是“海盗”的发展碰上了瓶颈，“地狱猫”才得以率先从航母甲板上升空。后者预定用作重量级的战斗机，而且得有庞大的数量使之在对抗配备机关炮的日本战斗机时能够承受更多伤害。此外，许多人都认为“地狱猫”是不错的飞机，但配备了不佳的发动机，这是它必须改进的问题，不过之后发动机只稍做了改进。在美国位居世界工业领袖地位且各国望尘莫及的时代，“地狱猫”在生产过程中仍遭遇一些问题，其中包括负责生产的贝斯佩吉（Bethpage）厂区面积不足。格鲁曼公司在 1942 年春买进纽约城拆除的第二大街（Second Avenue）高架铁道和世界博览会（World's Fair）展示馆的上千根大梁，来协助建造新的贝斯佩吉工厂。

随着大战持续，格鲁曼公司和美国海军也在不断改进“地狱猫”，就像任何飞机都得随着时间而在各方面做改进一样。然而，“地狱猫”没有多少地方需要改进，就算有变化也很小。在一个小细节上，改良了挡风玻璃，这是由于美国海军人员抱怨灰尘总是积在弧形挡风窗和透明防弹板之间。或许“地狱猫”的一大改变是设计者希望换装气泡形座舱盖，不过这个构想因为可能影响

上图：第 10000 架“地狱猫”——一架 F6F-5 在 1945 年 5 月分配给了美国海军“提康德罗加号”（*USS Ticonderoga*）上的第 87 战斗轰炸机中队（VFB-87）。在组装期间，它的机尾吊了一个水桶，是格鲁曼公司的工人用来募款给该中队——总共募到了 700 美元之多

该机的生产速率而未能实现。

因此，虽然到大战结束的时候“地狱猫”系列共有六款衍生型出现，但各改进型之间极为相似，从外观上几乎无法加以区别。在 1942 年 6 月至 1945 年 11 月间，格鲁曼公司共生产了 12275 架的“地狱猫”。

战斗中的“地狱猫”

1943 年，F6F 首次在太平洋登场，并很快投入“跳岛”战役中，数以十计的“地狱猫”时常与数量相当的日本战机交锋。不过，少有人记得“地狱猫”曾经出现在欧洲战场，尽管它确实参与了 1944 年盟军的法国南部登陆战，而且在一场有名的空战中，3 架亨克尔 He 111 型轰炸机被 F6F 击落。在太平洋上，“地狱猫”则由顶尖的王牌驾驶，美国海军王牌中的王牌大卫·麦克坎贝尔（David McCampbell）上校（击落纪录 34 架）就在 1944 年 10 月 24 日的单次任务中一举击落了 9 架敌机。

加拿大的维克斯公司早期寻求生产“地狱猫”许可的计划始终没有结果，第二次世界大战中唯一使用过“地狱猫”的外国仅有英国，他们还打算命名该型号战机为“塘鹅”（Gannet）。在英国飞行员操纵“地狱猫”执行的众多任务中，最出名的就是攻击德国战列舰“提尔皮茨号”的行动。

下图：在法国海军航空兵（Aéronavale）手中至少有 1420 架前美国海军的“地狱猫”战斗机服役于中南半岛，幸存下来的该型机日后还在北非服役

上图：第二架“地狱猫”命名为 XF6F-3，搭载有普惠 R-2800-10W 发动机和微小的机身改进。这架飞机于 1942 年 7 月 30 日首次试飞，9 月，最初的原型机也加入其中，换装了发动机并达到统一标准。注意螺旋桨毂盖，其从量产型中被取消了

F6F“地狱猫”战斗机

从贝斯佩奇到太平洋

作为在第二次世界大战期间美国海军最重要的舰载战斗机，F6F 的另一突出特点是其整个生产过程中极少进行改进，在战争期间仅批量生产了两种主要的改型。

格鲁曼的 F6F“地狱猫”是少数从一开始就进入理想状态的战斗机。在历史上很少有新战机的第一架原型机在出厂后就如此完美，在试飞和发展中只出现了极少的问题，能够使飞机很快地从绘图板投入战斗中。“地狱猫”是如今人们印象最深的飞机，因为大且强壮的战斗机扭转了日本炫耀的三菱 A6M5“零”式战斗机的性能优势，但是它同样应该作为航空史上的奇迹被记住——一架几乎没有缺陷的飞行器。

“地狱猫”战斗机的起源归功于格鲁曼公司在 1938 年计划在 XF4F-2“野猫”的衍生型上安装 1500 马力（约 1119 千瓦）的普惠 R-1830“双胡蜂”星型发动机，但计划很快被取消。工程师们拒绝了这个设计，而是大胆地转移到设计一架全新的战斗机且搭载新型有前途的 1700 马力（约 1268 千瓦）莱特 R-2600-10“旋风”14 缸星型发动机上。

从一开始，格鲁曼公司在长岛的工程师根据几十年的经验来设计舰载战斗机，不断思考关于从航母甲板上起飞作战的飞机需要的性能指标，努力实现功率、机身强度和滞空时间上的严苛要求。结果是一架传统的、低翼、后三点式起落架战斗机，使用全金属制造并带有平齐铆接结构的蒙皮具有最优的效果。“地狱猫”的机翼外侧可折叠以方便在舰上收纳。标准武器配备由 6 挺安装在机翼的 0.5 英寸口径（约 12.7 毫米）勃朗宁机枪组成。机身和机尾具有传统的结构，和此前的 F4F“野猫”非常相近。

美国海军对格鲁曼公司的设计提案进行评估后在 1941 年 6 月 30 日最终下了两架原型机的订单。这两架原型机试飞时先后测试过 4 款不同的发动机，能够分别对飞行包线进行对比评估。另外三种发动机分别是 R-2600-16、更可靠的 2000 马力（约 1491 千瓦）普惠 R-2800-10“双胡蜂”，以及 R-2800-27。

“地狱猫”战斗机神话

“地狱猫”成为战争期间的一个神话——这是一架既漂亮又坚固的战机——是美国参战后的首款为战争而设计的飞机。但

下图：格鲁曼公司，拍摄于 1943 年 3 月 10 日，一架 XF6F 原型机停放在另外一款“格鲁曼钢铁厂”的产品——TBF“复仇者”旁边。随着格鲁曼设计在第二次世界大战期间的扩大，生产经常承包给其他企业。虽然所有的“地狱猫”都由格鲁曼生产，但“复仇者”有一种衍生型 TBM，由通用汽车公司的一个分部按许可证生产

下图：放下起落架后，一架早期型 F6F-3 以这样的姿态出现在相机面前。第一架“地狱猫”战斗机被分配给搭载于“埃塞克斯号”航母的 VF-9 战斗机中队，从 1943 年 8 月 31 日开始在太平洋参战

上图：F6F-5 的夜间战斗机改型 F6F-5N，总计生产超过 1000 架，在右翼的吊舱中搭载一个 AN/APS-6 雷达。后期生产的 F6F-5N 装备有 20 毫米机关炮，以提高在夜间任务中的毁伤率

实际上，在珍珠港事件之前，设计的很多方面都已经确定了。在美国卷入冲突之初，美国人用“零”来代称所有日本的战斗机（包括日军的 Ki-43“隼”或者“奥斯卡”）。报纸头条报道了“零”式战斗机的刀枪不入和美国战机（尤其是舰载的布鲁斯特 F2A“水牛”和格鲁曼 F4F“野猫”战斗机）的不堪一击。真正的“零”式——三菱公司的 A6M 战斗机虽然是一架优秀的战机，却并非金刚不坏之身，这款敏捷的战斗机极度缺乏飞行员装甲和自封油箱等防护措施。

尽管“地狱猫”战斗机的大小和外形在美国参战之前已经确定，格鲁曼的工程师在参战后依旧运用掌握的关于日本战机的关键性能数据做出改进。“零”式或许很难被咬住，但是一次命中就可能被打得起火爆炸。而设计得更加坚固结实的“地狱猫”却很难出现着火、飞行员受伤或者失去液压等严峻情况。

同样享有盛誉但名声稍逊一筹的沃特 F4U“海盗”战斗机，被风传是美国海军在避免大胆的“地狱猫”战斗机设计失败的情况下为保险而购买的。实际上并非如此：格鲁曼公司构思、设计、生产和测试“地狱猫”战斗机，是为了在更早出现的“海盗”被延误的情况下让美国海军拥有换代战斗机的选择。“海盗”战斗机确实因研制过程中的技术问题造成了耽搁，因此“地狱猫”能够更早地从航母上执行空战任务。

“地狱猫”战斗机改型

这款新型战斗机重量较大，但具有极为坚固的结构，能够从携带机关炮的日本战斗机手中逃脱。第一架通体铝原色的 XF6F-1 在 1942 年 6 月 26 日首飞。最初生产的“地狱猫”战斗机的型号是 F6F-3，搭载 R-2800-10（或带有注水装置的 -10W）发动机，采用了不带毂罩的螺旋桨，以及一些有关发动机整流罩的微小的改进。

上图：12275 架 F6F 中，有超过一半都是 F6F-5；其中约 900 架由英国皇家海军接收并命名为“地狱猫”Mk II

上图：两架 XF6F-6 原改进自未完成的 F6F-5 机身，搭载 2100 马力（约 1566 千瓦）R-2800-18W 星型发动机并驱动一个四叶螺旋桨。计划于 1944 年 9 月开始生产该型号改型的方案被取消，这是由于该发动机要求安装在具有更好性能的 F4U-4“海盗”战斗机上

在美国工业引领全世界的时代，格鲁曼在纽约贝斯佩奇的工厂却没有足够的空间。1942 年春，格鲁曼从纽约城拆卸的第二大道“el”（高架铁道）和世博会展馆购买了上千钢梁用于满足增加生产后所需要的原料。

公司持续发展“地狱猫”战斗机并推出 XF6F-4，搭载 R-2800-27“双胡蜂”发动机，后来用于测试 20 毫米机关炮装备。

F6F-5 在 1944 年 4 月 5 日试飞。该型号也是此系列的终极量产型。F6F-5 搭载 R-2800-10W 注水发动机，并成为“地狱猫”系列生产的最后一款改型。大量的“地狱猫”战斗机的次改型都被用作夜间战斗机和照相侦察机。

XF6F-6 的名称被授予两架改进自量产型 F6F-5“地狱猫”战斗机的新改进型，搭载 R-2800-18W 发动机且采用四叶螺旋桨，但该型号并未能得到量产。

下图：崭新的“地狱猫”战斗机在格鲁曼长岛贝斯佩奇的工厂外等待验收。最初计划由加拿大的维克斯生产 F6F-1（编号 FV-1）未能投产，F6F-3 反而成为首批量产型，从 1943 年开始批量交付

1943年春准备降落在美国航空母舰“约克镇号”（CV-10）上的“地狱猫”，看上去和早期的F4F“野猫”非常相似。1943年1月加入美国海军航空兵后，“地狱猫”战斗机在7个月内就出现在对抗日本的战斗中

“地狱猫”战斗机参战

F6F初次参战是在1943年8月31日的太平洋。美国海军的战机从数艘航母起飞到马库斯岛的空域参战，VF-6中队的理查德·勒施中尉取得了“地狱猫”战斗机的首次胜利。

把这架良好的战机快速、高效地投入战场是对美国工业制造和美国海军管理能力的极致体现。威尔·卡罗尔是一名海军飞行员，在1943年4月15日驾驶F6F-3（机身编号04940）时遭受严峻考验，他回忆道：“（我们）从来没有指示员。在转移到跑道末端时就可以起飞。如果你将节流阀推到底，之后巨大的推力会让你的脑袋狠砸在头枕上。这就是‘地狱猫’的脾性。”

卡罗尔从没有离开过美国，他在VRF-1研究测试中队驾驶“地狱猫”战斗机进行了数以百小时计的飞行，试飞是从格鲁曼工厂交付舰队的F6F战斗机必须经历的步骤。他回忆说F6F“飞行过程中最大的问题，就是如同端着霰弹枪开火一样急促地起飞滑跑”，这与F4F“野猫”的起飞表现截然不同。卡罗尔非常中意外观简练的“地狱猫”：“它比看起来要大，尤其是直径14英尺（约4.26米）的螺旋桨。”

多亏了卡罗尔和该中队其他人的勤勉工作，“地狱猫”战斗机如期参加太平洋的“跳岛”作战。F6F“地狱猫”战斗机在所罗门、吉尔伯特和马歇尔等岛礁赢得一个接一个的胜利，其中还包括陆战队登陆马绍尔群岛中血腥残酷的塔拉瓦环礁登陆战。

美国媒体在战争初期曾声称三菱公司的A6M“零”式战斗机几乎是不可战胜的。然而，在具有极好的机动性和机关炮装备的同时，“零”式战斗机却没有很好的给飞行员提供保护，并且不能在承受战斗损伤后继续战斗。更大、更重以及更强大的“地狱猫”战斗机更加坚固，飞行员较之“零”式飞行员拥有更完善的装甲防护。

“地狱猫”战斗机从绘图板到战场只经过少量的设计改进，无疑是当时世界上最好的战斗机之一；“地狱猫”让美国飞行员对自己的座驾性能充满信心，相信能够彻底击败“零”式。但“地狱猫”战斗机并不是完美无瑕的，座舱视野本应得到改进，尾

左图：1944年6月19日，目标的详细信息显示在甲板船员的木板上，这名VF-1“高帽人”的飞行员——从美国航母“约克镇号”起飞——准备开始在菲律宾海上空进行“马里亚纳猎火鸡”行动

轮也应当加锁以保证在横风条件下的地面滑跑稳定。它的主起落架结构导致螺旋桨与地面间隙极为有限，在某些高攻角条件下，螺旋桨会打到地面上（或者航母甲板），造成严重后果。

“地狱猫”战斗机的优势是无庸置疑的。1943 年 10 月 5 日，VF-5 中队的恩塞因罗伯特·W. 邓青获得第一个“梅开二度”的头衔，他成为首位驾驶“地狱猫”战斗机一次交战就击落两架日本“零”式战斗机的飞行员，这是一个足以名垂青史的壮举。1943 年 12 月 4 日在靠近夸贾林环礁的大规模空战中，91 架“地狱猫”战斗机和 50 架“零”式战斗机交战，击落了 28 架“零”式，F6F 仅损失 2 架。

“地狱猫”战斗机表现出它作为夜间战斗机的能力。1944 年 2 月，第 76 舰载夜间战斗机中队［VF(N)-76］的 F6F-3N 从“埃塞克斯号”级航母起飞执行任务。VF(N)-77 和 -78 很快随之进入战斗部署，之后这三个中队获得令人印象深刻的纪录，接近 24 次夜间击落敌机。随后每支舰载 VF（战斗机中队）都编制有 4 架“地狱猫”战斗机专职执行夜战任务。还有多支夜间战斗机中队同样加入太平洋战斗中，至少 5 名“地狱猫”飞行员在夜间成为空战王牌。

上图：这架 F6F“地狱猫”在 1945 年 3 月在“兰道夫号”上

海军陆战队 VMF(N)-534 夜战中队的 F6F-3N 夜间战斗机，于 1944 年 8 月开始在关岛作战。次月，VMF(N)-541 中队也配备了 F6F-3N，部署在佩里硫环礁。海军陆战队的夜战中队在部署之初战果平平——不过很难预测部署夜间战斗机所产生的威慑

下图：甲板人员在 1945 年 4 月为 VF-83 的“地狱猫”战斗机从“埃塞克斯号”（CV-9）起飞到志摩市执行任务做准备。VF-83 的飞行员在冲绳任务中最成功的 F6F 单位被认定在 1945 年 4 月 1 日到 6 月 23 日间击落了 122 架敌机

上图：VF-20 的“地狱猫”战斗机从“企业号”（CV-6）起飞。该中队宣称在 1944 年 10 月 10 日至 11 月 30 日取得 135.16 次胜利，是在莱特岛战区内最成功的单位之一。在莱特湾战役中美军共动用近 550 架 F6F

上图：VF-12“地狱猫”战斗机正在离开“伦道夫号”（CV-15），该图摄于 1945 年 7 月攻击日本本土的战役期间。第 12 舰载机大队是由了不起的 VF-9 中队“拆散”而来的。该大队包括之前 VF-9 的“战斗 9”空战王牌们，如麦克沃特、阿米斯特德 M. 史密斯、鲁宾·德诺夫、约翰·M. 弗兰克斯和哈罗德维塔。到太平洋战争结束时，“伦道夫号”搭载的是 VF-16 中队的“地狱猫”战斗机

力——在后来的几个月中战况会发生极大变化。

在昼间战斗方面，1943 年 2 月 17 日和 18 日舰载机空袭特鲁克岛期间，来自 10 个中队的“地狱猫”战斗机击落 127 架日本战机，摧毁了 86 架在地面上的敌机。“到处都有金属在飞，”陆战队上尉 M.P. 柯菲回忆说，“但是‘地狱猫’战斗机在低空可以很好地掌控，你可以一边保持队形一边对敌军射击，不用做一系列复杂的调整。”1944 年 3 月 29 日和 30 日，“地狱猫”战斗机从不少于 11 艘航母起飞，在帕劳群岛及其附近击落 150 架日本飞机。

几乎所有太平洋的美国海军空战王牌都驾驶过“地狱猫”。大卫·麦克坎贝尔上尉是美国海军战时头号王牌，共 34 次击落敌机，因此晋升至“埃塞克斯号”（CV-9）第 15 舰载机大队的队长。麦坎尔贝在 1944 年 10 月 24 日的一场战斗便击落了 9 架飞机。

尽管它是一架具有美感的极好的飞机，但 F6F“地狱猫”战斗机一定让喜爱研究飞机标志的纯粹主义者很失望。尽管美国海军和海军陆战队的作战中队给每架飞机编制了识别代码（也被称为“附编号”），即每个飞机的一个数字 / 字母码，但航母舰载机很少有机会让业余艺术家们去展示他们的创造力。可以说，所有的“地狱猫”在外观上都没有太大区别。

著名的例外是搭载于“普林斯顿号”轻型航母上的 VF-27 中队的 F6F 飞机，他们以飞机上鲨鱼嘴设计而自豪。该中队的“地狱猫”涂有鲨鱼的血盆大口和瞪视的眼球。

“地狱猫”战斗机并不是通常因在欧洲作战而被记住。这架大型的格鲁曼战斗机确实很少出现在对抗第三帝国的战场上。但在 1944 年盟军登陆法国南部期间，至少两支“地狱猫”中队为从美国护航航母“图拉基号”（CVE-72）和“卡山湾号”（CVE-69）起飞的中队提供空中掩护、扫射和轰炸，并击落三架亨克尔 He 111 轰炸机。其后，两艘航母和“地狱猫”战斗机被调往太平洋。艰巨的战斗就在前方，在广阔大洋的日本本土周边海域——“地狱猫”的任务并没有结束。

上图：到 1944 年夏，美国海军的“地狱猫”战斗机几乎全部采用两种色调构成的蓝色涂装，底面为光泽白色。这种涂装逐步被全深海蓝色替代

下图：1944 年，皇家海军的“地狱猫”战斗机从“皇帝号”护航航母上起飞轰炸“提尔皮茨号”战列舰。“皇帝号”搭载的第 800 和 804 中队成战果不俗，一共取得 8.5 次胜利

上图：1943 年 11 月，VF-1 的 F6F-3 在比休岛机场“零”式残骸旁边的跑道上着陆。塔拉瓦空袭的主要目的之一就是夺取比休岛的飞机跑道。几天之后，VF-1 以此处为基地为海军陆战队实施了 24 小时不间断近距离对地支援

主宰战场的“地狱猫”

F6F 战斗机是产生美国空战王牌最多的一款飞机，其中不乏一次击落 5 架及以上敌机的“单日王牌”。不少于 7 名飞行员在“马里亚纳猎火鸡”中成为“单日王牌”。

下图：VF-15 的波特德・韦恩・莫里斯二世中尉（即战后好莱坞电影明星韦恩・莫里斯），1944 年在“埃塞克斯号”上作战时的照片。在 1944 年 10 月到 11 月莱特岛战斗期间，VF-15 140.5 次击落敌机，使该中队成为击落敌机数最高的美国海军战斗机中队

荣誉勋章的获得者大卫・麦克坎贝尔上尉（34 次击落敌机），被一名驾驶员描述为“手里有魔法的人”。他驾驶着外观千篇一律、色彩单调的“地狱猫”，在回忆中描述了这款机型令人印象深刻的优异性能。他把它称为“一架性能令人满意的飞机和一个稳定机枪平台”，具有比日本著名的 A6M“零”式战斗机更强的滞空时间和生存力。“地狱猫”战斗机能够持续在战斗中生存，重创敌机，随后安全返回航母。麦坎尔贝非常喜爱后期装备的 F6F-5，新型机具备一定的空对地攻击能力，加装了用于发射 5 英寸（约 127 毫米）HVAR（高速空射火箭弹）的滑轨。

其他美国海军的领军空战王牌依次是拥有 24 次击落敌机的塞西尔・哈里斯中尉，23 次击落敌机的吉恩・巴伦西亚少校，以及各有 19 次击落敌机的亚历克斯・费拉丘少校和巴・弗莱明少校。费拉丘少校来自 VF-6 中队，先后驾驶 F6F“地狱猫”战斗机和 F4U“海盗”战斗机参战。

在一次很少宣扬的试验中，美国海军研制出一个独特的弹射

上图：1943 年 11 月空袭马绍尔群岛期间，随着起飞的旗帜挥下，这架 VF-16 的 F6F 从“列克星顿号”上起飞。图中远处的航空母舰是“约克镇号”，搭载着 VF-5 战斗机中队

上图：1944 年 6 月，在一次对马里亚纳群岛的空袭过后，一架“地狱猫”战斗机存放在“大黄蜂号”（CV-12）上。人们普遍称它为“土耳其射击”，1944 年的马里亚纳群岛战役的代号是“抢劫者战役”

器，可以使“地狱猫”战斗机从航母甲板下的飞机库起飞，而不用提升到甲板上。72 英尺（约 21.94 米）H-2 弹射器被试验安装在 4 艘航母上，分别是“约克镇号”（CV-5）、“企业号”（CV-6）、“黄蜂号”（CV-7）和“大黄蜂号”（CV-8）。这项用于缓解航母主甲板上飞机调度困难的措施，在战场上也能进行现地改装，不过在此基础上为另外 6 艘“埃塞克斯”级安装弹射器的计划被取消。

“地狱猫”战斗机在太平洋上空作战，还出现在塞班岛、硫黄岛和冲绳的战斗中。在冲绳的战斗中，3 个海军陆战队夜战中队——VMF(N)-533、542 和 543，在夜间战斗中击落了 68 架日本战机。改良的日本战斗机如中岛 Ki-84“弗兰克”和川西町 N1K1“乔治”在面对“地狱猫”战斗机时比“零”式战斗机更有效。然而它们的产量太少而且生产太晚；美国人现在不仅有更优秀的战机，而且在数量上有压倒性的优势。

1944 年底，海军陆战队 VMF(N)-541 中队转移至菲律宾的莱特岛，中队声称在此处 22 次击落敌机，并在 6 周内摧毁地面上的 5 架日本战机。到 1945 年 1 月 11 日战斗结束之前，一些陆战队的昼间战斗机中队在这段时间都在进行对地火箭弹攻击训练，为欧洲的作战中对抗 V-1 火箭发射区做准备，但是这些单位转场至太平洋。

其他从护航航空母舰起飞参战的海军陆战队“地狱猫”战斗机中队包括 VMF-351、511、512、513 和 514 中队。VMD-354 照相侦察中队，在战争后期以关岛为基地使用 F6F-5P“地狱猫”侦察机。随着日本依靠神风特攻队攻击菲律宾和珍珠港，美国海军建立了常规 VF 以外的 VBF（舰载战斗轰炸机）中队，给每艘航母都配备更多的战斗机。F6F“地狱猫”战斗机和 F4U“海盗”战斗机都装备给这些中队，但是在对抗神风特攻队时只收获有限的成功。

早期许可加拿大维克斯生产的“地狱猫”战斗机的计划从来都没有实施过。唯一在第二次世界大战时期使用“地狱猫”战斗机的国外用户是英国，后者曾一度打算将该机命名为“塘鹅”（Gannet）。总计 1177 架“地狱猫”战斗机交付英国海军航空兵：

下图：这个场景发生在 1943 年 11 月位于吉尔伯特群岛附近的“企业号”上，当时弹射器军官沃尔特·L. 丘宁中尉爬到起火的 F6F-3 上去营救 VF-2 的飞行员恩塞因拜伦·M. 约翰逊（后来成为一名空战王牌，8 次击落敌机）

252 架 F6F-3 被称为“地狱猫”Mk I 型在英国服役，1943 年 5 月开始交付；接收的 849 架 F6F-5 和 76 架 F6F-5N 被英军称为“地狱猫”Mk II 型。一些后期交付的批次被布莱克本公司进行了改装，以提升其有限的对地攻击能力；其他飞机安装有相机，以便执行照相侦察任务。

在英国作战

1944 年 4 月 3 日，英国第 800 和 804 中队的“地狱猫”战斗机飞行员对锚泊在挪威卡亚峡湾的德军“提尔皮茨号”战列舰进行轰炸。从“皇帝号”护航航母起飞作战的“地狱猫”战斗机在 1944 年 6 月到直布罗陀作战。像其他美国的飞机一样，“地狱猫”在 1944 年 8 月和盟军一起登陆法国南部。

英军的“地狱猫”战斗机在东印度、马来半岛、缅甸作战并最终对日本本岛发动了猛烈空袭。1944 年 8 月 29 日，从“不屈号”战列舰起飞的英国“地狱猫”战斗机空袭荷属东印度群岛首获成功。到 1945 年底，最后一批海军航空兵的“地狱猫”战斗机从前线退役。

格鲁曼公司在 1942 年 6 月到 1945 年 11 月总计生产了 12275 架“地狱猫”战斗机，这是由单家厂商生产数量最大的战斗机。格鲁曼的 F6F“地狱猫”战斗机在设计、生产、测试、服役、参加战斗并返回家乡的整个过程比其他美制战机都要快。

上图：“约克镇号”的飞行甲板在 1943 年 10 月 5 日被 VF-5 的 F6F-3 占满。指挥员吉姆弗拉特利引导飞机排成行，在美国海军经过长距离重返威克岛上空的那天，声称在 24 小时内击落 17 架“零”式战斗机

右图：系在 1943 年 11 月反潜巡逻期间，“莱克星顿号”搭载的 CVAG-16 舰载机大队 VF-16 战斗机中队的飞行员。1943 年该中队是击落敌机数位列第三的 F6F 部队（击落 55 架），飞行员携带标准的救生用具，包括染料标记袋和照明弹

下图：F6F 空袭台湾岛后返回，一架飞机在飞行甲板上等待回收，另一架则拔起复飞。在 1944 年台湾岛战役期间，美国快速航母编队对阵岛上的 350 架日军飞机，其中半数都是战斗机

格鲁曼 TBF“复仇者”

发展历程

上图：第一架 XTBF-1 出现于 1941 年下半年的长岛上空。在它的短暂生涯中经历了很多改进，最著名的是在机尾上添加脊翅

拥有 70 余年历史的格鲁曼公司推出了多款极其优秀的舰载飞机，它们都具有宽大的机翼、优良的控制性以及澎湃的发动机功率，也因此公司被打趣为“钢铁厂”。没有一架飞机能够比“复仇者”更好地证明格鲁曼公司的实力，它是 1942—1945 年太平洋战争中美军的主力鱼雷轰炸机。

在 1942 年 6 月 4 日“复仇者”的首次战斗任务中，6 架 TBF-1 刚刚交付就参加了中途岛海战，只有一架返航。幸存的飞行员驾驶残破的飞机努力保持平衡勉强着陆。一名机组人员受伤，另一名阵亡。这似乎与此前反复发生在道格拉斯 TBD-1“蹂躏者”上的惨剧别无二致。但实际上，没有什么能够比事实更具有说服力，“复仇者”是战争中战果最为辉煌的鱼雷轰炸机。

当道格拉斯在 1935 年开始设计 TBD 飞机时，该机仍然符合航空科技的发展潮流，具备全金属的应力蒙皮结构、封闭的驾驶员座舱和可收放式起落架。早在 1939 年 10 月，900 马力（约 671 千瓦）的单发动机对于舰载鱼雷轰炸任务来说已经不足了，于是美国海军在当月开始组织工业界开展替换现有战机的新型号竞标。新型鱼雷机的研制关键在于普惠 R-2800 和莱特 R-2600 以及 R-3350 这样强大的发动机的存在。格鲁曼公司的设计方案得到这个规模庞大的换代项目。

美国海军的要求并不容易实现，然而，在要求的作战半径内挂载足够的武器并非不可能。在 1941 年末至 1942 年初的 5 个星期里，工程师团队在首席测试工程师鲍勃·霍尔的带领下，完成了后来被称作“怀孕的野兽”或者被更亲切地称为“火鸡”的飞机设计草案。草案中的飞机具有肥胖的机身、巨大的上反角机翼和与众不同的、只可能来自格鲁曼公司的机尾以及当时算得上新颖的内置武器舱和炮塔。项目工程师 R. 科赫是第一个决定采用内置武器舱的人，该设计的部分原因是方便在机腹后部布置下射机枪。飞行员的座舱设计优秀，坐在高耸且宽敞舒适的，位于机翼前缘的驾驶员座舱内，视野极佳。但另外两名机组人员的视野就没有那么好了。

位于机翼后面的右侧舱门可以通往机身后部，在那里装备有物资：照明弹、降落伞和弹药。在下方的投弹手有折叠式座椅，他可以操控机腹下部一挺勃朗宁 0.3 英寸（约 7.62 毫米）口径机枪，或面朝前方操作瞄准仪实施中空轰炸。

雷达装置

在 1942 年研制期间，美国海军开始采用机载雷达，西屋电气公司的 ASB 雷达成为某些机型的标准配置。另一个共同安装的是 APG-4“嗅探器”低空自动轰炸雷达，使用偶极八木天线，在

下图：5 架来自第一批在中队服役的 TBF“复仇者”。飞机上的国家标志和涂装表明其拍摄于 1942 年 5 月下旬到 1943 年 2 月上旬之间

上图：在美国军舰“约翰·A. 博尔号”上空执行反潜巡逻的这两架 TBM-3E“复仇者”带有 20 世纪 40 年代末的午夜蓝涂装。尽管不是专门的反潜型飞机，但该中队隶属于岸基的 VS-25 反潜中队

每个机翼上外八字状倾斜 40°。雷达的显示器安装在投弹手座位前方，因此座舱变得有些拥挤。雷达的安装位置实际上是在炮塔的正下方。即便是炮塔本身，也是当时美国海军极为关注的一项新装备（不过当时炮塔已经安装在一些其他的单发动机攻击机上面，比如苏联的 BB-1/Su-2）。

美国海军要求炮塔必须安装一挺 0.5 英寸口径（12.7 毫米）机枪，格鲁曼公司决定自行研制炮塔。尽管大多数在 TBF 飞机上的机构都是液压驱动的，但该机采用的是电力驱动的炮塔，这主要是因为炮塔设计工作交给了奥斯卡·奥尔森，他的专业背景（主要是通用电气公司）都和电力有关。他深知由飞行操控带来的问题，可能会把不同的负载增加到炮塔环的不同位置上。最好的解决办法就是用交磁放大机控制，可以更精确地管理力矩和电机速率。因此他给炮塔装备了同步电机，无论飞机和炮塔在哪个位置，都能够保证机枪的瞄准精度。

起落架

与炮塔不同的是，大多数的活动装置都是液压的，包括巨大的主起落架（可以承受以 16 英尺 / 约 4.88 米每秒的垂直速度冲击坚硬的甲板带来的力量）、可折叠外翼、大型翼缘下襟翼和双叶式炸弹舱门。

勒罗伊·格鲁曼在一年前想到了折叠翼，这一设计首次应用于刚服役不久的 F4F“野猫”战斗机。他预见到了向上折起的机翼将在航母机库内面临的高度限制问题。为了试验解决方案，他用两个部分平展的回形针插入制图员的肥皂橡皮两侧。最终他把两个回形针以正确的倾斜角插入，因而“机翼”灵巧地折叠到“机身”两侧，在这种折叠位置上表面朝外。对于大型 TBF 飞机来说，

上图：改进自 TBM-3E 的这架 TBM-3W2“捕猎者”在 1950-1951 年加入 VS 中队，并和 TBM-3S“杀手”飞机一起在反潜任务中协同作战

上图：作为在第二次世界大战时期服役的最大的单发动机飞机，“复仇者”代表着相对于 TBD“蹂躏者”而言在能力和复杂性上的一次巨大的进步

带动力的折叠机构是必要的；地勤人员靠人力根本无法搬动这么大且搭载有雷达、油箱和火箭弹的机翼，而且还是在摇晃的甲板上。唯一采用电力驱动的装置是巨大的着舰钩，通常收纳于后机身内，但是可通过一根缆绳收放，且在必要时可以通过一条滑轨伸长。

武器装备

除了两处后射机枪，一挺 0.3 英寸（约 7.62 毫米）的机枪被安装在机头右侧的上方，通过螺旋桨开火。通常认为给飞行员配备机枪是很好的做法，不仅可以提高斗志，而且可以用来自卫。投弹手负责水平轰炸，而鱼雷攻击则由飞行员使用舱口栏板左侧可照明的鱼雷瞄准器实施。飞行员座位正前方仅有一个环珠状的机枪瞄准器，但是这也可以用于俯冲轰炸，投弹手在这种情形下显得略为累赘。在放下主起落架作为俯冲减速器的补充时，俯冲速度可以被控制在 300 英里 / 时（约 482 千米 / 时）。不过在俯冲中飞机的控制杆力非常大，且在进入俯冲和拉起时都需要奋力拉杆以快速完成转向。

两架 XTBF-1 原型机的第一架编号为 2539，1941 年 8 月 1 日完成了高度成功的试飞。飞机的试飞员是当时驾驶格鲁曼公司经验最丰富的人——总技术研究工程师鲍勃·霍尔。他自从感觉 XP-50 项目不再吸引人后，便休假出海钓鱼，当回到公司时发现 XTBF-1 的试飞体验比之前预想的还要理想。得益于动力澎湃的“旋风”14 缸发动机，飞行如同回家一样舒适安心。格鲁曼公司很快因雪片般飞来的订单而焦头烂额，紧接着开始建设第二个工厂（比第一个大两倍）。这座工厂将负责生产 1940 年 12 月尚未“跳出绘图板”时便被军方订购的 286 架 TBF 飞机。

下图：1942 年的夏天，一个 TBF 编队正在投放加装了方框尾翼的 Mk 13 鱼雷。Mk 13 不太理想的性能使得“复仇者”必须在速度低于 100 英里每小时（约 161 千米 / 时）、高度低于 120 英尺（约 37 米）的条件下投放鱼雷

左图：独立级航母“贝劳伍德号”的甲板在 1944 年 10 月被日本神风特攻队空袭过后猛烈燃烧，此后的维修工作历时 3 个月。在此之前，航母上的“复仇者”参加了击沉日本航母“飞鹰号”的行动

“复仇者”参战

从中途岛灾难性的战役开始了战斗生涯后，“复仇者”成为盟军在战斗中最重要的鱼雷轰炸机。该型机在装备传统炸弹和火箭弹后更有力地证明了自己的实力。

在经历了初期成功的试飞阶段后，TBF 项目突然遭遇问题。1941 年 11 月 28 日，XTBF-1 由鲍勃·库克和工程师戈登伊斯雷尔驾驶试飞，在布伦特伍德附近，大约距离贝斯佩奇工厂东方 10 英里（约 16 千米）的地方，发现炸弹舱突然起火（唯一可能的原因就是电气故障）。库克和伊斯雷尔跳伞逃生，着火的鱼雷轰炸机俯冲进一处小树林。这场事故并没有给项目带来挫折，美国海军反而将 286 架的订单变成一直持续到 1943 年 12 月 31 日的开放式合同，合同框架内共生产了 2291 架飞机（后来还有更多的飞机由其他地方生产）。

在一个反常炎热的星期天早晨——1941 年 12 月 7 日，欢呼声在贝斯佩奇响起，在五彩缤纷的典礼上，巨大的 2 号工厂开始投入使用。中间的聚光灯隐约闪现出第二架 XTBF-1 原型机——该工厂的第一架产品。公司的副总裁克林特·托尔被叫走接听有线广播。他拿起电话后被告知：“日本空袭了珍珠港；我们就要参战。”托尔叫停了庆祝活动，公众只能回家；后来，当最后一批民众走出大门后，工厂立刻被封闭以防可能存在的破坏者。不过该工厂在此后的 4 年间平安无事；TBF 得到了恰如其分的绰号“复仇者”。

2 号工厂此时已在大批量生产 TBF-1，第一架下生产线的飞机编号为 00373，于 1942 年 1 月 3 日试飞，随后进行了少量的工程改进。到 6 个月后已有 145 架交付，美国海军 VT-8 中队在弗吉尼亚州的诺福克海军航空站已经改装近一半的飞机。从这里，6 架崭新的 TBF 在炸弹舱内携带了 270 美制加仑（约 1022 升）的油箱后起飞，直线穿越美国大陆，历经 10 小时的跨海远程飞行后到达珍珠港。此时预定搭载这批飞机“大黄蜂号”已经出发，所以它们不得不隆隆作响地开往中途岛。其中 6 架被日军摧毁；这似乎是 TBF 仅有的一次出师不利。在此之后该机不仅成为日本海军的摧毁者，也是希特勒的 U 艇的摧毁者。

长长的支柱

如果携带标准挂载——一枚 Mk 12-2 鱼雷或者 4 枚 500 磅（约 227 千克）的炸弹，并加满三个油箱，携带 335 美制加仑（约 1268 升）的燃料，TBF-1 能够攻击 260 英里（约 418 千米）外的目标。该机的操作响应令人满意，但美军禁止飞行员进行桶滚等机动。当由一名优秀的飞行员驾驶时，该机的机动性可以媲美战斗机。生产的早期就决定增强飞机的前射武器装备，TBF-1C 拥有 0.3 英寸（约 7.62 毫米）位于机头的机枪被两挺 0.5 英寸（约 12.7 毫米）口径位于外翼的机枪（各备弹 600 发）取代。格鲁曼公司风雨无阻地生产了 2291 架该型机。此外格鲁曼还生产了 395 架 TBF-1B，搭载有英制无线电和一些来自海军航空兵的其他不同的设备。

英国总计收到不少于 921 架“复仇者”（英国最初给予的名字“大海鲢”被弃用），装备给 33 支在前线和二线的中队。这些“复仇者”在几十艘航母、大量的英国基地和很多从加拿大到锡兰以及远东的近岸航空站服役。

新生产厂家

1941 年 12 月，TBF 飞机的迫切需求使得寻找第二个生产商变得迫在眉睫。通用汽车公司在东海岸有 5 个工厂（柏油村、林登、布鲁姆菲尔德、特伦敦和巴尔的摩）尚未接到生产任务。很

右图：美国陆军航空队“复仇者”在皮瓦机场滑跑，准备发起对日军的空袭。盟军在布干维尔的机场偶尔会遭遇日军溃兵的零星偷袭，以及藏在山间被称作“手枪皮特”的一门日军海军炮的炮击

上图：在战争的最后几个月，盟国空军势不可挡。图中“埃塞克斯号”舰载机大队的“复仇者”对日本本土实施空袭

上图：除了炸弹和火箭弹，“复仇者”还能投放货物。图中“复仇者”向第1陆战团空投食物、水和弹药；此时通往首里城的供给线因道路泥泞而被阻断

快它们组成了一家名为东部飞机分部的庞大分公司。这几处工厂不仅以FM的型号生产“野猫”战斗机，还生产随后型号被定为TBM通用汽车版“复仇者”。到1943年12月，第1000架TBM交付，到对日作战胜利日那天，共有超过20种改进型的7546架TBM从这个厂家下线。其中大多数是TBM-3，具有更大的功率和外置着舰钩，大部分都没有炮塔，不过均加装了外翼火箭弹滑轨和油箱。Dash-1D（TBF和TBM）和TBM-3D、-3E安装有RT-5/APS-4搜索雷达，搜索波长3厘米，安装在右翼外侧的吊舱内。

到战争结束时，各厂家共生产了9836架“复仇者”，包括许多小数量的特殊改型。其中最重要的可能是卡迪拉克测试项目，首批TBM-3W系列——在1946年11月成为第一架携带在巨大的“格皮”雷达天线罩内APS-20监视雷达的飞机。1945年后，主要使用的型号是TBM-3E，具有带炮塔和不带炮塔两种类型，在互助项目下交付很多友好的海军，包括加拿大、法国、荷兰以及后来的日本（大部分“复仇者”都攻击过这个国家）。在美国海军以及英国，反潜型Dash-3S和带有“格皮”雷达和三襟翼的Dash-3W和3W2在“猎杀”行动中配对使用，直到1954年6月才宣告退役，另有部分型号服役了更长时间。

TBF-1“复仇者”

这是格鲁曼公司在1942年初的贝斯佩奇工厂生产的第一批TBF-1“复仇者”中的一架，编号25。只有约200架交付时带有图示的军徽；标志在1943年6月被改进，外加了带红边的白色条纹。

机身

短粗的机身具有椭圆形截面、硬壳式构造，内部结构由大量列角钢框和加盖隔板构成，都由平滑的金属蒙皮覆盖。

机组

TBF通常搭载3名机组，由飞行员，投弹员和雷达员组成。飞行员操纵固定的前射机枪和释放鱼雷。投弹员的位置位于机身底部、炸弹舱的尾部；他同时负责操控位于机腹的机枪。雷达员位于飞行员后面，同时担当炮塔射手。

动力系统

像大多数“复仇者”改型一样，TBF-1安装有莱特R-2600-8“旋风”14缸风冷星型活塞单发动机，可提供1700马力（约1268千瓦）。大多数改型还加装了二级增压器。

攻击武器

尽管“复仇者”被命名为鱼雷轰炸机，但是鱼雷并不是它的唯一武器。TBF-1炸弹舱能够挂载12枚100磅（约45千克）、4枚500磅（约227千克）或2枚1000磅（约454千克）炸弹。在改装后还能挂载5英寸（约127毫米）空射火箭弹。

起落架

悬臂起落架的油压减震柱在中心结构进行铰接，被向外举起到外翼结构的底面深处的位置，尾轮完全收回。

上图：海军航空兵的“复仇者”1943 年中期出现在太平洋战区，1945 年 5 月底这架飞机飞过“不屈号”航母上空去空袭先岛群岛。第 857 中队驾驶“复仇者”从“不屈号”升空作战

英国海军航空兵/新西兰皇家空军中的“复仇者”

除美国之外，还有两支盟国军队在第二次世界大战期间使用“复仇者”——英国的海军航空兵和新西兰皇家空军。两者使用该型号飞机时几乎都用作轰炸机。

上图：海军航空兵的“复仇者”很少装载鱼雷。图中，第 854 中队的“复仇者”正在等待挂载两枚美制 500 磅（约 227 千克）炸弹，轰炸在爪哇岛上泗水的日军

“复仇者”被美国海军以及英国海军航空兵在太平洋战场上用作主力舰载鱼雷轰炸机，证明了“在正确时机使用正确的飞机”的说法。“复仇者”的设计源于 1939 年 3 月海军航空局的要求，XTBF-1 原型机于 1941 年 8 月 7 日首飞。生产合同在此之前就签订了，随后在 1942 年 6 月 4 日首次投入实战。虽然该型机早期的战场表现不尽如人意，但问题最终都得到解决。由于生产需求的扩大，由通用汽车公司成立的东部飞机分部成为第二供货商。英军装备的“复仇者”产自格鲁曼和东部飞机分部。

给新西兰皇家空军的格鲁曼鱼雷轰炸机首批于 1942 年 8 月交付，被命名为“大海鲢”Mk I；1944 年 1 月又根据美国海军的命名方式改为“复仇者”Mk I 型（“大海鲢”是一种鱼类——英国海军航空兵的飞机的定名规则明确规定对于装载鱼雷测位仪的飞机名字为海洋生物和鱼类）。根据《租借法案》交付的 627 架 Mk I 型飞机相当于美国海军的 TBF-1B 或者 TBF-1C；TBF-1B 型是专门为《租借法案》生产的 TBF-1 改型，而 TBF-1C 型在炸弹舱和翼下具有额外的油箱，并配有两挺 0.5 英寸（约 12.7 毫米）机翼机枪。

“大海鲢”参战

第 832 中队成为首批换装“大海鲢”的英军中队，1942 年 12 月在美国接机，随后部署至诺福克海军航空站。为了帮助弥补初期飞机短缺，美国海军抽调 25 架 TBF-1 在 1943 年的前几个月供该中队使用，该中队于 5 月参战，空袭珊瑚海，随后从“萨拉托加号”起飞支援在所罗门群岛的登陆。返回英国本土的“胜利号”航母搭载的第 832 中队在 1943 年 9 月换装“大海鲢”Mk I，随后很快返回远东，继续在“复仇者”的主要作战区域奋战。

与此同时，英国海军航空兵的第 845、846 和 850 中队在美国的匡提科、诺福克和特姆换装新的鱼雷轰炸机。第 832 和 845 中队在 1944 年 5 月参加攻击日本在泗水（印尼爪哇省的泗水）的海军基地。战争结束前，更多的海军航空兵在远东作战，包括英国太平洋舰队部署在“不倦号”“凯旋号”“光辉号”“不屈号”和“可畏号”航母上的第 820、849、854 和 857 中队。1945 年 7 月 24 日，第 848 中队的“复仇者”从“可畏号”上起飞，这是英国战机首次完成空袭日本本土的任务。

上图：这架来自第 856 中队的“复仇者”TR.Mk II 型 1944 年底在“首相号”战列舰上陷入困境。这个单位参加了从挪威起飞保护前往苏联的护航船队的任务

上图：“复仇者”Mk I JZ159 带有第 852 中队的编码，很可能拍摄于 1944 年初。在马萨诸塞州的特姆组装；第 852 中队在加拿大护航航母“地方总督号”上服役

本土水域

在英国本土部署的“复仇者”从护航航母和本土基地起飞执行反潜巡逻和布雷任务。同时“复仇者”也执行护送前往苏联的护航船队的任务。为保证诺曼底登陆的顺利实施，“复仇者”从 1944 年 4 月开始在英国海峡执行反潜任务。

因美方交付了 108 架“复仇者”TR.Mk II 型，海军航空兵的“复仇者”Mk I 的列装数量从 1944 年中期开始上升，和 Mk I 型的区别仅在于它们是东部汽车公司生产线上的 TBM-1 或 TBM-1C 型。最终到来的 50 架 TB.Mk III 型，就是 TBM-3E 搭载有 R-2600-20 发动机而不是早期的 R-2600-8，还在翼下吊舱内搭载 APS-4 雷达。再交付 130 架 Mk III 的计划在战争结束时被取消。交付英国的飞机改成 76 架修复过的前美国海军“复仇者”，不过这些机型直接转入储备，并没有服役。

下图：1945 年，第 848 中队的“复仇者”Mk III 型从“可畏号”上起飞（通过“X”机尾编码辨认），打算轰炸神风特攻队的基地。第 848 中队的飞机机身带有“3xx”编码

新西兰“复仇者”在太平洋战场

在第二次世界大战期间，除了美国和英国，唯一收到“复仇者”的是新西兰。新西兰皇家空军最初预订了 68 架飞机，但是后来被缩减到 48 架，包括 6 架 TBF-1 和 42 架 TBF-1C。在新西兰和埃斯皮里图桑托岛与 VMTB-32 一起进行训练后，两个单位（第 30 和 31 中队）在 1944 年 3 月到 7 月间赴布干维尔岛参战。8 架 TBF 被日本防空部队击落，并有多架被击伤。在 5 月间，22 次任务由美国飞行员驾驶新西兰皇家空军的 TBF-1C 完成。16 架飞机在 1944 年 10 月交还美国，9 架在 1945 年 9 月交还英国海军航空兵。下图的 NZ2505 号是 6 架 TBF-1 中的一架，1943 年交付新西兰皇家空军。它们欠佳的性能意味着只能在新西兰使用并且仅用于改装训练。

TBF-1C“复仇者”

NZ2518 由新西兰皇家空军第 30 中队的佛瑞德·莱德上尉驾驶。1944 年，在布干维尔岛的皮瓦的著名的战后民用飞行员和格鲁曼水陆两用飞机飞行员的莱德，是一名严格的禁酒主义者，认为被酒泼一身是对人最大的侮辱；因此他构思了座机“Plonky”上的标志——被撬开盖子的啤酒桶（意思是“要泼你一身酒”）。该机于 5 月 25 日在被 AA 炮火击中后由第 31 中队接管。

自卫火力

除了安装于机翼上的两挺 0.5 英寸（约 12.7 毫米）机枪，TBF-1C 还有一挺在无线电舱后部“通道”内的 0.3 英寸（约 7.62 毫米）机枪“尾刺”。背部的电动炮塔在左侧安装了一挺 0.5 英寸（约 12.7 毫米）机枪。

标记

新西兰皇家空军在太平洋战场上使用的标志因混搭了美式和英式风格而令人感到有趣。来自英国皇家空军标志的红色点在 1942 年从太平洋战场的盟军飞机上消失；白色横条根据美国军队的要求出现在 1943 年底，以便辨别敌我。机翼徽章依旧保留三种颜色，但是将红色区域变窄。

进攻性武器

“复仇者”被设计作为鱼雷轰炸机，炸弹并不是它的主要武器。TBF-1 炸弹舱能够携带 12 枚 100 磅（约 45 千克）、4 枚 500 磅（约 227 千克）或 2 枚 2000 磅（约 907 千克）炸弹。还能在改装后挂载 5 英寸（约 127 毫米）火箭弹，不过火箭弹同鱼雷和深水炸弹一样，并没有被新西兰皇家空军的“复仇者”使用。

TBF-1C

TBF-1C 和最初的 TBF-1 的区别在于拆除了整流罩左上方的 0.30 英寸（约 7.62 毫米）机枪，并由两挺 0.5 英寸（约 12.7 毫米）机翼机枪代替。

H

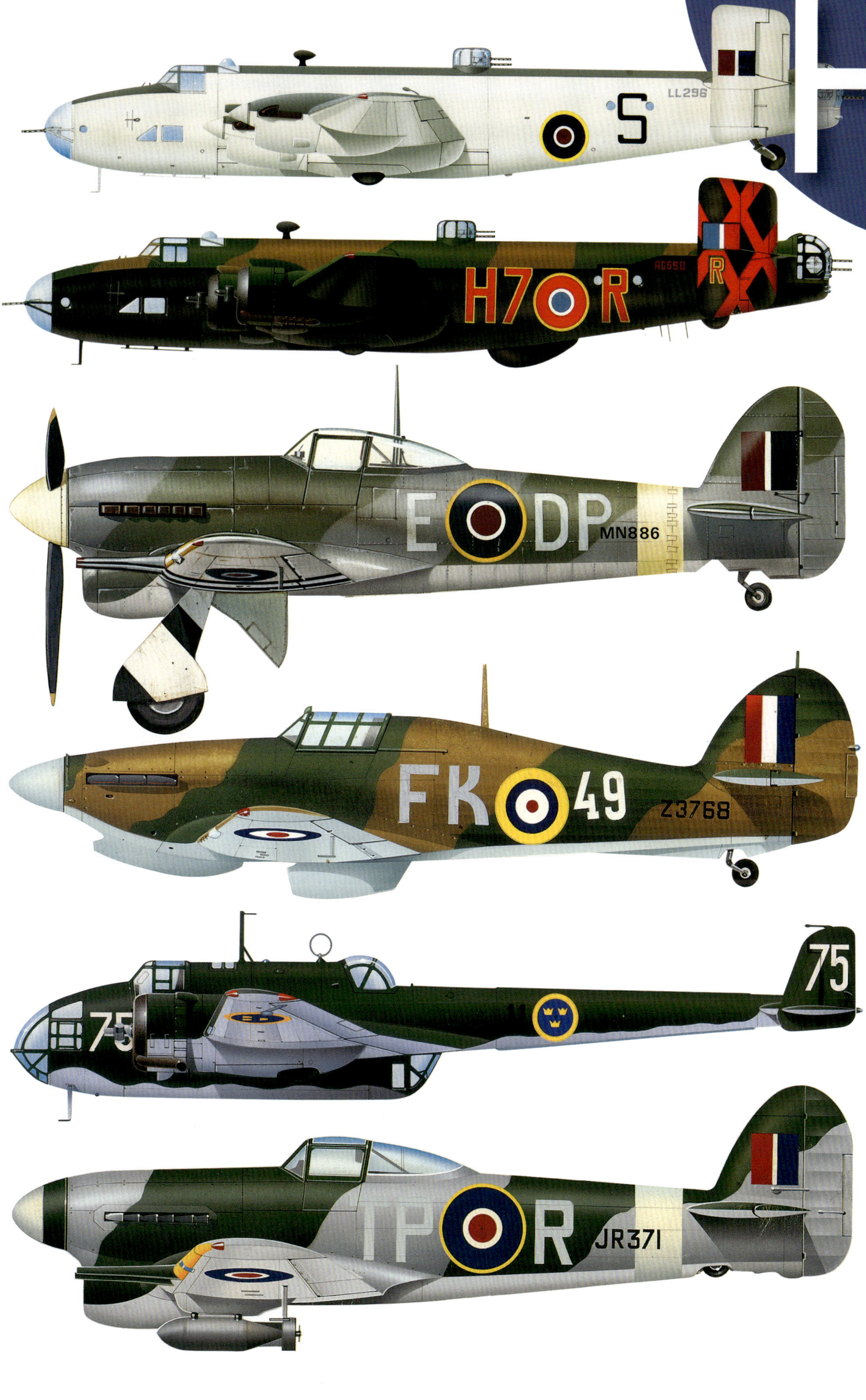

直到 1941 年 7 月英国公众才被告知哈德利·佩奇“哈利法克斯”轰炸机的存在。在一次对位于拉帕利斯的德国战舰“沙恩霍斯特号”的成功空袭之后，公告紧随被发布。“哈利法克斯”首次突袭在 3 月 10/11 日由第一批“哈利法克斯”部队之一——第 35 中队的飞机进行

哈德利·佩奇“哈利法克斯”

第二款重型轰炸机

1940 年 11 月，哈德利·佩奇“哈利法克斯”成为第二款进入皇家空军服役的 4 发动机重型轰炸机。该型机是“哈利法克斯”、阿芙罗“兰开斯特”、肖特“斯特林”重型轰炸机“三剑客”之一，全程参与了轰炸机司令部对德国的夜间轰炸。

尽管比“兰开斯特”提前一年服役，但“哈利法克斯”在轰炸任务中总是被阿芙罗的设计夺去光彩。然而，“哈利法克斯”除作为重型夜间轰炸机外，在多用途能力方面优于“兰开斯特”。该机被改装为救护机、运输机、滑翔牵引机、人员运输机和海上侦察机等机型。

“哈利法克斯”源自 1935 年航空部对一款双发动机轰炸机的需求，为此哈德利·佩奇公司递交了一份被称为 HP.55 的设计。但这并不成功，维克斯公司获得了 1942 年以“沃里克”（Warwick）的名称完成的飞机合同。大约一年后，航空部发布了一个新的规范：P.13/36。该规范要求一款由罗尔斯－罗伊斯研制的“秃鹰”24 缸发动机驱动的中型 / 重型轰炸机。来自阿芙罗和哈德利·佩奇（HP.56）的设计方案被选中进行原型机制造，阿芙罗的设计最初带来使用高性能但仍在研制中的“秃鹰”发动机的“曼彻斯特”。大概哈德利·佩奇比阿芙罗更多地考虑了事实情况，这表现在该公司很快对于“秃鹰”发动机能否成为一款可靠的动力装置产生了严重怀疑；因此公司开始着手重新设计 HP.56 以换装 4 台罗尔斯－罗伊斯“默林”发动机的工作。显然这并不是一项轻松的任务，虽然总体布局并没有很大的改变，但为获得批准而提交给航空部的 HP.57 设计是一款与之前相比大且重了许多的飞机。1937 年 9 月 3 日，哈德利·佩奇公司获得制造

下图：L7245 是第二架原型机，安装了典型的武器。这包括两挺机腰机枪和前后各一座炮塔。飞机在 1940 年 8 月 18 日首飞

2架HP.57原型机的合同，并在1938年初开始建造。当第一架接近完成时，人们发现这么大的飞机的首飞对于公司位于亨特福德郡拉德利特的机场而言太受限制。因此人们决定使用位于牛津郡比斯特最近的未使用的皇家空军机场，于1939年10月25日在这里完成首飞。

此时的HP.57是一架全金属结构悬臂中单翼机，机翼的特色为自动前缘进气槽。然而，由于航空部要求机翼前缘应是装甲的且配备防空气球缆绳剪钳，前述槽口在量产型中被取消了。飞机安装了哈德利·佩奇具有槽口的后缘副翼，而大跨度副翼则采用织物蒙皮。尾翼组包含了1个高位置安装的水平尾翼并装配一对中型翼板和方向舵的垂尾。原型机和一直生产到1943年的量产型的垂尾为三角形，尖端向前。机身是一个深且侧面平坦的全金属结构，具有相当大的容积，同时这一特点为该型机的后续型号提供了多用途能力。

机组人员舱

机舱为7名机组人员提供了位置，这些人员包括头部、背部和尾部的3名机枪手，但早期型飞机尚未安装炮塔和武器。起落架是可收放的后三点式，动力装置为4台罗尔斯－罗伊斯“默林”发动机。作为轰炸机的基础，各种武器可被装载在一个机身下部22英尺（约6.71米）长的炸弹舱中，弹舱被翼梁分隔为前后两个部分。

该设计的一个有趣特色是其建造的方法，每个主要部件都被分解为几个组件。举例来说，机翼包括5个部分，这一奇思妙想在后来的大规模生产、运输以及简化维护和修理中产生了巨大作用。第二架原型机在1940年8月18日首飞，仅在2个月后就迎来第一架量产型，并被命名为“哈利法克斯”Mk I；这架飞机由1280马力（约954千瓦）罗尔斯－罗伊斯“默林”X发动机驱动。这些早期飞机的武器由分别在头部和尾部炮塔的2挺和4挺0.303英寸（约7.7毫米）机枪组成。第一种量产型的全称是“哈利法克斯”B.Mk I批次（Series）I，首批量产型于1940年11月开始换装皇家空军的第35中队。该部队在1941年3月初对勒阿弗尔的空袭中首次出动了“哈利法克斯”，几天后大规模轰炸汉堡时，“哈利法克斯”成为皇家空军第一款对德国目标发动夜间空袭的4发动机轰炸机。“哈利法克斯”在1941年6月30日被第一次使用在对抗基尔的昼间空袭中，但人们很快就发现飞机的自卫火力并不适合昼间使用，至1941年末，“哈利法克斯”开始只在夜间轰炸任务中使用。

这导致之后的型号配备有更好的自卫武器，但仍有2款Mk I的变种在这之前出现：B.Mk I批次II起飞重量更大，而B.Mk I批次III增加了近18%的标准燃料容量。之后的量产型采用了“默林”XX发动机，尽管与“默林”X具有相同的起飞功率，该发动机在其最适高度仍可提供1480马力（约1104千瓦）功率。“哈利法克斯”的早期研制确保了新的四发动机轰炸机有更大的作为，大规模制造的合同很快超过了位于克里克伍德和拉德利特的“哈利法克斯”·佩奇工厂的生产能力，人们开始根据战前方案寻找额外供货商。开辟4条新生产线的方案通过“哈利法克斯”采用的更简单的单元制造方法完成；这些分包合同飞机中的第一架在1941年8月15日完成首飞。该飞机来自英国电子公司，这一公司在之前参与了哈德利·佩奇的“汉普登”中型轰炸机的制造。其他3个生产线是在斯托克波特的弗尔雷、在斯皮克的鲁特斯证券和伦敦飞机制造集团。最后的组织整合了由克莱斯勒汽车制造的后部机身、迪普莱机身和发动机公司制造的前部机身以及捷运发动机和机身制造公司制造的内翼部分、皇家公园机身装配和修整公司制造的外翼部分；伦敦载客交通运输委员会广泛参与了组件和配件的制造，总装和试飞在里维斯登进行。

下图：飞行军士D. 卡梅伦和其机组人员在被重创的第158中队“哈利法克斯”上拍照。该机在1943年一次从利塞特皇家空军基地出发的任务中被一枚友军投下的炸弹砸中，经过修理后重返战场

“哈利法克斯”B.Mk I

“哈利法克斯”一直在皇家空军轰炸机司令部服役至欧洲胜利日到来。图示飞机 L9530 是第一批量产型（L9485–L9534）中的一架，在 1940—1941 年的冬季交付。该机涂刷了驻米德尔顿圣乔治的皇家空军轰炸机司令部第 76 中队的标志。

不同寻常

“哈利法克斯”不同寻常的特点之一是在制造中对拆分装配的使用。外翼、后部机身、尾翼组和驾驶舱 / 头部等组件独立加工，这使得更多的厂家参与制造以及部件制造更快速成为可能。尽管最初的 50 架“哈利法克斯”具有前缘缝翼，但航空部对于在机翼前部安装防空气球剪钳的要求使得后来飞机上的槽口被移除。

动力装置

作为一架早期量产型“哈利法克斯”Mk I，该飞机使用 4 台 1280 马力（约 954 千瓦）罗尔斯 – 罗伊斯“默林”X 直列式发动机驱动三叶定速胶合木制螺旋桨，提供 265 英里 / 时（约 426 千米 / 时）的最大速度。在第 75 架飞机之后，换装 1390 马力（约 1037 千瓦）“默林”XX 发动机，不过其他机身修改仍限制了飞机的性能。直到重新安装 4 台 1615 马力（约 1204 千瓦）布里斯托“大力神”XVI 发动机和德·哈维兰液压自动转动螺旋桨的“哈利法克斯”Mk III 出现，才有了在速度方面达到 282 英里 / 时（约 454 千米 / 时）的显著提升。

武器

“哈利法克斯”Mk I 在头部和尾部安装有博尔顿·保罗电动炮塔，头部装有 2 挺 0.303 英寸（约 7.7 毫米）勃朗宁机枪，尾部装有 4 挺。2 挺维克斯 0.303 英寸（约 7.7 毫米）“K”手动机枪安装于机腰。飞机的最大载弹量由 6 枚 1000 磅（约 454 千克）、2 枚 2000 磅（约 907 千克）和 6 枚 500 磅（约 227 千克）炸弹组成，全部炸弹都装载于机身炸弹舱的框架中。

壮烈的结局

第 76 中队是第二支使用“哈利法克斯”Mk I 参战的部队。L9530 在 1941 年 8 月 12—13 日对柏林的空袭中被击落。除了前部和后部机枪手遇难，其他机组人员全部跳伞被俘。

中队

图中这架早期型“哈利法克斯”Mk I 机身涂有第 76（轰炸机）中队的番号“MP”及单个字母编号“L”。1941 年 5 月 1 日在乌斯河畔的林顿空军基地，该部队第一个装备这一型号飞机，并在一个月后移至米德尔顿圣乔治基地。

上图：“哈利法克斯”被证明比“兰开斯特”更适合军事运输任务，有差不多 100 架“哈利法克斯”改装为具有 8000 磅（约 3630 千克）货运能力的 C.Mk VIII 型

后续服役

与阿芙罗公司的“兰开斯特”相比，总是被看作“第二好”的哈德利·佩奇“哈利法克斯”是轰炸机司令部在艰难岁月的中坚力量。在欠佳的早期生涯之后，被称为“Halibag”的“哈利法克斯”发展成为一款有效的轰炸机，并在其设计中从未设想过的任务上取得了成功。

B.Mk II 系列 I 紧随“哈利法克斯”Mk I 服役，该机型采用了博尔顿·保罗双联装背部炮塔和增加 15% 的标准燃料容量；初期的“默林”XX 发动机后来被改为相同输出功率的“默林”22。上述改变和其他在原型机首飞后引入的改进，导致飞机总体质量的稳定增长。由于从一开始就没有预留冗余功率，受到动力不足的影响，飞机的性能降低了。如果损耗率维持一定的常数不变，则前述问题在战时条件中可以被接受。而在“哈利法克斯”Mk II 的情况中，背部炮塔成为“最后一根稻草”，人们立刻开始了对飞机性能的改善。

作为成果的 B.Mk II 系列 IA 在最大速度和巡航速度方面都具有约 10% 的性能提升，这是通过同时减少重量和阻力的努力实现的。飞机的头部炮塔被取消，头部换装流线型的有机玻璃整流罩；装有 2 挺机枪的背部炮塔被四联装机枪炮塔取代，但这带来轻微的轮廓凸起，产生了少许阻力；天线杆、弃油管和所有能简化的设备都被移除；新的发动机冷却器使得发动机舱的横断面积得到缩减；吊舱具有改良的空气动力学外形；机身长度增加了 1 英尺 6 英寸（约 0.46 米）；“默林”22 发动机随后换成能为起飞提供 1620 马力（约 1208 千瓦）功率的“默林”24。已经交付部队的旧型号也随即在所服役的中队中将三角形垂尾改装为更大的矩形垂尾。这一改动是在大量实验后出现的——实验在一些无法解释的满载飞机失事后进行，证明“哈利法克斯”可能发生不受控制的翻滚。

最后的主要量产型是“哈利法克斯”B.Mk III，这是第一款使用布里斯托“大力神”VI 或 XVI 星型发动机的轰炸机。该发动机为起飞提供了 1615 马力（约 1204 千瓦）功率。飞机翼展延伸了 5 英尺 4 英寸（约 1.63 米），导致机翼面积增加了 25 平方英尺（约 2.32 平方米），改善了飞机的实用升限。第一架 Mk III 在 1943 年 8 月 29 日首飞，当该型号在 1944 年 2 月进入部队服役时，英军认为该型机的性能有较大的提升。

其他的轰炸机型号包括 B.Mk V，其中批次 I（特）和批次 IA。除了梅西尔起落架改为道蒂起落架外，本质上和 B.Mk II 相同。使用能在起飞阶段产生 1675 马力（约 1249 千瓦）功率及在 10000 英尺（约 3050 米）高空产生 1800 马力（约 1342 千瓦）功率的“大力神”100 发动机的 B.Mk VI，实际上是最后的该机型轰炸机。除了由于“大力神”100 短缺而使用了“大力神”XVI 发动机外，B.Mk VII 本质上与其相同。因为人们设想在欧洲的战争结束后将其用在太平洋战区，所以 Mk VI 和 Mk VII 都具有加压燃油系统，以及发动机燃油入口上的颗粒过滤器。

甫一服役，“哈利法克斯”轰炸机就一直被轰炸机司令部使用，在使用高峰时曾装备了不少于 34 支在欧洲战区的中队，以及另外 4 支在中东的中队。2 个该型机在战争初期被调往远东，在欧洲胜利日后，许多使用“哈利法克斯”Mk VI 的中队都被计划转场至太平洋战区与当地盟军一同作战。1942 年 8 月，“哈利法克斯”开始执行“探路者”任务；该型机是第一款携带高度保密的 H_2S 轰炸雷达的皇家空军飞机；该机型被广泛用于对德国 V-1 导弹站点的昼间空袭；1941—1945 年间，该型机出动 75532 次，向欧洲的目标投掷了 227610 吨炸弹。

下图：从 1945 年起昼间任务增加，有特色的尾部标志被采用，以帮助飞行员在密集编队中保持队形。“哈利法克斯”具有独特的垂尾彩绘，如图中第 346（自由法国）中队的 B.Mk VI 上的红格子装饰

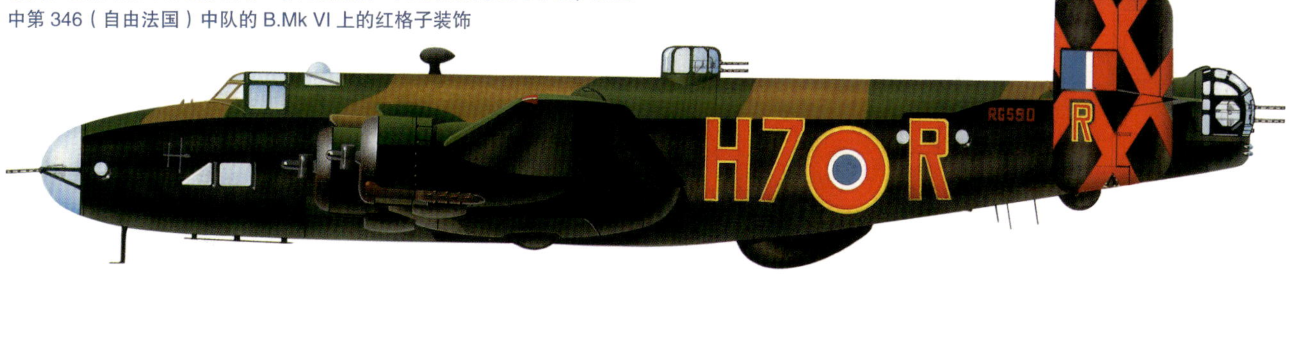

H.P.52 原型机 K4240 号 1936 年在亨敦的皇家空军展示中及在哈特菲尔德的英国飞机制造商协会展示中，第一次展现了完成后光滑的灰绿色搭配外表

哈德利·佩奇“汉普登”/“赫里福德”

“飞天皮箱”

同维克斯“惠灵顿”一起为符合航空部规范 B.9/32 要求而设计的哈德利·佩奇“汉普登”和“赫里福德”，是一款独特但有缺陷的战前轰炸机设计方案的产物。

1932 年，英国航空部发布了对于一款在规范 B.9/32 下的实验型双发动机昼间轰炸机的需求。布里斯托、格罗斯特、哈德利·佩奇和维克斯开始准备设计一款飞机以满足需求。前两家公司为进行其他项目而退出了，维克斯的设计（发展成为“惠灵顿”）同四座哈德利·佩奇 H.P. 52 一起得到采纳。

由德国前空军飞行员（在之后的事件中具有相当讽刺意味）古斯塔夫·V. 拉赫曼博士设计的 H.P. 52 在其实现规范的方案中具有高度的原创性。设计使用了锥形翼，同时最特殊的是飞机后半部机身逐渐变细，最终形成了一个装有双垂尾尾翼的细杆。这一设计大大消减了飞机重量，并使得机组人员能够全部紧密聚在宽度仅 3 英尺（约 91.4 厘米）的窄而深的机身内。这导致《飞机》（*The Aeroplane*）杂志的创始人及编辑 C.G. 格雷在参观完该机型后评论道“这就像一个飞行的行李箱”，该型机的昵称由此得来。机翼安装在炸弹舱上方，机翼后缘至翼尖逐渐收窄，同时从根部到尖端的上反角为 2° 45′，在后来被增加到 6° 30′，以提高横向稳定性。H.P. 52 最初计划安装两台布里斯托“飞马座”IV 发动机，但在 1935 年 1 月双速增压的“飞马座”XVIII 被选中作为替代。炮塔安装在头部和前部机身的机翼后缘。

H.P. 52和H.P. 53

1936 年 6 月 22 日，通体绿色的 H.P. 52 原型机 K4240 号由试飞员 J.L.B.H. 科德斯少校驾驶，从拉德利特起飞进行第一次航行。在测试后该机型显然满足了性能规范中的主要要求，也就是携带

左图：“汉普登”的驾驶员座舱看起来更像是单座战斗机，而不是中型轰炸机。座舱具有扁平的中央挡风玻璃和左侧的一挺固定式勃朗宁机枪，飞行员在长距离飞行中经常感到不舒适

上图：“汉普登”在战争期间执行了许多任务，包括传单投掷、昼间和夜间轰炸、布雷及鱼雷轰炸

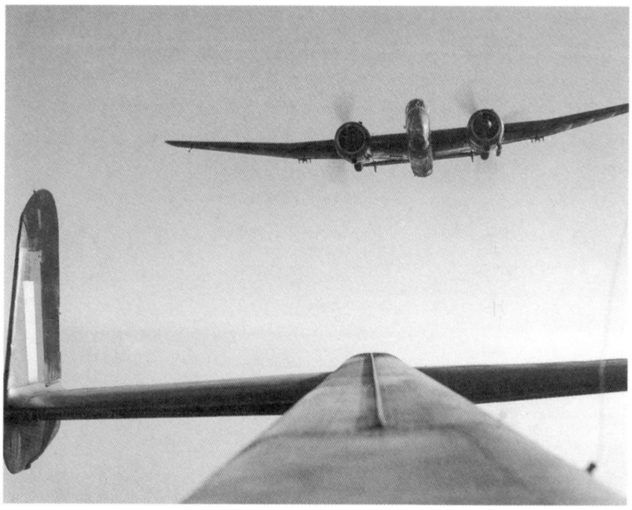

上图：图片很好地展示了“汉普登”狭窄的机身，以及为什么飞机被称为“飞行皮箱”

大载荷高速长距离飞行。H.P. 52i 的速度超过“惠灵顿”，同时几乎和“布伦海姆”一样敏捷，这使得航空部在 1937 年 1 月 29 日根据规范 B.30/36 下达了 180 架的订单。同一天，规范 B.44/36 发布，以确保在贝尔法斯特的肖特－哈兰工厂生产 100 架量产型。哈兰型号安装了 1000 马力（约 746 千瓦）那佩尔“匕首”发动机，命名为 H.P. 53。原型机是第二架 H.P. 52，L7271 号，该飞机在 1937 年 7 月 1 日首飞。

在当时众多参与竞争的机名中，“亨特利”是最有力的竞争者。经过多次对名称的讨论后，“汉普登”和“赫里福德”最终被决定分别命名 H.P.52 和 H.P.53。1938 年 8 月，皇家空军开始全面扩充，同时追加的 75 架将在沃顿和 80 架在加拿大制造的飞机的订单被哈德利·佩奇公司接管。

第一批皇家空军“汉普登”的交付在 1938 年 9 月，交付位于林肯郡斯卡普顿的第 49 中队。当一年后战争爆发时，已经有 10 个中队换装该机型，主要用于执行昼间侦察任务。尽管“汉普登”提供了杰出的操纵性能以及几乎和战斗机一样的机动性，当在 9 月 29 日对黑尔戈兰湾区域的一次侦察任务中，来自第 144 中队的 11 架“汉普登”中的 5 架被德国战斗机击落时，其缺点暴露了出来：座位狭窄，机组人员很容易疲惫，同时飞机的防御火力不充分，这导致“汉普登”的命运在之后陷入黑暗。“赫里福德”的境况也好不到哪去，纳佩尔发动机并不可靠，在地面很容易过热，而在空中又冷却过快，高分贝的排气音使得机组人员更加不适。1940 年 3 月，“汉普登”被用于深入德国的“尼科尔斯”（长距离出击），进行航拍侦察和宣传单投掷。

随着空投磁性水雷的出现，“汉普登”找到了合适的任务——布雷。到 1940 年底，轰炸机司令部第 5 大队使用“汉普登”进

下图：H.P. 53“赫里福德”与“汉普登”的区别在于使用了纳佩尔“匕首”VIIII 发动机，这给地勤及空勤人员都带来一些麻烦

上图：1938 年 9 月，瑞典订购了一架“汉普登”，命名为 P.5，由来自尼雪平的第 11 中队（Flottilj）使用。该飞机在 1945 年 11 月被卖给萨博公司，登记为 SE-APB，作为电气测试平台直至 1947 年 11 月

行了超过 1000 次在德国和德国控制的海岸水域的布雷行动。这次成功之后，重新使用“汉普登”执行昼间轰炸任务的尝试损失惨重，迫使第 5 大队的指挥官亚瑟·哈里斯空军准将坚持易受攻击的“汉普登”的后部防御火力加倍这一主张。12 架第 61 和 144 中队的“汉普登”参与了 1940 年 8 月 25—26 日晚皇家空军轰炸机第一次对柏林的突袭，并持续夜间轰炸，1942 年 9 月加拿大皇家空军第 408 中队为轰炸机司令部在威廉港执行了最后一次使用“汉普登”的行动。

鱼雷轰炸机

尽管“汉普登”作为标准昼间或夜间轰炸机已被淘汰，但其先前作为布雷飞机的成功导致其接受了位于戈斯波特的鱼雷研发部门的测试。这次测试获得了成功，该机型十分适应在炸弹舱中装载 1 枚 Mk XII 鱼雷，炸弹舱移除了中央舱门，安装了先前铰链连接的侧副翼。腹部机枪手整流罩前的机身也从底部削短了 12 英寸（约 30 厘米），同时该机型被重新命名为“汉普登”TB. Mk I。1942 年 4 月，第 144 中队和澳大利亚皇家空军第 455 中队的 TB.Mk I 被转移到岸防司令部，两支中队都在鲁赫斯使用填满沙子以模仿鱼雷的水泥管重新训练，这些水泥管被用于向五月岛（英国苏格兰的一个岛屿）的模拟目标发起进攻。

来自两个中队的分队都被送去保卫在苏联北部的护航船团，在那里飞机经常受到来自好战的苏联红军防空兵的射击。两支中队的“汉普登”在完成 1942 年 10 月的行动后被移交给苏联人，机组人员经海路返回了英国。1943 年，在“Torbeau”（鱼雷战斗机）突袭联队成型的同时，“汉普登”被布里斯托“英俊战士”替代，有 200 架该型号飞机被皇家空军运输司令部运送至加拿大，以用于机组人员的训练。被命名为“汉普登”Met.Mk I 的“汉普登”飞机也被用于气象侦察，直至 1943 年底。

2 架“汉普登”安装有莱特 R-1820“飓风”发动机，并被命名为 H.P. 62“汉普登”Mk II，但这一动力系统从未被用于服役。到该型机退役时，仅有不到 1500 架“汉普登”和 152 架“赫里福德”完工。

下图：新西兰皇家空军第 489 中队 1942 年 3 月到 1943 年 12 月在鲁赫斯驾驶“汉普登”进行鱼雷轰炸任务

上图：第二次世界大战爆发不久，在制空任务中难当大任的“飓风”很快便挂上炸弹与火箭弹，投入对地攻击任务。加装了两门 40 毫米维克斯机关炮的“飓风”成为战车杀手，携带 40 毫米炮的 IID 型共生产了 300 架，于 1942 年中期投入西部沙漠（Western Desert）战场服役

霍克“飓风”

“飓风”战斗机的数量庞大，可承担各类任务。就击落敌机数量而言，“飓风”无疑是所有英国战斗机中最成功的机种。

1935 年 11 月 6 日，就在“喷火”出厂 4 个月之前，霍克 F.36/34 规范原型机升空。一个月内，该机在飞行测试中最大速度超过 300 英里 / 时（约 482 千米 / 时）。1939 年 9 月英法对德宣战之际，该机已经生产 497 架，“飓风”同时是英国皇家空军的第一款单翼战斗机。

“飓风”Mk I 型投入法国作战以支援英国远征军，虽遭受惨重的损失，但也摧毁了不少敌机，足以证明其是英国当时最成功的战斗机。

国内与海外

“飓风”经过改良，装上了可变换桨距的罗托尔（Rotol）螺

下图：虽然“飓风”的机鼻长、起落架易损坏、急速失速的特性和飞行航程短，使它无法成为理想的舰载机，但它仍比“海火”（Seafire）要坚固耐用。照片中，海军航空兵第 800 与第 880 中队的“海飓风”IB 型停放在位于塞拉利昂自由城（Freetown）的英国海军航空母舰“不屈号”（*HMS Indomitable*）甲板上，准备执行“基座”行动（Operation Pedestal）

上图：编号 L1550 的“飓风”Mk I 型是第三架量产机，于 1938 年 1 月交付驻扎诺索尔特的英国皇家空军第 111 中队。这支中队是第一个配备该型机的单位，在 1940 年保卫着英国东南部

旋桨和金属蒙皮机翼，并于 1940 年夏得到了好评。“飓风”的数量比“喷火”更多，这是因为其构造简单容易生产，经得起德国空军战斗机所造成的伤损，而且易于操纵，为菜鸟飞行员留出犯错的空间。即使在不佳的天候下也容易飞行。除此之外，该型机还很适合夜间作战。

大战中，“飓风”的身影出现在各条战线上，从东线战场到北非、伊拉克与远东都能见到它们的身影。由于“喷火”在不列颠群岛的任务繁重，所以大批“飓风”通过舰船运往海外，为盟军提供空中掩护或支援地面部队。

该型战斗机不但配备于英国皇家空军的海外单位，还供应其他同盟国。光是直接从英国船运送往苏联的“飓风”就超过了

下图：装在首批“飓风”战斗机上的步枪口径机枪对付德国空军配备自封副油箱的轰炸机时的表现差强人意。英国的战斗机于是采用了机关炮。“飓风”IIC 型上的机关炮作为对地扫射武器时也同样有效

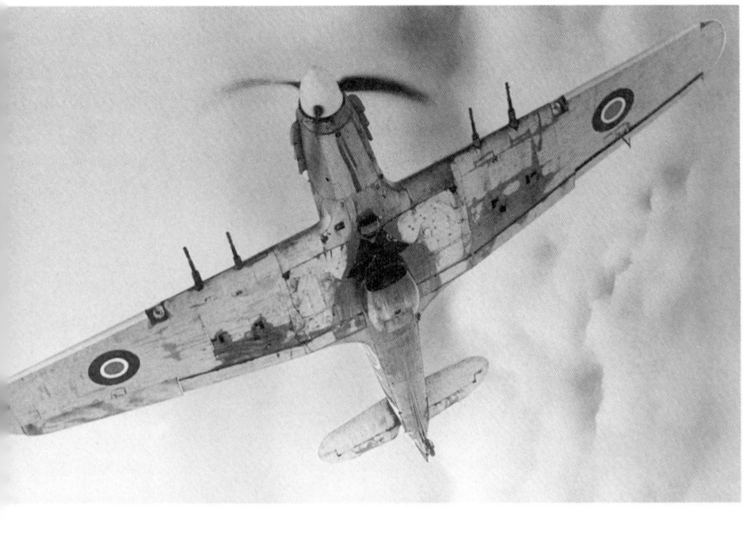

2800 架，其他援助苏联的“飓风”则是来自加拿大和英国皇家空军于中东的库存。继苏联之后，印度空军也接收了大批“飓风”，在 1943 年就有超过 200 架抵达次大陆。

虽然没有“喷火”一样巨大的改进潜力，但“飓风”仍逐步提升发动机的性能并改进以满足需求。“飓风”Mk II 型采用“默林”XX 型直列发动机，后继的衍生机型还有更强大的武装。然而“飓风”作为截击机的缺陷愈加明显，难以对抗愈来愈现代化的德军飞机，因此许多衍生机型的改装都以提升对地攻击的性能为主，此一任务的重要性对盟军来说有增加的趋势。

炸弹与机关炮

配备 12 挺机枪的 Mk IIB 型是第一款以挂载炸弹为主要任务的“飓风”，并获得了一个贴切的称号“飓风轰炸机”（Hurribomber）。Mk IIC 型与其他英国战斗机一样配备 20 毫米机关炮，Mk IID 型甚至配备两门 40 毫米维克斯（Vickers）S 型机关炮，是理想的反坦克武器。

“飓风”所采用的其他重要武装还有火箭发射滑轨。它出现在 Mk IV 型上，该机专用于对地攻击任务，机翼下能够挂载各式武器，包括在所谓“万能”机翼下加装 40 毫米机关炮。Mk IV 型大多在地中海和中国—缅甸—印度战区服役。

另外，在次要的任务中，适度改装的“飓风”也执行夜战、入侵作战和战术侦察的任务，无论在本土还是海外均得到了广泛使用。

英国皇家海军缺乏专为他们设计的战斗机，所以不得不采用“喷火”和“飓风”作为舰载机，后者主要是部署于海外的护航航空母舰上。虽然这两者均非十分胜任，但“海飓风”（Sea Hurricane）比脆弱的“喷火”更坚固耐用。

第二次世界大战结束之后，“飓风”战斗机找到了新的买主，

上图：1945 年之后，大部分“飓风”直接报废。由于比新型的“喷火”落后，且战后英国皇家空军能够使用的飞机非常有限，所以只有少数“飓风”存活下来，所幸如今仍有部分适航。PZ865 号机是这批飞机当中最后制造的飞机，它属于 Mk IIC 型，1944 年出厂。霍克公司保留了这架飞机，取名为“众者之后”（Last of the Many），机号注册 G-AMAU。1972 年，该机捐给了“英国皇家空军不列颠空战纪念飞行队”（RAF's Battle of Britain Memorial Flight），直到 1998 年仍在飞行

包括葡萄牙、爱尔兰和伊朗。英国还为伊朗设计了一款独一无二的双座式“飓风”教练机。自 1945 年之后，英国皇家空军就立即将剩余的“飓风”退出一线服役。

英国的救星

霍克“飓风”无可否认地在英国的历史上占有一席之地，它的重要性不亚于一次大战时装备的那些优秀战斗机。简而言之，“飓风”在 1940 年拯救了英国，是一款“在恰当的时间，由恰当的飞行员所操纵的恰当的飞机”。

没有人能否认超级马林（Supermarine）“喷火”是杰出的战斗机，也没有人不认为它是第二次世界大战中最伟大的飞机之一。相形之下，“飓风”或许显得有些过时，但它的构思和操作是如此简单，使它能够在第二次世界大战头三年，战况对盟军而言危如累卵之时能够奔赴如癌症一般迅速蔓延的劣势战场奋勇迎战。

“飓风”不只参与了重要的不列颠空战，还到过法国、挪威、中东、巴尔干、马耳他、阿拉曼、新加坡和欧洲北海。该机经常提前于“喷火”一两年出现在战场上，更衬托出它对最后的胜利无与伦比的贡献。分析显示，“飓风”在第二次世界大战的空战中，比其他的盟军战斗机所击毁的敌机还多出许多——实际上，比英国其他所有的飞机击落敌机数目加总起来还要多。

下图：在英吉利海峡上空巡逻的“飓风”战斗机正在等待“生意”上门。在战斗机指挥部中，“飓风”的数目要比“喷火”多，如果少了“飓风”，英国皇家空军将无法在 1940 年夏保卫英国

"飓风"战斗机的机翼武器装备采用根据美国柯尔特公司生产许可证在英国 BSA 工厂生产的勃朗宁机枪，适用0.303英寸（约7.7毫米）口径英制弹药。此前战斗机装备的维克斯机枪经常出现卡弹等故障，因此通常安装在机鼻处，以便飞行员手动排除故障

"飓风"的研制与演进

悉尼·卡姆的单翼截击机，相比于当时服役的双翼战斗机，代表着技术上的巨大突破。该新型单翼机拥有 8 挺机翼机枪及一部当时尚未通过验收的新型发动机。

1930 年 1 月 1 日，特伦查德爵士退役，其继任者英国皇家空军司令、乔治·萨德蒙对英国战斗机防空力量进行了重新评估。特伦查德爵士建立了英国皇家空军的轰炸机队伍，却对基地防空不予重视。截击战斗机部队成为他在位期间的主要牺牲品。

1918年设计规范

直至 1930 年，英国皇家空军的战斗机仍然遵循 1918 年的设计规范。这些由布置蒙皮的单座双翼飞机配备有两挺通过螺旋桨射击的维克斯同步机枪，最高速度仅 200 英里（约 322 千米）/ 时。

祸不单行，有关英国皇家空军飞机的整体更换计划赶上了英国的经济大萧条，防空战斗机的拨款因此被严重削减。飞机工业也由于持续订单的匮乏而在多年里面临绝境，效益匮乏不可避免地影响了研究，这种恶性循环直至新型战斗机的研发需求才得以好转，此时下达了航空部 F7/30 的需求。F7/30 需求要求生产一款全金属构造，配备有双倍于此前的武器——4 挺机翼机枪且要求至少 250 英里（约 402 千米）的最高时速的截击机。这种需要隐晦地告诉我们：属于双翼飞机的时代已经或者说应该过去了。然而，投标设计蓝图的鱼龙混杂仅能证明飞行行业已经变得多么萧条。最终，20 世纪 30 年代中期，"斗士"双翼战斗机在角逐中胜出并获得了生产合同。

来自战争的威胁

与此同时，欧洲发生的各类大事件都迫使英国皇家空军加强其战斗机部队。最高时速 174 英里（约 280 千米）"斗牛犬"双翼战斗机和造价更高、最高时速达到 207 英里（约 333 千米）的霍克"狂怒"战斗机，是当时英军的主力机型，两款战机都已经过时。

最初，飞机制造商们主要的苦恼是缺乏拥有足够动力，或者更准确地说缺乏拥有高功重比的发动机。在 20 世纪 30 年代早期，罗尔斯 – 罗伊斯凭借其"红隼"发动机获得了大量订单，并且在促进民用竞技飞机发动机的发展上起到了不可忽视的支柱作用。它推动发展的 R 型发动机曾在 1931 年的施耐德杯上一举夺魁。另外，这种特殊发动机的发展几乎直接推动了 1934 年结合"红

下图：1935 年，霍克截击战斗机方案的原型机 K5083 在首飞前亮相：采用封闭式驾驶舱，压低的前起落架，但没有安装武器

下图：这批没有机号的"飓风"摄于刚出厂之后、在垂尾上涂刷中队标志之前。中队长座机（左起第二架）在座舱盖下方涂有象征中队长机的小三角旗

上图：1940 年的法国战役是“飓风”战斗机参加的首次重要战役。在法国战役中，第 87 中队正是先遣空中打击力量的一员。图为该中队 1940 年 3 月在法国某地。大部分的飞行器仍为双叶定距螺旋桨，然而第二架飞机采用了最新的三叶螺旋桨

隼”发动机可靠性和高功重比为一体的 PV.12 的诞生。

根深蒂固的偏见

当空军克服了对单翼战斗机根深蒂固的偏见后，悉尼·卡姆，霍克战斗机的主要设计者及他的同伴就将目光放到采用 PV.12 驱动的飞机上。

为了更早的交付，卡姆决定机身采用传统霍克机身的建造方法，设计出采用木制框架和横梁的沃伦箱机身主体构造、拥有封闭式座舱的战斗机的设计，整个机体都由纤维蒙皮覆盖。究其主要原因，是霍克公司以木制飞机为主的生产线尚无法在短时间内转换为精巧的金属成型加工工艺（这一工艺在超级马林“喷火”上得到应用）。

上图：1939 年夏季演习中第 79 中队的地勤人员正在进餐。该中队于 1938 年 9 月开始配备“飓风”战斗机，并在此后不久飞赴远东战场，直至 1944 年 7 月为“雷电”战机所替代。在其驾驶舱内，我们可以清晰地看到早期型号“飓风”使用的金属瞄准环

最初被称为“霍克截击战斗机”方案，卡姆的设计在 1934 年后期形成了原型机，并根据其设计提议形成了新的专有规格说明书——F.36/34。霍克公司于 1935 年 2 月 21 日得到了该设计原型机的建造订单。

原型机首飞

霍克 F.36/34 方案原型机 K5083 号，由乔治·布尔曼驾驶于 1935 年 11 月 6 日在布鲁克兰首飞；比首架超级马林“喷火”早 4 个月，略晚于德国的梅塞施密特（ME 109）的首飞。

“飓风”Mk I 型战斗机于 1937 年 10 月 12 日交付首飞，英国皇家空军随后订购了 1000 架。第 111 中队于 12 月换装该型号飞机，第 3 中队紧随其后，于次年 3 月完成了换装。到第二次世界大战爆发时，16 个英国皇家空军中队已经换装该型战斗机。

下图：在 20 世纪 30 年代早期，缺乏合适的发动机和有效的功重比是战斗机制造商面临的主要问题。罗尔斯－罗伊斯“默林”应运而生，并同时装备了“飓风”和超级马林“喷火”的原型机。增压是发动机性能尤其高空性能的关键

“飓风”系列

除了知名的型号外，“飓风”家族中也有一些值得一提的“昙花一现”的飞机。例如，在生产序列中“消失”的 Mk III 型在英制机身上加装帕卡德“默林”发动机的型号，最后由于发动机短缺而未投入批产。

后期型 Mk IA

换装金属蒙皮机翼，增长的三叶变距螺旋桨是后期 Mk IA 的主要特征。这种变距螺旋桨有利于起飞、爬升性能及最高时速的提升。

Mk IIB

配备 12 挺勃朗宁机枪，Mk IIB 的火力与“台风”战斗机相当。该机型是“飓风”系列中最早配备挂架的，因此也被称为“飓风轰炸机”，其每侧机翼能够携带一枚 250 磅（约 113 千克）炸弹。

Mk IID

配备有 40 毫米维克斯 S 型航炮的 Mk IID 仅进行了小批量生产，并几乎都于海外服役，主要在西部沙漠和中缅印战区。这种 40 毫米航炮主要用于打击装甲车辆。

早期型 Mk IA 型

为了便于大规模生产，霍克公司对“飓风”原型机进行了一些改进：增大冷却器；增强驾驶舱顶盖及挡风玻璃强度；简化起落装置和尾轮。

Mk IIA

绝大部分的 Mk II 机型都配备有机关炮。最初近 100 架由于不列颠战役的紧急交付要求，仅配备有 8 挺机翼机枪。

Mk IIC

1944 年 9 月末，4711 架 Mk IIC 型飞机完成生产。作为应用最广的“飓风”系列，Mk IIC 配备有 4 门机关炮和挂架。

Mk IV

最初此型号战斗机被称为 Mk IIE 型，配备有“通用”机翼，可以装备 20 毫米或 40 毫米的航炮、炸弹或者火箭弹。在希腊战场上第 6 中队曾操作此型号飞机，该机可以在一侧翼下携带 2 枚火箭弹和一枚 500 磅（约 227 千克）炸弹；另一侧机翼携带 2 枚火箭弹和一架 S 型 40 毫米航炮，以平衡机身的挂载方式。

Mk V

该型号为主要针对缅甸战场的对地攻击型。此型号换装 1700 马力（约 1268 千瓦）的“默林”32 发动机，使用四叶螺旋桨，拥有 525 千米 / 时的最高航速和 9300 磅（约 4218 千克）的最大起飞重量。然而，即使配备有加大冷却器，这种发动机仍存在过热问题。此型号仅有 3 架样机。

Mk X

加拿大汽车及铸件（股份）有限公司利用 200 架 Mk I，结合帕卡德“默林”发动机，生产了 Mk X 型号和 Mk XI 型号的战斗机。原本 Mk XI 系列机型是为加拿大皇家空军生产的，实际上该机型基本被运往苏联。

战术侦察机

20 世纪 40 年代末期，“飓风”系列的 Mk I 和 II 系列都在机身后部下方装配有照相机。这款战术侦察 Mk II(FE) 型首先应用于中东战场，其后应用于印度战场。

雪上“飓风”

一些加拿大制造的“飓风”Mk XI 型战斗机装配有滑雪起落架以适应加拿大被雪覆盖的机场环境。大部分加拿大制造的“飓风”飞机都采用无整流罩的美国汉密尔顿标准螺旋桨。

Mk XII

该型号战斗机为加拿大生产的主要机型，配备可安装 12 挺机枪或 4 门机关炮的“通用”机翼，还有一部分被称为 Mk XIIA 的型号机翼配有 8 挺机枪。

“海飓风” Mk IB/IC

由 Mk I, II, X 以及 XII 改造而成的 260 架 Mk IB 舰载战斗机，装配有弹射器线轴及 A 形着舰钩，主要搭载于商船航空母舰（MAC 船）——由商船改造的应急航空母舰上，用于执行商船队护航任务。

“海飓风” Mk IC/Mk IIC

该机型由“飓风”系列 Mk I 型号加装航炮改装而成，装备于搭载在英联邦航空母舰上的舰载战斗机部队，“海飓风” Mk IIC 型实际上就是海军用的 Mk IIC 型。

波斯双座教练机

这种双座机最早于 1940 年由霍克飞行公司提议，用于替代“哈佛”高级教练机。该提议由于不列颠战役而搁置，却在其后引起波斯（今伊朗）的兴趣，于 1947 年订购了两架样机。由于后驾驶舱会受到较强的气流干扰，在交付后不久又增加了封闭式座舱。

“海飓风” Mk IA

该型号指代部署于加装飞机弹射器的商船（CAM 船）上的“飓风”，亦被称为“飓猫”（Hurricats）。随着商船改装的护航航母大批投入使用，这批主要由“飓风” Mk I 改装的过渡战斗机随即被用于训练。

附加翼型“飓风”

作为一种相对简单的机型，“飓风”用于进行各类研究实验，例如在不同流层间飞行以及牵引战斗机。或许其中最独特的代表就是亦称“滑翔翼飓风”的希尔斯 F.H.40 型。其上侧辅助机翼使得它能够在较短的跑道上起飞（之后该机翼将会被抛弃），并且可以作为转场飞行时的副油箱。

欧洲作战

“飓风”在战争中的第一年

上图：1940 年，为与前往英国目标的纳粹空军轰炸机交战，第 601 中队的飞行员匆忙向他们的“飓风”战斗机跑去。在不列颠之战中，英军“飓风”与“喷火”的数量比为 3:2 左右

第二次世界大战最初的几个月，皇家空军部队将该机型带往法国，“飓风”战斗机经受了第一次考验。不久之后，这些飞机就穿越英吉利海峡开始撤退，在这里将面临着最严峻的挑战——不列颠之战。

1937 年圣诞节前几天，第一批“飓风”交付位于诺斯霍特的第 111（战斗机）中队。1938 年飞机生产加速，因此到年底，已有 6 支使用这些新飞机的中队，其中有 4 支被认为达到作战要求。

到战争爆发时，“飓风”在 16 支以英国为基地的皇家中队中服役，其中有 4 支中队立刻被派往法国，还有 2 支加入英国远征军（BEF）。

战斗机主力

到 1939 年末，又有 5 支中队参与作战，它们和另外 12 支“飓风”中队成为战斗机司令部的主力。当时正在生产的“飓风”已经换装金属蒙皮机翼，并采用 D.H. 可变螺距或罗尔斯 – 罗伊斯恒速三叶螺旋桨。由于早期生产的“飓风”战斗机被后来的飞机替代，在增加中队飞行员供给的极大压力下，它们被派往一些训练部队。幸运的是，“飓风”被证实是缺点相当少的战斗机，同时米尔斯“教师”则被证明是战斗机训练计划中的优秀搭档。

在战争的最初 8 个月里，法国的局势相当稳定（主要是德军此时正忙于其他战线），随后爆发的苏芬战争中，芬兰装备了英国的双翼战斗机。最初英国曾打算派出 1 支“斗士”中队支援芬兰，但在挪威遭到德国空袭时，预选的中队被派往该国抵御纳粹入侵。

“飓风”在芬兰

一些“飓风”（主要是早期型的前皇家空军自用机）通过海运送往赫尔辛基，在战争结束前及时到达，在苏芬战争中参与了一些行动。装备“飓风”的第 46 中队由皇家海军“光荣号”航母装载送往挪威北部，掩护纳尔维克北部港口的同盟国军队，并对德军飞机造成了相当的杀伤，不过人们很快就意识到要支援距英国这么远的地面部队是不可能的。在尽其所能地提供空中掩护后，第 46 中队被要求疏散，飞回“光荣号”的甲板。在返航的过程中，“光荣号”遭到德军战列巡洋舰的攻击，并且带着几乎全体船员沉入海底；中队长和第 46 中队的其他飞行员获得了救援，而全部“飓风”战斗机随航空母舰一起沉没。

1940 年 5 月 10 日，德军在西线对法国和低地国家展开全面攻势。同盟国军队没有能够应对德国闪电战的装备。这里的“飓风”中队太少了，无法战胜在战场上具有空中优势的德军，皇家空军的伤亡十分严重。少量的比利时“飓风”投入几近自杀的战斗中，这些飞机几乎全部在空中或在地面被摧毁了。

空军中将休·道丁爵士又向法国派遣了 4 支中队，但他很快就意识到任何增援都是徒劳的。这些中队中的两支奉命掩护残余的英国远征军向西撤退，而其余的中队则被召回，同以英国为基地的“喷火”一起，在 5 月 26 日到 6 月 3 日的大撤退中防卫敦刻尔克的海滩。当 6 月中旬法国投降时，法国和低地国家的战役已消耗了 386 架战斗机司令部的“飓风”战斗机（皇家空军飞机总损失为 477 架）。然而，不断上升的“飓风”生产数量在 2 周内就使情况有所好转，但这些飞机依然要交付训练部队。200 名飞行员的损失是另一个问题。

不列颠之战

7 月，不列颠之战开始了，不少于 26 支“飓风”中队和 17 支“喷火”中队，8 支“布伦海姆”中队和 2 支“无畏”战斗机

上图：1940 年 8 月 18 日是不列颠之战中第 501 中队最糟糕的一天。在上午短短的 2 分钟内，该中队就损失了 4 架“飓风”战斗机，其中包括图中 2 架飞机，损失由 JG 26 联队第 3 大队的纳粹空军飞行员格哈德 · 舍普菲尔中尉造成

上图：战争初期的几个月，并不是所有参与行动的“飓风”战斗机都属于皇家空军。图示比利时 Mk I 就是一小批于 1939 年交付并被用于对抗德国闪电战的飞机之一。其中许多都被纳粹空军的 Bf 109 击落

中队参与了战斗。不列颠之战的过程广为人知，在此只介绍“飓风”参与的行动概要。

在整体战术之后，“飓风”奉命对抗德国轰炸机，而“喷火”则负责对付德军护航战斗机。皇家空军飞行员在数量上占优势，但道丁总是需要考虑到德军在南部和北部同时发起空袭，他也必须对明显少于飞行员的战斗机进行配置。

“鹰日”

幸运的是，纳粹空军仅进行过一次同时对全部战线的空袭，那就是 8 月 15 日著名的“鹰之空袭”。由于皇家空军飞行员具有极好的资源管理、技能和勇气，德国的空袭锋芒渐失，飞机损失也远多于英军。“飓风”摧毁的敌机比英军其他防空力量（其他型号皇家空军战斗机、防空炮火和气球）的总和还要多，占到总战绩的五分之三。

到战斗结束时，“飓风”中队的数量实际上又增加了 3 支，分别是 1 支加拿大中队、1 支波兰中队、1 支在捷克的中队。这 3 支中队都参与了作战。在两个月内，又有 5 支中队加入防御（包括美国志愿飞行员组成的第一支“银鹰”中队，第 71 中队）。

改进的“飓风”Mk IIA 开始换装到 4 支中队，很快装有 12 挺机枪的 Mk IIB 也将加入战斗机司令部。

此外，在夏日攻防战临时的夜间防御任务中，与其他“喷火”相比，“飓风”被证实是更有效的夜间战斗机（能够更轻松地在夜间飞行和降落），因此在秋天，几支昼间“飓风”中队被转调执行夜间战斗机和进攻任务。

下图：图示为对法国闪电战的头几天中，驻扎别岑尼韦里（Bethéniville）机场的一架第 501 中队的“飓风”Mk I 正在快速进行加油和装弹。右侧是飞机的飞行员（穿白色飞行服）正在听取中队情报官的任务简报

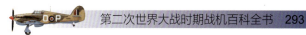

武器

第一批“飓风”产品在机翼上安装有8挺0.303英寸（约7.7毫米）柯尔特－勃朗宁机枪，总共配备2660发子弹。

动力装置

早期“飓风”Mk I使用罗尔斯－罗伊斯“默林”II发动机，该发动机在16250英尺（约4953米）高度的功率为1030马力（约768千瓦）。

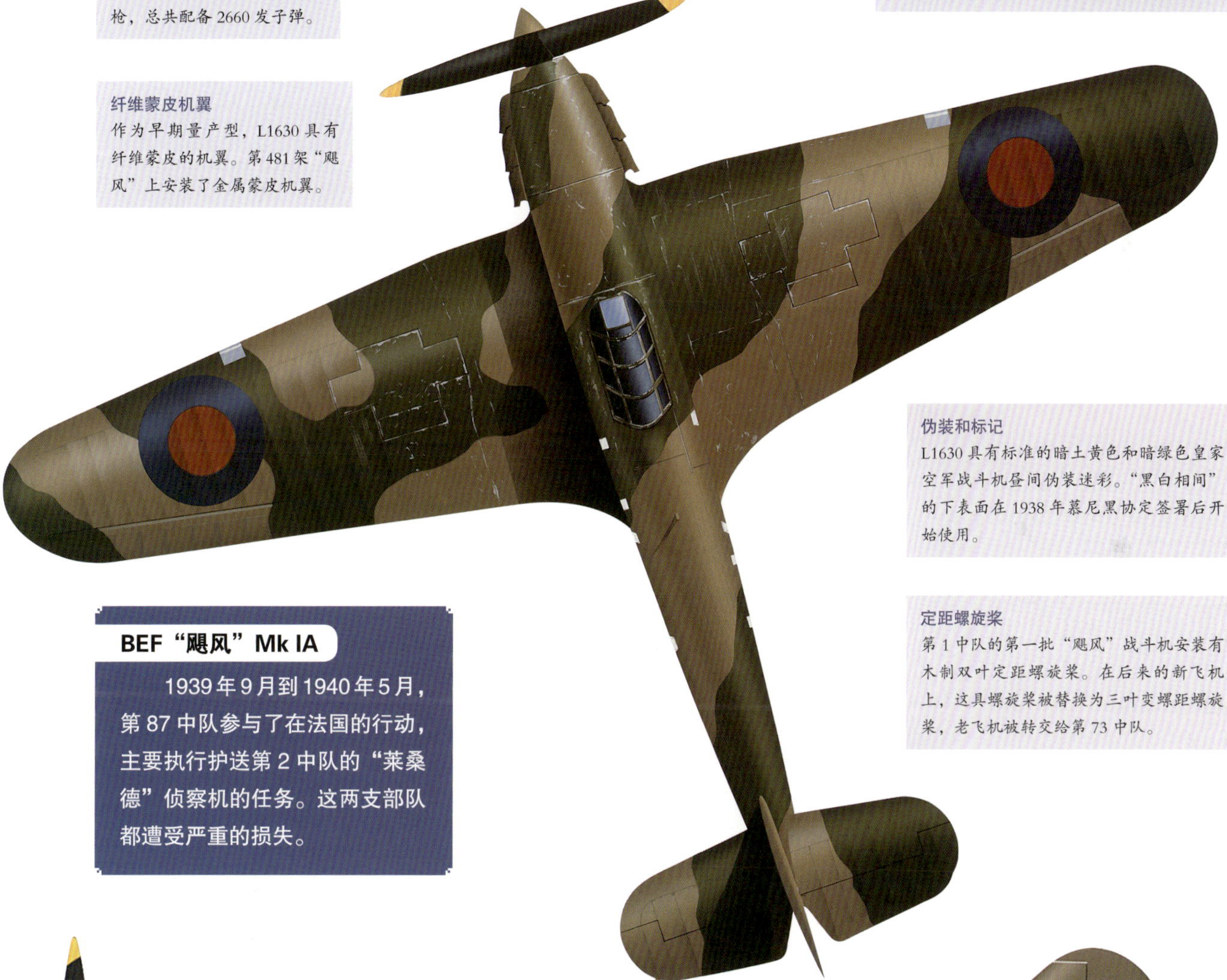

纤维蒙皮机翼

作为早期量产型，L1630具有纤维蒙皮的机翼。第481架“飓风”上安装了金属蒙皮机翼。

伪装和标记

L1630具有标准的暗土黄色和暗绿色皇家空军战斗机昼间伪装迷彩。“黑白相间”的下表面在1938年慕尼黑协定签署后开始使用。

定距螺旋桨

第1中队的第一批“飓风”战斗机安装有木制双叶定距螺旋桨。在后来的新飞机上，这具螺旋桨被替换为三叶变螺距螺旋桨，老飞机被转交给第73中队。

BEF“飓风”Mk IA

1939年9月到1940年5月，第87中队参与了在法国的行动，主要执行护送第2中队的“莱桑德”侦察机的任务。这两支部队都遭受严重的损失。

“飓风”战斗机作战

西北欧和苏联，1940–44

上图：不列颠之战结束后，皇家空军的“飓风”部队进行重组，并继续进行攻击行动。图示为1942年5月以曼斯顿为基地的第174中队（专用战斗轰炸机部队）装备的飞机

在不列颠之战之后，战斗机司令部继续进行攻击，包括“飓风”Mk II在内的皇家空军战斗机和轻型轰炸机被要求在西欧吸引纳粹空军进入空中。随后敌机就可被诸如“喷火”的更现代化的皇家空军先进战斗机歼灭。

由于构造过时，所有人都认为“飓风”将在跨海峡攻击的早期作战任务中被淘汰并被运往海外。当时，“喷火”不仅交付时间落后，而且“喷火”Mk II型的性能也要弱于1941年初投入使用的梅塞施密特Bf 109F。新型“喷火”Mk V已加入战斗机司令部，随后该型号在多个月大量交付后成为战斗机司令部的标准战斗机。

“飓风”Mk II

“飓风”继续服役直到战争结束。“飓风”Mk II在不列颠之战结束时开始服役，拥有12挺机翼机枪Mk IIB迅速成为一款效率惊人的战斗机，尤其是在“大黄”行动中[少量（经常只有几对）飞机进行点对点扫荡，但很少能够吸引德军战斗机升空迎战]。因此，“飓风”能够搜寻并摧毁大量敌军（主要为二线）飞机；它们也越来越多地进行了对敌军机场的自由空袭。

到1941年5月，战斗机司令部中装备“飓风”的中队数量增加至35支。上述飞机除完成昼间扫荡任务之外，也在从事夜间扫荡突袭空袭任务。“飓风”已经被证明比“喷火”更适合进行夜间行动，它的宽轮距起落架使降落变得更容易。确实，一些“飓风”部队仅被分派了夜间作战任务。“飓风”Mk IIB战斗轰炸机型能够装载两枚250磅（约114千克，后来改为500磅/约227千克）炸弹，是理想的夜间扫荡突袭者，在对抗德国以法国和低地国家为基地的夜间轰炸机过程中表现尤为出色。

1941年末，装备4门机关炮的“飓风”Mk IIC进入轰炸机司令部。这一型号飞机是所有“飓风”战斗机中使用最广泛的。几乎所有部队都将Mk IIC投入夜间扫荡突袭工作，当然如果“喷火”能够提供护航，这些飞机也能够在白天进行轰炸扫荡。该机型积极参与了1942年8月的迪耶普战役。

到1943年末，“飓风”IIB和IIC一直在北欧的前线作战，然而更高效的“台风”在为接下来进攻欧洲的准备过程中承担了

下图：月光下的这架第85中队的“飓风”Mk I将在对纳粹空军的夜间“闪电战”的反击中扮演夜间战斗机的角色。在专用的雷达夜间战斗机投入使用之前，“飓风”被用来填补空缺，并取得了一些战果

下图：1941年末，加拿大皇家空军第402炸弹的一架装载有一对250磅（约114千克）炸弹的12枪“飓风”Mk IIB，在执行昼间跨海峡战斗轰炸机任务前进行训练

上图：1941 年寒冷的初冬，下降中的第 151 飞行联队的“飓风”正准备在瓦恩加着陆。地面上的伪装网下是一架第 134 中队的飞机

对地攻击任务，这些飞机的数量急速减少。在从战斗中召回后，“飓风”被越来越多地使用于训练和通信工作中。一支特殊的通信部队——空中派遣信件服务中队，活跃在秘密战线上，在比利时和伦敦之间传送信息，邮件运送也成为“飓风”在战争后期的主要用途之一。

越来越多的“飓风”战斗机在战争的最后 18 个月中开始从事巡逻和护航工作。这些飞机被广泛用在战斗机联合演习中，并被用于在轰炸机机枪手训练中扮演假想敌。

为俄罗斯准备的“飓风”战斗机

1941 年 6 月 22 日，德国开始了对苏联的空袭，温斯顿·丘吉尔立刻发表声明，将为新的盟友竭尽全力运送军用物资。这一宣言很快以载满各种各样的武器、军用汽车和飞机的船队的形式得到了兑现。这些物资中的“飓风”战斗机比其他来自英国的飞机要多得多。从 1942 年 8 月到战争结束，有不少于 2950 架该机型送往苏联。这些飞机主要由著名的北方护航船队运送，还有几百架利用里海从波斯湾到巴库的铁路，通过中东到达苏联。

早期许多由北海船队装载的飞机实际上是重新安装了“默林”XX 发动机、被称为 Mk II 的“飓风”Mk I，而且它们已经在 1940 年由战斗机司令部使用了大量的飞行时数。大多数飞机为 Mk IIB——这些飞机原本被安排送往中东，装有热带空气过滤器，现在匆忙进入苏联北部冰雪覆盖的荒原上的战场。

第一批经海运前往苏联的“飓风”战斗机于 1941 年 9 月 1 日到达，它们属于第 151 飞行联队（皇家空军第 81 和 134 中队）。

上图：武装有机关炮的“飓风”Mk IIC 具有第 248 中队的“ZY”编码，为进行夜间扫荡突袭任务，它通体为黑色。照片拍摄时（1942 年末），该部队的任务包括反舰艇扫荡

这些部队是在英国匆忙组成的，用于训练苏军人员操作这一英国飞机。

苏联红海军航空兵

尽管苏联人对“飓风”是否最新机型有一些怀疑，但很快他们就对这一飞机产生了深深的依赖，并十分欣赏飞机所提供的轻松的驾驶环境。在两个中队留下“飓风”返回英国前，皇家空军的飞行员驾机击毁了多架德军飞机。据信大部分在最初三四个月里到达苏联的飞机随后由苏联海军飞行员驾驶，偶尔被用于对抗芬兰人，但更常见的是由苏联波罗的海舰队用于港口防御。1942 年至少有 3 个苏军歼击航空兵团装备有“飓风”战斗机，虽然该型机主要仍用作高级教练机，不过由于火力强大，Mk IIC 特别受到一线部队追捧。

幸存记录显示，1944 年苏联极其渴望收到“飓风”Mk IID 反坦克型号，但这一需求很难被满足；这一年皇家空军并不打算使用该机型进攻法国（“台风”成为理想的近距离支援飞机），同时几乎所有可用的 Mk IID 和反坦克 Mk IV 已经或正在被送往地中海和远东。最终 60 架 Mk IID 和大约 30 架 Mk IV 从开往孟买的船队上被选出，在波斯湾的巴士拉送上火车运往巴库。苏军是否在进攻德国的坦克战中使用这些飞机，我们不得而知。

实际上，反坦克“飓风”战斗机很难摧毁德国坦克，但对德国和意大利装甲运兵车十分有效。

下图：1941 年 9 月初到 11 月末，图示“飓风”Mk IIB（Z3768）隶属于驻扎在苏联北部瓦恩加（Vaenga）的皇家空军第 151 飞行联队第 81 中队。当时飞机移交了苏联红海军。飞机的编码由中队字母代码（“FL”）的首字母、1 个独特的飞机识别字母和苏联的两位数识别号码组成

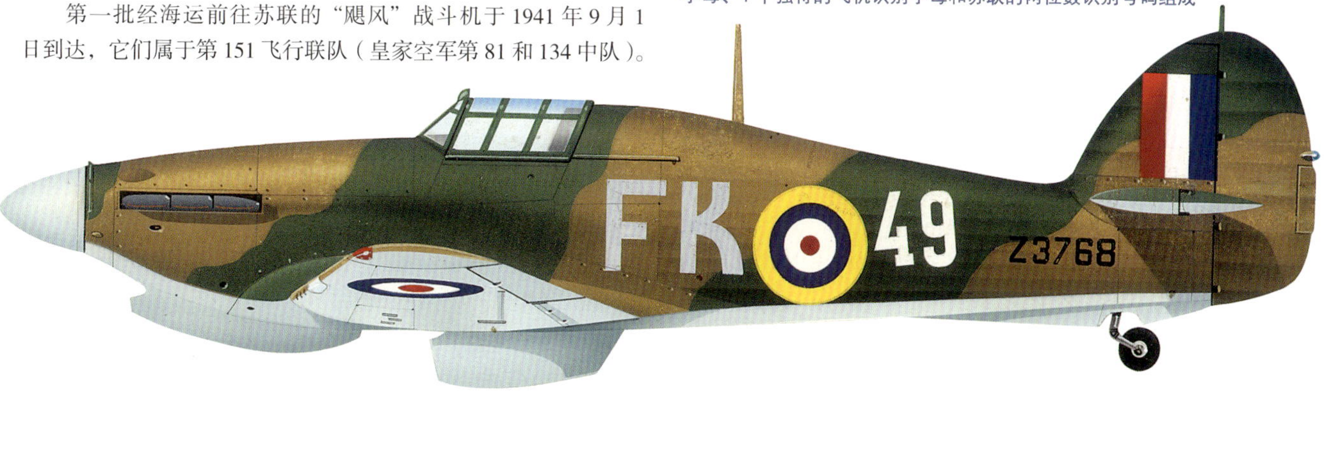

翼下挂装2门维克斯“S”40毫米航炮的“飓风”Mk IID打击轴心国坦克和装甲车非常有效。从1942年4月起，5支中队使用该型号在中东战区作战

中东和远东的“飓风”

“飓风”在不列颠之战中做出至关重要的贡献后，又在中东和远东延续其成功，并且以“飓风轰炸机”之名受人敬畏。

1940年5月意识到法国即将战败而开始行动的航空部匆忙准备派遣“飓风”飞往中东，而法国南部还有一些机场，在那里飞机能够在前往马耳他和埃及之前进行燃料补给。因此，在6月10日意大利参战时，12架“飓风”（和1架载有领航员的“布伦海姆”）从博斯坎比顿起飞前往法国南部。然而，当飞机试图着陆时，除3架战斗机和“布伦海姆”之外，其余的飞机都由于跑道上的障碍而撞毁。剩余的3架“飓风”在突尼斯加油后于次日抵达马耳他。

下图：武装有机关炮的“飓风”在击败北非轴心国军队的战斗中扮演了重要的角色。图中第94中队由5架飞机组成的编队中，第1、第3和第4架飞机为减轻载重，拆除了机翼外侧的机关炮

1940年最后的几天里，几批非常老旧的“飓风”战斗机由航空母舰装载前往地中海，并在到达马耳他海域时飞离了舰艇。另一条增援路线于当年9月开通，“飓风”经海运送往黄金海岸的塔科拉迪（Takoradi），飞机在那里完成了装配，起飞跨越了非洲和埃及北部。许多早期的飞机没有安装汽化器滤尘设备，在到达目的地时，这些飞机几乎全部磨损。然而到10月，这里已经有了足够供一个中队使用的“飓风”。随后不久，来自英国的第73中队经塔科拉迪抵达中东。

“飓风”在地中海战区的部署非常艰难。随着希腊战役开始，飞机只够装备3支位于西部沙漠和希腊的中队。这些飞机全部为Mk I。到1941年2月，无论是在英国还是在塔科拉迪，新到达的飞机都进行了适应热带的改装。大号过滤器降低了最高时速，但飞机面对在沙漠和希腊空中遭遇的意大利飞机时，仍表现得游刃有余。

1941年3月，第一批“飓风”Mk IIA到达，尽管损失有时很大，但面对敌军，他们仍努力做到分庭抗礼，甚至在使用梅塞施密特Bf 109E的纳粹空军第27战斗机联队（JG 27）到达之后也是如此。在对抗意大利的东非战役中，12架左右的“飓风”从增援马耳他的塔科拉迪航线中“抽调”出来，在对付性能不佳的驻东非意大利飞机的行动中表现颇为出色。

到1942年6月，中东的大部分老旧“飓风”Mk I被召回到训练部队或成为侦察战斗机；当时后者是仅用于在中东才出现的任务，但后来也在远东使用；执行这些任务的“飓风”在机翼后方的机身下部安装了一个由3个垂直和倾斜的相机组成的扇面照相舱。使用4门20毫米机关炮的“飓风”Mk IIC和使用2门40毫米炮的反坦克型Mk IID取代了Mk I，Mk IIC，在该战区成为实用的夜间战斗机，Mk IVD则与IIB一起作为战斗轰炸机在沙漠上奋战。IID在比尔·哈基姆遭受了烈火的考验，随后在1942年阿拉曼战役和在昔兰尼加、的黎波里塔尼亚及突尼斯对抗轴心国装甲车的过程中，获得了无数次胜利。第6中队直到战争结束仍使用反坦克“飓风”战斗机，在意大利西西里岛和巴尔干半岛地区进行战斗。该中队最后终于接收了可以使用40毫米和20毫米炮、炸弹、火箭弹或上述武器组合的Mk IV，该型号也经常携带副油箱。

上图：1942 年 1 月第一批“飓风”到达亚洲，随着战事发展，这些飞机越来越多地投入对地攻击任务中。图中“飓风”在 1945 年对缅甸提达姆（Tiddum）公路上的日军进行扫射

在 1942 年 11 月的“火炬”行动中有 12 支中队使用“飓风”战斗机，也使用“海飓风”和加拿大制 Mk X。

远东作战

1941 年末“飓风”到达中东，当时日本攻入马来半岛，立刻给新加坡带来威胁。“飓风”Mk IIB（具有热带装备）由航空母舰运送到达远东，它们原本的目的地是中东。

然而为时已晚，尽管这些战斗机在爪哇岛和苏门答腊岛战役的最后阶段展现出极大的勇气，但仍在战斗中全毁。其他“飓风”则被派往正被日军大肆侵略的缅甸仰光。然而这次，“飓风”飞行员面对的是日本陆军战斗机。由于日本陆军战斗机性能较差，损失惨重。更重要的是，更多的“飓风”从战斗中幸存了下来，并为后来英国穿越仰光向北撤退提供了掩护。这一过程中最主要的问题是缺少充足的机场和跑道。

在遭遇不可避免的损失后，所有后来前往东南亚战区支援的“飓风”都在印度港口和锡兰登陆。“飓风”Mk IIB 被广泛用于两次若开战役中，经常执行战斗轰炸机的任务，也为轰炸机提供掩护和护航。在日本海军对锡兰的突然空袭中，尽管自身损失也相当严重，但“飓风”同海军航空兵“管鼻鹱”战斗机并肩战斗，使敌军舰载飞机伤亡惨重。日军损失要比英军更加严重，由于在 1000 英里内没有有效的飞机补充，日军不得不终止对锡兰空袭；此外，日军舰载战斗机的损失使得日本航母机动舰队在后来美军发起的行动中更易受到攻击。

到 1943 年 4 月，远东已经有 14 支“飓风”中队——主要装备有 Mk IIB 和 IIC，但也使用越来越多的 Mk IID。该机型被证实对抗日军坦克和装甲车十分有效。这些中队中，有 7 支在缅甸前线作战或为加尔各答提供空中防御，3 支部署用于防御锡兰，还有 4 支待机或换装 Mk IIC 和 IID。1944 年，随着对日作战形势逆转，参战的“飓风”中队数量跌至 11 支。除 2 支外，其余中队都属于总部位于英帕尔和吉大港的第 221 和 224 大队。战争的最后阶段，携带火箭弹的“飓风”战斗机经常执行对地攻击任务，对桥梁和内河交通进行轰炸，给日军轻型坦克、人员运输车和集结部队造成了严重损失。“飓风”在北部的英帕尔和科希马战役中发挥了关键作用，一直服役到缅甸战役结束。

下图：“飓风”Mk IV 是一款热带对地攻击战斗机，安装有通用机翼，能够装载火箭弹（见图）、炸弹、20 毫米或 40 毫米炮和副油箱等多种载荷

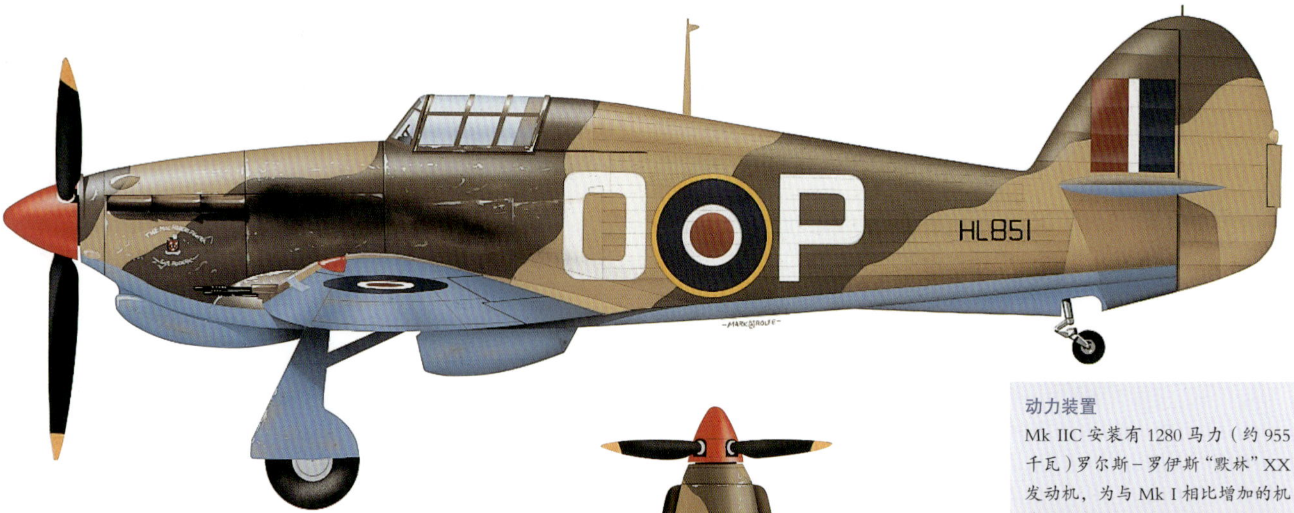

动力装置

Mk IIC 安装有 1280 马力（约 955 千瓦）罗尔斯–罗伊斯“默林”XX 发动机，为与 Mk I 相比增加的机身重量提供了额外动力。发动机驱动 1 部罗陀 RS5/2 或 5/3 型三叶恒速螺旋桨。

“飓风”Mk IIC

1942 年底以埃及为基地的第 94 中队的这架 Mk IIC 具有这一战区皇家空军战斗机的常规伪装——深天蓝色、中石灰色和蔚蓝色迷彩。1945 年 4 月该中队在希腊解散前的整个战争中，该中队都在中东和地中海服役。

机身

和其他“飓风”战斗机一样，该飞机的机身为织物覆盖的箱形结构，具有钢制圆形截面和硬铝合金线圈支撑，并由附属于 11 个逐渐变细的金属框架的木制纵梁连接。

战斗生涯

在巅峰时期（1941 年 12 月至 1942 年 1 月），欧洲北部战场有 30 支战斗机司令部中队装备了“飓风”Mk IIC；大约在同一时刻，还有 10 支位于中东的中队也装备有该机型飞机，随后 21 支位于东南亚的中队也加入这一行列。

“斯特林”飞行队

这架 HL851 是由德涅赛德郡和柯马尔（Douneside and Cromar）的雷切尔·麦克罗伯特女士为纪念在战争初期服役于皇家空军并战死的 3 个儿子而捐赠的 3 架“飓风”Mk IIC 之一。“罗德里克爵士号”以她的大儿子罗德里克准男爵命名，他在 1942 年 5 月 20 日伊拉克摩苏尔油田上空失踪。其他两架飞机是“伊恩爵士号”（HL735）和“阿拉斯代尔号”（HL844）。此外，麦克罗伯特女士还捐赠了一架在他处服役的“飓风”战斗机和一架“斯特林”轰炸机。

滤尘器

热带“飓风”战斗机安装有用于保护腹部散热器和使机油冷却器免受尘土干扰的沃克斯过滤器。这些飞机被证实和最初从苏联北部机场起飞参与作战的非热带飞机一样有效。

武器装备

Mk IIC 武装有厄利空或西斯帕诺 20 毫米机关炮，能够装载 364 发炮弹。为减轻重量，HL851 后来拆除了机翼外侧的机关炮。

外国使用者

第二次世界大战之前，英国政府批准向几个国家出口“飓风”战斗机，此外还在战时向多个同盟国成员提供该机。战后也有大量皇家空军的剩余飞机被出售。

战前订单

南斯拉夫

南斯拉夫于 1938 年订购了 12 架“飓风”Mk I，头两架样机交付于 12 月。第二批 12 架 Mk I 的订单随后下达，这些飞机的交付开始于 1940 年 2 月。与此同时，南斯拉夫贝尔格莱德的 PSFAZ 罗格扎斯基（Rogozarski）公司和泽农的飞机和水上飞机工厂（Fabrika Aeroplanal Hidroplana）获得了“飓风”战斗机的生产许可执照。1941 年 4 月德国入侵巴尔干半岛地区时，南斯拉夫空军拥有大约 38 架“飓风”战斗机服役（右上图），其中包括 15 架国产型。一周之内，大部分飞机就被击落或在地面被击毁。战后，位于南斯拉夫的英国皇家空军第 351 中队的“飓风”Mk IV（右图）被转交南斯拉夫游击队空军，这些飞机在战后继续服役了一小段时间。

加拿大

加拿大皇家空军的第一批“飓风”战斗机是 20 架英国制 Mk I，这些飞机在 1938 年末以为英国皇家空军“飓风”部队训练飞行员为目的，通过海运穿过大西洋到达这里。最终加拿大汽车和铸造公司接受了制造“飓风”战斗机的任务，这些飞机主要提供给英国皇家空军和海军航空兵。第一批 1451 架加拿大制飞机（上图）于 1940 年交付，其中大部分经水路运出，加拿大皇家空军保留了一部分（包括一些 Mk X）执行防空任务。

南非

1938 年中下发了对新飞机的需求后，航空部将 7 架“飓风” Mk I（右图）通过海运送往南非。这些飞机装备了位于比勒陀利亚的第 1 中队，但所有飞机都在战争开始前因各种原因受到损失。战争开始后，第 1 中队与另外 4 支装备有“飓风” Mk I 和 II 的南非中队一起在北非服役。战后，一批 Mk IIB 和 IIC 返回南非，但在几个月后就报废了。

罗马尼亚

1938 年末，罗马尼亚订购了 12 架“飓风” Mk I（下图），尽管全部飞机都完成了交付，但罗马尼亚与德国签署的轴心国三方条约意味着这批英制飞机很难派上用场。当 1940 年罗马尼亚空军经德国的帮助完成了现代化时，“飓风”可能被派往执行二线任务。

波兰

波兰是最后一个在战前提交“飓风”战斗机订单的国家，它要求先获得一架飞机进行评估，再决定是否购置另外的 9 架。尽管第一架飞机于 1939 年 7 月离开英国，随后另外 9 架于 9 月启程，但关于这些飞机的最终目的地，有证据显示，可能既没有到达波兰，也没有返回英国，或被运往中东。

比利时

1939 年 3 月，比利时订购了 20 架“飓风” Mk I（右图），其中前 3 架于次月交付。与此同时，费尔利飞机公司获得制造另外 80 架飞机的许可，这些飞机使用 4 挺 0.5 英寸（约 12.7 毫米）机枪替代了标准的 8 挺 0.303 英寸（约 7.7 毫米）机枪。然而生产延迟导致 1940 年 5 月德国入侵前完成的 20 架飞机只保留了 8 挺机枪配置。

战时交付

澳大利亚

经由去往塔科拉迪的航线到达澳大利亚完成交付的“飓风”Mk I V7476，由澳大利亚皇家空军管理。飞机最终完成时通体为银灰色，带有东南亚空中司令部（SEAC）标志，并得到澳大利亚的编号 A60–1，但从未在机身上涂刷；该飞机最终于澳大利亚皇家空军库克角军校报废。

土耳其

土耳其的第一批“飓风”战斗机是 1939 年 9 月到 10 月交付的 24 架 Mk I。战争中期的几年中，以激励土耳其回绝轴心国提案为目的，同盟国向其提供了一大批飞机，前皇家空军 Mk II 也在这批飞机之中。派往土耳其的 Mk II 中包括图示热带 Mk IIC，HV608，图片摄于 1943 年 1 月飞机交付后不久。

法国

1944 年和 1945 年，法国海军航空兵获得 15 架“海飓风”Mk IIC 和 XII（都是前英国海军航空兵飞机并完成了热带改装）。到 1946 年初，仍有几架机况良好。

苏联

目前的资料指出，从 1941 年开始，英国和加拿大向苏联提供了 2952 架“飓风”战斗机，其中包括 1557 架 Mk IIB（下图）和 1009 架 Mk IIC。其中大部分为从英国经海运到达的新飞机，还有几百架由中东的皇家空军维修部队提供，通过波斯的铁路运送给抵御德军攻势的苏军战斗机部队。

埃及

主要由埃及飞行员构成的埃及皇家空军第 2 中队在 1944 年接收了大约 20 架热带 Mk IIB 和 IIC。1945 年 1 月之前，该中队一直使用这些飞机在北非同沙漠航空队并肩作战。第二次世界大战结束后的几年中，有几架继续在埃及皇家空军服役。

印度

印度皇家空军第 1 中队成为第一支参与作战的印度“飓风”部队，该中队拥有大约 106 架于 1943 年末交付的飞机。8 支印度皇家空军部队最终装备了该型号飞机，有几架飞机一直服役到 1946 年被“暴风”Mk II 替代。

芬兰

1940 年 2 月与苏联进行冬季作战期间，芬兰接收了 12 架“飓风”Mk I（下图）。在这些飞机完成重新组装并投入使用之前，战斗双方就已签署了停战协议。随着 1941 年敌对活动恢复（继续战争），有 11 架飞机执行了一些任务，然而由于零件匮乏，飞机的使用受到了严重限制。

被俘的飞机

交战双方的飞机都难免落入对方手中。热带皇家空军“飓风”Mk I V7670，于 1941 年 1 月左右到达中东，在毫发无损的情况下被推进的德国军队捕获（可能也被敌军使用过）。图片拍摄于“飓风”在年末的“十字军”行动中被再次夺回之后。

战后销售

爱尔兰

第二次世界大战期间，爱尔兰通过多种途径获得至少 19 架“飓风”Mk I 和 IIC，其中包括在不列颠之战中迫降在共和国内的“93 号”（左下图）。有 2 架飞机用于和英国交换 3 架老旧型号，1943—1944 年，7 架 Mk I 和 6 架 Mk IIC（右图）交付。这批飞机一直服役到 1947 年。

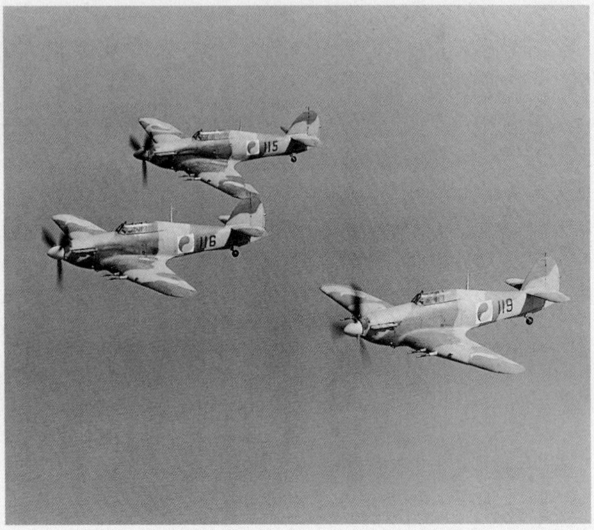

波斯（现伊朗）

1939 年波斯订购了 18 架“飓风”Mk I，但由于热带滤尘器研发和测试的延迟，仅有 1 架飞机在战争爆发前抵达，还有 1 架于 1940 年交付。这 2 架飞机都未安装滤尘器，在战时不确定性的影响下，订单的交付被延迟到战后。然而，据悉在战争中，有 10 架飞机从皇家空军调派至波斯空军，1946—1947 年，有 16 架 Mk IIC（左图）和 2 架双座飞机到达。

葡萄牙

葡萄牙和英国签署战时亚速尔协定，允许后者使用亚速尔群岛上的军事基地，该协定同时保障了几批运往葡萄牙的飞机供给。在这些飞机中有 40 架是老旧“飓风”Mk IIC（右图），经过霍克公司翻新，在战后同大量备用配件一起交付。作为第一批第二次世界大战之后出口的“飓风”战斗机，这些飞机直到 1951 年仍在葡萄牙服役，之前这些“飓风”由里斯本战斗机防空联队使用。

海上的“飓风”战斗机

海军航空兵的“海飓风”战斗机

上图：5 架第 768 中队（属于甲板着陆训练学校）的“飓风”Mk IB 和 1 架超级马林“喷火”存放在“百眼巨人号”航母的机库内，图片的拍摄时间很可能是 1943 年。由皇家空军“飓风”战斗机匆忙改装而成的海军型号机翼不可折叠，导致轻型航空母舰装载的数量减少

由于海军航空兵意识到此时手头缺乏现代化截击机，使用“飓风”作为海军战斗机可能是必然结果。作为成果的“海飓风”是海军航空兵的首款单座舰载单翼战斗机。

1940 年 5 月挪威战役白热化阶段，“飓风”第一次从航空母舰上起飞，承担为同盟国远征军（远超出任何同盟国机场可覆盖的范围）提供空中掩护的任务，航空部命令皇家空军第 46 中队搭乘“光荣号”航母前往纳尔维克。这些“飓风”战斗机是标准的 Mk I，飞行员也没有在飞行甲板上操纵飞机的经验。然而飞机成功起飞，去往位于北极圈内的巴尔杜福斯挪威机场参与行动。在防御德军飞机发动的空袭的过程中经历挫败后，该中队返回“光荣号”，准备踏上返乡的路途，然而没有人能料到：随后它会同被德国战舰击沉的航空母舰一起消失在海上；仅有两名飞行员幸存。在纳尔维克战役中，霍克公司也被要求评估装载浮筒的“飓风”战斗机的可行性，但是当挪威沦陷后这一尝试也随之结束了。

“海飓风”战斗机

这次作战发生在海军航空兵装备“海斗士”双翼飞机和双用途的“大鸥”战斗 / 俯冲轰炸机的时候；双座“管鼻鹱”战斗机即将投入使用，然而由于其最高时速为 280 英里（约 451 千米），且机动性同仅与设计相近的费尔利“战斗”轰炸机相当，几乎没有人对该飞机作为现代化战斗机的价值持乐观态度。直到需要将“飓风”送往马耳他，并且 1940 年时仍在地中海的皇家空军飞行员（依然没有接受过舰载飞行训练）驾驶飞机成功从航空母舰上起飞后，海军部才开始着手于订购专用的“飓风”舰载战斗机。随后一批“飓风”从皇家空军维修部队移交海军部。12 月，海军航空兵飞行员使用富余的“飓风”Mk I 进行训练，该飞机唯一为适应海军作战进行的改装是安装了海军无线电设备。这些飞机最终被命名为“海飓风”Mk I，并在机身喷涂了双灰色迷彩。

与此同时，随着 42000 吨的“不列颠尼亚女皇号”

左图：这架历经战火洗礼的皇家空军“飓风”Mk I 于 1939 年到 1940 年间交付并被改造为“海飓风”Mk IB 后，于 1941 年至 1942 年间转隶第 760 中队（海军航空兵战斗机学校）继续发挥余热

邮轮沉没，人们的注意力集中于在商船上安装舰载机起飞弹射装置的可能性上，这样“飓风”就能在敌军海上巡逻轰炸机出现时从船只上起飞迎战。因此战斗机弹射船和弹射飞机商船（CAM船）应运而生，部分“飓风”也安装上了弹射线轴，并被命名为“海飓风”Mk IA。由皇家空军和海军航空兵志愿兵飞行员操作的这些“飓风”战斗机与大西洋船队以及随后著名的北角船队一起航行。由于没有可用的航空母舰能够让完成任务的飞机降落，这些飞机的飞行员很可能必须从与陆地间距离远超飞机航程的船只上弹射出去；之后这些飞机只能在船队附近迫降，寄希望于被路过的船只搭救。这些弹射战斗机成功的希望渺茫，但在获得最初的几次胜利之后，敌军飞行员在面对可能具有战斗机防御的船队时，明显变得更加谨慎。

部署在商船上的弹射战斗机部队以斯皮克为总部，负责管理弹射式“飓风”（和几架“管鼻鹱”），它属于一个专门的分支，独立于负责从军舰上出发进行空中攻击行动以及舰队防空作战的海军航空兵。因此弹射式“飓风”并不参与舰队和航母战斗。1941年底时，“海飓风”Mk IB加入皇家海军航空母舰“百眼巨人号”上的第801中队和皇家海军航空母舰“可畏号”上的第806中队——当时仅存的最后两艘航空母舰。这些“海飓风”Mk IB与皇家空军的“飓风”Mk I相同，但装备了甲板停机钩，以能够从航空母舰上起飞。后来“海飓风”Mk IC加入其中，它们与Mk IB相似，但武装了4门20毫米机关炮。由于使用老式的“默林”III发动机（具有相似武器装备的皇家空军Mk IIC使用“默林”XX发动机），这一型号的速度明显比之前的“海飓风”慢。然而“海飓风”Mk IC被认为是杰出的轰炸机驱逐者，许多德国福克－沃尔夫Fw 200“船队空袭者”被其击落。

4门机关炮的Mk II

下一款“海飓风号”是安装4门机关炮的Mk IIC，它实际上与皇家空军的Mk IIC相近，但装备了弹射线轴和着舰钩。该型机大量投入1942年8月著名的“基座”行动，为前往马耳他的船队提供防空掩护，并试图在决定性的西部沙漠阿拉曼战役开始前

上图：在“帝国潮流号”CAM船上，一条长长的火舌从“海飓风”Mk IA V6756/“NJ-L”的滑车弹射器的加速火箭中喷出

下图：1942年中，第801中队的“海飓风”Mk I在一艘“卓越”级舰队航空母舰的甲板上服役。这些飞机在1941—1942年间的马耳他护航战中频繁被使用

上图：在海况恶劣的海域，一架“海飓风”遭受涌浪的冲击。在北大西洋上航行的 CAM 船只执行着船队护航的任务，由于人们认为天气状况不允许“海飓风”完成起飞，CAM 船在 1941—1942 年冬天暂停了部署

上图：副翼、起落架和停机钩都已放下的“海飓风”在着陆前从一艘航空母舰上低空掠过。由于具有强化的结构，与同一时期海军航空兵的另一款单座战斗机“海火”相比，“海飓风”更不易在降落时受损

使这座岛屿要塞重新恢复运作。这支船队由 14 艘商船组成，却有不少于 4 艘航空母舰、2 艘战列舰、7 艘巡洋舰和 24 艘驱逐舰护航。在航空母舰上有 39 架来自第 801、880 和 885 中队的“海飓风”和31架来自其他4支中队的“管鼻鹱”“岩燕”战斗机。“鹰号”航母被鱼雷击中，在 8 分钟内沉没，除 4 架第 801 中队的“海飓风”（当时留在空中，随后在“无敌号”和“胜利号”上着陆）之外，在该舰艇上的飞机都随船损毁了。同一个晚上，轴心国空军开始对船队发起进攻，总计约 500 架飞机以西西里岛上的机场为基地发起攻击。“胜利号”和“无敌号”都被炸弹击中且伤损严重，仅有前者——塞满 47 架幸存的战斗机——继续参与行动。当船队到达马耳他时，仅有 5 艘商船幸存，但为岛屿提供了足够的支援。战斗机损失为：战斗中 8 架，“鹰号”上 35 架；而敌军记录显示有 31 架德国和意大利飞机被战斗机和舰载防空火力击毁。

在北角船队中出动护航航空母舰决定了北方航线的命运，这些小型航空母舰是将商船的上部结构用飞行甲板替换后改装而成。尽管体型较小，但这些船只的甲板可以搭载数架“海飓风”和“剑鱼”鱼雷轰炸机作战。在拥有了护航航母后，护航船队不仅能够勉强自保，还能对尾随的 Fw 200 发动反击。由于缺乏船队行踪的相关信息，纳粹空军处于严重劣势，而船队的损失则陡然减少。

在加拿大制造

“海飓风”也在加拿大制造，临近 1942 年末，这些飞机开始在加拿大皇家海军服役。同年 11 月“火炬”行动期间，加拿大产的“海飓风”Mk X 和 XIIA 涂刷美军军徽，搭乘英国皇家海军护航航空母舰（“冲锋者号”“欺诈者号”和“复仇者号”），由英国海军航空兵飞行员驾驶，为登陆提供防空掩护，其主要对手是维希法国空军飞机。不久之后，“复仇者号”被鱼雷击中爆炸，几乎全部船员及所有“海飓风”都随舰沉没。

在战争结束前，Mk XII 几乎一直在海军航空兵一线部队服役，这些战斗机被送往太平洋。在这里，第 835 中队作为第 45 海军战斗机联队的一部分，在 1945 年 8 月前继续从英军“奈拉纳号”上起飞进行作战。

下图：具有“LU”商船战斗机部队字母编码的两架“海飓风”通过驳船装上停泊于默西河的 CAM 船只

霍克“台风”

上图：第一份 250 架台风 Mk I 的主要订单下发于 1939 年。第四批台风 Mk IA 的订单订购了 110 架 Mk IA，该型号以机枪作为固定武器

“台风”在预想中会被单纯作为战斗机使用，但它并未达成目标。取而代之的是，该机型将一个全新的概念，我们如今称之为“近距空中支援”的战术带入空战中。“台风”参与了同盟国军队向柏林的推进。

在霍克公司的“飓风”战斗机投入使用之前（1937 年末），制造商已经开始为皇家空军研发下一代截击机。该机将使用新型发动机，发动机能提供两倍于罗尔斯 – 罗伊斯“默林”发动机的动力。

1938 年 1 月，新的规范（F.18/37）发布，并要求生产一款替代“飓风”和“喷火”的飞机，尤其是速度要超过同时代所有轰炸机的速度，也就在空中是要超过 400 英里/时（约 644 千米/时）。飞机的武装包括不少于 12 挺 0.303 英寸（约 7.7 毫米）勃朗宁机枪。

霍克公司的先声夺人得到将两种设计进行下去的合同作为奖赏，这两款设计都需要生产两架原型机。其中的一架使用罗尔斯 – 罗伊斯新型“秃鹰”X 型发动机，其他的则使用纳皮尔公司的“军刀”H 型发动机。这两款发动机都具有大号 24 气缸设计，预期能够提供 2000 马力（约 1491 千瓦）动力。

两款飞机的机体为全金属蒙皮，机身前半部具有管状框架，其中有 1 款飞机具有坚固的宽轮距起落架。这两款飞机的主要差别必然与其不同的发动机设计有关，率先完成的“秃鹰”发动机配装机（名为“旋风”）具有与“飓风”类似的腹部散热器，而

上图：带着空挂架的“台风”在翻滚中开始对德国船队进行扫射。飞机每侧机翼安装有 2 门 20 毫米西斯帕诺机关炮，每门装有 140 发子弹；在此后的诺曼底登陆中，“台风”的扫射对敌军造成了可怕的破坏

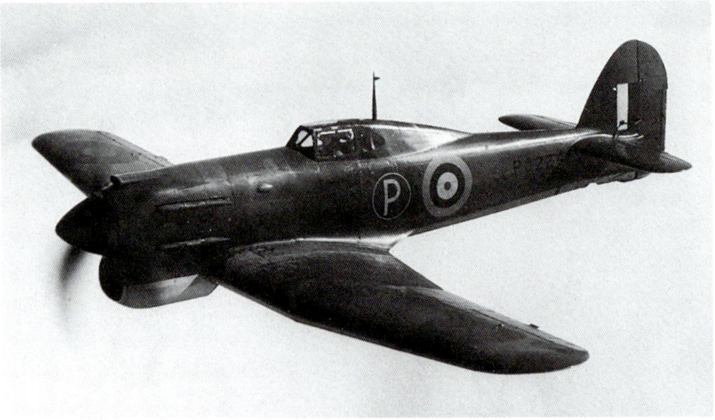

上图：双排排气管将采用“秃鹰”发动机“旋风”以和“台风”区分开来。P5224 是第二架原型机，它具有与“台风”类似的颚部散热器，其后又有 1 架阿芙罗公司制造的样机完成生产

采用“军刀”发动机的“台风”的特征是凸出的颚部散热器。

随着“秃鹰”发动机的研发继续快步推进，1939 年 10 月 6 日“旋风”成为首先试飞的飞机，第一架“台风”则在大约四个半月之后完成飞行。订单涉及 500 架“旋风”、250 架“台风”和另外 250 架两款飞机中最成功的型号。尽管两款飞机都遇到了发动机可靠性问题，格罗斯特飞机公司（“台风”）和阿芙罗公司（“旋风”）的生产计划仍继续进行。

变革之风

第二架“台风”的首飞由于不列颠之战而推迟，最终完成于 1941 年 5 月 3 日。这架飞机进行了许多改进，包括使用 4 门 20 毫米机关炮代替机枪，以及为提高方向稳定性而安装了更大的尾翼和方向舵。具有这些改进的量产型“台风”于同月稍晚些时候完成试飞——这是 110 架台风 Mk IA 中的第一架，由于机关炮供弹装置的问题而依旧装备机枪。所有后来的“台风”（总计 3205 架）都将成为配备机关炮的 Mk IB。同时，存在严重发动机问题的“旋风”战斗机被放弃；该型号仅有一架样机完成了生产。

9 月，“台风”进行了战术测试。对比飞行显示，该机型在 15000 英尺（约 4572 米）高空的最高时

上图：武装有 8 枚火箭弹的这架早期 Mk IB 展示了典型的“台风”战斗挂载。尽管飞机刚开始使用，磨损的油漆也清晰可见，这也展现了“台风”低空任务环境的苛刻

下图：这架没有携带外挂的台风 Mk IB 展示了其流线型外观。图中可见的空气动力学改良是“泪滴形”座舱盖和流线型机关炮炮管罩，这两项改进都有助于提高飞机的最高时速

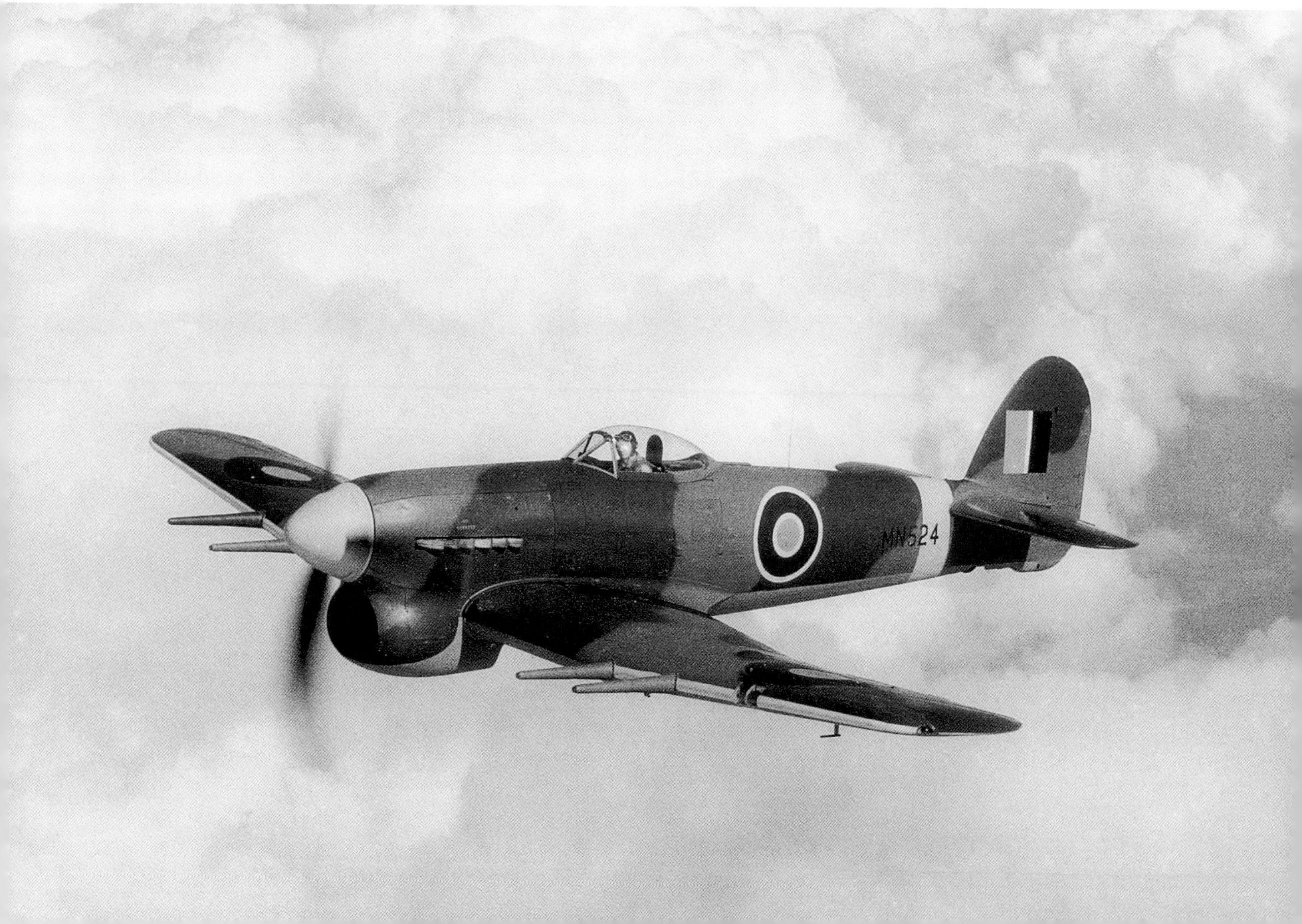

上图：图示具有新型可滑动舱盖的饱经沧桑的“台风”是第 47 中队（2 年后成为第一支装备“吸血鬼”Mk I 的部队）的“Y 号”机，序列号 MN363。该机涂有进攻条纹并挂载火箭弹，在 1944 年 6 月从科隆贝莱的老基地起飞参与作战。当时，许多“台风”换装了德·哈维兰四叶螺旋桨

速比“喷火”Mk VB 快 40 英里（约 64 千米），在低空依然具备速度优势。与更小更轻的“喷火”相比，敏捷性更差，“台风”的速度优势将弥补这一不足。

第一批投入使用的“台风”在同月交付第 56 中队（从 1942 年 5 月开始参与作战），但很快许多或小或大的问题开始出现。第一个显现出来的问题是一氧化碳泄漏入驾驶舱，这在 11 月导致重大坠机事故。尽管驾驶舱密封性有所提高，但烟气从未完全清除，“台风”的驾驶员之后必须在飞行过程中全程佩戴氧气面罩。

较差的后方视野通过替换驾驶舱后方的硬质整流罩而有所改善，获得了清晰的视野。从 1943 年 9 月起所有的新生产“台风”（以及一些翻新的此前型号）都换用全新的“泪滴形”舱盖。

更严重的问题是飞机的“军刀”发动机的可靠性，该发动机在投入使用的初期就故障频发。这一问题归因于机型的套筒阀（造成了发动机咬死）；直到 1943 年中，才发现解决方法，发动机的可靠性最终也得到了改进。

下图：从站在机翼上的皇家空军工作人员可以对比看出“台风”体型的巨大。皇家空军飞行员最初非常怀疑该飞机作为战斗截击机的能力，但作为对地攻击平台，这一机型十分优秀

整个“台风”计划暂时看似将被取消。到 1942 年末，昼间轰炸机的威胁消失，而“台风”的性能大有改进的必要。不仅飞机的发动机具有不可靠性，会突然停机，而且翼截面过厚、载荷高，飞机缺少机动性，且在高于 15000 英尺（约 4572 米）的空中速度不足（“台风”Mk II 的设计具有新的更薄的机翼，在 1944 年 4 月作为“暴风”Mk V 投入使用）。

“台风”对抗Fw 190

然而“台风”的优势是速度极快，且在低空拥有惊人的敏捷性。从 1942 年 9 月开始，几支“台风”中队驻扎在英格兰南部，对“打了就跑”的纳粹空军飞机进行拦截。拦截经常在低空完成，在这一空域“台风”能追上并超过在秋季对皇家空军造成诸多麻烦的 Fw 190。

这些成功使得“台风”能够一边疯狂地尝试解决自身问题，一边继续服役。然而在这一时期，一架“台风”在尾翼脱落后坠毁。接下来又发生了许多类似的事故，迫使霍克公司快速设计出一项强化机身和尾部间连接的改进。

这一改进未能完全消除问题，最终升降舵震颤被认定为真正的诱因。最终的解决方法是安装一个增大的类似“暴风”的水平尾翼。

反攻欧陆

很显然“台风”在低空极其有效，1942 年末该机型获得装载炸弹的能力。从 1944 年中开始，有 2 支中队的飞机装备了 2 枚 250 磅或 500 磅（约 113 千克或 227 千克）炸弹，或 2 枚 1000 磅（约 454 千克）炸弹。1943 年起，“台风”中队越来越多地参与到对被占领欧洲领土的空袭中。“台风”在作战中最常使用的武器是 1943 年 10 月引入的火箭弹（RP）。一般飞机装载 4 枚火箭弹，最常见的型号安装的是 60 磅（约 27 千克）高爆 / 半穿甲弹头。最初“台风”装载的火箭弹可与炸弹替换，但由于更换火箭弹用挂架十分费时，中队很快要求交付的飞机应专用于火箭弹或专用于炸弹。到诺曼底登陆日，“台风”成为皇家空军第 2 战术航空队（TAF）的主要近距支援机型，有 20 支中队使用该机型飞机。同样，该机型在解放被占领欧洲到欧洲胜利日期间扮演了重要角色。

“台风”的子型号很少。有 1 架加装雷达的 NF.Mk IB 夜间战斗机测试成功，3 架标准 Mk IB 经过热带改装在中东服役；这些飞机都没有得到广泛使用。第 3 种型号是 FR.Mk IB 战斗侦察机（左翼安装有 3 台照相机），许多该型号飞机在 1944 年进行改装，并在欧洲的战争结束前持续服役。

上图："台风"具有与纳粹空军的福克－沃尔夫 Fw 190 相似的平面结构，这使二者极易混淆，也因此"台风"使用了多种身份识别标志。黄色机翼条纹从 1942 年 9 月开始测试，然而出于对图中从 11 月起使用的白色机头的偏爱，这种花纹被放弃。这非常不受飞行员的欢迎，他们认为这种配色吸引了更多本可避免的火力攻击

早期作战

在一年多的工厂测试和中队操作测试后，"台风"并没有受到飞行员的热烈欢迎。较差的可靠性及频繁的发动机和结构故障意味着"台风"前途未卜。

1941 年 9 月，第一支"台风"部队是由"骄傲的"当达斯少校指挥、以达克斯福德为基地的第 56 中队，该中队用"台风" Mk IA 换掉了"飓风"。1942 年 1 月，装备"喷火"的第 266 中队进行了换装；4 月，第 609 中队（也是"喷火"中队）也加入这一行列。这些中队和第 56 中队一样都以达克斯福德为基地，这 3 支部队一起组成了达克斯福德"台风"联队。

对这些非常成功的中队而言，尽管"台风"的直线飞行速度和重武装［12 挺 0.303 英寸（约 7.7 毫米）机枪］令人瞩目，但其两倍于"喷火"的重量和缺乏如"喷火"一般的机动性仍招致怀疑。实际上，不久之后，一些问题就将暴露出来——在找到解决方法之前，这些问题夺走了许多飞行员的生命。

作战状态

在此期间，在联队指挥员丹尼斯·吉勒姆富有激情的领导下，让达克斯福德"台风"联队全面进入作战状态的进程持续进行着。这一过程一直持续到 5 月 28 日，当日第 266 中队飞机紧急升空对一架"入侵者"（实际是一架"喷火"）进行调查。在接下来的几周里，类似的情况又发生了多次，但很少遭遇敌军飞机。联队也发动了对被占领的法国的扫射，在这些行动中，"台风"经常为进行"马戏团"行动的英军轰炸机提供掩护。

8 月 9 日，"台风"获得了第一次胜利，当时 2 架来自第 266 中队的飞机在离开科洛莫海岸的地方击落了 1 架容克 Ju 88。3 天后联队发动了第一次大规模行动，支援不幸的迪耶普登陆［"大赦日"（Jubilee）行动］，其间进行了 3 次扫射。

不久后，"台风"在超过 15000 英尺（约 4572 米）高空的机动性方面的缺陷显现出来。"台风"虽然被设计为一款截击机，但此时德军轰炸机已不再是昼间作战中的威胁，"台风"在使用中并没能承担起计划中的本职任务。不过，这些飞机获得了新的任务，以发挥其极好的低空性能［包括接近 400 英里 / 时（约 644 千米 / 时）的最高时速］。

1942 年 9 月，达克斯福德联队和 3 支夏天新装备的"台风"中队中的 2 支——第 257 和 486 中队——一起驻扎在海岸南部，以应对纳粹空军 Fw 190 和 Bf 109 战斗轰炸机。对"喷火"来说，在令人讨厌的对海岸城镇的空袭中，这些飞机是无懈可击的。这些部队使用的飞机是"台风" Mk IB，以 4 支西斯帕诺 20 毫米机关炮替代了 Mk IA 的机枪。Mk IB 也取代了最早装备"太妃糖"（Tiffie，"台风"的昵称）的中队的早期飞机。

向南调动后"台风"取得极大成功，到 1943 年中，超过 60 架德国侵入者被击落，其中包括超过 40 架 Fw 190。拦截行动往往以横跨英吉利海峡的掠海追逐战结束，德国飞行员在此期间只能够蜷缩在座舱装甲板后，拼尽全力将节流阀推到"顶住发动机防火墙"为止，然后听天由命，祈祷自己能摆脱追击。但"台风"能够追上并超过被夸为"像一辆火车（一般势不可挡）"的 Fw 190（一名"台风"飞行员在战斗报告中所描述的）。

战斗轰炸机

1942 年 9 月，最初 2 支"台风"战斗轰炸机中队——第 181 和 182 中队——建成；它们的飞机将在每侧机翼下装载 2 枚 250 磅或 500 磅（约 113 千克或 227 千克）炸弹。整个 1943 年里，

上图：这些第 56 中队的飞机——“台风”于 1943 年 4 月第一次展示在新闻报刊上。最近的两架飞机来自霍克公司制造的一小批 Mk IB；几乎所有的“台风”量产型都由格罗斯特飞机公司制造

上图：一架很可能属于第 257 中队的装备有火箭弹的“台风”正准备离开位于英格兰的基地，参加对布伦附近的 1 个德国雷达站发动的空袭。图中可以清楚地看到 1943 年末开始采用的可滑动驾驶舱盖

左图：最成功的识别方法是图示于 1942 年末引入的下部带状条纹，这种花纹一直使用到 1944 年初（并且未与诺曼底登陆前在同盟国飞机上使用的排列不同的远征空军带状花纹相混淆）

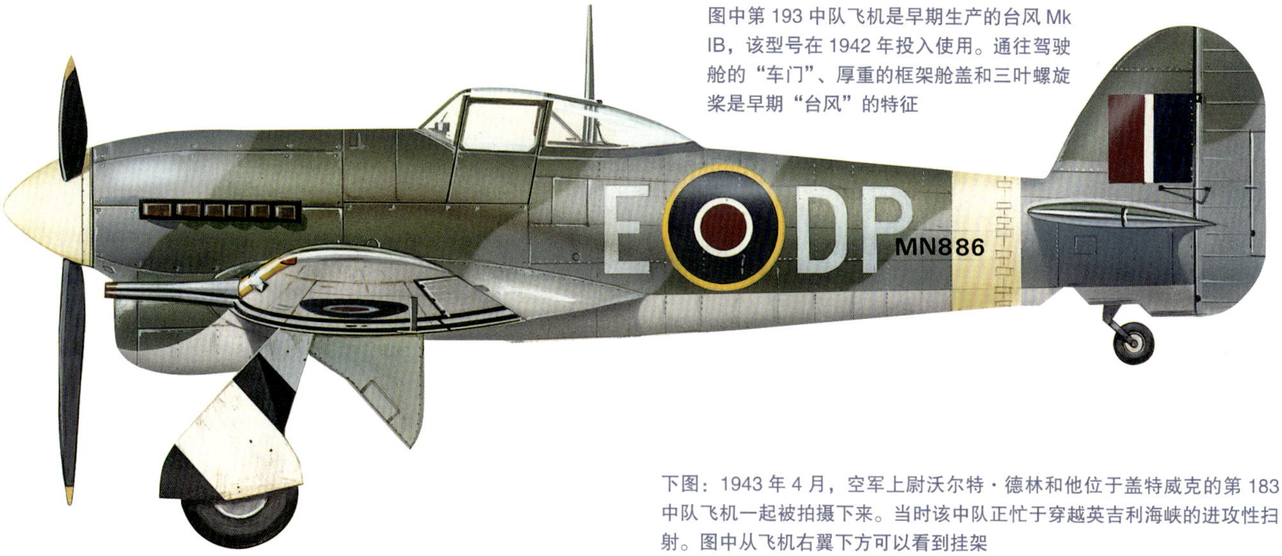

图中第 193 中队飞机是早期生产的台风 Mk IB，该型号在 1942 年投入使用。通往驾驶舱的“车门”、厚重的框架舱盖和三叶螺旋桨是早期“台风”的特征

数量稳定增长的专用轰炸机中队不断加入这两支中队，对机场、工厂、铁路、海港和在被占领的法国、比利时、荷兰及周边的水面舰艇发动空袭。1943 年即将结束时，“失球”突袭以 V-1 火箭发射中心为优先目标进行了打击。

到年末，已经有不少于 18 支“台风”中队参战，主要执行战斗轰炸任务。得益于困扰“台风”的“军刀”发动机的主要问题得到解决和水平尾翼故障事故大幅减少，“台风”成为第 2 战术航空队最好的对地攻击飞机。第 2 战术航空队是为参与即将开始的进攻欧洲的英国和加拿大军队提供空中支援而成立的。尽管少量中队仍能够在任务中展现“台风”出色的低空空战性能，但该机型以战斗机的角色服役的日子已所剩无几。

火箭弹

1943 年 10 月，另一种新型武器加入“台风”的军械库——火箭弹（RP）。已经在“飓风”和“剑鱼”中队中使用过的火箭弹在与“台风”的配合中尤为有效，该机型的稳定性和高速度使其成为理想的精确发射平台。最初，根据目标的不同，火箭弹被认为可与炸弹互换，但过大的地勤人员工作量很快使得“台风”中队只能专门使用火箭弹或炸弹装备。在对抗“失球”（NoBall）发射站的战役中，以及随后在 1944 年 5 月同盟国进攻被占领的法国前削弱德国海岸雷达系统的战役中，这两种武器都得到广泛使用。

到诺曼底登陆日，皇家空军已拥有 20 支“台风”中队（包括英联邦部队），部分装备该型机的中队成为支援滩头阵地的急先锋。“霸王”行动以及之后解放欧洲沦陷区战斗的日子是“台风”最辉煌的时光。

下图：1943 年 4 月，空军上尉沃尔特·德林和他位于盖特威克的第 183 中队飞机一起被拍摄下来。当时该中队正忙于穿越英吉利海峡的进攻性扫射。图中从飞机右翼下方可以看到挂架

下图：1943 年 5 月在皇家航空研究中心进行测试的这架 NF.Mk IB 仍是仅有的建造出的一架的试验机。安装有 AI.Mk IV 雷达的夜间战斗机在测试中表现成功，但由于对“蚊”战斗机的偏爱，该机型被抛弃了

诺曼底登陆和法莱斯

在战败的德军穿越欧洲大陆撤退的过程中，第2战术航空队的“台风”从空中进行了毁灭性的空袭。尽管德军的“Flak”（高射炮）对该型机造成严重损伤，飞行员们还是使用火箭弹、炸弹和机关炮坚持完成了空袭。

就在1944年6月6日同盟国军队登上诺曼底的海滩时，有18支“台风”中队（11支使用火箭弹，7支使用炸弹）能够对登陆进行支援。作为同盟国登陆的前奏，6月2日第98和609中队的“台风”空袭并摧毁了1个位于迪耶普科蒂科特（Caudecote）的敌军雷达站，阻止这一设施向德国部队发送登陆舰队来袭的警告。6月6日的第1次求助发生在7点34分，盟军第21集团军要求对位于圣洛附近的拉莫夫堡的德军第84军总部发动空袭。一支使用炸弹的中队受命摧毁了目标，并消灭了大部分敌人。3天后的6月9日，第174、175和245中队的“台风”击毁了位于旧堡（Joubourg）的雷达装置，该雷达可以探测整个诺曼底滩头。在返回英格兰的过程中，“台风”中队处于戒备状态，它们部署在能够立即响应停泊在近岸的皇家海军指挥舰的召唤的空域，以备不时之需。另外9支中队正在空袭敌军指挥部、设防地点和敌军炮台。

另外的2支中队——英国本土防空司令部（ADGB）的第137和263中队，在英吉利海峡上空（海峡每侧部署一支中队）巡逻，消灭可能来袭的敌军军舰（尤其是轻型鱼雷艇），防止盟军登陆船团遭受敌军舰艇袭击。诺曼底登陆日当天，中队率先起飞前往登陆地，搜寻巡逻快艇。这一整天，“台风”都在进行对德国目标的空袭，这些空袭通常是为了支援发出请求的盟军地面部队。在白天里发生了两件令人惊奇的事情——战斗中缺少预期中猛烈的国防军反击和增援，以及纳粹空军几乎没有出现。尽管如此，“台风”的飞行员已有足够多的目标了。6月7日下午，英国第61旅在对贝辛港的进攻中请求空中支援。不久之后接收了同盟国军队正遭到轰炸的报告。但调查显示，掉落在部队上方的并不是炸弹，而是“台风”的副油箱——“台风”飞行员意识到笨重的油箱会在对港口周围的目标实行打击前阻碍提升飞机速度。

上图：美军步兵在散落着德军车辆残骸的道路上奔跑寻找掩护。对于地面部队而言，（在天气允许的情况下）呼叫空中支援对于诺曼底周边灌木篱墙地域的战斗至关重要

上图：“台风”的军火库中最有效的武器是 60 磅（约 27 千克）的高爆火箭弹（RP）。1944 年 9 月末，一架来自第 175 中队的“台风”在等待进行下一次出击，图中皇家空军军械员们在准备火箭弹

右三图：飞机对在地面捕获的德国军队进行再次的攻击的景象十分常见。为满足同盟国军队的要求，一架“台风”在一个敌军炮位上方释放了火箭弹。火箭弹动力产生的冲击力与一艘海军护卫舰舷侧产生的相同

上图：台风 IB 正在进行飞机和武器研究所的火箭弹测试，后来该飞机返回战场，为第 183“黄金海岸”中队服务，该中队在 1942 年 11 月到 1945 年 6 月使用“台风”作战。这架特别的样机——EK497，在 1945 年 6 月 1 日被 1 架美国陆军航空队 P-51 击落，飞行员 D. 韦伯中尉丧生

随着同盟国军队冲破法国北部的防御边界，更多的“台风”在靠近先遣部队的地方作业，同时一种新战术——近距空中支援（CAS）——被设计出来。“台风”飞行员接受指示继续在战斗区域上空 10000 英尺（约 3048 米）处进行长期巡逻，执行别称“炸弹计程车”的任务；一旦有需要，这些飞机将被伴随地面部队的皇家空军军官召唤，使用航炮、炸弹和火箭弹对任何目标进行打击。在诺曼底乡下狭窄的道路构成的迷宫中经常被卷入战斗的同盟国军队对这一方法大为欢迎。

突破滩头阵地

从 6 月中旬起，“台风”中队从非常靠近前线的法国前方临时机场升空战斗。干燥的灰尘构成的云团从法国飘来，损伤了飞机的散热器和发动机，这使得这些飞机必须撤回维修，并快速安装特殊过滤器。虽然德军战斗机没有给“台风”带来太大麻烦，但有部分“台风”遭到德军地面火力的攻击，地面火力对“台风”造成的损失颇大，同时也是造成飞机损失的主要原因，这导致飞机数量快速减少。许多在战斗中受损的“台风”返回英格兰，进入由位于剑桥的马歇尔飞行学校及莱斯特莱尔思博（Rearsby）的泰勒克罗夫特飞机公司运营的民用维修中心。在登陆之后，天气状况仍然不利于空中作战，人们认为这也将隐藏敌军地面行动及预期中的德军装甲部队的反击。但此时盟军已经建立起坚固的桥头堡，在有些地方纵深可超过 5 英里（约 8 千米）。第 2 战术航空队（TAF）的“台风”中队昼夜出动，不间断地打击德军。

“台风”的决战时刻

随着同盟国控制滩头阵地，跨越欧洲的进军正式开始。第 2 战术航空队的“台风”中队凭借战术空中支援，将有助于行动的开展。在法国北部的法莱斯，这些飞机遭遇了对其能力的最大考验。由于美国装甲部队从南部快速扫荡前进，北部又有英国和加拿大部队，战败的德国第 7 集团军试图在被同盟国军队阻断并包围前逃脱。德军唯一的逃生路线是穿越法莱斯城，这里与同盟国战线间仍保留有一个小缺口。整个 8 月初，“台风”将大量火箭弹、炸弹和机关炮倾泻到狭窄的道路上，试图通过法莱斯缺口逃脱的德国士兵被大批消灭。1944 年 8 月中“台风”的损失达到整个服役生涯中的最高点，当月超过 90 架飞机损失。

在剩余的战争岁月里，“台风”作为毁灭性的空袭平台，继续与同盟国军队并肩作战，对贯穿欧洲沦陷区的目标进行打击。

下图：格罗斯特飞机公司制造的霍克台风 Mk IB 具有 1938 年中期到诺曼底登陆日期间第 198 中队使用的标志。1943 年 4 月 10 日，第 198 中队为对抗穿越英吉利海峡的临时目标，进行了第一次“大黄”战斗轰炸机行动，并于 1944 年 6 月前往法国

“暴风”战斗机：欧洲上空的暴风雨

上图：“暴风”Mk I设计异常简洁，具有比 Mk V 更引人瞩目的性能。但由于官方不喜欢装于翼上的散热器而结束了该机型的研发

由霍克公司著名设计师悉尼·肯姆设计的“暴风”战斗机用于补救早期“台风”出现的问题。最终完成的皇家空军最好的中低空战斗机，在对抗导弹威胁的行动中尤为成功。

左图：第 501 中队在 1944 年 8 月接收了“暴风”Mk V。在这个月中，该部队并入 FIU（战斗机拦截部队），成为唯一一支专门执行夜间反 V-1 火箭任务的“暴风”部队

“台风”研发初期，飞机出现了翼型导致的性能局限。1940 年 3 月，对更薄的翼截面的研究开始了，机翼剖面被更改为与高度成功的“喷火”机翼相同的半圆形。新的飞机被命名为“台风”Mk II，它具有扩大的头部，以便安装一个额外的油箱（补偿由于机翼变薄而减少的燃料储备量）。此外，飞机还使用了新的起落架部件，更值得注目的是，飞机的动力由最新型号的纳皮尔“军刀”Mk IV 发动机提供。为提供更好的流线型设计以减少阻力，肯姆打算将散热器从机头下方移至机翼前缘。

1942 年春天，“台风”安装的纳皮尔发动机出现的严重问题引起人们对飞机未来发展的担忧，而作为替代的动力装置也接受了检测。由于罗尔斯-罗伊斯“秃鹰”发动机并不在考虑范围内，唯一可供选择的就只有罗尔斯-罗伊斯“格里芬”和布里斯托“人马座”发动机。1942 年秋天确定了可供考虑的 5 款不同的动力装置，这时，飞机的名字也由“台风”Mk II 更改为“暴风”。尽管“新”飞机在许多重要方面都与“台风”有所不同，但更改名称的决定也与当时“台风”声誉不佳有关。

5 种使用不同发动机的“暴风”战斗机样机被分配了以下编号：Mk I（“军刀”IV 和装于翼上的散热器）；Mk II（“人马座”IV）；Mk III（“格里芬”IIB）；Mk IV（“格里芬”61）；Mk V（与量产型“台风”上安装相同的“军刀”II）。“军刀”IV 和“人马座”发动机研发的延误以及为安装“格里芬”发动机而进行的机体改进，使得 Mk V 的完成时间比其他机型提前许多。Mk V 原型机（HM595）使用基础的“台风”机身，但安装有新型机翼。测

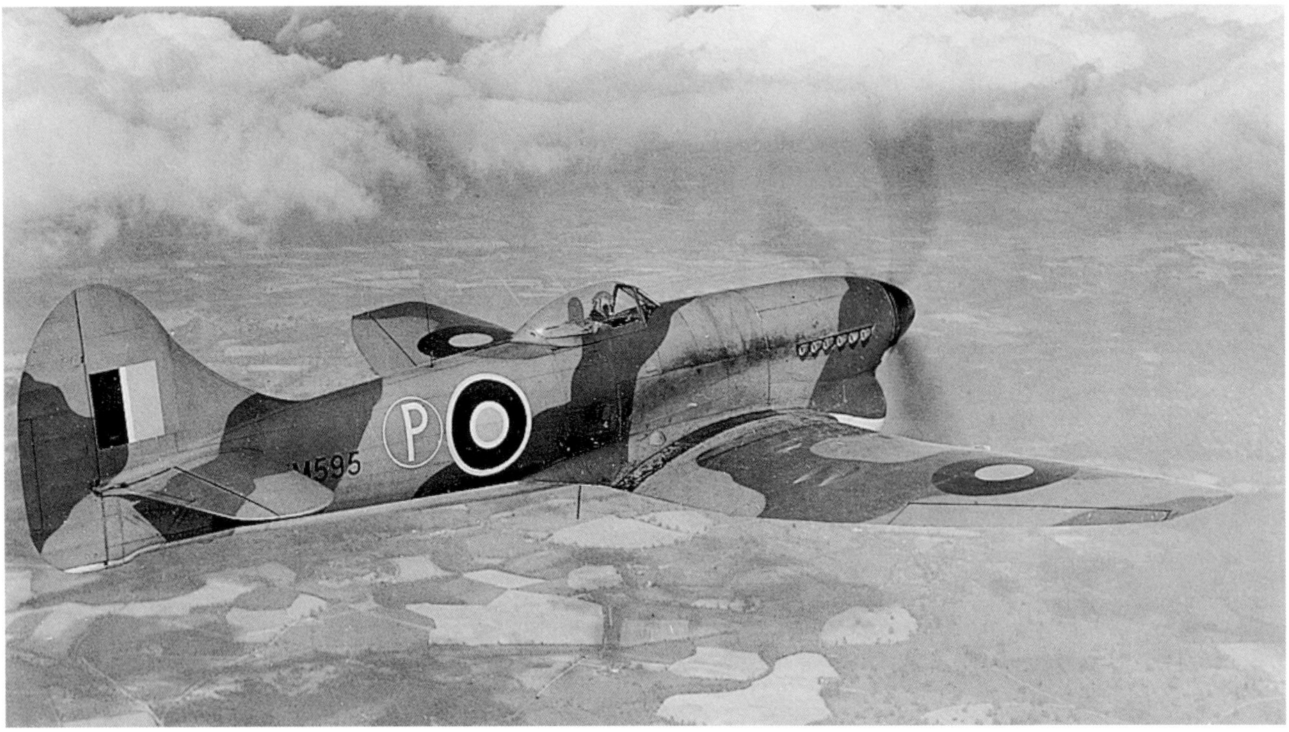

上图：HM595 是 Mk V 原型机。由“台风”改装而成的这架飞机正处于后期研发过程中，它具有“气泡形”座舱盖和新的尾翼布局

试显示新的设计很好地解决了之前的问题，并且在速度和爬升方面展现出优于“台风”的性能。由于增长的头部影响了飞机的稳定性，垂尾和背鳍被放大，此外改进的一体式可滑动舱盖也被使用在新的设计中。

其他子型号的研发并不像 Mk V 一样顺利。由于“格里芬”被大量专用于“喷火”的生产，Mk IV 型被放弃。使用“军刀”IV 的 Mk I 最终于 1943 年 2 月首飞，但出于对发动机的担心以及官方对装于翼上的散热器的怀疑，这一计划也结束了。Mk II 的发展作为长期计划继续进行。

下图：这些第 486 中队的飞行员总计击毁了 21 枚 V-1 火箭、10 架飞机，获得 5 枚优异飞行十字勋章。他们是最佳的“暴风”战斗机用户。图中左起分别为泰勒、坎农、伊格尔森、埃文斯

第一架“暴风”Mk V 系列 I 量产型于 1943 年 6 月首飞，武装为两门长炮管西斯帕诺 Mk II 机关炮（之后的系列 II 飞机安装有短炮管西斯帕诺 Mk V 和副油箱）。产品飞机的测试由飞机和武器研究所、空战发展小组进行，“暴风”出众的中低空战斗能力已经展现了出来。在进行了一些次要的改进——如安装弹簧经过调整的副翼以便提升滚转率之后，皇家空军同意“暴风”Mk V 参与作战服役。

第一次作战任务由第 3 中队于 1944 年 4 月执行。5 月，新西兰皇家空军第 486 中队加入该部队的行动，同时这两支部队也开始为诺曼底登陆做准备。直到 6 月 8 日，由罗兰·博蒙特中校指挥的第 3 中队遭遇 7 架 Bf 109G 时，“暴风”才首度参战。“暴风”在没有损失的情况下击落了 3 架敌机，证明了 Mk V 的作战能力。

6 月中旬两支“暴风”中队任务的优先级有所改变，最重要目标变成拦截向英国发射的 V-1 火箭。这些火箭中的第一枚——代号为“戴夫斯”——由第 3 中队的“暴风”战斗机于 6 月 13

上图：这架“暴风”Mk II 刚离开位于兰勒的霍克公司工厂，安装有挂架，1945 年 9 月交付位于博斯坎比顿的飞机和武器研究所，进行 1000 磅（约 454 千克）炸弹投放测试

上图：涂有入侵条纹的两架“暴风”Mk V 前往法国北部进行战斗机扫射。在中低空该机型能够战胜 Bf 109G 和 Fw 190A

上图：1944 年春，新西兰皇家空军第 486 中队与英国皇家空军第 3 中队在纽彻奇一道对抗 V-1 火箭的过程中，成为皇家空军最成功的部队之一

日发现。3 天后，这两支部队加入英国本土防空司令部（ADGB）的其他高性能战斗机中队。6 月 16 日，“暴风”战斗机在纽彻尔奇（Newchurch）第一次击落了 1 枚 V-1 火箭，并由此开始了一场惊人的射杀行动。到第一周结束时，这两支中队已摧毁了 150 枚 V-1 火箭。

V-1 火箭也在夜间发射，装备少量“暴风”Mk V 的 FIU（战斗机拦截部队）被派往纽彻尔奇处理这一威胁。该部队极其成功，其中一名飞行员贝里上尉击毁了 52.5 枚 V-1。7 月初，第 56 中队加入纽彻尔奇飞行联队，在白天对抗 V-1，到 8 月末，V-1 空袭已平息下来。至此，纽彻尔奇飞行联队战绩达 632 枚，其中有 86.5 枚由 FIU 使用“暴风”完成，这使得“暴风”成为当时打击 V-1 的过程中贡献最为重大的飞机。

“暴风”Mk V 也为欧洲的第 2 战术航空队做出了贡献。在重型武器的帮助下，“暴风”战斗机在对地攻击中表现出色，同时在战争最后的 7 个月中，第 2 战术航空队的 7 支中队声名大噪，并拥有令人羡慕的击落 / 损失比。

“暴风”在战斗中击落 250 架敌机，在地面击毁数百架。“暴风”Mk V 证明了自己是战争末期最高效的同盟国军用飞机之一。

“暴风”Mk II 的研发在 1944 年里继续进行着，第一架量产型于 1944 年 5 月交付飞机和武器研究所。交付作业开始于 1945 年初，但随着欧洲战区的战争步入尾声，人们决定将这一设计用于亚洲。

飞机的测试相当成功，但在“暴风”Mk II 能够进行实战测试前，战争就结束了。

下图：MW742 是第一批量产型“暴风”Mk II 战斗机之一，在战争最后的几个月里，该飞机被存放在维修部队，等待着调往远东

亨克尔 He 111

战前改型

上图：被派往“秃鹰军团”的 75 架 He 111B/E 中的 58 架在西班牙内战中幸存下来，留在西班牙，由西班牙空军第 14、15 航空大队使用。有少量 He 111E-1，正如图中这架，一直服役到 20 世纪 50 年代末

He 111 在设计时就被要求同时满足民航客机和轰炸机的要求，是纳粹德国空军在 20 世纪 30 年代扩张的重要部分，也是德军轰炸机部队的中坚力量。He 111 早期的改型参加了西班牙的军事行动和早期的战役。

在齐格弗里德和沃尔特·甘特的领导下研发的 He 111 旨在满足纳粹德国空军秘密诞生之初对小规模改装即可成为轰炸机的民航客机的需求。它实际上是一款双发的、1934 年进入汉莎航空公司的 He 70“闪电”机型的等比例放大型号，保留了椭圆机翼和尾翼面。第一架原型机由 600 马力（约 448 千瓦）的宝马 VI 6,0 Z 发动机驱动，于 1935 年 2 月 25 日在曼瑞纳亨由格哈德·尼奇克驾驶首飞，在不到 3 周的时间内第二架原型机紧接着完成了首飞。第三架原型机是 He 111A 系列轰炸机型号的先驱，展示了比当时很多战斗机更好的性能。

6 架 10 座的 He 111C-0 在 1936 年加入汉莎航空公司后，第一批 10 架 He 111A-0 在雷西林评估，但由于战斗载重时发动机动力不足而立刻被否定，全部 10 架飞机都被卖给了中国。

下图：尽管并未登记，但 He 111a 的第一架原型机于 1935 年 2 月 25 日在位于罗斯托克－曼瑞纳亨的亨克尔工厂由格哈德·尼奇克驾驶首飞。当时该机已经彻头彻尾地成为一款轰炸机

预见到动力不足的亨克尔又生产了 He 111B，预生产阶段的 He 111B-0 系列安装了 1000 马力（约 746 千瓦）的戴姆勒－奔驰 DB 600A 发动机。尽管重量显著增加，但该型号的最高速度达到了 224 英里/时（约 360 千米/时）。1936 年末，装备 880 马力（约 656 千瓦）DB 600C 发动机的 He 111B-1 出现了，并且在试航成功后加入第 154 轰炸机联队第 1 中队（随后更名为 157 轰炸机联队）、第 152、第 155、第 253、第 257 和第 355 轰炸机联队。30 架 He 111B-1 经船运，成为西班牙内战中“秃鹰军团”的轰炸机联队的轰炸机主力。装备了 950 马力（约 709 千瓦）DB 603CG 发动机的 He 111B-2 在 1937 年投入生产。

装备 950 马力（约 709 千瓦）DB 600Ga 发动机的 He 111D-0 和 D-1 由于发动机的短缺，只进行了少量生产。1938 年开始转产装备 1000 马力（约 746 千瓦）的容克 Jumo 211A-1 发动机的 He 111E。He 111E 共生产了 200 架左右，载弹量可达 4409 磅（约 2000 千克）——大致和英国皇家空军慢得多的“惠特利”Mk III 重型轰炸机相当。

直翼炸弹

与此同时，工程师们又做了一些努力，来简化

上图：He 111F 采用了一种新型的平直、尖端收窄的翼型，因此很大地缓解了生产压力。土耳其订购了 24 架 He 111F-1，1938 年交付并服役到 1946 年

下图：1938 年 3 月，45 架 He 111E 被派往西班牙的“秃鹰军团”，和 He 111B 并肩作战，在内战结束前的几个月中由德国和西班牙的机组共同执行任务

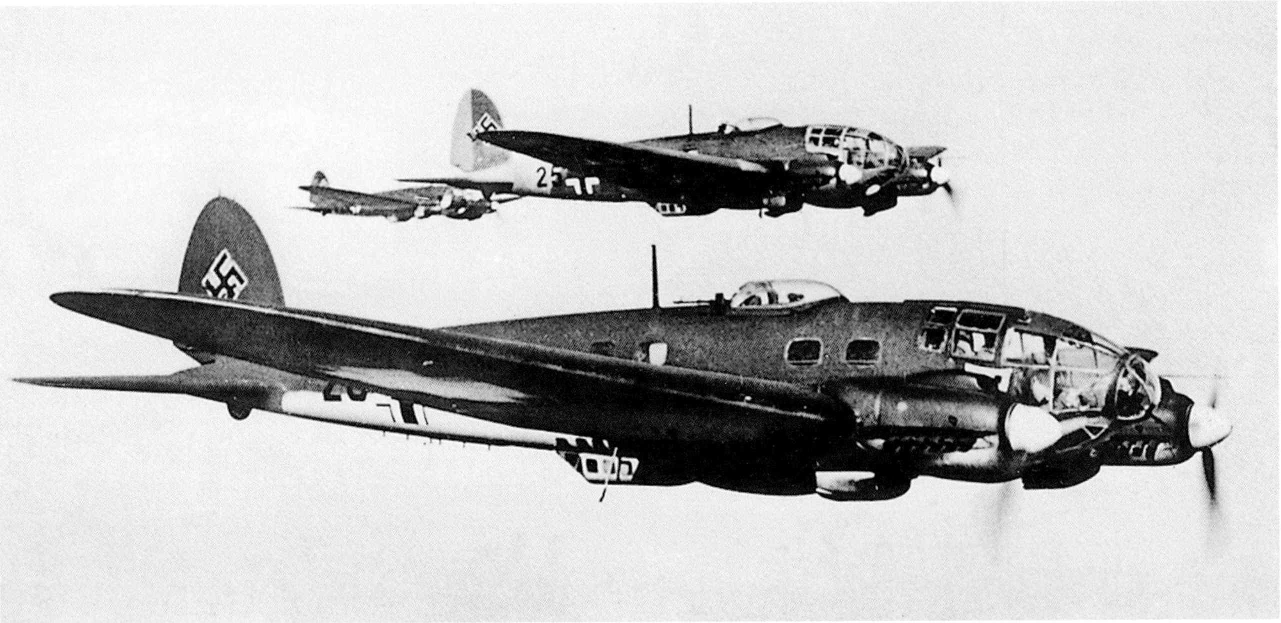

上图：首次在 He 111 V8 平台上测试后，圆形轮廓机头第一次被应用于 He 111P 的生产型，后者也是由 DB 601 提供动力。这一组 He 111P-1 来自第 25 轰炸机联队第 3 大队。He 111P 参与了德国战争初期的行动

He 111 的机翼结构以便大批量生产。一种平直前后缘的新型机翼出现在第 7 架原型机上。这种机翼在 He 111F 上得到采用，1938 年在奥拉丁堡亨克尔公司新的展示品工厂内首度亮相；这种型号安装有 1100 马力（约 821 千瓦）的 Jumo 211A-3 发动机，24 架 He 111F-1 卖往土耳其，而纳粹德国空军的型号是 F-4。He 111G 系列总产量 9 架，其中 5 架（各自安装了宝马 132Dc 或宝马 132H-1 星型发动机或 DB 600G 直列发动机）交付德国汉莎航空公司，剩余的名为 He 111G-5 被送往土耳其。和 He 111G 系列一同生产的 He 111J 系列是作为鱼雷运载机研发的，共生产了 90 架左右，但实际上在 1939 年，这一型号是作为德国海军下辖的第 806 轰炸机联队的常规轰炸机来服役的。

下图：第一架服役的轰炸机改型是 He 111B，在 1936 年末运抵 154 轰炸机联队。这一型号在 1937 年 2 月送达西班牙，3 月 9 日随同第 88 特别轰炸大队参与了行动

到此为止所有 He 111 都是以传统阶梯式挡风玻璃为特征，但是在 1938 年 1 月第 8 架原型机出现以后，He 111P 采用了装配大量玻璃的光滑轮廓机头，这也成为这种飞机的一大特征。这一设计包括了机头偏左的一挺机枪和一块铰链连接的挡风玻璃，以改进驾驶员在降落时的视野。He 111P 系列在 1938 年末以前投入生产，在第二年 4 月进入第 157 轰炸机联队服役。尽管这一型号仅被当成 He 111H 到来之前的一个临时型号，它还是成功地在 1939 年第二次世界大战爆发后在纳粹德国空军中服役了很久。

上图：为 He 111D、E 和 F 换装了 Jumo 211 发动机后，亨克尔又为 He 111J 换装了 DB 600。后者中的 90 架于 1938 年夏天交付纳粹德国空军。有一部分在第二次世界大战爆发时仍在服役

战争中的He 111

到 1939 年 9 月，He 111H 已经在战斗部队中成建制服役，纳粹德国空军共部署了 400 架这种型号的飞机，以及 349 架 He 111P 系列、38 架 He 111E 系列、21 架 He 111J 系列飞机。在总共 808 架 He 111 中，有 705 架在德国闪击波兰之前都处于服役状态。在那场重大的战役中，第 1、第 4、第 6、第 27 轰炸机联队以及第 1 训练联队第 2 大队的亨克尔都保持了高频率的行动，发起了远赴前线的突袭。但由于波军向华沙撤退，前者发动了针对波兰首都的毁灭性空袭。

由于缺乏合适的机场，仅有 3 支装备 He 111 的部队（第 4、第 26、第 100 轰炸机联队）参加了挪威战役中的行动。其他部署就位的联队已准备好了德国在 1940 年 5 月 10 日向西线的攻击行动。4 天后，第 54 轰炸机联队的 100 架亨克尔 He 111 空袭了鹿特丹。这次空袭现在因这一事实而为人所知：由于很多轰炸机的雷达操作员操纵机枪，没有收到撤销任务的通知，总共 57 架轰炸机在市中心倾泻了 97 吨炸弹，导致 814 名荷兰平民的死亡。

民用型

尽管亨克尔专注于把 He 111 研制成一款军用轰炸机，但它也有作为大型客机的型号。第二架原型机 He 111c (D-ALIX“罗斯托克号”) 就是按照大型客机标准建造的，随后在德国汉莎航空公司执行任务。第四架原型机 He 111 V4 也是一款民用飞机，正如 1936 年进入汉莎航空公司的六架 He 111C-0（见下图）一样。该型号飞机主要用于德国城市之间的“闪电航线”快速服务，虽然人们发现它的经济性不好，但还是坚持运营至战争爆发。此后 4 架以 He 111G 为名的飞机进入了汉莎航空公司，其中两架装备宝马 VI 6,0 ZU 发动机，另两架带有试验性质地装备了宝马 132H-1 星型发动机。汉莎航空公司的大多数 He 111C/G 都被纳粹德国空军接管。

上图：一架 He 111C 飞越汉莎航空公司的机群，机群中也包括 He 111C

下图：名为“奥格斯堡号”的这架 He 111 V14 隶属于汉莎航空公司，型号为 He 111G

上图：照片中一支 He 111H-16 型轰炸机中队保持着紧密的编队，轰炸苏军之后返航。H-16 型是第三款“标准”量产机型（先前的两款是 H-3 型与 H-6 型），并配备了 Jumo 211F-2 型发动机

He 111H 轰炸机

配备 Jumo 发动机的 He 111H 型轰炸机作为系列最终型号成为德国空军的标准轰炸机，衍生出大量子型号，从 1939 年一直服役到大战结束。

不列颠空战开战之际，He 111H 型差不多完全取代了 He 111P 型。它的机身基本上没有改变，但换装了 Jumo 211 型发动机。He 111H 型的最高速度可达 270 英里 / 时（约 435 千米 / 时），在实战中被证明是一款难以击落的轰炸机（和道尼尔 Do 17 型相比），而且它还具有承受严重战损的能力。

作战期间，德国空军有 17 支大队配备 He 111H 型轰炸机〔此时 He 111P 型系列尚有约 40 架服役于侦察大队（Aufklärungsgruppen）承担侦察任务〕，总数约 500 架。经过 4 个月的战斗，有 246 架损失。在 He 111 优秀的作战表现中，于 9 月 25 日攻击布里斯托飞机工厂的第 55 轰炸联队最为突出，该联队还在次日对南安普敦的超级马林工厂予以毁灭性打击。

上图：在伦敦夜间闪击战中所见到的是照片中这种漆成黑色的 He 111H 型轰炸机。该机后来装上了精密的导航装置来执行探路任务，被证明是极佳的作战平台

不列颠空战期间，德国空军所采用的 He 111H 轰炸机大部分是 He 111H-1 型、2 型、3 型与 4 型，后两者最初即采用了 1000 马力（约 821 千瓦）的 Jumo 211D 型发动机。或许，其最大缺点在于一旦被击落便会损失 5 名机组人员，Ju 88 型与 Do 17 型的成员都只有 4 名。

下一款加入轰炸联队的衍生机型是 He 111H-5，可以在翼下挂架挂载副油箱，并加装了两具挂架，每具可挂载 2205 磅（约 1000 千克）的炸弹；它的最大起飞重量增加至 30985 磅（约 14055 千克）。1940 年到 1941 年，He 111H-5 型广泛应用在冬季闪击战中。这些战机搭载了大部分的重型炸弹和空投水雷到英国的各大城市和水域。另外，He 111H-5 型还可外挂一枚 3968 磅（约 1800 千克）的重型炸弹。

鱼雷轰炸机

H-6 型成为最广泛使用的 He 111H 轰炸机，于 1940 年末期开始量产。该型号的武装为 6 挺 0.31 英寸（约 7.92 毫米）MG 15 枪和一门前射的 20 毫米机关炮。有些飞机在尾端还装设了一挺 MG 17 枪或遥控操纵的榴弹发射器。另外，它也可挂载两枚 1687 磅（约 765 千克）的 LT F5b 型鱼雷。尽管 He 111H-6 型具有挂载鱼雷的能力，但大多数仍用于常规轰炸任务。

率先在实战中挂载鱼雷的 He 111H-6 单位是第 26 轰炸联队第 1 大队，1942 年从北挪威的巴都弗斯（Bardufoss）与巴拿克（Banak）起飞作战，对付北角海域的护航舰队，并参与突袭 PQ 17 号护航队的行动，使船队几乎全军覆没。

He 111H-7 型与 9 型的命名用于产量较少的 He 111H-6 型改进机种，而 He 111H-8 型的特征则是装置了特大的防空气球切割器，它的设计是用来撞偏防空气球，再以架于翼端的利剪来割断连接气球的缆绳。不过，德国人发觉这没什么效果，所以残存的 8 型后来改装成为拖曳滑翔机的 He 111H-8/R2 型。He 111H-10 型与 6 型相似，但它在机腹吊舱加装了一挺 20 毫米 MG FF 机关炮，在机翼设置“库托鼻”（Kuto-Nase）割缆线器。

继第 100 轰炸大队（KGr 100）成功利用 He 111H 作为导航机之后，德国人便持续发展该机的这项重要特质。He 111H-14、He 111H-16/R3 与 He 111H-18 型都特别应需要而装设了萨摩斯

（FuG Samos）、派尔 GV 型（Peil-GV）、APZ5 型和科尔夫（FuG Korfu）无线电设备。例如，1944 年，第 40 轰炸联队的“拉斯泰德尔特殊指挥部”（Sonderkommando Rastedter）即派 He 111H-14 型执行作战任务。

当后期的轰炸机，像亨克尔 He 177“鹰狮”（Greif）、道尼尔 Do 217 和其他机种加入轰炸行列之后，He 111 的运输型号与轰炸型平行发展；改装的 He 111H-20/R1 型可容纳 16 名伞兵，而 He 111H-20/R2 型则作为可搭载货物的滑翔机拖曳机。尽管如此，担任轰炸角色的 He 111 也一直在服役，尤其是在东线战场。在那里，可挂载一枚 4410 磅（约 2000 千克）炸弹的 He 111H-20/R3 型和装载 20 枚 110 磅（约 50 千克）破片弹的 He 111H-20/R4 型于夜间进行作战。

或许 He 111H 轰炸机与运输机执行过的最了不起的任务，是在 1942 年 11 月至 1943 年 2 月间支援“国防军”为受困于斯大林格勒（Stalingrad，今伏尔加格勒）的第 6 集团军解围，不过这一尝试根本是缘木求鱼。由于所有可派的容克 Ju52/3m 型运输机部队都不适于那里的补给工作，所以第 27、第 55 轰炸联队和第 100 轰炸联队第 1 大队的 He 111 同第 5 特种轰炸联队（KGrzb V5）与第 20 特种轰炸联队（他们同时装备有 He 111D 型、F 型、P 型与 H 型运输机）一道运送食物和弹药给被包围的德军。

虽然轰炸机偶尔可用来攻击苏联的装甲部队，但恶劣的天气严重阻碍了补给行动。到斯大林格勒会战结束时，德国空军损失了 165 架 He 111，如此惨重的损失让轰炸联队无法恢复元气。

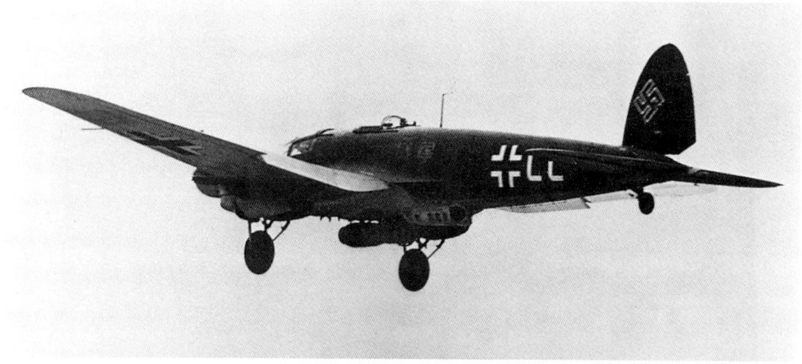

上图：继 He 111H-5 型之后的机种都装上了外部炸弹挂架，使该机能够外挂大量的武器。照片中这架第 26 轰炸联队的 He 111H-6 型挂载了一枚 SC 1800 型 3968 磅（约 1800 千克）炸弹

上图：He 111 V19 型（D-AUKY 号）是 He 111H 轰炸机的雏形，1938 年 1 月首次试飞。它第一次整合了圆机鼻的轮廓和 Jumo 211 型发动机

下图：照片中军械员们在为一架 He 111H-6 型轰炸机装上两枚训练用的 LT F5b 型鱼雷。虽然该机主要用于轰炸任务，但它在挪威伴随第 26 轰炸联队进行反舰作战时取得了相当大的成功。H-6 型也用于测试制导武器，如“弗利茨”X 型（Fritz-X）制导炸弹和 BV 246“冰雹”（Hagelkorn）制导炸弹

He 111H-2 轰炸机

图中所绘的是 1940 年 9 月 15 日星期天德国空军对伦敦进行白昼大空袭（即不列颠空战的最高潮时）第 53 “秃鹰军团”（Legion Condor）轰炸联队第 9 中队的一架出厂编号 3340 号（Wk Nr 3340）“黄色 B” He 111H-2 型轰炸机，机翼上涂着长方形的识别图案（作为战斗机确认和维持空战部署之用）。有人认为这三条白带是各联队的第 3 大队的标志。不过有许多不同的例子质疑这项猜测。图中这架 He 111H-2 于当日作战时被击伤，迫降在阿蒙提尔（Armentiers），有两位机组人员负伤。最近的电脑分析显示，它可能是遭到英国皇家空军第 66（战斗机）中队“喷火”的攻击。

结构

He 111H-2 型轰炸机的机翼围绕着双翼梁结构打造，再沿着弹舱的前、后完成机身的组装。发动机舱内、外侧的翼梁内部设有油箱。机身后部大多空无一物，主要被机长用于存放货物或容纳紧急救生艇。

成员

标准成员 5 名。驾驶员坐在玻璃机头的左后方，领航员／投弹手于飞行时并排坐在驾驶的旁边，但作战时移位至机鼻。再后面是无线电操作员／机背射手。另两位射手则操作机侧和机腹吊舱的武器。机腹吊舱又被机组称为“死亡之床”（Stertebett）。

武装

He 111H-2 型轰炸机配备了更强的自卫火力，5 挺 MG 15 机枪可从机侧舱口、背侧机枪塔、机腹吊舱后部和设置在机鼻的伊卡里亚式（Ikaria）球形机枪座开火。许多改良视野的机型还在机首镶嵌玻璃的右上方加装了一挺 MG 15；而 He 111H-3 型更是于机腹吊舱的前部配备一门 20 毫米 MG FF 航炮；下一款主要机型 H-6 型则通常在机尾圆锥体结构内安置一挺 MG 17 机枪。He 111H-2 型轰炸机炸弹装在两个 ESAC 机身弹舱里，弹舱中间的通道可让机首成员走到机尾的隔间。它标准的装载量是 8 枚 551 磅（约 250 千克）的炸弹，弹头朝上垂直装在里面。H-4 型和 H-5 型则采用外部挂架，如有需要，内部弹舱可用来装载副油箱。

发动机

He 111H 型轰炸机采用了 Jumo 211 型发动机，计划和采用戴姆勒－奔驰 DB 601 型发动机的 He 111P 型平行量产。首架 H-0/H-1 的 Jumo 211A-1 型发动机的起飞功率可达 1010 马力（约 753 千瓦），但 H-2 型则换装 1100 马力（约 820 千瓦）的 Jumo 211A-3 型发动机。

He 162 “火蜥蜴”

国民战斗机

上图：有相当数量损坏程度不同的 He 162 被盟军缴获，有一些至今仍陈列在博物馆里。这架飞机由位于法恩伯勒的英国皇家航空研究中心试飞了 26 次，如今存放于圣安森的英国皇家空军基地

在垂死挣扎的第三帝国的构想中，He 162“火蜥蜴”是作为抵抗盟军的最后一招。然而，对于纳粹来说，这种小型喷气式战机太少了，出现得也太晚。

1944 年秋季，希特勒的德国在盟军连续不断的空袭轰炸中变为一片废墟。德国需要孤注一掷的措施，强硬的纳粹官员开始介入决策过程。在阿尔伯特·施佩尔的装备部的全面控制下，纳粹党高层卡尔·奥托·索尔要求设计一种国民战斗机。该型号战机应该小巧（满载时不超过 4410 磅 / 约 2000 千克）、简便，配备喷气式发动机，以此在速度与操控性上超过盟军的战斗机。它将配备一到两门 30 毫米机关炮，容易维护，对技术熟练的劳动力和紧缺的材料有着最低的要求。

上述要求在 1944 年 9 月 8 日发布，各大飞机制造商迅速开始研究。其中，比如梅塞施密特和福克－沃尔夫，还有直率的王牌飞行员阿道夫·加兰德，都对这个项目嗤之以鼻，称这个项目是难以实施且不切实际的。让这样一款未经验证、可能被经验不足的“希特勒青年团”驾驶的飞机投入大量生产，这一举措荒谬至极。更何况军方索性提出无须担心维护问题，机况不佳或受损的战斗机会直接被新机替换。维修工作可能让德国军方在战争中分心，有识之士大力支持生产 Me 262，然而纳粹官员对他们的提议充耳不闻。

9 月 15 日之前，备选设计只剩下布洛姆福斯公司的 P.211 和亨克尔的 P.1073。无论从哪个角度来说，P.211 都是更好的选择，但亨克尔不懈改进 P.1073 的设计，该方案在 9 月 24 日不仅得到索尔的赏识，也得到了戈林的肯定。

计划开始

在激烈的争论之后，最终许可在 9 月 30 日被授予，随之而来还有初期月生产 1000 架的一份计划。“火蜥蜴”被亨克尔公司称为“麻雀”，型号定为 He 162。“火蜥蜴”这个称号在德国并不受欢迎，是因为这个名字是盟军在得知这个项目后命名的。这一项目的设计几乎不能再简化了，流线型的机身是由轻合金制造，圆形截面半单壳式结构，连同塑造成型的胶合板机头。驾驶舱上装有一个向上开启的铰链连接的透明舱盖，内有火药桶驱动的弹射座椅，燃料装在机腹中部 153 英制加仑（约 695 升）的油箱中。轮组和制动器取自 Bf 109G，被选中的发动机是宝马 003 涡轮喷气发动机，用 3 个螺栓直接固定在高位安装的机翼上方。

“火蜥蜴”项目集中在亨克尔公司在维也纳－施韦夏特的工厂，最初生产了 10 架原型机：He 162 V1 到 V10，也被认为是 He162A–0 的预生产批次。计划中的 He 162A–1 战斗机大量生产需要更多的工厂和外包工厂。最大的工厂每月要各自完成 1000 架，包括罗斯克尔－曼瑞纳亨的亨克尔北方工厂、贝恩堡的容克工厂，还有赫兹山脉使用廉价奴役劳动力的米特威尔克工厂，而月生产的总量要达到 6000 架。整个“火蜥蜴”计划由一个以海因里希·吕布克为首的“施利姆项目组”（Baugruppe Schlempp）的特殊组织来运行。

第一架原型机在 1944 年 12 月 6 日完成了处女航，达到了 522 英里 / 时（约 840 千米 / 时）的最大速度。着陆后，V1 被发现因采用酸性黏合剂而发生了结构性损伤；此外，时间的紧迫也意味着替代黏合剂——基于苯酚的 FZ 薄膜，也是不得不匆忙生产的。12 月 10 日，包括纳粹德国空军、纳粹航空部和纳粹党官员在内的大量观众都来观看这架纳粹德国的潜在救星试飞。V1

上图：这架 He 162 A-2 在 1945 年 5 月隶属于第 1 战斗机联队第 3 中队，基地设在莱克。当时，50 架 He 162 A-2 被编入同一大队第 1 战斗机联队第 1 常备大队。在莱克基地有许多来自其他零散部队的飞行员也被吸收进这个新的大队

上图：He 162A-1 展示出下反角翼尖，这种设计首次出现在V3原型机上，目的是克服翼面夹角过大的问题。A-1 系列是与原型机一同生产的，后者被当作 A-0 的预生产机型

由试飞员彼得上尉驾驶，从施韦夏特机场赶来。在完成一个低空过场时，整个前缘从右侧机翼开始脱落。紧接着发生的剧烈翻滚和摇晃中，右侧副翼和翼尖也在飞机坠毁前与机身脱离。

为了展示信心，V2 原型机的首飞由施韦夏特技术主管弗兰克完成。他试探了飞行包线的极限，发现侧向与径向不稳定性简直难以接受，尤其是在小半径左转弯时。因此，技术人员对尾部进行了增大，翼尖也以 55° 的下反角倾斜。

武器装备从一开始就有争议。军方要求配备一到两门 30 毫米机关炮，如 Mk 108，但设计团队发现每门机关炮载弹量不可能超过 50 发，但如果用高射速 20 毫米口径的 MG 151 机关炮代替，那么每门机关炮可以配备 120 发炮弹。因此 V1 原型机装备的是 20 毫米口径机关炮，但纳粹航空部坚持 V2 原用两门 Mk 108，并且在 1945 年 1 月对这些武器进行了测试。测试中产生的震动被认为是飞机难以接受的，尽管 V6 原型机上装备了 Mk 108，最后亨克尔工程师的主张依然被证明是正确的，生产型的 He 162A-2 最终也配备了标准化的 MG 151，每门机关炮 120 发炮弹。

截至 1945 年 2 月，He-162 总共生产了大约 100 架，包括超过 20 架原型机和研发机型，庞大的生产计划开始步入正轨。但是在飞行员训练方面没有与之同步的大规模培养计划。1944 年，纳粹德国的空中力量被盟军的战斗机、轰炸机大量摧毁，很少有技术娴熟的飞行员［所谓的“专家”（Experten）］幸存下来。海茵茨·巴尔（共获得 220 场胜利）是最优秀的“专家”之一，他在 1945 年 1 月被第 3 战斗机联队指挥部派往纳粹德国空军位于雷希林的中央测试机构执掌至关重要的 162 特殊测验部队。

上图：量产型同 V1 原型机并没有太大区别，除了向下弯折的翼尖、增大的副翼和靠近翼根机翼后缘的复合翼尖。V1 在空中解体之前只飞行了 4 天

尽管对合适战机有着极为迫切的需求，纳粹德国空军还是坚持要先确定 He 162A-2 是否可以作为一种合格的战斗机来服役。几天后，也就是 2 月 6 日，在帕希姆，第 1 战斗机联队第 1 大队，也就是纳粹德国空军第一支战斗机大队（至少在编号上是）把 Fw 190 交给了第 2 联队并且开始换装 He 162。随后，第 1 战斗机联队第 2 大队也换装了。但是在第三帝国灭亡的前几周，混乱和燃料短缺是影响军事行动效率的两个关键因素。招收“希特勒青年团”的计划已经开始了整整一年，培训过程不考虑天赋，仅实行简短的滑翔机训练，随后便直接开始驾驶 He 162。与此同时，亨克尔公司也在策划 He 162 的进一步改型。

当这一切都在进行中时，盟军部队席卷了德国，所有关于 He 162 的进一步计划也化为泡影。

左图：运送到英国的 4 架“火蜥蜴”中的其中一架，编号为 120072，它战后在法恩伯勒进行了 4 次评估飞行，其中最后一次试飞过程中飞机在一次滚转中解体，驾驶员遇难

He 162A–2“火蜥蜴”

亨克尔 He 162 是阻止盟军前进而大量生产的一次匆忙尝试。然而，研发的速度导致很多结构上和空气动力学上的缺点。这架 He162A–2 隶属于第 1 战斗机联队第一特别行动大队第 3 中队，是中队长埃里希·德穆特中尉的座机。它的尾部有胜利 16 次的标记，不过这些战绩都是在其他飞机上取得的。

配置

专家预测 He 162 非同寻常的高位发动机布局会导致气流问题（在很大程度上并没有发生），但没有预测到纵向不稳定性使得飞机的飞行和战斗航迹变得难以捉摸。

性能

He 162A–2 在正常推力下的海平面上最大速度达到了 490 英里 / 时（约 789 千米 / 时），19685 英尺（约 6000 米）高度的最大速度达到 520 英里 / 时（约 837 千米 / 时）。这一速度在有短时间额外推力的时候还可以增加。在海拔 19685 英尺（约 6000 米）高度的最高速度，航程达到 385 英里（约 620 千米）。

服役历史

尽管 He 162 似乎的确参与了一些行动，但并没有证据表明它与盟军飞机有过遭遇战。这是因为当战争结束时战斗机仍在等待官方的战斗许可。

动力装置

He 162A–2 由单发宝马 003E–1 或 E–2 轴流式涡喷发动机提供动力。额定推力为 1764 磅（约 7.8 千牛），还可以在 2028 磅（约 9.02 千牛）的推力下运行长达 30 秒钟。预生产阶段的飞机安装了宝马 003A–1 发动机，另一些安装了宝马 003R，还配备了 1764 磅推力（约 7.8 千牛）的宝马 718 液体燃料火箭。宝马 003 的缺陷使得设计人员进行了用 Jumo 004D 作为替代品的尝试，因此后者被安装在两架原型机上。

亨克尔 He 177“鹰狮”

飞行打火机

上图：在一场大胆的深入英国的军事行动中，这架 He 177A-5/R6 从布拉尼亚克的机场起飞。这一机型在 1944 年入秋到 1945 年进行了测试。被官方命名为“鹰狮”的 He 177 无论对驾驶它的机组成员还是对敌军来说都同样危险，英国试飞员普遍认为其是一款较差的飞机

由于在空中容易起火，人们给 He 177 起了一个绰号叫“飞行打火机”，它也是德国空军唯一一款服役的战略轰炸机。

1936 年，柏林的纳粹航空部为“乌拉尔轰炸机”计划的两个竞选机型——Do 19 和 Ju 89 提供了支持。由于这两个型号最终都不了了之，“乌拉尔轰炸机”计划在 1937 年也被取消。取而代之的是“A 型轰炸机”计划，军方希望这个计划能够产生更好的飞机。

“A 型轰炸机”的设计和制造交给了恩斯特 - 亨克尔公司，这个代号为 1041 的项目在 1936 年末开始了。在技术指导赫特尔的领导下，才华横溢的甘特兄弟设计了一款融合了许多激进的新特点的飞机。由纳粹航空部命名为 He 177 的这种新型轰炸机在空气动力学特性上极度简洁。机身呈管状，机头为玻璃结构，在玻璃整流锥内还有一个机枪位。中单翼有着较大的展弦比，在机翼下方的空间预留了一个大型炸弹舱。设计人员明确动力由 4 台 1200 马力（约 895 千瓦），或者两台 2400 马力（约 1792 千瓦）发动机提供。但德国当时没有 2400 马力的发动机，跟戴姆勒 - 奔驰公司有合作关系的亨克尔非常大胆地采用了两台 DB 601 倒 V 形 12 缸发动机并排安装的方式，并用一个并联齿轮箱与单螺旋桨相连。两台 DB 606 将被用于为新型重型轰炸机提供动力，毫无疑问，这将比 4 台独立发动机的布局提供了更低的阻力和更好的操控性。为了进一步降低阻力，还计划通过使用表面散热器来改善发动机冷却性能。正如在同样使用 DB 606 发动机的 He 100 和 He 119 水上飞机上应用的那样。主起落轮有 4 对，有两对收回机体内部，在发动机下方的外部起落架则位于翼下主翼梁前方。自卫武器安装在 4 个遥控的炮台中。

上图：在施泰因伯格行动中，经验丰富的 He 177 机组发现在 29527 英尺（约 9000 米）高度进入敌方领空，全力攻击后以 435 英里 / 时（约 700 千米 / 时）速度小幅度俯冲可以避免被拦截

1939 年初，当第一架 V1 成型的时候，人们不得不无奈地承认表面散热器并不实用。大量的环状部件安装在每个双联发动机前端，增加了阻力，也增加了重量和油耗，造成了恶性循环。

俯冲轰炸机？

随后德国航空部要求这种飞机必须能够完成陡峭的 60° 的俯冲攻击，而这会导致结构重量上的大幅增加，进一步降低性能，

左图：几乎所有的 He 177 衍生机型都在机首吊舱前方装备了一门 MG 151/20 机关炮，第二门装在尾部，由坐在方向舵下树脂玻璃舱中的机枪手操作。然而在 KG 40 联队对 A-3/R1 的说明中前置武器是一门 MG FF 机关炮

还要在翼下加装俯冲制动器。为了使超重的飞机降落更平缓，又加装了大展弦比的富勒翼襟，外侧的部分从副翼下伸出。然而这一改进又出现了问题，因为机翼并没有加固，无法适应加装翼襟后的升力载荷和阻力载荷。

V1 在 1939 年 11 月 19 日完成了处女航。尽管没有安装武器，它还是没有达到“A 型轰炸机”计划的任何性能指标。但它的操控性还是相当不错的，也没什么特别值得注意的问题。

又有 7 架原型机建造完成，重量一架比一架大。垂直尾翼的面积增加了，串联的 3 个炸弹舱也已就位，多种自卫武器也安装完毕（低阻力遥控机枪被传统的炮塔式或手动瞄准式机枪取代），人们不断地寻求方法来解决最严重的问题——发动机频繁起火。V2 原型机饱受震颤困扰，最终解体坠毁。V4 坠落到海里，V5 的发动机在低空起火后坠落到地面发生爆炸。

德国人还是在 1939 年预定了 30 架 He 177A-0 预生产型，此外还有阿拉道公司生产的 5 架。这些飞机有很多改动，包括为 5 人机组重新设计的机头，武器装备包括多面体半球状机头部位的 0.31 英寸（约 7.92 毫米）口径的 MG 81 机枪，座舱前边 20 毫米的 MG FF 机关炮，座舱后方一挺双联装 MG 81Z 机枪，上方炮塔内一挺 0.51 英寸（约 13 毫米）口径的 MG 131 机枪以及尾部一挺手动瞄准的 MG 131 机枪。在生产过程中俯冲制动器被移除了，还有很多其他的变化，但最迫切的需求跟动力系统有关。

尽管听起来像是事后诸葛亮，但 DB 606 组装后的许多特征就像是故意引起麻烦一样。排油泵尺寸过大，在 19685 英尺（约 6000 米）高度上燃油容易混入气体产生泡沫，导致润滑系统崩溃，引发震颤和起火。燃油几乎总是会滴落在炽热的连接两个内部气缸组的排气管上，辐射的热量会将发动机罩底部汇集的燃油点燃。很多起火事故都是由高压注油泵和刚性连接管路发生的燃油泄漏造成的。

量产体系

35 架 A-0 中的 25 架都由于不同的原因而毁坏，剩余的用于在路德维希斯卢斯特作为教练机使用。全部 130 架生产型 He 177A-1 都由阿拉道制造，这些型号使用 2700 马力（约 2014 千瓦）的 DB 606 发动机，仅实现了数十项计划中改进项中的一小部分。不管怎样，这一型号的飞机有很可观的载弹量，并且希特勒要求这一型号必须服役，护送 U 艇，和封锁舰一起，到东线之外遥远的地方执行夜间任务。

1942 年 10 月，亨克尔开始交付改进后的 He 177A-3，但发现月产量很难达到 5 架以上。A-3 保留了 DB 606 发动机，尽管人们本希望可以装备 3100 马力（约 2312 千瓦）的 DB 610 发动机（由两台 DB 603 组成）。然而，发动机的安装更加靠前了，排气系统经过重新设计，许多其他危险的地方也被改进。为了平衡发动机，后部机身被延长，并加装了第二座背部炮塔。和 A-1 一样，A-3 的生产也配备了 Rüstsätzen 武器套装。

亨克尔生产了 170 架 A-3，接着从 1943 年 2 月开始，该公司和阿拉道一共交付了 261 架 He 177A-5。在战争的最后一年，A-5 型成为参与行动的主要型号。A-5 的特点包括经过加固的机身，短一些的主起落架，常规副翼、前机身和外翼下方的挂架可以挂载 3 枚 Hs 293 或是两枚 Hs 294 或两枚 FX 1400 炸弹。

轰炸伦敦

亨克尔和阿拉道一起交付了不少于 565 架的 He 177A-5。迄今为止使用 He 177 的最重要的部队是第 40 和第 100 轰炸机联队，前者主要和大西洋战役有关，携带 Hs 293 参与了“施泰因伯格”行动，即 1944 年初针对伦敦的报复性空袭。“施泰因伯格”行动的效果有限，然而，1944 年 2 月 13 日，第 100 轰炸机联队第 2 和第 3 中队奔赴英格兰；14 架出动的飞机中，13 架起飞成功，8 架由于发动机过热或起火而很快返航，4 架抵达伦敦但是只有 3 架成功返航。

还有许多小规模生产的衍生机型，包括一小部分在机头下方装备了 50 毫米口径的 BK 5 反坦克炮。随后 A-3/R5 安装了 75 毫米炮，但这样的飞机只建造了 5 架。有一些带有电动尾部炮塔（安装两门 MG 151/20 机关炮）的机型经过试飞，计划中的 He 177A-6 可能选择这种炮塔，或者另一种配备 4 挺 MG 81 的炮塔。6 架 A-6 安装了加压舱，就如同在 A-5/R8 上做的那样，后者是唯一一种在机头下方和尾部位置安装了遥控炮塔的飞机。开发过程中众多原型机中的最后几架之一 V38（以 A-5 为基础）被掏空，准备在一个独立的巨大炸弹舱内装载德国的原子弹。He 177 驱逐机型原为破坏重型轰炸机队形而加装了一串 33 发火箭弹发射管，而最后进入批量生产的型号装备的是翼展加长版的 A-7。原计划安装 3600 马力（约 2686 千瓦）的 DB 613 发动机，但这一发动机还没有就位。这一型号还携带额外的燃油，使得日本对此产生了强烈的兴趣，想获得建造有 4 个独立发动机的该机型的生产许可。亨克尔自己的相似配置的 He 277 从来没有获得官方的正式批准，只生产了少量原型机。

下图：第三架预生产机在起飞滑跑时展示了它强壮的主起落架。起飞时经常遇到剧烈摇晃的问题

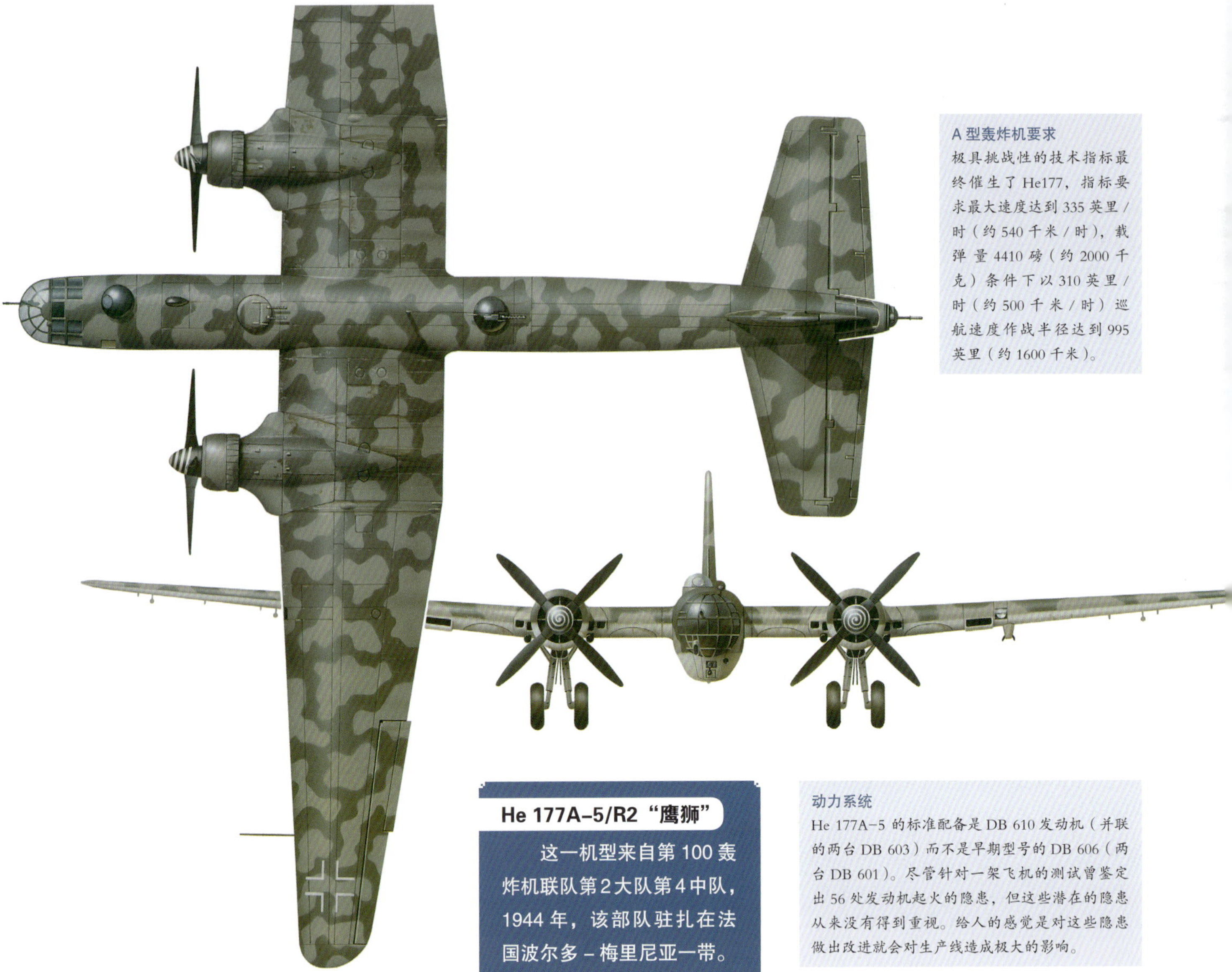

A 型轰炸机要求

极具挑战性的技术指标最终催生了 He177，指标要求最大速度达到 335 英里/时（约 540 千米/时），载弹量 4410 磅（约 2000 千克）条件下以 310 英里/时（约 500 千米/时）巡航速度作战半径达到 995 英里（约 1600 千米）。

He 177A-5/R2 “鹰狮”

这一机型来自第 100 轰炸机联队第 2 大队第 4 中队，1944 年，该部队驻扎在法国波尔多 – 梅里尼亚一带。

动力系统

He 177A-5 的标准配备是 DB 610 发动机（并联的两台 DB 603）而不是早期型号的 DB 606（两台 DB 601）。尽管针对一架飞机的测试曾鉴定出 56 处发动机起火的隐患，但这些潜在的隐患从来没有得到重视。给人的感觉是对这些隐患做出改进就会对生产线造成极大的影响。

攻击武器

He 177A-3 携带的武器包括 Hs 293 雷达制导炸弹以及在 A-3/R7 和所有 A-5 型号中出现的一系列反舰鱼雷，包括 LT 50 滑翔鱼雷。

A5 的优势

A5 主要的优势就在于采用了动力更强劲的 DB 610 发动机，由于在重量上与之前的型号相比仅有微小的增加，因而在性能上有所改善，尤其是在升限上。

火灾危险

除了 He 177 与燃油系统有关的起火危险，A-1 发动机的安装也太过接近主翼梁以至于没有安装防火墙的空间。管道、电缆和其他的东西也被紧紧地塞进这一空隙，以至于起火的概率绝对是令人难以想象的高，尤其是燃油泄漏的时候。

迷彩

第 40 与第 100 轰炸机联队的 He 177 有很多种水上迷彩图案，这架样机所采用的是第 100 轰炸机联队大多数 He 177 采用的标准迷彩图案。

亨克尔 He 219“夜枭”

亨克尔的“夜枭”（猫头鹰）

上图：以战后的视角来看 He 219，可以发现一些典型的性能特点，包括细长的前起落架可以旋转 90° 缩回并收纳于驾驶舱下方

从独创性上来说，亨克尔 He 219“夜枭”在它那个时代可以说是革命性的，它可能是第二次世界大战期间投入战斗的最出色的德国夜间战斗机。尽管“夜枭”性能优秀，然而它的生涯还是被政治干预和生产问题所阻碍。

恩斯特－亨克尔公司是希特勒帝国最大的飞机制造厂之一，在生产战斗机方面有着丰富的经验。1940 年中，罗斯托克－曼瑞纳亨总设计处有剩余的设计能力，被用来开展一系列计划，其中一个就是 1064 计划。这一计划旨在生产一种用于歼灭轰炸机的驱逐机，但实际上这一设计可以成为多用途战斗机、攻击机、侦察机，甚至是鱼雷攻击机。它融合了许多新的特性，包括在蛇一样的机头内的串列座椅加压驾驶舱、肩挂式机翼、收纳有大型双轮主起落架的低重心发动机舱、双垂尾和遥控自卫机枪炮塔。这些设计正是纳粹德国空军所需要的，但 1064 计划被认为是不合时宜的，因为它使用了过多激进的创新设计。另外，这个计划也并不是官方提出的要求，因此它被归档并遗忘了。

约瑟夫·卡姆胡贝尔将军一直为打造一支纳粹德国空军至关重要的夜间战斗力量而独自奋斗。他并没有获得一种真正作为先进夜间战斗机而设计的飞机，但在和希特勒会面后，他还是被许诺会拥有一支“特殊力量”来开始 1064 计划。当然，这一机型现在被命名为 He 219。与此同时，福克－沃尔夫公司收到一份研发 Ta 154“蚊”式夜间战斗机的合同。然而这一飞机的木质结构决定了德国的“蚊”式仅能得到非常有限的实际应用。

首飞

亨克尔的设计本身已经足够出色，因此第一架原型机 He 219 V1 在 1942 年 11 月 15 日首飞之前只需很少的改进。尽管该型号飞机对偏航和滚转还是有些敏感，不过这两点通过延长机身和增大尾翼面面积都得到了调整。之后就开始了武器和装备的一系列调整。这些调整已经复杂到了让德国航空部询问是否可以减少多达 29 种的武器搭载方式以便于减少混淆。给研发带来问题的还有盟军空军连续不断的空袭，1942 年 3 月和 4 月的两次空袭基本摧毁了位于罗斯托克的 He 219 的全部生产设备。这些空袭使得亨克尔把 He 219 的生产转移到不同的地点。机身先在波兰完成制造，再运往德国将许多小工厂生产的部件进行总装。

竞争与评价

人们预计到 1942 年 8 月 He 219 机队便能执行任务。然而，截至 1943 年 4 月 1 日，总共只有 5 架原型机完成。其中一架与 Ju 88 进行了一系列对比，但最终的报告对 He 219 失之偏颇。虽

下图：He 219A-0 的下视图，那与众不同的黑色单翼展示出了这一型号的腹侧武器托盘。这一设计能在机腹安装机关炮或机枪

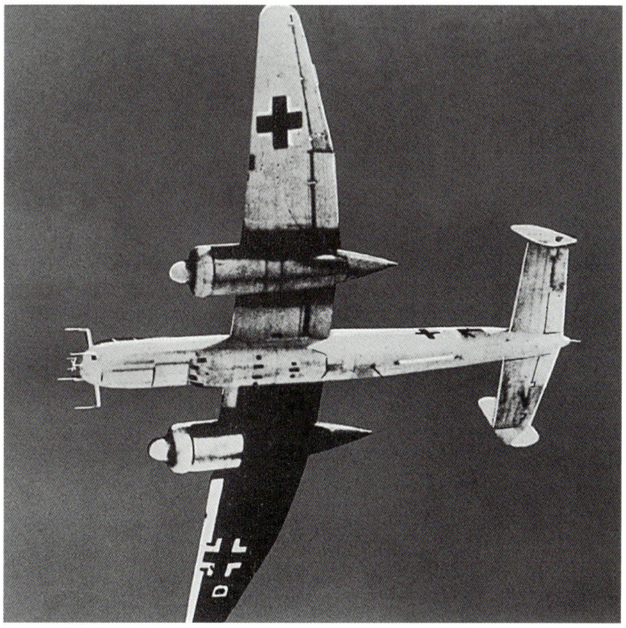

上图：这架早期的原型机泄露出一些秘密。它有着和生产型 He 219 相似的加长且锋锐的驾驶舱尾端，还有生产型标准的增大的垂尾面积。它有着无分段机身，但看起来没有安装武器，也没有装备雷达或操控装备。这可能是 He 219 V11 原型机

然报告对 He 219 不利，但 He 219 还是得到 127 架的初始订单。

政治问题依旧困扰着 He 219 的研发，导致同 Ju 88 和 Do 217N 等一系列的竞标飞行。不过 Ju 88 和 Do 217N 在考验中落败，He 219（现在已经得到"夜枭"的绰号）优异的性能已经显而易见。

最初的 He 219A-0 预生产系列从 1943 年 5 月末开始以 He 219A-0/R1 和 R2 型的名称交付，每架都安装 4 门 Mk 108 或 Mk 103 机关炮，机关炮独立安装在机腹托盘内。驾驶员使用双叉式驾驶盘，一方面是为了使操控更轻松，另一方面也是为了安装更多的控制开关和按钮。机枪由右手操纵，驾驶盘顶部的按钮控制机身的机枪，前方的扳机控制翼下的武器。除此之外，至少一架 He 219A-0 为两名飞行员配备了压缩空气弹射座椅。这也是该技术在世界上的第一次应用。亨克尔希望 He 219 能够得到喷气动力，这也解释了为何选择前三点式起落架。

最初的生产型交付位于荷兰边境的芬洛的第 1 夜间战斗机联队第 1 大队。第一次战斗任务由维尔纳 · 施特莱伯少校完成，他下定决心要看看这架飞机能做什么。任务开始于 1943 年 1 月 11—12 日夜间，He 219A-0 G9+FB 号机击落 5 架英国皇家空军的重型轰炸机。然而在接近返程时，施特莱伯进场着陆发生了误判，飞机坠毁，所幸他和领航员都没有受伤。

"蚊"式屠夫

尽管成就突出，但 He 219 还是纳粹德国空军高层苛刻批评的受害者。然而，这些早期的原型机在接下来的 10 天内执行了 6 次任务，击落 20 架英国皇家空军的重型轰炸机，包括 6 架"蚊"战机。"夜枭"的实力再也不可小视，但现在生产 He 219 配套的工业体系不再能够提供足够的配件。尽管原本的计划是每月生产 100 架，但实际上每月的交付量几乎未曾超过 12 架。此外，这一飞机的设计不断发展导致衍生型号太多，造成混乱。

死亡"爵士乐"

尽管 He 219 的变型机有一定的继承性，但很少有哪个机型最终投入生产。不过还是有一些特点成为标准，比如长机舱，后置机枪（除了在 He 219A-5/R4 上）的取消，带有巨大 Hirschgeweih（雄鹿鹿角）偶极天线阵的强力 FuG 220"利希滕施泰因"SN-2 雷达的安装，FuG 220 后向警告雷达，弹射座椅，以及至关重要的 Schräge Musik［"斜乐曲"（亦被称作"爵士乐"）］武器套装。这一套装包括两门斜向上开火的 Mk 108 航炮，各自备弹 100 发，可以瞄准轰炸机易受攻击的下腹部，给英国皇家空军的机组成员带来灾难性结局。

1944 年中，德国航空部官员开始意识到他们对 He 219 存有偏见。He 219 终于得到了认可，开始要求紧急大规模生产。然而，He 219 未曾以应有的规模完成生产。在战争末期，德军集中精神去生产新兴的喷气式战斗机。He 219 除了第 1 夜间战斗机联队第 1 大队外没有装备任何部队。飞机的数量在该部队也不多，通常每个月只有两到三架飞机交付。除了这些生产问题，英国皇家空军夜间战斗的"蚊"式战斗机作为护卫战斗机，在盟军空袭时负责拦截 He 219，从而加快了 He 219 的消耗速度。

截至 1945 年 1 月，第一夜间战斗机联队第一大队的编制达到了 64 架飞机，所有型号的总交付量达到了 268 架。有大约 20 架用于研究的飞机经过改造达到了作战标准，还有 6 架正用替换

在盟军的手中

第二次世界大战结束后，至少有 10 架 He 219 被美国陆军航空队和英国皇家空军原封不动地缴获。盟军的飞行员对这架飞机并没有像德国同行那样狂热。许多人发现该型号飞机动力不足，尤其是在起飞的时候。这架 He 219A 在报废之前于美国弗里曼机场进行了测试飞行。有一架 He 219 完好无损地幸存下来，但是并没有归还，而是被收藏在美国国家航空航天博物馆。

下来的部件和备件进行装配。

毫无疑问 He 219“夜枭”战斗机是一款杰出的设计，如果有更多订单的话，可以在各种任务中发挥显著的作用，就如同英国皇家空军的“蚊”式战斗机一样。衍生型号的繁杂降低了主要型号的生产效率，而期望中的戴姆勒－奔驰和容克公司无法提供更先进的发动机，也使得亨舍尔无望将更先进的 He 219 型号送上战场。

雷达装置

最初的量产型（12 架 He 219A-2/R1）在机头搭配了带有 4 个小型天线阵的 FuG 212“利希滕施泰因”C-1 雷达。在后来的 A-2 系列中，C-1 只搭配了一个天线，还有为新型 FuG 220“利希滕施泰因”SN-2 雷达设计的 4 个大型“鹿角”天线。有一些 A-5 省去了 C1 雷达，通常用一个 SN-2 天线倾斜布置来减少干扰。A-7 又在“利希滕施泰因”SN-2 基础上增添了新的 FuG 218“海王星”（Neptun）雷达。

起落装置

He 219 的前三点式起落架在纳粹德国空军中是极为新颖的。独立前起落架（可旋转并向后缩回）和两对主轮的组合赋予它极佳的起降能力。

不同的任务

艾尔哈德·米尔希空军元帅对 He 219 的偏见之一就是觉得 He 219 不能作为其他类型的飞机使用。于是亨克尔设计了 3 座的 He 219A-3 战斗轰炸机和 He 219A-4 大翼展高空侦察机，并以夜间战斗机减产为代价进行生产。

He 219A-7/R2

图中这架飞机在 1944 年 6 月服役于驻扎在德国明斯特的第 1 夜间战斗机联队第 1 大队，由保罗·福斯特上尉驾驶。装备“夜枭”的唯一一支夜间战斗机部队就是第 1 夜间战斗机联队第 1 大队，且“夜枭”在交付时有着各种不同的配置。该部队饱受 He 219 长期供应不足之苦，不过在对抗英国皇家空军的夜间轰炸机的战斗中取得了不错的战绩。

武器装备

除了前机身经过加固并且改成新式 3 人驾驶舱的 He 219A-5/R4，He 219A-2 放弃了不再合适的向后开火的 MG 131 机枪。所有的 He 219 都在翼根有两门 20 毫米 MG 151 航炮，同时也为两门 30 毫米的 Mk 108“爵士乐”（schrägeMusik）套装安装预留了位置。机腹托盘承载的武器有所不同，A-2 上是两门 MG 161，两门 Mk 103 或者两门 Mk 108 机关炮，A-5 上是两门 Mk 108 机关炮，He 219A-7 上则有不同的选择：两门 Mk 103 和两门 MG 151（A-7/R1 上），或者两门 Mk 103 和两门 Mk 108（A-7/R2 上），或者两门 Mk 108 和两门 Mk 151（A-7/R3 上），或者仅有两门 Mk 151（A-7/R4 上）。

Hs 123A–1

这架涂装精巧的 Hs 123A 在 1941—1942 年隶属于莫斯科前线中央集团军群第 2 训练航空联队第 5 对地攻击中队 。为了进行冬季行动，永远不变的碎片迷彩图案上覆盖了白色可溶涂料。黄带标志是战区识别条纹，而黑色三角是对地攻击标志。据信，这种纹饰起源于一战。

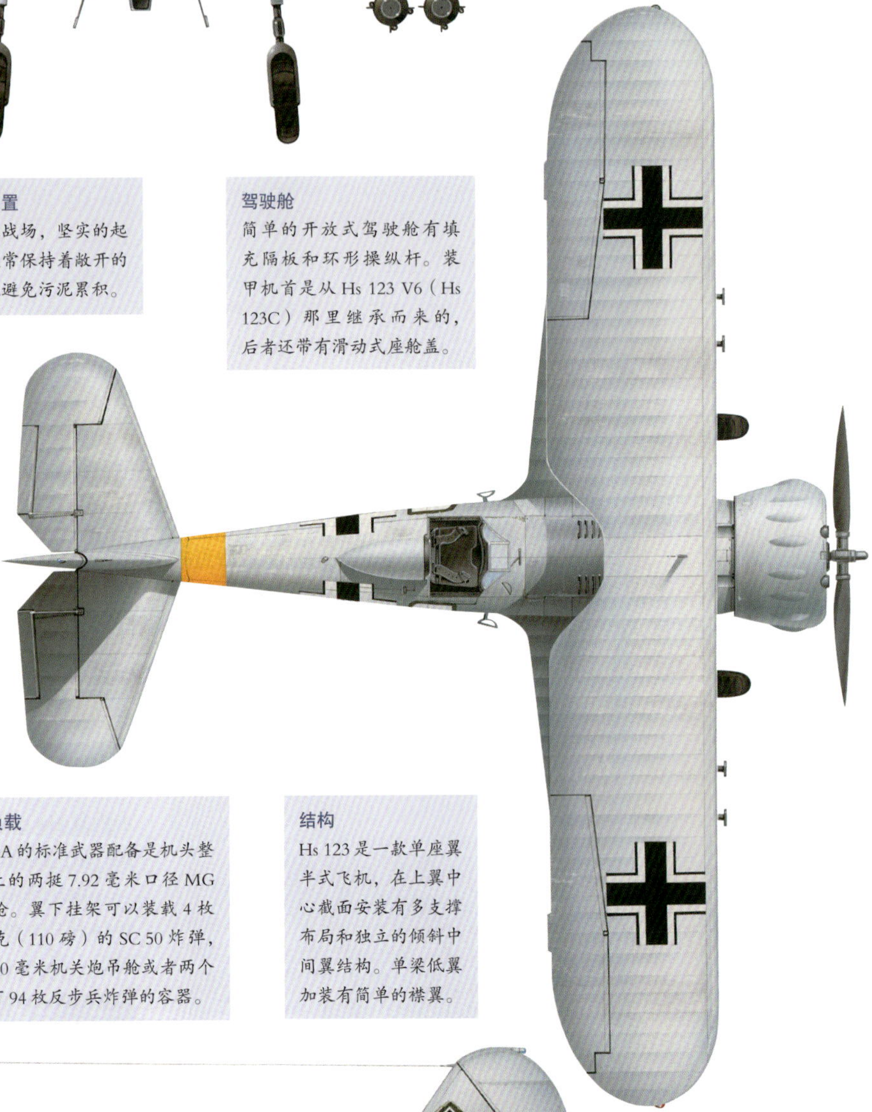

起落装置

在东线战场，坚实的起落架通常保持着敞开的状态来避免污泥累积。

驾驶舱

简单的开放式驾驶舱有填充隔板和环形操纵杆。装甲机首是从 Hs 123 V6（Hs 123C）那里继承而来的，后者还带有滑动式座舱盖。

Hs 123 在东线战场

第 2 训练航空联队第 2 对地攻击中队为了参加“巴巴罗萨”行动而从巴尔干半岛撤回，并构成第 1 对地攻击联队第 1 大队的核心。Hs 123 随后装备了第 1 对地攻击联队第 2 大队和第 2 对地攻击联队第 2 大队，并用该型号飞机组建了二线的训练部队。1943 年 1 月，人们开始考虑恢复 Hs 123 的生产。最终的幸存者都集中在第 2 对地攻击联队第 2 大队，它们在 1944 年中退役。

武器负载

Hs 123A 的标准武器配备是机头整流罩上的两挺 7.92 毫米口径 MG 17 机枪。翼下挂架可以装载 4 枚 50 千克（110 磅）的 SC 50 炸弹，两具 20 毫米机关炮吊舱或者两个各装有 94 枚反步兵炸弹的容器。

结构

Hs 123 是一款单座翼半式飞机，在上翼中心截面安装有多支撑布局和独立的倾斜中间翼结构。单梁低翼加装有简单的襟翼。

下来的部件和备件进行装配。

毫无疑问 He 219“夜枭”战斗机是一款杰出的设计，如果有更多订单的话，可以在各种任务中发挥显著的作用，就如同英国皇家空军的“蚊”式战斗机一样。衍生型号的繁杂降低了主要型号的生产效率，而期望中的戴姆勒－奔驰和容克公司无法提供更先进的发动机，也使得亨舍尔无望将更先进的 He 219 型号送上战场。

雷达装置

最初的量产型（12 架 He 219A-2/R1）在机头搭配了带有 4 个小型天线阵的 FuG 212“利希滕施泰因”C-1 雷达。在后来的 A-2 系列中，C-1 只搭配了一个天线，还有为新型 FuG 220“利希滕施泰因”SN-2 雷达设计的 4 个大型“鹿角”天线。有一些 A-5 省去了 C1 雷达，通常用一个 SN-2 天线倾斜布置来减少干扰。A-7 又在“利希滕施泰因”SN-2 基础上增添了新的 FuG 218“海王星”（Neptun）雷达。

起落装置

He 219 的前三点式起落架在纳粹德国空军中是极为新颖的。独立前起落架（可旋转并向后缩回）和两对主轮的组合赋予它极佳的起降能力。

不同的任务

艾尔哈德·米尔希空军元帅对 He 219 的偏见之一就是觉得 He 219 不能作为其他类型的飞机使用。于是亨克尔设计了 3 座的 He 219A-3 战斗轰炸机和 He 219A-4 大翼展高空侦察机，并以夜间战斗机减产为代价进行生产。

He 219A-7/R2

图中这架飞机在 1944 年 6 月服役于驻扎在德国明斯特的第 1 夜间战斗机联队第 1 大队，由保罗·福斯特上尉驾驶。装备“夜枭”的唯一一支夜间战斗机部队就是第 1 夜间战斗机联队第 1 大队，且“夜枭”在交付时有着各种不同的配置。该部队饱受 He 219 长期供应不足之苦，不过在对抗英国皇家空军的夜间轰炸机的战斗中取得了不错的战绩。

武器装备

除了前机身经过加固并且改成新式 3 人驾驶舱的 He 219A-5/R4，He 219A-2 放弃了不再合适的向后开火的 MG 131 机枪。所有的 He 219 都在翼根有两门 20 毫米 MG 151 航炮，同时也为两门 30 毫米的 Mk 108“爵士乐”（schrägeMusik）套装安装预留了位置。机腹托盘承载的武器有所不同，A-2 上是两门 MG 161，两门 Mk 103 或者两门 Mk 108 机关炮，A-5 上是两门 Mk 108 机关炮，He 219A-7 上则有不同的选择：两门 Mk 103 和两门 MG 151（A-7/R1 上），或者两门 Mk 103 和两门 Mk 108（A-7/R2 上），或者两门 Mk 108 和两门 Mk 151（A-7/R3 上），或者仅有两门 Mk 151（A-7/R4 上）。

上图：在生产结束之前，亨舍尔又提出两款衍生型并制造出原型机。上图是 Hs 123 V5 DINRA 原型机，被作为第一架 Hs 123B。该型号配备功率更大的宝马 132K 发动机、三叶可变螺距螺旋桨和加长的发动机整流罩

亨舍尔 Hs 123

双翼俯冲轰炸机

尽管仅仅被当作一款过渡性质的设计，在等待一款更先进的单翼俯冲轰炸机到来之前，Hs 123 依然是应用于闪击战和东线战场，以及随后近距支援任务的一款重要机型。

1934 年，纳粹空军发布了一项俯冲轰炸机的两阶段指标要求。第二阶段要求融入很多新技术设计元素，而第一阶段只强调把应急性作为首要目标。亨舍尔和菲泽勒两家公司都被要求用宝马 132A-3 星型发动机来完成他们的设计。两款设计都在 1935 年上半年完成了试飞，Hs 123 V1 原型机从试航一开始就展示出可圈可点的超越 Fi 98 的优秀性能。

Hs 123 V1 原型机是一架笨拙的双翼机，特色是宽弦 NACA 式发动机罩、不等翼展机翼以及几乎没有翼间支撑，绝大部分载荷都由外侧的两个巨大倾斜支柱来承受。V2 原型机采用了稍微窄一些的、带有 18 个容纳气阀的鼓包的整流罩。V3 原型机与之相似，不过用两叶可变桨距螺旋桨替换了三叶可调螺距螺旋桨。这三架原型机都被送到雷希林进行测试，其中两架在 3 周内便坠毁了。这两架都发生了上翼脱落事故，因此 V4 原型机匆忙加固了中央翼面支柱。这样改进之后的 V4 证明了自身的优秀性能，甚至能从近乎垂直的角度改出俯冲。

第一批生产型 Hs 123A-1 在 1936 年夏季完成交付，最初装备的部队是第 162 俯冲轰炸机联队（“殷麦曼联队”）第一中队。生产型 Hs 123A-1 的动力由宝马 132Dc 发动机提供，武器包括机身上部的两挺 MG 17 机枪。主起落架之间的挂架上可携带一枚 250 千克（551 磅）炸弹，翼下还有 4 枚 50 千克（110 磅）炸弹的挂架。

近距支援之争

1937 年，Ju 87 开始替代德军俯冲轰炸机联队的 Hs 123，后者也被转调到近距战场火力支援部队，每支分队由 2 到 5 架构成。纳粹空军内部关于专用俯冲轰炸机和战场近距支援机各自优点的争论正如火如荼。俯冲轰炸机的提倡者最终获胜，但 Ju 87 也被赋予近距支援的任务，宣告了 Hs 123 生产的结束。两架以原型机形式生产的变型机分别是在宽弦整流罩内装有宝马 132K 发动机的 Hs 123B，以及在翼下加装了附加机枪、带有滑动座舱盖的装甲机首的机型。后者做出的改进在 Hs 123A 服役时得到采纳。

左图：Hs 123 以标志性的姿态转向来完成对目标的俯冲轰炸。实际上，亨舍尔的双翼机更多地用在近距空中支援上，在这类任务中其承受地面火力伤害的能力得到极大的体现。

上图：Hs 123 V1 原型机在 1935 年完成试飞。光滑的宽弦 NACA 型整流罩将 650 马力（约 485 千瓦）的宝马 132A-3 九缸星型发动机封闭起来

上图：第 1 对地攻击联队的这架 Hs 123A-1 在前机身绘有象征近距支援部队的步兵突击章。机翼下方还携带了 4 枚 SC 50 炸弹

1938 年末，苏台德危机结束后，近距支援部队被正式解散。然而，还是有一支部队（第 10 对地攻击联队）在裁军中幸存，以第 2 对地攻击中队的名义并入第 2 训练航空联队。1939 年 9 月，此是唯一一支 Hs 123 驻扎在前线的部队，所有其他的飞机都送往训练单位了。

第 2 训练航空联队第 2 对地攻击中队参与了 1939 年 9 月 1 日对波兰的空袭，宣告了第二次世界大战的开始。在翼下挂载 50 千克炸弹和 MG 17 机枪的 Hs 123 在波兰骑兵旅头顶几尺的高度飞行了 10 天。比武器更有效率的是宝马星型发动机恐怖的轰鸣声，驱散骑兵纵队的效果甚至和爆炸一样好。Hs 123 在波兰闪击战中表现出色，以至于第 2 训练航空联队第 2 对地攻击中队换装其他飞机的计划很快被取消了。

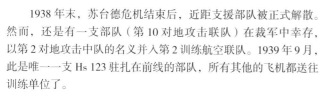

西班牙内战和 1945 年后的服役

5 架 Hs 123A-1 被派往西班牙进行实战评估（同时也是验证纳粹德国空军整体上的俯冲轰炸机使用学说），但是从 1937 年初内战开始，它们就被用作攻击机，在战场上执行近距支援任务，即便实战过程中缺乏与地面部队的通信联络；在这一过程中被证明是极其成功的。西班牙获得了全部的 5 架飞机，又额外预定了 11 架，总共 16 架飞机装备了西班牙国家空军的第 24 航空大队。在西班牙服役时以“小天使”（Angelito）为人所知，并且一直服役到 20 世纪 40 年代末。

比利时和法国

对于这支部队来说，下一个目标是比利时，在陆军第 6 集团军从 1940 年 5 月 10 日开始一路碾压的时候提供支援。第一个任务是阻止比利时工兵破坏阿尔伯特运河上的桥梁。横扫了卢森堡和阿登高地的 Hs 123 很快出现在法国，至 5 月 21 日抵达康布雷时已经成为纳粹德国空军部署最靠前的飞机。当部队在法国取得胜利后，第 2 训练航空联队第 2 对地攻击中队为了换装 Bf 109E 而撤回了德国，但 Hs 123 已经凭借它承受伤害的能力取得了传奇般的名声，该航空大队也仅仅是部分换装了梅塞施密特战斗机。

1941 年 4 月在巴尔干半岛地区完成轮值后，该部队加入西线战场对抗苏联的战斗。它被并入新成立的第 1 对地攻击联队，再一次向世人证明了 Hs 123 在近距支援上的强大实力。凭借翼下装备的 4 枚 SC 50 炸弹、双联装 20 毫米口径 MG FF 机关炮或者装载 92 枚 SC 2 反步兵炸弹的弹药布撒器，加上机身中心线下的燃油箱，Hs 123 的表现是如此有效且可靠，以至于在 1943 年末还有要求恢复 Hs 123 生产的呼声。当天气条件潮湿到其他飞机难以在沼泽一般的场地起飞时，Hs 123 只需要拆掉轮罩就可以照常起飞。

由于没有新的生产来扩充编制，损耗让 Hs 123 日渐减少。1944 年中，Hs 123 告别了战争舞台，此时残存的 Hs 123 都已经被编入第 2 对地攻击联队第 2 大队。

上图：德国空军机械师在一架 Hs 123A-1 上进行发动机测试。量产型采用宝马 132Dc 发动机，这款发动机因燃油喷射技术和更高的动力输出而更加优异

Hs 123A-1

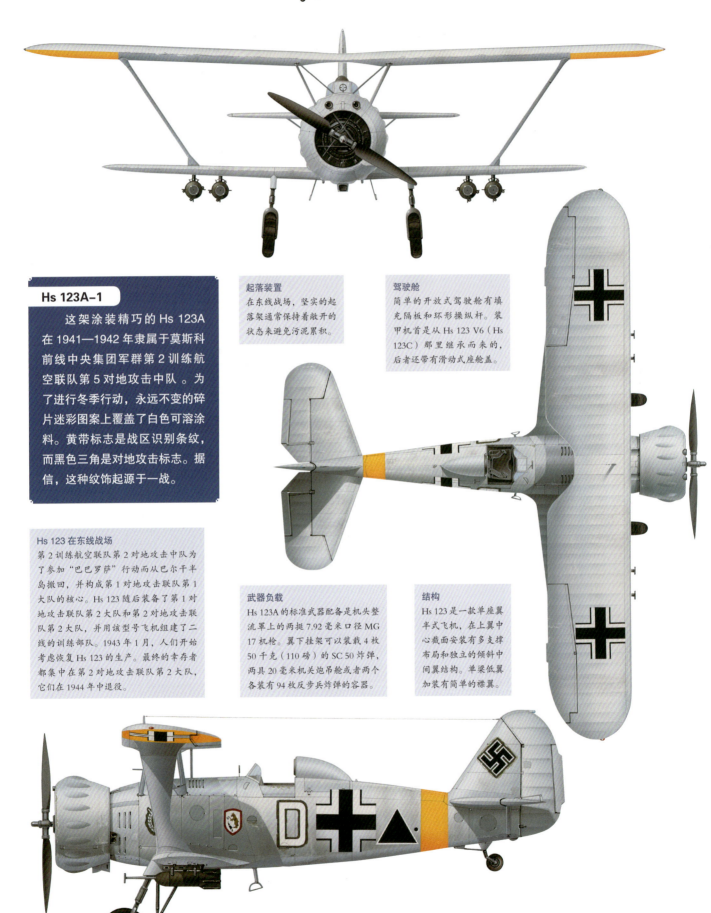

这架涂装精巧的 Hs 123A 在 1941—1942 年隶属于莫斯科前线中央集团军群第 2 训练航空联队第 5 对地攻击中队 。为了进行冬季行动，永远不变的碎片迷彩图案上覆盖了白色可溶涂料。黄带标志是战区识别条纹，而黑色三角是对地攻击标志。据信，这种纹饰起源于一战。

起落装置

在东线战场，坚实的起落架通常保持着敞开的状态来避免污泥累积。

驾驶舱

简单的开放式驾驶舱有填充隔板和环形操纵杆。装甲机首是从 Hs 123 V6（Hs 123C）那里继承而来的，后者还带有滑动式座舱盖。

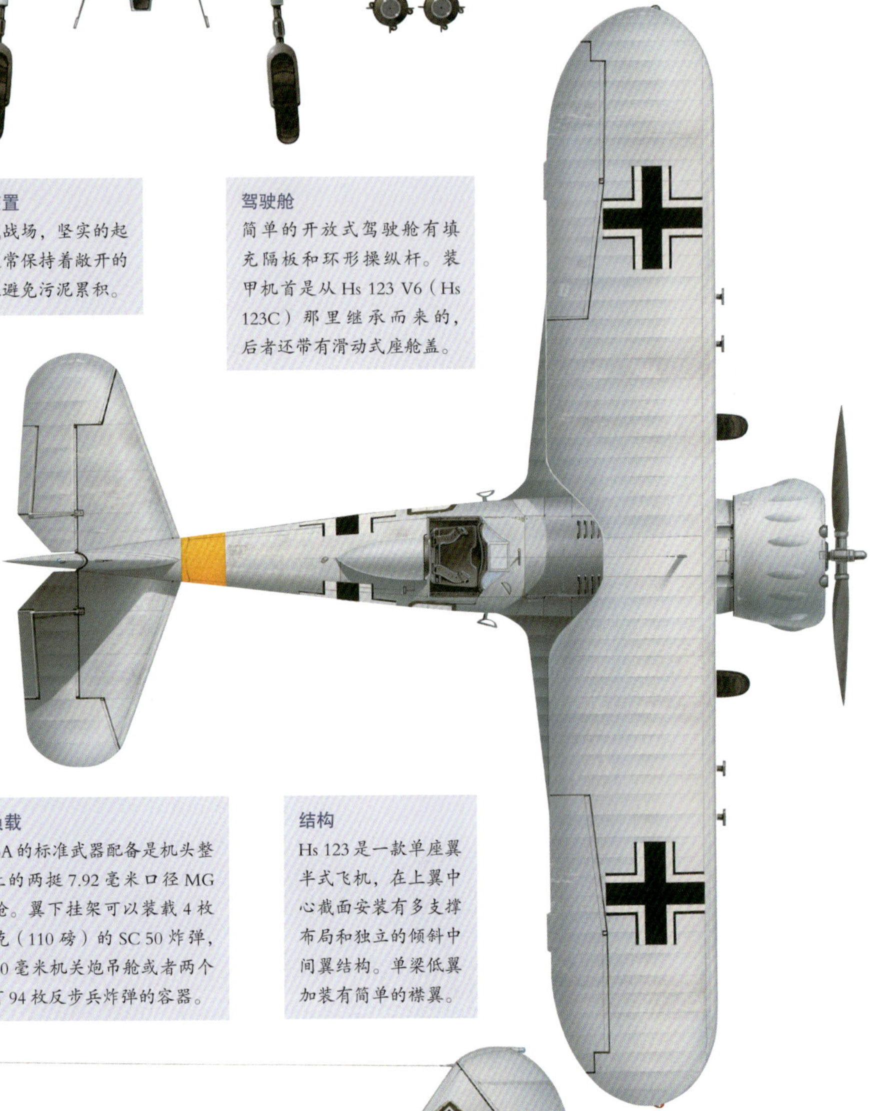

Hs 123 在东线战场

第 2 训练航空联队第 2 对地攻击中队为了参加“巴巴罗萨”行动而从巴尔干半岛撤回，并构成第 1 对地攻击联队第 1 大队的核心。Hs 123 随后装备了第 1 对地攻击联队第 2 大队和第 2 对地攻击联队第 2 大队，并用该型号飞机组建了二线的训练部队。1943 年 1 月，人们开始考虑恢复 Hs 123 的生产。最终的幸存者都集中在第 2 对地攻击联队第 2 大队，它们在 1944 年中退役。

武器负载

Hs 123A 的标准武器配备是机头整流罩上的两挺 7.92 毫米口径 MG 17 机枪。翼下挂架可以装载 4 枚 50 千克（110 磅）的 SC 50 炸弹，两具 20 毫米机关炮吊舱或者两个各装有 94 枚反步兵炸弹的容器。

结构

Hs 123 是一款单座翼半式飞机，在上翼中心截面安装有多支撑布局和独立的倾斜中间翼结构。单梁低翼加装有简单的襟翼。

上图：在1944—1945年冬季，最终只有两支部队接收了Hs 129B-3/Wa来执行任务。尽管反坦克炮大幅度降低了这架飞机的性能和敏捷度，但只需要一发炮弹就可以摧毁苏军最坚固的坦克

亨舍尔Hs 129

德国空军的坦克杀手

亨舍尔Hs 129是整个历史上除美国的A-10“雷电II”（Thunderbolt II）飞机以外唯一一种，也是第二次世界大战中仅有的专门为摧毁敌方装甲力量而设计的固定翼飞机。

除了通用性更强的苏联强击机伊尔-2“斯图莫维克”（Sturmovik），盟军就没有与Hs 129类似的飞机了。英国皇家空军有的只是一些安装了40毫米机关炮的“飓风”战斗机，相比之下完全不堪一用。而希特勒统治下的德国完全没有意识到Hs 129将会变得多么重要，Hs 129数量太少，完全不足以对苏联1944—1945年间的钢铁洪流产生什么影响。

1937年4月，德国帝国航空部技术局发布了一款近距支援飞机的规格说明，要求携带至少两门20毫米口径机关炮、两部低功率发动机，外形尺寸尽可能地小，机身有装甲，在机组成员周围是75毫米厚的玻璃。

提出简洁单座机设计的亨舍尔公司战胜了提出使用Fw 189改进版的福克-沃尔夫公司而竞标成功。比较试验中由于两架实验飞机都下场惨烈而受阻。最后为Hs 129的成功竞标起决定作用的是它更小的体型和只有竞争对手福克-沃尔夫三分之二的造价。决定投产后亨舍尔立即生产了8架预生产型Hs 129A-0，并在1940年5月10日闪击战席卷西欧之前完成交付。它们被投入漫长的实验与评估之中，随后有一部分装备了位于巴黎奥利机场的对地攻击训练中队。

左图：安装有75毫米PaK 40L反坦克炮的Hs 129B-3/Wa去掉了在正常情况下装备的双联装MG 17机枪。巨大的PaK 40L配备有26发7磅（约3.2千克）弹头的炮弹

基本上来说，Hs 129 完全是一架传统的简单承力蒙皮结构飞机。所有的活动面都在机翼后缘，设置有液压驱动的开缝翼襟。建造时中心剖面和机身以及外部用螺栓固定的面板连接在一起。驱动自动可变螺距螺旋桨的 465 马力（约 344 千瓦）“百眼巨人” As 410A-1 液冷倒 V 形 12 缸发动机与已经投产的 Fw 189 上的设备基本相同。燃油储存在机身中一个单独的油箱和两侧翼下的短舱内。

对于首席工程师尼古劳斯来说，如果有更好的发动机，他可以造出一架更好的飞机。于是他的团队绘制了 P.76 的图纸。这是一架稍微大一点的飞机，由两台 522 千瓦（约 700 马力）的土地神 - 罗纳 14M 直列发动机驱动。这一发动机在法国沦陷后已经可以大量供应。然而，军方认为更大的飞机调整生产装备会花费太多的时间，因此最终的妥协仅仅是将现有的 Hs 129A 升级为使用更大动力的法国直列发动机。所需要的显著改进并不多，但在某些方面，调整过后的 Hs 129B 的确有了重大改进。驾驶舱改成大片的防弹玻璃来提供更好的视角，尽管这种改进可能是以增加易损性为代价换来的。

总的来说，Hs 129B 是一项重大的改进，尽管它的表现仍然不尽如人意。它比 Ju 87D 速度要慢，航程要短得多。尽管针对飞行控制系统连续不断的修补已经为它增添了快速反应电动平衡调整片，但距离敏捷和舒适还差得很远。

“巴巴罗萨”行动

1941 年 1 月入侵苏联以后，Hs 129B 很快就以高优先级投入生产。随后的变化是用威力更大的 MG 151 机关炮取代了 MG FF 机关炮，少量 MG 151 为 15 毫米型，但通常都是 20 毫米口径，每门炮携弹 125 发。

第一架预生产型 Hs 129B-0 在 1941 年末交付使用，但亨舍尔公司遭遇了很多严重问题，浪费了很多时间，使得组建对地攻击联队的进度严重滞后。为了修复故障，只能不断做出改进，一些装备和零部件的交付也发生延迟，计划中的月产量 40 架直到 1943 年中期才达到。第一个中队第 1 对地攻击联队第 4 中队在 1942 年中高加索争夺战中经历惨痛，而这一年末第二支部队——第 2 对地攻击联队第 4 中队，在北非地区遭遇了一系列灾难，最终部队解散的时候一架飞机都没有了。

1943 年，Hs 129B 书写成就的速度极大地加快了，但生产上和高损耗率的问题使得对地攻击部队的组建成为一个令人沮丧的问题。这一款飞机的战斗力在安装改进后的设备之后又有显著增加，尤其是在机身下方加装巨大的 30 毫米口径、备弹 30 发的 Mk 101 型火炮后。这一大杀伤力武器对主战坦克之外的一切装甲车辆都是致命的威胁，即使是重型坦克的后部在 Mk 101 面前也是绝对的弱点。其他附加载荷包括一部内置相机，4 门机炮各备弹 30 发的弹药盒或各种小型炸弹，尤其是有可观破甲能力的盒装 8.8 磅（约 4 千克）的 SD 4 小型炸弹。

在苏德战场上，苏军大量新型重装甲坦克的出现和德军对地攻击机部队的举步维艰形成了鲜明的对比。德军攻击机的当务之急是加装强大的反装甲武器。在这之中被选中的是巨大的 75 毫米口径的 PaK 40 反坦克炮，射程达 3280 英尺（约 1000 米），正面射击炮弹可以穿透 5.25 英寸（约 133 毫米）厚的装甲。安装在 Hs 129B-3/Wa 上的这种大型火炮携带 26 发炮弹，可以每分钟 40 发的循环速率开火，因此一次扫射可以开火 3 到 4 次。通常，一次准确命中就可以摧毁一辆坦克，哪怕是击中坦克正面装甲也没有问题。主要的问题是 PaK 40L 这种火炮对飞机来说实在是太大

下图：这架炮口处有光洁整流罩的 Hs 129 是预生产型 Hs 129B-0 的第 2 架。Hs 129B 对 Hs 129A 进行了改进，但仍在速度和敏捷性上有所欠缺

上图：由于驾驶舱内空间狭小，Hs 129 的 Revi C 12/C 瞄准器安装在外部风挡玻璃前面

上图：移除了发动机和其他部件的这架被遗弃的 Hs 129 残骸让人直观地感受到这种飞机简单的结构和小巧的尺寸。注意窄小的单座驾驶舱

了，何况严重的炮口爆震和后坐力以及净重都几乎是 Hs 129B-3/Wa 难以承受的，在紧急时刻驾驶员甚至可以使火炮吊舱和飞机分离，让它自由坠落。

有限的产量

Hs 129 的总产量仅 870 架，还包括原型机。由于损耗问题，Hs 129 无法完全换装成为规模庞大的对地攻击部队，在战争中它的整体作用不再突出。战争接近尾声的 1944 年秋季，由于高辛烷值汽油短缺，Hs 129 执行任务更受限制。到最后第三帝国垮台的时候，这种飞机只存留下来很少一部分。

上图：Hs 129A-0 的预量产型由动力不足的“百眼巨人”As 410A-1 直列发动机提供动力。在灾难性的服役试验后，Hs 129A 退居训练部队

Hs 129B-2/R2

这架飞机参与了 1943 年 6 月东线战场上对库尔斯克的进攻战。隶属于中央集团军群的第 1 对地攻击联队第 8 中队是 4 支对地攻击中队之一，也是一支专门的反坦克部队，在 1943 年 7 月之前装备了 Hs 129B。

固定武器

这架飞机包括两挺 MG 151/20 20 毫米口径的机关炮和两挺装在机身两侧的 7.92 毫米 MG 17 机枪。还有 R2 战场改装装备，并在机身下部整流罩中增加了一门可抛弃式的 30 毫米 Mk 101 机关炮。

主起落架

单支撑的主起落架可以液压驱动收回到发动机舱后部，而一部分轮子还是要暴露在外边来减小因起落架失灵而迫降时的伤害。

发动机

装备 Argus As 410A–1 发动机的 Hs 129A 悲惨地被证明缺乏动力之后，法国“土地神－罗纳”14M 直列发动机成为替代品，不过这一额定功率为 700 马力（约 522 千瓦）的发动机仅能稍微缓解这一问题。14M 发动机同样表现出了不可靠性和对尘土条件的敏感性，在战斗中受到轻微损伤也会导致严重后果。

装甲

为了让飞机和飞行员在执行低空攻击任务时不受轻武器的威胁，Hs 129 安装了大量装甲，整个机头部分形成了一个装甲“澡盆”，下部使用 12 毫米厚装甲板，侧面装甲板厚 6 毫米，驾驶舱玻璃厚 75 毫米。

驾驶舱

机身的三角形部分为狭窄的驾驶舱而设计，里面几乎没有什么留给设备的空间。设备被固定在发动机舱的内表面。

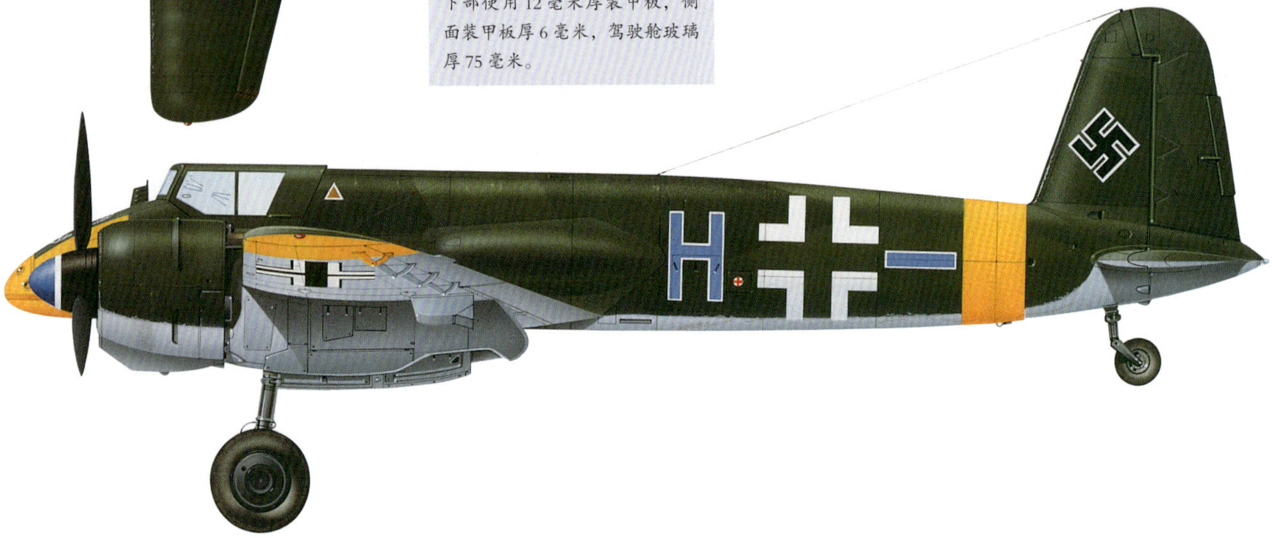

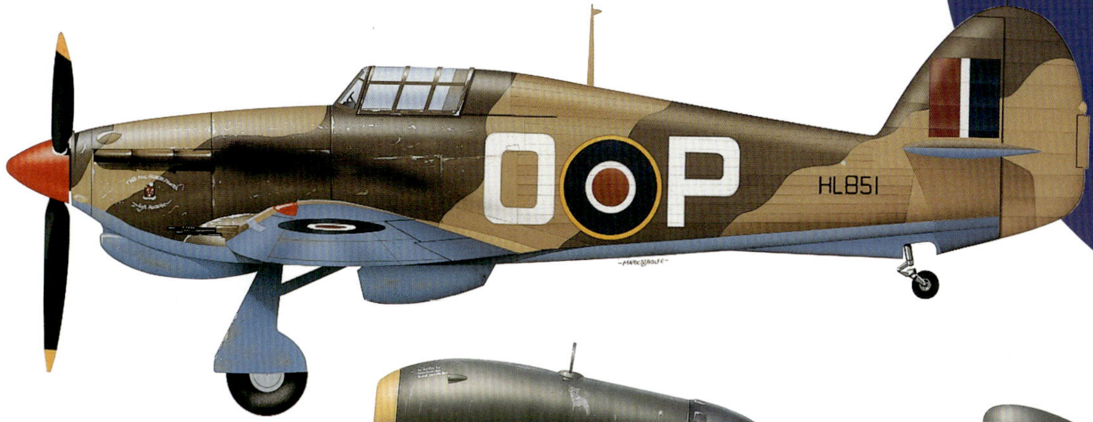
O P
HL851

11 20
120074

LK A
L1630

21

H

25

照片中伊尔 -2 型准备从前线基地起飞执行战斗任务，可能拍摄于 1942 年。这批早期型的伊尔 -2 型单座机装配的是 ShVAK 炮，而在照片前方的这架安装了 VYa 型机关炮（炮管比 ShVAK 机关炮长）

伊留申伊尔 -2/10 强击机

尽管伊尔 -2 型与伊尔 -10 型是军机史上产量最多的机型，但有点不可思议的是，在苏联境外，相较于其他第二次世界大战时期的战机，它仍不为人知。

在 20 世纪 30 年代，苏联人投入大量的精力制造了一款生存力强的近距空中支援与强击机。苏军想让新型战机搭载包括大口径机枪、大型无后坐力炮、空心装药破甲弹、穿甲炸弹和空射火箭在内的各种当时世界上最先进的机载武器。

下图：整齐停放的伊尔 -2 机群（仅图中便多达 65 架）。据推测，本图摄于为庆祝击败德国而进行的检阅活动。图中近处这架飞机上的西里尔式字母“恰巴耶夫”（Chaopayev）应指苏联多座以此命名的城镇中的一座，苏军飞机往往以其建造捐款的来源命名

早在 30 年代初，苏联便设计制造了一系列的重装甲强击机，而且克里姆林宫当局在 1935 年发布了一款专门对付装甲车辆与地堡的反装甲强击机（Bronirovanyi Shturmovik, BSh）的设计规格要求。到 1938 年，谢尔盖·伊留申（Sergei V. Ilyushin）设计局（OKB）与帕维尔·苏霍伊（Pavel O. Sukhoi）设计局开始角逐制造该型号战机。两位设计师都采用传统的下单翼、单发动机结构，但伊留申的飞机较早完成，在 1935 年春便完成原型机制造。该机命名为 TsKB-55 型，服役型号为 BSh-2 型。它配备一具大型的 1350 马力（约 1070 千瓦）AM-35 型液冷式发动机，前后双座式，有一名驾驶员和一位无线电操作员 / 后位机枪手 / 观测员。它的机翼、液压襟翼与机尾都是由轻金属合成，机身下半面是 1543 磅（约 700 千克）的装甲，包裹着发动机、冷却管、无线电、机身油箱与座舱的下半部。机翼的 4 挺 0.3 英寸（约 7.62 毫米）机枪装在主起落架的外侧，第 5 挺置于座舱的后方；机身中央的 4 个弹舱则可装载 1323 磅（约 600 千克）炸弹。

上图：照片中这群伊尔-2M3型双座机正在东线战场上作战，拍摄于1944年。这时，苏军的伊尔-2已经跨过苏联边境，进入波兰与罗马尼亚境内

坠毁方案

伊留申对这种战机的武装并不满意，而且在测试中，TsKB-55型正如先前预料的一样不太稳定。所以，第二款改良的原型机在1939年12月30日试飞，它的重心稍微往前移，还装上了大型的水平尾翼。不过，第二款飞机在1940年夏的国家测试（NII）中被认为，尽管它的外形亮丽，但稳定性、航程与一般性能不佳。伊留申因此启动了一项“坠毁方案”（Crash programme），并在4个月内制造出TsKB-57型战机。该型机采用一具1600马力（约1194千瓦）的AM-38型发动机，在座舱后部增设一处油箱、更厚且配置更佳的装甲、机翼的两挺机枪换装20毫米ShVAK型机关炮，以及可挂载8枚RS-82型火箭弹的翼下挂架。TsKB-57型是更出色的武器，飞行速度可达到292英里/时（约470千米/时），敏捷性也不错。因此，苏联开始在三座工厂里进行大规模的量产：莫斯科、北方的菲利（Fili）与南方的沃罗涅日。

在德军1941年6月22日入侵之际，249架TsKB-57型战机已经交货，一部分投入服役，但仍远低于标准。到了10月，莫斯科与菲利的工厂被迫关闭，厂房的生产工具与工人移往遥远的东方，新的生产中心位于古比雪夫（Kuybyshyev）。然而，TsKB-57型的生产十分缓慢，斯大林甚至发电报给工厂的厂长，说他们的表现令人感到“羞耻”。在1942年初，该机的ShVAK型机关炮为穿透力更强的23毫米VYa机关炮取代。

1942年之后，TsKB-57型的型号改为伊尔-2M2型，并换装了1750马力（约1306千瓦）的AM-38F型发动机。该机在各方面的性能都有改善，甚至将装甲加重到2094磅（约950千克），不过在德军战斗机的打击下损失惨重，毕竟依靠重装甲无法抵御从上方和后方发起的攻击。斯大林不愿批准任何进一步的改良，不过伊留申也得到授权设计一架加装后射机枪的原型机，并于1942年3月试飞。该机的机枪手操纵一挺0.50英寸（约12.7毫米）的UB机枪，备弹150发。不同于原先TsKB-55型的是，机身中央的燃料箱分隔了两位机组的座位。

改进型得到新的型号：伊尔-2M3。量产最后在1942年10月获准，并于该月底进入“中央方面军”参加作战行动。

图中这架伊尔-2M3型拆除了后部的座舱盖，给机枪射手提供更佳的视野进行射击。射手经常配备双联装UB机枪，不过弹药量会因此减少。涂在机身上的“MSTITEL”字样，为“复仇者”之意

下图：这架伊尔 -2M3 型服役于第二次世界大战结束之际，隶属波兰第 1 混合航空军（1st Mixed Air Corps）第 3 强击机团（Szturmowego Pulk），该团是非苏军部队最先配备该型战机的单位之一

流线型设计

伊尔 -2M3 的问世让苏军的损失迅速减小，而德国空军战斗机的损失率则在攀升。到了这个时候，该机每月的生产量已接近每月 1000 架。尽管有一连串的小幅度改进，大多数是性能方面的提升，但还是没能达到 251 英里 / 时（约 404 千米 / 时）的最大航速要求。为此，在不影响生产性的情况下，其气动外形几乎所有部分都改为更佳的流线型设计。到了 1943 年中期，虽然重量仍在增加，伊尔 -2 型的最大速度已改善到 273 英里 / 时（约 439 千米 / 时）。

增加的重量部分是武器的强化。该机加装了航空武器研制部门的多种最新产品。其中最重要的是 1.45 英寸（约 37 毫米）机关炮，它与先前同一口径的武器并无设计渊源，其发射的高速穿甲弹足以击穿 5 号“黑豹”坦克（Pzkpfw V Panther）和 6 号“虎”式坦克（Pzkpfw VI Tiger）正面装甲之外的各处装甲。额外的各类型炸弹还可挂载于机翼下，可挂载武器包括大口径的 5.2 英寸（约 132 毫米）RS-132 型火箭弹和可容纳 200 枚小型 PTAB 型反坦克炸弹的集束炸弹舱。

1942 年首架带有双重操纵系统的伊尔 -2 教练型问世，大量标准型在战场上改装为该型机。到了 1943 年，工厂制造了一批该型机，称为伊尔 -2U 型，该型号取消了大部分的武器。另一款于战场改装的是伊尔 -2T 鱼雷搭载型，可毫不费力地运载一枚 21 英寸（约 533 毫米）的鱼雷。1944 年 8 月，在生产线转为量产伊尔 -10 型之前，伊尔 -2 型生产了 36163 架。到了那个时候，单月所交付的伊尔 -2 型达到创纪录的 2300 架，1944 年的前 8 个月就几乎有 16000 架交机，而 1943 年整年的数目为 11200 架。此前，苏军连集合伊尔 -2 型战机编成一支训练有素的团级单位都有困难，但至 1944 年，已能够以军级为单位来作战，甚至一次就投入多达 500 架的伊尔 -2 型进入战场，留下已无车辆可动的一片狼藉的战场后扬长而去。

伊尔 -2 型战机惯用的攻击模式是“跟着我的领队”（follow-my-leader）。在这套模式下，领机带队盘旋飞行，绕到敌军重型装甲单位的后方开火，而其他僚机战机则投下集束或反坦克炸弹。伊尔 -2 型广泛地被苏军称作“伊留沙”（Ilyusha），对入侵者而言它很快就被称为“黑死神”（schwartzTod）。

1943 年，第一个国外苏联友军单位接收了伊尔 -2 型战机；接着，估计有 3000 架移交波兰、捷克、南斯拉夫和保加利亚的团级单位，战后还有大量的伊尔 -2 型输出到中国与朝鲜。一些国家，包括波兰与捷克斯洛伐克，为他们装备的伊尔 -2 赋予新的型号，而其他伊尔 -2 型也在各方面进行改良，搭配不同的装备与武器，或改用焊接式的机身后段钢骨结构，以纤维蒙皮包裹。

下图：斯大林在伊尔 -2 计划中施展了他的影响力。当生产延误的情况发生时，他说：“红军需要伊尔 -2 就像需要空气和面包……这是我最后一次警告。”

这架早期的伊尔 -2 被俘获，并被涂上了纳粹德国的标记。德国的推进迫使伊尔 -2 的生产离开苏联在欧洲的工厂，转移到乌克兰和西伯利亚的工厂继续生产

服役：1941—1945 年

苏联同德国军队作战的一个至关重要的元素就是数量巨大的伊尔-2 强击机。随后改进的伊尔-10 也投入战争，但是主力仍然是伊尔-2。

1940 年 12 月 29 日，伊留申试飞了一种改进型的单座强击机——CCB-55P 原型机，是在 1939 年 12 月 30 日首飞的一系列原型机（如 BSh-2）的基础上衍生而来的。CCB-55P 直到 1941 年 3 月才完成国家测试，并被证实是一款非常杰出的强击机，等到 1941 年 4 月更名为伊尔 -2 的时候，它已经在 GAZ-18 工厂投入生产。实际上，苏联当局对伊尔 -2 的印象非常好，以至于给伊柳申颁发了 2 枚苏联国家奖章。然而，这样的荣誉并没有持续很久。到 1941 年 12 月时，生产虽然还在进行，但产量一天还不到一架，伊留申和 GAZ-18 工厂的管理人员都接到斯大林“最后的机会”的警告，被要求务必解决存在的问题。

生产出来的飞机被派往前线作战部队——第 4 轻型轰炸机团，这支部队也成为第一支接收伊尔 -2 的部队。这种新型的单翼机取代了部队原来的 R-Zet 双翼强击机。过渡非常艰难，很多伊尔 -2 都坠毁了。即使如此，一旦飞行员掌握了飞行技术，伊尔 -2 在作战中就体现了毁灭性的力量。

弱点

尽管飞行员对伊尔 -2 的攻击能力赞不绝口，它仍然存在防御能力不足的弱点。在理想的情况下，伊留申战机在执行任务时应该有苏军的战斗机部队护送，但是在 1941 年和 1942 年，苏军几乎没有战斗机护航，伊尔 -2 在作战经验丰富的纳粹德国空军战斗机部队的枪口下损失惨重。

尽管存在不少问题，伊尔 -2 的生产还是持续到了 1942 年。一些部队在战场上对伊尔 -2 进行了改进，如增加了第二个机组人员和一挺向后射击的机枪来增强飞机的防御能力。1942 年 5 月，这些改进终于得到认可，并融合进生产线，虽然这意味着生产线的输出效率会暂时降低。现在出现的伊尔 -2M 双座强击机得到进一步的改进，一种新型的装甲制造工艺使得飞机的建造速度更快，同时装甲也有了统一的重量和结构。

斯大林格勒会战

1943 年 1 月，装备功率更大的 AM-38 发动机的伊尔 -2M 出现在斯大林格勒会战中，该飞机经过改进成熟之后就是最终的伊尔 -2M3。这一年还见证了飞机的作战效率达到新的水平，产量

下图：从 1941 年中开始，所有伊尔 -2 都进行了改装以挂载 RS-132 火箭弹，但 1941 年到 1942 年的冬季这些飞机使用的还是 RS-82 火箭弹

上图：虽然伊尔 –2 最常见的负载是炸弹和火箭弹，但也被派去执行空投传单的任务，机组人员在大多数情况下都是直接从炸弹舱投放成捆的传单

上图：这架伊尔 –2M3 来自莫斯科航空中队，机身侧方可以看到“莫斯科”字样的题词。注意其驾驶员穿戴的座式降落伞

也达到新的高度。伊尔 –2M3 还参加了库尔斯克战役，在这场战役中，“死亡之环”战术被证明对抗德国坦克非常有效。1943 年 7 月 7 日，大量伊尔 –2M3 投入战斗，在仅仅 20 分钟里就摧毁了德国第 9 装甲师的 70 辆坦克。在随后的两个小时激战中，这些战机又摧毁了第 3 装甲师的 270 辆坦克，并造成德军 2000 人伤亡。而在接下来的 4 个小时里，第 17 装甲师几乎全军覆没，300 辆坦克被摧毁了 240 辆。为了跟上残酷战争的速度，很多工厂开始生产伊尔 –2 战机，月产量稳定地达到 1000 架。实际上，在 1943 年苏联建造的 35000 架战机中，25% 都是伊尔 –2。该机型的平均生产时间只有 1942 年所有机型平均生产时间的 37.90%。

英雄主义在伊尔 –2 的机组人员中非常常见，代表性人物就是科哈维奇上尉和贝科夫上尉。他们在 1943 年 11 月 19 日波罗的海空袭德国战舰的战斗中表现突出，阵亡后被追授“苏联英雄”金星勋章（Gold Stars）。

伊尔 –2 部队开始展现他们的巧妙战斗技巧。在苏联进攻德国位于罗马尼亚阵地的准备阶段，第 9 混合航空集团军的伊尔 –2M3 在扯断德国野战电话线后守株待兔。发生通信混乱的德军派来一队通信车，立即就被等待已久的伊留申战机摧毁。

1944年及其以后

当最后一架伊尔 –2 于 1944 年 8 月从生产线上完工时，它代表着当年 16000 架飞机的建造结束，峰值生产速率达到每月 2300 架。伊尔 –2 就此停产，转向性能更为优异的伊尔 –10。伊尔 –10 不久之后就开始进入作战部队，1944 年 10 月，第一批伊尔 –10 奔赴前线参战。这种新机型很快就取得了成功，事实证明它战斗力比传奇的伊尔 –2 更强，维护和战斗性能都更胜一筹。尽管如此，仍然有大量伊尔 –2 在服役。虽然伊尔 –10 一直作战到第二次世界大战结束，并经历了苏联进攻柏林的战役，但在苏联抵御纳粹德国的战争中仍然是忠诚的伊尔 –2 冲在最前面。

伊尔 –2 的最后一个任务就是把投降要求送给德国南乌克兰集团军群，这一最后通牒最终被德国接受。斯大林对伊留申战机对于苏联抵御德国侵略战役的重要性做了总结，他在 1941 年 12 月激励工厂工人加倍努力工作时说：“红军需要伊尔 –2 就像需要空气和面包一样。”

左图：苏联伊留申设计局设计的伊尔 –2 强击机使用大量的装甲保护飞行员和飞机的主要部件。然而，单座的设计形式使得它很容易受到来自后方的攻击

上图：在 1943 年到 1944 年苏联进攻芬兰的一次战役中，这架伊尔 -2 被芬兰王牌飞行员卡林拉击落。当时卡林拉驾驶的是一架 Bf 109G

上图：伊尔 -2 机身粗糙耐用，即使在德国战争机器暂停下来时它仍能继续作战

上图：伊尔 -2 作战频率非常高，经常处于备战状态。作为一名典型的伊尔 -2 飞行员，C. 布里哈斯基在 4 年时间里驾驶该机型执行过 140 次战斗任务，其战绩也是斐然的：共摧毁 40 辆坦克、152 辆运输车和一列火车

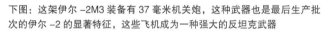

下图：这架伊尔 -2M3 装备有 37 毫米机关炮，这种武器也是最后生产批次的伊尔 -2 的显著特征，这些飞机成为一种强大的反坦克武器

变型机

作为第二次世界大战期间苏联红军标志之一的伊尔-2攻击机在经历开始时的重重困难之后得以稳定地发展，最终成为最优秀的对地攻击战斗机之一。

原型机

Bsh-2（Bronirovannii Shturmovik——装甲攻击机）单座攻击机的设计工作开始于1938年。1938年4月，斯大林下达这项任务，但其发展由于赛奇-伊留申亲自驾驶的AIR-11发生坠毁事故而被拖延。虽然给机身添加装甲过程中也出现一些问题，但第一架原型机还是在1939年底成功首飞。1940年3月，厂商完成了测试任务，随后飞机移交LII（飞行研究机构）。初出茅庐的伊留申战机的性能并没有给人留下深刻印象，此时赛奇-伊留申决定研究一款更快的单座机型，即CCB-57，并于1940年10月进行了试飞。苏联红军相信没有枪炮手的近距离支援飞机是可行的，因为在战斗中会有战斗机在旁护卫。CCB-57将后方的座舱（无线电操作员/枪炮手）换成了一个额外的油箱，采用AM-38发动机取代以前BSh-2的AM-35发动机。改进的单座机型号CCB-55P（上图）于1940年12月首飞，它在每一侧机翼下新增两个炸弹舱，采用了低高度起落架，还有其他细微的改变。1941年4月，该型机在采用许多新的改进后成为著名的伊尔-2攻击机。

早期生产型

伊尔-2的名字被采纳时，早已投入生产。早期生产出来的飞机交付第4轻型轰炸机团，但伊尔-2在服役早期出现了不少问题。许多飞机在经验不足的飞行员手中损毁，1941年6月，在东线战场上，该型机由于缺少机尾炮手而被大量击落。此外，伊尔-2胶接的后机身很容易脱落，这一问题在安装角钢结构补强之后才得以解决。从1941年中期开始，它增加了火力装备，如RS-132火箭弹（代替了RS-82）和两门VYa-23机关炮（代替了早期的ShVAK机关炮）。

后期生产

1941年至1942年，由于难以阻挡敌机从后方的攻击，并且缺乏苏联战斗机部队的保护，伊尔-2在前线被改为双座型号。为回应前线的需求，伊留申在1942年5月研发了伊尔-2M。该机型在油箱的位置增加了一个后射机枪手的座位。生产机型中至少有五种座舱盖，枪炮手装备一挺UBT尾部机枪。在这个阶段，由于焊接技术的提高，装甲重量统一为标准的2183磅（约990千克），厚度则各不相同，从0.15英寸（约4毫米）到0.47英寸（约12毫米）不等。尽管增加第二名机组成员之后，飞机的性能有所下降[海平面飞行速度为230英里/时（约370千米/时），而伊尔-2的海平面飞行速度为243英里/时（约396千米/时）]，伊尔-2M在战斗中仍表现出色。功率更大的AM-38F发动机（可以使用汽车燃料）于1942年7月被引入，输出功率从原来AM-38发动机的1550马力（约1156千瓦）增加到1720马力（约1283千瓦）。伊尔-2/AM-38F（也被称为伊尔-2 Tip 3）有可携带装填32枚RS-82火箭弹的双排火箭弹装置。它还采用了新型的15°后掠角圆锥翼梢外翼，此装置安装完之后由伊留申设计局在1942年12月完成测试。这种战机在1943年1月的斯大林格勒会战中大量参战。伊尔-2后期生产型就是我们熟知的伊尔-2M3，1944年生产的最后批次采用了全铝合金框架。

伊尔-2/M-82

1941 年 9 月，一架安装有星型发动机的伊尔 -2 进行了测试。随后，它选择了 1400 马力（约 1044 千瓦）的什韦佐夫 M-82 14 缸星型发动机（后来被称为 ASh-82），其汽缸从双速增压的 M-62 发动机衍生而来。M-62（Ash-62）本身从根本上讲来源于 1934 年苏联取得生产许可证的莱特 R-1820“旋风”发动机。尽管 M-82 发动机在一般情况下都很可靠，但伊尔 -2 放弃了很多原本准备安装的设备，而此项目最终也被抛弃。然而，ASh-82 还是取得了巨大的成功，它后来用在安 -2 运输机上，并在中国和波兰都获得生产许可。

装备 37 毫米炮的伊尔-2M

从 1943 年起，很多伊尔 -2M3 都在翼下安装了 37 毫米反坦克自动炮。每门炮备弹 50 发，NS-OKB-16 型机关炮能穿透 PzKW VI“虎”式坦克的装甲。安装大口径航炮后飞机将无法携带火箭弹和炸弹，但增加了两门 ShVAK 航炮和一挺 UBT 机枪作为补充。37 毫米口径机关炮在 1943 年的库尔斯克战役中被证明非常有效。

教练机

为了承担武器训练任务，伊尔 -2U（UII-2）双重控制教练机的武器装备减少到两挺 ShKAS 机枪、两枚 RS-82 火箭弹和两枚 FAB-100 炸弹。7.62 毫米口径的 ShKAS 机枪最初安装在第一架原型机上（每一侧机翼下两挺），后来换为 20 毫米口径的 ShKAS 机枪，随后又变为炮口初速更大、穿透力更强的 23 毫米口径的 VYa-23 机枪。伊尔 -2U（下图）之后又生产了伊尔 -10U（UII-10），但与前者不同，伊尔 -10U 的生产从一开始就与伊尔 -10 同步进行。伊尔 -10U 的武器装备只有两挺 ShKAS 机枪，并且继承了伊尔 -2U 的驾驶员座舱盖。1950 年之后，伊尔 -10U 的生产任务在捷克斯洛伐克的阿维亚继续进行，型号为 BS-33。战后，许多伊尔 -2/10 被用作轰炸机机组人员的教练机。其后伊尔 -10M 充当了未来的伊尔 -28 机尾炮手的射击教练机。

伊尔-8

1942年1月克里姆林宫的一次会议之后，伊留申开始了一系列新型伊尔-2变型机的研发，包括伊尔-1单座战斗机、伊尔-8、伊尔-10和缩小版的伊尔-16。1944年出现的伊尔-8（上图）是改变最小的一种变型机，它装有功率更大的AM-42发动机（额定功率为2000马力/1491千瓦），并带有源于伊尔-1的气动性很好的整流罩。伊尔-8的显著特征是其四叶片的防冻螺旋桨以及位于翼下的油冷散热器，同时还改进了机腹的散热器。新的起落架包括一个可向后方伸缩的油气混合减震装置，这种减震装置也适用于大型低压轮胎。装甲布置与伊尔-2类似，不同的是为了保护易受攻击的无线电通信员/炮手而向后端有所延伸。伊尔-8的双座驾驶员座舱的位置比伊尔-2更靠前，武器装备包括机翼下的两门VYa-23机关炮，两挺ShKAS机枪以及一挺向后射击的UBT机枪。后来为了集中精力研制生产了伊尔-10，伊尔-8最终被淘汰。

伊尔-10

“第二代”伊尔-2攻击机——伊尔-10沿用了伊尔-1的机身，而基本结构与伊尔-2鲜有相似之处。整体框架由轻合金构成，但也继承了伊尔-8的装甲布局。伊尔-10装备一台AM-42发动机和三叶片螺旋桨。向后伸缩的起落架和机组人员舱与伊尔-8类似，但改进了武器舱。最终的武器装备包含4门NR-23机关炮或者两门37毫米NS-OKB-16机关炮和两挺ShKAS机枪。大型的弹药舱门使得快速补给弹药成为可能，新增枪炮手座舱罩上可以安装一门150发炮弹的20毫米B-20EN机关炮。这不仅增强了对机体的保护，还增加了射界和舱内上半部空间。从1944年6月开始，工厂进行测试，试验结果表明伊尔-10的性能远远好于伊尔-8和其竞争对手Su-8。同年8月，工厂开始生产伊尔-10，10月，进入前线服役。战后从1950年开始，伊尔-10与B-33一起继续在苏联和捷克斯洛伐克生产。

伊尔-10M

经过全面重新设计的伊尔-10M的核心特征是其全新的单层结构机翼。该战机中心位置和外侧板之间有一个连接点，并且副翼与中心线之间还有一个襟翼。翼展和机翼面积小幅增加，但机身比伊尔-10稍长，垂直尾翼看起来相似，但也是重新设计的。这些设计特征为后来伊尔-20多功能攻击机的设计提供了参考，后者的许多设计要素其实都是伊尔-10M设计的缩小版。典型的武器装备包含机翼下的4门NR-23机关炮（600发炮弹）和位于后方炮塔里的一门B-20EN机关炮。一架装备RD-1X3火箭发动机（方向舵下方）和额外的垂直副翼（后机身下方）的伊尔-10M在莫尼诺进行了测试。这些装置是为在无准备的飞机跑道上短距离安全起飞而准备的。

J

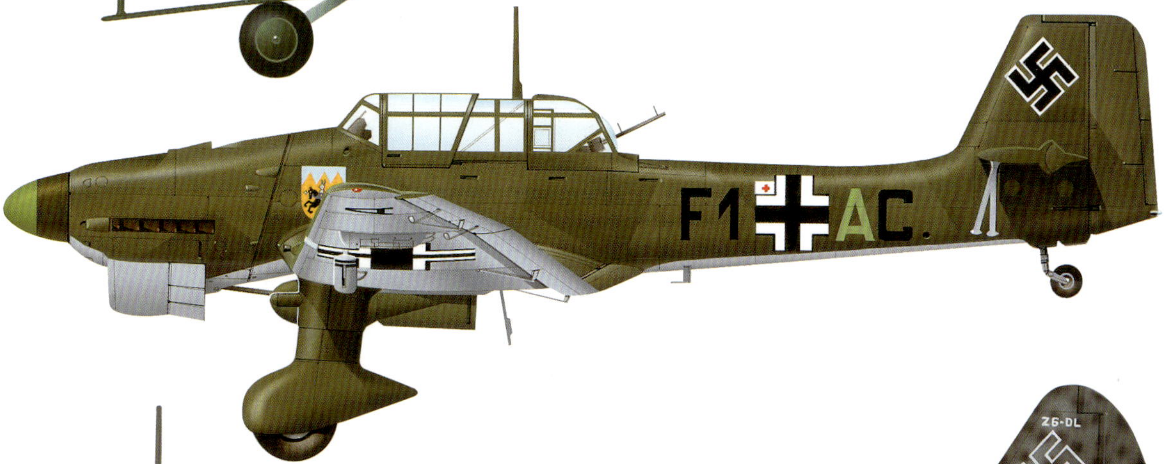

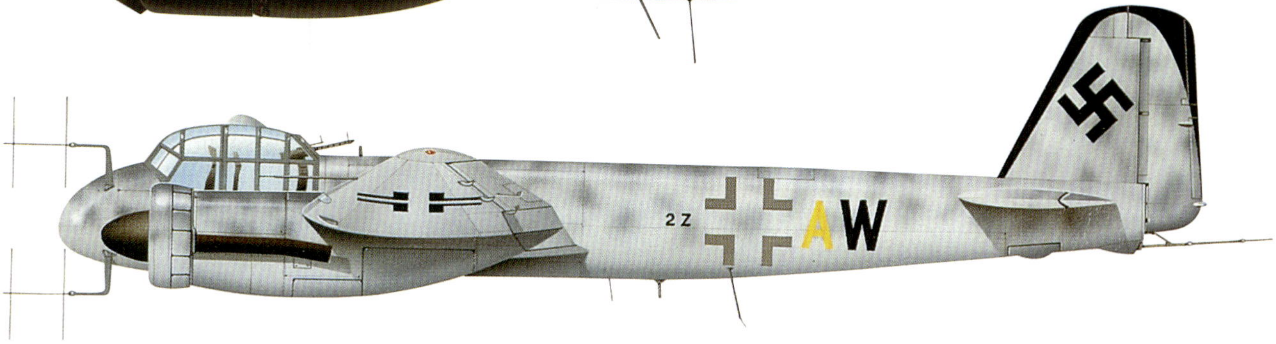

此图拍摄于 1943 年冬季，停在东线机场的一架 Ju 52/3m。在这一战区，“容克大婶”承担供给和撤离国防军部队的任务

容克 Ju 52/3m

“容克大婶”

最初被用作德意志汉莎航空公司客运货运飞机的 Ju 52/3m 逐渐发展成一款出色的军用运输机，并且在西班牙内战中接受了考验。

德国汉莎航空在整个欧洲提供极有竞争力的空运服务，人们广泛认为它是 20 世纪 20 年代末世界上最高效的航空公司（其他公司正在大萧条中挣扎）。汉莎航空公司的机队极为多样化，包括以雨果·容克教授最初在 1915 年设计的全金属单翼 J1 型飞机为基础的各种渐进改型。这些早期机型的绝大多数（J 10、F 13、A 20、F 24、W 33、W 34、Ju 46 和 Ju 52）都是单发低翼的单翼机，但在 1924 年出现了一种新的三发客机——G 23，它装备一台 195 马力（约 145 千瓦）的容克 L 2 发动机和两台 100 马力（约 75 千瓦）的梅赛德斯发动机。人们认为，由于凡尔赛条约对德国航空制造业的限制，这架原型机应该是容克公司在莫斯科附近的菲力（Fili）工厂建造的，随后又在瑞典开始了 9 架飞机（连同数量上多得多的 G 24）的生产。G 24 通常由 3 台 280–310 马力（约 209–231 千瓦）的容克 L 5 直列发动机提供动力，并以各种配置服务于许多航空公司，包括直到 1933 年仍保留这一机型的汉莎航空。

容克公司在 1926 年很忙碌，其中两款新的设计（G 31 三发运输机和 W 33/34）是试飞机型中最重要的。前者是成功的 G 24 的一个加强版，而后者则是一款大量生产的出色的单发运输机。几乎同时，容克的设计师又开始着手设计一款新的、放大很多的单发运输机——Ju 52。这一机型体现了早期设计积累下来的经验，主要被用来运送货物。和它的前辈们一样，Ju 52 也是标准的容克全金属机身，使用能承受载荷的波纹状硬铝蒙皮，还以容克专利的全翼展双翼为主要特征。总共生产了 5 架飞机，其中在德国的 4 架尝试了不同的动力装置，还有一架（CF-ARM）运往加拿大。第一架飞机试飞于 1930 年 10 月 13 日。尽管是单发飞机（功率通常大约为 780—825 马力 /582—615 千瓦），Ju 52 在必要时仍然可以运载 15—17 名乘客。在随后的一年中，容克的设计团队在首席设计师恩斯特·辛多的领导下，又开始了将 Ju 52 改进成适配 3 台 525 马力（约 392 千瓦）普惠“大黄蜂”9 缸星型发动机的任务。这一型号的原 Ju 52/3m（Dreimotoren，即三发动机）在

左图：猎雷大队的 Ju 52/3mg6e 猎雷机在地中海频繁地使用，它们在机身下方装备有大型硬铝环天线，由辅助电动机提供能量形成磁场以引爆盟军的水雷

1932 年 4 月进行了处女航。随后飞机交付了芬兰、瑞典和巴西，当然还有德意志汉莎航空公司。最终 Ju 52/3m 出现在阿根廷、奥地利、澳大利亚、比利时、玻利维亚、中国、哥伦比亚、捷克斯洛伐克、丹麦、厄瓜多尔、爱沙尼亚、法国、大不列颠、希腊、匈牙利、意大利、黎巴嫩、莫桑比克、挪威、秘鲁、波兰、葡萄牙、罗马尼亚、北非、西班牙、瑞士、土耳其和乌拉圭等多个国家和地区。动力装置包括西斯帕诺 - 苏莎、宝马、容克 Jumo 以及普惠“大黄蜂”系列发动机。交付玻利维亚的商用 Ju 52/3m 在 1932—1935 年大厦谷战争即将结束时被用作军用运输机。

民航服务

从 1932 年末开始，Ju 52/3m 开始交付汉莎航空。在年末之前，D-2201“波尔克号”和 D-2202“里希特霍芬号”两机开辟了汉莎航空柏林到伦敦和柏林到罗马的航线。此外，不少于 230 架的 Ju 52/3m 也在德意志汉莎航空公司登记，继续在西班牙、葡萄牙、瑞典、瑞士和土耳其运行商业航线，一直运营到第二次世界大战末期。尽管 1919 年以来，德国签订的条约限制很严格，但私下的行动一直在继续，潜在的军事人员在境外接受训练，尤其是在苏联。当 1932 年打破放弃军备条约时，德国开始秘密成立一支空军力量，这支军队以 Ju 52/3m 作为飞行装备的原型。1934 年，第一个军用型号——Ju 52/3mg3e 出现了。

Ju 52/3mg3e 是快速生产轰炸机而不对商业飞机生产线造成过度影响的一次尝试。装备了 3 台 525 马力（约 392 千瓦）的宝马 132A-3 直列发动机的这一型号通常载弹量达 1321 磅（约 600 千克），包括 6 枚 220 磅（约 100 千克）炸弹，此外背部的炮位和腹部的“垃圾桶”炮塔也格外引人注目。这两个部位都可以安装一挺 0.31 英寸（约 7.92 毫米）的 MG 15 机枪。1934—1935 年，Ju 52/3mg3e 向纳粹德国空军交付的总共有 450 架，而第一支装备这一机型的部队是第 152“兴登堡”轰炸机联队。1937 年，该联队的第 4 大队被重新命名为第 1 特别轰炸机大队。这一命名大体上相当于英国皇家空军的“轰炸运输”部队，打算用来执行轰炸和军事运输任务，因此它保留了 Ju 52/3m 原本的预期功能。在第二次世界大战中，装备于特别轰炸机联队的 Ju 52/3m 很少，甚至几乎没有执行过轰炸任务。

上图：1939 年摄于波兰，这些带有急救标识的 Ju 52/3ms 属于当时 547 架 Ju 52/3mg3e 和 Ju 52/3mg4e 中纳粹德国空军运输指挥部能够调用的一部分

粗糙场地作业

1935 年，从简陋的野战机场起降的需求促使在尾橇部位装备尾轮的 Ju 52/3mg4e 的出现。1938 年，这一型号在特别轰炸机联队成为标配。那一年 3 月，在奥地利、德国合并时期，德国军队由第 1、第 2 特别轰炸机联队大量运往前线，展现出运输上的实力。前者有 54 架飞机，驻扎在费尔斯滕瓦尔德；后者在勃兰登堡 - 布里一带。当德国准备好入侵波兰时，纳粹德国空军已经装备了 552 架运输机，其中有 547 架是 Ju 52/3mg3e 和 Ju 52/3mg4e（剩余的是两架淘汰的 He 111 运输机：一架容克 G 38，一架 Ju 90 和一架 Fw 200）。在 9 月份长达一个月的战斗中，损失的容克 Ju 52/3m 高达 59 架，除了两架，其余都是毁于地面火力或飞行事故。在全部 2460 架次中，飞机共运送了 19700 人、1600 吨的物资。

下图：图中是 1942 年 6 月的利比亚，Bf 110 旁边是一条临时的起落跑道，Ju 52/3m 证明了在北非沙漠环境中和冰冷的东线荒地上都有着和在德国本土一样可靠的表现

西班牙内战——炮火的洗礼

当 1936 年 7 月 18 日西班牙内战爆发的时候，德国迅速同弗朗哥的右翼民族主义势力结盟，并派出了 20 架 Ju 52/3m（包括一架 Ju 52/3m 瓦塞尔水上飞机）和 6 架亨克尔 He 51。这些飞机在之后的 11 月被纳入胡戈·施佩勒将军领导下的“秃鹰”军团。最初被用作运输机的 Ju 52/3m 执行夜间任务，将 10000 名摩尔士兵从摩洛哥的得土安运到了西班牙。随后，它们服役于第 88 轰炸大队的 3 支轰炸机中队，在共和军控制的地中海港口上实施突袭，同时也支援马德里的陆战。截至 1937 年中，它们的轰炸机角色被道尼尔 Do 17 和亨克尔 He 111 大范围地取代。然而，Ju 52/3m 直到德国和西班牙国民军的战争接近尾声时仍然承担着轰炸和部队运输的任务。右图是德国士兵在 1939 年 5 月从西班牙莱昂返回时用 Ju 52/3m 运送“秃鹰军团”伤员。下图是轰炸大队第 2 中队以轰炸机配置出现的一架 Ju 52/3m。因 Ju 52/3m 在西班牙的表现，希特勒曾评价道：“弗朗哥应该为容克（Ju 52/3m）的荣耀竖立一座纪念碑，西班牙内战的胜利要感谢这一飞机。”

右图：派遣到西班牙的纳粹德国空军 Ju 52/3m 的第一个任务是在 1936 年 7 月将摩洛哥部队运送到战场。图中是 1936 年末第 88 轰炸大队的一架 Ju 52/3mg3e

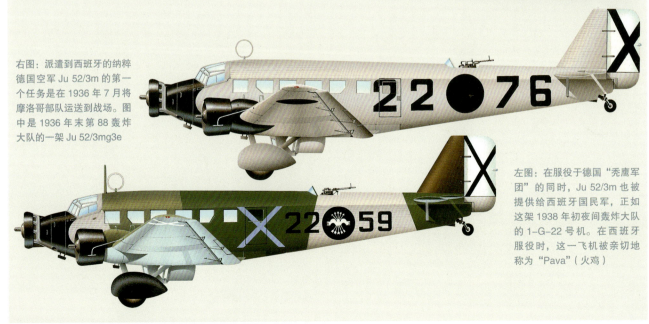

左图：在服役于德国“秃鹰军团”的同时，Ju 52/3m 也被提供给西班牙国民军，正如这架 1938 年初夜间轰炸大队的 1-G-22 号机。在西班牙服役时，这一飞机被亲切地称为“Pava”（火鸡）

尽管 Ju 52/3m 已经是德国空军所能拥有的最好的运输工具，但它缓慢的速度、较差的机动性和自卫武器的缺乏，使得它成为如劫掠者一般的盟军战斗机的活靶子

国防军驮马

在爱琴海战役和东线的其他行动中，Ju 52/3m 通常只能坐以待毙，遭到难以为继的损失。然而，这一飞机的可靠性和任何条件下的可操作性保证了它在德国战争行动中维持至关重要的地位。

1939 年，在相对快速且有组织的入侵挪威行动中，能够调动的 Ju 52/3m 数量达到了 573 架，装备了第 1 特殊轰炸机联队的全部 4 个大队，以及第 101、102、103、104、105、106 和 107 特殊轰炸大队，每个大队平均有 52 架飞机。少量加装了双浮筒的 Ju 52/3m 水上飞机也被用于挪威战役，降落在海湾中，卸载部队、工兵以及供给物资。随后服役的新型 Ju 52/3mg5e 可在轮胎、浮筒与滑橇式起落架之间任意选择，并安装了 3 台 830 马力（约 619 千瓦）的宝马 132T-2 发动机。在挪威的行动中，容克飞机的行动主要是由空降部队占领斯塔万格 - 索拉机场和沃尔丁堡桥。在战役中共运送了 29000 人次、259300 英制加仑（约 1180000 升）航空燃油和 2376 吨供给，而损失也是显而易见的，达到 150 架。

西线突击

在挪威战役结束之前，大部分 Ju 52/3m 被撤回德国以为“黄色行动”做准备，这是在西线的一场大规模闪击行动。由于在挪威损失过多，可用的容克飞机数量仅有 475 架，在此基础上又增加了 45 架 DFS 230 攻击滑翔机，全部空中运输力量都由普茨上将掌管。由于要保留一定数量的 Ju 52/3ms 以备可能发生的针对英国的空降作战，德国空军的运输能力被极大地限制在最低限度的空降行动中，并且大多被用于对抗荷兰和比利时，尤其是用于穆尔代克桥和鹿特丹威尔哈文机场。每次攻击都动用了大量的 Ju 52/3m，而来自防空火力的损失格外惨重。国防军用了 5 天时间闪击荷兰，不少于 167 架容克飞机被完全击毁，还有几乎同样的数量严重损坏。截至 1940 年底，总共有 1275 架 Ju 52/3ms 交付德国空军，其中 700 架左右已经除籍（因损毁）。

新的型号

法国沦陷后，Ju 52/3m 一度没有参加大型战役，直到 1941 年 4 月德国军队进军巴尔干半岛。到那时候，一些新的型号出现了，被命名为 Ju 52/3mg6e。这一型号和 Ju 52/3mg5e 类似但装备了改进后的无线电设备。Ju 52/3mg7e 安装了自动驾驶仪，可以容纳 18 名士兵，舱门有所加宽，同时还在座舱窗口处配备了两挺 0.31 英寸（约 7.92 毫米）机枪。

尽管最终取得胜利，但克里特岛空降对于运输机部队来说仍是一场灾难。493 架 Ju 52/3ms 和大约 80 架 DFS 230 滑翔机进行了三波空降突袭。然而，地面尘土飞扬，造成许多碰撞事故与延误，以至于计划中在时间和空间上的集中攻击变成大范围的混乱与徒劳的内耗。德军的人员损失超过了 7000 人（其中有约 2000 人为伞兵），损失了 174 架 Ju 52/3m，相当于德国空军可用运输力量的三分之一。人们认为巴尔干战役对于盟军而言是一场失败，然而 Ju 52/3m 这一重要的突袭武器损失惨重的后果，在不到两个月后德军发动“巴巴罗萨”行动之后才凸显出来。自此以后（除了少数的空投突击队类型的行动），空中运输机在德国空军中的使用被限制在后勤保障和人员撤离上。在“巴巴罗萨”行动开始的那一天，德国空军仅能拿出不到 238 架 Ju 52/3ms，与 1939—1940 年的可用数量相差悬殊。

东线战场

东线战场上战争的特性很快决定了 Ju 52/3m 的定位，撤退的苏军采用的“焦土”战术对国防军的空中供给能力提出了很高的要求。Ju 52/3m 的产量在 1941 年增加到 502 架，1942 年 503 架，1943 年则达到了 887 架。Ju 52 的新型号也不断出现：取消了轮罩（在东线战场泥泞环境中反而会成为累赘），但在机身顶部加装了 0.51 英寸（约 13 毫米）MG 131 机枪的 Ju 52/3mg8e，有一些飞机安装了 850 马力（约 634 千瓦）宝马 132Z 发动机；1942 年出现的 Ju 52/3mg9e 特点是有加强的起落架，可以承受起飞重量达 25353 磅（约 11500 千克），被用来拖曳哥塔 Go 242 滑翔机；Ju 52/3mg10e 是一款预先安装浮筒的海军型号；而 Ju 52/3mg12e 则采用 800 马力（约 597 千瓦）的宝马 132L 发动机。最后进入纳粹德国空军服役（1943 年末）的型号是 Ju 52/3mg14e，它在驾

上图：德国军队在北非极度依赖由 Ju 52/3m 运送的供给与增援部队。这些飞机在 1941 年 4 月德国入侵克里特岛之前以它的另一个主要任务——伞兵部队运输机参与了行动

驶舱流线型位置安装了一挺 MG 15 机枪。

也许有人会说 Ju 52/3m 明星般的光芒是在 1942 年的逆境中爆发的。在那一年 2 月，当德军的 6 个师被困在德米扬斯克时，德国空军完成了这一令人震惊的任务：为 10 万人的军队提供物资支援，在 3 个月内投递 24300 吨物资，向被困地区输运 15446 人并撤出 20093 名伤员。这一努力的代价是 385 名飞行人员（包括 172 特别轰炸大队指挥官沃尔特·哈默少校）阵亡以及 262 架飞机被击落。在斯大林格勒和北非，还有更大的灾难降临在德军身上。在 1942—1943 年那个致命的冬天，52 架容克飞机在苏军对斯威瑞沃的一次突袭中被轰炸机摧毁。1943 年 4 月，突尼斯最后一次试图帮助（最终以撤退告终）轴心国军队时，纳粹德国空军在 3 周内损失了 432 架运输机，这几乎是他们全部的 Ju 52/3m。

猎雷机

除了承担运输和训练任务，Ju 52/3m 还被改装成执行扫雷任务的飞机，并且成为 6 个猎雷中队在 1940—1944 年的主要装备。几个亚型（包括 Ju 52/3mg4e，g6e 和 g8e）都经过改装并且加上了 MS 的后缀来表明猎雷机的身份。大多数 Ju 52/3m (MS) 型号在机翼和机身下安装有一个巨大的硬铝环形天线，这个环由机身内的辅助电机提供能源。这一机型在地中海战场上极为活跃，三机编队在可疑水域上方飞过产生磁场从而引爆水雷。

Ju 52/3mg7e

这架 Ju 52/3mg7e 在 1941 年 5 月入侵克里特岛之前属于驻扎在希腊米洛斯的第一特殊轰炸大队第 2 中队。在行动结束时，有超过 170 架 Ju 52/3m 完全损毁或重伤，德国伞兵部队再也不能进行大型空降作战，他们的损失太过惨烈。

控制

机械控制采用链条连接和滑轮，尾部（方向舵和升降舵）控制系统在机舱地板下连通到后部，而副翼控制系统分离后从机翼结构内的后缘位置延伸到副翼。

驾驶舱

Ju 52/3m 的机组成员为 3 人，包括一名飞行员和与之并排而坐的副驾驶员，此外还有一名坐在两者之间折叠座椅上的雷达操作员。驾驶舱被升高到主舱门水平线上方。

机身

Ju 52/3m 是全金属机身，覆盖了波浪状硬铝蒙皮。这一蒙皮承受载荷，这些褶皱以轻微的重量代价让飞机具备极高的结构强度。机身上的波纹状蒙皮是很多早期容克飞机的特色。

机翼

那一时期容克设计的一个特点是分开的副翼 / 翼襟组件被定位在主翼结构的后下方。副翼在低速时垂下来起到部分翼襟的作用，连同正常的开槽内置翼襟一起，赋予这一机型优越的短距起降能力。整个机翼可以和机身分离，用 8 个球窝状套榫与之相连。

尾翼

尾部和水平尾翼和机翼一样都是多梁结构的。升降舵（和副翼）为了便于控制，采用了与众不同的平衡角。

伪装

这是德国空军 Ju 52/3m 的标准迷彩，包括上表面深绿或是浅绿的碎片图案和下表面的浅灰色涂装。在东线战场上执行冬季任务时还要用水溶性白色颜料涂在标准涂装上面，使之能够在冰天雪地中隐蔽起来。图中这架飞机在方向舵、翼尖、升降舵和发动机罩上还有黄色的战区标识。

上图：Ju 87G-1 型反坦克“斯图卡”是 Ju 87 系列最后一款投入实战的衍生机型（除了 Ju 87H 教练机），它是由先前的 Ju 87D 型改装而来，能够在机翼外侧下方加挂两具火力强大的 Flak 18 型（Bk 3.7 型）37 毫米机关炮荚舱

容克 Ju 87“斯图卡”

鲜少有飞机能像丑陋的容克 Ju 87 型俯冲轰炸机那样，让身经百战的军队和无助的平民陷入恐慌。

容克 Ju 87 型被称为“斯图卡”，即德文“俯冲轰炸机”（Sturzkampfflugzeug）的简称。历史纪录显示，Ju 87 击沉的船舰数目比其他型号飞机击沉的都要多。

俯冲轰炸的战技在第一次世界大战时就已众所周知，可是一直要到 20 世纪 20 年代才有专为这套战术而设计的飞机出现。容克 K 47 型是最早的俯冲轰炸机之一，其中两架采用“木星”（Jupiter）发动机的飞机于 1928 年首飞，另 12 架安装普惠“大黄蜂”发动机的飞机后来卖给了中国。

德国人利用 K47 进行广泛的研究，结果显示 90° 的俯冲轰炸是最准确的，尽管这需要坚固的飞机和果敢的飞行员，还需一个俯冲角度指示器。这时，许多人开始认识到俯冲轰炸机的重要性，这些人即将成为希特勒麾下德国空军的领袖。他们相信俯冲轰炸机将是空军近距空中支援地面部队的核心武器。

正当德国于 1933 年拟定德国空军新作战飞机的计划之际，一款设计保守的双翼机符合需求，它就是亨舍尔 Hs 123 型；而容克则继续发展，朝最后的“斯图卡”迈进。由赫尔曼·波曼（Hermann Pohlmann）领导的研发团队采用了与 K 47 型相同的机身结构：单发动机、单翼低主翼加上显眼的固定式起落架，以及双垂直尾翼与方向舵。

不过，“斯图卡”在发展期间，早期由于一次俯冲测试时双垂直尾翼结构解体而坠毁，所以就改回传统的单垂直尾翼设计。另一项变革是它的发动机，原型机装配的原是英制罗尔斯－罗伊斯“红隼”（Kestrel）发动机，但“斯图卡”于 1937 年投入德国空军服役之后，就改用德制的 Jumo 210Ca 型发动机。

投入战场

“斯图卡”第一次投入战斗是在西班牙，随“秃鹰”军团一起行动，表现十分杰出。尽管“斯图卡”初次登场即表现亮眼，但容克仍持续改良并提升其性能。一件值得注意的附加装置是在

上图：Ju 87 V4 原型机有着圆滑的整流罩侧板，座舱盖最后面的窗口尚未装设

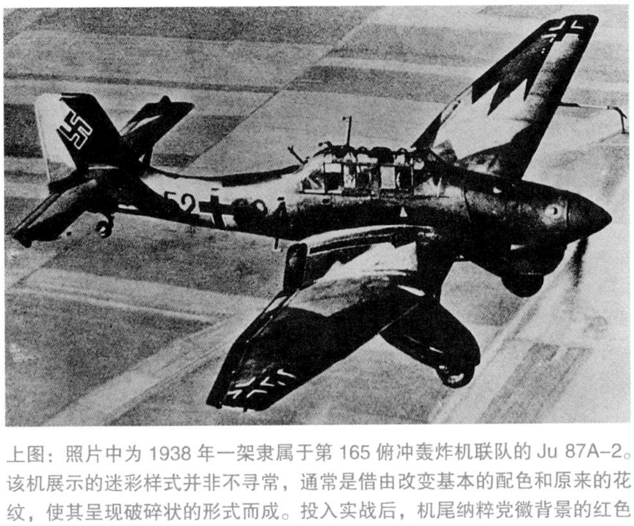

上图：照片中为 1938 年一架隶属于第 165 俯冲轰炸机联队的 Ju 87A-2。该机展示的迷彩样式并非不寻常，通常是借由改变基本的配色和原来的花纹，使其呈现破碎状的形式而成。投入实战后，机尾纳粹党徽背景的红色旗帜和白色圆圈随即被涂掉

上图：在苏联，德国空军为战机涂上的雪地迷彩的白色水溶性胶颜料褪色很快，并且被发动机的废气严重熏黑。照片中，5 架所属部队不明的 Ju 87D 改变航线，准备对苏联的装甲部队发动攻击

起落架上装了一组汽笛，人们称之为“杰利科号角”（Trumpet of Jericho）。当“斯图卡”俯冲之际，穿过汽笛的气流就会使它发出尖锐的呼啸声，如此便能增强目标附近人员的恐惧感。

到了 1939 年中期，“斯图卡”的产量达到每月 60 架，这些改良的 B 型“斯图卡”随即投入希特勒闪击战横扫欧洲的支援任务中。第二次世界大战期间，“斯图卡”执行的首次战斗任务是在 1939 年 9 月 1 日，就在纳粹德国对波兰宣战的 11 分钟前，三架 B-1 型起飞攻击维斯杜拉河（Vistula）上的狄尔萧大桥。“斯图卡”于波兰之役中再度展现实力，不但突袭了无数的部队集结点，还击沉了波兰海军几乎所有的战舰，只有两艘幸免于难。

除了发展对地攻击型的“斯图卡”，容克也打算研发有可折叠机翼与尾钩和其他改装的 Ju 87C 型，使它能够于航空母舰“齐柏林伯爵号”（*Graf Zeppelin*）上起降，但该舰最后并未竣工。其他的衍生型还有在机翼上安装人员座舱的“斯图卡”，以作为运输机之用。

“斯图卡”在第二次世界大战的第一年给欧洲大陆带来了“浩劫”，但之后在英国上空的损失惨重无比。不列颠空战的最高潮，即 1940 年 8 月 13 日至 18 日，英国皇家空军（RAF）的“喷火”与“飓风”战斗机共击落了 41 架“斯图卡”，结果自 8 月 19 日起“斯图卡”便撤出战场，不再向英国发动攻击。

“斯图卡”是以得到 Bf 109 与 Bf 110 战斗机的严密保护为基础设计的。在这样的情况下，它展示出具有毁灭性的威力。然而，德国空军无法在英国上空取得制空权，导致“斯图卡”单位蒙受非常惨重的损失。

基本设计

1941 年初，“斯图卡”的最终型 Ju 87D 投入东线和北非战场。整架飞机被重新改装以减少飞行阻力，最明显的改良就是除去了大型的进气口散热器，取而代之的是一个附有装甲的较小型设计。

“斯图卡”不再被视为纯粹的俯冲轰炸机，愈来愈常被当成近距空中支援战机使用，有时投弹的地点距离友军还不到 330 英尺（约 100 米）。此外，“斯图卡”亦用来充当滑翔机拖曳机、反游击队攻击机和多用途运输机，载送各式各样的货物。

Ju 87D 也发展出一系列的衍生机种，包括延长翼展的 D-5 型，以应付 Ju 87D 不断增加的重量；D-7 夜战型则装有加长的排气管，一直向后延伸越过机翼前缘以隐匿排气的光芒（反映出

下图：在德军继续向巴尔干半岛发动闪击战期间，照片中这架 Ju 87B“斯图卡”停放在一座希腊机场上，旁边有一枚 500 千克（1102 磅）重的 SC500 型炸弹。这是“斯图卡”在未遭遇多少抵抗的情况下消灭目标的最后一场战役

在昼间作战时愈来愈高的危险性）；而 Ju 87D-8 是最后一款的量产型。至 1944 年 9 月下旬为止，除了战斗机，几乎所有的飞机生产作业均告终止，“斯图卡”的总产量一般公认为 5709 架。

所有的轴心国空军都广泛使用 Ju 87 战机，包括意大利、匈牙利、斯洛伐克、罗马尼亚和保加利亚——尽管是因为德国空军，“斯图卡”才能赢得它应有的声望。

实际上，在战争爆发之际，Ju 87 就多少被认为是已经过时的设计，但此事实为其令人难以置信的成功所掩盖。不过，“斯图卡”和德国空军内许多其他飞机一样，由于缺乏替代机种，因而在停产之后仍持续作战。Ju 87 的机组就跟梅塞施密特 Bf 110 与 He 111 一样，被迫驾驶过时的战机执行任务，所以取得的战果也就成了机组的高超战技和 Ju 87“斯图卡”的耐用性的最好证明。

上图：照片中为 1941 年初两架第 3 俯冲轰炸机联队第 2 中队的 Ju 87R-2 结束地中海上空的巡航返回基地。Ju 87R 型多次在地中海区域空袭英国的护航船队，这批飞机的机翼下挂有 66 英制加仑（约 300 升）可抛弃式副油箱

左图：照片中的是一架试验性的 Ju 87D-3 型，它的机翼上装置了人员运输荚舱。这个荚舱设计可前后坐二人，由飞机进行小幅度的俯冲后释放，最后在大降落伞的辅助下降落至地面

下图：照片中，德军士兵看着一支“斯图卡”飞行小队结束任务返回基地。“斯图卡”出击支援隆美尔的非洲军团（AfrikaKorps），在北非战役的初期提供近距离空中支援

上图：这是第 1 俯冲轰炸大队的“斯图卡”对华沙郊区的目标物完成攻击之后拉起过程中枪炮手眼中的景象。图中可以看到飞机炸弹爆炸后升起的烟雾

波兰，挪威和西线

“Stuka”是“Sturzkampfflugzeug”的缩写，意思是“俯冲轰炸机”。但在第二次世界大战早期，该术语专指一种飞机——容克 Ju 87。

空对地制导武器的出现前，俯冲轰炸成为向有保护的目标投弹的最精确的方式。第二次世界大战爆发时，水平轰炸机曾携带过简陋的投弹瞄准器，但效果不佳。它们有间隔地连续投下好几颗炸弹，但通常最有希望的也只有一颗或两颗能击中目标。大部分炸弹的着陆点离目标物太远而造成不了任何影响。

俯冲轰炸机更好地解决了这一问题。这种飞机体型较小，价格相对低廉，携带炸弹也不多。但是一名受过良好训练的俯冲轰炸机飞行员能将其一半炸弹集中投放到半径 82 英尺（约 25 米）的瞄准点范围之内（对水平轰炸机而言，单枚炸弹的误差圆半径为此半径的两到三倍）。因此，在面对小面积目标时，携带少量小型炸弹的俯冲轰炸机攻击比携带多枚大型炸弹的水平轰炸机高效很多。

Ju 87 作为俯冲轰炸机在设计时没有做出任何妥协。固定的起落架让飞机看起来过时了，但选择它有着充分的理由。在通常情况下，飞行员从大约 10000 英尺（约 3048 米）的高空开始进攻。在以 80° 的角度俯冲时，起落架和翼下俯冲减速器的组合阻力会阻止速度急剧增加。这使得飞机在俯冲过程中——大约 15 秒——成为一个稳定的瞄准平台，从而让飞行员通过投弹瞄准器瞄准目标。Ju 87 的起落架支柱上装有一个螺旋桨驱动的警报器，俯冲过程中，其恐怖的尖叫声会极大瓦解地面部队的士气。飞行员在 2200 英尺（约 671 米）的高空释放炸弹，然后飞机自动地拉起飞走。机身经过加固以保证在急剧的拉起过程中过应力不会对飞机结构造成破坏。在大约 1000 英尺（约 305 米）的高度，“斯图卡”降至最低点开始向上拉起，而此高度正好在敌方轻型武器的射程和炸弹爆炸碎片的杀伤半径之外。

波兰的行动

1939 年 9 月 1 日，德国入侵波兰。为了支援进攻行动，纳粹德国空军派出了所有的 9 个 Ju 87 中队，共计 319 架 Ju 87。在前两天的战斗中，Ju 87 轰炸了几个机场和飞机制造工厂。波兰空军力量过于薄弱，武器装备早已过时，丝毫没有能力抵御德军的猛烈攻势。纳粹德国空军迅速夺得空中霸权，Ju 87 也赢得高精确度打击目标的名声。

两天后，纳粹德国空军将主要精力转向支援陆军。虽然一些公开的声明这样规定，但 Ju 87 几乎没有参加近距离空中支援行动，也就是说帮助地面友军部队近距离攻击目标。在一次精确的俯冲攻击中，Ju 87 的飞行员需要在 10000 英尺（约 3048 米）——垂直距离将近 2 英里（约 3.2 千米）的高度看到目标。但战场上

下图：军械员们准备向一架 Ju 87 轰炸机的机身弹架里装载一枚 550 磅（约 250 千克）高爆弹。俯冲轰炸机标准的武器载荷为机身下的一枚与此类似的炸弹，还有机翼下方 4 枚 110 磅（约 50 千克）的炸弹

上图：入侵荷兰期间，德国的伞兵部队向一架“斯图卡”轰炸机挥手致意。这些武器装备很少的士兵非常依赖俯冲轰炸机给他们提供重型火力支援

下图：第 77 俯冲轰炸机联队的军官在检查他们对一支法国车队造成的损失。进攻发生在欧塞尔附近，这是德国闪电战期间一次典型的 Ju 87 俯冲轰炸行动

几乎没有如此清晰的目标。俯冲轰炸机在对手后方，面对如桥梁、铁路、补给站和兵营等界限分明的目标时，效率最高。

1939 年 9 月 27 日，波兰政府流亡。“斯图卡”从第一次飞行试验开始就获得了大量的订单，并在德国快速取得战争胜利的过程中发挥了重要的作用。

波兰沦陷之后，一段相对平静的日子在 1940 年 4 月 9 日结束了，当时德国入侵了挪威。仅有一支“斯图卡”部队参加了那场战役，即第 1 俯冲轰炸机大队第 1 中队，但非常有效。当天早上，该部队派出 22 架飞机俯冲轰炸了守卫奥斯陆海湾入口的阿克什胡斯和奥斯卡斯堡的海岸炮台。

在接下来的几周里，挪威和盟军部队被步步逼退到挪威北端。5 月初，他们的阵地无法坚持下去，撤退开始。“斯图卡”轰炸机对运载撤退部队的舰船进行了几次进攻，击沉了 3 艘驱逐舰和一艘轻型防空船。

1940 年 5 月 10 日，闪电突袭转移到了法国、荷兰和比利时。起初，几乎全部 380 架可用的俯冲轰炸机都集中到了荷兰和比利时，准备为在几个登陆点着陆的德国伞兵部队提供近距离空中支援。这并不是最高效地使用“斯图卡”的方式，但此时别无选择。空降部队武器装备薄弱，严重依赖“斯图卡”为他们提供重型火力支援。

第 77 俯冲轰炸机大队第 3 中队的奥托·施密特少尉参加了 5 月 10 日的这场行动。他的中队派出 9 架“斯图卡”去攻击艾伯特运河附近的一处比利时军队阵地，并支援前往进攻埃马尔要塞的滑翔机部队。在施密特看来，敌方反击的炮火似乎并不精确，但当他的中队完成任务时，还是损失了两架飞机。

施密特的中队在当天还执行了三次任务，一次是在维尔德瑞泽尔特，另外两次是在安特卫普。最后一个任务结束返回途中，一架“斯图卡”脱离编队，降低飞行高度，最终撞到地面上。没有迹象表明这是敌方采取的反击；有可能是一氧化碳烟雾泄漏到了驾驶员座舱，让机组人员失去了意识。这些损失对中队而言是一个严重的打击。在波兰，仅有一名机组人员阵亡，而在这场新战役的第一天就损失了 3 名。

进入法国

由于前进的德国地面部队始终与被围的空降部队密切配合，德国最终取得了荷兰战役的胜利。然后战事的焦点转移到了法国北部的色当，部队也前往那里支援德国的全力穿插行动。前进的德国装甲部队于 5 月 13 日抵达默兹河，然后开始准备渡河。当天下午，俯冲轰炸机出动大约 200 架次，双发轰炸机出动 300 多架次，主要摧毁南岸的法国步兵和炮兵阵地。与此同时，德国步兵乘船渡过默兹河，在河对岸建立起防御阵地。桥头堡很快建立起来，工兵们在河上搭建了浮桥。坦克依次渡过河流，随后开始了装甲推进，这一推进直到英吉利海峡才最终结束。

在接下来的几周里，“斯图卡”面对的主要是盟军后方对它们而言更常规的目标，因此只要天气条件允许，“斯图卡”几乎每天都要参加行动。有的飞行员在一天之内 4 次出动执行任务。

到 5 月的最后一周，法国北部的盟军部队后退到敦刻尔克港口，5 月 27 日，撤退行动开始。德国随即对这次撤退行动进行阻挠，纳粹德国空军集中火力进攻港口。英国皇家空军的“喷火”和“飓风”战斗机奋起反击，但德国的轰炸机还是对舰船和港口的设施造成了严重的破坏。

参加过敦刻尔克战役的第 186 俯冲轰炸机大队的赫尔穆特·马利克上尉回忆道：“我并不担心港口的重型高射炮，反而是位于目标物上的轻型高射炮有时更加危险。在攻击时我们对于敌方炮手来说就是一个很容易击中的靶子。6 月 1 日，一架‘喷火’试图将我击落，但最终由于弹药不足才没有得逞。所以对方飞行员在空中盘旋了一会儿，进入我方编队中间，到我旁边赞扬了几句然后离开返回了。这种骑士精神在俄罗斯从来没有遇到过……”

撤退行动在 1940 年 6 月 4 日结束，盟军转移了近 34 万人的英法部队。“斯图卡”的声望此时也达到顶峰。只有大英帝国还没有被征服，现在俯冲轰炸机部队准备去加速这个帝国的毁灭。然而，不列颠之战期间，在面对更强大的信心坚定的战斗机防御部队时，“斯图卡”的命运发生了戏剧性的逆转。

上图：容克 Ju 87 是一款强健的飞机，在遭受各式各样的战斗损伤后仍能安全地返回基地。SG 77 联队第 3 中队的哈特曼中尉驾驶这架飞机在华沙上空执行任务时，机翼严重损伤

下图：图中展示的是在法国作战间隙停在圣康旦附近由库塞尔野外着陆场上的 Ju 87B–2，它们隶属于第 77 俯冲轰炸机联队第 1 大队，机身上涂有伪装图案

不列颠之战

上图：英军"老爹军"（乡土义勇军）的士兵们站在第 77 俯冲轰炸机联队第 2 大队的一架 Ju 87 前。1940 年 8 月 18 日，这架飞机在昂姆林火车站附近火腿庄园高尔夫球场紧急迫降后被俘

在 1940 年 6 月之前，在德国占据空中优势的战场上，"斯图卡"俯冲轰炸机在进攻目标的同时可以不必过于提防敌军的空袭，然而这一状况即将改变。

不列颠之战开始于 1940 年 7 月，当时只是对穿过英吉利海峡的舰船护航队的小规模进攻。这些不连贯的空中行动的典型代表就是 7 月 13 日下午的遭遇战。第 1 俯冲轰炸机大队的 6 架 Ju 87 空袭了多佛沿岸的一支船队。第 56 中队的 11 架"飓风"战斗机击退了这次进攻，并击落两架"斯图卡"。没有舰船被击中。

下图："斯图卡"俯冲轰炸机进攻的精度通常很高。德国侦察部队拍摄的这张照片展示的是福特机场在 8 月 18 日的进攻之后着火的情景

不过护航的德军梅塞施密特 Bf 109 击落了两架"飓风"战斗机。

最大规模的船队攻击行动

在接下来的几周里，空战的频率慢慢地开始增加。8 月 8 日，纳粹德国空军展开了最大规模的进攻护航队的行动。护航队 CW9 的 18 艘货船在一艘海军护卫船的护送下沿着英吉利海峡向西驶向韦茅斯。当天早上，小股德军俯冲轰炸机准备接近船队，但每次尝试均被"喷火"和"飓风"战斗机驱逐。中午，纳粹德国空军发起了一场大规模的进攻。57 架"斯图卡"在 Bf 109 的护送下进攻了经过怀特岛的护航队。当梅塞施密特战斗机与英国皇家空军的战斗机激烈交锋时，俯冲轰炸机空袭了缓慢前进的船只。一些船只遭到重创，两艘被击沉。下午，纳粹德国空军又派出 82 架俯冲轰炸机前去彻底消灭上午存活下来的船只。再一次，梅塞施密特战斗机与英军进行了激烈的空战。行动结束时，护航队 CW9 已经不复存在了。7 艘船被击沉，6 艘严重受损，还有一艘轻微受损。最终只有 4 艘船完好地抵达韦茅斯。在这一天的行动中，纳粹德

国空军损失了28架飞机。

当天有9架Ju 87被击落，10架带着不同程度的损伤返回。而其对手——英国皇家空军则损失了19架“喷火”和“飓风”战斗机。

8月12日，“斯图卡”编队第一次在英国南部发动进攻。目标是佩文西、拉伊、多佛、敦刻尔克（肯特郡）和文特诺的雷达站。文特诺的雷达站瘫痪了几个星期，但其他的雷达站在修理之后第二天就恢复使用了。

“最艰难的一天”

整个不列颠之战期间最大规模的“斯图卡”攻击发生于8月18日——“最艰难的一天”。那天下午，从第77俯冲轰炸机联队的3支中队和第3俯冲轰炸机联队第1大队抽调的109架Ju 87被派去进攻戈斯波特、福特和于托尼岛的机场以及波林的雷达站。150架梅塞施密特Bf 109为这支部队提供保护。

英国南海岸的雷达站发现了靠近的“入侵者”，英军第43和第601中队的5架飞机冲入这些俯冲轰炸机中。

约翰内斯·威廉中尉听到了敌军战斗机靠近的警报。他环视了自己驾驶的“斯图卡”周围，什么都没有看到，所以他集中注意力跟紧编队。他的枪炮手安东·维尔纳下士透过小窗迎着太阳的方向寻找进攻者，但也什么都没看到。然后不知道从什么地方冒出来的“飓风”战斗机冲进了德军飞机编队，并且机枪胡乱扫射。威廉看到3架或4架英国战斗机以快速交替的方式咆哮着从身边飞过。在他的另一边，一架“斯图卡”突然着火，然后脱离了编队。听到飞机坠落的一声巨响之后，他的飞机也抖动了一下——威廉驾驶的“斯图卡”也被击中了。燃油喷到舱盖上，外面的一切都被遮挡起来。更让人不安的是，驾驶舱里充满了烟雾：飞机着火了！威廉将“斯图卡”翻滚至底部朝天，并大声呼喊“出去”！两名机组人员都滑动顶篷舱门，解开皮带，跌落出去。对他们而言，战争结束了。

在最初的遭遇战中存活下来的Ju 87现在进入俯冲阶段，他们的对手在周围嗡嗡乱叫。一旦开始俯冲，“斯图卡”就成为一个难以对付的目标。空军上尉弗兰克·凯里在这次行动中担任第43“飓风”战斗机中队队长，后来评论道：“在俯冲中，它们很难被击中，因为在战斗中，速度急剧增加以至于我们只能呼啸着从它们身边飞过。但是它们不可能一直俯冲下去。”

受到攻击

完成俯冲攻击后，一群Ju 87零散地飞向海面。奥托·施密特少尉在于托尼岛战役中俯冲轰炸结束拉起离开时，发现一架敌军的战斗机迅速靠近。他很奇怪为什么他的枪炮手还不开火，当他回头看了一眼之后知道了原因：这个不幸的家伙已经在座位上死去了。由于一直集中注意力进攻别的飞机，施密特没有意识到自己的飞机也受到了攻击。他驾驶“斯图卡”进行了一次惊险的侧滑，英军战斗机射击的子弹从旁边飞过。

幸存下来的俯冲轰炸机向南飞去，而进攻的英国战斗机一架接着一架耗尽弹药，然后放弃了追逐。距离最近的友军领地还有70英里（约113千米），战斗损伤的“斯图卡”以及死亡或受伤的机组人员想跨越这一段距离显得异常艰难。贡特尔·迈尔-波特林尚未返航时头上满是鲜血，还有一名死去的枪炮手。几乎没有什么飞行设备还是完整的，指南针丢失了，部分方向舵被击毁，驾驶舱里充满了发动机机油，左翼下的弹架里还有两枚110

上图：“非常幸运地活下来了！”卡尔·迈尔下士，Ju 87的机枪手，8月15日的于托尼岛战役中，他的飞机被敌方机枪击中了8次，每次都只造成了轻伤

下图：在1940年8月18日的一场行动中，第77俯冲轰炸机联队的这架“斯图卡”在俯冲结束后没能及时拉起离开，而被一架英国皇家空军的战斗机击中。它最终坠落在奇切斯特附近的西布罗意

上图：图中是第 77 俯冲轰炸机联队的一架 Ju 87 在诺曼底基地机鼻触地的场景。当“斯图卡”在匆忙建成的机场上起落时这种情况经常出现

磅（约 50 千克）炸弹。卡尔·亨瑟中尉是以 100 英里 / 时（约 161 千米 / 时）的速度返航的，因为液压系统的损坏导致无法使用俯冲减速板。赫尔穆特·布鲁特中尉降落在法国，他驾驶的“斯图卡”机身上有 130 个弹孔，但他和枪炮手没有受伤。毫无疑问，最幸运的人当属卡尔·迈尔下士：被机枪击中 8 次，但只受了一点皮外伤。

参加这次进攻行动的 4 支“斯图卡”中队中，第 77 俯冲轰炸机联队第 1 中队损失最惨重：28 架“斯图卡”中，10 架被击落，5 架受损。中队指挥官赫伯特·梅塞尔上尉也受伤了。其他 3 支中队损失相对较轻：共有 6 架被击落，2 架受损。

与平常一样，“斯图卡”俯冲轰炸机打击目标的精确度很高，几乎没有炸弹落在指定区域之外。福特机场在接下来的几周内都处于瘫痪状态。索尼岛和戈斯波特机场继续使用，但效率下降了。但波林的雷达站很快就被修复，其他雷达站则在次日就恢复了运转。

薄弱环节

1940 年 8 月 18 日的行动是“斯图卡”遭遇的第一次挫折。这种飞机的重大缺陷也在行动中暴露出来，而这些问题将随着战争的推进反复出现。毫无疑问，Ju 87 是一款极为高效的进攻武器，但这一切都只能在没有敌方战斗机干扰的情况下才能得以实现（或者攻击的目标没有良好的防空武器的保护）。如果这些条件没有满足，俯冲轰炸机将遭受严重的损失。

如果计划中的入侵英国行动继续进行，“斯图卡”俯冲轰炸机将作为唯一有效的反舰部队去与英国皇家海军的力量交战。因此，保存俯冲轰炸机非常重要。正是这个原因，Ju 87 才从不列颠之战中撤退，并且也没有再次参与进去。

虽然在英国上空遭受了损失，但 Ju 87 的服役生涯远没有结束。当希特勒入侵苏联时，“斯图卡”将再一次扮演重要的角色。

上图：1940 年 8 月，这架 Ju 87B-2 隶属于驻守在法国卡昂的第 77 俯冲轰炸机联队第 3 大队。前机身上的大队部徽章是大队长豪普特曼·赫尔穆特·波特的家族纹章

东线

上图：东线，一架涂有冬季伪装迷彩的 Ju 87B 在执行完一次任务后滑行降落

“斯图卡”部队在不列颠战役期间第一次败走麦城，但在人员伤亡方面，没有哪场战争能比得上东线 1941 年 6 月开始的这场漫长的令人难以忍受的消耗战。

德国竭尽全力进攻苏联的“巴巴罗萨”行动在 1941 年 6 月 22 日开始。8 个“斯图卡”中队共计 324 架飞机，完成了支援这场大规模进攻行动的所需准备。

这次进攻所动用的力量可以从 10 月 4 日航空队的一份报告中看出来，报告要求进攻的第 5 天攻占波罗的海海岸。当天，俯冲轰炸机出动 48 架次轰炸铁路目标，出动 202 架次支援向布良斯克前进的装甲部队，出动 152 架次支援向维亚济马前进的部队。

旗开得胜之后，“斯图卡”部队的飞机和机组人员开始遭受惨重的损失。在第 77 俯冲轰炸机联队中服役的奥托·施密特上尉解释道：“一开始，苏联的战事很简单，我们在高射炮或战斗机的反击下损失很小。然而，渐渐地，苏联人的高射炮兵在对抗我们的俯冲进攻中积累了经验。他们学会了站在原地向我们射击，而不是像以前那样在奔跑中射击。当这种情况开始时，我们的损失开始激增，尤其是在我们出动战机的次数大幅增多的时候。进一步的紧张来源于一个常识，那就是一旦谁的飞机被击落在敌方领域并被俘获，幸存的机会几乎为零。”当飞机和机组人员的补充跟不上损失时，Ju 87 部队被迫以牺牲自身优势的方式作战。

严酷的条件

苏联的冬季带来严重的困难，如厚厚的积雪、低沉的云层以及糟糕的可见度。在第一个冬季剩余的日子里，“斯图卡”部队在战斗中只发挥了很小的作用。

下图：第 5 对地攻击联队第 1 大队的 Ju 87D 正飞往列宁格勒（今圣彼得堡）附近的目标。每架飞机都在机翼下携带两枚 AB 500 集束炸弹，机身下还携带一枚 SC 250 炸弹

上图：出发执行另一个任务之前，第 5 对地攻击联队第 1 大队一架 Ju 87 的机组人员在检查机翼上安装的 550 磅（约 250 千克）的高爆弹是否挂牢

当春季来临，地面干燥之后，德国的闪电战又重启了以前的凶猛。1942 年，德国最早的推进是在南部，旨在占领克里米亚半岛。对塞瓦斯托波尔的重要海军基地的进攻开始于 6 月 2 日。为了支援这次行动，俯冲轰炸机部队从距离此地 10 分钟航程的地方出发。奥托·施密特上尉解释道："在克里米亚半岛执行任务的时候，身体上的压力是巨大的。这里没有抵抗的高射炮和战斗机。对我们而言，最困难的时候是我们的步兵希望我们逐个释放炸弹来压制对手的势头，并激起大量尘土来掩护他们前进。而在我们看来，这就意味着每次出机我们要进行 5 次独立的俯冲进攻。每天我们要出动好几次，这就导致我们的身体非常疲劳。"数量上和火力上都不足的苏联部队被挤到一个逐渐收缩的口袋之中，这一过程直到 7 月 3 日苏军抵抗瓦解之后才结束。

然后德国继续向下一个目标——斯大林格勒（今伏尔加格勒）推进。8 月底，先锋部队已经抵达该城市边界。"斯图卡"俯冲轰炸机和双发轰炸机猛烈轰炸目标以支援地面的进攻。更艰苦的战斗是在 10 月，双方都投入大量的新的部队。

11 月，冬季来临，带来大雪、冻雨以及低云。现在，苏联军队发起了反攻。11 月后期，在大雾的隐蔽下，苏军增援了北方的部队，然后城市的南部也发起了强有力的进攻。苏联的穿插威胁到了"斯图卡"所用的着陆场地，迫使后者匆忙撤离，在苏联炮兵和坦克的射击中起飞离开。无法使用的飞机、地面的设备以及大量物资和燃料都被抛弃了。在这段时间里，纳粹德国空军派出了所有可用的战斗机前去拖延苏联军队的前进。然而，由于恶劣天气，这些努力没有产生任何效果。

11 月 23 日，苏军亮出了利爪，将德国第 6 集团军的 22 个师围困在一个小口袋之中。希特勒要求纳粹德国空军支援这些部队，但是从一开始这就是一项令人绝望的任务。"斯图卡"俯冲轰炸机从口袋周围起飞，直到最后一条跑道被苏联军队掐断。1943 年 2 月，口袋里的最后一支部队投降。德国军队遭受了这场战役中的第一次重大失败。

反坦克的"古斯塔夫"

东线对反坦克飞机的需求促使 Ju 87G 或"古斯塔夫"的研

右图：Ju 87"古斯塔夫"飞机的显著特征就是其机翼下方安装的两门 37mm 高初速半自动炮。这些改进的防空武器在击穿苏联坦克保护装甲相对薄弱的部分这个方面非常有效

上图：1942 年 6 月，这架容克 Ju 87B 由第 77 俯冲轰炸机联队第 3 大队指挥官赫尔穆特・波特少校驾驶飞往塞瓦斯托波尔

发。该飞机在机翼下安装两门 37 毫米高初速反坦克炮，1943 年春季，一批 Ju 87D 被改装来满足这一任务的要求。

1943 年德军主要的进攻行动——库尔斯克会战，目标是在库尔斯克附近展开的苏军中央方面军。所有可用的“斯图卡”部队，共计大约 360 架 Ju 87“达拉斯”和 12 架左右“古斯塔夫”，全部投入支援这次进攻中。

进攻开始于 7 月 5 日，在接下来的几天里，俯冲轰炸机的飞行员平均每天要出动 6 次。携带炸弹的“斯图卡”俯冲轰炸机进攻苏军后方的目标，而“古斯塔夫”则攻击在原野上活动的敌军坦克。尽管有强有力的空中支援，德国的装甲推进还是在苏联的防御之下陷入困境。7 月 23 日，随着最后一支后备部队被派出去，希特勒命令他的军队继续向敌方防御部队开进。库尔斯克会战是德国在东线的最后一次全力出击，但这次行动也没能带来他们所希望的决定性胜利。

1943 年秋季，纳粹德国空军的战术支援单位进行了一次重组。所有的“斯图卡”大队（Stukageschwader）都被命名为“对地攻击大队”（Schlachtgeschwader）。同时，用于对地攻击的 Fw 190F 开始取代 Ju 87D“多拉”。每个联队在重新分配武器装备的时候都保留了一支 Ju 87“古斯塔夫”中队，以此保留联队的反坦克作战能力。

1944 年 6 月 23 日，苏联红军发起了准备已久的夏季进攻，在中线的多个方向同时进行强有力的突破。而此时纳粹德国空军已经撤回了好几支战斗机中队以加强本土的空防。整个东线上只剩下不到 400 架单发动机的战斗机。苏联空军的战斗机数量远远超过对手，比例达到 5∶1。此外，“斯图卡”部队换装 Fw 190 的工作才进行到一半，导致战斗力被削弱。缺乏战斗机护航的 Ju 87 部队遭到有史以来最严重的损失。

严重的损失

德军在好几个点的防御完全崩塌。纳粹德国空军的俯冲轰炸机和对地攻击部队做着分散且效果不大的努力来延缓苏军的突破行动，而这也招致严重的损失。低空飞行的 Ju 87G“古斯塔夫”摧毁了很多突破德军防御线并且超过防空火炮保护范围的苏联坦克。

夜间，Ju 87 零星地在敌军后方进行夜袭骚扰。虽然这些行动对敌军造成了一些影响并拖延了敌军的前进速度，但最终没能起到决定性的作用。10 月中旬，苏联的进攻逐渐停止。德国被迫后退了 300 英里（约 480 千米），已经完全被赶出苏联境内了。

总产量超过 4000 架的 Ju 87 于 1944 年 9 月停产，并在此之后继续服役。1945 年 4 月，即战争的最后一个月，还有 125 架 Ju 87“多拉”和“古斯塔夫”服役于前线作战部队。该机型从战争的第一天一直作战到最后一天，它完全配得上世界优秀的军用飞机之一的美誉。

下图：这是一名“斯图卡”俯冲轰炸机的飞行员以 80° 俯冲时所看到的景象——塞瓦斯托波尔的一处堡垒。前方可以看到飞机投下的炸弹在目标物上爆炸

上图：Ju 88A 型成为德国空军三款中型轰炸机的主力之一，大战期间各起轰炸战役中都看得到它们的身影。该机的性能佳、机动性高，使它在遇上敌方战斗机时较 Do 17/217 或 He 111 轰炸机更容易存活

容克 Ju 88

除了空中近距离缠斗战，很难想象第二次世界大战中 Ju 88 缺席了哪种空中任务。

Ju 88 最初被用作水平与俯冲轰炸机，随后还肩负起夜战、入侵、反舰、侦察、反坦克和其他各种任务。不过“多用途性”是启动 Ju 88 型轰炸机计划时最后的考虑项目。1935 年，“帝国航空部”（RLM）正考虑多任务飞机的可行性，并提出一款最大速度可达 500 千米 / 时（约 311 英里 / 时），还要能搭载 1765 磅（约 800 千克）炸弹快速轰炸机（Schnellbomber）的需求。

容克公司竭尽所能地争取在各家竞争中胜出，甚至雇用了两位美国设计师，他们是开发强化蒙皮的先锋（但此时容克已经开始从传统的棱波状机壳结构进行进一步的研发）。到了 1936 年初，他们递交了两份方案：双垂尾的 Ju 85 和单垂尾的 Ju 88。此外，亨舍尔 Hs 127 与梅塞施密特 Bf 162 也相继提交了方案。

Ju 88 的工程制造于 1936 年 5 月展开，原型机（D–AQEN 号）在 12 月 21 日首次试飞，由金德曼上尉（Flugkapitän Kindermann）驾驶。1 号原型机（V1）由两台戴姆勒 – 奔驰（Daimler–Benz）DB 600Aa 型 12 缸发动机驱动，每台功率为 1000 马力（约 746 千瓦），装置在环状整流罩内，看起来像是星型发动机。

初步试飞进行得很顺利，1 号原型机在航速和操控性上表现良好，但于 1937 年初在第二架原型机（D–AREN 号）出厂不久之前坠毁。第二架原型机于 4 月 10 日首次试飞，该机保留了 DB 600 发动机，与 1 号原型机仅存在细微差别。

Jumo 发动机

第三架原型机（D–ASAZ 号）有了相当大的改变。首先，该机换装了容克公司自家生产的 Jumo 211A 型发动机（动力输出相同）；还采用了一款轮廓隆起的座舱盖，可装设一挺后射的 0.31 英寸（约 7.92 毫米）MG 15 机枪。此外，第三架原型机的方向舵更大，外形更圆润；机鼻气泡形罩下加装了投弹瞄准器。3 号原型机（V3）的表现令人印象深刻。

德军高层再订购了 3 架原型机，并起草了大规模分散生产计划，不只是由容克公司位在舒能贝克（Schönebeck）与阿什斯雷本（Aschersleben）的工厂制造，阿拉道公司、道尼尔公司、亨克尔公司、亨舍尔公司与大众汽车公司亦参与量产。最后的组装在容克 – 伯恩堡和其他公司进行（尤其是阿拉道的勃兰登堡工厂）。

Ju 88 进一步的改装要求包括增加第四名机组成员、

下图：Ju 88 一号试验机是首架原型机，它的特色是在 DB 600 型发动机上装有大型的散热链，但后续的机种则将散热链移除了。照片中的这架飞机于座舱顶端还架设了一具后视的测试照相机

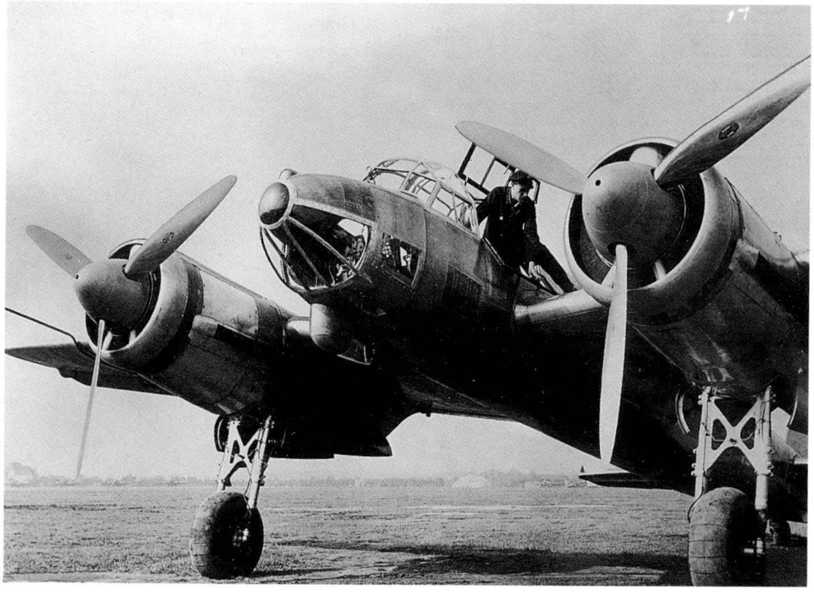

上图：3 号试验机是第一架采用 Jumo 发动机的 Ju 88，也是第一架于隆起座舱盖上架设武装的机型。注意在机鼻右下角的流线型投弹瞄准器外罩

上图：4 号试验机于机首采用“甲虫眼”状的镶嵌玻璃，由 20 块玻璃片组成。因为加长形发动机舱几乎向前延伸到机鼻，所以其外号为“三只手指”（die Dreifinger）

增强武器和具备俯冲轰炸能力。4 号原型机结合了前两项需求，于 1938 年 2 月 2 日首度试飞。该机的特色包含“甲虫眼”状的机组隔间，加上机腹投弹瞄准舱，舱内后部还装有一挺后射的 MG 15 枪。

5 号 Ju 88 原型机（D-ATYU 号）的外形与 4 号相似，但采用了 1200 马力（约 895 千瓦功率）的 Jumo 221B-1 型发动机，该机后来改装成用于创造飞行速度纪录的飞机。6 号原型机（D-ASCY 号）被视为是 Ju 88A 型轰炸机的预生产型，Jumo 221B-1 发动机换装四叶螺旋桨，并重新设计了主起落架 / 发动机舱。类似的 7 号原型机于 1938 年 9 月 27 日出厂，它透过装置于发动机舱机翼外侧的俯冲减速板而具备俯冲轰炸能力。接下来还有 8 号与 9 号原型机。10 号机是最后一款原型机，用于测试装在机身与发动机舱之间的外部炸弹挂架。

在原型机之后出厂的是 10 架 Ju 88A-0 预生产型，装上了俯冲减速板与外部炸弹挂架，而且最初就采用四叶螺旋桨。这批飞机配发给一支特别组编的单位，即“88 型测试分队”（Erprobungskommando 88）。自 1939 年 3 月起，该单位就开始接受服役评估、发展战术和为 Ju 88 的首次出击培训飞行精英。

投入服役

1939 年 8 月，第一支 Ju 88 型轰炸机单位编成，即第 25 轰炸联队第 1 大队，不久之后又于 9 月 22 日将番号改为第 30 轰炸联队第 1 大队。同时，另一支训练单位——88 型教导大队（Lehrgruppe-88）亦在葛莱弗斯瓦德（Greifswald）成立。

Ju 88 于波兰战役的最后几天才被认为可以

飞行速度纪录

虽然 Ju 88 的 5 号原型机（D-ATYU 号）最初按标准型轰炸机制造，但它后来被改装为创飞行速度纪录的飞机，以作为德国的宣传之用。工程师移除了机腹舱，调矮镶嵌玻璃座舱的顶盖，还装上了硬质尖锐状机鼻。5 号试验机于 1939 年 3 月达到 621 英里（约 1000 千米）的闭合航线速度纪录，并载着 4409 磅（约 2000 千克）的重物以 321.25 英里 / 时（约 517 千米 / 时）的速度飞行。7 月，它创下了另一项纪录，即载着同样的重物以 311 英里 / 时（约 500 千米 / 时）飞行了 1243 英里（约 2000 千米）。

出击作战。1939 年 9 月 26 日，第 30 轰炸联队第 1 大队首次派出该型战机执行任务，并持续作战至 10 月 6 日波兰抵抗瓦解为止。在这个单位的编制表上有几架量产前的 Ju 88A-0 型，还列装了全面量产型的 Ju 88A-1。这批飞机与先前的型号没有多大差异，但恢复三叶螺旋桨，确立其后所有轰炸机型号的基本形态。

Ju 88 的 4 名机组全都坐在机翼前方的机头位置，飞行员坐在左侧，投弹手并列坐在右舷略后，从这个位置可以进入机腹吊舱瞄准投弹。飞行员的后面坐着机械师，他面向后方，并可操作顶部机枪。在机械师的旁边略为下方坐着无线电操作员，他还可以挤进机腹吊舱的后面操控机枪。此外，飞行员也可操控一挺装在挡风玻璃右舷的 MG 15 机枪。

在经历初期的战斗之后，A-1 型轰炸机的防御火力随即提升。它的机腹部位改装以容纳两挺 MG 15 机枪，而其他的武器也安置在座舱两侧可向侧方开火。Ju 88 轰炸机的最大载弹量是在两个机身弹舱内挂载的 28 枚 110 磅（约 50 千克）重炸弹和于机外挂载 4 枚 220 磅（约 100 千克）的炸弹。该型机的飞行速度在当时足以令人钦佩，可达280英里/时（约450千米/时）。

上图：照片中的这架飞机是 10 架 Ju 88A-0 型之一，配备四叶螺旋桨。机翼下可看见空气制动器

上图：6 号原型机是重要的原型机，其四叶螺旋桨亦用在 Ju 88A-0 批次上，而且采用了出色的单柱主起落架，机轮在收进狭窄的发动机舱后部时可旋转 90° 躺平。该机的环状弹簧（Ringfeder）系统可吸收震力，是由侧面轮廓愈来愈纤细的一连串高张力钢环组成。在承受重力压缩之下，会呈放射状扩张，飞机着地时钢环分散了压力，就可防止机身的震动

下图：从一开始，Ju 88 的制造就大规模地进行量产，照片中是阿什斯雷本工厂一景。容克公司在这里建造机身，然后运送到伯恩堡进行组装。容克其他的厂房还有哈伯尔史塔德（Halberstadt，生产机翼）和雷奥波德什尔（Leopoldshall，生产机尾）

上图：在伯恩堡的这架 Ju 88A-1 据信是第四架生产的飞机，在它后方是一架 Ju 86G。这架 Ju 88 尚未安装自卫武器

轰炸机型号

上图：在 Ju 88 战斗过的战场中，地中海是与其联系最紧密的地方。这架 Ju 88A-4 展示了所有地中海战场轴心国飞机都有的白色机身识别条带

Ju 88 轰炸机出现在纳粹德军的所有战区，展示了面对敌军战斗机时拥有超强生存力。轰炸型因此产生了大量的改进子型号。

作为纳粹德国空军轰炸机部队支柱力量的 Ju 88A 轰炸机于 1939 年进入第 30 轰炸机联队服役。最初的 Ju 88A-1 与 Ju 88A-0 预生产机型差别不大。作为一款新型作战飞机，该机在投入使用之初同样遭遇了大量的问题，主要体现在起落架和俯冲减速板上，但这些问题很快就被修正了。A-1 衍生出三种子型号，A-2 装备 Jumo 211G-1 发动机（功率与 A-1 的 Jumo 211B-1 发动机相当），并增加了起飞助推用的可分离火箭弹的安装支架，而 A-3 则是带有双重控制机构的教练型。Ju 88A-9 是适宜热带环境作战的 A-1 型。

最终的轰炸机变型机的是 Ju 88A-4，它的研发开始于 1940 年初，采用功率更大的 Jumo 211F 和 211J 发动机。与此同时，容克工程师还增加了 5 英尺 $4^1/_4$ 英寸（约 1.63 米）的翼展来提高载重量，副翼表面由织物换成了金属，还加强了主起落架。

然而，新的发动机没能及时交付，所以 A-4 还是使用了原始的 A-1 发动机，而这种搭配的机型被编号为 A-5。正是这种机型在不列颠之战中被大量使用。A-5 还进一步发展成了 Ju 88A-7 双重控制教练机，适宜热带环境作战的 Ju 88A-10 轰炸机以及 A-6 防气球飞机。后者专为进攻英国而设计的，因为英国的防御大量使用防空气球。A-6 使用了 Kuto-Nase 装置，即装在机身前方专用于割断地面氢气球缆索的切割装置。Ju 88A-6 在设计时计划用大型剪切刀割断气球群，为轰炸机群清理道路。但是，Kuto-Nase 装置严重影响了飞机的性能，让飞机很容易受到战斗机的攻击。大部分 A-6 都拆除了该装置，成为标准的轰炸机或者反舰飞机（Ju 88A-6/U）。

Ju 88A-4 从 1940 年末开始大批列装，第一架飞机安装了额定功率为 1350 马力（约 1007 千瓦）的 Jumo 211F-1 发动机，而后继批次使用的则是确定下来的 Jumo 211J-1 发动机（功率与前者相同）。武器装备也得以改进，MG 15 机枪换成了 7.92 毫米 MG 81 机枪。其他的武器还包括一挺 13 毫米的 MG 131 机枪。玻璃舱盖从 1941 年中期开始变成凸起的形态来为枪炮手提供更多的空间。为了装载更多的燃料，A-4 取消了前部炸弹舱，炸弹通常装载在发动机舱内侧的 4 个外部挂架上（两枚 1102 磅 / 约 500 千克炸弹或者 551 磅 / 约 250 千克炸弹）。

所有后来的变型机都以 A-4 的机身为基础，第三种主要的轰炸机量产型号是 Ju 88A-14。A-14 与 A-4 非常相似，但为座舱里的机组人员和 20 毫米 MG FF 机关炮增加了保护装甲。其他以 A-4 为基础的变型机还包括 A-8（一些带有气球缆索切割装置的早期型飞机）、A-12、A-16（双重控制教练机）和 A-15。A-15 拆除了机腹的鼓包，替换为一个凸起的可以容纳 6614 磅（约 3000 千克）炸弹的木制弹舱。

在沙漠作战中，A-4 改装出适宜热带作战的版本（被命名为 A-4/Trop），此外还有专门制造的沙漠型号（A-11）。大量飞机

上图：骷髅头徽章是第 54 轰炸机联队的标志，该部队以 Ju 88A-5 作为标准装备。不列颠之战后，第 54 轰炸机联队在苏联作战，随后于 1944 年返回西部前线对英国实施夜间突袭

被改造成 Ju 88A-13，以用于近距离空中支援。该机型拆除了俯冲减速板，增加了额外的驾驶舱装甲以及包括翼下挂架携带的机枪吊舱在内的多达 16 挺向前射击的机枪。一些轰炸机型拥有在 Ju 88A-4/Torp 机翼基础上携带两枚 LT F5b 航空鱼雷的能力，按照该标准建造的该型机均被命名为 Ju 88A-17。

服役历史

第 30 轰炸机联队的 Ju 88A 参与了 1940 年的丹麦和挪威的战役，该机型还在法国参加过战斗。然而大规模使用要等到不列颠之战，当时在第 1、4、30、51、54 轰炸机联队和第 1 训练联队均换装该型机参战。1941 年早期，Ju 88 在地中海作战，主要进攻马耳他及海面上的盟军舰船。反舰行动也从法国的基地扩展到了大西洋。所有的 Ju 88A 部队都曾在东线战场参战，通常会在东线和地中海之间轮换服役。到 1945 年，还有一些飞机仍然在第 26 轰炸机联队（挪威）、第 66 轰炸机联队（探路者部队）和第 1 训练联队（比利时和德国北部）中服役。

Ju 88A 还在一些轴心国和盟友，如芬兰、匈牙利、意大利和罗马尼亚的航空部队中服役，不过芬兰和罗马尼亚的该型机在战争的最后几个月里转而向德国开战。另一个将这种飞机融入空军部队的是法国，在 1944—1945 年间使用过纳粹德国空军撤退时留下的 Ju 88A-4。

上图：这架 Ju 88A-10 来自第 1 教练联队联队部。热带作战的飞机为发动机装上了滤尘器，驾驶舱装有百叶窗，还备有沙漠求生套装。与在西线一样，反舰行动是“Dreifinger”（Ju 88A）的主要任务

上图：1942 年，第 1 训练联队第 3 大队的 3 架 Ju 88A-4 从地中海上空飞过。飞机的座舱后部玻璃呈凸起状，这样能使两挺 MG 81 自卫机枪更加方便地射击

下图：一架 Ju 88A-4 从西西里岛的基地起飞，其主起落架正在旋转回缩。注意外部挂架挂载的 4 枚 SC 250 炸弹。飞机内部还能携带 10 枚 SC 50 炸弹

Ju 88B——瞪着大眼睛的轰炸机

Ju 88B 在 Ju 88 轰炸机的基础上发展而来，其特征就是更深、更大的玻璃驾驶舱。新座舱盖能提供更好的视野，还能减小阻力。Ju 88B 方案一度被搁置，在 1939 年初又被提起，当时德国航空部要求容克公司继续 Ju 88B 的项目，但优先级并不靠前，并具体要求使用宝马 139 星型发动机（后来改用了宝马 801）。容克公司以 Ju 88A-1 为基础建造出了一架原型机（D-AUVS），在 1940 年初首飞。随后在 Ju 88A-4 的基础上又生产了 10 架预生产型的 Ju 88B-0。该型号为避免扰乱 Ju 88A 的生产而未能投产，但是一些 Ju 88B-0 被德国纳粹空军最高指挥部的侦察部队用于侦察任务。后来还有一架被用于研制 Ju 188。

上图：这是一架由空军司令部直属 L 侦察分队（Aufkl./Ob.d.L）用于执行侦察任务的 Ju 88B-0。由于重新设计了前机身并采用了宝马 801 星型发动机，B 系列飞机的性能普遍好于 A 系列。

反舰攻击

Ju 88 是一款有效的反舰作战平台，尤其是在地中海和挪威海岸附近。Ju 88 最辉煌的日子是在 1942 年 7 月，第 30 轰炸机联队第 3 大队的 Ju 88A 给往苏联运送军火的 PQ 17 护航队造成了严重损失。部分 Ju 88 接受改造以携带鱼雷，另一型号还装备了雷达，这两种版本都将机组人员减少到 3 人。

上图：在反舰任务中，一些 Ju 88 装备了 FuG 200“霍亨特维尔”（Hohentwiel）搜索雷达。机身上涂有迷惑性的波纹迷彩

右图：Ju 88A-17 和 A-4/Torp 专门用作鱼雷轰炸机，机翼下装有两个 PVC 挂架

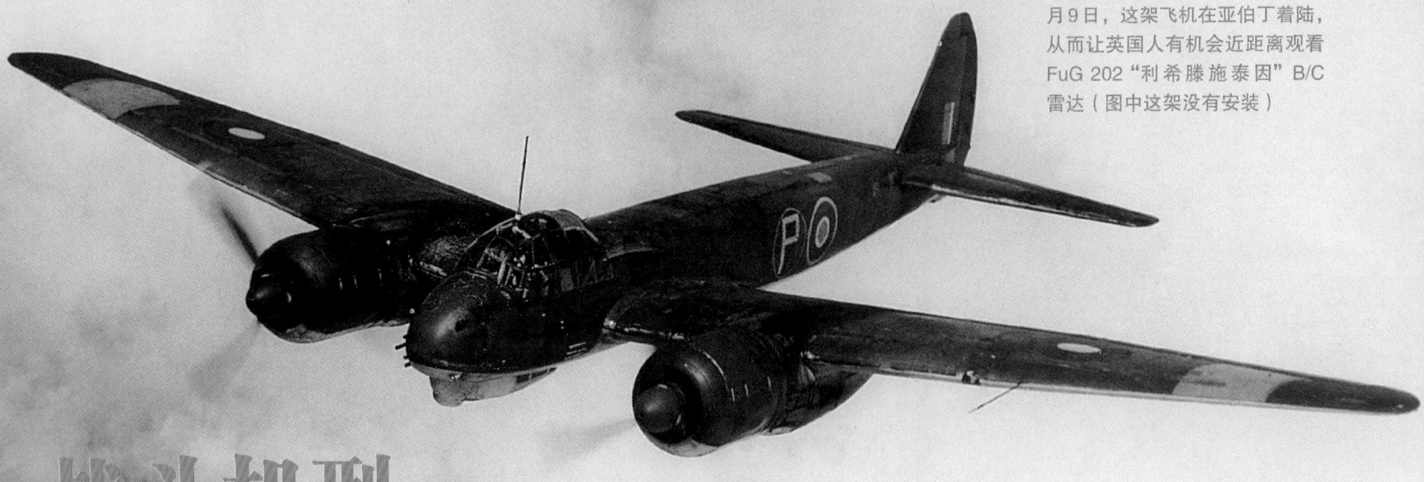

Ju 88R-1 从本质上讲就是更换了宝马 801 星型发动机的 Ju 88C-6b，主要的区别特征就是更加圆滑的发动机舱。1943 年 5 月 9 日，这架飞机在亚伯丁着陆，从而让英国人有机会近距离观看 FuG 202“利希滕施泰因”B/C 雷达（图中这架没有安装）

战斗机型

虽然直到 1943 年秋季才大规模投入生产，但 Ju 88 战斗机对纳粹德国空军而言还是非常重要的，既参加对地攻击，还参与应对英国皇家空军的夜间突袭。

拥有高速度和敏捷性的 Ju 88 被外界认为极具成为一款重型昼间或夜间战斗机的潜能。然而，生产优先级却给了 Ju 88A 轰炸机，而战斗机的发展非常有限。此外，纳粹德国空军认为已经拥有一款非常优秀的重型战斗机（即梅塞施密特 Bf 110）了。

1939 年夏季，Ju 88 V7 被改装来试验 Ju 88C 战斗轰炸机的配置，即 3 挺 MG 17 机枪和一挺从机鼻玻璃中伸出射击的 20 毫米 MG FF 机关炮。随后的试验证明 Ju 88 是一个稳定的火力平台，是一款理想的远程袭击与反舰攻击机。

与此同时，容克公司还在 Ju 88B 的基础上提出了一种战斗轰炸机的版本（Ju 88C-1），其动力平台采用宝马 139 星型发动机（后来换装功率更大的宝马 801 发动机）。容克公司得到指示不要太快研发这种变型机，因为宝马 801 要用于 Fw 190 机型的生产，第一架战斗机型被定名为 Ju 88C-2，其动力平台又返回到了可靠的 Jumo 211 发动机。

少量 Ju 88C-2 被建造出来，机身由 Ju 88A-1 改造，换装硬质机鼻并增加了装甲，保留了基础炸弹舱。它们在第 30 轰炸机联队服役，主要执行反舰任务。从 1940 年 7 月开始，进入第 1 夜间战斗机联队第 2 大队在英国执行夜间袭扰任务。这一非常有限的任务一直延续到 1941 年 10 月，当时 Ju 88C-2 转移到地中海。在此前后 Ju 88C-4 的设计被采用，该机型从一开始就是以战斗机标准设计的，沿用了 Ju 88A-4 的长机身和 Jumo 211F/J 发动机。武器装备增加了两门安装在机腹吊舱（执行侦察任务时可以换成照相机）内的 MG FF 机关炮，机枪则可以安装在机翼下方。Ju 88C-3 和 Ju 88C-5 的命名表明这是使用宝马 801 发动机的试验飞机。

1942 年初，C 系列的主要量产型号——C-6 投入生产。除了更好的装甲，它与 C-4 几乎完全一样。Ju 88 战斗机的重要性从此时开始增加，当时第 40 轰炸机联队正在法国进行反舰行动，同时还努力拦截在夜间向北非转场的盟军飞机。1942 年末，第一架装备雷达的 Ju 88C-6b 出现了，装备有 FuG 202“利希滕施泰因”B/C 雷达用于夜间战斗任务。此后不久，Ju 88R-1 开始出现，这其实就是一架 C-6，但发动机换成了宝马 801MA 星型发动机

左图：昼间战斗机 Ju 88C-6 的装备包括 3 门 MG FF 机关炮和 3 挺 MG 17 机枪在内的重型武器

上图：从第二架预生产型轰炸机改造的 Ju 88C V1 枪炮安装方式非常简陋，从机鼻的金属板中伸出来

上图：Ju 88C-6b 和 Ju 88C-6c 是第一批真正意义上的专用夜间战斗机型。这架 Ju 88C-6c 有两门向上发射的“斜乐曲”倾斜式机关炮，它们能击穿轰炸机毫无防护的机腹（虽然只能在近距离）

上图：在苏联前线，Ju 88C-6 主要用于攻击敌方列车，尤其在 1943 年上半年。硬质的枪炮机鼻上通常涂有伪装色，以此来迷惑敌方战斗机飞行员，让他们误认为这是一架常规的轰炸机。这架飞机服役于第 76 轰炸机联队第 4（夜间）轰炸中队

（R-2 与 R-1 相似，除了发动机换为 810D 型）。1943 年早期，昼间战斗轰炸机 Ju 88C-6 在苏联前线执行了重要的铁道线攻击任务。1943 年后期，Ju 88C-6c 夜间战斗机开始服役，它装备的 FuG 220“利希滕施泰因”SN-2 雷达能透过“窗口”干扰箔条“看到”英国皇家空军的轰炸机。此时，战斗机型的生产获得最高的优先级，结果就是大约 3200 架 Ju 88C 被生产出来。C 型的最后型号是 Ju 88C-7a 战斗轰炸机，该型号在座舱下方机腹安装了一个机关炮托盘，另外采用了与 C-7b 相似的机翼挂架，与 C-7c 相似的宝马 801 发动机，并在机鼻上安装了 MG 151/20 机关炮。

最终的夜间战斗机

虽然一直服役到战争结束，但从 1943 年夏季开始，Ju 88C-6c 加装设备很难在使用原有动力的情况下保持性能，作为对策，一架配备宝马 801 发动机的 Ju 88R-1 改造为 Ju 88 V58 原型机。其尾翼比 Ju 88 的更大，角度更陡，武器装备为 6 门 MG 151/20 机关炮（两门在机鼻上，4 门在机腹的吊舱内）。V58 的量产型 Ju 88G-1 取消了开火时会扰乱驾驶员视线的机鼻机关炮，并在机身外安装了 FuG 220 雷达。该机还在机翼上安装了 FuG 227“弗伦斯堡”天线阵，该设备能追踪英国皇家空军轰炸机的“莫妮卡”警告雷达。G-1 于 1944 年早期进入服役。

接下来的是 G-4 型采用了标准化配置，G-1 型也被翻新到同样规格，G-6a 型，配备宝马 801G 发动机。向上发射的 MG 151/20 机关炮常被采用，面向后方用于尾部警戒的 FuG 220 雷达也常被选装。Fu G-6b 机型装备了 FuG 350“纳克索斯”Z 被动探测天线。

Jumo 213A 发动机为 Ju 88G-6c 提供动力，其显著特征是整流罩前部的一个冷却栅格以及尾气管口的消焰器。向上射击的机关炮向前移动了一点，同时减小了内部油箱的容积以保持重心位置不变。

到 1944 年底，少量 Ju 88G-7 进入服役，装备带有水 - 甲醇添加剂的 Jumo 213E 发动机，稍微增加了燃料容量，并携带一个副油箱。G-7 安装了 4 款早期型雷达，最早的是 G-7a 上安装的 FuG 220 雷达。G-7b 最早装备的是 FuG 228“利希滕施泰因”SN-3 雷达，该雷达被盟军干扰阻塞之后换成了 FuG 218“海王星”VR 雷达。“海王星”雷达的首要特征是位于木制锥体里的通常处于半封闭状态的“莫

根施特恩”（Morgenstern，意为“晨星”）天线。最终的夜间战斗机版本是装备 FuG 340“柏林”N-1a 雷达的 Ju 88G-7c。但一共仅有 10 架该型号的飞机参加了战斗。

为了充分利用性能，Ju 88G 常规上被用作战斗机引导机，主要负责将装备稍差的 Bf 109 和 Bf 110 引导靠近目标。1944 年后期，一些 Ju 88G 也参加了昼间对地攻击行动，但这一努力在汹涌而来的苏联红军面前已经无力回天了。

上图：英国皇家空军在 1943 年 7 月 13 日得到夜间战场的最大礼物，当时这架 Ju 88G-1 错误地降落在萨福克的伍德布里奇。几周之内，FuG 220 雷达被有效地阻塞干扰了，而机翼安装的 FuG 227“弗伦斯堡”装置（可以在信号的引导下定位英国皇家空军的“莫妮卡”机尾告警雷达）的秘密也被揭露出来。Ju 88G-1 是第一种引入大面积尾翼的生产型。4 门 MG 151/20 机关炮安装在机腹的一个吊舱内

上图：在后来的变型机中（像这架 Ju 88G-7a），FuG 220 的 Hirschgeweih（“雄鹿的鹿角”）天线采用了倾斜的方式以减少干扰。驾驶员座舱上方的凸起里装载着 FuG 350“纳克索斯”（Naxos）Z 无线电侦察装置，该设备负责追踪 H2S 雷达的信号

上图：Ju 88 最终的夜间战斗机型是 Ju 88G-7c，安装有 FuG 340“柏林”N-1a 雷达。该装置是德国第一款使用抛物面天线的机载雷达，是从英国皇家空军的 H2S 雷达演化而来的。后者在 1942 年 12 月被德军缴获

下图：IV./NJG 6 的这架 Ju 88G-7a 机尾涂成了过时的 Ju 88C 的样式

远程战斗轰炸机

Ju 88G-10 在研发时定位为超远程重型战斗机，它以标准的 Ju 88G 为基础，机翼后面的机身加长了 9 英尺（约 2.74 米）以增加所携带的燃料容积。飞机由 Jumo 213A-12 发动机提供动力。几乎没有建造出完整的成品，所有的未成品都重新用于“槲寄生”计划。当与 Fw 190A-8（本身也挂载额外的副油箱）一起出现时，二者就组合成“槲寄生”3C 手动引导自杀式飞航导弹或教练型 S3C。

上图：这是第五架 Ju 88D-0 预生产型侦察机。1940 年夏季，其中几架进入在挪威斯塔万格作战的第 122 侦察大队第 1 中队服役

侦察和攻击型

随着战争的进行，基本的 Ju 88 机身逐渐被发展用于多种其他任务。航拍侦察是它的一项重要任务，但在战场上它还用作反装甲武器、远程海上巡逻机以及高空探路机。

1942 年夏季，与德国德军殊死鏖战的苏联红军开始大量配备 T-34 坦克，形势立即转向不利于纳粹国防军的一面。寻找一种摧毁苏军装甲部队的武器成为首要任务。容克公司接到指示要求在 Ju 88 上安装大口径武器，这是反坦克试验指挥部的工作的一部分，后者先后在 Bf 110，Hs 129 和 Ju 87 上试验过各种武器。最初，容克公司提出了“Ju 88N”，一种携带 Nebelwerfer（6 管火箭弹发射器）的 Ju 88C 改型。该武器没有达到要求，所以容克公司转向 75 毫米的 KwK-39 坦克炮。

一架 Ju 88A-4 被改装，取消了机腹吊舱，武器安装在一个巨大的整流罩里。整流罩向后延伸留出一个向后射击的自卫机枪座，其中安装一挺 MG 81Z 双管 0.311 英寸（约 7.92 毫米）机枪。定名为 Ju 88P V1 的该机得到“肥胖的贝莎”的绰号，于 1942 年夏季完成首飞。射击试验给了人们希望，不过额外的阻力和重量让其看起来很笨拙。由于在面对盟军的战斗机时很容易遭到攻击，所以整个火炮吊舱装有爆炸螺栓以便作为一个整体被投弃。KwK-39 只能手动装弹，结果就是每次俯冲只能发射两发。

坦克摧毁者

即使如此，还是有少量 Ju 88P-1 被建造出来，其显著特征就是硬质的机鼻和改进的武器，即电－气动装弹的 75 毫米的 PaK 40 或 BK 7.5 火炮。由奥托・维斯少校驾驶的 P-1，于 1943 年在苏联前线南部进入服役。Ju 88P 后来成为第 92 坦克攻击中队的主力装备，取得了一些成功，但火炮射速太慢以及飞机极易受到损坏，后来逐渐开始让人不满意。

随后的 Ju 88P 采用了更小口径的武器，最开始是 Ju 88P-2，在机腹左侧安装了两门 37 毫米的 BK 3.7 机关炮。Ju 88P-2 与之相似，但加强了对机组人员的保护，而 Ju 88P-4 则采用了一个更小更简洁的整流罩，其中安装一门 50 毫米的 BK 5 机关炮。

Ju 88P-2 和 Ju 88P-4 被用作昼 / 夜间轰炸机、驱逐机，但不足的性能使其在此类任务中几乎成为累赘。

侦察

当纳粹德国空军卷入战争时，道尼尔 Do 17P 是其主要的远程侦察平台。Ju 88A 具有更好的性能，专业的侦察机版本于 1940 年夏季开始服役，名称为 Ju 88D（之

左图：除了 Ju 88P 的反坦克武器，Ju 88 上还安装过机关炮，如一些承担反舰任务的 Ju 88A-14 装备的 20 毫米 MG FF 机关炮。安装该武器要求拆除投弹瞄准器

右图：如果正确使用，75 毫米的 BK 7.5（由 PaK 40 改装）是一种致命的武器。不幸的是，由于其过大的后坐力，装备这种武器也会对机身造成一定的损伤。尽管有很长的炮口制退器，Ju 88 的机鼻还是可能会被吹皱，或者螺旋桨被开火时的冲击波折弯

前有一些 Ju 88A 为执行侦察任务进行过改造）。它们以 Ju 88A-4 的机身为基础，并且与轰炸机一样采用 Jumo 211J-1 发动机。与轰炸机型号一样，第一架飞机出现时使用更早一些的发动机，因此也被叫作 Ju 88A-5。

作为侦察机的角色，前部炸弹舱换成一个附加油箱，拆除了俯冲减速板和机翼挂架。照相机安装在机身中部，机腹对应位置开有窗口。几架预生产机型 D-0 被建造出来，随后引出第一种主要的生产机型 D-2。该机型恢复了机翼挂架，但携带的是远程任务所需的副油箱。部分为热带环境使用进行改造的 D-2 得到 D-2/Torp 的编号，并在随后得到 D-4 的新编号。

D-2 的发动机为 Jumo 211B-1、G-1 或者 H-1，但是在 Jumo 211J-1 可用后，生产转向 Ju 88D-1。该机型与前者几乎完全一样，除了更大功率的发动机。D-1 的热带型号 D-1/Trop，后重新命名为 D-3。

侦察型保留了 4 名机组人员，但是自卫武器减少到 3 挺 MG 15 机枪。大多数 D-1 和 D-2 安装的照相机包括高空使用的 Rb 50/30 和低空使用的 Rb 20/30。有一些 D-2 还安装了第三台照相机，这在与 D-1 一起生产的 Ju 88D-5 上成为标准的配置。大约 1500 架 Ju 88D 建造出来，其子型号在各种的战场上被广泛地使用。除了在纳粹德国空军，它还在匈牙利和罗马尼亚军队服役。

1944 年春季，Ju 88D 在生产中被 Ju 88T 所取代，这是从 Ju 88S 衍生而来的一种侦察机版本，该型号与 Ju 88S 一样取消了机腹鼓包。一些 Ju 88T 以侦察机的角色一直服役到战争结束。

拉伸的“H”

一款与众不同的侦察机变型是三座的 Ju 88H-1。这是一种奇怪的飞机，它采用了 Ju 88G-1 战斗机的机翼（连同宝马 801 星型发动机）和 Ju 88D-1 的装备照相机的机身。它的机身在机翼前后被拉伸得很长，结果导致整个飞机看起来非常细长，但这样可以携带额外的油箱，同时也让飞机的作战半径达到 3200 英里（约 5150 千米）。FuG 200“霍亨特维尔”雷达安装在机鼻上，机腹的座舱换成一个小型的整流罩，其中安装固定的向前射击的 WT 81Z 7.92 毫米双管机枪。该机型共建造了 10 架，主要用于在大西洋上空执行侦察任务。差不多数量的 Ju 88H-2 也建造出来，这是一种战斗轰炸机版本，不过将雷达换成了 6 门 20 毫米 MG 151 机关炮。

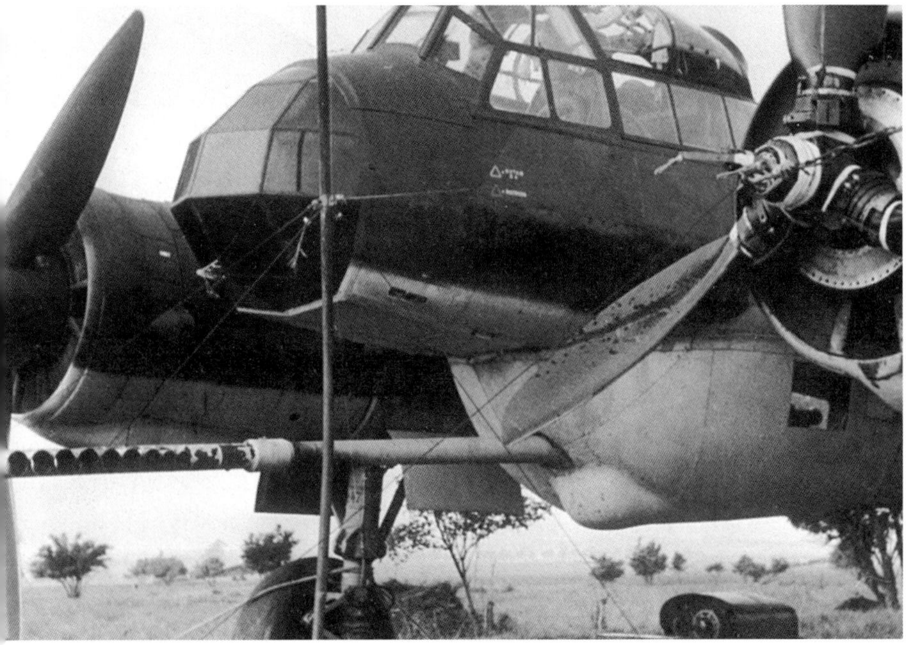

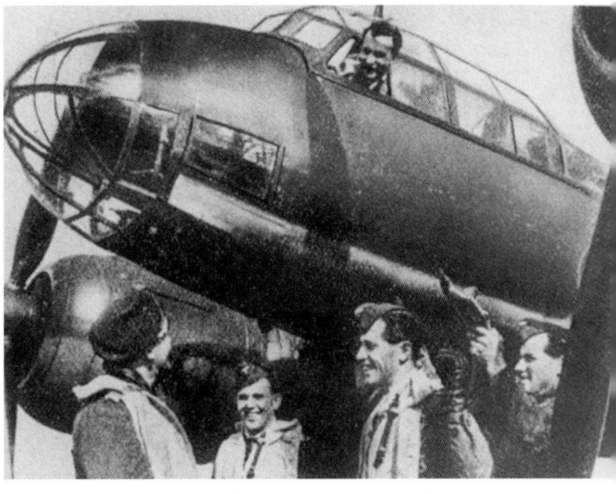

上图：该飞机上没有投弹瞄准器，这表明它是一架 Ju 88T-1，即 Ju 88S 的侦察机版本。少量飞机从 1944 年早期开始在至少 3 支部队中服役，一直到战争结束

左图：Ju 88P 原型机装载一门 KwK-39 机关炮，它稍微向下倾斜以减小瞄准所需要的俯冲角度

上图：为了克服 Ju 88P-1 中火炮射速过慢的问题，Ju 88P-2 和 P-3（图中所示）采用了两门 BK 3.7 火炮——一种 37 毫米 Flak38 高射炮的机载版本

上图：这架 Ju 88D-5 在翼下携带了副油箱。注意其标准的三台照相机：两台 Rb 50/30 和一台 Rb 75/30

上图：Ju 88S 的显著特征是机鼻上平滑曲线型的玻璃窗，取代了早期轰炸机有碍视线的平板式面板。量产型 JU 88S 没有前向和机腹武器，只有极少数几架 S-2 在机腹鼓包后部增加了两挺向后射击的 7.92 毫米 MG 81 机枪

Ju 88S——高空探路机

为了提高 Ju 88 的性能，尤其是高空性能，容克公司研发了 Ju 88S。1942 年末试飞的第一架原型机采用了曲线型的玻璃头锥和宝马 801 星型发动机，随后又出现一批相似的 S-0 机型。1943 年末，第一架 Ju 88S-1 出现了，其特征是有一氧化二氮助推剂的宝马 801G 星型发动机，取消了机腹的吊舱（投弹瞄准器的整流罩保留下来），自卫武器减少到仅一挺 13 毫米 MG 131 机枪，机组人员为 3 人。该型号最大速度可达 379 英里 / 时（约 610 千米 / 时），进入第 66 轰炸机联队第 1 大队服役之后被作为探路机执行独立的特种轰炸任务。随后的版本有 Ju 88S-2，装备了涡轮增压的宝马 801TJ 发动机，并用木制的鼓包取代了炸弹舱和挂架。Ju 88S-3 与 S-1 相似，但换装了 Jumo 213 发动机。1944 年项目结束之前，只建造出为数不多的几架。

下图：1944 年至 1945 年，这架 Ju 88S-1 在第 66 轰炸机联队第 1 大队服役，主要从德戴尔斯多尔夫出发执行探路机的任务。它装有“Y- 格瑞特”无线电导航设备，并涂有夜间伪装迷彩。这支部队还使用过 Ju 88A、Ju 188 和 Do 217

容克 Ju 90/290

"德绍巨人"

唯一的一架 Ju 290A-6 原本是作为希特勒的私人交通工具的。1945 年 4 月，这架飞机飞往西班牙并留在那里。在 20 世纪 50 年代，它又在西班牙空军服役了几年

Ju 90/290 系列是第二次世界大战期间最大也是令人印象最为深刻的飞机之一，它起步于一次失败的轰炸项目。

当"乌拉尔轰炸机"计划在 1936 年末取消的时候，容克留下了两架 Ju 89 重型轰炸机以及第三架轰炸机的组件。容克公司获得许可为机翼和尾翼配置一种新的适于运输的机身。最终的产品是 1937 年 8 月 28 日首飞的 Ju 90 V1 原型机（编号 D-AALU——绰号"德绍巨人"）。紧随其后的是 3 架原型机以及 10 架 Ju 90B-1 生产型大型客机。

V2 原型机（D-AIVI）和 V3 原型机（D-AURE）在 1938 年初试飞，而在此前的 2 月份 V1 原型机刚刚坠毁。V3 原型机的生涯也很短暂，在德国汉莎航空 12 月进行的地面试验中报废。尽管这一机型出师不利，但汉莎航空仍然坚持预定 8 架，此外有两架被北非航空购买并指定要求安装普惠"双胡蜂"发动机。这两架 Ju 90Z-2 直到最后也没能交付北非航空，汉莎航空预订的飞机在 1938 年末投入使用。

这些飞机都是在最初的设计上加装了 Ju 89 引以为特色的容克"双翼"翼襟。然而，在 1939 年初，V4 原型机被重新组装以检验 Ju 90S 的研究成果，这一新设计融合了一种新的中心截面无尖端的机翼，坚固的双轮起落架和增大并且更加优雅的垂直尾翼。

1939 年末，容克公司将它的 Ju 90 计划分散到 3 个机构，德绍继续原制造以及飞行试验，捷克斯洛伐克的勒特纳尼承担设计、模型制造和静力测试工作，贝恩堡则负责生产。1940 年初，汉莎航空公司的飞机被征入纳粹德国空军作为运输机。随后有两架被送回航空公司，其他的则被送回容克公司参与 Ju 90S 计划。

这一方向上的进展见证了换装宝马 801 星型发动机后的 V4 原型机的产生，而 Ju 90 V7 原型机有着加长的机身，不但给予它更大的运载潜力，还缓解了恼人的偏航以及重心问题。Ju 90 V8 原型机以背部炮塔、机身中部机枪、尾部机枪和机头下吊舱（前射后射机枪各一挺）形成了全方位自卫火力，因为此时这一型号已经被定位为远程海上侦察机。最终，Ju 90 V11 原型机采用了有角度的垂尾，重新设计了窗户和机翼。尽管没有装备武器，但现在的 Ju 90S 计划看起来已经发展到可以指派新的编号——Ju 290 V1 了。

Ju 90 的关键特征是 Trapoklappe，一种在地面装载时将货舱抬升至水平位置的液压式载货斜坡道，以便让车辆直接驶入货舱。这一斜坡也可以调低以适应空降任务，正如图中 Ju 90 V7 所展示的那样

处女航

该机的首飞开始于 1942 年 8 月，紧接着在贝恩堡开始生产。首先是两架 Ju 290A-0 预生产型，紧随其后的是 5 架 Ju 290A-1。这些飞机和 Ju 90 V8 原型装备了类似的武器装备，作为运输机完成了组装并迅速交付纳粹德国空军。由于对运输机的需求过于迫切，就连 Ju 290 V1 原型机也被征召入伍了。这一架原型机和预生产型 A-0 中的一架很快被派去支援斯大林格勒。V1 在斯大林格勒损毁，A-0 也受了重伤。1943 年 1 月，LTS 290 中队（随后的第 5 运输中队）成立，接管了这架 Ju 90 战机和幸存的机组人员。

同时，对远程海上巡逻机的需求也很迫切，Ju 290A-2 满足了这一需求。除了加装了后置背部炮塔，更换了导航设备和 FuG 200“霍亨特维尔”搜索雷达，其他方面没有什么改变。1943 年夏季到来之前完成首飞的第一架 A-2 被送往雷希林接受测试，另外两架被送到新建的第 5 侦察机大队。紧随其后的是 5 架 Ju 290A-3，都装备了低阻力的福克 - 沃尔夫机枪炮塔。

之后走下生产线的是 5 架 Ju 290A-4 型，在机身背部前端位置安装了福克 - 沃尔夫炮塔。这些型号的武器包括一门 20 毫米 MG 151 航炮。在 A-2、A-3 和 A-4 服役时，有一些操作上的不足被记录在案，这些在 Ju 290A-5 版本上得到了巨大改进。这些改进中最重要的是为油箱加装了防护，在机组成员周围加装了装甲。机身腰部的机枪位有所改进，用 MG 151 代替了早期型号上安装的 MG 131 机枪。为了安排更多的专职机枪手，机组配额从 7 人变为 9 人。

产量 11 架的 A-5 是数量最多的一个版本，它在 1944 年春天进入部队服役就迎来一致喝彩。这时，第 5 远程侦察大队第 4 中队成立了，但该部队整个历史上都少有 20 架以上的飞机，完全与它所承担的任务不符。在抽调 3 架飞机去执行特殊运输任务后更加捉襟见肘。这 3 架飞机在芬斯特沃尔德被拆除了防卫装甲和武器，安装了附加的油箱。就带着这样的配置从敖德萨和梅莱茨出发，带着为日本人准备的货物直飞远东，随后再将德国紧缺的

上图：最初的 Ju 90B-1 之一——随后在 LTS 290 中队服役的这架飞机在地中海上空遭到英国皇家空军战斗机的攻击。注意其扭曲的机翼后缘和容克公司的“双翼”襟翼

下图：Ju 90 V1 在本质上是将被放弃的 Ju 89 轰炸机 3 号原型机的机翼、动力装置和尾部部件安装到一种新型客机机身上而成的机型。发动机采用的是戴姆勒 - 奔驰公司的 DB 600，之后的飞机则采用了宝马 132 或宝马 801 星型发动机

战略物资带回梅莱茨。

隐秘运输

大多数被迫离开真正角色的 Ju 290 后来也承担起了运输任务。可能是设计时的先知先觉，即便是巡逻机也保留了“Trapoklappe”斜坡以应对紧急运输任务，这在战争的最后一年使用得尤为广泛。秘密部队第 200 轰炸机联队第 1 大队就是主要使用者之一。为了便于空投特工，该型机在机身下部匆忙加装了活动斜板门。

海上巡逻机型也有所进展，研制出来的下一个版本是 Ju 290A-7。这是一个主要改型，共生产了 25 架。它最大的特点是机头的球形玻璃炮塔，上面安装了另外一门 MG 151，使得全部武器变为一门 MG 131 和 7 门 MG 151。将“霍亨特维尔”雷达安装在玻璃截面上的 Ju 290A-7，也有了进攻能力。外挂架上可以挂载 Hs 293、Hs 294 或 FX 1400 Fritz X 反舰导弹。生产在第 5 远程侦察大队从法国转移之前便开始了，但最终贝恩堡工厂仅仅生产了一小批。

此外还生产了 3 架 Ju 290A-9 巡逻机，它带有附加内置油箱，削减了武器，以将航程拓展到 5157 英里（约 8300 千米）。此时建造的另一种型号是只有一架的 Ju 290A-6，一架为希特勒准备的增压私人运输机。此后不久增压功能就被抛弃了，该机作为 50 座运输机生产出来。

最后一架值得一提的 A 改型是和 Ju 290A-7 一同研制的 Ju 290A-8。它的不同之处主要是增加了两个背部机枪位（总共 4 个）和一座双联装 MG 151 尾部炮塔。总共下线 10 架，但只有 2—3 架是在捷克鲁济涅的工厂被苏联军队席卷之前完成的。当时第 2 架预生产型几乎完成了生产。被运往莱托夫的工厂后，这架飞机用其他战利品飞机上的部件重新组装，于 1946 年 8 月试飞。

上图：这架 Ju 290A-7 被盟军原装缴获，运回美国进行评估。A-7 安装了机头炮塔；处于航行状态时还可以加装搜索雷达

被命名为 L 290 Orel 的这种飞机提供给了捷克航空公司，但后者对此不感兴趣。尽管一个以色列的买家试图购买这架飞机，但这一飞机最终没有离开捷克斯洛伐克，于 1956 年在勒特那尼报废。

Ju 290 的其他版本在 1943 年底以前就开始了策划，最重要的是 Ju 290B 轰炸机。在 1944 年夏季首飞的这一飞机直到 1945 年 3 月才在捷克斯洛伐克开始进行飞行测验。在 Ju 290B-1 投产之前，生产又调整到了 B-2 型，这一型号取消了令人烦恼的炮塔和增压器。和 A-8 的情况类似，在 Ju 290 生产型由于重要材料短缺而中止生产时，没有任何样机完成制造。没有完成生产的还有用于扫雷的 Ju 290B MS，用于运输与侦察、带有重新设计装载斜坡并配备两门 MG 151 机关炮的 Ju 290C，携带 Hs 293 控制设备的 Ju 290D 轰炸机，以及带有内置炸弹舱的 Ju 290E。

Ju 390——六发动机巨兽

Ju 290 团队的领导者、总工程师克拉夫特意识到 Ju 290 可以通过增加额外的机翼段和机身段来等比例放大。所以 1942 年初一个六发动机可以承担运输、海上侦察或轰炸任务的增大版本开始设计。该型号总共订购了 3 架原型机，分别代表三种不同的任务，项目很快开始付诸实施。V1 原型机在德绍建造，V2 在贝恩堡生产。首次试飞是在 1943 年 8 月，V1（右图）由 6 台宝马 801D 发动机驱动，翼展达到 165 英尺（约 50.3 米），长度达到 102 英尺（约 31.1 米）。Ju 390 广泛使用了 Ju 290A 的部件，但在中间发动机下方增加了一副主起落架，用于承受更大的重量。V1 是运输型原型机，表现相当不错，在载重量 22045 磅（约 10000 千克）航速 205 英里 / 时（约 330 千米 / 时）的条件下航程达到 4971 英里（约 8000 千米）。1944 年它被派往布拉格 - 鲁济涅进行空中加油实验，在那里它成为 Ju 290A 的移动油箱以增大后者的滞空时间。

V2 在 1943 年 10 月完成了首飞。它的机身甚至要更长（110 英尺 2 英寸 / 约 33.6 米）。作为海上巡逻机的 V2 配备了“霍亨特维尔”雷达和自卫武器（两个装有 MG 151 的背部炮塔，一挺 MG 151 从机舱侧部向前射击，一挺 MG 151 在尾部，一挺 MG 131 从座舱向后射击，两挺 MG 131 从侧面位置开火）。1944 年 1 月，该机被送至第 5 侦察大队进行评估。在几次短途飞行后，大西洋战役中它的 32 小时续航能力发挥到了极致，从蒙德马桑飞到美国纽约附近距离海岸线不到 12 英里（约 20 千米）的地方。

轰炸机的研制集中在 Ju 390 V3 上，但由于 Ju 290 生产型的存在，V3 优先度很低。不过，装备了宝马 801E 发动机和包括 4 机枪炮塔的强大武器装备的 Ju 390A 轰炸机的研制仍在继续。日本人对能够外挂武器的 Ju 390A-1 很感兴趣，并试图取得 Ju 390 的生产许可证，但随后便没有了下文。

同样，翼展 181 英尺 7 英寸（约 55.36 米）的高空侦察样机并没有投入生产，Ju 390 V1 和 V2 是仅有的生产的样机。除了 V2 可圈可点的跨大西洋航行能力，Ju 390 还以德国生产的最大的常规动力飞机而被人们所铭记。

容克 Ju 188

改进版 Ju 88

在挪威希尔科内斯 124 远程侦察大队第 1 中队的 Ju 188D-2 排成一排。Ju 188D-2 最初定义为海上攻击侦察机，通常携带 FuG 200“霍亨特维尔”雷达

Ju 188 基本上就是改造后的 Ju 88，在它的前辈基础上加入很多改进。然而，由于 Ju 88 的成功而导致的延期服役，也意味着这一飞机的战争生涯短暂而平凡。

在第二次世界大战爆发前，德国航空部认为 Ju 88 是一款杰出的飞机，不需要任何重要改进。然而，1936 年 Ju 88 开始服役时，一项加长的 Ju 85B 和 Ju 88B 改进计划就开始了。1940 年，容克在 Ju 88B 上安装了新型驾驶舱，加装 1600 马力（约 114 千瓦）的宝马 801 星型发动机后，开始飞行试验。除了这些改变，这一飞机在其他方面和它的前辈 Ju 88A 完全相同，所以这一项目并没有打乱 Ju 88A 的生产计划。生产出的 10 架 Ju 88B-0 预生产飞机被改装成了侦察机。

下图：A 系列和 E 系列的鱼雷轰炸机版本都投入生产，这一架是 Ju 188E-2 型。这一机型可以在翼下挂载两枚 1763 磅（约 800 千克）的 LT 1B 或 1686 磅（约 765 千克）的 LT F5b 鱼雷，而导航设备安装在机首整流罩内。这一型号装备了 FuG 200 雷达

新一代“B 型轰炸机”计划仍在继续，但人们很快意识到竞争者们——Do 317、Fw 191 和 Ju 288，无法为纳粹德国空军提供所需的远航程飞机；与此同时，容克一直在不停地改进 Ju 88。1941 年 9 月，一种新的改型完成了首飞。

改变设计

Ju 88 V27 原型机的机身类似于 Ju 88E-0（一款用于研发的 Ju 88B-0），但外翼有所伸长，翼尖将跨度从 65.6 英尺增加到 72.2 英尺（约 20 米到 22 米）。Ju 88 V44 于 1942 年春季试飞，在进一步的改进中，垂尾和平尾都进行了增大，垂直尾翼和方向舵几乎放大为一个矩形。

1942 年 10 月，军方决定将所有的工作人员从 Ju 288 项目抽走，全力支持 Ju 88 V44 原型机的生产研发，该机现在被命名为 Ju 188 V1 原型机。到了 1943 年 1 月，第二架原型机起飞了，纳粹航空部打算将最初的生产型 Ju 188A-0 用作轰炸机，它能水平轰炸与俯冲轰炸，并安装了和 Ju 88A 一样的板条俯冲制动器和自动改出装置。此外，为了避免发动机产量短板造成的延误，Ju 188 同时使用了宝马 801 和 Jumo 213 发动机。

上图：Ju 88 V44 是 Ju 188 衍生型号中的第二架，采用了增大的尾翼面。正由于此，它在 1942 年中被重新定名为 Ju 188 V1 原型机，之后为了加快研发进度，又有一架原型机一起加入试飞计划

第一批量产型是 Ju 188E-0 和 E-1 新，采用宝马发动机（A 系列安装的是 Jumo 213）。E-0 和 E-1 在 1943 年 5 月进入第 188 空军试飞大队和第 6 轰炸机联队服役，第一次执行的任务是第 6 轰炸机联队第 1 大队，从 1943 年 10 月 20 日开始执行探路任务。1943 年末，Ju 188 的生产已经全面展开，生产了 283 架。

最初的生产型版本之间有所不同。Ju 188A-1 和 Ju 188E-1 子型号都是相同机身的 4 座中型轰炸机，但背部炮塔不一样。A 系列是安装有 MG 151/20 机关炮的 EDL 151 炮塔，而 E 系列是 EDL 121 炮塔，安装有 13 毫米口径的 MG 131。通常来说，A 系列性能稍有改善，尤其是使用 MW 50 应急增功系统之后。

Ju 188A-3 是一款鱼雷轰炸机，能在内翼下方搭载两枚 LT 1B 或 F5b 鱼雷，在前机身右侧有一处较长的凸起，用于安装鱼雷瞄准器和诸元装订机构。与之对应的宝马发动机版本是 E-2，这一版本时常会省略背部炮塔。

在项目开始时，容克曾计划安装 FA15 遥控动力尾炮塔，内置一挺 MG 131Z（双联装 13 毫米）机枪。这一复杂且重要的设备曾安装在 Ju 188C-0 上并试飞，后者是经过改装的 A-0。然而，糟糕的瞄准精度和可靠性使得该系统失去了价值。

纳粹德国空军对于高性能侦察机的迫切需要使得很多 Ju 188A 作为 Ju 188D-1 或 D-2 完成生产的。这些型号没有向前开

火的 MG 151 机关炮，仅需 3 名机组成员，增加了燃料箱容积，总重量达到了 33510 磅（约 15200 千克）。这些版本携带着 Rb 50/30、70/30、NRb 40/25 或 50/25 等各种相机，Ju 188D-2 则始终配备 FuG 200 雷达来执行海上任务。与之相对的宝马发动机系列是 Ju 188F-1 和 Ju 188F-2，后者装备了对海搜索雷达。

为了给飞机尾部安装一个防卫系统，Ju 188G-0 安装了一挺手动 MG 131 机枪，但它射界非常糟糕。后来 Ju 188G-2 轰炸机和 Ju 188H-1 侦察机装备了 FA 15 炮塔，但在当时注意力已经被转移到更高级的容克 Ju 388 的生产上了。

战斗经历

容克在为 Ju 188 提供全方位自卫武器方面从来没有成功过。从不列颠之战开始时，人们就发现这一明显的事实：这种在 19 世纪 30 年代设想中的高速轰炸机难以抵抗现代化的盟军战斗机。

1943 年秋季，针对高空带有加压座舱的 Ju 188 研制工作开始了。人们计划在此基础上再研发 Ju 188J 战斗机；188K 轰炸机和 188L 侦察机。这一逻辑步骤被广泛接受，1943 年 9 月，纳粹航空部要求容克加快这三款新型号 Ju 388（子型号也变为 388J、K 和 L 型）的飞机研制进度。同时要求在 Ju 188S 高空轰炸机和 188T 侦察机上使用相同的增压机身。

S 系列和 T 系列缺乏自卫武器，完全依靠高度和速度来避免拦截。因此，它们有着准流线型的机身，发动机采用 Jumo 213E-1，安装了 GM-1 一氧化二氮动力增功装置以在 31400 英尺高空（约 9570 米）提供 1690 马力（约 1260 千瓦）功率。Ju 188S-1 可以装载 1763 磅（约 800 千克）的内置炸弹，在满载条件下，航速可以达到 426 英里 / 时（约 685 千米 / 时）；安装有两部巨大的 Rb 相机的 T-1 重量稍轻，可以在同样高度达到 435 英里 / 时（约 700 千米 / 时）。这两种衍生机型都在 1944 年初开始少量生产，但对前线部队都没有起到重要影响。1944 年末，Ju 188S-1 拆除了座舱增压系统，准备改装成攻击机。这一新的设计被命名为 Ju 188S-1/U，有一些的确投入战斗，机组成员通常为 2 人。

从一开始，Ju 188 在纳粹德国空军内部就享有这样的声誉："如果有什么东西能比 Ju 88 更棒的话，那就是 Ju 188 了。" Ju 188 的操控性更好，尤其是在高载荷的情况下，能够充分利用宝马 801 和 Jumo 213 发动机的功率。然而，有限的产量（总共只有 1076 架）意味着它的影响微乎其微，大多数轰炸机版本用于丹麦和挪威的反舰任务。

即使是侦察机也收效甚微。在诺曼底登陆之前，它没能带回敌军漫长而浩大的军队集结过程的任何照片；在不列颠群岛上的侦察飞行，在 1944 年阿拉道 Ar 234B 出现之前几乎是形同虚设。

战后，法国海军航空兵为了测试这一型号的性能，使用了至少 30 架缴获的经过彻底翻修的 Ju 188E 和 F 型陆基轰炸机。它们的军用生涯很短，但随后被用于重要的评估测试，包括先进的活塞发动机、涡轮喷气发动机和早期制导导弹的研制。

下图：由宝马 801 提供动力的 Ju 188E 系列比安装 Jumo 213 发动机的 Ju 188A 系列更早交付。这一预生产型的 Ju 188E-0 被改装用作空军后勤部长艾尔哈德・米尔希的快速人员运输机

机翼

同 Ju 88B 相比，Ju 188 的翼展要大一些，翼尖和副翼都拓展到外侧以提供一个俯视图上与众不同的锐利轮廓。V1 和 V2 原型机上的开槽俯冲制动器从生产型 Ju 188 开始就被去掉了。

机组成员

Ju 188D-1 和 D-2 的机组成员从 4 人减少到 3 人，省去了专职炸弹瞄准者。这样就剩下了飞行员、飞行工程师以及雷达 / 无线电操作手。

容克 Ju 188D-2

当 Ju 188 开始服役时，它只是在 Ju 88 基础上的一种简单改进，然而如果 Ju 88 没有如此成功的话，它本可以更早地投产。只有相对较少的 Ju 188 进入部队服役，它们在这场德国已经众叛亲离的战争中没能给战局带来什么大的影响。这一型号飞机中有一多半都是侦察机，用于侦察陆上目标，或者装备 FuG 200 “霍亨特维尔” 雷达进行海上巡逻。图中是海上巡逻机中的一架，发动机短舱的排气口证明这是一架安装 Jumo 213 发动机的 Ju 188D-2。该机在挪威希尔科内斯的第 124 侦察大队第 1 中队服役。

动力装置

作为 Ju 188A 的衍生侦察机型，Ju 188D-2 保留了 Jumo 213A-1 液冷 12 缸直列发动机，起飞功率达到 1766 马力（约 1316 千瓦），在 MW-1 装置启动时功率达到 2240 马力（约 1669 千瓦）。Ju 188 在设计时考虑到使之在生产线上能同时安装 Jumo 213 或 BMW 801 的 “吊舱”，而不考虑更换发动机底座。

服役

同 Ju 88 的约 14700 架产量相比，Ju 188 总共生产了 1076 架，只列装了两个轰炸机联队（第 6 和第 2 轰炸机联队）和另外 3 个单位（26 轰炸机联队第 3 大队、26 轰炸机联队第 3 大队的一些中队以及第 200 轰炸机联队的 1 支中队）。这一型号还部分列装了第 10 侦察大队的个别部队。

海上 Ju 188s

Ju 188 的海上版本包括装备鱼雷的 Ju 188A-3 和 Ju 188E-2，还有侦察机配置的 Ju 188D-2 和 Ju 188F-2。所有海上版本通常都有 FuG 200 雷达。

迷彩

这架飞机在标准绿色伪装外侧又喷涂了淡蓝灰色海上迷彩涂装，纳粹十字徽章和纳粹党党徽只是画出了轮廓。

BLINKER
PUSH
PULL
COLD
HOT

THE ENCYCLOPEDIA OF

AIRCRAFT

OF WW II

第二次世界大战时期
战机百科全书

Ⅱ

〔英〕保罗·艾登（Paul Eden） 主编 徐玉辉 译

ZHEJIANG UNIVERSITY PRESS
浙江大学出版社
·杭州·

K

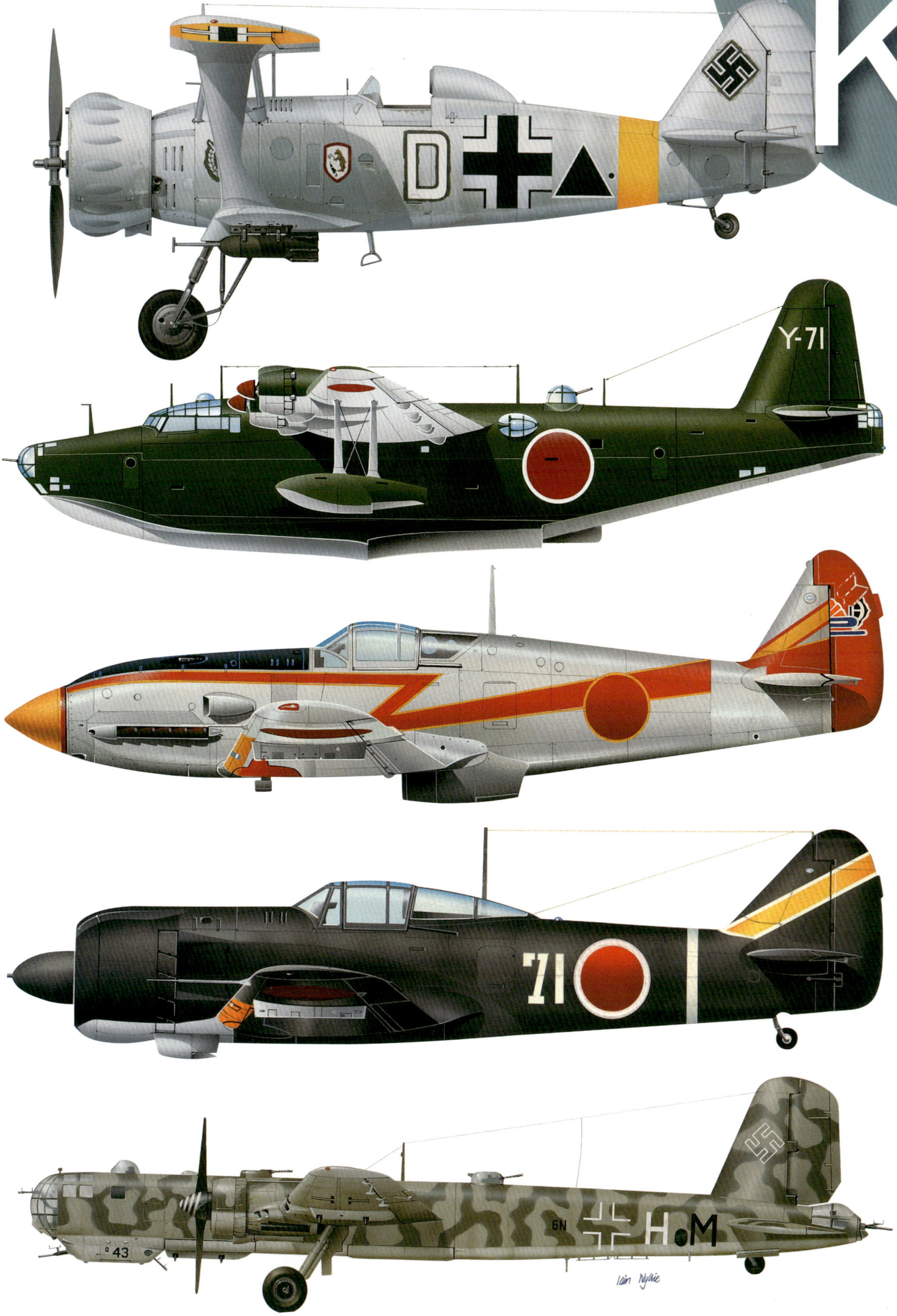

上图：H8K2-L 水上运输机的机组人员通常为9人：一名指挥员，一名驾驶员，一名副驾驶，一名领航员 / 机鼻炮手，两名无线电操作员，两名飞行工程师和一名后炮手。它可以容纳多达64 名的乘客

川西 H8K“艾米丽”

海军远程水上飞机

尽管生产数量远小于同时期英国肖特兄弟公司的“桑德兰”水上飞机和美国联合飞机公司的PBY“卡特琳娜”水上飞机，但川西 H8K依然是第二次世界大战期间最杰出的水上飞机之一。

三架川西 H6K2 在 1938 年 1 月开始服役后不久，日本帝国海军就起草了一份开发新的大型水上飞机的合同，希望在两年或者三年内设计出新型飞机的原型机以取代这种飞机。这一估计是相当准确的，川西 H8K1 原型机于 1940 年 12 月的最后一天完成了首次航行。与 H6K 一样，它由四台发动机提供动力，其他方面则与其前者有显著的区别。高置悬臂单翼机的机翼在弦的长度和厚度上均从翼根到翼尖呈锥形减小，这种设计可以在三分之二翼展的位置安装翼下稳定浮筒。机身的设计更加常规，不仅摒弃了 H6K 机型优美的线条，而且在其后方安装了一个带平尾和方向舵的尾翼组件。

下图：第一架川西海军 13 试（Shi）水上飞机，即日本海军 H8K 系列飞机的原型机在进行飞行测试

上图：图中这架 H8K 原型机较短的机鼻显而易见。滑行速度的不足，以及起飞时糟糕的操作性，导致其机身不得不重新设计

星型发动机

3 架原型机和早期生产的飞机均由 4 台三菱 MK4A“火星”（Kasei）11 型 14 缸星型发动机提供动力，发动机均安装在机翼前缘的短舱中。该飞机可容纳 10 名机组人员，自卫武器包括 5 门分别位于左舷、右舷、机鼻、背部炮塔以及尾部炮塔的 20 毫米机关炮，额外的武器还包括位于两侧舱门和腹部位置的 3 挺 0.303 英寸（约 7.7 毫米）机枪。此外，该飞机还有全面的装甲保护，机体内部大容量油箱为自封防弹设计，并配有二氧化碳灭火系统。

H8K 是一款先进的飞机，其设计性能要求超过英国肖特兄

左图：作为第二次世界大战中最大的飞机之一，H8K 与英国皇家空军的“桑德兰”水上飞机拥有同样的大小。实际上，H8K 的技术参数使之在性能上超过英国的水上飞机。如图所示，机身上的窗户和有角度的圆形机鼻塔表明这是一架 H8K1-L 运输原型机

上图：配备有大量机枪和机关炮作为自卫火力的“艾米丽”飞机得到盟军飞行员的尊敬，他们一致认为这是日本最难击落的飞机之一。这幅美国海军拍摄的战时照片展示了 1944 年 7 月 2 日第 951 航空队一架 H8K2 被击落前一刻的情景

上图：这是一架被美国海军完整俘获的 H8K2 426 型飞机，战后还在美国进行了飞行测试。美国保存多年之后，这架唯一的“艾米丽”于 1979 年返还给日本用于展示

弟公司的“桑德兰”水上飞机。尽管如此，早期测试时的川西飞机仍然令人失望，当时 H8K1 第一架原型机在水面上呈现危险的不稳定状态。川西公司迅速修正，如在机体深度上增加了 1 英尺 8 英寸（约 0.55 米）。新的测试有了可观的进步，第二架和第三架原型机使用了更深的机体和进一步扩大的垂直尾翼。改进之后的水上飞机的服役试验显示出更好的水上性能，虽然还是比不上 H6K，但在飞行特性上的显著进步使得日本海军在 1941 年末毫不犹豫地将该型号飞机投入生产，并命名为海军二式大艇（日军对大型水上飞机的称呼）。随后，盟军为该飞机起了一个绰号叫“艾米丽”。该飞机一直服役到战争结束，截至当时，所有版本的飞机共计建造了 167 架。

更强的动力和雷达

H8K1 是第一款量产型（共建造了 16 架），第二架和第三架原型机与之相似，不久之后就被更大型的新机型取代，即 H8K2（共建造了 112 架）。后者使用了更大动力的三菱 MK4Q 发动机，改进了尾翼零件，增加了更强大的武器装备以及水面舰艇搜索雷达。服役测试之后，最初的 H8K1 原型机换装了三菱 MK4Q 发动机，并被用作运输机，运输型被命名为 H8K1-L；根据运输任务的需求，H8K1-L 可以容纳 29 到 64 人，MK4Q 发动机为其提供动力，武器装备减少到只剩一门 20 毫米机关炮和一挺 0.51 英寸（约 13 毫米）机枪。

量产型被正式称为海军二式运输飞行艇“晴空”（海军型号 H8K2-L），该机型共生产了 36 架。两架早期的样机被改装成更先进的版本，配备可伸缩的翼尖浮筒和可伸缩的背部炮塔，随后将其命名为 H8K3。不久之后，在其基础上又测试使用了 1825 马力（约 1361 千瓦）的三菱 MK4T-B“火星”25b 发动机，并定型为 H8K4，但这种机型没有实际投产。后来还提出过一种运输变型机——H8K4-L。

与许多其他类型的日本飞机一样，由于战争后期战略物资的短缺，H8K 飞机的生产受到了阻碍。为了抵御美国陆军航空队的轰炸机，重要物资都被用来生产迫切需要的战斗机了。

实战登台

早期生产的飞机从 1942 年开始服役，该型号飞机首次登台实战是 1942 年 3 月 4 日到 5 日夜间。当时停在距珍珠港东部大约 2300 英里（约 3700 千米）的马绍尔群岛沃特杰环礁的两架飞机被派去执行轰炸瓦胡岛的任务。这次行动需要在夏威夷群岛的法兰西护卫舰暗沙（French Frigate Shoals）的潜艇上补充燃料，不过天不作美，这一雄伟的计划被目标区上空厚厚的云层搅乱。

然而，H8K 证明了它的高效性，被用于执行轰炸、侦察和运输任务。其重型自卫武器和相对较快的速度使它成为一个可怕的对手。

第 801 航空队的 H8K2

横滨航空队是一支典型的 H8K 部队，在太平洋战争期间从各种不同的基地出发作战，如孟加拉湾、阿留申群岛以及所罗门群岛。该部队于 1942 年 11 月重新命名为第 801 航空队，并且是战争结束时唯一一支存留下来的日本海军水上飞机部队。

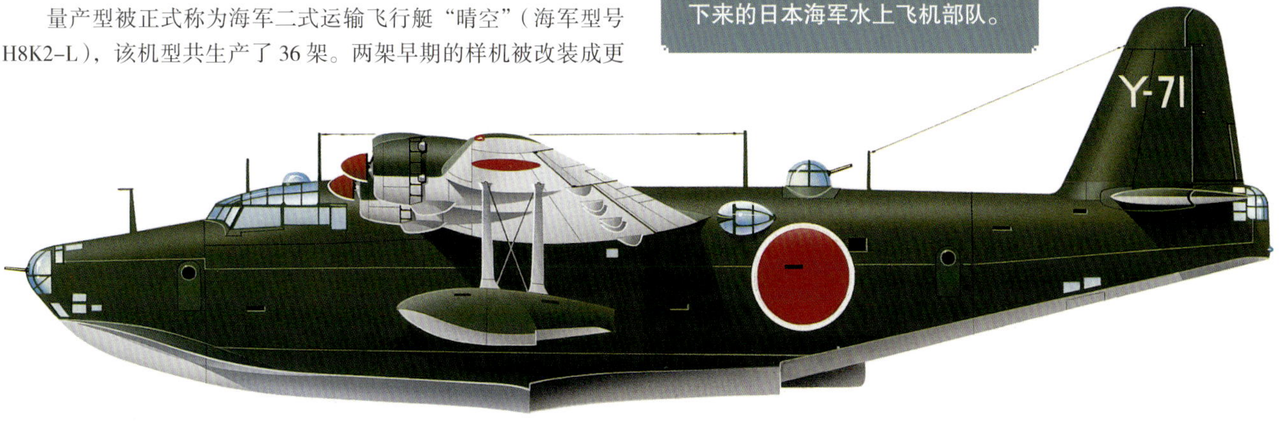

川崎 Ki-61 “飞燕”

日耳曼的燕子

上图：这架第 37 航空队的 Ki-61-I 是参与菲律宾防御战众多飞机中的一员，在战争的最后一年被迫重新部署到中国的台湾岛和冲绳诸岛

Ki-61 是第二次世界大战期间日本陆军独树一帜的一款战斗机，它的设计很大程度上受到德国工程师的影响，其发动机采用的是获得生产许可的一种德国直列式发动机。

根据《凡尔赛条约》的规定，德国被禁止制造军用飞机，因此，年轻一代的技术人员不得不寻求海外就业的机会。德国人理查德·沃格特博士在日本找到了工作，在他的帮助之下，川崎 KK 株式会社于 20 世纪 30 年代早期获得德国液冷式飞机发动机的制造权。这个组织持续繁荣，20 世纪 30 年代后期，川崎公司获得制造戴姆勒 - 奔驰 DB 600 发动机以及之后 DB 601 的许可。1940 年 4 月，一个日本小组将优秀的 DB 601A 倒 V 形 12 缸液冷发动机的图纸和一些样品带回了日本。在与日本制造技术融合之后，第一代川崎 Ha-40 发动机（按照许可证书被命名为 DB 601A）于 1941 年 7 月制造出来，4 个月后以 1100 马力（约 820 千瓦）陆军 2 式发动机的型号投入生产。

受到具有明显优势的欧洲 V-12 发动机驱动的飞机的鼓舞，川崎公司同意了日本帝国陆军关于设计以新型的 Ha-40 V-12 发动机为动力装置的战机的提议。1940 年 2 月，航空本部命令川崎公司研发两种飞机，即重型战斗机 Ki-60 和较轻的多用途战斗机 Ki-61。首要任务是研发轻型多用途战斗机 Ki-61，重点是以牺牲驾驶舱装甲和油箱防护为代价来获得更好的性能。

原型机的设计和制造发展迅速，这种飞机在名古屋以北的岐阜县各务原工厂里诞生。同一周，日军飞机发起了偷袭珍珠港行动。该飞机的生产线已经组装完成，原型机的飞行试验让人们对 Ki-61 充满信心。后来日本海军部又订购了 11 架原型机，这些飞机采用了自封油箱。这种油箱将翼面载荷增加到 30 磅 / 英尺 ^{2}（146.5 千克 / 米 ^{2}），这远远超过了日本帝国陆军空中部队飞行员的常规感受。由于 Ki-61 战斗机在对抗美国俯冲进攻战术时拥有有效的俯冲高速度，备受飞行员的青睐。经过和缴获的一架

下图：这是一架隶属于明野飞行培训学校，即位于日本本土的“飞燕”训练部队的 Ki-61-KAI 飞机，该飞机在另一架教练机起飞之前飞向天空。KAI 型强化了机翼和机关炮装备

下图：1945 年 8 月，尽管服役于驻守在日本芦屋的第 59 航空队第 3 中队，Ki-61-I “大津”（KAIb）仍然在其尾部做了个不同寻常的混合标记，表明其机身尾部和方向舵做过的改进。第 22 航空队和明野飞行培训学校的标记也可以很容易地辨别出来

P-40E、进口的一架 Bf 109E-3、一架中岛 Ki-43-II 与一架 Ki-44-I 飞机对比之后，日本帝国陆军确定要尽快生产这种飞机。

采用量产型工装生产的第 13 架 Ki-61 于 1942 年 8 月交付使用。“飞燕”生产缓慢进行，截至同年末，仅有 34 架飞机交付使用。同时该型机被命名为陆军 3 式战斗机 1 型“飞燕”，或 Ki-61-I。早期生产的机型共有两种版本，即 Ki-61-Ia 和 Ki-61-Ib；前者在机鼻装有 2 挺 0.5 英寸（约 12.7 毫米）1 式机枪，机翼下则装有两挺 0.303 英寸（约 7.7 毫米）89 式机枪，后者则装备 4 挺 0.5 英寸（约 12.7 毫米）1 式机枪。1943 年 2 月，Ki-61 服役的第一个单位是日本本土的第 23 独立飞行队，主要用于飞行员的训练。几个月之后，Ki-61 战斗机与第 68 和第 78 战队一起首次在新几内亚北部海岸参加战斗。它凭借优越的俯冲速度证明了自身比 Ki-43 战斗机（正在被 Ki-61 被取代的）在对抗盟军战斗机方面更加优秀。

下图：以西方的标准来看，日本所有实战版本的 Ki-61 所携带的 53 加仑（约 200 升）副油箱是一种极为原始的设计，这一举措使得其最大速度减少了大约 50 英里 / 时（约 80 千米 / 时），但同时也使 Ki-61-II KAIa 的作战半径从 684 英里（约 1100 千米）增加到 995 英里（约 1600 千米）

早期的问题

早在新几内亚，飞机的问题就暴露出来了，当地湿热的气候导致 Ki-61 的发动机在地面上“沸腾”，从而需要在本来就不够用的滑行道上更高速地滑行。在武器装备方面，Ki-61 急需改进和提高，但日军当时尚无合适的 20 毫米机关炮。后来的 Ki-61-Ia 和 Ki-61-Ib 都被改装以便在机翼下装备进口的毛瑟 MG 151 型 20 毫米机关炮；安装在两侧的这两种武器取代惯用的机枪。日本的 Ho-5 型 20 毫米机枪问世之后，土居健朗抓住这个机会加强和简化了机翼结构，1944 年 1 月出现的 Ki-61-I KAIc 上，Ho-5 机关炮也取代了机身的机枪。再后来，Ki-61-I KAId 的显著特征就是机翼上的两门 30 毫米 Ho-105 机关炮，而机鼻上则恢复一挺 0.5 英寸（约 12.7 毫米）1 式机枪。KAI 系列飞机还采用了固定的尾轮，代替了以前的可伸缩尾轮，强化的机翼还使得翼下携带副油箱成为可能。整个 1944 年的生产集中在 Ki-61-I KAIc 机型，生产率在今天看来相对较低，但在当时已经有了很大的提升，结果是截至 1945 年 1 月，共生产了 2654 架 Ki-61。

当"飞燕"出现在新几内亚海湾上空时，盟军暂时失去了制空权，美国飞行员甚至报告说日本显然使用了德国梅塞施密特 Bf 109 战斗机。一旦日本飞行员的战术被全面评估后，盟军飞行员就要立刻得到警告避免俯冲进攻，否则最高速度与美制战机相差无几的 Ki-61 将可能摆脱并反咬进攻者。由于"飞燕"在 1944 年被要求加紧交付进度，这种型号的飞机在 1944 年 5 月的菲律宾战役以及台湾岛和冲绳诸岛的战役中有更多表现的机会。

Ki-61-II

由于需求更好的性能，土居健朗不得不改造他的飞机以适应新型的 1500 马力（约 1119 千瓦）的 Ha-140 V-12 发动机。装备这种发动机的第一架原型机 Ki-61-II 在 1943 年 8 月完工。与此同时，这种新机型还增加了机翼的面积，并改进了驾驶舱以扩大驾驶员的视野。然而，Ha-140 发动机遇到了一些问题，大量 Ki-64-II 的机翼出现故障。尽管如此，帝国军需部在 1944 年 9 月下令批量生产 Ki-61-II 机型，并将其命名为陆军 3 式战斗机 2 型。

建造完 11 架原型机（仅有 8 架进行了测试）之后，又增加了舵叶面积以抵消较长的机鼻长度，Ki-61-II KAI 的机翼恢复到了 Ki-61-I KAI 机型的规格，因此进一步降低了机身故障的可能性。由于 Ha-140 发动机运转良好，这种新型战斗机的性能显著提升，19685 英尺（约 6000 米）高空处的最大速度可达到 379 英里/时（约 610 千米/时），并能在 6 分钟之内爬升到 16405 英尺（约 5000 米）的高度。Ki-61-II KAI 共生产了 374 架，但发动机经常出现问题，几乎都没有交付作战部队，更不用说取代早期的 Ki-61-I KAI 了。然而，Ki-61-II KAI 是当时日本帝国陆军唯一的截击机，只有它们装备的武器可以达到截击波音 B-29 轰炸机的水平，因此也是唯一可能抵御这些大型轰炸机的机型。1945 年 1 月 19 日，Ki-61-II KAI 战斗机遭到致命性打击。当时波音 B-29 轰炸机几乎完全摧毁了正在生产 Ha-140 发动机的明石发动机工厂，另有 30 架已经完工的飞机也在交付之前被摧毁。

左图：当第一架 Ki-61 驶入新几内亚海湾时，它被美国飞行员误认为德国梅塞施密特 Bf 109 战斗机。图中拍摄的是在评估俘获的一架 Ki-61 的情景

Ki-100—敏捷的星型发动机衍生机

幸运的是，1944 年 11 月，即明石发动机工厂大灾难的前两个月，解决 Ha-140 发动机各种问题的方案已经提上了日程。川崎公司决定改造 Ki-61-II KAI，使之适配 1500 马力（约 1119 千瓦）的三菱 Ha-112-II 14 缸星型发动机。令人惊奇的是，这项工作在不到 12 周的时间内就完成了。该型号在 Ki-61-II KAI 基础上衍生而来的新机型被重新命名为 Ki-100，原型机于 1945 年 2 月 1 日首次试飞。大体积星型发动机的安装，使得该飞机减轻了重量，减少了翼载荷，拥有更优越的操作特征，而且性能几乎没有降低。除此之外，三菱 Ha-112-II 14 缸星型发动机还以其稳定性闻名于世。为了取代所有动力不足的 Ki-61-II KAI 机型，随后加速进行了飞行测试，272 架 Ki-100-Ia 在 1945 年 3 月到 6 月交付日本本土的战斗机作战部队。在服役期间，Ki-100 飞机被飞行员和地勤人员称赞为日本帝国陆军战时最优秀、最可靠的战斗机，并被认为至少可以与当时在日本空中肆虐的美国海军的格鲁曼 F6F 战斗机匹敌。Ki-100 刚成功完成试飞，川崎公司就开始建造这种新型飞机，第一批飞机于 1945 年 5 月问世，但美军对装配工厂密集的突袭严重减少了交付数量。Ki-100-I 在第 5、第 17、第 111 和第 244 战队中服役，一共有 390 架（包括 272 架改装的 Ki-61 和 12 架在一宫市生产的新飞机）交付使用。图中是一架 Ki-100-Ib，它采用了削平的后机身以改善飞行员的视野。

L

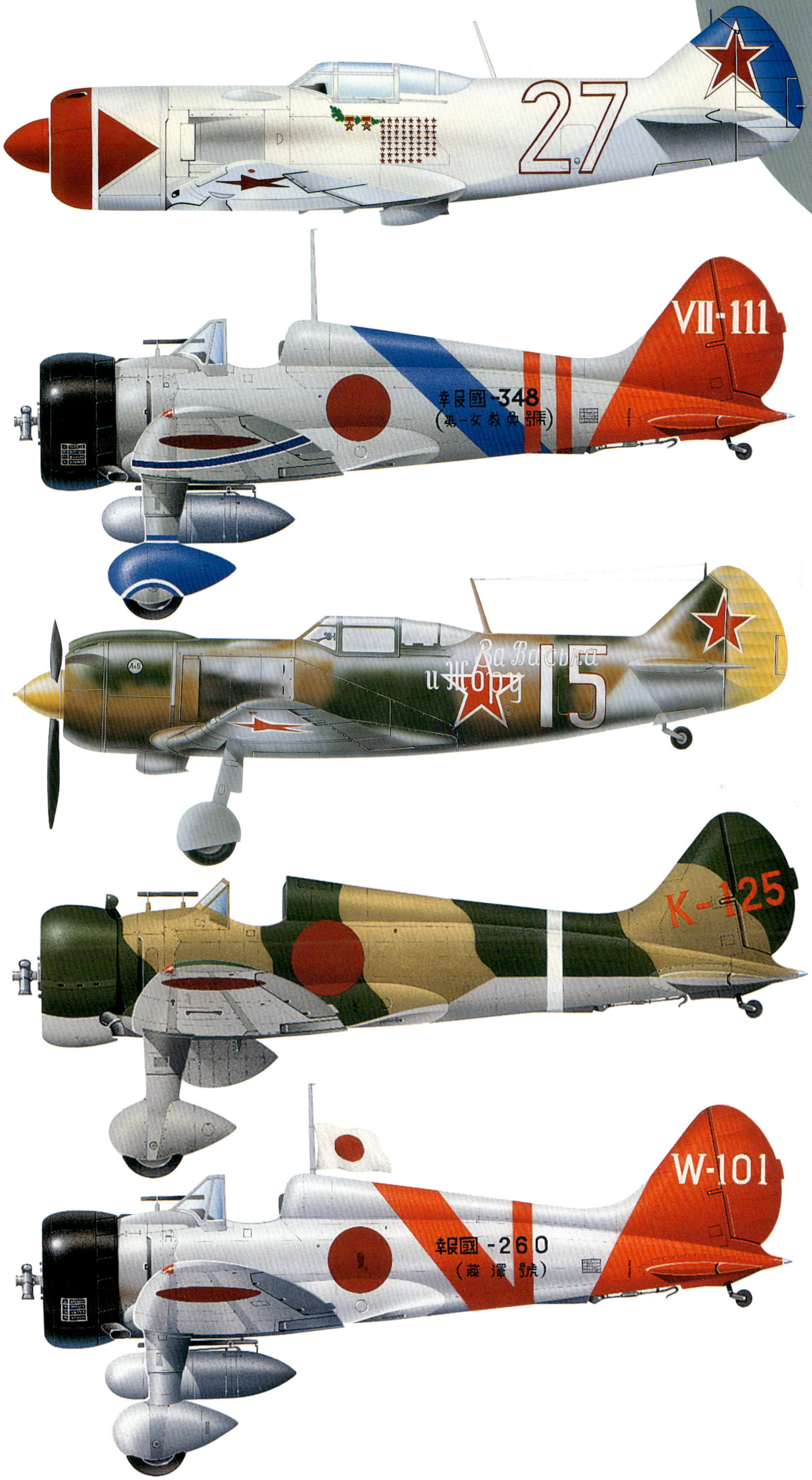

拉沃奇金 拉 -5/7

拉沃奇金的杰作

上图：这是拍摄于 1944 年 9 月 11 日的捷克第一战斗机团的拉沃奇金的拉 -5FN 战斗机，即将从乌克兰的普罗斯库罗夫飞往斯图博诺

当拉-5 战斗机第一次进入服役时，它是第一款可以匹敌 Bf 109G 的苏联战斗机。该型机是苏联空军力量使用最广泛的以星型发动机为动力的战斗机，在卫国战争中一共生产了 9920 架，直到 1946 年还生产了 5753 架各种改进型的拉-7 战斗机。

谢明・阿列克塞耶维奇・拉沃奇金——delta drevesiny（用塑料树脂胶黏剂粘接的桦木薄片压制木质结构工艺）的先驱，于 1938 年与 V.P. 戈尔布诺夫和 M.I. 古德科夫一起组建了拉格设计局。此后性能有所欠缺的拉 -1 和拉 -3 战斗机共生产了 6528 架。

随后，拉沃奇金和他的团队试图生产更好的战斗机，但是戈尔布诺夫和古德科夫都没有取得成功。然而，灵感来源于 1941 年 8 月官方提出的新获得批准的什韦佐夫 M-82 星型发动机的测试。这种发动机的优点包括功率可观、不需要液体冷却系统，而且更加轻巧且安装方便。古德科夫认为这可能是当时表现欠佳的拉格战斗机翻身的机会，于是他把 M-82 发动机安装到拉 -3 战斗机上。但是效果不是很好，拉沃奇金注意到将发动机安装到目前的机身里将特别困难，还要留心维持机身的重心。他与什韦佐夫一起努力，最终完成了发动机的安装。

很不幸的是，当时拉沃奇金在苏联高层中的赏识者不多，雅科夫列夫的名声则大得多，因此，他被派去负责管理以前拉格设计局专用的 GAZ-153 工厂，并被要求将此地完全转变成雅克 -1 和雅克 -7 战斗机的生产工厂。与此同时，拉沃奇金被赶出位于格鲁吉亚的第比利斯的 GAZ-31 生产工厂，因为工厂负责人知道斯大林已经对拉沃奇金失去信心，不愿再和他合作。因此，拉沃奇金不得不在机场外的小屋子里完成设计。

拉-5的出现

基础的拉 -3 机身变化不大，保留了木制的机翼、织物蒙皮的金属骨架操纵面和 3 个位于翼梁之间的拥有防护的油箱。机身大部分采用桦木胶合板，发动机舱周围采用金属材料。由于拉沃奇金缺少工人和设备，项目也比较紧急，驾驶员座舱并没有改变。

因为戈尔布诺夫名义上还在设计局，设计出的原型机仍被称为拉 -5。该型机于 1941 年的最后一天设计完成。然而，刺骨的寒冷预示着要等到 3 月份才能首次试飞。拉 -5 性能良好，有很好的操作灵敏性，但是很难起飞和着陆。

上图：由于机身的通用性，躺在工厂里的拉 -3 经过简单改进并装上 M-82 星型发动机就转变成了拉 -5 战斗机

下图：这架拉 -7 战斗机是 1945 年春季在德国作战的第 302 战斗机师第 176 航空团的 I.N. 阔日杜布的座机。机身上有阔日杜布击落的 62 架敌机和两枚苏联英雄金星奖章的标记

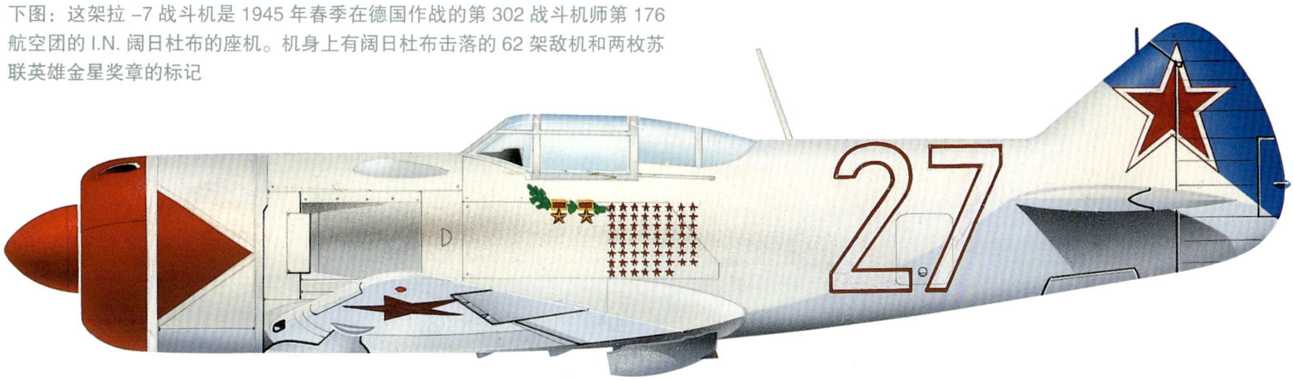

1942 年 3 月末，改良型的拉 -5 被安排进行一次正式的官方测试。拉沃奇金的试飞员认为拉 -5 的性能比不上竞争对手雅克 -7/M-82。国家顶级试飞员 I.Ye. 费德罗夫在试飞了两种飞机之后，宣布拉 -5 更加出众。费德罗夫和战斗机飞行员 A.I. 尼卡申又进行了几天的测试和细微的调整之后，在向斯大林的汇报中指出拉 -5 与其他的苏联战斗机一样优秀。

1942 年 4 月开始进行全面的试验后，7 月，苏联高层下令全速生产拉 -5 战斗机，并改造所有未生产完成的拉格机身以适应安装星型发动机。随后的几十天乃至上百天里，数以十计乃至数以百计的机械师和工程师出现在拉沃奇金的小屋内，随后位于高尔基市的以前拉格设计局最大的工厂——GAZ-21 工厂也交予他负责，全部用于生产拉 -5 战斗机。拉沃奇金的团队从积雪中挖出不完整的拉格战斗机，装上 ASh-82 发动机（此时为表彰 M-82 的设计者而更名为 ASh-82），然后试飞。

早期生产的飞机由于制造工艺粗糙而导致飞机性能受到严重影响。当这些困难都被克服之后，飞机达到了与 FW 190 和 Bf 109G 同样的性能水平。

很多改进措施得到采用，其中最大的改进就是削低后机身高度，以及换装功率更大的 ASh-82F 发动机。1943 年 3 月，什韦佐夫生产出了 ASh-82FN（FN 代表直接增压）发动机。由于有燃油直喷装置，因此它能在各个高度都提供更大的功率，再也不用忍受负 G 状态下功率不足的问题了。拉 -5 还有后来的拉 -5FN 现在与以前的机型都能不同日而语了。

除了作战半径较小和武器装备稍微薄弱，也许最严重的缺点就是战斗机飞行员在起飞和着陆时难以操控了。在苏军于战场上改装出不少拉 -5 教练机后，1943 年 8 月，拉沃奇金才试飞了工厂版本的拉 -5UTI 教练机。到这个时候，生产任务逐渐转移到以拉 -5 为基础，并且得到大量改进的拉 -7 战斗机上。拉 -7 最主要的不同在于其机翼结构采用了很大比例的金属材料。为拉 -7 建造的拉 -120 原型机于 1943 年 11 月试飞，并且很轻松地通过了所有试验项目。拉 -7 战机于 1944 年进入前线的作战部队，此外还有很多战时和战后的变型机，如拉 -7UTI。

上图：这是一架标有德国纳粹空军十字记号的拉 -5 战斗机。它于 1943 年至 1944 年冬季在东部战场被德国军队俘获

上图：图中拍摄的是从日托米尔直达利沃夫的定期飞行的 3 架双座拉 -5UTI 教练机（有时也叫 UTLa-5）。第二架飞机的驾驶员座舱安装有无线电设备

下图：这是战后拍摄的捷克空军部队的拉 -7 战斗机。旁边是一架缴获的 Ju 290A-8，它于 1946 年 8 月恢复飞行

螺旋桨毂盖

毂盖有助于俯仰控制和维持螺旋桨平衡。正前方是一个哈克式启动器的爪形离合器。发动机前部的环形进气口安装了百叶窗来控制进入发动机的空气量。

驾驶员座舱

驾驶员座舱较高的位置使得拉-5飞行员有前方之外良好的全方位视野，但是较长的机鼻和增压器线槽使得滑行极其困难。

拉-5FN

这架拉-5FN战斗机是1944年夏季列宁格勒第159航空团P.J.林霍勒夫的座机。根据俄罗斯近年公布的资料，林霍勒夫共击落30架敌机。尽管FN的官方定义为“直接增压”，苏联飞行员给予FN的含义是“前线的需要”。

苏联的口号

机身侧面用西里尔式字母写的标语是“为了瓦瑟克和若拉”。那个时代的苏联飞机上经常出现对德胜利和对国家忠诚的口号。

伪装和标记

机身上的特大号数字，如图中白色的15，在苏联的战斗机上非常常见。图中的这种伪装迷彩是第二次世界大战期间拉-5战斗机常用的几种伪装迷彩之一。

武器装备

拉-5FN战斗机的武器装备只有机身上部的两门20毫米口径的ShVAK机关炮，它们能通过螺旋桨同步发射。每门火炮配有200发炮弹，弹药储存在前机身侧面火炮下方的容器中。

动力系统

拉-5FN战斗机由什韦佐夫M-82FN（也叫ASh-82FN）星型发动机提供动力。这种发动机有两排汽缸，每排7个，还有两极增压器和燃料喷气装置。发动机在起飞时能产生1850马力（约1380千瓦）的功率，正常情况下的功率为1700马力（约1268千瓦）。

上图：这架洛克希德公司的 A-29 采用美国陆军航空队 1942 年初的涂装颜色。起初，所有的 800 架 A-29/A-29A 飞机根据《租借法案》分配给英国皇家空军，但是伴随着来自太平洋和远东的威胁，其中很大一部分被征用并暂时在美国陆军航空队服役

洛克希德"哈德逊"

海上"驮马"

衍生自洛克希德 14 型"超级莱克特拉"的大型客机，"哈德逊"的设计是为了满足英国皇家空军的需求，被岸防司令部大量订购。

1938 年 4 月，英国军火采购委员会访问美国，求购高性能的美制飞机以加强英国皇家空军的实力，为不可避免的战争做准备；英方准备了 2500 万美元采购资金。此时的洛克希德公司仅雇用 2000 名员工，为市场营销便利，没有涉足过任何军用产品。但是 10 天的加班加点后，呈现在委员会面前的方案让所有的顾虑烟消云散：展示的 L-14 军用型模型上加装有炸弹舱、轰炸瞄准窗口和机头玻璃，可装载各种武器。

打动英国皇家空军

寻求中程海上巡逻轰炸机的英国皇家空军岸防司令部被 L-14 军用型设计打动。在亨利·塞尔夫的邀请下，英国航空部的合同总监考特兰特·格罗斯（罗伯特·格罗斯的兄弟）和卡尔斯奎尔、C.L. 约翰逊、罗伯特·普罗克特以及 R.A. 范·赫克一起到英国协商。初步订单为 175 架 B-14，也就是如今的"哈德逊"，于 1938 年 7 月 23 日签订合同，1939 年 12 月增至 250 架。这是美国公司当时收到的最大一笔军事订单。第一架"哈德逊"Mk I 型轰炸机于 1938 年 12 月 10 日初次试飞，此时已经扩充至 7000 名员工的洛克希德公司开始加班加点以完成订单，加上增加的 P-38 和 B-34"文图拉"轰炸机订单，总合同金额增加至 6500 万美元。

首批到达的Mk I

通过海上运输，第一批"哈德逊"Mk I 型于 1939 年 2 月 15 日到达英国。这款飞机由两台 1100 马力（约 810 千瓦）莱特"旋风"GR-1820-G102A 发动机驱动，带有汉密尔顿双叶螺旋桨。为了执行侦察任务，"哈德逊"Mk I 型搭载一部 F.24 相机、照明弹以及炸弹，装载量为 1100 磅（约 499 千克），通常由 4 枚 250 磅（约 114 千克）的 GP、SAP 和 AS 炸弹或者是 10 枚 110 磅（约

上图：美军征用的 A-29。153 架美国陆军航空队的飞机中，有 20 架以 PBO-1 的编号交付美国海军。注意这些飞机缺少经常安装在"哈德逊"上的博尔顿·保罗炮塔

上图：AT–18 枪炮教练机装备有马丁炮塔以及两挺 0.5 英寸（约 12.7 毫米）机枪，并且可进行拖靶。此后的 AT–18A 是一款导航教练机

50 千克）深水炸弹组成；也可挂载 12 枚 112 磅（约 51 千克）的 Mk VIIc AS 炸弹。但是在这种情况下，炸弹舱门不能完全关闭。1939 年 8 月，在位于斯皮克（利物浦）的洛克希德・维加分公司进行改进后，第一批"哈德逊"Mk I 和 Mk II 都交付 E.A. 霍奇森中校指挥的位于苏格兰卢赫斯的第 224 中队。它不比更轻的爱维罗"安森"轰炸机好控制，但"哈德逊"被中队认为它非常适合在北海上空巡逻，可以远至挪威、斯卡格拉克海峡和德国海湾执行任务。在 2000 英尺（约 610 米）高度巡航速度可达 190 英里/时（约 306 千米/时），耗油量 71 英制加仑（约 323 升）每小时，可以使飞机续航时间超过 6 小时，并有 20% 的燃油冗余和 570 英里（约 917 千米）的作战半径。自卫武器装备很轻，两挺 0.303 英寸（约 7.7 毫米）机头机枪、侧舷机枪和 1939 年到 1940 年春加装的博尔顿・保罗"C"Mk II 型炮塔。

"哈德逊"Mk II 型采用汉密尔顿标准型 611A–12/3E50–253 恒速螺旋桨，结构上的改进和大量采用铆接和/或者焊接的蒙皮提供了更好的空气动力性能。该型号只有 20 架交付英国皇家空军，紧接着是 428 架"哈德逊"Mk III。后者在 Mk II 基础上换装了 GR–1820–G205A 发动机，和位于机腹和侧舷的机枪一起成为标配。第一批 187 架被称为"哈德逊"Mk III（SR），随后的 241 架在添置机翼油箱后被称为"哈德逊"Mk III（LR）。

美国自用型

随着《租借法案》的推行，出于合同原因，美国陆军航空队给"哈德逊"改型飞机指定型号为 A–28 和 A–29。交付的飞机包括 420 架 A–29（和作为轰炸机组人员的教练机）以及 384 架 A–29A。在服役过程中 A–29 也被改进至 A–29A 标准。在英国皇家空军服役的同型机被称为"哈德逊"Mk IIIA 型，和 Mk III（LR）相似，但是这批飞机中很多都根据《租借法案》移交英联邦

下图：岸防司令部的第 269 中队是早期接收"哈德逊"的单位，从 1940 年 3 月起用"哈德逊"Mk I 替代该中队的"安森"。这个中队在 1945 年 7 月前一直装备着"哈德逊"

空军。

英国进一步的订单包括30架“哈德逊”Mk IV型。这款飞机搭载的是普惠R-1830-SC3G发动机，以及409架“哈德逊”Mk V型，采用同样的发动机以及Mk III型所有的特征。通过《租借法案》，英国皇家空军最终收到洛克希德公司的450架A-28A，指定为“哈德逊”Mk VI型。

这些飞机（以及其他直接交到皇家澳大利亚空军的“哈德逊”Mk IVA型）使得岸防司令部的中队保持较高战斗力。

这些保留在美国的飞机同样执行海上任务。美国陆军航空队的A-29并没有用作轰炸机机组人员的训练，而是负责反潜艇巡逻任务，交付美国海军的20架被定名为PBO-1型。美军的24架A-29在1942年被改造用于照相侦察任务，相应的型号改变为A-29B。

上图：这幅“哈德逊”Mk VI的仰视图，可以看到为增强这款飞机的性能所进行的改进。8具火箭弹发射滑轨和ASV雷达天线清晰可见

运输机改型

C-63被美国陆军航空队分配给货运改型的编号，但是在制造前取消了。美国陆军航空队生产的最后的改型是为空中炮手用作教练机，或者作为靶机拖拽机。这些通常和A-29A相似，在机背装备有马丁炮塔。洛克希德生产了217架这款飞机，指定为AT-18型。随后还有83架AT-18A型作为导航教练机，AT-18A采用不同的内置设备并取消了炮塔。3架民用的L14被定名为C-111型。

战后，至少有36架“哈德逊”的不同改型在民用登记处有过记录，尤其是在澳大利亚和加拿大，被用作运输机和空中测量平台。在美国，至少有一架飞机被改造成“Hudstar”（“哈德星”）——一架剩余的AT-18安装了“北极星”的后机身。

上图：英国皇家空军的第517、519、520和521中队到战争结束时一直执行海上侦察任务。执行海空救援任务的第251中队使用装载有救生船的“哈德逊”

下图：战后，剩余的运输机迅速找到了市场。这架早先的A-29在第二次世界大战时期交付澳大利亚空军，后来被《悉尼晨报》的经营者买走

同盟国海上巡逻机

上图：携带ASV雷达天线、机枪和火箭弹的这架英国皇家空军岸防司令部“哈德逊”Mk VI按照美国陆军航空队A-28A标准订购，并依据《租借法案》交付英国

洛克希德的B14型——以14型“超级莱克特拉”客机为基础的轰炸机——该机作为新一代通用侦察机在1938年因英国军火采购委员会的订单而一炮走红。“哈德逊”最后成为第二次世界大战头几年重要的海上巡逻机。

第一批交付英国皇家空军的“哈德逊”Mk I N7217号，在1939年10月8日由第224中队的中校A.L. 沃莫斯利驾驶升空。他和机组人员在巡逻日德兰半岛时，成功击落了一架德国海军航空兵第106中队第2分队（2./KüFlGr 106）的道尼尔Do 18D水上飞机。

N7217成为第一架击落敌机的驻英国本土皇家空军飞机，同时也是第一架美国制造商生产的在第二次世界大战中击落敌机的飞机。4个月之后，另一架“哈德逊”——来自第220中队，引导“哥萨克号”驱逐舰以及搭载的登船小组靠近在挪威附近的水域躲藏的德国海军“阿尔特马克号”监狱船，解救了一大批被俘的英国水手。这些事迹展现出洛克希德“哈德逊”在战争的头三四年对于岸防司令部的重要性。

第一批换装“哈德逊”巡逻机的岸防司令部中队在战争的第一年执行常规巡逻和反潜艇任务，它们的效能在1940年初安装ASV雷达后大大提升。

侦察任务

在战争最初的几个月里，英国皇家空军将“哈德逊”投入有限但是很重要的侦察任务中去，刚形成的第2伪装单位［后来的照相侦察发展单位和第1照相侦察部队（PRU）］从1940年7月起将少量的飞机用于执行最高机密任务，在欧陆沦陷区、德国和苏联上空飞行。

从1940年8月起，岸防司令部的“哈德逊”开始执行反潜艇任务，分成几个单位，从英国皇家空军在北爱尔兰的阿达高夫出发，巡逻范围覆盖整

左图：第一批被美国飞机击沉的潜水艇，是由美国海军巡逻中队VP-82击沉的，该中队装备有PBO-1——计划根据《租借法案》交付英国的A-29

个西部海岸。次年3月起，一支分遣队从冰岛的卡拉达尔涅斯出动，1941年8月27日第269中队的一架飞机重创了U艇U-570号，船员投降，潜艇则被盟军拖回，成为英国皇家空军捕获的第一艘U艇。随后的两年里，英国皇家空军“哈德逊”从美国东海岸、印度西岸、直布罗陀海峡、北非、巴基斯坦、意大利和科西嘉岛的基地起飞执行反潜巡逻。当在北非驻扎的时候，第608中队取得率先使用翼下火箭弹击沉U艇的战绩。

英国皇家空军“哈德逊”用于负责有限数量的轰炸任务，3个岸防司令部的单位贡献出35架“哈德逊”，加入英国皇家空军轰炸司令部在1942年6月25—26日对德国的第二次“千机大轰炸”。

在远东，6个中队驾驶“哈德逊”执行大量不同的任务，包括轰炸、船队护航和补给空投任务，但是到1943年5月，随着“哈德逊”的生产结束，这款老旧飞机开始被淘汰。“哈德逊”的二线任务主要是气象侦察和空对海救援，后者需要携带Mk I型可空投救生船。该型机同时担负着空投救生船、作战训练和运输任务[后者是由不列颠海外航空公司（BOAC）负责]，1945年4月，“哈德逊”从英国皇家空军退役，被更先进的飞机代替。

加拿大皇家空军的飞机

加拿大是第一批接收“哈德逊”的英联邦国家，最终收到248架各种改型的该型机。4个沿海反潜单位接收这款飞机用于巡逻加拿大海岸，尽管最重要的任务是用作教练机。3个作战训练单位都在配备这款飞机的列表内，尤其是第31 OUT的“哈德逊”在1943年7月4日的一次训练任务中在新斯科特击伤了（很可能是击沉）U艇。加拿大最后一批“哈德逊”，空对海救援飞机，于1947年退役；加拿大皇家空军的最后一架“哈德逊”于1948年12月13日退役。

紧随英国皇家空军之后，澳大利亚空军在1938年底购买了50架“哈德逊”。根据《租借法案》，总计交付248架飞机，第一批在维多利亚的拉弗顿加入第1中队服役。7月，这些飞机飞往新加坡，用于抗击日军自1941年12月发起的攻击。随后有4支“哈德逊”中队前来支援。另外还有3支中队在澳大利亚接受改装的过程中。

两支在马来半岛的中队在被强制退役前参加了对日作战，出现在对东印度、拉包尔和巴布亚新几内亚的战斗中。总计11个澳大利亚空军的“哈德逊”单位作为盟军轰炸主力使用至1943年秋。1942年底，新西兰皇家空军的“哈德逊”单位也加入盟军行列中。5支新西兰轰炸侦察中队装备“哈德逊”后从新西兰、斐济和新加勒多尼亚的基地起飞执行海上巡逻任务。在瓜达尔卡纳尔岛参加攻击日本的军队后，第3中队赢得一些显著的胜利，包括新西兰皇家空军在1943年4月第一次成功“击落”敌机。

新西兰的“哈德逊”随后被“文图拉”替代；澳大利亚空军的该型机直到1949年才逐步淘汰。

美国服役

超过1300架“哈德逊”获得美国陆军航空队的系列编号，

下图：澳大利亚空军第8中队的“哈德逊”，摄于日军发起进攻前的马来亚。总计8支澳大利亚“哈德逊”中队部署在该地区，第1和8中队在日军的进攻中首当其冲

上图：美国陆军航空队征用了 153 架本应根据《租借法案》交付外国的“哈德逊”，这些 A-29（装备有代替博尔顿·保罗机背炮塔的 0.5 英寸/12.7 毫米手动机枪）配备给轰炸和反潜作战单位

大部分按照《租借法案》移交他国，仅有 153 架在陆军航空队服役。这些 A-29 一度被用作巡逻机，分配给一些在美国海岸线执勤的轰炸和反潜中队。它们的一线生涯是短暂的，但也存在亮点——1942 年 7 月 7 日，一艘德国 U 艇 U-710 被该型机击沉——这是美国陆军航空队的飞机首次击沉潜艇。不久之后这款飞机就退役了，并且改装为 AT-28 教练机，一小部分被用作运输以及 A-29B 照相侦察机。

美国海军使用“哈德逊”的时间更短，装备的飞机数量也更少。仅有 20 架 A-29 交付海军，这些 PBO-1 只装备了一支中队，VP-82 中队从纽芬兰和罗德岛起飞，从 1941 年 10 月开始在大西洋上空巡逻。

1942 年 3 月 1 日和 15 日，VP-82 中队的 PBO 取得“哈德森”的另一重大胜利，声称击沉了两艘 U 艇。

巴西和中国

巴西于 1942 年 8 月 22 日向德国和意大利宣战，很快收到一批 28 架 A-28A 飞机来装备它的中型轰炸机大队——这批飞机被分配给帕图拉（Patrulha）大队，由驻扎在加里奥（Galeão）的奥蕾莉亚（Aérea）、里约热内卢的第 12 航空队驾驶。其中一架飞机在 1943 年 7 月 31 日发现了 U-199 号潜艇，尽管被敌军防空火力击中，巴西飞行员仍坚持跟踪在水面航行的 U 艇，直到一架 FAB 远程轰炸机到来将其击沉。

中国收到 23 架 A-29 和 3 架 A-29A 运输机，但没有很好地利用“哈德逊”，尽管人们相信有一部分该型机在中国中部参加了抵抗日本的攻击，然而大部分都在事故中坠毁了。

下图：美国陆军航空队“哈德逊”执行了包括机组训练在内的一系列重要的二线任务。这些 A-29B 照相侦察飞机隶属于第 2 照相测绘中队。这个机队被拍摄时正在巴西的马瑙斯进行燃料补充。该中队在 1942—1943 年的大部分时间都在对南美的部分地区进行测绘

“哈德逊”进入英国皇家空军服役

首批350架直接购买的“哈德逊”Mk I于1939年夏率先加入位于戈斯皮特的英国皇家空军岸防司令部第224中队服役。当战争于9月爆发的时候，第233中队紧跟其后，第220中队也将此前装备的阿维罗“安森”换装为“哈德逊”Mk III。到1940年3月，第206和269中队加入“哈德逊”机队，第320（荷兰）中队在10月也同样跟随脚步。照片（从上到下）中的飞机是一些早期接收的“哈德逊”：1941年间第224中队的“哈德逊”Mk V AM540号；分配到冰岛卡拉达尔涅斯（Kaldadarnes）的第269中队展示的Mk III T9465“洛克希德–维佳公司员工精神号”（*SPIRIT OF LOCKHEED-VEGA EMPLOYEES*）；第233中队的一架“哈德逊”Mk I，该中队一直使用该型机到1941年9月。

P-38H 是第一款在军徽上增加横条的美军飞机（见图）。这架刚从加利福尼亚伯班克工厂完工的 P-38 正在交付军方前的试飞中。

洛克希德 P-38“闪电”战斗机

简介

被单发动机同侪 P-47 和 P-51 掩盖光芒的洛克希德“闪电”是一架强大的远程战斗机，在多个战区的服役中都展现出抗毁伤能力强、操纵灵活和作战效能高的特点。

上图：一架来自第 3 照相侦察大队的 F-4“闪电”侦察机朝着照相机方向侧倾，展示出这款飞机的独特外观。第 3 大队于 1942 年 12 月中旬到达阿尔及利亚赛伊达省，执行了数不清的拍照任务，以支援盟军作战行动

战斗机、轰炸机、夜间战斗机、侦察机、救护飞机、鱼雷轰炸机甚至是滑翔机拖拽机，洛克希德 P-38 的多用途能力没有极限。该机是美军第二次世界大战期间的“P”系三杰之一，也是美国唯一一架自参战前一直生产到战争结束的战斗机。

因为当时无法用单发动机来满足空军对单发动机设计的性能需求，洛克希德的设计团队在 H.L. 希巴德的带领下从星型双发动机入手，采用双尾桁设计来满足美军在 1937 年提出的高空战斗机招标。被称为洛克希德 22 型的双发动机设计在 1937 年 6 月 23 日被美国陆军航空队接受，订购了一架 XP-38 原型机。XP-38 在 1939 年 1 月 27 日由中尉 B.S. 凯尔西在马琪机场首次试飞。两周后，该机用 7 小时 2 分钟横穿了北美大陆，其间有两次降落加油注油，但是在降落米切尔机场时因故障迫降而造成严重损坏。

由于其杰出的性能，13 架 YP-38 预生产型被订购。与原型机不同，这批飞机使用艾利森发动机驱动外向旋转的螺旋桨，代替了原型机内向旋转的型号。武器装备则采用了 37 毫米奥尔兹莫比尔机炮和 4 挺机枪。随着对首批原型机的测试顺利开展，美国陆军航空队进一步订购了 66 架飞机，采用原型机 XP-38 的武器配置——一门 23 毫米麦德森机关炮和 4 挺 12.7 毫米勃朗宁机枪。这批增订的飞机大都交给了训练部队，直到 1941 年 8 月，完全满足战斗需求的战斗机型号 P-38D 才开始投产，成为美国陆军航空队在战斗中大规模使用的第一款该型机。“珍珠港事件”后美国加入战争，而当时美军的 P-38 只有 47 架。生产随着改进的 E 型的出现加快了脚步，它装载有改进的武器和寇蒂斯电气螺旋桨。美国陆军航空队首次击落德国战机便是该型机的战绩。就在美国宣布参战后几小时，一架福克 - 沃尔夫 Fw 200“兀鹰”被击落。

与此同时，英国皇家空军也表达出对 P-38“闪电”战斗机的兴趣，在 1940 年 3 月订购了 667 架。然而由于美国禁止对外出口涡轮增压器，飞机的性能大打折扣，仅交付了少量就被英方取消订单。

洛克希德持续发展“闪电”战斗机，并推出了 F 型；F 型有更快的最大航速并且安装更多的翼下挂架以挂载炸弹和鱼雷。这款改型在 1943 年率先装备了美国陆军航空队在太平洋战场的第 27 中队。第 347 战斗机大队第 339 战斗机中队则凭借具备挂装可抛弃副油箱的“闪电”，在距离中队的基地 550 英里（约 885 千米）处截击并击落了载有日本联合舰队司令山本五十六大将的日军飞机。

欧洲战场

与此同时，P-38 一直在太平洋和地中海战场上作战，在德军中获得 der gabelschwanz Teufel（“叉尾恶魔”）的“美称”。抛开这个名字，P-38 并不完全适合和德国单发动机的战斗机战斗。这是在第一次护送轰炸机从英国基地直飞柏林后，用鲜血换来的经验。然而，在战斗机型号基础上衍生的“闪电”侦察型在欧洲战场得到广泛使用，运用它们更高的飞行高度和更快的飞行速度来躲避敌机的拦截。

在战斗机对战斗机的空战中，“闪电”无法比肩欧洲战场的 P-47 和 P-51 中队。自此以后，在这个战场上，P-38 倾向于执行对地攻击任务，它在盟军反攻中特别受欢迎。

太平洋战场

“闪电”不断做出改进，由此诞生了 P-38J 和 P-38L；最显著的特征就是“机头下部”整流罩，封闭了中间冷却器的进气口。这款改进型交付所有的中队，在太平洋战场（特别是太平洋上空），“闪电”在战斗中的远程巡逻能力得到美国陆军航空队飞行员的赞赏。到 1944 年底，总计有 44 支在西太平洋和东南亚的中队配备有 P-38 战斗机。

上图：1939 年 1 月 27 日，由 B.S. 凯尔西中尉在马琪机场首次试飞的这架 XP-38（37-457）原型机从一开始就表现出杰出的性能，它以超高的航速横穿大陆的壮举很快就登上报纸头条

双座夜间战斗机

为欧洲战场生产的 P-38M 夜间战斗型因为出现时间太晚而未能有所作为。该机配备有一部简易的机载截击雷达，由坐在飞行员正后方的隆起座舱内的雷达操作员操纵。配备有雷达的夜战型“闪电”只在太平洋战场的第 5 战斗机司令部服役。在多用途能力方面，战争的最后几年中，P-38 挂上了安置于外挂架上的人员运送荚舱，用于执行伤患撤离任务；其他的改型被用于测试滑翔机拖拽机。

尽管 P-38 从第二次世界大战尾声时就开始从前线中队大批撤装，但仍有两款进一步改进型依然进行了研制。XP-49 搭载有大功率的大陆公司发动机和一个为高空科研飞行而装备的增压座舱。XP-58“枷锁闪电”——实际上是一架放大型“闪电”，带有全新设计的机头和 4 门机关炮，计划用作对地攻击飞机。

两款改型于 1946 年 6 月完成首飞，但是美国陆军航空队没有提出任何需求，飞机旋即被拆毁。

下图：登陆菲律宾后远东航空队的典型行动：P-38 在拉颇（Lpo）大坝附近离马尼拉不远的地方轰炸躲藏在掩体中的日军

上图：最后投入批量生产的“闪电”战斗机是P-38M。它是继性能较差的P-70之后发展起来的，投入太平洋战场上用于对抗日本夜间轰炸机的袭击

上图：澳大利亚空军第1照相侦察部队装备有3架F-4照相侦察“闪电”，它们的任务是在澳大利亚监控日军，警戒敌军登陆澳大利亚

下图：用多部相机替换了所有武器的侦察型“闪电”（如图中这架F-5A），为盟军指挥官提供了很多情报。照相侦察任务通常在高空进行，有时也在树梢高度进行

发展历程

战斗机型

上图：总共生产的 10037 架 P-38 飞机中包括 7 款改型和一些原型机。所有的飞机外观都非常相似，且都由一对艾利森 V-1710 发动机驱动

XP-38

XP-38 是“闪电”的第一架也是唯一的一架原型机，序列号为 37-457，于 1939 年 1 月 27 日首次试飞。搭载对转（内旋）艾利森 V-1710-11/-15 发动机，可提供 1150 马力（约 858 千瓦），并安装有 GE B-1 涡轮增压器。XP-38 的服役时间非常短，在 2 月 11 日试图创造横穿大陆速度纪录时，在降落纽约米琪机场的过程中失去动力后发生事故。它从来没有安装武器装备，但是有计划安装一门 20 毫米的机炮和 4 挺 0.5 英寸（约 12.7 毫米）机枪。

YP-38，P-38

这批 13 架飞机紧随原型机后生产，这些 YP-38 由外旋的艾利森 V-1710-27/-29 发动机驱动，可提供 1150 马力（约 858 千瓦）。安装有 GE B-2 涡轮增压器，这款新战斗机用新型双冷却进气口代替了 XP-38 的唇部进气口；扩大的冷却散热器安装在尾桁的一侧。武器装备也有所改进，一门 37 毫米的机炮替代了原型机上的 20 毫米机炮，一对 0.30 英寸（约 7.62 毫米）机枪代替了 2 挺“50 口径”机枪。第一批正式量产的“闪电”是 29 架 P-38，和 YP 型不同之处在于携带 4 挺 0.3 英寸机枪和一门 37 毫米机炮。正式服役后的改进还包括增加的装甲和防弹玻璃，不过在 1942 年，P-38 被“限制”改装为 RP-38 非战斗机型。

P-38D，P-38E

产量 36 架的 P-38D 和 P-38 的区别在于配备低压氧气装置、防弹油箱和一个可收放的着陆灯。所有的该型机都被改造为 RP-38D 型，用作战斗教练机。紧接着生产的是 210 架 P-38E，它搭载有一门 20 毫米机炮，P-38E（下图）采用的仪表和改进的液压的 / 电力系统由于尚未达到参战的技术标准，大部分被“限定”为 RP-38E 型。

“闪电”Mk I 型（P-322）

列装美国陆军航空队的 P-38 被英法的购买委员会订购了 667 架。这些飞机由 1090 马力（约 813 千瓦）的 V-1710-C15 发动机驱动，但发动机既不是涡轮增压的，也不是对转的，这是因为英国皇家空军和法国空军都希望艾利森发动机能够和两国同期订购的寇蒂斯 H-81A（P-40）统一。两国认为欧洲战场的空战主要发生于中空，是否配备增压器无足轻重。法国和英国的飞机不同只限于驾驶员座舱装备和武器。1940 年 6 月法国战败，英国接管了法国的全部飞机订单并进行修改，共订购 143 架与原型机相同的“闪电”Mk I 以及 524 架带有对转和涡轮增压的 V-1710-F5L/-F5R 发动机的“闪电”Mk II。然而，在博斯坎比顿的航空武器试验研究院（A&AEE）令人不满意的测试结果以及和洛克希德公司合同上的争执，导致最终只交付了 3 架“闪电”（图为其中一架）飞机。剩余的 140 架交付美国陆军航空队作为 P-322 使用；其中除大约 20 架之外，其他飞机均配备对转艾利森发动机，被用作教练机。“闪电”Mk II 只有一架完工且被用于洛克希德公司的试验机。剩余的英国订购飞机都被改装成 P-38F 和 G，交付美国陆军航空队。

XP-38A（包括 P-38B,P38C）

一架 P-38 完成时带有实验性加压的驾驶员座舱，因此增加的重量被一门代替 P-38 的 37 毫米机炮的 20 毫米的机炮抵消了。1942 年试飞，但是该型号一直只有一架。P-38B 和 P-38C 改型是由洛克希德在 1939 年提出的，可惜都没有投入生产。

P-38F，P-38G

P-38F（下图）一共有 377 架美国自用订单和英国采购订单，该型机采用 1325 马力（约 968 千瓦）V-1710-49/-53 发动机和与 P-38E 相同的武器装备。P-38F 在生产线上又接受了翼下挂架（用于挂载副油箱或炸弹）、沙漠装备和“调整型襟翼”等改进。与之类似的 P-38G（美国自用订单 708 架，英国订单 374 架）配备 V-1710-51/-55 发动机以及经过改进的氧气设备和全新的无线电。P-38G 也在生产线上加装了副油箱和炸弹挂架。

P-38H

375 架 P-38H 由提升了输出功率的 1425 马力（约 1063 千瓦）V-1710-89/-91 发动机驱动，同时为了解决发动机过热的问题而引入油散热器襟翼。在其他方面，P-38H 在本质上和 P-38G-10-LO 相同，但是采用的是 B-33 而不是 B-13 涡轮增压器。

P-38M

经过将少量 P-38F 和 L 转变成搭载雷达的夜间战斗机的试验后，洛克希德推出 P-38M“夜间闪电”。该机是 P-38L 的双座椅改型，装载有吊舱式的 AN/APS-6 雷达。该型号被订购 75 架，直到战争结束才投入使用。

P-38J,P-38L（包括 P-38K）

洛克希德公司在 P-38J 上采用了一种新式发动机装置（右图），发动机的中间冷却空气进气口安装在油散热器进气口之间发动机舱深处的“机头下部”内。尾桁上的冷却剂口也被重新设计，新装置能够使艾利森发动机具有比 P-38H 的发动机更大的功率。总计生产了 2970 架 J 型，但只有前 10 架在此前安装机身中冷器的位置布置了额外油箱。最后一批 210 架 P-38J-25-LO 引入两个重要的创新：可提高滚转率的动力副翼和动力俯冲制动襟翼。后者的安装是为了改善气流问题导致的高速俯冲时降低的控制性，早期生产的大量 P-38 也接受了类似改进。最后一批生产改型是 P-38L，生产了 3923 架（包括由伏尔提公司生产的 113 架）。P-38L 本质上就是由提升功率的 V-1710-111/-113 发动机驱动的 P-38J-25-LO。P-38L 的翼下能够挂载 HAVR 火箭弹，并且安装有加固的炸弹/油箱挂架。随着“闪电”被广泛用作轻型轰炸机，P-38J 和 L 能够安装“米基”BTO 雷达（下左图，在一架 P-38J 上）或者一个“可下垂的头部”投弹手机头（下右图，在一架 P-38L 上），两者的装置都要求增加一名机组人员。一些飞机装备有后座椅用作 TP-38J 和 TP-38L 教练机。P-38K 结合了 P-38G-10-LO 的机身和 V-1710-75/-77 发动机以及宽翼弦的螺旋桨，仅生产了一架。

照相侦察型

F-4,F-4A

99 架 P-38E 作为 F-4 无武装的照相侦察机生产（下图），在改进过的机头中装有 4 部 K-17 相机，大多数保留用作 RF-4 教练机。F-4A 是和 P-38F 相似的改型；该型号生产了 20 架，在 1943 年被“限定”命名为 RF-4A。

F-5A,F-5B 以及其改造型

一架 P-38E 被改进以及 180 架 P-38G 在完成时作为没有武器的 F-5A 生产，F-5A 机头安装有 5 台相机。随后的 F-5B（左下图，和一架 P-38J）在 P-38J-5-LO 机身上安装了相机，机身内还搭载有斯佩里自动驾驶仪，是照相侦察型“闪电”最后的生产型号，共生产 200 架（4 架被美国海军用作 FO-1）。紧接生产的 F-5 改型都是 P-38 改造而来。这些 F-5C 以及从 P-38J 改进而来的 F-5B 标准飞机，安装有改进的相机装置。F-5 改造了 123 架。XF-5D 是仅生产一架的原型机（从 F-5A 改造而来），是一架带有武器的双座照相侦察机。F-5E 总计 705 架，由 P-38J 和 P-38L 机身改造至 F-5C 标准而成。F-5F 配备有改进型相机装置；由 P-38L 改造而来，数量不详。最后一批“闪电”PR 改型是 F-5G（下图），改装自 P-38L，产量很少，机头经过修改以提供更大的空间来安置相机。

上图：从图中这架 F-5A 就能看出北非战场的条件相当艰苦。包括从 P-38 改造来的 F-5A 在内的“闪电”侦察型一直供不应求

欧洲和北非

虽然在欧洲北部 P-38 的表现不尽如人意，但使用者们逐渐发现该机能够适应北非和地中海战场的气候和任务。

洛克希德的 P-38 于 1942 年 8 月 14 日在欧洲战场上首次击落敌机，第 33 战斗机中队的 P-38E 从冰岛起飞击落了一架 Fw 200。不久之后，“闪电”成为第一架从美国直飞英国的美国战斗机。这些来自第 1 和第 14 战斗机大队的 P-38F 在 1942 年夏到达英国，第 14 大队驾驶 P-38 在 6 月底从英国起飞执行第一次任务。两个大队持续执行任务直到被调到地中海战区执行“火炬”行动。在北非上空，“闪电”迅速地奠定了卓越战斗机的地位，以很高的速率不断取得胜利。在地中海战区，“闪电”一次又一次地证明了自己的实力，以较远的航程和强大的火力战斗在最前线。

轰炸护航

从 1943 年中期开始，“闪电”从英国基地重返战斗任务，护航第 8 航空队的重型轰炸机袭击德国。在 P-47 还不够成熟、不足以完成全部任务，P-40 也被证明不适合在欧洲作战，P-51B 还不能服役的时候，P-38 是唯一可以担负护航重型轰炸机任务的飞机。

不幸的是，由于比其他美国战斗机生产的数量少，该型机的供应数量不足。它的艾利森发动机在寒冷和潮湿气候的欧洲也是众所周知的不可靠，因为失败的发动机，经常导致本就数量不足的机队出现大规模“趴窝”。虽然“闪电”部队依旧能够击落德国的 Me 109 和 Fw 190 战斗机，不过由于 P-38 在空战中很少占得上风，多数空勤人员都乐见该型机被替换。

P-38 最后在欧洲战场执行的任务是隶属于第 9 航空队从 1944 年 4 月开始对地面目标进行轰炸和扫射，为诺曼底登陆做准备。

下图：这一对 P-38J 正在离开英国机场，执行到德国的护航任务。两架飞机在翼下都有 55 美加仑（约 208 升）可抛式油箱

上图：洛克希德的技术人员在英国研制出P-38J的“水平轰炸”版本，用于引导轰炸机编队的任务。它于1944年4月开始服役。该机1945年10月4日时部署在卢森堡

左图：第8航空队的“闪电”除了执行相对安全的回程护航任务外，还加入第9航空队自由猎杀行动中，对发现的目标进行扫射。图中为“侵略条纹”涂装的“闪电”正在攻击一列火车

下图：在条件适宜的起降场被盟军地面部队占领后，盟军飞机开始转移到欧洲大陆的起降场

CBI 和太平洋战区

在太平洋和远东地区上空，“闪电”很少遇到欧洲战场时常遭遇的可靠性问题，并顺理成章地成为令敌人敬畏的强大战机。

在欧洲北部上空表现不尽如人意的 P-38 飞机，在中国—缅甸—印度（CBI）和太平洋战区的战场上却证明了自身的实力。该型机在 1942 年 8 月 4 日的阿留申群岛战斗中首战告捷，两架川西水上飞机被击落，随后又取得了数以百计的战果。“闪电”一直到 1945 年都在不断获得空战胜利，许多日军在战后都曾表示 P-38 是日本战斗机飞行员最不愿面对的飞机。美方的记录也证明了这点，超过 100 名“闪电”飞行员在 CBI/ 太平洋战区获得空战王牌的荣誉，超过 1800 架敌机被该型机击落。

尽管 P-38 早就开始生产，但由于美国大部分的资源倾斜欧洲战场，因而很少有该型机从一开始就部署在太平洋战场。不过在 1943 年初，“闪电”完成了战争中最大胆的空中任务之一。在瓜达尔卡纳尔岛战役之后，日本的山本五十六决定巡视前方的基地，通过身先士卒来提振驻军士气。

截杀山本五十六

美军通过破译日军电文得知了山本的行程，包括他将在 1943 年 4 月 18 日搭乘“贝蒂”轰炸机进行巡视。美军的 P-38 依靠长时间低空飞行避开日军的监视，成功截击并击落山本乘坐的“贝蒂”。这次成功沉重地打击了日军的士气，使之再也没能恢复过来。

随着北非战事的结束，P-38 开始满足数量需求，使一些飞机能够投入 CBI 战区作战。一些可供调遣的 P-38G 飞机和机组人员都被直接从北非调来，于 1943 年夏开始陆续抵达。

上图：当洛克希德公司设计 P-38 时，从未考虑过该型机还能够被当作晾衣架。P-38 欠佳的座舱加热和通风系统导致该型机在欧洲大陆的高空座舱寒冷刺骨，而在太平洋却又酷热难耐

在中缅印战区服役

P-38 从中国的基地出发执行空对空和俯冲轰炸任务，很快使日本战机遭到损失。CBI 战区的“闪电”持续在缅甸作战，于 1945 年初赢得最后一次空战胜利。

随着盟军在太平洋持续实施越岛作战，美国陆军航空队的“闪电”战斗机与大批日本帝国海军战斗机交战，从而诞生了一大批顶尖王牌。最有名的是 40 次击落敌机的“迪克”· 邦和 38 次击落敌机的汤姆 · 麦圭尔。第二次世界大战期间最后一名 P-38 王牌是乔治 · 拉文少校，他在 1945 年 4 月 26 日或 6 月 21 日驾驶 P-38L 击落了一架“艾米丽”。1942 年 9 月他驾驶 P-38E 在阿留申群岛上空击落一架日军双翼飞机，取得首次胜利。

下图：太平洋岛屿上的跑道经常是凹凸不平的，而且频繁地被美军工兵开凿修补。这里是一架 F-5B 或 F-5C 飞机接近一座貌似位于马里亚纳群岛的机场准备着陆

上图：P-38J“美尔巴·劳号”（*Melba Lou*），1944 年 8 月拍摄于孟加拉。中缅印战区的“闪电”在太平洋战区被弃用后，很长时间依旧保留着中灰色底色，机上表面为橄榄绿的涂装

下图：P-38F“艾尔西号”（*Elsie*），在 1943 年 4 月 5 日巴布亚新几内亚的多波杜拉（Dobodura）机场因跑道坑洞而导致损毁。飞机的 4 挺机枪和一门机炮在机头处清晰可见

上图：Acrojets 是美国第一个喷气机飞行表演队，1948 年由在威廉姆斯空军基地的战斗机学院组建。最初的目的就是向年轻的飞行员和那些习惯于螺旋桨驱动的飞机的老飞行员展示 P-80，但是这些飞机很快被用于公众的飞行表演

洛克希德 P-80 “流星” 战斗机

简介

美国的第一款喷气战斗机错过了第二次世界大战，但是成为美国空军在早期半岛战争中对地攻击力量的支柱。“流星”战斗机经过很多试验方案之后进化成 T-33 教练机和 F-94 战斗机系列。

对于 20 世纪 40 年代和 50 年代的美国飞行员来说，洛克希德的 P-80 “流星” 战斗机是一项杰出的技术成就，也是一架卓越的飞机。在评论家们看来，P-80 虽然采用了最先进的技术，但却采用了最为平淡无奇的机身，该机依然保持着螺旋桨战斗机的机身外形，尺寸和机翼布局（其余早期的喷气式战斗机都采用了更简洁的气动外形、更小的尺寸和后掠翼。）“P-80 是一架伟大的飞机，” 马丁・布里克三星中将这样说，他在 20 世纪 40 年代晚期驾驶过这款战斗机，“但是我们经常想——如果工程师在创造飞机时更激进一些又会怎样？”

普遍认为 P-80 几乎没有缺陷——事实上也几乎确实如此。但在较为恶劣的操纵环境下，飞行员和维护人员会因座舱和座舱盖的连接问题而焦头烂额。一名飞行员把这种情况称作“坏的特性”，在飞行中驾驶舱盖闭锁会逐渐松开，导致驾驶舱盖突然弹开，甚至会让 P-80 瞬间失去控制。舱盖前端安装铰链可以在任何情况下保证舱门持续关闭，但这个纠正方案始终没有实施。飞行员还指出另一个缺陷——P-80 的前起落架舱门在机轮回收时已经处于关闭状态。

这些仅仅是小抱怨，不管怎样，当第一架洛克希德 P-80 “流星” 战斗机开始服役时，胜利近在咫尺，美国人看到了未来的愿

左图：除了在欧洲胜利日前到达欧洲的 4 架飞机，第一批抵达大西洋彼岸的 P-80 被分配给贺拉斯・哈尼斯上校指挥的第 5 战斗机大队。这个单位收到了 32 架 “流星” 战斗机，均配属驻德国吉贝尔斯塔特的第 38 战斗机中队，图中一批该型机正在街道上拖曳进行转场

景。因此，1945 年 8 月 1 日在伯班克和纽约的米切尔机场向媒体揭开帷幕时，美国陆军航空队（USAAF）向世界宣布“流星”战斗机具有“如科幻漫画《巴克·罗杰斯》（*Buck Rogers*，当时时兴的漫画和电影系列）当中的宇宙飞船一样的外形”。此时的 P-80 已经经过检验，有一小部分该型机在战事结束时已经抵达欧洲，不过没来得及执行作战任务。这种“来迟一步”的情况主要是由于 P-80 在获得各方认可前花费了过多的时间。然后，战争结束了，美国在军用喷气式飞机的竞赛中屈居第三位，远在德国和英国之后。

这个传说从一个年轻的工程师开始，因为他总是喜欢戴绿色领带，尽管他有瑞典血统，他的同学还是给他起了“凯利”的昵称。1943 年 6 月 18 日，克拉伦斯·L.“凯利”·约翰逊两步两步地跃上台阶，大步冲进洛克希德的董事长罗伯特·格罗斯在加利福尼亚伯班克公司总部的办公室。在办公室内，约翰逊看到了格罗斯和总工程师哈尔希巴德。“莱特基地希望我们遵循制造的飞机搭载英制涡轮喷气发动机的提议，”约翰逊这样告诉两位合作领导，“我制定了一些性能规格。我认为可以答允 180 天后交付。你们怎么看？”

在约翰逊的命令下，洛克希德设立了 180 天后试飞的目标。这是一个超凡的目标。没有一架战斗机之前这样计划、研制，并且如此快地首飞，也没有一架使用革命性的涡喷发动机的飞机研制具有如此速度。

上图：虽然与后来的“流星”定型和量产版外形非常相似，但 XP-80 的设计实际上存在着不少区别。“露露美人号”的基本设计被大幅度改进：机翼和尾翼面放大，为了检修发动机而采用可拆式后机身

上图：和原型机相比有较大变动的“露露美人号”（*Lulu Belle*）是一架 XP-80A，它的主要新特征是在惠特尔设计的基础上使用通用电气 I-40 发动机

下图：这个场景无疑使得苏联感到震撼，第 36 战斗机大队在菲尔斯滕费尔德布鲁克停放着的 F-80B 飞机。至少可看见 72 架飞机，大多数都有飞行员和地面人员到场。第 36 战斗机大队从 1948 年 8 月到 1952 年 11 月驻扎在“Fursty”空军基地

左图：第二次世界大战后 F-80 和 F-47“雷电”战斗机同框飞行，照片拍摄于巴伐利亚阿尔卑斯山脉，它们组成了美国空军当时的主要防空力量。这两款飞机都被 F-84E“雷电喷气”战斗机代替了

下图：F-80 在朝鲜低空飞行，这是 1952 年 5 月 8 日在平壤南部袭击的情景。它在补给楼和停车场上空抛下凝固汽油弹，被隐匿在路堤里的枪炮瞄准；在飞机下面的颜色烟雾是高射炮弹的炸烟

讽刺的是，洛克希德本可以更早开始。1939 年，约翰逊的设计团队——后来被赋予“臭鼬工厂”的绰号——提出了涡轮喷气动力。工程师起草了一些处于初期设计阶段的不同款型的飞机方案，其中最为大胆的 L-133-02-01 方案是一个新颖的鸭式设计，搭载有两个公司设计的 L-1000 螺旋桨发动机（仅作为一个模糊概念存在）。但是美国军方战前对洛克希德的 L-133 型漠不关心。与此同时，孤立主义者争辩说美国应该远离“欧洲的战争”，美国陆军航空队对此根本没有兴趣——至少，当时还没有。

但是在 1943 年底，约翰逊和他的同事比承诺的时间更早地推出了新飞机——只用了 143 天。

设计工作

约翰逊的工作团队设计了一架比较传统的飞机，似乎既可以使用喷气发动机也可以使用活塞发动机作为动力。实际上，设计很简单，但不是传统的。XP-80 具有笔直的机翼和尾翼面，以及前三点式起落架。机翼采用较低的展弦比，以及从没有在螺旋桨驱动的飞机上试验过的层流面翼面设计。

值得称赞的是，工程师解决了 P-80 飞机的问题，当工厂的工人开工切割金属时，洛克希德的所有人在这之前都没有见过任何类型的涡轮喷气发动机。从英国借来的第一台发动机，在机身将近完成时才交付。虽然此时 AEF 驾驶带有涡轮喷气发动机的 P-59“空中彗星”已经好几个月了，但是 P-59 的性能远比不上螺旋桨驱动的飞机，而且一些洛克希德的员工也没有见过 P-59，对英国的格罗斯特“流星”式喷气战斗机、德国的梅塞施米特 Me 262 战斗机，或者其他早期即将服役的喷气战斗机知之甚少。

菠莱绿涂装，昵称“露露美人号”的 P-80 由飞行员麦洛·博查姆在 1944 年 1 月 8 日首次试飞。到战争结束的时候，两架 P-80 已经在意大利准备参加战斗，另外两架到达英国，不少于 16 架在飞行状态中。

这是改革的开始。在将来的几年内，P-80（1948 年 6 月 11 日被改为 F-80 型号）创造了很多项飞行纪录，并参加朝鲜半岛战争。该型机将成为得到广泛使用的 F-94 战斗机和 T-33 教练机的蓝本。作为美军第一架实用的、全面投入使用的喷气式战斗机，“流星”战斗机甚至在创造纪录、奋斗或后代到来之前就飞行，奠定了自己的历史地位。

下图：PV-2“鱼叉”飞机扩展的机翼和扩大的机尾提升了操控性，并且使飞机能够挂载更重的载荷。然而，飞行性能因此也受到影响。图中是 PV-2 的第一架原型机，该机正从伯班克的维加飞机公司机场起飞接受测试

洛克希德公司——“文图拉”和“鱼叉”

备用轰炸机和“太平洋捕鲸者”

“哈德逊”早期在英国皇家空军服役期间的成功促使洛克希德公司研发更先进的飞机版本。该型号基于公司研制的尺寸稍大的“北极星”18 型民用客机。

为了回应英国的需求，维加公司研发了 L-18 型飞机系列。该型机被英国皇家空军称作“文图拉”，美国陆军航空队编号为 B-34 和 B-37，被美国海军称作 PV-1 巡逻轰炸机。

这些飞机中的第一架于 1941 年 7 月 31 日首飞。它的设计得益于公司的生产能力进步和英国“哈德逊”的作战经验，所以在飞行试验计划过程中没有发现严重问题，第一批飞机 1942 年 10 月在英国皇家空军的第 21 中队开始服役。

得到正式名称“文图拉”Mk I 的这款新飞机与“哈德逊”的区别在于拥有一个更大更宽且更高的机身，搭载 2000 马力（约 1491 千瓦）普惠发动机，同时在机腹安装了两挺 0.303 英寸（约 7.7 毫米）的机枪，由于具有更丰满的机身和功率更大的发动机，飞机的炸弹舱能挂载最多 2500 磅（约 1134 千克）武器。

1942 年 11 月，英国皇家空军轰炸机司令部开始使用“文图拉”执行任务。在对法国和低地国家执行的昼间任务中，“文图拉”很难对抗德国空军装备的福克－沃尔夫 FW 190 战斗机。嘴上不饶人的英国皇家空军飞行员因此赋予它“猪”的绰号，可谓

上图：这架“文图拉”Mk II（AJ206）从 1943 年 6 月起在伯斯坎普城进行了漫长的测试。Mk II 型并没有达到欧洲作战的标准，在 1943 年退役，很多装备该型机的单位被调到英国皇家空军岸防司令部

上图：根据《租借法案》，有 388 架 PV-1 被运到英国，被指定型号为“文图拉”GR.Mk V 型，大部分在英联邦空军服役，包括在南非空军

上图：这架早期 PV-2“鱼叉”飞机有短机头，在发动机后面有驾驶员座舱。1945 年后，很多“鱼叉”转换成 PV-2 机组人员教练机，其他的都送给了友好国家

不无恶意。在 1943 年夏，这款飞机从第 2 大队退役，代之以“米切尔”和“波士顿”Mk IIIA 轰炸机。“文图拉”随后作为“文图拉”GR.Mk I 型在海岸司令部服役，未交付的订单都被取消了。

美国陆军航空队的 B-34 仅有少量服役，而 B-37（“文图拉”Mk III）根本没出现过。然而在所罗门斯和南太平洋地区，新西兰皇家空军的“文图拉”Mk IV 型和 GR.Mk V 型在卡维恩和拉包尔袭击日军基地时取得很大成功。这些后来提到的飞机在美国海军被称作 PV-1 型，共生产了 1800 架。

PV-1 的机组人员为 4 到 5 人。空重 20197 磅（约 9161 千克），总重 31077 磅（约 14097 千克）。它在 13870 英尺（约 4205 米）的高度最大航速能够达到 312 英里 / 时（约 502 千米 / 时）。武器装备包括两挺前射 0.5 英寸（约 12.7 毫米）机枪，配备两挺相同口径机枪的马丁机背炮塔和两挺位于机腹的 0.3 英寸（约 7.62 毫米）机枪。在内部总共能携带 4 枚 1000 磅（约 454 千克）的炸弹。

下图：图中是第一架停放在巴布亚新几内亚的布干维尔岛上的第 1 航空联队的 PV-1，摄于 1944 年 1 月 25 日。注意固定的开槽在外前缘的“供料机通道口”，是 L14 型运输机的一个外观特征

上图：英国皇家空军和美国陆军航空队都认为 B-34“列克星敦”不适合执行轰炸严密设防目标的任务。这款飞机随后被用于训练

上图：涂有美国海军预备役部队徽章的洛克希德 PV-2“鱼叉”，机鼻上部安装有两挺柯尔特 0.5 英寸（约 12.7 毫米）机枪。第一批 69 架飞机在 1944 年 3 月交付，在千岛群岛上空执行任务。该型机产量逐渐下降，产能逐渐转移至更先进的 P2V“海王星”飞机

“鱼叉”

1943 年 6 月 30 日，美国海军订购了提升发动机功率的 PV-1，更改型号为 PV-2 并给予“鱼叉”的绰号。“鱼叉”与早期的 37 型外形大致相同，但在一些方面有着不同之处。大致结构和发动机没有改变，但是翼展增加了 9 英尺 5 英寸（约 2.87 米），这使机翼面积增加了 686 平方英尺（约 63.73 平方米）。其他变化包括增加燃油容量，放大垂尾和方向舵，以及大大增强的火力。PV-2 基本款有 5 挺安装在机背炮塔和机腹位置的 0.5 英寸（约 12.7 毫米）机枪，在炸弹舱内可挂载 4 枚 1000 磅（约 454 千克）炸弹，外部还可挂载两枚。最终量产型 PV-2D 共生产 33 架，机头武器加强至 8 挺 0.5 英寸（约 12.7 毫米）机枪。

PV-2 的首次试飞在 1943 年 12 月 3 日进行。PV-2 的订单总计有 500 架，1944 年 3 月开始初步交付美国海军中队，用于完成从阿留申群岛的基地起飞的任务。增加翼展的目的之一是利用机翼结构提供增加燃油储蓄量以形成整体油箱，但是更大的难度是将这些油箱熟练地密封。第一批 30 架飞机因此退出战场，整体油箱也从外翼上拆除了，随后这些飞机带着 PV-2C 的型号用于训练任务。外部油箱的渗漏问题超出了当时的解决能力，所有的 470 架 PV-2 都安装有防漏的油箱。

PV-2 主要作为巡逻轰炸机服役直到对日战争结束，随后该型机从前线退役。然而，这款飞机在战后的几年内依然在美国海军预备役部队服役。

M

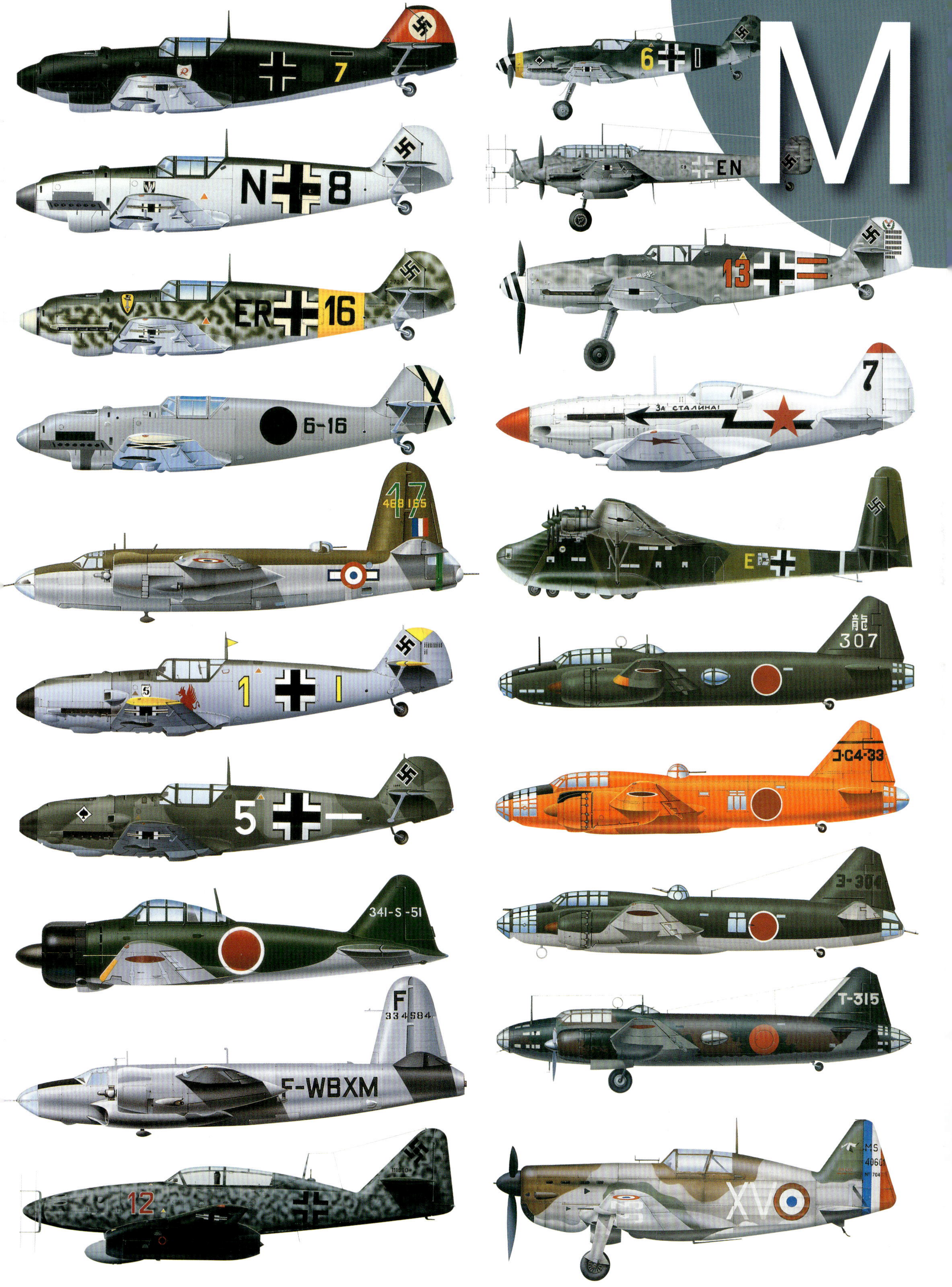
7
N 8
ER 16
6-16
17
468165
1
5
341-S-51
F
334584
F-WBXM
12
6
EN
13
ЗА СТАЛИНА!
7
E
龍
307
J-C4-33
3-304
T-315
MS
XV

下图：虽然速度比“飓风”战斗机稍慢，MC.200战斗机却能在滚转机动上胜过盟军战斗机，盟军的“喷火”是当时唯一能在爬升率上胜过MC.200的盟军战斗机。“萨埃塔”第一次参战是在马耳他，随后参加了希腊、北非和南斯拉夫的战役

马基 MC.200/202/205/“闪电”/“灰猎犬”

意大利的优秀战斗机

由于设计和工业发展的不足，意大利战时战斗机大都性能平庸。然而，尽管在武器装备上有所不足，但马基 MC.200、202 和 205 能分别与“飓风”Mk I、“喷火”Mk V 和 Mk IX 媲美。

上图：MC.200 最早的样机采用封闭的驾驶员座舱，这能为飞行员提供良好的全方位视野，并对飞机上的装备有所保护。然而意大利飞行员更偏爱开放式的驾驶员座舱，因此在后来的“萨埃塔”中都有这一特征

20 世纪 30 年代中期，在设计新型单座战斗机方面，马基航空公司的首席设计师马里奥·卡斯托迪博士在意大利无人能及。在施耐德杯飞行竞赛中，卡斯托迪充分展示了他的原创性，并非常注重马基公司研发的一系列水上飞机的细节。1934 年，MC.72 竞赛机两次刷新了水上飞机绝对速度的世界纪录。当年 10 月 23 日创下的 440.68 英里 / 时（约 709.209 千米 / 时）的纪录一直保持到 2000 年。

意大利在东非的军事行动结束之后又发起一个重新装备意大利皇家空军的项目，马里奥·卡斯托迪设计的马基 MC.200“萨埃塔”（“闪电”）战斗机被选为新型的单座战斗机。1937 年 12 月 24 日，原型机（M11 336）首飞，M11 336 是全金属结构的悬臂式低翼单翼机。其动力平台为菲亚特 A.74 RC.38 星型发动机，这是在施耐德杯飞行竞赛获胜后发生的一个有趣的变化。意大利的发动机制造商们开始集中注意力发展星型发动机。由于体积较大的星型发动机会影响新型战斗机的性能，卡斯托迪更希望使用高性能的直列发动机，他在后来的 MC.202 中解决了这一问题。

两架 MC.200 原型机的飞行测试非常成功，其中一架在俯冲时速度达到 500 英里 / 时（约 805 千米 / 时）。1938 年，MC.200 在战斗机竞赛中获胜，然后投入生产。第一批订单为 99 架，最终建造总数超过 1100 架（马基公司大约生产了 400 架，其余的是布雷达公司和 SAI- 安布罗西尼公司生产的）。生产机型中大

下图：在意大利南部的塔兰托，一架 MC.200 低空飞过一架“喷火”战斗机。这架飞机是意大利投降并签署停战协议后加入盟军一方的“萨埃塔”中的一架

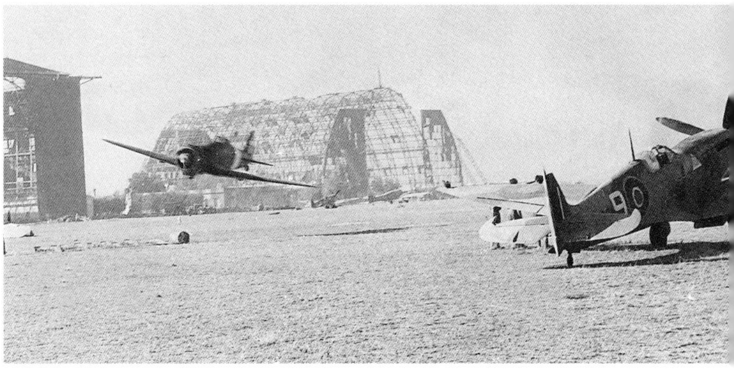

上图：毫无疑问，MC.202 是外形最优雅的飞机之一，它也是意大利皇家空军战时最好的量产型战斗机

部分是亚型机，其中包括适宜热带作战的 MC.200AS，还有预期能携带 705 磅（约 320 千克）的炸弹或者两个翼下副油箱的 MC.200CB 战斗轰炸机。另一种修改了机身并投入生产的改良机型是 MC.201，采用 1000 马力（约 746 千瓦）的菲亚特 A.76RC.40 星型发动机，但在试飞时因为当时资源已经转向研究 MC.202 战斗机，安装的是 MC.200 上标准的 A.74 RC.38 发动机。

MC.200 于 1939 年 10 月开始服役，此时它叫“萨埃塔”。1940 年 6 月，意大利加入第二次世界大战，大约 150 架 MC.200 战斗机交付意大利皇家空军。第一次作战任务是 1940 年秋季为进攻马耳他的轰炸机 / 战斗轰炸机护航，随后还参加了希腊和南斯拉夫的战斗。MC.200 在北非使用广泛，大量该型机投入 1941 年到 1942 年的东线作战行动。1943 年 9 月意大利与盟军签署停战协议之后，23 架“萨埃塔”飞往意大利南部的盟军机场，随后由意大利联合空军部队的飞行员驾驶使用。

“闪电”战斗机进入战斗

MC.200 早期的战斗飞行测试让马里奥·卡斯托迪深信，只有安装直列发动机才能使战斗机的潜在性能完全发挥出来。这一观点在 1940 年 8 月得到证实，当时安装有进口的施耐德 – 奔驰 DB 601A–1 发动机的原型机马基 MC.202（MM 445）进行了测试。1940 年 8 月原型机首次飞行，其表现是如此让人印象深刻，以至于立刻投入生产。MC.202 的配置总体上与 MC.200 类似，但采用加装封闭驾驶员座舱的全新机身结构与相似的机翼，保留了 MC.202 的尾翼和起落架结构。唯一一架 MC.202 原型机，即更换了发动机的 MC.200，在试飞时安装了可收放的尾轮。

由于 MC.202 在设计上的延续性，该机在完成设计后就立即投入生产，第一批飞机于 1940 年春季交付使用。

然而，到 1943 年生产结束时，由于阿尔法·罗密欧发动机的产量限制，MC.202 的生产总量仅有 1500 架。因此 MC.200 没有停产而是急需生产。与 MC.200 一样，MC.202 也衍生出适宜热带作战的 MC.202AS 和 MC.202CB 战斗轰炸机两种变型机。

早期生产的战斗机于 1941 年 11 月交付在利比亚作战的部队。“闪电”战斗机还参加了进攻马耳他和地中海的盟军护航船队的战役。1942 年 9 月被部署到东部前线，虽然它们在这个战场上的称得上命途多舛。

右图：1941 年 11 月从利比亚撤退之后，意大利的“闪电”战斗机在托布鲁克掌握了空中优势，对轴心国部队在 1942 年 6 月占领该城市做出了巨大的贡献

MC.202“闪电”战斗机

MC.202 机身上的“稻草人”装饰表示它隶属于第 22 航空大队，数字符号表示它属于第 369 航空中队。这架第 53“加西亚·特里斯特尔”(Caccia Terrestre) 战斗机分队的 MC.202 战斗机以那不勒斯的机场为基地参与了 1943 年 7 月对抗盟军登陆西西里岛的战役。

动力

马基公司、布雷达公司和 SAI－安布罗西尼公司生产的 MC.202 战斗机均由进口的 DB 601Aa 发动机提供动力，直到阿尔法·罗密欧公司获得生产许可后制造出 RA. 1000RC.41.1“季风”发动机之后才换装国产发动机。该发动机功率为 1075 马力（约 802 千瓦）。

武备

MC.202 战斗机的机鼻上安装有两挺 0.5 英寸（约 12.7 毫米）布雷达－萨法特机枪，每挺备弹 360 发。此外机翼上还有两挺 0.303 英寸（约 7.7 毫米）布雷达－萨法特机枪，每挺备弹 500 发。但在与盟军的飞机交战时常常暴露出火力的不足。

性能

在 18375 英尺（约 5600 米）的高空，MC.202 的最大速度可达 373 英里 / 时（约 600 千米 / 时）。飞机爬升到 16405 英尺（约 5000 米）高空所需时间为 4 分 40 秒，最大飞行高度是 37730 英尺（约 11500 米）。最大起飞重量的作战半径为 475 英里（约 765 千米）。

西西里登陆

1943 年，盟军集中航空兵力进攻意大利和德国南部，为即将开始的登陆行动做准备。火力不足的“闪电”战斗机对重装甲防护的美制轰炸机几乎无计可施，仅仅能在迎面的交锋中取得小小的成功。一些 MC.202 战斗机甚至用于高空轰炸（没有成功）。盟军大规模的进攻摧毁了超过 1000 架的意大利战斗机，为数不多幸存下来的 MC.202 在 7 月 10 日登陆发起时面对盟军飞机也无能为力。月底，所有意大利战斗机部队都离开了西西里岛，该岛在 8 月中旬被盟军解放。

上图：这架早期的B-26涂有1942年美国陆军航空队橄榄绿色和中性灰色涂装，拥有短翼展、低垂尾、小型发动机进气管

马丁公司B-26“掠夺者”

发展简介以及早期在美国陆军航空队服役

在一连串早期的坠毁后被揶揄为“寡妇制造者”的B-26，成为美国陆军航空队最重要的中型轰炸机之一。到1944年，第9航空队的这款飞机在欧洲战区的损失率最低。

在20世纪30年代的最后几年，美国陆军航空队非常需要中型轰炸机。当时美国陆军航空队手中只有过时的道格拉斯B-18和马丁B-10轰炸机，可是两者和当时在欧洲服役的飞机相比，在性能、炸弹装载量或是防御武器上都不可同日而语。1939年1月陆军航空队审核了所有美国制造商提供的关于新中型轰炸机的提案，重点强调高速、远航程和2000磅（约907千克）的炸弹装载量，人们心照不宣地默认这些特点会导致翼载荷加大，由此降落速度会很高且起飞需要较长的滑跑距离。

由佩顿·M.马格鲁德准备、格伦·L.马丁公司在1939年7月5日向空军委员会提交的马丁179方案设计被判定为所有公司投标中最好的。这是陆军航空队计划装备的翼载荷最大的飞机，于是开始订购，在设计过关后很快进入生产线。这是在日益变糟的国际情势下的一个权宜之计。有5名机组成员的马丁179型，由吊挂在肩挂式机翼中部的两台1850马力（约1380千瓦）的普惠R-2800“双胡蜂”发动机驱动。两挺0.3英寸（约7.62毫米）和两挺0.5英寸（约12.7毫米）机枪组成了防御武器，具有完美流线型、圆形断面的中部机身内设有一个没有隔断的机舱来装载炸弹。

没有原型机

指定为B-26型号的1100架飞机在1939年9月订购，第一架飞机（40-1361）由威廉·K.埃贝尔在1940年11月25日试飞。实际上该机并没有所谓的原型机。第一批201架飞机由R-2800-5发动机驱动，大部分用于试验或训练。后者证明学习驾驶这款飞机是一个漫长且多少有几分冒险的过程，这是因为飞行员对前三点起落架的头部机轮和较快的降落速度不熟悉；B-26总重量达32000磅（约14515千克），翼展面积602.0平方英尺（约55.93平方米），翼载荷53.2磅/英里^2（约260千克/米^2），在正常载荷下着陆速度可达约96英里/时（约154千米/时）。最大载重量为5000磅（约2631千克），远远超出最初的需求，最高航速315英里/时（约507千米/时），是所有B-26改型里面最快的。

首批交付

1941年第一批B-26开始交付陆军航空队。在后半年，生产型号转为B-26A，该型号在后弹舱内加装了一个转场油箱，在机

下图：图中B-26B的“PN”编号表示其来自第322轰炸机大队第449轰炸机中队。第322大队是第一支在欧洲战场参战的B-26轰炸机大队

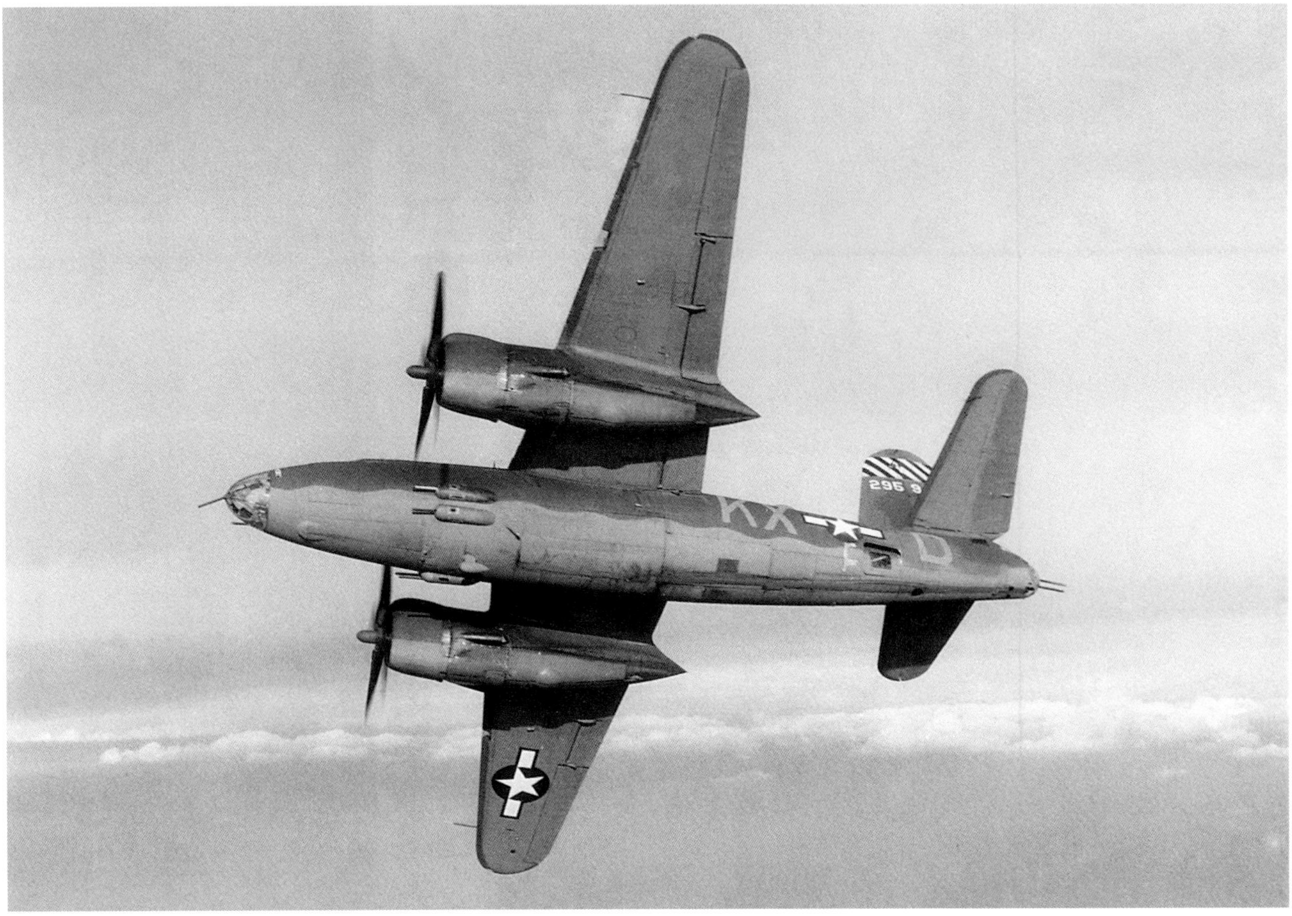

上图：这架 B-26B-50-MA 在英国的第 387 轰炸机大队的第 558 轰炸机中队。在 1944 年 8 月被调到第 9 航空队并转移到法国之前，第 387 轰炸机大队仅在“Mighty Eight”（第 8 航空队“神八”）执行过 29 次任务

上图：第 387 轰炸机大队第 556 轰炸机中队的 B-26“正中靶心号”（*Shootin in*，B42-95857）在欧陆沦陷区的目标上空抛下满载的炸弹。第 9 航空队有效利用“掠夺者”轰炸机支援了盟军在诺曼底登陆及之后的作战行动

腹有一个 22 英寸（约 58.8 厘米）长的鱼雷挂架，用 0.5 英寸（约 12.7 毫米）机枪代替了安装在机头和尾翼的 0.3 英寸（约 7.62 毫米）机枪。飞机最大总重量升至 32200 磅（约 14606 千克）。与此同时，电气系统从 12 伏变成 24 伏电压。

B-26A 总计生产了 139 架，就是驾着这款飞机，第 22 轰炸机大队（中型）在 1941 年 12 月的珍珠港空袭后很快转移到了澳大利亚；随着用额外的油箱替代了一部分装载的炸弹，这些飞机在第二年的 4 月份袭击了位于新几内亚的目标。同年 6 月，携带鱼雷的 B-26A 参加了伟大的中途岛战役，第 73 和第 77 轰炸机中队则袭击了日军在阿留申群岛的舰艇。

B-26A 型机持续在马里兰州的巴尔的摩的工厂进行生产，直到 1942 年 5 月生产转为 B-26B 型。拥有 1883 架总产量，B-26B 是产量最高的型号。B-26B-1 增加了装甲防护，改进了发动机整流罩的形状（去除了螺旋桨毂盖），并加装了 0.5 英寸（约 12.7 毫米）机腹和尾部双联机枪炮塔。这些改动使总质量增加到 36500 磅（约 16556 千克），但是在 B-2、B-3 和 B-4 生产批次中，发动机使用 R-2800-41 或 R-2800-43 的版本，将功率提升至 1920 马力（约 1432 千瓦）。

B-26B-4 衍生改型将头部机轮支柱加长，以在起飞时增加机翼攻角，位于机腹的机枪被单独的 0.5 英寸（约 12.7 毫米）机腰机枪代替。B-5 系列有开缝襟翼以改进着陆进场问题。总共生产了 641 架 B-1、B-2、B-3、B-4 和 B-5 型机。

上图：1940 年 11 月 25 日首次试飞的第一架“掠夺者”(40–1361)，是按照生产订单制造的，但是作为原型机交付买家

B–26 的服役引来严厉的批判，B–10（随后的版本）为了减轻翼载荷而将翼展拓宽到 71 英尺（约 21.64 米），但增加的 4 挺安装在机鼻两侧鼓包中的 0.5 英寸（约 12.7 毫米）机枪，以及马丁 – 贝尔动力操纵的机尾炮塔，也使重量进一步增加（总重量为 38200 磅 / 约 17328 千克）。翼载荷不仅没有减少，相反还使得在起飞时翼载荷提升到 58.05 磅 / 英尺^2（约 283.4 千克 / 米^2），标准着陆速度升至 103 英里 / 时（约 166 千米 / 时）。作为限制临界速率、提升侧向稳定性的一种方法，垂直尾翼也提高了高度，扩展了面积。

巴尔的摩工厂共生产了 1242 架 B–10 以及它的改型，马丁公司在 1942 年底于内布拉斯加州的奥马哈市建立了新的工厂，在那里生产了 1235 架 B–26C（B–10 以及随后的改型）。

战时服役

美国参战后的头 11 个月里，B–26 被派往太平洋战场上作战，但是为了支援“火炬”行动中盟军的登陆作战，第 17、319 和 320 轰炸机大队（中型）由第 34、37、95、432、437、438、439、440、441、442、443 和 444 中队组成，和第 12 航空队一起前往北非，从 1942 年 12 月起驾驶 B–26B 和 B–26C 执行任务。从那以后，支援在西西里岛、意大利、撒丁区、科西嘉岛和法国南部的盟军。

在欧洲北部，B–26 轰炸机的早期服役是令人失望的。第 8 航空队的第一支 B–26 大队——第 322 大队在 1943 年 5 月 14 日一次对费尔森的艾默伊登发电厂的袭击中经历了严峻的考验。三天后，由罗伯特 · M. 斯蒂尔曼上校指挥的 10 架轰炸机对同一目标的袭击中，整个编队都在德军高炮、战斗机，以及编队内的碰撞事故中毁灭。在发现 B–26 对地面炮火毫无还手之力之后，美军将 B–26 的作战高度转移到中空和高空。直到 1943 年底装备新成立的第 9 航空队，“掠夺者”的全部潜能才得到开发。此时该型机被用于执行中空战略轰炸任务（由战斗机护航），为即将到来的进攻欧洲做准备。到 1944 年 5 月，第九航空队有 8 支 B–26 轰炸机大队，分别是第 322、323、344、386、387、391、394 和 397 大队，由 28 支中队组成。

左图：当大部分“掠夺者”都在马丁公司的巴尔的摩工厂生产时，1210 架 B–26C 在内布拉斯州的奥马哈市工厂完成生产。这些没有武器的 B–26 被用作教练机

下图：B-26G是最后一款“掠夺者”的改型，到1945年4月的最后一天，共有893架建造完成。拿着灭火器的马丁公司的职员看着试飞员开启最后一批117架B-26G-25-MA轰炸机中的44-68144号左发动机，以防发动机回火时起火

“掠夺者”轰炸机的成熟

B-26B（以及在奥马哈市生产的相同款B-26C）型机是“掠夺者”所有改型中产量最大的。之后还有众多改进型，其中包括大量生产的B-26G。

B-26B型机在巴尔的摩的生产于1944年2月结束，最后交付的型号为B-26B-55-MA。此外，马丁公司为美国陆军航空队生产了208架AT-23A，这些没有装甲以及枪、炮等武器装备，但加装C-5拖靶绞盘的B-26B被用作靶机拖拽机和教练机。在奥马哈市的生产于1944年4月结束，最后一批飞机是B-26C-45-MO和350架AT-23B型靶机拖拽机/教练机。靶机拖拽机中的225架被指定为JM-1并被交付美国海军和美国陆军航空队。交付美国陆军航空队的飞机在1944年重新定名为TB-26。

仅有一架XB-26D是在改进早期的飞机基础上生产的，用于测试防冰系统。原计划具有更低的重量，将机背炮塔向前挪到领航员座舱的B-26E没有进入生产线。

另外两种改型被生产。两者都有很长的翼展，且机翼倾角增加了3°30′；这正是飞行员所希望的，这对起飞和着陆过程有改

右图：这幅悲惨的图片显示，一架不能辨认型号的来自第12航空队的B-26轰炸机，在袭击土伦港的海岸炮时，被高射炮命中。在相对低的高度作战时，中型轰炸机对地面火力和战斗机的抵抗力极弱

进，且一定会使进场处理更方便，但是最大航速骤降至 277 英里 / 时（约 446 千米 / 时）。B-26F 的生产开始于 1943 年底，第一批飞机于次年 2 月交付美国陆军航空队。完成的 300 架 B-26F 中，有 200 架根据《租借法案》交付英国皇家空军，并被称为“掠夺者”Mk III 型（规格和 B-26F-2 以及 B-26F-6 相同）。

在装置及配件方面大量微小改进后的 B-26G，马丁公司总共生产了 893 架，英国购买了其中 150 架，并命名为“掠夺者”Mk III 型。TB-26G 在 1944 年生产了 57 架，其中最后的 15 架作为 JM-2 型交付美国海军和美国陆军航空队。

最后的交付

最后一批总计 5157 架“掠夺者”B-26 于 1945 年 3 月 30 日全部交付（另有一架编号为 44-28221 的 XB-26H 的被用于测试波音 B-47 和马丁 XB-48 轰炸机使用的四点式自行车式起落架）。尽管有一些由先进的设计原理产生的问题，但 B-26 在战争中有着令人印象深刻的记录，包括总计有 129943 次在欧洲和地中海战区的作战出动架次，在此期间，B-26 投下了 169382 吨炸弹，击落了 402 架敌机，而 911 架在战争中损失的数量代表着不足 1% 的战损率。美国陆军航空队的 B-26 在 1944 年 3 月达到在编数量的高峰，有 11 个大队（共 43 个中队）参战，其中 1931 架 B-26 在欧洲战场作战。

下图：“掠夺者”在北非战场展示出其价值。在之前太平洋战场上，飞机机身上有较小的标记。B-26B“甜心阿苏号”（*Sweet Sue*，41-18201）拍摄于 1943 年 7 月和突尼斯第 12 航空队一起执行任务时

上图：大部分“掠夺者”在第二次世界大战结束后都很快退役了。这些 B-26C-25 出现在战后飞机墓地中。“掠夺者”发动机被拆走后飞机重心会转向机身后部

当 B-26 第一次参战时，制造成本为 21.6 万美元，到 1944 年，这个数字降到 19.2 万美元（B-25 造价为 14.2 万美元）。B-26 是一架强壮的飞机，它的半硬壳式机身被分成 3 个部分建造，有 4 个主要纵梁，环形横向肋骨以及纵梁；中心部分，包括与机翼部分整体建造在一起的炸弹舱。箱式的机翼结构，由两个带有大尺寸蒙皮的大型主梁构成，由沿翼展方向的构件进行加固，以提供扭转刚度；整个前缘都铰接到前翼梁以便维修。只有方向舵是由织物覆盖的。所有液压驱动的前三点式起落架都可向后面伸缩，前起落架顺时针旋转 90° 收入机头内部。

7 名机组成员包括 2 名飞行员、领航员、无线电员、前机枪手 / 投弹员、炮塔和尾部机枪手。11 挺 0.5 英寸（约 12.7 毫米）机枪（1 挺机鼻机枪，4 挺在机头两颊，2 挺机腰手动机枪和双联装机背、机尾炮塔）总共配置 3950 发子弹。最大炸弹装载量为 2 枚 1600 磅（约 726 千克）的炸弹或 1 枚 1000 磅（约 907 千克）的鱼雷（很少使用），大部分飞机出动时均携带 8 枚 500 磅（约 227 千克）或 16 枚 250 磅（约 114 千克）炸弹。

匆促的退役

“掠夺者”很快在美国陆军航空队的要求下，在对日作战胜利日之后很快退役。它的操纵“质量”使它进入提前退役名单接近榜首的位置。在和平时代，美国陆军航空队更偏爱容易操纵的 B-25 用作训练，前线中型轰炸机单位则换装了道格拉斯 A-26“入侵者”。

上图：总计有 272 架“掠夺者”交付美国海军，其中 225 架被称为 JM–1 型。AT–23B 靶机拖拽机被海军和陆军航空队用作相同的用途。这架美国海军陆战队的飞机在完成时全身涂有黄色，以在搜救时达到醒目效果

上图：最后一架完成生产的“掠夺者”是 XB–26H“米德河树墩跳跃者号”（*Middle River STUMP JUMPER*），用于测试安装在波音 XB–47 和马丁 XB–48 的自行车式起落架。注意飞机机身使用的加固件

解甲归田的“掠夺者”

和同时期的飞机相比具有相当有限的生产数量，并且在第二次世界大战过后很快退役的 B–26，只存留下了有限数量。人们知道的存留下来的仅有少量完整的飞机，且都是静态的博物馆珍品或是被遗弃的废旧的等待修复的飞机。两架该型机在 20 世纪 90 年代依旧可以飞行，其中科尔米特·威克斯（Kermit Weeks）的 N4297J（40–1464），陈列在佛罗里达州的“幻想飞行博物馆”。另一架存留下来的“掠夺者”可能是最有意思的一架。TB–26C–20 N5546N（41–35071）在 1946 年被卖给美国联合航空公司。之后被利兰·H. 卡梅伦购买，参加了 1949 年的邦迪克斯杯赛，带有参赛号码“24”并被命名为“龟峡号”（*Valley Turtle*）（右上图）。1951 年 8 月，这架飞机归田纳西输气有限公司所有。该公司和艾瑞萨切航空服务公司签订合同，将该机改造为行政运输机（右下图）。提升功率的 R–2800 发动机、新三叶螺旋桨和垂尾，都在飞机改进的范围内，可搭乘 14—16 名乘客。1959—1967 年被邦联航空队（Confederate Air Force）买走之前，N5546N 有过几个买主。飞机的修复于 1975 年开始，于 1984 年重新起飞，被命名为卡罗琳（*CAROLYN*）（下图）。41–35071 之后加入加拿大武装部队的动态展示飞行队，但是 1995 年 9 月 28 日在得克萨斯州奥德赛附近的致命事故中失事。

在盟军服役

上图：FK375/“D”“主权复仇号”（*Dominion Revenge*）是19架“掠夺者”Mk IA型机中的一架，交付给在埃及法伊德的英国皇家空军的第14中队，1942年用于海上侦察和攻击任务

根据《租借法案》的条款，英国接收了522架“掠夺者”轰炸机，主要用于北非和地中海战场。6支自由法国部队在地中海战区也使用了这款飞机。

马丁B-26与其他机型不同的是，该机早在原型机制造完成和试飞前就已经得到美国陆军航空队的合同，并在战争中成为最为显赫的中型轰炸机之一。B-26在1940年9月25日初次试飞，在1941年参战前后出现了大量问题。虽然存在技术问题，而且美国陆军航空队对换装有紧迫需求，但B-26还是很快通过《租借法案》运到了英国。

在中东服役

由于在欧洲战区并没有使用B-26一类中型轰炸机的需求，英国皇家空军选择将马丁轰炸机派往中东战场。最初提供的52架“掠夺者”Mk I中只有3架到英国接受评估，其余从1942年8月开始被直接送往中东。这些飞机为B-26A标准型，由R-2800-9或-39发动机驱动以及由安装在机头的0.5英寸（约12.7毫米）的机枪、分别在机背和机尾的炮塔组成的武器装备。除了常规的内置炸弹外，该机还能外挂一枚2000磅（约908千克）鱼雷。交付数量19架的“掠夺者”Mk IA相当于B-26B-4，搭载有R-2800-43发动机和热带过滤器；在其他方面和Mk I型大致相同，也被直接送往中东。在埃及，第14中队用“掠夺者”替换了“布伦海姆”，并参加海上侦察、布雷和对舰攻击任务，经常携带鱼雷参战。

“掠夺者”从1942年11月起参战，第一次成功的鱼雷攻击是在1943年1月。随着时间推移，远程侦察成为“掠夺者”主要的任务之一，并在拦截和击落从意大利起飞的德国和意大利支援南非的运输机方面获得了可喜的成绩。

更多的B-26于1943年到达中东，这100架“掠夺者”Mk

左图：依旧带有美国陆军航空队的序列号，FB482是100架“掠夺者”Mk II（B-26C-30）中的一架，加装了4挺前射0.5英寸（约12.7毫米）机枪并加长了翼展

上图：1943 年某日，对意大利的目标进行攻击前，自由法国空军第 31 轰炸中队的飞行员在位于北非的基地对飞机进行飞行前检查

上图：作为在伊拉・埃克指挥的地中海盟国空军司令部第 1 战略航空队的一部分，这架 B-26C 带有自由法国空军第 1 轰炸机大队第 22 “马洛克” 中队（GB I、22 “Maroc”）的标志，出现在新组建的航空队从法国东南部起飞执行首次任务中

上图：英国皇家空军第二支 B-26 部队——第 39 中队驾驶 “掠夺者” Mk III（同 B-26F/G）与巴尔干半岛航空队的南非空军部队并肩作战，支援铁托游击队

II 型相当于 B-26C-30，带有 4 挺安装在前机身两侧鼓包中的机枪，以及加长翼展。这些飞机专门装备了在利比亚和意大利的南非空军的第 12 和 24 中队。在 1944 下半年，英联邦接收了最后 350 架 “掠夺者” Mk III 型，由混合的 B-26F 和 B-26G 型机组成。飞机的主要新特征是为了改善操纵性而增加了机翼倾角，挂载鱼雷的挂架也被取消了。

南非空军的Mk III型

交付南非空军的 “掠夺者” Mk III 型机增强了在意大利的 “掠夺者” 实力。第 21 和 30 中队的加入，使得第 3 联队成为一支全 “掠夺者” 轰炸机的单位。第 39 中队则成为英国皇家空军第二支换装 “掠夺者” 的中队，该中队与南非空军第 25 中队一道支援南斯拉夫的铁托游击队。这两个中队从 1944 年 12 月开始参战直到战争结束。随后 “掠夺者” 很快退出英国皇家空军和南非空军的序列，由于美国陆军航空队不再要求返还这些飞机，这批 “掠夺者” 全都就地报废。英国皇家空军的最后几架都装备了第 39 中队，1946 年 9 月在喀土穆解散，该中队开始换装德・哈维兰 “蚊” 式战斗机。

在法国服役

到 1944 年 6 月，法国自由空军有 6 支中队装备了 “掠夺者”。这些中队都在北非完成了训练并参战，在此前不久转移到英国为霸王行动做准备。第 31 联队包含第 1 轰炸联队第 19 “加斯科涅” 中队（I/19 “Gascogne”）、第 2 轰炸大队第 20 “布列塔尼” 中队（GB II/20 “Bretagne”）、第 22 “摩洛哥” 中队（GB I/22 “Maroc”）和第 2 轰炸大队（GB）第 52 “法兰克伯爵” 中队（GB II/52 “Franche-Comté”）；第 34 联队由第 1 轰炸机大队第 32 “布赫盖聂” 中队（GB I/32 “Bourgogne”）和第 2 轰炸机大队第 63 中队 “塞内加尔”（GB II/63 “Sénégal”）组成，这些部队均配属美军陆军航空队作战。在诺曼底登陆日之后，这些部队重返欧洲大陆［第 2 轰炸大队第 52 中队（GB II/52）随后加入第 34 联队］。直到年底都作为第 1 战术航空队的一部分在法国东南部作战。

如同其他拥有 “掠夺者” 的部队一样，法国空军在对日作战胜利日之后很快让 B-26 退役；有一架用于测试喷气式发动机，这也是当时唯一一架还在服役的 “掠夺者”。

左图：B-26 的机尾靠近照相机的“04”标志，表明它是一架法军第 1 轰炸机大队第 22 中队的飞机。该机和其他“掠夺者”一起在法国的地中海海岸上空飞行，准备执行下一次轰炸任务

下图：这批换装法国空军并一直使用到二次世界大战结束的 B-26 轰炸机是从美国陆军航空队中直接抽调来的。这架 B-26G-25 44-68165 号机带有第 2 轰炸机大队第 62“布赫盖聂”中队的标志，出现在 1945 年的圣迪泽。机身的绿色条纹和机尾的号码表示这个单位隶属于第 34 轰炸中队。同样注意法国同心圆军徽，直接覆盖在美军的“星条旗”军徽上

“阿塔”涡轮喷气飞机试验台

法国航空和航天工业在这些年的发动机测试项目中使用了很多不同的飞机。1950 年，法国空军的 B-26G-10-MA 43-34584 在机尾安装有一台“阿塔”涡轮喷气式发动机，并通过机身前面的进气管和飞机尾部的排气管运转。

下图：第二次世界大战期间，梅塞施密特 Bf 109 型战斗机总共生产了 3 万多架，但迄今没有任何一架仍能继续升空，尽管有几架正着手改装恢复可飞行状态。照片中这架英国皇家空军所拥有的 Bf 109G 型现存放在英国杜克斯福德的“帝国战争博物馆”（Imperial War Museum）内，它在 1997 年的一场降落意外之后就一直留在地面上，无法再次升空

梅塞施密特 Bf 109

第二次世界大战中德国最著名的战斗机毫无疑问的是 Bf 109 型。Bf 109 型的服役历程同时也象征了德国空军的时运：从早期的战无不胜，到漫长、艰辛的维持空中优势，直至最后面对压倒性数量的敌机而失败。

上图：在西班牙，Bf 109 首度被用来为轰炸机护航和执行低空扫射任务。梅塞施密特战斗机被证明远优于共和政府的所有战斗机

1935 年 5 月，当首席试飞员汉斯·“鲍比”·克努切上尉（Flugkapitän Hans “Bubi” Knötsch）从梅塞施密特公司的奥古斯堡－豪恩斯泰腾（Augsburg-Haunstetten）机场跑道上驾着全新的第一款原型战斗机升空之际，他肯定知道所操纵的机器代表着战斗机设计技术的跃进。不过他没有预见的是，10 年之后，尽管在战场上彻底失败，但 Bf 109 型和“喷火”与“野马”一道成为航空界的不朽传奇。

虽然最初命名为 Bf 109A 型的战斗机并非第一款单座、结合全金属强化外壳、一体成形结构和低翼悬臂单翼战斗机，但它是首架融合所有改良的特征的飞机，如全罩式座舱、可收回式起落架和完全结合前缘机械缝翼与后缘有沟槽的襟翼的设计。

首创的设计

梅塞施密特公司生产的这款一流战斗机是他们首次取得的重大成就。人们经常拿 Bf 109 和近乎同时期诞生的“喷火”来做比较。不过，后者大部分是从早期“施奈德飞行大奖赛”（Schneider Trophy）的高速竞赛用机取得制造经验，而 Bf 109 则没有这样的先辈传授技术，况且其最直系的溯源还只是一架四人座的轻型民用旅行飞机。

作战测试

Bf 109 无疑是当时作战机种里最先进的战斗机。1936 年后期，4 架原型机（V3 号至 V6 号）被派往西班牙偕同“秃鹰军团”进行实战测试，该机随即生产了 124 架。双翼战斗机的设计始祖与战术运用显然可回溯到第一次世界大战时期。在双翼机尚存的时代，Bf 109 的飞行员因此改写了战斗机的空战规则。在这群先锋中走在最前列的是未来的空战王牌维尔纳·莫尔德尔斯（Werner Mölders），他的飞行小队（Schwarm）或“四指编队”（finger-four）队形后来

上图：第二次世界大战初期，Bf 109 在与过时的法国与波兰战斗机格斗之间被证明是可畏的敌手，大部分损失都是由地面炮火造成的

广泛为世界各国空军所采用。

第一款主要的量产型，即经典的Bf 109E型或所谓的“埃米尔”（Emil）或许是全 Bf 109 系列中的“极品”。它不但与不列颠空战紧密联系在一起，还受到德国空军飞行员的普遍欢迎。E 型将首席设计师威利·梅塞施密特（Willy Messerschmitt）的一切构想结合为一体，他在接到军方的需求之前就试图整合各种不同的武器和机载设备，并在机身上加装武器与装备，甚至包括减弱飞行性能的螺栓固定式武器。

硬要说“埃米尔”存在缺陷的话（除了它的起落架间距过窄，这是 3 万多架 Bf 109 的共同弱点），那就是它的火力不足：该型号最多只能装载两门 20 毫米 MG FF 型机翼机关炮和两挺 0.31 英寸（约 7.9 毫米）MG 17 机鼻机枪。Bf 109F 型配备了升级的 DB 601N 型发动机，在气动外形上大有改进，但仍无法解决武装薄弱的问题。虽然许多飞行员有幸使用 F 型装设在发动机舱内的高初速与高射速、用于取代 E 型的机翼机关炮的 MG 151 机关炮，但只要情况允许，飞行员还是宁愿继续驾驶 E 型战斗机。

各战线上的战斗机

大战中期的 F 型或所谓的“弗雷德里希”（Friedrich）型在各大战线——英吉利海峡、地中海与苏联都看得到它的身影。而驾驶其后继者 Bf 109G 型的飞行员则因为德国空军大规

左图：第 54 战斗机联队长副官施坦因德尔中尉在 1942 年春轰炸斯大林格勒的任务中向僚机摆出姿势。Bf 109E 战斗轰炸机型的服役时间要长于昼间战斗机型，在后者被 Bf 109F 和 Bf 109G 取代后还服役了很长时间

模生产计划的失败和无法汰换已过高峰期的机种而付出代价。在 Bf 109 所有的衍生机型当中，最富创造力的 G 型“古斯塔夫型”（Gustav）将承受不断增加的压力直到最后全面的溃败。

Bf 109G 型的发展导致 Bf 109K-4 型于 1944 年 10 月诞生，它是最后一款的量产型。K-4 型由增强动力的 DB 605D 型发动机驱动，速度虽快，但到了这个时候，该机的设计已不再像它的前辈一样能够稳操胜券。Bf 109K-4 依旧是一款富有潜力的武器，不过该型号战斗机最需要的是推动它的燃料和有经验的飞行员，而这两者在大战的最后几个月里正是德国空军极其缺乏的。

战后的服役

第二次世界大战虽然结束，但 Bf 109 的作战史并未就此写下句号。西班牙在战争期间便获准研究组装该型战斗机，其后他们也利用自产的“西斯帕诺 - 苏莎”（Hispano-Suiza）发动机完成了几架 Bf 109，但后来则改用英国的罗尔斯 - 罗伊斯“默林”发动机（该机第二次世界大战中的头号敌手超级马林“喷火”也装配此型发动机）。这批命名为“西班牙 HA-1112-M1L 型”的西班牙制 Bf 109 战斗机一直服役到 20 世纪 60 年代中期。

战后其他使用 Bf 109 的空军单位还包括以色列军队。他们拥有一些 S-199 型“梅塞克”（Mezec）战斗机（即配备 Jumo 211F 型发动机的捷克制 Bf 109G），在 1948 年至 1949 年间用于对抗埃及空军。不过，飞行员们已经不喜欢这种战斗机了，因为它很难驾驭。那些不得不使用它的飞行员给 S-199 取了绰号——“骡子”。

上图：Bf 109 战斗机大部分的作战行动皆于白昼进行，但照片中的这架投入夜间战斗。这架 Bf 109F 型隶属于第 54 战斗联队第 2 大队，照片摄于苏联早期战场。注意方向舵上的 19 条击落纪录

下图：照片中这架 Bf 109G 型战斗机是由德国“梅塞施密特 - 波考 - 布洛姆飞机公司 / 南德航空联盟”（MBB Aircraft/Flugzeug-Union Süd）保存，实际上它是一架装置德国戴姆勒 - 奔驰发动机的西班牙 HA-1112 型“风信子”（Buchón）混种机

Bf 109 原型机

上图：为 1934 年旅游飞机大赛而设计的梅塞施密特 Bf 108 加入很多新的特点，其中有很多也应用在 Bf 109 战斗机的设计中

Bf 109 在 1935 年首飞终于改变了官方的顽固态度，最终成为一款经典战斗机。从早期的原型机就可以看出该机型在设计上较之其他飞机的巨大优势。

Bf 109 的研发开始于 1934 年初的一次新式战斗机竞标。新生的纳粹空军的主要飞机制造商阿拉道、福克－沃尔夫和亨克尔都被看作主要的竞争者。

梅塞施密特痛苦地意识到其他公司对自己参与竞标存在着敌意，似乎也接受了拿不到生产订单的结局。他把该型号新型战机看作当时最先进航空技术在一架机体上的集合，而不是一项项客户需求的拼凑。

为了给这一战机提供动力，梅塞施密特在 1934 年选中了容克 Jumo 210 发动机，而戴姆勒－奔驰的 DB 600 也作为将来的备选。与此同时，第一架原型机 Bf 109A 的建造也开始了。到 1935 年 5 月该机已经基本完工，并按照德国新颁布的命名规则重新命名为 Bf 109V1（原型机都以 V 开头）。命途多舛的 Jumo 210 发动机（直到 5 年后才大功告成）交付延宕，因此命途多舛的 Bf 109V1 匆忙搭配了罗尔斯－罗伊斯公司的 695 马力（约 519 千瓦）“红隼” VI 型发动机升空。

获得 D–IABI 民航登记号的 V1 原型机在起落架被一根水平杠焊住的情况下完成了飞行测试。1935 年 5 月（确切日期不为人所知），高级试飞员汉斯·迪特里希驾驶 Bf 109 在豪恩施泰滕的跑道上首次升空。在雷希林进行的飞行测验中，V1 被证明要比它

下图：历史上 Bf 109 第一架原型机为了升空而匆匆安装了罗尔斯－罗伊斯公司的“红隼”发动机；原定的 Jumo 210 发动机交付推迟了。它是唯一一种采用立式安装而不是水平布置发动机的 Bf 109

上图：编号为 D-IOQY 的这架飞机是 Bf 109 的第三架原型机，也是第一架配备武器的 Bf 109。该飞机由容克 Jumo 210 发动机提供动力，是 1936 年 12 月派往西班牙参加实验性作战的 3 架飞机中的一架

的主要竞争者——亨克尔的 He 112V1 快得多，操纵性也要更好。

接下来两架原型机的建造在 1935 年末继续进行，而 Jumo 210A 发动机也在 1935 年 10 月份交货并安装在 V2 原型机上。民用飞机登记号为 D-IUDE 的 V2 在 1936 年 1 月开始了飞行测验。

除了起飞时能提供 680 马力（约 507 千瓦）的 Jumo 发动机，V2 只在一些细节上与 V1 不同，而且在机鼻处安装了 2 挺 0.311 英寸（约 7.92 毫米）的 MG 17 机枪，每挺机枪备弹 500 发。V3 原型机（编号 D-IOQY）在 6 月首飞，该原型机上安装了穿过发动机的 MG FF/M 20 毫米航炮，螺旋桨桨毂也进行了相应的修形。

下图：这是 3 架使用 Jumo 210Ga 发动机的 Bf 109 原型机中的一架，1937 年在苏黎世大会上首次亮相。在这次竞赛中，3 架使用 Jumo 发动机的原型机摘得了团体奖杯，还在一次短途竞赛和一次环阿尔卑斯竞赛中获得胜利。而安装 DB 600 发动机的 Bf 109 则在俯冲—爬升大赛中拔得头筹

预生产

当被命名为 Bf 109B–0 的 10 架预生产型确定下来时，研发仍在继续。所有的这些预生产型命名时都以字母 V 开头，编号从 V4 直到 V13，也以 Bf 109B–01、B–02 等一系列编号为人所知。V4（注册号 D–IALY）于 1936 年 11 月首飞，装备两挺 MG 17 机枪，由 Jumo 210B 提供动力。这一发动机 5 分钟内功率最高可达 640 马力（约 477 千瓦），持续运转时功率为 540 马力（约 403 千瓦）。V5（注册号 D–IIGO）和 V6（注册号 D–IHHB）都在 12 月份试飞，并且均安装 3 挺 MG 17 机枪。第三挺机枪安装在发动机罩内，透过桨毂盖射击。这些飞机使用可变桨距的 VDM 汉密尔顿螺旋桨替换了施瓦茨固定桨距螺旋桨。安装了改进的机头后，轮廓与原来相比差异更为明显。

战斗评估

作为即将到来的大战的前奏，V3、V4 和 V5 在 1936 年 12 月被派往西班牙，以在战场环境下进行评估。尽管这一飞机没有获

上图：D-IALY 是第一批 10 架预生产型 Bf 109 中的第一架，被命名为 Bf 109B-01。它使用 Jumo 210B 发动机，机鼻上部两挺 MG FF 机关炮。在后期的 Bf 109B-0 系列中固定翼螺旋桨被 VDM- 汉密尔顿可变螺距螺旋桨取代

得显著的成功，但依然为几周后开始生产的 Bf 109B 积累了许多经验，使它们能够更顺利地服役。1937 年 1 月末，原型机返回德国。

Bf 109 的研发飞快地进行着。V3 在发动机上安装了一门 MG FF 机关炮，但安装的位置引起了震颤问题。1937 年 3 月，V7（编号 D-IJHA）原型机首飞，装备有 VDM- 汉密尔顿可变桨距螺旋桨以及一台带有两级压气机的 Jumo 210G 燃油直喷发动机。VDM 螺旋桨在 Bf 109B 生产开始的时候就被引入。然而能使飞机在任意高度都保持全力输出的燃油直喷系统直到被安装到 Bf 109C 上才得以使用，V7 和 V8（编号 D-IPLU）成为 Bf 109C 的原型机。这两架飞机都有重新布置的燃油冷却通风口。V8 也测试了安装在机翼上的 MG 17 机枪，而安装在机身上的武器问题重重。随后，V7 和 V8 都安装了 Jumo 210Ga 发动机。

V10 原型机完工时安装的是 Jumo 210aGa 发动机，但在 1937 年 6 月换装了起飞功率 960 马力（约 716 千瓦）、连续运转功率 775 马力（约 578 千瓦）的戴姆勒 - 奔驰 DB 600A 发动机。这发动机也安装在接下来的 4 架预生产型上（V11 到 V14）。奔驰公司的发动机更大、更重，导致飞机重心的变化，好在这一问题通过重新设计冷却系统得到解决。冷却系统在机首下方有一层薄的散热板，重心后方的机翼下也有两块。V11 配备了三叶 VDM 螺旋桨，包括起落架在内的机体经过相当程度的局部加固以适应更大的重量。压气机通过一个凸出的左侧进气口进气。

苏黎世竞赛

Bf 109 表现如此优越以至于德国想寻找一种方法把这一最新型战机宣传出去。1937 年 7 月 23 日至 8 月 1 日在苏黎世迪本多夫举行的第 4 届国际飞行大会是一个绝妙的机会。

5 架 Bf 109 被派往迪本多夫，包括安装有 Jumo 210Ga 的 V7、V8 和 V9，以及另外两架安装新型戴姆勒 - 奔驰 DB 600A 的 V13（编号 D-IPKY）和 V14（编号 D-ISLU）原型机。恩斯特 · 乌德特驾驶 V14 完成了“环游阿尔卑斯山脉”项目，但遭遇发动机故障。这一项目最终由驾驶 V8 原型机的汉斯 · 赛德曼上校夺魁，他在 56 分 47 秒的时间内以 241 英里 / 时（约 288 千米 / 时）的速度完成了 228 英里（约 367 千米）的总航程。

3 架安装 Jumo 发动机的飞机赢得同一航线最快三机编队的团队奖，而工程学博士卡尔 · 弗兰克驾驶 V13 赢得了俯冲 - 爬升大赛的桂冠，又驾驶 V8 赢得 31 英里（约 50 千米）四圈竞速赛的第一名。在苏黎世大获成功后，巴伐利亚飞机制造厂努力延续着国际上的荣耀，1937 年 11 月，工程学博士赫尔曼 · 沃斯特驾驶 V13 尝试了 4 次，刷新了世界陆上飞机速度纪录。他在 1.86 英里（约 3 千米）长的低空直线上将纪录改写为379.38英里/时（约611千米/时）。该机使用增加功率的戴姆勒 - 奔驰 DB 601 发动机进行了特殊改造，还采用了加长的、流线型的螺旋桨桨毂盖、加固的驾驶舱以及为减小阻力而打磨过的表面。

左图：Bf 109B 战斗机在 1937 年 2 月开始交付。生产线很快就转移到了雷根斯堡，奥格斯堡的设备可以继续进行研发工作

下图：这一排是刚刚从位于不来梅的福克－沃尔夫工厂里下线的 Bf 109D 战斗机。D 型是在 1938 年与 C 型同时制造的机型，但人们认为其性能比后者略逊一筹，因为它的发动机配备的是汽化器而不是燃油直喷系统

“贝莎”“克拉拉”和“多拉”

最初安装容克 Jumo 发动机的 Bf 109 改型在 1937 年进入德国空军服役，接下来几年中在西班牙内战的战场上浴血奋战，直到配备 DB 601 的“埃米尔”战机的到来。

赢得战斗机大赛之后，巴伐利亚飞机制造厂开始在豪恩施泰滕调试设备以生产 Bf 109。Bf 109B 是正式量产型号（Bf 109B-1 和 Bf 109B-2 的命名只是后来人们错误地将安装施瓦茨螺旋桨和 VDM 螺旋桨区分开来的一种误称）。第一架量产型根据谐音被称为“贝莎”（Bertha）。巴伐利亚飞机制造厂当然也得到其他型号的生产许可，该型号战机无疑有着成为主力战机的潜力，豪恩施泰滕的生产设备远远不够。于是梅塞施密特股份有限公司成立了，并在雷根斯堡新建了一座工厂，Bf 109B 的生产很快转移到那里。设计中心则留在奥格斯堡。

Bf 109 的研发继续飞快地进行。V3 原型机在发动机上安装了一门 MG FF 机关炮，但安装的位置引发了震颤问题。1937 年 3 月，V7（编号 D-IJHA）原型机首飞，它装备有 VDM- 汉密尔顿可变桨距螺旋桨以及一台带有两级压气机的 Jumo 210G 燃油直喷发动机。VDM 螺旋桨在 Bf 109B 生产开始的时候引入。然而，能使飞机在任意高度都保持全力输出的燃油直喷系统直到 Bf 109C 出现时才可用，而 V7 和 V8（编号 D-IPLU）是 Bf 109C 的原型机。这两架飞机都有重新定位的燃油冷却通风口。V8 也测试了安装在机翼的 MG 17 机枪，但安装在机身上的武器问题重重。随后，V7 和 V8 都安装了 Jumo 210Ga 发动机。

空中的戴姆勒-奔驰

V10 原型机完工之初安装的是 Jumo 210aGa 发动机，在 1937 年 6 月换装了起飞功率 960 马力（约 716 千瓦）、连续运行率 775

下图：Bf 109C-1 是最后一款安装 Jumo 发动机的 Bf 109，产量很少。C1 装备有 4 挺 0.31 英寸（约 7.92 毫米）MG 17 机枪。有一部分翻新的飞机，比如 C-3，安装了两门 20 毫米口径的 MG FF 机关炮

马力（约 578 千瓦）的戴姆勒 - 奔驰 DB 600A 发动机。这一发动机也安装在接下来 4 架预生产型上（V11 到 V14）。奔驰发动机更大、更重，导致飞机重心的变化，好在这一问题通过重新设计冷却系统得到弥补。冷却系统在机首下方有一层薄散热板，后边机翼下方也有两块。这 3 架飞机配备了三叶 VDM 螺旋桨，包括起落架在内的机体经过相当程度的局部加固以适应更大的重量。压气机通过一个凸出的左侧进气口进气。

截至 1937 年中，除了第 88 战斗机大队第 1 中队（以及马上装备的第 88 大队第 2 中队），Bf 109B 已经进入杜贝利茨的第 132 战斗机联队第 1 大队、尤特伯格 - 达姆的第 132 战斗机联队第 2 大队以及科隆的第 234 战斗机联队第一“施拉格特”大队，不过这些部队中 Bf 109 都没有达到额定数量。1937 年 11 月，杜塞尔多夫的第 234 战斗机联队第 2 大队开始换装这一飞机。年末，第二家工厂——位于卡塞尔的格哈德 - 费施勒 - 威尔克工厂生产的第一架飞机也交付了。B 系列并没有大量生产，并且在部队中很快被后来的改型所取代。空军中一些迟迟未能替换的飞机一直服役至 1940 年初，主要供航校教学使用。

1937 年以后的研发集中在下一款量产型——Bf 109C“克拉拉”（Clara）上。V9 原型机在翼下安装 MG 17 的位置安装了 20 毫米 MG FF 机关炮。机关炮安装的位置比 MG 17 更靠外，在内侧有一个备弹 60 发的弹鼓。后膛位置安装了一个与机翼下侧衔接的炮座。最初为 Bf 109C-1 搭配的武器并没有被采纳，而是在机头安装了两挺各自备弹 500 发的 MG 17 机枪，以及机翼中各自备弹 420 发的两挺机枪。Jumo 210Ga 发动机采用了改进型的排气口，“克拉拉”的散热器也更厚。Bf 109C-2 是一款计划中的型号，在发动机上安装第 5 挺 MG 17 机枪，但这一项目没有进行下去。Bf 109C-3 是 Bf 109C-1 系列在工厂进行翻新并安装最初在 V9 原型机上测试的 MG FF 航炮之后的命名。

上图：1937 年 12 月 4 日第一批生产型中被派往“秃鹰军团”中的一架 Bf 109B 在共和军战线后方由于燃料耗尽而迫降。这一飞机在西班牙由法国代表团进行了评估，由弗拉基米尔·罗莎诺夫大尉试飞。遗憾的是，这一评价极高的评估报告由于政治原因而不了了之。对于梅塞施密特来说，这一意外损失并没有造成任何实际上的损害

1938 年春季开始交付，到了夏季，第 132 战斗机联队第 1 大队开始换装。少量 Bf 109C-1 被海运到西班牙，但产量依然非常有限。当时，生产最多的还是与之同时生产的 Bf 109D“多拉”（Dora）。这一版本于 1938 年初进入驻加绍的 131 战斗机联队第 1 大队服役，这些部队中很多后来换装了重型战斗机。

上图：用于发动机研制的 Bf 109B 出于宣传目的而安装了三叶螺旋桨

上图：瑞士的第一批“多拉”交付于 1938 年 12 月 17 日，这一批飞机安装了定制的 0.39 英寸（约 7.45 毫米）机枪（机身上的机枪备弹 480 发，机翼上的备弹 418 发）。瑞士的“多拉”同 Bf 109E 一起服役，直到 1949 年报废

退化的“多拉”

如果有什么区别的话，重新采用汽化器供油的 Jumo 210D 发动机的“多拉”实际上是一种退步。然而，它却有 4 门武器。多年来，Bf 109D 的编号被认为是应用于使用 DB 600 发动机的飞机，但实际上没有任何一个 BF 109D 子型号使用这种动力装置。Bf 109D 在当今的许多出版物中不断被提及，但许多 Bf 109D 的照片实际上只是早期型号的 Bf 109E，也就是说，许多所谓的“克拉拉”实际上是“多拉”。

Bf 109D-1 的生产也是在位于莱比锡城的埃拉机械工厂以及不来梅的福克－沃尔夫飞机制造厂完成的，第二个生产地开始生产是在 1938 年初。1938 年 8 月，一批 5 架 Bf 109D-1 被派往西班牙的第 88 战斗机大队第 3 中队。D-1 也吸引了来自匈牙利的为数 3 架的订单，用以进行评估。瑞士提前接收了 10 架 Bf 109D 进行适应，以更好地适应安装奔驰发动机的 Bf 109E 版本，而大多数潜在用户则对即将到来的戴姆勒－奔驰发动机版本充满期待。

1937—1940 年，服役中的 Bf 109B/C/D

最初安装 Jumo 发动机的 Bf 109 于 1937 年初进入部队服役。所有三种装备 Jumo 发动机的改型在 1939 年 9 月第二次世界大战爆发时仍在前线服役，不过此后 Bf 109E 很快就替换了 Bf 109B、C 和 D 系列。

Bf 109B

第 132“里希特霍芬”战斗机联队第 6 中队的这架 Bf 109f 在 1937 年秋天驻扎在尤特伯格－达姆。数字 7 上方的黑色横杠表示这架飞机隶属于第 2 大队。

Bf 109C

1939—1940 年，仅有少量夜间战斗机部队装备了 Bf 109C。这架飞机是第 77 战斗机联队第 10 中队的“克拉拉”，该部队是 1940 年 7 月临时驻扎在奥丹堡的夜间战斗中队。

Bf 109D

截至 1940 年初，一些早期型号的飞机已经被委以训练任务。这架“多拉”是 1940 年驻扎在韦尔诺伊兴的第一战斗机训练学校的飞机。罕见的是，这架飞机安装的是射流式排气装置。

上图：1938 年 12 月加入西班牙内战的 Bf 109E 已经来不及参与大规模的军事行动了。因为三叶螺旋桨，这一飞机被昵称为“Tripala”

“埃米尔”和“T”

1938 年，优秀的 Bf 109 机身终于装上了 DB 601 发动机，一代经典就此诞生了。德国在战争初期的胜利与 Bf 109E“埃米尔”的贡献不无关系。

Bf 109“埃米尔”于 1938 年末开始投产，这或许也是这一系列飞机中最出名的一款。为 Bf 109 装上戴姆勒－奔驰 DB 600/601 发动机的想法由来已久，但是发动机的研发进度落后于机体，因此早期的飞机都是用 Jumo 发动机提供动力。第一架安装 DB 600 的 Bf 109 是 V10 原型机，实际上该机也成为 Bf 109E 的原型机。建造了几架装备 DB 600 发动机的原型机之后，发动机改为 DB 601A，它能提供更强的动力，更重要的是，它有燃油直喷系统，使得发动机能够在负过载（负 G）状态下维持动力输出。直到 1941 年，这都是 Bf 109 在面对超级马林“喷火”时的战术优势。由于其他问题导致延迟，DB 601A 的生产到 1938 年才开始。

下图：第 27 战斗机联队第 1 大队是德国空军第一批抵达北非的战斗机部队，他们在为 1941 年 4 月份利比亚的行动做准备。空中局势随即发生扭转：Bf 109E 轻易地击败了英联邦的“战斧”与“飓风”战斗机

下图：这架 Bf 109E–3 表面图案是第 53 战斗机联队在 1939 年秋天测试的几种斑驳迷彩图案中的一种。它隶属于航空团的第 4 中队，发动机罩上有著名的第 53 战斗机联队“黑桃”的徽章

下图：这架 Bf 109E–4 展示了 20 世纪 40 年代中期典型的涂装方式。上表面有两种颜色的碎片，淡蓝色从机身侧面延伸上去（通常都因喷涂过量造成斑点）。这一飞机绘有第 26“施拉格特”战斗机联队的 S 徽章，不列颠之战期间，它采用第 9 中队地狱犬标志和黄色战区标识

安装了 DB 601A 后，Bf 109E–1 的表现极其惊人，无疑是当时全世界最棒的战斗机。它的武器装备与 Bf 109D 一样，也就是机鼻顶部的两挺 MG 17 机枪以及机翼中的两挺机枪。

紧随 Bf 109E–1 之后的是 Bf 109E–3，与前者相比，后者用 MG FF 机关炮替代了机翼中的 MG 17 机枪。这也是 Bf 109 相对于英国皇家空军战斗机的另一个战术性优势。

最初一批的“埃米尔”交付了西班牙，时间是 1938 年 12 月，包括 Bf 109E–1 和 Bf 109E–3，总数约为 40 架。这些飞机在整个西班牙内战过程中都是西班牙空军战斗机力量的支柱。其他早期出口的是销往瑞士和南斯拉夫以换取硬通货。1939 年上半年，德国空军战斗机部队迅速过渡到新战机型号（生产于雷根斯堡的梅塞施密特、埃拉、费施勒和 WNF），所以在战争爆发的时候已经有超过 1000 架在服役了。Bf 109E 在波兰战役中只发挥了很小的作用，但是当遇到波兰军队孱弱的 P7 和 P11 时，总是能将对方轻易击落。“埃米尔”在德国入侵丹麦和挪威的时候也做出过一些贡献。

Bf 109E 在与法国以及低地国家的战争中被委以重任，也是在这里，它们获得不可战胜的美名。对英国的进攻紧随其后，在此过程中 Bf 109E 很好地证明了自己的实力。从战斗的第一天，Bf 109E 就开始执行自由游猎任务，随心所欲地猎杀目标。飞行员们可以尽情利用 Bf 109 那传奇般的俯冲与爬升能力，同时避免太多的转向，因为该型机在转向上相对于“喷火”处于劣势。只有在 Bf 109 被迫担任轰炸机护卫机的时候才会产生严重的损失，而之

下图：第 54 战斗机联队第 2 大队的一架 Bf 109E–3 采用的是战前标准的深绿色迷彩涂饰。Bf 109E–3 的一个主要特征是采用了机翼内机关炮。因有它可观的破坏力，这一武器相对缓慢的射速也变得可以接受

Bf 109 T

德国建造航空母舰的计划使得德军在1939年建立了一支Bf 109B中队，开始舰载机相关训练，以便最终在海上部署。这一计划所装备的将是Bf 109T（T代表Träger，航母），它是Bf 109E-1的改进版本，装备了延长的可折叠机翼、改进的翼襟以及机翼上方扰流板。首批生产的是10架Bf 109T-0，并先于Bf 109T-1接受了大量测验。当“齐柏林伯爵号”航空母舰的建造于1940年5月完全停止时，正在建造中的60架Bf 109T-1以Bf 109T-2的型号完成制造，Bf 109T-2取消了与航母相关的特征，但保留了高升力设备与延长的机翼。它们被用作陆基战斗机，利用优秀的短距起降特性在基地内很短的跑道上完成起降。它们绝大多数都是在挪威服役，也承担了北海赫尔戈兰岛的防卫工作。这些飞机一直服役到1944年末。

前的Bf 110也未能很好地完成这一任务。

在法国与不列颠之战中积累的经验带来一系列改进。装甲防护得到了加强，并且在1940年中出现了一种新型的框架厚重的座舱盖。Bf 109E-4最终投入生产，这一版本机翼中的MG FF机关炮的供弹方式得到了改进。Bf 109E保留了在发动机罩安装航炮，并穿过螺旋桨桨毂进行射击的能力。但实际作战中并没有采取此类配置。随后“埃米尔”换装了实心的桨毂盖而不是早期安装的中空桨毂盖。

航程的增加

8月末，Bf 109E-7问世。Bf 109E-7可以在机身中轴线下方加装一个可抛式副油箱。较短的航程一直如“阿喀琉斯之踵”一般困扰着Bf 109，也是它不能参加斯堪的纳维亚战役的主要原因。机腹下的挂架也可以用于挂载551磅（约250千克）SC 500炸弹，并且在不列颠战役中，这一型号越来越多地被用于执行战斗轰炸机任务。执行这一任务的飞机通常在编号后边都会有字母B作为后缀。

少量用于战术侦察的飞机被建造出来并被命名为Bf 109E-5（取消了机翼航炮，在机身后部加装了Rb 21/18照相机）与Bf 109E-6（保留了航炮，加装了Rb 50/30照相机）。下一款重要战斗机版本是Bf 109E-4/N，它使用DB 601N发动机和96号辛烷值燃料以得到更强的动力。少数Bf 109E-8是作为战斗机来生产的，使用升级的DB 601E发动机，少部分Bf 109E-9也使用该发动机，除装备了照相机，其他一切相同。

不列颠之战结束后，“埃米尔”留在法国保持警戒，严防英国海军的跨海峡行动，但大多数还是后撤，准备对巴尔干半岛动手。在入侵南斯拉夫时，德国空军的Bf 109E击败了南斯拉夫的Bf 109。

Bf 109E从1941年4月起被派往北非，两个月后，在入侵苏联的战斗机力量中比例占到了三分之一。

在这两次战争中，Bf 109再次证明了它的空中优势，尤其是在“巴巴罗萨”行动刚开始的几周，数不胜数的苏联战斗机陨落在Bf 109E和F的枪口之下。截至1941年末，大多数德国空军战斗机部队都换装了Bf 109F，但“埃米尔”继续同其他轴心国空军抗衡了一段时间。Bf 109E以“战斗轰炸机”的角色在前线服役到1943年。

下图：从1940年7月开始，Bf 109E越来越多地被赋予“战斗轰炸机”的角色，它在机身中轴线下携带一枚炸弹。沿海运输船是其突袭的主要目标。图中是一架Bf 109E-7

上图：早期的 Bf 109F 最明显的特征是圆形翼尖和倾斜的起落架舱。在俯冲时，Bf 109 的速度比英国皇家空军的 Mk V“喷火”还要快

Bf 109F“弗雷德里希”

1940 年末出现在英吉利海峡上空的 Bf 109F 证明了它是“埃米尔”合格的继承者，它们继续在北非和东线战场上以不同的角色为德军服务。

“弗雷德里希”（Friedrich）可能是所有梅塞施密特 Bf 109 衍生型号中最优秀的一款，它在诞生时是 Bf 109E 计划中的研发成果之一。为了延续 Bf 109 在空中相对于欧洲战场敌方战斗机的性能优势，Bf 109F 在装备 DB 601 发动机的改进版本后赋予它更好的操控手感，同时也没有失去“埃米尔”的机动性。

改进

拥有崭新外观的“弗雷德里希”采用了一系列空气动力学的改进，同时也保持了此前型号的基本结构。最明显的可辨识区别在于 Bf 109 有着更深更加流线化的整流罩和更大的桨毂盖。重要的是，Bf 109F 使用了一种新的机翼。新型机翼以 E 系列的结构为基础，但翼展略有减小，此外使用了一种新型的宽弦副翼以及低阻力散热器。“弗雷德里希”在机尾使用了一种新的可伸缩的尾轮，以及减小体积的方向舵。设计者听从飞行员们的建议，武器装备更改为从桨毂内开火的单门机关炮，机鼻上部还有两挺 MG 17 机枪。机翼中的机关炮被移除，这样可以改善滚转率和机动性。

原型机

4 架原型机连同一批 10 架预生产型在 1940 年完成组装。这些原型机被用于测试安装戴姆勒 – 奔驰 DB 601 发动机的改型。尽管缩短的翼展可能会影响到操控性，但 1940 年夏天的首飞依然充分显示出这一飞机的潜能。操控性问题在第三架原型机加装了可拆卸圆形翼尖之后得到解决。

Bf 109F–0 预生产型在秋末离开工厂，装有最新的翼尖和燃油冷却器。原定的 MG

左图：1941 年至 1942 年的冬季，东线战场一名飞行员在清理飞机上的积雪。Bf 109 在德国入侵苏联的时候冲锋在前，消灭了相当数量的苏联空军战机

在突袭苏联的“巴巴罗萨”行动之后，1941年11月起，第27战斗机联队第2大队驾驶Bf 109F驰援北非。图中这几架飞机隶属于第5中队

151航炮以及DB 601E发动机遇到研发上的问题，使得Bf 109F-0不得不用MG FF/M机关炮和E系列所用的DB 601N发动机应急。幸运的是，性能和机动性在各方面相较以往还是有所改进的，尤其是在持续转向与爬升方面。

第一架Bf 109F-1在1940年10月离开生产线，与F-0相似，它使用了新的压气机进气口，也适应了高辛烷值的C3燃油。不幸的是，最初发往测试部队的样机因发生了连续坠毁事故而被停飞。最终，新型的无支撑尾翼组被认为是事故起因。为了解决这一问题，剩余的飞机安装了外部加强条板来改进可控性与机尾强度。

开始服役

一些驻扎在法国的有经验的飞行员早在1940年10月就接收了第一批Bf 109F-1。第一架量产型由第51战斗机联队指挥官维尔纳·莫尔德尔斯驾驶。由于早期的周折，第一批Bf 109F-1到1941年3月才大量服役，第一支大量装备的部队是第三航空队的第2“里希特霍芬”战斗机联队以及第26“施拉格特”战斗机联队等。随后几支部队也接收了Bf 109F，但由于产能不足，没有任何部队将它作为唯一的装备。

Bf 109F-2在1941年1月投产交付。与之前版本不同的是，这一飞机用过渡型备弹200发的MG 151/15机关炮代替了F-1的MG FF/M机关炮。与此同时，英国皇家空军也在英吉利海峡上空部署了“喷火”。新型“喷火”与“弗雷德里希”棋逢对手，在转弯半径上优于后者，而在俯冲与爬升性能上稍有逊色。

英吉利海峡前线部队装备了F系列之后，下一个将要换装新型号的是德国境内准备突袭苏联的部队。欧洲其他部分战场依靠的还是“埃米尔”。截至1941年6月，大多数将要开赴苏联的战斗机联队都加紧换装了“弗雷德里希”。

东线战场

截至“巴巴罗萨”行动的第一天正午，苏联损失了1200架飞机，其中320架在空中被击落，主要毁于德国空军的“弗雷德里希”之手。在西班牙积累了作战经验的德国空军避免同灵敏的伊-153和伊-16进行格斗，而是选择俯冲-爬升战术来切割苏军战斗机的防御队形。F系列相对于苏联战斗机的空中优势为接下来地面部队逼近莫斯科的闪击战铺平了道路。

在苏联前线，“弗雷德里希”的飞行员们比他们在利比亚的同行击落的敌机更多，经验丰富的老兵莫尔德在王牌飞行员排行榜上位居榜首。1941年下半年，苏联空军几乎没有给德军这最优秀的战斗机造成什么挑战，因此有一些德军精英部队被转移到了重要的地中海战区。1942年，数量众多的F系列战斗机在战场上面

下图：V24——第4架原型机，引进了一种新的流线型整流罩和一个增大的桨毂盖。Bf 109E移除的安装在发动机上的机关炮在后续型号上都成为标准配备

对包括伊尔 -2 强击机在内的更强大的苏联新式战斗机时仍然泰然自若。

南方的行动

随着“弗雷德里希”在苏联前线上越来越成功，这一飞机也准备在北非的沙漠战区一展身手。

1941 年 4 月到达利比亚后，“埃米尔”很快就对英国空军造成了影响。随着南非空军和英国空军采用了“小鹰”Mk I 战斗机，德国空军觉得有必要在北非装备“弗雷德里希”。第 27 战斗机联队很快完成换装，装备了过滤器的 Bf 109F-2 热带改型和 F-4/Z 热带改型战斗机开始崭露头角。在战场上经过改进后，这些飞机很快在面对“小鹰”战斗机和“飓风”战斗机时取得了支配地位。

新的 F 系列包括能携带炸弹的 F-2/B，以及阿道夫・格兰德领导下的第 26 战斗机联队装备的 F-2/U1 改型，后者用 13 毫米 MG 131 机枪替代了 MG 17 机枪。计划装备 GM 1 一氧化二氮推进系统的 Bf 109F-2/Z 实际上根本没有服役。

1941 年末，原定的 DB 601E 发动机终于到货，它使用低辛烷值的 B4 燃料。这一动力系统最先应用于 F-3，但该机型仅仅生产了几架就被最终的生产型号——Bf 109F-4 所取代。

F-4 安装了备弹 150 发的 20 毫米 MG 151/20 机关炮，最初打算使用的发动机与武器组合最终都得到了落实。其他的改动包括新的自封油箱、附加装甲以及流线型尾翼内部加固装置。

由于后来的任务重点转移到了战斗轰炸机上去，F 系列在 Fw 190 出现之前的英吉利海峡上空仅在短暂时间内被用作战斗机。不过 1942 年 Bf 109F-4/B 倒是凭借“打了就跑”战术、对敌军的舰船与沿海建筑的破坏留下了不小的名声。

上图：这些战术侦察机规格的 Bf 109F-4 用遮阳篷来抵抗沙漠的阳光。机身下方照相窗口后面的小导管将过剩的燃油排放掉以防油料污染照相机

上图：第 26 战斗机联队第 10 战斗轰炸中队的这架 Bf 109F-4/B 携带机腹的 SC 250 炸弹飞跃英吉利海峡去执行任务。机身后部可以看到相关的轰炸勋章。战斗轰炸中队专注于针对沿海目标的低空反舰突袭

下图：1942 年 5 月，苏塞克斯的比奇角，紧急迫降的这架 Bf 109F-4/B“白色 11”被英国空军第 1426 中队收编（该中队专职回收缴获的敌军飞机）。皇家空军序列号为 NN644 的这架飞机保留了德国空军的战斗轰炸机标志

研发“古斯塔夫”

上图：第一架“古斯塔夫”于1941—1942年的冬季停在雷根斯堡的雪地中。VJ+WA号是最初3架Bf 109G-0预生产型中的一架。值得注意的是其增压驾驶舱那厚重的框架结构舱盖

Bf 109F是梅塞施密特在战争期间生产的最好的战斗机之一，但是Bf 109中的“弗雷德里希”或许已经达到了发展的巅峰却没有一个合适的继任者，而对于速度与高度日益苛刻的性能要求，不得不提出进一步的设计，最终的结果就是Bf 109G“古斯塔夫”。

1941年中，当Bf 109F引领德军冲入苏联时，Bf 109的一种新的改型——G系列［或称“古斯塔夫”（Gustav）］的研发正在进行中，这也将是生产数量最多的一个改型。梅塞施密特针对Bf 109G的工作极其紧迫，以至于最终的成品除基本性能有所改进外，与“弗雷德里希”版本相比几乎没有什么不同。1941年研发的重中之重放到了速度上，操控性和机动性退居次席。此外，空战，尤其是西线上的空战发生的高度不断提升，因而与高空战斗机格斗的能力变得越来越重要。因此，设计中的Bf 109G采用了更强力的发动机——DB 605，以提供更大的速度以及至少和上一代相同的座舱增压效果。

戴姆勒－奔驰公司用于Bf 109G的新型DB 605A发动机以DB 601E为基础，但采用了更大的内径、更高的额定转速以及更大的压缩比。最终的成品起飞功率达到1475马力（约1100千瓦）。尽管在尺寸上与之前相近，但这一新型发动机更重，需要对发动机支座与机身结构的其他部分进行加固。反之，增加的重量也迫使技术人员对主起落架进行加固。G系列的发动机安装时需要额外的冷却系统，还要配备增大的燃油冷却系统以及桨毂盖后边4个小型附加进气口。

为维持座舱压强，梅塞施密特并没有进行重新设计，只是将原本的Bf 109的座舱盖进行密封作为权宜之计。前后舱板、墙板与地板都进行了密封，而座舱盖和风挡玻璃上则带有橡胶密封圈。早期型号的低处侧风挡被取消了，座舱盖框架也进行了加固。像三明治一样，两层玻璃之间以硅胶填缝，以保持夹层内空气的干燥。

左图：Bf 109G通常在机舱下方安装带有ETC 500IXb挂架（单枚500千克，1102磅炸弹）的1号战地改装套件。这架Bf 109G-6在第3“乌德特”战斗机联队服役

上图与下图：Bf 109G 使用的最常见的战地改装套件是 R6，它在翼下吊舱加装 MG 151/20 20 毫米机关炮，被称为“炮艇”。图中这些飞机都是 Bf 109G-6，可以看到 MG 131 机枪上方发动机罩上的凸起，这也是这一改型的主要特征。上图中这架飞机服役于驻扎西西里岛的第 53 战斗机联队“黑桃”第 1 大队，而下图中的 G-6/R6 隶属于苏联前线上的第 52 战斗机联队第 13 中队

第一批 3 架预生产型 Bf 109G-0 的生产于 1941 年 10 月在雷根斯堡开始，但那时 DB 605A 还没有到位，因此 G-0 系列只好采用 DB 601E，不过已经安装 G 系列的发动机罩（四个小型进气道尚未改进）。第一架 Bf 109G-1 安装了 DB 605A 发动机，在 1942 年春季与 Bf 109G-2 一起离开生产线。与 Bf 109G-1 相比，后者增加了增压设备，删除了 GM 1 系统。就如同为了混淆后世对 Bf 109 的研究一般，许多 G-2 在生产时也安装了 G-1 增压系统的一些或全部进气口。没有增压系统的 Bf 109G-2 是产量最多的，并且很快出现在各大战区，尤其是第一架样机在 1942 年 6 月就抵达苏联的前线。

按时间顺序来排列，下一代“古斯塔夫”子型号将是 Bf 109G-4，于 1942 年 10 月开始交付。同 Bf 109G-2 一样，Bf 109G-4 也是一种大量生产的无增压设备的多功能通用战斗机，并且列装了很多部队。它与以前的型号区别很小，主要体现在用 FuG 16Z 无线电装置取代了 FuG VIIa，使得天线的配置有所变化。Bf 109G-4 的早期生产型号选择了更大的主轮，这反过来又导致机翼上方的凸起。这些凸起被认为是“凸泡”这一昵称的由来，这一绰号也伴随着 Bf 109G 的整个生涯，不过在 G-6 型上这一称谓是由于机枪的整流罩的隆起。不是所有的 Bf 109G-4 机翼上都有凸起，但有些生产较晚的或者重新安装机翼的 Bf 109G 的确都有。

许多 Bf 109G-4 被分配给侦察部队，其中有一些，比如搭载 U3 套件的 Bf 109G-4，安装了 MW-50 水－甲烷推进系统。搭载 R3 套件的 Bf 109G-4 是一种专业侦察机改型，具有较远的航程，翼下挂架可以搭载两个 66 英制加仑（约 300 升）的油箱以及机身后部的一部 Rb 50/30 或 Rb 75/30 照相机。MG 17 机枪被移除，安装机枪留下的槽口也被整形以减小阻力。至少一架 Bf 109G-4 试装了 3 门 MG 151/20 机关炮吊舱，其中有一门安装在机腹正下方。

Bf 109G-4 出现后不久，1943 年 3 月，Bf 109G-3 开始服役。它和 Bf 109G-1 一样都是高空增压战斗机，但有着独属于 Bf 109G-4 的改进。这一型号只生产了 50 架。

Bf 109G-6——终极Bf 109

1942 年中，Bf 109G 被要求完成一系列各种各样的任务——它不再是一架单纯的战斗机。为在不对生产线进行大规模改装的前提下迎合众多任务的需要，梅塞施密特选择了 Bf 109G-6，它是产量最多的一个改型，总产量达到 12000 架以上。Bf 109G-6 的思路是生产一个战斗机的基本框架，然后按照任务需求选择任意改装套装来对飞机进行改造。这一飞机也可以安装 DB 605 系列发动机中的多个版本。

Bf 109F 在沙漠中遭遇的顽固的机关炮故障成为令人担心的问题，而 MG 151/20 依然被选作 Bf 109G-6 的武器。MG 17 机枪由 13 毫米的莱茵金属 - 伯尔西希公司的 MG 131 机枪取代，每挺机枪备弹从 500 发减至 300 发。Bf 109G 安装的这一新武器使得机关炮即便发生故障也依旧拥有可观火力。炮口开槽向后延伸更远，但最明显的差异在于大口径机枪体积的增加使得机鼻上方枪机复进装置的位置出现了隆起的大型整流罩。

在生产 Bf 109G-6 的同时还少量生产了一些 Bf 109G-5，它们本质上就是 Bf 109G-6 的加压版本。Bf 109G-5 于 1943 年 9 月开始服役，实际上几乎全部分配给了西线负责本土防空的部队。

改装套装

正如最初设计时所预想的一样，Bf 109G-6（以及 G-5）成为一系列令人眼花缭乱的改进型、改装型的母体。许多飞机都安装了 GM-1（属于 U2 套件），或者 MW-50（属于 U3 套件）推进系统。最初，发动机上的机关炮使用的是备弹 150 发的毛瑟 MG 151/20，但逐渐改成备弹 60 发的莱茵金属 - 波尔西希公司的 Mk 108 30 毫米机关炮，这一机关炮的产量从 1943 年起开始上升。

沉重的机关炮是致命的武器，一发就足以击落任何战斗机。Mk 108 的配置逐渐成为 4 号工厂改装套件的标配，其他工厂改装的套件（U 套件）也包括武器：U5 套装是 MG 151/20 机关炮加上翼下吊舱的 Mk 108，U6 套装是三门 Mk 108。最后两种方案只停留在试验阶段，从未被部署。

为 G-6 配套的战地改装套件（R 套装）包括 R2 和 R3 战术侦察机平台，照相机配置与 Bf 109G-4 相似，而且对于 Bf 109G-6 来说任何一种 R 套装都是可用的，包括 Bf 109R1（机腹 ETC 500 挂架）、Bf 109R3（机腹副油箱）和 Bf 109R6（翼下 MG 151/20）。

Bf 109G 的经验表明 GM-1 和 MW-50 系统尽管有效，但不如增加压气机的级数更有效，这也导致后来 DB 605AS 发动机的安装。

该发动机使用的压气机最初是为了更大的 DB 603 发动机而研发的，最大输出功率在 26250 英尺（约 8000 米）高度能达到 1200 马力（约 895 千瓦）。DB 605AS 的压气机显得稍微大一些，因此发动机罩不得不重新设计。最终的发动机罩简洁得多，削平了标志性的凸起呈现出更大的流线型的外观。

出现于 1944 年春季的 Bf 109G-6/AS 有全新生产的，也有在旧机身基础上改装的，大多数都承担国土防空任务，其突出的高空性能发挥得淋漓尽致。还有一些 Bf 109G-6/AS 在夜间战斗机部队服役。少量 Bf 109G-5 也安装了 DB 605AS 发动机，在改装过程中有部分该型机的座舱增压装置被拆除。

“编队破坏者”

有一些 Bf 109G-6 配备了 Werfergranate 8⅓ 英寸（约 210 毫米）火箭弹。这是一种迫击炮原理的武器，可以将 88 磅（约 40 千克）重的弹头发射到轰炸机编队当中，因此得名“编队破坏者”。破坏轰炸机编队队形能极大地减小编队自卫火网对己方战斗机的影响。WGr-21 火箭弹被用于德国与意大利北部的一些防空作战，并取得了成效。

下图：维尔纳·莫尔德尔斯上校在西班牙发明了 Schwarm 编队（意为“蜂群”），这种形式逐渐被英国皇家空军和其他空军作为四机编队所采用。蜂群编队包括两对互相支援的飞机——每支双机编队各有一架长机、一架僚机

早期战事

> 威利·梅塞施密特的新战机在西班牙的天空中浴血奋战。“秃鹰军团”引进了这一新型号来对抗共和军。Bf 109 成功地通过了这一考验，为闪击战做好了准备。

Bf 109B 的生产型在 1937 年 2 月跟随著名的“里希特霍芬”第 132 战斗机联队离开了奥格斯堡，这支部队被选作换装 Bf 109B 的第一支部队。然而在西班牙内战中，敏捷的苏制伊 –15 和伊 –16 战机在面对“秃鹰军团”的亨克尔 He 51 时占据优势，促使德军急切地需求新式战斗机。16 架 Bf 109B 被海运到西班牙，在 1937 年 3 月完成了重新组装。

这批“贝莎”使用升级的 720 马力（约 537 千瓦）Jumo 210Da 发动机来驱动原装的施瓦茨固定桨距螺旋桨。武器仅限于两挺 MG 17，各自备弹 500 发。

京特·吕佐中尉领导下的第 88 战斗航空大队第 2 中队是第一支得到 Bf 109 的部队，他在西班牙成为王牌飞行员，最终在 1945 年 4 月驾驶 Me 262 的时候丧命，记录中共击落敌机 108 架。原计划截至 4 月末这一中队就应该整装待发，但直到 7 月份布鲁内特附近的战斗爆发后，第 88 战斗航空大队第 2 中队才准备完毕。Bf 109B 被分配去护送 Ju 52 轰炸机和侦察机，很快被共和军一边的苏联波利卡尔波夫战斗机缠住。在 10000 英尺（约 3050 米）高空以下两者不分伯仲，伊 –16 战机操控性更好，而 Bf 109 的速度与俯冲性能更出色。在高空，Bf 109 几乎是无敌的，而且它也很快认识到通过难以捕捉的俯冲击落敌机群后方的指挥机后，

左图：Bf 109 在西班牙经常被用于对地攻击，在这场战争中战斗机并没有挂载炸弹，图中近处的炸弹是将要挂载到 He–111B 轰炸机上的。在西班牙，轰炸机和战斗机部队经常共用一个机场

下图：这架飞机是第一批被派往西班牙支援国民军的 Bf 109B 中的一架。“秃鹰军团”在面对敏捷的伊 –15 和伊 –16 战机时一筹莫展，直到梅塞施密特性能更好的新战机来与共和军相抗衡

共和军的大型飞机编队很容易从上方或是后方进行猎杀。共和军唯一的依仗就是将 Bf 109 引诱到低空，但这并不容易。很快，Bf 109 就赢得了令人艳羡的声誉。

战争胜利

尽管共和军声称早在 7 月 8 日就有一架 Bf 109 被击落（这几乎是不可能的，因为第 88 战斗航空大队第 2 中队距离战区还很远）。Bf 109 的确是有一些伤亡，但取得的胜利要多得多，最早的一些胜利中就有罗尔夫·潘格尔少尉创造的，他之后成为第 26 战斗机联队第 1 大队的指挥官。梅塞施密特在阿维拉的基地成为共和军轰炸机突袭的目标，而且攻击日渐频繁，以至于不得不增加巡逻，保持飞机警戒状态以应对“入侵者”，没有飞机在地面遭到破坏。截至 7 月底布鲁内特战役结束后，第 88 战斗航空大队第 2 中队获准回到他们之前在埃雷拉的基地。

1937 年 8 月，国民军对桑坦德战线进行了一次突袭，Bf 109B 每天从简易跑道起飞降落。在这场战役中，Bf 109B 享受了全方位的优势，在 9 月份接收更多飞机后这一优势进一步扩大。交付的 Bf 109B 最终达到 45 架。第 88 战斗航空大队第 1 中队在 9 月换装了 Bf 109，指挥官也换成了吕佐。桑坦德战役的结束使得国民军可以全力关注南方战线，马德里被当作最终目标。两支 Bf 109 部队在转向瓜达拉拉哈拉之前南下休整了一段时间。沃尔夫·谢尔曼冈中尉开始执掌 88 战斗航空大队第 2 中队，他在西班牙击落的敌机数量最终达到 12 架。

在西班牙开始的行动完全证明了这一新型战机的能力，它出色地通过了严苛的考验，尤其是考虑到在主要战役中的出动频率以及地勤人员在炎热、尘埃漫天的工作环境中。

“克拉拉”的交付

6 月，第 88 战斗航空大队第 3 中队终于撤出了战斗，开始换装 Bf 109。指挥官阿道夫·加兰德中尉在任务结束后回国，他的职位由最优秀的飞行员之一——维尔纳·莫尔德尔斯上尉取代。4 月份交付的 5 架 Bf 109C（4 挺机枪配置）使得该中队可以开始部分换装。这与共和军的 4 机枪

上图：“秃鹰军团”的这架 Bf 109B–2 是第二次世界大战王牌飞行员沃尔特·奥梭的座驾。垂尾上可以看到奥梭少尉在西班牙击落 9 架敌机中前 8 架的标志，第 8 架是 1938 年 10 月 15 日击落的一架伊 –16。1937 年 12 月，一架燃油耗尽迫降在共和军战线后方的 Bf 109B 被缴获。尽管这一飞机由法国人进行了评估，但这份令人欣喜的评估报告一直处于绝密状态，没能让法国航空工业像预想的那样加以利用。鉴于随后发生的事，这不得不说是一个遗憾

上图：第 20 战斗机联队第 1 大队的 Bf 109E–1 出现于 1939 年 8—9 月，也就是第二次世界大战爆发前夕。该部队没有参与波兰战役，而是驻守在德国东部，守卫德累斯顿附近的大城市。1940 年 7 月，第 20 战斗机联队第 1 大队转为第 51 战斗机联队第 3 大队，而“黑猫”徽章也由第 51 战斗机联队第 8 中队使用

右图：1938 年夏季，交付 132“里希特霍芬”战斗机联队第 1 大队第 2 中队的 Bf 109D–1 在杜贝利茨排成一排。注意两种绿色的抛光和早期的徽章

上图：第 2 战斗机联队第 3 大队的飞行员穿着飞行服进行例行休息，照片摄于 1940 年 5 月他们开进法国小西格妮的时候。坐在右边的是军士长威灵格，他于 6 个月后的 11 月 16 日在朴次茅斯击落了英国皇家空军的一架“飓风”战机，写下第 2 战斗机联队的第 500 场胜利

配置的伊 -16 Type10 型的交付是同一时间。空战仍在继续，尽管 Bf 109 仍占优势，但伤亡增加了。7 月初，第 88 战斗航空大队第 3 中队返回弗雷。7 月 15 日，莫尔德尔斯击落了第一架敌机——伊 -16。7 月末，第二次埃布罗战役打响了，也预示着最凶残的战役的到来。梅塞施密特承担了大量轰炸机支援任务，最主要的目标是埃布罗河上的桥梁，它们即使在白天被毁，到了晚上也会被修复。

8 月初期，又有 5 架 Bf 109D-1 到来，使得第 88 战斗航空大队第 3 中队的飞机数量达到满编制。在第二次埃布罗河战役中，莫尔德尔斯发明了四机编队。通过弯曲编队，增加径向长度空间。莫尔德尔斯极大地增加了编队的灵活性，这在战斗机编队的移动中至关重要。四机编队成为战斗机的基本战术单位，并沿用至今。

第一批 DB 601 在 1938 年末交付时，Bf 109E-1 的生产开始进行。由于军方紧迫的需求与政治局势，有一些“埃米尔”被送往西班牙。早期量产型 Bf 109D 在 12 月末抵达西班牙，那时战争最后的攻势已经发起。55 架 Bf 109B、C 和 D 系列已经被运往西班牙，其中的36架仍在支援加泰罗尼亚于12月23日开始的进攻。巴塞罗那在 1939 年 1 月 26 日沦陷，随后 Bf 109 被用于防止共和军飞机逃往南方。最后的战斗任务是在 3 月 27 日，第二天共和军防守的瓦伦西亚和马德里宣布投降，结束了这场漫长的、破坏巨大的战争。

有大约 200 名飞行员任职于第 88 战斗航空大队，他们在西班牙积累的经验，在几个月后那场规模浩大的战争中的价值将是无法估量的。

“伪战争”

贯穿于整个 1939 年春季和夏季，战斗航空大队的新战机换装工作达到了高峰。在快速扩张中，5 月 1 日，德国采用了一种新的部队命名体系。1939 年 9 月 1 日，德国空军有 1056 架 Bf 109，其中有 946 架可用。

尽管数量可观，但 Bf 109 在波兰战役中仅有少部分被利用。“伪战争”（Phoney War，又称“静坐战争”）前几个月没有出现许多空战的机会，但是在仅有的几次中，Bf 109E 不论是遇到 MS 406 还是英国皇家空军驻法国的“飓风”战斗机，都可以证明自己更优秀。第 1、2、3、21、26、27、51、52、53 和 54 战斗机联队的 Bf 109E 很快就建立起相对于荷兰、比利时、英国和法国空军完全的空中优势，只有德瓦蒂娜公司的 D 520（仅有少量服役）才能给 Bf 109 带来些许麻烦。

法国最终在 1940 年 6 月投降，很快德国所向无敌的战斗机即将迎来最严苛的考验：英国皇家空军部分装备的超级马林“喷火”。

下图：Bf 109E 的“黄色 9”在对法国的闪击战早期出现。图中在飞机机尾纳粹党标志前边有击落敌军 4 架飞机的标志

下图：第 2 战斗机联队第 3 中队的“黄色 14”是弗朗茨·菲比少尉的飞机，他是赫尔穆特·维克的混合编队的固定成员。照片拍摄于不列颠之战早期

“鹰击”行动中的 Bf 109

Adlerangriff（“鹰击”）是德国计划中对不列颠群岛突袭行动的代号，然而在开始之前，取得空中优势势在必行，在试图掌控制空权的过程中，Bf 109 至关重要。

一个月的休整后，7 月 12 日，第 3 战斗机联队第 3 大队归建，德军开始缓慢而坚定地积累对英作战的航空兵力。而在休整过程中，只有第 51 战斗机联队的 3 支 Bf 109 大队留在法国应对英国空军。7 月末，第 26、27 和 52 战斗机联队返回法国，其他大队也随之返回。

尽管 Bf 109 在法国占据了空中优势，但战斗伤亡仍然不小，人们注意到这一机型缺乏装甲防护。1940 年夏季，Bf 109E-3 开始安装具有重型框架的座舱盖，以及 8 毫米厚的座椅装甲。另一处装甲钢板在飞行员头部上方，固定在座舱盖顶部。Bf 109E-4 很快在生产线上取代了 Bf 109E-3，这一改型的区别在于机翼上安装有 MG FF/M 机关炮。这一武器与最初的 20 毫米机关炮基本相似，只是改进了射速。伊卡里亚·沃尔克研发了用于 MG FF 的供弹弹链，但试验设备直到 1941 年才上机测试，而且最终被取消了。此时的 Bf 109 保留了在发动机上安装武器的能力，不过冷却问题与振动问题仍未解决。中空的整流罩在战斗机改型中被保留。

1940 年 8 月末，Bf 109E-7 开始加入战斗机部队。与 Bf 109E-4 不同的是，Bf 109E-7 可以搭载 66 英制加仑（约 300 升）可抛胶合板副油箱。在法国战场上，航程过短曾经是 Bf 109 的一个主要缺点，在以后的战争中可能会使战斗航空大队感到窘迫，因为战斗时间被限制到几分钟。在实战中，油箱很容易泄漏，也有自燃的倾向。由于飞行员对此有所疑虑，因此很少被使用。挂架还可以携带一枚 SC250 炸弹。

“鹰击”是对不列颠群岛军事行动的代号，8 月 31 日被定为“鹰击日”，也是主要轰炸突袭任务开始的日期。在此之前对海岸线的侦察日渐频繁，还爆发了一些小冲突。战斗航空大队在“鹰击日”有 805 架在役的 Bf 109E，仅相当于西线战役发起时的 80%。这些战机分属于比利时和荷兰的第 2 航空队和法国的第 3 航空队。前者包括第 3、26、51、52 战斗机联队，连同指挥部和第 210 试飞大队的第 54 战斗机联队的战斗机 - 轰炸机大队；后者则包括第 2、第 27 和第 53 战斗机联队。

在对英国最初的猛攻中，Bf 109 势如破竹，很大程度上是因为被作为自由猎杀敌军飞机的战斗机来使用，这也是最适合“埃米尔”的环境。“猎手”完全的战术自由使得德国空军飞行员可以尽情发挥“埃米尔”的俯冲与爬升特性，几乎可以任意击落英国战斗机。在西班牙，由莫尔德尔斯设计的流畅的

左图：一支“混合编队”——来自第 3 战斗机联队第 1 大队全部 3 支中队的 Bf 109E 在 1940 年 9 月飞越英吉利海峡。当时该大队的基地位于加莱海峡

上图：驻扎在勒阿弗尔 / 奥特克维尔的这架第 2 战斗机联队“里希特霍芬”的“黄色机头”成为战争期间驻扎在海峡的所有飞机的一个重要标志。注意标在机身上的波浪线，表明这是一架第 3 大队的飞机

战术编队被证明要比英国空军建立在三机 V 形编队基础上的僵化古板的紧密队形要好得多。英国空军也开始勉强使用四机编队，结果却出乎意料地好。

德国空军真正的弱点在于过于高估但实际性能糟糕的梅塞施密特 Bf 110，被用于护送轰炸机。当驱逐机部队被英军砍瓜切菜式地屠杀时，德国空军指挥官痛苦地认识到 Bf 110 的性能不足以为轰炸机提供足够的保护。因此，9 月初，Bf 109 的任务从制空战斗转变成了贴身护卫，很快就失去了梅塞施密特飞行员在战争刚刚爆发那几周的战术自由。航程有限的 Bf 109 最远只能飞到伦敦，而且英国南方海岸线上空的战斗很少能维持超过 20 分钟。

这一情况严重阻碍了德国空军在空战中击败英国皇家空军的企图，加上放弃轰炸英军机场、进攻大城市的决定，战争迎来了一个转折点。“飓风”战斗机与“喷火”开始全力抓住这一机遇，采用了一系列先进战术把猖獗的 Bf 109 限制在可控范围内。与轰炸机维持紧密距离的 Bf 109 很容易被“喷火”或者“飓风”战斗机引出队伍，却不是以捕猎者的角色结成大型编队利用高空优势进行的机动，相反，德军飞机发现自己成为猎物。损失开始攀升。

当然，Bf 109 仍然是最可怕的对手，尤其是在经验丰富的战斗机大队飞行员，如加兰德和莫尔德尔斯手中。他们在西班牙接受过战争的洗礼，经验建立在法国空中积累的令人钦佩的获胜记录上。莫尔德尔斯是不列颠之战的王牌飞行员，在第 51 战斗机联队服役时也成为第一个超过 50 胜的飞行员。第 26 战斗机联队的加兰德紧随其后。除了性能特征与身经百战的飞行员，Bf 109E 的另一个优势是 20 毫米 MG FF 机关炮，其威力在面对英国战斗机时是毁灭性的。

随着战斗的进行，Bf 109 部队进行了重组，以解决面临的新困境。带有新型 Bf 109E-7 的第 2 训练航空联队第 1 大队（战斗机），以及装备 Bf 109E-4/B 的第 2 训练航空联队第 2 大队（对地攻击）被并入战斗轰炸机部队。这些部队进行了一些卓有成效的轰炸，不过造成的破坏有限。

10 月 31 日被认为是不列颠之战的最后一天。从 7 月开始，德国空军损失了 610 架 Bf 109，而英国空军战斗指挥部损失了 631 架“飓风”战斗机和 403 架“喷火”。连日血腥的战斗造成的损耗令双方精疲力竭，不论是从战斗机数量上还是从情感上来看，双方都希望撤出空战以恢复力量。从战略视角来分析，这场战争并没有确定的结局。不过从英国人的视角来看，在全欧洲以一己之力顽强抵抗而没有屈服于德国战争机器的淫威，这本身就是一个伟大的胜利。

从德国视角来看，没有完全征服英国空军就是一场失败。战争的进程迎来至关重要的一个转折点。

左图：赫尔穆特·维克在不列颠之战中造成的敌方人员伤亡数量最多。图中的 Bf 109E 是他的座驾，拍摄于 1940 年 10 月，方向舵上记录有获得的 42 场胜利。它在下个月被一架“喷火”击落之前共击落了 56 架敌机

迷彩

冯·维拉的“埃米尔”使用标准的战争初期的深灰色（RLM 02）与深绿色（RLM 71）表面涂装，机身与下表面是淡蓝色（RLM 65），方向舵和整流罩是白色。

发动机

Bf 109E-4 装备带有直接燃油喷气系统的 DB 601Aa 12 缸倒 V 形发动机，这一配置使得 Bf 109 的发动机能够在做出负 G 机动的时候不会熄火。

Bf 109E-4

1940 年 8 月驻扎在法国索麦尔的第 3 战斗机联队第 2 大队编号 1480 的这架 Bf 109E-4 是弗朗茨·冯·维拉中尉的座机。1940 年 9 月 5 日被击中后，冯·维拉成功迫降在肯特郡马登附近的文切特山被俘。后来，他因成为“逃离者”——唯一一个从盟军战俘营中逃脱并返回德国的人而闻名。

火力

Bf 109E-4 与产量更高的 E-3 区别在于使用改进型的 MG FF/M 机关炮，射速更高，但其他武器装备是一样的：两门 20 毫米机关炮装在机翼上，两挺 MG 17 机枪（7.92毫米）从机鼻顶部的槽线中开火。

MG FF 机关炮

尽管 Bf 109E 安装的 MG FF 机关炮每门备弹仅有 60 发，但炮弹的破坏力要比步枪口径大小的英国战斗机强大很多。

下图：约根·哈德尔少尉的 Bf 109F-2 参与了“巴巴罗萨”行动第一天的战斗。他当时隶属于第 53 战斗机联队第 3 大队，刚刚取得第一场空战胜利

东线战场

在俄罗斯前线艰苦的战役中，Bf 109 自始至终都是德国空军的主力战斗机。尽管数量不多，但从任何方面来说都取得了巨大的成功。

Bf 109E 是原来驻扎在巴尔干的德国部队的主要战斗机装备，当针对苏联的“巴巴罗萨”行动在 6 月 22 日爆发时，主力机型是 Bf 109F，不过集结的可用 Bf 109 只有 609 架（外加 57 架 Bf 109 战斗轰炸机）。

前线被分为三个战区：北边的第 1 航空队完全装备 Bf 109F（下辖第 54“绿心”战斗机联队第 1、2、3 大队）；中间的第 2 航空队有 Bf 109F（第 51 战斗机联队第 1、2、3、4 大队、第 53“黑桃”战斗机联队第 1、2、3 大队）以及部分 Bf 109E（第 27 战斗机联队第 2、3 大队）；南方的第 4 航空队有 5 支 Bf 109E 大队与 3 支 Bf 109F 大队（第 3 战斗机联队第 1、2、3 大队）。

“巴巴罗萨”行动凶狠凌厉：第一天正午德国空军的大规模空袭就摧毁了大约 1200 架红军飞机，大多数都是在地面上被炸弹和扫射所毁的，大约 320 架飞机在空中被击落，大多数都是被 Bf 109F 击落的。伊 -15 和伊 -16 作为对手十分灵活，但在对方战斗机联队的 Bf 109 有着速度与俯冲爬升性能优势的条件下，苏联战机并没有给 Bf 109 飞行员带来明显威胁，反而很容易就被对方冲破了队形。

在苏联战役开始的前几周里，Bf 109 在空中横扫了苏联的一切阻碍，为国防军逼近莫斯科扫平了道路。每个人的获胜纪录都在攀升，但没人能比得上维尔纳·莫尔德尔斯击落敌机的数量；他是第 51 战斗机联队的指挥官，也是德国飞行员的偶像。他击落敌机的数量在第二周超过了冯·里希特霍芬，在 7 月 16 日取得 101 次胜利，在这时他被召回柏林。

下图：对地攻击部队使用“埃米尔”一直到 1943 年。1942 年夏末，第 1 对地攻击联队第 2 大队这架 Bf 109E-4/B 在南部战区一个尘土飞扬的机场起飞。注意这一大队使用的米老鼠徽章与对地攻击部队使用的黑色三角形标志

同之前的战役一样，德国空军在“巴巴罗萨”行动中没有预备队，飞机数量也相对较少，完全凭借战术与技术上的优势。这一情况在 1941 年 12 月第 2 航空队撤回地中海战区并带走几支精英部队的时候变得严峻起来。尽管在空中的胜利连续不断，但飞机的损耗依旧严重，过于自信的德国工业试图维持前线战机的数量。

1942 年 6 月，第一批 Bf 109G 到达东线。尽管这一改型损失了一部分 E 系列与 F 系列的良好的操控性，但它的动力更强，速度也更快。这对于德国空军来说并没有太大意义，因为战斗机部队遇到了大量雅克 -1 和米格 -3 战机，它们相对于伊系列战机有着极大的改进。那一年末，苏联空军用大量的雅克 -7 和雅克 -9 扭转了战斗机力量上的对比局势。

不过德国的飞行专家们依然随心所欲地击落敌机，尤其是第 52 战斗机联队：第 9 中队的赫尔曼・格拉夫上尉 9 月 4 日的击落数量超过了 150 架（第 77 战斗机联队的戈登・格博洛少校在 6 天前达到这一数字），随后继续高歌猛进，10 月 2 日击落数达到 200 架。

到了年末，希特勒对于“巴巴罗萨”行动势如破竹的幻想支离破碎。国防军在斯大林格勒举步维艰。在空中，德国空军面对数量日益增长的技术娴熟的苏联飞行员也不得不开始全力以赴维持霸主地位。

战斗轰炸机与盟军

不管空中有多少成功或失败，最终决定战争结果的还是地面战斗。1942 年至 1943 年期间，有很多 Bf 109 被用作战斗轰炸机，直到 Fw 190 的专用对地轰炸版本大规模出现。Bf 109 的很多侦察机改型也投入使用。尽管 1941 年末 Bf 109E 从大多数前线战斗机部队中消失，但仍有一部分以战斗轰炸机的角色服役到 1943 年。其他的 Bf 109E 在东线交给了德国的盟友。保加利亚、罗马尼亚、斯洛文尼亚在南部战区使用的都是“埃米尔”，直到得到 Bf 109G。匈牙利使用 Bf 109F 系列和 G 系列，而人员来自克罗地亚和西班牙的志愿飞行部队是作为德国空军编制的一部分使用的。

对于德国战斗机部队来说，敌军从数量和实力上都有所增强。东线的战况通常都是骇人听闻的：冬季气温如此低以至于需要在 Bf 109 发动机下面燃起火焰才能充分预热燃油。到了春天，冻结的地面变成了沼泽，总有不少飞机深陷其中。

上图：在极靠北的地方第 5 战斗机联队是主要的战斗机部队，在南方的部队换装了 Bf 109F 和 G 系列后仍然长期保留“埃米尔”。大队长标志说明这架 Bf 109E-7 属于第 5 战斗机联队第 3 大队的甘特・肖尔茨。这张照片拍摄于 1942 年 9 月飞机飞过佩萨默的时候

上图：1942 年秋天，第 3 战斗机联队的 Bf 109 支援国防军逼近斯大林格勒。在这一战区，泥浆使行动格外艰难，正如这位第 3 战斗机联队第 2 大队的飞行员在涉过泥淖前往 Bf 109G-2 的“炮艇”时所感觉的那样

上图：这一场景展现了 Bf 109 部队在苏联战线上经历的艰苦条件。图中的飞机是一架 Bf 109F，摄于 1940 年至 1941 年的冬季

在东线战场，Bf 109 几乎一直处于主要空战战场的中心。在斯大林格勒，德军被困后，第 3 战斗机联队的 Bf 109 是最后一批离开包围区的几种飞机之一。1943 年 3 月至 4 月，在库班河上激烈的空战中共召集起 220 架 Bf 109——这是德军在东线的绝大部分 Bf 109，是德军战斗机第一次没能面对苏联空军占据优势。

转折点

人们的关注点随后转移到了库尔斯克，在那里，Bf 109 同 Fw 190 并肩作战，参与了战役开始以来最大的几次空中战斗，涉及超过 400 架飞机。苏联方面的对手包括拉格 -5FN、雅克 -9 和贝尔 P-39Q。尽管德国空军大体上在空战中战果不错，但库尔斯克依然是这一痛苦战斗的转折点，从那以后国防军面临一次漫长而凶险的撤退。

随着战争的进行，苏联红军空军继续在数量与质量上飞速发展。当战争即将结束时，拉 -7 和雅克 -3 出现了。它们的低空性能极佳，可以压倒最优秀的德军飞行员手中的 Bf 109 以外的其他任何战机。然而德国方面，当年轻飞行员越来越多地阵亡时，王牌飞行员们依然一次次安然无恙地回到基地，刷新着分数。击落敌机数第一个达到 250 架的是 Fw 190 飞行员（诺沃提尼），第 52 战斗机联队的 Bf 109 飞行员们紧随其后。冈特·拉尔在 1943 年 11 月 28 日达到 250 架，巴克霍隆在 1944 年 2 月达到这一成绩。1942 年 11 月才击落第一架敌机的埃里希·哈特曼，截至 9 月 20 日时已经超过了 100 架。

1944 年 5 月，德国军队被迫离开克里米亚，第 52 战斗机联队的 Bf 109 被驱逐出他们积累经验的狩猎场。苏联军队夏季在所有战线上的猛烈攻势，迫使所有德军退出了苏联领土。到 1944 年，南线的轴心国飞行员还会时常遇到来自意大利的美国陆军航空队的 P-38 和 P-51。

毫无疑问，Bf 109 最大的“敌人”就是德国航空工业危险的状态，德国工业不仅未能为 1941 年杰出的 Bf 109F 提供足够优秀的后继者，而且也几乎无法供应足够的飞机来弥补日益升高的战斗损耗。

自始至终，东线的战斗机联队所拥有的可用战机少得令人吃惊。在这场危险的游戏中，机动性是关键：部队定期转移，为需要的地方提供支援，而骨干力量留在后方来防备前线的突发状况。

上图：困在 Bf 109G-6 中的是第 52 战斗机联队第 2 大队的指挥官格哈德·巴克霍隆。这架飞机以他妻子的名字克丽丝朵命名，他驾驶这架飞机取得了 250 次空战胜利（总共击落敌机 301 架）

1941 年 6 月在东线战场作战的 Bf 109 超过 600 架，1942 年 6 月这一数字跌落到 409 架，1943 年 5 月仅剩 260 架（加上一些 Fw 190）。这些飞机分布在从拉普兰到高加索的前线上。1945 年 1 月帝国的防御到了岌岌可危的地步时，第 1、4、5、6 航空队只能争夺剩下的 329 架 Bf 109 战斗机了，而 Fw 190 则被转移到了西线。

尽管局势在斯大林格勒与库尔斯克得到了扭转，有些人依然平步青云。战争即将结束时，埃里希·哈特曼的胜利已经达到了 352 次。格哈德·巴克霍隆（301 次）与冈特·拉尔（275 次）也在第 52 战斗机联队中积累了大量积分。第 52 战斗机联队在战争结束时记录下的总歼敌数达到了惊人的 11000 架。第 52 战斗机联队在东线自始至终使用的都是 Bf 109。

下图：1943 年向全部前线部队颁布的个人标记禁令使得个人座机难以分辨。1943—1944 年的这批 Bf 109G-6 使用显眼的冬季迷彩涂装

上图：第 27 战斗机联队第 7 中队的 Bf 109G-6 从希腊基地出发，在亚得里亚海上空巡逻。图中最近的飞机没有经过改装，但从照相机来看，远处的两架有典型的热带过滤器和装有 MG 151/20 的 6 号战地套装翼下吊舱，这种固定吊舱也被称为“炮艇”（Kanonenboote）

北非和地中海

到达北非战场时，Bf 109 享受着与初入欧洲战场一样的空中霸权。然而，盟军飞机的质量与数量渐渐压倒了这支实力微弱的力量。

尽管梅塞施密特 Bf 109 被部署到地中海战区几乎是不可避免的，但意大利军队的溃败加速了这一过程。首先，意大利军队无法撼动英国在马耳他岛上的要塞。其次，国防军不得不介入巴尔干，希腊落到德国手中后，接下来就是克里特岛。最后，由于意大利人深陷北非的沙漠中，德国不得不派出一些精锐部队来稳定局势。

1941 年 2 月，第一批 Bf 109 到达西西里，第 27 战斗机联队第 7 中队开始从它驻守的英吉利海峡调走，以援助意大利攻击马耳他。第 27 战斗机联队第 3 大队也被部署在附近，给英军带来了很大麻烦。此后在 5 月份被调往希腊战场支援。

沙漠中的第一批 Bf 109 来自第 27 战斗机联队第 1 大队和联队部，型号为 Bf 109E-4/N。这些战斗机在西西里岛匆忙进行了热带化改装，随后被部署在利比亚。1941 年 4 月 19 日，他们把大本营设在艾奈尔 - 格兹拉，而在甘布特还有个前进基地。很快，Bf 109E-7 热带改型出现了，这一改型可以在机腹下挂载一枚炸弹或者可抛式副油箱。6 月，第 27 战斗机联队第 3 大队换装完毕。

训练有素、激情洋溢的飞行员手中的 Bf 109E 在和盟军对抗的过程中表现良好。对于对手来说，继意大利空军之后发现还有德国这样一个对手实在不是一个好消息。在这些“埃米尔”飞行员中，一个来自第 27 战斗机联队第 3 中队名叫汉斯·约阿希姆·马尔塞尤的年轻军官已经是一个在不列颠之战中斩获 5 架敌机的王牌飞行员了。

1941 年 6 月，第 27 战斗机联队第 7 中队被部署到利比亚，但是该中队的飞机没有经过改装，在当地尘土弥漫的条件下饱受煎熬，很快便离开了那里。

下图：Bf 109E 是德国入侵希腊时的急先锋，但遭遇英国皇家空军的顽强抵抗。在巴尔干的飞机装饰有黄色战区标识

上图：沙漠中的战斗机部队很快换装成 Bf 109F，对地攻击部队继续使用 Bf 109E。图中是第 210 快速轰炸机联队第 3 大队的一架 E-4/B

上图：Bf 109 在地中海战区也承担了战术侦察任务。这些装备了照相机的 Bf 109F-4 来自驻扎在西西里的第 122 侦察大队第 1 远程侦察中队

"小鹰" vs Bf 109F

在北非，英国皇家空军与南非空军换装了"小鹰"战机。德国指挥官担心这种新型战机可能与 Bf 109E 匹敌，紧急要求第 27 战斗机联队换装 Bf 109F。这一过程开始于 1941 年 9 月第 2 大队到来之时，其他大队也很快地完成了换装。

战斗航空联队在空中享受过一段主宰地位，而这支力量随着更多部队的部署也越发强大：1941 年 12 月的第 53 战斗机联队，1943 年初的第 3 战斗机联队与第 77 战斗机联队。这些部队带来了 Bf 109F-2 和 F-4，由闪击苏联时的老练飞行员驾驶。由经验丰富的第 27 战斗机联队坐镇这一战区，这一战区的部队调动相当多，频繁来往于西西里岛。

非洲之星

虽然许多人的个人击落敌机数量都在上升，但没人能比马尔塞尤更高。驾驶一架标有"黄色 14"标志的 Bf 109F-4/Z 热带改型的他被称为"非洲之星"，截至 1942 年 6 月 18 日，击落数已经达到了 101 架。中途返回一次德国后，他晋升上尉，回到利比亚接管第 27 战斗机联队第 3 中队。肩负的领导任务并没有磨灭他对战斗的欲望：9 月 1 日完成了一天之内击落 17 架敌机这一几乎不可能完成的任务。截至月末，他的击落数达到 158 架。9 月 30 日，他在发动机起火后试图跳伞时丧命。

那一天马尔塞尤驾驶的是 Bf 109G-2 热带型，"古斯塔夫"在 1942 年 6 月末出现在北非，先是 Bf 109G-2，随后是 G-4 改型。

下图：少数有增压装置的 Bf 109G-1 高空战机在 1942 年 11 月隶属第 51（刚从苏联撤回）与第 53（图中的是第 3 中队）战斗机联队。驾驶舱窗户两个窗格之间的硅块是该子型号的标志性特征

热带化改装后的"古斯塔夫"机身上固定了一个伞架，以为驾驶舱内的飞行员遮挡阳光。

1942 年 10 月，英联邦军队终于取得阿拉曼的胜利，开始将战线推向德国。11 月，大西洋沿岸的"火炬"行动使得隆美尔倍感忧虑。德军的战斗机力量仍然强大，"火炬"行动最初几天过去后，身经百战的德国飞行员发现经验不足又过于自信的美国飞行员很容易对付。然而，美军的战机极为优秀，飞行员学习得也很快。英联邦在战区内有大量的"喷火"。德国的损失开始逐渐上升，包括很多经验丰富的领袖级飞行员都阵亡了。盟军的罗网开始收起，将德国无情地包围在突尼斯。1943 年 5 月 13 日轴心国从北非撤出。

西西里守卫战

大多数德国空军撤退到了西西里岛和意大利，但依然被盟军穷追不舍。7 月 10 日，盟军对西西里岛的登陆开始了，但遭到第 27 战后航空团指挥部与第 2 大队、第 51 战斗机联队第 2 大队、第 77 战斗机联队第 2 大队的 Bf 109G-6 抵抗。尽管德军构筑了严密的防御，但盟军数量上的巨大优势迫使 Bf 109 撤回福吉亚综合机场。1943 年 9 月，他们在这里抵抗盟军在意大利的登陆，但接下来意大利的投降意味着德国军队不得不撤回北方。在那里，第 4 战斗机联队第 1 大队也加入了战斗。

然而截至此时，德国最高指挥部对意大利失去了兴趣，认为把 Bf 109 用于德国本土防卫会更有意义。1944 年初，各飞行大队逐渐撤出意大利，罗马在 6 月 5 日落入盟军之手，只有第 4 战斗机联队第 1 大队和第 77 战斗机联队留在意大利境内。这两支部队在月末之前也开始北上撤离。

Bf 109 依然在意大利战场上奋战，但不是以德国空军的身份。意大利空军之前有过一批 Bf 109F-4 和 Bf 109G-6，曾在利比亚与德国空军并肩作战。意大利投降后，有一些空军部队依然以轴心国的身份行动，自称意大利国民共和航空军（ANR）。之前驾驶 Bf 109 的飞行员被德国授予新的 Bf 109G-6，意大利陆军航空队第 2 大队在 1944 年 6 月开始第一次任务。1945 年 1 月驾驶 Bf 109G-10 的另一支部队（陆航第 1 大队）成立了。尽管国民共和航空军做出的努力基本上没有任何作用，但他们的存在对盟军的意义就是持续不断地骚扰，直到 1945 年 4 月在意大利北部投降为止。

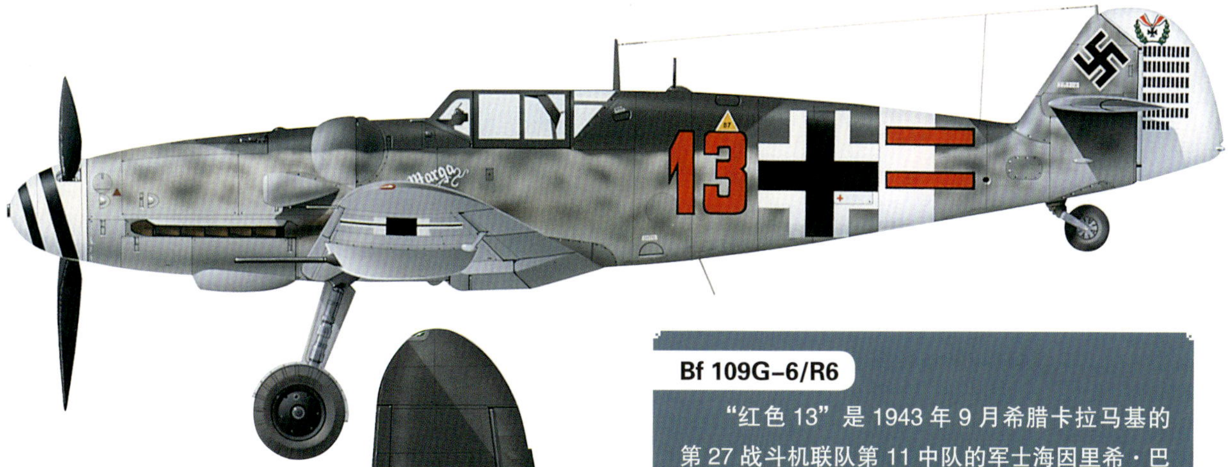

Bf 109G-6/R6

“红色 13”是 1943 年 9 月希腊卡拉马基的第 27 战斗机联队第 11 中队的军士海因里希·巴尔特斯驾驶的一架加装机炮型。方向舵上记录有总共 99 场胜利中的 56 场，都是在苏联前线取得的，上面还标记了他获得的骑士十字勋章。

座舱

这架飞机安装了“加兰德装甲”座舱罩，用玻璃替换了原来的部分金属背脊，为飞行员提供了更好的视野。

整流罩

Bf 109G-5、G-6 和 G-8 的一个特点就是风挡玻璃前边凸起的整流罩，覆盖了弹壳抛射装置。为了安装 MG 131，这些都要经过改装。

“炮艇”

炮艇套装将 Bf 109G-6 转变成一款高效的轰炸机破坏者，但影响了滚转率，使得它更易受到盟军战斗机的攻击。

标志与迷彩

这架 Bf 109 采用 1943 年主流的标准出厂迷彩，机身下侧使用 RLM 74 浅蓝色，机身以及上方表面采用 RLM 75 灰绿色纹理以及 RLM 76 灰紫色。两条水平的红色条纹是第 27 战斗机联队为辨识第 4 大队而采用的非标准涂装。

武器装备

Bf 109G-6 的标准武器装备包括一门安装在桨毂罩内的机关炮，通常是 MG 151/20，偶尔也会有 30 毫米口径的 Mk 108 以及两挺机身上方的 MG 131 0.51 英寸（约 13 毫米）机枪。R6 战地改装套装在翼下吊舱加装了两门 MG 151/20。

上图：1944 年 7 月，当两位飞行员进行着随意的对话时，地勤人员正匆匆将一架“古斯塔夫”——可能是 Bf 109G-6，推进树林以躲避盟军飞机不时出现在挪威上空的侦察

西北欧与“第三帝国”本土

从 1943 年起，德国空军就处于防守状态。在西欧，第 8 航空队的轰炸机开始了对德国本土频繁的轰炸。Bf 109 每天都要升空保卫国土。

1943 年 1 月 27 日，B-17 轰炸机第一次从英国基地出发，直飞德国领土。英国与德国的战争进入一个新的阶段。在这时，西线的德国战斗机部队相对较少，第 2 和第 26 战斗机联队在海峡战线上，而第 1 战斗机联队则与 Bf 109 一起留守荷兰与德国北部。

随着第 8 航空队攻击的加剧，从苏联前线撤回的几支 Bf 109 部队也加入西线和德国的防御，这一进程在 1943 年到 1944 年速度加快。在德国，几支新的部队成立了，特别是专业反轰炸机的第 50 战斗机大队和拆分第 1 战斗机联队组建的第 11 战斗机联队。

下图：第 2、第 26 战斗机联队各编制有一支第 11 高空战斗机中队。这些飞机都是 1943 年 3 月法国北方第 2 战斗机联队第 11 中队接收的座舱增压改装的 Bf 109G-3。在背景中也可以看到第 2 战斗机联队的 Fw 190

北非的战斗解脱了几支部队，包括精锐的第 27 战斗机联队第 1 大队也撤回了西线，装备了 Bf 109 的大队则撤回了德意志帝国南方。

1943 年 8 月 17 日，第 8 航空队开始了对施韦因富特的毁灭性攻击。在盟军轰炸机从荷兰海岸飞往轰炸目标的大多数时间里，德国战斗机，尤其是第 50 战斗机联队的 Bf 109 一直都在攻击 B-17，使得盟军付出了 60 架被击落、150 多架损伤的代价。截至 9 月，安装有可抛式副油箱的 P-47 已经可以完成短程护送，但 10 月 14 日针对施韦因福特的第二次任务也和第一次一样遭受了同样的命运。

1943 年，战斗机部队很快学会了等待时机，到护航战斗机因耗尽燃料返航之后再出击。一种新的王牌出现了——四发动机王牌。一种根据击落敌机数量来决定战机装饰的复杂体系被修订，以体现击落轰炸机的荣誉。帝国防空作战的筹备效率极高，空军大队被分为轻型（反战斗机任务）和重型（反轰炸机任务）两种。Bf 190 适合执行反战斗机任务，而耐打击的 Fw 190 则是对抗轰炸机的首选。在只有 Bf 109 可用的部队，许多 Bf 109 进行了“炮艇”式改进，每个机翼下加装 20 毫米机关炮以增强火力。还有一些采用了 Wfr 21（“编队破坏者”套装），每个机翼下方各有一具 21 厘米火箭炮。该型火箭弹的首要目的不是击落轰炸机，而是打破美国陆军航空队紧密的防守队形。

随着战争的白热化，轻型与重型大队以及 Bf 109 与 Fw 190 之间的区别很快就消失了。根据记录，这两种型号面对轰炸机，任何一种都没有明显的优势。然而有少数高层领导执意准备两种机型，在得知这次敌方编队主要机型种类以后，才肯决定以 Bf 109 还是 Fw 190 来迎敌。

夜间战斗机

1943 年 3 月，Bf 190 开始以“野猪”为名展开夜间行动，潜行在轰炸机编队上方，通过闪光弹，探照灯或火光照出的轮廓来选择目标。1943 年 7 月英国皇家空军夜间轰炸机引入的“窗口”（箔条）使得德国的雷达完全失效，“野猪”战机部队因此快速扩充以填补缺口，最终成立了三支新的战斗机联队（第 300、301 和 302）。装备最多的还是 Bf 109G，尽管很多时候这些飞机也由昼间战斗机部队共享。1943 年夏天，“野猪”取得了值得瞩目的成就，但秋天恶劣的天气限制了飞机安全返回机场的能力。这一系列行动最终在 1944 年 3 月结束了。

这时昼间防空因为 1 月份参战的 P-51 的出现而让德军煎熬万分。“野马”战斗机的航程足以全程护送轰炸机直至目标，帝国的防卫变得越来越让人绝望。更多的部队从东线调回，但这引起了自身的问题，因为原本适应低空战场的老兵难以适应高空反轰炸机任务，尤其是在有“野马”这样的对手的时候。

上图：第 11 战斗机联队第 2 大队积极参与早期的反轰炸机行动。这是一架 Bf 109G-1 加压版本，两侧翼下安装了 Wfr 21“编队破坏者”火箭弹。第 11 战斗机联队第 5 中队的海茵茨・诺克上尉在更早一些时候将炸弹作为对付轰炸机的武器

诺曼底

当盟军 1944 年 6 月 6 日开辟第二战场时，帝国防空作战任务暂停了，11 个 Bf 109 大队被匆匆派往法国，但这一举动除了减少防空力量，没有什么意义。8 月末，大多都回到更加严峻紧迫的德国本土。

12 月，希特勒在阿登高地进行了一次防守反击，出动了大量 Bf 109。虽然取得了一些成功，但地面的攻击渐渐已是强弩之末。在这最后的主要行动中，德国空军东拼西凑了约 800 架战斗机参与“底板”行动，目标是盟军在比利时和法国的飞机场。1945 年 1 月 1 日，Bf 109 和 Fw 190 呼啸着掠过盟军机场，但并没有造成预想中的破坏，损失却达到了 200 架。

“底板”行动之后 Bf 109 转移到了东线，仅在西线留下第 53 战斗机联队。最后一次大型空中行动在 2 月 14 日爆发，但导致德国空军的进一步损失。尽管 Bf 109 参与其中，但纳粹最后时刻的防空任务很大程度上都托付给了 Fw 190 和 Me 262 喷气式战斗机。

绝望的抵抗中最后一搏是“军狼”（Wehrwulf）行动，德军成立了一支名叫埃尔博特种作战部队的撞击部队。4 月 7 日，它肩负着唯一的一次任务出发了。60 架轻装上阵的 Bf 109 以自杀式攻击撞毁了 8 架 B-17 轰炸机。

油料与飞行员短缺导致 Bf 109 不可避免的败局，这或许曾经是世界上最优秀战斗机所能有的最耻辱的结局了。

右图：在西部战场，最后使用 Bf 109 的部队之一是第 53 战斗机联队。图中，美军士兵正在检查 1945 年 1 月坠毁在萨尔洛特恩附近的第 53 战斗机联队第 4 大队的一架 Bf 109G-14/AS 的残骸

左图：第 27 战斗机联队第 1 大队是加强西部防线的第一支部队，它在 1943 年早期从地中海战场到达法国。这张照片拍摄于 1944 年 1 月机身后部实行绿色条带状标记之后。图中是一架“炮艇”改装型

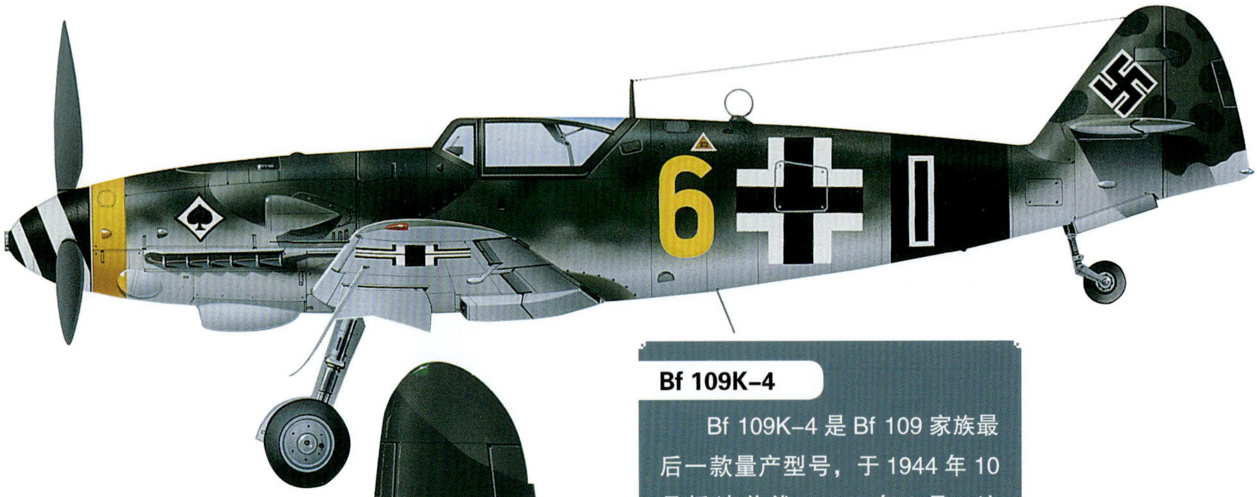

Bf 109K-4

Bf 109K-4 是 Bf 109 家族最后一款量产型号，于 1944 年 10 月抵达前线。1945 年 3 月，这一飞机隶属于驻扎在巴伐利亚州吉尔拉什的第 53 战斗机联队第 3 大队。

Bf 109K 特征

字母 K 是为了让混乱的 Bf 109 生产更加合理。Bf 109 生产数量巨大，但各种子型号混乱不清。K 系列自然地带有后期型号“古斯塔夫”的一些特征：“艾尔拉”兜帽式座舱盖，加长加大的木制尾翼与高尾轮。与之并列的 Bf 109G-10 计划重新生产出来的标准与之类似。一个区分 K 系列与 G 系列的方法就是：前者的测向环被移到了背脊上方靠后的地方。

动力系统

Bf 109K-4 使用戴姆勒 – 奔驰 DB 605DMA 发动机，加上 MW-50 水 – 甲烷推进系统，能产生 2000 马力（约 1492 千瓦）的动力。安装发动机时需要在发动机罩桨毂盖后方加上一些小的突起。

起落架

Bf 109K 和 G-10 使用宽轮胎来改进地面操控性。为了容纳这对机轮，需要机翼上方有更大的隆起。

武器装备

Bf 109K-4 只安装了 3 种武器，并且都在机首。其中两门是安装在发动机上方的 13 毫米 MG 131 重机枪，第三门是破坏力惊人的 30 毫米 Mk 108 机关炮，安装在发动机机罩中，透过整流罩开火。

标记

这一飞机所使用的涂装是相对少见的深绿 / 中绿色，装饰有 JG 53 “黑桃”的标志以及机身后部的 RV 识别条带。

德国以外的 Bf 109 使用国家

保加利亚

保加利亚皇家空军（VNVV）在 1940 年接收了 19 架 Bf 109E-4（右图），从 1943 年开始交付的 Bf 109G-2、G-4 和 G-6 使得总数量达到了 149 架，大多都属于第 6 战斗机师驻扎在博祖瑞斯特和乌拉德纳的两个团。在保卫首都索菲亚的战斗中，Bf 109 主要同来自意大利的美国陆军航空队的轰炸机与护航战斗机对抗，击落了 50 多架敌机，但在敌方的轰炸中保加利亚在地面损失了不少飞机。1944 年 9 月 9 日保加利亚加入了同盟国，Bf 109 加入对过去主人的战斗。战争结束后保加利亚分到了超过 100 架新型 Bf 109G，不过大多都作为战争赔款被运往南斯拉夫。保加利亚皇家空军的 Bf 109 一直服役到 1946 年。

匈牙利

作为德国在东线最为坚定的盟友之一，匈牙利在 1942 年 10 月就得到了 Bf 109F-4，1943 年初得到 Bf 109G-2，1944 年得到 G-6。最多时多达 9 支中队，组成一个大型兵团在苏联前线与德国空军并肩作战。当盟军轰炸机开始从意大利发起突袭时，这支力量又投身于匈牙利的本土防卫。尽管匈牙利在 1945 年 1 月投降，但 Bf 109 机队仍对轴心国保持忠诚，直到战争结束。

克罗地亚

克罗地亚军队是作为志愿兵中队出现在苏联前线上为德国空军服役的。以第 52 战斗机联队第 15 中队或克罗地亚战斗机中队为人所知的这支部队最初用的是 Bf 109E-7，1942 年 7 月改换了 Bf 109G-2，随后又改为 Bf 109G-6。飞机的数量一直在减少，到 1944 年 2 月只剩下 4 架。1944 年末，该部队重新列装了 Bf 109G-10，这些飞机直到战争结束前的最后几天依然为轴心国而战。

芬兰

芬兰在 1943 年初收到第一批 Bf 109，他们称之为“美苏斯”（Mersus）。Bf 109G-2 总共交付了 28 架，随后交付了 Bf 109G-6（下图）、G-8 和 G-10，使得总数达到了 150 架。隶属于 HLeLv 24 和 HLeLv34，在抵抗苏军的作战中表现良好。1944 年 9 月 4 日，一纸停战协议结束了芬军与美国陆军航空队的对抗，不过 Bf 109 的航程不足以参加随后针对拉普兰德军的行动。

日本和苏联

1941 年，5 架没有武器的 Bf 109E-7 被运往日本（下图）进行技术评估，不过日本对 DB 601 发动机更感兴趣。苏联在 6 月德军入侵之前也接收了少量的 Bf 109E，随后还缴获了一批该型机。

意大利

意大利皇家空军（Regia Aeronautica）的两个中队在 1943 年初换装 Bf 109F-4，并在北非进行短暂服役。在意大利空军分裂前抵达的 Bf 109G-6 则伴随意大利人在同盟国和轴心国阵营中同室操戈。亲轴心国的国民共和航空军从 1944 年 9 月开始部署一支 Bf 109G-6 中队，从 1945 年 1 月开始部署一支 Bf 109G-10 中队参战。

罗马尼亚

1942 年初，罗马尼亚皇家空军的第一战斗机大队得到了 69 架 Bf 109E-4（左图，还有一架德军的 Bf 109E）。随后，Bf 109G-2 和 G-6 也提供给了罗马尼亚，服役于境内与苏联前线。1944 年 8 月，罗马尼亚空军向苏联投降，随后得到了之前隶属于德国空军的 Bf 109G-10 和 G-14。最后一架 Bf 109 在 1948 年退役。

斯洛伐克

左图，1942 年 11 月有两支斯洛伐克部队接收了 Bf 109E-7，分别是驻守斯洛伐克的第 11 战斗机中队和以第 52 战斗机联队第 13 中队身份战斗在苏联战线的第 13 战斗机中队。1943 年初，第 13 战斗机中队接收了 Bf 109G-6，但在 1944 年 4 月被召回防卫布拉迪斯拉发。经过与盟军秘密谈判，一部分 Bf 109 参与了 1944 年 8 月的起义。

西班牙

德国空军在西班牙内战结束之后给西班牙空军留下最初一批 Bf 109E（右图）。1942 年，Bf 109F-4 也被提供给西班牙，主要是为“蓝色中队”志愿军训练飞行员，该部队在苏联以第 51 战斗机联队第 15 中队的番号作战。1942 年西班牙签署生产 200 架 Bf 109G 的协议，但发动机迟迟未到，最终制造的飞机型号为 HA-1109/1112。

瑞士

瑞士航空队在 1938 年 12 月 17 日接收了第一批 Bf 109，即 10 架 Bf 109D-1，同时也为 1939 年 4 月将要接收的 80 架 Bf 109E-3（下图）做好准备。空军还购置了其他德军飞机来补充自己（包括 2 架 Bf 109F 和 2 架 Bf 109G），以及 1944 年 5 月的 12 架 Bf 109G-6。这些飞机十分积极地守护着瑞士的中立立场（为此使用较大的斑纹状标志），甚至还击落了几架德军飞机。

南斯拉夫

1939 年 4 月，对 Bf 109 印象深刻的南斯拉夫皇家空军预定了 100 架 Bf 109E-3 以装备第 6 歼击机团（下图），不过只交付了 73 架。在 1941 年 4 月德国的猛攻中，这些飞机全部被毁——有一些毁于德国空军之手，但大多数都是被己方付之一炬以防被敌方缴获。这批 Bf 109 只获得很少的战绩。战争即将结束时，南斯拉夫曾使用 Bf 109G 来支援盟军。这些飞机要么是撤退的德国空军留下的，要么是起义的克罗地亚飞行员带来的。

被缴获的梅塞施密特

很多 Bf 109 都被盟军原封不动地缴获，有的经过完整评估发现仅有很小的损伤。有一些是在北非战场缴获的，还有一些是由于迷航或者迫降而到达盟军控制区的。随着盟军在欧洲战场高歌猛进，越来越多的 Bf 109 被缴获。在战争过程中英国曾经有超过 20 架机况良好的该型机。

右图：在肯特完成了一次起落架无法放下状态时的迫降后，这架 Bf 109E-3/B 被修好并在英国进行了全面评估

上图：这架 Bf 109F-4 由苏联缴获，作为礼物送给了美国陆军航空队。1943 年，该机到达莱特机场

上图：1939 年末之前，法国缴获了 2 架 Bf 109E。这架飞机随后被送往英国接受进一步的测验

梅塞施密特 Bf 110 驱逐机

上图：尽管高速、重武装的 Bf 110 型战斗机在大战初期十分成功，但在英伦诸岛上空仍敌不过优越的“喷火”“飓风”战斗机

闪击战期间所向无敌的梅塞施密特 Bf 110 型驱逐机在不列颠空战时遭到英国皇家空军战斗机重创，但它很快又在夜间战斗中成为轰炸机司令部的克星。

1918 年第一次大战结束之后，所有国家的战斗机设计师皆以截击所需的速度、加速性能与高机动性和满足近距离缠斗需要的动力性能为目标，因此，当时世界上最出色的战斗机都是单座、高功重比且翼载荷相对低的双翼机。

到了 20 世纪 30 年代，单翼机的革命应运而生，单体结构的机身、可收回的起落架、悬臂梁式的机尾组件和强化的单一或双层翼梁机翼成为主流；战斗机的外形基本上仍旧不变，武备与燃料搭载能力也谨慎约束以免降低速度和机动性。然而，1917 年至 1918 年西线战场上空的行动凸显出扩大战斗机航程和续航力的必要性。作战半径足够、可伴随轰炸机深入敌军领空执行任务的战斗机，无论是用于护航还是在特定区域夺取制空权都极有价值。

这样的飞机设计原本被认为是不可能的事情，但在 1934 年，此一构想再度受到关注。远程战略战斗机的概念究竟是用于侵略性或防御性的任务仍是具有争议的问题，但至少，德国空军需要这种他们称为“驱逐机”（Zerstörer）的战机，来追击并摧毁帝国领空的敌军轰炸机，况且该机还有能力在敌方轰炸机撤退时对其进行持续追击骚扰。

纤细的设计

德国“巴伐利亚飞机制造厂股份公司”［Bayerische Flugzeugwerke AG，即后来的梅塞施密特股份公司（Messerschmitt AG）］的研发小组致力于帝国航空部重型战略战斗机规格的开发，在 1935 年夏天展开这项计划的发展工作。研究人员忽略许多规格数据上的要求，将精力集中在纤细、全金属的双发动机单翼机。由两台戴姆勒 – 奔驰 DB 600A 型发动机驱动的 Bf 110 V1 原型机于 10415 英寸（约 3175 米）的高空最大速度达到 314 英里 / 时（约 505 千米 / 时），大大超越了梅塞施密特自产的 Bf 109B–2 型战斗机。

下图：梅塞施密特 Bf 110V1 号原型机在 1939 年 5 月 21 日从奥古斯堡 – 豪恩斯泰腾（Augsburg–Haunstetten）首飞，由鲁道夫 · 欧皮兹（Rudolf Opitz）驾驶。Bf 110 量产前的原型机只制造了 4 架，它们雅致的设计在当时算是相当的先进

上图：为了歼灭大批盟军轰炸机群和对地攻击，Bf 110 战机测试了多种火箭弹。照片中的例机正测试 RZ 65 型火箭弹，由装置于机身下方的 12 根 2.875 英寸（约 73 毫米）火箭发射管发射。这种布局在测试中发现无法满足需求后被拆除

下图：照片中是一架被第 8 军团“蒙哥马利将军的沙漠之鼠”（Desert Rats of General Montgomery）缴获的 Bf 110C-4b 型战机。该机在西非沙漠中扮演着相当重要的角色，它作为战斗轰炸机支援隆美尔的非洲军

当然，正如试飞员和测试部门所注意到的，Bf 110V1 以及之后的原型机在加速性能和机动性方面都无法和轻型战斗机相提并论。不过，戈林无视德国空军对此事的担忧，肯定梅塞施密特 Bf 110 的潜力，下令继续生产。第一架预生产型原型机 Bf 110B-01 由两具容克 Jumo 210Ga 型发动机驱动，于 1938 年 4 月 19 日纳粹空军开始大幅度扩编之后不久首飞。

戴姆勒 - 奔驰发动机的供应不足和 Jumo 210Ga 型发动机的进展不顺，使得奥古斯堡（Augsburg）工厂难以在夏季大批量生产 Bf 110B-1。Bf 110B-1 配备了两门 20 毫米厄利空 MG FF 型机关炮和 4 挺 0.31 英寸（约 7.92 毫米）MG 17 机枪，在 13125 英尺（约 4000 米）预定高度的最快飞行速度可达每小时 283 英里（约 455 千米）；而其实用升限（实用升限指飞机以每分钟 100 英尺 / 约 30 米的爬升率所能达到的最高高度。——译者注）为 26245 英尺（约 8000 米）。Bf 110B-1 型是首批投入服役的机型，在 1938 年秋季列装了部分重型战斗机大队（schweren Jagdgruppen）。

1939 年初，梅塞施密特 Bf 110C-0 量产前的机型配发至新成立的驱逐机大队（Zerstörergruppen，即之前的重型战斗机大队）。这批战机改良了机身结构以延长飞机的寿命，而且换装了在 12140 英尺（约 3700 米）高度可输出 1100 马力（约 820 千瓦）的戴姆勒 - 奔驰 DB 601A-1 型 12 缸、倒 V、燃油直喷发动机。Bf 110C-1 量产型是续航力相当不错的战斗机，而且操纵该型号新式战机的第 1 教导联队第 1（驱逐机）大队［I（Zerst）/ Lehrgeschwader Nr 1］、第 1 驱逐机联队第 1 大队（I/Zerstörergeschwader Nr 1）与第 76 驱逐机联队第 1 大队的飞行员都是德国空军战斗机部队的精英。在 1939 年 9 月入侵波兰前，每支大队都配备了两支中队的 Bf 110C-1 型和一个 Bf 110B-3 型改装教练机的单位。

大战中的驱逐机

9 月间，重型战斗机的飞行员们在短暂的波兰战役中为亨克尔和道尼尔轰炸机提供掩护，并于 19685 英尺（约 6000 米）以上的高空进行扫荡任务。不过，Bf 110 的飞行员很快就意识到和敏捷的波兰 PZL P.11c 型战斗机进行盘旋格斗是愚蠢的行为，所以便采取爬升 - 俯冲战术，一直维持高速飞行。沃尔特・葛拉伯曼（Walter Grabmann）上校的第 1 教导联队第 1（驱逐机）大队（由史莱夫上尉指挥）在 9 月 1 日傍晚为第 1 轰炸联队第 2 大队的亨克尔 He 111P 型护航时，于华沙上空一举击落了 5 架 PZL P.11 战斗机。

显然，驱逐机大队已经偏离了它原来的角色，投入护航任务和对付单发动机的敌军战斗机以夺取制空权中。理论上，Bf 110C-1 的性能参数并没有什么问题：从尺寸和外形来考量，它是

上图：梅塞施密特 Bf 110B-0 战斗机机身修长且线型优美。尽管该机难以匹敌此后出现的盟军战斗机，但还是有不少德军飞行员驾驶它取得佳绩成为空战王牌。由于作为昼间战斗机太过脆弱，Bf 110 逐渐转入夜间战斗并成为 1940—1945 年德军的主力夜间战斗机

最佳的重型战斗机。Bf 110C-1 的作战重量为 13007 磅（约 5900 千克），在 19850 英尺（约 6050 米）高空速度可达 336 英里/时（约 540 千米/时），快过盟军最新式的战斗机，而且只比它的下一批对手，即法国的迪瓦丁 D.520 型与超级马林“喷火”Mk I 慢了 20 至 30 英里/时（约 32 至 43 千米/时）。不过，在战斗机对战斗机之战中，敏捷的翻滚率、快捷的加速性能，还有更高的回旋率才是制胜的关键。这些因素都受制于飞机的动力、翼载荷和飞行员的体力。

Bf 110 的飞行员在波兰和斯堪的那维亚上空没有遭遇什么问题，而早期作战的胜利也让他们对重型战斗机的性能深具信心。然而，1940 年，德国空军在法国与英国南部上空面临强硬的抵抗，很快粉碎了其对 Bf 110 战机的期望。该机于高空战斗中虽能够相对地不受伤害，但当降低高度来到中空（通常是为轰炸机护航）和敏捷的“喷火”“飓风”格斗时，飞行员察觉到 Bf 110 在盘旋方面简直是望尘莫及，容易被击落。

到了这个时候，Bf 110 的其他衍生机型也发展出来，包括战斗轰炸机型和超远程的战斗机型，它们也出现在英国、地中海和北非上空。接着，Bf 110 战机单位解除了第一线作战的束缚，被派去对付苏联，在那里获得不少成功。随着战争的持续，Bf 110 越来越无法与最新的盟军战机匹敌，进而逐渐退出大部分的战区。

夜战型

Bf 110 战斗机在一个领域里的表现极为出色，那就是夜间作战，防卫帝国的领空对抗敌军轰炸机。后继的机型都配备了非常优异的雷达，尤其是在加装 FuG 212 型“利希滕施泰因”（Lichtenstein）C-1 雷达与 FuG 220 型“利希滕施泰因”SN-2 雷达之后。许多飞行员都创下一些击落敌机纪录，特别是海因茨·沃夫冈·施瑙弗（Heinz-Wolfgang Schnaufer）少校。施瑙弗是第 4 夜间战斗联队（NJG 4）的最后一任飞行联队长（Kommodore），数次荣获包括“钻饰骑士铁十字勋章”在内的嘉奖，他宣称大战期间在夜间击落至少 121 架敌机。

或许该提醒的是，很少双发动机战斗机能够与单发动机战斗机匹敌，即使是传奇的“蚊”、川崎二式复座战斗机（即 Ki-45）或洛克希德 P-38“闪电”战机。尽管 Bf 110 型在缠斗战中失败了，但它仍是高效率和多用途的全能战机。况且，Bf 110 作为轰炸机截击机已经非常成功，尤其是在夜间防空战斗中。

下图：Bf 110 最后以夜间战斗机的形式造就了它的传奇。总共发展出十余款配备雷达的衍生机型，而且其武装也不断的改良和升级。其中一型成功地架设了倾斜射击的 30 毫米 Mk 108 机关炮，这种装置于驾驶舱后部的武器又称为“斜乐曲”（schräge Musik）或“爵士乐”

战争初期

Bf 110，1939—1940 年

上图：第 52 驱逐机联队第 1 大队的一架飞机（机首有白龙状大队标志）正由地勤人员覆盖掩饰物以防空袭。图中的机场可能是一处被占领的法国机场，或者是第 1 大队在诺伊豪森奥布埃克的“出发阵地”

战前作为德国空军精英力量而饱受赞誉的驱逐机战队和梅塞施密特 Bf 110 战机在早期战役中获得了足够多的胜利来书写这个传奇。然而，当不列颠之战来临时，残酷的真相暴露在人们面前。

赫尔曼·戈林认为他的驱逐机（重型战斗机，字面意思为破坏者）是重建的德国空军的精华，在战无不胜的国防军前方，这支空军的主力部队将会扫清一切敌对力量。

当希特勒命令入侵波兰时，戈林出动了全部 3 支驱逐机大队，包括第 1 驱逐机联队第 1 大队、第 26 驱逐机联队第 1 大队和第 1 训练航空联队第 1 驱逐机大队，投身于战争爆发时的突袭。这支部队有大约 90 架 Bf 110 B 系列和 C 系列战机。每支大队都要负责 3 个方向上的进攻，最开始是被用于护卫 He 111 和 Do 17 轰炸机。他们在行动中遇到的抵抗很少，即使在仅有的几次缠斗中 Bf 110 也渐渐占了上风，尽管也有少数被波兰战斗机击落。在最初几次交战中，Bf 110 战斗机在空对空战斗中的弱点就暴露了出来。面对几乎形同虚设的波兰空军，战斗的最后几天里 Bf 110 都被用来进行轰炸训练和扫射撤退的波兰军队。

入侵波兰后的几天里，英国皇家空军的轰炸机开始在德国北部海岸线进行武装侦察巡逻与空袭。波兰战役结束后，一部分 Bf 110 被派往这一地区加强防御。12 月 6 日，他们击落了第一架敌机。

12 月 18 日，在德国湾之战中，德国战机击落了“惠灵顿”部队 24 架战机中的 12 架，其中有 9 架要归功于 Bf 110。这次战役一劳永逸地结束了英国轰炸机司令部的昼间轰炸计划，不过英国轰炸机还是昼间不停地巡逻，为 Bf 110 提供了些许经验与战功。法国边界发生了一些小规模战斗机战斗，战斗结果多半不确定，尽管维尔纳·梅特费塞尔少尉在 1939 年 11 月 23 日成为第一个 Bf 110 王牌飞行员，但这一结果的真实性还存在一些疑问。

Bf 110 北上！

“威塞堡”行动期间，德国空军投入两支驱逐机大队。入侵丹麦和挪威时，第 1 驱逐机联队第 1 大队随同大部队向丹麦推进，其间没有遇到太大抵抗；在挪威的第 26 驱逐机联队第 1 大队接到了护送 Ju 52/3m 空投伞兵部队的艰巨任务。这注定是一次有去无回的任务，因为剩余的燃油不足以返航，因此被要求在目标机场（斯塔万格－索拉机场和奥斯陆福尼步机场）被攻陷后就地降落。在浓雾的影响下，8 架中只有 2 架到达斯塔万格；在奥斯陆，8 架中只有 3 架毫发无损地到达，有两架在与挪威的“斗士”战机的近距离缠斗中失踪。挪威南部沦陷后，空战转回中央战线，在这里 Bf 110 的优良航程得到充分利用，主要用来对抗英国轰炸机。这两支驱逐机大队也与英国空军的“斗士”战机有过激烈对决，不过在这样苛刻的条件下损耗惊人。随后德国部署了带有隆起的腹部远程副油箱的 Bf 110D，它被昵称为“小猎狗肚”。

尽管在 6 月初被从挪威驱逐，但英国空军依然继续进攻。6

左图：这张照片拍摄于 1940 年夏天的法国战役。从扭曲的支撑叶片就可以推测出这架第 52 驱逐机联队第 1 中队的飞机看起来似乎遭遇了起飞或是降落事故

月 13 日，一队布莱克本“贼鸥”俯冲轰炸机试图攻击“沙恩霍斯特”级战列巡洋舰，被梅塞施密特 Bf 110 战机撕成碎片，以至于英国皇家海军再也不敢动用俯冲轰炸机。

挺进法国

1940 年 5 月 10 日，德军将注意力转移到法国、比利时以及荷兰。Bf 110 再一次成为闪击战的先锋，护送轰炸机，对地面目标进行扫射。德军为了这场战役，共召集了 9 支 Bf 110 大队与 3 支联队部。最初的攻击遇到的抵抗比较弱，大多数抵抗都在地面上。第一天的战斗只损失了两架 Bf 110，但随着法国空战的进行，损失开始攀升，尤其是面对法国与英国空军的单座战斗机时。但 Bf 110 依旧轻松取胜，主要是因为盟军所使用的往往都是老旧装备，防卫也不协调。

随着战斗越来越靠近英吉利海峡，德军遭遇越来越多的英国空军战斗机，Bf 110 的损失也相应增加。英军的“喷火”在敦刻尔克上空给 Bf 110 造成了沉重打击，尽管据说 5 月 31 日 Bf 110 咬住了 5 架英国战机并全部击落。驱逐机大队虽然取得了胜利，但是当 6 月 3 日早晨英军从敦刻尔克完成撤退时，有 60 架 Bf 110 在三周半的时间里被击落。这一损失对于德军几乎是不可接受的。这一战果清清楚楚地被记录在案。

大屠杀

需要强调的是，Bf 110 的确逊于“喷火”一类的现代化单座战斗机。它的正面武器强大有力，但飞机的迟缓使得飞行员难以瞄准敏捷的对手。在法国，当遭遇敌方战斗机时，Bf 110 飞行员很快学会了使用防卫环作为逃生的最好机会。这一战术是，飞行编队结为一个圈，后边战机的火力范围覆盖前方战机的尾部。

在不列颠之战中 Bf 110 遭到“飓风”战机或是“喷火”围攻时，这一战术尤其常见。有的时候这一防卫环是作为诱饵引诱英国战机以便高空的 Bf 109 发起进攻。

这场战争对于装备 Bf 110 的这两支大队来说是一场灾难。不列颠大空战始于对英吉利海峡的封锁，此时 Bf 110 在空中仅占次要地位，但在英军的抵抗下损失了几架战机。战役的第二阶段

下图：1940 年 5 月，西方战线闪击战的早期阶段，第 26 驱逐机联队第 5 中队的一架 Bf 110 从伪装掩体中滑行而出。飞机的标志包括机首的两个徽章。前面是第 2 大队的白犬标志。后边是第 5 中队的标志——红色三角形中的红桃 A

开始于 8 月 13 日（“鹰击日”），德军的攻击重点是英国空军机场。德军的战术是：Bf 110 飞在轰炸机前边以吸引英军战斗机升空，当轰炸机抵达目的地时，防卫的敌方战斗机要么已经严重受创，要么就是燃油耗尽降落补充，从而给轰炸机留下充足的时间轰炸目标。Bf 110 在行动中令人大跌眼镜的表现毁了这次行动。

Bf 110 在 8 月 13 日“仅仅”损失 13 架，但两天后，被击落的 Bf 110 就达到了 30 架。德军错误地认为英军战斗机全被派往英格兰南部，挪威的德国空军对英国东北部发动了一次突袭。这次行动由笨重的 Bf 110D 护航，在英国上空遭遇英军的“飓风”战机和“喷火”，损失达 7 架。轰炸机被打散了阵型，整场行动变成了灾难。

8 月 17 日，另外 15 架 Bf 110 又被击落后，这一机型在战争中的影响力不复存在：Bf 109 成为轰炸机护航机，Bf 110 仅执行远程护送任务。这并不是出于战术考量，仅仅是因为可用的 Bf 110 数量不多了。截至 8 月末，总损失达到 120 架，到了 9 月份这一数字达到顶点——200 架。而驱逐机大队在战役开始的时候也仅有 237 架可用飞机。

上图：在法国境内战事临近尾声时，一支由 Bf 110C 组成的混合编队飞过凯旋门（左侧底部）。尽管经过了审查员的遮涂，但仍能辨认出这些飞机实际上隶属于第 1 训练航空联队第 5 驱逐机大队（代码 L1）

右图：第 26 驱逐机联队第 5 中队的一支双机编队证实了新型的斑驳迷彩方案（近景处飞机）同早期的深绿色相比要更加有效。这张配图的德文原标题为“1940 年 10 月，英格兰上空”，然而地面图景显示这是在欧洲大陆上空

下图：1940 年夏天，第 26 驱逐机联队的一架无法辨认具体隶属的 Bf 110C 在英格兰南部或法国上空执行漫游巡逻任务。单独的字母标记“A”说明这架飞机属于中队长

上图：大约 1942 年，第 26 驱逐机联队第 3 大队在北非跑道上准备起飞的一架备份飞机。照片靠左的位置是一架拆掉机翼的意大利 CR.42 战斗轰炸机

地中海战役

尽管在不列颠之战中遭受了沉重的打击，但 Bf 110 在敌军战斗机力量薄弱的地区还是可以有效地承担昼间的任务的。1941 年，这个薄弱地区是地中海。

戈林的幻想破灭了。他对装备 Bf 110 的驱逐机大队过于高估，但在 1940 年夏季的英格兰这支力量一败涂地，不列颠之战结束时仅有少部分仍在服役。

事后来看，将装备梅塞施密特的这两支大队以这种方式投入战争是完全愚蠢的，1940 年 5 月和 6 月发生在法国上空的战斗本应让德军对是否应该部署这种飞机来对付英格兰产生足够的警惕。然而，Bf 110 依然凭借远航程与重武器以多种用途部署于很多战区。

不列颠之战结束之际，这些任务仍尚未出现，Bf 110 很快退出制空任务，在挪威、德国北部以及地中海执行海岸巡逻任务。1940 年至 1941 年冬季，许多 Bf 110 部队改装为夜间战斗机部队，并证明了自己可以胜任这一工作。

巴尔干战役

1941 年 4 月，希特勒的目光转向苏联，但为了巩固正面的攻击，欧洲南部战场的安全必须得到保障。当意大利军队攻陷希腊的计划失败时，希特勒不得不采取行动。罗马尼亚和保加利亚轻易地投降了，但希腊和南斯拉夫立场很坚定。德国决定毕其功于一役。因此对于远程战机的需求再次迫切起来，刚刚被分配到 Bf 110 夜间战斗机的两支部队再次作为驱逐机大队参加巴尔干战役。

第 26 驱逐机联队第 1 大队基地驻扎在匈牙利的塞格德，而第 2 大队则在更靠南的保加利亚的克兰尼奇。当进攻在 4 月 6 日开始时，德军北线部队的战斗机护送轰炸机对贝尔格莱德展开了毁灭性的空袭。在这一过程中，Bf 110 遭遇南斯拉夫空军的 Bf 109，后者击落了不少驱逐机大队的战机。在南方，第 26 驱逐机联队第 2 大队的 Bf 110 掩护着纳粹国防军陆军攻入南斯拉夫南部，随后又南下转入希腊。驻扎在西西里的航空队第 3 大队也在战役中短暂出动，穿过意大

左图：一架 Bf 110C 正在肃清克里特岛上盟军抵抗的小块荒芜阵地。参与 1941 年 5 月入侵克里特的部队有第 76 驱逐机联队第 1、第 2 大队，它们均驻扎在希腊的阿格斯

利对南斯拉夫中部海岸的目标发动了空袭。在瓦解敌方空中力量后，Bf 110又转为对地攻击，扫射地面目标。

当国防军一路碾压希腊南部时Bf 110也承担了任务，在这里，德国空军再一次与英国空军展开交锋。“飓风”战机是驻希腊英军最好的战斗机，但有许多还在地面时就被摧毁。即便如此，英国空军还是让Bf 110大队伤亡惨重，双方均付出相当代价。在雅典上空激烈的空战中，Bf 110的机枪击落了英军头号王牌——战绩超过50架的马默杜克·“帕特”·帕特尔少校的座机。到4月底，希腊落入德国之手。

“水星”行动和伊拉克

控制了希腊后，德国接下来的目标转到了克里特岛。第26驱逐机联队第1、第2大队的Bf 110以阿格斯为基地执行远程任务。第76驱逐机联队第2大队也参与了“水星”行动。很多任务都旨在打击盟军舰只，Bf 110在对抗小型船只的时候取得了一些战绩，但在防空火力的打击下付出的代价也不小。战役结束后，仅存的一支中队返回了德国。

这支部队就是第76驱逐机联队第4中队，它随即开始着手发动对伊拉克的突袭。1941年初，拉希德·阿里发动政变，在巴格达建立了亲轴心国政府，英军将军队与飞机部署在要塞驻地——尤其是哈巴尼亚的综合机场——作为应对。德国空军组建了一支特殊的战斗机、轰炸机与运输机编队——容克特遣队，匆忙喷绘了伊拉克的标志。第76驱逐机联队第4中队连同12架Bf 110成为这一特遣队的战斗单元，穿过叙利亚转移到摩苏尔。从这一基地出发后，特遣队的飞机开始攻击英军阵地，尤其是在5月17日攻击了哈巴尼亚。

Bf 110对英军的进攻持续了10天，在这一过程中损失了几架飞机。剩余的飞机则在英军在摩苏尔发动的反击中受损严重。到了5月26日，所有的Bf 110飞机都无法继续作战。德军在英联邦

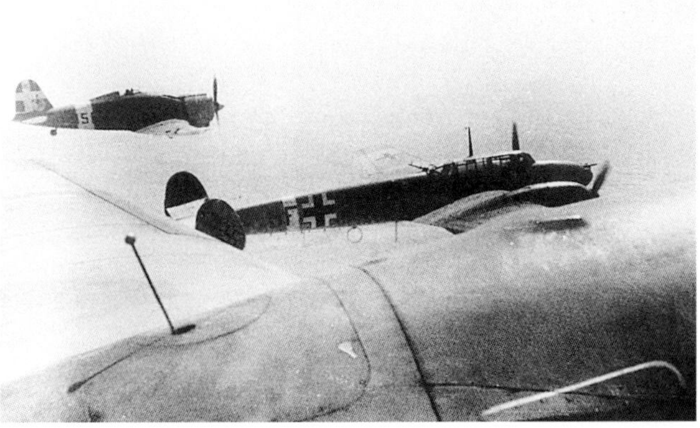

上图：1942年初，整装待发的轴心国协同作战。第14战术侦察中队第2分队［2.（H）/14］的这架Bf 110C（使用温和碎片迷彩的）在利比亚上空由意大利空军第51大队的菲亚特G50“箭”战斗机护送执行任务

下图：图中是第26驱逐机联队第8中队的一架Bf 110C。拍摄于1941年春季第26驱逐机联队第3大队到达北非之后。它的驾驶舱和轮胎都采取了防晒措施，但仍然保留着欧洲地区的伪装迷彩式样

军队进入摩苏尔之前就完成了撤离。迫降在哈巴尼亚附近的一架 Bf 110 被英国皇家空军修复后用于飞行试验，取名为“柏林美人”。

北非

第 76 驱逐机联队第 3 大队是地中海战区第一支装备 Bf 110 的部队，在 1940 年 12 月到达西西里。他们的飞机通常从西西里出发，在北非上空守卫轴心国的海上航线，同样也参加了对马耳他以及西部沙漠的英军的进攻。在一次对托布鲁克的类似突袭中，第 26 驱逐机联队第 8 中队的 Bf 110 取得了与“飓风”战机交战的第一场胜利，虽然己方也损失了一架。

1941 年 11 月中旬，非洲军团向东的推进渐渐停止了。为了抵御英联邦军队势在必行的反击，第 26 驱逐机联队第 3 大队的所有飞机都集中到了德尔纳。在这里，德军开始抗击盟军的“十字军”行动，但损失惨重。截至 1942 年 1 月，非洲军团再次向东推进，只有第 26 驱逐机联队第 7 中队留在非洲，其他中队都被撤回来改换装备并承担不那么重要的巡逻任务。截至 1942 年 5 月，三支中队再次在德尔纳集结。

1942 年夏季，隆美尔将军在再次积蓄力量之后高歌猛进，Bf 110 部队也跟着行动。除了轰炸机护卫任务，它们也广泛参与了对地攻击任务，在猛烈的防空火力下维持了较少的伤亡。随着离开罗越来越近，德军渐渐频繁停在阿拉曼。此时，第 26 驱逐机联队第 3 大队的大部分飞机都回到克里特岛重新开始日常巡逻任务。

克里特基地的 Bf 110 遇到新的对手：来自巴勒斯坦的美国陆军航空队的“解放者”重型轰炸机。这些飞机对于火力强大的驱逐机来说是合适的目标，Bf 110 通常都能完美克制美国的重型飞机。

与此同时，Bf 110 的一些分遣队也留在北非，但在蒙哥马利的英联邦军队的逼近和袭扰下，它们对于从阿拉曼到突尼斯的漫长而又疲倦的撤退无能为力。11 月的“火炬”行动后，大多数 Bf 110 都退回西西里岛的特拉帕尼。在这里，他们需要守卫飞往突尼斯的 Ju 52/3m 空中运输线，同时也要防卫攻击西西里的美国陆军航空队的 B-17“空中堡垒”轰炸机。为完成这一任务，他们得到第 1 驱逐机联队第 2 大队 Bf 110 的支援，后者是匆忙从苏联前线撤回的。

当突尼斯在 1943 年 5 月落入盟军之手时，梅塞施密特的 Bf 110 已经撤得更远，并驻扎在罗马附近。他们试图在这里拦截美军的重型轰炸机，但到了 7 月又重新开始承担对地攻击任务，以防盟军在西西里登陆。这个月结束之前，第 26 驱逐机联队第 3 大队接到命令回到德国，使得他们无缘目睹西西里被攻陷。

上图：两支活动在北非的装备 Bf 110 的战术侦察机中队：2.（H）/14 以及 4.（H）/12。图中 4.（H）/12 的机组正在庆祝他们在这一战区的第 500 次任务。侦察任务由 Bf 110E-3 和 Bf 110F-3 执行，在机身后方安装了 1 到 2 部照相机，也可以携带巨大的 198 英制加仑（约 900 升）翼下油箱

左图：这架装备了翼下挂架的 Bf 110 战斗轰炸机在北非被第 26 驱逐机联队遗弃。这架飞机机首上面有第 26 驱逐机联队的标志（橙色与黑色盾徽上的花体字“HW”代表联队指挥官的名字霍斯特・威塞尔）。旁边出现的 Ju 87D 说明这张照片拍摄于利比亚战役后期

上图："利希滕施泰因"BC 雷达提升了 Bf 110 战机夜间搜寻轰炸机的能力，但最大速度降低了大约 25 英里 / 时。这种雷达可能会被"窗口"（箔条）干扰

夜间战斗任务

尽管只有在面对羸弱的对手的时候以重型战斗机（驱逐机）姿态出现的 Bf 110 才能展示出足够的实力，但作为夜间战斗机的它有着极大的潜能。

在战争开始的前几周，德国空军弱小的夜间战斗机部队完全依靠从前线中队淘汰的昼间战斗机，包括亨克尔 He 51、阿拉道 Ar 68 和梅塞施密特 Bf 109D，然而它们很快由梅塞施密特的 Bf 110 取代，而且它很快将成为整个战争过程中夜间战斗机联队的骨干力量，至少从数据上来看是这样。

沃尔夫冈·法尔克上尉——第 1 驱逐机联队第 1 大队的大队长，见证了将 Bf 110 变为夜间战斗机的过程。当他的部队 1940 年 4 月驻扎在丹麦奥尔堡执行驱逐任务时，法尔克确信 Bf 110 可以在英国轰炸机夜间来袭时将之拦截，尤其是在有地面雷达部队协助的时候。尽管在最初的非官方测试中没有击落轰炸机，但这一观点还是得到了证实。

5 月份，法尔克投身于法国的战斗，这一计划被搁置了。到了 6 月的时候，这一计划再次纳入考虑，他在 5 月 22 日接到命令组建第 1 夜间战斗机联队。第 1 夜间战斗机联队第 1、第 3 大队负责德国本土的夜间防卫并换装 Bf 110C，在 1940 年 7 月 9 日击落第一架敌机。Bf 110 从一开始就特别适合夜间战斗任务：它的滞空时间足以静候敌军的轰炸机，多出的一双眼睛对于定位目标至关重要；机动性和性能足以拦截轰炸机。考虑到夜间拦截所需，Bf 110 采用了无光泽的黑色涂料，发动机排气管处还装有消焰管。

最初，在探照灯和"芙蕾娅"雷达早期预警的帮助下，Bf 110 取得了一些成绩。英国轰炸机的机组很快学会了在没有高射炮的孤立的探照灯附近绕飞。然而，整个 1941 年以及 1942 年，康胡贝防线上的探照灯阵地和"芙蕾娅"雷达已经在轰炸机常用路线上形成一条严密的防卫链，许多驱逐机部队也将早期的 Bf 110 改装为夜间战斗机。"华盖床"系统引进后，康胡贝防线划分成了网格，每个网格内都有探照灯阵地、"芙蕾娅"雷达以及两台大型"维尔茨堡"雷达；后者用于追踪单独行动的飞机（一架是目标，另一架是 Bf 110）。

有一些夜间战斗机部队使用少量道尼尔 Do 17 或 Do 215，这些重型战斗机作为夜间战斗机过于笨重，却最先安装了"利希滕施泰因"-A 空中雷达，并时常用于为伴飞的 Bf 110 引导目标。

1942 年早期，英国皇家空军采用了新战术：使用密集的小宽度、大纵深轰炸机编队对康胡贝防线进行直接突破。这极大地影响了"华盖床"系统的正常运行。新的"利希滕施泰因"BC 雷达解放了夜间战斗机机组，使它们不必在靠近地面的高度飞行，1942 年初这一新型装备装在 Bf 110 上时正赶上夜间战斗机地位提高的机遇，不过珍贵的雷达套装只能优先供给经验丰富的夜间战机飞行员。

仰射机关炮

1943 年，夜间战斗机部队引进了包括 Do 217J 在内的更多机型，但数量最多的还是 Bf 110。Bf 110 的武器和装备在逐步改进，包括 1943 年 5 月安装在一些 Bf 110 上的向上开火的"斜乐曲"（"爵士乐"）机关炮。"利希滕施泰因"雷达变得越来越常见，但英国空军使用的铝制箔条（"窗口"）依旧可以使雷达致盲。

两个驱逐机大队参与了"家猪行动"。在行动中雷达被用于导航追踪大片的"窗口"地区，缩小目标区域以便用肉眼搜索。Bf 110 夜间战斗机同样也参与了"野猪行动"，完全凭借视觉来搜索敌机。

1943 年，Bf 110 的损失一直在攀升，许多 Bf 110 折损在"蚊"夜间战斗机手中，这一战机被认为是夜间战斗机联队的最大天敌。

为了对抗力量日渐膨胀的美国陆军航空队重型轰炸机，有时候 Bf 110 也会出现在昼间战斗机的编制中。虽然在白天使用 Bf

下图：为了应对昼间的轰炸机，有一些 Bf 110 也在翼下安装了 Werfer-Granate 21 毫米火箭发射管，后者被称为"编队破坏者"

右图：德国空军的夜间战斗机部队是以 Bf 110 为基础成立的。夜间战斗机部队使用的一直都是 Bf 110C、D 和 E 昼间战斗机，直到 Bf 110F 作为第一种夜间版本出现

110 几乎就是自杀，但这样的命令到了 1943—1944 年才完全停止。

接近 1943 年末的时候，新型 FuG 220“利希滕施泰因”SN-2 雷达成为对抗英军“窗口”的利器，它可以穿过漫天箔条探测到敌机。随后这一雷达安装到大多数 Bf 110 上，执行短程任务时偶尔也会使用原来的“利希滕施泰因”BC 雷达。战争结束时，有些 Bf 110 已经使用了前后均有天线的 FuG 218“海王星”雷达，而大多数飞机在战争结束时使用的还是带有标志性的 45 度倾角“雄鹿鹿角”天线的 FuG 220“利希滕施泰因”SN-2d 雷达。

尽管 He 219 要远胜于 Bf 110，但后者仍然活跃在夜间战斗行动的最前线，直到战争结束；它们通常与 Ju 88 和 He 219 组成混合编队。在战斗机数量足以装备整支部队的时候很少会使用这种办法。通常来说，老牌飞行员会驾驶更新的飞机，而混合编队的固定成员驾驶 Bf 110。当然也会有明显的例外，德军夜间战斗机头号王牌海茵茨·沃尔夫冈，曾用 Bf 110 击落 121 架敌机并从英军轰炸机司令部那里赢得“圣特朗德幽魂”之称。

中图：1943 年夏天执行昼间任务的这些 Bf 110G-4 来自第 3 夜间战斗机联队第 9 中队，最初的亚黑色涂装从 1941 年年中起改成斑驳的浅灰色涂装。这张图片是从机身后部炮手位置拍摄的

右图：1943 年 Bf 110 同时被用于昼间行动与夜间行动。Bf 110 上的雷达被移除，正如第 1 夜间战斗机联队第 7 中队的这架 Bf 110G-2 一样

Bf 110G-4b/R3

1944 年 4 月 28 日，这架飞机由第 5 夜间战斗机联队第 5 中队的队长威廉·约能中尉驾驶，在追赶一架英军轰炸机的时候误入瑞士领空，被高射炮击中，不得不迫降在杜本多夫，飞行员也被瑞士当局拘捕。由于担心 SN-2b 雷达设备落入盟军之手，德国最终交出了 12 架 Bf 109G 以换得瑞士将飞机与新式雷达销毁的保证。

FuG 220

“利希滕施泰因”SN-2b 雷达使用更大的天线组，能够检测方位角 120 度、俯仰角 100 度范围内的目标。最大探测距离为 1312 英尺（约 4000 米），但最低距离只有 984 英尺（约 300 米），这个距离通常还不足以用肉眼辨别目标。为了弥补这一缺点，飞机又安装了 FuG 212 雷达。

消焰管

Bf 110 的排气系统经过深思熟虑，可以防止出现肉眼可见的火焰，从而防止暴露飞机的行踪。

FuG 212

小型中间悬挂式天线阵是为 FuG 212“利希滕施泰因”C-1 雷达而设，后者也以“超广角”（Weitwinkel）的名字为人所知。这一雷达能在极近距离提供目标的信息，通常用于拦截的最后阶段、大型 FuG 220 设备无法继续工作时。

攻击性武器

Bf 110G-4 标准的武器装备包括机首下方的 2 门 20 毫米 MG 151/20 机关炮以及 4 挺 0.31 英寸（约 7.92 毫米）MG 17 机枪。这一飞机使用的是 R3 战地改装套件，移除了机枪，以在机腹固定一个装有 2 门 30 毫米 Mk 108 机关炮的吊舱。这样在应对轰炸机的时候能提供更凶猛的火力。座舱玻璃的后方是两门仰射的 MG 151/20 机关炮。

标记

缩水的军徽，以及更小一些的两个部队识别符号，是当时的典型特征。约能中尉的飞机迫降后可以在尾翼上看到象征 17 杀的横杠。他在执行任务时也创造了他的第 18 次击落敌机的战绩。

自卫武器装备

座舱后部安装了一挺 MG 81Z，双联装 0.31 英寸（约 7.92 毫米）机枪。

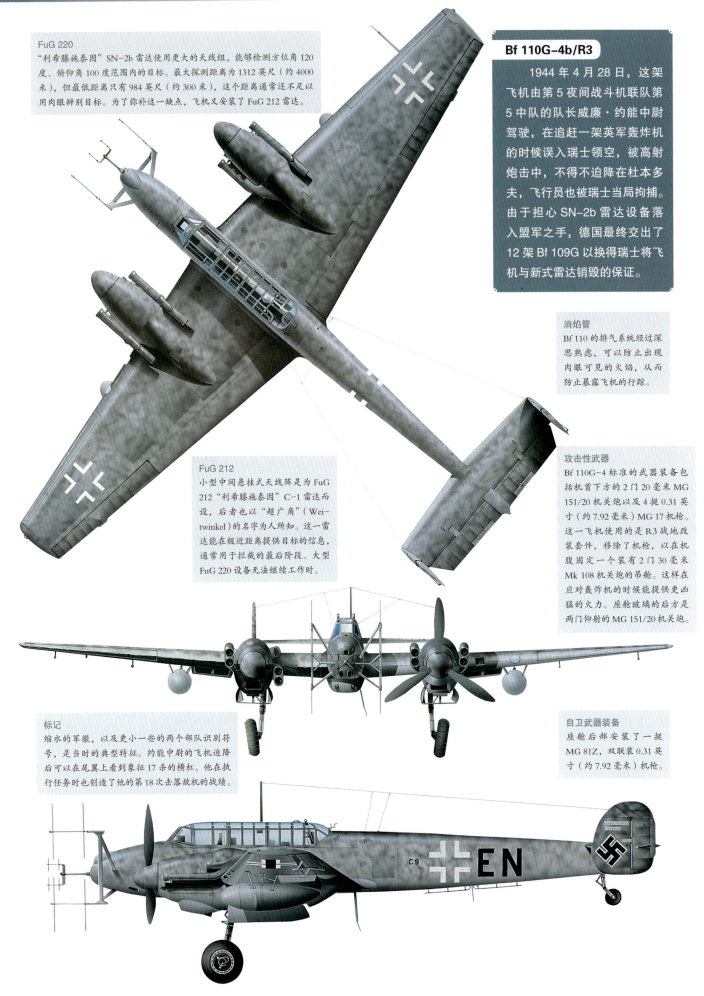

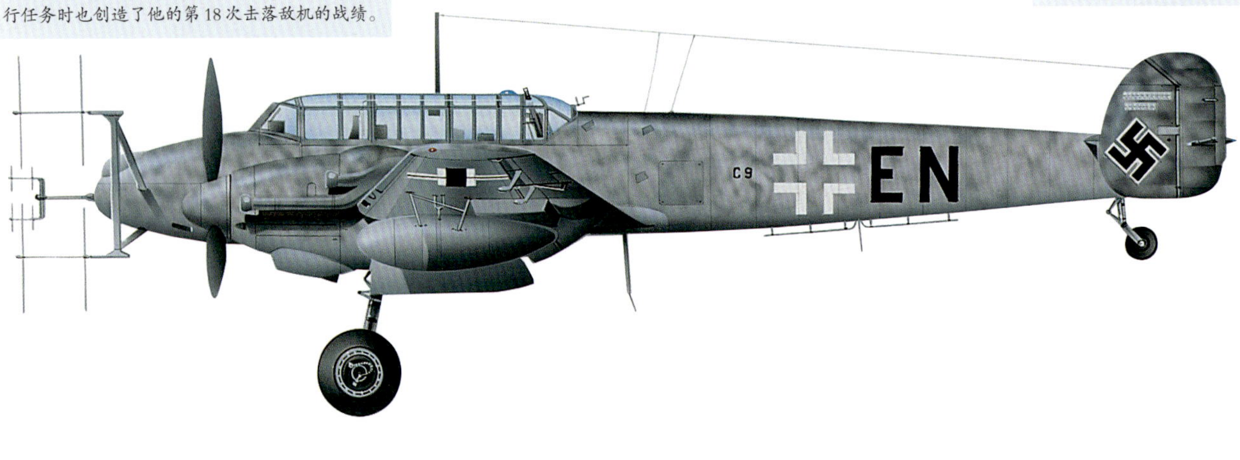

东线驱逐机

上图：1941 年 7 月战役开始时黑瑟尔中尉——第 26 驱逐机联队第 2 中队队长驾驶的编号为 3U+KK 的 Bf 110C-1，率领他的部队低空掠过波兰北部的威尔诺（曾被苏军占领）

> 在东线的战斗中，Bf 110 发挥的作用有限，除了巴巴罗萨战役的前期行动，剩余的任务大多局限于对地攻击。

1941 年 6 月 22 日，当希特勒发动“巴巴罗萨”行动开始入侵苏联时，大多数 Bf 110 驱逐机已经改装成了夜间战斗机。地中海战区的少量中队使用的还是昼间驱逐机版本。因此在“巴巴罗萨”行动开始时有少量 Bf 110 也参与到德军空军阵容中，而参与其中的部队都将见证这场宏大的攻势。

下图：只有一支 Bf 110 中队部署于苏联战线的极北战场（北极圈），该中队后来得名“纳粹空军极地部队”。1943—1944 年冬天，第 5 战斗机联队第 13 驱逐机中队编号为“1B+AX”的 Bf 110G 圆满完成了消灭视野中一切敌对力量的任务

东线驱逐机

位于战线中部的第 26 驱逐机联队第 1、第 2 大队由 Bf 110C 系列和 E 系列混合装备。参加过巴尔干和克里特战役的这些飞机返回德国不久就转移波兰的苏华尔基，在那里等候行动开始。总共 50 架左右可用的 Bf 110 都隶属于第 2 航空队第 8 航空军。

这两支大队从位于波兰的基地出发，与第 26 驱逐机联队的指挥部参加了对苏联的大规模空袭。他们在空中遇到的抵抗并不多，因为苏联红军的飞机主要在低空行动，低于 Bf 110 的最优飞行高度。很快，Bf 110 的身份变为对地攻击机，对停放在机场上的苏军飞机进行扫射和轰炸。第一天就有超过 1000 架苏联飞机在地面被摧毁，有很多都是毁于 Bf 110 之手。在国防军攻入苏联的过程中，第 26 驱逐机联队一直陪伴着地面部队，随时为地面部队的推进提供空中火力支援。Bf 110 被分到快速推进的北翼，不得不多次转移基地以跟上快速前进的部队。这样的高歌猛进结束于 8 月末，德国军队已经接近列宁格勒（今圣彼得堡）。在这条边界上形成了一个僵局，同时这也是军事史上最惨烈的围攻，史诗般的城市防卫战开始了。

上图：1941 年秋季，随着德国向列宁格勒推进，第 26 驱逐机联队第 4 中队编号为 3U+GM 的战斗机降落在苏联前线北线积水的机场

第 26 驱逐机联队在列宁格勒上空执行的任务直到入冬。列宁格勒的防空火力很密集，负责防守的战斗机也要比战争爆发那几周更加顽强。伤亡在渐渐攀升，不过大体上德国空军还是占据空中优势。随后第 26 驱逐机联队第 1、第 2 大队的官兵们返回德国休整并换新装备，而有一些官兵分派到中央集团军群，负责斯摩棱斯克和维特博斯克附近的空中任务。

1942 年 4 月，第 26 驱逐机联队第 1、第 2 大队最终撤回德国，加入日渐扩张的夜间战斗机部队。在这一过程中，该部队最终变成了第 4 夜间战斗机联队第 1、第 2 大队。原本的驱逐机大队中的最后一支逃离了这样的命运：1941 年 4 月曾被短暂地命名为夜间战斗机联队，随后就被召回巴尔干执行昼间任务。

快速轰炸机

第 210 快速轰炸机联队的两支 Bf 110C 大队被分配给中央集团军群第二航空队，用以支援国防军进攻莫斯科。这些飞机因为机首的巨大黄蜂标识而显得十分华丽（继承自前身第 1 驱逐机联队第 1 中队）。“黄蜂中队”的任务是驾驶 Bf 110 在德国军队前方执行对苏军目标的俯冲轰炸和地面扫射任务。对于 Bf 110 来说，应尽量避免空战，但这些“快速轰炸机”在遭遇苏联红军战斗机进攻时证明了自己。有些飞行员在这支部队（或者是改名后的这支部队）中获得了“专家”称号（击落敌机 10 架或更多）。到了年末，第 210 快速轰炸机联队的两支大队前移至奥廖尔以及布良斯克。1942 年初，该部队的名称改为第 1 驱逐机联队，不过承担的任务还是一样。

德国军队在冬季到来之前抵达莫斯科的企图被挫败后，准备在南方发动一场大型进攻，目标是位于高加索的油田。重新命名的第 1 驱逐机联队第 1、第 2 大队参与进攻以支援南方集团军群。德军的进展很快，Bf 110 大队在夏季抵达罗斯托夫。8 月，离斯大林格勒已经近在咫尺，发动了多次进攻摧毁通往斯大林格勒的交通线。

1942 年 9 月，第 1 驱逐机联队组建了一支夜间战斗机中队，命名为第 1 驱逐机联队第 10 夜间战斗中队。这一举动取得了一些效果，军士长约瑟夫·考西奥克在此期间成为一名“专家”。他在 1943 年 9 月阵亡之前在夜幕下击落了 21 架敌机。到这时，这已经是一支半自治型部队，以第 4 航空队夜间战斗机联队为人所知。

由于苏军在斯大林格勒的抵抗更加顽强，Bf 110 被更多地作为反装甲武器来使用，先俯冲攻击［有时用 2204 磅（约 1000 千克）SC1000 炸弹］，再扫射。空战的击落数也有记载，战绩最高的飞行员是汉斯·皮特博尔斯军士长，击落敌机 18 架。同时 Bf 110 的损失也在增加，这也是苏联红军日益坚定地不惜一切代价守卫斯大林格勒的信念的体现。第 1 驱逐机联队在 1943 年 1 月 31 日放弃斯大林格勒退回罗斯托夫。

第 2 大队在 3 月撤回本国，随后又被派往地中海战区。第 1 驱逐机联队第 1 大队转移中央集团军群前线。6 月，又卷入库尔斯克的大规模坦克战。7 月末，这支部队撤回德国，更名为第 26 驱逐机联队第 1 大队。

极地战士

1941 年初，大量装备 Bf 109 的第 77 战斗机联队驻扎在挪威。德军在希尔科内斯用 Bf 110 建立了一个海岸巡逻航线。这几架飞机随后渐渐扩张到中队的规模，被命名为第 77 战斗机联队第 1 驱逐中队。这支部队徽章为腊肠犬，被戏称为“腊肠犬中队”。对苏联的进攻开始时，这支部队率先参与了护送轰炸机攻击苏联科拉半岛，尤其是摩尔曼斯克港口的行动。然而，同在其他战区一样，Bf 110 的主要任务改为对地攻击，这一型号良好的航程使得它可以飞到比摩尔曼斯克更远的地方，攻击连接南方的交通线。在苏军战斗机力量相对薄弱的地方，Bf 110 在空战中游刃有余，即使在面对来自苏联北部的英国空军第 151 联队的“飓风”战斗机时也是如此。飞行员提奥多·威森贝格军士在被派去驾驶 Bf 109 之前已经在这一战区击落敌机 23 架。

1943 年，当第 5“北冰洋”战斗机联队作为上级部队接管第 77 战斗机联队时，Bf 110 中队也被重新命名为第 5 战斗机联队第 6 中队，随后又成为第 10 中队，最终变为第 13 中队。截至此时，它的基地在芬兰的罗瓦涅米，执行任务一直到 1944 年 2 月返回挪威后，改执行原本的海岸巡逻任务。

下图：这架 Bf 110G 应该来自第 1 驱逐机联队第 5 中队，照片拍摄于 1944 年 4 月所在大队（第 1 驱逐机联队第 2 大队）短暂部署在罗马尼亚期间。这一大队于 1943 年 11 月曾在欧洲东南部参加了帝国防空作战（慕尼黑、维也纳与布达佩斯），1944 年 7 月换装 Bf 109（更名为第 76 战斗机联队第 3 大队）

下图：1941 年秋，隶属于北方集团军群的第 26 驱逐机联队第 4 中队的一架 Bf 110 正在降落。这架飞机上没有常见的黄色战区标识带以及第 26 驱逐机联队的“3U”编码，但在垂尾上有白色的横杠记录击落数。请注意停放中的第 54 战斗机联队第 2 大队的 Bf 109F，它们也支援了开往列宁格勒的地面部队

梅塞施密特 Me 163

火箭战斗机

上图：沃尔夫－希尔德滑翔机工厂生产了一批10架 Me 163A-0，这些飞机均装备了危险且不稳定的 R II-203b 发动机和一个大型弹簧起飞滑车。这一架 A-0 安装了木制翼下导轨，每侧携带 12 枚 R4M 自旋稳定空对空火箭弹

在 80 多年的空战史中，很少出现这样的场合：一个国家和另一个国家从设计理念上就要先进得多的战机交锋，对手在一开始甚至都不知道该如何对付它。Me 163 就是这种情况。它很小，很敏捷，在速度上几乎是其大多数对手的两倍。

故事开始于 1926 年亚历山大·利比希博士制造的第一架无尾滑翔机。在接下来的 10 年中利比希博士的工作也涉及火箭推进，因此 1937 年他被德国航空部研究部门要求设计一款飞机来检验推力达到 882 磅（约 3.92 千牛）的沃尔特 I-203 火箭发动机也就不足为奇了。这种发动机利用两种相遇会发生剧烈反应的液体来运作：T-stoff，主要成分为浓缩过氧化氢；Z-stoff，一种高锰酸钙水溶液。有了这两种反应推进剂，军方决定与亨克尔公司签订制造一个金属机身的合同。

到头来，亨克尔一直没有完成金属的机身。1939 年初，利比希博士离开了滑翔机研究机构，进入梅塞施密特的团队。威利·梅塞施密特对这一项目表现得较为冷淡，但利比希可以带着他的团队在绝密中把项目继续下去。1939 年末，他决定在全木制的预研飞机 DFS 194 上采用火箭助推而不是原定的小型活塞发动机。这架飞机在 1940 年被送往卡尔斯哈根，测试机场火箭也是在佩内明德的测试机场安装的。1940 年 6 月 3 日，著名滑翔机飞行员海泥·迪特马完成了一次成功的首飞，并在报告中认为这一飞机操控性格外出色。之后这架单薄的水平飞行设计时速 186 英里（约 300 千米）的飞机竟达到了 340 英里 / 时（约 547 千米 / 时）的时速，同时还证明了它不可思议的大角度爬升能力。

沃尔特公司此时已经研发了推力 1635 磅（约 7.36 千牛）的 II-203b 的火箭辅助起飞装置，而且还在研制一款推力更大的发动机。利比希奉命设计一款使用此款发动机的拥有快速爬升能力的截击机，短程飞行续航能力足以保证防御方的地面飞机在敌军轰炸机飞到头顶之前升空迎敌。这一机型被命名为 Me 163B “彗星”。

左图：Me 163B 的两架原型机 V6 和 V18，在改进中加装了带有主火箭推进舱和巡航推进舱的 HWK 509C-1 发动机来提供更好的续航性能。图中是 1944 年夏天，V6 原从推进剂喷管中喷气出蒸汽。注意复位的可伸缩尾轮

上图：一架 Me 163B-1a 在巴德茨维什安机场上滑跑，这里是装备测验部队第 16 试飞中心的大本营。他们在 1944 年 5 月接收了第一架 Me 163B

畅快的飞行

1941 年 3 月，第一架 Me 163 完成了勒希菲尔德的发动机之外的其他部分，一度被作为滑翔机由一架 Bf 110 牵引上天试飞。迪特马再一次为它优异的操控性而狂喜，而这架飞机的滑翔性能如此优异以至于它一直不降落，一次又一次地飞出实验场地的远端。自驱动力的首飞于 1941 年 8 月 13 日在卡尔斯哈根进行。尽管迪特马并没有试图达到极速，但他还是被告知，地面设备检测到的水平航速超过了 497 英里 / 时（约 800 千米 / 时），很快速度又超过了 550 英里 / 时（约 885 千米 / 时）。1941 年 10 月 2 日，迪特马被一架 Bf 110 牵引到海拔超过 13125 英尺（约 4000 米）的地方，之后放开牵引绳，启动了发动机。他开始加速，但飞机突然失去了控制，因为机头开始剧烈地坠落。这可能是人类第一次接近音速，声障问题在速度达到 0.84 马赫的时候体现出来。624 英里 / 时（约 1004 千米 / 时）的速度比当时官方的世界纪录还要高出 155 英里 / 时（约 250 千米 / 时）。

起飞！

后续研究将机翼改进为外翼前缘有较大固定缝翼的翼型，使得飞机更不容易失速。Me 163A 基本上几乎已经不能再简化，但有一个问题到生产 Me 163B 时依然存在，并且导致无数的问题和灾难般的事故。利比希的滑翔机背景使得使用轮式滑板起飞看起来很正常，一旦升空便可以抛弃，而降落时则使用弹簧减震滑橇。实际上，驾驶是个大问题。如果飞机不是迎着风起飞就会偏

下图：这架 Me 163B-1a 在 1945 年由一架阿拉道 Ar 232B-0 运往英国。在英国它被作为一架滑翔机接受测试。它由“喷火”Mk IX 战机拖到高空，但该机在 11 月 5 日坠毁了。这架飞机的部分零部件成为随后展出在帝国战争博物馆的 Me 163 的一部分

上图：降落时只有一个滑橇式起落架的 Me 163 由地面拖车牵引

离跑道甚至倾覆，方向舵在低速的时候根本没用。任何和地面的碰撞都会导致过早起飞或者降落时发生弹跳。加上完全没有减震，起飞滑橇对飞行员的脊柱带来了伤害，而且推进剂的震荡时不时还会引起爆炸。

最棘手的是大型 R II-211 发动机的液体燃料。为了保证燃烧完全可控，Z-stoff 由 C-stoff（溶有肼的甲醇）替代。尽管发动机的测试由于爆炸两次中断，而且爆炸甚至毁了整座建筑物，但还是生产了 6 架 Me 163A 原型机、10 架预生产型 Me 163A-0 和 70 架预生产型 Me 163B 截击机。1941 年，采购主管恩斯特·乌德特成为这个计划的热情支持者。然而他在 1941 年的自杀并没有对事情起到什么作用，并且空军对这样一款飞机也没有迫切的需要，因此优先级保持在较低的水平，而沃尔特公司依旧存在严重且危险的发动机问题。

渐渐地，尽管利比希承担起另一项任务，但该项目有更多人的加入。空军的鲁道夫·奥皮茨加入承担试飞任务，而原来的试飞员迪特马止步于糟糕的减震滑橇，在医院休养了两年以恢复脊柱损伤。奥皮茨第一次试飞 Me 163A 时几乎遭遇灾难，当他意识到飞机起飞时已经超过了释放滑橇的高度。他保持和滑橇的连接，再次依靠滑橇完成降落。飞机奇迹般地没有转向也没有翻滚。奥皮茨第一次试飞 Me 163B 是 1943 年 6 月 26 日在勒希菲尔德，尽管是没有动力的滑行。有动力的飞行直到 1943 年 6 月 23 日才开始，奥皮茨又一次遇到了麻烦，但成功地安全返回。

Me 163 的机头装满了无线电和其他设备，包括由小型风车螺旋桨驱动的发电机，通过铰链和仪器面板相连接。武器装备包括两门机关炮（在机翼根部翼梁之间）。航炮采用压缩空气瓶上膛，而飞机上大多数辅助能量供应都由气压驱动。降落滑橇在起飞时是连同灵巧的可操控尾轮一起用液压收回的。收起滑橇会自动释放滑车，但滑车容易弹起并撞向飞机，甚至挂在滑车前端。如果没有成功分离的话，就不要考虑用滑车降落了，因为这只成功过一次。传奇女试飞员汉娜·瑞琪也曾尝试过驾驶该型机，但在试飞中因严重事故而遭受重伤。

下图：哈特穆特·里尔少尉在 1944 年 8 月驾驶第 400 战斗机联队第 1 中队“彗星”机型首次击落敌机。然而在 8 月 16 日，里尔被尾随一架 B17 轰炸机的两架 P-51 击落。这架 Me 163 坠落在布兰迪斯基地附近

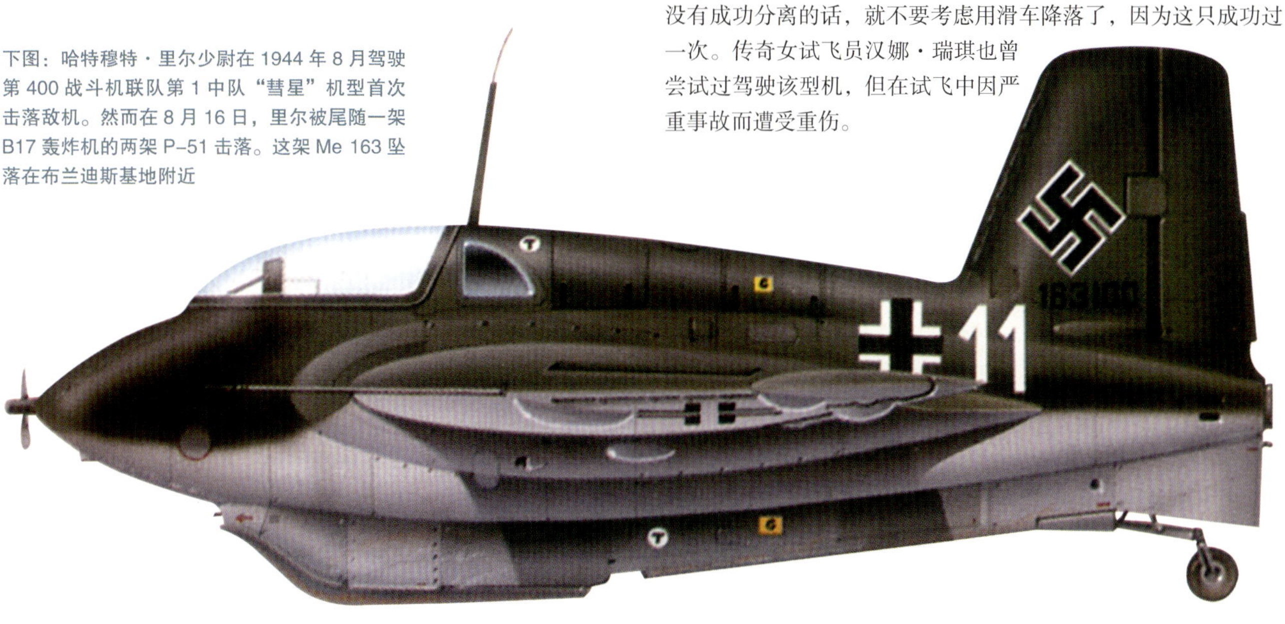

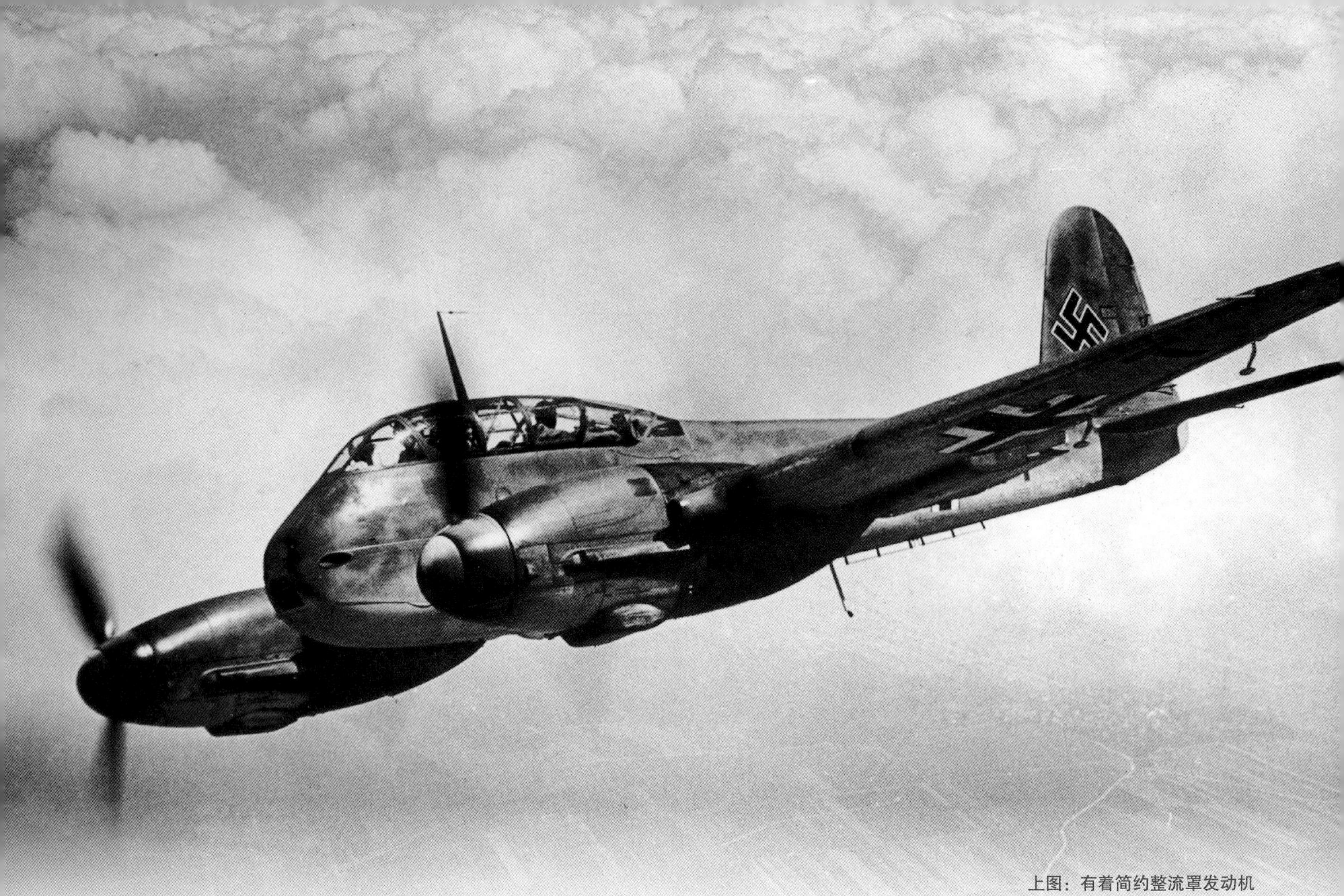

上图：有着简约整流罩发动机和刻意为之的机头轮廓的 Me 210 看起来很像那么一回事儿，但严重且不可预测的操控性能一直折磨着空军。这种飞机也具有一种加长后部机身的机型，这一举措能够极大地弥补设计本身的重大问题

梅塞施密特 Me 210/410

“死亡大黄蜂”

度过一段艰难的酝酿期后，Me 210/410本应作为一架强大的驱逐机出现，不过在此之前该机还需要进行一次彻底的重新设计。在服役生涯的后半部分，它以“大黄蜂”的别称为人所知。

1938 年，德国航空部以罕见的远见卓识提出了一系列设计需求来作为替换 Bf 110 轰炸驱逐机的设计标准。这一飞机需要承担空中战斗、对地攻击、俯冲轰炸和侦察任务。夏季，梅塞施密特公司凭借 Me 210 赢得一份合同，而双发动机的阿拉道 Ar 240 原型机则被指定为备份项目。出于此时梅塞施密特公司的巨大声望，各种生产周期很长的项目，比如翼梁，也在同一时期被预定了。

在设计上，Me 210 有很多 Bf 110 的影子，不过它也采纳了一些新的特点，比如武器（两门毛瑟 MG 151/20 机关炮和两挺 MG 17 机枪）安装在驾驶舱地板下方，两侧各有一个小型炸弹舱，极短的机头赋予它极佳的视野。后方火力装备包括安装在机身后部两侧炮塔中的两挺 0.51 英寸（约 13 毫米）

左图：第一架原型机 Me 210 V1 清晰地展示了它来自 Bf 110 的基因，尽管这一双尾翼在试飞几次后很快就被改进了

MG 131 机枪。炮塔安装在球形基座上，每挺机枪都可以旋转 90°。这些自卫机枪由面向后坐在凸出的玻璃驾驶舱后部的观察员操纵瞄准。动力由两台 DB 601A-1 发动机提供。机翼上安装了百叶窗式的气动减速板。

灾难般的测试

海尔曼·沃斯特博士第一次驾驶 Me 210 V1 原型机升空是在 1939 年 9 月 5 日。他的报告如同咒骂一般：在他看来，该型号飞机从偏航和纵摇操控的角度来说已经达到不可接受的程度。梅塞施密特在名誉摇摇欲坠之际，迅速将这一飞机改成了大面积垂直尾翼，但随后的实验证明飞机的性能仅有微小的改观。然而，生产已经就绪，截至 1941 年，Me 210A-0 和 A-1 就要走下生产线。针对这一问题还没有完备的解决方案，生产到 1942 年 3 月就终止了。

同年 3 月，一架带有新型加长加深后机身、板条外翼和其他改进的 Me 210A-0 起飞了。性能的改善的确令人瞩目，并且现有飞机的改装计划也匆匆开始，一部分的飞机也以新的标准开始建造。这些装备了地中海战场的第 6 轰炸机联队第 16 中队和第 1 驱逐机联队第 3 大队。一些 Me 210B 是作为侦察机建造的，还有一些改装成了双重控制教练机。匈牙利的多瑙河工厂生产了 Me 210C-1 和 Me 210Ca-1 机型，均装备了 DB 605B 发动机。多瑙河工厂转而生产 Bf 109 之前 Me 210 的总产量就已经达到了 267 架。

尽管威利·梅塞施密特因为 Me 210 的惨败辞职，但梅塞施密特公司依然继续长机身结构的研发。此后 Me 210 安装了升级后的 1850 马力（约 1380 千瓦）DB

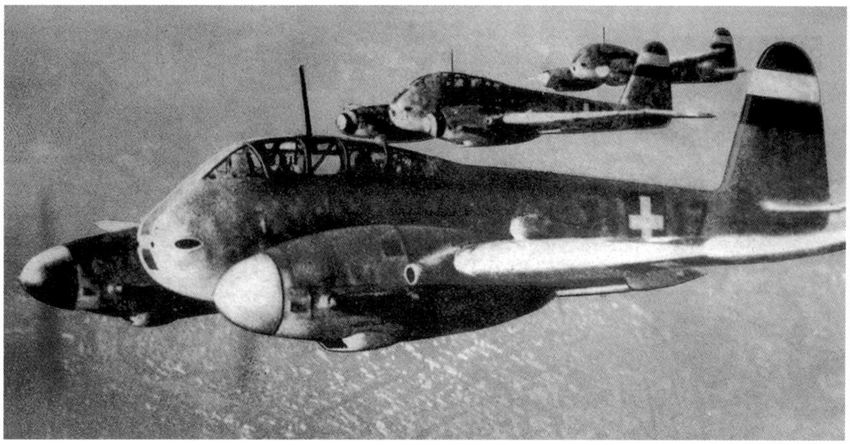

上图：这张经过大量修饰的照片展示了匈牙利空军的 Me 210Ca-1。安装有加长后机身和 DB 605 发动机的这些飞机在匈牙利很受欢迎

上图：隶属于第 1 驱逐机联队第 3 大队的 Me 210A-2 在 1943 年低空飞过突尼斯乡村。改进后的 Me 410 服役之前只有少部分部队使用 Me 210

下图：这架 Me 410 V1 原型机之前曾是一架 Me 210A-0 的预生产机型。Me 410 采用了一种新的翼型和 DB 603A 发动机

上图：英国至少获得 6 架 Me 410 用于评估，图中是一架 Me 410A-3 侦察机。机枪炮塔和突出的玻璃驾驶舱很明显

603 A 发动机，尖端收紧的直前翼替换了 Me 210 上的 5° 后掠翼，也经过了测验。1943 年 1 月开始的时候测试结果还不错，这使生产在 1943 年 1 月得以开始。这一“新型”飞机为了掩盖它不光彩的历史而被命名为 Me 410。

早期的生产集中在和 Me 210A 武器装备相同的 Me 410A-1 轰炸机和 Me 410A-2 战斗机上。Me 410B 采用了 1900 马力（约 1417 千瓦）的 DB 603G 发动机。此外还生产了一批搭载不同 U 型和 R 型套件的子型号。U1 型在机身后部有一台侦察相机，而大多数其他套件都包含各种机关炮，如 30 毫米口径的 Mk 103 或 Mk 108 机关炮、多达 6 门的 MG 151/20 机枪，或者在 U4 版本中单独的一门 BK 5 50 毫米机关炮。B-2/U4 装备了 BK 5 和两门 Mk 108 机关炮。

Me 410B-5 是一个不同寻常的版本，它可以在机身左舷下侧携带一枚鱼雷。这一版本被用来测验和评估滑翔鱼雷、SB 800RS “库尔特”反舰滚转体炸弹和 SB 1000/410 的重型制导炸弹。Me 410B-5 和装备了机关炮的 B-6，为了执行反舰任务，通常装备 FuG 200“鹿角”雷达。

为了执行侦察任务，梅塞施密特又研发了 Me 410A-3 和 B-3，在驾驶舱下加深的武器舱中安装了两台照相机。这比早期权宜之计的 U1 改进型要成功得多，在除英格兰之外的战场上执行侦察任务时几乎都不会受到威胁。

反轰炸机

到 1944 年，德国遭到盟军轰炸机日复一日的蹂躏。Me 410 被从他处调来投入对抗昼间轰炸机的孤注一掷的战争中。由于这一角色的转变，Me 410 又安装了很多重型航炮。反舰飞机拆下了搜索雷达，也投入战斗中。

有着良好转弯速度和重火力的 Me 410 击落了很多架美国陆

下图：这架 Me 410A-3 被美国缴获。F6 的编码表示它属于在撒丁岛执行侦察任务的 2.（Fern）122 侦察大队第 2 中队

军航空队的“大家伙”，尽管它们也在护航战斗机手上吃到了苦头，但这些护航战斗机的战术和性能表现远超过它们的重型轰炸机兄弟。在德国的绝望时刻，新武器性能测试中有一款旋转火箭弹发射器。它的出现基于安装在Bf 109昼间战斗机上的Wfr.Gr.21火箭弹发射器。这种六管旋转发射器安装在Me 410的武器舱中，最下方的发射管暴露在外，向上倾斜。一旦瞄准了轰炸机，飞行员就可以在2秒钟之内将全部6枚火箭弹发射完毕。最初的测试几乎毁了那架飞机，但系统的改进进度已经到了安装有一部分Me 410B的程度，不过最终的战果不为人知。

高空型号

Me 410作为战斗机的表现促使性能更好的高空战斗机的研发，战斗型要兼具昼间和夜间战斗的能力。Me 410C在设计中采用了更长的翼展、环形发动机罩内更强大的涡轮增压发动机（DB 603JZ、Jumo 213E/JZ或BMW 801TJ）、伸长后的机身和改进后的带有双主轮的起落装置。尽管环形发动机罩和新的起落架由Me 410A/B进行了测试，但C改型最终被取消了。

取而代之的是非常相似的Me 410D。它装备了DB 603JZ发动机和木制外侧板的大翼展机翼。改进后的机头部分给机组人员提供了更好的视野。然而木材加工的问题又一次意味着Me 410D的终结，而由Me 410H代替。

Me 410H大体上是在发动机外侧添加了平直尖端翼面的Me 410B-2。这一型号翼展在75英尺（约23米）左右，然而该机连第一架改进的样机都未曾完成。

上图：Me 210/410与众不同的一个特点就是驾驶舱下方的炸弹舱。炸弹先放在地上，再被绞盘归位，正如这架Me 210A-2展示的那样

下图：另一架缴获的飞机是Me 410B-6，之前隶属于驻扎在洛里昂的第1驱逐机联队第1大队，执行反舰任务。为完成这一使命，Me 410B-6装备了两门30毫米Mk 103航炮和2挺13毫米MG 131机枪。值得注意的是机头的FuG 200“霍亨特维尔”搜索雷达天线阵

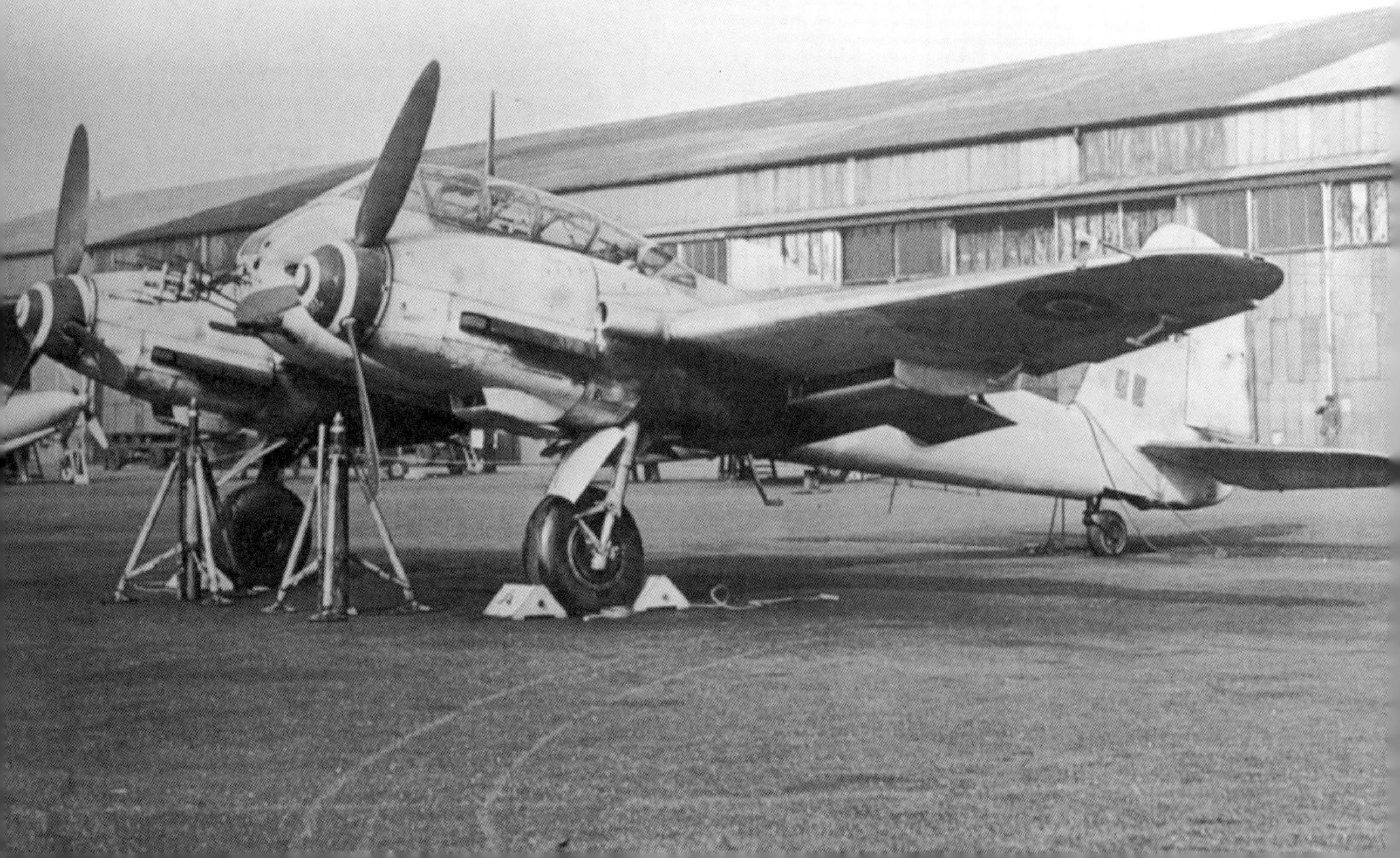

下图：1944年夏末于拉吉尔－莱赫菲德（Lager-Lechfeld）基地拍摄的这批 Me 262A-1a 型战机是 262 型测试指挥部（Erprobungskommando, EKdo 262）的一部分。这支作战测试特遣队于 1943 年底成立。站在机翼上的人据信是弗利茨·穆勒（Fritz Müller）少尉，后来他驾驶该机随第 7 战斗联队作战而成为空战王牌

梅塞施密特 Me 262“燕子”

战斗的“风暴鸟”

1944 年，在大片白雪覆盖的莱茵－霍普斯坦（Hopsten）空军基地里，围绕轻型 20 毫米与 37 毫米防空炮旁工作的年轻德国炮手，首次见到了梅塞施密特 Me 262 型喷气式飞机的庐山真面目。它的表面圆滑，机身似鲨鱼，点缀着土黄色与橄榄绿的迷彩斑驳，剃刀般的机翼下吊着巨大的涡轮喷气发动机。

左图：1944 年 4 月，就在 Me 262A-1a 型战斗机投入服役的 4 个月之后，Me 262A-2a 型（亦被称为 Me 262A-1a/Jabo 型）战斗轰炸机也加入战局对付法国北部的目标。照片中的这架战机挂载着两枚 551 磅（约 250 千克）SC 250 型炸弹，这样的携带方式十分普遍。A-2a 型和战斗机型的不同点仅有前者配备了炸弹挂架与炸弹引信装置

Jumo 004B-1 型涡轮机嘈杂、高分贝的咆哮声，涡流卷起的雪花纷飞，还有炽热的汽化煤油爆发：一切都是划时代的象征。不过，它在盟军掌握了各方面的空中优势之时才登场。跑道上，头戴黑色头盔的飞行员们蜷伏在这几架德国空军代号为“风暴鸟”（Sturmvogel）的梅塞施密特 Me 262A-2a 型战斗轰炸机狭窄的座舱里，调整节流阀、关闭制动器、准备起飞之前，焦虑地扫视白云遮蔽的天空，注意霍克“暴风”、北美 P-51 型“野马”或超级马林“喷火”俯冲而下的最初征兆。防空炮的炮手在听着喷气式飞机出击时发出的雷鸣之际，从武器的瞄准框内监视着进近航线，并留意红色的信号弹，以便随时开火还击。

或许，当时每位防空炮手的心中都会有个疑问：德国有了这样的战斗机器，为何还会输掉空战？这也许是他们未能深刻理解到，一连串不寻常的事件使德国即便拥有第二次世界大战中最有潜力的空战武器也无法挽回颓势。在 1941 年纳粹一帆风顺的日子里，梅塞施密特 Me 262 诞生了，当时第三帝国内没有人会预料到他们将为从盟军手中夺回制空权而迫切需要这款出类拔萃的战机。更早之前，亨克尔公司就已深入投入装配新型涡轮喷气发动机的战斗机研发上。那时，奥古斯堡的梅塞施密特公司也在 1939 年 1 月 4 日收到“帝国航空部”（Reichsluftfahrtministerium, RLM）的指令，制造一款和亨克尔喷气式飞机规格相似的飞机。于是，一个由工程学硕士瓦尔德玛尔·沃伊格特（Dipl Ing

上图：在 Me 262 的众多衍生型当中，Me 262C-1a 型“祖国保卫者 I 型”（Heimatschützer I）最终仅到达有限的测试服役阶段。该型号于机尾安装了一具火箭推进器，以提高爬升率。Me 262C-1a 型能在 4 分半内达到 38400 英尺（约 11704 米）的高空。照片中，这架编号 V186 的 Me 262C-1a 由汉兹·贝尔（Heinz Bär）中校驾驶，他是第 2 补充战斗联队第 3 大队（III./EJG 2）的指挥官，也是 Me 262 的空战王牌。该机在 1945 年 3 月初击落了一架 P-47 之后不久，随即被一架盟军战斗机扫射摧毁于地面

上图：Me 262 在起飞和降落过程中是最为脆弱的；在此期间该机速度慢且笨拙，盟军飞行员所宣称的对 Me 262 的击落战绩也多是在此期间创下的，不过要想击落起降过程中的 Me 262 还是需要飞行员大胆地突破机场周围的高射炮阵地

Waldemar Voigt）带领的研究小组草拟了两张设计图：一个是双尾桁布局；另一个是单机身与单尾桁的设计。不过，依此设计制造出来的两款单发动机喷气式飞机都被认为推力不够强劲，所以沃伊格特只好再设计一款双发动机的喷气式飞机。

亨克尔公司早就转向双发动机的设计，正着手发展大有可为的 He 280 型系列，由六级压气机的轴向循环式宝马 P.3302 型发动机推动。德国第一款可真正称作喷气式战斗机的亨克尔 He 280 V2 型原型机于 1941 年 3 月 30 日 15 点 18 分由弗里茨·雪佛（Fritz Schäfer）驾驶，从罗斯托克－马林艾尔（Marienehe）的跑道上升空［这次处女秀之后的 6 个星期内，英国人在 5 月 15 日试飞了他们的第一架喷气式战斗机，即格洛斯特 E.28/39 规格原型机。它由惠特尔（Whittle）设计，由 860 磅（约 3.82 千牛）推力的 W.1X 型离心式涡轮发动机推动］。然而，在奥古斯堡梅塞施密特厂的制造工程十分缓慢，一开始就没有承袭亨克尔设计理念的成果或从自家生产的活塞发动机战斗机中得到任何启发。

这个被称为 Me 262V1 型（一号试验机）的丑小鸭于 1941 年 4 月 11 日首次升空，但它装置的仍是活塞发动机，专属的喷气发动机在 1941 年 11 月中旬才从斯潘道（Spandau）送来。该喷气发动机为宝马 003 型，每具的静态推力高达 1213 磅（约 5390 牛）。然而，当 Me 262V1 型装上喷气发动机，试飞员温德尔（Wendel）第一次试飞起飞不久，两台发动机便熄火，随后的迫降导致飞机受损。

幸运的是还有另一个备用方案，即容克公司的 Jumo 004 型发动机。Jumo 004 型发动机在 1941 年 8 月静推力提升到 1323 磅（约 5880 牛），而且已解决了许多初期问题。该发动机装置在 Me 262V3 原型机上，于 1942 年 7 月 18 日早晨首度试飞。自此之后，时来运转的梅塞施密特 Me 262 型战斗机迅速崛起，一举夺走亨克尔 He 280 型的光环；后者碰上一连串的发展瓶颈，最后在 1943 年 3 月被迫终止研发。

在雷希林“测试部门”作战测试的飞

左图：一位美军警卫看守着这架没有发动机的 Me 262 型“燕子”（Schwalbe）战机，它在大战的最后几个星期里被德国人遗弃。到了 1945 年 4 月底，德国空军只剩下第 44 战斗机联合部队（JV 44）与第 7 战斗联队第 3 大队仍在作战。第 44 战斗联合部队的基地于 5 月 3 日遭美军装甲部队打击

行员们一开始就对 Me 262 兴趣十足。经验丰富的沃夫冈・史贝特（Wolfgang Späte）少校早早汇报了满怀热情的测试结果。时任战斗机总监的阿道夫・加兰德于 1943 年 5 月 22 日试飞 Me 262 V4 原型机之后，对这架革命性的飞机赞不绝口。当月底，梅塞施密特公司收到生产 100 架 Me 262 战机的订单。

不过在 1943 年 8 月 17 日，美国第 8 航空队空袭雷根斯堡，摧毁不少尚在萌芽阶段的 Me 262 生产线，迫使梅塞施密特公司将喷气式飞机研发中心移往巴伐利亚阿尔卑斯山（Bavarian Alps.）附近的上阿美尔高（Oberammergau）。其后，生产进度又因技术工人不足而延宕，一直拖了好几个月。

1943 年秋，德军在苏联与意大利采取守势，夜以继日地遭受狂暴的空袭。因此，或许没有人会对许多高层指挥官包括希特勒在内，要求将 Me 262 截击机作为战斗轰炸机感到惊讶，这个想法在战术上来说十分吸引人。Me 262 能够挂载重达 2205 磅（约 1000 千克）的炸弹，而且部队在两个星期之内即可完成简易改装。

自那时起，梅塞施密特 Me 262 有了双重的角色：其一是战斗轰炸机；其二是纯粹的制空战斗机。然而，无论是这两种战术任务还是该型号战机都未能对战局的结果产生太多影响。当时，对德国人来说，启动大规模的生产计划已经太迟，因为燃料与军机用油、稀有金属和有技术的机身与发动机专业工人都十分缺乏。梅塞施密特 Me 262 型战机的潜力虽被认可，但在大战中登场已太迟。

自 1944 年 3 月至 1945 年 4 月 20 日，德国空军接收了 1433 架 Me 262，但对盟军而言，这一出色的战机在心理上的冲击远大于实质。研究人员于战后的检视中发现，Me 262 在机身与发动机上的设计领先其他国家好几年，而且它的秘密一旦被揭露之后，便让苏联和英国、美国得以加速发展出不可思议的超音速喷气式战斗机与轰炸机。

阿维亚 S.92 “涡轮”（Turbine）

第二次世界大战期间，Me 262 型战机的大部分零备件是在德国占领的捷克斯洛伐克境内生产的。大型的阿维亚公司（Avia）工厂制造机身，其他分散的厂房生产其他组件，如发动机等。大战结束之后各厂区仍有大批的发动机、机身与其他组件库存，捷克政府于是决定利用这批零件为新成立的捷克空军打造一批战机。Jumo 004B-1 型发动机为雷泰克公司（Letecke）仿造，推出了 M.04 型发动机；阿维亚公司则继续机身组装作业，因此以 Me 262A-1a（右上图）为基础装配出 S.92 型原型机。该机于 1946 年 8 月 27 日试飞。接着又制造了 3 架双座 CS.92 型教练机（右下图）和另外 3 架 S.92，后批的第三架在 1947 年首次被捷克空军采用。20 世纪 50 年代初期，8 架该型号战机编成了第 5 战斗机飞行小队。捷克原打算继续发展 Me 262 型（包括重新换装宝马 003 型发动机来取代 Jumo 004 型发动机并重新设计脆弱的机首起落架），以及为南斯拉夫空军生产一款同型战机，但因为苏联的 MiG-15 型喷气式飞机获准在当地量产而作罢。

上图：第一架装备可伸缩的前三点起落架的 Me 262 V6 从 1943 年 10 月 17 日第一次首飞到 1944 年 3 月 9 日坠毁，仅进行了 27 次飞行试验

早期发展

虽然 Me 262 的设计研发在 1938 年秋末就开始了，但装备宝马涡轮喷气发动机的决定导致重大延迟。

世界上第一架喷气式飞机亨克尔 He 178 于 1939 年 8 月 27 日首飞，5 天之后第二次世界大战爆发。不到两年的时间里，亨克尔公司又推出了双喷气发动机飞机 He 280，并于 1941 年 3 月 30 日首飞。由于有了这些成就，恩斯特·亨克尔坚信他能获得帝国航空部的研发合同以及随后的生产订单。但是由于一个“技术问题”（当时人们认为还有一些政治操纵的因素），订单给予了威利·梅塞施密特，即亨克尔在喷气式战斗机领域最主要的对手。

第一架原型机 Me 262 V1 最终于 1941 年 4 月 18 日升空。它在机首安装了一台 Jumo 210G 活塞发动机，随后在机翼下增加了两部 1764 磅（约 7.85 千牛）推力的宝马 003 涡轮喷气发动机。第二年的 3 月 25 日，安装三台“桨喷混合”发动机的 V1 升空。两台宝马 003 喷气发动机随即着火，但测试飞行员弗里茨·温德尔设法完成了一次完整飞行。

与此同时，另外两架原型机（V2 和 V3）则安装了推力更大的容克 Jumo 004A 涡轮喷气发动机，最终是 Me 262 V3 在 1942 年 4 月 18 日完成了首次全喷气动力飞行（但三周之后因坠机严重受损）。

V2 在 1942 年 10 月 1 日完成了处女航。它也没能逃过坠毁的命运——1943 年 4 月 18 日在第 48 次试飞中坠毁，试飞员奥斯特塔格罹难。1943 年 3 月 15 日首飞的 V4 是最后一种安装尾轮的机型，该机在 7 月 25 日的第 51 架次试飞中坠毁。Me 262 V5 不仅是第一种使用大推力（约 1984 磅，约 8.83 千牛）Jumo 004B 发动机的机型，还是第一架使用（固定的）前三点起落架的 Me 262。

在不到两个月的时间里（从 1943 年 6 月 6 日第一次起飞开始），V5 一共进行了 74 次测试飞行，最后在 8 月 4 日坠毁。但是与 V3 一样，它在修复之后又继续进行测试飞行，直到 1944 年彻底报废。

最后的原型机

最初 10 架原型机中的最后 4 架分别测试了不同的武器装备、电气系统和液压系统。V7 的历史与此前的原型机一样简单。它从 1943 年 12 月 20 日首飞到 1944 年 5 月 19 日坠毁期间共进行了 31 次测试飞行。与之对照的是，1944 年 3 月 18 日首飞并率先全副武装的 V8 机型则共进行了 258 次测试飞行，直到同年 10 月前起落架失效导致报废。最后两架原型机（1944 年 1 月 19 日首飞的 V9 和 1944 年 4 月 15 日首飞的 V10）都在测试中存活下来，虽然都受到一些损耗，但分别完成了 200 次和 135 次飞行。

在战争临近结束的两个月里，大幅改进的生产机型中出现了两种原型机，并都在 1945 年 1 月完成首飞。V11 采用玻璃机头舱室，目的在于为后来的 A-2/U2 轰炸机做准备。该机共完成 22 次测试飞行，最终在 1945 年 3 月 30 日坠毁。Me 262 V12 采用两台宝马 003R 复合喷气和火箭发动机，唯一一次纯火箭发动机提供动力的飞行在 1945 年 3 月 26 日进行，但 6 周之后战争便宣告结束。

上图：1942 年 3 月 25 日由纯涡轮喷气发动机提供动力的首飞失败了，因此图中这架 Me 262 V1 装备了 Jumo 210G 活塞发动机和宝马 003 涡轮喷气发动机

上图：Me 262 V7 是第二种预生产型，与 Me 262 V6 相比，前者采用新型的顶篷为飞行员提供全方位的视野，此外还采用了橡胶密封的增压座舱

Me 262A

Me 262 最初的设想是高速截击战斗机，但希特勒的干涉——要求该机型执行战斗轰炸任务——使它的研制和发展变得复杂起来。

完成 10 架原型机之后，梅塞施密特接下来又交付了 20 架预生产型。随后是第一批量产型。Me 262A-1a 由两台 Jumo 004B 涡轮喷气发动机提供动力，19680 英尺（约 6000 米）高空处最大速度为 540 英里 / 时（约 870 千米 / 时）。武器装备包括机头处的 4 门 30 毫米 Mk 108 机关炮；上部两门备弹 100 发，下部两门备弹 80 发。

当时这种基本的战斗机版本衍生出很多子型号，试图增强 Me 262 的火力（据相关报告，机载 Mk 108 机关炮的弹道很糟糕，并且很容易卡住）并改造该机型以适应其他用途。Me 262A-1a/U1 在机头处见缝插针地安装了 6 门机关炮：两门 Mk 108，两门长炮身、30 毫米的 Mk 103 和两门 20 毫米的 MG 151。该型号没有投产，而 A-1a/U2 全天候战斗机（装备一部 FuG 125 “赫米内”无线电追踪系统）则有几架完工。

Me 262A-1a/U3 是一种没有武器的侦察型，机头的机关炮被一部照相机取代。基本的 Me 262A-1a 衍生的众多子型号中的最

上图：为了提高精度，Me 262A-2a/u2 在机头的一个新型木质结构里安装了一部配备陀螺稳定的 Lotfe 7H 投弹瞄准器。此结构中还有一名容易受到攻击的投弹瞄准手

下图：Me 262A-1a/U4 一共造出两架，它们的显著特征是一门巨大的 50 毫米毛瑟 Mk 214A 机关炮，在机头前部大约 6 英尺 6 英寸（约 2 米）的地方向外凸出。这种版本的生产计划（生产型号为 Me 262E-1）从来没有实现，虽然地面测试从 1945 年 3 月 23 日就开始了

后一种是 A-1a/U5，它将机头处的 Mk 108 机关炮增加到 6 门：两门备弹 100 发，两门 80 发，另两门为 65 发。据称海茵茨·贝尔少校驾驶该型机击落过一架 P-47 战斗机。

火箭武器

大量的火箭武器在后来的 A-1a 机型上进行了测试，各种火箭的效果也良莠不齐，其中包括两个挂载的 210 毫米 WGr 21 火箭弹（安装在前机身下方的挂架上）和一套 55 毫米 R4M 火箭弹，后者从两个机翼下方各 12 个发射管中一齐发射。

另两种 A-1a 改型也记录在生产清单上。A-1a/Schul（学校）型，一种单座的教练机，计划以 A-4 型号服役；另一个是 A-1a/Jabo，过渡型战斗轰炸机。最后出现的是 Me 262A-1b，装备动力稍小的（1764 磅，约 7.85 千牛的推力）宝马 003A 涡轮喷气发动机，战争结束之前仅造出 3 架。

1943 年 11 月，在观看纳粹德国空军最新飞机的展示时，希特勒询问 Me 262 是否能够携带炸弹。他确信这是可行的——虽然并不在计划之中——元首的直接命令促成了这种战斗轰炸机版本的诞生。

Me 262A-2a Jabo 和标准的 A-1a 战斗机之间最主要的区别在于取消了机鼻顶部的两门机关炮。另外在武器舱下面增加了两个挂架，每个都能携带一枚551磅（约250千克）炸弹。后来在战斗机行动中，这里要么携带可抛弃式油箱，要么携带火箭发射器。

唯一一款较为知名的 Jabo（战斗轰炸）子型号是 A-2a/U1，完成了两架样机以测试改进的 TSA 炸弹瞄准装置。Me 262A-2a/U2 的显著特征就是机头处炸弹瞄准器的透明机鼻。该机型只建造出两架测试飞机（包括 V11 原型机）并完成了试飞。

单座 Me 262A 系列的最后两个子型号是装备重型武器的对地攻击机 A-3a 和带有武器的侦察战斗机 Me 262A-5a。

上图：少量 Me 262A-1a/U3 侦察机进入服役。改进过的战斗机取消了机关炮，机头处可以携带两个 Rb 50/30 照相机或者一个 Rb 20/30 照相机和一个 Rb 75/30 照相机

参战历史

超过 20 个作战部队都使用过 Me 262A。这些部队大的包括整个战斗机联队，如 KG（J）54，其正常编制数量均超过 100 架；小的如“格拉登贝克突击队”，这支小型的分遣队一共只有 6 架飞机，其中包括一架 Me 262A。

上图：“绿色 3”是第 7 战斗机联队副官埃里希·麦卡特上尉驾驶的 Me 262A-1a/Jabo。该飞机在机头下方的 TEC 挂架上装备两个 WGr 21 火箭弹发射器

第一支组建的 Me 262 部队是实验性的突击队，其任务是在实际作战中发展梅塞施密特新研发的截击机战斗机的作战战术。第 262Ekdo（试飞队）在 1943 年 12 月成立，飞行员主要是以前的驱逐机飞行员，都有丰富的双发飞机的驾驶经验。

在其存在的 9 个月时间里，该部队的基地就在梅塞施密特的奥格斯堡工厂附近的勒希菲尔德。Ekdo 262 使用预生产型和早期的 A-1a 飞机，共摧毁了 11 架盟军高空侦察机和一架 B-17，己方损失了 3 架飞机，但据记载都是因为技术故障。

下图：第 51 轰炸机联队是 Me 262 的最大用户之一，它在 1944 年 9 月至战争结束共接收了 350 架 A-2a 机型。这个数字也反映出该部队较高的耗损率

Ekdo 262 成立之前的三周，希特勒表示将 Me 262 用作战斗轰炸机。第一支接收 Me 262 的前线部队是第 51 “火绒草”轰炸机联队，一支经验丰富的轰炸机联队。这一过程开始于 1944 年 5 月底第 51 轰炸机联队第 3 中队的重组。两个月后诺曼底登陆开始时，该中队的 9 架 Me 262A-2a 被派往法国［该分队被称作“申克试验突击队”（Eins.Kdo Schenk）］。然而，它们的影响有限，9 月，该分遣队重新并入其上级单位。

另一支轰炸机联队——第 54 “骷髅”轰炸机联队从 9 月开始接收 Me 262。此时希特勒改变了主意，再次强调将 Me 262 用作战斗机。重新命名为 KG（J）54（表示轰炸机联队被用作战斗机部队），“骷髅”因此开始装备 A-1a 机型。该部队也遭到严重损失（超过 225 架飞机被击落或受损），但击落大约 50 架敌机。

1944 年秋季建立的另两支部队的工作重点是回归战斗机行动。“诺沃特尼突击队”在其著名的领导者沃尔特·诺沃特尼于 11 月 7 日死后也没有存在多久。III./EJG 2 是一支专业的 Me 262 战斗机训练部队，它在顶峰的时候有大约 30 名教官和 140 名学员。该部队击落将近 40 架敌机，几乎都是这些教官的战绩。

然而，更大的歼敌数字来自纳粹德国空军唯一一支 Me 262 战斗机联队——第 7 战斗机联队（JG 7）。

第 7 战斗机联队可能是最成功的 Me 262 喷气式战斗机单位，但毋庸置疑的是，最具魅力的部队是第 44 战斗机联合部队（JV 44）。虽然歼敌数字只有前者的十分之一，但这支由“失宠的”阿道夫·加兰德在 1945 年 1 月建立的部队赢得那些在战后存活时间超过 5 年的纳粹德国空军飞行员最华丽的赞美。

上图：在 6 个月的时间里——从 1944 年 11 月到第三帝国的崩塌，据报道仅第 7 战斗机联队一支部队就击落了将近 500 架盟军飞机（主要是美国陆军航空队的飞机）。然而，同一时期该联队也失去了所有 370 架飞机中的一半以上

随着欧洲战场接近尾声，唯一一支还在使用 Me 262 的重要部队是 NAGr 6。不过这支战术侦察部队使用的机型——A-1a/U3 的数量从来没有达到过两位数。

并不是可用飞机的数量，而是燃料（以及时间）的短缺阻碍了另 4 个轰炸机联队——第 6、27、30 和 55 轰炸机联队改装为 Me 262A “飞燕”战斗机联队。

夜间战斗型“燕子”

上图：Me 262 展示了德国超越盟军的技术优势。梅塞施密特提出了众多双座 Me 262 的改进版本，其中包括一种涡轮螺旋桨飞机版本，还有两座或三座的装备 HeS 涡轮喷气发动机的后掠翼机型版本

纳粹德国空军拼尽全力阻止盟军的轰炸机在夜间发动进攻，而这也促进了 Me 262 双座夜间战斗机的发展。只有一小部分飞机及时完工并装备给了第二次世界大战期间唯一一支喷气式夜间战斗部队——“维尔特飞行队”。

以现代化的严格而密集的机组人员训练方式来看，纳粹德国空军在没有制定合适的飞行员训练计划的情况下，就引入这种完全新颖的战斗机并投入战场的做法是不可思议的。但是这种情况在第二次世界大战期间确实发生了。

Me 262 所代表的技术已经有了很大的进步，飞行和操控性能也是如此。这种单座的活塞发动机飞机的飞行员接受简短的培训之后就被要求单独飞行。培训就是驾驶一架双活塞动力发动机（Bf 110 或 Me 410）飞行大约 20 小时；训练方法是将节流阀锁定在某个位置以模拟喷气操作（众所周知，Me 262 的 Jumo 发动机在突然的或猛烈的节流阀调整时都很容易着火）。

随着德国形势的恶化，这种简短的训练还被进一步削减。后来，他们意识到如果生产一种双座双重控制的传统教练机，训练过程就可以大幅简化。

这种想法的结果就是 Me 262B-1a，它与标准的单座教练机不同的是在延长的驾驶舱后方增加了教练员座位。这个座位取代了尾部的主油箱，从而需要在前机身后部增加一对所谓“维京船”的辅助油箱。该飞机可以实现完全的双重控制，还保留了标准的单座机上安装的 4 门 30 毫米 Mk 108 机关炮。

有限的数量

然而，Me 262B-1a 的建造数量在当时只有为数不多的十几架，后来对它的需求与日俱增，因为需要一种能应对英国皇家空军越来越多的“蚊”战斗机的飞机。前者在帝国的夜空中肆虐，几乎遭遇不到什么抵抗。1944 年 10 月，Me 262A-1a 在雷希林试验了 FuG 220 “利希滕施泰因” SN-2 拦截雷达，结果非常成功，然后决定将该设备应用到 Me 262B-1a 教练机上，该机型后来临时充当了夜间战斗机的角色。

现在，雷达操作员占据了后部座位，该版本的机型主要安装一部 FuG 218 “海王星” V 搜索雷达（带有“鹿角”天线）以及

下图：这架 Me 262B-1a/U1（Werk/nr 111980）隶属于第 11 夜间战斗机联队第 10 中队（10./NGJ 11），该部队更为人所熟知的名字是“维尔特飞行队”。“红色 12”在马格德堡附近的布尔格使用，一直到 1945 年 5 月。战争结束后，著名的测试飞行员埃里克・布朗领导的来自位于法恩伯勒的英国皇家航空研究中心的一个小组对该飞机进行了评估

上图：Me 262B 夜间战斗机的发展从未停下，虽然“鹿角”雷达天线导致飞机性能的显著下降。直径十六分之三英尺（约 7 毫米）的天线导致最大速度下降了大约 30 英里 / 时（约 50 千米 / 时）

右图：对于盟军轰炸机机组人员而言，幸运的是只有为数不多的双座 Me 262 投入使用。它们到达战场的时间太晚，以至于没有对纳粹德国空军的夜间战斗机行动产生足够的影响

一部用于追踪英国皇家空军轰炸机 H2S 雷达信号的 FuG 350 ZC“纳克索斯”被动探测设备。这些工作都在位于柏林 - 斯塔肯的汉莎航空公司完成。常驻在那里的工程师、专家的价值都是不可估量的，他们为 Me 262B-1a/U1 夜间战斗机的设计和生产任务做出了巨大的贡献。

最终的版本

然而 B-1a/U1 仅仅是匆忙改造的双座教练机，B-2a 的设计工作已经开始了，后者将成为 1945 年中期投入服役的夜间战斗机的最终版本。

Me 262B-2a 的显著特征是加长的机身，原因是在机身和机尾插入了串联座椅，同时安装了符合空气动力学特性的加长座舱盖。加大的燃料箱让续航航程更大，武器装备也增加了两门倾斜的 30 毫米机关炮，位置就在尾部座舱的后面。为了增加作战半

右图：只有 3 架双座的 Me 262 存留到今天。保存最好的是“红色 8”（Werk/nr 110305）号，也是唯一一架在战争中存活下来的 Me 262 夜间战斗机。它在约翰内斯堡的战争博物馆进行展览，令人惊讶的是其丝毫未损的雷达天线和副油箱

径，B-2a 可以携带一个拖曳式油箱［与单座教练机上测试过的 Deichselschlepp（“飞机拖箱”）拖曳式挂架相似］。

B-2a 的实物模型在 1944 年 12 月 7 日制造出来准备测试，随后经过微小的改动计划在 1945 年 3 月 22 日首飞。结果并没有按这个时间表实现，直到德国投降那天 Me 262B-2a 也没能上天。虽然一份关于 1945 年 6 月向美军占领军提交的研制报告宣称该飞机“已经准备好起飞了”，但首飞从未真正实现。

德国最终崩溃的前几个月，梅塞施密特在这种夜间战斗机基础上又提出了更先进的变型机。不用多说，没有一种机型进入制图板之后的下一阶段。

双座 Me 262 的作战历程

Me 262B-1a 教练机的主要接收者是第 2 补充战斗机联队第 3 大队。这支部队大致等同于英国皇家空军的作战训练改装部队（OTU），其短暂的作战历程大部分时间都以拉格尔 - 勒希菲尔德为基地。该部队负责纳粹德国空军的所有 Me 262 飞行员的培训，并因此配备有 122 架 Me 262。但实际上该中队很少能一次召集超过 30 架的 Me 262（飞行员称之为“飞燕”），且其中只有一架或两架双座的 B-1a。

一些教练机甚至没有飞出拉格尔 - 勒希菲尔德基他。部分 Me 262 转场飞行过程中发生坠毁事故，其中包括至少一次人员死亡。可以想见，经验不足的飞行员与不熟悉的——通常是不可靠的飞机的组合，也造成了训练项目中的一些事故。

使用 Me 262B-1a/U1 夜间战斗机的唯一一支作战部队是“维尔特飞行队”。该部队于 1944 年 11 月在马格德堡附近的布尔格成立，当时只有两架 Me 262A-1a 单座教练机。飞行队队长库尔特·维尔特少尉作为一名飞行教员一直服役到 1943 年，他曾在亮带夜间拦截模式（helle Nachtjagd）——在地面探照灯的帮助下可视化夜间出动作战模式——中充当指挥官。人们认为他是世界上首位在夜间击落敌机的喷气式战机飞行员——他在 11 月 27 日击落了一架“蚊”战斗机。

直到 1945 年 3 月，“维尔特飞行队”（在这之前的几个月该部队选择弃用官方番号 10./NJG 11）才收到第一架双座 B-1a/U1；后来又增加了 6 架，这与该部队正在使用的 A-1a 机型的数量相同。这些单座飞机继续在柏林上空与“蚊”战斗机鏖战时，双座型［速度大概要慢 37 英里 / 时（约 60 千米 / 时）］也准备加入并攻击英国皇家空军的重型轰炸机机群。在这项任务中它们没有取得任何胜利。人们认为“维尔特飞行队”击落的 48 架飞机（主要是“蚊”战斗机）全部来自 Me 262A-1a 的飞行员。然而，双座飞机却损失的 11 架飞机中的两架：一架飞机在 3 月的一次作战中因发动机着火而损毁；另一架在盟军空袭吕贝克机场时被埋葬在飞机库中。

飞行队在 1945 年 4 月 12 日转移吕贝克飞机场，在布尔格的一次早期的突袭之后只剩下 4 架飞机。最近的一次进攻导致它们又进行了一次转移。4 月 21 日，他们抛弃了传统的基地，在吕贝克—汉堡高速公路上驻扎下来。他们将剩余的 6 架飞机（难以置信的是，他们在战争的最后阶段还有补充的飞机）隐藏在路旁的树下面，将艾恩费尔德立交桥附近的一处长直公路用作临时的飞机跑道。但是飞行队已经是灭亡前的最后挣扎了。1945 年 5 月 7 日，维尔特上尉让幸存下来的 6 名士兵（包括两架 Me 262B-1a/U1 双座飞机）前往石勒苏益格 - 亚格尔向英军投降。

上图：人们认为大约只有 15 架 Me 262B-1a 串联双座教练机改装成了 Me 262B-1a/U1 夜间战斗机。图中这架 Werk/nr 110306 隶属于“维尔特飞行队”，主要用于柏林的防卫。战争结束之后，英国皇家空军将它转交美国陆军航空队的空军技术情报单位。这支部队由哈罗德·沃森领导，负责收集德军飞机项目的情报，该部队也以“沃森的扒手”之名为人们所知

下图：截至 1943 年，Me 323E-1 成为标准机型。和早期的型号相比，它有更大的燃油容量、更多装甲和升级后的武器装备

梅塞施密特 Me 321/323“巨人”

德国空军的“巨人”

在突然认识到现有装备不足以完成在入侵英国的作战中所承担的任务之后，纳粹空军下令研制一款巨型飞机以运载人员、物资和车辆。与“巨人”家族相比，同时期的其他飞机都如侏儒般矮小，但该型机深受数量不足的困扰，最终逐渐消亡。

巨大的梅塞施密特 Me 321 滑翔运输机和它的带动力衍生机型——Me 323，一定会被认为是德国在第二次世界大战期间最不可思议的设计。该型机的设计源于对英国的入侵计划。当时法国刚刚沦陷，英吉利海峡似乎已经成为“入侵者”面前的唯一阻碍。英国已经开始紧张地做着对抗侵略者的准备，因此德国意识到运输装备跨越海峡的速度无比重要，开始草拟一个使用大型滑翔机来空运坦克、火炮和人员的计划。

尽管代号为“海狮行动”的入侵计划在 1940 年 10 月被希特勒搁置，以集中力量对苏联发起孤注一掷的攻击，但由于需求紧迫，该型号滑翔机的设计仍然继续下去。在不到一周的时间内，大概的技术参数起草完毕，紧接着梅塞施密特和容克公司仅仅有 14 天时间来完成并递交初步设计，两家制造厂也被要求去准备足以生产 100 架滑翔机的原料。

两个设计团队的能力都毋庸置疑，都赶在截止日期之前完成了设计，之后又被要求将最初的预订量加倍。容克公司的方案——全翼的 Ju 322，只以原型机的形态生产了一架，且因操纵性过于糟糕而被淘汰。梅塞施密特的方案 Me321，在计划开始 14 周内就成型了。它是当时世界上第二大的飞机，翼展达到 180 英

上图：图中迎面而来的是四发动机 Me 323C 系列中的第一架原型机 Me 323 V1，这一机型并未投产。4 台 GR 14N 48/49 发动机没有提供足够的动力以在满载状态下起飞，此外，尽管 3 架飞机协同牵引并非必需，但还是需要一架强有力的牵引机帮助升空

尺 5.25 英寸（约 55 米）。货舱容纳量达 3814 立方英尺（约 108 立方米），长 36 英尺 1 英寸（约 11 米），高 10 英尺 10 英寸（约 3.3 米），宽 10 英尺 4 英寸（约 3.15 米）。整架飞机最大载重量高达 44092 磅（约 20000 千克），几乎是空载质量的两倍，据估计可以运送一支 200 人的部队。

在试飞测试时，Me 321 使用了可分离式起飞滑车，降落时使用弹簧减震滑橇。多达 8 部推力 1102 磅（约 5000 牛）的过氧化氢助推火箭，能够在起飞时提供 30 秒的动力。

在 1941 年 2 月 25 日首飞的时候，Me 321 使用一架容克 Ju 90 作为牵引飞机，而它尽管控制起来不出意外地显得笨重，但在操控性上的表现令人满意。牵引飞机仅能勉强地拖动滑翔机，而且动力不足。双机身的牵引机亨克尔 He 111Z 的改装已经开始但还没有完成。进一步的测验牵引机换成了 3 架 Bf110，用三股绳索牵引。这一行动极其复杂并且危险，导致了一系列事故的发生。

下图：计划中对不列颠群岛的入侵——“海狮行动”，需要在第一次空降的时候将重型装备空运过去。尽管这一行动并未实施，但 Me 321 的确进入生产状态

服役

截至 1941 年夏末，梅塞施密特的工厂已经交付首批 100 架 Me 321A 滑翔机并且已经开始生产拥有更宽驾驶舱、能够容纳驾驶员和副驾驶员（早期版本是单驾驶员）的 Me 321B-1。滑翔机完成交付后，部队也组建完毕，仍然是和 3 架 Bf 110 搭档，赶赴东线战场成功完成了各种任务。很快，德军发现他们需要一种强大的运输工具，梅塞施密特公司被分派来调研这一需求的可行性。与此同时，200 架 Me 321 中的最后一批也在 1942 年初交付。此时的 He 111Z 牵引机已经试飞并且成绩喜人。

梅塞施密特公司将两架 Me 321 原型机改装成了有动力飞机——装有 4 台二手土地神 - 罗纳星型发动机的 Me 323C 和装有 6 台类似发动机的 Me 323D。当初的设计意图是 Me 323C 由 3 架 Bf 110 牵引起飞，之后便可以用自己的动力巡航，而 Me 323D 则不需要起飞牵引助力。由于牵引机发生事故，Me 323D 被选为生产型号，在为数十架的预生产批次开始之前还对设计上进行了一

些改进。新机型上依然采用了起飞助推火箭，仅在细节上有所不同的两种生产型号 Me 323D-1 和 Me 323D-2，都能携带 21495 磅（约 9750 千克）的载重并且航程达到 621 英里（约 1000 千米）。作为运兵机，两种型号都可以运载 120 名全副武装的士兵，而且还可以移除可拆卸式地板来容纳 60 名患者和医护人员。足够强大的自卫武器包括机首和机身上方的 5 挺 0.31 英寸（约 7.92 毫米）MG 15 机枪以及机身侧部多达 10 挺的 MG 34 步兵机枪。

生产型交付开始于 1942 年 8 月，两个月后两支装备 Ju 52/3m 的部队换装了这些巨大的运输机。11 月，Me 323 为了支援北非的轴心国部队开始在地中海开展行动。由于英国战斗机的打击，德国很快损失了第一架 Me 323。在多达 100 架运输机（与 Ju 52/3m 一起）与护航战斗机一同集结的行动中，Me 323 在一开始有幸免受打击，但渐渐地盟军飞机开始进攻。1943 年 4 月中旬，由 16 架 Me 323 组成的编队遭到英国皇家空军战斗机群的进攻，损失了其中 14 架。这些巨型运输机的低速以及遭到攻击时无法采取逃避措施，使得增加自卫武器变得至关重要；Me 323D-6 也通过把 5 挺 MG 15 机枪升级为 5 挺 0.51 英寸（约 13 毫米）MG 131 机枪来应和这一需求。紧随其后的是配备 HDL 151 炮塔的 Me 323E-1，每座炮塔上各有一门 20 毫米 MG 151/20 航炮，并且增加了两位操纵炮塔的机组成员；Me 323E-2 的装备与前者一样，但把 MG 151/20 安装在低阻力的 EDL 151 炮塔上。然而这些武器装备的增加被证明是无效的，之后军方又开始尝试改进性能。一部分 Me 323E-2 安装了 6 台 1350 马力（约 1007 千瓦）的容克 Jumo 21 1R 发动机，改进型被命名为 Me 323F-1。但这也没能将这些运输机的战损率降低到可以接受的程度，研发装备 11 门机关炮和 4 挺机枪的 Me 323E-2/WT 的计划以及装备土地神 - 罗纳发动机的 Me 323G 计划被取消。Me 323 从地中海战场上被撤回，因为那里的损失高得令人难以接受，被转移到东线战场另作他用。这一飞机的生产结束于 1944 年 4 月，总共生产了 198 架，并且该型机的调动部署也与此同时或者是在不久后便结束了。

上图：起飞是 Me 321 的一个大问题。没有成批可用的拥有足够动力的飞机来使这一滑翔机升空，在令人气馁的模型试验后，3 机联合牵引方案被提出。3 架梅塞施密特 Bf 110 牵引一架 Me 321 升空，中间的牵引机拖绳要比另外两架的长 66 英尺（约 20 米）

多用途“巨人”

“巨人”家族为数不多的几个优点之一就是所携带货舱的多用途性。不同的战区需要不同的补给，比如在东线战场，需要马匹来将枪炮和机车拉出污泥（下图），Me 323 将大批牲畜运往苏联。也可运载整连执行突击任务的步兵（右上图），或者一辆增强装甲先头部队实力的 SD KFz 251 半履带车（右下图）。

下图：Me 323E-2 是“巨人”的最终量产型，图中是第 5 俯冲轰炸机联队第 1 大队的一架 Me 323E-2，1943 年后期它在东线战场上绝望地奔波以至于使用过度。这架飞机在尾部前方有白色条纹而不是期望中的黄色条带。这架 Me 323E-2 与早期版本的主要不同在于自卫武器：常规的配备包括前门下方两挺手动瞄准的 MG 131 机枪，另一门 MG 131 机枪在驾驶室后方的无线电舱向后射击，两门 20 毫米口径 MG 151 机关炮安装在外台发动机后方的低阻力 EDL 151 炮塔中，而 4 挺单装 MG 131 机枪从前后梁位置向两侧开火

米高扬·格列维奇 米格-1/米格-3

一个时代的开始

上图：1941 年 6 月"巴巴罗萨"战役打响时，苏联红军已经拥有 1289 架米格-3 战斗机，虽然只占前线战机的百分之十

自朝鲜半岛战争以来，"米格"就成为苏联及其军事装备的代名词。冷战期间，苏联米高扬·格列维奇设计局毫无疑问是世界上最著名的飞机设计机构。但米高扬设计局的第一代服役战斗机——米格-1 和米格-3 并没有那么为人们所熟知。

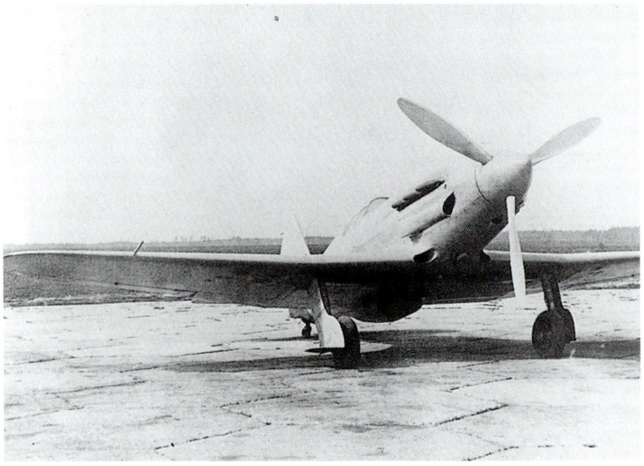

上图：第一批 100 架飞机（图中看到的是第三架）在开始时叫 I-200，后来根据设计者的名字重新命名为米格-1。I-200 于 1940 年开始服役，最高速度达到 391 英里/时（约 630 千米/时）

1939 年 1 月，克里姆林宫的一次会议明确提出对高空作战截击机的紧急需求。作为回应，波利卡尔波夫设计局（试验设计局）的设计师阿提姆·米高扬和米哈伊尔·格列维奇启动了"K"项目——一种装备米库林 AM-37 发动机、最高时速可达 417 英里/时（约 670 千米/时）的新型战斗机。

同年 11 月，这种飞机获得生产许可。由于尼古拉·波利卡尔波夫不受苏共当局欢迎，所以由米高扬和格列维奇接管设计局。上级要求 1940 年 4 月中旬进行首飞，因此生产工作进行得很迅速；4 月 5 日，设计局的第一架 I-200 成功首飞。由于 AM-37 发动机的研发出现了一些问题，该飞机最终使用了久经考验的 1350 马力（约 1007 千瓦）的 AM-35A 发动机。在接下来的 8 周里，I-200 原型机创下了飞行纪录：22127 英尺（约 6900 米）高空的速度达到 403 英里/时（约 649 千米/时）。这一成绩刷新了苏联当时的纪录。

尽管该机速度惊人，比同期的苏联其他战斗机原型机高出大约 25 英里/时（约 40 千米/时），但 I-200 的操纵性让设计师们颇为担心。由于机翼载荷过大，I-200 在空中有陷入翻滚和滚转的隐患，缺乏纵向稳定性，操纵性也不足。试验飞行员还抱怨侧开式座舱盖、制动系统、座舱视野和驾驶员座舱通风设备都存在问题。

为了能早日让 I-200 战斗机进入苏军服役，设计局匆匆做了一些改进就投入生产了，到 1940 年底，生产了 100 架 I-200，其中 20 架交付苏联红军空军（VVS）。

米格-1的生产

在生产机型中，I-200 装备了一挺 UBS 0.50 英寸（约 12.7 毫米）机枪和两挺 ShKAS 0.30 英寸（约 7.62 毫米）机枪，在发动机上方，均为同步发射。两个机翼下均有一个能携带一枚FAB-50或者FAB-100炸弹的挂架，同时飞机驾驶员座舱的座舱盖在飞行中也能轻易打开。由于采取了这些改善措施，飞机的重量略微增加，I-200的最大速度下降到391英里/时（约630千米/时）。尽管如此，它还是比同时期其他的战斗机都要快。

服役期间，I-200（1941年1月重命名为米格-1）的操纵性仍然让人担心。由于其重心太靠后，飞机在不同的飞行航线上都很难控制。飞行员的反馈促使这种飞机的设计者采取进一步的改进措施，改善后的结果就是完全不同的米格-3。

米格-3的驾驶员座舱下增加了一个新的油箱以增加飞机的续航能力；发动机向前移动了3.94英寸（约10厘米）以改善重心过于靠后的问题；外翼的上反角增加到了6° 30′来帮助改善其操纵性能。尽管采取了改进措施，但它距离良好飞行的飞机还有一段距离。苏联王牌飞行员埃斯·亚历山大·I.波克雷什金将米格-3描述为一匹“活泼、热烈的马”，它在经验丰富的飞行员手中“像箭一样奔跑”。它的火力装备也不足，与米格-1一样，只有3挺机枪。

到1941年3月时，米格-3每周的产量达到70架，主要装备于莫斯科、列宁格勒和巴库的防空军部队、边境地区的前

右图：这张苏联官方照片的标题为“隐藏在大自然中的一支苏联红军空军部队的着陆场”。早在1942年春季，米格-3战斗机就开始撤离前线部队了

下图：米格-3的机翼下携带有RS-82火箭弹。实际上，作为战斗轰炸机执行任务时，它可携带多达8枚火箭弹，或者两枚220磅（约100千克）的FAB-100炸弹

线战斗机部队，以及北方舰队和黑海舰队的海军航空兵部队。

上图：这架米格 -3P 是第 6 近卫歼击航空军（防空军）第 6 近卫战斗机团的 A.V. 斯洛波夫的座机，驾驶舱下方有“为了斯大林”的标语。1941 年至 1942 年冬天，它驻守在莫斯科。该飞机采用全白饰面，下方为淡蓝色。注意机翼下方的 UBK 0.5 英寸（约 12.7 毫米）机枪——这是为了克服该飞机火力不足的问题而做的尝试

“巴巴罗萨”战役

1941 年 6 月 22 日，德国入侵苏联的“巴巴罗萨”战役启动，苏联的卫国战争开始了。米格 -3 也随之投入战斗。入侵之前，纳粹德国空军派出容克 Ju 86P 高空飞机在苏联边境进行侦察飞行。1941 年初，一架 Ju 86P 被米格 -3 击落，另一架 Ju 86P 受伤迫降——很明显，纳粹德国空军还不知道这种具备高空作战能力的米格战斗机的存在。

下图：在听完苏联王牌飞行员亚历山大·I. 波克雷什金的一场关于战术的讲评之后，飞行员们就散开了。波克雷什金是参加“巴巴罗萨”战役第一天战斗的飞行员，同时也是苏联击落敌机数量排第三（截至战争结束时共击落 59 架敌机，其中驾驶米格 -3 击落了 12 架）的飞行员。背景中米格 -3（还包括根据《租借法案》获得的寇蒂斯 P-40）排成一排是一种典型的情景；苏联红军在“巴巴罗萨”战役刚开始的轰炸突袭中损失了很多战斗机都是因为飞行员在空袭中没能把战机疏散开

从“巴巴罗萨”战役开始的那天起，米格 -1 和米格 -3 就一直活跃在前线，击落了大量纳粹德国空军的飞机。但是由于经常与纳粹德国空军的战机在低于 6560 英尺（约 2000 米）的高度作战，米格战斗机很少有机会能向对手展示它们真实的实力。人们还尝试将让这款前线战斗机进行对地攻击（装备 RS-82 火箭弹），但没有取得成功。被用作前线战斗机的米格 -3 有数十架换装了大功率的 AM-38 发动机（即伊 -2 使用的发动机），以提高低空作战的性能。

然而，从 1943 年末至 1944 年初，米格 -3 实际上已经从一线退役了，直到欧洲胜利日，该型机一直在执行防空任务。

三菱 A5M“克劳德”

早期的航空母舰单翼战斗机

上图：尽管在偷袭珍珠港的时候已经过时，A5M 型飞机在 1937 年爆发的日本侵华战争中仍被证明是一种高效率的飞机。这款经典三菱战斗机的性能比苏联卡尔波夫 I-152 战斗机更加优越

A5M 是日本海军的第一代单一战斗机，也是世界上最早的舰载单翼战斗机之一，该型机在 1937 年至 1938 年的侵华作战期间对中国军民造成了巨大伤害。

1934 年 2 月，日本帝国海军起草了新型单座战斗机技术要求的文件，包括最大速度达到 217 英里 / 时（约 350 千米 / 时）和在 6 分 30 秒内爬升到 16405 英尺（约 5000 米）高空。三菱公司的堀越二郎带领一个设计团队接受了这一挑战。后来，堀越二郎凭借他设计的卓越的 A6M“零”式战斗机奠定了他在航空史上的地位。他还在艰难的条件下带领三菱公司成为重要的潜力巨大的飞机公司。

当时所有在海军服役的单座战斗机都是双翼飞机，因此，堀越团队单翼机的布局似乎是一场赌博，尤其是三菱公司早期的单翼飞机的设计都没能被海军采纳。堀越的原型机设计在狭窄的机身上安装了一个上反角的“海鸥”型机翼，这一翼型使得飞机能够把大直径螺旋桨和高度适当的主起落架结合在一起。尾翼是传统型的设计，动力是 550 马力（约 410 千瓦）的中岛寿 5 型星型发动机，飞行员在机翼正上方的开放式驾驶舱中。

该飞机被命名为三菱 Ka-14，于 1935 年 2 月 4 日完成了首次飞行，很快它就证明已经远远超过了海军的要求。在早期测试中，纪录的最大速度达到 280 英里 / 时（约 450 千米 / 时），并且仅在 5 分 54 秒内就爬升到 16405 英尺（约 5000 米）的高空。由

上图：这些 A5M2 尾翼上的前缀“3”表示归属于第 12 航空队，这是一支 1938 年间中国战场上最常见的大型组合部队

上图与下图：建造数量有限的 A5M 衍生型中包括 A5M2b（上图），该机型采用了封闭式的驾驶舱，而这深受驾驶员的厌恶。另外还包括一种双座的 A5M4-K 战斗机教练机（下图）

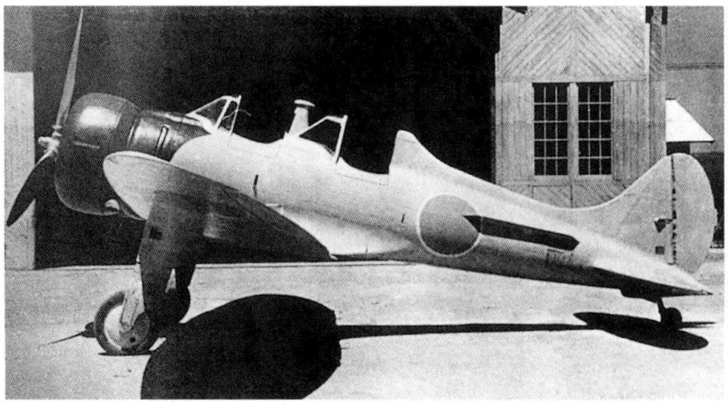

于气动外形存在缺陷，第二架原型机采用带分离式后缘襟翼的常规的悬臂下单翼；同时安装了 560 马力（约 418 千瓦）的中岛寿 3 型发动机，其他 4 架原型机安装了不同的发动机。三菱 A5M1，即采用下单翼结构和装备 585 马力（约 436 千瓦）的中岛寿 2 型 KAI-1 发动机的第二架原型机，被定为生产机型，并命名为海军 96 式舰载战斗机 1 型。

1936 年出现的 A5M1 是日本帝国海军的第一代单翼战斗机，基本型装备两挺向前射击的 0.303 英寸（约 7.7 毫米）口径的机枪，但 A5M1a 改为两门 20 毫米厄利空 FF 机关炮。1937 年出现的 A5M2 被认为是日本侵华战争期间日本海军的主力战斗机。与 A5M1 相比，最初的 A5M2a 性能有所改善，安装了 610 马力（约 455 千瓦）的中岛寿 2-KAI-3 发动机；紧接着的 A5M2b 大体上与前者类似，最大的不同就是配备了更强大的 640 马力（约 477 千瓦）中岛寿 3 型发动机，早期的生产机型都采用封闭式的驾驶舱。飞行员们非常不喜欢这种封闭式驾驶舱，因此后来生产的 A5M2b 均改成了开放式的驾驶舱。随后又有两架被命名为 A5M3 的实验机型，与早期的开放式驾驶舱机型类似，都装备一台西班牙霍米尔公司的 610 马力（约 455 千瓦）12Xer 发动机，装备的一门 20 毫米机关炮均通过螺旋桨桨毂向外射击。最后一种生产机型是 A5M4，它装备了更大功率的中岛寿 41 星型发动机；名为 A5M4-K 的串联双座教练机共生产了 103 架。太平洋战争爆发时，A5M4 是日本海军标准的战斗机，但仅仅维持了较短时间，当它遇到盟军的战斗机时，A5M 的作战性能被发现严重不足；到 1942 年夏天，A5M 系列战机被迫退居二线。

除此之外，由于第二架原型机性能卓越，A5M 系列战机也差点儿被日本陆军相中。它原被陆军评估之后给予编号 Ki-18，在与川崎 Ki-10-1 双翼机进行对比评估之后，进入服役阶段，它的速度非常快，但是操纵性能有所欠缺。两架经过改进并重装发动机的 Ki-18 进行了更进一步的测试，编号改为 Ki-33，但最终没能通过陆军的评估。

被盟军叫作“克劳德”的 A5M 生产总数达到 1094 架，其中三菱公司生产 791 架，大村海军航空兵工厂生产 264 架，渡边公司生产 39 架。在太平洋战争的最后阶段，A5M4 和 A5M4-K 参加了“神风特攻队”对盟军舰艇的攻击。

下图：日本帝国海军拥有陆基航空队和舰载机作战单位。图中的这些 A5M4 大约拍摄于 20 世纪 30 年代后期

服役中的 A5M，1938 年至 1942 年

A5M 在 1937 年初首次参加战斗，A5M2a 也参与了对中国的空袭。紧接着，提升了作战半径的 A5M4 也在 1938 年加入。不过该新机从 1940 年 9 月开始逐渐被 A6M2 “零” 式战斗机所取代，但由于 A6M 的交付问题，到 1941 年底，A5M4 一直战斗在一线——49 架在航空母舰上，36 架在陆基航空队。第二次世界大战期间，它们最主要的贡献是从 “龙骧号” 航母上起飞支援棉兰老岛登陆行动。其他的还在马来半岛、孟加拉湾、荷属东印度群岛和新大不列颠参加过战斗，直到 1942 年 5 月，才从战斗一线退下来。

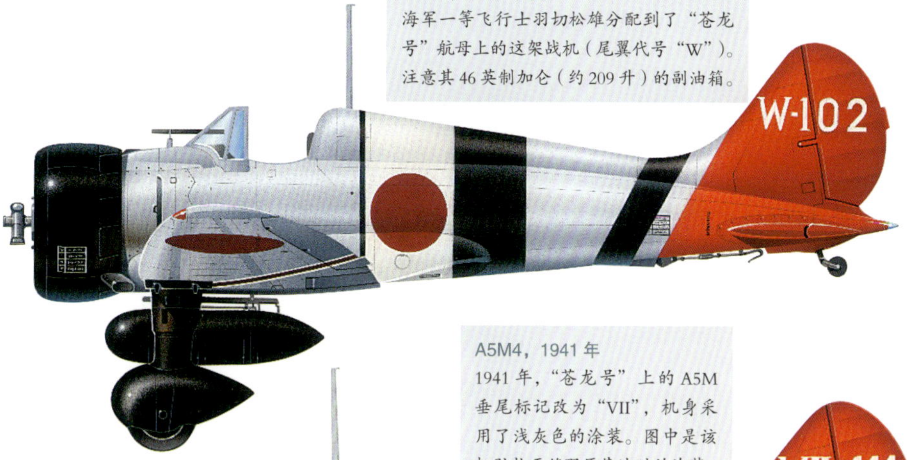

A5M4，1939 年夏

海军一等飞行士羽切松雄分配到了 “苍龙号” 航母上的这架战机（尾翼代号 “W”）。注意其 46 英制加仑（约 209 升）的副油箱。

A5M4，1941 年

1941 年，“苍龙号” 上的 A5M 垂尾标记改为 “VII”，机身采用了浅灰色的涂装。图中是该机驻扎于笠野原基地时的涂装。

A5M2-ko，1938 年夏

图中该机搭载于 “加贺号” 航母（机尾标注有字母 K）在中国沿海参战，为此这架飞机采用了迷彩涂装。

A5M4，1943 年 11 月

这架 A5M4 从 “苍龙号” 航母上起飞执行封锁中国东海的任务。从 1938 年起，大部分 A5M 都采用了自然的金属原色。

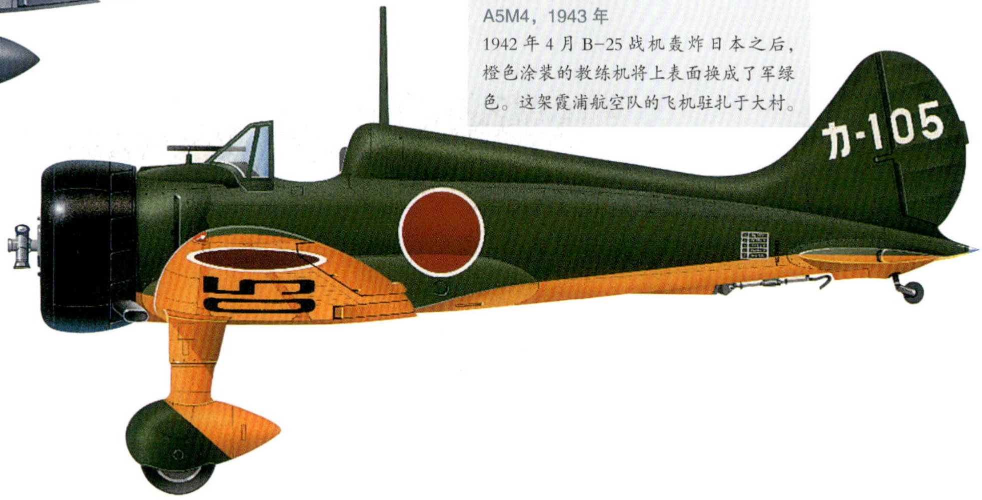

A5M4，1943 年

1942 年 4 月 B-25 战机轰炸日本之后，橙色涂装的教练机将上表面换成了军绿色。这架霞浦航空队的飞机驻扎于大村。

上图：史上少有比“零”式更神秘的战斗机。由于在中国战场和太平洋战争初期的胜利，盟军的飞行员开始相信，该型号日本战斗机所向无敌

三菱“零”式舰上战斗机

在第二次世界大战的前几年，“零”式战斗机主宰着太平洋战场。它敏捷性出色而且航程格外远，几乎是日本海军舰队掌握制空权的保证。不过，自 1943 年起，盟军采用了性能愈来愈强的战斗机，“零”式再也无法继续稳坐霸主地位。

三菱“零”式舰上战斗机（A6M）更普遍地被称为“零”式或“零战”［“齐克”（Zeke）为盟军的称呼代号。——译者注］，该机是第二次世界大战中最优秀的战斗机之一，不过绝非在战争爆发之初如盟军航空部队传言的那样无敌和毫无缺陷。

当三菱“零”式战斗机投入服役之际，它的速度飞快，并具有极佳的敏捷性。虽然“零”式的优异表现无疑是其发动机的功劳，但该型号发动机的功率相对不足。因此，“零”式的设计者必须尽一切可能减少飞机的重量，这意味着飞机结构会过于脆弱，加上轻装甲和武装相对薄弱，纵使在敌方最小口径武器的打击下也十分脆弱。

“零”式在和驾着跟波利卡尔波夫 I–15 型与 I–16 型等老旧战斗机、训练不佳的中国飞行员与经验同样不足的苏联援华志愿飞行员对阵时几乎是无懈可击。第二次世界大战初期，当民间流传“零”式“刀枪不入”之际，盟军仅有少数“劣质”战斗机，如霍克“飓风”和备受贬抑的布鲁斯特“水牛”，甚至还有少见的布里斯托“布伦海姆”轰炸机在远东作战。在珍珠港奇袭中只有 8 架“零”式被击落，更凸显出其优越性。总而言之，“零”式确实在大战的前几年里享受了令盟军钦佩的空中优势，这反映在对日方十分有利的高击落 / 损失率上。“零”式战斗机在战争初期的同型机中赢得了美名，而且这样的声誉在它失去锋芒之后仍延续了好长一段时间。

不过“零”式却无法彻底压倒格鲁曼 F4F 型“野猫”战斗机，后者的重武装和坚固耐用的机身结构弥补了飞行性能与敏捷性的些许欠缺。盟军战斗机的重量不断增加（“零”式也一样），但发动机的改良使它们的性能与敏捷性大幅提升。“零”式被迎头赶上，而且很快就会被所有的对手超越。就这样，在对抗 F4U“海盗”与“喷火”时，“零”式仅在盘旋方面占上风；面对高速且同样敏捷的格鲁曼 F6F“地狱猫”时，这点优势也被严重抵消。“地狱猫”压过“零”式的出色性能于 1944 年的菲律宾海战和莱特湾（Leyte Gulf）之役中彻底展现出来。

设计的弱点

到了大战后期，“零”式经过一番必要的改良使重量增加，这又让它多了一些缺点。它的发动机发展缓慢，原型与最后一款衍生型之间的性能提升也很有限。实际上，最重要的后期型，即

下图：“零”式的机动性远超同时期所有盟军战斗机。它的盘旋性能甚至比格鲁曼 F6F“地狱猫”还要出色。不过，“零”式的实力由于俯冲性能不佳和装甲防护薄弱而大打折扣

上图：随着战况对日本愈来愈不利，日军开始采取如自杀攻击等孤注一掷的极端措施，来阻止盟军在太平洋上的挺进。1944 年 11 月的莱特湾之役期间，一架挂载炸弹的“零”式准备出动。照片中，日军同僚正为神风特攻队的飞行员欢呼，他将执行有去无回的最后一次任务

上图：三菱“零”式舰上战斗机 52 型虽是一款过渡用子型号，但产量比其他“零”式衍生型多。“零”式 52 型在 1943 年秋登场，它是为了抗衡 F6F“地狱猫”的性能优势而设计的

三菱“零”式舰上战斗机 52 型（A6M5）要比 21 型慢得多，仅在爬升方面有所提升。这个缺陷就连“零”式的设计者也很清楚。“零”式的换代计划早在 1940 年开始，更先进机型的原型机，如三菱“雷电”战斗机（J2M）和三菱“烈风”舰上战斗机（A7M），即便在蹉跎多年诞生后，性能也难以令人满意。所以，“零”式在该被淘汰时依然于日军中服役，这要多亏其多用途性和适应性，让它们尚有能力面对越来越优异的敌手。“零”式持续大规模量产直到第二次世界大战结束，约制造了 10429 架，成为日本战时数量最多的战斗机。

到了大战尾声之际，“零”式已处完全过时的危险边缘，只适合日本帝国最后孤注一掷的赌注，那就是组成“神风特攻队”进行自杀攻击。直到今天，人们仍记得“零”式早期的战果，这款战机成为第二次世界大战中最经典的战斗机之一。

上图：在生产的近 10500 架“零”式战斗机中，至今只有两架依然适航。其中一架 52 型由加利福尼亚奇诺（Chino）的“著名飞机博物馆”（Planes of Fame Museum）所有，而且它保留了原有的“荣”发动机。照片中的这架“零”式是“联邦航空队”（Confederate Air Force，联邦航空队为美国一民间组织。——译者注）的 21 型，它曾偕同第 5 航空战队搭乘日本航空母舰“瑞鹤号”在所罗门群岛上空作战。有趣的是，目前该机配备的是美制发动机与螺旋桨

上图：1942 年 6 月在阿留申群岛上，盟军的情报人员成功地获得一架完整的三菱“零”式舰上战斗机 21 型。它被运往圣地亚哥的北岛海军航空站（NAS North Island）进行彻底的研究评估之后，“无敌零战”的迷思才被打破

参战史

上图：这是一架刚开始服役的 A6M2，它作为第 12 联合航空队的一分子被派往中国作战

"零"式战斗机起初被认为是不可战胜的，但不久之后盟军发现它存在动力不足和装备不够的问题。到 1945 年，该型机已经被盟军战机所压倒。

"零"式战斗机最初的性能要求起源于 1937 年。随后又根据日本帝国海军在中国的作战经验做了一些调整。新的要求包括最大速度达到 270 节（310 英里 / 时，约 498 千米 / 时），3 分 30 秒之内爬升到 9840 英尺（约 3000 米）的高空，滞空时间达到 8 小时；武器装备包括两门 20 毫米机关炮和两挺 0.303 英寸（约 7.7 毫米）机枪。与此同时，它还要保持 A5M 单翼机卓越的操纵性能。该

下图：超长的作战半径使得"零"式战斗机能够穿梭于航空母舰战斗群之间。图中这架停在"飞龙号"航母上的 A6M2 战机即将出发空袭珍珠港

型号战机体现了日本工业的野心勃勃，在 1937 年这几乎是不可能实现的。然而，A6M1 原型机被牛车拉到测试场地，并于 1939 年 4 月 1 日成功上天。按照那个时代的标准，这种新型的日本战斗机是世界上最先进的战机之一。为了完成日本帝国海军提出的性能要求，战机必须尽可能轻，所以飞行员和油箱的装甲保护聊胜于无。重量小意味着需要的发动机功率也相对较小——原型机配备的是一台 780 马力（约 582 千瓦）的"水星"（Zuisei）星型发动机。

第二架原型机不久之后就面世了，第 3 架则换用了 950 马力（约 690 千瓦）的"荣"12 星型发动机，并命名为 A6M2。正是这种战机在太平洋战争初期成为盟军飞行员最强大的敌人。

进入战斗

交付第 12 联合航空队的几架早期型 A6M2 战机被匆匆送往中国进行实战试验，它们在与苏联的 I-15 和 I-16 战机交战中取得了重大胜利。1940 年 9 月 13 日，这种战机获得了第一次击落战果。1940 年末，"零"式战斗机中队声称击落了 59 架敌机，而自身则无一损失。

在突袭珍珠港战役中，"零"式战斗机取得了一系列的成功，这也巩固了其"不可战胜"的神话。从日本帝国海军的 6 艘航空母舰上起飞的 105 架 A6M2"零"式战斗机为中岛 B5N2 鱼雷战斗机和爱知 D3A 俯冲轰炸机护航，两波攻击都成功击落大量美军战斗机，而自身损失甚微。

在随后的太平洋战场上，日本海军出色的飞行员驾驶的"零"式战斗机能够有效地遏制所遇到的大多数盟军战机。其中一位名叫坂井三郎的飞行军官以击落 64 架战机的惊人战绩而成为战时日本头号王牌飞行员。在混战中，格鲁曼 F2A、寇蒂斯 P-36、P-40 以及"飓风"战斗机都无法与敏捷的 A6M2 战斗机匹敌。

暴露弱点

"零"式战斗机也有它的缺点。尽管它拥有令人惊异的操纵

服役中的“零”式战斗机

1940 年，作为日本在第二次世界大战早期的第一种战斗机，A6M 在中国战场首战告捷，但是从 1943 年开始它就被盟军的战斗机所超越。

三菱 A6M2“零”式

A6M2 是第一款量产子型号。图中这架使用的是战争后期的伪装迷彩，即上表面深绿色，机腹灰色。该机在 1944 年服役于驻守在菲律宾克拉克机场的第 341 航空队第 402 中队。

三菱 A6M3“零”式

1942 年，得到改进的 A6M3 开始大量投产。该型号装备功率更大的“荣”21 发动机，该发动机配有双速增压器和改进的整流罩。图示飞机在标准的浅灰色饰面上匆忙涂上了浅绿色，它于 1942 年末进入位于九州的第 251 航空队服役。

性能，但滚转率稍差，而且俯冲的加速时间也相对较长。1942 年，海军飞行士古贺驾驶的 A6M2 战机被迫在偏远的岛屿上降落，此战机在空袭荷兰港时严重受损。这架战机被美军完整缴获，“零战”的弱点，尤其是过轻的机身以及不足的动力暴露天下。而美国已经开始研发各方面性能均优于“零”式战斗机的新一代战机。

在珊瑚海战役和中途岛战役中，日军开始面对美国海军的反击：“零”式战斗机遇到了劲敌——格鲁曼 F4F“野猫”。这种美式战斗机虽然比“零”式战斗机速度稍慢，敏捷度稍差，但其突出之处在于完善的飞行员装甲保护和自封油箱。在混战中，格鲁曼 F4F 战斗机的机枪通常都能把轻型结构的“零”式战斗机一击而中，后者几乎不能抵御“野猫”的枪弹。

下图：到所罗门群岛战役的时候，大部分岸基航空队使用的都是三菱 A6M3 战斗机。尽管这种变型机采用马力更大的发动机，但因为油箱容量太小，作战半径还是减小了

战斗性能的改进

最初的 A6M2 战斗机成为 A6M2-N“鲁夫”水上战斗机（小量生产）和 A6M2-K 教练机的基础。A6M3 战斗机装配了新型的发动机——1100 马力（约 820 千瓦）的“荣”21 发动机。这种改型被证实能够与“野猫”相抗衡，但不久之后它就遇到了专为应对“零”式战斗机而研发的格鲁曼 F6F“地狱猫”战斗机。后者装备了一台 2000 马力（约 1491 千瓦）的发动机，在所有高度的速度都更快、构造更坚固、火力更强。最终它向日本“零”式战斗机敲响了死亡的丧钟，不过“零”式也没有坐以待毙。

太少，太晚

增强动力的 A6M4 战斗机仅仅停留在原型机阶段。“零”式战斗机的下一代是 A6M5，这种改进的战机拥有更大的俯冲速度。A6M5 的子型号改进了武器装备，采用了自封油箱，并增加了飞行员装甲保护。然而，A6M5 依然存在动力不足的问题，并且机体过重以至于飞机的性能不足以与美式战机相匹敌，导致其以惊人的数量被击落。“零”式战斗机系列的发展终点是 A6M8 型，它最终使用了推力更大的 18 缸 1340 马力的“金星”发动机。即便如此，新型“零”式战斗机仍然太少、太晚，到 1945 年，“零”式战斗机甚至在数量上都已经无法与盟军相抗衡。

A6M5c“零”式战斗机“齐克”

A6M5c 在外表看起来与 A6M5 类似，但它的特色在于改进的武器：两挺位于翼下机关炮外侧的 0.6 英寸（约 13.2 毫米）机枪。A6M5c 仅仅生产了 93 架。

日本飞行员

1941 年到 1942 年，日本帝国海军自满于拥有一支训练有素的精锐飞行员队伍，其中不少在中国参加过战斗。而到了 1945 年，大部分精英飞行员已经阵亡，年轻飞行员的训练却根本不足。因此许多日本飞行员成为盟军战斗机很容易就捕获的猎物。

装甲不足

整个太平洋战争中，“零”式战斗机的一个主要缺点就是装甲不足。A6M5 打算通过装备自封油箱和改进飞行员的保护装甲来改进这一不足。A6M5 还拥有比 A6M3 更厚的机翼蒙皮，因而能够达到更高的俯冲速度。

减小的作战半径

因为安装了更大功率的“荣”21 发动机，飞机的重量增加了，因而作战半径也减小了。

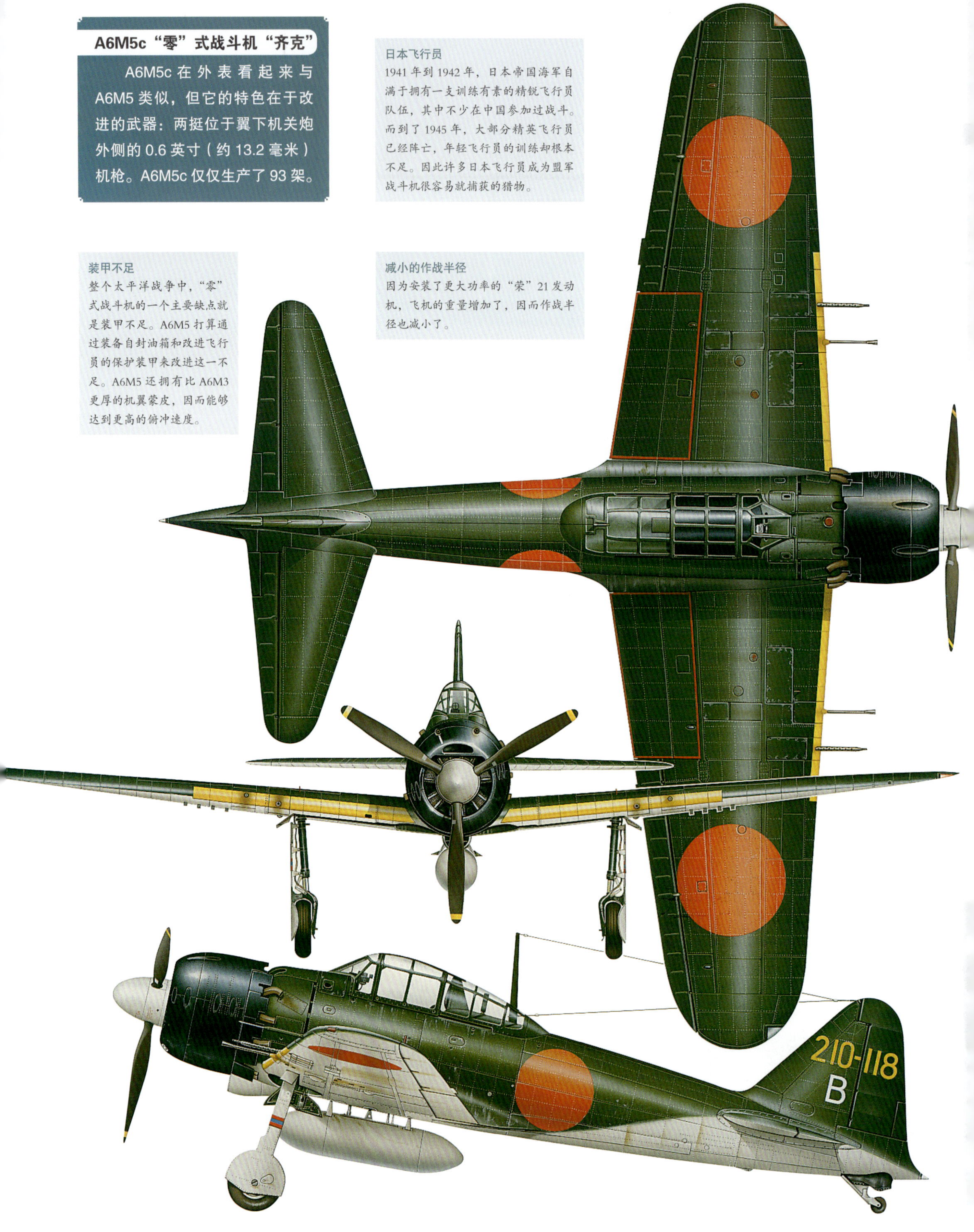

三菱一式陆上攻击机

上图：三菱一式陆上攻击机 11 型得到“飞行雪茄”的绰号，从外观上来看一目了然。该机是日本产量最多的轰炸机，它在远程轰炸任务中非常成功

日本三菱一式陆上攻击机［盟军代号为“贝蒂”（Betty）］的防护力是如此薄弱，以至于美军战斗机飞行员戏称它是“高贵的一打就爆打火机”（Honorable One-Shot Lighter）。不过该机虽体形轻小，却拥有相当大的飞行航程，因此成为日本帝国海军最重要的轰炸机，在整场太平洋战争中都看得到它们的身影。

或许，第二次世界大战中英军士气的最低潮发生在 1941 年 12 月 10 日。当时日本的战机击沉了两艘英国皇家海军的头等主力舰（“威尔士亲王号”与“反击号”）。那时英国人还认为，日本的飞机虽不是竹子和米纸糊成的，但都是抄袭西方的设计。哪种东西可以做出这么具有毁灭性的事情？唯一的答案似乎是老旧的横须贺海军飞机制造厂九六式（B4Y）双翼鱼雷机。不过后来正确答案揭晓，英国的战列舰和战列巡洋舰是被三菱九六式陆上攻击机（G3M）与一式陆上攻击机送葬海底的。那个时候，因为没有人看过从中国送回来的报告，盟军对于后者一无所悉；而对于三菱“零”式舰上战斗机的报告的漠视则让盟军陷入更大的震撼中。

在太平洋战争中，一架日本的双发动机轰炸机虽然不太可能成为盟军挥之不去的梦魇，但同一时期，日本的前线部队拥有超过两千架的战机，其飞行员的巨大勇气和决心同样不可小觑；“贝蒂”在某些情况下足以对盟军给予致命一击。必须记住的是，这款外形优美的轰炸机净重比（例如）B-25 型“米切尔”轻得多，却被用来执行实际上需要四发动机“重型”轰炸机做的任务。由于日本帝国海军决定发展四发动机的重型轰炸机时已经太迟，因而未能见到它们在第二次世界大战中服役。

左图：英国皇家海军原本对三菱一式陆上攻击机一无所悉，他们首次见识到这种轰炸机的威力是在 1941 年 12 月 10 日，一批该型轰炸机偕同三菱九六式陆上攻击机突袭并击沉他们的战列舰时。照片中，一群日本帝国海军的地勤人员正将一枚鱼雷装进一式陆上攻击机 11 型的弹舱里

左图：从这张早期的三菱一式陆上攻击机 11 型执行轰炸任务的照片中，可以看到拆除弹舱门之后凹陷的空间，也可注意机身侧面的气泡形机枪座

开始研制

三菱一式陆上攻击机的发展始于 1937 年 9 月，当时发布的一项设计规格中（因为是在昭和十二年提出的，故称为十二试设计规格），要求生产一款新型的远程轰炸机来接替非常成功的三菱九六式陆上攻击机。后者在 7 月间已经在中国上空展现了它的威力，而且九六陆攻拥有超过 2300 英里（约 3700 千米）的航程，让海军的高官十分满意。

日本海军“航空本部”认为三菱公司理应研制出比九六式陆上攻击机更好的轰炸机，且只使用单台功率 1000 马力（约 764 千瓦）的双发动机即可。其他数据上的要求还包括速度须达到 247 英里 / 时（约 398 千米 / 时）、可装载 1764 磅（约 800 千克）的鱼雷或同重炸弹飞行 2299 英里（约 3700 千米）以及配置 7 至 9 人的机组来操作各个方向的自卫武器。

位于各务原市（Kakamigahara）的轰炸机研发团队首席设计师本庄季朗很快明白这些要求在目前发动机限定的功率下无法达成，最起码需要 1500 马力（约 1119 千瓦）的发动机才办得到。而三菱公司的发动机研发部门刚好承诺可以研制一款新型的双发飞机用发动机，即“火星”发动机，且非常符合需求。飞机的其他部分几乎设计好了，整体配置（尤其是前机身）十分近似自家公司的主要工厂——名古屋厂为陆军生产的三菱九七式重爆击机。

命名为 G4M 的新型轰炸机与先前单尾翼双发动机轰炸机的

下图：从照片中这架早期量产的三菱一式陆上攻击机 11 型上能够看出一些特征，包括三叶的螺旋桨、机身后部一个椭圆形的机组出入口和稀疏的机首镶嵌玻璃

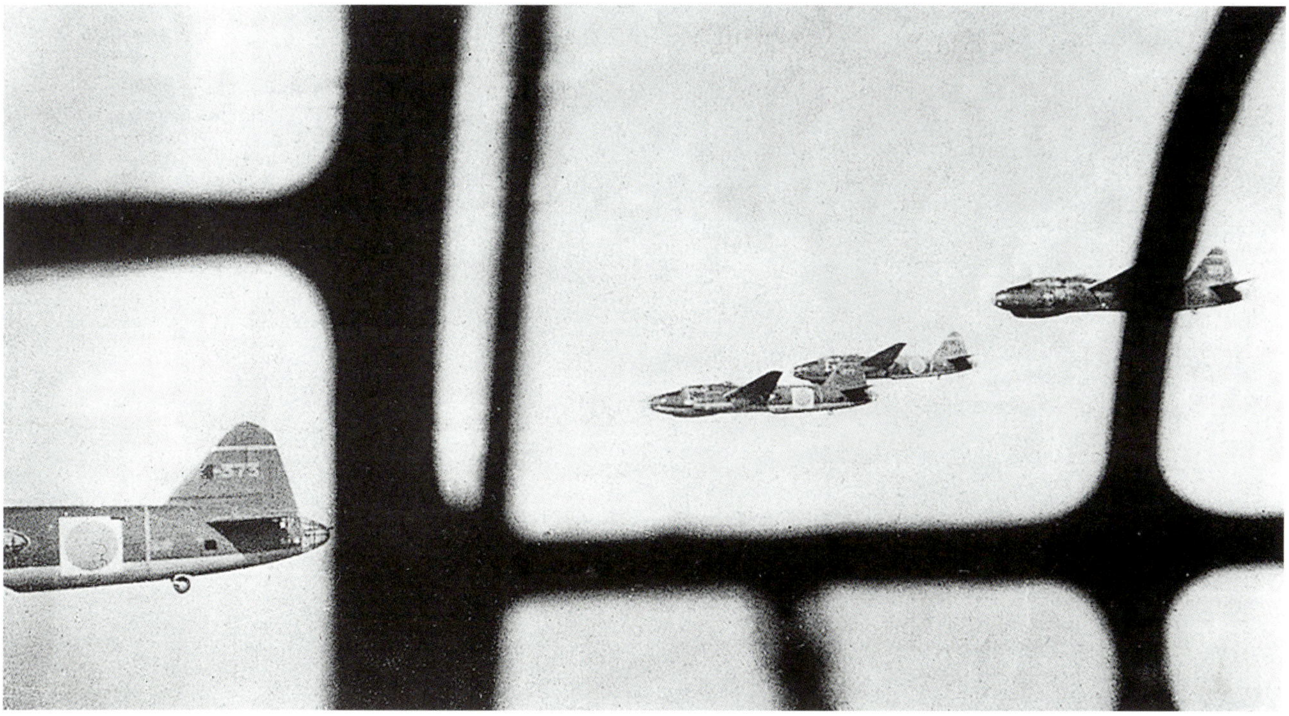

上图：尽管日军自 1942 年起便装备大幅改良过的三菱一式陆上攻击机 22 型，但其发动机的缺陷仍使它的前辈，即 11 型（如照片所示）持续生产到 1944 年初期

最大不同点在于尾端加设了一座机枪塔，结果该机的后部机身不如一般飞机纤细，所以三菱一式陆上攻击机很快就因为其特殊的外形而被称为“雪茄”。在航空动力学上，虽然本庄无法做出想要的宽阔翼展，但该机已经近乎完美。为了达到最大航程，而且因为一些结构强化的因素，他被迫以坚固的锥形机翼和最审慎的翼展（82 英尺 / 约 25 米对 65 英尺 / 约 20 米长的机身）来展开设计。

三菱一式陆上攻击机于 1939 年 10 月 23 日由志摩胜造驾驶进行了首次试飞。该型机从一开始就表现十分出色，唯一需要改进的地方是垂尾的高度。到了 1940 年，三菱的名古屋工厂开始全力生产这款当时（除了机体结构脆弱外）最为优秀双发动机轰炸机，不过海军航空总部做出了备受争议的决定，要求将第一批下生产线的一式陆上攻击机改装成护航战斗机。

1940 年底，G4M1 型轰炸机或三菱一式陆上攻击机 11 型终于着手量产，13 架在 1941 年 4 月入列之后便进行作战测试。1941 年 6 月，在中国的鹿屋航空队已能完全承担作战任务，并于当月执行了 12 次的战斗任务。另一支航空队也在 8 月投入作战。

1941 年 12 月 7 日珍珠港奇袭之际，日本帝国海军的 120 架三菱一式陆上攻击机 11 型部署在前线，其中 97 架配属于驻台湾岛的第 21 与第 23 航空战队，而鹿屋航空队的 27 架该机型则移防西贡，负责攻击英国的舰队。就是这群战机在三菱九六式陆上攻击机 21 型（G3M2）的伴随下击沉了“威尔士亲王号”战列舰与“反击号”战列巡洋舰，并于次日对菲律宾群岛上的美军机场展开轰炸。至 1942 年 2 月 19 日，日军席卷了广大地区之后，一式陆上攻击机 11 型亦空袭了澳大利亚北部的达尔文港。

自 1942 年 3 月初以来，该型号轰炸机又重创了拉包尔、摩尔斯比港和新几内亚的目标。不过，早先部署零散和士气低迷的盟军逐渐坚强起来。虽然盟军的战斗机（开始是澳大利亚皇家空军第 75 中队的寇蒂斯 P-40E 型）陷入与“零”式的苦战，但三菱一式陆上攻击机一旦被盟军战斗机近身，就很可能在被击中后像火炬一样燃烧起来。日本人早就意识到这一问题，为了达到尽可能远的航程，一式陆上攻击机严重缺乏装甲防护和自封油箱。在一式陆攻的处境变得极其艰难后，三菱急忙投产一式陆上攻击机 22 型。该型号采用橡胶海绵与薄钢板制成的防护油箱，还配备了二氧化碳灭火器。机侧的气泡形罩由平坦的射手视窗取代，尾部的机枪设在更接近机身的位置，尾罩则加上大的楔形垂直开口。另外，22 型换装了“火星”15 型发动机，使其高空性能更佳，从而使盟军的 40 毫米防空炮无用武之地。

三菱十二试陆上攻击机改（G6M）

随着上一代的三菱九六式陆上攻击机在中国上空遭遇越来越顽强的抵抗，尤其是“美国志愿大队”的攻击，日本决定将一批三菱一式陆上攻击机加以改装，配备重机枪而非炸弹，伴随三菱九六式陆上攻击机部队提供掩护。于是首批 30 架量产机，即三菱十二试陆上攻击机改（或称一式翼端掩护机）问世。它的弹舱被密封，背侧机枪塔也遭拆除，而侧面机枪则由两侧各一门九九式机关炮取代，能够在机身两侧旋回开火。后来，它又在新设置的机腹吊舱里加装了两门九九式机关炮，一门向前、一门向后发射。如此，该型机便有了 3 门强大的机关炮来抵御战斗机的攻击，而且它的机首机枪也予以保留。不过，一式翼端掩护机需要搭载 10 名机组和 12 箱弹药，所以它的飞行性能迟钝，且速度极其缓慢。实际上，它比投弹之后的九六式陆上攻击机还慢。因此，剩余的十二试陆上攻击机改便不再执行战斗任务，并先改装为一式大型陆上练习机 11 型（G6M1-K），最后又被命名为一式大型陆上输送机 11 型（G6M1-2L）。

三菱一式陆上攻击机 11 型

这架早期的三菱一式陆上攻击机 11 型在 1942 年 9 月服役于拉包尔前线，偕同“高雄航空队”的第 1 中队作战。“高雄航空队”在遭受惨重的损失之后，被整编为第 753 航空队。

轻装甲

最初的三菱一式陆上攻击机 11 型几乎完全没有防护装甲，所以机身较轻，即使配备低功率发动机也有不错的性能。

自卫武器

无线电操作员可使用架设在机背透明气泡形罩内的一挺 92 式机枪；飞机腰部的两位射手也各有一挺 92 式，架在机翼后方的左右两侧；机尾机枪手配备一挺 20 毫米九九式枢轴机关炮和 60 发的弹鼓。这些自卫武器要比三菱九六式陆上攻击机好得多。

乘员

驾驶舱隐约让人联想到阿芙罗“兰开斯特”式轰炸机，不但有全方位的透明镶嵌玻璃，而且一般也是两名飞行员肩并肩坐在一起。导航员与投弹瞄准手（经常是一人身兼两职）位居机鼻的镶嵌玻璃罩内，那里还装有一挺 0.303 英寸（约 7.7 毫米）92 式［刘易斯（Lewis）］机枪。机内的空间比它的前身即三菱九六式陆上攻击机大，机组可在里面活动。

弹舱门

三菱一式陆上攻击机在执行炸弹或鱼雷轰炸任务时会拆除弹舱门，弹舱后部偏斜的坡面使机身轮廓更加平滑。

结构

该型机采用了全金属强化外壳结构，还配备人工操作的平衡副翼（方向舵和升降翼为布质外皮）。机身以两组非常坚固的纵梁沿着大型弹舱的边缘来支撑。

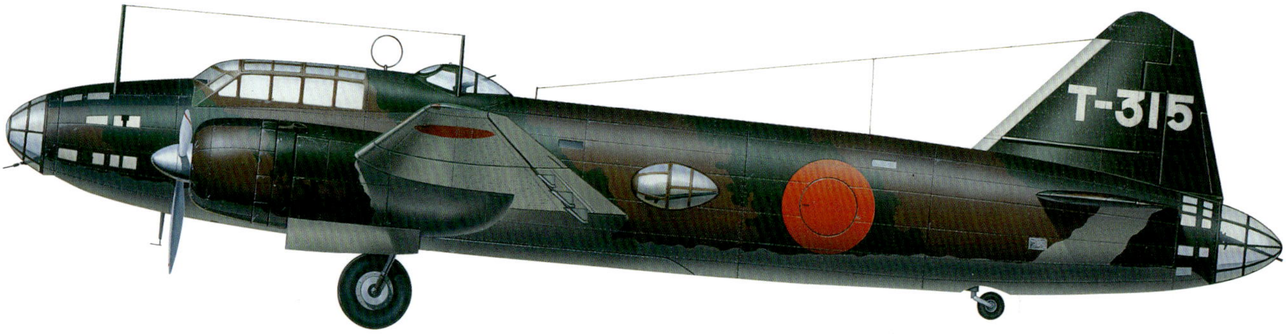

上图：G4M2 采用了新型的层流机翼、甲醇－水混合物注入式发动机、增强的武器装备以及有橡胶和海绵层叠防护的机身油箱

G4M2 及其以后的机型

在太平洋战争开始的前 3 个月里损失了将近 200 架 G4M1，这一无法让人接受的损失率导致“贝蒂”轰炸机的改进一直延续到战争结束。

1942 年夏季，日本工业蒸蒸日上，高度响应前线战场对战斗机的需求。发动机部门研制的更大功率的“火星”21 发动机，起飞和应急时注入水—甲醇提供额外的动力。为新发动机搭配四叶螺旋桨、结构大幅度重新设计的 G4M2 性能有了很大提升。改进后的机型使用先进的层流机翼，附加的机身油箱使得起飞重量从 20944 磅（约 9500 千克）增加到了 27558 磅（约 12500 千克）。它还扩大了尾翼面积，所有的机翼尖和尾翼尖都改成了圆形。机鼻玻璃面积增加，还添加了投弹瞄准器窗口。机鼻侧面装备了两挺手动瞄准的 92 式机枪，背部用一个电动旋转的炮塔取代了气泡式机枪座，其中安装一门 20 毫米口径的 99 式机关炮，炮手站在机身里的一个固定平台上。1943 年 7 月生产的 G4M2 还安装了炸弹舱门，这一举措稍微增加了飞机的作战半径。

下图：三菱“贝蒂”战斗机的设计者犯了一个很严重的错误：没有考虑有侵略性战斗机攻击的可能性。由于没有自封油箱以及装甲板，盟军战斗机的飞行员都戏称它为“飞行的打火机”

由于“火星”21 发动机的产量不足，G4M1 仍然在生产中。1943 年 4 月 18 日，日本帝国海军的海军大将山本五十六计划飞往位于所罗门群岛的布干维尔岛机场对他的部队进行一次常规视察。这次到所罗门群岛和俾斯麦群岛的行程在美军战斗机的作战半径之内，因此需要绝对保密。有些时候，美国情报部门能够破译日军的信息，这些日军的信息被利用类似于德国人在欧洲战场上使用的“恩尼格码”密码机加密。在山本五十六即将出行时，行程因密码被破译而泄露。美军随即实施拦截，这份殊荣交给了拥有远程作战油箱的洛克希德 P-38 战机。山本五十六将军的 G4M1 残骸至今仍躺在坠毁的那片丛林中。

新型武器

1943 年，设在日本冈山的第二个工厂也开始生产 G4M2。该工厂和名古屋工厂都生产装备用两门 20 毫米机关炮取代所有 92 式机枪的 22 甲型和拥有 4 门机关炮的 22 乙型。同一年，G4M2a 开始投入生产，该机装备改进的 1850 马力（约 1380 千瓦）MK4T“火星”25 发动机，并采用了凸出的炸弹舱门。24C 型的中央机鼻机枪换成了 0.51 英寸（约 13 毫米）的 2 式机枪。同年末，一部分生产出来的 G4M 加装了水面舰艇搜索雷达。到 1944 年中时，G4M1 退出前线作战单位，之后主要承担训练、运输和海上侦察的任务，且在战争末期至少有 30 架 G4M1 执行了自杀式任务。到 1944 年下半年，盟军在太平洋上空已经拥有绝对的优势，因此 G4M 在战争的最后一年的任务归还率（幸存率）只有 39%。这一数字是任何一支空军部队都不能接受的。

樱花盛开

1944 年 8 月，海军军官建议改进后的 G4M 战斗机应该携带特别设计的 MXY7“樱花”人力操纵自杀式火箭弹。大量（至少

G4M“贝蒂”的战时涂装

从数量上看，三菱 G4M 战斗机是第二次世界大战期间日本帝国海军武器库中最重要的岸基轰炸机。由于缺乏保护装甲，这种轰炸机虽然很轻且作战半径很大，但同时也很容易受到敌军战斗机的伤害。

三菱 G4M1

这架 G4M1 战斗机在 1943 年服役于驻守在九州南部鹿屋市的第 761 航空队。注意其侧面的机枪整流罩，这一装置在 G4M2 上换成了玻璃嵌板。为了改善枪炮手的射界，这架战机拆除了机尾整流罩的尖端。

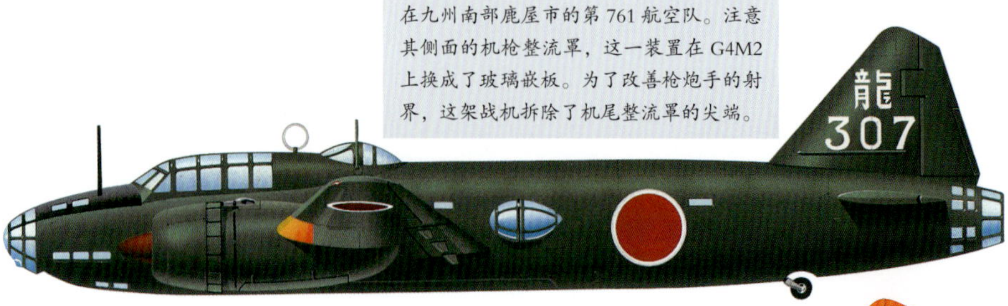

用于科研的“贝蒂”

这架 G4M2a 由航空技术兵工厂使用，尾部有“Ko”标记。橙色涂装表示该机是一架用于科研的战机。G4M2 是第一架装备动力炮塔的日本战机。

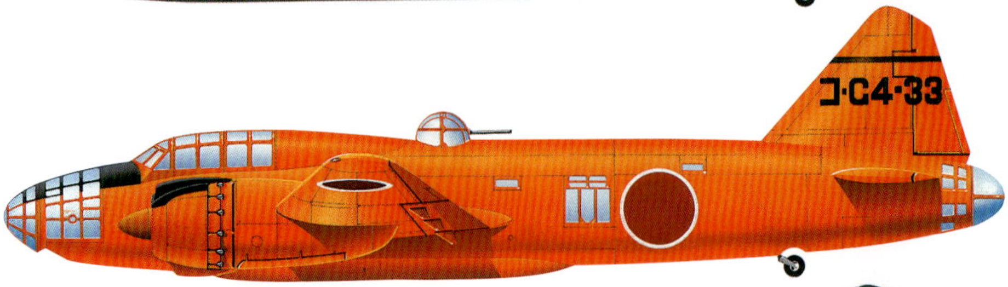

改进的自卫火力

等到 1943 年开始研发 G4M3 时，战斗机的作战半径已经不再是重要的设计参数，因为日本的战略已经转向防御了。设计的重点转移到油箱和机组人员的保护方面，这也造成了机翼机构根本性的变化。

下图：G4M2 在原基础上采用了大量改进措施，包括使用推力更大的“火星”发动机和对海雷达设备。这种改进的“贝蒂”也被发展成横须贺 MXT7“樱花”自杀式飞机的搭载机

超过 120 架）的 G4M2a 轰炸机被改装，拆掉了炸弹舱门，装上了专为火箭推进的飞机设计的挂载装置。这些飞机被重新命名为 G4M2e（24J 型），它们比其他飞机要重很多，且当携带“樱花”火箭弹时，操纵性很差，所以经常成为盟军战斗机的靶子。在 1945 年 3 月 21 日的第一次大型“樱花”攻击行动中，721 航空队的 16 架 G4M2e 飞在进攻盟军舰队的编队前列，但在尚未到达飞弹射击范围时就全部被击落了。由于载机极为脆弱，本应拥有极强毁灭性的武器——“樱花”自杀火箭弹最终只能宣告失败。

最后的发展

1942 年末，三菱公司在绝望中开始重新设计 G4M 战机，希望降低该机的易损性。结果是 G4M3 机型的诞生。该机型于 1944 年 1 月首飞，其单梁结构的机翼中的油箱减小了容量，增加了防护措施，同时还为机组人员提供了更好的装甲保护。机尾的炮位要么采用类似于马丁 B-26“掠夺者”的炮位形式，要么采用完全开放式的形式，以扩大射击的范围。机身的长度有所降低，重心进一步前移，只能采取上反角式的尾翼来恢复飞机的稳定性。该机型被命名为 G4M3a 34A，装备涡轮增压器的 G4M3 36 型在 1945 年 1 月成为长期服役的“贝蒂”系列飞机的最终型号。直到战争结束时还有 3 架该型号的样机在进行飞行试验。未能发挥全部潜力的“贝蒂”在战争中曾被用作护航战斗机、轰炸机、教练机和侦察机，并从战争的第一天开始在前线战斗，一直使用到战争结束。

右图：美国海军的照相枪抓拍到了挂载“樱花”飞弹的 G4M2a 被击落前的最后一刻

盟军缴获的 G4M

1945 年 8 月 19 日，停战之后的第四天，两架标有绿色十字（下图）标记的全白色三菱 G4M1 载着由河边虎四郎中将率领的日本投降代表团从冲绳的家岛汀机场起飞。此次行程的目的是确定 9 月 2 日在美军军舰“密苏里号”的甲板上宣布投降时签署的具体条款。战后许多日本战机被盟军进行了严格的测试，包括这架唯一的 G4M2（右图）。它在位于新加坡的盟军航空技术情报中心 (ATAIU) 完成了测试。日本和盟军的飞行员在英国皇家空军的监督之下在马来半岛的地不佬机场进行试验。所有测试在 1946 年 3 月结束。

莫拉纳－索尼耶 MS.406

法国幸存者

上图：MS.405 的名称涵盖了 2 架原型机及 15 架前期系列的飞机。作为前期产品的飞机（图中为第 11 架），体现了为制造 MS.406 战斗机所进行的不断改进

当德国在 1940 年对法国发起“闪击战”时，MS.406 是法军可用数量最多的战斗机。得益于瑞士军队的悉心养护，这款战斗机直至近 20 年都依然处于现役状态。

MS.406 的设计源于 1934 年 9 月法国空军对现代化单座战斗机的需求。这一灵巧的战机是围绕 860 马力（约 642 千瓦）功率的西斯帕诺－苏莎 12Y grs 发动机设计的，同时除了其机身几乎全部覆盖着胶合板－铝结合的蒙皮外，没有其他特别之处。它的武器有一门从螺旋桨中心射击的 20 毫米口径机关炮，以及每侧机翼各一挺 0.295 英寸（约 7.5 毫米）机枪。

第一架 MS.405 的原型机于 1935 年 8 月 8 日首飞。这一机型的进展最初很缓慢，直到 1937 年 1 月 20 日第二架原型机才实现首飞。它配置了 1 台 900 马力（约 671 千瓦）西斯帕诺－苏莎 12Y grs 发动机，最高时速为 275 英里 / 时（约 44 千米 / 时）。

一批前期产品被预订，包含了 15 架新型的 MS.406；它们经过许多改进（其中第 4 架换装了 HS 12Y31 发动机）以进化为量产的 MS.406 型号。大部分 MS.405 被用于实验及研发目的，有一小部分在战争中征用。

在应用了全部研发成果后，MS.406 于 1938 年后半年投入生产。由于战争的阴云已在欧洲隐约可见，这些 MS.406 被快速装配完成。莫拉纳－索尼耶公司无法应付全部预定

左图：MS.406 最优秀的衍生型是芬兰的 Mörkö 战斗机，它用一台克利莫夫 M–105P 发动机更换了不合适的西斯帕诺－苏莎发动机。该型号的生产太晚，以至于未能参战，但一直服役到 1948 年 9 月 11 日退役

上图：这架 MS.406 逃脱了被轴心国毁灭的命运，并在 1940 年 7 月服役于位于尼姆的 GC I/2 联队第一中队。在机尾标记了一战中装备 SPAD 的 SPA3 中队的徽章“居内梅的鹳”（Cigogne de Guynemer）。这一著名的带有下垂翅膀的鹳标记曾出现于一战时期著名飞行员乔治·居内梅的个人纹章中

的 1000 架 MS.406 飞机的制造，因此国营的飞机工业成立 3 个相互独立的分部投入生产。第一架量产型首飞于 1939 年 1 月 29 日。到法国在 1939 年 9 月 3 日向德国宣战时，法国空军装备有 826 架“现代化”战斗机，其中有不少于 535 架 MS.405/406。该机的日产量达到了 11 架。

生产继续快速推进着，当 1940 年 5 月 10 日德国开始进攻法国时，MS.406 的交付数量已达到 1070 架——这比其他型号战斗机的总和还要多。装备有这一型号战机驱逐机大队包括：北部地区（北部航空区 Zone d'Opérations Aériennes Nord - ZOAN）的 GC III/1、II/2、III/2 和 III/3，东部地区（ZOAE）的 GC I/2、II/6 和 III/7，南部地区（ZOAS）的 GC III/6 和 II/7，以及阿尔卑斯山脉地区（ZOAA）的 GC II/3 和 I/6［GC 意为“驱逐机大队”，该番号简称意为“第（罗马数字）驱逐机联队第（阿拉伯数字）大队”——译者注］。

ZOAN 的部队最早加入早期的战斗中。在战斗中，尽管对于飞行来说已经足够舒适，但与梅塞施密特 Bf 109 相比，MS.406 立刻显示出劣势。尽管 MS.406 击落了 175 架敌机，但付出了 400 架被击落及其他许多地面损毁的代价，法国飞行员坚韧不拔的精神使得德国并不能轻松取得胜利。法国部队与德国空军在北部地区进行交战，意大利攻击了阿尔卑斯山脉，而 MS.406 卷入其间最激烈的战斗。海军航空中队 AC5 是最后成军的 MS.406 部队之一，它拥有 11 架前空军部队飞机。

战斗机出口

在 1939—1940 年 MS.406 的大规模制造规划中，有充足的飞机用于销售，其中售给芬兰 30 架，土耳其 30 架。更多的出口订单（中国 12 架，波兰 50 架，立陶宛 13 架，南斯拉夫 20 架）未被送达，或是被法国当局扣留交付法国空军。

莫拉纳 - 索尼耶公司继续对这一型号飞机进行研发，以消除存在的问题、提升其性能，这些成果最后集中在 MS.410 上。在运行过程中会带来严重问题的半可伸缩散热器被一个固定的部件替代，同时机翼经过重新设计后变得更轻，机枪供弹具从弹盒改为弹链。74 架 MS.406 被改造为 MS.410，但仅有 5 架及时完成投入对抗德军的战斗中，剩余的飞机则在 1940 年 6 月 25 日停战后在德国控制下进行了改进。随后超过 50 架 MS.410 为芬兰完成制作，在那里这一型号的飞机被广泛用于“继续战争”（Continuation War）中。

幸存的法国飞机被分配给维希政府。只有一支前线的 MS.406 部队保留了下来，其他的大部分飞机用于战斗机训练。当 1942 年 11 月德国吞并维希政府时，98 架 MS.406 被收缴分给了芬兰（2 架）、克罗地亚（44 架）和意大利（52 架）。

芬兰意识到 MS.406 存在动力不足的问题，于是在其基础上制造了被称为 Mörkö（“鬼魂”）的战斗机。这一机型使用苏联制的克里莫夫 M-105P 发动机，其中一部分发动机是德国缴获的。一门 20 毫米 MG 151 机关炮穿过螺旋桨桨毂盖进行射击。

该机型首飞于 1943 年 2 月 4 日，但直到与苏联的战争结束，仅有 2 架飞机完成。然而，改造（MS.406 及 MS.410）持续进行着，最终完成 41 架。MG 151 机关炮的不足导致一些“Mörkö-Moraani”飞机换用了 12.7 毫米别列津（Berezin）UB 机枪。Mörkö 最终于 1952 年报废。

瑞士的研发

早在 1938 年，瑞士就已购得一架 MS.405 的预生产型（1939

下图：1940 年法国在中南半岛征用了 MS.406。这批飞机是应属于中国的订单，送到此处后被法军征用，由于随机的机关炮已经交付中国，这批飞机没有安装机关炮

上图：波兰订购了 50 架 MS.406，却被法国在格丁尼亚港征用。这批飞机归属法军后由从纳粹魔爪下逃出的波兰飞行员驾驶

年 4 月购得第二架），并把它作为获取生产许可后的仿制样品。这一飞机被称为 MS.406H，使用了 MS.40 机身配以 MS.406 的 12Y31 发动机。在 1939 年到 1940 年 8 月，总共有 84 架这样的飞机以 EFW 以 D-3800 的型号生产。完成了前线的作战任务后，这些飞机被用于进阶训练，最后使用的飞机于 1954 年报废。莫拉纳 - 索尼耶公司为瑞士特别研发了一款更强大的飞机，这就是 MS.412。它使用 1050 马力（约 783 千瓦）12Y31 发动机。这一型号的研发完成于瑞士，称为 D-3801。第一架 D-3801 首飞于 1940 年 10 月，1941 与 1945 年间 3 家工厂（EFW、道尼尔和 SWS）生产了 207 架。另外的 17 架于 1947—1948 年利用剩余的部件完成组装。

D-3801 在 1941 年作为战斗机开始服役，但在前线的日子结束后，就被用于训练和拖靶。最后一架 D-3801 于 1959 年退出服役行列。

上图：1940 年春在法国南部 MS.406 一字排开。法军在北部抗击德军，同时也经受着意大利翻越阿尔卑斯山脉发动的空袭。MS.406 在该方向的表现要优于对抗纳粹空军时

上图：MS.406 的武器包括 1 门桨毂射击机关炮和机翼上的 2 挺 MAC1943 机枪。飞机的散热器是可部分伸缩的，从图中 1949 年 GC III/1 的这架飞机上可见一斑

芬兰的“Moraani”

芬兰的第一批 MS.406 数量为 30 架，于 1940 年移交，装备第 28 中队后服役于那拉贾维。这批飞机对于冬季战争来说已太晚，但是赶上了“继续战争”，芬军宣称该型机击落了 135 架战机。芬军接收了 57 架 MS.406 系列，其中大部分为 MS.410（右图）。除了履行战斗任务外，这些飞机也被用于轰炸训练和侦察。

N

下图：这架“凯特”在战争后期被盟军缴获，1945 年被运往美国进行更完整的评估

中岛 B5N“凯特”/B6N“吉尔”

帝国鱼雷轰炸机

B5N“凯特”在偷袭珍珠港战役中造成了毁灭性的打击，它是太平洋战争初期最重要的武器之一。然而，当 B6N 代替 B5N 开始服役时，战争的形势开始对日本不利了。

左图：两架后期生产的中岛 B5N2 飞机以密集队形从著名的 60000 吨级战列舰“大和号”上方飞过，在机翼下方可看到空挂架

为满足 1935 年日本帝国海军对单发动机舰载攻击轰炸机的需求而设计的中岛 K 型原型机于 1937 年 1 月实现首飞。该机是装有可伸缩尾部起落架的悬臂低翼式单翼机，可以容纳 3 名机组人员（飞行员、无线电操作员和观察员 / 炸弹瞄准手），他们均乘坐在一个长长的“温室”座舱中。为了满足舰载作战的要求，这架原型机由 700 马力（约 522 千瓦）中岛“荣”2 型星型发动机提供动力，采用合并了福勒式尾缘襟翼和液压折叠设备的大面积机翼。但人们担心它很难在海上保持原有性能，第二架原型机改用了平整襟翼和手动折叠的机翼。第二架原型机由中岛“荣”3 型星型发动机提供动力，于 1937 年 11 月投入生产，命名为海军 97 式舰上攻击机 1 型，在公司内部的名称为中岛 B5N1。B5N1 在中国抗日战争期间投入实战，日军发现它是一款能为地面行动提供支援的高效战术轰炸机。由于自卫武器仅一挺 0.303 英寸（约 7.7 毫米）的机枪，该型机只能在战斗机的护航下参与战斗。在中国作战时，这一缺陷倒也不算很严重。但是当苏联方面派出更多高性能战斗机支援中国时，B5N1 就不再是一种有效的攻击武器了，于是更高效的子型号研制于 1939 年启动。在被“改进”型取代之后，B5N1 转而用作高级教练机，型号改为 B5N1-K。

改进的“凯特”

中岛公司的进一步改进型——B5N2 于 1939 年 12 月首飞。

该机换装了中岛自家功率更大的“荣”发动机，但在最大时速方面并没有提升。尽管如此，在偷袭珍珠港战役中充当先锋角色的 B5N2 还是证明了它的能力。不过，等到它们遇到更先进的盟军战斗机时，其损失开始让人无法接受。盟军给 B5N2 取了“凯特”这一绰号，它一直在前线服役到 1944 年。此后该型机主要用于海上侦察和反潜作战。一些 B5N2 装备了海上舰艇搜索雷达，还有一些参与反潜作战的飞机则装备了早期的磁性异常检测装备。当 1943 年该机型停产时，生产数量总计为 1149 架，其中中岛公司生产了 669 架，爱知公司生产了 200 架，海军广村航空兵工厂生产了 280 架。

1939 年，日本帝国海军起草了研发一种取代中岛 B5N 的舰载鱼雷轰炸机的技术说明。为了满足这一需求，中岛公司决定使用新型垂直尾翼之外与早期飞机非常相似的机身结构。海军规定要使用三菱“火星”星型发动机，但中岛公司决定使用自研的、输出功率相同的“护”11 型星型发动机。两架原型机中的第一架于 1941 年初首飞，但飞行测试暴露出不少问题，需要改进垂直尾翼面积和增强着陆拦阻装置。直到 1943 年，根据长期飞行测试结果而大量改进之后的机型才投入生产，被命名为海军舰上攻击机“天山”11 型，公司编号为中岛 B6N1。然而，仅仅生产了 135 架之后，已经交付的“天山”机型出现了一些问题，当时中岛公司被要求终止“护”发动机的制造，把生产重心转到更广泛使用的中岛“誉”发动机和中岛“荣”发动机上。中岛公司不得不采用海军起初规定的三菱“火星”星型发动机。幸运的是，B6N 机身改造之后可以使用三菱发动机，也没有出现太大问题。新机型编号为 B6N2，与 B6N1 唯一的不同就是安装了三菱 MK4T-C 25 型发动机；B6N2a 将向后射击的 0.303 英寸（约 7.7 毫米）的机枪换成了 0.51 英寸（约 13 毫米）机枪。

生产结束时，中岛公司共生产了 1268 架各种版本的 B6N 飞机，其中包括两架机身改造的 B6N2——陆基 B6N3-13 型的原型机。B6N3-13 型动力采用的是三菱“火星”发动机的 MK4T-C 25c，强化的起落架有更大的机轮以应对简易跑道，但是直到战争结束这种机型也没有投入生产。B6N 在盟军内部的代号为“吉尔”，B6N 在战争的最后两年被密集使用，主要用于常规的舰载作战，在战争最后阶段也参与了“神风特攻队”的行动。

上图：1944 年末，装备一枚标准的反舰武器——1764 磅（约 800 千克）鱼雷的 B6N2“天山”在日本帝国海军的一艘航母的甲板上滑行，准备起飞攻击盟军舰艇

上图：这架“凯特”身披白色的“投降”涂装，并有绿色十字的标记，表明日本投降之后的“和平”意愿

上图：1944 年 6 月 19 日，B6N 第一次参加大型战役，这次战役是马里亚纳群岛以西的大规模航母间作战。在空战中该型机惨遭屠戮

右图：B6N2“天山”设计与前辈 B5N 极为相似，主要用于舰载作战，它可以在机翼中部折叠以方便在日本航母舰队狭窄的甲板上停放

B5N2“凯特”

太平洋战争爆发时，“凯特”是世界上最先进的舰载鱼雷轰炸机。在接下来的 12 个月里，该型机对美国海军 3 艘航空母舰造成了致命打击，支撑着日本在太平洋整个区域内的野心。到 1944 年，技术的发展使得该型机被淘汰，最终它在二线部队结束服役生涯。

武器装备

该型机的自卫武器严重不足，仅有一挺向后射击的 0.303 英寸（约 7.7 毫米）手动 92 式机枪。进攻武器则是一枚 1764 磅（约 800 千克）的鱼雷，或者是三枚 250 磅（约 551 千克）炸弹。

动力系统

B5N2 由中岛 NK1B 11 型 14 缸气冷星型活塞发动机提供动力，驱动一部三叶恒速金属螺旋桨。

性能

“凯特”的 B5N2 变在 1181 英尺（约 360 米）高空的最大速度为 235 英里 / 时（约 378 千米 / 时）；9845 英尺（约 3000 米）高空的巡航速度为 161 英里 / 时（约 259 千米 / 时）。最大作战半径为 1075 海里（约 1238 英里 / 约 1992 千米）。

防护

战争初期，日军为了提高飞机的作战半径和性能，不得不以牺牲防护装甲和自封油箱为代价。“凯特”因此也与其他日本战机一样遭到巨大的损失。

标记

在偷袭珍珠港战役中，这架飞机由一名少尉驾驶，从南云忠一中将的旗舰 36500 吨的“赤城号”航母上出发参加战斗。

机务人员

B5N2 的 3 名机组人员都在封闭式的驾驶舱中，包括一名飞行员、一名无线电员和一名观察员 / 导航员；后者在水平轰炸时还充当轰炸瞄准员的角色。他位于飞行员和无线电操纵员之间，通过机身地板上的两个小折叠舱门寻找目标。后座舱的无线电操纵员同时负责操纵一挺机枪。

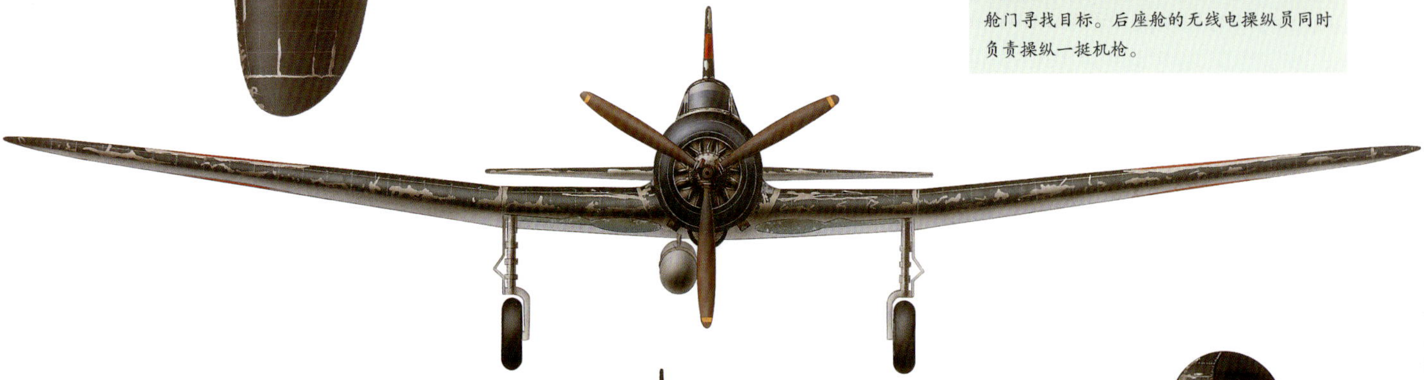

中岛 Ki-43“隼”

中岛的“游隼”

上图：第 25 航空队第 2 中队（带有红色对角尾翼条纹）的这架 Ki-43-II-Otsu 战斗机在太阳下闪闪发光。事实证明，自然金属表面涂制绿色斑点的伪装效果一般

> 轻型装备和动力不足的中岛 Ki-43-I 机型从 1941 年 12 月在马来半岛投入使用时就过时了。但该飞机在战争的第一年里对盟军飞机具有绝对的优势，日本直到投降时还在生产这种机型，此后又过了很长时间，该机才彻底退出历史舞台。

在马来半岛最后几天的和平日子里，英国皇家空军、澳大利亚空军和新西兰皇家中队的联邦飞行员信心满满。虽然他们的布鲁斯特“水牛”战斗机在欧洲前线上彻底淘汰了，却毫无理由地相信日军的战机更加不堪。然而，不久之后，他们发现日本帝国陆军的中岛 Ki-43-I“隼”远远超过了他们的“水牛”战机。

下图：日本的傀儡政权伪“满洲国”同样装备了 Ki-43 用于防空。图中可以看到用于启动“隼”的类似于英国“胡克起动器”的装置

上图：参加菲律宾战役之后，为了在缅甸战场能够使用 Ki-43-I 战机，第 50 战队返回日本。上图是 1942 年 6 月拍摄于所泽市，照片中的 Ki-43-I-Hei 有的隶属于该战队的第 1 中队（带有白色反光标记），有的隶属于第 3 中队（带有黄色反光标记）

艰难的酝酿

1939 年 1 月在大岛首飞之后，“隼”度过了一段很艰难的时期。随后，在纠正了最初的缺点并进行全面重新设计之后，该型号才最终被保留下来。最初的设计工作开始于 1937 年 12 月，当时日本陆军航空本部指示中岛飞机株式会社设计一款旨在取代中岛 Ki-27 的单座战斗机。航空本部规定的技术重点强调操纵的敏捷性，最高速度需达到 331 英里 / 时（约 500 千米 / 时），5 分钟之内爬升到 16405 英尺（约 5000 米）高空，作战半径 497 英里（约 800 千米）；武器装备是两挺 0.303 英寸（约 7.7 毫米）口径的机枪装备。除了敏捷性，其他要求与当时欧洲正在设计的飞机相比并没有什么创新之处。

设计团队决定保留 Ki-27 的机翼平面图和机翼剖面，但是采用更长的后机身来平衡用于驱动双叶定距木制螺旋桨和可伸缩主起落架，以及更重的 925 马力（约 690 千瓦）中岛 Ha-25 双列星型发动机。

尽管有这些改进，3 架 Ki-43 原型机的速度仅比 Ki-27 稍快，但操纵的敏捷性不如后者。在收到位于立川的日军陆航测试机构给出的一份不甚满意的报告之后，航空本部深思后决定暂停该飞机的进一步研制。设计团队被要求进行全面的重新设计，建造 10 架服役试验飞机。这些飞机的第一架于 1939 年 11 月完工，它采用更细长、更轻的机身、新的垂直尾翼、扩大后方视野的座舱盖和功率更大的 Ha-25 发动机。这些修改的效果让人满意，新机型的性能可以满足修订过的更严格的标准。

试生产飞机中测试使用了 1100 马力（约 821 千瓦）的 Ha-105 发动机，并用双速增压器取代了 Ha-25 发动机中的单速增压器，两挺 0.5 英寸（约 12.7 毫米）机枪也进行了测试。Ha-105 发动机没有保留，但采用了重型武器装备，同时还在机翼下安装了两个挂载 44 加仑（约 200 升）副油箱的挂架。随后“蝴蝶”战斗襟翼的安装，使该飞机表现出不同寻常的敏捷性，从而确保 Ki-43 成为一种可服役的机型。此后中岛公司在 1940 年 9 月获准投产 Ki-43-I，军方命名为陆军一式战斗机 1 型。根据 0.5 英寸（约 12.7 毫米）机枪的数量又有三种不同的子型号［Ki-43-I-Ko（Ia）有两挺 0.303 英寸（约 7.7 毫米）机枪，Ki-43-I-Otsu 有一挺 0.303 英寸（约 7.7 毫米）机枪和一挺 0.5 英寸（约 12.7 毫米）机枪，Ki-43-I-Hei（Ic）有两挺 0.5 英寸（约 12.7 毫米）机枪］。

下图：这架带有非日本标记的 Ki-43-I-Hei（Ic）——第一架落入盟军手中可以飞行的“奥斯卡”战斗机，正在由美国人测试，其敏捷性给盟军留下了深刻的印象。但它缺少保护装甲，并且火力也不足

左图：中岛公司生产了 10 架由 1190 马力（约 887 千瓦）的 Ha-115-II 星型发动机提供动力的 Ki-43-III-Ko 原型机之后，立川公司也开始生产这种机型。它们很少参加战斗，并且很容易被盟军战斗机所击落。图中这架飞机隶属于第 48 战队第 1 中队

开始服役

一式战斗机得到了“隼”的绰号，于 1941 年 6 月开始服役。在马来半岛，Ki-43 系列战机大展身手，击败了“水牛”战斗机，甚至抵挡住了“飓风”战斗机的进攻。实际上，前两个月里的大多数损失都是由于操作失误，如燃料不足和结构失效等。前一个问题通过携带一个足够大的副油箱即可解决。至于后者，在立川航空兵工厂进行过紧急强化的飞机中甚至也出现了这个问题，所以需要重新设计机翼结构。

在这种飞机进入服役的几个月里，制造商和陆军都意识到 Ki-43-I 在敏捷性之外的性能已经暴露出不足。不幸的是，并没有什么措施能显著地提高速度或者增强武器装备。中岛公司通过采用 1150 马力（约 858 千瓦）中岛 Ha-115 发动机（带双速增压器，驱动一部恒速三叶螺旋桨）使 Ki-43-II 原型机在 19125 英尺（约 5830 千米）高空的最大速度增加到 347 英里 / 时（约 558 千米 / 时）。但由于装备了 0.51 英寸（约 13 毫米）的头部和背部装甲钢板和一套自封油箱，由 Ha-115 提供动力的“隼”的生产机型在 13125 英尺（约 4000 米）高空的最大速度再也无法超过 329 英里 / 时（约 530 千米 / 时）。

与 Ki-43-II 原型机一样，Ki-43-II-Ko、Ki-43-II-Otsu 和 Ki-43-II-KAI 都稍微减小了机翼的翼展面积，加装了更坚固的翼梁。除此之外，在 Ki-43-II-Otsu 生产的过程中，翼下挂架由主起落架的尾部移到更靠外的位置，这使得它所能携带炸弹的重量达到 551 磅（约 250 千克）。

日本帝国陆军的战场此时从中国大陆一直延伸到新几内亚的丛林，新生产的飞机无法补足战场上的损失。因此，日本空军总部指示在立川的陆军航空兵工厂和立川飞机有限公司一起生产“隼”。陆军航空兵工厂仅生产了 49 架 Ki-43-II-Ko 战斗机，立川飞机有限公司则成为主要的“隼”制造商。中岛公司生产的最后一架 Ki-43 于 1944 年 9 月交付使用；立川公司生产 Ki-43 一直到战争结束。

1942 年 2 月 15 日征服马来半岛和新加坡之后，日本又迅速征服了荷属东印度群岛，Ki-43-I 的飞行员取得令人瞩目的战绩。然而，在缅甸战场，事情开始变得没有那么顺利，面对美国志愿援华航空队经验丰富的飞行员，“隼”的飞行员显然处于劣势。从那时起，Ki-43（盟军更喜欢以“奥斯卡”来称呼它）便一直处于守势，在战争最后两年中该型机在日本帝国陆军的防御战中承担重任。

与其他机型相比，Ki-43“隼”战斗机更能体现第二次世界大战期间日本战斗机的优势与不足。在混战中它没有对手。然而，从 1943 年起，高速、重武器装备和良好的装甲防护都超过敏捷性成为取得空战胜利的更为重要的特性。但非常值得人们注意的是，Ki-43 是唯一一种战后还在使用的日本战斗机，一小部分被缴获的“隼”还在 1945 年至 1946 年帮助印尼抵御荷兰的入侵，并由法军 GCI/7 和 II/7 战斗机大队操纵与左翼武装交战。

“隼”的羽翼

各种 Ki-43 的生产数量总计为 5919 架，其中，中岛公司生产了 3239 架，立川公司生产了 2631 架。第一架量产型于 1941 年进入日本帝国陆军服役。

Ki-43-I 丙

第 64 战队的这架飞机被用来阻断印度和缅甸的盟军进入中国。尾翼上的蓝色标记表明这是一架战队司令部的飞机。

Ki-43-II 乙

这架彩色涂装的飞机带有第 77 战队司令部的标记。1943 年至 1944 年冬季缅甸战役期间，这支部队负责为轰炸机护航，后者不定时地对英国在印度的基础设施实施轰炸。

中岛 Ki-84“疾风”

帝国的“飓风”

上图：这是立川公司在战争末期建造的 3 架 Ki-106 原型机中的一架。尽管看起来与 Ki-84 一模一样，但为了节省战略物资，它的机身完全使用木质材料

中岛公司的 Ki-84 是第二次世界大战期间日军最优秀的量产战斗机。然而，当它开始在战场广泛使用时，盟军已经取得了绝对的制空权。

在欧洲和美国的战斗机飞行员意识到座舱装甲、油箱防护和重型武器的重要性很久之后，日军飞行员仍然以牺牲这些为代价去获得极端的敏捷性。不过日本帝国陆军航空总部已经意识到这些看似过于沉重的东西对于飞行员的重要性了。1940 年，日本发起中岛 Ki-43 的换代机型的研制，即将投入生产的 Ki-43 火力薄弱，没有保护装甲。换代机型将成为配备充足武器以及有限装甲和油箱保护的多用途战斗机，并准备使用获得德国戴姆勒 - 奔驰 DB 601A 发动机生产许可的川崎 Ha-40 液冷发动机。为了达到这一要求，川崎航空工程有限公司和中岛飞机有限公司各自设计了自己的版本。由于川崎公司在液冷发动机方面技术更加成熟，而且中岛公司致力于 Ki-43 和 Ki-44 战斗机的生产，日本最终决定保留川崎公司的 Ki-61 飞机以做进一步的发展和生产。尽管中岛公司的 Ki-62 在这次以 Ha-40 为动力装置的战斗机竞争中失败了，但小山悌带领的设计团队在 Ki-62 和 Ki-63 的设计工作中获得了宝贵的经验，后来他提议在 Ki-63 中安装 1050 马力（约 783 千瓦）的三菱 Ha-102 星型发动机。因此，小山和他的团队在 1942 年初航空本部提出新机型的需求时已经做了充足的准备。这次需要的是一款多用途的远程战斗机，最大速度为 398/423 英里 / 时（约 640/680 千米 / 时），并能在距离基地 250 英里（约 400 千米）远的地方以战斗功率飞行 1 小时 30 分钟。军方还要求机翼面积为 204.5 到 226 英尺 ^{2}（约 19 到 21 米 ^{2}），机翼负载不能超过 34.8 磅 / 英尺 ^{2}（约 170 千克 / 米 ^{2}）。发动机是专为日本帝国海军设计的 NK 9A“誉”18 缸星型发动机的衍生版本——中岛 Ha-45 发动机。

下图：1944 年下半年，第 101 战队的 Ki-84-Ia 战斗机在一场大规模防御行动之前启动发动机准备出发。这支部队与第 102 战队一起保卫冲绳，在突袭美国机场的行动中获得出色的战果

上图：这是最初生产的一批 83 架 Ki-84 战斗机中的一架，1943 年 8 月拍摄于立川，当时该机作为试验机由陆军航空兵工厂进行试飞

指定的武器包括两挺 0.5 英寸（约 12.7 毫米）1 式（Ho-103）机枪和两门 20 毫米口径的 Ho-5 机关炮。与此前日军陆航战斗机大相径庭的是，日军要求该型机安装防护装甲和自封油箱。在大量参考 Ki-62 和 Ki-63 战斗机设计方案的基础上，新型 Ki-84 战斗机在 10 个月的时间里就完成了原型机的设计和建造，并在 1943 年 3 月底初次公开展览。Ki-84 战斗机采用低翼单翼机结构、常规的可伸缩起落架、三片式座舱盖（中部舱盖可以向后滑动）。1943 年 4 月，原型机在大岛机场完成首飞；两个月后，第二架原型机参加了制造商的飞行试验项目。

发动机的改进

测试和最初的服役评估迅速而平稳地进行着，该型机几乎不需改进就能投入生产。一些变化和改进措施，以及不同的发动机（1800 马力 / 约 1342 千瓦的 Ha-45-11，1825 马力 / 约 1361 千瓦的 Ha-45-12 以及 1900 马力 / 约 1417 千瓦的 Ha-45-21）均在量产型飞机改造的试验机上进行了测试。由于当时中岛公司还没有建立完整的生产线，这批飞机中有很多都是手工打造的。这些调整中只有少数几项在生产机型中被采纳。组装线上唯一最显著的改进是用两个翼下副油箱取代了以前单个机腹副油箱，另外还对垂直尾翼的形状和面积做了微小调整，以抵消螺旋桨引起的力矩，从而提高飞机起飞时的控制性。最后还用单个尾气喷射器取代了原来的两个大型尾气收集管（整流罩两侧各一个）。此时日军飞行员们已经意识到保护装甲、自封油箱以及重型武器装备的重要性，他们还对飞机高速飞行时升降舵的迟钝和低速飞行时方向舵的疲软提出了批评。然而这些抱怨在飞机其他卓越的性能面前也就微不足道了。因此，中岛公司在奥塔工厂和宇都宫工厂的机身生产车间一建成，就开始大批量生产 Ki-84。该机获得陆军 4 式战斗机一甲型（Ki-84-1a）的正式型号，代号为“疾风”。此外，Ki-84-1 还由厂址设在哈尔滨的飞机制造株式会社生产。Ki-84 所需要的工装数量比 Ki-43 战斗机少 44%，因而更便于大

下图：战争结束后，大量 Ki-84 保存下来，包括这些被遗弃在日本帝国陆军基地的飞机。这架飞机后方是一架立川 Ki-55“艾达”高级教练机

上图：服役的 Ki-84 战斗机通常在机身顶部和侧面涂刷军绿色的伪装迷彩，还大量使用与当地植被相匹配的迷彩伪装。由于涂层容易脱落，机腹一般就是自然的金属面。所有的日本帝国陆军的飞机都有大幅太阳旗的标记

批量生产。1944 年 4 月到 1945 年 8 月中旬，中岛公司共交付了 3288 架，哈尔滨的飞机株式会社在 1945 年也生产了 94 架。这些令人印象深刻的生产数量背后也有军需部和承包商所面临的巨大困难：熟练技术工人不足，没有专业技术或不能满足工业需要的文职雇佣人员，原材料缺乏，不完善的冶金技术，这些因素都对这一雄心勃勃的项目造成了严重的影响。质量控制问题，尤其是在发动机和其他特殊装备（起落架，无线电设备等）制造过程中的质量控制问题，导致零部件适用性很差，还造成大量生产事故。甚至对于那些没有遭遇生产事故的 Ki-84，性能和可靠性也很少能赶得上那些手工制造的试验机。此外，这些问题又因为缺乏专业的维护人员以及飞机不得不在原始的（通常是很危险的）条件下服役而被进一步放大。

对于盟军来说，“疾风”战斗机的不顺利却是一件好事。该机刚进入服役就被证明是一个强有力的对手，其性能与盟军最先进的飞机（F4U，P-38J/L，P-47D，P-51D）相差无几，而与盟军最重要的机型——当时大量装备美国海军舰载战斗机中队的 F6F“地狱猫”战斗机相比，性能则略占优势。

左图：菲律宾战争期间，一架 Ki-84-Ia 战斗机从飞机跑道上起飞。机翼下方携带有 44 英制加仑（约 200 升）的副油箱

上图：成立于 1944 年后期的第 102 航空队驻守在九州岛。1945 年 4 月，该机被派往冲绳，负责空袭支援两栖登陆行动的美军部队。冲绳是日本本土最后的一道屏障

上图：这架 Ki-84-Ia 战机被美军完好缴获，并进行了全面的测试，1973 年返还日本进行展览。该飞机最主要的特征是单个的排气器和发动机下整流罩之中的大型燃油冷却器

进入战斗

一进入服役，Ki-84 就展现出卓越的战斗能力，导致盟军飞行员非常畏惧它。然而，日本发现这种飞机没有完全展现才能，当它与盟军的战斗机相遇时，无法打败日本真正的对手——优秀的 B-29“超级空中堡垒”。

无数次的服役试验和预生产飞机的订单，使得制造商的生产和服役测试都非常迅速。1943 年 10 月，原型机处女航之后仅 6 个月，Ki-84 就组建了一支服役评估中队。然而由于中岛公司建立流水线需要 6 个月的时间，直到 1944 年 4 月，第一架 Ki-84-Ia 才出厂。从那时起，生产速度步步加快：Ki-84-Is 的月交付量从 1944 年 4 月的 54 架增长到同年 12 月的 373 架，平均每个月交付 200 架。

由于日本帝国陆军的战斗机部队一直处于困境之中，优秀的

左图：“疾风”战斗机起初被当作纯粹的战斗机，但其两侧机翼下的挂架在执行对地攻击任务时各能携带一枚 551 磅（约 250 千克）炸弹

上图：这架 Ki-84-Ia 曾服役于日军第 11 战队，测试它的美国航空情报指挥部飞行员肯定了其作为一种能够匹配大多数盟军战斗机的优秀战斗机的声誉

“疾风”战斗机在中国战场之外已经失去了主动权。此时日军的川崎 Ki-61、中岛 Ki-43 和中岛 Ki-44 战斗机也已经不再优于盟军的大多数战斗机了。

1944 年 3 月，“疾风”战斗机第一次参加战斗。当时，由来自中国武汉汉口的 Ki-84-Ia 和中岛 Ki-44-II 战斗机混合组成的第 22 战队支援日军的一场地面攻势。第 22 战队的对手主要是美国和中国飞行员驾驶的过时的寇蒂斯 P-40 战斗机。在日军飞行员的努力下，拥有早期日本战斗机大部分优点并弥补了大多数缺陷和不足的“疾风”，成为一个可怕的对手。在初次亮相后的第 5 周，第 22 航空队的 Ki-84 就不得不转场菲律宾，盟军准备在那里发起下一轮进攻。

菲律宾战役

1944 年 10 月 20 日，美军在塔克洛班市和莱特岛的杜拉格登陆。从这天起，长达 8 个月的菲律宾战役拉开了帷幕。日军装备 Ki-84 战斗机的 11 支航空队（第 1、11、22、29、50、51、52、71、72、73 和第 200 飞行队）奋力苦战，阻挡盟军的进攻。然而，日军此时已经处于守势，陆航部队正在极端的条件下作战。低端技术工艺生产出来的大量“疾风”战斗机经常出现燃料压力和液压系统失效的问题。起落架结构也非常不牢固，从而导致它们无法改变战争发展的态势。这种情况也发生于 1945 年 4 月在冲绳抵御美军进攻的第 47、第 52、第 101 和第 102 航空队身上。甚至在 Ki-84（盟军代号“弗兰克”）取得第一次胜利的亚洲主战场，当遇到数量上占优势的盟军战机，如 P-38J/L、P-47D 和 P-51D 时，第 13、25、64、85 和第 104 战队的“疾风”战斗机也毫无用武之地。同样的命运还发生在驻扎在日据台湾的第 20 航空队的 Ki-84 身上。

在日本本土，“疾风”战斗机在与来自硫黄岛的远程战斗机 P-47N 和 P-51D 以及来自美国和英国航母舰队舰载机的战斗中表现还不错。然而，在与卓越的波音 B-29 的交战中，由于 Ha-45 发动机没有良好的高空作战性能，“疾风”战斗机的表现远不如从前。日军航空本部和军需部优先生产更多飞机、组建尽可能多的新航空队，以弥补部队的损失，这意味着给予研制更先进机型的优先权非常有限。改进型的研制也围绕着三大目标展开。

首先，机身合金材料的使用需要减少。为此，中岛公司一些 Ki-84-II“疾风”Kai 的后机身、部分零件和翼尖均采用木质结构；立川飞机制造有限公司生产的 3 架 Ki-106 其实就是 Ki-84-Ia 的全木质结构型号。这些飞机与标准的 Ki-84 相比非常沉重，如果

左图：这架携带有副油箱的“疾风”战斗机准备起飞执行任务。副油箱增加了飞机的载油量，Ki-84 的内置燃油储存在两个机身油箱以及两个位于机关炮外侧的机翼前缘油箱。内油总容量达到 109.4 英制加仑（约 497 升）

要投入量产的话，武器装备就必须减少到只有两门 20 毫米机关炮。Ki-106 不仅要降低战略物资的使用，而且还要最大限度地使用半熟练的工人。中岛公司建造了一架部分钢制结构的 Ki-113 原型机，但没有进入试飞阶段。

其次，由于中岛公司生产 Ha-45 发动机的武藏工厂遭受轰炸，因而必须为“疾风”战斗机找一款替代的发动机。最后，哈尔滨的飞机制造株式会社对第四架 Ki-84-Ia 的机身进行了轻量化改造，以能安装一台 1500 马力（约 1119 千瓦）的三菱 Ha-33-62 发动机；该机型重新命名为 Ki-116，直到日本战败时才开始进行飞行测试。

高空战斗机

“疾风”战斗机发展的第三个目标是增强高空作战的性能。Ki-84-III 直接采用了基本型机身，并装备一台涡轮增压 Ha-45 Ru 发动机；Ki-84R 与其相似，但动力换成了带二级三速机械增压器的 Ha-45-44 发动机；Ki-84N 和 Ki-84P 都安装了 2500 马力（约 1864 千瓦）的三菱 Ha-44-13 发动机，并增大了翼面积。

在战争的最后一个月里，Ki-84-I 还在满负荷生产，一些 Ki-84-II 也在生产之中。此外 Ki-84-III、Ki-106、Ki-113、Ki-116 和 Ki-117（重新命名为 Ki-84N）也在准备投产。

1945 年至 1946 年，从日本第 11 航空队缴获的一架 Ki-84-Ia 在菲律宾和美国进行了全面的测试，这次评估肯定了盟军机组人员对“疾风”战斗机的赞誉。从那时起，这架飞机共进行了两次修复，直到 1973 年作为对这款轴心国杰出战斗机的致敬而永久返还日本。

“弗兰克”飞机生产总量高达 3514 架，其中中岛飞机公司生产了 3416 架（两架 Ki-84 原，83 架 Ki-84 服役试验性飞机，42 架 Ki-84 预生产飞机，3288 架 Ki-84-I 和 Ki-84-II 生产机型和一架 Ki-113 原）；哈尔滨的飞机制造株式会社生产了 94 架 Ki-84-I 和 Ki-116 原型机；立川飞机制造公司生产了三架 Ki-106 原型机。

“为天皇而战”

在战争的最后阶段，Ki-84 依旧是盟军的眼中钉，它让盟军的海军战斗机和轻型轰炸机付出了沉重的代价。然而，B-29“重型爆击机”和它们的 P-51 护卫机在高空却完全没有对手。除了截击机任务，“疾风”战斗机还被用作俯冲轰炸机去空袭盟军的舰船，还少量参与了“神风特攻队”的自杀式攻击。

驻日据台湾的“弗兰克”

直至战争结束，未上漆的 Ki-84 都很常见。1945 年 8 月，图中这架飞机在日据台湾岛的日军第 29 航空队中服役。尾部钴蓝色的标记表示该机隶属于战队司令部。

本土防空

1945 年 8 月战争刚结束，这架 Ki-84-Ia 被分配到第 47 战队第 1 中队。此时，日本在 B-29 长期猛烈的轰炸下已经快要投降了，后来美国向日本投下两颗原子弹最终迫使其投降。

下图：这架 B-25G 从 1943 年起在佛罗里达奥兰多执行反潜巡逻任务。装备有 75 毫米炮（同 M4“谢尔曼”坦克上安装的主炮口径一样）的 B-25G（以及改进的 B-25H）主要在太平洋和地中海战区服役

北美——B-25“米切尔”轰炸机

任劳任怨的双发轰炸机

当盟军逐渐输掉战争的时候，B-25 轰炸机有效地对日本进行了反击。它在南非和地中海战区作战，是第一架携带 75 毫米火炮投入作战的飞机。在战后的岁月里，它训练出数以千计的飞行员和领航员。“米切尔”同时还在美国海军陆战队、英国皇家空军以及其他 10 余个国家的航空部队中服役。

B-25（包括它的前身 NA-40）在早期发展和试飞过程中仅遇到很少的困难。B-25“米切尔”的基本设计从原型机开始一直都没有改动过，保持着和机身相连的双梁悬臂翼、内置油箱、发动机吊舱内安装的起落架、单梁外翼和可拆翼尖的布局。B-25 并没有 XB-25 试验型，这款中型轰炸机从 1940 年起就开始在美军中服役，“米切尔”也成为战场上辨识度最高的飞机之一。

杜立特空袭

1942 年 4 月 18 日，16 架 B-25B“米切尔”各自搭载着 2000 磅（约 907 千克）炸弹，从美国“大黄蜂号”航空母舰（CV-8）的甲板上起飞。这些飞机由陆军航空兵中校詹姆斯·H. 杜立特指挥执行“东京空袭”任务。这是一次大胆的低空轰炸任务，向东京、神户、横滨和名古屋投放炸弹。

就像一个历史学家说的，这不可能成为现实。那次空袭“打破了日本东京居民对于‘他们的进攻无往不利’的信念”——虽然不管是当时还是之后大多数日本人都没有记住教训，但是这次英勇的轰炸行动不仅鼓舞了美国军民的士气，也彰显了美国作为当时的工业霸主不会放任轴心国的肆意侵略。

美国陆军航空队在参加战争的时候只有 183 架“米切尔”轰炸机，此后美国北美航空公司堪萨斯城的工厂在 40 个月的生产过程中，平均每月生产 165 架“米切尔”（D 和 J 型机）。英格尔伍德是“米切尔”飞机生产地，持续生产 B-25 轰炸机并不断运出，因为该工厂将大部分的停放空间用于存放 10000 架加利福尼亚生产的 P-51“野马”战斗机。

左图：美国海军航空队同样大量使用 PBJ-1 等型号的“米切尔”轰炸机。早期的很多机型都是 PBJ-1D，它们中的大多数都在机腹雷达天线罩内搭载 AN/APS-2 或 -3 海上搜索雷达。图中这架飞机，1944 年 3 月 15 日在拉包尔执行任务，这是美国海军陆战队的“米切尔”轰炸机第二天执行轰炸该岛的任务

上图：安装在第一批 9 架 B-25 轰炸机上的主翼有一定的上反角，从而造成方向稳定性问题。随后的飞机都有鸥形翼，这种翼型的发动机外侧翼段是水平的。这是一架早期型号，使用的是最终确定下来进行测试的多种尾翼布局中的一种

乔治·C. 肯尼上将在 1942 年 8 月 4 日执掌西南太平洋航空兵的时候，他手头只有第 3 轰炸机大队的第 90 轰炸中队，这个中队配备有 B-25 “米切尔” 轰炸机。海军陆战队中校保罗·“老爹”·甘是肯尼在澳大利亚的下属，他与全国航空协会外勤工作的代表杰克·福克斯合作在 “米切尔” 的机头安装机枪。与此同时，肯尼的军官们不断发展跳弹攻击技术。

甘和福克斯在 “米切尔” 轰炸机机头安装了 4 挺 “50 口径”（0.5 英寸 /12.7 毫米）机枪，还有安装在机头两侧苗包内的单装机枪；在弹舱内装载伞降杀伤炸弹，每枚 23 磅（约 10 千克）的破片杀伤炸弹都带有空爆引信和一个降落伞。第 3 轰炸机大队采纳福克斯和甘的建议，对日军造成大规模破坏，在新几内亚凶险的环境下，以及在西太平洋用一批改造过机头的 B-25B、C、D 型战机参加作战。截至 1943 年 2 月，在澳大利亚鹰场仓库的甘、福克斯等改装了 12 架扫射轰炸机，在爱德华·拉纳少校的指挥下由第 90 轰炸中队的飞行员执行任务。

荒漠 “米切尔”

B-25C 和 B-25D 型机在 1941 年开始装备美国陆军航空队之后，少量 “米切尔” 轰炸机开始出现在太平洋、中国和北非上空。1942 年 7 月，装备 “米切尔” 轰炸机的第 12 轰炸机大队加入在埃及法伊德的由路易斯·H. 布利尔顿少将指挥的中东航空队（后来的第 9 航空队），及时参加了 1942 年 10 月 23 日开始的阿拉曼战役。1944 年 5 月 11 日，第 12 空军的 B-25 轰炸机在意大利中部开始绞杀战，扫射和轰炸古斯塔夫防线上的补给线，1944 年 7 月 4 日，以罗马的解放作为战争的结束。

即使没有肯尼、甘和福克斯（甚至是后来的海军陆战员先驱杰克·克拉姆），全国航空协会的工程师也从一开始就注意到 B-25 “米切尔” 轰炸机使用枪炮取得的成就。除了用于除冰系统试验，XB-25E 和 XB-25F 只生产了一架。随后全国航空协会制造了在机头有 75 毫米炮的 “米切尔” 轰炸机。XB-25G、B-25G 和 B-25H（以及相应的海军 / 陆战队 PBJ-1H）都安装有大口径火炮（因此得名 “大炮鸟” ——译者注）。所有装备有大口径火炮的 “米切尔” 轰炸机都在太平洋和中国服役。

最后量产的 B-25J 型有两种机头：玻璃型和金属型。飞机的机头装有 8 挺 0.5 英寸（约 12.7 毫米）机枪，其他部位还装有多挺

右图：英国皇家空军的 “米切尔” B-25C 和 D 型轰炸机大部分都有 “玻璃头”，在英军中被命名为 “米切尔” Mk II 型，其中大多数隶属于轰炸机司令部第 2 大队，在欧洲西北部作战

左图：这架 B-25J 是“米切尔”轰炸机改型中的主要量产型号，该型号采用所谓的“玻璃头”，或 8 挺机枪的硬质“扫射头”。B-25 在战时和战后共出口 16 个国家。A47-44 就在澳大利亚皇家空军服役，本图摄于 1945 年 7 月在布里斯班进行试飞时

机枪：有金属机头的 B-25J 没有装备机炮。

美国海军购买了陆航版本的“米切尔”轰炸机。除了少量用于研究测试工作外，海军的全部 706 架“米切尔”轰炸机（其中 19 架未交付）以 PBJ-1 的型号转交海军陆战队。

雷达设备

海军陆战队不同部队的“米切尔”轰炸机的用途不同。PBJ-1C 和 PBJ-1D 型机腹下安装了 AN/APS-2（后期为 AN/APS-3）搜索雷达。到达南太平洋的时候，PBJ-1D 同时装备有机腹雷达和安装在“软管头”内的 AN/APS-3 雷达。安装在机头的雷达显然很合飞行员的心意。随后 PBJ-1J 型到来的时候，陆战队员将安装在右翼吊舱内的雷达移到了机头。

海军陆战队一共有 16 支“米切尔”轰炸机中队，其中 9 支在第二次世界大战中参战。率先参战的 VMB-413 中队，从远在美国夏威夷的“卡里宁湾号”护航航母（CVE-68）起飞，飞往新赫布里底群岛。1944 年 3 月 14 日，海军陆战队的其他 PBJ 轰炸机中队开始和 VMB-413 一起在斯特灵岛执行战斗任务。

随着战事愈演愈烈，“米切尔”轰炸机巩固了它的地位，成为战争中对地攻击战机里最出色的一种。随着空中敌机数量减少和战况的缓和，被推出工厂大门的 B-25 和 PBJ 型机的武器装备越来越少，质量也越来越轻。

大量 B-25G 和 B-25H“米切尔”轰炸机都将它们的 75 毫米机炮拆卸掉，有些用现场组装的机枪代替。

战后移交

基于第二次世界大战时取得的成就，B-25 和 PBJ 型机开始向外出口。总计生产 9889 架飞机，包括给英国皇家空军的 920 架，尽管其中部分没有完成交付。

战时使用“米切尔”轰炸机的国家或组织有澳大利亚、巴西、中国、英国、荷兰东印度空军和苏联。战后使用其的国家有阿根廷、玻利维亚、智利、哥伦比亚、古巴、多米尼加、墨西哥、秘鲁、苏联、乌拉圭和委内瑞拉。

下图：战后，几百架 B-25 转换成美国空军飞行员的训练机。这架彩色的飞机是一架 TB-25J，于 1954 年在爱德华兹空军基地由飞行试验中心的飞行员驾驶

下图：第 487 轰炸机中队的一部分“米切尔”轰炸机从突尼斯的苏塞起飞。注意这些战机在垂尾上涂刷了英军的识别标志，在 1942 年 11 月的“火炬”行动中，它作为一个识别用标志涂刷于美军飞机上

美国陆军航空队 B-25 轰炸机战史

1942 年 4 月 18 日，美军开始对日本袭击珍珠港进行反击。紧张的水手们注视着 16 架 B-25 轰炸机一架接一架地从美国“大黄蜂号”航空母舰（CV-8）起飞。

在陆军中校詹姆斯·“吉米”·杜立特的带领下，一架接一架的轰炸机从航母甲板上呼啸着起飞：先是从人们的视线中消失，仿佛沉入海中，紧接着，全开油门后不断爬升，重新出现在人们的视野里，飞往东京执行空袭任务。

几个月之前，在佛罗里达沼泽地里的一次对驾驶员和飞机的艰难测试中，杜立特证明了强大的 B-25 轰炸机能够在 500 英尺（约 152 米）内起飞。此时杜立特的轰炸机从离敌国海岸 800 英里（约 1287 千米）的地方起飞。B-25 轰炸机上升到 1500 英尺（约 457 米）的高空后彼此分离，分别对东京、神奈川、神户、名古屋、大阪、横滨，以及横须贺海军工厂进行袭击。

最英勇的时刻

虽然 B-25“米切尔”并不是为了从航母上起飞轰炸日本而设计的，但是杜立特空袭成为 B-25 最英勇的一次行动。

B-25 也有很多其他的战绩。这架双发发动机中型轰炸机的名字是为了纪念航空战略家布里格·让·威廉·S.“比利”·米切尔，米切尔在 20 世纪 20 年代演示了轰炸机摧毁战舰的能力。

北美公司是一家在飞机制造业领域很年轻的公司，此前仅生产过教练机，似乎不太可能成为生产第二次世界大战最重要的轰炸机的公司。实际上当 1940 年 NA-40 原型机由著名试飞员万斯·布雷斯驾驶升空时，在很大程度上仅是一架试验机。在最后的设计完成前，有大量地方需要改进。最终诞生的 B-25“米切尔”轰炸机成为一架坚固的上单翼、双垂尾、快速中型轰炸机，并成为一代飞行员、维护人员以及观察员的座驾。

左图：1942 年 4 月 18 日，16 架 B-25 轰炸机中的两架在美国“大黄蜂号”护航航空母舰甲板上发动，准备起飞执行“东京空袭”任务。飞机已为远程任务做了改进，携带额外的油箱

上图：1944 年 2 月 3 日，第 5 航空队 B-25 轰炸机袭击了距新几内亚威瓦克 8 英里（约 12.9 千米）的日本飞机跑道，在 3 架 Ki-61“Tony”战斗机上空投放了“伞头杀伤”炸弹

上图：装备“米切尔”的第 5 航空队第 345 轰炸机大队一直在太平洋战场奋战，从新几内亚岛开始，经历了菲律宾群岛和日本本土的战斗。该大队在 1944 年 7 月得到“空中阿帕奇人”的外号，擅长于“扫射轰炸战术”，尤其是发动对舰攻击

B-25 的基本设计在美国参加战争前就已经决定了。北美公司在英格尔伍德、加利福尼亚和堪萨斯州的堪萨斯城工厂生产了 9889 架 B-25 轰炸机。B-25 几乎在所有的战区作战。

第341轰炸机大队

在中缅印（CBI）战区，B-25 轰炸机是如此坚固，以至于第 341 轰炸机大队能够驾驶它从泥泞和长满草的飞机跑道上起飞，将敌机甩在身后，在低空袭击日军补给中心。

低空投掷常规炸弹，之后在海面上反复弹跳直到猛烈撞击敌舰。“米切尔”的跳弹攻击虽然威力巨大，但是风险很高。跳弹攻击需要低空接近目标，同时要躲避来自日本岸基和舰载高射炮强烈精准的防御炮火。

甘和福克斯在“米切尔”轰炸机机头安装了 4 挺“50 口径”（0.5 英寸 / 约 12.7 毫米）的机枪，还有安装在机头两侧泡罩上的单装机枪，并在弹舱内携带伞降破片杀伤炸弹，每枚 23 磅（约 10 千克）的破片杀伤炸弹都装有空爆引信和一个降落伞。“伞头杀伤”炸弹在离地几英尺的地方爆炸，杀伤半径可达 200 英尺（约 61 米）。第 3 轰炸机大队采用了福克斯和甘的战术，从而给予日军重大杀伤。

下图：“米切尔”众多战绩中最有名的战役或许是 1942 年 4 月的东京空袭，以及其他三座城市，由“吉米”杜立特指挥。图中是 16 架离开美国“大黄蜂号”航空母舰作战中的一架

第3轰炸机大队的扫射轰炸机

第 3 轰炸机大队由罗伯特 · F. 斯特里克兰（在 1942 年的 9 个月从中尉晋升到上校）指挥，在新几内亚和西太平洋的艰苦环境下战斗，使用改进过的机头的 B-25B、C 和 D 型机组成“混合”编队。截至 1943 年 2 月，甘、福克斯等人在澳大利亚鹰场仓库改造了 12 架扫射轰炸机，随后在少校爱德华 · 拉纳的指挥下由第 90 轰炸机中队驾驶作战。

在太平洋战场上，装备有 B-25 轰炸机的第 345 轰炸机大队用实例证明了该型机可以长途奔袭，在波峰高度攻击日军舰船且即便被小型武器直接命中的情况下也可幸存。

在另一个半球，“米切尔”涂刷着沙漠迷彩——一件姑且被称为黄色的浅浊色的“外衣”——在北非艰苦的环境中奋战。北非胜利后，战争就转移到了意大利，B-25 从撒丁岛和科西嘉岛飞往战区参战。来自作战单位的投弹手约瑟夫 · 赫勒后来依据个人经历撰写了著名的《第 22 条军规》。

欧洲战场是“米切尔”轰炸机唯一没有产生很大影响的地方。1943 年 3 月，一架 B-25C（42-53357）飞往英国，成为轰炸机大队中的第一架飞机；在欧洲战区部署“米切尔”的想法被打消后，该机已经被第 8 航空队司令部“顺走”。随后，它执行了 13 次夜间照相侦察任务，侦察 V-1 火箭的制造点，但是没有一架 B-25“米切尔”轰炸机大队从东安格利亚起飞，除了在战后的好莱坞电影《汉诺威街》里。

B-25C“米切尔”

图中这架飞机在 1943 年 8 月隶属于第 340 轰炸机大队第 487 轰炸机中队，驻扎在突尼斯的斯法克斯。第 340 大队是最后一支在北非战场上加入第 9 航空队的作战部队，该大队和第 9 航空队、第 12 航空队的另两支装备“米切尔”的大队并肩作战。每支大队都采用一种独特的编号体系以示区别。第 340 轰炸机大队使用的是大写字母和数字的组合，机尾编号的最后一位数字代表该机所属中队的番号，字母则代表不同的飞机。

海外部署

第一批运往海外的“米切尔”轰炸机是 48 架 B-25C，1942 年 3 月船只将它们运往澳大利亚新几内亚的第 3 轰炸机大队。除了太平洋和南非，B-25C 还出现在中缅印战场和欧洲战场的英国皇家空军中，飞机型号被指定为“米切尔”Mk II 型。

彩色涂装

第一批到达南非的 B-25 机身在中性灰色上又涂了美国海军陆战队标准的橄榄褐色。机身上的颜色渐渐被战场上的风沙侵蚀，逐渐变成“沙漠粉”/ 天青蓝。

改进型 B-25C

B-25C“米切尔”轰炸机的改进是根据早期的空战经验确定的，包括新增的装甲、防御武器和自封油箱。

大马力发动机

尽管 B-25C 搭载可提供 1700 马力（约 1270 千瓦）的大功率 R-2600-17 发动机，但是新增添的战斗装备，尤其是机背炮塔，让 B-25C 比第一批 B-25 轰炸机飞行速度减慢了 38 英里 / 时（约 61 千米 / 时）。

战争中的“米切尔”轰炸机

“扫射者”和 PBJ

上图：最后一个型号 B-25J 有硬质和玻璃两种机头版本。这两种都经常在一个作战单位中服役。这些是来自第 41 轰炸机大队第 47 轰炸机中队的飞机，拍摄于 1945 年 7 月的冲绳。它们都携带 Mk 13 空投鱼雷

后来“米切尔”轰炸机的改型引入新型武器，比如 B-25J 和海军的 PBJ-1 加装了 M4 型 75 毫米炮，大多数都在太平洋和中缅印战场上作战。

北美公司最出色的高级管理人员詹姆斯·H.“荷兰佬”·金德尔伯格——公司推出第一款轰炸机，也就是 1939 年的 NA-40 的幕后推手。“独一份”的 NA-40 原型机是一架上单翼、前三点起落架飞机。铝原色外观使其成为一架亮银色飞机。该机在换装 1610 马力（约 1200 千瓦）莱特 R-2600“旋风”星型活塞式发动机后型号为 NA-40B。“旋风”系列发动机很可靠，赢得经常在缺乏工具、条件原始、气候恶劣的环境下实施修理的维修人员的称赞。B-25 轰炸机的设计虽然还没有确定，但是发动机的选择再没变过。

基于 NA-40B 的设计经验，北美公司又推出了 NA-62。美国航空队很快将这架新飞机的型号定为 B-25，以“米切尔”作为它的名字。

对于美国人来说当时还是和平年代。迷彩涂装——这是后来人们记住 B-25 的方式，暂时还没有到来。带着像刚铸造成的美

右图：安装于机头的 75- 毫米 M4 航炮最早出现在 B-25G 上，其中有 400 架在全国航空协会的英格尔伍德工厂制造，其他 63 架从 B-25C 改进而来。挡风板在一定程度上能够保护玻璃窗（和飞行员）免受炮口焰和冲击波的伤害

上图：安装硬质机头的 B-25J 机头上配备有 8 挺 0.5 英寸（约 12.7 毫米）机枪和 3200 发子弹。任何一架 B-25 都可以在野战改装中换装这款机头，但是只有 J 型机在生产中安装。43-27585 号机在 1945 年 6 月拍摄于硫黄岛

元银币一样的光芒，第一架全铝原色 B-25 轰炸机从洛杉矶的迈恩斯起降场（如今国际机场的所在地）首次试飞，时间是 1940 年 8 月 19 日。

这架新飞机将机翼位置从肩部转至中间部位，机身变宽。在封闭的驾驶员座舱内设置了双座椅，给主驾驶和副驾驶 / 领航员使用。随着飞行测试的进行，B-25 做了进一步的改进，引入一种“弯曲的”或“弯折”的上反机翼。这种机翼从机身侧起向上形成一个角度，但是在“旋风”发动机外呈水平状。新型机翼和其他些许改进使 B-25“米切尔”真正成为一台战争机器。随着战争的进行，B-25 改进最多的是武器装备。最终，飞行员和工程师们把他们能想到的机枪和炸弹都装载到“米切尔”上。

机炮武器装备

在大胆的前线飞行员试图将重型火炮安装在 B-25 机头后，北美公司改造出 XB-25G，用于测试仅有 21 枚炮弹、重 760 磅（约 348 千克）的 M4 75 毫米炮。B-25H 型在生产线上安装了这款轻型火炮，除此之外还有 14 挺机枪。这种火力配置在低空袭击日军舰船的时候尤为强劲。仅生产一架的 XB-25E 和 XB-25F 进行了除冰系统试验。在全国航空协会改造出在机头有 75 毫米机炮的“米切尔”轰炸机后，XB-25G、B-25G 和 B-25H（以及相应的海军 / 陆战队 PBJ-1H）都配有大口径火炮。所有装备有机炮的“米切尔”轰炸机都在太平洋和中国服役。口径为 75 毫米火炮并没有像一开始想的那样有效，这某种程度上是因为它需要一名机组人员手动装弹。战争结束时，很多 G 和 H 型机都拆除了火炮，使得对地扫射更加高效。

最后的B-25J

最后量产型 B-25J 型到来的时候，它有两种机头：玻璃的和硬质的。机头装有 8 挺 0.5 英寸（约 12.7 毫米）机枪，还有一些装在其他位置。硬质机头的 B-25J 没有装备大口径火炮。

美国海军购买了陆军型“米切尔”轰炸机。除了少量用于科研任务外，海军的 706 架“米切尔”轰炸机（包括 19 架没有实际交付的）以 PBJ-1 的型号转交海军陆战队。在离开美国海军

下图：B-25H 和 G- 型机的区别在于飞机的头部、腰部和尾部加装了 0.5 英寸（约 12.7 毫米）的机枪。图中这架美国海军陆战队的飞机拍摄于 1945 年的印度

时，这些飞机依照惯例在美国军队规定的型号后面加以相应的后缀：PBJ-1C（B-25C），PBJ-1D（B-25D），PBJ-1H（B-25H）和 PBJ-1J（B-25J）。

海军陆战队的“米切尔”与陆军型存在些许差别。几乎所有的 PBJ 在机身下都有机枪气体分散管，从投弹手的座位延伸到驾驶员座舱玻璃下。PBJ-1C 和 PBJ-1D 型机有安装在机腹下的 AN/APS-2（后来是 AN/APS-3）搜索雷达，这里也是陆军型的机腹遥控炮塔的安装位置。机腹安装雷达扩大了天线的视野，可以在空中实现 360° 大范围海上扫描。在降落前由于离地高度原因，雷达天线罩会被收回。到达南太平洋的时候，PBJ-1D 同时装备有机腹雷达和安装在“软管头”内的 AN/APS-3 雷达。安装在机头的雷达显然很合飞行员的心意，随后 PBJ-1J 型到来的时候，陆战队员很自然地把安装在右翼吊舱内的雷达移到了机鼻内。

早期的 PBJ“米切尔”轰炸机和早期的 B-25 一样，在腰部位置两侧有很小的窗户架设活动机枪。海军陆战中队驾驶具有更大“画面窗口”的“米切尔”轰炸机，这成为 B-25H 和 J 型机的标准配置，能够让枪手有更好的视野和射程。至少有一支海军陆战中队——VB-611 中队将装甲板安装在“米切尔”的机腰窗口外以提升防护能力。

海军陆战队一共有 16 支“米切尔”轰炸机中队，其中的 9 支在第二次世界大战中参战。率先参战的 VMB-413 中队在夏威夷搭乘“卡里宁湾号”护航航母（CVE-68）出发，随后从舰上起飞抵达新赫布里底群岛，但飞机连同所有机组成员都失踪了。与这个悲剧同时发生的，是 1944 年 3 月 14 日海军陆战队的 PBJ 轰炸机中队开始和 VMB-413 一起在斯特灵岛执行战斗任务。

VMB-612 被称为“低空夜间雷达对地攻击部队”。该中队在杰克·克拉姆中校的带领下，1944 年 11 月 13 日开始在塞班岛执行特殊任务。这个中队遭受很多损失，后来转移到硫黄岛，成为使用 11.5 英寸（约 29.2 厘米）“小蒂姆”火箭弹的能手，但是在过度激动的 F4U“海盗”驾驶员手中损失了一架“米切尔”轰炸机。

随着战事的推进，“米切尔”轰炸机已经牢固确立了战时最优秀对地攻击飞机之一的地位。随着空中敌机数量减少和战事的减少，被推出工厂大门的 B-25 和 PBJ 型机的武器装备越来越少，质量也越来越轻。大量的 B-25G 和 B-25H“米切尔”轰炸机都将 75 毫米机炮拆卸掉，其中部分用现场组装的机枪代替。海军陆战中队 VMB-612 的 PBJ-1D 和 J 型机成为武器装备最少的“米切尔”轰炸机，参战时仅安装了一挺单装尾部机枪。

上图：一些美国海军 PBJ-1D 在所谓的“软管头”内装备有 APS-2/3 海上搜索雷达。起初，飞机在机腹安装雷达天线罩，但是在后来的飞机（PBJ-1H 和 1J）上，雷达罩安装在右翼尖上。许多 PBJ 都在战场上改造成“软管鼻”

海军陆战队损失的“米切尔”轰炸机中，有 26 架在战斗中坠毁，还有 19 架在战区因非战斗原因损失。

帝国大厦灾难

B-25“米切尔”轰炸机作为 1945 年 7 月 28 日在浓雾中撞毁在美国纽约帝国大厦第 79 层的轰炸机而被人们铭记，机组 6 名成员和大厦内的 13 名居住者全部遇难。

除了两种改型外，所有的“米切尔”轰炸机都由北美航空公司在加利福尼亚的英格尔伍德的工厂生产，因此产品型号带有“-NA”的后缀。比如，B-25C-NA；另两种改型分别是 B-25C 和 B-25J，都由北美航空公司在堪萨斯城生产，因此产品型号带有“-NC”的后缀，例如 B-25J-NC。各型 B-25 总计生产 9889 架，其中包括 920 架计划交付英国皇家空军，不过这批飞机最后没有全部交付。

下图：图中为重返美国的“米切尔”，军徽取消了饰条，型号重新定为 AT-24，用作教练机。41-29811 是一架 AT-24A，从 B-25D 改造而来，用于多发动机飞机飞行员的训练

北美 P-51 “野马”

上图：对许多飞行员来说，P-51 战斗机最优秀的衍生型是 B 型：装置英国马尔科姆（Malcolm）座舱盖时比 D 型的气泡形座舱盖还轻、飞得更快，而且更易操纵。照片中这架“爱荷华美女号”（*Iowa Beaut*）P-51B-15-NA 型隶属于第 355 战斗机大队第 354 战斗机中队

P-51“野马”可以说是史上最佳的活塞发动机战斗机。由于 P-51 的远程护航，美国的重型轰炸机才能在可接受的损失范围内将战火带到第三帝国的心脏。因此，P-51 可以名正言顺地被称为夺得第二次世界大战胜利的战斗机。

第二次世界大战期间，有不少速度及敏捷性高过 P-51 的战斗机，还有能够承受更大战损、用途更广泛和产量更多的战斗机。在当时的美军战斗机中，格鲁曼 F6F“地狱猫”的盘旋半径小，沃特 F4U 型“海盗”是极好的武器发射平台，共和 P-47 型“雷电”于缠斗战中容易操纵。

虽然鲜有人认为有比“野马”更重要的战斗机，但在客观的评估中 P-51 依旧被认为杆力过大、失速告警不够充分，而且有剧烈的偏航特性，严重限制了该机的效能。

“野马”战斗机有了不起的身世，从设计、制造到试飞（据说）只用了短短的 180 天。更不可思议的是，英国皇家空军原本要求北美航空公司（North American Aviation）能够获得授权生产寇蒂斯的 P-40 型，而这家年轻的公司大胆地告诉客户说，可以在相同的时间表内设计与制造出更优秀的战斗机供其使用。

早期型“野马”在低空作战中表现非凡，早期的衍生型作为战斗轰炸机与战术侦察机也十分成功。然而，它们的艾利逊发动机于高空的推力急剧下降，使其纯战斗机的角色功能受限。尽管如此，即使是单纯用于低空战斗轰炸和侦搜任务，P-51 已够资格

下图：在欧洲战区上，“野马”战斗机由许多美国陆军航空队的顶尖空战王牌驾驶。其中之一即照片中美国陆军第 8 航空队第 4 战斗机大队第 336 战斗机中队的唐·金泰尔（Don Gentile）上尉。他是了不起的战斗机部队指挥官，驾驭“野马”缔造了 15.5 架的击落纪录

上图："野马"飞行员的座舱就好比高级车的驾驶座，通常十分舒适，全向视野极佳，也容易操纵。P-51被誉为第二次世界大战中最好的美军战斗机。这些因素在为轰炸机执行远程护航时非常重要，因为"野马"的飞行员在交战之前都得飞上好几个小时

右图：一群P-51战斗机在一架B-29型"超级空中堡垒"轰炸机的右舷飞翔。"野马"的远程飞行能力使它们成为越洋任务中的理想护航机。不过由于欧洲战区的迫切需要，太平洋上仅有相对少数P-51在服役。随着轰炸日本的作战逐步升级，三支P-51D战斗机大队也部署到了硫黄岛（Iwo Jima）。他们迎战日本战斗机，以使B-29轰炸机能够无拘无束地对日本工业、军事和民间目标造成毁灭性的打击

称为飞机史上名垂不朽的战机之一。不过，后期型P-51所达到的成就让早期型的"野马"相形见绌。

随着发动机换装罗尔斯－罗伊斯"默林"发动机，"野马"脱胎换骨，该型号发动机赋予它原先所没有的高空作战性能。其他改良则提升了该机的武装和飞行员的全向视野。有了新型的发动机，后期型的P-51胜过了美国陆军航空队的所有战斗机。"默林"动力"野马"得到大量生产，并迅速投入服役。

尽管"野马"出现在各大战区，且派用于各种任务，但最擅长的还是在昼间为空袭第三帝国的美国陆军航空队轰炸机护航。轰炸机有了"野马"的随行便能倍受保护地一路飞向目标，P-51在各方面都可以和梅塞施密特Bf 109与福克－沃尔夫Fw 190匹敌。轰炸机的损失就此降到了合理的范围之内，从而让美国陆军航空队和英国皇家空军能够夜以继日地轰炸第三帝国，最后使德国人投降。

喷气式飞机时代的来临让P-51的战斗机角色显得过气，而且它的液冷式发动机和装置于机腹的散热器使它在对地攻击任务中容易受损。第二次世界大战之后，不少飞行员宁愿选择P-47型"雷电"而非"野马"，于是后者逐渐淡出。不过，P-51仍短暂地作为美国大陆的国土防空战斗机，并在朝鲜半岛战争期间发挥了重要的作用。直到20世纪70年代，"野马"还在中美洲低强度冲突中参战。

第二次世界大战期间"野马"立下的功勋让该型机在航空界的荣誉殿堂里享有一席之地。至今，"野马"依旧主宰着无限制空中竞赛的会场。它们是最受欢迎且令人跃跃欲试的战鹰。

左图：这架"金属号"（*Metal*）是典型的改装"野马"竞赛用机之一，至今仍定期在美国进行比赛。这群野马的改装程度，从简单的发动机微调到完全重造都有。"金属号"的改装包括采用"骑士野马"（*Cavalier Mustang*）的机尾，还有流线型、低阻力的座舱盖

P-51“野马”战斗机

早期发展过程

上图：引人注目的是，第一架 XP-51（41-038）幸存下来。它在 20 世纪 70 年代重新组装和飞行，之后在威斯康星州，奥什科什的实验飞机协会展览

P-51“野马”战斗机由北美公司为英国皇家空军设计并生产，一家先前没有设计战斗机经验的公司——北美航空公司从收到要求到 NA-73X 原型机首飞仅仅用了 186 天，堪称航空史上的奇迹。

听起来很讽刺的是，传奇的 P-51“野马”战斗机在最开始被完全忽视，甚至遭到后来成为主要销售对象的美国陆军航空队反对。实际上，这架后来成为 P-51 的战斗机在理念、设计上都是面向海外的，甚至该型机最初几年的军事应用也是如此。

到 1937 年，随着和德国开战的可能性越来越大，英国和法国从美国购买飞机的欲望也越来越强。北美航空公司（NAA）也成为两国求购的对象之一，英国皇家空军大量购买它生产的 NA-16 教练机，并将之命名为“哈佛”。

创建于 1934 年的北美航空公司在当时有一个 75 人的小设计团队。公司位于洛杉矶的英格尔伍德，公司员工的水平都非常高，且野心和能力都在不断增长。

英国的买家发现当时只有两种美军战斗机对于英国皇家空军来说可堪使用。贝尔的 P-39“飞蛇”战斗机和寇蒂斯的 P-40“战鹰”战斗机并没有达到欧洲最新战斗机的标准，但它们是当时美国能提供的最好的战斗机。美方保证这些飞机能成为有用的对地攻击战斗机，从而省出珍贵的“喷火”和“飓风”战斗机进行空中防御。

1939 年，英国采购团的希尔·亨利·塞尔夫联系北美航空公司的董事长詹姆斯·H.“荷兰佬”·金德尔伯格，询问北美航空公司是否能够为英国皇家空军生产 P-40 战斗机，为寇蒂斯公司分担一些产量。北美航空公司回答：“如果必须的话，可以，但是我们可以为你设计一架更好的战斗机。”

英国采购团随后听取了北美航空公司董事长金德尔伯格、副董李·阿特伍德、首席设计师雷赖斯和由埃德加舒默德领导的早期方案设计团队提交的 NA-73X 方案。

NA-73X 是一个彻头彻尾的新方案，虽然在传说中北美公司早早地就做好了 P-51 的初步设计，且只用了很短的时间就完成了设计工作，但实际上阿特伍德花了好几个月的时间才做好英军（因北美航空没有任何设计制造战斗机的经验而一直持保留态度）和寇蒂斯公司的工作。当时寇蒂斯公司的设计师唐·柏林设计了一款已经得到 XP-46 这一军方编号的高速战斗机，在英国方面的

右图：英国皇家空军第 5 架“野马”Mk I（AG349）和其他来自美国的飞机一起排列在地面上，这些飞机都已经得到英军赋予的型号：一架寇蒂斯的“小鹰”Mk I 战斗机、一架洛克希德“哈德逊”巡逻机和几架道格拉斯的“波士顿”。这批飞机通过船运到利物浦码头进行组装和飞行测试，之后到达皇家空军柏顿坞机场

“野马”发展时间表

和传说相反的事实是，英国购买团从来没有给 NA-73X 原型机的完成设定严格的期限。北美航空公司在草图被认可后不到 4 个月的时间就呈交了初步设计。英方建议期限为 120 天，从确定图纸（或者根据某些说法是从订购的那天起）到生产出原型机（或者说是第一次试飞），这一时间表非常紧凑，但一直被后世所误读。英国的请求在 1940 年 4 月得到回复，初步设计于 5 月 4 日通过。5 月 29 日，英国方面下达订单。因为这属于外销合同，北美航空公司也需要征得美国陆军航空队的许可。虽然出口得到同意，但作为回报，军队要求免费获得两架 NA-73 在怀特基地进行测试。合同里规定的期限一个是 1941 年 1 月首次交付，还有一个是 1941 年 9 月 30 日全部完成——两个期限都很充裕。对于生产很自信的北美航空公司，早在 6 月就开始生产工具和收集材料，当 3 个月后 320 架订单确定的时候，飞机生产线已经开始运转了。距离启动仅仅 166 天，1940 年 10 月 26 日，NA-73（NX19998）原型机就进行了第一次试飞。神话就此诞生。

上图：NA-73X 原型机彰显了高质量制作工艺，图中是一架在试飞前没有涂装的飞机

要求下，阿特伍德设法从寇蒂斯公司得到了 P-40 的全部研制数据，以及 XP-46 的设计方案。

历经 78000 工程小时和 127 天，9 月 9 日在洛杉矶迈恩斯起降场，距离英国下订单仅 102 天，第一架未上漆的原型机从工厂驶出。新战斗机加工得如此仓促，以至于没有安装发动机（直到 10 月 7 日）。搭载能提供 1150 马力（约 862 千瓦）动力的艾利逊 V-1710-F3R 发动机后，原型机于两天后开始在地面滑跑测试。在自由试飞员万斯·布里斯的操控下，NA-73X（注册编号 NX19998）在 10 月 26 日成功试飞。

对新战斗机很感兴趣的布里斯又进行了 4 次飞行，在每次飞行过后都做了微小改进。其中最重要是对散热器导管前端的重新设计，以便进气口完全远离前面机身的底部。间隙确保混乱、流速缓慢的边界层空气不进入散热器导管里。

发展中的挫折

5 号原型机由保罗·巴尔弗担当试飞员。不幸的是，11 月 20 日他第一次熟悉飞机进行飞行的时候，在切换油路的时候犯了一个错误，导致发动机在关键时刻停车。NA-73X 摔得七零八落，所幸巴尔弗安然无恙。随后 NA-73X 经维修重新试飞，但是计划由于故障而严重推迟。NA-73X 于 1941 年 1 月 11 日重新试飞，之后继续作为初步发展计划的一部分，直到 1941 年 7 月 15 日退役。在巴尔弗之后，后来的试飞都由 R.C.“鲍勃”·奇尔顿进行。

美国陆军航空队（USAAC）对 NA-73X 兴趣有限；虽然军方认为它符合一切战斗机相关要求，但连向北美公司派驻一名试飞员或负责协调的工程师都不愿意。美国陆军航空队规定北美航空公司可以签订国外合同，但生产的第 4 和第 10 架作为 XP-51 要按时交付怀特基地。

尽管起初没有下订单，但是这些飞机被美军试飞员进行了详尽的评估。这些测试结果很有价值，暴露出该机存在的很多初期问题，包括需要改进“野马”战斗机副翼设计。两架 XP-51 在 1940 年 12 月交付英国皇家空军，最初的绰号“阿帕奇”是随意为之，该型机的绰号最后被正式确定为“野马”。

第二架飞机——第一批生产的“野马”，带有英国序列号 AG345——直到 1941 年 5 月 1 日才试飞。4 个月之后，北美航空公司签约开始交付更多的飞机。此外，还需要做大量工作使得飞机达到作战标准。

上图：带有莱特工厂“箭头”标志，战前方向舵上的条纹和银色的涂装，这架 41-039 是美国陆军航空队第二架 XP-51，它和它的姊妹机一起解决了很多早期问题

和寇蒂斯公司的联系

寇蒂斯生产的 XP-46 以及唐·柏林对 P-51 的巨大贡献直到今天一直存在争议。声称“野马”战斗机抄袭 XP-46 的说法多少有些不负责任，因为寇蒂斯生产的飞机和 P-51 只有一个相似的散热器 / 冷凝器，而且还没有层流翼。此外，XP-46 的发展落后于 P-51，原型机直到 1941 年 2 月才准备好试飞，大概是 NA-73X 试飞后 4 个月。实际上北美航空公司的设计师通过研究 XP-46 在设计过程中出现的错误，设计出更精致更出色的战斗机。

上图：41-038 是两架 XP-51 的第一架，是从英国皇家空军拿来给美国军队的。1941 年 8 月被运送到莱特基地，在那里军队试飞员对它进行了详尽的评估。它之后成为英国皇家空军第 4 架“野马”Mk I（AG348）战斗机

左图：寇蒂斯的 XP-46 是一架比先前 P-40 战斗机更小但是有更多重武器装备的飞机。尽管北美航空公司的设计师能够从 XP-46 获取许多细节资料，但是他们声明仅借鉴了最低限度的信息来创造“野马”战斗机。NA-73X 和 XP-46 可以说非常相似，但从设计理念上来讲又相差很大。XP-46 欠佳的性能使它很快成为历史

传奇的开始

上图：A-36A“阿帕奇”战斗机首次参战是在1943年的非洲。这些飞机对于“野马”战斗机改型的发展起到了很大作用

被后来搭载的“默林”发动机掩盖光芒的“野马”战斗机，在搭载艾利逊发动机时是第二次世界大战战场上对地攻击的重要主力。最初在英国皇家空军服役的“野马”，一直服役于美国陆军航空队和英国皇家空军到1945年。

左图：尽管飞行速度比“喷火”Mk V战斗机快，但是英国皇家空军从没有把“野马”用作主力制空战斗机。大多数任务都是配合陆军进行空地协同的对地攻击任务

“野马”战斗机在到达英国后给英军留下了满意的评价，可以说“满意”二字也显得保守。事实上，第一架到达英国的“野马”战斗机是测试机，随后有大批量产型到达。在20000英尺（约6096米）的高度，没有一架英国皇家空军的飞机能比“野马”快。在13000英尺（约3925米）的高度，测试的航速为382英里/时（约615千米/时），从7000到20000英尺（约2133到6096米），“野马”的速度限度总比“喷火”Mk V要快至少28英里/时（约49千米/时）。“野马”的爬升率、加速性能、俯冲速度、稳定性、各方向操控性、滚转率和盘旋半径都得到了高度赞扬，而且在另一个领域——航程上，“野马”战斗机“颠覆了历史”。当超级马林“喷火”战斗机有400英里（约640千米）的航程和两个小时的续航时间时，“野马”可以被对它不熟悉的驾驶员操纵滞空4到5个小时，航程大于1000英里（约1600千米）。

“野马”战斗机的不足

“野马”战斗机的不足包括在30000英尺（约9288米）高度，英国飞行员的记录称迷彩涂装降低了大约8英里（约13千米）的时速。此外，“喷火”能在7分钟内爬升至20000英尺（约6096米），但是“野马”需要11分钟。“喷火”和梅塞施密特Bf 109战斗机都被认为在高空的机动性比“野马”要好，且“野马”要比“喷火”战斗机重三分之一。

唯一但重要的缺陷就是艾利逊F3R发动机。该发动机在低空才能产生最佳增压效果。在高于13000英尺（约3960米）时，性能不断快速下降，甚至在20000英尺（约6096米）时“野马”被“喷火”Mk V战斗机超越。1942年6月即将服役的“喷火”Mk

IX 保证可以在这两个高度都有好的表现，但是最新的 Bf 109 和 Fw 190 战斗机改型已经可以做到了。

尽管空地协同司令部的任务是低空侦察，但是英国皇家空军认为该司令部可以执行低空扫荡和战斗轰炸任务，随后发现“野马”Mk I 可以胜任这两项职责。这架飞机在低空足以成为德国纳粹空军 Bf 109 和 Fw 190 的强力对手，并且可以高精度投放炸弹。“野马”的首次空战胜利是由飞行军官霍利斯·H. 希尔斯——一位来自美国加利福尼亚州（“野马”的故乡）的志愿者（参加加拿大皇家空军）取得的。他在 1942 年 8 月 19 日迪耶普突袭期间击落了一架 Bf 109。他最后加入美国海军并驾驶格鲁曼 F6F“地狱猫”战斗机。一些驾驶“野马”Mk I 的英国皇家空军侦察飞行员也获得了空战胜利，包括邓肯·“贝奇”·格兰特，他赢得 3 次胜利。在某次战斗中，一对英国皇家空军的“野马”Mk I 在一次出击中击落了 5 架敌机。

战场上的“印第安人”

具有和“野马”相近外观的 A-36“阿帕奇”攻击机于 1943 年 4 月参战，配属于法属摩洛哥拉塞尔玛（Rasel Ma）基地的美军第 27 战斗轰炸机大队。部队将该机称为“入侵者”，而很少称它的官方名字“阿帕奇”。英国皇家空军此前拒绝了这一绰号，情愿称之为“野马”。A-36 首次执行任务是在 1943 年 6 月 6 日，一大批 A-36 参加了对潘泰莱利亚的猛烈袭击。之后这个岛屿在西西里登陆胜利后被盟军占领并成为两支 A-36 大队的基地。第 27 战斗轰炸机大队的飞行员迈克尔·T. 拉索中尉成为驾驶搭载艾利逊发动机的“野马”战斗机的唯一空战王牌。另有多名 A-36 飞行员也取得了空战胜利（总计击落 84 架敌机）。其他使用 A-36 战斗机的是在印度的第 311 战斗轰炸机大队。这款飞机被大量使用，在退役前损失了 177 架，随后它被更新更年轻的飞机代替。这款飞机相对简短的服役时间不能掩盖它为盟军在北非和缅甸战事中付出巨大努力的事实。

上图：带有标志性白色条纹的第一空中突击大队的 P-51A“野马”战斗机，于 1944 年部署在缅甸执行任务。照片中后方那架是大队长科克伦上校的座机

下图：英国飞行员在“野马”Mk I 上发现了一些不合需要的地方，而且在高空飞行的时候，艾利逊发动机不能提供充足的动力来和德国 Bf 109 相抗衡

为美国陆军的需求而专门设计的第一个子型号是NA-99，1942年8月有310架以P-51A的正式型号被订购。P-51A其实就是没有俯冲制动器和机身机枪的A-36A，搭载可在20000英尺（约6096米）的高度提供1125马力（约843千瓦）的V-1710-81（F20R）发动机，还安装了新增压器来加强低空性能，以及一个全新的、更大直径的螺旋桨。在11000英尺（约3353米）的高度，P-51A最大时速提升至409英里（约658千米），在一般高度比当时所有的战斗机都要快。而且还扩充了机枪弹箱，除了两挺备弹280发子弹外，其余机枪均备弹350发。但是和A-36A一样，机枪的弹带式输弹机经常在大过载机动中卡死。310架P-51A中，有50架作为“野马”Mk II给了英国皇家空军。其中一架原型机在博斯坎比顿进行测试，证明具有当时顶尖的爬升率——每分钟（在6000英尺/约1828米高度）3800英尺（约1158米），开足全部马力时可以在6.9分钟达到20000英尺（约6096米），24分钟达到34000英尺（约10363米）。

早期战斗

几乎所有美国陆军航空队的P-51A都在中缅印（CBI）和北非战区服役。第一支配备P-51A的大队是在印度的第311战斗轰炸机大队。美国陆军航空队P-51A战斗机从1943年的感恩节（11月23日）起参战，谢诺尔特的第23战斗机大队中的8架P-51A护送北美飞机公司的B-25“米切尔”轰炸机，对台湾新竹附近的日军机场进行攻击。

当搭载艾利逊发动机的“野马”战斗机退出生产线的时候，总计产量为1580架。它们都持续在欧洲和中缅印战场上作战直到战争结束。而后配备英制罗尔斯-罗伊斯“默林”发动机的“野马”战斗机将在第二次世界大战中书写传奇。

上图：“野马”战斗机对于俯冲轰炸机的角色来说过于轻巧快速。为了稳定在更低、更好控制的速度，这架英国皇家空军唯一的A-36装有中翼栅栏状俯冲制动器，但是飞行员感觉这架飞机和“野马”Mk I比起来没有什么优势

上图：搭载M-10发烟罐（用于施放烟幕和催泪瓦斯），一组3架P-51A拍摄于演习中

“野马”，神话的顶峰

图中是第23战斗轰炸机大队的大卫·“特克斯”·希尔上校，摄于得克萨斯州的亨特，他正要进自己的P-51B“野马”座机。“特克斯”在与美国援华飞行大队（“飞虎队”）并肩作战时学到了空中格斗的技巧。在美国卷入第二次世界大战之前，“飞虎队”就已经在补给短缺的情况下与日军展开敌众我寡的战斗。战争中一直待在中国的“特克斯”，起初驾驶过时的寇蒂斯“战斧”战斗机，之后先后换驾艾利逊和“默林”发动机的P-51战斗机。他很快成为战场上出色的英雄，12.25次击落敌机。荣升上校之后又取得了6次胜利。

上图："野马"战斗机光洁平滑的层流翼在这架崭新的 P-51B 上显得十分明显。这架战斗机由帕卡德 V-1650 发动机驱动，即帕卡德公司按罗尔斯－罗伊斯许可制造的不朽的"默林"发动机。这款发动机使"野马"发生了脱胎换骨的转变，尤其是在高空性能方面

"默林"动力"野马"

北美航空公司的"野马"战斗机和"默林"发动机是一个令人期待的组合。"默林"动力"野马"护航重型轰炸机从英国到德国柏林。

P-51 搭载的艾利逊发动机换成罗尔斯－罗伊斯"默林"发动机是第二次世界大战时期 P-51 战斗机设计的重要改进步骤之一。这一改进源于"默林"60 系列，一个全新发动机家族的迅速完善。事实上，该型发动机是为了在第二次世界大战中很少参加作战、加压高空型"惠灵顿"Mk VI 轰炸机研制的。

为了在可能达到的最高高度获得充足动力，"默林"60 发动机装备有两个同轴串联增压机，且直接向驱动轴加压。由于空气加热和压缩，一个中间冷却器被安插在发动机的输送管内。由于"惠灵顿"Mk VI 的用途受限，英军理所应当地把发动机应用于超级马林"喷火"战斗机。

1942 年 4 月 30 日，当"喷火"Mk IX 型机即将开始服役时，罗尔斯－罗伊斯试飞员罗纳德·哈克——同时也是"默林"66 发动机发展过程的参与者，驾驶"野马"Mk IA 战斗机进行了 30 分钟的试飞。他发现这架飞机实现了他关于战斗机的所有想法，拥有杰出的低空航速、无与伦比的航程和续航力，甚至在高空速条件下也有的高滚转率，这正是"喷火"战斗机所缺乏的。他很快致电空军中将威尔弗雷德·弗里曼，汇报了这些情况，随后 5 架"野马"为改装做好了准备。它们将要搭载"默林"65 发动机，和"默林"66 相比，该型发动机的最大高度降到了 21000 英尺（约 6400 米），但是在低空能提供更多动力。

改装方案于 1942 年 8 月 12 日获得批准。设计人员计算出，如果将"默林"60 系列发动机装载到"野马"战斗机上，那么飞机在 25500 英尺（约 7770 米）的高度可达到约 441 英里 / 时（约 710 千米 / 时）速度。5 架被改装的"野马"都得到"野马"Mk X 的型号。第一架飞机为 AL975 号，于 1942 年 11 月 13 日试飞。另一架飞机也随后试飞，最终英国的"默林"和美国的"野马"战斗机珠联璧合。

罗尔斯－罗伊斯计划生产 500 台"默林"Mk 65 发动机，用于改造英国皇家空军的"野马"战斗机以达到 Mk X 标准。但早已处于连轴转当中的生产线上没有多余产能用于生产这些新发动机。尽管"默林"开始在德比、克鲁郡和格拉斯哥以及在曼彻斯特的福特汽车公司进行生产，但是 500 台的计划难以实现。然而在美国，这一数字不成问题。

上图：5 架换装“默林”65 发动机的英军“野马”得到“野马”Mk X 的型号，每一架都采用了有所差别的动力配置。第二架原型机 AM203 带有光滑的机头下部进气口，在 22000 英尺（约 6811 米）的高度能达到 422 英里 / 时（约 679 千米 / 时）的速度

美版“默林”发动机

到那时，帕卡德已经开始为加拿大制造的“飓风”“兰开斯特”“蚊”以及 P-40F“小鹰”战斗机生产“默林”发动机。当他得知“默林”60 系列双级增压发动机已成形，就积极讨论争取扩大生产整个系列发动机的许可。提议很快被同意，帕卡德开始生产“默林”发动机。大陆汽车集团也得到按许可证生产的订单。

1941 年底，北美航空公司（NAA）得知许可生产型“默林”二级增压 60 系列发动机后，对其工厂进行了考察，并计划为本公司战斗机换装新型发动机。这个任务显得很简单，1942 年 7 月 25 日，北美航空公司收到许可，可以让两架“野马”搭载从英国运来的“默林”65 发动机改造为 XP-78 标准。这两架飞机分别是 NA-101-37352 和 -37421 号。两机接受了一系列严格的测试和包括添置新的散热器在内的改进。

第一次改装只完成“约 80% 的任务”，虽然安装了改进的散热器，但只是暂时设计，距离完成还需要很多改进。到 1942 年 11 月 30 日，“默林”型“野马”有了新型号 XP-51B。很快第二架飞机也达到了相同的水平。该机保留了 4 门 20 毫米机炮，搭载与量产型基本一致，驱动一个特殊设计的四叶汉密尔顿标准螺旋桨，具有 11 英尺 2 英寸（约 3.5 米）的直径。该机也采用最终确定的散热器导管、带有急剧倾斜的进气管，安装在远离机腹的位置。该机可以通过“梅雷迪斯效应”依靠排气管排出的热空气得到额外的推力。

美国陆军航空队/英国皇家空军的兴趣

在预测的改装效果应验之前，美国陆军航空队就进入全速发展状态。1942 年 8 月，根据北美航空公司的报告，在 XP-51B 进行初次试飞之前，400 架 P-51B 被订购。几乎就是一夜之间，“野马”从战略型攻击机 / 侦察机变成整个盟军军火库里最重要的战斗机。“野马”Mk X 型制造商的测试和美国陆军航空队的评估都在 1943 年初完成，及时赶上了“默林”“野马”战斗机的生产，以便了解需要改进的地方，并且促成英国皇家空军以“野马”Mk III 的型号订购 1000 架 P-51B。

随着 1943 年的到来，“野马”的生产计划突然极度扩张。发动机已经没有任何问题了，随着在底特律的帕卡德公司和马斯基根的大陆公司进行大量生产，北美航空公司开始扩大在英格尔伍德和达拉斯已经很大的工厂规模。

1943 年 1 月底，P-51B 的生产标准被确定。机身重新设计以能发挥全部的动力，而且每个机翼挂架能够挂载 1000 磅（约 454 千克）的炸弹、一具副油箱或者三管火箭筒。动力系统进一步改良，在汽化器管的一边装有矩形过滤空气的进气管，可见于整流罩的两边。武器装备和 P-51A 战斗机相近，达到重量、火力和火力持续时间的最佳折中。机翼最内侧机枪配备 350 发子弹，其他机枪配备 280 发子弹。

其中最主要的改进是在 P-51B 上添加第三个油箱。尽管“野马”战机已经能在额外的可抛式油箱的帮助下拥有超远的航程，但是欧洲和太平洋战场任务的扩增要求这个航程进一步扩大。计算表明一个容量为 85 美加仑（约 322 升）的油箱安装在座椅装甲和无线电舱之间，作为内置的容量为 269 美制加仑（约 1018 升）油箱和 419 美制加仑（约 1586 升）的油箱，此外还能挂载两具可抛弃式副油箱作为补充。有三个内置油箱的 P-51B 被送往怀特基地并加载最大内置和外置油箱进行试飞。飞机飞到新墨西

上图：英国皇家空军涂有早期迷彩的 P–51B，机身上还有英国皇家空军垂尾标志和英军数字序列号（FX883），以及存在时间短暂的 1943 年中期式样的美军军徽

哥州的阿尔伯克基环绕一圈后返回。盟军再也无须苦苦寻觅轰炸机护航机，因为 P–51B 的试飞航程已经等同于英国到德国柏林往返的距离。

开始服役

根据《租借法案》，英国皇家空军接收了 910 架 P–51B 和 P–51C，更名为“野马”Mk III。在美国陆军航空队服役的 71 架 P–51B 和 20 架 P–51C 在机尾安装照相机用作执行侦察任务。C 型机和 B 型机相比只有一点不同，不同的型号表明它们来自不同的制造厂——达拉斯，而不是英格尔伍德。

令人感到意外的是，第一架搭载“默林”发动机的 P–51B 并没有交付需要护航轰炸机的第 8 航空队，而是给了负责支援欧洲战场地面作战的第 9 航空队。驻扎于博克司提德的第 354 战斗机大队是欧洲战区首批收到“野马”战斗机的大队。尽管该部队受第 9 航空队节制，但是这支大队很快被第 8 航空队要求支援轰炸机执行任务，之后 P–51 很快开始在纳粹空军的重重围攻下证明了自己的实力。

P–51B “野马”战斗机

尽管不是第一个被看见作战的“野马”战斗机作战单位（这个荣誉属于英国皇家空军），但第 354 战斗机大队——包括第 353、355 和 356 战斗机中队——因为是首批装备“默林”发动机的 P–51B 进入前线的单位而得名“先驱者”。1943 年 12 月 13 日，第 354 战斗机大队执行了当时时间最长的护航任务，护送 B–17 往返基尔，往返 1000 英里（约 1609 千米），这对于只组建了一个月的单位来说是一个令人印象深刻的成就。随后在 12 月 16 日，当护航到不来梅港市上空时，这支大队击落了第一架敌机——一架梅塞施密特 Bf 110 战斗机。

徽记

这架“佩格我的甜心号”是第 354 战斗机大队的乔治·贝克梅尔的座机，该机展现了第 9 航空队最初的涂装样式，随后该航空队的“野马”开始在机翼和机鼻涂刷白色条纹以与敌军的梅塞施密特 Bf 109 相区别。

航程

“野马”的到来是第三帝国覆灭的开始。由于“野马”的航程足以往返柏林，轰炸机可以直到抵达目标上空都享受 P–51 的全程护航，这是此前所有盟军战斗机都不能做到的。

搭载艾利逊发动机的 P-51“野马”战斗机改型

早期为英国皇家空军发展起来的 P-51“野马”搭载艾利逊 V-1710 发动机，这使得“野马”在低空有杰出的性能，因此早期的改型主要用于战术侦察平台、低空战斗机以及对地攻击机。

NA-73X“野马”原型机

第一架“野马”注册编号 NX 19988。该机于 1940 年 10 月 26 日完成第一次试飞，但是第 5 次试飞时由于发动机突然停车而坠毁。该机在经过维修后于 1941 年 1 月重返天空。NA-73X 的一个特征是弧面玻璃风挡。

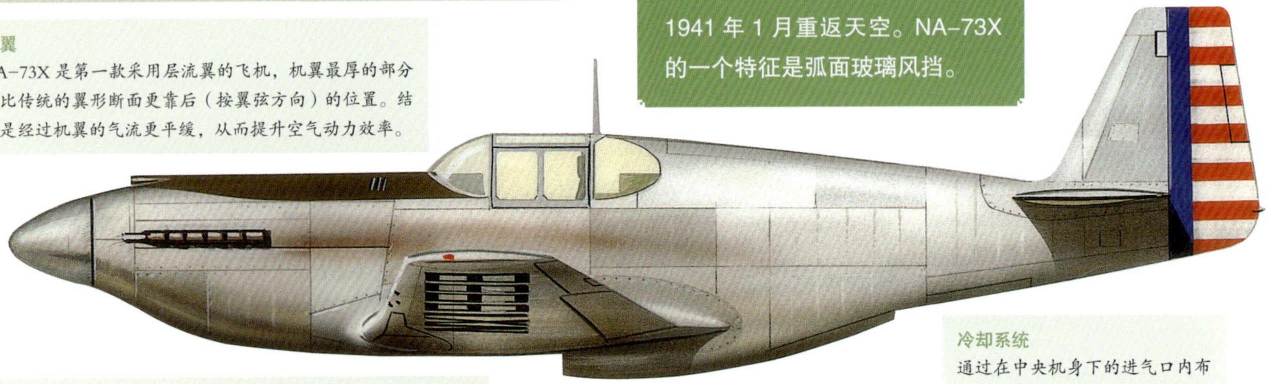

机翼
NA-73X 是第一款采用层流翼的飞机，机翼最厚的部分在比传统的翼形断面更靠后（按翼弦方向）的位置。结果是经过机翼的气流更平缓，从而提升空气动力效率。

发动机
这架原型机由艾利逊 V-1710-F3R 发动机驱动，功率为 1150 马力（约 862 千瓦）。首飞因北美飞机公司等待政府供应的发动机而延后，当时寇蒂斯 P-40 战斗机对 V-1710 有很大的需求。

冷却系统
通过在中央机身下的进气口内布置发动机和油冷却器将阻力最小化。进气口随后被改进成在机身后部一个可调整喷口；沿着冷却系统喷出热空气以增加推力。

NA-73/NA-83:“野马”Mk I/XP-51

英国皇家空军的第一批“野马”由 V-1710-F3R 发动机驱动一个三叶寇蒂斯螺旋桨。第一架野马 Mk I（AG345）在 1941 年 5 月 1 日首飞，第二架（AG346）是第一架运往英国的“野马”，于 1941 年 10 月 24 日到达。第 4 和第 10 架被运往美国陆军航空队，在莱特基地进行测试，并在此过程中更名 XP-51。“野马”Mk I 和 NA-73X 的主要区别在于增加了 4 挺 0.5 英寸（约 12.7 毫米）M2 勃朗宁机枪，两挺在机头，两挺在机翼。机翼上除了 12.7 毫米机枪外还装有 4 挺 0.3 英寸（约 7.62 毫米）勃朗宁机枪。后来很多 Mk I 在驾驶员座舱后面倾斜安装了 F.24 照相机。第一批 608 架交付英国皇家空军的飞机在 1942 年 2 月列装第 26 中队。生产总计 620 架，有两架交付美国陆军航空队做评估，10 架交付苏联。图中是第 13 架（AG357），具有早期“鱼尾”形排气短管和为了试验而挂载的火箭弹。

NA-91:“野马”Mk IA

通过直接购买获得第一批“野马”（Mk I）战斗机的英国皇家空军，从“野马”Mk IA 型机开始根据新签订的《租借法案》获得后继的“野马”。尽管 Mk I 几次击落敌机，但是早期的作战任务证明其尤其是在对地攻击时对重武器装备的需求。于是北美航空公司推出带有 4 门安装西斯帕诺-苏莎 20 毫米机翼机关炮的 NA-91，该机同时保留了机鼻上部的 .50 机枪。虽然签订了合同，但有 150 架“野马”Mk IA 以 P-51 的型号被美国陆军航空队征用，最后有 57 架留在美国服役。剩下的 93 架交付英国，于 1942 年 7 月参战。“野马”Mk I/IA 主要在低空横跨海峡作战，通常在巴黎地区上空执行武装侦察任务。这款飞机通常能够甩开德国战斗机，但是有 10 架在 1942 年 8 月灾难性的迪耶普登陆战中损失。

NA-91: P-51/P-51-1/F-6A

两架 XP-51 在怀特基地的评估非常顺利，但是美国并没有立刻购买。罗斯福总统在 1941 年 3 月签署了《租借法案》，随后英国军队向“野马”下达了大批订单。第一批租赁合同包括 150 架“野马”Mk IA 型机，美国陆军航空队召回了 57 架飞机，其中两架被指定型号为 P-51 交付作战单位。随后这些飞机分别在驾驶员座舱后面和后机身添置了 K-24 照相机，照相机面朝下，并定型为 F-6A，该型机也被称为 P-51-1。在位于突尼斯的第 68 大队观察组服役时，F-6A 实施了美国陆军航空队“野马”战斗机在战争中的首次任务。这款飞机涂有造型古怪的分裂迷彩，在照相机镜头外有凸出的玻璃窗。

NA-97: A-36A

美军订购的第一架“野马”不是战斗机型号，而是NA-97，军方型号为 A-36A，绰号“阿帕奇”。该机是作为对地攻击飞机研制的，具有俯冲轰炸能力，两侧机翼下装备有炸弹挂架（不同于 P-51 的炸弹挂架位置），可挂载 500 磅（约 227 千克）炸弹或者 75 美制加仑（约 284 升）可抛式副油箱。发动机是大功率的 V-1710-F21R（V-1710-87），能够在 3000 英尺（约 914 米）的高度提供 1325 马力（约 994 千瓦）。为了实现俯冲轰炸，A-36A 安装有板条状俯冲制动器，分别安装在机翼的上下两侧，可在飞机急剧俯冲时减速至 250 英里/时（约 400 千米/时）。不过 A-36A 在任务中很少进行俯冲轰炸。机枪武器装备的改变包括取消了 4 挺步枪口径的机翼机枪，安装了一对 0.5 英寸（约 12.7 毫米）口径的机翼机枪，使得武器配备总量增到 6 挺（两挺在机头，4 挺在机翼）。在战场上，位于机头的机枪往往被拆掉。

A-36A 在 1943 年 4 月到达北非，在位于摩洛哥的第 27 和第 66 战斗轰炸机大队服役。在参加过突尼斯最后几周的战役后，A-36 在西西里岛战役中被大量使用，之后作为第 12 航空队的一部分在意大利参战。随着在西西里岛和意大利战争中的胜利，该机的绰号逐步从“阿帕奇”变成“入侵者”。在服役期间，这两个名字都没有广泛使用，很多人都称它为“野马”战斗机。

上图中是一架停放在突尼斯苏塞的 A-36A，注意涂有带黄边的 1943 年 6 月前的军徽式样和机翼上的纵向黄色带。下图的飞机是唯一给英国皇家空军评估用的 A-36A，官方指定为“野马”Mk I 型（俯冲轰炸机）。

上图：根据《租借法案》，英国皇家空军收到了 274 架 P-51B 和 636 架 P-51C，称之为“野马”Mk III 型。这架装备有火箭弹的飞机具有马尔科姆座舱盖，极大地改善了视野

至关重要的第 3 个机身油箱（能够给“野马”战斗机带来足以往返柏林的航程），装载在最后 550 架子型号为 P-51B-7 的 P-51B 以及第 5 批次后的所有 P-51C 上。许多飞机在翻修中也按照后期型标准安装了新油箱，但为了维持重心，机身后部油箱最多只能加注 65 美制加仑（54 英制加仑，约 246 升）汽油。不过在实战中“野马”战斗机的航程足够执行往返柏林的护航任务。

提高功率的发动机

在生产 P-51B 和 C 的过程中，引入了几个改进。第 5 批生产的 P-51B-15 和所有的 P-51C 都搭载 V-1650-7 而不是 V-1650-3 发动机。后者在起飞时可提供 1400 马力（约 1050 千瓦）的功率，在军用情况下可以在 16800 英尺（约 5120 米）的高度提供 1620 马力（约 1215 千瓦）的功率，然而 V-1650-7 发动机可以在起飞时提供 1450 马力（约 1087 千瓦）的功率，在军用情况可以在 10300 英尺（约 3139 米）的高度提供 1695 马力（约 1271 千瓦）的功率、在 24000 英尺（约 7315 米）的高度提供 1390 马力（约 1042 千瓦）的功率。

在陆军航空队服役期间，71 架 B 和 20 架 C 在机身后部安装有照相机用于侦察任务，型号相应改为 F-6C-NA 和 F-6C-NT。通常搭载艾利逊发动机的 F-6A 安装两部倾斜的 K24 照相机，或者一部 K24 和一部 K22。无论哪一种配置，照相机都安装在尾部靠近尾轮的过渡段上，向左侧拍摄。

早期 P-51B/C 的一个缺陷是缺乏武器装备，由北美航空公司重新调整设计后，在机翼上安装了 3 挺机枪。两挺在外面的机枪都有 270 发子弹，在内侧的机枪有 400 发子弹。

两家英国公司对提升 P-51B 和 C、F-6C、“野马”Mk III 的作战效能做了重要贡献。佩特拉姆（Pytram）有限公司大量生产的可抛式油箱，尽管有 90 英制加仑（108 美制加仑；约 409 升）的容量，但是比金属的轻，制作成本小，“野马”在德国上空抛下了数以千计的副油箱（产量是每月 24000 个），却没有给敌人提供铝，因为制作材料是防渗浸渍纸。在和“野马”战斗机熟悉了 3 年后，英国皇家空军才认定该型机的驾驶员座舱盖“不适合欧洲战场作战”。R. 马尔科姆有限公司设计了一种凸起的吹制有机玻璃座舱盖，可以在不多的人工小时数内被替换为人们不满意的铰链式驾驶员座舱。其最终成功转换了驾驶员座舱，不仅增加了空间，重要的是极大提高了驾驶员的视野，尤其是看机身后面和向前下方倾斜以及两侧外的视角。相比于气泡式座舱盖的 P-51D，许多飞行员都更偏爱有马尔科姆座舱盖的 P-51B，尤其是在考虑视野的情况下。第 8 和第 9 航空队的大队在 P-51B 和 P-51C 上安装了马尔科姆座舱盖，但是这个改进主要是在英国完成的，对于美国陆军航空队地中海和远东地区中队的影响则不得而知。

下图：P-51B 和 C 在中国战场上很重要，在该战场主要承担对地攻击任务。这架 P-51B 在两侧翼下都挂载有三管火箭筒。鲨鱼嘴的标记是第 51 战斗机大队第 26 战斗机中队的飞机的标志

部队徽章

截至 1944 年，没有涂装的“野马”战斗机用一大块帆布遮盖，交付战斗机大队和中队。第 322 战斗机大队使用红色的尾翼和红色桨毂罩，以及红色的翼尖和代号轮廓。第 302 战斗机中队采用红色和黄色的条纹图案以及黄色的升降舵标签作为这个中队的标志。

P-51C-10-NT

“伊娜·马肯女郎号”（*Ina the Macon Belle*）是李·“巴迪”·阿彻的座机，他是非裔美军战斗机飞行员中战果最好的。他在亚拉巴马州的塔斯基吉受训，在驻意大利的第 15 航空队第 332 战斗机大队服役。虽然众所周知他至少击落了 5 架敌机，但他的战绩并没有得到上级的认可，可信战果只记录了击落 4 架 Bf 109 战斗机。（当时仍奉行种族主义的）美军因不愿看到黑人广受赞誉而压制黑人成为空战王牌。

战斗机大队

完全由黑人组成的第 332 战斗机大队包括第 99、100、301 和 302 战斗机中队。“红色机尾”于 1944 年 2 月到达意大利参加空战，驾驶贝尔 P-39 战斗机。4 月换装成 P-47，7 月换装 P-51B/C。第 322 战斗机大队在战争结束时驾驶的飞机为 P-51D。

机翼

P-51B/C 的层流翼展为 37 英尺 1/2 英寸（约 11.29 米），机翼面积为 235 平方英尺（约 21.83 平方米）。翼形的微小变化是为了配合 V-1650-7 发动机。标准的金属制可抛式油箱容量为 62.5 英制加仑（约 284 升），但是大多数在欧洲的飞机携带层压纸板 90 英制加仑（约 409 升）副油箱。

发动机

P-51C-10 采用帕卡德 V-1650-7 型发动机作为动力，这是一款按许可证生产的罗尔斯-罗伊斯“默林”61 发动机仿制型。P-51B/C 为安装这款发动机而进行了调整，在螺旋桨下方的半圆形进气口两侧各加装了一个长方形的滤清器进气口。发动机废气通过机鼻两侧的独立喷管向后方喷出。

武器装备

P-51B/C 的机翼机枪为 4 挺 0.5 英寸（约 12.7 毫米）勃朗宁 MG 532 机枪。在内侧的机枪有 350 发子弹，外部的机枪有 280 发子弹。后期型“野马”总共装备 6 挺机枪作为武器。

个人标志

阿彻的飞机最初以“马肯女郎”（the Macon Belle）的名字而被人们熟知，但当中队的同事知道了这是他的心上人的名字时，都要求他写上女友的全名。后机身“爵士音乐”图案的应用，使得其他中队将阿彻看作一个复杂的“城市男”。

上图：这是 P-51 战斗机在第二次世界大战时期参战时最好的照片之一。图中 3 架飞机都是 P-51D，最远的那架是 P-51B，具有原始的座舱盖。所有该型飞机都在第 8 航空队第 361 战斗机大队第 357 战斗机中队服役

P-51D/K 概述

到 1944 年中期，“野马”战斗机快速地替代了美国陆军航空队的其他类型的战斗机。北美航空公司总结空战的经验和教训，进一步改进“野马”战斗机，D/K 型机能提供更好的视野和更强劲的火力。

搭载“默林”发动机的 P-51B 和 P-51C 在高空中展现出卓越的性能，这使得它们成为所有敌机的强大对手。此外，所有“野马”战斗机改型都有极好的航程，比第二次世界大战时期大部分战斗机的航程都要远。即便如此，优秀的“野马”也存在两处受人诟病的重大缺陷和一些细节问题，从而催生出改进的 P-51D 和 K 型机。

上图：由于“野马”战斗机早期型号所采用的标准型座舱盖被使用者抱怨称视野不佳，P-51B 43-12102 将后机身部分背脊削平，使用泡状座舱盖，被用作之后产生的 P-51D 和 P-51K 的试验舰载机

战争带来的教训

早期的标准型座舱盖对飞行员视野有很大限制。在战斗中，率先发现敌人的飞行员具有决定性的优势，往往能成为胜利者。此外“野马”上的 4 挺 0.5 英寸（约 12.7 毫米）口径机枪并不能满足大多数飞行员的需要，而且机枪由于倾斜布置，时常发生供弹不畅。

为了调整视野问题，两架 P-51B 将后机身部分削平，并且使用全泡状座舱盖。这在四周以及飞机的上面都提供了极好的视野。机枪的数量从 4 挺增至 6 挺。由于每侧机翼内的机枪舱空间充裕，新增一挺机枪并不困难。为了减少卡弹的概率，机枪被竖直安装，而不是有一定的倾斜角度。机枪的弹药数量有所增加，P-51D 在生产过程中用 K-14B 陀螺计算瞄准具代替了反射瞄准镜。

北美航空公司在加利福尼亚的工厂总计生产 6502 架 P-51D，另有 1600 架在得克萨斯州的达拉斯生产。在达拉斯生产的飞机最初称为 P-51E，但是型号在再次生产前被改成 P-51D。这个改动消除了由生产地不同导致的生产型号不同的问题。此前 P-51B 和 P-51C 采取这种命名方式给北美航空公司的供应商带来较大麻烦。

得克萨斯州生产的 1600 架 P-51D 中，有 136 架安装有照相机，并被定名为 F-6D 型照相侦察机。P-51D 总计生产了 8103 架，远远超出“野马”战斗机的改型生产量。

区别D型机

P-51K 的设计几乎和 P-51D 一样，只是在达拉斯生产，总共生产了 1500 架。所有在美国生产的 P-51D 和 P-51K 中，280 架 P-51D 和 594 架 P-51K 被送往英国皇家空军，在那里它们统称为“野马”Mk IV。美军保留的 906 架 P-51K 里，163 架被改装成战术侦察机，改进的飞机型号为 F-6K。

P-51D 和 P-51K 的主要不同点在于使用的螺旋桨类型不同。P-51D 使用的是汉密尔顿标准公司有护套的螺旋桨，直径为 11 英尺 2 英寸（约 3.41 米）。相比而言，P-51K 安装有航空产品公

下图：这架 P-51K-5-NT“风流才子四世号”（*Nooky Booky IV*）飞机由第 357 战斗机大队第 362 战斗机中队伦纳德·“基特”·卡尔森上尉驾驶，卡尔森是整支大队得分最高的，赢得 18.5 次空战胜利（加上 3.5 次通过扫射击落敌机）。这架 K 型机是他的第 4 架“野马”战斗机，都有“风流才子”这个相同的名字

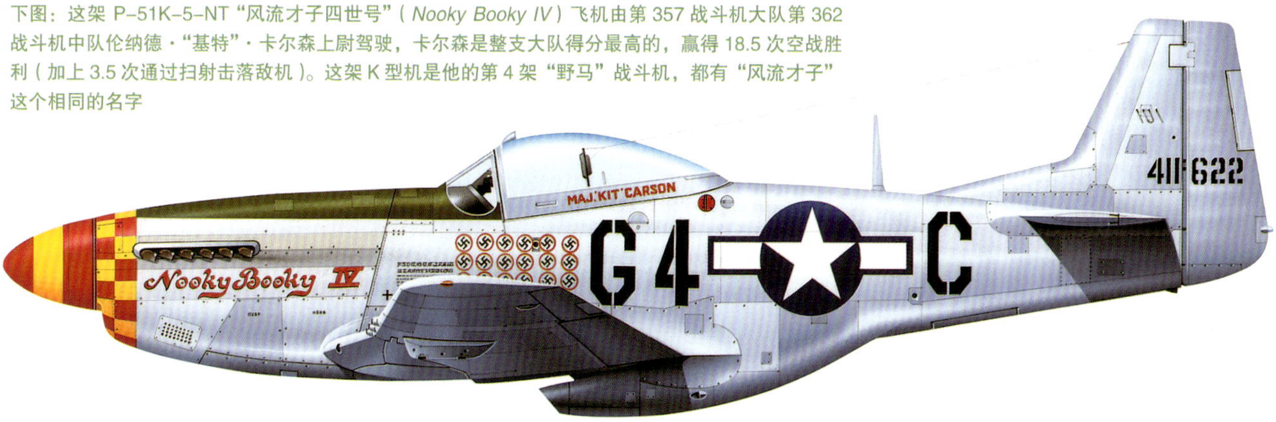

司没有护套的螺旋桨，直径是 11 英尺（约 3.35 米）。后者的中空叶螺旋桨存在一些问题，每五副里面就有一副因为震动问题而不合格。在服役期间，P-51D 换装了没有护套、带有钝尖的汉密尔顿标准公司的螺旋桨。

P-51D 和 P-51K 采用了两种座舱盖。一种有连续平滑曲线的是经常在 D 型机上看到的；另一种顶部更高，在靠近终端处曲率明显增加，通常在 K 型机上使用。

削平机背导致方向稳定性的弱化。为了避免这个问题，“野马”在垂直尾翼的前缘和机背之间增设了背鳍。整流片不仅加入这款飞机的生产线上，而且也出现在很多被翻新的“野马”战斗机上，包括一些 P-51B 和 P-51C。

投入使用

P-51D 和 P-51K 以及照相侦察型从 1944 下半年开始投入使用，此时欧陆的战事正处于高潮。它们的数量在战争的最后一年急剧增长，第二次世界大战结束时，“野马”成为美国陆军航空队所有类型战斗机中数量最多的，也是共和公司的 P-47“雷电”战斗机之外总产量最大的战斗机。

上图：被速度更快的喷气式飞机代替服役后，这架美国空军的早期型 F-6K 被抛弃在机场的一个角落里。机身后部安装有照相机处的玻璃清晰可见

下图：至少有一架 P-51D（44-14107）在航母试验中安装了阻拦钩，由美国海军的 R.M. 埃尔德上尉负责，在香格里拉号航空母舰（CV-38）上进行试验。该机后来被改装为 ETF-51D，装备有 P-51H 的机尾。海军并没有采用“野马”战斗机

P-51D-15-NA

“亚拉巴马冉美尔贾母尔大学RM杂志号”（*Alabama Rammer Jammer*）由第353战斗机大队第352战斗机中队的亚瑟·C.康迪中尉驾驶。康迪的飞机有第353战斗机大队的典型标志——黑色识别条。从1944年11月到1945年3月，康迪一共击落6架敌机，包括驾驶这架P-51D在同一天（1945年3月2日）击落的3架敌机。因飞机冷却剂泄漏导致发动机起火，康迪于1945年3月11日于北海上空殉难。

螺旋桨

P-51D和“野马”Mk IV型机使用有护套的汉密尔顿标准公司的四叶24D 50-87液压自动传动的螺旋桨，与安装在P-51B/C上的相似，直径为11英寸2英尺（约3.41米）。一个方尖的不带护套的改型出现在后期生产的飞机上。

机枪

P-51D的武器装备由原来的4挺安装于机翼的勃朗宁M2/M3 0.5英寸（约12.7毫米）口径的机枪增至6挺。由于P-51B/C的4挺机枪在安装于飞机两侧时有一定的倾斜角，机枪经常发生故障；D型机的机枪竖直安装。快拆门有轻微改动以便枪械员装填弹药。

座舱

P-51D的泡状座舱盖的产生来自一项研究，轰炸机（如B-17“飞行堡垒”）上的透明鼻锥同样是这项研究的成果。

翼下载荷

P-51D的翼下挂架被加固以挂载新的110美制加仑（约416升）和165美制加仑（约625升）可抛式油箱或者1000磅（约454千克）炸弹。后来的P-51D同时挂载5英寸（约127毫米）火箭筒。

产量巨大的P-51D

P-51D/K的生产量比“野马”战斗机其他改型的生产量总和还要多。两个厂家总计产量为9603架。仅第8航空队就有至少45支中队装备了P-51D。除了驾驶P-47和老旧P-40战斗机的中队外，“野马”（几乎所有都是D型机）战斗机在1945年也遍及美国陆军航空队的所有战场。

长寿命

P-51D的持久性体现在，包括受到高度关注的P-47“雷电”战斗机在内的其他战斗机从生产线上消失的时候，它还在生产线上。

皇家空军艾利逊“野马”战史

上图：英军于 1942 年 4 月接收的第一批“野马”Mk I 一直使用到 1945 年 1 月。装备该型机的第 2 中队在换装后最初执行的任务是对法国沿海的雷达站进行照相侦察

最初对“野马”Mk I 的高空性能感到失望的英国皇家空军，察觉到它在低空具有强大的潜能，可胜任高速战术侦察机和攻击机。

由于第一批“野马”Mk I 被美国陆军航空队截留，英国皇家空军在 1941 年 10 月收到的第一批飞机，是第二批次量产型。以板条箱由船运往英国的“野马”于 1941 年 10 月 24 日组装再次试飞。

在航空武器试验研究院的测试表明“野马”Mk I 型在很多方面都比“喷火”Mk V 型更出色。在对抗一架缴获的 Bf 109E 时也得到了相似的结果，但是在 20000 英尺（约 6096 米）以上，由于艾利逊 F3R 发动机在低空增压效果最佳，“野马”Mk I 型就会失去优势。

因为英国皇家空军打算只在低空使用“野马”战斗机，所以其他的性能缺陷显得无足轻重。作为性能超越威斯特兰“莱桑德”和寇蒂斯“战斧”的战斗机，“野马”最终取代了二者。

穿过欧洲上空的“野马”战斗机

从 1942 年 1 月起，英国皇家空军的空地协同司令部第 26 中队开始将易受攻击的“战斧”战斗机换为“野马”战斗机。随后有很多中队很快都重新装备，以便执行空地协同任务。

到 1942 年 5 月 5 日，第 26 中队已经能熟练操控新战斗机，驾驶它在欧洲执行第一次任务。这次沿着法国部分海岸线进行的侦察任务，是接下来武装侦察扫荡的开始。在此期间，许多“野马”Mk I 双机编队搜寻着目标。从 1942 年 3 月起，第 26 中队成为“潟湖”行动的先头队伍，该中队击沉了荷兰海岸线上的很多敌船。

“突击者”（Rangers）和“大黄”（Rhubarbs）

到 1942 年中期，随着“野马”Mk I 广泛参战，空地协同司令部的战斗轰炸机定期从陆地起飞横穿欧洲执行任务。这些任务通常分为两种：一种是“大黄”，两架飞机组成的编队对巡弋中发现的目标进行攻击；另一种是“突击者”，使用大量飞机（通常是一支中队、大队甚至联队的力量）扫荡敌占区，目标是损耗敌军战斗机防空兵力。虽然有一部分“野马”战斗机在这些任务中损失，但是敌机很少能构成威胁。在 15000 英尺（约 4570 米）以下，“野马”能够从 Bf 109F 追击中逃脱，并且是新 Fw 190 战

下图：第 400 中队于 1940 年 2 月 25 日到达英国。从 1942 年 7 月起，这个单位成为“野马”战斗机中队。他们驾驶“野马”战斗机参战，直到 1944 年重新装备了“喷火”和“蚊”战斗机

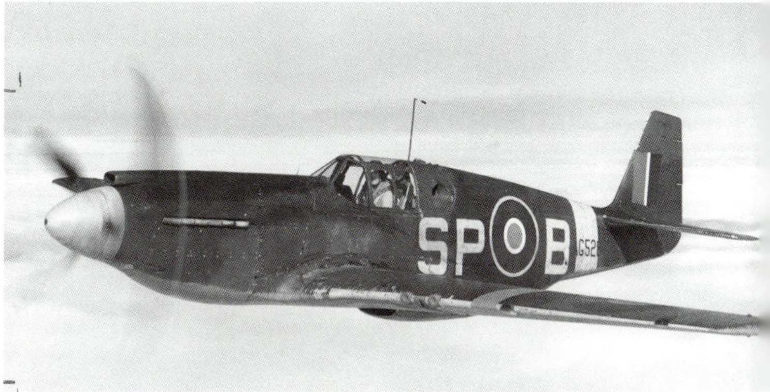

上图：在Mk IA上，4挺20毫米的机关炮代替了“野马”Mk I上4挺0.303英寸（约7.62毫米）和2挺0.5英寸（约12.7毫米）的机枪。两挺安装在机头的0.5英寸（约12.7毫米）机枪被取消

斗机的有力对手。事实上，英国皇家空军损失的搭载艾利逊发动机的“野马”战斗机主要是因为发动机故障，而不是遭遇敌军战斗机。

灾难性的“周年庆典”

所有在战术侦察任务中获取的信息都必须不计一切代价送到基地。“野马”战斗机飞行员不进攻敌军的战斗机，且凭借卓越的速度逃出敌机的控制。直到1942年8月19日，“野马”Mk I型才取得空战中的首次胜利。

加拿大皇家空军（RCAF）第414中队的空军少尉霍利斯·H.希尔斯参加了“周年庆典”作战，击落了一架Fw 190。“野马”的这份光辉胜利，因盟军在这场灾难性的战斗中损失的106架飞机里有10架属于这支中队而黯然失色。“周年庆典”作战旨在迫使在低地国家的德军空军力量参加战斗，这也是1942年英国皇家空军损失三分之一“野马”战斗机的直接原因。

在家里和在战争中

随着1942年的结束，在英国的“野马”中队因为任务和训练原因而被分开。“潟湖”“突击者”和“大黄”以及主要的战术侦察任务在整个冬天和1943年初都没有减少。一些中队，比如以苏格兰为基地的第63、241和225中队就没有参战，是为了准备即将于北非发起的“火炬”行动而与地面部队配合训练。1942年10月底，以“飓风”换装“野马”的第225中队奔赴北非，第241中队也在11月12日随之前往。第63中队留在苏格兰的马可梅里，经常派遣飞机到位于奥迪厄姆的英国皇家空军基地，从那里起飞到法国执行任务。

战术航空队

1943年3月，大部分英国“野马”Mk I型部队驻扎在萨里郡的顿斯福德，在第39空地协同联队服役。该联队由加拿大皇家空军第400、414和430中队组成。该型机深入参与了旨在验证野战条件下空地协同部队作战能力的“斯巴达”行动。

英军的“野马”部队在1943年经历了较大变化。从1942年7月开始，搭载4门20毫米机关炮的“野马”Mk IA型在1943年到达英国，开始在一些中队中代替Mk I型。

1943年6月1日发生了一次根本变化，空地协同司令部解散，第2战术航空队成立。1942年底和1943年初，空地协同司令部配合地面部队展开训练，磨炼近距支援和战术侦察技术；而第2战术航空队成立，则是航空战术准备的最后阶段，目标是即将到来的在欧洲登陆。

此外，搭载“默林”发动机的“野马”Mk III也开始服役，凭借优越的性能，快速取代了早期飞机。英国皇家空军最后搭载艾利逊发动机的“野马”Mk II型，能够在翼下搭载两枚500磅（约227千克）炸弹或者油箱，但是仅交付50架，随后便被“野马”Mk III取代。

下图：多数英国皇家空军搭载艾利逊发动机的“野马”都安装有F24侦察照相机，安装在驾驶员座舱后面，透过座舱左后方机身底侧的玻璃窗进行斜拍照相侦察

"野马" Mk I

AM101是第364架交付英国的"野马"Mk I，于1942年1月交付在盖特威克的英国皇家空军第26中队。这架飞机参加了"大黄"和"波普拉"任务（沿着法国海岸线照相侦察）。在月光照耀的晚上，第26中队也执行了"突击者"任务，主要目标是敌占区铁道线，同时也参加了"周年庆典"作战。

螺旋桨

多数"野马"Mk I型、IA型和II型以及P-51、P-51A和A-36A都使用一个10英尺9英寸（约3.28米）直径的三叶寇蒂斯全铝螺旋桨。该型号螺旋桨有利于加装除冰设备。

座舱

英国飞行员认为"野马"战斗机驾驶员座舱很大并且相对舒适。悬空的驾驶舱地板设置在驾驶员座椅和散热器导管之间，地板下设有开槽，厂家的这一设计可以让热空气从散热器导管进入驾驶员座舱里。

艾利逊发动机

"野马"Mk I搭载的V-1710-39(F3R) V12发动机是从P-40"战鹰"战斗机的发动机改进而来。需要一个大型散热器导管用于循环发动机冷却所需要的甘醇。

徽记

从1941年8月起，标准的英国皇家空军战斗机伪装涂装由深绿色和在中性海灰色上面的海洋灰组成。机身环和螺旋桨整流罩为天蓝色。

机头机枪

机鼻上部两侧各有一挺0.5英寸（约12.7毫米）的勃朗宁机枪，备弹400发。

机翼机枪

每侧机翼都在螺旋桨半径以外处设有一挺单独的0.5英寸（约12.7毫米）机枪。此外还有4挺0.303英寸（约7.62毫米）的机枪，均配备500发子弹。

散热器

位于机身中央下方的进气管将冷却的空气送进散热器。热空气经由后方的可开闭舱口排出。

起落架

选用大轮距的起落架是为了确保稳定的地面降落，甚至在粗糙不平或积水的机场也能起降。

下图：A-36A 在加利福尼亚南部上空巡航。这些飞机机身上的标志表明这张照片摄于 1942 年中到 1943 年中之间

“阿帕奇”和“入侵者”美国陆军航空队的 A-36A/F-6A/P-51A

英国皇家空军搭载艾利逊发动机的“野马”Mk I 型于 1942 年 5 月第一次参战，但“野马”直到一年后才出现在美国陆军航空队中，而且依然仅用作执行侦察任务。

从 1941 年到 1943—1944 年冬天，北美航空公司的 P-51“野马”战斗机在世界各地参战，具有和如今众所周知的泡状座舱盖、搭载“默林”发动机的 P-51D 不同的外观和性能。

搭载艾利逊发动机的“野马”战斗机开始作为北美航空公司卖给英国的原型机，型号为 NA-73X，由 1150 马力（约 858 千瓦）的艾利逊 V-1710-F3R 发动机驱动，最初由经验丰富的飞行员万斯·布里斯测试，于 1940 年 10 月 26 日完成首次试飞。

第 4 和 10 架飞机从生产线上下来后直接送到俄亥俄州的莱特基地，以 XP-51 的型号交由美国陆军航空队进行评估。

不出所料，NA-73X 就像“猎犬的牙齿一样简洁”。空气动力学设计、翼型、机身和冷却系统的设计都比当时所有的战斗机先进。

布里斯进行了四次试飞，每次飞行过后都做了微小的改进。来自 5 号飞机的保罗·巴尔弗担当试飞员。11 月 20 日，他第一次飞行调节油箱开关的时候犯了一个错误，导致发动机在关键时刻停车了。NA-73X 被摔得七零八碎。巴尔弗没有受伤，但被试飞员 R.C.“鲍勃”·奇尔顿代替。

在美国陆军航空队之前的英国皇家空军

1940 年 12 月，由于此前赋予的名称“阿帕奇”几乎没有被使用，英国皇家空军还是决定将新型战斗机命名为“野马”，并把该型机送到空地协同司令部执行战术侦察任务。该机的艾利逊 F3R 发动机在低空就能进入最佳增压状态。在盖特威克的第 26 中队 1942 年 1 月收到第一批“野马”Mk I 型机。

第一批交付美国陆军航空队的是征用的 55 架英国皇家空军订购的“野马”Mk IA。这批飞机在机身后部新增了两部 K24 照

左图：这架 A-36A 的进气管和安装在机头上的 0.5 英寸（约 12.7 毫米）机枪清晰可见，可以帮助我们区别其与其他改型

右图：P-51A“野马”战斗机出现在 1943 年底美国的空战试验场训练中。训练中队“队内飞机”数量记录在领队飞机的机头上

相机，用作侦察任务，随后被官方定为 F-6A 型。1943 年 4 月，F-6A 被送到位于突尼斯的第 12 航空队，第 68 观测大队第 154 观测中队的 41-137328 号机成为美国陆军航空队第一架参加实战的“野马”，在凯鲁万城机场上空进行侦察。

1942 年 4 月 16 日，北美航空公司收到了第一份军方合同。这份合同采购的是 A-36 俯冲轰炸机。该型机搭载的是可在 3000 英尺（约 914 米）高度提供 1325 马力（约 988 千瓦）的 V-1710-87（F12R）。4 挺 0.3 英寸（约 7.62 毫米）机翼机枪被替换为两挺 0.5 英寸（约 12.7 毫米）机翼机枪，使得飞机有 6 挺大口径（4 挺在机翼上）的机枪装备，每侧机翼下可挂载 500 磅（约 227 千克）的炸弹。位于炸弹挂架外侧的减速板可通过液压作动装置开启成 90 度角，以保持俯冲中的速度在 250 英里 / 时（约 400 千米 / 时）左右。

A-36投入使用

A-36A 于 1943 年 6 月在西西里岛投入使用，隶属法属摩洛哥拉塞尔玛基地的第 27 战斗轰炸机大队。首次执行任务是在 1943 年 6 月 6 日，大批该型机参加对潘泰莱利亚的猛烈袭击。这座岛屿在遭到盟军的猛烈轰炸和在西西里岛登陆后，被盟军解放，作为两支 A-36 大队的基地。第 27 战斗轰炸机大队的飞行员迈克尔 · T. 拉索中尉成为驾驶搭载艾利逊发动机的“野马”战斗机唯一的空战王牌。其他使用 A-36 战斗机的部队只有在印度的第 311 战斗轰炸机大队。这款飞机被大量使用，在退役前损失了 177 架，随后被更新更先进的飞机代替。

P-51A战斗机

美国陆军航空队第一架战斗型“野马”的型号是 P-51A。该型号其实就是没有俯冲制动器和机枪的 A-36A，搭载有 V-1710-81（F20R）发动机，可提供 1125 马力（约 839 千瓦的功率），且安装用于提升低空性能的新型增压器。其最大航速可在 11000 英尺（约 3353 米）处增至 409 英里 / 时（约 658 千米 / 时）。

几乎所有美国陆军航空队的 P-51A 都在 CBI（中国 - 缅甸 - 印度）战场和南非战场作战。第一支配备 P-51A 的大队是位于印度的第 311 战斗轰炸大队。

下图：隶属于两支番号不明的训练中队的 A-36A“阿帕奇”俯冲轰炸机（带有红色和黄色螺旋桨鼻罩），拍摄于美国国内的一个基地。机身涂有 1943 年 6 月到 8 月使用的红色镶边美国国徽

上图：装备机关炮的 41–37324 是一架 P–51 战斗机（与装备机枪的 P–51A 相区别），是从英国皇家空军订购的一批 150 架 NA–91（“野马” Mk IA）中征用的一架。在美国陆军航空队服役时，大部分（总共 55 架）都安装了照相机，作为 F–6A（或者“P–51–1”）战术侦察机。作为 P–51 家族里第一批执行美国陆军航空队任务的飞机，一些 F–6A 在北非的第 68 观测大队服役

第 12 航空队的 A–36 参战

虽然是一款 A–36 专职低空攻击机——艾利逊发动机也只在低空性能良好，但配备有 A–36 和 P–51 战斗机的单位取得了不错的空战战绩。这些飞机在 1943 年意大利的第 12 航空队第 27 战斗轰炸大队服役。

A–36A–1–NA 42–83803

42–83803/“B3” PAT 是第 522 战斗轰炸大队迈克尔·T. 拉索中尉的飞机。1943 年 12 月，拉索驾驶这架飞机赢得 5 次击落敌机中的后 3 次（两架 Bf 109 和一架 Ju 52/3m），他成为唯一驾驶艾利逊动力“野马”战斗机 / 俯冲轰炸机的王牌飞行员。

A–36A–1–NA 42–83901

这架飞机以飞行员的妻子的名字命名为“多萝西·海伦号”（*Dorothy Helen*），由第 524 战斗轰炸中队的约翰·P. 克劳德驾驶。克劳德在驾驶 P–40 的时候赢得两次胜利，但是在驾驶 A–36 的时候并没有增加战绩。有红色边的“星条”军徽仅在 1943 年 6 月到 8 月正式使用。

下图：装备有两个炸弹挂架，每个能够挂载 500 磅（约 227 千克）的炸弹以及俯冲制动器的 A–36A，是一架强有力的俯冲轰炸机。从 1943 年在意大利服役起，该型机得到“入侵者”的绰号

皇家空军“默林”“野马”战史

上图：因在战鹰和“小鹰”战斗机上涂有“鲨鱼嘴”标志而出名的第 112 中队，在 1944 年 6 月换装“野马”Mk III 型，1945 年初装备 Mk IV 型

搭载“默林”发动机的“野马”于 1944 年初加入英国皇家空军，只出现在欧洲和地中海战场上，主要执行护航和对地攻击任务。

在“野马”开始量产时，它的低空速度比英国皇家空军最先进的战斗机“喷火”Mk V 型还要快——搭载艾利逊发动机的“野马”在 1942 年中期加入英国皇家空军服役，但该型机无法和同期的欧洲战斗机在 25000 英尺（约 7620 米）以上“相提并论”。因此，英国皇家空军仅将其投入空地协同任务——一个直到欧洲胜利日它们始终出色完成的任务。

然而，随着罗尔斯－罗伊斯“默林”增压发动机的安装，“野马”战斗机的飞行性能得到全方面提升。改进的武器装备和承载能力以及杰出的航程都成为该型机巨大的优势。

第65中队

英国皇家空军很快依据《租借法案》请求安装“默林”发动机的新型 P-51B/C 战斗机，随后在 1943 年底收到了第一批“野马”Mk III 型。战斗机司令部的第 65 中队从 1944 年 2 月开始使用这款飞机，同年和第 19 以及第 122 中队一起组成第 122 联队。这款新型战斗机可以执行中空和高空护航任务，以及横跨海峡的对地攻击任务。第 133 联队由第 129 中队和两个波兰的单位——第 306 和 315 中队组成。

这些中队在诺曼底登陆日之前几个月的任务包括为横跨海峡的战术侦察任务护航，以及由岸防司令部指挥的远程攻击敌军舰艇。主要目标是荷兰、挪威和德国海岸线上的舰艇。第 7 支“野马”Mk III 中队——第 317（波兰）中队于 4 月开始执行远程攻击敌舰的任务。

第2战术航空队

第 122 和 133 联队加入第 2 战术航空队以支持联军飞机在 6 月 6 日登陆诺曼底。这之后配备“野马”战斗机的中队数量显著增加。“野马”的主要目标是法国的桥梁、车辆、铁路货运编组站和内河航运——在那里很少有机会进行空战。随着盟军登陆场

下图：英国皇家空军第 315 中队是 5 支配备“野马”战斗机的波兰人中队之一。这个单位装备有 Mk III 型，在诺曼底登陆日后主要执行反 V-1 导弹和轰炸机护航任务

上图：和第 315 中队一样，第 19 中队在 1944 年收到“野马”战斗机，用于支援诺曼底登陆，后来被委派从东安格利亚的驻地出发进行远程护航任务

上图：这架来自第 93 中队的去除机身伪装的“野马”Mk IV 在 1946 年出现在意大利。1 月，第 93 中队的“喷火”Mk IX 换了“野马”战斗机，但在年底解散了

下图：“野马”Mk IV 型 TK586 和 TK589 都是 P-51K 战斗机，也是第一批具有泡状座舱盖的“野马”战斗机，于 1944 年到达英国。两者都被指定进行试验工作。在它的水平尾翼下记载了这架美国空军 TK589 的行程

的扩大，第 122 联队在 6 月底转场至法国，但是第 133 和第 316 中队的跟随计划很快被修改，因为出现紧迫的威胁。

英国防空司令部（ADGB）的部队（同时也是第 2 战术航空队成立后仍然留在战斗机司令部的部队）中，4 支驻扎在英国的“野马”Mk III 型中队参加了“深潜者”行动——在英国南部抵御 V-1 飞弹。随后的几个月，“野马”战斗机飞行员在拦截 V-1 的行动中表现出色，“野马”Mk III 成为“喷火”Mk XIV 和“暴风”Mk V 之后，在“深潜者”行动中战绩第 3 的战斗机。在获得五次以上击落 V-1 的飞行员中（所谓“深潜者”王牌），有 20 名驾驶“野马”战斗机，其中 13 位是波兰人。

1944 年秋，第 2 战术航空队“野马”战斗机开始执行“处处轰炸”任务，主要目标是比利时和德国的铁路网。同时第 122 联队换装“台风”战斗机，该联队的“野马”被运回英国，派往更能发挥“野马”的远程能力的地方。

原隶属于战斗机司令部的第 118、126、165、234 和 309 中队换装 Mk III 并加入之前驻扎在英国的 ADGB，以便为白天战略轰炸任务和战斗轰炸机精确袭击欧陆目标任务提供护航。

1945 年初，英国皇家空军第一批“野马”Mk IV 型和 Mk IVA 型（P-51D 和 K 型，主要是后者）参战。这些新战机“根据需要”补充了 Mk III 中队，而不是全部替代早期的飞机。

第 611“兰开夏郡西部”中队是第一个全部换装 Mk IV 型机的单位（之前驾驶“喷火”Mk VII 作战），1945 年 3 月开始作战，加拿大皇家空军第 441 和 442 中队在随后几个月内加入。这三个中队都负责欧洲战争最后几个星期在德国上空的昼间轰炸任务的护航。

意大利和巴尔干半岛地区

英国皇家空军搭载“默林”发动机的“野马”战斗机还在地中海战场作战。登陆意大利之后，英国皇家空军第239联队的4支寇蒂斯“小鹰”战斗机中队在1943年11月收到了“野马”Mk III。英军第112和第269中队、美国陆军航空队的第3中队和南非空军第5中队，不仅支援在意大利的盟军，而且飞越亚得里亚海执行远程对地攻击任务，帮助南斯拉夫的游击队。6月成立的巴尔干航空队专门负责该方向任务，该航空队下辖有配备“野马”Mk III的第260中队。

在支援英国第8集团军沿意大利向北推进的战斗中，扫射、轰炸和护航任务使第239联队一直处于繁忙状态。“野马”战斗机单位使“炸弹计程车”近距离支援体系更加完善。“野马”战斗机在空域中盘旋待命，在得到搭乘“奥斯特”AOP飞机的航空管制员的呼叫后扑向目标。“野马”在这些任务中的典型武器包括500和1000磅（约227和454千克）的炸弹，以及首次出现在“野马”机翼下的火箭筒。

至1944年底，地中海战区联盟空军的英国皇家空军单位收到了277架“野马”Mk III和46架Mk IV型机，后者用于补充该战区损失的飞机。由于损失的战机数量太大，第249中队在4月重新装备了“喷火”Mk IX型机，将剩余的“野马”交给第213中队。

在欧洲胜利日之后，驻扎在英国的Mk IV中队、第64中队在1946年以德哈维兰“大黄蜂”战斗机替代了“野马”；在塞浦路斯的第213中队于1947年初以霍克“暴风”Mk VI替换了“野马”。

上图：英军中只有联队长才有资格随意涂刷机身侧面的字母番号，“JAS”是J. 斯多亚中校（两次优异飞行十字勋章）名字的首字大写字母。1945年4—5月，这架飞机出现在英国皇家空军迪格比的基地里

上图：1946年，英国皇家空军的一支“野马”Mk IV编队在巡航积雪盖顶的意大利山脉。大部分飞机都来自第93中队，尽管“GA”开头的飞机上有第112中队的“鲨鱼嘴”标志

波兰的“Diver”空战王牌

英国皇家空军中波兰的战斗机中队是驾驶“野马”战斗机最熟练的单位之一，能够胜任多类型的任务，从远程和战略护航到对地攻击再到防御任务，尤其是对抗V-1火箭攻击。而且积累了令人印象深刻的空战击落敌机数，13名波兰飞行员都获得击落V-1火箭5个甚至以上的次数。

飞行军士W. 诺沃克津

“野马”Mk IIIFZ149在“深潜者”行动（拦截V-1火箭）中是诺沃特尼的座机，属于第306“托伦茨基”（Torunski）中队。诺沃特尼是对抗V-1火箭得分最高的“野马”飞行员之一，共击落51次“深潜者”。参加这些战役许多Mk III都由波兰人驾驶，他们经常将飞机的速度发挥到极致。

“马尔科姆气泡”式座舱盖

大多数英国皇家空军的Mk III（至少是在欧洲战场的）安装有R. 马尔科姆有限公司的“泡状”座舱盖，如同图里的飞机，大大改善了视野。“马尔科姆座舱盖”也用在美国陆军航空队P-51B和C型机上，且供不应求。这个改进很受美国飞行员的喜爱，较之P-51D，一些飞行员甚至更偏爱带有“马尔科姆座舱盖”的老式“野马”。

下图：唐·金泰尔，第 4 战斗机大队的“野马”战斗机头号空战王牌，从他的 P-51B 座机“香格里拉号”中走来。金泰尔最初被美国陆军航空队拒绝，所以加入加拿大皇家空军，作为“银鹰中队”的“喷火”战斗机驾驶员取得了他的第一次胜利

上图：装备有炸弹的 P-51D，“残忍的弗兰奇号”（*Ferocious Frankie*），是陆军少校华莱士·霍普金斯使用过的座机，他是第 361 战斗机大队第 374 战斗机中队的指挥官

美国陆军航空队在欧洲战场作战

“野马”战斗机初次参战是在美国陆军航空队第 9 航空队服役期间，在这款飞机实现它的明显用途，也就是为战斗机远程护航前，执行战术类任务。在这之后，它成为第 8 战斗机司令部的支柱，能够全程护航 B-17 和 B-24 战斗机到遥远的目的地，将战争带到德国纳粹空军的防御战斗机面前。

下图：第 8 和第 9 航空队的 P-51“野马”战斗机大队都参加了危险的对地扫射任务

第一支抵达欧洲战区的“野马”战斗机大队——第 354 战斗机大队，在短暂划归第 8 航空队后很快就被正式转调到了第 8 航空队，同时第二支“野马大队”——第 357 战斗机大队也被第 8 航空队收入麾下。1943 年 11 月，第一批 P-51 抵达格林汉康蒙，第 354 大队的这批飞机于月底转移到了位于伯克希德的基地。对于第 8 航空队而言，“野马”正是他们苦苦寻求多时的答案——一款拥有比 P-47“雷电”更大的航程，比 P-38“闪电”更优秀可靠性的接触战斗机。

新型“野马”自抵达战场便崭露头角，但该型机在服役之初也遇到了很多麻烦，且其中不少都和欧洲冬季高空的低温有关——如机枪结冰、冷却系统泄漏以及火花塞堵塞等，不过这些问题都相对快速地被解决了。来到欧洲的“野马”顿时令基地位于德布登的美军第 4 战斗机大队对其青眼有加。第 4 大队指挥官请求为该大队换装“野马”，因为此前驾驶“喷火”的第 4 大队飞

下图：第一架交付欧洲战区的“野马”战斗机，在机头、机翼、水平尾翼和机翅周围有明显的白色标志，以免和敌机 Bf 109 混淆。第 355 战斗机大队在其他大队采用彩色的机头后依旧坚持使用白色机头

左图：第 4 战斗机大队最初装备“喷火”战斗机，而后又换装 P-47“雷电”——但该型机从未让该大队满意过。该大队在换装“野马”后对“野马”喜爱有加

的优先级。这样的空袭行动相当重要，因为事关美国兑现“将战火烧到德国本土”的承诺。随着 P-51 开始担负远程护航任务，美国陆军航空队的轰炸终于能够深入德国境内攻击目标（英国皇家空军此前已经开始在夜间对德国发起纵深轰炸），从而使得盟军能够夜以继日地对德国本土发动袭击。“野马”的巨大成功使得第 8 航空队很快开始为建制内所有战斗机大队换装“野马”（如同将全航空队的轰炸机统一换装为 B-17 一样）。与此同时，第 9 航空队则将全部换装“雷电”战斗机，同时其他航空队也将装备的 B-17 交出，更换为 B-24。

行员们并不喜欢随后换装的巨大且笨重的 P-47。该大队因接收轻巧灵活的“野马”而欢欣鼓舞，为了获取作战经验，第 4 大队指挥官曾被调往第 354 战斗机大队，在 1944 年 12 月随队执行几次空战任务。在大队长返回大队后，第 4 大队于 1945 年 2 月开始驾驶“野马”参战。

“野马”战斗机的到来很快让美国陆军航空队的持续昼间轰炸产生实质效果——昼间轰炸因政治和军事因素而一直保护较高

虽然这是为了统一后勤进行的巨大调整，但第 8 航空队战绩最高的战斗机大队——第 56 大队直到战争结束都拒绝将 P-47 更换为“野马”，同时第 9 航空队也竭力保住了手中的几个 P-51 战斗机大队。除了这两个航空队外，第 12 航空队也在 1944 年 5 月接装“野马”，第 9 航空队也装备 3 支“野马”大队，此外还有多支小规模的侦察机部队换装“野马”。1944 年夏季，美军战斗机大队开始换装新型的 P-51D 战斗机——这款战斗机在外观上能够从其吹制成型的气泡形座舱盖识别出来，但更重要的是，该型机的 0.5 英寸机翼机枪不再是 4 挺，而是 6 挺，且之后很快换装了新型的 K-14 射击瞄准具，这款瞄具可以自动计算射击偏角，从而极大提升射击精确度。

下图：第 353 战斗机大队的“丹尼男孩二世号”（*Danny Boy 2nd*）于 1944 年 12 月 29 日遭遇故障迫降。在空中的这架“野马”战斗机装备有 108 美加仑（约 1083 升）可抛式油箱

P-51K “野马”战斗机

北美航空公司 P-51K-5-NT “野马” 44-11622（G4-C）“风流才子四世号”是第 357 战斗机大队头号王牌伦纳德·基特·卡尔森上尉（18.5 次胜利）的座机。第 357 大队是第 8 航空队取得胜利最多的 P-51 大队，总战绩高达 609 架。

驾驶员座舱盖

大量 P-51D 上使用的气泡型座舱盖能够给飞行员带来全景视野。驾驶员座舱盖很宽敞舒适，使得飞机能够完美完成远程护航任务。

武器装备

P-51 的攻击能力令人瞩目，机翼上安装有 6 挺 0.5 英寸（约 12.7 毫米）的勃朗宁机枪。这比 P-47 携带的 8 挺机枪数量要少，并且比一些英国战斗机携带的 4 门 20 毫米机关炮要轻，但是它有更快的发射速度和相对优异的持续战斗能力。如果不是去扫射带有装甲的目标或摧毁大型飞机，“野马”战斗机的机枪能够完全对抗轻型的战斗机。

侧面散热器

罗尔斯－罗伊斯“默林”发动机依靠甘醇液冷剂和一个由 P-51 独特的机腹进气口引导的巨大的散热器。这使它多多少少在面对地面火力的时候有些脆弱。虽然如此，P-51 也被第 8 和第 9 航空队用于地面扫射任务，而且产生了毁灭性效果。

徽记

第一批交付欧洲战区的 P-51 仍然涂有伪装色——机背一侧采用橄榄绿色，机腹一侧涂刷中性灰色。但随后这种涂装方案被放弃，改为保持铝原色。最初“野马”只在机身上涂有两个用于识别所属部队的字母符号，但随后各大队开始在机鼻上涂刷独特的识别色彩，同时方向舵和水平舵上还有用于识别所属中队的彩色条纹。

下图：这些来自第 31 战斗机大队的第 308 战斗机中队的 P-51D 被拍摄于 1944 年，带有这支中队的独特的红色条状标志。这支编队的第 2 架飞机，“HL-C”，由上校利兰莫兰驾驶，他在战争结束时共取得 10.5 次击落。“HL-J 号”由杰克·斯密斯上尉驾驶，他取得了 5 次击落战绩

P-51B/C/D 在地中海战场

4 支驾驶搭载“默林”发动机的“野马”战斗机大队在地中海战区作战。一般而言，它们的任务就如同第 8 航空队一样，就是护航轰炸机进入敌区。

装备“默林”发动机的“野马”战斗机直到 1944 年 4 月才抵达地中海战区。两个战斗机大队——第 31 和第 52 大队在用 P-51B 换下“喷火”后率先驾驶着“野马”在地中海展开战斗。4 月 21 日，这两个大队首次护送从意大利起飞的 B-24 对普洛耶什蒂发起攻击。

“方格尾帮”

第 332 和第 325 战斗机大队被从第 12 航空队调走，随后第 332 成为最后一个接收“野马”战斗机的单位，在 1944 年 6 月用 P-47 换装 P-51C。5 月 18 日，第 52 战斗机大队执行首次护航任务，再次到普洛耶什蒂，但是这一次护送的飞机是 B-17。第 325“方格尾帮”战斗机大队（该大队的机尾为方格涂装），于 1944 年 5 月底开始驾驶 P-51B 和 C 从意大利的莱西纳起飞。它的早期任务中有一次远赴苏联的大胆穿梭，护送 B-17 轰炸匈牙利德布勒森的铁路线。

历史资料记载称黑人组成的第 322 战斗机大队在所有地中海战区 P-51 战斗机大队中表现最差。然而，这支大队是被故意分配相比于其他大队更少的任务，以免这支大队的飞行员在战斗中表现出众，这是对黑人飞行员的歧视。这支大队唯一空战王牌的 5 次击落敌机纪录被否定，以至于官方一直没有承认他的王牌地位。

P-51D参战

在地中海战场的第 31、52、325 和 332 战斗机大队逐渐将 P-51B/C 换为 P-51D 战斗机，在某些中队直到 1945 年初才完成。这种具有水滴状座舱盖的“野马”战斗机在最后的战役中为这个地区做出巨大贡献，包括一些马拉松式长距离任务，为轰炸机全程护航。

尽管其比在英国执行任务的第8航空队战斗机其更远，第15航空队的“野马”依旧护送着B-17和B-24深入德国境内。该航空队的“野马”在1945年3月25日完成了到柏林的1500英里（约2414千米）往返行程。这次任务涉及所有的4个战斗机大队，其间第31战斗机大队第308战斗机中队的指挥官威廉·丹尼尔上校击落了一架梅塞施密特Me 262战斗机，这是第15航空队的P-51取得的首次战胜德国喷气式飞机的胜利。那一天，P-51还击落了另外6架德军飞机，包括第332大队击落的3架。

第15航空队的P-51D采用了样式繁多的彩色识别条带，这些条带在1944—1945年的冬季覆盖机身的面积越来越大。

左图：美军在战时压制黑人飞行员，但随着黑人飞行员被允许参战，他们组成了一支全黑人战斗机大队。这些飞行员在极端严峻的条件下依旧展现出极其出色的能力

下图：第325（前景）、第332、第52、第31战斗机大队采用“气泡舱盖”的“野马”战斗机在战争后期安装了照相机。第332大队的飞机没有涂刷彩色识别涂装

P-51B/C/D 在远东

P-51 在中国 - 缅甸 - 印度战场（CBI）和太平洋战场（PTO）战场上的不同任务中表现不凡，作为护航战斗机在远东空战中做出巨大贡献。

在很多方面，中国 - 缅甸 - 印度战场是一潭死水——位于后勤补给线的最终端，飞行员和地勤人员在原始条件下挣扎，没有足够的补给，还需要执行折磨人的远程任务，对抗有丰富经验且根深蒂固的日军。

虽然最早参加空战的是著名的“飞虎队”，但是该战区的主力是第 10 和第 14 航空队。第 10 航空队第 311 战斗机大队从 1943 年 10 月起将 A-36A 和 P-51A “野马”带到 CBI。很快，第 1 和第 2 空中突击大队和第 23 战斗机大队也带着包括 P-51B/C 以及 P-51D/K 等型号“野马”相继到来。随后第 51 战斗机大队也加入这个地区作战。

与重点在空战的欧洲战区不同，驻扎在中国桂林的第 23 大队主要对船舶和陆地目标执行扫射和轰炸任务。1944 年 12 月 8 日，“野马”战斗机在轰炸中国香港地区时用 500 磅（约 227 千克）的炸弹取得丰硕战果。

在太平洋，搭载“默林”发动机的“野马”战斗机直到 1944 年底才参加战斗，同时第 71 战术侦察大队第 82 战术侦察中队收到了第一批 F-6D “野马”战斗机。这支中队对于新战斗机很满意，用它替代了在菲律宾作战的 P-39N。

攻击日本

如同一小块岩石碎块的硫黄岛，于 1945 年 2 月 19 日被美军海军陆战队登陆占领，最终成为大量 P-51 部队的基地。直到 1945 年 3 月 6 日，第 15 战斗机大队到达硫黄岛的南部机场前，第 7 航空队一直没有“野马”战斗机。随后第 21 战斗机大队和

下图：“赫尔 · 厄特尔号”（*Hel-Eter*）是一架来自硫黄岛的第 457 战斗机中队 / 第 506 战斗机大队的 P-51D，垂尾为红色。在 1945 年 7 月的日本海岸指定汇合点出现在 B-29 身侧。“野马”和“超级空中堡垒”在战争晚期还面对日军的顽抗

第 506 战斗机大队（在 4 月底）陆续到达。很快 P-51“野马”战斗机［通常挂载两个 165 美制加仑（约 625 升）的可抛式油箱］开始护送 B-29“超级空中堡垒”轰炸机发起对日本本土的最后进攻。它们同时担负了远程战斗机和轰炸扫荡任务。

右图：“邦尼夫人号”（*Mrs. Bonnie*）由威廉·“丁吉”·邓纳姆少校驾驶。他是第 348 战斗机大队的副指挥官。这架 P-51D 当时驻扎在日本志摩市，邓纳姆的最终战绩为 16 次击落敌机

下图：拍摄 P-51D44-63995 时，它正在从美国“希特科湾号”护航航空母舰上卸载，准备支援 1945 年 2 月在冲绳发起的登陆

诺斯洛普P-61“黑寡妇”

夜间活动的蜘蛛

上图：第一批P-61A战斗机中的一架。“黑寡妇”是一架极好的夜间战斗机，但设计非常复杂

P-61是历史上第一款在设计之初就考虑到装备雷达的夜间战斗机。

1940年，美国陆军航空队正忙于将A-20轰炸机改造成P-70夜间战斗机，对英国皇家空军将A-20改装为“浩劫”战斗机的举动也有所耳闻——美国陆军航空队对于英国机载截击雷达的发展历程有所了解。虽然此时的美国仍恪守中立，但英方仍提供了60套机载雷达，美军随即准备将其安装在P-70战斗机上。意义更为巨大的“蒂泽德任务”于1940年8月被运抵美国，美方从而获得了英国提供的当时尚属于高度机密的空腔磁控管技术的最关键技术细节。这个新式装置是研制厘米波雷达（之前的雷达波长为米级）研制的关键，使研制更高级的雷达成为可能。这项神奇的事情在1940年9月28日成功做到了。10月8日，美国决定走在世界的前面，用战斗机搭载世界最优秀的截击雷达。

雷达的成功

雷达的研制过程因美国/英国团队的协作而以惊人的速度发展。1941年1月4日，美国的第一台微波雷达在麻省理工学院内显示出了屋顶对面的查理士河的图像。当具有挑战性的雷达需要美国电子业所有的总公司提供资源的时候，对雷达载机的研制要求在3天后的1940年10月21日通过一封信发给了诺斯罗普公

下图：P-61A-5 42-5564“贾金·朱迪号”（*Jukin Judy*）由第422夜间战斗机中队驾驶，从北约克郡的斯科顿皇家空军基地升空执行任务。除了它的“鲨鱼嘴”，腹部还涂刷有识别用的入侵条纹

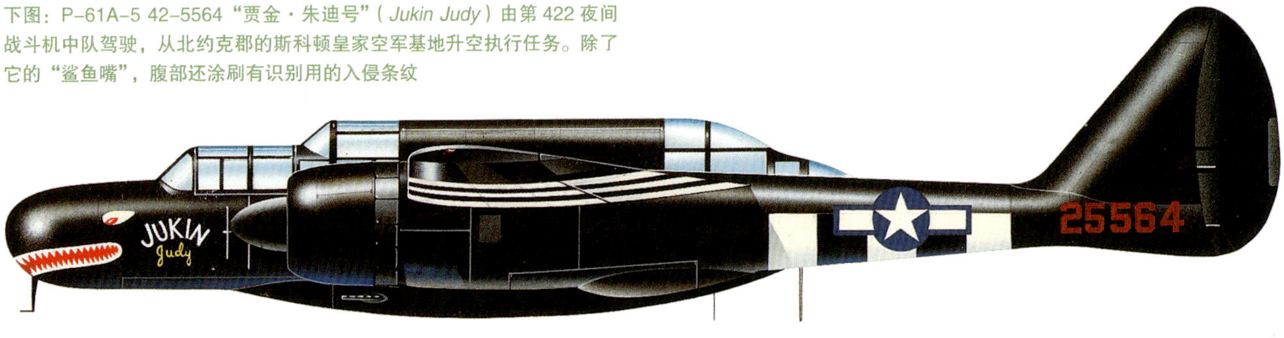

司。事后来看，虽然 SCR 720 雷达毫无疑问是一个很重要的战争武器，但是这架全新的夜间战斗机出现较晚，且不比具有相同目的的（比如说）道格拉斯 A-26“入侵者”改型战斗机强。事实上一些专家学者认为 P-61 相比自 1941 年就开始参战的“英俊战士”和“蚊”夜间战斗机并没有什么出众之处。许多驾驶过英国战斗机和“黑寡妇”的飞行员都认为 P-61 是一流的战斗机，唯一的缺陷是麻烦的维护和人们对其可靠性的隐忧。

“黑寡妇”的孵化

天不遂人愿，约翰·K. 诺斯罗普本希望飞机在一年内生产出来。但是从一开始，美国军队就要求机组人员为 3 人，要有绝佳的全景视野和强大武器装备（包括一个或多个动力驱动的炮塔）。诺斯洛普描绘的 NS-8A 方案里包括带双发尾翼的中央机身，3 名依次而坐的机组人员：飞行员、雷达操作员、后炮塔机枪手——因此（飞行员）可以通过瞄准具直接射击。位于机舱后方的机枪手可以监控后方的情况，必要时也可射击。4 门 20 毫米的机炮安装在机翼内或外翼板。除此之外，4 挺 0.5 英寸（约 12.7 毫米）的机枪安装在机背炮塔上，还有两挺安装在机腹炮塔。

1941 年 4 月 2 日，在 NS-8A 模型的审查会上，至少有 76 处设计需要改进。其中最重要的是将固定机炮的位置挪到机舱下面，并取消机腹炮塔。1940 年 12 月，飞机型号被定为 XP-61，但诸多因素导致计划搁置，这些争议包括引擎位置、结构材料、飞行控制和油箱容量。此外，诺斯罗普生产 400 架“复仇者”俯冲轰炸机，也使得该项目进度雪上加霜。即便如此，1941 年 9 月，150 架 P-61 的订单也得以落实。随后在 1942 年 2 月 12 日，追加了 410 架。这项订单的金额超过 2600 万美元，是诺普罗斯公司之前订单金额最多的 26 倍，但到此时为止第一架原型机还没有准备好。

原型机的问题

1942 年 5 月初，未涂装的 XP-61（41-19509）终于建成，试飞后成绩非常好。对于一架战斗机来说，机翼面积 662.36 平方英尺（约 61.53 平方米）是很庞大的，这甚至比今天的 F-15 的机翼还要大，尽管有很多控制装置和开关设备；机身内机组人员的活动区域也比一般的轰炸机宽敞。

上图：诺普罗斯几乎在整个机翼上安置了襟翼。传统的副翼是很小的，每个机翼上四节非差动扰流板就配合它来提供侧滚控制。这使得 P-61 在这个尺寸和质量上拥有令人惊奇的敏捷性

1942 年 11 月 18 日，第二架 XP-61（41-19510）试飞。它全身被涂成黑色，它的名字也是由此而来。尽管存在很多问题还不能成批生产，但总体来说它是一架非常好的飞机。随后燃油系统、尾翼组和襟翼都被改进。1943 年 4 月底，飞机安装了雷达，同时，生产线上 13 架 YP-61 正在接受测试。测试指出，当飞机突然侧转位置时，背部炮塔会对尾翼造成严重影响。所以只有前 37 架 P-61A 安装了机背炮塔。从第 38 架开始，机腹炮塔被取消，但是在随后生产的 163 架 P-61A 中至少有 10 架或许更多，在解决了撞击问题后安装了腹部炮塔。但是 1944 年 3 月，交付第 481 夜间战斗机大队第 348 战斗机中队的 P-61A 开始服役后，问题频发。太多次的错误改进反而导致问题的产生。比如，在 1942 年初和 1944 年春之间，机炮就有 229 处设计被改进。

下图：有古怪的外观的第一架 XP-61 在 1942 年 5 月由试飞员万斯·布里斯进行的初次试飞中，被证明是一款出众的飞行器

上图：无炮塔的“塔比莎号”（*Tabitha*）P-61A-10-NO，拍摄于诺曼底登陆日前几周在法国的第425夜间战斗机中队服役时。这个作战单位击落了几枚攻击英格兰南部的V-1火箭

首次猎杀

1944年7月6日，P-61在中太平洋战区获得首次“猎杀”。在英国，第一批配备“黑寡妇”战斗机的作战单位是第422和425夜间战斗机中队。尽管在7月它们就有了16架“黑寡妇”，但是最初不过是进行一次练习飞行而已。

在首次执行欧洲战区任务的时候，P-61成功“敲掉”或击毁9枚V-1火箭。从1944年8月起，第422和425夜间战斗机中队执行纵深袭击任务，不但摧毁大量铁路机车、后勤车队甚至古老的桥梁，还击落大量Bf 109、Bf 110、Me 410、Fw 190、Do 217等各型号战斗机。在意大利，第414中队将“英俊战士”战斗机换装“黑寡妇”，截至1945年1月，共获得五次胜利。第415、416和417中队直到后期才换装。在太平洋的作战单位是幸运的，第418和421中队从1944年6月开始执行大量的任务，在中国的第426和427夜间战斗机中队在年底完成换装并用火箭弹进行对地攻击。

从1944年7月开始交付的P-61B搭载有2250马力（约1679千瓦）R-2800-65发动机（也安装在第46架P-61A上），4挺机枪的机背炮塔，从P-61B-10开始，新增4个机翼挂架，每个可挂载一个副油箱或一枚1600磅（约726千克）的炸弹。P-61C换装了功率更大的发动机，但是只有少部分在战争之前完成。整个家族中外观最漂亮的是XP-61E战斗机和F-15A“记者”侦察机，有流线型的机身和水滴式座舱盖。到对日作战胜利日时，诺斯罗普生产了674架P-61，总计生产了706架，P-61C直到1950年才正式服役，装备了第68和339夜间战斗机中队。

下图：12架P-61B被运到美国海军陆战队后被重新定名为F2T-1型，用作夜间战斗训练机

P

佩特利亚科夫

佩 -2 苏联"雄鹿"

上图：从这个视角可以很清楚地看到苏联空军佩 -2FT 轰炸机的流线身型。1942 年之后，佩 -2 轰炸机的战斗机护航就很少见了

在苏联境外相对不那么出名的佩 -2 轰炸机可以被看作苏联的金属结构"蚊"轰炸机。实际上，这种飞机的生产数量远远超过英国的同行，同时也执行过多种类型的任务。

佩 -2 轰炸机是弗拉基米尔 · M. 佩特利亚科夫的一个巨大成就，他从 1921 年起就在苏联空气和流体动力研究中心工作。佩特利亚科夫是金属机翼设计方面的专家，1936 年，他被任命为苏联航空试验局的负责人，并被要求生产一种更大型的新型轰炸机。这架飞机以 ANT-42 的代号诞生，随后以 TB-7 代号进入服役，最终在第二次世界大战期间成为成熟的佩 -8，这个名字是为了纪念它的设计者。由于在 1937 年的"大清洗"中佩特利亚科夫以伪造的罪名被捕入狱，因此他只有 18 个月的时间完成这个项目。被囚禁在第 156 号飞机制造厂的 CCB-29 特殊监狱里的佩特利亚科夫奉命组建一个名为 KB-100 的设计局，设计 VI-100 新型战斗机。其中，VI 代表高空战斗机。VI-100 的设计从一张白纸开始，但其要求比以前的所有标准（空气动力学、结构以及系统和装备的某些方面）都要高。

承力蒙皮结构

VI-100 的承力蒙皮结构非常卓越，唯一的缺陷就是过于复杂。所有的操纵面都采用织物蒙皮。两台液冷发动机装有漂亮的整流罩，与同时期苏联的其他飞机一样，冷却散热器位于机翼内部的蒙皮栅格之间。散热器由机翼前沿的通风管道进气，废气通过机翼表面的百叶窗式开口排出，这样能给飞机更大的前向推力。发动机配有涡轮增压器以在高空处提供额外的动力，同时还驱动恒速顺桨螺旋桨，这一技术当时在英国还没有出现。武器装备包含机鼻的 4 门 20 毫米 ShVAK 机关炮，后座还配有一挺射速达 1800 发 / 分的 ShKAS 机枪。根据美国的经验，驱动装置是全电动的，20 伏直流电机驱动起落架、分裂式襟翼、散热器百叶窗、油箱助推器、纵倾调整器和其他设备。

1939 年 12 月 22 日，彼得 · 斯特法诺斯基和工程师伊凡 · 马克尔夫试飞了第一批的两架 VI-100 原型机，还参加了 1940 年五一劳动节在莫斯科红场上空的飞行表演。飞机在 32810 英尺（约 10000 米）高空的最大速度达到令人惊异的 391 英里 / 时（约 630 千米 / 时）。不出意外，苏联很快决定扩建 KB-100 设计局并开始批量生产；不是生产 VI-100，而是一款三座轰炸机衍生型——PB-100。该型号的实体模型在 1940 年 6 月 1 日获得批准，并建造了两架原型机。

PB-100 原型机在很多方面与 VI-100 都不同，包括俯冲制动器的安装、机身和机翼细节上的改动。发动机的涡轮增压器变成

上图：佩 -2UT（或称乌佩 -2）保留了全部的轰炸能力，不过机枪手座位换成了第二个驾驶舱。图中是波兰军队的佩 -2UT

较小的 TK-2 式的且在之后被完全取消。它还为飞行员和导航员 / 炸弹瞄准员提供了背靠背的座舱，机身油箱尾部是新增加的第三名机组人员，主要负责操作无线电设备和一挺机腹后射机枪。

一个重要的工程上的变化是安装了液压系统（由电泵提供动力）来为双支架的主起落架和灵活的尾部起落架提供动力。

标准炸弹载量包括位于主舱的 4 枚 551 磅（约 250 千克）FAB-250 炸弹。或者也可以携带 6 枚 220 磅（约 100 千克）FAB-100 炸弹和两枚额外安装在发动机短舱后方封闭小隔室的 FAB-100 炸弹。在内部携带 6 枚 FAB-100 炸弹的情况下，还能在翼根下方再携带 4 枚 FAB-100 炸弹。标准的枪炮装备包括两挺向前射击的由飞行员瞄准的 0.3 英寸（约 7.62 毫米）ShKAS 机枪，外加一挺位于后机身上部由导航员 / 炸弹瞄准员操纵的 ShKAS 机枪，还有一挺后机身下部由无线电操作员控制的 ShKAS 机枪，这两挺机枪都是手动瞄准的。

为了表彰首席设计师，1941 年 1 月第一批生产的机型被重命名为佩 -2。佩特利亚科夫在同年 1 月出狱，随后获得一枚斯大林奖章。

PB-100 进行飞行试验之后，苏联对它采取了各种改良措施。其中一项是给飞行员换上了简单的手动控制开关的俯冲制动器，取代了以前复杂的 AP-1 俯冲控制器，它主要根据俯仰角和空气速度进行自动调节。机组人员的保护装甲也改善了，导航员 / 炸弹瞄准员配上了可旋转的座椅，全部的 5 个油箱都换成了自封式，并且源源不断地为之提供惰性气体，最初是瓶装氮气，后来是冷却过滤后的废气。

第一批生产的飞机

1940 年 11 月，第一架飞机从生产线上下线，于 11 月 18 日进行了试飞。VI-100 借助雪橇完成了首飞，佩 -2 轰炸机经过处理后也装上了雪橇，其效果大致相当于普通的可向后收缩的轮式起落架。

在最早的生产机型中，油冷却器安装在整流罩下方流线型低阻力进气道中。战争后期使用的佩 -2 轰炸机为了减少重量而做了一些小幅的改变，内部油箱的容积则稍微增加了一些。GAZ-22 工厂的生产速度非常快，当 1941 年 6 月 22 日希特勒对苏联发起突然袭击时，Pe-2 已经生产了大约 458 架，其中至少 290 架交付作战部队，其中包括第 24 轰炸机团和第 5 高速轰炸机团。尽管佩 -2 轰炸机是一款技术要求相对较高的飞机，但该机很快就受到大家的欢迎，通常被称为“Pehka”（音译“佩什卡”），含义是“小佩”或者国际象棋中的卒。

最初生产的佩 -2 轰炸机采用的是额定功率为 1100 马力（约 820 千瓦）的 VK-105RA 发动机；到 1943 年时，以前专门提供给雅克战斗机使用的 1260 马力（约 940 千瓦）VK-105PF（或 PF-2）发动机被用在几乎所有的佩 -2 轰炸机上，一直到战争结束。

作为标准型号的佩 -2 和佩 -2FT 轰炸机、佩 -2R 侦察机、佩 -2UT 教练机和佩 -3bis 战斗机共生产了 11427 架。1945 年早期，该系列飞机的生产结束，随后欧洲战争结束（尽管后来变型机仍

下图：佩 -2 轰炸机由克里莫夫 VK-105 12 缸液冷直列发动机提供动力，该发动机是 20 世纪 30 年代获得西班牙 12Y 许可的 VK-100 发动机的衍生

上图：芬兰空军部队从德国得到 7 架缴获的佩 -2 轰炸机和一架佩 -3 轰炸机。与东线上所有德国及其附庸国的飞机一样，这架样机机身上也有黄色的带状标记。芬兰的佩 -2 轰炸机最终仅有一架在战争中幸存下来

在继续发展）。

也许最重要的子型号是佩 -2FT 和佩 -2UT。前者型号后缀就是“前线需求”的缩写，将原来导航员 / 炸弹瞄准员的手动 ShKAS 机枪换成了安装在 MV-3 动力炮塔里的 0.5 英寸（约 12.7 毫米）口径的 UBT 机枪。

佩-2UT教练机

佩 -2UT 是标准的双重控制的飞行员教练机，指导员坐在一个额外的座舱中。这里之前是防御机枪和机身油箱的位置，但其前方视野欠佳。1943 年 7 月首飞，试飞的是一种远远落后于最初交付使用的基本型的教练机。佩 -3bis 是战斗机系列中唯一大量生产的机型。一些飞机保留了内部炸弹舱，有的甚至还在后机翼位置安装了用于低空空袭和反装甲的 RS-82 或 RS-132 火箭弹。然而，大部分飞机都拆除了轰炸设备和第三名机组成员的座椅，装上了重型武器装备，如一挺 ShVAK 机枪、一挺 UB 机枪和 3 挺 hKAS 机枪，或者两挺 ShVAK 机枪外加两挺 UB 机枪。

佩特利亚科夫设计局保留了几架佩 -2 轰炸机用于进一步的研究，其中第二架被用作往返于莫斯科和喀山之间的运输机。1942 年 1 月 12 日，该机在空中着火，包括佩特利亚科夫在内的所有机组人员全部罹难。斯大林下令逮捕和审问了一大批人，并要求查明谁对“这名伟大的爱国者”的牺牲负责，而佩特利亚科夫此时刚刚从监狱里被释放出来。

上图：这架佩 -2FT 机身上的战斗口号是“列宁格勒 - 哥尼斯堡”。人们一般认为这架飞机在战争的最后几周隶属于第 1 航空集团军，主要从波兰的基地出发打击从东普鲁士撤退的德军部队

左图：战后佩 -2 轰炸机被北大西洋公约组织称为“雄鹿”，第二次世界大战之后，佩 -2 轰炸机被提供给苏联的东欧盟友，包括图中这架飞机的使用者捷克斯洛伐克。注意其机翼下方折叠的俯冲制动器

上图：在西伯利亚修复 6 架波利卡尔波夫伊 –16 战斗机（最早的一架于 1995 年首飞）之后，位于新西兰卡纳瓦湖的阿尔派恩战斗机收藏协会出资资助修复 3 架“海鸥”战斗机。这架带有红色“10”标记的是第一架完工的样机，图中是 1997 年 9 月在俄罗斯飞行测试时的情景

波利卡尔波夫伊 –15/伊 –152/伊 –153

狮子鼻的“海鸥”

在大量生产伊 –152 和伊 –153 之前，波利卡尔波夫的伊 –15 战斗机在很多次战役中起到重要作用。伊 –153 是足以和菲亚特 CR.42 相当的最优秀的双翼战斗机之一。

以伊 –5 以及随后一系列在监狱中完成的双翼战斗机杰作而闻名的尼古拉·尼古拉耶维奇·波利卡尔波夫于 1933 年设计完成了伊 –15 型战斗机。伊 –15 装备了进口的 630 马力（约 470 千瓦）莱特 R–1820“旋风”星型活塞式发动机，它的特色是机翼顶端很像“海鸥”。这一区别性特征也使其获得了“海鸥”的绰号。

伊 –15 在结构方面与伊 –5 非常接近，即织物和硬铝覆盖的铬合金 / 钼钢合金框架机身、织物覆盖的木制机翼。它的设计非常适于苏联新兴的空战学说——操纵性能好的双翼战斗机与速度快的单翼战斗机配合使用。这一组合中的单翼机部分——伊 –16 战斗机也是波利卡尔波夫设计的，他也因此获得了“战斗机之王”的美誉。

伊 –15 战斗机批量生产的准备工作甚至在设计完成之前就已经完成了。1934 年末，伊 –15 战斗机进入服役，武器装备是两挺 0.3 英寸（约 7.62 毫米）PV–1 机枪，与螺旋桨同步发射子弹。

不幸的是，获得许可的 R–1820 发动机的变型发动机 M–25 的发展和生产十分缓慢，从而导致伊 –15 原型机和早期生产的飞机使用的都是进口发动机，大部分量产型都装备了 480 马力（约 358 千瓦）的 M–22 发动机，这就使得飞机性能大为减弱。这一缺陷在机翼下方装备 4 枚 22 磅（约 10 千克）炸弹或者化学武器容器时更加突出；后来生产的战机上额外增加的两挺机枪使这一情况更加糟糕。

西班牙战役

尽管 1935 年伊 –15 战斗机的生产数量达到 384 架，但很明显苏联红军空军部队的高层官员对“鸥形翼”的设计并不满意。波利卡尔波夫只能以个人名义求助斯大林，努力避免他的战斗机被剔出服役部队。

然而，伊 –15 战斗机在西班牙内战中开始展现其卓越的一面。除了苏联提供的一批飞机外，西班牙共和军方面获得许可之后还生产了 287 架伊 –15，大概有 80 架进入中队服役。该飞机的绰号是“狮子鼻”，它在战争中证明了自己是一款优秀的战斗机。在敌方的菲亚特 G.50 和梅塞斯米特 Bf 109 到来之前，该型机在空战中所向披靡，一小部分“狮子鼻”一直服役到 20 世纪 50 年代。

伊 -15
这架飞机展示了标准涂装样式，带有20世纪30年代中期典型的苏军军徽。早期的伊 -15由于糟糕的制造工艺而在服役期间出现诸多问题。涂装通常是下图中的标准样式，主起落架与机身的连接相当不好，最典型的也最让人担心的是工艺问题，机翼的蒙皮在飞行过程中可能发生脱落。

伊 -152
与TsKB-3一样，伊 -15和伊 -152所有的子型号都能用雪橇起落架代替标准的轮式起落架。注意，与上图展示的伊 -15相比，最大的不同在于上机翼中部的结构。

苏联波利卡尔波夫双翼战机

伊 -15是波利卡尔波夫设计的TsKB-3服役之后的名字。TsKB-3原型机涂装为红色，但在一次事故之后，被蓝绿涂装的第二架原型机取代。蓝色底漆上再加一层深绿色涂层后来成为苏联伊 -15战斗机的标准涂装。

伊-15bis和“超级狮子鼻”

为了努力说服红军空军中的质疑者，波利卡尔波夫重新设计了伊 -15，摒弃了“鸥形翼”，伊 -15bis（或叫伊 -152）又恢复了常规的双翼布局。该机型还新增600发0.3英寸（约7.62毫米）子弹（共计达到2600发），同时在每侧机翼下方可挂载一枚331磅（约150千克）炸弹。这些装备，加上常规的结构加强措施，使得新机型的重量加大，由于还是使用之前的发动机，飞机的性能必然下降了。虽然如此，生产还是在1937年开始，但直到1938年做了一些改进才交付使用。后来又出现了伊 -152，该方案甚至已经建造了原型机，但是西班牙战役让苏联军方深深信服了波利卡尔波夫的“鸥形翼”的内在优势，因而伊 -152并没有进一步发展。为了证明伊 -152拥有与伊 -15不相上下的战斗性能，1937年11月，苏联红军派遣4支伊 -152中队到中国。这些飞机与中国战机一起参与了抗日战争，并取得了巨大的成功，因此苏联高层确信这种双翼战斗机的高效性，然后不惜以牺牲单翼战斗机为代价来发展这种飞机。可能由于飞行员没有获得充分的训练，直接送给中国国民党空军的伊 -152并没有取得很大的成功。

1938年后期，斯大林批准将伊 -152战斗机送往西班牙共和军以作为对战争中伊 -15战斗机损失的补充。一共派出了3个批次31架飞机，其中两批在法国边境被扣押。这些参战的战斗机与伊 -15比起来几乎没有什么改进。战后，法国将20架伊 -152赠予胜利的国民军一方。这些飞机在20世纪40年代中期依然在执行对地攻击任务。

苏联伊 -152于1939年夏天前往诺门坎高原参加战斗。这一次的对手是日本，尽管伊 -152作战勇猛，但很明显，即使有伊 -16在旁边护航，它们仍然无法战胜日本新一代的单翼战斗机。

伊 -152丰富多彩的服役生涯的最后篇章在“巴巴罗萨”战役中面对纳粹德国空军的战机时完全终结了。该机型奋勇作战，

左图：芬兰人驾驶伊 -152和伊 -153战斗机抵御苏军航空部队。芬军3/LeLv 6部队驾驶伊 -153“海鸥”战斗机参战，该部队击落的飞机中还包括其他“海鸥”战斗机

却是徒劳，之后该型机被改装成双座飞机，用于执行火炮观测任务，并在 1943 年夏天退役。

伊 –153 “海鸥”

在双翼战斗机生产线最终建成时，波利卡尔波夫还在致力于解决不安装马力大得多（同时重得多）的发动机就能提升速度的问题。尽管伊 –153 的发动机从开始在原型机上安装 750 马力（约 559 千瓦）的 M–25 发动机，到之后生产机型中使用 800 马力（约 597 千瓦）M–62 发动机，最终升级到 1940 年 12 月引入 1100 马力（约 820 千瓦）的 M–63 发动机，但伊 –153 大部分的性能提升来自设计者恢复了偏爱的“鸥形翼”结构以及安装了可收放的主起落架。

虽然可能有两架伊 –153 在西班牙进行了测试，但该机型的第一次参战是与日本交战。正如诺门坎事件中的日军一样，芬兰人也很快就掌握了对付这种苏军新型飞机的方法。具有讽刺意味的是，11 架被缴获的伊 –153 战斗机随后在芬兰一方作战。然而，“海鸥”战斗机最大的考验是德国入侵苏联。在苏联西部边境正面抵抗德国进攻的战斗机中，超过三分之一都是伊 –153，还有一小部分伊 –152。这些飞机迎难而上，获得了良好的口碑。得益于飞行员的英勇和维护人员的超凡技术，有些伊 –153 战斗机经历了整个卫国战争，一直服役到 1945 年。这也很好地证明了该机是世界上服役时间最长、最伟大的双翼战斗机之一。

上图：阿尔派恩战斗机收藏协会在伊 –153 战斗机的修复工作中采用了什韦佐夫 ASh–62IR 星型发动机（波兰生产的 ASz–62），这种发动机还在安 –2 运输机上使用。ASh–62 是伊 –153 原始的 M–62 发动机的现代化衍生版本

伊 –15
20 世纪 40 年代中期，这架飞机在西班牙空军中被用作教练机。注意机身上战后国民军的“轭和箭”标志。该机可能在埃斯库埃拉服役。

伊 –152
1939 年 1 月，共和军航空部队驾驶这架伊 –152 战斗机从维拉胡加起飞。当战争在 1939 年 3 月 28 日结束时，一些存留下来的性能良好的波利卡尔波夫战斗机在国民军中继续服役。

西班牙“狮子鼻”和“超级狮子鼻”

尽管伊 –15 战斗机在苏联的服役时间相对较短，但它在西班牙内战中扮演了一个重要角色。伊 –15 和伊 –152 参加过很多决定性战役，它对敌方的 Ju52/3m 轰炸机造成了巨大损失，还在对地攻击作战中发挥了重大作用。伊 –15 战斗机在西班牙一直服役到 20 世纪 50 年代。

波利卡尔波夫

伊-16 单翼战斗机

上图：这架伊 -16 战斗机诞生时其他制造商还在生产固定起落架的双翼战斗机，它随后也成为战斗机的里程碑式机型

波利卡尔波夫在监狱里带领他的团队完成了伊 -16 战斗机的设计工作。尽管当德国入侵苏联时该飞机已经过时，但这种小巧的飞机还是赢得了良好的声誉。

尼古拉·尼古拉耶维奇·波利卡尔波夫是第二次世界大战苏联战斗机设计师的领军人物，但是他最成功的设计有一个不同寻常的开始。1929 年后期，一系列原型机坠毁之后，波利卡尔波夫和他的助手被指控有破坏飞机的活动，由此被捕入狱。

尽管被囚禁，技术员和设计师们仍然被要求为国家继续工作，波利卡尔波夫设计团队也不例外。他们设计出的波利卡尔波夫伊 -5 战斗机在当时成为苏联的标准战斗机。它是一种传统的混合结构的双翼战斗机，机身由焊接钢管组成，机翼主要是木制的，表面有织物覆盖。伊 -5 被大量制造，发动机采用的是布里斯托“朱庇特”（发动机）的授权版本——M-22 发动机，在服役中表现良好。在波利卡尔波夫刑期的最后几个月中，也就是 1933 年上半年，波利卡尔波夫改进了伊 -5 战斗机。同年 10 月，第一架伊 -15 双翼机的原型机在测试中展示了其卓越的操纵性，同时还能在 8 秒之内完成 360° 回旋。

然而，苏联空军科学研究院已经在考虑未来了，苏联人是第一个意识到双翼战斗机即将退出历史舞台的。因此，设计局提出了波利卡尔波夫伊 -16 战斗机。该型号飞机的定位是敏捷但速度不高的伊 -15 双翼机系列的快速单翼机伙伴。

左图：复合式俯冲轰炸机（也称为 SPB）是伊 -16 战斗机最独特的子型号之一，即 ANT-6 母机的两个机翼下分别悬挂两架载弹的伊 -16 战斗机。1941 年 8 月，这种组合飞机在对罗马尼亚的油田和交通设施的袭击中进行了实战测试

外形奇怪，粗短的机身看起来像是受到1932年吉比（Gee Bee）竞赛飞机的影响，尽管如此，伊-16仍然在战斗机设计史上具有航程碑式的意义。虽然它采用了传统的结构，即半硬壳式木制机身和在前梁覆盖了纺织物的金属机翼，但伊-16是一种简洁的悬臂式单翼机，并带有可完全收回的起落架，同时也是第一种进入军队服役的单翼战斗机。

1933年最后一天试飞的原型机使用了进口的莱特“旋风”发动机，早期生产的飞机（之前生产的使用的是M-22“朱庇特”发动机）使用的是获得许可生产的M-25发动机。后来生产的一些飞机使用了改良版的M-62或功率高达1100马力（约820千瓦）的M-63发动机。第一种主要生产的版本是伊-16-4，而1937年出现的伊-16-10战斗机建造的数量最大。

各种型号的飞机使用的武器装备也各不相同，大多数都采用两挺或4挺ShKAS 0.3英寸（约7.62毫米）机枪，后来的飞机也装备有两门ShVAK 20毫米机关炮。伊-16-29在发动机整流罩上装备一挺贝雷辛UBK重机枪，取代了以前的ShKAS机枪。有的伊-16战斗机能携带6枚或8枚RS-82火箭弹，伊-16-24战斗机炸弹装载量高达500千克（1102磅）。

在实战中，伊-16战斗机并不是非常好控制，同时机枪的瞄准也是一个问题，但这些在其卓越的全方位作战性能面前也就不算什么了。在西班牙的作战生涯以及1938年与日军交战的过程中，它是一个强有力的对手，但到了1941年，它开始过时了。在与纳粹德国空军交战的第一年，成千架该型机被击落或被摧毁。

尽管它有很多缺点，伊-16战斗机仍然是大量生产的战机。等到1941年6月“巴巴罗萨”战役开始时它已经过时了，但生产一直持续到1942年早期，最终生产了7005架单座战斗机，还有至少1639架双座型号（主要是UTI-4教练机）。

上图：苏联没能利用依靠伊-16获得的战斗机技术优势，从而导致伊-16战斗机在1941年的战役中处于极端不利的态势。尽管如此，伊-16战斗机对保卫苏联所做出的贡献仍然不可低估

下图：尽管伊-16战斗机被德国战斗机彻底超越，但它还是在前线一直服役到1943年末期。在战争初期的几个月里，第29歼击航空兵团是参战最多的部队之一，他们利用伊-16战斗机来打击德军地面部队。这也是第一支获得近卫称号的空军部队，即1941年12月莫斯科保卫战中的第1近卫歼击航空兵团

下图："双六点"标志象征这架飞机是 1937 年夏天在西班牙阿尔瓦塞特省作战的第 3 "莫斯卡"（大老鼠）中队的"超级莫斯卡"。在西班牙内战的前几个月里，伊 –16 战斗机是共和军取得空中优势的重要因素

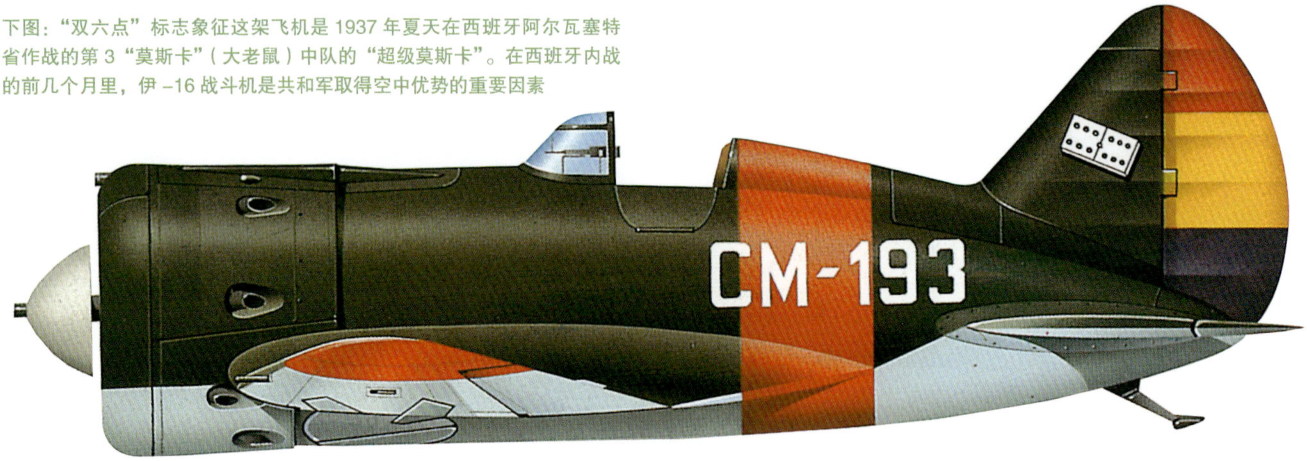

下图：这是一架参与 1941 年 9 月敖德萨防御战的伊 –16–24 战斗机。虽然其速度比 Bf 109 慢很多，但飞行员凭借卓越的操纵性也能避免被击落。伊 –16 还用于抵抗纳粹德国空军轰炸机的大规模进攻行动

下图：1937 年，中国空军装备了两支伊 –16 战斗机中队，图中的这架于同年冬天进入位于山西省北部的国民党空军精英部队——第 4 大队服役。而伊 –16 战斗机在其对手日本人中一般被称为"Abu"即"牛虻"（Gadfly）

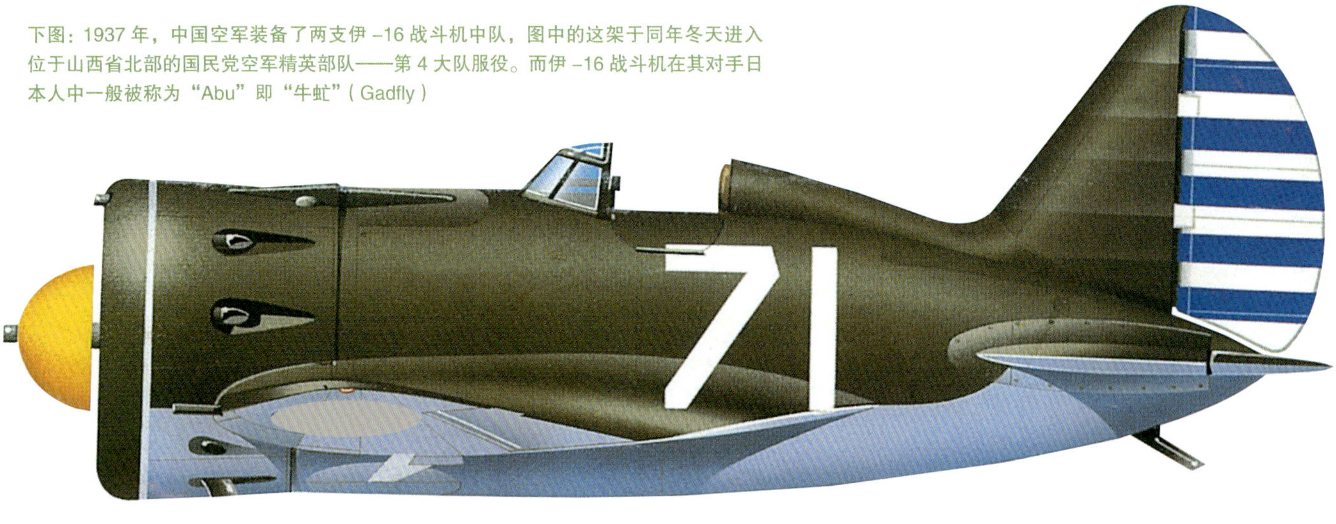

R

YF
U

QV
H

NG
489131
PA-ANG

NV
K
HD247

P
178
ROYAL NAVY
VP461

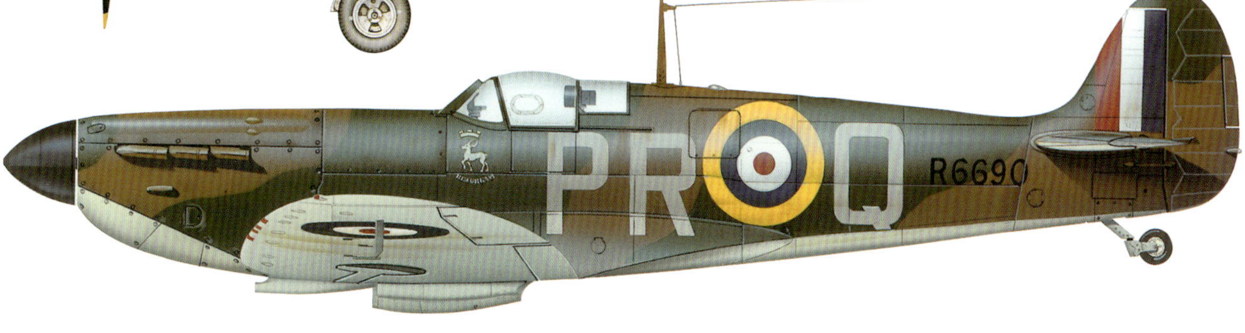
PR
Q
R6690

上图：大部分早期型的 P-47 战斗机都具有“剃刀背”（razorback）设计，如照片中这 6 架 P-47B 型。这支编队在 1942 年 10 月隶属于第 56 战斗机大队，领队是 P-47 的王牌——胡伯特·岑克

共和 P-47“雷电”

P-47 型是重量最重的单发动机活塞式战斗机，而且大量投入服役，它被公认为第二次世界大战中最伟大的对地攻击机。

大型、宽敞、强而有力的共和（Republic）P-47 型“雷电”是美国产量最大（15683 架）的战斗机。但该型机的服役生涯在 1945 年初就接近尾声。“雷电”是大战中顶尖的战斗机之一，志愿飞行员和拥护者都对它赞誉有加。然而 P-47 型的评价总是充满争议。它是一款大型、配备气冷式发动机的飞机，而美国陆军航空队最信赖的是直列发动机；它是长于高空作战的机种，在较低空域经常会被其他战斗机胜过，但“雷电”是吃苦耐劳、坚固耐用的空对地攻击机，非常适合执行低空扫射与轰炸任务。

P-47 型能够以不可思议的速率进行俯冲（俯冲速度接近音速或超音速只是不实的传言），但爬升性能有些迟钝。在未挂载炸弹或其他装备的条件下，它的缠斗战性能不差，但飞行员经常得携带惹人厌的炸弹作战，使得战机的速度减慢，更妨碍了它的机动性。

“雷电”拥有舒适的座舱，内部噪声低，震动不大且操纵反应出色。不过，它水桶般的机鼻太过前伸，导致在空战中或对地攻击时前方与向下的视野被遮挡。P-47 的火力叹为观止，在美国的战斗机中被推崇为“最佳的扫荡者”。该型号战机还能够承受相当大的战斗损伤，而且没有什么能比一架 P-47 在被数百发炮弹打得满身窟窿之后，还能安然无恙地返回基地更令人拍案叫绝的了。

弗朗西斯·加布雷斯基、罗伯特·詹森、胡伯特·岑克与尼尔·基尔白都是驾驶 P-47 型“雷电”的王牌，对它的性能深具信心。德国的空战王牌阿道夫·加兰德曾试飞过一架 P-47 型，说他一开始就觉得这架飞机的座舱大到能让他在里面走路。然而，就内部燃油航程而言，“雷电”几乎飞不到战场，即使加装了可抛弃式的副油箱，它还是无法与苗条、外形优美的竞争者 P-51“野马”的航程相提并论。

在欧洲的一些美国军官还认为，“雷电”需要很长的跑道才能够起飞、向下俯冲之后难以拉起机首，而且它的起落架也不够坚固。尽管如此，在太平洋，第 5 航空队指挥官乔治·C. 肯尼

上图：配备 8 挺 0.5 英寸（约 12.7 毫米）机枪且能挂载大量炸弹与火箭发射器的 P-47N 型战机是对地攻击理想的武器平台

右图：1945 年 7 月在伊江岛（Ie Shima），第 318 战斗机大队的军械员正为“珍号”（*Jane*）P-47N 型“雷电”战斗机装填弹药和清理枪管。在对日本本岛的突袭中，远程 P-47N 衍生机型使它成为 B-29 型“超级空中堡垒”轰炸机的理想护航机

下图：美国陆军航空队的 P-47 型战机拥有痛击敌人的能力，在使德国的补给与联络线瘫痪中扮演着相当重要的角色。1944 年 6 月，照片中这架第 406 战斗机大队的 P-47 从爆炸的火光里飞出，那是一辆装载弹药的车辆发生爆炸

上图：P-47 在大战中最快与最重的子型号为 N 型，它的特征是机翼的翼端呈直角形，两翼的根部还有 4 个新增的油箱。P-47N 型的净重为 20700 磅（约 9389 千克），是单座式活塞发动机战斗机中最重的

（George C. Kenney）仍偏爱“雷电”的性能，并要求更多的战斗机大队配备这种大型战机。

人们对 P-47 有太多的误解，与那些偏见不同，“雷电”并不是那么难飞，也没那么难降落，不过训练有素的飞行员还是得小心翼翼地不让机身外倾，使飞机水平、稳健、声势浩大地“拥抱地面”。此外，有关 P-47 仅高空性能优异的传闻也非事实，不过其空战性能的确是在接近同温层时最为高超。

重武装

P-47 有“大壶”（Jug）的称号，是因其大小堪比重型卡车的巨大机身。

在长岛（Long Island）生产“雷电”的共和公司也被称为“共和钢铁厂”（Republic Iron Works）。该公司是由苏联移民亚历山大·P. 德·塞维斯基（Alexander P. de Seversky）少校创立（他自颁少校的军衔，撰写了有关空中力量的许多书籍）。在第一架 P-47 诞生之际，该公司即拿掉了塞维斯基的姓，更名为“共和公司”。另一位苏联移居者亚历山大·卡特维利（Alexander Kartveli）则领导工程设计小组。卡特维利与他的公司相信尺寸与动力是飞机的主要元素，所以他们的飞机也依此信念来制造。据说，若 P-47 的飞行员无论如何都没法击败对手的话，他能够滑行到敌机的上方，放出战机的起落架，11600 磅（约 5261 千克）重的“大壶”的偏航惯性足以解决掉敌人。

1990 年刊登的一篇来自美国空军的历史文摘中称：“雷电”的设计草图最初是卡特维利在一封信的背面成形的。那是在 1940 年一场陆军战斗机规格需求会议上的事情。

这个说法令人中听，但忽略了“雷电”是在共和公司所生产的早期机种基础上，经过循序渐进、无数次的改进，解决各种问题后才问世的。籍籍无名的 P-43 型“枪骑兵”（Lancer）就是“雷电”的早期机型之一，该型号仅参加过中国－缅甸－印度战区的作战。

为了发挥 P-47 体积庞大的 R-2800 型增压发动机的性能，该机安装了坚固的 12 英尺（约 3.65 米）四叶可调桨距螺旋桨，后期型还采用更宽阔的叶面以强化性能。发动机的内燃增压系统是其成功的关键，它装置在机身驾驶舱的后部，排气管则再导入涡轮机，然后从后方排出。如此一来，导入的空气在压力之下即会回流到发动机内。尽管初期曾存在一些问题，但这套系统的运作成效良好，确保了“大壶”在高空中的一流声誉。

在日本宣布投降 5 年之后，当美军需要一款螺旋桨推进的战斗机到朝鲜半岛执行空对地作战时，五角大厦曾试图找出足够的“雷电”来承担任务。然而，那时美国产量最大的该型号战斗机已不在库存清单之上，美国空军只好将此工作交给较不耐用且更不稳定的“野马”。

无论过去或现在，P-47 型“雷电”的飞行员都会坚称他们的战斗机是一流的，这确实无可争议。

下图：根据《租借法案》，超过 800 架 P-47D 型交付英国皇家空军，奔赴远东作战。照片中这架飞机是 4 架“雷电”Mk II 型中的一架，此刻尚在英国进行测试

P-47的研发历程

上图："雷电"战斗机的前任P-43"枪骑兵"高空战斗机在弗洛伊德班尼特机场进行部队验收测试，在试飞中到达副平流层高度

经历过漫长的早期发展后，共和飞机公司推出了世界一流的战斗机——P-47"雷电"，随后大批生产了一系列得到实战证明的子型号。

作为塞维斯基公司（之后的共和飞机公司）制造的P-35A的换代战斗机，XP-41和相似的私人投资型号AP-4使公司赢得与美国陆军航空队的一个有利的合同。13架试验性生产的带有涡轮增压的YP-43（从XP-41改进而来）被订购，于1940年9月交货。在服役测试期间，该型号暴露了存在的问题，且发现相对于最新的欧洲设计已经落后了整整一代。所以共和公司的强化型"枪骑兵"P-43A（有80架早在1939年9月以P-44的编号被订购）被立即取消订购并整体重新设计。

进入"雷电"战斗机

尽管美国陆军航空队订购了54架P-43和80架P-43A，但这些飞机仅仅是为了填补空缺，等待共和飞机公司脱胎换骨的下一代战机——P-47"雷电"到位。

P-47的诞生，是为了满足1940年美国陆军航空队对轻型截击机的需求。P-47家族谱系是明确的，它的祖先是P-35、XP-41、P-43和失败的P-44。亚历山大卡特维利以及他的设计团队曾打造过P-35，这次也设计出了P-47。

下图：不同于XP-47和XP-47A，XP-47B并不是为了满足美国陆军航空队的轻量级战斗机需求而生产的。因此，卡特维利和他的设计团队可以根据自己的意愿设计一架高性能战斗机。P-47具有很大的空间存储油箱和挂载武器，同时足够坚固，能够从欧洲战场上幸存下来

上图：最初由第 355 战斗机大队 358 战斗机中队驾驶，在法国多次执行护航和对地攻击任务的这架 P-47D，1944 年在迫降被俘获后由德军第 103 特种试飞突击队（Sonderkommando Aufklarugsstaffel103）试飞。该机在德国纳粹空军服役时主要在巴黎—奥利一带活动

美国陆军航空队于 1939 年 11 月签订合同订购了 XP-47 原型机，之后共和公司开始研制装备能提供 1150 马力（约 858 千瓦）艾利逊直列发动机的新型战斗机。进一步的订单要求制造一架轻量型的 XP-47A。随着 1940 年空战席卷欧洲，战斗机的需求更加明确，只有配备坚固装甲、8 挺机枪和自封式油箱的战斗机才适合空战。

共和飞机公司的重新设计

卡特维利决定以涡轮增压的普惠发动机为基础研制可满足高性能、重装甲与大载荷需求的星型发动机。美国陆军航空队评估后，这款设计于 1940 年 9 月通过。

装备 1999 马力（约 1491 千瓦）的"双胡蜂"发动机后，P-47 需要一个直径为 12.2 英尺（约 3.71 米）的螺旋桨，这意味着要求起落架的支撑高度相当高。当共和飞机公司推出这款飞机的时候，它吸引人的不仅仅是庞大的机身，还有常规的全金属结构。然而，1941 年 5 月的第一次试飞暴露了很多缺陷，其中一架原型机在 1942 年 8 月坠毁。到这时，最初的一批 773 架飞机的订单已经确定。P-47B 战斗机在得到官方绰号"雷电"后，于 1942 年 6 月开始交付美国陆军航空队第 56 战斗机大队。随后生产的战斗机具有增压的驾驶员座舱，这在 XP-47E 上已经过测试。

战争开始

1943 年，当第 56 战斗机大队在英国展开攻势时，P-47B 遭受严峻考验。遗憾的是，它的表现不尽如人意，低空机动性能差，且内置燃油容量受到限制。171 架 B 型后的 P-47C 在方向舵和升降舵上做了改进，增强飞机机动性，除此之外，注水发动机将动力提升到 2299 马力（约 1715 千瓦）。还有最重要的是：外挂副油箱的引入让"雷电"可以深入欧洲大陆执行任务。

继 602 架 P-47C 之后，产量最大的子型号 P-47D 以及设计相同但由寇蒂斯 - 莱特公司生产的 P-47G 开始生产，两条生产线总计生产 12956 架。

早期型 P-47D 与 P-47C 仍然较为类似，但引入了更好的驾驶员座舱装甲、加固的机翼、翼下挂架和额外的油箱。最有意义的变化是从第 25 批次开始，P-47D 装备了视野极好的气泡状座舱盖（类似于英军"台风"的设计），以及"削平"的后机身。这些改进最初由一架 XP-47K 进行了验证。

下图：美国陆军航空队订购 80 架换装发动机的"枪骑兵"P-43A 作为过渡，在 P-47 生产之前取消了 P-44 的订单

上图：第二次世界大战结束后，P-47N 继续在美国空中国民警卫队服役至 20 世纪 50 年代初期。自 1948 年 6 月起，得到了新型号的 F-47N“雷电”战斗机开始在国民警卫队康涅狄格州、特拉华州、佐治亚州（第 128 和第 158）、夏威夷州、马萨诸塞州（第 146 和第 147）以及波多黎各中队服役

右图：专门为太平洋战区生产的改进型——P-47N 型能够通过机翼下新增的火箭发射滑轨，缩短的翼展和背鳍整流罩上的天线识别出来

后期改型

P-47D 的一部分作为“雷电”Mk I 和 II（带泡状座舱盖）交付驻缅甸的英国皇家空军。随后小批量投产的是 P-47M，这是一架拥有高航速的 P-47D 改型，主要用于对抗火箭动力战斗机和 V-1 火箭。

除了生产线上的飞机，P-47 还有许多试验型飞机。其中包括有层流翼的 XP-47F、装有 2299 马力（约 1715 千瓦）的克莱斯勒直列发动机的 XP-47H、装有大功率星型发动机的轻量型 XP-47J。XP-47J 后来又进化为先进的 XP-72 项目，以及最后增大了燃油容量的 XP-47L。

最后一种量产型是 P-47N，共生产 1816 架，主要在亚洲服役。其使用 P-47D 的机身和 P-47M 的发动机，加固起落架和机翼，并在机翼上新安装的油箱，能够执行太平洋远程护航任务，保护第 11 轰炸机司令部的 B-29。

右图：P-47N 原型机，该型号是伟大的 P-47“雷电”战斗机系列的最后一款量产型

P-47“雷电”族谱

为了确保可以击败主要对手，P-47“雷电”不断改进完善。为此“雷电”诞生了数量众多、越来越强的衍生型，使得P-47成为一款非常成功的战斗机。

P-43A-1

P-43“枪骑兵”的改进型，搭载有1200马力（约895千瓦）的发动机。P-44最高时速为356英里（约573千米），配备有4挺机枪，并引入对于欧洲战场的战斗机来说很重要的自封油箱。这些飞机中的一部分供应中国，部分设计被P-47“雷电”战斗机沿用。

P-47D“雷电”战斗机

几乎和P-47C-5具有相同外观的早期“D”型保留着剃刀背型机身，但在内部进行了一些改进，比如为涡轮增压器重新设计的排气管，调整发动机附件箱，安装阔叶螺旋桨以及增强飞行员装甲。P-47D-25之后的量产型采用全新的水滴状座舱盖，这极大地改善了驾驶员的视野。外挂油箱的改进也增强了续航力。P-47D在1943年执行护航美国重型轰炸机到德国/荷兰边境任务中第一次使用额外油箱，P-47的出现让打算拦截轰炸机的德国纳粹空军感到十分意外。P-47D在英国皇家空军作为“雷电”Mk I（剃刀背型）和Mk II（水滴型）服役。

P-47B

由XP-47B原型机发展而来的P-47B的外表和它的前者的不同之处在于采用向后滑动的座舱盖、全金属的控制面蒙皮，以及向后挪动的无线电天线桅杆。尽管飞机比计划要重650磅（约295千克），性能和最初的设计方案最为相近，但也因此需要6.7分钟才能爬升到15000英尺（约4572米）的高度，而不是原定的5分钟。然而P-47B的最大航速是429英里（约690千米）/时，比原先预期快约30英里（约48千米）/时。

P-47C

P-47C强化了飞机尾翼面，机身加长了8英寸（约20.32厘米），安装新的发动机支架和天线桅杆，于1942年9月首度出现。因为这些改进，该型机很快大出风头，其中最著名的是动力俯冲中时速可以超过500英里（约804千米）。但在俯冲时，P-47的操控性能会极大恶化，这就意味着它的控制装置要么被颠倒，要么停止工作。其中一次俯冲中，有人声称飞机的速度可达到725英里（约1166千米）/时，虽然时速减少100英里（约161千米）/时更符合实际。“C”型是第一款具备实战能力的“雷电”子型号，后期批次的“C”型为克服俯冲问题进行了部分调整。机翼下亦增设了可挂载炸弹和油箱的挂架。

P-47G，TP-47G

寇蒂斯公司（而不是共和公司）生产的“雷电”战斗机的型号被定为 P-47G，和共和公司生产的飞机别无二致。第一批生产的 20 架和 P-47C 相近，但此后寇蒂斯公司量产的型号与 P-47D 相当。两架 P-47G 被改进成双座椅结构，其中第二个座舱安装在第一个的前面，因此型号定为 TP-47G。

XP-47H

该机是 P-47 试验性改型中的一种，用于测试克莱斯勒 16 缸 2500 马力（约 1665 千瓦）XI-2220 型发动机。该型机仅在 1943 年制造两架，直到 1945 年 7 月欧洲战事已经结束，飞机才试飞。虽然进行了大量的修改工作，但人们真正考虑的，只有那台经过测试后不成功的克莱斯勒发动机。

XP-47J

轻量化的 XP-47J 于 1943 年制造完成，是一架极具潜能的战斗机。它搭载有普惠 R-2800-57“C”发动机，以在达到输出大功率的基础上不增加飞机的质量。封闭式的发动机内有一个特殊的风扇，能够帮助其冷却，加上大型螺旋桨和大功率增压器，飞机可以达到 500 英里（约 804 千米）/ 时的速度，这一纪录创造于 1944 年 8 月。然而，当陆军航空兵对其进行测试的时候，它的最高时速要比历史最高纪录慢 7 英里（约 11 千米），甚至在满载的时候连这一速度都达不到。另一个不利因素是如果要投产该型号，共和公司需要调整 70% 的生产线。因而这种改型的飞机从未参加服役。

XP-47K/L

为了给驾驶员一个全景视野，共和公司跟随时代的潮流给 P-47D 加装了泡状座舱盖。XP-47K 型飞机（右图）削平了背鳍并移动了无线电相关设备。这些从 P-47D-25 引入的改进措施，使得“雷电”战斗机的机身更具流线型，质量更轻。共和公司为另一架 P-47D（型号为 XP-47L）安装新了的油箱（65 美制加仑 / 约 246 升），并增加了氧气供给（原先的 4 个氧气瓶增加到 6 个），除此之外还做了其他小幅改进。

P-47M

为了全方位增强性能，P-47M 换装了“双胡蜂”C 系列发动机。尽管其他方面都差强人意，但这架飞机最高航速能够达到比“D”型飞机快 50 英里（约 80 千米）/ 时，使得 P-47M 成为“雷电”战斗机中速度最快的，这对于对抗德国火箭弹和喷气战斗机以及 V-1 飞弹意义重大。P-47M 一共生产了 130 架，还有 3 架 YP-47M。许多 P-47D 事实上都被改造成 P-47M，并在英国的第 56 战斗机大队服役。

P-47N

由一架“D”型“雷电”战斗机改进而来的 XP-47N，同样装备“C”系列“双胡蜂”发动机，但是最主要的改动是安装了实验型机翼。这些由共和飞机公司做的改进增加了载油量，针对机翼的更进一步完善将载油量从 370 美制加仑（约 1400 升）提高到 500 美制加仑（约 1893 升）。机翼的扩展也改善了该型机的滚转和盘旋性能，有一部分 P-47D 就采用了这种新型机翼。P-47N 总计生产了 1816 架，并参加了太平洋战争，执行 B-29“超级空中堡垒”轰炸机的海上远程护航任务。最后一款量产型“雷电”战斗机——P-47N 一直服役到战争结束，后被移交美国空中国民警卫队，直至 1955 年退役，那时它被重新指定型号为 F-47N。

XP-72

“雷电”战斗机第一次试飞后不久，共和飞机公司把注意力转移到研究普惠新星型大功率发动机上。其中一架原型机在飞行员后面安装了星型发动机，通过传动杆驱动位于机鼻的螺旋桨。然而，美国空中国民警卫队并未接受这款设计新奇、想法离经叛道的战斗机。XP-72 在推出时保证飞机具有高性能并使用了很多 P-47 的部件。XP-72 由 3000 马力（约 2238 千瓦）28 缸“大胡蜂”发动机驱动，两架原型机在 1943 年被订购。第一架搭载有四叶螺旋桨，于 1944 年 2 月试飞。第二架采用同轴反转螺旋桨，于 5 个月后试飞。然而，这款飞机比 P-47 更重，且为了减重仅安装了 6 挺机枪。高耗油率也使得飞机的航程受到了限制，而喷气式发动机的出现使 490 英里（约 789 千米）的最高时速黯然失色。随后一批最初的 100 架生产订单被取消；该机计划赋予 XP-47J 的编号，但在共和飞机公司的生产线上改装耗费太多时间，以至于诞生时已经落后，因此未能服役。

下图：早期和后期生产的P-47D在欧洲战区并肩作战。1944年8月，这些来自第9航空队第373战斗机大队的战斗轰炸机从法国某基地起飞

欧洲战区的“雷电”战斗机

第一批“雷电”战斗机于1942年底到达英格兰，装备了3支第8航空队的战斗机大队，在欧洲战场上被用作战斗轰炸机，并主要装备于第9航空队。

P-47C最初被分配给第4、78和56战斗机大队，于1943年4月首次执行任务，在行动中证明了自己是德国Fw 190战斗机的强劲对手。尽管相比于德国战机，其爬升速度较慢，机动性能也不是很好，但是“雷电”在俯冲和直线飞行中更快。

然而，发动机故障成为主要的难题，导致很多架飞机失事。直到1943年4月P-47D型战斗机的到来，才使得第8航空队有了真正有力的战斗机。“D”型战斗机做了一些发动机的改进以及给飞行员增加了装甲。更重要的是，P-47D是第一款在改装后可以携带外挂副油箱的“雷电”战斗机，可陪伴第8航空队的轰炸机更深入敌区。

第78战斗机大队是最早使用P-47参加欧洲战区的军队之一。这架属于第82战斗机中队的“气泡舱盖”P-47D的照片拍摄于1944年底；机身的条纹为诺曼底登陆日盟军联合远征航空队的标记

10个P-47战斗机大队

1943年底，“强大的第8航空队”已经拥有10支配备有P-47的战斗机大队，其中部分开始准备换装更适合远程护航任务的P-51“野马”战斗机。经过全新改革的第9航空队，作为美国给同盟国航空兵力的巨大补充，专注于在即将来临的欧洲反攻任务中实施支援，成为“雷电”战斗机的最大用户。

截至1944年5月，第9航空队18支大队中的13支已经装备P-47D。“雷电”战斗机也找到了自己的新角色——对地攻击和俯冲轰炸飞机，它在低空的表现使它成为新任务的理想机型。

从美国装船启运的P-47D的最后批次是为全新的任务生产的。发动机装备有注水装置，可增加“低空飞行”的动力，同时供应全新的阔叶螺旋桨，使之运行得更高效。同时在每个机翼下面安装有可挂载500磅（约227千克）炸弹的炸弹挂架。

在诺曼底登陆日后，P-47成为主角。带有极高频电台的美军装甲部队车组能够召唤带有炸弹的飞机攻击特定的目标（就像英国军队召唤英国皇家空军“近距离空中支援”“台风”战斗机一样）。从1944年7月起，这些飞机还能够携带火箭弹。

截至1945年1月，第8航空队只有一支P-47大队——第56战斗机大队，该大队正在换装新型P-47M战斗机。但新飞机出现的发动机问题意味着直到4月份该大队都不适合参加任务。即便如此，第56战斗机大队依然是第8航空队中战绩最好的，同时也是美国陆军航空队中战绩最好的P-47大队。

右图：一架“剃刀背”型P-47正在扫射一个敌军机场，重创了一架里奥雷和奥利维埃LeO 451轰炸机。这是“雷电”出色完成的一项任务

上图：5 条斜状蓝色条纹是著名的第 1 空中突击大队的标志，截至 1944 年夏天，该大队是唯一一支只配备战斗机的突击大队，主要为前线作战部队提供支援

对日作战

1943 年 6 月，“雷电”战斗机在西南太平洋战区第 5 航空队服役，第一次参加对日战争。随后很多中太平洋和缅甸战场的部队都装备了 P-47 战斗机。

大型的“雷电”战斗机在一开始并不受第 5 航空队喜爱。在遥远的西南太平洋战区，由于燃料供给问题，高耗油率的 P-47 相比于它灵活的对手来说有些让人失望，“飞燕”、“一式”、“零”式等日军战斗机教会了 P-47 飞行员不要在盘旋格斗中招惹它们。

虽然欧洲的“雷电”战斗机遇到发动机问题并且在航程中受到极大的限制，但是随着发动机“障碍”得到解决，且飞机挂载机腹油箱，亚洲战场的 P-47 也如同欧洲战场的同型机一样开始执行战斗轰炸机任务。到 1943 年底，3 支战斗机大队被用于支持夺回新几内亚，随后发起北菲律宾的越岛作战活动。

下图：1945 年 7 月，来自第 318 战斗机大队第 19 战斗机中队的由埃文斯维尔生产的 P-47D-15-RA 42-23289“鲁斯夫人号”，在马里亚纳群岛的伊江岛修理后，准备好机枪校射。P-47D 引入大量重要改进，比如可挂载油箱或者 1000 磅（约 454 千克）炸弹的机翼挂架，增加内置油箱容量

中国-缅甸-印度

1944 年春，印度迎来了第一批美国陆军航空队的 P-47。P-47 也在缅甸前线作战（同时也在英国皇家空军大量使用）。从第 80 战斗机中队开始，到最后一共有 8 支中队驾驶这款飞机。大多数时间它担任战斗轰炸机的角色，同时“在最艰难的时光中”护送 C-46 和 C-47 运输机到达中国。

在太平洋战区，第 7 航空队唯一装备有“雷电”战斗机的大队——第 318 大队于 1944 年 6 月从夏威夷登船前往马里亚纳群岛。这些飞机用于支援关岛和提尼安岛以及其他在马里亚纳群岛的岛屿登陆作战。到 1945 年 4 月，这支大队到达离冲绳 3 英里（约 4.80 千米）远的志摩岛。在这里它们换装新型的 P-47N 战斗机。另 4 个配备 P-47N 战斗机的大队于 1945 年 6 月到达，其中 3 个在志摩岛，剩下一个部署在刚攻占的硫黄岛。

原先计划给轰炸日本大陆的 B-29 轰炸机护航的新“雷电”战斗机，在护航角色中没有发挥太大的作用。随后其执行攻击任务，轰炸和扫射船只以及地面的铁路和机场。P-47N 成为一架可信赖且高效的战斗机，比 P-51“野马”战斗机更加坚固。它主要的缺点是当飞机满载时起飞时间过长。由于志摩岛和硫黄岛的跑道长度仅有 1.5 英里（约 2400 米），P-47N 的驾驶员为了能够起飞，需要使用非常高的动力输出设置以实现高速起飞。

左图：1945 年 7 月，第 19 战斗机中队在伊江岛私下庆祝第 70 次击落敌机。1945 年 4 月，第 318 战斗机中队成为第一支收到 P-47N 战斗机的中队。“N”型机比最后一批“D”型机更快，完整的机翼油箱的添置，也大幅提高了航程

在英国服役

上图：第 134 中队在 1944 年 8 月重新装备了“雷电”Mk I/II 型战斗机，于 12 月开始执行任务。1945 年 4 月，这个中队掩护盟军在仰光登陆的行动

美国陆军航空队飞行员手里战功赫赫的“雷电”战斗机，在英国皇家空军服役期间，同样在亚洲战区发挥出自己的价值。运用战斗机在对地攻击中出名的“重击”能力，英国皇家空军的“雷电”战斗机在过去 12 个月的战争中不断击退日本战机。

15683 架的总产量使得共和公司生产的 P–47 战斗机成为继寇蒂斯生产的 P–40 之后，在第二次世界大战时期产量第二的美制战斗机。其中 P–47D 型 12602 架的产量使之从“大壶”系列中脱颖而出，是美国所有型号战斗机中单一型号产量的第一位。出人意料的是，英国皇家空军并未广泛使用“雷电”——仅接收 825 架，并且只部署在缅甸战区。

受早期欧洲空战报告的影响，共和飞机公司的设计师在 1940 年设计的这款先进单座战斗机的尺寸和重量都很大。

下图：在缅甸的“雷电”战斗机由“近距离空中支援”巡逻队驾驶，接受地面引导员指挥。携带 500 磅（约 227 千克）炸弹和重武器，给日本地面军队和补给线带来严重损失

蛮力

该型机的设计思路与其他公司通过减轻质量提升作战效能的想法形成鲜明对比。XP–47B 于 1941 年 5 月 6 日第一次试飞，搭载巨大的普惠双排风冷星型发动机，还有一个安装在后机身下的涡轮增压器，总质量达到 12000 磅（约 5443 千克）。而根据欧洲战场的趋势，武器应为 8 挺 0.5 英寸（约 12.7 毫米）的机枪，飞机重量从而达到 15000 磅（约 6804 千克）。

《租借法案》

美国陆军航空队最初的订单只覆盖 P–47B 和 P–47C 型战斗机，但是英国皇家空军在开始接收《租借法案》物资时已经可以得到 P–47D。P–47D 大量的子型号都进行了不同程度的改进：中心线上的可抛式油箱可增加航程，同时还能被 500 磅（约 227 千克）的炸弹替代，机翼挂架可挂载两个油箱或者两枚 1000 磅（约 454 千克）炸弹。除了一枚 500 磅（约 227 千克）的炸弹外，每侧翼下还能挂载两到三枚火箭弹，充分体现大质量、高功率的设计理念。

英国皇家空军从 1944 年 6 月开始，一共有 240 架“雷电”F.

上图：英国皇家空军的“雷电”战斗机从 1944 年起只执行远东的任务。白色识别带是为了与日本战机（如四式战斗机“疾风”）区分开来

右图：这架早期的“雷电”Mk I 型战斗机在 1944 年春天送到英国皇家空军服役。在航空武器试验研究院试验期间，该机挂载了副油箱

Mk I 和 590 架“雷电”F.Mk II 到货（原计划总共 1098 架）。Mk I 型又被称为“剃刀背”型，具有和原来一样的后机身以及更具流线型的驾驶员座舱。然而 Mk II 型具有美国陆军航空队的 P-47D-25 型机身和“泡状”座舱盖以及削平的后机身。一小部分“雷电”战斗机在英国做了测试和评估，但是 1945 年 7 月开始交付的大多数都直接被运送到印度参战，或者在埃及的第 73 作战训练单位用于训练战斗机飞行员。

深入战争

1944 年 5 月，英国皇家空军中队在印度开始换装“雷电”战斗机（这些中队当时使用“飓风”战斗机），第 30、79、146 和 261 中队在夏末已经开始驾驶共和公司的战斗机——那时“雷电”Mk II 型已经到达 4 支中队。第一次任务由第 261 中队于 1944 年 9 月 14 日执行，“雷电”Mk I 和 Mk II 在楚德文河（Chudwin）侦察突袭，两天之后第 146 中队加入战斗，对英帕尔南部日军进行轰炸和扫射攻击。

第 30 和 79 中队在若开执行任务，第 135 中队随后加入战斗，主要执行侦察攻击和“大黄”任务。11 月 4 日，第 30 中队宣称取得英国皇家空军“雷电”战斗机的第一场空战胜利。1944 年底，另 4 支“雷电”战斗机中队执行任务——3 支在若开，另一支在缅甸中部，最后还有两支“飓风”战斗机中队在 1945 年 3—4 月换装“雷电”战斗机。高频率的作战任务持续到战争结束，第 60 中队在新加坡驾驶“雷电”Mk II 型战斗机直到 1946 年 10 月。

上图：“雷电”Mk I 型战斗机在 1944 后半年到达远东地区，逐渐取代飓风战斗机执行战斗轰炸任务。这些装备有副油箱的“雷电”Mk I 型战斗机滑行越过一支“飓风”战斗机中队

上图：这些来自第 30 中队巡逻缅甸的“雷电”Mk II 型战斗机拍摄于 1944 年底。1945 年 1 月，这支中队改用炸弹和凝固汽油弹执行对地攻击任务

右图：P-47D-25“雷电”Mk II 型战斗机的“水滴状”座舱盖给了驾驶员全景视野。Mk II 型很少参加空战，主要执行对地攻击任务

下图：这架 P-47D-30“雷电”Mk II 型战斗机属于位于缅甸望京（Wangjing）的第 79 中队，摄于 1944 年 11 月。在西南亚地区，英军飞机采用深蓝色和浅蓝色的军徽，避免和红色“肉丸旗”的日本战机混淆

S

左图：第二架 SM.79 原型机从一开始建造时就定位为轰炸机。驾驶员座舱上方安装的一个机枪炮位使得 SM.79-I 和它的后续机型获得更贴切的绰号——“驼背”

秒，最大飞行高度为 24280 英尺（约 7400 米）。

因为在早期的 SM.79 飞机上发现了其军事潜力，所以 1935 年完成的第二架原型机就被改装为轰炸机。飞机主要为木质结构，三翼梁的下单翼作为一个单独的零件生产，上反角为 11°。大型的机身采用焊接钢结构，前部用硬铝合金和夹板蒙皮，后方用胶合板和纺织物覆盖。在一般情况下飞机可以容纳两名飞行员，一挺固定的向前开火的机枪（起初是 0.303 英寸 /7.7 毫米口径，后来是 0.5 英寸 / 约 12.7 毫米口径）安装在驾驶员座舱。位于机身中部的炸弹舱可以稍稍抵消偏右偏距，后方是一个机腹整流罩，其中包含轰炸瞄准手的位置和向后开火的 0.303 英寸［约 7.7 毫米，后来是 0.5 英寸（约 12.7 毫米）布雷达－萨法特机枪］机枪的位置。另一挺机枪位于突出的背部舱尾部（正因为如此，SM.79 在服役时才获得“驼背”的绰号）。位于后机身的一挺 0.303 英寸（约 7.7 毫米）机枪可以旋回，从两侧机枪舱口发射。

意大利皇家空军的热情

从一开始，意大利皇家空军的试飞员就对 SM.79 表达出热情。生产从 1935 年底开始。早期的 SM.79-I 装备三台 780 马力（约 582 千瓦）的阿尔法·罗密欧 126RC.34 星型发动机，并于 1936 年进入第 8 和第 111 快速轰炸机大队服役。

SM.79（现在官方命名为“食雀鹰”）全速进入意大利皇家空军服役。到第二次世界大战开始时，在意大利、阿尔巴尼亚和爱琴海地区部署了共 11 支航空大队（每支大队包含 4 支中队）389 架 SM.79 战斗机。然而，SM.79 在测试一个新的角色。由于在地理上横跨地中海，意大利经过多年的努力，在鱼雷相关的技术方面享有盛誉。1937 年，携带一枚鱼雷的 SM.79 在戈里齐亚测试。尽管这些试验结果良好，但后来还是决定携带两枚鱼雷，并为此更换了功率更大的发动机，由最初的 860 马力（约 642 千瓦）阿尔法·罗密欧 128 RC.18 发动机（即型机 SM.84 装备的发动机）变成了后来的 1000 马力（约 746 千瓦）比亚乔 P.XI RC.40 星型发动机。采用后一款发动机的飞机最终投入生产，改名为 SM.79-II，于 1940 年交付意大利皇家空军。后来的亚变型机还用过 1350 马力（约 1007 千瓦）阿尔法·罗密欧 135 RC.32 18 缸星型发动机和 1000 马力（约 746 千瓦）菲亚特 A.80 RC.41 发动机。

1943 年底，“食雀鹰”的新机型——SM.79-III 开始少量出现在航空部队的鱼雷轰炸机部队中。这种机型去掉了腹部的狭小吊舱（无需轰炸瞄准员），向前发射的 0.5 英寸（约 12.7 毫米）机枪替换为一门固定的 20 毫米机关炮，后者是鱼雷攻击中的“高射炮压制武器”。

双发动机型号 SM.79B&SM.79-JR

出于安全原因，双发动机的 SM.79B 在意大利本土的销量并不好，但它在海外找到了买家，并于 20 世纪 30 年代末在罗马尼亚投入生产。

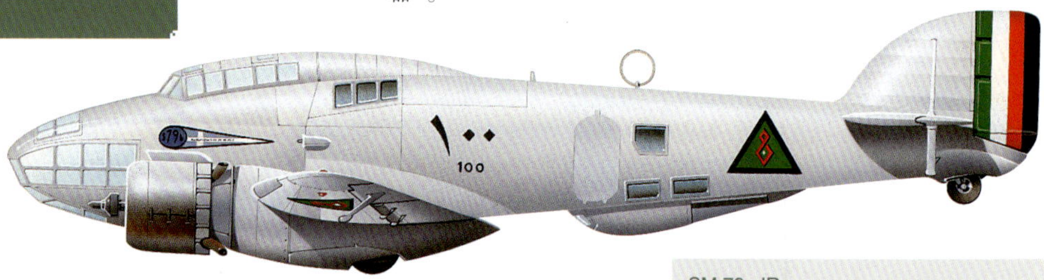

SM.79B
1938 年，伊拉克空军部队购得 4 架 SM.79B。这些飞机安装有两台菲亚特 A.80 星型发动机，但在 1941 年与英军的战斗中全部被摧毁。

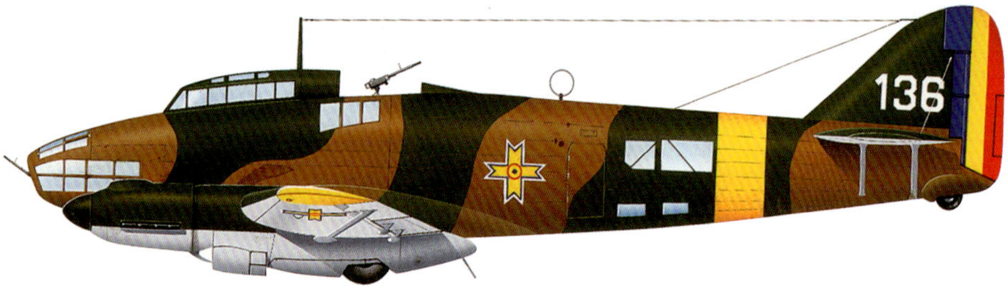

SM.79-JR
SM.79 的最大海外用户是罗马尼亚。接收了 24 架安装土地神－罗纳的“西北风－少校”（Mistral Major）星型发动机的 SM.79B 之后，罗马尼亚又订购了 24 架安装推力更大的容克 Jumo 211Da 直列发动机的机型。然后在布加勒斯特建立了自己的生产线，生产获得批准的装备 Jumo 发动机的机型，即著名的 SM.79-JR。

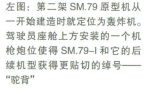

肖特“斯特林”

第一款“重型轰炸机”

上图：第 149 中队的机组人员在出击前和一名气象指挥官交换意见。装备背部炮塔的“斯特林”轰炸机一般配属 6 名机组人员

> 肖特 S.29“斯特林”是皇家空军第一款投入使用的四发动机单翼轰炸机，同时也是第一款用于第二次世界大战作战的此类飞机。该型机也是第一款退役的四发动机轰炸机，是英军“三剑客”中唯一从开始就被设计为四发动机轰炸机的飞机；阿芙罗“兰开斯特”和哈德利·佩奇“哈利法克斯”都起源于双发动机设计。

下图：第 7 中队后期生产的“斯特林”Mk I 装备有弗雷泽－纳什 FN.50 背部炮塔，图中飞机在加油为作战做准备。摄于 1942 年，奥金顿

规范 B.12/36 吸引了来自阿姆斯特朗－惠特沃斯、肖特兄弟和超级马林的设计方案，同时后面的 2 家公司分别得到制造 2 架原型机的订单。由于超级马林的原型机在完工前在一次空袭中被炸毁，因此肖特的设计不再有对手。100 架飞机的初期生产订单交给了肖特公司在罗切斯特市的工厂，同时还有 100 架交给了肖特·哈德兰公司在贝尔法斯特新建的工厂。人们决定制造 1 架使用 4 台 90 马力（约 67 千瓦）波布乔伊（Pobjoy）“尼亚加拉”发动机的半木制研究机，以对设计的空气动力特性进行测试。这架飞机在 1938 年 9 月 19 日于罗切斯特市试飞。该机后来重新安装了 115 马力（约 86 千瓦）尼亚加拉发动机，在 1943 年报废前完成了超过 100 次飞行。

当然，作为英国的杰出水上飞机制造商，肖特公司本考虑使用“桑德兰”机翼设计，但航空部规定翼长不能超过 100 英尺（约 30.48 米），以便飞机能够装入标准的皇家空军飞机库。这意味着机翼必须缩短，而“斯特林”的高空性能也将受到相应影响。

原型机失事

“斯特林”原型机在 1939 年 5 月 14 日首飞，但降落时突然刹车导致起落架折断，飞机坠毁；这很难被看作一个好的开端。7 个月后，与第一架一样使用 1375 马力（约 1025 千瓦）布里斯托“大力神”II 发动机的第二架原型机首飞。“斯特林”量产型首飞于 1940 年 5 月 7 日，采用 1595 马力（约 1189 千瓦）“大力神”XI 发动机。1940 年 8 月位于利明的第 7 中队开始使用第一批新型四发动机轰炸机替换原有的“惠灵顿”轰炸机时，采用“大力神”XI 发动机的“斯特林”Mk I 开始交付皇家空军。1941 年 2 月 10—11 日的夜间 3 架第 7 中队的飞机对鹿特丹的储油罐发动空袭，这是“斯特林”Mk I的首次作战。

随后“斯特林”轰炸机的订购数量达到了1500架，制造合同分包给位于伯明翰长桥的奥斯汀汽车公司和位于斯托克的鲁特斯公司。“斯特林”的生产最终扩展到20个工厂，但由于需要优先进行战斗机制造，“斯特林”的生产最初十分缓慢。影响早期生产的另一个因素是，1940年8月罗切斯特和贝尔法斯特的工厂遭到空袭，导致总装线上的大量“斯特林”轰炸机毁坏。

然而，生产终于开始大规模进行，到1941年末有超过150架“斯特林”轰炸机制造完成。服役中的“斯特林”受到机组人员的欢迎，该机型具有极高的机动性——这在被德军战斗机空袭时非常有用，同时也使该机型在当时赢得“战斗轰炸机”的称号。1942年6月，一架第218中队的“斯特林”轰炸机在一次夜间空袭中返航时，遭到德军夜间战斗机追击。在击毁了3架敌机后，尽管残破不堪，它还是安全返回了基地。

上图：战争早期著名的“斯特林”轰炸机是麦克·罗伯特的“重放号”(*Replay*)，这是麦克·罗伯特家族捐赠给第15中队的飞机，带有这一家族的家徽

加拿大制造

在加拿大制造“斯特林”轰炸机的计划在1941年形成，但已签署的140架飞机的合同随后又被取消了。合同订购的是使用1600马力（约1193千瓦）莱特“旋风”R-2600发动机的“斯特林”Mk II，两架Mk II原型机是由Mk I改装而成的。随后又生产了3架产品飞机，但由于“大力神”发动机的供给已符合需求，这一飞机版本未被采用。

上图：这架第7中队的“斯特林”被德军缴获后草率地修复了一下机鼻处的损伤，随后由纳粹空军在雷希林的试飞中心进行了测试

Mk III的新发动机

“斯特林”Mk III具有1635马力（约1219千瓦）“大力神”VI或XVI发动机；虽然冗余功率聊胜于无，但这一动力装置胜在更易维护。为取代Mk I笨拙的外形，获得更好的侧面结构，Mk III使用了新的背部炮塔，并进行了一些内部调整。

“斯特林”的最高产量是1943年中期的每月80架，最后一批作为轰炸机制造的“斯特林”飞机完成于1944年秋天。

随着“哈利法克斯”和“兰开斯特”轰炸机的交付，“斯特林”轰炸机开始从前线撤回执行其他任务。“斯特林”有两大缺陷：无法到达新型轰炸机可实现的约20000英尺（约6100米）作战高度；炸弹舱无法装载新设计的更大炸弹。轰炸机司令部使用“斯特林”轰炸机发动的最后一次攻击由第149中队完成于1944年9月8日。在鼎盛时期，“斯特林”飞机曾被13支中队（第7、15、75、90、101、149、166、199、214、218、513、622和623中队）作为轰炸机使用。“斯特林”总产量为1759架，其中712架为Mk I，1047架为Mk III。

下图：1942年4月29日，第1651重型轰炸机换装训练部队的“斯特林”轰炸机从柴郡小塞特福德上空飞过。图中3架飞机后来都被击落，中间的飞机“G”是3个月后空袭汉堡时被击落的

“斯特林”Mk I Srs 1

“斯特林”最终装备了皇家空军轰炸机司令部第3大队的7支中队。1940年8月，第7中队率先接收了“斯特林”轰炸机。该部队使用该型号新轰炸机进行了第一次作战——1941年2月10—11日晚对鹿特丹的一个储油库的空袭。编号为“MG -D”的N3641号是第7中队的飞机之一。

载弹量

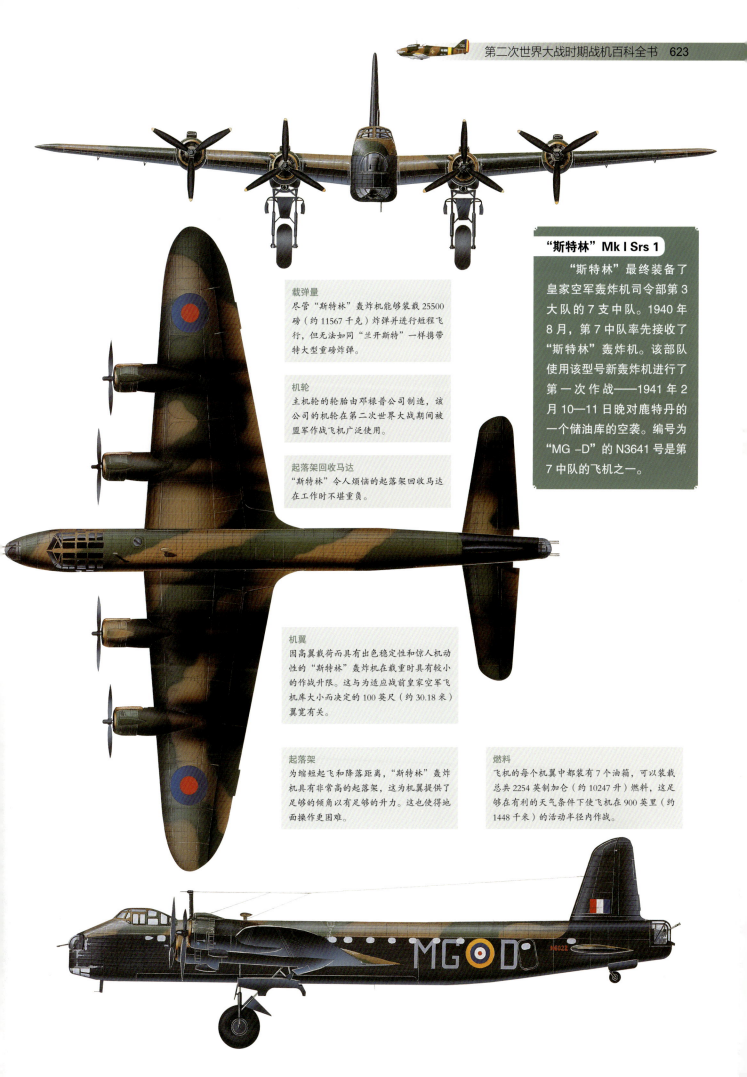

尽管“斯特林”轰炸机能够装载25500磅（约11567千克）炸弹并进行短程飞行，但无法如同“兰开斯特”一样携带特大型重磅炸弹。

机轮

主机轮的轮胎由邓禄普公司制造，该公司的机轮在第二次世界大战期间被盟军作战飞机广泛使用。

起落架回收马达

“斯特林”令人烦恼的起落架回收马达在工作时不堪重负。

机翼

因高翼载荷而具有出色稳定性和惊人机动性的“斯特林”轰炸机在载重时具有较小的作战升限。这与为适应战前皇家空军飞机库大小而决定的100英尺（约30.18米）翼宽有关。

起落架

为缩短起飞和降落距离，“斯特林”轰炸机具有非常高的起落架，这为机翼提供了足够的倾角以有足够的升力。这也使得地面操作更困难。

燃料

飞机的每个机翼中都装有7个油箱，可以装载总共2254英制加仑（约10247升）燃料，这足够在有利的天气条件下使飞机在900英里（约1448千米）的活动半径内作战。

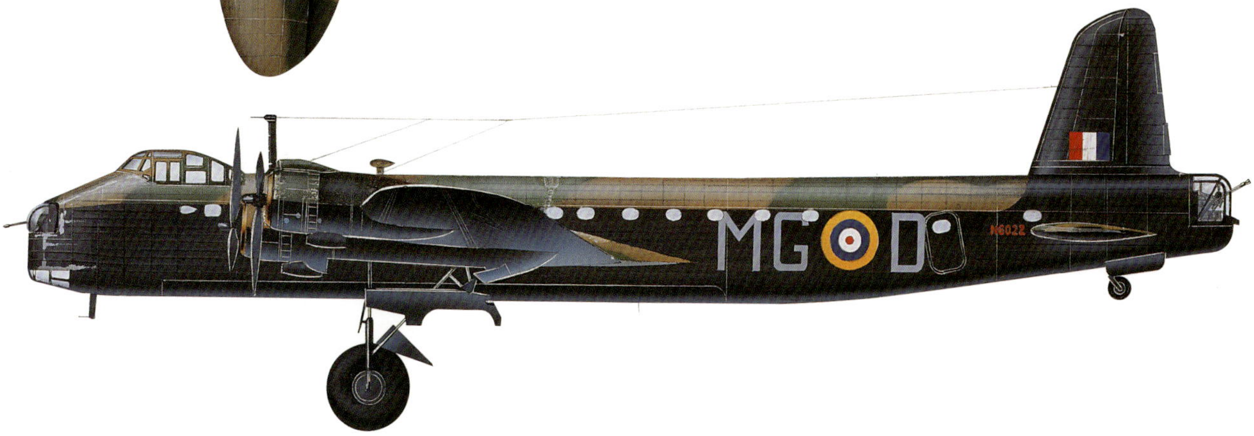

上图：加长的流线型头部是 Mk V 的主要特点之一。实际使用中桨毂罩经常会被拆除

运输和拖曳机

关于皇家空军“斯特林”轰炸机的官方数据显示，这些飞机发起 18440 架次出击，投掷了 27821 吨炸弹，布下了 20000 枚水雷，损失了 769 架。然而到 1943 年中期，“斯特林”轰炸机被大量取代，该机型担负运输机和滑翔机牵引机的新任务。这些由 Mk III 轰炸机改装而成的 Mk IV 取得的成功，促使着眼于战后民用市场的 Mk V 的生产。

下图：1945 年第 46 中队的一架“斯特林”Mk V 进行了气密性实验。该机型有时会像图中那样装有螺旋桨壳盖，且与 Mk V 发动机整流罩内的冷却风扇连接以防过热

从 1944 年初开始，型号为 GT.Mk IV“斯特林”飞机的主要任务变成滑翔机拖拽以及在运输司令部进行运输工作。运输司令部曾希望使用“哈利法克斯”和“兰开斯特”飞机执行这一任务，但由于要优先完成轰炸机司令部的任务，只有少量“哈利法克斯”可供使用，而“兰开斯特”则均不可使用。

2 架“斯特林”Mk III 作为 GT.Mk IV 的原型机被改造并在 1943 年首飞，其中一架被改造用于拖拽滑翔机，另一架则被用于运输人员。Mk IV 保留了 Mk III 的发动机，却撤除了头部和背部炮塔，而留下的孔洞则被填平。滑翔机拖带设备装载在机身后部，但大部分的 Mk IV 都保留了早期改装飞机中被撤除的尾部炮塔。

拆除炮塔提高了飞机的升限和最大速度，Mk IV 滑翔机牵引机起飞时总重仅 60000 磅（约 27215 千克），这比 Mk III 轰炸机要轻大约 10000 磅（约 4536 千克）。运兵用的 Mk IV 拆除了滑翔机拖带设备，起飞质量仅有 58000 磅（约 26308 千克），可在 11800 英尺（约 3597 米）空中达到 135 英里/时（约 378 千米/时）的速度。

开始服役

1944 年 1 月 23 日，第 299 中队的“斯特林”飞机开始高效地执行新任务。该型号飞机加入位于费尔福德的第 190 和 620 中队，以及位于吉维尔（Keevil）的第 196 中队。运输型“斯特林”的第一份任务是同年 1 月冒险在夜色掩护下为法国北部的抵抗军投掷物资。这些任务需在低空飞行，并且经常要穿过猛烈的防空武器炮火。

在诺曼底登陆日，上述 4 支中队的“斯特林”飞机正忙于拖带“霍萨”滑翔机前往诺曼底。该机型也被用于阿纳姆的空降兵运输和 1945 年 3 月强渡莱茵河的空降作战中。其他使用该型号的中队有第 138、161、171、295、570、622 和 624 中队。

从诺曼底登陆日到欧洲胜利日期间，“斯特林”Mk IV 被多次用于运载部署至欧洲大陆的第 2 战术航空队的战斗机和轻型轰炸机部队急需的燃料。每架飞机能够装载 600 英制加仑（约 2728

上图：“斯特林”Mk V 能够装载 2 台带拖车的吉普，或 1 台带有 6 磅反坦克炮、拖车、弹药和炮班的吉普可从飞机右舷巨大的货门装入

升）分装在 5 英制加仑（约 23 升）油罐内的燃料。

作为滑翔机牵引机，“斯特林”Mk IV 在实战中能够拖带 1 架哈米尔卡或 2 架“霍萨”，在转场或训练中拖带 5 架“热刺”滑翔机。第 138 和 161（特别任务）中队的“斯特林”的任务更鲜为人知。他们从特浦斯福德（Tempsford）基地出发执行特别处（SOE）交付的任务。这些飞机的任务是为在被占领国家的抵抗军补给武器。1944 年 7 月到 9 月，第 624 中队从北非的卜利达前往地中海地区（尤其是在法国南部入侵开始的地方）从事相同的任务。

Mk IV 的产量多达 321 架，其中有 120 架由交付的 Mk III 改装而成，其他 201 架是在 Mk IV 生产线上完成的。少量“斯特林”运输机也被分配给训练部队，其中中央导航学校在 1944 年也使用了装备 H_2S 雷达装置的 Mk IV。

最后一款量产型“斯特林”是无武器的 Mk V 运输机，1944 年 8 月在罗切斯特完成了首飞。该机能够运载多达 40 名士兵（全部是伞兵的情况下），或 12 名担架搬运的伤员和 14 名坐姿伤员。延长的头部装有铰链并可打开，同时机身后部右手边有大型货门，附有便携式装载台。该型机可以装载 2 台带有拖车的吉普，或 1 台带有野战炮、拖车和弹药的吉普。

“斯特林”Mk V 的生产在贝尔法斯特进行，最终有 160 架飞机完成，第一架首飞于 1945 年 12 月 8 日。“斯特林”Mk V 在 1945 年 1 月开始在第 46 中队服役，当时该部队在斯托尼·克洛斯（Stoney Cross）的运输司令部第 47 大队完成了重组。次月，同样位于斯托尼·克洛斯的第 242 中队以 Mk V 代替了“惠灵顿”Mk XVI。

Mk V的初次任务

随着 1945 年 2 月 17 日第 46 中队开始在去往阿尔及尔迈松布兰奇的航线上训练，Mk V 的服役生涯也开始了。该中队次月开通了去往本尼托堡的航线，4 月又有了去往的黎波里和印度的航线。从 8 月起，亚速尔群岛加入使用“斯特林”飞机的运输部队的航线清单。部队运输对这些飞机来说是一项重要的任务，1945 年期间会定期进行在英国和中东之间的长途飞行。

上图：PK124/“Q”可能隶属于第 46 中队的 Mk V 运输机，摄于卡拉奇马利普尔（Mauripur）机场的停机坪。作为从前的战斗机中队第 46 中队，在 1945 年 1 月重组为运输部队，执行从英国到印度、锡兰以及随后在开罗西部和马利普尔之间的货运任务

上图：一架涂有新使用的“进攻条纹”的第 298 中队“斯特林”Mk IV 从哈韦尔皇家空军拖带 1 架“霍萨”滑翔机起飞。摄于 1944 年 6 月 6 日诺曼底登陆日

上图：EF506 是 150 架一批飞机中为皇家空军运输司令部改装为“斯特林”Mk IV 的 6 架“斯特林”Mk III 轰炸机之一。图示飞机去除了背部炮塔并拥有流线型的头部，尾部炮塔保留下来用于自卫

其他“斯特林”Mk V 被分派给了第 48、158 和 299 中队，如果战争延续的话，它们也会增援远东的“虎”航空队。最后一批使用的飞机属于第 46 中东，由于阿弗罗“约克”运输机开始服役，它们最终在 1946 年 3 月被废弃——几乎可以肯定它们是最后一批为皇家空军服务的“斯特林”飞机。“斯特林”未能像“兰开斯特”和“哈利法克斯”一样在战后改装成大型客机和运输机。

下图：第 196 中队的“斯特林”Mk V PJ887 具有“ZO-H”编号，这是 1946 年早期机型开始服役不久时的涂装。第 196 中队在第二次世界大战期间曾在远东作战，从 1946 年开始在欧洲大陆执行邮件运输任务

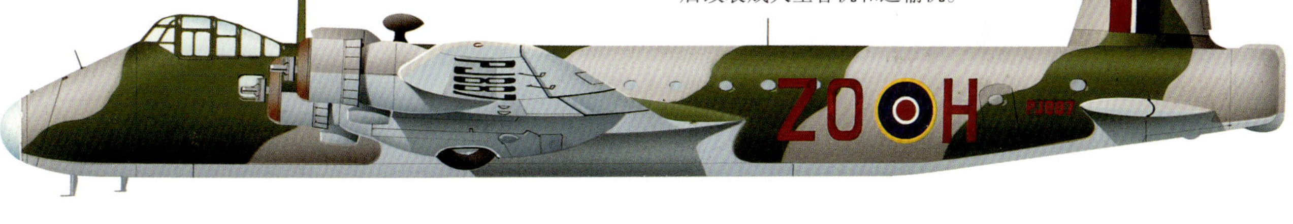

肖特“桑德兰”

飞翔的“小猪”

上图：第二架“桑德兰”Mk I量产型L2160号，摄于1938年6月皇家空军的测试中。量产型与原型机的差别在于后掠翼和向外倾斜的发动机，两者都被用于恢复因加装电动尾炮塔而偏移的重心

肖特S.23 C型“帝国”水上飞机在帝国航空公司的服役表现与此前的民用运输机之间产生了代差，作为其军用型号的“桑德兰”水上飞机在皇家海军的水上航空器中也有杰出表现。

有时被机组人员昵称为“小猪”的“桑德兰”飞机，在试图袭击这些飞机的纳粹空军飞行员口中变成“飞翔的豪猪”（The Flying Porcupine）。1959年5月20日，最后一批备受喜爱的该机型飞机从皇家空军退役时，创下了水上飞机连续服役21年的纪录。该机型同时获得许多举世瞩目的功勋。

“桑德兰”飞机起源于1933年航空部规范R.2/33。该规范寻求一款用于代替肖特“新加坡”Mk III双翼飞机（随后退出肖特兄弟罗切斯特工厂的生产线）的海事侦察水上飞机。同公司的首席设计师亚瑟·古奇（后被封为爵士）立刻开始准备参与新需求的投标。他成功提出了一款新型民用运输水上飞机的计划。同时期的其他英国设计师都没能像古奇一样意识到美国和德国利用全金属

下图：1938年中“桑德兰”飞机在位于新加坡的第230中队开始在皇家空军的服役。该中队的第一批飞机中有4架由联合马来苏丹国为皇家空军捐赠，并分别用苏丹的名字命名；图中的L2160命名为“雪兰莪号”

上图：第一架 S.23 原 K4774 停在肖特公司的罗切斯特工厂滑道上；首飞在 1937 年 10 月 16 日。该机在不久后按照量产型标准进行了改造，并坚守在海军飞机实验研究中心的岗位上，直至 1944 年退役

承力蒙皮结构制造出了优异的单翼飞机；他将 S.23 设计为外形简洁的承力蒙皮结构悬臂单翼飞机，同时极为注重减阻，使得设计方案成为皇家空军新型水上飞机 S.25 的理想基础。

古奇在 1934 年提交了方案，使用的武器为装于机头舱室或炮塔中的一门 37 毫米考文垂兵工厂机炮，以及机尾末端的 1 挺刘易斯机枪。与民用 S.23 相比，军用版本的 S.25 具有横截面加深的全新机体，以及相当靠近机翼的驾驶舱前伸出的长头部。当生产顺利进行时，人们决定将武器改变为配备 1 挺机枪的头部炮塔和配备 4 挺机枪的尾部炮塔，这与原始火力设计完全相反。重心的变化仅能通过将机翼后移或改变飞机外形，使锥化主要在前缘发生来弥补。“桑德兰”的第一架原型机 K4774 完成时采用与 C 级运输机基本相同的原始机翼设计，并在没有安装军用装备的情况下由 J. 兰克斯特・帕克驾驶，在 1937 年 10 月 16 日从梅德韦河起飞完成了首飞。在初步试验之后，该机返回工厂安装后掠翼，在 1938 年 3 月 7 日重新飞行。

采用 1010 马力（约 753 千瓦）布里斯托“飞马座”XXII 发动机的“桑德兰”飞机比民用机型动力更为强大，同时也比其他任何一款皇家空军飞机都更适于进行海上巡逻任务。飞机的燃料分装在翼梁之间的 6 个竖直鼓状油箱内，油箱容量为 2025 英制加仑（约 9206 升）。随后通过在后部翼梁增加 4 个油箱，容量增加至 2552 英制加仑（约 11602 升）。原始的“桑德兰”Mk I 上一般有 7 名机组人员，他们被安置于 2 个装有用于延长驻机时间的综合补给的座舱内。舱内有 6 个铺位、带有厨灶的厨房、工作间以及 4 支步枪和 3 个备用螺旋桨的大量备用物资。在上方，可以在机尾步行从双飞行员驾驶舱经过无线电话务员隔间（左）和领航员隔间（右）穿过前翼梁，进入随机工程师

左图：战争爆发时，4 支皇家中队装备了“桑德兰”飞机——2 支位于英国，1 支位于远东，第 4 支位于埃及。这架不幸的“桑德兰”是驻埃及的第 228 中队的一架，它在 1941 年 4 月 27 日 Bf 109E 对马耳他卡拉弗拉纳（Kalafrana）港的扫射中被击伤。幸运的是，机组人员中仅有 1 人受伤

在机翼中段内的工作空间，这里有大量仪表板。

飞机的主要攻击载荷包括多达2000磅（约907千克）的炸弹、深水炸弹、鱼雷或其他武器，悬挂在飞机中段下方货架上。在战斗中，机翼下方的大型舱门开启，武器通过驱动马达沿着滑轨传送至机翼下方投掷出去，马达在两侧的挂架都清空后将停止工作。飞机的自卫武器主要为一部纳什和汤普森FN.13液压尾部炮塔，炮塔装有4挺新型勃朗宁0.303英寸（约7.7毫米）机枪。机头有1台FN.11炮塔，装有一挺VGO（维克斯风冷）机枪。机头炮塔可以向后缩回，从而使一具船锚从机头舱门中收放。

尽管体积巨大，"桑德兰"的机体仍具有匀称的外形，且受到的阻力实际上要比机体小许多的"新加坡"Mk III双翼飞机小得多。当然飞机翼载荷是20世纪30年代中期一般皇家空军飞机的2倍，古奇的专利副翼（具有宽翼弦以及带有部分圆柱形上表面的弧形翼尾）增加了机翼面积，并使降落时的升力获得30%的提高。在水上，飞机的一个新特点是将下水漂安装在后部（第二）踏板的垂直刃形支撑上，随后又将底线顺利向后提升至机尾部。织物覆盖的飞行控制面使用手动操控，虽然没有助力，但"桑德兰"飞机仍能完美地回应控制需求。双轮着陆底盘能够安装在主翼梁下浮筒的后部。

开始服役

1938年6月第二架量产型Mk I（L2159）交付位于新加坡实里达的第230中队，标志着"桑德兰"飞机在皇家空军服役生涯的开始。战争爆发时已经有约40架"桑德兰"投入使用，到1941年末时，Mk I型的总产量已经增加至90架，其中有15架都是在敦巴顿的丹尼造船厂内，由布莱克本公司运营的飞机生产设施制造的。从1939年末到1942年，"桑德兰"飞机涂上了伪装色，然而由于工作环境恶劣，油漆很快会脱落。第204、210和228中队等以英国为基地的早期换装部队，以及来到英国挑选飞机随后又在此停留6年的澳大利亚皇家空军第10中队，从战争的第一天起就开始了密集的活动。尽管最初并没有在与U艇的对抗中获得成功，但从1939年9月18日开始对遭到鱼雷空袭的落水者进行救援，为飞机带来良好的声誉。当时第228中队的2架飞机在"肯辛顿苑酒店号"于锡利群岛沉没1小时后，将全部34名船员运送到医院。

上图与下图：尽管只进行了小规模生产，但"桑德兰"Mk II（下图）采用了重要的动力装置和自卫武器改变。更重要的是，许多Mk II装载了ASV（水面目标搜索）Mk II雷达。雷达有典型的外翼下八木追踪天线，以及环状发射器和机身后部的偶极杆。W6050（上图）是第一架样机，摄于1941年4月首飞前

到1940年，"桑德兰"飞机在多方面得到了改进，其中最为突出的是增加了2挺从两侧上甲板后部舱口射击的VGO机枪。每个舱口前部都可在气流中打开，以为机枪手提供更平静的区域用于瞄准。其他的改变包括在头部炮塔添加第二挺机枪，使用带整流罩的12英尺6英寸（约3.81米）的恒速螺旋桨替换托杆式德·哈维兰螺旋桨，在机翼和机尾加入橡胶套脉冲式除冰器，以及从1941年10月起添加ASV Mk II雷达。与雷达配套的4个1组偶极八木天线覆盖在机体后部上方，装有偶极子的横杆则位于外翼下方，以便进行方位（跟踪）导航。在150英里（约241千米）的时速（该速度在巡逻中几乎从未被超越）下，这些性能先进的机载设备对于飞机飞行性能的影响并不明显。

尽管自卫武器实际上很薄弱，且都没超过步枪口径，"桑德兰"飞机仍很快就受到敌军的尊敬。1940年4月3日，1架从挪威起飞的"桑德兰"飞机遭到6架容克Ju 88的围攻。在击落了其中的1架后，很快又迫使另一架飞机迫降，并将其他飞机击退。随后另一架"桑德兰"在比斯开湾上空向8架Ju 88发动了主动进攻并击落了3架飞机（由陪同的护航队确认）。

Mk II生产

1941年末生产转向使用双速增压器"飞马座"XVIII发动机的"桑德兰"Mk II。最后几架这个编号的飞机武器提升为头部炮塔的2挺勃朗宁机枪，机翼后缘右侧FN.7背部炮塔的2挺勃朗宁机枪，以及FN.4A尾部炮塔的4挺勃朗宁机枪（每挺机枪备弹达到1000发）。该型号仅有43架完成了生产，其中的15架由作为第三供应商——位于贝尔法斯特皇后岛（后来总公司的所在地）的肖特-哈兰德公司提供。

上图：在机翼下雷达罩内装备有性能大幅提升的厘米波 ASV Mk V/C 雷达的“桑德兰”Mk III 被称为 Mk IIIA。新雷达带来的阻力远小于 ASV Mk II

皇家空军的标准水上飞机

“桑德兰”Mk III 实际上是皇家空军的标准战时水上飞机，该机型在所有战区都取得了卓越功绩。随着战争步入尾声，使用美国发动机的 Mk V 也问世了。

由于 1941 年 6 月 1 架 Mk I 开始对改进的浮体（使用能够减少在空中的阻力的 V 形平滑流线状隔板）进行测试，Mk II 的生产被停止。改进后的飞机称为“桑德兰”Mk III，从 1941 年 12 月起替代了 Mk II。交付的飞机不少于 461 架，其中有 35 架来自位于温德米尔湖的第 4 装配车间。

在地中海，“桑德兰”被投入运载多达 82 名全副武装的士兵和增加到 10 人的机组成员从特里特岛撤离等大量危险任务。在 1940 年 11 月 11 日海军航空兵发起奇袭前，一架“桑德兰”对塔兰托港内的意军舰艇进行了侦察。在大西洋上空与“卡特琳娜”远程巡逻机一起分担了对 U 艇的主攻任务，但在 U 艇安装了与 ASV Mk II 相匹配的“梅托克思”被动接收器后，英国飞机的行踪多次暴露，同时歼敌数急速下降。皇家空军为此开发了新型 ASV Mk III，雷达在更短的 19.7 英寸（约 50 厘米）波段运作，并在外翼下方的整流罩内装有灵巧的流线型天线。组装了该雷达的飞机被称为“桑德兰”Mk IIIA。

U 艇感应器此后无法感应盟军雷达波。1943 年初，飞机的歼敌数再次回升。U 艇的对抗措施是加装大量高射炮，包括 1 到 2 门 37 毫米和 2 门四联装 20 毫米机关炮，置于潜艇表面。敌军对水上飞机猛烈开火以将其驱离，水上飞机因此需要前射火力。奇怪的是，尽管机头在设计上已为此做好了准备，真正的重型前射武器或利式探照灯却从未安装，许多“桑德兰”却加装了 4 挺向前直线射击的固定 0.303 英寸（约 7.7 毫米）勃朗宁机枪，以及飞行员瞄准器。这些机枪有时能够在 U 艇高射炮手们从指挥塔跑向数米外的火炮时将他们击倒。

此外，更强的自卫武器也开始普及，以对抗更多更大型的纳粹空军远程战斗机装备。尽管后者的机关炮经常在对峙中占有相当大的优势，“桑德兰”飞机至少安装有从机上厨房隔舱安全舱口伸出的单挺 VGO 或勃朗宁手动机

左图：图示 GR.Mk V 的“TA”编码显示这架飞机属于第 235（海岸）改装训练部队，从 1953 年开始该部队改称水上飞机训练中队。与大多数“桑德兰”Mk V 不同，这架飞机保留有背部炮塔，然而在战争的后期该机已经拆除了所有自卫武器

上图：图示第 230 中队的“桑德兰”Mk III 从缅甸飞往远东——战争终结之地。图中可清楚地看到飞机水漂处的流线型隔板，这在保持飞机水上性能的同时能将阻力减少 10%

枪，这在 1943 年末成为标准配置，同时肖特公司又加装了 1 或 2 支从机翼后缘后侧上方后舱口伸出的更有效的 0.5 英寸（约 12.7 毫米）勃朗宁机枪。“桑德兰”的机枪数量在一年内从 5 挺增加到了 18 挺，该机被认为是常规服役的英国飞机中机枪数最多的。

1942 年末，国家民用航空英国海外航空公司严重缺乏飞机，迫使 6 架“桑德兰”Mk III 被拆除了全部武器，加入英国海外航空公司 / 皇家空军在普洱和拉各斯（西非）以及加尔各答（印度）之间的航空服务。海外航空公司对飞机的发动机和巡航速度下的攻角进行了研究，使得这款很少受到皇家空军关注的飞机巡航速度获得超过 40% 的增幅。英国海外航空公司仅能运送 7 名乘客且只设置了长条凳座椅的“海斯”飞机，很快被“桑德兰”取代，后者成为可运送 24 名乘客（其中 16 人有卧铺）以及 6500 磅（约 2950 千克）邮件的出色航运班机，同时这些航线中使用的飞机发动机也被改装为“飞马座”38（之后换装 48 型）。到 1944 年，民用“桑德兰”Mk III 的数量已达到 24 架，而在战后，最终总计 29 架的海斯航班飞机来自经过完全民用改装的 S.26“桑德林汉姆”——这些飞机的生产用于英国海外航空公司的基础运输（被称为“普利茅斯”）和航空业务。

更强动力水上飞机的需求导致 1944 年初 Mk III 换装普惠 R-1830-90B“双胡蜂”发动机（与使用在“卡特琳娜”和“达科塔”以及许多其他已广泛参与皇家空军服役的机型上的发动机相同）的决定。这款 14 气缸发动机给爬升、升限和发动机停车性能提供了实质性的改善。此外尽管飞机的巡航速度有略微增加的倾向，但该发动机几乎没有对飞机航程造成影响。就操作性能而言，使用美国发动机的飞机具有在机身一侧的 2 台发动机同时停车时继续巡航的优势，而“桑德兰”Mk III 在这种情况下则无法保持高度。

1944 年 3 月的测试结束后，“双胡蜂”“桑德兰”获得以 Mk V 型号生产的许可。该机型采用无旋转器德 · 哈维兰液压自动螺旋桨。ASV Mk III 成为标准配置，在 1944 年，罗切斯特、贝尔法斯特和邓巴顿三家工厂全部转产 Mk V。三地的产量分别为 47、48 和 60 架。该型机在 1945 年 2 月加入第 228 中队开始服役。另有 33 架 Mk V 由 Mk IIIA 改装而来。1945 年 8 月，大量的订单被取消，最后一架“桑德兰”在 1946 年 6 月于贝尔法斯特完工。同在邓巴顿时一样，在那里生产的 12 架水上飞机安装有新型军用设备，在战争结束后不久，这些设备就被有计划地撤除了。

下图：最后一批皇家空军的 GR.Mk V 来自远东空军，于 1959 年退役。这批飞机在马来半岛和朝鲜半岛服役。因此，在该系列飞机中，这一机型是使用时间最长的前线皇家空军飞机之一，从 1938 年到 1959 年总计服务了 21 年

“桑德兰”Mk III

肖特“桑德兰”Mk III NJ188是由布莱克本飞机公司制造的众多飞机之一。它交付第33（挪威）中队（聘有逃亡英国的挪威人员），在皇家空军服役至1945年。

布局

“桑德兰”飞机具有双层甲板布局，入口和军官室位于飞行甲板下方，机上厨房位于主框架中间、机翼下方。机头隔间也具有轰炸瞄准器和后方铰链式轰炸瞄准窗，其上方是头部炮塔。炮塔可以通过链齿轮传动缩回，从而露出锚泊舱，该舱室内设有一根折叠式系船柱。尽管结构设计体型巨大且强度极高，“桑德兰”飞机仍无法在深海和远洋海域作业。其真正的使用环境是近岸水域和受保护的海港。

改进

V形底主船体的滑行面改进为平滑的流线形，从而降低了Mk III受到的空气阻力。1939—1945年，岸防司令部使用的约50种飞机中，只有“桑德兰”飞机一直执行前线任务，该型机被称为“水上飞机女王”。

雷达

从1941年10月起，Mk III配备了ASV Mk II雷达。该雷达安装在机体后部的上方，在外翼下方具有像“豪猪”的刺一样的偶极八木天线（内部装有以4个为1组的天线和装备偶极的横杆）。1个双联装背部炮塔代替了常规的炮塔。

动力系统

Mk III的“飞马座”XVIII发动机几乎一直维持战斗工况运转，这使得其服役寿命缩短。

机翼

由于进行了武器改进，飞机重心大幅后移，带来的影响在机翼4° 15′的后掠角的帮助下得到了补偿。燃料存放在6个（后来改为10个）垂直油箱内，总容量为2025英制加仑（约9206升）。

武器装备

“桑德兰”Mk III具有18挺机枪，这是常规英国服役飞机中数量最多的。德国人为其取了一个敬称——FliegendeStachelschwein（“飞行的豪猪”）。炸弹或深水炸弹安装在1个活动的挂架内，挂架从翼梁后部经机翼下方释放。

上图："喷火"PR.Mk 19 在高空执行侦察拍摄任务，该机是皇家空军里依然活跃的最后一款"喷火"衍生型。直到 1957 年 7 月，这架存留下来的 PS853 号机才退出现役

超级马林"喷火"

> 结合了优越的航空动力学和当时最好的飞机发动机，米切尔和他的"喷火"研发小组创造了第一流的战斗机，成为当时的传奇。

若问到第二次世界大战时英国的战斗机名称，许多人都会回答"喷火"。在第二次世界大战期间生产并在前线服役，经过不断的发展，超级马林所设计的"喷火"越来越成熟，成为历史上最伟大的战斗机之一。

超级马林的首席设计师雷金纳德·约瑟夫·米切尔（Reginald Joseph Mitchell）于 20 世纪 30 年代初期曾设计过单翼的战斗机，即 224 型（Type 224），但没有赢得订单，英国皇家空军较中意的是格洛斯特"斗士"双翼机。于是，米切尔着手研发新的 300 型（Type 300），这是一次纯粹的企业自行投资。300 型为全金属的设计（除了控制面），采用特殊的椭圆形机翼，装配了罗尔斯－罗伊斯最新的 12 缸发动机［同样为企业自行投资，因而被称为 PV.12 型（PV 为 private venture，即"自行投资"的缩写）］。

这具发动机原先预定的输出功率为 1000 马力（约 746 千瓦），提供了非常出色的功重比，使米切尔设计的飞机拥有了将在接下来的战争中被发掘到极致的改进潜力。实际上，PV.12 型的发动机（很快就被称为"默林"发动机）和后来替换的"格里芬"（Griffon）发动机的发展，或许才是"喷火"研发最重要的催化剂。动力系统为应对该机的不同作战需求而不断地演进。

由于德国加紧研制单翼战斗机，英国皇家空军急需一款能够防卫本土的新型截击机。300 型的表现令人印象深刻，很快就得到"喷火"的绰号（但备受推崇的米切尔评论道："他们称呼的名字是既血腥又愚蠢！"）。英国航空部按照"喷火"的设计制定出一项特殊规格要求（即 F.37/34 号规格），并在 1936 年 6 月订购了 310 架。原型机于 1936 年 3 月首次试飞，第一批量产型 Mk I 型配备了"默林"II 型发动机，预定的输出功率为 1060 马力（约

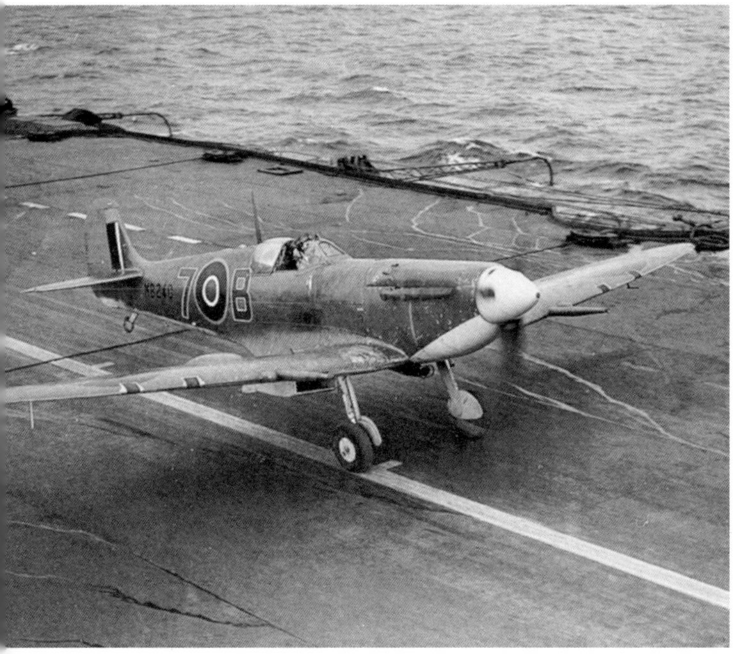

上图：1941 年，迫切需要现代化舰载战斗机的英国海军航空兵得到海军型的“喷火”，即“海火”，最初是由陆基型改装而来。照片中的是一架降落在“不屈号”（*HMS Indomitable*）航空母舰上的“海火”IIC 型，是第一款专为海军打造的舰载机，而不是机翼无法折叠的岸基改装型

下图：“喷火”的原型机 K5054 号机，于 1936 年 5 月 5 日在南安普敦附近的伊斯特利（Eastleigh）机场首飞，由首席测试飞行员穆特 · 桑莫尔斯（Mutt Summers）驾驶。在接下来的 3 年里，这架飞机共累积了 260 小时左右的飞行时数。它的飞行生涯在 1939 年 9 月 4 日结束：在降落失事中断成两截，机鼻几乎翻到了机背。飞行员史宾勒 · 怀特（Spinner White）上尉当场死亡，这架飞机也没再被修复

上图：率先配备“格里芬”发动机的量产型“喷火”XII 型也是唯一一配备单级增压发动机、非对称散热器和四叶片螺旋桨的“喷火”。照片中的这架 XII 型是在交给中队之前进行试飞期间所拍摄

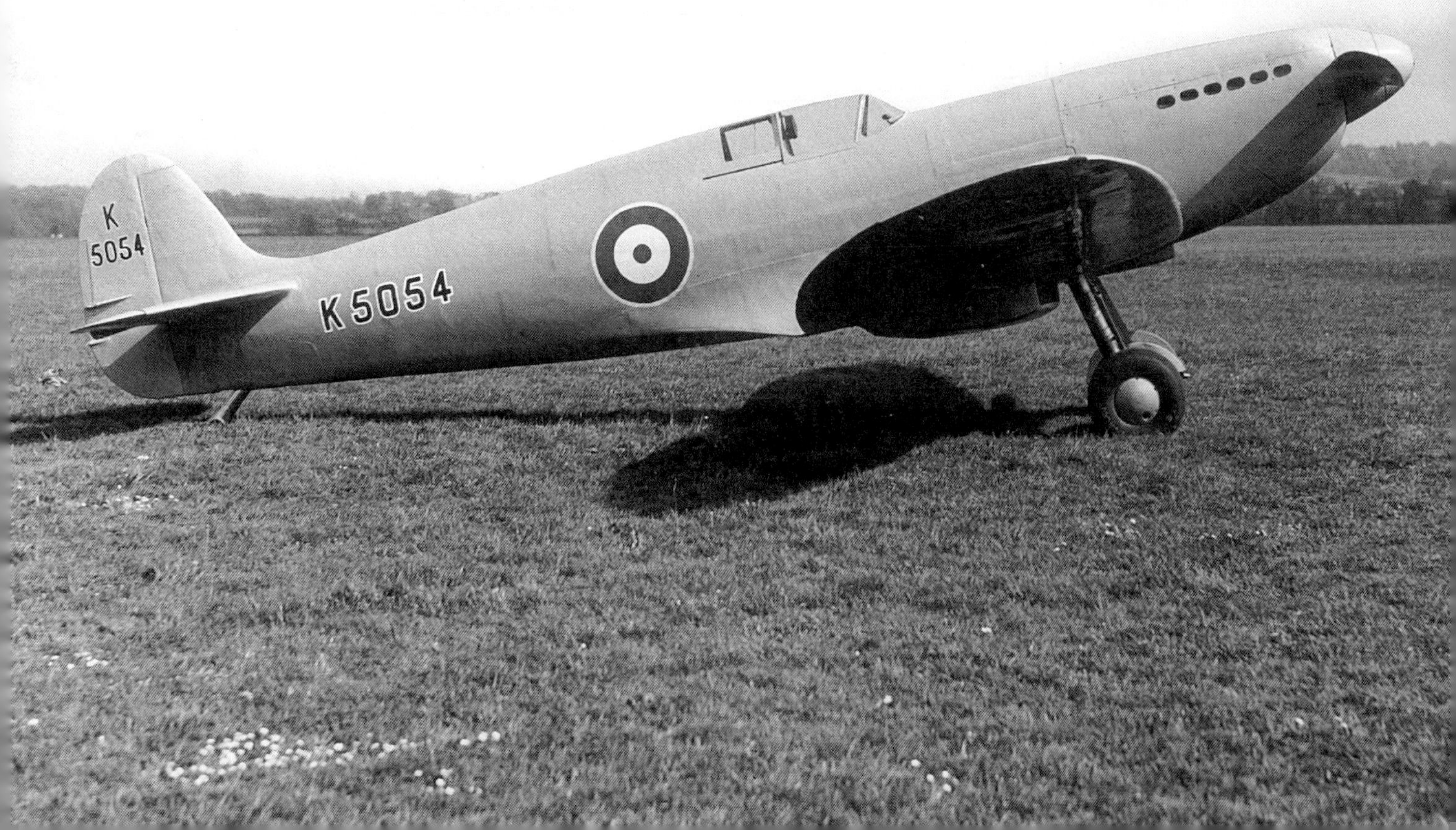

上图：在1936年至1948年生产的20000架“喷火”当中（包括所有的衍生型），超过200架留存下来，约有50架仍能够升空。照片中这架英国皇家空军所有的“喷火”VB型正在表演，以追忆先前参与过不列颠空战的飞行员

791千瓦），武装为8挺0.303英寸（约7.7毫米）口径的勃朗宁机枪。1938年8月，该型机开始装备杜克斯福德的皇家空军第19中队。

到了战争爆发之际，英国皇家空军所订购的1960架“喷火”已有306架Mk I型交货。1939年10月16日，“喷火”首次出击，第602中队与第603中队于苏格兰外海迎战德国空军的轰炸机。两个单位都成功地击落了德国战机，这是“喷火”第一次取得的胜利。到了1940年中期，有19支中队换装该型战斗机；不过5月，这批飞机在掩护敦刻尔克撤退时几乎有三分之一被德国空军击落。

此后，“喷火”开始了大量生产的生涯，一直延续了10年，并伴随着五花八门的改良诞生了多达22款衍生机型。它们不只是截击机，还有战斗轰炸机型、侦察型，甚至是舰载型的“海火”战斗机。

“喷火”总共生产了20400架，从Mk I型到F.Mk 24，服役时间超过20年。它们不只是由英国皇家空军使用［英军在1954年使最后一款的“喷火”退出第一线，1957年“正式”除役，而让XIX型复役直到1963年，用以训练“闪电”（Lightning）与“标枪”（Javelin）战斗机的飞行员如何和印尼的“野马”进行缠斗战］，而且至少还有20国的空军使用。“喷火”并非只服役于第二次世界大战。缅甸、埃及、法国、印度、以色列与荷兰于20世纪50年代仍在使用这种战斗机。

若硬要给“喷火”挑毛病的话，那就是它的设计是基于本土基地起降作战的截击机，虽然快速、敏捷、拥有优异的爬升率，但航程范围不足。这项缺点是英国皇家空军必须忍受的，超级马林公司也花了很多心血试图加以改善（当远程的衍生机型制造出来之后，由于时过境迁，主要用于侦察任务；即便部署到海外，“喷火”战斗轰炸机依作战任务的需要于机腹挂载副油箱即可满足需求）。

20世纪40年代，“喷火”经过不断的改良，但也遭遇各种困难。不过，其杰出的机身设计和发动机，促使它持续精进，这确保了“喷火”能够长时间的生产与服役。

左图：照片中为“喷火”的最终型，即“海火”FR.Mk 47。它在朝鲜半岛战争中服役于英国海军航空兵的几支中队，包括第800中队。该型战机配备了火箭，主要用于对地攻击任务

“喷火”Mk I

上图：交付前，Mk I 在前往第 64 中队服役的路上，该机在 1940 年 6 月毁坏

作为在所有作战飞机中著名的超过 20 种不同战斗机型中的第一种，“喷火”Mk I 在 1940 年能够与其他任何战斗机匹敌。

1936 年 6 月初，英国航空部订购了 310 架超级马林的最新型“喷火”，除发动机、武器和仪表外，成本不超过 4500 英镑。这笔在非常时期签订的订单对当时规模甚小的超级马林的意义不言而喻。在订单签订时，“喷火”原型机 K5054 刚刚开始在马尔特勒夏姆的海斯（Martlesham Heath）工厂进行尾翼安装，试飞报告更是无源之水。在少有的远见驱使下，航空部对未经检验的设计充满信心，这一行动将在正在酝酿的全球战争中显现重大意义。

约两年后第一架“喷火”量产型 K9787 完成首飞。当时，设计经过改善，同时新的巨大“秘密”工厂在布罗米奇堡建成，以完成大部分的“喷火”生产。订购的第二批 1000 架“喷火”生产开始于 1939 年 4 月。

“喷火”的大规模工业化量产遇到了出人意料的困难，引入“喷火”的新技术也有许多问题，这导致该机型投入使用的时间延迟。到 1938 年 8 月，作为各国众多“喷火”部队中的第一支第 19 中队已在达克斯福德整装待发。

最后几个月的和平时光中，更多的中队建立了。飞机获得进行现代化战斗所需的装备——尤其是装甲金属板和在任何飞行状态都能承受最大发动机效率的变距螺旋桨。

1939 年 9 月 3 日，英国对德国宣战。当时皇家空军拥有差不多 11 支全副武装的“喷火”中队。交付的 306 架飞机中有略超过 10% 在事故中损毁。由于空军司令休·道丁上将在 1940 年 5 月（当时纳粹空军切断了英国远征军的空中资源）阻挠向法国运输宝贵的“喷火”，飞机使用受限，从而 19 支“喷火”中队在 7 月的不列颠之战开始时都处于可调动状态。

下图：第 48 架 Mk I 量产型经航空部改装，试图刷新陆基飞机速度的世界纪录。蓝银相间的“加速‘喷火’”安装有 1 台“全速”“默林”发动机，但它从未真正尝试过打破飞行纪录。随着法国的陷落，前线急需“喷火”，它们被改装用于照相侦察

从 Mk II 开始，虽然有大量的改进型号投入现役，但 Mk I 继续在二线和训练部队中服役直至战争结束。Mk I 也为第一架照相侦察机版本“喷火”打下了基础。众多国家对“喷火”Mk I 产生了兴趣（包括芬兰、法国、希腊、挪威、瑞典，甚至中国），但没有一个能够在英国因战争需要禁止出口前完成交易。在战前订购了 15 架飞机的葡萄牙是一个特例，它在 1943 年接收了几架 Mk I。

右图：随着战争临近，许多国家都希望购买“喷火”或获得制造许可。图中一架 Mk I 为法国军官进行飞行演示。一架 Mk I 在 1939 年末移交法国

下图：图为第 19 中队的“喷火”，摄于战争爆发 5 个月前的达克斯福德。这些飞机展示了许多最早批次的飞机所具有的特点，其中包括突出的枪口、定距双叶螺旋桨和“平坦”与“凸出”相结合的驾驶舱盖

“喷火”Mk I

“喷火”Mk I 在不列颠之战中的表现让人永远铭记，它在日常战斗中与致命的梅塞施密特 Bf 109E 进行对抗，这架飞机具有当时的“喷火”的典型结构。

气体检测贴片

机翼上的黄色菱形是经化学药剂处理的布片，能够在有毒气出现时变色。毒气空袭是战争初期几个月中的主要威胁。

装甲

交付时，第一批“喷火”并没有飞行员或油箱的防护装甲。这些设备是在战争临近时才安装的。

武器装备

有 8 挺 0.303 英寸（约 7.7 毫米）机枪的“喷火”Mk I 具有比装有 2 门机关炮和 2 挺机枪的 Bf 109E 更弱的火力（较小的“破坏力”）。机关炮在 Mk I 上进行过测试，但在战斗中经常出现故障。

座舱盖

常见的“开放”座舱盖代替了第一批 Mk I 顶部平直的舱盖。这一改动的作用更主要地体现在使飞机能够容纳个子更高的飞行员，而不是改善视野。

机翼

“喷火”的大部分成功都归功于其轻薄得体的椭圆形翼。然而由于机翼过扁而无法为更大的武器提供足够的空间，之后机翼的标志处变得凸起以便携带装载 2 或 4 门西斯帕诺机关炮的弹鼓。

水手

1940 年 8 月，该飞机由南非王牌飞行员阿道夫·“水手”·马伦驾驶，当时他正担任霍恩彻奇基地的第 74 中队指挥。到 1940 年底，马伦已经获得 18 次胜利。

起落架

主起落架狭窄的间距使着陆相当棘手，并导致多起事故。当然对 Bf 109 也是如此。

性能诸元

“喷火”Mk I

类型： 单座截击战斗机

动力装置： 1 台罗尔斯－罗伊斯“默林”II 或 III 发动机，在 16250 英尺（约 4953 米）的高度额定功率为 1030 马力（约 768 千瓦）。

性能： 15500 英尺（约 4724 米）高度最大速度 346 英里/时（约 557 千米/时）；最大航程 630 英里（约 1014 千米）；爬升 15000 英尺（约 4724 米）用时 6 分 51 秒；升高限度 30500 英尺（约 9296 千米）。

尺寸： 宽度 36 英尺 10 英寸（约 11.23 米）；长 29 英尺 11 英寸（约 9.12 米）；高 12 英尺 8 英寸（约 3.88 米）；机翼面积 242 平方英尺（约 22.48 平方米）。

重量： 净重 4517 磅（约 2049 千克）；满载 5844 磅（约 2651 千克）。

武器： 8 挺勃朗宁 Mk II 0.303 英寸（约 7.7 毫米）机枪。

螺旋桨

不列颠之战时期，几乎所有的 Mk I 都装有德·哈维兰或罗托恒速螺旋桨。早期的飞机采用瓦茨定距螺旋桨或德·哈维兰双螺距螺旋桨。

代码字母

和黑/白双色底色一样，中队代码字母也是为回应 1938 年 9 月的慕尼黑协定而引入的。在此之前，皇家空军战斗机只有陈旧的中队徽章或作为部队标识的中队编号，没有单独的代码。

底面颜色

1939 年 4 月，战斗机以黑白底色作为识别特征。1940 年 6 月，飞机下表面按要求涂刷成天蓝色。11 月，黑色左翼又出现了一小段时间。

上图：仍定期在皇家空军的不列颠之战纪念飞行表演中飞行的“喷火”Mk IIA P7350是目前最老的适航“喷火”飞机。该机以最初的机况进行飞行及维护

“喷火”Mk II–IV

性能提升

在贯穿战争的漫长过程中，“喷火”日趋完善。随着Mk II的问世，该机型成为一款具有超凡能力的战斗机。

进入服役和仍在生产线上的“喷火”Mk I都经历了多项改进。后期的Mk I以性能提升的三叶螺旋桨为外观特征，同时也配备了防弹玻璃风挡和为驾驶员及前置油箱提供的装甲防护。后者被立即安装在驾驶舱前方，由3毫米轻合金装甲板提供防护。提升的战斗效率和新螺旋桨带来的性能优化弥补了飞机重量增加带来的不足。

从1940年初起，“喷火”安装了IFF（敌我识别）装置。当受到能够在雷达屏幕上清晰地识别飞机的英国雷达询问时，这一装置将传送回应编码。

“默林”XII发动机投入使用

汽车制造商纳菲尔德在伯明翰附近的布罗米奇堡巨大的工厂接受了生产“喷火”Mk II的任务。1940年6月新飞机制造完成时，它们具备后期Mk I上呈现的全部改进。

从外表上来看，这两种型号的飞机十分相似，而其主要差别体现在发动机上。新飞机采用了罗尔斯–罗伊斯“默林”XII发动机，与Mk I的“默林”II或III发动机相比，它能够产生额外的110马力（约82千瓦）的动力。因此，Mk II的最大速度和爬升率稍有提升。

机翼弯曲

霍克“飓风”和超级马林“喷火”都参加了不列颠之战，它们的武器为8挺0.303英寸（约7.7毫米）勃朗宁机枪。尽管足够对抗无防护飞机，但在对抗安装装甲的飞机时，这些武器的火力就稍显不足了。这些武器缺少穿透装甲钢板或自动防爆油箱的火力。使用机关炮被看作这一问题最完美的补救方法，莫拉纳的

上图：截梢机翼和全封闭的主起落架舱是 Mk III 独有的特色。后者具有能够在起落架张开时与地面保持平行的铰链门。这种门也曾安装在“喷火”原型机上，但从未正式投入使用

MS.406 中使用的法国 20 毫米西斯帕诺 – 苏莎 404 型机关炮成为完美的武器。

机关炮版“喷火”Mk I 在早期测验中的表现令人失望。安装在 MS.406 上的机关炮工作良好，但如果从飞行中处于震动中的“喷火”机翼上进行射击，机翼自然的弯曲会导致火炮供弹不畅甚至卡弹。1940 年夏天飞机进行了许多设计修改，从而解决了问题并使超级马林能够生产“喷火”Mk IIB。该机装载有 2 门 20 毫米机关炮和 4 挺机枪。在其投入使用的过程中，所有全机枪版 Mk II 都被称为 IIA。同样，在少量装载机关炮的 Mk IB 生产完成后，此前的 Mk I 被称为 Mk IA。

大约 50 架飞机为执行空海营救任务进行改装时，另一款 Mk II 型号出现了。由“默林”XX 驱动，并保留有 Mk IIA 的武器的这些飞机被称为“喷火”Mk IIC。对后部机身的改装使得机身内能够装载并投放装有充气筏和其他应急设备的储物罐。

尽管“喷火”Mk II 的动力有所提升，但在结构上并未在 Mk I 的基础上做出大的改动。因此 Mk III 在“喷火”的发展中迈出了最重要的一步。飞机的内部结构得到重新设计和强化，同时安装了收放式尾轮。动力由 1390 马力（约 1036 千瓦）“默林”Mk XX 发动机提供，翼展减小至 30 英尺 6 英寸（约 9.50 米）。有 1000 架 Mk III 被订购，但在同样需要“默林”Mk XX 的“飓风”以及即将问世的由“默林”45 驱动的“喷火”Mk V 的影响下，所有 Mk III 的生产都被取消。

只有 1 架真正意义上的 Mk III 制造完成（第二架由 Mk V 改装而成）。该机在第一时间由杰弗里・奎尔驾驶，于 1940 年 3 月 16 日完成了首飞。1941 年 9 月，飞机机翼被改回至原有宽度，随后被罗尔斯 – 罗伊斯公司用于进行“默林”61 的测试。

“格里芬”发动机

1939 年 11 月 8 日，飞机生产部对使用“格里芬”II 发动机版本的“喷火”产生了兴趣。罗尔斯 – 罗伊斯公司通过对“型号 R. 施耐德・奖杯”发动机的改进研制出“格里芬”发动机，后者

上图：完美的“喷火”Mk II 展现了该型号优美的曲线和与 Mk I 的相似之处。飞机前缘每挺机枪枪口前灵巧的整流罩和为空弹药筒弹出装置设计的翼下缺口都十分值得注意

下图：仅有 1 架“喷火”Mk IV 制造完成，该机在双翼安装了 6 门 20 毫米西斯帕诺机关炮的等比例模型。Mk IV 使用了通用机翼，该机翼能够在经过微小改装的情况下装配任何指定型号的机枪和机关炮组合

上图：因对“喷火”Mk V 的推崇而被取消制造的 Mk III 原型机转交给了罗尔斯－罗伊斯，在 1941 年秋天安装了 1 台“默林”61 发动机。新动力装置初期的问题一解决，就为战斗机带来出色的中高空表现

具有比“默林”发动机提供更多动力的潜能。

在全方位提高性能的承诺下，新型“喷火”Mk IV 的研发开始了。人们考虑了几种武器方案，其中包括 6 门 20 毫米机关炮和 4 挺 0.303 英寸（约 7.7 毫米）机枪或 12 挺机枪。

有一架“喷火”Mk IV 原型机制造完成，它的表现说明 Mk IV 的性能要优于当时正在研发的 Mk V 以及其他所有更早的型号。然而，Fw 190 成型所带来的新的威胁导致未发展完成的 Mk IV 被舍弃，而人们对使用“默林”61 的 Mk IX 产生了更大的兴趣。

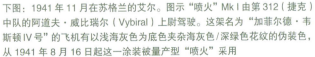

上图：1941 年 10 月，皇家空军妇女队（WRAF）地勤人员在位于迪格比的皇家空军第 411（加拿大）中队的“喷火”Mk IIA 上工作。装备“喷火”的该部队在 1941 年 6 月 16 日组建，在 1946 年 3 月 21 日解散，当时装备的是“喷火”Mk V 和 Mk IX

下图：1941 年 11 月在苏格兰的艾尔。图示“喷火”Mk I 由第 312（捷克）中队的阿道夫·威比瑞尔（Vybiral）上尉驾驶。这架名为“加菲尔德·韦斯顿 IV 号”的飞机有以浅海灰色为底色夹杂海灰色/深绿色花纹的伪装色，从 1941 年 8 月 16 日起这一涂装被量产型“喷火”采用

“喷火”Mk V–VI

上图：“喷火”LF.Mk VC AR501 号机现在属于夏特沃斯收藏协会。该飞机在 1942 年 7 月交付第 310（捷克）中队，在 1975 年完成了复原飞行

作为 Mk II 和 Mk III 之间的过渡性质飞机被采纳的“喷火”Mk V 成为超级马林的传奇战斗机家族中最成功的型号。该机型在英国本土和海外作为截击机和战斗轰炸机服役。

下图：有 3 架“喷火”Mk VB 接受了水上飞机配置的改装。飞机的特点是四叶螺旋桨、增大的尾翼面积和大型腹鳍。在埃及大苦湖的试飞并不成功。这一项目在 1944 年初被放弃

1940 年末，一台“默林”45 发动机安装在“喷火”Mk V 原型机 Mk IA K9788 上。这架飞机的飞行测试开始于 12 月，很快这一新型号就被证实具有重大的性能提升。在 K9788 发生严重事故之后，罗尔斯－罗伊斯公司奉命将另 46 架 Mk I 机身改装为 Mk V 标准。改装的目的是使这些飞机在“喷火”Mk III 投入使用前作为临时替代，但 Mk V 表现非常优异，这使得还未开始生产的 Mk III 被抛弃。因此订购 1500 架 Mk III 改为订购 Mk V。

“喷火”Mk V 的初期量产型使用能够在 11000 英尺（约 3353 米）高空提供 1515 马力（约 1130 千瓦）动力的“默林”45 发动机，发动机由 16 磅（约 7.26 千克）增压器推动。除了新发动机，在其他方面，Mk V 仅在 Mk II 标准基础上进行了小幅改进，新型号很快取代了生产中的 Mk I 和 Mk II。大量的早期 Mk V 由 Mk I 机身改装而成，有 100 架 Mk IA 改装成使用 8 挺 0.303 英寸（约 7.7 毫米）机枪的 Mk VA；其他大部分改装型 Mk V 是由 Mk IB 机身改造成使用两门 20 毫米机关炮和 4 挺 0.303 英寸（约 7.7 毫米）机枪的 VB。1941 年，“喷火”的生产稳定增长，使其成为英军实力扩张中的主力。到 1941 年末，战斗机司令部已拥有 46 支装备有“喷火”的中队，而在不列颠之战结束时司令部只拥有 19 支“喷火”中队。

一款更强力的“喷火”

“喷火”V 的早期生产版本——VA 和 VB——使用为适应“默林”45 发动机而进行少量必要改装的 Mk I 和 Mk II 机身。新发动

上图：使用“默林”46 发动机的“喷火”Mk VC EE627 号在 1942 年 10 月 19 日交付第 602 中队。在被先后辗转移交给 3 支作战训练部队（OUT）之前，该机在 11 月 29 日交给第 29 中队。1945 年 6 月 5 日，该机在战争中完好地幸存下来并退役。随着后期型的服役，许多幸存的 Mk V 加入了 OUT

机和装备的附加部件导致的额外重量降低了战斗机的强度系数。为解决这一问题，Mk V 机身在一些部位进行了能够使结构强化的重新设计。Mk V 采用所谓“通用”机翼，能够装载 8 挺 0.303 英寸（约 7.7 毫米）机枪、2 门 20 毫米机关炮和 4 挺机枪或 4 门机关炮。实际上大部分 Mk V 装载有与 Mk VB 标准相同的武器——2 门机关炮和 4 挺机枪——不过仍有少数该型机装有 4 门 20 毫米机关炮。

Mk VC 出现于 1941 年 10 月，随着在沙漠的战争激烈化，大多数 Mk VC 被送往地中海、中东和北非战场。在严峻的沙地环境中，飞机在运转中内在问题可以预见，许多交付的 Mk VC 安装有过滤器，同时一些 Mk VB 也接受了翻新。过滤器这一笨重的装置防止了沙子进入刚好平衡且极易损坏的“默林”发动机。随后位于埃及阿布基尔的皇家空军第 103 维护部队研发了小得多的过滤器。该部队研制的阿布基尔过滤器造成的阻力要比沃克斯装置小。

飞往马耳他的“喷火”V

随着北非战役的持续，盟军迫切需要在马耳他岛的战斗机救援。为此，超级马林设计了一款装于“喷火”机身下方的 90 英制加仑（约 410 升）副油箱。1942 年 3 月，第一批“喷火”被送往马耳他，有 15 架飞机搭乘皇家海军“鹰号”航空母舰离开了英国。得益于附加油箱带来的续航力提升，飞机才能够完成最终的航程。月底之前，航空母舰又完成了两次运输，将总计 31 架“喷火”运往该岛。使用航母将战斗机运至马耳他花费巨大，每次这些宝贵的军舰出海都需要有主力舰队护航。

由于航空部的要求，超级马林的工程师遇到最难的挑战之一：寻找一种能够使“喷火”的空载连续航程提升到 1100 英里（约 1770 千米）的方法，从而使“喷火”能够从直布罗陀直飞马耳他。解决的方法是在机身下方安装一个巨大的 170 英制加仑（约 772 升）副油箱，在后部机身安装一个 29 英制加仑（约 132 升）副油箱，以及在头部安装 1 个增大的油箱。为完成转场，所有不重要的装备都从战斗机上移除，武器减少至两挺用于自卫的 0.303 英寸（约 7.7 毫米）勃朗宁机枪。

1942 年 10 月和 11 月间，17 架改装的“喷火”从直布罗陀出发，完成去往马耳他的长距离航行。只有一架飞机未能成功。航行的距离相当于从伦敦前往圣彼得堡的距离，这对于最初被设计为短程截击机的飞机来说是一项非凡的壮举。到达马耳他后，飞机被拆除了附加油箱，安装了移除的武器，为随后的任务做好了准备。

在澳大利亚遭遇故障

尽管“喷火”Mk V 已在欧洲和北非证明自己是一款卓越的军用飞机，但澳大利亚皇家空军（RAAF）对该机并不满意。从缺少用于支持战斗作业装备的偏远的机场起飞对抗来犯日军飞机，皇家空军承受着缺少备用配件和“喷火”本身的问题。该战斗机之前从未在靠近赤道的热带环境中工作过。在地面上，飞机必须面对极高的温度和高湿度。在高空，“喷火”则遭遇了比经历过的更低的空气温度。极低的温度导致定速部件（CSU）的重复失误。CSU 控制着螺旋桨叶片的倾斜，不断调整其角度以确保发动机以最有效的 3000 转 / 分的转速工作。在极低温环境下，CSU 内部的滑油极易凝结，这导致螺旋桨叶片被固定在极小的螺旋桨距下。在这种情况下，发动机每分钟转速会不可控制地上升至约 4000 转。由于“默林”发动机很可能因运动过快被震碎，飞行员不得不立即将其关闭，随后他将不得不选择跳伞或迫降。几架以澳大利亚北部为基地的“喷火”由于 CSU 失常而坠毁，这一问题直至澳大利亚皇家空军在接收 Mk VIII 之前都没有得到解决。

下图：从任何角度来看，“喷火”的椭圆形机翼都是工程学和美学上的杰作。在 1942 年 Mk 21 机翼开始生产之前，这一基本机翼设计一直在使用

下图：空气通过飞机右舷发动机排气口下方的进气口注入驾驶舱增压系统。Mk VI 的四叶螺旋桨也是其与飞机 Mk V 的区别

座舱增压型“喷火”Mk VI

为对抗高空轰炸机威胁，超级马林研发了皇家空军的第一架实战型座舱增压飞机。

不列颠之战后，纳粹空军能在大约 30000 英尺（约 9150 米）高度实施轰炸的新型轰炸机对英国皇家空军造成了威胁。为应对这一威胁，在 Mk V 上的增压测试完成后，一款“喷火”高空截击型得以研发。以 Mk V 机身为基础的 Mk VI 是第一架在开始常规服役时安装有增压机舱的皇家空军飞机。安装在该型号上的 1415 马力（约 1055 千瓦）“默林”47 发动机驱动着一部四叶罗托螺旋桨，并具有为增压机舱提供空气的附加鼓风机，提供了两磅/英寸^2（约 13.79 千帕）的压差。在战斗机位于 37000 英尺（约 11280 米）的最大高度时，机舱内的等效高度为 28000 英尺（约 8536 米）。从驾驶舱头到舱尾的特殊隔板使机舱保持在增压环境中。密封的座舱盖能够在紧急情况中抛落，而不是以传统的方式滑落。Mk VI 也具有附带突出翼尖的加宽“B”型机翼，这为机翼增加了 6.5 平方英尺（约 0.6 平方米）的面积，并提升了飞机在极高空中的性能。从 1942 年初起，Mk VI 开始到达第 616 和 124 中队，但很快就显现了面对纳粹空军高空飞行的 Ju 86P-2 侦察机时的无能。6 架 Mk VI 从阿布基尔出发阻止相似的敌军侦察行动，其高空性能甚至不如改装的 Mk VC。此外，还有 12 架飞机以奥克尼和设得兰群岛为基地，在停留此处的战斗机司令部中队的调动下对抗偶尔出现的德军“入侵者”。“喷火”Mk VI 仅生产了 100 架，这些飞机都由超级马林工厂制造。

右图：Mk VI 的特征是增大的翼尖、改装的驾驶舱结构和“默林”47 发动机。尽管 Mk VI 的概念似乎很有前途，但飞机的表现十分令人失望

上图：Mk VIII JF299 是第一架装有泡状座舱盖的“喷火”。从 1943 年中开始以这一外观在达克斯福德空战发展部队服役的这架改装飞机，得到了军方的认可。由于有助提升飞机的性能，“后视机身”安装了随后战时 Mk VIII、IX 和 XVI 以及“格里芬”发动机 Mk XVI 型

“喷火”Mk VII–VIII

在早期的成功后，“喷火”Mk V 并不适合在战斗中对抗纳粹空军的 Fw 190。英军开始寻找解决的方法，从而高性能的 Mk VII 和 VIII 诞生了，它们在战区内取得了极大的成功。

1942 年 6 月 23 日傍晚，德军第 2 战斗机联队第 3 大队副官阿尼姆·法伯尔中尉驾驶福克 – 沃尔夫 Fw 190A–3 进入英国西南方上空与英国皇家空军飞机的战斗。埃克塞特和波特瑞什飞行联队的“喷火”从对抗位于布列塔尼莫莱的第 2 战斗机联队的空袭中返回。法伯尔设法击落了一架皇家空军飞机并准备返回。迷失方向的他将布里斯托海峡和英吉利海峡弄混了，在胜利的狂喜下摇晃着在他认为是莫莱的地方降落。实际上这里是位于南威尔士的彭布里（Pembrey）皇家空军基地。

这次离奇的迷航使得皇家空军有机会获得一架给皇家空军战斗机部队（主要装备“喷火”）带来最大麻烦的飞机。在两星期内，飞机由皇家航空研究院进行了测试，并被快速转交给空战发展小组（AFDU），同当时的皇家空军机型进行对比。一系列测试显示该飞机除了盘旋，在所有方面性能都要比皇家空军最新的“喷火”Mk V 更强，具备更优秀的机动性，并且更快。

为生存而战

由于与 Fw 190 交战的前线飞行员数量增加，并接到“喷火”在面对这一新型德军飞机时显现的缺陷的报告，战斗机司令部要求飞机生产部解决这一问题。

幸运的是，解决方法即将到来。1941 年 9 月，罗尔斯 – 罗伊斯在一架改装的“喷火”（其实是之前的 Mk III 原型机，N3297）上测试了一款新型的“喷火”用“默林”发动机——“默林”60。就像 Mk V 一样，“默林”60 在“默林”45 基础上增设了二级增压器，并增加了一台中冷器以提升高空性能。与“默林”45 相比，改装的发动机仅在长度上增加了 9 英寸（约 22.9 厘米），在重量上增加了 200 磅（约 90.7 千克），却能够在 30000 英尺（约 9144 米）高空提升近 42% 的动力输出。

此外，“默林”61（由于使用新型发动机的战斗机型已设计出）能够在经过最低限度的结构改装后适应“喷火”的机身。这些必要的改动限制了需要额外动力的四叶螺旋桨和新的中冷器翼下散热器的安装。

新发动机带来的性能提升十分惊人；N3297 在 27200 英尺（约 8291 米）高空获得 414 英里 / 时（约 666 千米 / 时）的最大速度，并有更大的爬升率，以及 41800 英尺（约 12741 米）的预计实用升限。

3 个新型“喷火”型号装备有“默林”60 系列发动机——Mk VII、VIII 和 IX。Mk VIII 预计将代替 Mk V 成为“喷火”的标准生产型号，同时为应对新发动机带来的额外的动力和重量，Mk VIII 的机身接受了重新设计和强化。为制造这些新战机，生产线需要重组从而导致工时增加。由于对能够对抗 Fw 190 的飞机的需求越来越迫切，因此，Mk IX 首先投入使用，在 1942 年 7 月进入位于霍恩彻奇的第 64 中队。Mk IX 实际上就是重新安装了“默林”61 发动机的 Mk VC。为适应新发动机，机身进行了几处改装，同时尽管飞机制造极其容易且快速，飞行员仍被警告不能在战斗中过度机动使机身承受过大过载。尽管 Mk IX 被预订作为临时过渡型号，但它（以及在其基础上改用帕卡德“默林”发动机的 Mk XVI）仍成为所有“喷火”飞机中数量最多的子型号。

海外“喷火”

随着 Mk IX 投入使用，对 Mk VIII 的需求不再迫切。第一架

上图：除了罗尔斯－罗伊斯发动机的改进外，Mk VIII 保持了“喷火”家族早期成员的经典椭圆形机翼。所有 Mk VIII 都被预订用于海外服役，头部都装有沃克斯 V 型空中热带过滤器

下图：1943 年夏，沙漠航空队指挥官哈利·布罗德赫斯特中将（38 岁时成为最年轻的皇家空军少将）驾驶涂有他个人编码的 Mk VIII 滑行经过意大利塔兰托的飞艇库残骸。他的飞机具有安装于早期 Mk VIII 加长的翼尖

上图：在对日军发动一次成功的战斗机扫荡后，第 607 中队“喷火”飞行员 D.A. 皮金少尉、W.G. 耶茨准尉和 R.H. 惠特尔上士穿过位于印度英珀尔被雨水浸湿的机场进行战后汇报——从背景中可以看到他们的“喷火”Mk VIII。从 1945 年初起，该部队使用通用翼 Mk VIII 执行战斗轰炸任务，以支援在缅甸的同盟国部队

样机制造于 1942 年 11 月，但直到 1943 年中，生产才开始全力进行。当时决定所有的 Mk VIII 量产型都将被运往海外，1943 年 6 月，以马耳他为基地的第 145 中队成为第一支换装该机型的部队。其他飞机被配发给位于意大利的英国皇家空军及美国空军部队、位于西南太平洋的澳大利亚皇家空军部队和位于中缅印战区的英国皇家空军及印度空军，并一直服役至战争结束。总共有 1658 架 Mk VIII 被提供给同盟国部队。

Mk VIII 全部安装有被称为“通用”或“C”的机翼。理论上，飞机能够使用多种枪炮武器，但在实战中，Mk VIII 只安装有两门西斯帕诺 20 毫米机关炮和 4 挺勃朗宁 0.303 英寸的（约 7.7 毫米）机枪。该型号更加坚固的机身和机翼能够在中心线挂架上装载 500 磅（约 227 千克）的炸弹，并在每侧机翼下装载一枚 250 磅（约 114 千克）的炸弹（尽管中心线位置经常被替代用于安装一具“拖鞋式”油箱以增加航程）。收放式尾轮减少了阻力，同时由于飞机将在炎热且满是灰尘的环境中工作，所有飞机都安装有沃克斯热带过滤器。

1942 年起，皇家空军飞机开始增加型号前缀。大部分 Mk VIII（使用“默林”61 或 63 发动机）从那时开始被称为 F.Mk VIII。安装有“默林”60 的“低空”版本（“默林”66，其增压器会在低空“进入状态”）的飞机被称为 LF.Mk VIII；采用高空“默林”70 的飞机则得名 HF.Mk VIII。然而在实战中，这些前缀很少使用。

两架孤品 Mk VIII 子型号值得注意。第一批量产机中的一架（JF299）安装有削平的机身和“泪滴”座舱盖，这改善了飞行员后方的视野。空战发展小组的飞行员对飞机进行了测试，并踊跃写出报告，这推动了 1945 年早春之后该机身在大部分“喷火”量产型上的使用。

另一款有趣的 Mk VIII 是双座教练机 T.Mk 8，该机成为战后几支海外空军所订购的 20 架剩余 Mk IX 的改装原型机。

上图：1944 年 5 月，澳大利亚皇家空军的“喷火”移除了所有伪装。图示为来自第 85 中队的 Mk VIII，该型机具有卓越的作战经历，尤其是在对新几内亚的扫荡时对地攻击表现出色

高空型 Mk VII

Mk VII 是 Mk VIII 的高空专用型，用于替代 Mk VI。和 Mk VI 一样，它的特点是增压机舱，延长的翼尖（也出现在一些早期 Mk VIII 量产型上），收放式尾轮，以及为在 40000 英尺（约 12192 米）高空作战而增加的用于向高空长距离爬升的内部油箱。和 Mk VIII 一样，Mk VII 具有强化的机身和“C”机翼武器。它们大多使用“默林”63（带有一个小型的座舱增压鼓风机）；几架该型机则采用专门为高空优化的“默林”71，因此被称为 HF.Mk VII。

由于 1943 年来自高空轰炸机和侦察机的威胁如预料中的没有增加，第一批 Mk VII 直到同年 5 月才投入使用。总共制造了 140 架该机型飞机，第一批样机换装了北威尔德的第 124 中队。尽管与 Mk V 相比，这些飞机的性能显著提高，但次于 1942 年末被用于高空拦截任务的专用减重型 Mk IX。为解决这一问题，第 124 中队拆除了飞机的装甲和机关炮。当时 Mk VII 很少行动，只有低空巡逻、地面扫射（这一过程中翼尖被拆除）和轰炸机护航等其他任务。该型号从 1945 年 1 月起逐渐从前线中淘汰。

“喷火”Mk IX和XVI

上图：尽管Mk VIII被指定专用于海外服役，一些Mk IX同样在地中海战区服役。图示第241中队的Mk IX被摄于1944年意大利的上空

1942年，纳粹空军的新型福克-沃尔夫Fw 190战斗机逐渐成为一个巨大的威胁。该机远优于皇家空军标准昼间战斗机“喷火”Mk V，英国急需寻找相应的对策。

左图：比金山第611（西兰开夏郡）中队是第一批接收Mk IX的部队之一。Mk IX的任务包括对抗V-1“火箭”的俯冲巡逻

1942年7月Mk IX在位于霍恩彻奇的第64中队率先投入使用，该型号实际上就是换装“默林”60系列发动机的Mk VC。这款驱动着四叶罗托-加布罗（Jablo）螺旋桨、带有二级增压器的动力系统对Mk IX惊人的性能来说至关重要。尽管最初仅被预订作为过渡型号，但该型机（以及在此基础上加装有帕卡德“默林”发动机的Mk XVI）成为“喷火”家族中制造数量最多的子型号。

“泪滴”座舱盖

1943年，早期“喷火”Mk VIII量产型安装了削平的后部机身和“泪滴”座舱盖，这极大地改善了飞行员的后部视野。测试的成功推动了这些特点使用在包括1945年早春之后制造的Mk IX和XVI的大部分“喷火”量产型上。Mk VIII/IX家族的其他改变包括安装宽翼弦方向舵、陀螺仪瞄准器和后部机身内的附加油箱。在服役生涯中，“喷火”一直受到航程不足的困扰；Mk V之前的“喷火”一般在服役中都安装有腹部油箱。

1942年中，在等待对抗地中海的Fw 190和Bf 109G的“喷火”Mk VIII到达期间，许多最初以英国为基地作为战斗机投入使用的Mk IX在12月送往北非。大部分Mk IXC装备着“C”机翼，早期型则安装有“B”机翼，武器配备几乎全部是2门20毫米机关炮和4挺0.303英寸（约7.7毫米）机枪；随后的量产型Mk IXE的“E”型机翼安装两门20毫米机关炮和两挺0.5英寸（约12.7毫米）美制勃朗宁机枪。与Mk VIII一起出现的版本是LF.Mk IXC和HF.Mk IXC，分别安装有进行低空和高空作战优化的发动机。

少量Mk IX为执行特殊任务而接受了改装。比如诺曼底登陆

上图：最后一批仍在皇家空军中服役的“默林”动力“喷火”是 Mk XVI 型。最后一批该型机在 1951 年退役。图中这架“喷火”的加宽方向舵、“切尖翼”和“泪滴”座舱盖显示该机是一架在飞行训练司令部服役的后期生产型

日之后，第 16 中队使用几架 FR.Mk IXC 进行战斗侦察任务。这些飞机装载有照相机，为减轻重量，两门机关炮被拆除，该机完工时涂有低空照相侦察机所采用的粉色 / 米白色双色机身涂装。

帕卡德Mk XVI

1944 年 9 月，Mk XVI 投入使用。该飞机具有与 Mk IX 完全相同的机身，但安装有美制帕卡德“默林”266（相当于为低空优化的“默林”66）。Mk XVI 仅在欧洲服役，许多装备该机型的部队（其中许多也装备有 Mk IX）执行战斗轰炸任务。大部分飞机安装为提高滚转率而缩短翼展的“E”型机翼。

Mk IX 和 XVI 都能够装载和 Mk VIII 相同炸弹装载量——中心线挂架内的 1 枚 500 磅（约 227 千克）炸弹，以及每侧机翼下挂架上的一枚 250 磅（约 114 千克）炸弹。

左图：加拿大皇家空军（RCAF）第 416 中队是在诺曼底登陆日之后向欧洲沦陷区地区前进部署的装备有 Mk IXE 的部队之一。图示飞机具有缩小的机翼和一个 45 英制加仑（约 204 升）副油箱，这是这些飞机和日渐重要的对地攻击任务的典型特征

下图：为使太平洋战区也配置该机型，仅有一架 LF.Mk IXB 被改装成水上战斗机。于 1944 年夏进行测试的该飞机最终改回陆基飞机配置，同时水上飞机的设想也被放弃了

“喷火”F.Mk IXC

1940 年 10 月作为“喷火”Mk I 订购的 BS459 号机是最早离开超级马林的伊斯特利工厂的 Mk IX 之一。1942 年完成的这架飞机被分派给第 306“托伦茨基”中队，这是一支位于诺索尔特皇家空军基地的波兰部队。忙于进行在欧洲昼间扫射任务的这架倒霉的飞机没能从 1943 年 1 月 26 日的作战中成功返回，据认为是在英吉利海峡上空和同僚的 BS241 号机发生了碰撞。

空袭任务

诺曼底登陆日之后，“喷火”Mk IX 和 XVI 要开展越来越多的对地攻击作战。机翼下中心线位置并未被用于提升航程的副油箱占用，这使得 Mk IX/XVI 具有 1000 磅（约 454 千克）炸弹装载量。否则飞机最多能装载 500 磅（约 227 千克）炸弹——每侧机翼下挂架内各 250 磅（约 114 千克）。

对照 Fw 190

在大部分高度 Mk IX 比 Fw 190 要稍快一些，爬升率则相当。然而，Fw 190 在俯冲时速度更快，并具有更高的滚转率。

冷却系统

和“默林”60 系列发动机一同安装的对称的翼下散热器进气口位于左舷机翼下方，结合了油冷却器和增压器中冷器散热器。

发动机和螺旋桨

Mk IX 性能的关键是“默林”60 系列发动机，它的二级增压器驱动四叶罗托-加布罗螺旋桨。大部分 F.Mk IX 采用“默林”63 或 63A 发动机；“低空”LF.Mk IX 采用 1 台“默林”66（其增压器会在更低空处启动），而“高空”HF.Mk IX 则采用“默林”70。

武器装备

大部分 Mk IX 安装有 6 枪配置“C”型机翼［两门 20 毫米西斯帕诺机关炮，加上 4 挺 0.303 英寸（约 7.7 毫米）勃朗宁机枪］。之后的 Mk IX 和大部分 Mk XVI 具有“E”型机翼，该机翼配有两门炮管伸出机翼的 20 毫米机关炮，航炮外侧装有两挺 0.5 英寸（约 12.7 毫米）美制勃朗宁机枪。

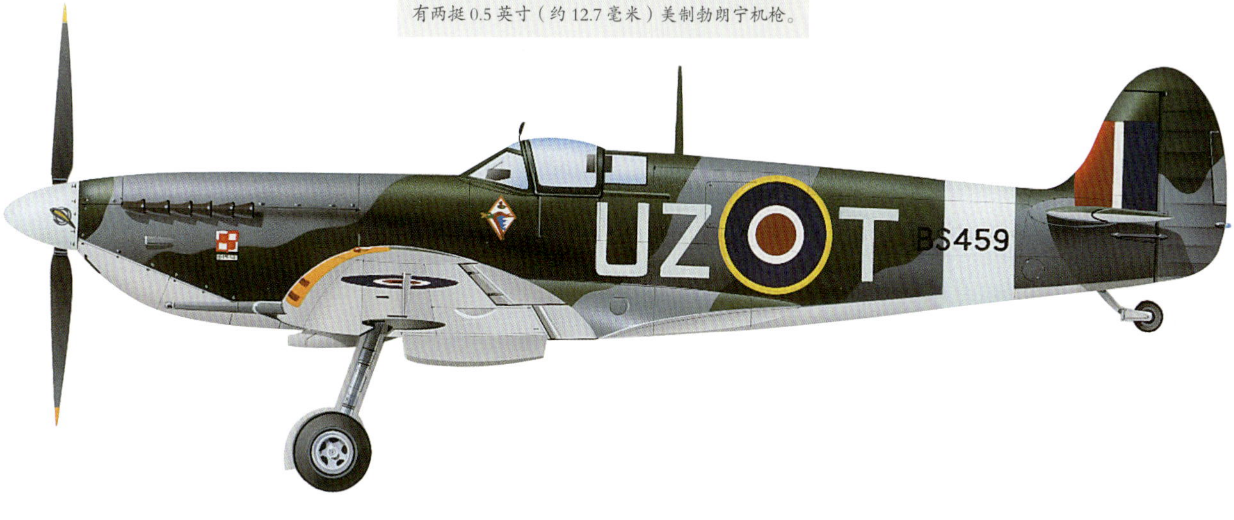

下图：皇家辅助空军第 610“柴郡”中队在第二次世界大战期间使用“喷火”，20 世纪 50 年代初，该部队开始使用 Mk XVI。第一批“喷火”是 Mk I，于 1939 年加入中队

“喷火”Mk XII、XIV 和 XVIII

随着罗尔斯－罗伊斯“默林”发动机的潜能挖掘殆尽，“格里芬”——发源于一款竞速发动机——成为为下一代“喷火”提供动力的发动机的合理选择。

左图：“喷火”Mk XII 本质上是由 Mk VC 改装而成的。图示飞机在皇家空军第一支装备“格里芬”动力“喷火”的部队第 41 中队服役

早在 1939 年，超级马林就开始寻找“默林”发动机的替代品。其中“R”竞速发动机的衍生型罗尔斯－罗伊斯“格里芬”安装在超级马林的战前 S.6B 水上飞机上。具有比“默林”发动机高 1/3 的功率的“格里芬”提供了相当大的动力，虽然它只比“默林”长 3 英寸（约 7.62 厘米），却要重 600 磅（约 272 千克）。

1941 年 11 月第一架“格里芬”－“喷火”原型机首飞。它实际上是由原来搭载“默林”发动机的 Mk III 改装而成，安装有一部 1735 马力（约 1294 千瓦）“格里芬”IIB。对新飞机的性能留下深刻印象的航空部命令 Mk IV 投入生产，并进行作为 Mk XX 的改装，然而在投入使用前，名称更改为 Mk XII。“喷火”Mk XII 使用 Mk V 或 VIII 的机身，配备“C”型机翼武器（通常是 4 门 20 毫米机关炮）和为提升滚转率而截去的翼尖。该机型的任务是低空拦截，迎击 Fw 190 和 Bf 109G 战斗轰炸机对英国南部沿海目标的空袭。

Mk XII投入使用

总计制造了 100 架 Mk XII，第一批飞机在 1943 年 2 月进入第 41 中队服役。仅有的另一支中队——第 91 中队随后也接收了新飞机。除了防御巡逻，它们也在欧陆上空执行低空扫射任务。

上图：以法属中南半岛的新山一为基地的第 273 中队从 1945 年 11 月起暂时使用 FR.Mk XIV 作战

尽管在低空 Mk XII 是皇家空军最快的战斗机，但在中空它的性能要次于“默林”发动机 Mk IX。因此 1941 年春等待“格里芬”-“喷火”（Mk 21）到达期间，Mk XIV 紧随 Mk XII 作为一款临时型号投入使用。Mk XIV 采用带有用于提升高空性能的带增压器的“格里芬”65 发动机，强化的机身结构，五叶螺旋桨，以及最初的四机关炮配置“C”型机翼。“泪滴”座舱盖和“E”型机翼（配有两门机关炮和两挺 0.5 英寸 /12.7 毫米机枪）则是此后量产型的特点；这些飞机拥有截去翼尖的机翼。从 1944 年秋天起，数量可观的飞机作为 FR.Mk XIVE 制造完成，被用于低空战术侦察，在驾驶舱后方装有倾斜照相机。

第 610、91 和 322 中队是第一批装备 Mk XIV（首先在英国南部投入使用，以及时应对 V-1 火箭对伦敦的空袭）的部队。

诺曼底登陆日后，同盟国在 1944 年 6 月发起欧陆反攻，Mk XIV 成为皇家空军欧洲战术航空队（第 2 战术航空队）到战争结束前的主力制空战斗机型号。许多飞机也作为战斗轰炸机服务。当时的计划是用船将 Mk XIV 运往远东，第一批该型机在 1945 年 6 月到达那里，换装了第 11 中队，但在战争结束前没有一架飞机参战。Mk XIV 产量多达 975 架，战后使用者有印度、比利时和泰国。

实际上 Mk XVIII 和后期的 FR.Mk XIVE 很难区分，它装有与此前型号相同的“格里芬”65 发动机，但也具有强化的机身和更大的燃料容量。后者由后部机身的 2 个 31 英制加仑（约 141 升）油箱提供。1945 年 6 月首飞的 Mk XVIII 对于参战来说太晚了，该机型从 1947 年 9 月开始装备在新加坡的皇家空军第 60 中队以及在中东和远东的其他 5 支中队。

战后Mk XVIII

Mk XVIII 在战后继续服役。皇家空军第 28 和 60 中队的飞机在马来人起义的最初一个月中对游击队进行轰炸，它们在 1951 年被德·哈维兰“吸血鬼”取代。1949 年初，第 208 中队的 FR.Mk XVIII 在中东地区和以色列的“喷火”Mk IX 进行了空战。在 1 月 7 日的一次声名狼藉的事件中，4 架第 208 中队的飞机被以色列空军第 101 中队的飞机击落。

Mk XVIII 总计制造了 300 架，最后的 100 架为战斗侦察机，加装了机身油箱和照相装置。除皇家空军之外唯一的 Mk XVIII 使用者是印度皇家空军；他们在对日胜利日后接收了 20 架该型战机。

下图：与后期量产型 Mk XIV 外形非常相似的 Mk XVIII 换装“格里芬”65 发动机，并采用“泪滴”座舱盖和早期型号的“E”型机翼武器。NH872 是第 11 架量产型 Mk XVIII

五叶螺旋桨

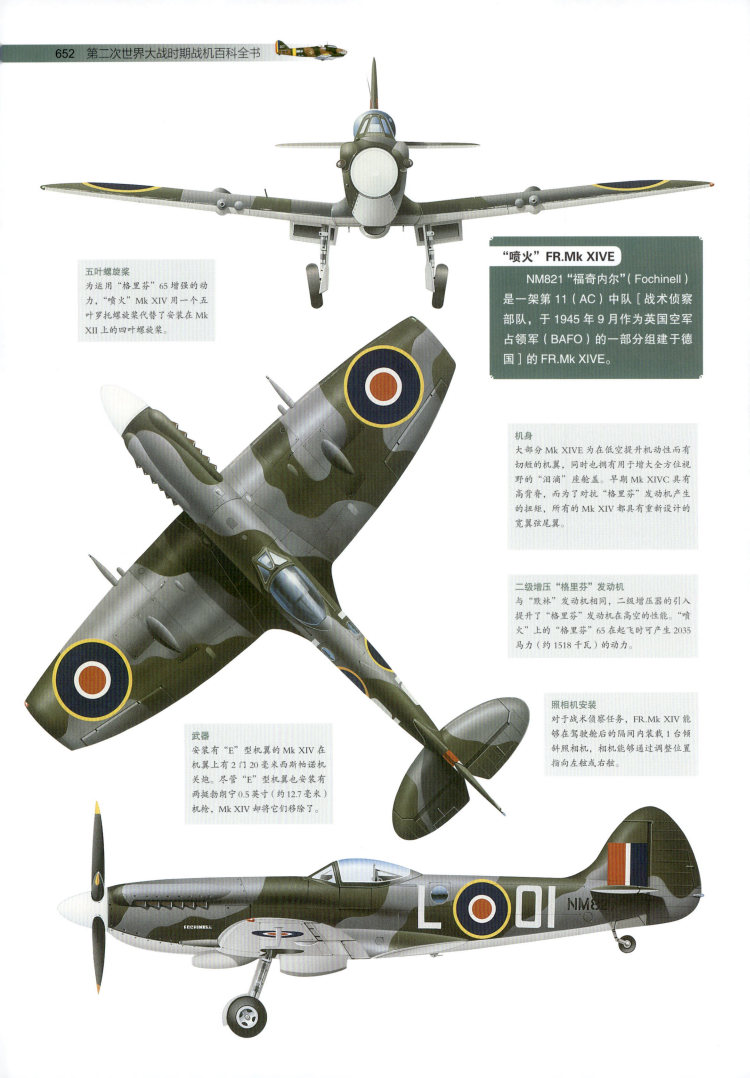

为运用“格里芬”65 增强的动力，“喷火”Mk XIV 用一个五叶罗托螺旋桨代替了安装在 Mk XII 上的四叶螺旋桨。

“喷火”FR.Mk XIVE

NM821“福奇内尔”（Fochinell）是一架第 11（AC）中队［战术侦察部队，于 1945 年 9 月作为英国空军占领军（BAFO）的一部分组建于德国］的 FR.Mk XIVE。

机身

大部分 Mk XIVE 为在低空提升机动性而有切短的机翼，同时也拥有用于增大全方位视野的“泪滴”座舱盖。早期 Mk XIVC 具有高背脊，而为了对抗“格里芬”发动机产生的扭矩，所有的 Mk XIV 都具有重新设计的宽翼弦尾翼。

二级增压“格里芬”发动机

与“默林”发动机相同，二级增压器的引入提升了“格里芬”发动机在高空的性能。“喷火”上的“格里芬”65 在起飞时可产生 2035 马力（约 1518 千瓦）的动力。

照相机安装

对于战术侦察任务，FR.Mk XIV 能够在驾驶舱后的隔间内装载 1 台倾斜照相机，相机能够通过调整位置指向左舷或右舷。

武器

安装有“E”型机翼的 Mk XIV 在机翼上有 2 门 20 毫米西斯帕诺机关炮。尽管“E”型机翼也安装有两挺勃朗宁 0.5 英寸（约 12.7 毫米）机枪，Mk XIV 却将它们移除了。

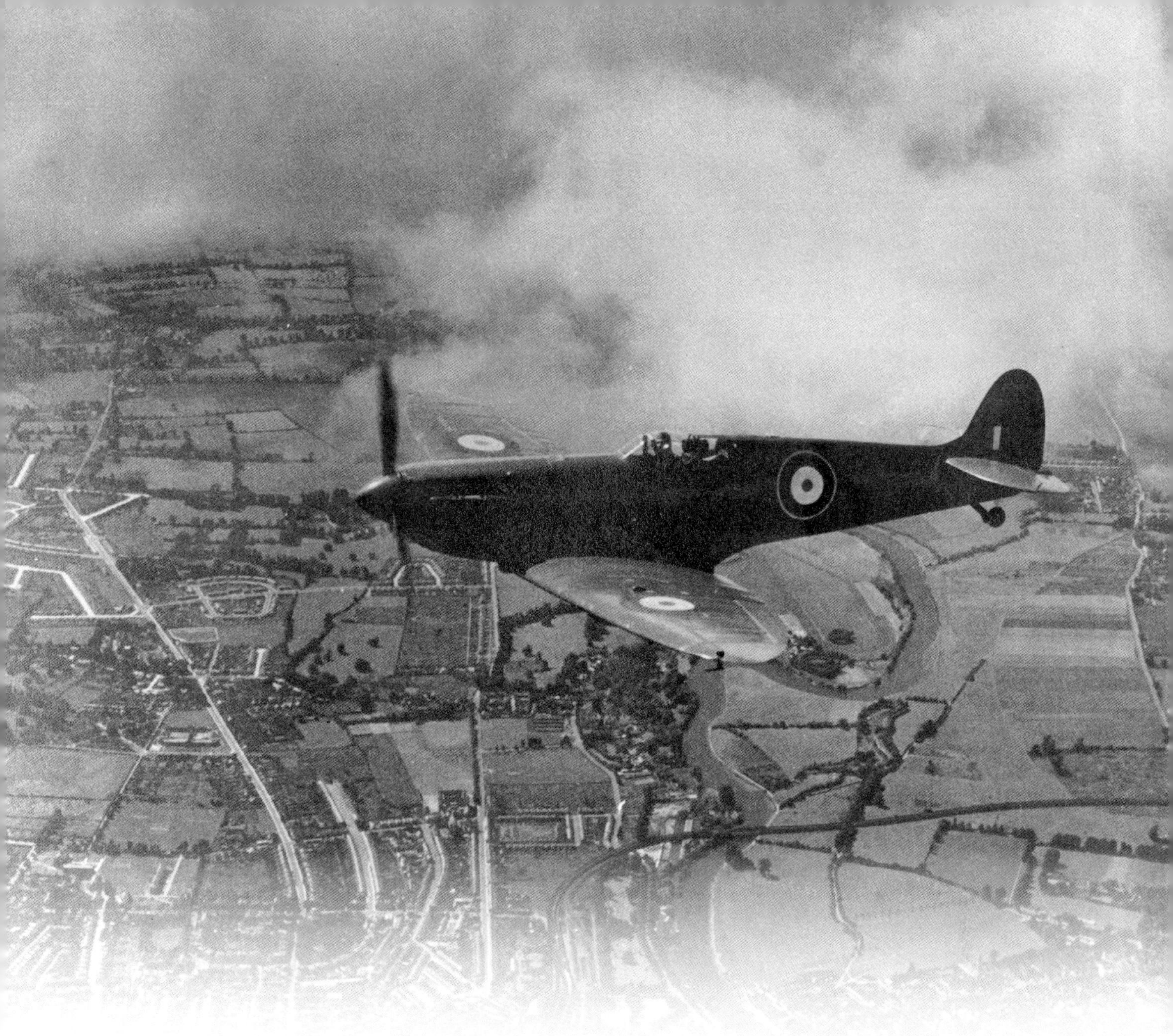

上图：通过在左侧机翼下增加1个30英制加仑（约136升）油箱，“喷火”PR.Mk IC的航程在Mk IB的基础上得到进一步提升。油箱与右侧机翼下泡状舱内的两台8英寸（约20.3厘米）透镜照相机相平衡

早期照相侦察型

在所有“喷火”中，最鲜为人知的可能是照相侦察机型号。该机型是欧洲战区的战略侦察机，它和“蚊”一起组成了同盟国照相侦察机的主力。

在第二次世界大战爆发不久，年轻的皇家空军军官莫里斯·“矮子”·隆巴顿飞行准尉向航空部递交了一份报告。报告概述了以类似“喷火”的战斗机为基础的无武装高速飞机代替传统轰炸机改装的机体，单独执行战略侦察任务的想法。由拆除武装和其他不必要的装备带来的重量缩减，使飞机能够安装额外的油箱，为长距离行动提供了可能。

皇家空军的布里斯托“布伦海姆”侦察机在战争开始的头几个月中遭受严重损失之前，没有人关注过这一建议。航空部说服皇家空军战斗机司令部贡献两架宝贵的“喷火”Mk I，它们成为整个“PR”（照相侦察）“喷火”家族最初的成员。

这两架“喷火”中的第一架PR.Mk IA——无武装，在每侧机翼上装有一台5英寸（约12.7厘米）镜头垂直安装的照相机，并具有浅绿色机身——在1939年11月18日完成的第一次飞行任务象征着“喷火”PR任务的开始。该机从位于法国塞克兰的基地起飞，从33000英尺（约10058米）高空对亚琛进行拍照。尽管有一些问题，新设计仍得到了检验。“喷火”是理想的机型，更重要的是，它在早期行动中弥补了一部分“布伦海姆”侦察轰炸机损失带来的缺口。

英国共生产了8款“喷火”PR型号，它们起源于早期的单级“默林”发动机Mk I战斗机，其中使用最广的是PR.Mk ID（PR.Mk IV），该机型一直服役至1943年。

“喷火”PR.Mk IG

R7059最初为Mk I战斗机，在1941年2月从伊斯特利作为战斗机完成了首飞。为执行低空侦察任务，该机在次月被改装为PR.Mk IG，5月交付第1照相侦察部队。以位于康沃尔圣伊瓦尔的分遣队为基地，在布雷斯特港进行低空“掷骰子”侦察行动。

燃料

飞机总容量为85英制加仑（约386升）的两个主油箱安装在发动机后方。在驾驶舱后还装有一个29英制加仑（约132升）油箱。

武器

为进行自卫，飞机保留了战斗机安装于标准“A”型机翼上的8挺0.303英寸（约7.7毫米）勃朗宁机枪。

座舱盖

机舱两侧凸起的泡状座舱盖改善了后部和下方的视野。

颜色和斑纹

“喷火”具有PRU为使飞机从云层下方进行目标拍摄而研发的浅粉/米白双色机身。在战争初期，PRU可完全自由地对机身配色进行实验，并涂刷了不标准的国家标志和机翼表面的小圆盘标志。飞机标有第1照相侦察部队的“LY”编码，但没有个体识别字母。

照相设备

照相机位于机身后部附加的油箱尾部。飞机装载有一台倾斜安装的5英寸（约12.7厘米）镜头照相机，朝向飞机左侧。机身后部倾斜照相机下方装有两台垂直照相机，分别具有5英寸和14英寸（约35.6厘米）镜头。

动力装置

Mk I改装的PR“喷火”上安装有多种动力装置。型号A和B安装有“默林”III，型号C最初使用“默林”II和XII。型号D设计使用“默林”45/46。G/Mk VII最初安装“默林”III，为了获得额外的动力，大部分飞机换装了“默林”45。

PR.Mk IA

两架“喷火”Mk IA 战斗机（N3069 和 N3071）按无武装“型号 A”标准进行了改装，在每侧机翼上装有 1 台 5 英寸（约 12.7 厘米）镜头倾斜照相机，并具有被称为“Camotint”的浅绿色机身配色。右图拍摄于 1939 年 11 月 18 日的法国塞克兰，右图中，N3071 正在准备起飞执行历史性的首次照相侦察任务。

PR.Mk IC（PR.Mk III）

“远程”PR.Mk IC 在 1940 年 3 月开始研制。该机型在右侧机翼下的泡状舱内加装了一具 30 英制加仑（约 136 升）油箱，油箱与右侧机翼下方相同位置的 2 台 8 英寸（约 20.3 厘米）照相机相平衡。图示带有执行任务时产生的污垢的 P9385 在 1940 年被改装成 PR.Mk IC，并在第 8 作战训练部队（OTU）服役。

PR.Mk IE（PR.Mk V）

对特写照片的需要，加上在气象条件妨碍高空行动时飞机能够在云层下方拍照的需求，推动了 1940 年中 PR.Mk IE 的发展。低空照相侦察飞行被称为“掷骰子”行动，需要使用每侧分别指向外侧和下方的倾斜照相机。仅有 1 架 Mk IE（图示 N3117）制造完成。

PR.Mk IG（PR.Mk VII）

最后一款以 Mk I 战斗机为基础的 PR“喷火”是低空型 Mk IG，它与早期的飞机不同，保留了 8 挺 0.303 英寸（约 7.7 毫米）机枪；同时仅增加了一个在驾驶舱后的 29 英制加仑（约 132 升）副油箱。飞机安装有 3 台照相机：驾驶舱后一台倾斜的 5 英寸（约 12.7 厘米）照相机；在其下方的 2 台分别是 5 英寸（约 12.7 厘米）和 14 英寸（约 35.6 厘米）镜头的垂直照相机。

PR.Mk IB

由于 PR.Mk IA 的局限性——其 5 英寸（约 12.7 厘米）照相机不能在相片中充分体现细节，且飞机航程有限——PR.Mk IB 在 1940 年 1 月开始服役。安装有 1 台 8 英寸（约 20.3 厘米）照相机和机身后部一具额外的 29 英制加仑（约 132 升）油箱的 Mk IB，也具有被称为“PRU 蓝”的机身配色。该机型仅生产数架；图示飞机（P9331）在 1940 年由第 212 中队使用。

PR.Mk ID（PR.Mk IV）

1940 年末的 PR.Mk ID“超远程”飞机如其名称所示的那样，具有巨大的航程。在装有一个 114 英制加仑（约 518 升）油箱的特殊结构机翼的帮助下，该型号“喷火”的总燃料容量是标准“喷火”Mk I 战斗机的 2.5 倍，同时该机型也装备有与 Mk IF 相同的照相机。使用这一型号，PR 部队能够进行更大范围的侦察；使用 Mk ID 的行动目标涉及波罗的海、挪威和法国境内的地中海海岸。制造数量超过 200 架的 Mk ID 成为 1941—1942 年最重要的照相侦察机。图示样机安装有一台沃克斯热带过滤器，该机在建立于埃及赫利奥波利斯的第 2 照相侦察部队服役。

PR.Mk IF（PR.Mk VI）

对增加航程的追求导致 PR“喷火”的快速发展。PR.Mk IF 在 Mk ID 之前于 1940 年 7 月问世。被称为“超远程”飞机的这一机型的活动半径比 Mk IC 长大约 100 英里（约 161 千米），这多亏了第 2 个 30 英制加仑（约 136 升）泡状机翼油箱。后部机身安装有 2 台照相机（8 英寸/约 20.3 厘米或 20 英寸/约 50.8 厘米镜头）。

PR.Mk XIII

从 1943 年初起，PR.Mk XIII 替代了武装的低空“掷骰子”PR.Mk VII（Mk IG）。这一型号安装有一台“默林”32 发动机（仅在 2500 英尺/762m 处能输出最大功率），具有与 Mk VII 相同的照相机，并配有 4 挺 0.303 英寸（约 7.7 毫米）机枪。Mk XIII 一直服役到 1944 年“喷火”FR.Mk XIV 投入使用。

下图：展示了 1 架空中的“喷火”PR.Mk XI 产品。大部分 Mk XI 具有带典型翼尖的宽翼弦方向舵；该飞机（在生产线上由 Mk IX 战斗机改装而成）具有早期风格垂直尾翼

“喷火”Mk X、XI 和 XIX

后期照相侦察型

纳粹空军截击机性能的稳步提升，迫使能够在更高空以更快速度飞行的新型“喷火”照相侦察机投入研发。出于这一目的，改装自最新二级增压“默林”和“格里芬”发动机战斗机的新型 PR 型号投入实战。

下图：不受欢迎的 PR.Mk X 实际上是增压的 Mk XI，仅被小规模生产（16 架），在皇家空军第 541 和 542 中队服役。飞机外观的主要区别是为增压驾驶舱的鼓风机提供空气的进气管（图中发动机排气装置下方）

纳粹空军 Fw 190 带来的恐慌导致“默林”60 发动机 Mk VIII 和 IX 战斗机引入战争，推动了相同机身的照相侦察机的发展。

作为临时措施，一小批 15 架 Mk IX 被改装为 PR.Mk IX，拆除了武器，在机身后部安装了两台垂直照相机。这些飞机缺少专门制作的照相侦察机所拥有的额外油箱，因此经常在机身下方携带一个 90 英制加仑（约 409 升）副油箱。

PR.Mk IX投入使用

1942 年 11 月，PR.Mk IX 在驻本森的第 541 中队开始服役。这些飞机被限定执行在欧洲西部的任务，但它们恢复了皇家空军的 PR 部队战力，能在不遭受严重损失的情况下对带有防卫的目标进行拍照工作。

然而 PR.Mk XI 的到来为 PR 中队提供了能够在速度上胜过纳粹空军战斗机，并且具有可以到达德国境内目标的充足航程的飞机。

以 Mk VIII 战斗机为基础，使用安装有翼尖油箱的更早的“喷火”PR.Mk IV（Mk ID）的机翼的 PR.Mk XI，能够到达超过 40000 英尺（约 12190 米）的高空，这比之前的侦察机版本要高 10000 英尺（约 3048 米）。安装在机身后部的两个主油箱容量均为 85 英制加仑（约 386 升），而机翼油箱的容量为 132 英制加仑（约 588 升）。同 PR.Mk IX 一样，Mk XI 也能够使用额外的油箱以提升航程，而在仅有内部油箱的情况下 Mk XI 仍具有 2300 英里（约 3700 千米）的航程——足够进行 5.4 小时的常规飞行。

飞机的装备有驾驶舱后的 2 台倾斜的照相机和通过通用固定

上图：图示为皇家空军第 541 中队的 Mk XI。飞机的特点是“入侵”条纹（由此确定拍摄于 1944 年中，大约在诺曼底战役同盟国反攻欧洲沦陷区地区的时期），以及两个机身下方的摄影窗口

方式安装于机身下方和后部的两台不同尺寸的垂直照相机。之后的飞机产品被要求在每侧机翼中部泡状舱内安装 1 台小型垂直照相机。

从 1942 年 12 月起 Mk XI 总计制造了 471 架，它们代替了所有之前无武装的 PR“喷火”（包括在中东地区的）。其他飞机被送往远东。在欧洲，1944 年初纳粹空军的第一批喷气式战斗机出现前，Mk XI 实际上从未被拦截过。

PR.Mk X 在 Mk XI 于 1943 年投入使用。该机型实际上是增压的 Mk XI，样机只制造了 16 架。

1944 年 5 月，“格里芬”发动机 PR.Mk XIX 出现，它具有与纳粹空军的 Me 262 喷气机（其出现对 PR 部队构成了潜在威胁）相近的性能。尽管以 Mk XIV 战斗机为基础，但大部分 Mk XIX 接受了增压处理（因此能够到达超过 45000 英尺 / 约 13716 米的高空），并且具有与 PR.Mk XI 及其更早型号相同的完整的机翼油箱。该机型总共制造了 225 架，被用于欧洲、地中海和远东。战后，在“流星”和堪培拉的侦察机型号出现之前，它们（以及德·哈维兰“蚊”）一直是皇家空军的照相侦察力量的支柱。

在撤离前线之后，到 1957 年“喷火”最终退出皇家空军现役部队，少量 Mk XIX 进入位于伍德瓦尔的温度及湿度（THUM）测定联队。该机型最后的行动是 1963 年婆罗洲岛对峙开始时。印尼的 P-51“野马”是皇家空军在当地的潜在对手，这促使位于宾布鲁克中央战斗机学校将退役的 Mk XIX 召回，作为同更敏捷的活塞式飞机交战的喷气战斗机飞行员的假想敌。

下图：皇家空军使用的最后 1 架“喷火”PR.Mk 19 PS888 在位于新加坡实里达的第 81 中队服役。它的最后一次行动是在 1954 年 4 月 1 日马来亚危机期间对被认为是游击队根据地的区域进行拍照

右图：图示为一架带有照相侦察研发部队“6C”编码的战后 PR.Mk XIX。印度、瑞典、泰国和土耳其也在战后使用 Mk XIX，而丹麦和挪威则接收了 Mk XI

性能

“喷火”PR.Mk XI 在 24200 英尺（约 7376 米）高空的最高时速为 417 英里（约 671 千米），上升限度为 44000 英尺（约 13411 米）。飞机的巡航时间为 5.4 小时，航程 2300 英里（约 3700 千米），能够飞往柏林并返回英国。

动力装置

第一批 PR.Mk XI 安装有 Mk IX 战斗机使用的“默林”61 或 63 发动机，但之后的飞机（从 PL768 起）则使用“默林”70，这一发动机将在更高的海拔输出最大功率。所有的 Mk XI 都在机头安装了增大的油箱，这导致飞机头部增长。

“喷火”PR.Mk XI

“喷　火”PR.Mk XI PL914 号机在 1944 年服役于位于蒙特法姆（距英格兰牛津附近的本森基地皇家空军照相侦察部队几英里）的美军第 8 航空队第 7 照相侦察大队第 14 照相侦察中队。

PR“喷火”在美国空军的服役

由于缺乏能执行同类任务的美制机型，美国空军获得 12 架“喷火”Mk XI，以帮助第 8 空军的重型轰炸机部队开展空袭之前和之后的目标照相工作。

机身配色和标记

二战的大部分时间里被称为“PRU 蓝”的中等蓝色配色是皇家空军高空侦察机的标准色。“喷火”的皇家空军序列号用白色颜料标于机身后部和垂直尾翼上。“入侵”条纹描画于机身底面。

油箱

Mk XI 的航程得益于其具有 132 英制加仑（约 588 升）容量的翼尖油箱。此外，飞机还有 85 英制加仑（约 386 升）的机身油箱；为进行远程行动，机身下方有安装一个 90 英制加仑（约 400 升）“拖鞋”油箱。

照相装置

为第 7 侦察团工作的过程中，PR.Mk XI 机身后部的通用照相装置配备有两台 36 英寸（约 91.4 厘米）镜头垂直照相机。如果装载更小的照相机，飞机驾驶舱后左侧或右侧还能装一台倾斜的照相机。

下图：“喷火”Mk 21（前）与Mk 22原型机PK312一起飞行。只有Mk 21在二战期间参与了行动，尽管Mk 22和24在20世纪40年代末已可供使用，但喷气机时代已经到来，它们的工作开始减少

最后的“喷火”，Mk 21–24

当最后的型号Mk 24在1948年进入皇家空军服役时，“喷火”与12年前首飞的原型机已没有什么相似之处，但它们依旧是非常优秀的战斗机。

左图：第一架“喷火”Mk 22 PK312保留了Mk 21的尾翼，但随后又安装了增大的水平尾翼和垂直尾翼

当1942年被安装在“喷火”Mk XIV和XVIII上的罗尔斯－罗伊斯“格里芬”60系列发动机已可供使用时，很明显为使新发动机的动力完全发挥，“喷火”的机身需要进行有效的更改。

这些改动中最重要的是全新且更坚固的机翼。实际上，具有更大的副翼以及直头机翼后缘，安装于Mk 21量产型的机翼，与在1936年安装于“喷火”原型机的机翼已经完全不同。人们考虑为该机取一个新名字——“胜利者”，但未被采纳。

第一架Mk 21（第二架Mk IV/XX原改装）在1942年12月首飞。该飞机被称为“临时Mk 21”，安装一台“格里芬”61发动机以及标准“喷火”翼，后者具有突出尖端并使用加厚蒙皮，进行了结构改进以增大机翼强度。7个月后，第一架“全规格”Mk 21完成首飞，它具有新翼型、额外机翼油箱和其他改进，其中包括了安装4门20毫米西斯帕诺机关炮。飞机动力来自1台“格里芬”65，额定功率为2050马力（约1529千瓦）。这是6年前“喷火”原型机安装的“默林”C发动机额定功率的2倍多。

AFDU的担忧

在博斯坎比顿进行的测试中飞机展示了450英里（约724千米）的最高时速，随后便有3400架样机产品接受了预定，第

上图：皇家辅助空军（RAuxAF）第 600（伦敦）中队在 1946 年成立于比金山——它是 RAuxAF 的第一支战斗机部队。次年，该部队的第一批飞机“喷火”Mk XIV 被 Mk 21 替代。1945—1947 年 Mk 21 在 4 支皇家空军正规中队中服役，随后被转交给 RAuxAF［包括第 602（格拉斯哥）和 615（萨里郡）中队］

下图：可以清楚地看到为“喷火”Mk 21/22/24 设计的新机翼（图示为 Mk 22）。增长的副翼几乎到达翼尖

一架首飞于 1944 年 3 月。然而同年稍晚些时候，空战研究小组（AFDU）对新飞机中的一架进行了测试。测试由有经验的战斗机飞行员执行，该部门对飞机性能做出了具有高度危险性的报告，并指出定向不稳定性是 Mk 21 的主要缺陷。AFDU 对此十分不满，在报告结尾处建议“为保持‘喷火’家族的声誉，不应进行更进一步的尝试”。

尽管向皇家空军第 91 中队交付飞机始于 1945 年 1 月，但解决新飞机的问题仍成为第一要务。很快飞机的操纵面就被改装（人们最终承认为完全消除问题，一款全新的尾翼是必要的）。4 月，第 91 中队接收了改装的飞机并进入作战状态。

Mk 21 总计只生产了 120 架，第 91 中队是欧洲胜利日之前唯一一支使用该型号的部队。以诺福克郡拉德哈姆（Ludham）为基地的该中队（1942 年第一批接收“喷火”Mk XII 的部队之一）从 4 月 10 日起执行了 154 次任务。大部分任务是武装侦察及扫荡，其中一次行动发现了德国“比贝尔”级微型潜艇并将其摧毁。有两架 Mk 21 在荷兰沿海被地面炮火击落，这是该部队仅有的损失。

上图：新“喷火”的稳定性问题在安装增大的新型水平和垂直尾翼前并未完全解决。这些尾翼首先出现在 Mk 22 量产型上，成为 Mk 24 的标准配置。PK713 是使用有长管机关炮的早期样机

战后任务

战争结束后，第 1、第 41 和第 122 中队在解散或改编前也曾短暂使用过该机型。Mk 21 随后被转交给皇家支援空军部队，但到了 1948 年，所有的飞机都被撤回。

Mk 22 于 1945 年 3 月首飞，它与 Mk 21 差别仅在于具有缩短的机身后部和“泪滴”驾驶舱盖，这些改变并未导致飞机获得新的编号。样机产品的特殊处是期待已久的新型水平和垂直尾翼。

总计生产了 278 架的这一型号具有比前代机型更长的有效使用寿命。在 1951 年前，这些飞机仅装备了一支常规皇家空军部队（中东的第 73 中队）和 12 支皇家辅助空军中队。一部分飞机之后出口南罗德西亚、埃及和叙利亚空军。

Mk 23 的项目一直没有进行。这一计划试图制造一款使用层流机翼（如超级马林“海怒”上安装的类型）的“喷火”，并对机身进行少量必要的更改。一架“喷火”Mk VIII 使用新机翼进行了测试，但由于操作困难且最高时速比标准 Mk VIII 还要低，该计划被放弃。

最后的“喷火”

最后一款冠以“喷火”之名的是 Mk 24，有 54 架该机型飞机制造完成，最后 1 架完成于 1948 年 2 月。外形上 Mk 24 与 Mk 22 后期生产型并无差别。在内部，Mk 24 的机身后部装有 2 个额外的油箱，也可以挂载翼下火箭弹。最后一批 Mk 24 换装了短管的西斯帕诺 Mk V 机关炮。

只有一支皇家中队接收了最后的“喷火”——部署于德国居特斯洛的第 80 中队。1949 年 7 月，第 80 中队转移至中国香港，在 1952 年 1 月之前一直作为皇家空军的最后 1 支“喷火”部队维持着勤务。在被撤回之后，飞机交给中国香港辅助飞行队（服役至 1955 年）。

左图：对转螺旋桨在几架 Mk 21/22/24 原型机（图示为 Mk 24）上接受了测试。战后海军航空兵的“海火”FR.Mk 47 拥有此种装备，在 1945 年这些仍不可靠的螺旋桨并未被安装在“喷火”上

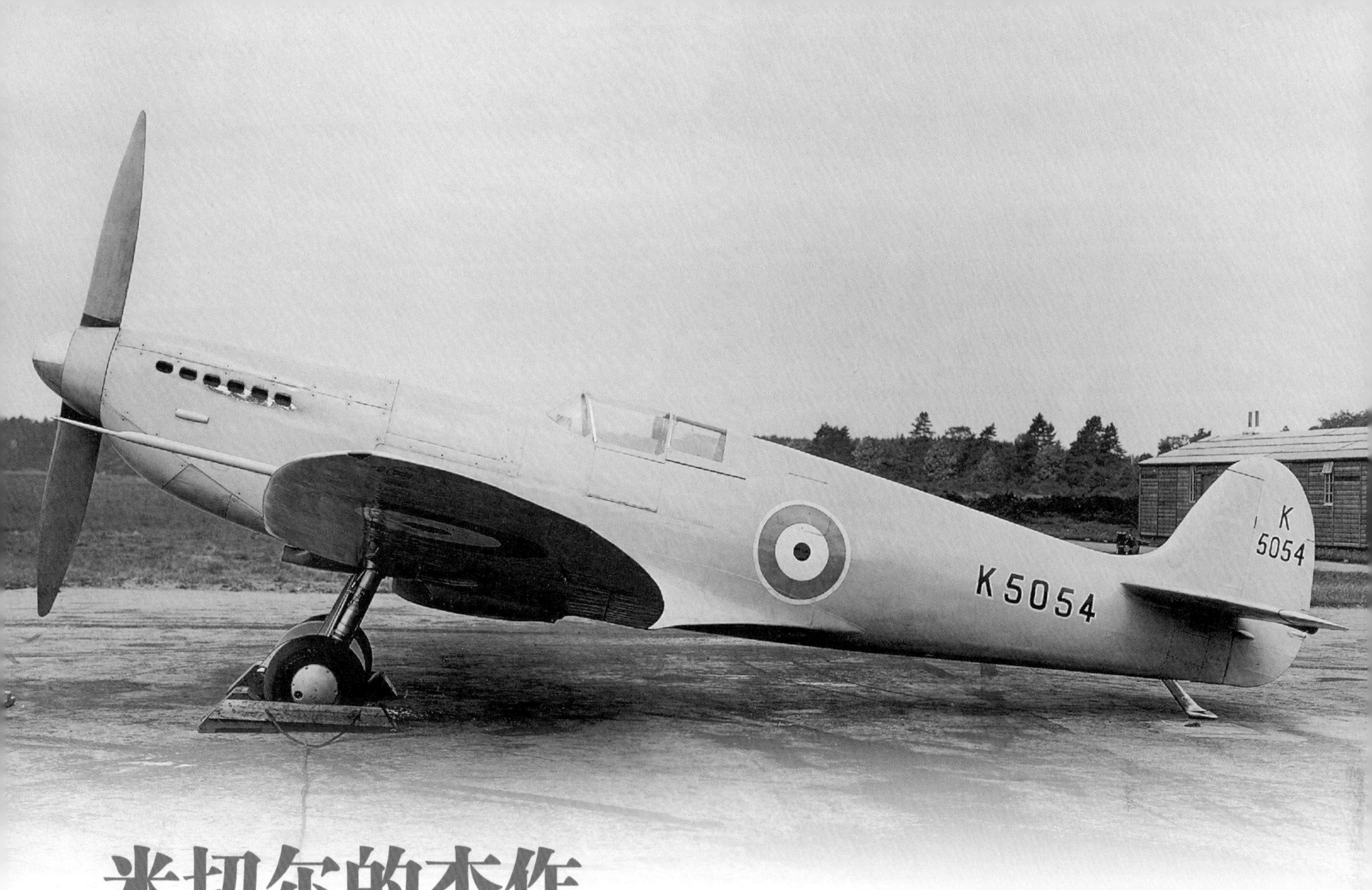

米切尔的杰作

F.37/34 原型机

上图：到 1936 年 3 月首飞时，F.37/34 已经得到“喷火”这一名字。它具有高光泽的蓝灰色机身。飞机的“默林”C 发动机能够产生 990 马力（约 738 千瓦）的动力

超级马林在根据规范 F.7/30 设计一款战斗机的竞争中失败后，雷金纳德·米切尔对公司的型号 224 进行了重新设计，并提交了使用新的罗尔斯－罗伊斯“默林”发动机的方案。在设计的过程中，他利用了自己作为世界上最快的水上飞机（使用罗尔斯－罗伊斯发动机的 S.6 和 S.6B）的设计师的经验。设计的成果是型号 300 原型机 K5054。

下图：“喷火”是为根据航空部规范 F.7/30 制造的型号 224 提出的名字。受到其 680 马力（约 507 千瓦）的罗尔斯－罗伊斯“苍鹰”发动机的阻碍，这一设计输给以“斗士”之名投入现役的格罗斯特设计

20 世纪 30 年代初，超级马林飞机公司的首席设计师米切尔因设计了高速水上飞机而声名大噪。他的超级马林 S.5 在 1927 年赢得了“施耐德杯”竞赛；而他的 S.6 赢得了 1929 年的比赛。1931 年，超级马林 S.6B 赢得英国总冠军，随后又将飞行速度世界纪录提高至 407 英里 / 时（约 655 千米 / 时）。

在这一时期，飞行技术快速提升。高度增压发动机、变螺距螺旋桨、流线型全金属机身、悬臂单翼机机翼、全封闭式座舱和可收放的起落架都是在这时出现的。以上设计均能提升飞机性能。

规范F.7/30

1931 年皇家空军最快的战斗机是霍克“狂怒”，最高时速为 207 英里（约 333 千米）——大约是 S.6B 最高时速的一半。在寻求具有更佳性能的战斗机的过程中，航空部在 1931 年颁布了规范 F.7/30。这一规范寻求一款具有尽可能高的爬升率，并且在超过 15000 英尺（约 4573 米）高空有尽可能大速度的截击战斗机。

7 家公司参与了竞标，提交了 5 份双翼战斗机和 3 份单翼战斗机设计。雷金纳德·米切尔的首次战斗机设计成果超级马林型号 224 在 1934 年 2 月首飞。作为具有增压发动机的全金属结构单翼机，它的外观较为保守，保留有固定的起落架和开放式座舱。它使用 680 马力（约 507 千瓦）“苍鹰”发动机，最大速度仅有 228 英里 / 时（约 367 千米 / 时）。格洛斯特 SS.37 是一款典型的织物蒙皮双翼机，最大速度为 242 英里 / 时（约 390 千米 / 时）。它赢得了竞标，并在之后作为“斗士”投入使用。

上图：K5054 在高空飞行。从该机衍生出了大约 40 种型号（包括“格里芬”型和海军的“海火”战斗机），产量超过 22000 架的“喷火家族”

型号 224 刚投入试飞，米切尔就发现了几种能够用于改进设计的方法。他说服公司提供研发一款更先进的飞机所需的初期资金，飞机将使用罗尔斯－罗伊斯 PV12 发动机（之后被命名为“默林”）。航空部对计划中的战斗机产生了兴趣，并为资助建造 1 架原型机起草了一份新的规范：F.37/34。

水上飞机神话

“喷火”研发自超级马林竞速水上飞机的说法被广为流传，但这不是事实。米切尔确实从他的竞速水上飞机设计中借鉴了很多，但这与“喷火”起源于这些飞机的说法有很大的不同。这两种飞机型号原本设计用于完全不同的任务。“喷火”上没有一个部件与竞速水上飞机相同。

1936 年 3 月 5 日，超级马林 F.37/34 由首席测试飞行员“笨蛋”·萨默斯驾驶，从南安普敦附近的伊斯特利机场起飞完成了首飞。从一开始，人们就可以清楚地发现米切尔的新战斗机要比此前型号都更优秀。在母公司维克斯的建议下，新战斗机被命名为“喷火”。我们知道雷金纳德·米切尔并未参与名称的选择。当这位才华横溢的设计师知道此事后，评论道：“他们为它取了个血腥且愚蠢的名字！”

就在皇家空军迫切需要一款高性能现代化战斗机时，“喷火”恰逢其时。在德国，新改革的纳粹空军正在快速积攒兵力。面对逐步增强的威胁，1936 年 6 月英国政府签署了 310 架“喷火”的生产合同。

1936 年 7 月，新型战斗机的原型机在马尔特夏姆郡的哈斯完成了首次试飞。飞机在 16800 英尺（约 5122 米）高空的最大速度为 349 英里 / 时（约 562 千米 / 时），能够在 17 分钟内到达 30000 英尺（约 9145 米）高度。

武器结冰

“喷火”的飞行测试大部分环节都进展顺利。1936 年 12 月，原型机在安装了 8 挺勃朗宁 0.303 英寸（约 7.7 毫米）机枪后重新开始测试。就在这次测试中，新飞机出现了第一个也是唯一一个严重问题。高空枪支开火测试显示在 32000 英尺（约 9755 米）高空的寒冷环境中，机枪有可能被冻住。直到问题首次出现一年半多后的 1938 年 10 月，才设计出防止武器冻结的有效系统。之后“喷火”在生产线上进行了适当的武器加热改装。

随着测试结束，“喷火”进入中队服役，K5054 结束“喷火”计划进行测试飞行，转行成为高速“出租车”。1939 年 9 月，该飞机在一次致命事故中损毁。

下图：1936 年 6 月 18 日在伊斯特利举行的维克斯公司机型展览上，K5054 首次公开在 300 名观众面前展示。其他参展的飞机有 B.9/32 原型机 K4049（后来作为“惠灵顿”被皇家空军订购），“韦斯利”轰炸机的早期量产型 K7556，以及“海象”水陆两用飞机的第 9 架 K5780。1938 年，超级马林航空工厂（维克斯）有限责任公司及其母公司威布里治维克斯（航空）有限责任公司由维克斯－阿姆斯特朗有限公司接管

右图：S.6B S1596 号是 1931 年施耐德杯竞赛总冠军的姐妹飞机。1931 年 9 月 29 日，由空军上尉乔治·斯坦福斯驾驶创造了 407.5 英里 / 时（约 655.81 千米 / 时）的世界飞行速度记录

上图：1937 年 3 月 22 日，K5054 遭到第一次严重事故，山姆·麦克纳少尉因发动机故障迫降。当时，飞机安装有 1045 马力（约 779 千瓦）"默林" F 发动机和 8 挺勃朗宁机枪。6 个月后，经修理（并使用了皇家空军昼间战斗机伪装）的 K5054 返回空中。1939 年 9 月 4 日，飞机发生着陆事故，在事故中飞行员（空军上尉"纺纱工"·怀特）受了致命伤。该机在此次事故后没有修复

"快速'喷火'"

1937 年夏，有人提出制造一架冲击休斯 H-1 创造的 353 英里 / 时（约 567.115 千米 / 时）陆基飞机速度世界纪录的"喷火"的可能性。为此，第 48 架"喷火" Mk I（K9834）的机身经特殊改装并使用一台 2169 马力（约 1611 千瓦）"默林" II（特）发动机，作为快速"喷火"在 1938 年 11 月 10 日完成了首飞。次月，记录由梅塞施密特 Bf 109 V13 提升至 380 英里 / 时（约 611 千米 / 时），同时由于航空部相信亨克尔 He 100 V8 能够达到 451 英里 / 时（约 725 千米 / 时）的速度 [在 1939 年 3 月达到 464 英里 / 时（约 746.6 千米 / 时）]，尝试使用"喷火"创造速度记录的计划被弃置了。图示飞机具有竞速外观，拥有更具流线型的座舱、改装的机翼和大型木制四叶螺旋桨。1940 年末，K9834 安装了标准"默林"发动机，作为勤务飞机在位于赫斯顿的照相侦察部队服役。

“喷火”的战斗历程

早期时光

上图：以肯特格雷夫森德为基地装备“喷火”的第 610 中队是不列颠之战期间在纳粹空军空袭中参战的皇家空军部队之一

随着欧洲将被卷入战争的大势已定，英国开始使用“喷火”武装自己。这些飞机将成为第二次世界大战期间英国抵抗精神的象征。

1938 年 8 月，“喷火”首飞的 29 个月后，位于达克斯福德的第 19 中队成为第一支接收新型战斗机的部队。到 12 月，该部队的飞机已全副武装，其他部队也紧随其后开始改装使用该机型。

到 1939 年 9 月 3 日，英国开始与德国开战时，皇家空军已经接收了 306 架“喷火”。其中有 187 架在 11 支战斗机司令部中队（第 19、41、54、65、66、72、74、602、603、609 和 611 中队）服役。有 71 架“喷火”储备于维修部队，为替换损失的飞机做好了准备。11 架“喷火”作为测试飞机供制造商或服役测试机构使用。一架“喷火”被临时分派给中央飞行学校，用于飞行员上机测试。

首战告捷

1939 年 10 月 16 日，第一批“喷火”开始了对抗敌军飞机的行动。当日，9 架纳粹空军第 30 轰炸机联队的容克 Ju 88 空袭了福斯湾的皇家海军战舰。分别以德雷姆和蒂伦豪斯为基地的第 602 和 603 中队仓促地同“入侵者”交战。第 603 中队的巴·吉福德中尉击落了一架轰炸机，第 602 中队的乔治·平克顿中尉和阿奇·麦克凯中尉摧毁了另一架飞机。第 603 中队的战斗机与一架 Ju 88 交战，击中其发动机，但敌机逃到了海上。

次月，“喷火”部队几次偶遇落单的德国轰炸机、布雷飞机或侦察机。然而大多数时候，部队在进行军力扩张，为即将到来的战役进行训练。1940 年 5 月初，其他 8 支中队（第 64、92、152、222、234、266、610 和 616 中队）接收了“喷火”，并将战力扩大至 19 支中队。

“喷火”主要设计用于执行短程本土防空和轰炸机驱逐任务。在设计的过程中，R. J. 米切尔并不打算让飞机与敌方战斗机交战，而在“非实战状态”中，这些飞机也不需要这样做。6 架第 66 中队的飞机与 6 架第 264 中队的“无畏”战斗机协同，从东安格利亚的机场起飞对荷兰进行了扫荡。这些飞机与一架 Ju 88 交战，在它逃往内陆之前将其击伤。次日，两支部队对相同地区进行巡逻，迎来“喷火”与梅塞施密特 Bf 109 的首战。在短暂但激烈的交战中，5 架“无畏”和一架“喷火”被击落，同时，德军有 4 架 Ju 87 和一架 Bf 109 被击落。

初次遭遇

1940 年 5 月 21 日“喷火”第一次遭遇大群德军飞机。当时，快速向比利时和法国进军的德军将战争引入以肯特为基地的多支战斗机司令部部队的势力范围。

随后的日子里，“喷火”和“飓风”多次掩护盟军从敦刻尔克撤离。在口岸上方的激烈空战中，对战双方都遭受了损失。1940 年 6 月 3 日撤离结束时，战斗机司令部已损失 72 架“喷火”——这几乎是该机型前线兵力的 1/3。行动已经结束，皇家空军只能接受这一惨重的损失率。只要撤离还在进行，就决不能让皇家海军和同盟国军队任由纳粹空军宰割。

左图：1939 年 5 月第 19 中队在达克斯福德建立。从图中可看到第 2 和第 5 架飞机上安装的顶部扁平的座舱——其他飞机具有隆起的座舱盖，以及第 19 中队在 1938—1949 年使用的“WZ”编码

早期“喷火”胜利

“喷火”Mk I和II仅短暂地在前线皇家空军部队中服役过，但在对抗德军机群（通常是它们数量的许多倍）的过程中取得难以置信的胜利。从在苏格兰夺得第一次胜利到在英国东南部大获成功，对于德国来说它们一直是一个严重的威胁。

可怜的武器

早期“喷火”的一大缺点是武器过弱。有几次，德国轰炸机在被超过100发早期型号“喷火”使用的0.303英寸（约7.7毫米）子弹击中后仍成功返回了基地。

“喷火”Mk I

第603“爱丁堡”中队的编队指挥官乔治·德诺姆中尉是参与1939年10月16日皇家空军与纳粹空军轰炸机第一次成功交战的“喷火”飞行员之一。1940年3月17日，驾驶L1067的德诺姆在被击落前击中了1架道尼尔Do 17。

左图：在同盟国军队从敦刻尔克撤离的过程中，战斗机司令部损失了72架“喷火”。图示拍摄于6月6日作战结束后的敦刻尔克附近。“喷火”在敦刻尔克作战遭遇与不列颠之战中Bf 109相同的续航力问题

下图：战争的第一个月中，报社频繁光顾皇家空军战斗机机场。这个“混乱”的场景拍摄于1940年4月8日的东洛锡安德雷姆（Drem），图中为第611“西兰开斯特”中队的“喷火”

第一支“喷火”中队的传承

皇家空军第19中队一直使用单座战斗机。集合第5辅助中队的核心组成的该部队装备有BE.12，成立于1916年6月。然而，BE.12并不适合作为战斗机使用，从12月起被SPAD VII代替。1918年6月，部队开始使用索普威思“海豚”，到1919年部队解散前该机型一直在此服役。1923年重组后，第19中队作为附属于第2飞行训练学校的战斗机部队，驻守在剑桥郡德科斯福德。1924年6月1日装备索普威思“鹬”式，实现全中队具备作战能力。20世纪20年代到30年代，该中队在1938年8月成为第一支使用“喷火”的部队前，“鹮鹛”“金雀”“斗牛犬”“长手套”分别装备过该中队。源自第19中队“C”分队，建成于德克斯福德的第66中队在11月接收了“喷火”。

下图：这可能来自最出名的一组图片，描绘了“喷火”在不列颠之战中的情景。图中飞机来自比金山的皇家空军第610中队，正在进行一次巡逻（1940年6月）。根据经验，两组飞机以松散的纵队队形飞行

不列颠之战中的“喷火”

近年人们开始争论“喷火”和“飓风”在不列颠之战中的效率，在与数量最多的“飓风”的比较中，“喷火”获得可靠的声誉。

装有机枪的“喷火”和“飓风”在与敌军轰炸机交战时都缺乏火力。在大规模行动中，“喷火”和“飓风”取得的成功与其参加的行动数目比例相近。然而“喷火”更佳的性能和更小的体型意味着它更不易陷入麻烦。在多数的行动中，“喷火”遭受的平均损失率大约是参战飞机数量的4%，而“飓风”的平均损失率则约为6%。

由于具有更低的消耗率，“喷火”部队与装备“飓风”的部队相比，能够有更长的作战时间。平均来看，在不得不撤退进行重组前，“喷火”部队在不列颠之战中平均可以参加近20天的战斗。与之相对的是，“飓风”中队（不考虑仅小规模参与的4支“飓风”部队）参与行动的时间少于16天。具有更多作战时间的独立的“喷火”部队能够获得更多的胜利。参与战役的19支“喷火”中队创造了521次胜利，平均每支中队超过27次。30支全员参战的“飓风”中队创造了655次胜利，平均每支中队近22次。在战斗中，“喷火”部队的平均交换比为1:1.8，而全员参战的“飓风”部队的比率为1:1.34。

下图：第616中队的警戒编队从肯丽皇家空军基地起飞。这些飞机具有“QJ”的识别编码；不过第92中队先前已经开始使用这些编码。这种混淆对后世历史研究造成严重的困扰

右图：在一次出动之前，飞行员在匆忙重新装填“喷火”Mk I X4474的勃朗宁机枪。随着安装机关炮的Mk IB的出现，这些装备机枪的飞机被改称为Mk IA

机关炮

正是在不列颠之战中，皇家空军对少量装备的第一批装备机关炮的“喷火”进行了测试。人们对其寄予了高度期望，但当第19中队在1940年8月开始行动时，武器的表现很糟糕。在8月16日的战斗中，与敌军交战的7架“喷火”中仅有一架的机关炮正常运作。8月19日，3架飞机的机关炮都无法正常使用，8月24日8架中只有两架的武器可用，而在8月31日6架中有3架的武器可用。经历这些令人尴尬的失败后，中队指挥官R. 平卡姆中队长向上级抱怨道：“如果部队在所有交战中都使用8枪战斗机的话，我们能令敌军遭受更多损失。现在最需要做的是在当前机关炮型号的故障得到排除前，让中队换回配备勃朗宁机枪的“喷火”。”

战斗机司令部总部接受了平卡姆的建议，9月初该部队就以常规的8机枪“喷火”替换了机关炮战斗机。此后，西斯帕诺机关炮型“喷火”不再参与不列颠之战。

受到西斯帕诺机关炮这些初期问题的影响，“喷火”和“飓风”战斗机在战役期间不得不使用不足以对抗多发动机轰炸机的武器。许多证据表明德国轰炸机在遭到超过100发0.303英寸（约7.7毫米）子弹攒射后仍能安然返航。要进行如此密度的射击意味着至少要有两架英国战斗机在短距离将其大部分子弹射出去。

根据在西班牙内战中获得的经验研发的自封油箱大幅提升了德国轰炸机的生存能力。这些轻合金油箱具有0.39英寸（约1厘米）厚的表皮，其中有硫化和未硫化的橡胶叠层，外面包裹的是皮革制外罩。当步枪口径子弹击中油箱时，它能够很容易地穿过外罩。当燃料开始通过孔洞渗漏时，汽油与未硫化的橡胶产生化学反应，导致后者膨胀并将破损处填满。在自动防爆油箱内装载燃料，将许多德国轰炸机从因燃烧而坠毁的命运中拯救出来。

如果大量装载机关炮的“喷火”和“飓风”战斗机能够在战斗中使用，同时机关炮运行可靠，战斗机司令部的行动将有效得多。实际上，依靠在几次作战中对敌人“赶尽杀绝”，英国战斗机对敌军轰炸机造成了严重损失，并迫使纳粹空军放弃对英格兰的昼间空袭。

下图：“W-SH”是第64中队的一架飞机，因在着陆时起落架收起，在进行维修——由于飞机短缺，维修任务十分紧急

下图：约翰·邓达斯中尉在 1940 年 8 月驾驶“喷火”Mk I R6690/“PR-Q”飞行。到 10 月 9 日，已击毁 9 架飞机，他成为第 609 中队在战役中的最佳射手。他的飞机是一架标准机枪配置的 Mk I

下图：1940 年 8 月，第 19 中队的“喷火”Mk IB，R6776/“QV-H”，是一架经典机关炮配置的“喷火”。和其他该中队的飞行员不同，飞行员乔治·昂文飞行军士驾驶该机获得一定的成功。昂文在 1940 年击落了 13 架敌机

处理失败

1940 年的夏天和秋天，解决“喷火”的机关炮故障成了英军的当务之急。1940 年末问题才终于得到彻底解决，但这对于让飞机在不列颠之战中发挥重要作用来说已经太迟了。然而即使机关炮正常工作，飞机仍有其他问题。每个西斯帕诺机关炮配备的 60 发弹鼓仅可供连续开火 5 秒。这对于常规空对空战斗来说并不充足。因此，下一批“喷火”Mk IB 安装有 2 门西斯帕诺机关炮和 4 挺 0.303 英寸（约 7.7 毫米）机枪。两种武器很好地达成了互补。1940 年 11 月第 92 中队换装了这些新的型号。为使这些飞机同其他装备 8 挺机枪的 Mk I 相区别，后者被重新命名为 Mk IA。

1940 年 6 月，在漫长的延误后，位于伯明翰附近布罗米奇堡的巨大的纳菲尔德工厂终于开始进行“喷火”Mk II 的大规模生产。从外观上来看，新型号与 Mk I 后期生产型十分相似，二者的主要差别是前者的“默林”12 发动机功率增加了 110 马力（约 82 千瓦）。动力的提升使 Mk II 的最大速度和爬升性能得以小幅提升。

1940 年 8 月，第一批“喷火”Mk II 交付位于迪格比的第 611 中队。次月，第 19、74 和 266 中队也接收了新型号。Mk II 在几支部队中代替了 Mk I，这些中队主要使用更新的型号，在战争最激烈的英格兰东南部执行任务。

最初几批“喷火”Mk II 装备有 8 挺机枪。之后，少量飞机安装有两门机关炮和 4 挺机枪，被称为 Mk IIB。和 Mk I 一样，只装备有机枪的飞机被重新命名为 Mk IIA。

下图：1940 年 9 月，X4179——一架“喷火”Mk IA 加入第 19 中队，其原属部队第 266 中队为换装 Mk II 而放弃了早期版本的飞机

上图：从 1941 年 5 月起投入使用、最初服役于第 92 中队经改良的“喷火”Mk V 型号属于皇家空军在跨海峡行动中最先行动的机型之一。图示为 1 架以北威尔德为基地的第 222 中队的样机

战争中的皇家空军“喷火”

欧洲西北部，1941–1945

1941 年初皇家空军战斗机司令部转守为攻。新任最高司令官空军上将肖尔托·道格拉斯爵士以诱导纳粹空军开始行动为目的，使用“向法国倾斜”的战术。“喷火”将在使用这一新策略的过程中起主导作用。

1941 年 1 月 9 日，3 支“喷火”Mk I 中队对法国北部进行了一次进攻性扫荡。但德军战斗机指挥官选择无视这次进攻，而进攻也在未引起任何严重事件的情况下结束了。这次行动的教训很明显：战斗机单独进行的扫荡无法使敌军应战。与不列颠之战中的战斗机司令部一样，纳粹空军认为没有必要抵抗仅由战斗机进行的扫荡。

次日皇家空军进行了更具野心的尝试，以迫使德国战斗机参战。代号为“马戏团”的新行动的核心为使用 6 架“布伦海姆”轰炸机空袭加莱附近的一座武器仓库。7 支“喷火”中队和 4 支“飓风”中队使用总计 103 架战斗机护送轰炸机。当时进行了 3 次空战，一架“飓风”和一架“喷火”被击落。德国战斗机未遭受损失。

在随后的几周中，“马戏团”行动变成了常规任务。皇家空军在 1941 年进行的最有野心的进攻发生在 8 月 12 日。一支由 54 架“布伦海姆”轰炸机组成的佯动部队对德国西部纳普萨克（Knapsack）和夸德拉特（Quadrath）的发电站进行了低空空袭。6 支“喷火”（Mk II、IIB 和 V）中队和一支“旋风”双发动机战斗机中队在进攻初期对轰炸机进行近身护航。5 支“喷火”中队沿着轰炸机的航线飞行了几乎达到其活动半径的极限的距离，盘旋了 5 分钟后开始返航。3 支“喷火”Mk II 中队和 3 支使用 Mk II（远程）机型的中队撤回。德国战斗机和高射炮部队对这次大胆的进攻进行了猛烈的回击，击落了 10 架“布伦海姆”轰炸机，并对其他的几架造成了损伤。4 架“喷火”损失。1941 年，“喷火”的生产增长稳定，从而使得部队实力迅速扩张。1941 年末，战斗机司令部的“喷火”中队从不列颠之战结束时的 19 支增加到了 46 支。

服役中的Mk IX

1942 年 7 月，驻霍恩彻奇的第 64 中队成为第一支使用“喷火”Mk IX 的部队。7 月 30 日，空军中尉唐纳德·金佳佰（Kingaby）驾驶新型号获得第一次胜利。尽管金佳佰的胜利在当时只吸引了少许的关注，但这标志战斗机司令部的重大转折点。这是“喷火”第一次与可怕的 Fw 190 拥有等量齐观的性能。对纳粹空军而言，意味着其在一年前确定的空战优势的终结。

上图：第 306“托伦茨基”中队是一支在 1943 年以诺索尔特为基地的波兰部队，该中队执行对欧洲沦陷区地区进行昼间战斗机扫荡的任务。图示为该部队的机组人员与一架“喷火”Mk IXC 的合影

右图：100 架“格里芬”发动机 Mk XII 在低空和中高空卓有成效地对纳粹空军打击英国沿海目标后撤离的飞机进行反击

1942 年 8 月 19 日，“喷火”经历了最艰难的战斗。当日，英国和加拿大部队在法国北部的迪耶普海滩及其附近实施了两栖登陆。48 支“喷火”中队（42 支使用 Mk V，2 支使用 Mk VI，4 支使用新型 Mk IX）对登陆进行了支援。这些部队组成了 171 支中队规模巡逻队，进行了总计 2050 架次出击（参与行动的同盟国飞机进行的出击总数为 2600 架次）。在这次行动中，“喷火”中队遭到最严重的单日损失：在同盟国总计 97 架被击落的飞机中有 59 架属于这些中队。

随后的几个月中，更多的本土部队换装了 Mk IX，同时该机型也成为在这一战区中使用最广泛的战斗机型号。

上图：为下一次战斗任务而挂上炸弹的“喷火”。图中这架第 74 中队的“喷火”是在 1945 年欧洲战场上被用作战斗轰炸机的“喷火”的典型例证

高空行动

由于一直缺乏对英国的高空威胁，“喷火”Mk VI 很少被其所属中队使用，后续的 Mk VII 产品仅有适当的改进。1943 年 5 月后，北威尔德的第 124 中队才能够使用这一型号执行任务。1943 年 8 月，3 架 Mk VII 以奥克尼群岛的斯克阿布拉岛（Skeabrae）为基地，与试图对停泊在斯卡帕湾的舰队进行拍照的德军高空侦察机交战。1944 年春，第 131 和 616 中队也转为使用 Mk VII。在为诺曼底登陆做准备的过程中，这些部队的任务是阻止高空飞行的德国侦察机对发起登陆的港口进行拍照。在登陆后的几天中，Mk VII 部队在滩头阵地进行高空掩护。几天后，Mk VII 以和其他“喷火”型号相同的方式，进行了低空巡逻，并对公路和铁路目标发起扫射轰炸。

不久后，Mk VII 扩大的内部油箱容量帮助该型号作为轰炸机护航机重获新生。航程最长的一次任务发生在 8 月 11 日，当时第 131 中队护送“兰开斯特”轰炸机对拉帕利斯的潜艇洞库进行昼间空袭。690 英里（约 1110 千米）的往返航程已接近 Mk VII 的最大活动半径，飞机只剩余少量燃料，以防敌军战斗机来袭。

1944 年 10 月，配备帕卡德“默林”发动机的 Mk XVI 驶出位于布罗米奇堡的生产线。12 月初，部署在布鲁塞尔附近的埃弗里的第 403 中队成为第一支将 Mk IX 更换为 Mk XVI 的部队。第 2 战术航空队其他 Mk IX 部队很快就跟上了其步伐，在欧洲的战争结束时，总计有 19 支中队换装了这一型号。1944 年，在“格里芬”发动机“喷火”和其他高性能同盟国战斗机机型被大规模引入使用时，“默林”发动机“喷火”部队逐渐从制空任务中撤出，转而执行战斗轰炸机任务。

下图：第 124 中队是 2 支装备有高空“喷火”Mk VI 的战斗机司令部部队之一。不幸的是，该型号无法在超过 35000 英尺（约 10668 米）的高空进行战斗

“格里芬”发动机Mk XII

1943年2月，第41中队转移至什罗普郡的海厄尔科（High Ercall），换装了Mk XII。这是第一批投入使用的“格里芬”发动机“喷火”。4月，仅有的另一支部队——第91中队开始更换飞机。这2支中队之前都使用“喷火”Mk VB。

1943年4月，第41中队投入使用，并转移至福克斯顿附近的霍金治（Hawkinge）。部队从这里起飞进行长期巡逻，试图“捕获”对海岸目标进行轰炸后撤离的敌军战斗轰炸机。最初成效甚微。4月17日，“喷火”Mk XII第一次使用枪炮进行凌厉的扫荡行动。C. 伯贝克准尉对敌军巡逻船进行了扫射。当日稍晚些时候，R. 霍加斯中尉在加来附近遇到一架容克Ju 88，并将其击落。

随着对抗战斗轰炸机空袭的任务日益重要，两支Mk XII部队转为在敌军境内执行战斗机扫射和护航任务。

采用二级增压器驱动的“格里芬”61发动机的“喷火”Mk XIV在1943年秋投入生产，次年春天，第91、322和610中队已更换Mk XIV。1944年6月这3支部队都完全准备就绪，开始服役。纳粹空军的第一批V-1火箭对伦敦发动了空袭。由于早期的“喷火”型号速度过慢，难以追上火箭，Mk XIV奉命加入“深潜者”巡逻队。1944年9月，V-1对伦敦的第一轮轰炸步入尾声。随着德军轰炸的逐渐减弱，10月最初的3支“喷火”Mk XIV中队被重新部署至法国和比利时的机场。随后的几周里，另4支中队也装备了这一新的型号，它们是第41、130、350和403中队。

在之后的战事中，“喷火”Mk XIV是皇家空军在欧洲北部使用的主要高空制空战斗机型号。

大西洋舰队的“海火”战斗机

1942年6月23日，第一批“海火”Mk IIC到达位于索伦特的海军航空兵第807中队。另4支中队在1942年下半年成立，除获得Mk IB并成为唯一完全装备早期“海火”型号的前线部队第801中队外，其他部队都接收了Mk IIC。下一支接收Mk I的前线部队（与作战相比，更多地用于训练）直到1943年夏才获得飞机。当时鱼雷轰炸机 / 侦察中队第842中队获得了6架Mk IB，组成了一支飞行分队。大部分海军航空兵的“海火”Mk II用于“雪崩”行动中的萨勒诺登陆。7月第842中队接收了从训练部队中回收的Mk IB，在被占领的亚速尔群岛进行航线保卫任务。1944年3月前，第894中队一直使用Mk IB。

1944年，“海火”战斗机部署方式多样，其中包括以地面为基地和舰载的部署。“海火”部队参与了部分在挪威海岸进行的反战舰空袭的护航任务，尤其是这些部队在年中参与了著名的对德国“提尔皮茨号”战列舰的空袭。诺曼底登陆（“霸王”行动）之前，位于科尔姆怀德的第887和894中队的“海火”Mk III为皇家空军“台风”战斗轰炸机的跨海峡空袭护航，另有4支海军航空兵战斗机中队为6月登陆提供了战斗机防空掩护，任务中使用了以陆地为基地的“海火”战斗机和“喷火”，实施了海上舰炮的射击观测。8月在登陆法国南部的“龙骑兵”行动中，有9艘美国和英国航母参与，英军航母搭载有4支“海火”战斗机中队。除空中战斗巡逻之外，“海火”战斗机也进行了对滩头阵地的战术侦察和轰炸任务。后者由第4战斗机联队执行，这也是“海火”战斗机作为战斗轰炸机的主要用途。图片为第801中队的一架“海火”Mk IB。该中队由“暴怒号”航空母舰搭载，是第一支使用“海火”战斗机执行任务的海军航空兵中队。

战争中的皇家空军“喷火”

海外服役，1942—1945

上图：随着同盟国占领西西里岛，并向北移动穿越了意大利，皇家空军开始进驻西西里岛。图为西西里岛科米索的一架第 43 中队的“喷火”Mk VC

第一批部署在海外的“喷火”Mk V，于 1942 年 3 月第一次被装上渡轮运往马耳他。之后的 Mk V 和后来的 Mk VIII 被大量送往海外服役。

下图：伊恩·格里德中校（Gleed）作为第 224 联队指挥官，驾机带领第 601 中队的一部分飞机编队飞行。1942 年 4 月，第 601 中队将在美军航母“黄蜂号”的“喷火”派往马耳他。击落 13 架敌机的王牌飞行员格里德在次年 4 月阵亡，当时他驾驶图示的“喷火”Mk VB AB502。该飞机标有“IR-G”个人代码

1942 年初，“喷火”面对新的挑战。英国在地中海的战略取决于是否将马耳他作为封锁同盟国通往非洲的供应线的基地使用。然而被包围的岛屿正遭受来自德国和意大利轰炸机的猛烈空袭，而其能否从轰炸中幸存还不得而知。马耳他的主要空中防御力量仅为一支小型“飓风”部队，不是纳粹空军部署于该战区的 Bf 109F 轰炸机的对手。

显而易见的解决方法是向岛屿输送一定量的“喷火”Mk V，但要这样做并不容易。马耳他在直布罗陀海峡东部 1100 英里（约 1770 千米）处，这远远超出“喷火”的正常空载转场航程。

为完成交付，超级美林公司为“喷火”设计了一个安装于机身下部的 90 英制加仑（约 410 升）的油箱。第一批“喷火”于 1942 年 3 月 7 日交付马耳他，15 架飞机从“鹰号”航母上起飞，前往岛屿。这批“喷火”在千钧一发之际抵达马耳他，此时德军为计划中的登陆马耳他的行动做准备而加紧对该岛发动空袭。寡不敌众，“喷火”为求生，被迫孤注一掷，在这一过程中损失惨重。

1942 年 4 月开始，美国海军航空母舰“黄蜂号”协助“鹰号”完成了另外的 12 次运输任务，向岛上运送了总计 385 架“喷火”，其中仅有 18 架未能安全抵达。

澳大利亚的问题

在将“喷火”Mk V 送往马耳他这一海外交付行动之后，其他 Mk V 被送往埃及的部队。当 1942 年 11 月同盟国军队进入非洲西北部时，皇家空军的 Mk V 为其推进提供了空中掩护。亚洲东南部是接下来接收这些飞机的地区。在这一地区的每一个战区，“喷火”的到达使得皇家空军及其同盟国得以维持空中优势。

澳大利亚是唯一一个“喷火”未能维持光荣战绩的战区。1943 年 1 月，3 支“喷火”Mk VC 中队到达北部地区，进行对日

上图：尽管“喷火”Mk VIII 被指定专用于海外服役，但纳粹空军 Fw 190 构成的威胁以及新的“喷火”交付的延误，导致从 1942 年 12 月起 Mk IX 被派往地中海战区。图示为第 241 中队的 Mk IX，摄于 1944 年意大利维苏威火山上空

上图：第 81 中队是从 1943 年末起第一批接收“喷火”Mk VIII 的远东皇家中队之一。在中缅印战区总计 10 支中队中都使用 Mk VIII（主要作为战斗轰炸机）

本飞机的防御。第 54 中队以达尔文机场为基地，第 452 和 457 中队驻扎在附近的施特劳斯和利文斯敦飞机场。

战斗机之前从未在靠近赤道的热带环境中作业。飞机在地面必须面对极度的高温和高湿度。在空中，“喷火”遭遇比之前曾遇到过的更低的温度。极低的温度导致恒速装置（CSU）反复出现故障。因此“喷火”Mk V 未能阻挡日军对澳大利亚北部的攻击。与此同时，战斗机的缺陷彻底显露出来，并被报告给制造商，Mk V 的空袭任务也迎来了终结。Mk V 在该战区的后继者是 Mk VIII，该机型进行了改进得以克服这些问题。

地中海的Mk IX

在 1942 年即将结束之际，纳粹空军将一支 Fw 190 大队调防至突尼斯。面对“喷火”Mk V 和低性能战斗机，德军最初在部分作战区域上空能够维持短暂的空中优势。和在欧洲西北部一样，皇家空军将“喷火”Mk IX 部队转移至这些区域发动反击。1943 年 1 月第 81 中队加入行动，不久第三支中队——第 72 中队也进入战区。Mk IX 快速夺回空中优势，并加紧了对来自意大利对轴心国的空中和海上补给线路的封锁。

迟来的Mk VIII

由于已有大量可使用的 Mk IX，设计完整的 Mk VIII 投入大规模生产就不再那么紧急。第一架 Mk VIII 出现于 1942 年 11 月，全部 Mk VIII 产品都被送往海外位于地中海、亚洲东南部、太平洋西南部和澳大利亚战区的部队。因为需要船只将飞机送往这些遥远的战区，所以推迟了该型号在前线的服役。第一支接收 Mk VIII 的部队是以马耳他为基地的第 145 中队，它仅在 1943 年 6 月对意大利和西西里岛的进攻开始时参加过战斗。许多其他部队最终改装使用 Mk VIII，就像在欧洲北部的 Mk IX 和 XVI 一样，该型号越来越多地用作战斗轰炸机。

在亚洲东南部，第一批 Mk VIII 于 1943 年即将结束时到达。分别位于印度东部阿里波尔和巴佳琪（Baigachi）的第 81 和 152 中队改装使用新型号飞机，随后不久该战区的其他部队也完成了这一改装。

最初，战区内很少进行空中活动。日军航空兵兵力分散，并且必须保存兵力。相对的平静时期在 1944 年 2 月 6 日结束，日本地面部队持续对若开地区开展攻击。英军第 14 军指挥官威廉·斯利姆将军命令被围困在辛兹维亚（Sinzweya）的 5000 人守军，同时依靠“喷火”的空中优势，运输机能够在战事缓和前持续为前线提供补给。拥有“喷火”Mk VIII 的第 67、81 和 152 中队转移至印度/缅甸边界附近的拉穆，从这里起飞执行攻击巡逻和护航任务。对辛兹维亚的包围结束于 2 月 23 日。

地中海的“海火”战斗机

海军航空兵通过 H 舰队为“火炬”行动中同盟国在北非登陆贡献了 7 艘航空母舰的舰载机。其中 4 艘航母装备有来自 5 支中队的“海火”战斗机。皇家海军航母“百眼巨人号”上的第 880 中队拥有 18 架“海火”Mk IIC，拥有 6 架 Mk IIC 的第 885 中队登上了“可畏号”，而第 801 和 807 中队（各拥有 12 架飞机）加入“暴怒号”。其中前者拥有少量“海火”Mk IB。“胜利号”上的第 884 中队也拥有 6 架 Mk II。“海火”的战斗生涯顺风顺水；3 架敌军飞机被击落，7 架被击伤（其中有 3 架在空中）。“海火”战斗机总计出动 160 次，其中许多是执行战术侦察任务，在执行任务中有 21 架“海火”战斗机（11 月 8 日可用于行动中的飞机的 40%）损失。其中仅有 3 架飞机的损失是由敌军造成的；大部分坠毁是因为海岸附近较差的能见度。

入侵西西里的“哈士奇”行动再次使用了包括“无敌号”（装载有 28 架第 880 和 899 中队的 Mk IIC，以及 12 架第 807 中队的 L.Mk IIC）和“可畏号”（装载有 5 架第 885 中队的 Mk IIC 和 28 架“岩燕”Mk IV）在内的 H 舰队航空母舰。行动开始于 1943 年 7 月 10 日，到 15 日为止，H 舰队的飞机在所在船只及其他穿过这一区域的船只上方进行昼间防御巡逻。西西里岛很快就被攻陷，到 8 月 21 日，H 舰队已经为下一次任务——代号“雪崩”，进攻意大利本土——做好了准备。在这次行动中，“可畏号”和“卓越号”（代替受损的“无敌号”，装载了带有 10 架“海火”Mk IIC 的第 894 中队）协同由“独角兽号”和 4 艘护航航空母舰（“攻击者号”“战斗者号”“狩猎者号”和“追踪者号”）组成的护航航空母舰舰队作战，上述舰艇全部装载有“海火”L.Mk IIC。

地中海地区最后一次同盟国登陆作战是 1944 年 8 月 15 日开始的登陆法国南部海岸的“龙骑兵”行动。7 艘皇家海军护航航空母舰为行动提供支援，它们是皇家海军舰艇“君主号”“追踪者号”“搜索者号”“攻击者号”“埃及总督号”“追踪者号”和“猎人号”。除 75 架“地狱猫”和“野猫”战斗机外，这些航空母舰还装载了 97 架“海火”L.Mk IIC、LR.Mk IIC 和 L.Mk III。行动的第一天，“海火”战斗机主要用于登陆区域上方的防卫巡逻。很快人们就意识到纳粹空军不可能对登陆做出激烈反应。因此，从第二天起，“海火”和其他部队开始在节节挺进的同盟国军队前方执行武装侦察任务。主要对公路和铁路交通的目标进行轰炸和扫射。到 8 月 19 日，第一批地面跑道完成，这使得以地面为基地的战斗机能够接管空中防卫任务。尽管存在低风速和偶发的低能见度等不利条件，“海火”部队在“龙骑兵”行动中的事故率很低。上图为 1943 年皇家海军航母“无敌号”上的 1 架第 880 中队的“海火”Mk IIC。该部队支援了 1942 年 11 月的“火炬”行动，1943 年 7 月在西西里岛上空进行巡逻。

苏伊士以东的“海火”

对日战争的最后两个月，“海火”战斗机终于展现了真正的价值。当时有经验的飞行员驾驶战斗机离开巨大的舰队航空母舰进行作战。“无敌号”上的第 887 和 894 中队以及“怨仇号”上的第 801 和 880 中队在这一期间的表现极其出色。

“海火”战斗机整个服役生涯中最成功的行动发生于 1945 年 8 月 15 日，这恰好也是太平洋上的战斗结束的日子。8 架来自第 887 和 894 中队的飞机护送 6 架“复仇者”轰炸机对日本海岸的目标发动空袭。12 到 14 架 A6M5“齐克”（Zeke）战斗机进行拦截，随后展开了一场混战。“海火”战斗机击落了 8 架敌军战斗机，还有一架可能被击毁，两架受损。一架“海火”被击落，一架受损。“复仇者”完成了空袭，没有损失。

在东苏伊士，“海火”航程不足将被证实是更加严重的缺陷。许多战斗机部队换装了美制飞机，但由于可用飞机数量不足，“海火”战斗机继续服役。1943 年，少量“海火”（“战斗者号”上的第 834 中队装备的 Mk IIC）在印度洋执行护航任务，年末另一支中队（使用 Mk III 的第 889 中队）也加入作业。然而直到 1945 年初，海军航空兵的打击力量才集中到远东地区。当时苏伊士以东有 8 支中队装备了“海火”Mk III，这些中队被分派在第 21 航空母舰中队的护航航空母舰以及舰队航空母舰“怨仇号”和“无敌号”上。由“海火”战斗机提供掩护的著名行动包括 1 月对位于苏门答腊岛的日本炼油厂的空袭，以及 5 月和 8 月占领仰光和槟榔屿的任务。3 月到 4 月在太平洋上，英国太平洋舰队的“海火”（“无敌号”上的第 887 和 894 中队）正在先岛群岛执行任务。在这次行动中，“海火”战斗机完成了在太平洋的第一次战斗。第 894 中队的理查德·雷诺兹中尉成为海军航空兵的第一位（也是唯一一位）“海火”王牌飞行员，他击落了 3 架“零”式和 2 架 BV 138。随着皇家海军舰艇“怨仇号”（第 38 飞行联队第 801 和 880 中队）到达，6 月，在加罗林群岛的特鲁克岛的空战中再一次出现了“海火”战斗机的身影，到 8 月，“海火”已经能够在日本本岛上空飞行。图示为 1945 年 6 月来自皇家海军舰艇“狩猎者号”的第 807 中队的一架“海火”Mk III。

下图：实际上“海火”原BL676成为“喷火”Mk VB。停机钩是飞机安装的新装备中的一部分，从机身后部下方可以看到它。重机型更名为Mk IB后，BL676被重新命名为MB328

“海火”Mk I、II和III

广而言之，作为第二次世界大战中最高效的英国海军战斗机的“海火”实际上仅仅是海军型“喷火”。同样，该机型也被认为可能不适合严苛的航空母舰作战。

在某种程度上，“海火”获得不适合航空母舰作战的名声是有原因的，那就是“喷火”的轻型化设计从未被设想用于海军服役。然而，在缺乏更合适的飞机的情况下（也就是在F4U“海盗”战斗机和F6F“地狱猫”战斗机抵达之前），“海火”战斗机被大量使用，参与了欧洲和远东的主要战役。

早在1941年，海军航空兵就决定将皇家空军杰出的“喷火”应用到舰载服役中。在霍克“飓风”战斗机成功完成了向海军用途的过渡，作为“海飓风”战斗机使用弹射装置为舰载部队工作后，上述设想似乎是合理的。检测“喷火”适配性的初步测试于12月进行，一架安装有着舰钩的Mk VB由皇家海军战斗机学校军官H. P. 布拉姆韦尔（Bramwell）少校驾驶，在皇家海军“卓越号”航母上进行了一系列着陆测试。

“海火”转化

对“海火”的表现印象深刻的皇家海军命令再将另外的165架“喷火”Mk VB改装为“海火”Mk IB配置（“B”后缀表示“喷火”Mk VB的“B”型机翼武器被保留下来：两门20毫米西斯帕诺机关炮和4挺勃朗宁0.303英寸机枪）。除停机钩之外，这些飞机还具有弹射挂点、标准海军无线电和敌我识别装置。1942年6月，第一批“海火”战斗机开始服役，但被限制只能进行训练任务，然而还是有少量飞机参与了作战，主要来自第801中队。

“海火”F.Mk IIC是最早与轴心国飞机交战的“海火”。这些飞机与Mk IB一起开始服役，这是在“喷火”Mk VC的基础上新制造的飞机，具有更强壮的通用“C”型机翼（通常配有两门机关炮和4挺机枪；4门机关炮的配置很少见）、强化的机身、弹射线轴和火箭起飞助推（RATO）装置的配件。

装备有54架“海火”战斗机的5支中队登上了4艘皇家海军航空母舰，为1942年11月同盟国登陆摩洛哥和阿尔及利亚提

下图：Mk IIC和安装火箭助推起飞（RATO）装置的能力同时推出。然而，安全性问题和生产难点意味着后者从未被用于二战期间的作战中

上图：从皇家海军舰艇“可畏号”上发动的一次出击结束后，甲板上的机组人员将往前冲的“海火”战斗机拉回甲板。MB156/“O6–G”是一架第 885 中队的“海火”F.Mk IIC，它参与了 1942 年 11 月 8 日进攻北非期间“海火”战斗机的第一场战斗。当时，它的飞行员和一位第 885 中队飞行员共同摧毁了一架维希法国轰炸机

下图：“海火”脆弱的机身和海军航空兵许多经验匮乏的飞行员，导致许多出击以图中所示的方式结束。图中这架倒霉的飞机损毁严重。该飞机是 1943 年登陆意大利期间，皇家海军“战斗者号”护航航母上第 807 中队的 L.Mk IIC

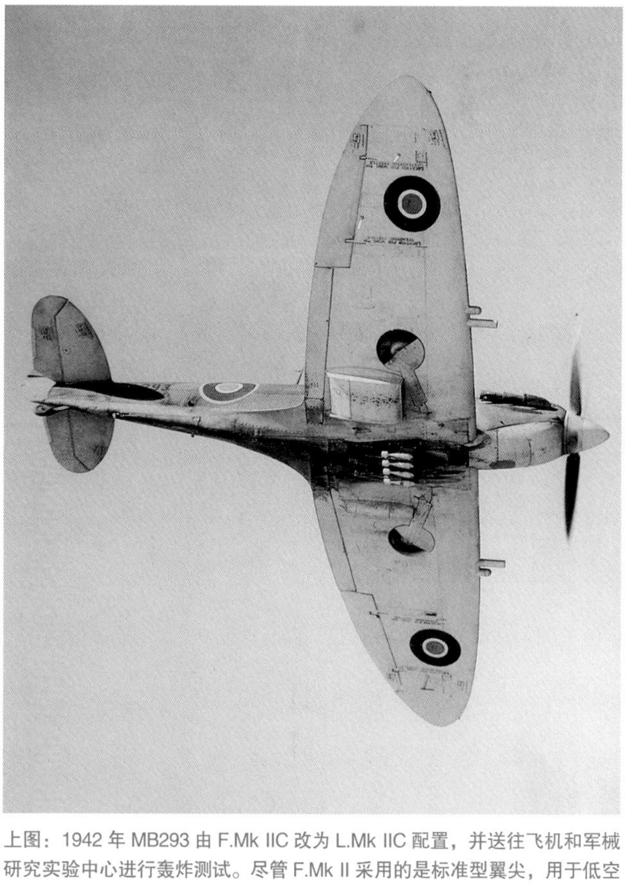

上图：1942 年 MB293 由 F.Mk IIC 改为 L.Mk IIC 配置，并送往飞机和军械研究实验中心进行轰炸测试。尽管 F.Mk II 采用的是标准型翼尖，用于低空作战的 L.Mk II 仍经常被裁掉翼尖以提升滚转速度

左图：折叠机翼使得“海火”Mk III 能够存放在最小的皇家海军航空母舰的甲板下方。航空母舰飞机库有限的空间决定了两侧机翼均可折叠的必要性

供支援。这期间，该型机会同海军航空兵的“飓风”和“岩燕”对英国陆军登陆进行掩护。8 日，来自“暴怒号”航母的第 807 中队鲍德温少尉在塞纳河附近迎击维希法国空军德瓦蒂纳 D.520，击落了其中的一架——这是“海火”第一次在空对空战斗中取得的胜利。然而在首日之后几乎没有进行战斗机作战，随着地面基地正式建立，航空母舰被撤回。

1943 年 5 月，L.Mk IIC 投入使用，这是提高爬升率和低空性能的新型号。第一架 L.Mk IIC 交付第 807 中队，安装有一台“默林”32 发动机（具有缩短的增压器叶轮）、四叶螺旋桨，并且有时安装有“切尖”的机翼（为提升滚转率）。这一型号也可担负战斗轰炸任务，在中线机架内装载有一枚 250 磅（约 114 千克）或 500 磅（约 227 千克）炸弹，代替了一般安装的“拖鞋”油箱。

“海火”再次参与行动，掩护 1943 年 5 月对西西里岛的进攻，并在 9 月登陆意大利本土萨勒诺为滩头阵地提供空中掩护的过程中扮演了重要角色。

虽然“海火”战斗机在萨勒诺上空没有因敌军攻击受到任何战斗损失，其总损失率仍然很高。106 架部署在航空母舰上的飞机中，有不少于 83 架失事或严重损坏。这主要是由飞机脆弱的机身和飞行员经验匮乏引起的。总计生产了 372 架“海火”Mk IIC；这一总数中包括全部由 F.Mk IIC 改装而来的低空型号。

1943 年稍晚些时候，第一批大约 30 架战术侦察版本 LR.Mk IIC 开始服役。总体上与皇家空军“喷火”PR.Mk XIII 相同的这一型号上加入 1 台垂直的和 1 台倾斜的 F.24 照相机，武器也得到了保留。

战时主要的“海火”型号为 Mk III，该机型共制造了 1263 架。为应对美国飞机交付延迟而研发的这一型号，第一次采用了手动折叠机翼——这增加了飞机在甲板上停放的数量，并使得该机能够使用航空母舰上更小的飞机库升降机。最初制造的 F.Mk IIIC（103 架样机）中的大部分是使用“默林”55M“低空”发动机的 L.Mk IIIC，具有适应战斗轰炸机任务的装备。总产量中包含有 129 架作为 FR.Mk IIIC 完成的 L.Mk IIIC，拥有 1 台侦察照相机装备。Mk III 在 1944 年 8 月参加了对南法进攻和之后对德国战舰“提尔皮茨号”的空袭行动，但 Mk III 最大的成功是在太平洋上获得的。

太平洋作战

1945 年，有 8 支 Mk III 中队随 6 艘航空母舰行驶在太平洋上。在这里，它们为对仰光和槟榔屿的进攻提供了掩护，并为对位于苏门答腊岛的日本炼油厂的空袭提供了护航。在战争的最后几个月里，来自“无敌号”上的第 887 和 894 中队、“怨仇号”上的第 801 和 880 中队的经验丰富的飞行员表现十分出色。实际上，在该机型整个服役生涯中，最成功的行动就发生在战斗的最后一天（8 月 15 日）。当时 8 架飞机遭到约 12 架 A6M5“齐克”战斗机的拦截，它们在仅损失一架的情况下击落了 8 架敌机。

下图：一架 F.Mk IIC 正准备进行三点着陆。飞机的长机鼻、必须恰到好处的平衡控制和略大于失速速度的进场速度使得仅有少数飞行员能够驾驭“海火”

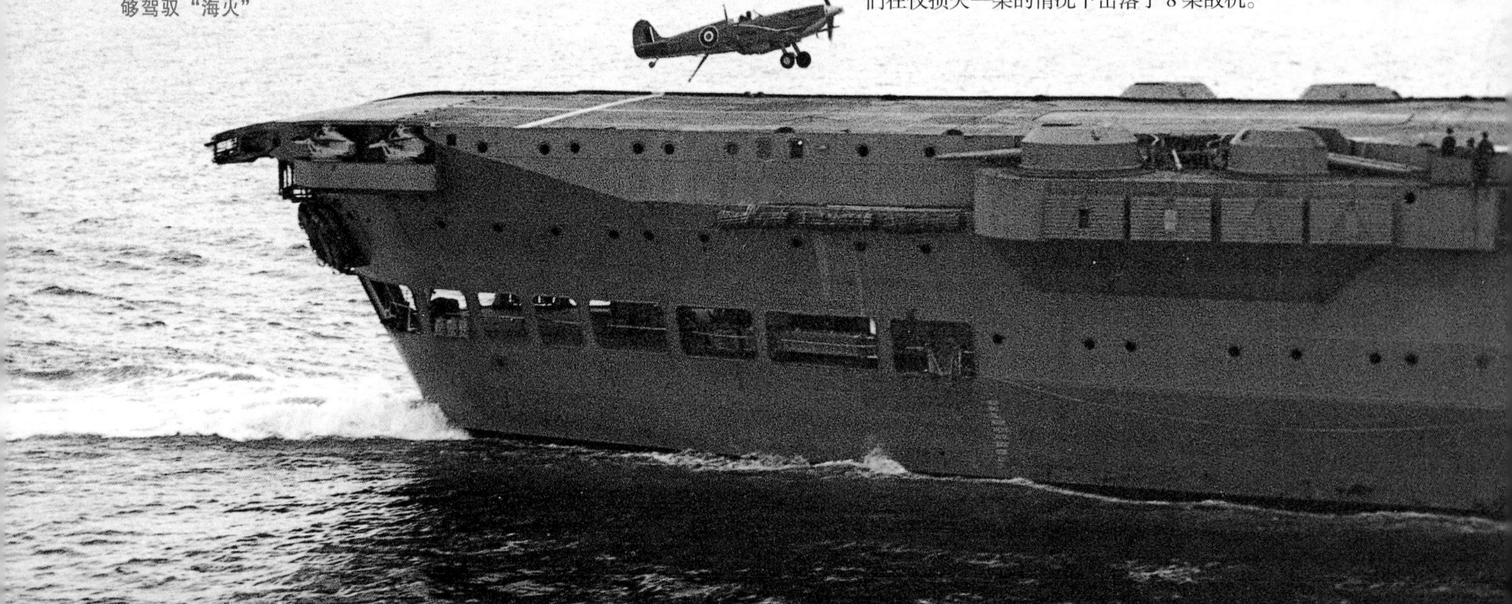

“海火”Mk XV 和 17

上图：Mk 17 服务于皇家海军志愿后备队第 1833 中队，它具有 1948 年后中海灰色和天蓝色的标准配色

在寻找“海火”Mk III 的替代品过程中，海军航空兵跳过使用“默林”发动机的“喷火”Mk VIII 的衍生型，转而支持一款在皇家空军“格里芬”发动机 Mk XII 基础上制造的飞机。作为成果的“海火”Mk XV 和 17 对战时服役来说出现得太晚了。在第二次世界大战之后的几年中，它们则成为海军唯一的舰载战斗机。

早期研发阶段，罗尔斯－罗伊斯“格里芬”发动机的潜能及其在“喷火”身上的安装方式给海军部留下深刻的印象。由于为修正结构缺陷而进行的改进将导致令人无法接受的大幅增重，海军认定“默林”60 系列发动机的“喷火”Mk VIII 并不适用，作为替代，选择了第一款“格里芬”发动机“喷火”Mk XII。

被称为 F.Mk XV 的新型海军战斗机混合使用了“喷火”Mk VB 的机身、“海火”Mk III 的可折叠机翼、放大的垂尾和方向舵、翼根油箱及“喷火”Mk VIII 的收放式尾轮。动力装置是能够在 6250 英尺（约 1905 米）高空提供 1850 马力（约 1380 千瓦）的“格里芬”VI 发动机。该发动机驱动一部罗托四叶螺旋桨，在 13500 英尺（约 4115 米）高空可为飞机提供 383 英里（约 616 千米）的最高时速。飞机的武器和 Mk III 相同（两门机关炮和 4 挺机枪），机外挂载包括中线上的 1 枚 500 磅（约 227 千克）炸弹或油箱，以及每侧机翼下方的两枚火箭弹。

3 架 Mk XV 原型机中的第一架于 1944 年首飞。尽管海军航空兵打算使用 Mk XV 替代太平洋舰队的 Mk III，但第一架生产型直到 1945 年 9 月才抵达第一支作战中队（之后部署于澳大利亚的第 801 中队）。到 9 月底，3 支部队换装了新飞机，但已经来不及参战。

海军航空兵唯一的战斗机

到 1946 年 6 月末，Mk XV 已经代替了最后一批“海火”Mk III。随着根据《租借法案》交付的美制飞机退出战斗序列，它们成为海军航空兵仅有的舰载战斗机机型。

然而由于“格里芬”VI 发动机存在潜在危险问题，Mk XV 刚刚开始服役，就被禁止参与航空母舰作战。发动机增压器在转速过高的情况下有发生故障的可能，因此飞机起飞和着陆可靠性受到严重影响。1947 年初，罗尔斯－罗伊斯设计了一种令人满意的改进方法。与此同时，4 艘皇家海军航空母舰在没有装载单座战斗机的情况下出海了。

以海岸为基地的部署持续进行着。第 807 中队以吕贝克（Lübeck）为基地，同皇家空军的第 2 战术航空队一起作为英国

上图：NS493 本来是第三架 Mk XV 原型机，但在摄于 1945 年的上图中可以看到，它已接受改装成为第一架 Mk 17，并具有泪滴状的驾驶舱盖

占领军的一部分，在德国北部服役。

1944 年末，第三架 Mk XV 原型机接受了削低后部机身的改进，同时泪滴状驾驶舱盖在 1943 年中第一次安装在一架 Mk VIII 上。对改进机背和舱盖印象深刻的海军部要求最后的 30 架 Mk XV 全部由韦斯特兰公司生产，且都采用这一设计。

改进的Mk 17

在 384 架“海火”Mk XV 之后，又有 232 架 FR.Mk 17（从 1947 年起，英军在命名中以阿拉伯数字代替了罗马数字）投入生产，这些飞机使用相同的“格里芬”VI发动机。除新的舱盖之外，Mk 17 也安装了更坚固且更高的起落架，以提升螺旋桨的离地净高。这是一项重要的改进，因为“海火”经常会有“啄地”的倾向。当飞机着陆时，它的螺旋桨叶片会击打航空母舰甲板，这将导致螺旋桨和发动机受损。

加长起落架的次要优点是飞机可以有更大的起飞质量并且能够装载更多的油箱和军火。在驾驶舱后方，安装有两台垂直的 F.24 照相机或一个 33 英制加仑（约 150 升）的油箱，同时每侧机翼下方都能够装载一个 22.5 英制加仑（约 102 升）的“战斗”油箱。强化的翼梁也允许在这一位置装载 1 枚 250 磅（约 114 千克）炸弹。

尽管不具备比早期型号更快的速度，但 Mk 17 通过增大的作战半径和作战灵活性，展现了在前身基础上的改进。Mk 17 于 1946 年进入海军航空兵服役，但直到次年交付作业才真正开始。然而尽管最后一批样机直到 1952 年才完成，但 Mk 17 在前线服役到 1949 年，就被霍克“海怒”和“海火”Mk 47 取代。20 世纪 50 年代早期，后备部队和训练部队开始使用这一型号。

下图：Mk XV 与此前型号在外观上的差别包括加宽方向舵、改进的发动机罩以及巨大的螺旋桨整流罩。SR449 是由韦斯特兰制造的 250 架飞机中的一架；剩余的 134 架由坎利夫・欧文飞机有限责任公司生产

上图：英军“凯旋号”航母上一架 Mk 17 上正在弹射升空。为了便于在发生海上迫降后飞行员逃生，驾驶舱呈打开状态。机腹中心线上的 50 英制加仑（约 227 升）油箱比此前“喷火”和“海火”配备的拖鞋式油箱更为可靠

上图：“海火”Mk 17 直到海军航空兵“海火”作战结束，都一直在服役。位于威尔顿海军航空站的第 764 中队是一支装备 Mk 17 的战斗机训练部队（因此具有“VL”的机尾编码），也是最后一支使用“海火”战斗机的部队，解散于 1954 年

出口的“海火”

“海火”主要作为海军航空兵的飞机使用，也进行了一些有限的海外服务。1947 年 12 架“非海军”版本的 Mk III 进入爱尔兰陆军航空兵团服役。从 1950 年起，48 架经过翻新的 L.Mk III 开始在法国海军航空母舰“迪克斯梅得号”［前皇家海军舰艇“撕咬者号”（*Biter*）］和“阿罗芒什号”上服役。

唯一一次 Mk XV 出口是在 1951 年，为缅甸联邦空军提供了 20 架该型机。在交付之前，这些机器在英国接受修复，这一工作涉及使用“喷火”Mk XVIII 的机翼替代“海火”的折叠机翼以及海军装备的移除。在缅甸联邦空军，“海火”陪同“喷火”服役了 4 年。

上图：Mk 17 的左翼下方可以看到在 Mk XV 上引入的放大的油冷却器进气管。飞机头部下方也安装了一个更具流线型的热带空气过滤器。在方向舵下方也能看到刺状的停机钩

下图：第 800 中队的“海火”Mk 17（以及第 827 中队的费尔利“萤火虫”Mk I）在大约 1948 年的一次行动前在地中海从皇家海军“凯旋号”航母上起飞

“海火”Mk 45、46和47

战斗绝响

上图：最后的“海火”战斗机的演变过程中的第二步是 Mk 46，它使用了罗托对转式螺旋桨。LA542 是仅有的 24 架生产型中的第二架

“海火”战斗机的发展以 FR.Mk 47 告终，这是一款与 1936 年 R. J. 米切尔的 F.37/34“喷火”原型机完全不同的飞机，但在退役前，这一飞机注定将参与战斗。

海军航空兵的第一批罗尔斯－罗伊斯“格里芬”发动机“海火”战斗机——Mk XV 和 Mk 17——是搭配具有二级增压器的“格里芬”60 系列发动机重新设计的“喷火”机身之前，舰载战斗机中队使用的过渡产品。

修成正果的“喷火”Mk 21 具有包括重新设计的机翼在内的强化的机体结构，皇家空军大量订购了该机型飞机。尽管海军部对这一设计并不是十分满意，新的“喷火”却是唯一切合海军战斗机需求并能够在近 3 年内投入使用的飞机。1944 年，英军决定将 Mk 21 以“海火”Mk 45 的编号列装海军。

发展中的Mk 45

Mk 21 只进行了极少的改动，这些改进只限于满足飞机“舰载能力”的必要装备需求。第一架 Mk 45（TM397）在 1944 年末飞上天空，在随后的 12 个月中，另 50 架生产型的首架也完成了首飞，这些飞机全部由维克斯·超级马林公司制造。

测试显示新型 2035 马力（约 1518 千瓦）“格里芬”61 发动机为 Mk 45 提供了 380 英里（约 612 千米）的海平面最大时速。在 20000 英尺（约 6096 米）高空该数据为 442 英里（约 711 千米），同时发动机也提升了飞机的实用升限和爬升率。

尽管这些数字令人满意，但 Mk 45 还仅仅处于发展阶段，因此它从未被用于前线。此外，测试也显示有许多性能特性使得飞机不适合舰载作业。

下图：PS944 是 Mk 47 的原型机。该飞机展示了与 Mk 46 相区别的手动折叠机翼，也由于这一特点，它被允许登上皇家海军航空母舰服役。大部分 Mk 47 具有电动折叠机构

右图：由“喷火”Mk 21 改进而来的“海火”Mk 45 原 TM379 看起来只与前者有少许不同。为在海军的服役而进行的改装包括停机钩、吊挂点和海军无线电的安装

“格里芬”61 产生的巨大扭矩及其五叶螺旋桨导致飞机在起飞时会产生极大的摆动，同时一旦进入空中，飞机将很难保持直线飞行。而且，以工时的方式计算，飞机的维护需求比“海火”Mk III 多出了约 3 倍。

第二阶段

尽管经常被称为海军版本的“喷火”Mk 22，“海火”FR.Mk 46 并不仅仅是一款单纯的海军化的皇家空军战斗机。

除了具有“喷火”缩短的后部机身（以及泡状座舱盖）和 24 伏电气系统，Mk 46 还有其他重要的不同。对转式螺旋桨及全新的增高的尾翼和方向舵（后者来自超级马林的“怨毒”截击机）消除了摆动，并解决了其他一些问题，同时也将“海火”Mk 46 转化为一款更令人满意的飞行器。

4门机关炮

与 Mk 45 一样，Mk 46 武装有 4 门西斯帕诺 20 毫米机关炮，并能装载和 Mk 17 相同的机外挂载，同时也能够装备侦察相机。飞机的燃料容量有所提升，Mk 46 能够装载一对 22.5 英制加仑（约 102 升）容量的“战斗”翼下油箱。在 Mk 46 上，总燃料容量升至 228 英制加仑（约 1036 升），这几乎是原始“海火”Mk

右图：一架早期生产的“海火”Mk 47 在皇家海军航空母舰上着陆时钩住了一根阻拦索

下图：这架满载的 Mk 47 装载有 1 对 500 磅（约 227 千克）炸弹和 135 英制加仑（约 614 升）外部燃料，后者存放在成对的 22.5 英制加仑（约 102 升）“战斗”机翼油箱和一个 90 英制加仑（约 409 升）中线副油箱内

上图：第三架 Mk 47——PS946 号，安装有轮廓和截面形状都不同的新型机翼。这种机翼也用在“喷火”Mk 21 和后来所有型号的“喷火”/“海火”飞机上。PS946 是第一架安装具有燃油直喷装置的“格里芬”88 发动机的“海火”

IB 容量的 2 倍。然而应该指出的是，新飞机耗油量的比率几乎比 Mk 45 提升了 50%。

仅生产了 24 架的 Mk 46，没有可折叠机翼（仍在研发中）。这些飞机并不适合舰载服役。一部分飞机在岸基的皇家海军志愿后备队第 1832 中队服役，1951 年退役。

最终研发的“海火”是 FR.Mk 47，第一架样机于 1946 年 4 月首飞。以 Mk 46 为基础的 Mk 47 采用了因发动机进气口改动而加厚的头部。进气口向前延长到螺旋桨叶片后方的一点，这为发动机提供了增压空气，以提升增压器性能。

该机的“格里芬”88 发动机采用燃油直喷，机翼能够折叠——前 14 架机翼为手动折叠，在全部 90 架 Mk 47 中的 76 架都使用液压折叠机翼。每侧机翼都得到强化，能够装载 1 枚 500 磅（约 227 千克）炸弹。

中线油箱和“战斗”副油箱 Mk 47 都可以使用，而该机的气动面则发生了一些调整。水平尾翼和升降舵面积的扩大改善了“海火”的操纵性。

比大多数飞机更快

尽管“海火”Mk 47 的驾驶员座舱设计受到飞行员的批评，但在速度和爬升率方面，仅有少数活塞式发动机战斗机能够与之匹敌。得益于加宽的起落架间距，与此前型号相比，“海火”Mk 47 更容易在甲板上着陆。

进入前线服役的“海火”出现于 1947 年初，交付完成于 1949 年——到那时为止，仅有一支海军航空兵中队——第 800 中队在海上使用该机型作战，其他部队则换装了霍克“海怒”战斗机。

第 800 中队使用 Mk 47 的 19 个月并不平静。装载于皇家海军舰艇“凯旋号”上，同远东舰队一起行动的该部队在 1949 年末至 1950 年初对马来叛军的空袭中首次使用“海火”战斗机。同年稍晚些时候，该部队又在朝鲜半岛沿海地区进行了以船只为基地的出击行动。7 月到 9 月，第 800 中队的飞机在那里同美国第 7 舰队的飞机一起进行了超过 300 架次巡逻和对目标的空袭行动。“凯旋号”于 11 月返回英国，第 800 中队随之解散，结束了“海火”长达 8 年的前线海军航空兵服役生涯。少量 Mk 47 继续留在训练部队工作，这些飞机于 1954 年退役。

朝鲜上空的“海火”战斗机

1950 年，“海火”进行了最后的战斗行动，当时皇家海军“凯旋号”上的第 800 中队的 FR.Mk 47 为支援撤退中的韩国军队对海岸目标开展了空袭。VP461 装备有火箭助飞装置（RATOG）并在每侧机翼下方装载着 1 枚 500 磅（约 227 千克）炸弹，同时也装载有 1 个中线 50 英制加仑（约 227 升）副油箱。

T

ZO H
PJ887

PL
914
PL914

L1067
XT D

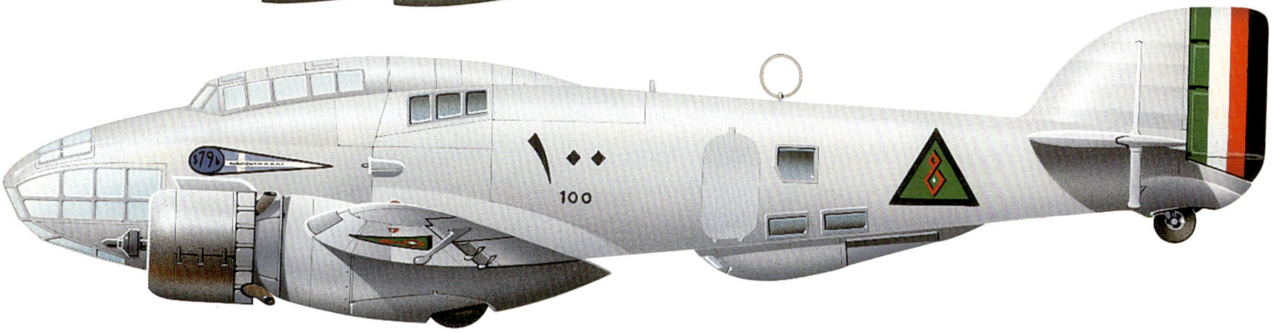
١٠٠
100

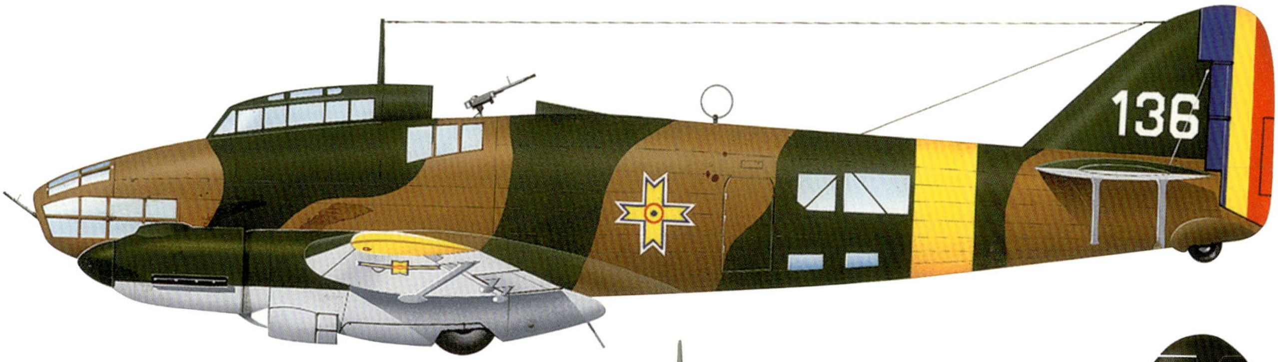
136

GARFIELD WESTON IV
DU R
P8081

上图：后期生产的图 -2 轰炸机（整个战争期间使用的名字都是图 -2S）与早期生产的相比有很多修改之处。生产早期，整流罩的直径就被缩减了（Block 20）；气门机构上添加了护罩，并重新设计了金属机鼻。到 Block 50 时，图 -2 为机腹炮手安装了观察窗，为无线电操纵员安装了 VUB-68 炮架，还有可伸缩的着陆灯（所有的 Block 44）、改进的 Lu-68 机腹机枪（Block 46）、延长的机鼻玻璃窗、新型的平直式座舱盖和新型的 VUS-1 驾驶员炮架（Block 48）

图波列夫图 -2

苏联高速轰炸机

为了满足高速轰炸机或俯冲轰炸机的要求，图-2 拥有较大的内部载弹量，并且速度也达到单座战斗机的水平。图-2 的设计就是为了赶超 Ju 88 轰炸机，事实也证明它是一款全能型的飞机。投入量产的图-2 有鱼雷轰炸机、截击机和侦察机型号。

根据 1938 年颁布的萨摩耶特（Samolyet，俄语意为“飞机”）103 性能需求，图波列夫设计局研制出了图-58。第一架原型机（ANT-58）很快就在 N156 工厂完工，并由试飞员米哈伊尔·纽库迪诺夫于 1941 年 1 月 29 日完成首次试飞。在同年 6 月的测试中，ANT-58 被证实拥有杰出的性能，26248 英尺（约 8000 米）高空的速度达到 398 英里 / 时（约 640 千米 / 时）。

尽管已经超出了苏联红军的要求，但由于其 AM-37 发动机仍在发展阶段，空气动力学性能杰出的 ANT-58 受到严重影响。第二架原型机（ANT-59）做了一系列的细微调整，尽管前期测试时使用的是 AM-37 发动机，最终还是更换为 ASh-82 星型发动机，这也带来性能的下降。

萨摩耶特 103 飞机于 1941 年在鄂木斯克开始生产，率先投产的是在 ANT-58 基础上发展而来的 ANT-60。在生产了 19 架

下图：萨摩耶特 103U 是第二架图-2 原型机，驾驶舱盖向上隆起，加长机身以容纳第四名机组人员，他主要负责后机身舱口处的一架 ShKAS 机枪。103U 还可在机翼下携带 10 枚 RS 火箭弹

上图：1943 至 1944 年，由早期的 103 机型改造而成的图 -2SBD（ANT-63）取消了所有机枪（除了翼根的一挺 ShVAK 机枪）和俯冲制动器，还安装了更大功率的液冷发动机以满足快速的昼间轰炸机角色的要求

左图：安德烈·尼古拉耶维奇·图波列夫（头戴白帽者，左五）在参观一支前线的图 -2 部队，他在监狱中带领团队设计了图 -2 轰炸机。1937 年，图波列夫被囚禁在莫斯科的一座监狱，之后被转移到波尔谢夫，1938 年，他与其他航空专家一起在苏联内务人民委员会（NKVD）的 N29 中央设计局工作。他们在监狱附近的森林中用木头建造了萨摩耶特 103 飞机（也就是未来的图 -2）等比例的实物模型

上图与右图：可供图 -2 轰炸机选择的武器装备包括内部多达 3312 磅（约 1500 千克）的炸弹，机翼内侧还能额外携带多达 5004 磅（约 2270 千克）的炸弹。内部炸弹的挂载方案也各不相同：从一枚 2205 磅（约 1000 千克）的 FAB-1000 高爆弹，到 9 枚 FAB-100（220 磅，约 100 千克）高爆弹（右图）。1947 年试飞的图 -2RShR 反装甲飞机（上图）在机鼻中心线下方安装了一门 2.2 英寸（约 57 毫米）的 RShR 反坦克炮

上图：图-2 侦察轰炸机是从 1943 年开始在战场上出现的一种子型号。它在每个机腹舱门后安装 3—4 部照相机。1946 年，专用侦察型开始出现，包括标准机身的图-2R（侦察机），还有用于高空作战增加机翼翼展的图-2F。图-2R，一款携带远程油箱并在机身上安装有照相机的四座飞机，后来改名为图-6，进行了大量生产。图-2R 于 1946 年 10 月首飞，但直到 1947 年 4 月才进行测试，此外它还在机头下颚处安装了一部雷达

ANT-60 后，工厂转产雅克 -1 战斗机。第一架 ANT-61 于 1942 年建造完成，与 ANT-60 仅有一些细节上的不同。第一批生产的 103VS 机型经历实战测试后大受欢迎，随后 103S 又在鄂木斯克重新投入生产，更名为图 -2S。

服役中的图-2S

第一架采用 ASh-82FN 发动机的图 -2S 于 1944 年早期进入空军中队服役，截至战争结束时共有 1111 架图 -2S 交付使用。该飞机在鄂木斯克（GAZ-125）的生产一直持续到战后，截至 1948 年生产停止时，图 -2 轰炸机（不包括其他变型机）的生产总量达到 2257 架。小批量生产的变型机，试验机型或修改机型（没有分配独立的工厂代号）中包括安装了更大功率的 ASh-83 发动机的图 -2M（1945 年）、装备了雷达的图 -2/104 轰炸机截击机（1944 年）、UTB 轰炸机教练机（1946 年）和 1944 年的 3 架图 -2Sh。

下图：五座的图 -2DB（ANT-65）远程轰炸机采用了大翼展的机翼、增压（废气驱动的）液冷发动机和双座驾驶舱，同时保持了图 -2 轰炸机的自卫武器和载弹量

V

维克斯“惠灵顿”

轰炸型

上图：许多早期的“惠灵顿”轰炸机，包括图示的Mk IA（N2887），被改装为Mk XV过渡运输机，随后在运输司令部服役。该机在改装中移除了自卫武装

作为一种极坚固的军用飞机，维克斯“惠灵顿”能够在受到严重的战斗损伤后幸存下来。它是皇家空军在第二次世界大战爆发时最先进的轰炸机，也是战争前期英国轰炸机部队的中坚。

获益于巴恩斯·沃利斯的大地测量学结构观念（曾被用于“韦斯利”机身的制造）的经验，维克斯在签订为航空部规范B.9/32建立原型机的合同时采用了同样的构造。装载1000磅（约454千克）炸弹并飞行720英里（约1159千米）的性能需求被维克斯的方案超越，这一方案为配备两台罗尔斯–罗伊斯“苍鹰”发动机和可收放起落架的中单翼昼间轰炸机，可装载超过4500磅（约2041千克）炸弹，最大航程为2800英里（约4506千米）。

使用两台915马力（约682千瓦）布鲁斯托尔“飞马座”X发动机和超级马林“斯特兰拉尔”尾翼及方向舵组的原型机B.9/32于1936年5月在韦布里奇完成制造，由维克斯首席试飞员J.“串儿”·萨默斯（J.“Mutt”Summers）于1936年5月在韦布里奇首飞。当月晚些时候，该机在1936年亨敦飞行表演中展出，并加装头部和尾部圆形顶盖，以防止仍处于秘密状态的设计方案泄露。在厂商初期测试后，该机飞往位于马特尔舍姆荒野的航空武器装备实验所进行官方测试。在1937年4月19日测验基本完成前的一次试飞中，该机的升降舵在一次高速下降中失衡，导致机体发生滚转并随之撞毁。

庞大订单

1936年8月15日，航空部订购了180架根据规范B.29/36制造的“惠灵顿”Mk I。要求这些飞机装备重新设计并稍微棱角分明一些的机身，一套改进的尾翼组以及液压驱动的维克斯头部、腹部和尾部炮塔。第一架“惠灵顿”Mk I量产型于1937年12月23日首飞，由“飞马座”X发动机驱动。1938年4月，1050马力（约783千瓦）“飞马座”XVIII发动机成为其他所有3052架在韦布里奇或为保证订单而在黑潭和切斯特工厂制造的Mk I型的标准动力。

初期的Mk I总共有181架，其中有3架在切斯特制造。紧接着有187架使用纳什和汤普森炮塔，以及使用更大主轮的强化起落架的Mk IA。除了17架切斯特制造的Mk IA，其他都在韦布里奇制造。绝大多数的Mk I在机腰位置安装了手动维克斯“K”和勃朗宁机枪（这些代替了腹部炮塔），同时改进了空气动力学特性和加强炸弹舱横梁，以承载4000磅（约1814千克）炸弹的Mk IC。Mk IC产量为2685架（1052架制造于韦布里奇，50架在黑潭、1583架在切斯特），其中138架在位于戈斯波特的鱼雷研发部队成功进行测试后，作为鱼雷轰炸机列装。

用于Mk IA和IC的许多改进都是为Mk II研发的，该机型由

下图：1936年7月15日，维克斯B.9/32原型机K4049于布鲁克林进行首飞，次年4月该机坠毁后，“惠灵顿”接受了脱胎换骨的完全重新设计

1145马力（约854千瓦）的罗尔斯－罗伊斯“默林”X发动机驱动，以作为“飞马座”发动机发生问题时的备份方案。Mk II原型机由第38架Mk I改装而成，首飞于1939年3月3日的布鲁克林。尽管航程有微小的缩减，“惠灵顿”Mk II在速度、飞行高度最大飞行质量方面都有所提升，其中载重起飞重量从基础Mk I的24850磅（约11272千克）上升到33000磅（约14969千克）。韦布里奇制造了401架Mk II。

“惠灵顿”Mk III对布里斯托“大力神”发动机进行了改进，以第39架Mk I机身为原型机，使用“大力神”HEISM双级增压器以及德·哈维兰螺旋桨。在该型发动机解决初期问题后一架Mk IC换装了两台1425马力（约1063千瓦）“大力神”III发动机驱动罗托螺旋桨。量产型Mk III使用1590马力（约1186千瓦）的“大力神”XI发动机，之后的飞机则安装有四联装FN.20A尾部炮塔，使早期型号的自卫火力得到加倍的提升。该机型有两架于韦布里奇完成制造，还有780架在黑潭以及737架在切斯特完成。

上图：这些轰炸机司令部订购的“惠灵顿”Mk I机身摄于1939年韦布里奇的装配车间。被称为“经纬格子”或“方平组织”的机身框架结构清晰可见

下图：斯特拉迪谢尔（Stradishall）基地皇家空军第9中队的一支“惠灵顿”Mk I编队在1939年战争爆发前进行训练。直到1942年8月换装“兰开斯特”Mk I前该中队一直使用“惠灵顿”机型

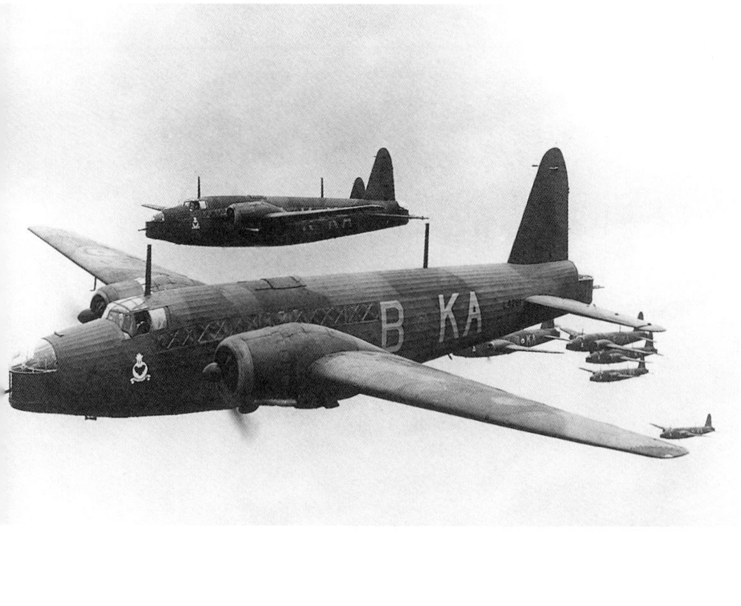

美国发动机

大量由法国订购而未交付的1050马力（约783千瓦）普惠“双胡蜂”（R-1830-S3C4-G发动机促成“惠灵顿”Mk IV的研制。）原型机是在切斯特制造的220架Mk IV之一，但是在飞往韦布里奇交付的过程中，汽化器冻结导致双发动机在接近布鲁克林时都停止了运作，于是在阿德尔斯通（Addlestone）迫降。原始的汉密尔顿·斯坦达德螺旋桨噪声十分严重，因此被寇蒂斯螺旋桨替代。

第4架量产型“惠灵顿”Mk I率先进入前线中队服役。该机于1938年10月到达米尔登霍尔，交付第99中队。第3大队的6支中队（第9、37、38、99、115和149）在战争爆发时装备了该型号飞机，同时在这些部队间逐步建立起来的是在诺福克的马哈姆的新西兰飞行小队，为交付新西兰30架“惠灵顿”Mk I而进行准备的训练取得了一定进展。该小队后来成为第75（新西兰）中队，这是二战期间组建的第一支英联邦中队。第75中队的詹姆斯·沃德军士后来成为唯一一名驾驶“惠灵顿”获得维多利亚十字勋章的人员，用以表彰他在1941年7月7日的出击中爬到机翼上扑灭了火焰。

1939年9月4日，战争的第二天，第9和149中队的“惠灵顿”轰炸机轰炸了位于布伦斯比特尔的德国水面舰艇。呈紧密队形的“惠灵顿”飞机被认为具有杰出的自卫火力以至于几乎无法

下图：以发动机机舱上表面汽化器进气口凹陷为特点的“惠灵顿”Mk III 由两台布里斯托“大力神”XI 发动机提供动力

被攻破，但是在 12 月 14 日和 18 日对席林路（Schillig Roads）的突袭中被纳粹空军的第一战斗机联队飞行员打散，英军得到了一些教训。自动防爆油箱是必要的，同时“惠灵顿”易受到从上方进行的对横梁的空袭这一弱点，导致机体侧面加装手动机枪。最为重要的是，轰炸转为夜间实施。

柏林突袭

第 99 和 149 中队的“惠灵顿”轰炸机来自轰炸机司令部 1940 年 8 月 25—26 日第一次对柏林的空袭中派遣的飞机；1941 年 4 月 1 日，第 149 中队的一架“惠灵顿”轰炸机在对埃姆登的一次突袭中首次投掷了 4000 磅（约 1814 千克）“曲奇”重型炸弹。1942 年 5 月 30 日晚参与科隆突袭的 1046 架飞机中，有 599 架是“惠灵顿”轰炸机。轰炸机司令部“惠灵顿”机型的最后一次实战在 1943 年 10 月 8—9 日完成。

下图：3 架一组的“惠灵顿”Mk IC 来自在 1940 年末基于霍宁顿皇家空军建立的第 311（捷克斯洛伐克人）中队。这一型号使用机腰机枪替换了腹部炮塔

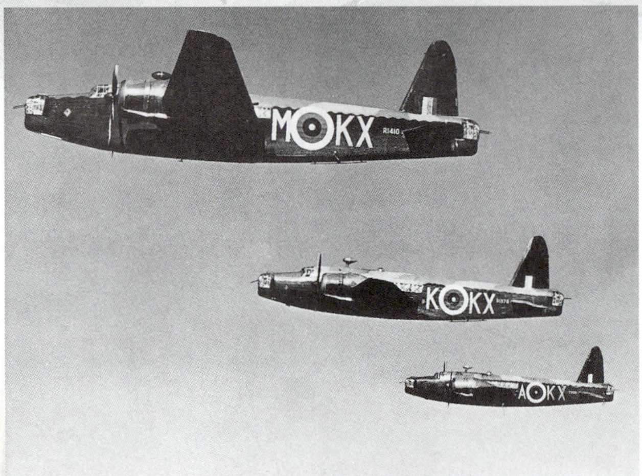

下图：一组“惠灵顿”Mk III 的机组人员在一次对敌军领土的突袭前进行路线确定。机舱后的整流罩内安装有接收地面基站台定向信号的 D/F 环

海上巡逻、训练以及运输机型

尽管对于轰炸机的任务来说已经过时，“惠灵顿”继续仍在二战的整个非常时期中作为海上巡逻机和运输机服役。教练机型号机一直使用到1953年。

上图：皇家空军最后一批“惠灵顿”轰炸机是战后的T.Mk 10，该飞机经过博尔顿·保罗公司的翻新后作为导航教练机使用。这些飞机都改装自Mk X轰炸型，生产超过3800架。MF628大约在1949年移交导航员学校的第6中队，后来被皇家空军博物馆保存

海上巡逻型

尽管早在1941年岸防司令部就已装备改装的“惠灵顿”Mk IC用于鱼雷攻击和布雷工作（最初从马耳他空袭轴心国水面舰艇），但在1942年春，第一批真正的侦察型“惠灵顿”才开始为皇家空军岸防司令部服务。这些GR.Mk VIII岸基海上巡逻和反潜机由“飞马座”VIII星型发动机驱动（与Mk IC轰炸机相同），同时也是第一批装备ASV Mk II雷达（在机身后方具有桅杆的连接管线）的“Wimpies”。大部分飞机也装备有用于攻击浮渡状态下U艇的利式探照灯。

上图与下图：“大力神”驱动的“惠灵顿”GR.Mk XIII（上图）装备了ASV Mk II雷达，一些飞机缺少头部炮塔。NC606（下图）是战后飞行训练司令部的飞机

总计制造了394架Mk VIII，随后又有180架GR.Mk XI和一批GR.Mk XII完成制造。这些飞机与早期飞机的差别在于分别由“大力神”VI和XVI星型发动机驱动，并在过去ASV Mk II设备所在的下颚部整流罩中装载了ASV Mk III雷达。这些飞机上安装的利式探照灯是可伸缩的，位于机身后部；飞机也可挂载2枚18英寸（约45.7厘米）的鱼雷。以上两种型号机型都没有头部炮塔。

由“大力神”XVII发动机驱动的两种更进一步的型号机型也得到发展；Mk XIII装备ASV Mk II，而Mk XIV——用于前线服役的最后一款“惠灵顿”侦察型——在装备方面与Mk XII基本相同。

“惠灵顿”DWI［定向无线电装置（Directional Wireless Installation）］型（其古怪的命名是为了迷惑敌方情报人员）是一种专用的海上型号，对抗德国早期的“秘密武器”——磁性水雷十分成功。由Mk IC改造的DWI飞机安置了一个由机身中的47马力（约35千瓦）发电机驱动的48英尺（约14.6米）电磁线圈。于1940年1月投入使用的这些飞机主要用于地中海战区。

上图：早期的“惠灵顿”GR.Mk VIII（HX419）在服役前将其轰炸机司令部配色换为岸防司令部的涂装。可见 ASV Mk II 雷达的后部机身和翼下天线

下两图：展示了装备有可伸缩利式探照灯、下颚部安装的 ASV Mk III 和“大力神”发动机的“惠灵顿”GR.Mk XIV

上图：“惠灵顿”DWI 改装自一架韦布里奇制造的 Mk IC 轰炸机，当时在中东服役

上图：完成于 1945 年 10 月的“大力神”发动机 T.Mk 10 RP589 是制造的倒数第二架“惠灵顿”飞机。在 8 年的时间中总计有 11460 架量产型被制造完成

教练机型

战时有两种“惠灵顿”被用作教练机；这两种飞机都装备有雷达。许多装载飞机使用机载对海（ASV）雷达的岸防司令部“惠灵顿”被改装为 Mk XVII 雷达教练机。Mk XVIII 是新型号，其中有 80 架作为预定加入前线“蚊”夜间战斗机部队的雷达操作员训练用机交付皇家空军。后来被称为 T.Mk XVIII 的这些飞机在头部雷达天线罩内装备了机载拦截（AI）雷达。

最后一架在皇家空军服役的飞机是 T.Mk 10，是 1942 年末服役的 Mk X 轰炸机的衍生型，由“大力神”XVIII 星型发动机提供动力。Mk X 轰炸型产量超过 3800 架，提供给 29 支主要位于中东和远东的皇家中队。因为在战争结束时有数百架剩余，相当一批经博尔顿・保罗公司改装为教练机，派发给航空导航学校。最后一架飞机在 1953 年退役。另有许多该型机由皇家空军部队在战场完成改装，并得到 Mk XIX 的型号。

另一个鲜为人知的教练机型号是夭折的 Mk VI 高空轰炸机的教练机型。部分该型机被用于训练轰炸机机组人员使用“Gee”导航设备。

上图：NC928 是装备“大力神”发动机“惠灵顿”Mk XVIII 雷达训练飞机中的一架。一台 AI 雷达设备被安置在头部套管雷达天线罩内。作为在夜间进行的训练用机，飞机完工时具有标准的轰炸机司令部配色

下图：“惠灵顿”Mk VI 加压高空轰炸机被放弃后，许多罗尔斯 – 罗伊斯“默林”发动机驱动的 Mk VI 型作为“Gee”教练机服役

下图：Mk I L4340 是第 124 架“惠灵顿”飞机，最初交付新西兰皇家空军（在新西兰机号为 NZ302）。随着战争的爆发，该机被提供给皇家空军，随后改装为 C.Mk IA 运输机服务于英国海外航空公司，之后又服务于皇家空军最早的运输部队，当时不属于亨顿皇家空军基地的第 24 中队。图示为改造后的飞机，具有流线型上部炮塔、“NQ”中队编码，被命名为“拉特兰公爵号”

运输机型

皇家空军运输司令部使用了两种主要的“惠灵顿”型号机型——Mk XV 和 XVI。这两种型号基本上就是 Mk IC 型轰炸机换装“飞马座”发动机而成，但已经装备更先进飞机的轰炸机司令部认为该型号已经无足轻重。飞机的投弹门被密封，机舱中安置了 12 人的基本座位。

“惠灵顿”型号 437Mk IX 作为特殊部队运载飞机，是一种“飞马座”发动机 Mk IA 轰炸机一次性型号机型。Mk IX 能够装载 18 名全副武装的伞兵或同等重量的货物，航程为 2200 英里（约 3541 千米）。

左图：一架第 24 中队飞机 N2990“NQ–D”“康沃尔公爵”是一架 C.Mk XVI 运输机。实际上，头部和尾部的炮塔是画出来的，以掩饰飞机没有武装的事实

下图：像大多数“惠灵顿”Mk XV 和 XVI 一样，这架“飞马座”发动机 Mk XVI 也是由 Mk IC 轰炸机改装而成的。在被改装之前，该飞机曾在第 115 和 305 中队以及几支作战训练部队服役

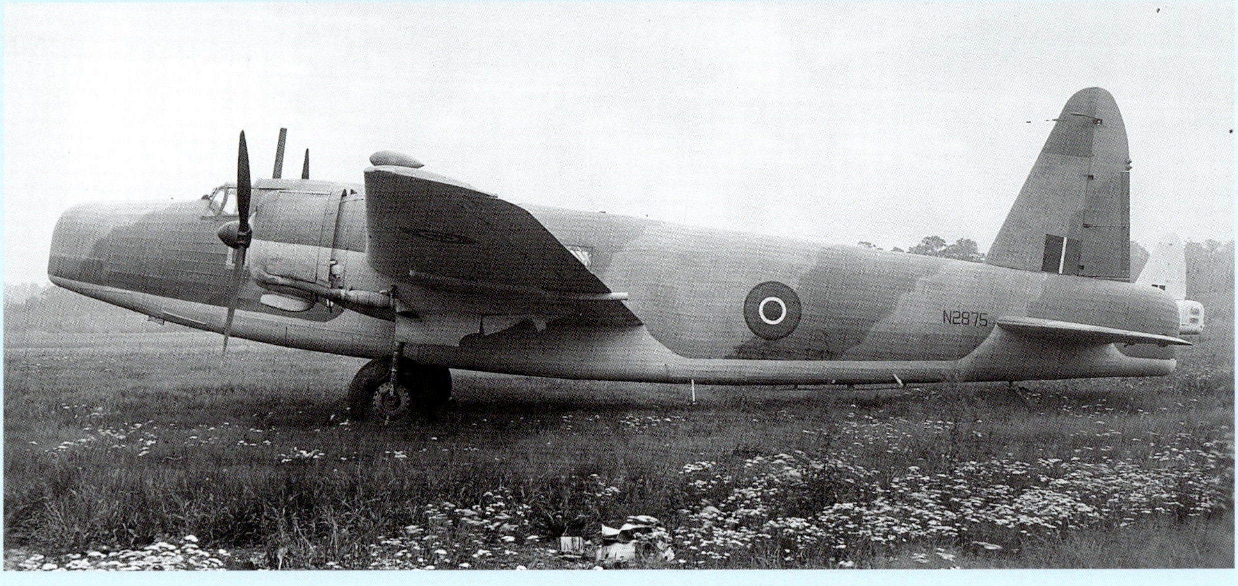

下图："海盗"战斗机寿命长的关键原因是它的空战能力卓越，飞行速度快，能承受大量战斗损伤，以及强壮的机翼——所有的这些造就了这架世界一流战机

沃特——F4U"海盗"战斗机

简介

采用倒海鸥翼的F4U"海盗"战斗机是第一架不仅能够打败日本优异的战斗机，而且还胜过其他同盟国陆基战斗机的舰载战斗机。许多人都将"海盗"战斗机看作有史以来最优秀的活塞动力战斗机。

由钱斯－沃特公司设计的F4U"海盗"战斗机在二战中及以后一直在海军航空中享有一个独特的位置。所有战时"优秀战机"的名单上都包括蓝色涂装，鸥翼的F4U"海盗"战斗机，然而"海盗"战斗机可以获得更多其他的成就。"海盗"战斗机参加了朝鲜半岛战争，是全世界最后一批走下生产线的活塞式战斗机。是"海盗"战斗机完成了美国海军的第一次夜间雷达引导截击任务。

"海盗"战斗机被部分人看作格鲁曼F6F"地狱猫"战斗机的换代型号。但事实上，"海盗"战斗机的设计工作早在"地狱猫"提出概念前就已经开始，严格来说，"海盗"战斗机的研制要早于"地狱猫"战斗机。然而"海盗"在研制初期延宕多时，直到工程师修复了那些令人困扰的缺陷后才进入生产线。

尽管研制一度受阻，且在一开始有些不尽如人意，但"海盗"战斗机在1943年2月参加了瓜达尔卡纳尔岛争夺战——这让"海盗"战斗机的飞行和地勤人员一开始就在战争最为艰难的阶段加入战斗。

"海盗"很快夺取了制空权。在美国飞行员们抛开老旧的"野猫"而获得正如他们所愿的"海盗"后，日军战斗机开始面临严峻的挑战。"海盗"战斗机给了美军飞行员期望已久的航速、强度和一击必杀的火力。

F4U"海盗"战斗机飞行员共执行64051架次战斗任务——54470架次从陆地出发，9581架次从航空母舰出发。他们声称在空战中摧毁2140架日本战斗机，自己只损失了189架"海盗"，达到惊人的1:11击落比率。"海盗"战斗机也是美国生产线上的最后一批螺旋桨战斗机。

1938年设计工作开始，到1939年位于康涅狄格州的沃特斯特拉特福德工厂检查胶合板模型后，美国海军自豪地宣称能够制造出一架拥有与P–47"雷电"战斗机相同动力的战机。为了在避免主起落架柱过长的条件下使13英尺6英寸（约4.13米）的螺旋桨有足够离地高度，设计师雷克斯·布伦·拜索提出独具特色的"海盗"战斗机方案——倒海鸥翼，这减少了翼身之间的干扰阻力。

从试验到空战，"海盗"战斗机屡次证明自身强于日本三菱的A6M"零"式战机，尽管它的机身更重，同时很难在地面或跑道上控制。"海盗"战斗机和"零"式战机一样操纵灵活，尽管"海盗"战斗机一直存在视野不佳的问题，但是它比"零"式战机有更好的速度、航程和滞空时间。

"海盗"战斗机飞行员被紧紧地系在狭窄且高的金属座椅上，座椅下面存有救生筏和紧急补给。全铝的机身和倒海鸥翼使战机更加强壮，也使得飞机拥有绝佳的操纵性——只需要正确操纵便能自如地纵横蓝天。

下图：皇家新西兰空军在1944年3月根据《租借法案》接收了首批"海盗"。在接收第一批该型机后，新西兰开始自行组装该型机，至1945年停产时，皇家新西兰空军共接收了424架"海盗"

上图：自 1969 年起一直由联邦航空队（Confederate Air Force）拥有的这架古德伊尔 FG-1D“海盗”战斗机（机体编号 92468），是 12 架至今仍机况良好的“海盗”战斗机中的一架

朝鲜半岛战争期间，一架“海盗”战斗机击落了一架米格-15 喷气战斗机，这是不小的成就。美国海军在半岛战争中唯一的空战王牌，是一名“海盗”夜间战斗机飞行员，也是半岛战争中美军唯一没有驾驶 F-86“佩刀”的王牌飞行员。当最后的一架 F4U-7 于 1952 年 12 月 24 日制造完成时，总计生产了 12571 架“海盗”战斗机，包括由布鲁斯特和古德伊尔公司生产型以及 AU-1 攻击机。这使得“海盗”成为美军历史上生产时间最长的活塞动力战斗机。

其他用途

战后，“海盗”战斗机常出现在开放日、航空展和空中竞技中。20 世纪 40 年代在克利夫兰和 60 年代在里诺被投入竞速比赛的民用“海盗”飞机，是由古德伊尔公司在二战末期生产的型号改装而来，动力更强，且采用气泡式座舱盖。“海盗”战斗机也在很多海外空军服役，曾出现在 1968 年萨尔瓦多和洪都拉斯的空战中。

右图：“海盗”战斗机列队在美国“邦克山号”航空母舰（CV-37）上，为了接下来的战斗而接受小规模维护。存在的问题——比如失速和蹬舵偏转——意味着尽管这款战机早已证明了它的实力，但起初仍被海军拒绝搭载于航母上执行任务

上图：法国在 1952 年到 1953 年收到“海盗”最后一款战斗机改型——F4U-7，用于阿尔及利亚和苏伊士地区。其中一些能够从外侧机翼下的挂架发射 AS-11 空地导弹

上图：钱斯－沃特公司在改型 F4U-5 中进一步提高了“海盗”战斗机的性能，1946 年 4 月 4 日第一次试飞。图中是一架夜航战斗机 F4U-5N，它配备的雷达位于翼下吊舱内

右图：至少有 19 支英军海军航空兵中队收到了“海盗”战斗机，英国皇家海军总计获得 1977 架该型机。图中这架“海盗”远程 Mk II 着舰力度过猛导致机体破裂，后机身油箱泄漏起火

下图：为 XF4U-1 型的“海盗”战斗机原型机，只制造了一架。制造这架飞机的决定有一定的风险，1940 年 7 月 11 日，XF4U-1 的悲剧性坠毁证明了这一点，也使得“海盗”战斗机的发展延宕了 3 个月的时间

“海盗”战斗机发展历程

钱斯－沃特公司逆当时战斗机所用发动机的潮流而动，生产出一架不同寻常的战斗机——“海盗”战斗机，该机随后成为第二次世界大战中最杰出的战斗机之一。

下图：F4U-1 是第一批投入生产线的“海盗”战斗机子型号，以原型机 XF4U-1 作为蓝本，进行了部分改动。该型号是唯一采用框架或者说是“鸟笼”状舱盖的“海盗”战斗机，而早期的原型机有平顶舱盖和潜望镜

沃特 F4U“海盗”战斗机的设计工作从 1938 年开始，与之一同进行的两个战斗机方案——格鲁门 XF5F-1“空中火箭”和贝尔 XFL-1“海上飞蛇”因战事紧张而很快就被抛诸脑后。“海上飞蛇”战斗机与同样是前三点起落架的 P-39 都性能差劲，甚至曾经有飞行员形容它为“蹩脚货”。当仅存的原型机坠毁后，美国海军丧失了继续研制该型机的兴趣。格鲁曼的双发动机战斗机不适合参战，它的主要作用就是出现在战争期间流行的漫画书《黑鹰》里。格鲁曼和贝尔公司的方案都没能给美国海军提供想要的东西——一架性能可以达到陆基战斗机水准的舰载战斗机。

1938 年 6 月 30 日，钱斯－沃特公司收到 XF4U-1 型战斗机的第一笔订单。早在 1939 年 2 月，在康涅狄格州的沃特－西科斯基的斯特拉特福德工厂，一架全胶合板的 XF4U-1 模型已经准备好接受检查，这个模型和随后的实机没有什么差别。

XF4U-1 是第一架采用普惠 XR-2800-4“双胡蜂”星型发动机的美国海军战斗机，马力达到 1850（1380 千瓦），和同等重量级的美国军队的 P-47“雷电”战斗机具有相同的动力。钱斯－沃特公司的战斗机螺旋桨的直径为 13 英尺 4 英寸（约 4.13 米），比“雷电”战斗机的更大，但是只有 3 个桨叶。

上图：美国“海盗”战斗机的最后一个改型——F4U-6（后来被重命名为AU-1）是一架专用于对地攻击的改型。它有 10 个机翼外挂架以及两个中心线挂点，可挂载各式炸弹及火箭弹。美国海军也有一些 F4U-6，这种改型主要在美国海军陆战队和法国海军服役

雷克斯·布伦·拜索，设计项目的总工程师，且和寇蒂斯、斯巴达公司有深入合作。他努力寻找在避免主起落架柱过长或者太重的条件下，如何让大螺旋桨有一定离地高度。拜索的解决方案是设计一种具有倒海鸥翼的战斗机，这种结构能够有效减少翼身之间的干扰阻力。

战斗机的机鼻和机翼处各装备一对口径为 0.5 英寸（约 12.7 毫米）的机枪，纯金属“海盗”原型机给了拜索一直寻找的实用型起落架，起落架的轮子可向后收回，之后呈 90° 平角，内折入机翼之内。倒海鸥翼折叠是为了承载更多重量，折叠方式并不像“地狱猫”式战斗机机翼向后折叠，而是和其他舰载机一样向上折叠。

F4U“海盗”战斗机的出色设计归功于拜索团队。尽管在某一段时间制造企业被称为沃特 - 西科斯基，但是艾格 - 西科斯基并不属于“海盗”战斗机设计团队，这与许多公开的出版物所说的不同。拜索不需要帮助创造一架第一眼看起来就因为翼型而令人感到奇特的战斗机。随着时光的流逝，人们对“海盗”越来越熟悉，大多数人对它充满了喜爱。

“海盗”战斗机比日本“零”式战机更重，也是“零”式战机最主要的对手。在性能上，“海盗”和“零”式战机一样灵活，却具有更好的速度、航程和续航时间。

尽管不断调整驾驶员座舱，但视野不佳一直是“海盗”战斗机存在的问题，最终古德伊尔 F2G-1 改型战斗机的气泡状座舱盖获得美国海军的认可。1940 年 5 月 29 日，在斯特拉特福德，试飞员莱曼 A. 布拉德对新战斗机进行第一次试飞。随后在整个战争期间，这种战斗机一直在斯特福德生产。战后，“海盗”战斗机的生产厂移到达拉斯，由另一家公司生产。

飞行试验的结果表明美国海军拥有了一架高性能飞机，但是当唯一的原型机进行第五次飞行时突遭暴风雨，试飞员布恩·T. 盖顿做了极大的努力，试图将珍贵的 XF4U-1 停在诺维奇高尔夫球场上。然而湿润的草地导致“海盗”战斗机不断滑行，之后猛地撞到树上，停下来的时候机身几乎全部被毁，幸运的是倒转的机身刚好给盖顿留下足够的空间离开。这次经历证明了一件意料不到的事情，就是“海盗”战斗机的坚固，尽管毁坏的机器可以修好重新运转，但研制进度被拖慢数月。

1940 年 10 月 10 日，当银色的原型机再一次升空的时候，时速达到了 405 英里（约 652 千米）——比当时世界上的其他战斗机都要快。这间接帮助美军陆军在战斗机上不再执迷于液冷发动机，开始在 P-47“雷电”战斗机上采用相同的发动机。

1941 年 6 月 30 日，一份 584 架 F4U-1 的订单诞生了。6 个月后珍珠港事件爆发，对这种类型舰载机的需求更加强烈了。古德伊尔公司和布鲁斯特公司的生产方案已经确立，也就是后来的 FG-1 和 F3A-1 战斗机。

1942 年 6 月 25 日，第一批生产的 F4U-1 配备有 2000 马力（约 1492 千瓦）的普惠 R-2800-8 发动机。机身加长，同时为了给附加燃料留出空间，驾驶员座舱被向后移动。飞机额定巡航速度飞行每小时耗油 195 美制加仑（约 738 升），这个数字有点高。为了增加新战斗机的航程，除了 237 美制加仑（约 897 升）的内置油箱外，在机腹中心线上的副油箱还有 160 美制加仑（约 606 升）燃料。

交付海军

1942 年 7 月 31 日——美国海军在竞争对手“地狱猫”式战斗机第一次试飞的第二天接收了首批“海盗”，“地狱猫”拥有与“海盗”相似的发动机。F4U-1 装备有 6 挺勃朗宁 M-2 重机

下图：F4U-1D 是“海盗”的战斗轰炸机型，配备的外挂架能够搭载炸弹、汽油弹或者外置油箱。这架有半泡状座舱盖的 F4U-1D，正准备第一次试飞

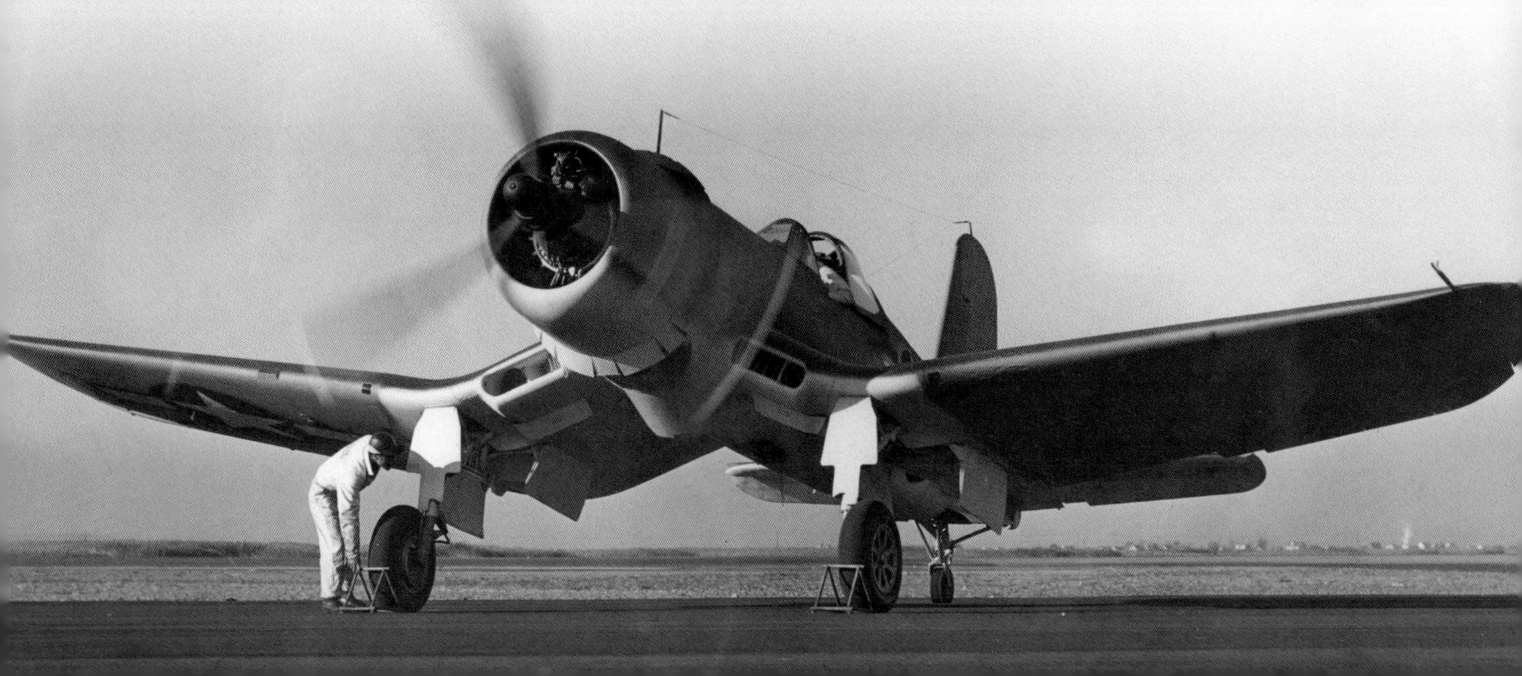

枪，口径为 0.5 英寸（约 12.7 毫米），备有 2350 发子弹。装甲质量 155 磅（约 70 千克），还有必备的自封式油箱。钱斯 – 沃特公司一共交付了 1550 架 F4U–1 战斗机。

F4U–1A 成为下一个改型，它具有更强的动力并加装发动机应急注水装置。它与“海盗”主要的差别就在于把之前的“鸟笼”状座舱盖改装成位置提高的座舱盖，以使驾驶员有更好的视野，这也是这一系列战斗机座舱盖的标准形态。

F4U–1B 又被皇家海军称作“海盗”Mk I，与 F4U–1/F4U–1A 型战斗机只有极少区别：将部分翼尖削短 8 英寸（约 20 厘米），以便搭载于更小的英国航母上。这一改动使人觉得战斗机的外表看起来酷似“竞速机”。

F4U–1C 一共生产了 200 架，搭载有 4 门 20 毫米 M2 机炮。关于机枪和机炮哪种武器更高效的争论一直没有停止过，最后机炮赢得最后的胜利。使用机炮意味着需要做的仅仅是射击对手，一旦射中就会造成严重的损害，但是依旧有很多飞行员因为可携带更多的子弹而倾向选择 0.5 英寸（约 12.7 毫米）的机枪。

F4U–1D（以及设计相同的 FD–1D）为挂载可抛弃副油箱、炸弹和火箭弹进行了修改。这标志着“海盗”战斗机首次自出厂便具备成为战斗轰炸机的能力，包括早期的 F4U–1A 型和其他型号在内的“海盗”也在战场上进行了外挂改装。F4U–1D 型同时配备有 R–2800–8W 带注水发动机，可在紧急情况下紧急增压 5 分钟。

钱斯 – 沃特公司一共生产了 4102 架 F4U–1B、1C 和 1D 型战斗机，包括交付英国皇家海军的 95 架“海盗”Mk I 型、510 架“海盗”Mk II 型战斗机（唯一的不同点是驾驶员座舱的设计）和交付新西兰的 370 架。

F4U 从一开始就设想用于美国海军数量日益增长的航空母舰上。1942 年 9 月 25 日，在卡尔瓜尔，由山姆 · 波特指挥官指挥，“桑加蒙号”护航航空母舰搭载 7 架 F4U–1 型战斗机。测试证明“海盗”的进场速度略快，但驾驶员视野是在航母上使用的最大问题。

随着“地狱猫”式战斗机的到来，美国海军很不情愿地同意“海盗”只要解决初期困难，就能参与航母作战。当航母作战任务被推迟时，主要从陆上机场起飞的海军陆战队战斗机部队成为率先使用“海盗”参加太平洋战争的部队。

上图：XF2G–1 型的出现是为了使“海盗”战斗机转变为高效截击机，从而有效拦截日军飞机的攻击、保卫美军舰队。这架新改型装备有 R–3460 发动机，能够很快爬升到高空拦截日本侦察机。新发动机使飞机的整流罩发生变化，也使得它很容易被认出来。然而，格鲁门 F8F“熊猫”舰载战斗机的出现意味着 F2G–1 从未投入现役

下图：为了研制一架航速快、作战高度高的“海盗”战斗机，钱斯 – 沃特公司为 3 架 XF4U 原型机安装了 R–2800–4W 发动机。这使得它们的时速能够达到 480 英里（约 772 千米），升限可以达到 40000 英尺（约 12192 米）。然而，该型号的性能并未显著超越 F4U–4，因此被舍弃了

古德伊尔公司生产的“海盗”战斗机

为了增加战斗机的产量，1941 年 12 月，古德伊尔公司成为第二个生产“海盗”战斗机及其不同改型的承包商。古德伊尔产品的型号与之前有所不同，F4U–1 变成 FG–1（右图），F4U–1A 变成 FG–1A，F4U–1D 变成 FG–1D。它们在本质上和钱斯 – 沃特公司生产的一样。从 1944 年到 1945 年，古德伊尔公司 FG–1D 的产量比钱斯 – 沃特公司同类型号（F4U–1D）更大。在战争期间，古德伊尔公司共生产了 3941 架“海盗”战斗机及其改型。

子型号

在太平洋战争中扭转了对日本局势的F4U“海盗”战斗机在1938年到1952年大量生产。在此期间，“海盗”从简陋高效的战机逐步演变为强大的、可发射导弹的F4U-7，此后还在中南半岛与当地武装进行战斗。

XF4U-1

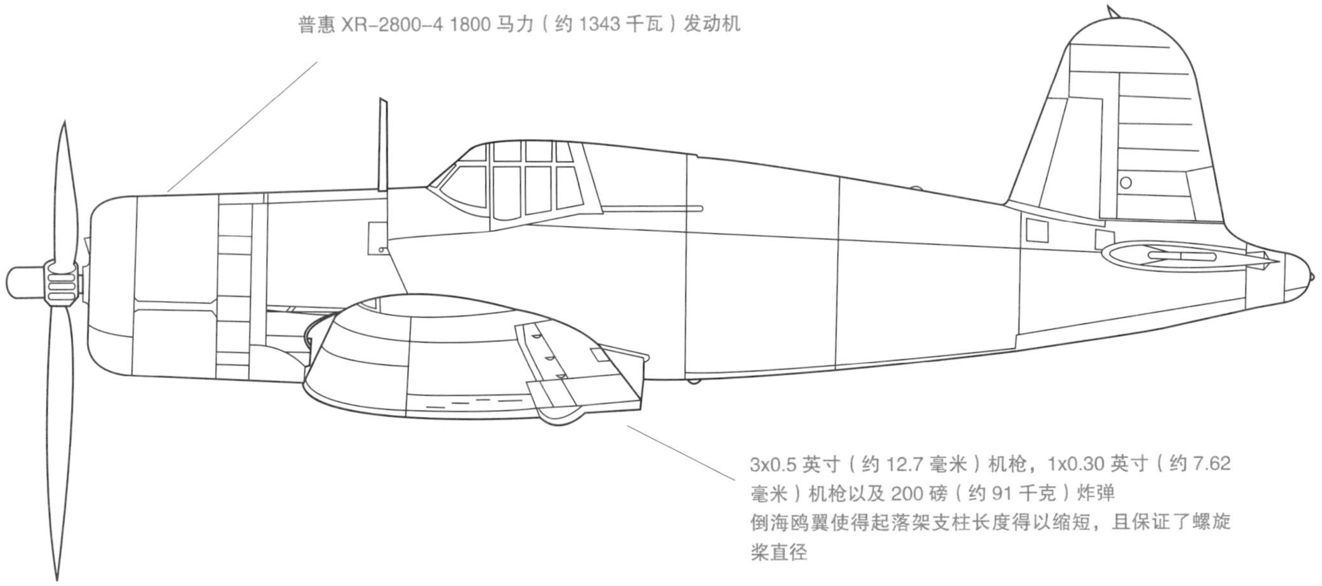

F4U-1

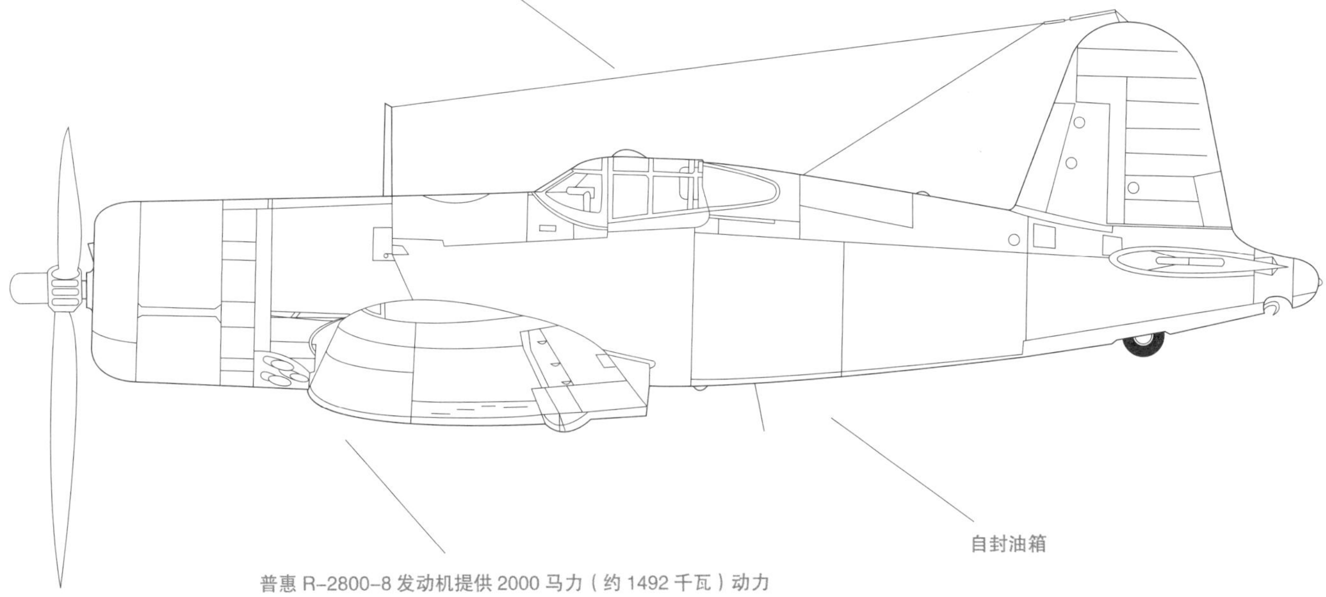

F4U-1A

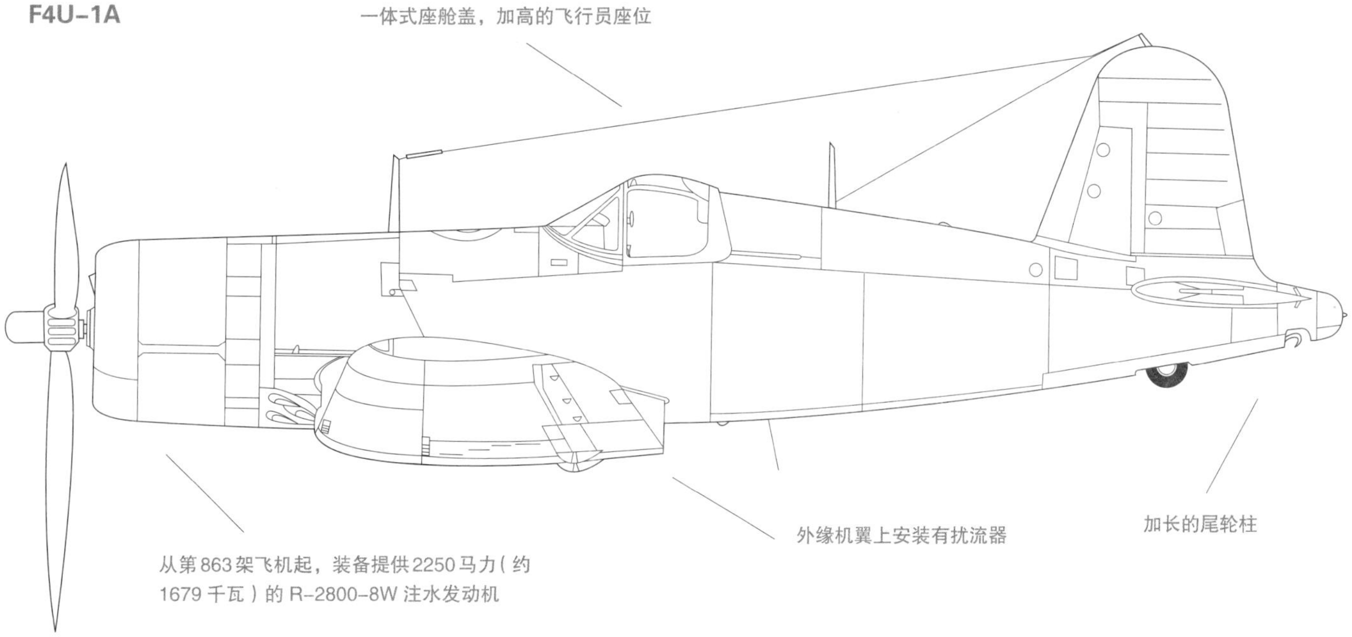
一体式座舱盖，加高的飞行员座位
外缘机翼上安装有扰流器
加长的尾轮柱
从第 863 架飞机起，装备提供 2250 马力（约 1679 千瓦）的 R-2800-8W 注水发动机

F4U-1D

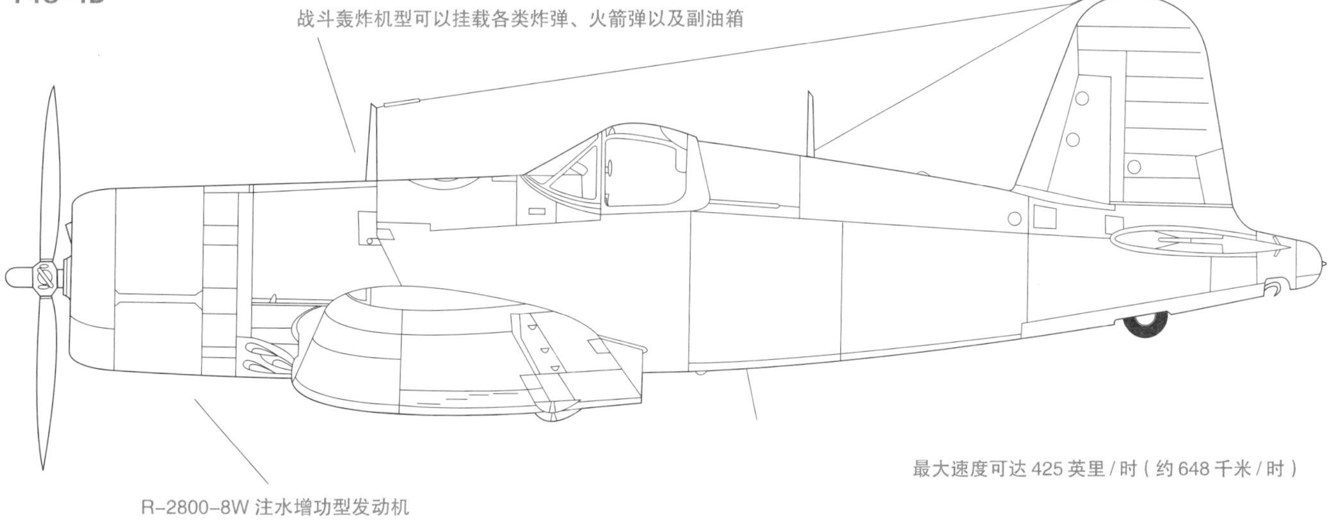
战斗轰炸机型可以挂载各类炸弹、火箭弹以及副油箱
最大速度可达 425 英里 / 时（约 648 千米 / 时）
R-2800-8W 注水增功型发动机

XF4U-3

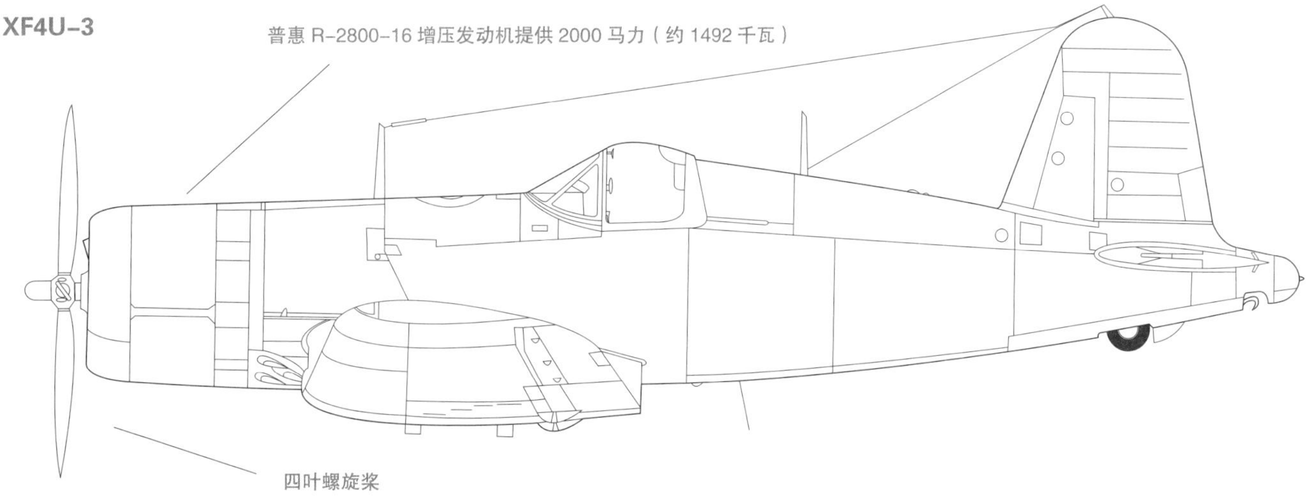
普惠 R-2800-16 增压发动机提供 2000 马力（约 1492 千瓦）
四叶螺旋桨

F4U-4

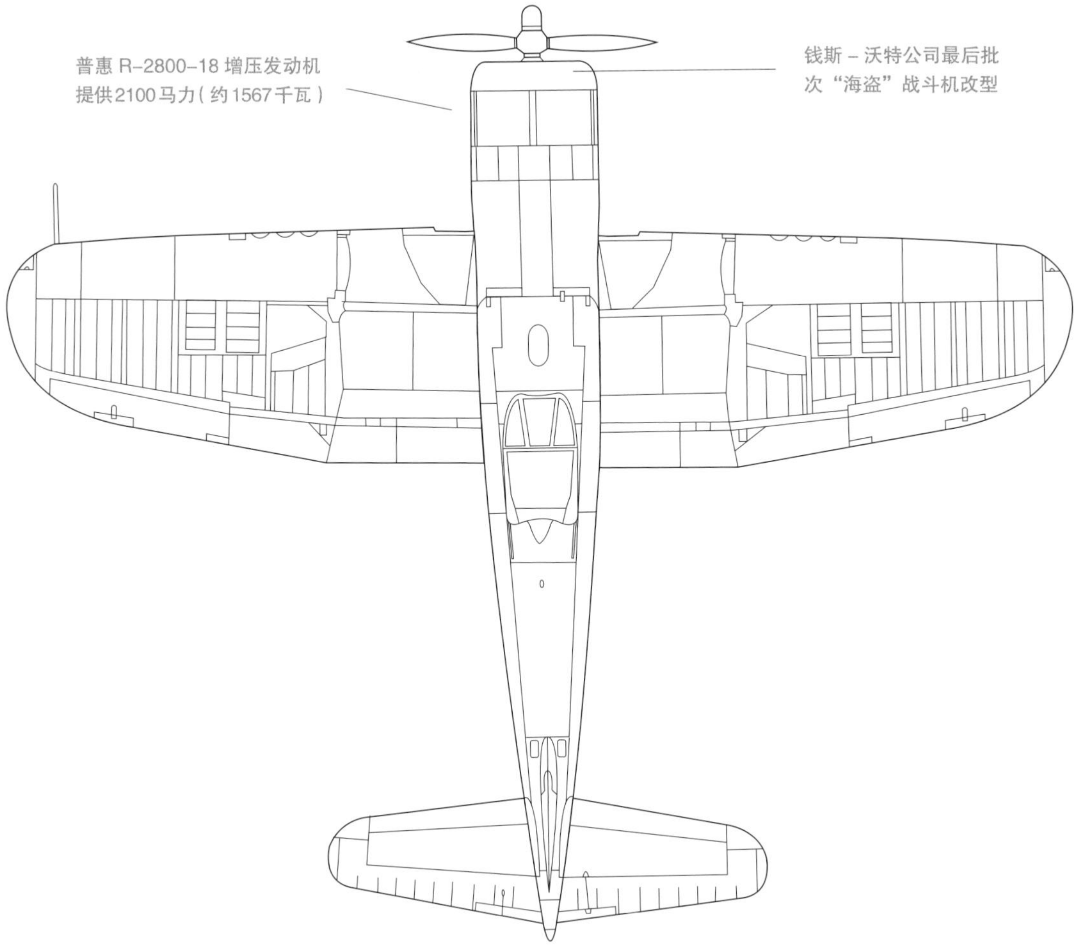
普惠 R-2800-18 增压发动机
提供2100马力（约1567千瓦）
钱斯－沃特公司最后批
次“海盗”战斗机改型

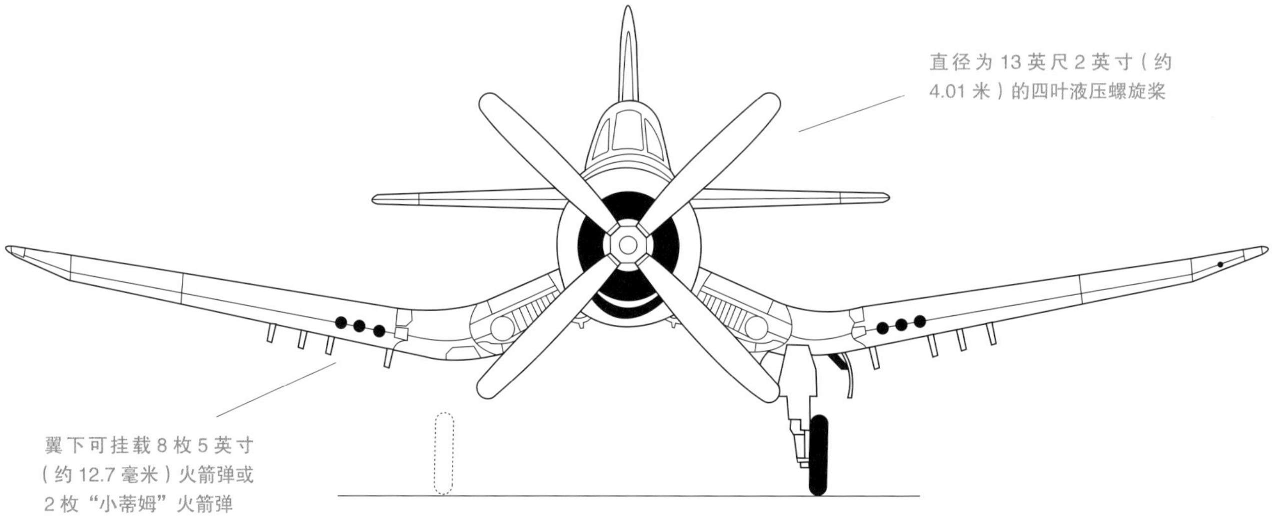
直径为 13 英尺 2 英寸（约
4.01 米）的四叶液压螺旋桨
翼下可挂载 8 枚 5 英寸
（约 12.7 毫米）火箭弹或
2 枚“小蒂姆”火箭弹

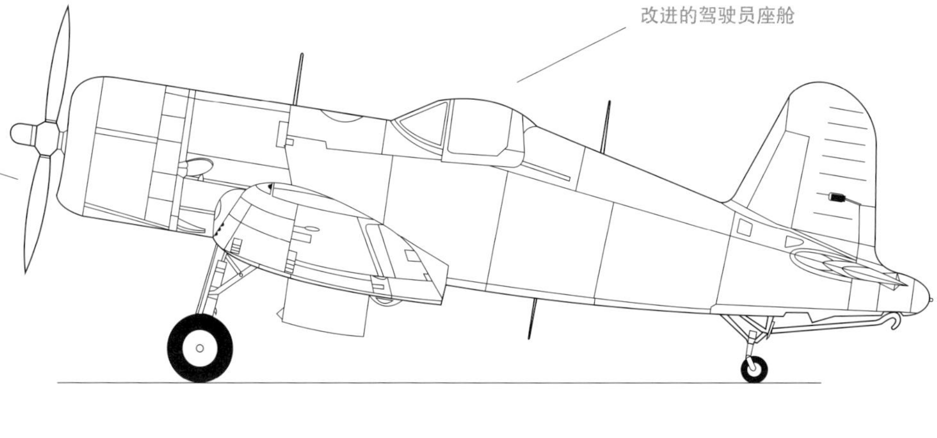
改进的驾驶员座舱
汽化器空气导管从前
缘移到发动机下面的
新导管处，导致排气
管改变路线

F4U-5N——夜间战斗机

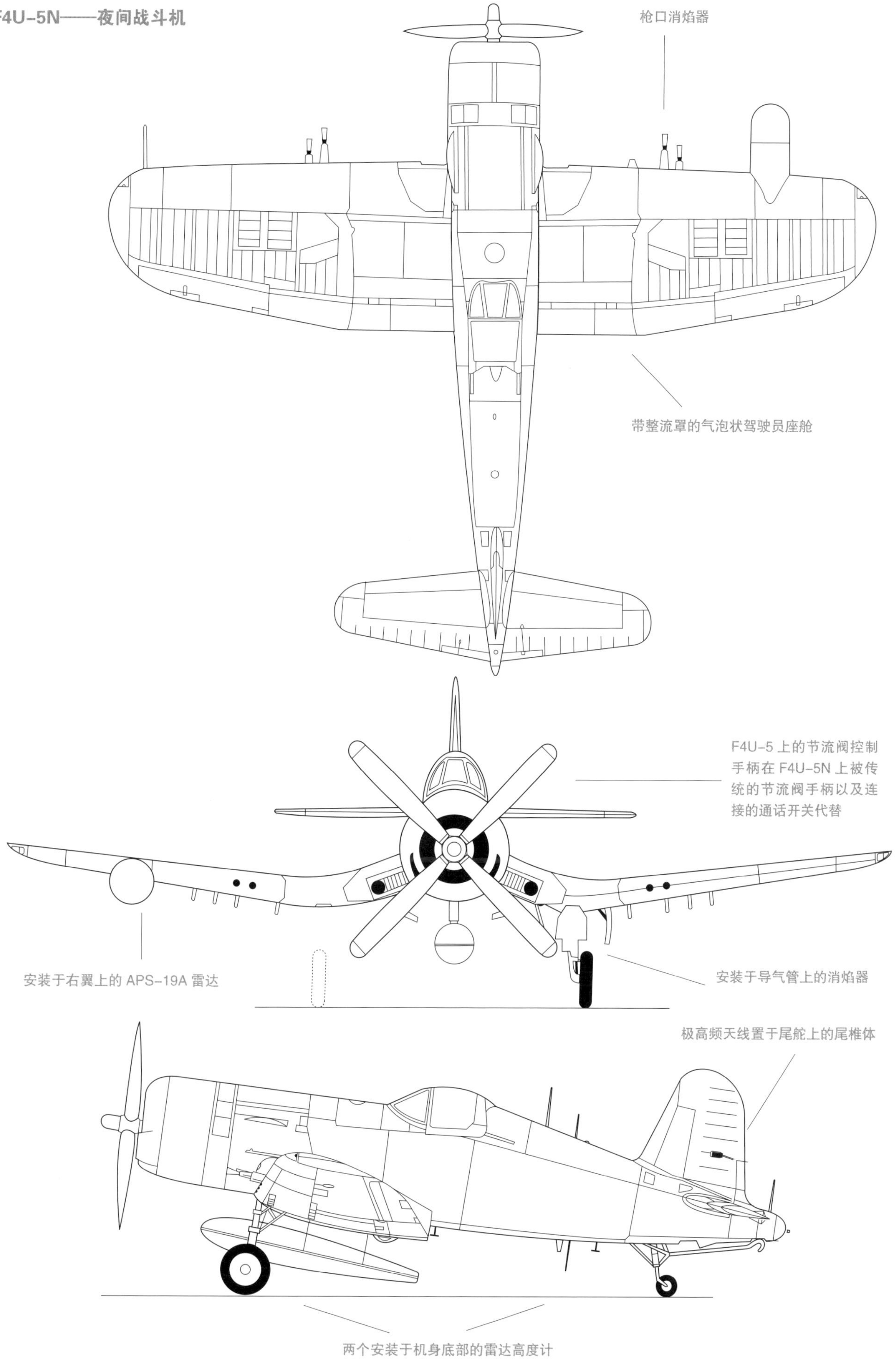
枪口消焰器
带整流罩的气泡状驾驶员座舱
F4U-5 上的节流阀控制手柄在 F4U-5N 上被传统的节流阀手柄以及连接的通话开关代替
安装于右翼上的 APS-19A 雷达
安装于导气管上的消焰器
极高频天线置于尾舵上的尾椎体
两个安装于机身底部的雷达高度计

F4U–5

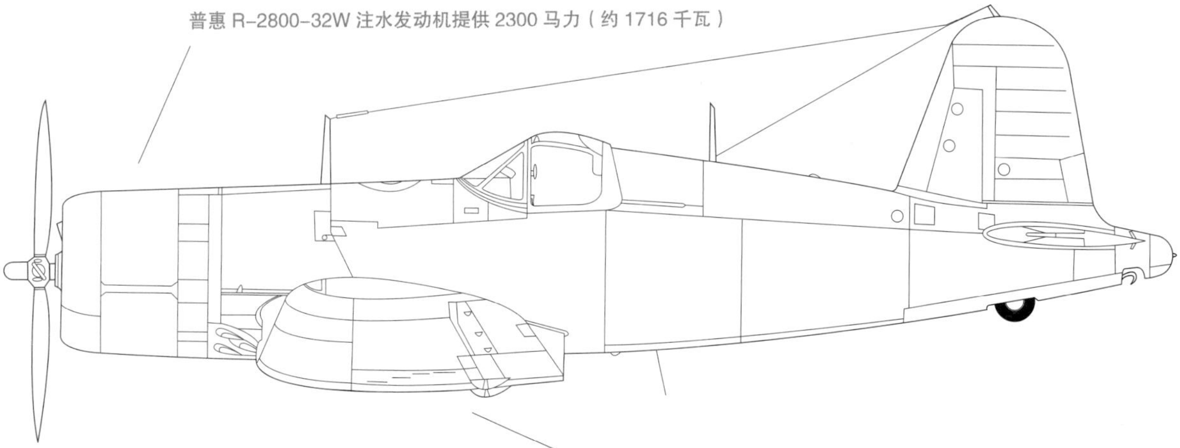

F2G–2

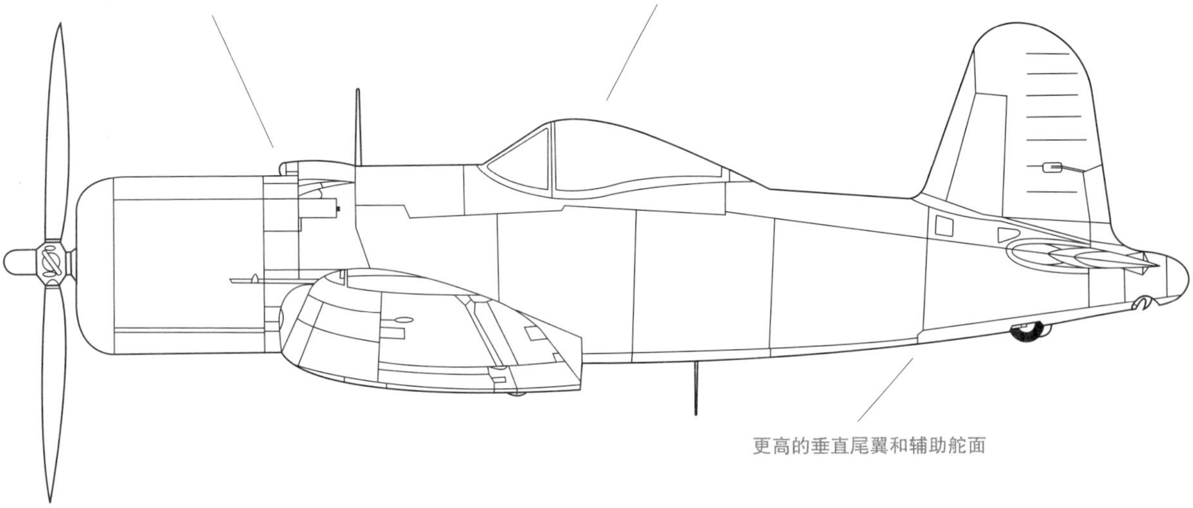

F3A–1

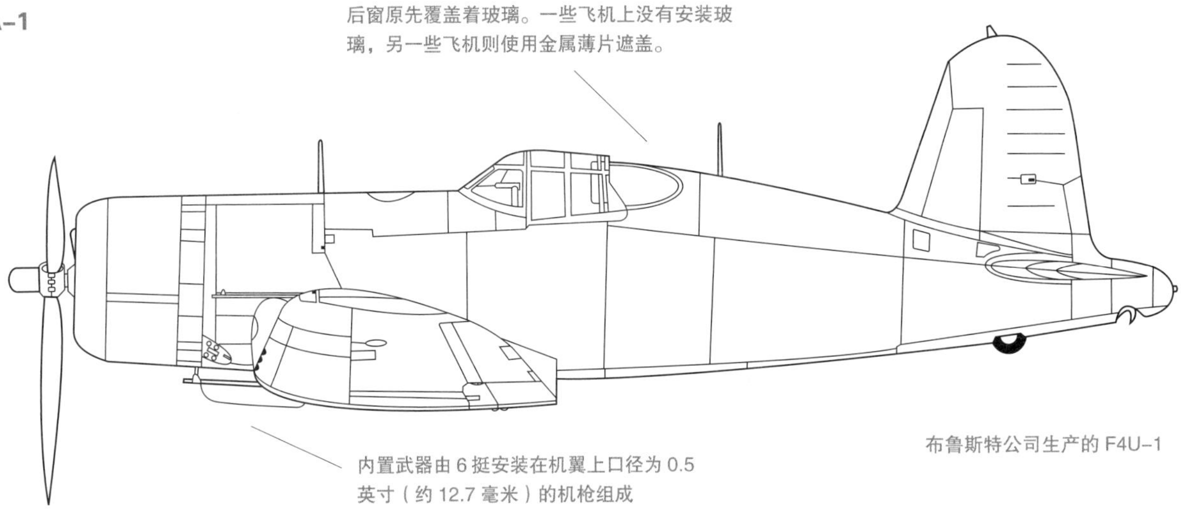

后窗原先覆盖着玻璃。一些飞机上没有安装玻
璃，另一些飞机则使用金属薄片遮盖。
内置武器由 6 挺安装在机翼上口径为 0.5
英寸（约 12.7 毫米）的机枪组成

布鲁斯特公司生产的 F4U–1

F4U-7

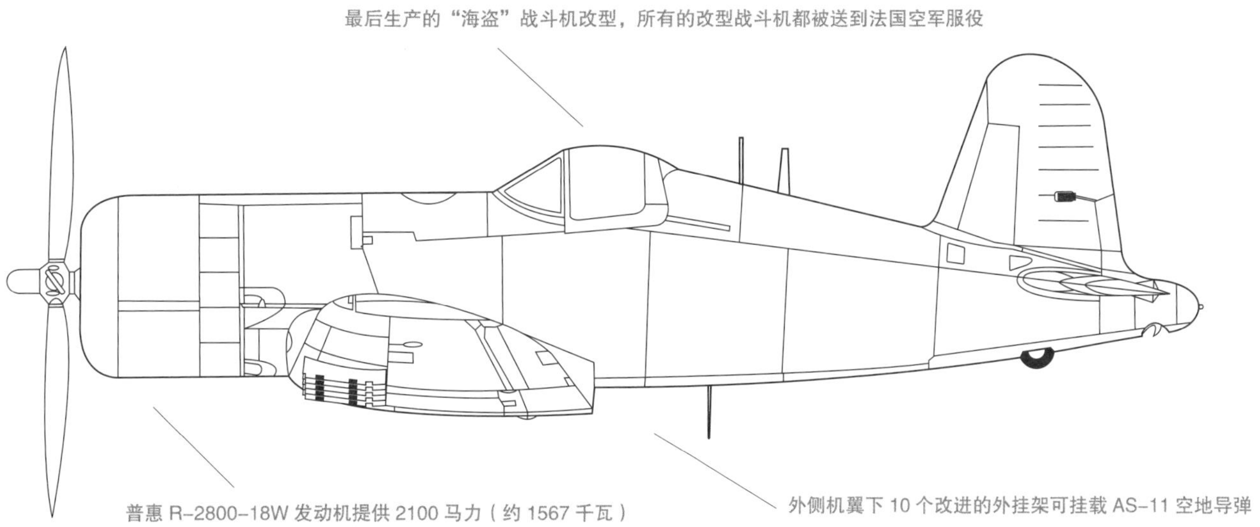
最后生产的“海盗”战斗机改型，所有的改型战斗机都被送到法国空军服役
普惠 R-2800-18W 发动机提供 2100 马力（约 1567 千瓦）
外侧机翼下 10 个改进的外挂架可挂载 AS-11 空地导弹

AU-1

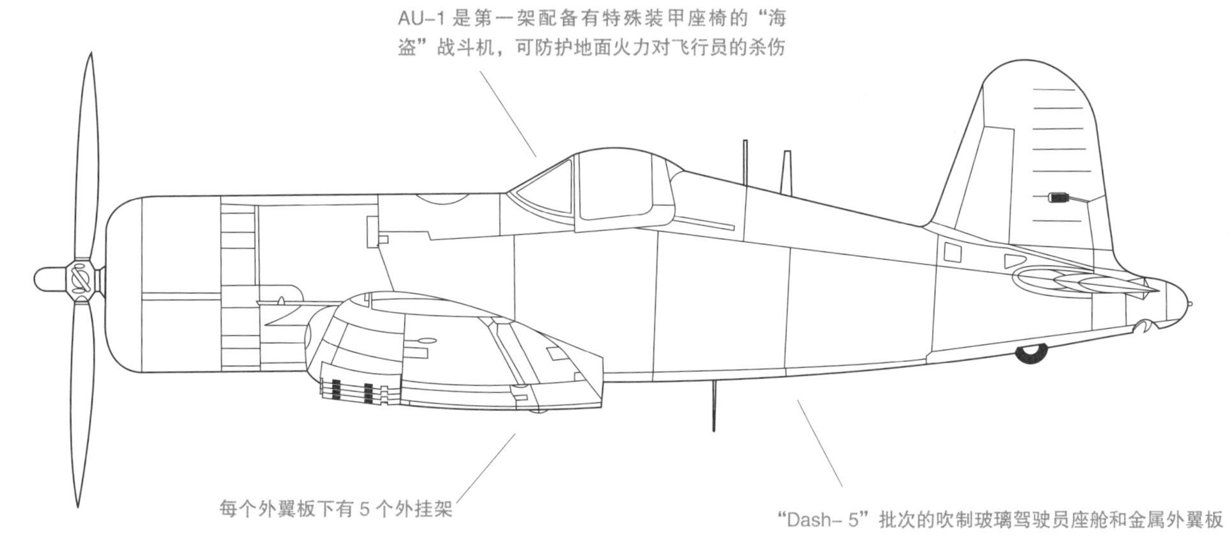
AU-1 是第一架配备有特殊装甲座椅的“海盗”战斗机，可防护地面火力对飞行员的杀伤
每个外翼板下有 5 个外挂架
“Dash- 5”批次的吹制玻璃驾驶员座舱和金属外翼板

FG-1A

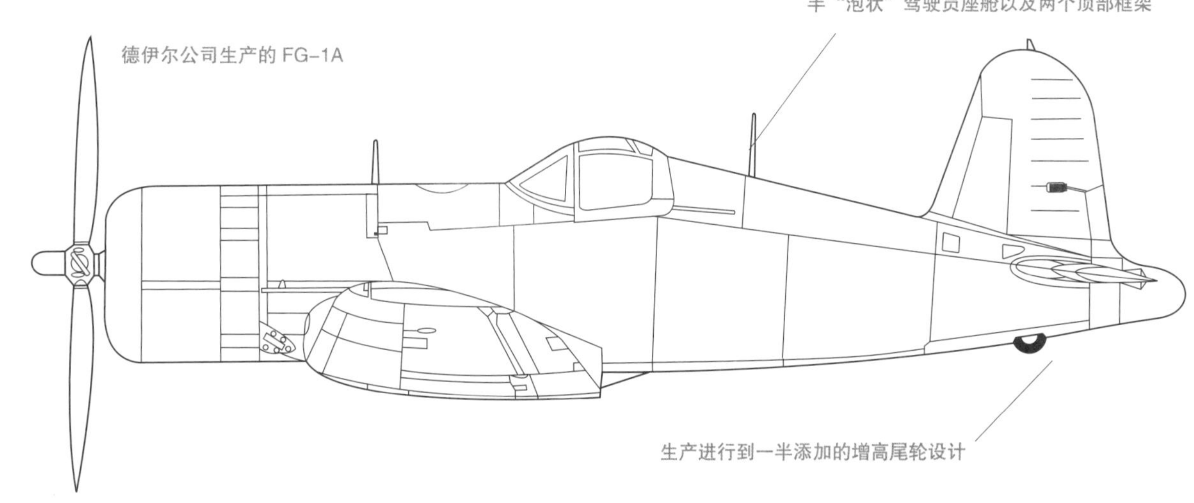
半“泡状”驾驶员座舱以及两个顶部框架
德伊尔公司生产的 FG-1A
生产进行到一半添加的增高尾轮设计

下图中的空战编队（两支双机组）由著名的海军陆战中队 VMF-124 的 4 架沃特 F4U-1“海盗”战斗机组成。这是“老爹”格雷格·波音顿的“黑羊”飞行中队，在所罗门群岛最西端的布干维尔岛上飞行

早期服役

1942 年 9 月，在美国“桑加蒙号”护航航空母舰上的适用性试验中，一连串不成功的起飞和降落证明了 F4U“海盗”不适合参加航母作战。因此，“海盗”率先随海军陆战队参战。

当格鲁曼 F6F“地狱猫”式战斗机从 1942 年起在美国海军服役的时候，更具潜在优势的 F4U-1“海盗”正在接受官方的批评。一系列因素，包括不安全的甲板着陆速度、无效的减震器，以及驾驶员在降落时不能看到航母甲板，这些意味着“海盗”战斗机一开始就不被允许参加航母作战。

因此第一批 F4U-1 都被送到美国海军陆战队，大多数任务从太平洋岛上狭窄的飞机跑道起飞，“海盗”从 VMF-124 中队开始了其服役生涯。然而，1943 年底，“海盗”通过战争证明了自己是空战中的王者。

瓜达尔卡纳尔岛初次登场

1943 年 2 月 13 日，VMF-124 中队的“海盗”战斗机到达瓜达尔卡纳尔岛并于同一天开始执行护航任务，护送 B-24 轰炸机到凯里机场，该机场距离布干维尔岛 300 英里（约 483 千米）远。

第二天，该部队执行了相似的任务。这次任务后来被称作“情人节大屠杀”，因为 50 架“零”式战斗机向轰炸机编队突然发起攻击。据称当时编队有 2 架 B-24、4 架 P-38、2 架 P-40 和 2 架护航的“海盗”战斗机。随着战斗的持续，局势很快被“海盗”战斗机扭转，VMF-124 中队总计击落 18 架敌机，己方只损失了 4 架战斗机。

尽管美国海军的 VF-12 中队早在 1942 年 10 月就收到了 F4U-1，然而很快被 F6F 战斗机代替。第一支和“海盗”战斗机搭档的海军中队是 VF-17。1943 年 4 月在新乔治亚群岛，F4U-1 开始从岸上机场起飞执行任务。在与“海盗”战斗机一起执行任务的 75 天里，VF-17 中队一共消灭 127 架日本战机，在此期间诞生了 15 名空战王牌。C.W. 尼米兹上将在 1943 年 5 月给钱斯－沃特公司拍电报称：“南太平洋上空每日进行的空战证明了‘海盗’战斗机要强于任何一种日本‘零’式战斗机。”

第一名诞生的海军陆战队“海盗”战斗机的空战王牌是 VMF-12 的肯尼斯·沃尔什中尉，他也是第一个获得荣誉勋章的“海盗”战斗机飞行员，他在 1943 年 4 月到 5 月击落 6 架日本“零”式战机。

生产 F4U-1D 是为了在太平洋战争中增强“海盗”战斗机的攻击能力。自 1945 年初开始，F4U-1D 成为第一种在航母上大规模部署的战斗机。

上图：1943 年初，在瓜达尔卡纳尔岛上的“海盗”战斗机飞行员正跑向自己的座驾。“68 号”战机采用了在战场上临时涂刷的三色涂装，并涂有经过修改的军徽。位于“鸟笼式”座舱盖后方的泪珠状观察窗被封死

右图：F4U-1 于 1943 年 10 月返回美军“约克镇号”航空母舰（CV-10）。早期的战斗经验使得飞行员认为需要改善视野，这一问题之后在有泡状驾驶员座舱的 F4U-1A 上得到解决

下图：一架 VMF-216 中队的 F4U-1A 于 1943 年 1 月 10 日在拉包尔战役中受伤。VMF-216 声称击落 27.33 架敌机（均为“海盗”战斗机战绩），其中大多数是在攻击拉包尔时取得的

上图：1944 年 2 月，VF(N)–101 F4U–2 战斗机准备从美国“企业号”航空母舰起飞，执行攻击特鲁克岛的任务。VF(N)–101 是第一支在航母上配备有 F4U–2 战斗机的美国海军舰载机中队

“尖啸死神”

F4U 战斗机在所罗门群岛战役中表现出色，参加了吉伯特、伊利斯和马绍尔群岛登陆，重夺马里亚纳群岛，参加了硫黄岛和冲绳登陆战，获得日军给予它的绰号——“尖啸死神”。

在装备 24 支美国海军陆战中队以及 2 支海军夜间战斗机中队——VMF(N)–311 和 VMF(N)–532 中队后，“海盗”战斗机终于作为舰载飞机在美国海军服役。1944 年 4 月，美国海军中队 VF–301 中队驾驶“海盗”从“甘比尔湾号”航空母舰上起飞。这次试验是为了确保改进后的“海盗”能够参加航母作战。英国皇家海军已经使用“海盗”作为舰载战斗机，美国海军陆战队的试验完成了在太平洋航母上的紧急迫降。当等待装备有“海盗”战斗机的海军部队登船时，两支海军陆战中队——VMF–123 和 VMF–124 成为第一批从航母起飞驾驶 F4U 执行任务的部队，1945 年 1 月从埃塞克斯级航空母舰起飞，执行支援冲绳登陆的任务。

拦截神风特攻队

在战争的最后阶段，神风特攻队的袭击给美国军队的航母带来严重威胁，然而海军的“海盗”战斗机在拦截方面表现十分出色。

太平洋战争期间，美国海军和海军陆战队的“海盗”战斗机共完成 65041 架次任务，其中 54470 架次从陆地飞机跑道出发，余下 9581 次从航母甲板上出发。189 架“海盗”战斗机在空战中被击落，消灭敌机 2140 架，击落 / 损失比率为 1:11.3。

夜间战斗机

F4U–2 是由 34 架 F4U–1 改造而成的，在右翼前缘的整流罩中添置了 AIA 雷达天线（并因此拆掉了一挺机枪）。VF(N)–75 成为第一支操纵“海盗”夜间战斗机的部队，于 1943 年 10 月执行第一次太平洋任务，在随后的一个月里第一次击落敌机。VF(N)–101 是第二支也是最后一支装备有 F4U–2 战斗机的海军中队。海军陆战队在太平洋战争期间唯一一支装备有 F4U–2 的部队是 VMF(N)–532 中队，由 E.H. 沃恩少校指挥，执行过夜间扫射任务。

左图：1945 年 5 月，在菲律宾桂安（Guian）港，F4U“海盗”战斗机被卸载到驳船上，之后运送到其他部队

左图：这些护航的FG-1D在攻击冲绳时由美国海军陆战队的“复仇者”轰炸机机组拍摄，作为VMF-323“死亡响尾蛇”中队的一部分，装备有古德伊尔生产的FG-1D，即F4U-1D战斗轰炸机，配备有火箭弹、炸弹和凝固汽油弹

左图：1945年6月，一支海军陆战中队的F4U-1D“海盗”战斗机向冲绳南部的山区发射了一枚5英寸的火箭弹。这张图片拍摄于洛克希德公司生产的F-5E，摄像机（甚至包括一名摄像师！）都被塞进了经过改造的副油箱内

下图：早期的F4U战斗机（比如图中的这架，1944年5月在布干维尔岛的托罗基纳港口）在每个机翼上装备有三挺口径为0.5英寸的机枪，以及一对可挂载1000磅载荷的外挂架

“海盗”战斗机的其他操作者

3 个南美国家很好地运用了结实的“海盗”战斗机。其中一些“海盗”辗转来到了战机收藏家们手中，这些人的努力让全世界有更多的“海盗”保持适航状态。

洪都拉斯

洪都拉斯空军在 1956 年到 1959 年收到了共计 20 架“海盗”战斗机。第一批到达的飞机是 F4U-5/-5N/-5NL，有机翼雷达罩但没有相关雷达座舱设备。这支部队随后又接到 10 架服役多年的 F4U-4（右图）。洪都拉斯在 1969 年“足球战争”中出动这些“海盗”战斗机对战萨尔瓦多，萨尔瓦多损失了一些“海盗”战斗机。洪都拉斯的 F4U 于 1977—1978 年退役。

下图：制造编号 92399 的这架 FG-1D“海盗”战斗机，在美国海军长期服役执行过多种任务，经多次转手后于 2000 年到达英国。这架飞机在 1945 年 7 月到 1964 年一直在美国海军的装备名单上，飞行时间 1450 小时，被废弃后作为废品出售。飞机没有完全报废，之后经过私人转手，持续飞行直到 1969 年坠毁。几经转手和两次修复过后，该机被卖给塞维尔的保罗·摩根

萨尔瓦多

萨尔瓦多在 1957 年根据军事援助销售计划获得 15 架 FG-1D 战斗机。额外的 5 架 F4U-4 由萨尔瓦多空军出资购买，于 1959 年作为备用机接收。其中 2 架 FG-1 被洪都拉斯的 F4U-5N 在“足球战争”中击落。1971 年萨尔瓦多的 F4U 执行了最后一次任务。

阿根廷

阿根廷也受益于军事援助销售计划，于1956年5月收到10架F4U–5和–5N。这些飞机在阿根廷空军指挥部服役，之后在1957年又增添了16架F4U–5和–5NL飞机。最后一批飞机中包括一部分无法升空而只能被用来拆解零件的机体。在阿根廷海军服役期间，“海盗”战斗机在以海岸为基地的潘塔印地欧，定期从“五月二十五日号”航空母舰起飞执行任务。

F2G“超级海盗”

古德伊尔公司改进了 3 架 FG-1A 战斗机，新飞机型号为 XF2G-1，适用于低空战斗。该机采用 28 缸、能提供 3000 马力（约 2237 千瓦）的普惠 R-4360-4 的星型发动机，以及改进的驾驶员座舱及机身，1944 年 5 月 31 日第一次试飞。随后建立了 5 座生产 F2G-1 的工厂，但是在二战结束的时候，403 架战斗机的订单被取消。与之相同的 F2G-2 刚生产 10 架就遭遇和 F2G-1 相同的命运。

图为一架前法国空军 F4U-7，在 1981 年被英国收藏家林德赛·沃尔顿购买。沃尔顿一直驾驶它到 1992 年，如今该机在美国

上图：这架 FG-1D 依旧是得克萨斯州米德兰的纪念航空队的主力，它属于约翰·康拉德上校，制造编号 92468

左图：在转手多人且飞机未被损坏前，这架 F2G-1 在 1949 年赢得汀尼曼（Tinneman）大奖赛，1999 年经修复后进行了首次公开展示

右图：陈列在英国剑桥郡达克斯福德的帝国战争博物馆，属于旧飞行器公司的这架 FG-1D “海盗” 战斗机生产于 1944 年，1945 年 8 月 17 日在洛斯内格罗斯岛的新西兰皇家空军组装之后服役。随着战争接近尾声，这些飞机很可能只和新主人经历过试验飞行，就被运回新西兰仓库了。1949 年，它被一个匿名买主买走，在 60 年代初恢复静态展示。1971 年被卖给一个美国买主，在 1973 年被再次卖出。随后该机被进行了大范围的翻新修复，在 1982 年进行了第一次恢复后的试验飞行。1989 年，它被卖给一个英国收藏家，1991 年加入旧飞行器公司（OMFC）。它最初在新西兰皇家空军服役，在 2002 年的展示会上，它被重新粉刷，采用的是美国 VF-17 海军中队的战斗机涂装

左图：陈列在英国达克斯福德二战航空博物馆里的 1945 年的 FG-1D，1945 年 5 月交付太平洋的美国海军，参加战争后被送到海军航空兵后备队。经过很多次转手后，1960 年在弗兰克托曼那里找到了归宿。托曼是一名电影特技飞行员，他爱上了这架飞机。他使飞机性能恢复良好，在卖掉之前进行了最后一次飞行。“海盗” 战斗机保持 VF-17 中队的涂装，直到 1997 年被运到二战航空博物馆。从那时起，它的涂装变成英国太平洋舰队的战斗机样式

W

Alabama Rammer Jammer
SX B

UZ T
BS459

MAJ. KIT CARSON
Nooky Booky IV
G4 C
411622

PAT
283803

MA B
V9367

韦斯特兰“莱桑德”

上图：组建于 1939 年的第 225 中队在执行空地协同和海空搜索救援任务时一直使用“莱桑德”Mk II 侦察机，到 1942 年才换装“飓风”战斗机

传奇的“利齐”

因瞩目的低速飞行和短距起落性能而受到关注的“莱桑德”侦察机在 1938 年为进行空地协同而投入使用。在今天，或许这一机型更多的是因其将盟军特工送入敌后的功绩而被人们铭记。

下图：1938 年末埃及皇家空军接收了 18 架“莱桑德”Mk I，图为其中的最后一架。其他的战前订单来自法国、加拿大、土耳其和爱尔兰

在两场世界大战之间的和平时期，英军执行空地协同任务的飞机主要是对现存飞机进行改造的型号。1934 年，航空部为替换霍克“赫克托”双翼机的新型空地协同飞机而颁布了规范 A.39/34。1935 年 6 月，韦斯特兰公司投标赢得两架公司制定的 P.8、随后被命名为“莱桑德”的原型机合同。第一架原型机在 1936 年 12 月 11 日于约维尔接受了滑行测试，此前在由陆路送往博斯坎比顿（于 6 月 15 日在此进行首飞），后被送回约维尔。原型机进行了小幅度改装，6 月末在哈特菲尔德举行的英国飞机制造商协会展览（SBAC Display）上展示，7 月 24 日到达位于希思（Martlesham Heath）的飞机与军械实验中心进行了为期一周的操作评估。

一份 144 架量产型的订单在 9 月下达，第二架原型机于 1936 年 12 月 11 日首飞。在被派往印度前，该飞机花费了大部分的时间在希思与第 15 中队一起进行热带实验。“莱桑德”于 1938 年 6 月开始正式交付，当时在旧塞勒姆的第 16 中队接收了第一架代替霍克“奥达克斯”战斗机的飞机，并在不久后投入使用。空地协同学校开办于旧塞勒姆，这里的飞行员收到来自中队人员的关于“莱桑德”的使用说明。

战前交易

1939 年中，有 66 架“莱桑德”Mk I 完成：其中第 16 中队

上图：巨大的护脚完全覆盖住了机轮，金属的三叶螺旋桨（代替木制双叶螺旋桨）在 1936 年首飞后，安装在第一架“莱桑德”上

左图：这架第 16 中队的飞机在每个机轮护罩处都加装了一挺 0.303 英寸（约 7.7 毫米）机枪，还装载了两门厄利空（Oerlikon）20 毫米机关炮。加装机炮主要是在德军发动登陆时用于扫射德军登陆舰艇，但是测试后并未被实际采用

下图：在法兰西战役中“莱桑德”不仅经受着纳粹空军战斗机的侵袭，天气也使之付出一定程度的代价。图示第 13 中队的“莱桑德”Mk II 陷入蒙斯堤松软的土地

上图：从欧洲的空地协同任务中被召回后，“利齐”找到了一个新的“差事”——支援特别行动处的秘密任务，在这些任务中该型机的短距起落性能极为实用。图为一架第 161（特别任务）中队飞机

韦斯特兰 P.12

最古怪的实验用“莱桑德”衍生型当数这张摄于1941年7月的照片中的P.12型。人们试图使用“德莱恩”串联翼结构，解决机翼后缘的后部安装有炮塔时出现的重心问题。在P.12尾部机翼的后方安装了一个伪装的尾部炮塔。这一设计未能通过原型机评估。

收到 14 架，空地协同学校 9 架，剩下的分别交付在奥迪厄姆的第 13 中队、在卡特里克的第 26 中队、在温伯恩的第 4 中队，所有的“莱桑德”飞机都被用于替换霍克“赫克托”。战争爆发时，已有 7 个“莱桑德”中队，其他的是第 2 中队和辅助空军的第 613 和第 614 中队。此时大部分本土中队用“莱桑德”Mk II 代替了 890 马力（约 664 千瓦）的布里斯托“水星”XII（Bristol Mercury XII）驱动的 Mk I。Mk II 使用了 905 马力（约 675 千瓦）的布里斯托“飞马座”XII（Bristol Perseus XII）发动机，导致该型机在高空的性能有所退化。许多 Mk I 被送往海外，在埃及、印度和巴勒斯坦服务。紧随 116 架 Mk I 之后的是 422 架 Mk II，装备 Mk II 的第 2、4、13 和 26 中队在 1940 年移至法国。

由于德军发起闪击战，第 4 中队调防比利时，遭遇德军的猛攻，在 5 月 10 日到 23 日共损失了 11 架“莱桑德”，其中一些是在地面被摧毁的。一支中队的“莱桑德”机组人员一次同 6 架梅塞施密特战斗机开展了持久战，在返回基地的过程中击毁了一架 Bf 110；5 月 22 日，一架第 2 中队的飞机用前射机枪击落一架亨舍尔 Hs 126，后部机枪击落了一架容克 Ju 87。此时已临近法国战役的尾声，“莱桑德”中队被撤回英国，不过仍有部分“莱桑德”出动，前往战争区域为盟军提供补给。在一次向加莱运送补给的行动中出动的 16 架“莱桑德”和“赫克托”中有 14 架飞机及其机组成员未能返航。在 1939 年 9 月到 1940 年 5 月，英军在法国和比利时损失了 118 架“莱桑德”和 120 名机组人员，这几乎是英军派出的飞机总量的 20%。这是因为这些部队使用的都是老式飞机，且没有空中优势的保护。因此，“莱桑德”从英国本土的空地协同中队退役。这些中队在 1941 年初开始换装柯蒂斯 P-40“战斧”（Curtiss P-40 Tomahawk）。

Y

AA
283901
"Dorothy Helen"
50
19
Летчику Сталинградского фронта
Гвардии Майору тов Еремину Б.Н.
От колхозника колхоза „Стаханова"
тов Головатова

下图：这支雅克 -9 编队领头的飞机携带的标志是红旗勋章（前方），同时还带有禁卫军徽章（后方）。1944 年 5 月，M.V. 安德烈耶夫驾驶这架飞机飞过克里米亚半岛

雅科夫列夫 雅克 -1、3、7&9

雅科夫列夫的美人

> 共建造了超过 36730 架单发动机的雅克战斗机。雅克战斗机对于苏联的防御至关重要，但是当雅克 -1 开始服役时，是一款性能相对落后的军用飞机。

1941 年 6 月 22 日，希特勒对苏联发起进攻。当时苏联红军的空军部队几乎无法组织起一支防御力量。几乎所有的苏联前线战斗机都已过时。在苏联新型战斗机原型机之中，最好的可能就是雅克 -1 战斗机了。但即使是雅克 -1，也与苏联其他的战斗机一样陷入同样的困境，火力太弱，飞行员训练不够，在条件恶劣的跑道，如草地、泥地或木板跑道上起飞时难以控制。尽管如此，雅克战斗机在防御纳粹德国空军的战斗中还是发挥了重要的作用。

亚历山大 · S. 雅科夫列夫一直热衷于设计战斗机。1938 年 11 月，他的机会来了。当时 Ya-22 高速轰炸机的设计失败了，他的设计局收到设计一款“前线战斗机”的任务。该飞机在设计时叫作 Ya-26，官方名称为 I-26（I 表示战斗机）。雅科夫列夫研究了德国空军的梅塞施密特 Bf 109 战斗机和英国空军的超级马林“喷火”战斗机，但在承力蒙皮结构和全金属结构上没有经验，所以他决定采用传统的建造方法。雅科夫列夫早已和 V.Ya. 克里莫夫相识，于是采用了后者的 1350 马力（约 1007 千瓦）的 M-106-1 发动机。该发动机源于西班牙的霍米尔 12Y 发动机。此时 I-26 的可伸缩起落架不再那么笨拙了，起落架的轮距加宽，从而可以在前梁前方折叠起来。硬铝的分裂式襟翼采用了气压驱动。为了减少阻力，机翼尾部边缘下方的管道里安装了乙二醇散热器和油冷却器，而汽化器进气口则安装在翼根。武器装备包括一门从 VISh-61 液压螺旋桨轮毂中开火的 20 毫米 ShVAK 机关炮和两挺位于发动机上方的高射速的 ShKAS 7.62 毫米（约 0.3 英寸）

下图：1943 年春季，隶属于第 18 近卫歼击航空兵团的 V.F. 格鲁波夫上校驾驶这架雅克 -1 战斗机在卡辛奇（Khationki）战斗。格鲁波夫是一位优秀的飞行员，到战争结束时共击落了 39 架敌机，但早期型雅克战斗机的性能不尽如人意

左图：展示的是第二架 I–26 原型机。雅科夫列夫设计的 I–26 采用木质的机翼、混合铝面板和布质蒙皮的焊接钢结构的机身以及覆盖纺织物的硬铝控制面板

机枪。由于 M–106 发动机还无法使用，最终使用的是 1050 马力（约 783 千瓦）的 M–105 发动机 。

当第一架 Ya–26 快完工时，车间的工人称它为“美人”（beauty）。完工后，机身涂上了雅克设计局的亮红色，方向舵则为红白相间的搭配。1940 年 1 月 13 日，首席飞行员 Y.I. 皮昂科夫斯基在没有安装机枪和无线电设备的情况下完成了首次飞行，轮式起落架在雪地或冰面上都运转良好。很不幸的是，由于制造工艺的缺陷，这架飞机在 4 月 27 日坠毁了。随后这种苏联空军命名为雅克 –1 的新机型，在两个工厂投入生产：一个是位于莫斯科列宁格勒大街的设计局旁边的 GAZ–301 工厂；另一个是位于萨拉托夫的 GAZ–292 工厂。就在 Ya–26 坠毁之时，第二架原型机即将试飞。这架原型机融合了很多雅克 –1 要求的改进之处，包括机鼻下方油冷却器的重新布置，汽化器进气口和翼根处入口管的分离，座舱盖后方的机背更加宽阔，增加了直尾翼的弦长并将尾轮改成不可伸缩的。

下图：1940 年 7 月 23 日，雅科夫列夫的第一架 UTI–26–1 双座原型机完成了首飞。同年 8 月 28 日进行了官方测试，如 I–26 一样，它也有很多不足之处

不成熟的雅克

第二架原型机参加了五一国际劳动节的阅兵，并且从 1940 年 6 月 10 日开始，由 P.M. 斯特法罗夫斯基驾驶该机进行了多次测试。此时，尽管没有被抛弃的可能，雅克 –1 战斗机仍然是不成熟的。最烦人的故障就是铝制燃料输送管系统由于金属疲劳而频繁地失效，由此还引发了飞行中的火灾。气动系统不具良好的可靠性，机枪经常无法开火，滑动的驾驶员座舱也经常卡住。克里姆林宫也想要更高的飞行性能，但比这些更重要的是飞机的数量问题，1940 年最后的几周内共交付了 64 架雅克 –1 战斗机。此时，大幅扩充的雅科夫列夫设计局忙于对飞机的改进以及衍生机型的设计。1941 年秋天，由于德国的入侵，生产车间不得不撤退到乌拉尔地区卡缅斯克的 GAZ–286 工厂，1942 年末又迁移到新西伯利亚的 GAZ–153 工厂（以前的拉格 –3 工厂）。每个工厂都有各自的变化；尽管都需要标准化和高产能，但一名观察员发现几乎没有两架连续生产的飞机是一模一样的。为了减小飞机的重量，做了不少改变，1942 年 3 月，一些飞机把两挺 ShKAS 机枪换成一挺 12.7 毫米（0.5 英寸）的 UBS 机枪（通常在左边），另一些则只安装两挺 UBS 机枪，其中一挺取代了以前的 ShVAK 机关炮。之后还引入更简单的飞机起落架整流罩，改善了翼根处的入口管、可伸缩的雪橇以及天篷后方的甲板，还用侧窗取代了此前的大型树脂玻璃。由于有了这些改变，飞机的重量从 6431 磅（约 2917 千克）减少到 6129 磅（约 2780 千克），减重使得飞机的灵活性大大提高。

左图：在最终失败的雅克 –7M 机型上试验的改进中，雅克 –7A 只保留了 17.6 英制加仑（约 80 升）的后舱油箱；后方驾驶员座舱用一个简单的铰接舱盖封闭起来

改进的雅克

“雅克 –1M”项目旨在对雅克战斗机进行更多更困难的改进。目标是将功率更大的 1260 马力（约 940 千瓦）克里莫夫 VK–105PF 发动机安装到更轻的雅克 –1 中。从 1942 年 6 月开始，雅克战斗机普遍采用这种发动机。

雅克 –1 飞行员一直在努力争取更好的后方视野，除了由安全带的死板导致身体无法转动，飞机的座舱盖显然也需要改进。最好的解决方案是一支前线作战部队提出的，他们大胆地削低了位于机身上部质量较轻的次要结构，并在滑动的舱门后安装了透明的整流罩。座舱盖使用的都是树脂玻璃，但是由于这种玻璃缺乏均匀性，飞行员的视野在哪个方向都不是很好。生产机型——雅克 –1B 采取了新的结构布局。到这个时候，许多飞行员都选择敞开顶盖。

除了这些生产的变型机，还有一系列旨在改善雅克战斗机性能的原型机。其中包括 I–28（也叫雅克 –3，但不是 1944 年生产的雅克 –3 机型）、I–30（雅克 –5）高空截击机和 I–33。这些原型机在机身、发动机 / 散热器的安装和武器装备方面都有很大的变化。

雅克教练机

1940 年 7 月，I–26 的一种前后双座教练机开始飞行测试。很快，这成为一个重要的项目。尽管起初投入生产时是作为 UTI–26 教练机和双座机，但人们意识到它在很多方面的性能都比雅克 –1 战斗机要好。教练机的结构更为简单，零件也减少了，制造工艺也大大简化了。为了在拆除武器装备并安装额外的驾驶舱之后保持飞机中心的稳定，散热器向前移动到机翼下方。UTI–26 小规模的生产始于 1941 年春季，并且新型战斗机的研制致力于全方位的操纵性和制造工艺的简易性。因此，1941 年 6 月，以双座雅克 –7UTI 为基础的雅克 –7M 战斗机诞生了。然而，雅克 –7M 并没有投入服役，相反，经过细微改进的雅克 –7A 于 1942 年 1 月在 GAZ–153 工厂开始生产。1942 年 4 月到 7 月，GAZ–153 工厂生产了一款进一步改进的机型——雅克 –7B。该机型改进了武器和发动机。然而，雅克 –7B 还是有不少缺点，如驾驶员座舱糟糕的视野、低下的起飞性能，还有机翼蒙皮在飞行中有脱落的危险。大约有 350 架雅克 –7B 先后完成并用作侦察机，其机枪被拆除了，在驾驶员座舱的后方安装了一台照相机。

上图：1942 年 8 月，雅克 –7B 战斗机进入斯大林格勒前线服役，尽管有很多严重的缺陷，雅克 –7B 的生产数量还是达到 5120 架。该型机到最后都没解决包括发动机机油损耗问题和过热在内的问题

下图：这架第 6 近卫歼击航空兵师第 37 近卫战斗机团的雅克 –1B 机身上标语为“‘斯达汉诺夫’集体农场工人向斯大林格勒方面军近卫军少校 B.M. 耶热敏同志致敬——戈洛瓦托夫同志”。

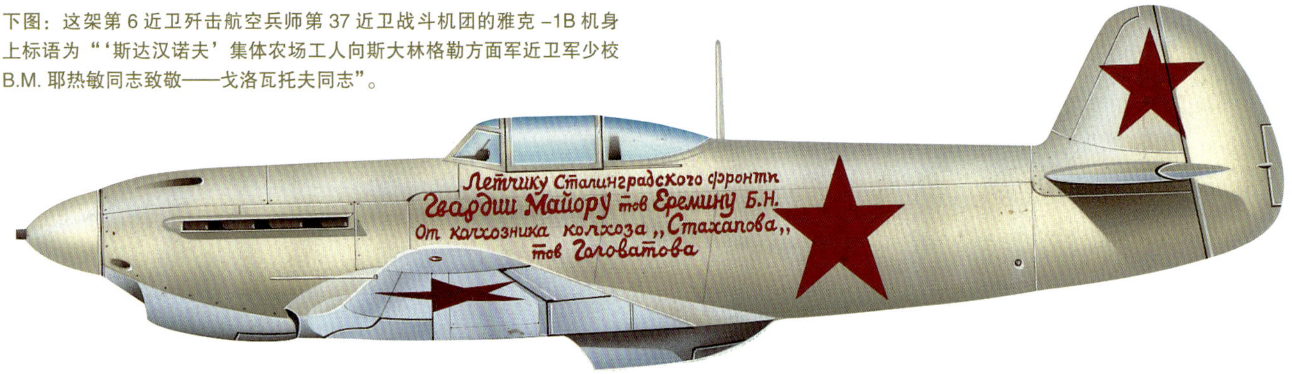

雅克-9/雅克-3

出色的空中格斗机

上图："避免与没有油冷却器进气口的雅克战斗机战斗"是给在东部前线的纳粹德国空军飞行员的警告。图中机身印有白色"10"的战机是雅克 -3 战斗机的早期型号

雅科夫列夫的单座战斗机家族从雅克-7 发展到雅克-9，而性能达到顶峰的机型是 1944 年出现的较轻的雅克-3——一款纳粹德国空军飞行员在战斗中极力避免遇到的战斗机。

下图：一架雅克 -9B 正在展示其投弹的能力。该机型利用机腹弹舱能够投放 4 枚 FAB-100 高爆弹或者数量更多的小型杀伤炸弹

在生产接近尾声的时候，一批雅克 -7 战斗机采用带有铝合金骨架和钢制翼梁的机翼，至少有一架采用的是全金属机翼。材料的变化给燃料留下了更大的空间，前期生产的样机在测试时叫作雅克 -7D 和雅克 -7DI（远程战斗机），大部分都装有类似于雅克 -1B 的后视座舱盖。这些飞机的作战半径都超过 621 英里（约 1000 千米）。到 1942 年中期，一款经过精密改进的机型——雅克 -9 开始满负荷生产。雅克 -9 改进了散热器和油冷却器管道，修正了方向舵，采用重新设计的金属翼梁的机翼，改进了副翼、襟翼以及胶合板机身上的覆盖蒙皮，所有控制面的覆盖物都采用金属夹固定。此外还有改进的机枪装备、可伸缩的尾轮、新型的排气管（第一次用于雅克 -7B）和许多细微的改变。常规武器包括一门 ShVAK 或 MP-20 机关炮，以及一挺或两挺 UBS 机枪，还在机翼下携带 2 枚 FAB-100 高爆弹或 6 枚 RS-82 火箭弹。

1943 年 5 月，所有的雅克工厂全部转向生产雅克 -9 战机。值得注意的是，有的 Yak-9 甚至配备了口径达 57 毫米（57 毫米和 45 毫米口径的航炮对于这种小型飞机而言着实太大了）桨毂火炮的反坦克机型和雅克 -9B 轰炸机。该轰炸机的机身弹架携带 4 枚 80° 放置的 FAB-100 高爆弹，或 128 枚 PTAB 1.5/2.5 人员杀伤性

左图：这些雅克 -9 战斗机机身上均有“小剧场：前线”（即莫斯科小剧场捐赠给前线）的铭文，它们即将飞往东线战场

炸弹。从 1943 年中期开始，雅克设计局开始研制雅克 -9U（改进版），对机身、燃油系统、发动机的大型椭圆形进气口进行了改进。还有许多试验性机型，包括用同步机关炮取代机枪的雅克 -9P（机关炮）版本。西方在提到普通的雅克 -9U 机型时通常误用这个型号。1945 年 8 月生产结束时，该系列飞机总产量达到 16769 架，其中超过 3900 架是后期型雅克 -9U 战斗机。

雅克-3的发展

追溯到 1941 年晚期，雅科夫列夫为了寻找一种较轻的雅克战斗机而研发雅克 -1M 战斗机的同时，也发展了终极低 / 中空战斗机——雅克 -3（该名字在雅科夫列夫设计局自己的 I-30 原型机中用过）。生产的迫切需要和选中的 VK-107 发动机的延误，使得这一计划落空。然而，1943 年 8 月，奥列格 · K. 安东诺夫（为了帮助雅科夫列夫团队完成这个项目而专门从所在设计局抽调过来）重新拾起这项计划并向前推进。至少有两架雅克 -1M 用于测试雅克 -3 战斗机的新设计：一架有较小的 30.2 英尺（约 9.2 米）的机翼；另一架的机身进行了修改，采用可全部收回的尾轮、长长的散热器管道、入口在整流罩下方的流线型油冷却器、支柱在轮子内侧的大尺寸机轮（与最原始的雅克 -1 一样）以及低阻力无框架的风挡玻璃。后来也有一些改进，如将油冷却器移到翼根的两个管道里，进气道大小与雅克 -9 的一样，发动机采用的是 1943 年之后大多数雅克战斗机所用的 PF-2 发动机。1944 年 3 月 3 日，第一架雅克 -3 战斗机进行了 NII 测试（在西方评论家声称该飞机已经在服役许久之后），6 月获得批准开始生产。随后 GAZ-115 和 GAZ-286 工厂都开始调整生产设备来

下图：所示的是 1944 年 7 月法国诺曼底 - 涅曼航空团刚刚装备的新机型——雅克 -3 战斗机。该部队此前还装备了雅克 -1 和雅克 -9 战斗机

上图：这是战时拍摄的最著名的系列照片之一，该图展示的是 1944 年两架雅克 -9 飞过克里米亚半岛的情景。注意“22”机鼻上的近卫军和红旗勋章标志

生产雅克 -3 和雅克 -9。GAZ-124 工厂也在莫斯科重新开工，当 1945 年 5 月停止生产时，雅克 -3 战斗机一共交付了 4848 架。

尽管人们认为投入前线服役的雅克 -3 都没有安装原定使用的 VK-107 发动机（许多试验性雅克 -3 装备了此种发动机），不久之后它作为最优秀的战斗机之一，在东线交战双方都获得了极大的声望。纳粹德国空军内部一直警告飞行员“避免与任何机鼻下方没有油冷却器的雅克战斗机交战”。所以 1944 年 8 月，法国诺曼底 - 涅曼航空团有机会选择盟军的战机时，毫不犹豫地选择了雅克 -3 战斗机，事后也没有一丝后悔。1945 年，这支著名的部队带着 42 架被赠予的雅克 -3 战斗机返回法国。

在雅克 -3 项目中，还有不少试验型号未能投入量产。速度最快的是装备有 VK-108 发动机的雅克 -3B/108 战斗机。它满载时速度可达 463 英里 / 时（约 745 千米 / 时）。另一款机尾装备 Glushko RD-1 助推火箭的雅克 -3RD 战斗机起飞时速度可达 498 英里 / 时（约 801 千米 / 时）。装备了反坦克的 57 毫米口径火炮的雅克 -3T/57 战斗机仅飞行了一次。值得一提的一种变型机——双座的雅克 -3UTI 教练机。它在投入生产时使用的是 700 马力（约 522 千瓦）ASh-21 星型发动机，并被命名为雅克 -11。此外，苏联的第一架喷气式战斗机（由于政治原因，直到竞争对手米格 -9 建造完成时才得以试飞）雅克 -15 除了发动机采用悬挂在前机身下方的苏联仿制 Jumo 004B 发动机建造的 RD-10 发动机，其他部分与雅克 -3 几乎完全一样。该飞机最终与第一架米格 -9 一起在 1946 年 4 月 24 日获准试飞。

对于西方作家来说，客观地评价雅克战斗机并不是一件容易的事情。确实，起源于 1934 年研制的西斯帕诺 - 苏莎 12Y 发动机的 VK 系列发动机在功率系数方面比不上英国“默林”发动机，尤其是在高空情况下。因此，使用这些发动机的飞机在高于 20000 英尺（约 6095 米）的高空不可避免地会处于劣势。而在所有高度，该发动机对于相对较小的机身而言也造成不小的负担。苏联所有大批量生产的战斗机（雅克系列、拉格系列和米格系列）机翼面积均为约 184 平方英尺（约 17 平方米）。“喷火”战斗机为 242 平方英尺（约 22.5 平方米），霍克“暴风”战斗机为 302 平方英尺（约 28.1 平方米），P-47 战斗机为 308 平方英尺（约 28.6 平方米）。因此，雅克战斗机如果想保持良好的操作性，重量就会受到很大的限制，否则机翼可能发生断裂。

东部前线作战环境是如此恶劣，以至于只有最简单皮实的战斗机才能生存下来。总体来说，雅克系列战斗机与纳粹德国空军战斗中做出了比其他任何一种战斗机都要大的贡献。

“雅克 -3M”和“雅克 -9U-M”

20 世纪 90 年代，西方民间飞行爱好者对二战期间的苏联飞机表现出浓厚的兴趣，这促使雅科夫列夫设计局建造了大量全金属的现代重制型飞机。这些飞机都使用艾利逊 V-1710 发动机，并安装了一些现代化的仪表。在 1996 年转向生产“雅克 -9U-M”之前，至少生产了 14 架“雅克 -3M”（下图），有 7 架完工。

雅克 -9

这架雅克 -9 战斗机是 1944 年装备给自由法国诺曼底 - 涅曼航空团的飞机中的一架（三色的尾翼）。苏联红军前线部队使用过很多种配色方案，冬季经常会在上表面添加一层白色涂装。

武器装备

雅克-9 上典型的武器装备是一挺通过螺旋桨桨毂发射的 ShVAK 20 毫米机关炮（120 发炮弹）和一挺安装在发动机上方的 0.5 英寸（约 12.7 毫米）BS 机枪（200 发子弹）。一些飞机还装有第二挺 BS 机枪和 300 发子弹（两挺各 150 发）。

机翼设计

这架飞机采用了较钝的翼尖，同时引入铝制的翼肋来代替早期的部分木质结构。

发动机

后期型雅克-9 装备一台 1260 马力（约 940 千瓦）的 VF-105PF-1 发动机，或一台 1360 马力（约 1014 千瓦）的 PF-3 12 缸液冷活塞式发动机。

机身

雅克-9 从早期的雅克-1M 设计中获益颇多，后者为了改善飞行员的后方可视性而削平了后机身。

M.P.H.